www.kuhminsa.co.kr

한발 앞서는 출판사 구민사

KUHMINSA

#604, Mullaebuk-ro 116, Yeongdeungpo-gu
Seoul, Republic of Korea

T. 02 701 7421
F. 02 3273 9642

Email kuhminsa@kuhminsa.co.kr

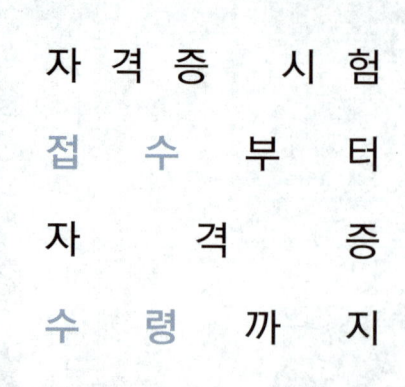

자격증 시험
접수부터
자격증
수령까지

필기원서 접수

큐넷 회원 가입 후
(www.q-net.or.kr)
인터넷 접수만 가능
사진 파일, 접수비
(인터넷 결제) 필요
응시자격 요건
반드시 확인할것

필기시험

입실 시간 미준수 시
시험 응시 불가
준비물 : 수험표,
신분증, 필기구 지참

필기 합격 확인

큐넷 사이트에서 확인
(www.q-net.or.kr)

실기원서 접수

큐넷 회원 가입 후
(www.q-net.or.kr)
응시 자격 서류는
실기시험 접수기간
(4일 내)에 제출해야만
접수 가능

합격

한 발 앞서나가는 출판사
구민사에서 시작하세요!

실기시험

필답형과 작업형으로 분류
원서 접수 시 선택한
장소와 시간에 맞게
시험을 봅니다.
준비물 : 수험표,
신분증, 필기구 지참!

최종합격 확인

큐넷 사이트에서 확인
(www.q-net.or.kr)

자격증 신청

방문 or 인터넷 신청
가능. 방문 신청 시
신분증, 사진,
발급 수수료 지참

자격증 수령

방문 or 등기비용
지불 시 우편수령
가능

강쌤의
당신만을 위한
합격 가이드!

강쌤의 노하우가 가득한 책과 무료 동영상으로 합격하자!

🌀 **강쌤과 네이버 카페 [에듀강닷컴]에서 만나세요!**

에듀강닷컴 http://edukang.com, https://cafe.naver.com/jls3000

강쌤이 직접 운영하는 네이버 카페로 이론 동영상 자료 및 실습 동영상 그리고 질문게시판까지 각종 자료들을 만나보실 수 있습니다.

당신만을 위한 **합격 가이드!**

https://youtube.com/@edukangTV

http://edukang.tistory.com   유튜브 & 티스토리에서도 만나보실 수 있습니다.

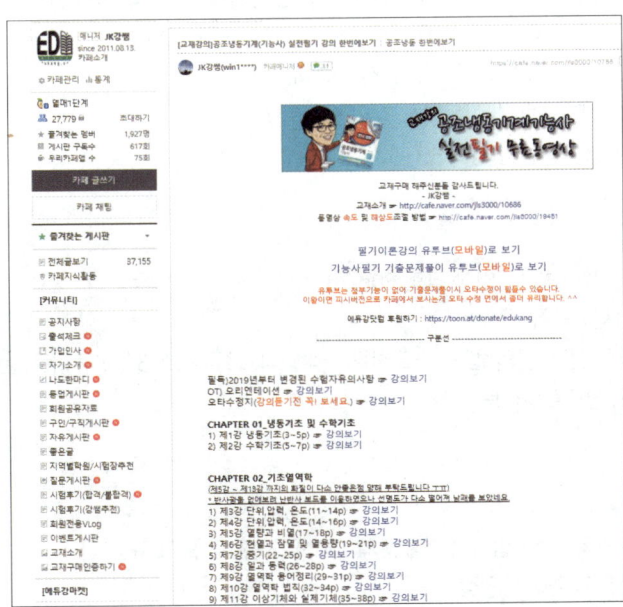

강쌤의
당신만을 위한 플랜 가이드!

D-60 오리엔테이션 [동영상 강의 1~13강]
1. 냉동기초 및 수학기초
2. 기초열역학

D-50 냉동공학 [동영상 강의 14~25강]
냉동공학 – 냉동원리, 냉동선도와 사이클, 냉매의 정의, 암모니아 냉매, 프레온 냉매, 브라인 냉매

D-40 냉동공학 [동영상 강의 26~40강]
냉동공학 – 압축기, 응축기, 증발기, 팽창밸브, 기타 부속장치 및 안전장치

D-30 공기조화, 보일러 및 난방설비, 배관일반 [동영상 강의 41~57강]
공기조화 – 공기조화 개요, 습공기선도, 구성, 공기조화 방식, 공기조화 구성요소, 덕트와 부속기기 [동영상 강의 41~50강]
보일러 및 난방설비 [동영상 강의 51~52강]
배관일반 [동영상 강의 53~57강]

D-20 전기제어공학 [동영상 강의 60~73강]
전기제어공학
– 직류 전기, 옴의 법칙, 키르히호프의 법칙, 교류회로, 3상교류회로, 논리회로, 블록선도/신호흐름선도

D-10 공조냉동기계산업기사 기출문제 풀이 [기출문제 풀이 동영상]
기출문제 풀이 동영상

머리말

본 교재는 공조냉동기계 산업기사 필기 자격시험 대비 단기완성을 목적으로 최적화하기 위해 노력을 기울인 교재입니다.

최근 동향에 따라 근래 가장 많이 출제되고 있는 냉동공학, 공기조화, 전기제어공학, 배관공작, 안전관리 과목의 세부내용을 최대한 요약하여 준비한 교재이므로 단시간 내에 공조냉동기계 산업기사 필기시험에 합격을 노리시는 수험자분들께 최적의 교재라고 생각합니다.

현재 본 교재는 에듀강닷컴(http://edukang.com) 실시간 강의 시 사용되며, 궁금한 점 및 문제점에 대한 많은 질문과 의견 부탁드립니다.

마지막으로 이 책의 출판을 위해 적극적으로 도와주신 도서출판 구민사 조규백 대표님과 직원 여러분들께 깊은 감사를 드립니다.

- 저자 씀 -

Contents

01 CHAPTER 냉동기초 및 수학기초

- 01 냉동기초 … 3
- 02 수학기초 … 5

02 CHAPTER 기초열역학

- 01 단위, 압력, 온도 … 11
- 02 열량과 비열 … 17
- 03 현열과 잠열 및 열용량 … 19
- 04 증기 … 22
- 05 일과 동력 … 26
- 06 열역학 용어정리(밀도, 비중, 비체적, 원자와 분자) … 29
- 07 열역학 법칙 … 32
- 08 이상기체와 실제기체 … 35
- 09 기체의 상태변화(등온과정, 단열과정, 폴리트로픽 과정) … 39
- 10 전열 … 42

03 CHAPTER 냉동공학(냉동냉장설비)

- 01 냉동원리 — 49
- 02 냉동선도와 사이클 — 59
- 03 냉매 — 88
- 04 저온 냉동장치 — 111
- 05 압축기 구조 및 특성 — 120
- 06 응축기 구조 및 특성 — 146
- 07 증발기 — 163
- 08 팽창밸브 — 183
- 09 냉동기 자동제어 및 기타 부속장치 — 201

04 CHAPTER 공기조화(공기조화설비)

- 01 공기조화의 개요 — 237
- 02 습공기의 상태변화 — 246
- 03 공기조화 부하계산 — 260
- 04 공기조화방식 및 종류 — 269
- 05 중앙식 공조방식의 구성요소 — 279
- 06 덕트와 부속기기 — 293
- 07 취출구와 흡입구 — 299
- 08 환기설비 — 305

05 CHAPTER 보일러 및 난방설비(공조냉동설치운영)

- 01 보일러 — 311
- 02 보일러의 특징 — 314
- 03 난방설비 — 316

06 CHAPTER 배관일반(공조냉동설치운영)

- 01 배관재료 — 325

07 CHAPTER 전기제어공학(공조냉동설치운영)

- 01 직류회로 — 395
- 02 교류회로 — 409
- 03 비사인파 교류 — 422
- 04 교류전력 — 422
- 05 전기의 측정(전기, 전자의 측정) — 424
- 06 시퀀스 제어(정성적제어) — 426

08 CHAPTER 안전관리 관련 법규

- 01 고압가스 안전관리법 — 441
- 02 고압가스 안전관리법에 의한 냉동기 관리 — 448
- 03 기계설비법 — 450
- 04 산업안전보건법 관계법규 — 454

09 CHAPTER 열역학(추가이론)

01 이상기체의 상태변화 465

부록 공조냉동산업기사 과년도 출제문제

SI 단위환산 팁 475
SI 단위 계산문제 476

2012
과년도 출제문제(2012.03.04.시행) 495
과년도 출제문제(2012.05.20.시행) 514
과년도 출제문제(2012.08.26.시행) 531

2013
과년도 출제문제(2013.03.10.시행) 549
과년도 출제문제(2013.06.02.시행) 566
과년도 출제문제(2013.08.18.시행) 583

2014
과년도 출제문제(2014.03.02.시행) 600
과년도 출제문제(2014.05.25.시행) 617
과년도 출제문제(2014.08.17.시행) 634

2015
과년도 출제문제(2015.03.08.시행) 652
과년도 출제문제(2015.05.31.시행) 671
과년도 출제문제(2015.08.16.시행) 688

2016
과년도 출제문제(2016.03.06.시행) 706
과년도 출제문제(2016.05.08.시행) 725
과년도 출제문제(2016.08.21.시행) 743

2017
과년도 출제문제(2017.03.05.시행) 762
과년도 출제문제(2017.05.07.시행) 781
과년도 출제문제(2017.08.26.시행) 801

2018
과년도 출제문제(2018.03.04.시행) 820
과년도 출제문제(2018.04.28.시행) 839
과년도 출제문제(2018.08.19.시행) 858

2019
과년도 출제문제(2019.03.03.시행) 875
과년도 출제문제(2019.04.27.시행) 893
과년도 출제문제(2019.08.04.시행) 910

2020
1·2회 통합 기출문제(2020.06.21.시행) 929
과년도 출제문제(2020.09.19.시행) 948

🌀 강쌤의 노하우가 가득한 책을 꼼꼼히 보세요!

에듀강닷컴 http://edukang.com, https://cafe.naver.com/jls3000

본 교재는 공조냉동기계기능사 · 산업기사 실기 자격시험을 대비하여, 수험자가 본 교재를 통해 배운 기술을 실전(시험)에서 바로 접목할 수 있도록 하는 것을 목표로 하였습니다.
따라서! 저자의 노하우가 가득한 교재의 내용을 놓치지 마세요!

1. 핵심 이론 수록!

각 단원별로 핵심 이론을 수록하여 실전 시험에 대비하였고, 단원의 마지막에 단원복습 문제를 수록하여 앞서 배운 이론을 한번 더 짚고 넘어갈 수 있게 하였습니다.

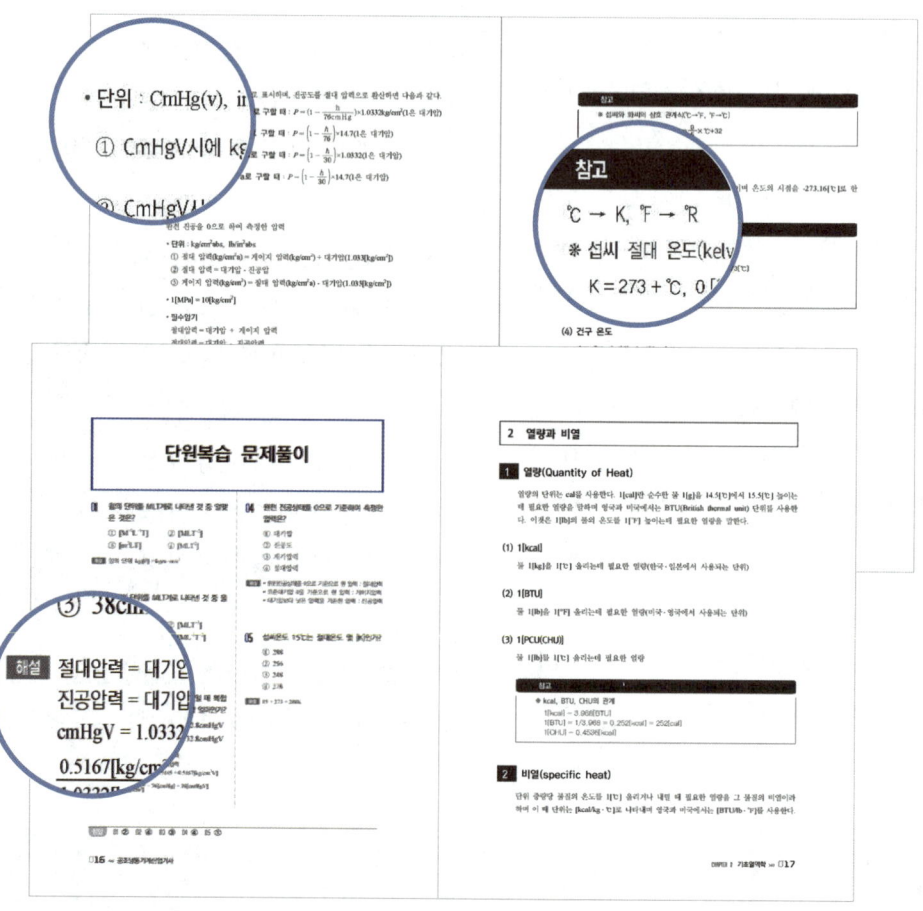

2. SI 단위환산 팁 및 과년도 출제문제 수록!

SI 단위변환 계산문제 풀이를 시청할 수 있으며 또한, 과년도 출제문제를 상세한 해설과 함께 수록하였습니다.

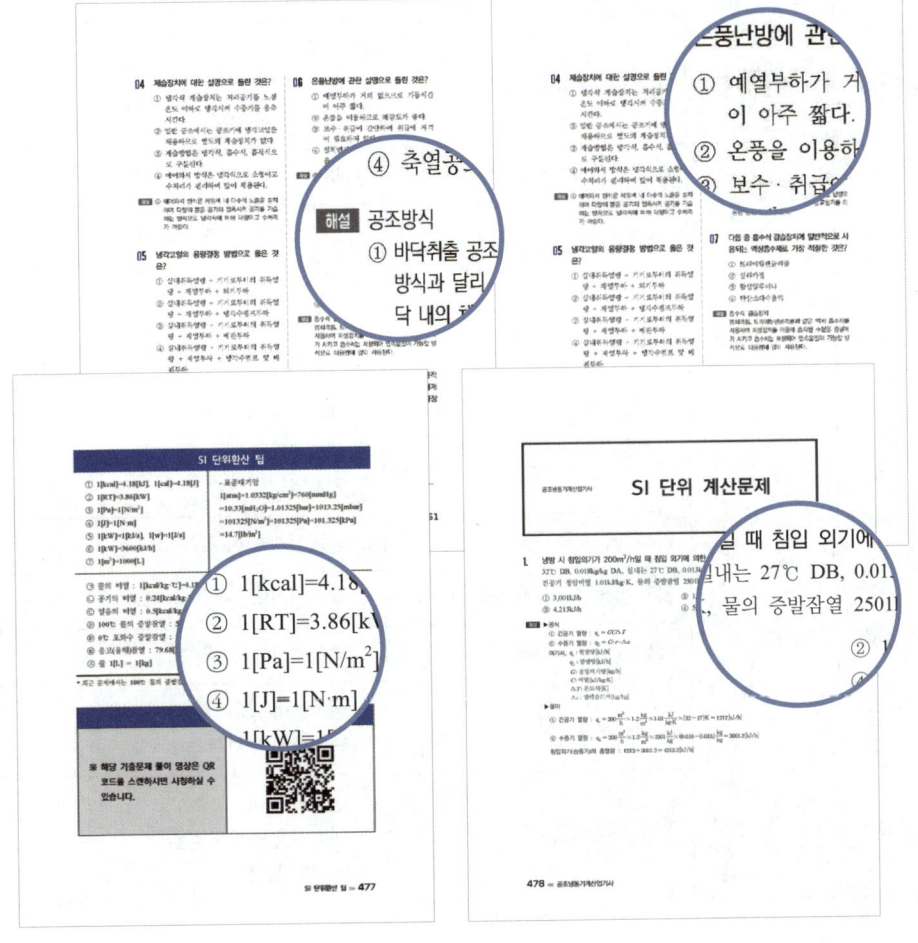

❄ 공조냉동기계산업기사 필기시험 출제기준 ❄

직무분야	기계	중직무분야	기계장비설비·설치	자격종목	공조냉동기계산업기사	적용기간	2025. 1. 1 ~ 2029. 12. 31

직무내용 : 산업현장, 건축물의 실내 환경을 최적으로 조성하고, 냉동냉장설비 및 기타공작물을 주어진 조건으로 유지하기 위해 기술기초이론 지식과 숙련기능을 바탕으로 공조냉동, 유틸리티 등 필요한 설비를 설계, 시공 및 유지관리하는 직무이다.

필기검정방법	객관식 60문제	시험시간	1시간 30분

필기과목	문제수	주요항목	세부항목
공기조화 설비	20	1. 공기조화의 이론	1. 공기조화의 기초 2. 공기의 성질
		2. 공기조화 계획	1. 공기조화 방식 2. 공기조화 부하 3. 클린룸
		3. 공기조화설비	1. 공조기기 2. 열원기기 3. 덕트 및 부속설비
		4. 공조프로세스 분석	1. 부하적정성 분석
		5. 공조설비운영 관리	1. 전열교환기 점검 2. 공조기 관리 3. 펌프 관리 4. 공조기 필터점검
		6. 보일러설비 운영	1. 보일러 관리 2. 부속장치 점검 3. 보일러 점검 4. 보일러 고장시 조치
냉동냉장 설비	20	1. 냉동이론	1. 냉동의 기초 및 원리 2. 냉매선도와 냉동 사이클 3. 기초열역학
		2. 냉동장치의 구조	1. 냉동장치 구성 기기
		3. 냉동장치의 응용과 안전관리	1. 냉동장치의 응용
		4. 냉동냉장 부하계산	1. 냉동냉장부하 계산
		5. 냉동설비설치	1. 냉동설비 설치 2. 냉방설비 설치
		6. 냉동설비운영	1. 냉동기 관리 2. 냉동기 부속장치 점검 3. 냉각탑 점검

공조냉동 설치·운영	20	1. 배관재료 및 공작	1. 배관재료　　　2. 배관공작
		2. 배관관련설비	1. 급수설비　　　2. 급탕설비 3. 배수통기설비　4. 난방설비 5. 공기조화설비　6. 가스설비 7. 냉동 및 냉각설비　8. 압축공기 설비
		3. 설비적산	1. 냉동설비 적산 2. 공조냉난방설비 적산 3. 급수급탕오배수설비 적산 4. 기타설비 적산
		4. 공조급배수설비 설계도면작성	1. 공조, 냉난방, 급배수설비 설계도면 작성
		5. 공조설비점검 관리	1. 방음/방진 점검
		6. 유지보수공사 안전관리	1. 관련법규 파악 2. 안전작업
		7. 교류회로	1. 교류회로의 기초 2. 3상 교류회로
		8. 전기기기	1. 직류기　　　2. 변압기 3. 유도기　　　4. 동기기 5. 정류기
		9. 전기계측	1. 전류, 전압, 저항의 측정 2. 전력 및 전력량의 측정 3. 절연저항 측정
		10. 시퀀스제어	1. 제어요소의 작동과 표현 2. 논리회로 3. 유접점회로 및 무접점회로
		11. 제어기기 및 회로	1. 제어의 개념　　2. 조절기용기기 3. 조작용기기　　4. 검출용기기

❄ 공조냉동기계산업기사 필기시험 시험정보 ❄

개요
최근 공조냉동기술은 단독 또는 다른 기술과 병합하여 다양한 분야에서 활용되고 있고, 취급하는 공조냉동기계의 종류, 규모 및 피냉각물의 종류도 매우 다양하다. 이에 따라 산업현장에서 요구되는 공조냉동기계, 설비의 기본적인 설계 및 운용을 담당할 전문인력을 배출하기 위하여 자격을 제정

수행직무
냉동고압가스제조시설, 냉동기제조시설, 냉동기계와 공기조화설비를 운용하는 사업체에 서 고압가스 및 냉동기의 제조 공정을 관리하며, 위해(危害)예방을 위한 안전관리규정 을 시행하거나 또는 공기조화냉동설비를 설치·시공하고 관리유지 및 보수, 점검 등의 업무를 수행

출제경향
- 필기시험의 내용은 큐넷 홈페이지 고객만족 → 자료실의 출제기준을 참고바랍니다.
- 실기시험은 작업형+동영상 시험으로 시행되며 큐넷 홈페이지 고객만족 → 자료실의 출제기준을 참고바랍니다.
  * 작업형 : 주어진 재료를 활용하여 도면과 같이 작품제작 능력 평가(공개문제 참조)

① 시행처 : 한국산업인력공단
② 관련학과 : 전문대학 및 대학의 냉동공조공학, 기계공학, 산업설비 등 관련 학과
③ 시험과목
  - 필기 : 1. 공기조화설비 2. 냉동냉장설비 3. 공조냉동설치운영
  - 실기 : 공조냉동기계 실무
④ 검정방법
  - 필기 : 객관식 4지 택일형, 과목당 20문항(과목당 30분)
  - 실기 : 복합형(동관작업 2시간35분 40점, 필답형 1시간30분[총12문제] 60점)
⑤ 합격기준
  - 필기 : 100점을 만점으로 하여 과목당 40점 이상, 전과목 평균 60점 이상
  - 실기 : 100점을 만점으로 하여 60점 이상
⑥ 수수료
  - 필기 : 19,400 원
  - 실기 : 83,900 원

냉동기초 및 수학기초

CHAPTER 1

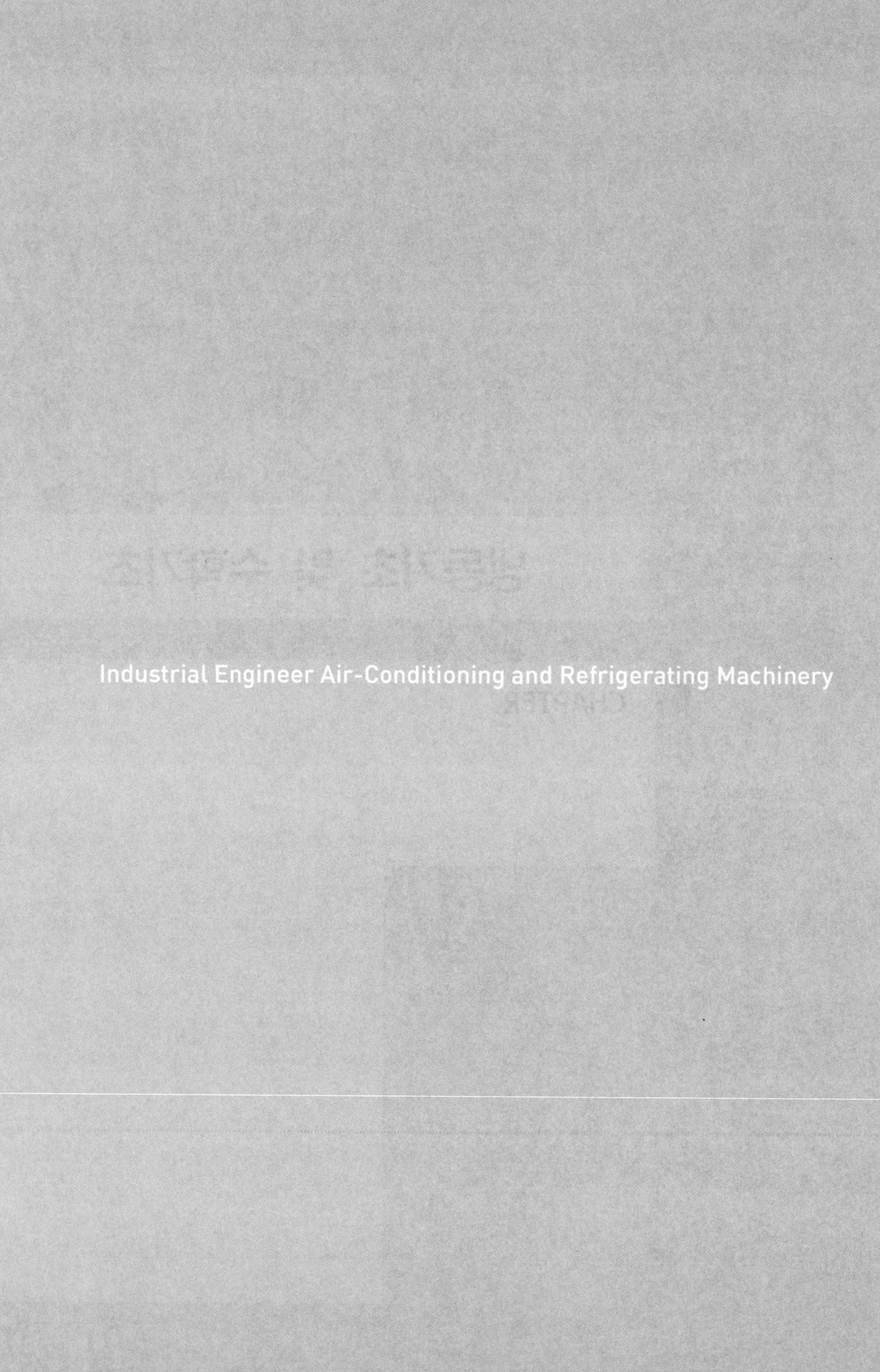

Chapter 1

냉동기초 및 수학기초

1 냉동기초

1 냉동기 구성도 및 냉동의 4대 구성요소

(1) 냉동기 4대 구성요소

압축기, 응축기, 팽창밸브, 증발기

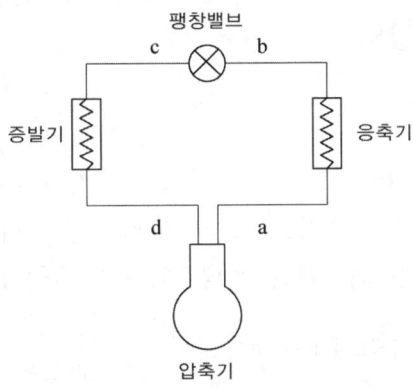

(2) 장치역할

① **압축기** : 냉매를 압축시켜 고온고압의 기체로 만듦으로써 냉매가 쉽게 응축액화할 수 있도록 하며 냉매를 순환시키고 회수하여 냉동기의 운전에 있어 사람의 심장과 같은 역할을 하는 장치

② **응축기** : 고온고압의 냉매 기체를 응축액화시키는 장치이며 에어컨 실외기로 쓰인다.(액화상태에서만 팽창(교축)이 가능하다.)

③ **팽창밸브** : 응축된 냉매를 팽창시켜 냉매의 온도를 떨어뜨리고 무화시킴으로써 냉매의 증발을 돕는 장치. 다른 말로 교축이라고도 한다.(교축 : 냉매의 온도(T)와 압력(P)이 내려가고 엔탈피(h)는 일정하다.)
④ **증발기** : 팽창밸브의 무화증기를 증발시켜 실제 냉동효과를 달성하는 장치이며 에어컨 실내기로 쓰인다.

(3) 구간설명

① a구간(압축기 출구 – 응축기 입구) : 압축기 출구에서 나온 고온고압의 냉매기체가 응축기 입구로 들어가는 구간
② b구간(응축기 출구 – 팽창밸브 입구) : 응축기 출구에서 나온 고온고압의 냉매액이 팽창밸브 입구로 들어가는 구간
③ c구간(팽창밸브 출구 – 증발기 입구) : 팽창밸브 출구의 교축된 저온저압의 냉매액이 증발기 입구로 들어가는 구간
④ d구간(증발기 출구 – 압축기 입구) : 증발기 출구에서 나온 저온저압의 냉매기체가 압축기 입구로 들어가는 구간

2 기초 몰리에르선도

(1) 몰리에르선도 구성

냉동장치의 가장 기본이 되는 선도이며 종축이 압력(P), 횡축이 엔탈피(h)로 나타내어 P-h 선도라고도 한다. 몰리에르선도의 기본 구성은 다음과 같다.
(임계점, 포화액선, 건포화증기선, 과냉각액구역, 습증기구역, 과열증기구역)

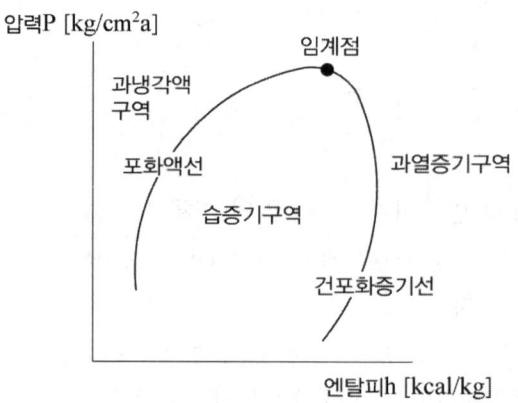

① **임계점** : 증발잠열은 압력이 클수록 적어지며 어느 압력에 도달하면 잠열이 0kcal/kg 이 되어 더 이상 증발할 수 없는 상태가 되는데 이 상태를 임계상태 혹은 임계점이라 한다.
② **포화액선** : 포화온도 및 압력이 일치하는 증발 직전의 냉매 상태
③ **포화증기선** : 포화액이 증발하여 포화 온도의 기체로 변한 냉매의 상태
④ **과냉각액구역** : 포화액선의 왼쪽 부분으로 등압하에서 포화온도 이하로 냉각된 액상 태의 구역
⑤ **과열증기구역** : 포화증기선의 오른쪽 부분으로 포화증기를 더욱 가열하여 포화증기 온도보다 온도가 높은 상태를 나타내는 구역
⑥ **습증기구역** : 포화액선과 포화증기선 사이에 존재하며 액과 기체가 섞여서 존재하는 구역

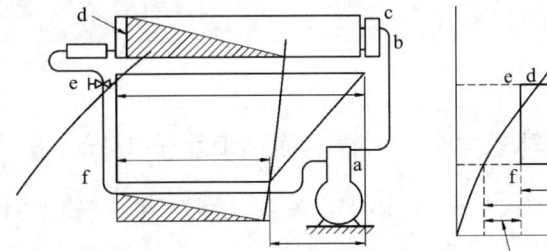

- a : 압축기 흡입(증발기 출구) 지점
- b : 압축기 토출(응축기 입구) 지점
- c : 응축기에서 응축이 시작되는 지점
- d : 응축기에서 응축이 끝난(과냉각이 시작되는) 지점
- e : 팽창밸브 입구 지점
- f : 팽창밸브 출구(증발기 입구) 지점

2 수학기초

1 이항

(1) 수학에서의 이항이란 숫자의 순서를 바꾸어 원하는 값을 구하는데 활용된다. 이와 같은 수학기초는 기초열역학 과목에서 필수적인 요소라 할 수 있다.
(2) 이항의 기본은 구하고자 하는 값을 제외하고는 모두 없애주는 것이다. 다음 예제를 통해 간단히 알아보도록 하자.

[예제 1] A = B + C의 공식에서 이항을 이용해 B를 구하시오.

> 위와 같은 문제에서 B를 구하기 위해서는 B부분의 숫자 중 B를 제외한 모든 숫자를 없애준다. 공식이 B + C 이므로 C 라는 숫자를 없애주어야 하는데 현재 + C 이므로 − C를 대입해주면 C가 사라진다. 이때 − C는 B부에만 대입되는 것이 아니라 반대쪽 A부에도 대입이 되므로 위 공식은 A − C = B라는 공식이 된다. 순서를 정리하자면 다음과 같다.

풀이 A = B + C → A − C = B + C − C → A − C = B
답 B = A − C

좀 더 쉽게 이해하기 위해 숫자를 대입해 보도록 하자.
A = 3, B = x, C = 2라고 가정했을 때
풀이 3 = x+2 → 3−2 = x+2−2 → x = 3−2 → x = 1
답 x = 1

[예제 2] A = (B+C)×D의 공식에서 이항을 이용해 B를 구하시오.

> 앞의 예제 1번 같은 경우 +값에 −를 대입하여 값을 없애주었다. 이번 문제에서는 ×가 나오므로 이 값은 ÷를 대입하여 이항을 할 수 있다.

풀이 A = (B+C)×D → A÷D = (B+C)×D÷D → $\frac{A}{D}$ = B+C
→ ($\frac{A}{D}$)−C = B + C − C → ($\frac{A}{D}$) − C = B
답 B = ($\frac{A}{D}$) − C

[예제 3] A = (B−C)×(D+E)의 공식에서 이항을 이용해 B를 구하시오.

> 위 공식의 경우 (B−C)와 같은 관로는 뒤에 계산하므로 한 단위로 묶어 구할 수 있다.
> (B−C) ⇨ [B], (D+E) ⇨ [D]로 묶어서 구해보자.

풀이 A = (B−C)×(D+E) → A = [B]×[D] → A÷[D] = [B]×[D]÷[D]
→ $\frac{A}{[D]}$ = [B] → $\frac{A}{D+E}$ = B − C → $\frac{A}{D+E}$ + C = B − C + C → $\frac{A}{D+E}$ + C = B
답 B = $\frac{A}{D+E}$ + C

[예제 4] $A = \dfrac{C}{B}$의 공식에서 이항을 이용해 B를 구하시오.

풀이 $A = \dfrac{C}{B} \rightarrow A \times B = \dfrac{C}{B} \times B \rightarrow \dfrac{A \times B}{A} = \dfrac{C}{A} \rightarrow B = \dfrac{C}{A}$

답 $B = \dfrac{C}{A}$

[예제 5] $A = B \times C$의 공식에서 이항을 이용해 B를 구하시오.

풀이 $A = B \times C \rightarrow \dfrac{A}{C} = B \times C \div C \rightarrow \dfrac{A}{C} = B$

답 $\dfrac{A}{C} = B$

[예제 6] $A = (B \times C) + (D \times E)$

풀이 $A = (B \times C) + (D \times E) \rightarrow A = [B] + [D] \rightarrow A - [D] = [B] + [D] - [D]$

$\rightarrow A - [D] = [B] \rightarrow A - (D \times E) = (B \times C) \rightarrow \dfrac{A - (D \times E)}{C} = B \times C \div C$

$\rightarrow \dfrac{A - (D \times E)}{C} = B$

답 $B = \dfrac{A - (D \times E)}{C}$

※ **아래 문제풀이는 동영상강의로 찾아보실 수 있습니다.**

[문제 1] $A = (\dfrac{C}{B}) + (\dfrac{E}{D}) - F$의 공식에서 이항을 이용해 B를 구하시오.

[문제 2] $A = \dfrac{(C+D) \times (E-F)}{B} - G$의 공식에서 이항을 이용해 B를 구하시오.

[문제 3] $A = \dfrac{(\dfrac{B}{C} + \dfrac{E}{D} - \dfrac{G}{F})}{H} + I$의 공식에서 이항을 이용해 B를 구하시오.

Industrial Engineer Air-Conditioning and Refrigerating Machinery

CHAPTER

2

기초열역학

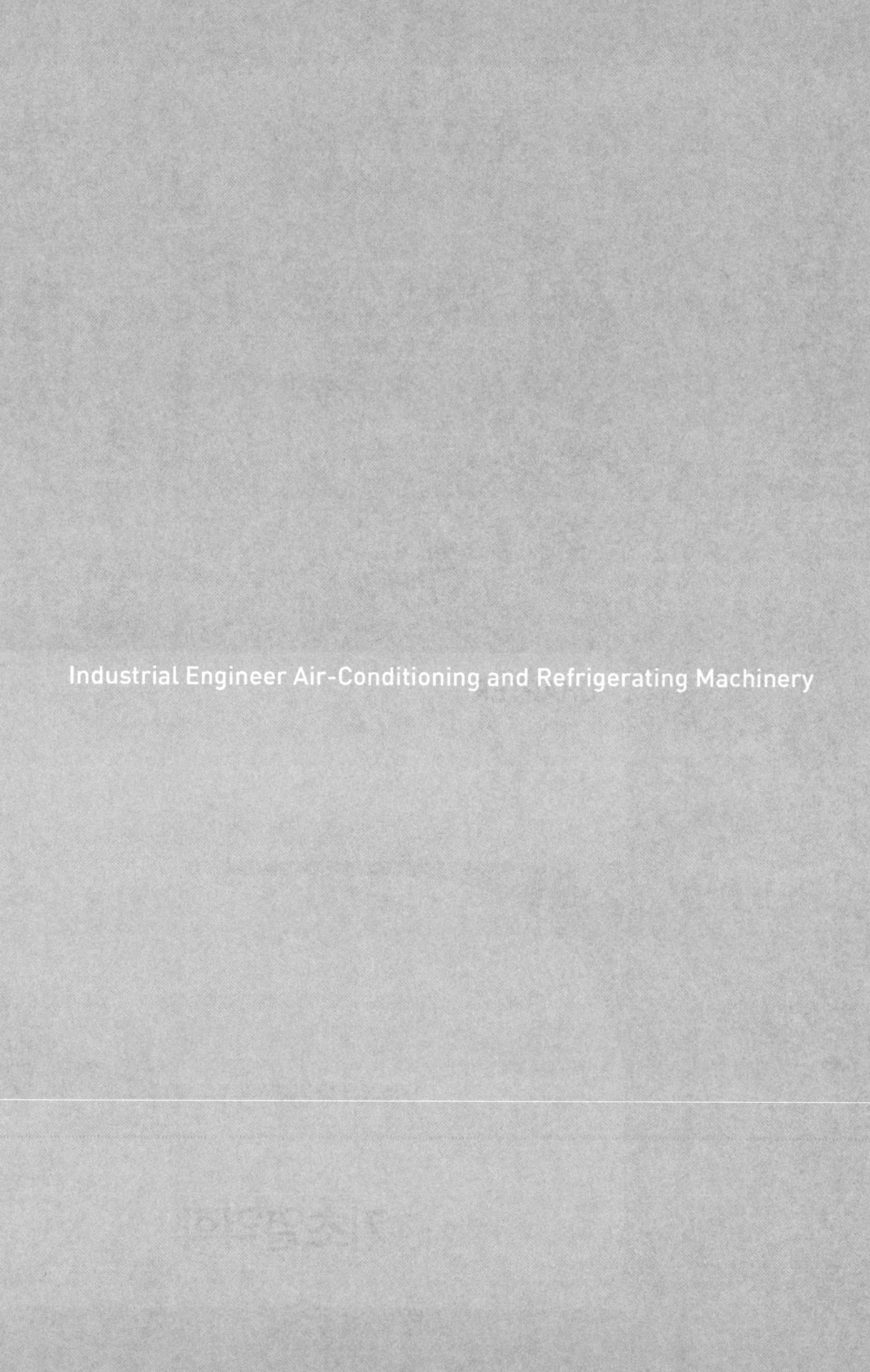
Industrial Engineer Air-Conditioning and Refrigerating Machinery

Chapter 2

기초열역학

1 단위, 압력, 온도

1 기본단위

단위계는 크게 MKS와 CGS 단위계로 나뉘게 된다.

(1) 기본단위

물리적 현상을 다루는데 필요한 단위 힘(kg_f), 길이(m), 시간(s) 등

(2) 유도단위

기본단위의 조합으로 만들어진 단위 면적(m^2), 속도(m/s), 밀도(kg/m^3) 등

	기본단위	유도단위
중력단위(힘 : kg_f)	F·L·T kg_f, m, s	$kg_f·m$, kg_f/m^2 등
절대단위(힘 = N = $kgm·m/s^2$)	M·L·T kgm, m, s	N, Nm. N/m^2 등

(3) 단위계

① M, K, S : m, kg, s
② C, G, S : cm, g, s

(4) 차원

① F, L, T : kgf, m, s (중력단위계)
② M, L, T : kgm, m, s (절대단위계)
   $F = m \cdot a$
   $1[kg_f] = 1[kgm] \cdot 9.8[m/s^2]$
   $\qquad = 9.8[kgm \cdot m/s^2] \Rightarrow 1[kg_f] = 9.8[N]$
   $\qquad = 9.8[N]$
   $1[N] = 1[kgm \cdot m/s^2] \Rightarrow 1[N] = 1[kgm] \times [m/s^2]$

(5) 단위와 차원

① $kg_f = kgm \cdot \dfrac{m}{S^2}$

   [F]   [MLT^{-2}]

② $kgm = kg_f \cdot \dfrac{s^2}{m}$

   [M]   [FL^{-1}T^2]

③ $kg_f/m^2 = kgm \cdot \dfrac{m}{s^2 m^2} = \dfrac{kgm}{m \cdot s^2}$

   [FL^{-2}]   [ML^{-1}T^{-2}]

2 압력(Pressure)

서로 밀어내려는 힘을 압력(Pressure)이라 하며 압력의 세기는 단위면적당 작용하는 힘으로 나타낸다.

$P = \dfrac{F}{A}$ [kg/cm^2] [N/m^2] [PA]

단위면적 1[cm^2]에 작용하는 힘(kg 또는 lb)의 크기로 단위는 [kg/cm^2] 또는 [lb/in^2] (PSI : pound per square inch)

(1) 대기압(Atomospheric pressure)

지구의 대기가 지상을 누르고 있는 힘을 말하며 표준상태에서 수은주 760mm와 같고 1기압(1atm)으로 나타낸다.

Hg(수은)의 비중이 13.595이고 H_2O(물)의 비중은 1이므로 아래와 같은 식이 성립된다.

$76cm \times 13.595[g/cm^3] = 1033.22[g/cm^2] = 1.0332[kg/cm^2] = 10.33mH_2O$

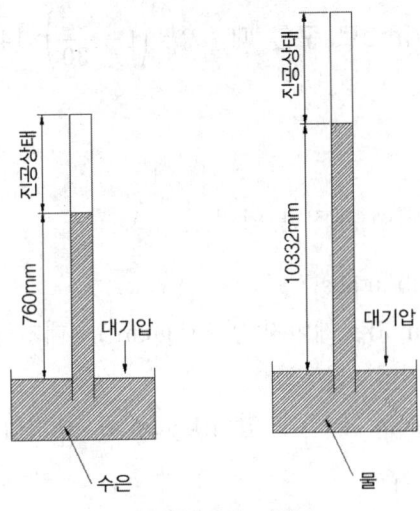

| 토리첼리의 정의 |

이 때 $1[cm^2]$에 대하여 $1.033[kg]$의 무게가 적용되므로 $1[atm] = 1[kg/cm^2]$로 나타낼 수 있다.

① 표준 대기압(atm)

1기압은 위도 45°의 해면에서 $0[℃]$ 760[mmHg]가 매 $[cm^2]$에 주는 힘으로서,

$1[atm] = 1.0332[kg/cm^2] = 760[mmHg] = 10.33[mH_2O] = 1.01325[bar]$
$= 1013.25[mbar] = 101325[N/m^2] = 101325[Pa] = 14.7[lb/in^2] = 101.325[kPa]$이다.

(2) 게이지 압력

표준 대기압을 0으로 하여 측정한 압력, 즉 압력계가 표시하는 압력

※ 단위 : kg/cm^2, $kg/cm^2(g)$, $lb/in^2(g)$

(3) 진공도(vacuum)

대기압보다 낮은 압력을 진공도 또는 진공 압력이라 한다.

- 단위 : CmHg(v), inHg(v)로 표시하며, 진공도를 절대 압력으로 환산하면 다음과 같다.
  ① CmHgV시에 kg/cm²a로 구할 때 : $P = (1 - \dfrac{h}{76cmHg}) \times 1.0332 kg/cm^2$ (1은 대기압)
  ② CmHgV시에 lb/in²a로 구할 때 : $P = \left(1 - \dfrac{h}{76}\right) \times 14.7$ (1은 대기압)
  ③ inHgV시에 kg/cm²a로 구할 때 : $P = \left(1 - \dfrac{h}{30}\right) \times 1.0332$ (1은 대기압)
  ④ inHgV시에 lb/in²a로 구할 때 : $P = \left(1 - \dfrac{h}{30}\right) \times 14.7$ (1은 대기압)

(4) 절대 압력

완전 진공을 0으로 하여 측정한 압력

- 단위 : kg/cm²abs, lb/in²abs
  ① 절대 압력(kg/cm²a) = 게이지 압력(kg/cm²) + 대기압(1.033[kg/cm²])
  ② 절대 압력 = 대기압 - 진공압
  ③ 게이지 압력(kg/cm²) = 절대 압력(kg/cm²a) - 대기압(1.033[kg/cm²])

- 1[MPa] = 10[kg/cm²]

- 필수암기
  절대압력 = 대기압 + 게이지 압력
  절대압력 = 대기압 - 진공압력

3 온도(Temperature)

(1) 섭씨 온도(centigrade temperature)

섭씨 온도란 표준 대기압(1[atm]) 하에서 물이 어는 온도(빙점)를 0[℃]로 정하고, 끓는 온도(비점)를 100[℃]로 정한 다음 그 사이를 100등분하여 한 눈금을 1[℃]로 규정한다.

(2) 화씨 온도(fahrenheit temperature)

화씨 온도란 표준 대기압(1[atm])인 상태에서 물이 어는 온도(빙점)를 32[°F], 끓는 온도(비점)를 212[°F]로 정한 다음 그 사이를 180등분하여 한 눈금을 1[°F]로 규정한다.

> **참고**
> ※ 섭씨와 화씨의 상호 관계식(℃→℉, ℉→℃)
> $$℃ = \frac{5}{9} \times (℉-32) \qquad ℉ = \frac{9}{5} \times ℃ + 32$$

(3) 절대 온도(absolute temperature)

자연계에 존재하는 온도를 0[K]로 기준한 온도이며 온도의 시점을 -273.16[℃]로 한 온도이기도 하다. [K]로 표시한다.

> **참고**
> ℃ → K, ℉ → °R
> ※ 섭씨 절대 온도(kelvin 온도)
>   K = 273 + ℃, 0[℃] = 273[K], 0[K] = -273[℃]
> ※ 화씨 절대 온도(rankine 온도)
>   °R = 460 + ℉, ℉ = °R - 460

(4) 건구 온도

온도계로 측정할 수 있는 온도

(5) 습구 온도

봉상 온도계(유리 온도계)의 수은 부분에 명주를 물에 적셔 수분이 대기 중에 증발될 때 측정한 온도

(6) 노점 온도

대기 중에 존재하는 포화증기가 응축하여 이슬이 맺히기 시작할 때의 온도

단원복습 문제풀이

01 힘의 단위를 MLT계로 나타낸 것 중 알맞은 것은?

① $[M^{-1}L^{-1}T]$ ② $[MLT^{-2}]$
③ $[m^2LT]$ ④ $[MLT^2]$

해설 힘의 단위 $kg_f[F] = kgm \cdot m/s^2$

02 압력의 단위를 MLT계로 나타낸 것 중 올바른 것은?

① $[ML^{-2}T]$ ② $[MLT^{-1}]$
③ $[M^2LT^{-1}]$ ④ $[ML^{-1}T^{-2}]$

해설 압력단위 $kg_f/m^2 = \dfrac{kgm}{m \cdot s^2}$

03 절대압력이 0.5165[kgf/cm²]일 때 복합 압력계로 표시되는 진공도는 약 얼마인가?

① 28cmHgV   ② 22.8cmHgV
③ 38cmHgV   ④ 32.8cmHgV

해설 절대압력 = 대기압 − 진공압력
진공압력 = 대기압 − 절대압력
cmHgV = 1.0332 − 0.5165 = 0.5167[kg/cm²V]
$\dfrac{0.5167[kg/cm^2]}{1.0332[kg/cm^2]} \times 76[cmHg] = 38[cmHgV]$

04 완전 진공상태를 0으로 기준하여 측정한 압력은?

① 대기압
② 진공도
③ 계기압력
④ 절대압력

해설
• 완전진공상태를 0으로 기준으로 한 압력 : 절대압력
• 표준대기압 0을 기준으로 한 압력 : 게이지압력
• 대기압보다 낮은 압력을 기준한 압력 : 진공압력

05 섭씨온도 15℃는 절대온도 몇 [K]인가?

① 288
② 256
③ 248
④ 278

해설 15 + 273 = 288K

정답 01 ② 02 ④ 03 ③ 04 ④ 05 ①

2 열량과 비열

1 열량(Quantity of Heat)

열량의 단위는 cal를 사용한다. 1[cal]란 순수한 물 1[g]을 14.5[℃]에서 15.5[℃] 높이는 데 필요한 열량을 말하며 영국과 미국에서는 BTU(British thermal unit) 단위를 사용한다. 이것은 1[lb]의 물의 온도를 1[℉] 높이는데 필요한 열량을 말한다.

(1) 1[kcal]
물 1[kg]을 1[℃] 올리는데 필요한 열량(한국·일본에서 사용되는 단위)

(2) 1[BTU]
물 1[lb]을 1[℉] 올리는데 필요한 열량(미국·영국에서 사용되는 단위)

(3) 1[PCU(CHU)]
물 1[lb]를 1[℃] 올리는데 필요한 열량

> **참고**
>
> * kcal, BTU, CHU의 관계
>   1[kcal] = 3.968[BTU]
>   1[BTU] = 1/3.968 = 0.252[kcal] = 252[cal]
>   1[CHU] = 0.4536[kcal]

2 비열(specific heat)

단위 중량당 물질의 온도를 1[℃] 올리거나 내릴 때 필요한 열량을 그 물질의 비열이라 하며 이 때 단위는 [kcal/kg·℃]로 나타내며 영국과 미국에서는 [BTU/lb·℉]를 사용한다.

(1) 정압 비열(constant pressure C_P)

기체를 압력이 일정한 상태에서 1[℃] 높이는데 필요한 열량

(2) 정적 비열(constant volume C_V)

기체를 체적이 일정한 상태에서 1[℃] 높이는데 필요한 열량

(3) 비열비(K)

기체의 정압 비열과 정적 비열과의 비 즉, C_P/C_V 이므로 비열비는 항상 1보다 크다. 다시 말해 $C_P > C_V$ 이므로 $C_P/C_V > 1$ 이다.

- **비열과 온도의 변화** : 비열이 큰 물질일수록 온도의 변화가 힘들다.
- **요점** : 비열비가 큰 가스일수록 가스압축 후의 온도가 높다.
- **물질의 비열값**
  물 : 1[kcal/kg·℃], 공기 : 0.24[kcal/kg·℃], 얼음 : 0.5[kcal/kg·℃],
  수증기 : 0.46(0.441)[kcal/kg·℃]
- **SI단위**
  물 : 4.2[kJ/kg·K], 공기 : 1.01[kJ/kg·K], 얼음 : 2.09[kJ/kg·K],
  수증기 : 1.85[kJ/kg·K]

참고

※ 냉매의 비열비(K)의 값
 ① NH_3 : 1.313 (토출가스 온도 98℃)
 ② R-12 : 1.136 (토출가스 온도 37.8℃)
 ③ R-22 : 1.184 (토출가스 온도 55℃)
 ④ 공기(Air) : 1.4
 ※ 비열비 K값이 크면 토출가스 온도가 높아진다는 걸 알 수 있다.

3 현열과 잠열 및 열용량

1 잠열

어떤 물질의 온도 변화 없이 상태만 변화시키는 데 필요한 열

2 감열(현열)

어떤 물질의 상태 변화 없이 온도만 변화시키는 데 필요한 열(현열과 같은 말)

3 증발 잠열(기화열)

액체가 일정한 온도에서 증발할 때 필요한 열(증발과 동시에 주변의 열을 뺏어가는 특징이 있다. 이 원리를 이용해 냉동장치를 구성할 수 있다.)

4 열용량(heat content)

열용량이란 어떤 물질의 온도를 1[℃]만큼 올리는데 필요한 열량이며 그 단위는 [kcal/℃]이다. 열용량(Q) = 물질의 질량(m) × 비열(C)

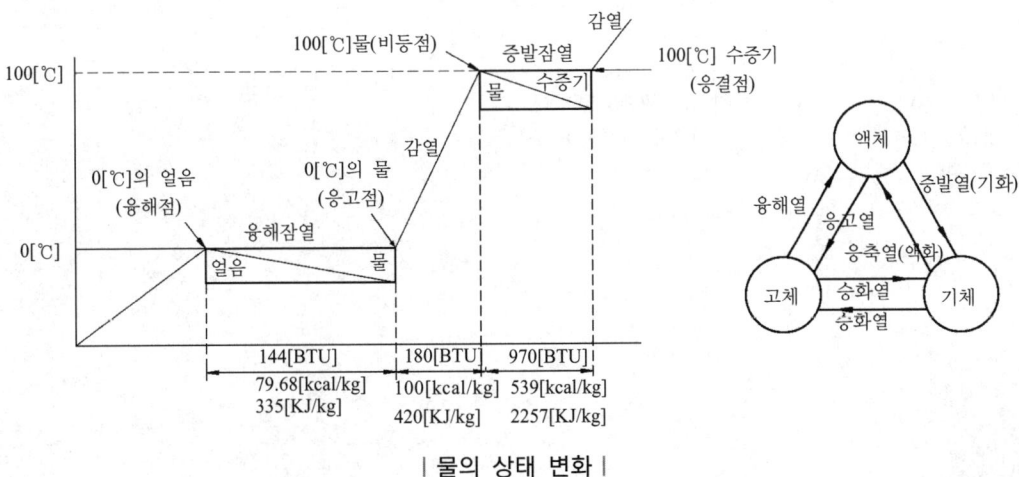

| 물의 상태 변화 |

> **참고**
>
> **✻ 증발잠열과 융해잠열**
>
> 물의 증발잠열 : 539[kcal/kg](970[BTU/lb])(SI 단위 : 2257[kJ/kg])
> 얼음의 융해잠열 : 79.68[kcal/kg](144[BTU/lb])(SI 단위 : 335[kJ/kg])
> ※ 문제에서 많이 나오는 부분이니 필히 암기하도록 하자!

5 열량 계산 방식

① 감열(현열)

$$Q = G \times C \times \Delta t$$

공학단위
- Q : 열량(kcal)
- G : 중량(kg)
- C : 비열(kcal/kg·℃)(얼음 0.5, 물 1, 공기 0.24, 수증기 0.46)
- Δt : 온도차(℃)

SI 단위
- Q : 열량(kJ)
- G : 중량(kg)
- C : 비열(kJ/kg·℃)(얼음 2.09, 물 4.2, 공기 1.01, 수증기 1.85)
- Δt : 온도차(℃)

② 잠열

$$Q = G \times r$$

공학단위
- Q : 열량(kcal)
- G : 중량(kg)
- r : 잠열(kcal/kg)

SI 단위
- Q : 열량(kJ)
- G : 중량(kg)
- r : 잠열(kJ/kg)

단원복습 문제풀이

01 어떤 물질이 상태변화 없이 온도만 변하는 과정을 올바르게 나타낸 것은?

① 감열과정
② 잠열과정
③ 증발잠열
④ 응고잠열

해설 어떤 물질의 상태변화 없이 온도만 변화는 과정 : 감열과정(현열)

02 0[℃]의 얼음 3.5[kg]을 융해 시 필요한 잠열은 약 몇 [kcal]인가?

① 245
② 280
③ 326
④ 630

해설 Q = G×r/물의 응고잠열 79.68[kcal/kg]
3.5[kg/h]×79.68[kcal/kg] = 278.88[kcal/h]

03 0[℃]의 물 1[kg]을 0[℃]의 얼음으로 만드는데 필요한 응고잠열은 대략 얼마 정도인가?

① 80[kcal/kg]
② 540[kcal/kg]
③ 100[kcal/kg]
④ 50[kcal/kg]

해설 물의 응고잠열/융해잠열 : 79.68[kcal/kg]

정답 01 ① 02 ② 03 ①

4 증기

1 포화

어느 일정한 압력하에서의 공기가 더 이상 습증기를 포함할 수 없는 상태.
(공기 중 포함할 수 있는 습증기의 양은 건구온도가 높을수록 많다.)

2 과냉각액

일정한 압력하에서 포화온도 이하로 냉각된 액체를 말한다.

3 포화액

포화온도 상태에 있는 액에 열을 가하면 온도가 일정한 상태에서 증발하는 액을 말한다.

4 포화증기

① **습포화증기** : 포화온도 상태에서 수분을 포함하고 있는 증기(건조도 1 이하)
② **건조포화증기** : 포화온도 상태에서 수분을 포함하지 않은 증기로 습포화 증기를 계속 가열하여 수분을 완전히 제거한 증기(건조도 1)

5 건조도(χ)

습증기가 포함하고 있는 기체의 비율을 나타내며 건조도라 표시한다.

> **참고**
> 어떤 증기 1[kg] 안에 건조 증기가 x[kg] 있다고 할 때 나머지는 액이므로 액은 $(1-x)$[kg]이다. 이때의 x를 건도 또는 건조도라 한다.

6 과열증기

건포화증기를 계속 가열하면 포화온도보다 온도가 높아지며 이때의 증기를 과열증기라 한다. 이 때 증기의 압력은 일정한 상태에서 변하게 된다.

① **포화온도** : 어느 일정 압력하에 액을 가열할 때 액의 상태에서 더 이상 온도가 오르지 않는 한계의 온도.(온도를 더 올리면 증발하게 된다.)
② **포화압력** : 포화온도 상에서의 압력
   ※ 포화온도는 압력에 비례하며 압력이 낮아지면 포화 온도가 낮아지고 압력이 높으면 포화온도는 상승한다.
   (즉 압력이 낮아지면 액체는 쉽게 증발하고 압력이 높으면 증발이 어렵다. 그러므로 흡수식 냉동기의 경우 냉매의 증발을 돕기 위해 증발기의 압력을 6~7.5[mmHg] 정도의 진공을 유지해주게 된다.)

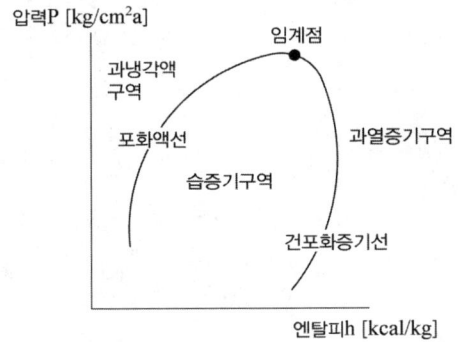

7 과열도

과열증기 온도 − 포화증기 온도 = 과열도

과열증기 온도와 포화증기 온도와의 차를 말하며 냉동기의 습압축을 방지하기 위해 과열도를 이용하기도 한다.

8 임계점

증발잠열은 압력이 클수록 적어지므로 어느 압력에 도달하면 잠열이 0[kcal/kg]이 되어 액체, 기체의 구분이 없어진다. 이 상태를 임계상태라 하고 이때의 온도를 임계온도, 이에 대응하는 압력을 임계압력이라 한다.(그 이상의 압력에서는 액체와 증기가 서로 평형으로 존재할 수 없는 상태, 임계압력 이상에서는 물질의 상태변화는 이루어질 수 없다.)

냉매 구분	임계온도[℃]	임계압력[kg/cm²abs]
NH_3	133	116.5
R-11	198	44.7
R-12	111.5	40.9
R-22	96	50.3

단원복습 문제풀이

01 건조도 x = 0.14의 뜻은?

① 포화액 14[%]
② 포화액 41[%]
③ 포화증기 14[%]
④ 포화증기 86[%]

해설 $x = \dfrac{포화증기}{포화액+포화증기} = \dfrac{14}{86+14} = 0.14$
x = 0.14는 포화액 86[%], 포화증기 14[%]

02 0[℃] 포화액의 엔탈피(kcal/kg)는 얼마인가?

① 0   ② 100
③ 10 ④ 1

해설 ① 0[℃] 포화액의 엔탈피는 100[kcal/kg]
② 0[℃] 포화액의 엔트로피는 1[kcal/kg · K]

03 정상적으로 운전되고 있는 증발기에 있어서, 냉매상태의 변화에 관한 사항 중 옳은 것은? (단, 증발기는 건식 증발기이다.)

① 증기의 건도가 감소한다.
② 증기의 건도가 증대한다.
③ 포화액이 과냉각액으로 된다.
④ 과냉각액이 포화액으로 된다.

해설 증발기 내의 냉매액은 포화액에서 건조포화증기 증발하기 때문에 건조도는 증가한다.

04 임계점에 대한 설명으로 맞는 것은?

① 어느 압력 이상에서 포화액이 증발이 시작됨과 동시에 건포화 증기로 변하게 되는데, 포화액선과 건포화 증기선이 만나는 점
② 포화온도하에서 증발이 시작되어 모두 증발하기까지의 온도
③ 물이 어느 온도에 도달하면 온도는 더 이상 상승하지 않고 증발이 시작하는 온도
④ 일정한 압력하에서 물체의 온도가 변화하지 않고 상이 변화하는 점

해설 임계점보다 높은 압력에서 기체상태로만 존재하므로 상태변화가 일어나지 않는다. 포화증기선과 포화액선 만나는 지점

정답 01 ③   02 ②   03 ②   04 ①

5 일과 동력

1 일(Work)

어떤 물체에 힘(kg)을 가했을 때 그 물체가 움직인 거리(m)를 말한다.
단위는 [kg·m]로 나타낸다.

일 = 힘×거리

[kg·m] = [kg×m]

- 줄의 실험

  줄은 1843년 열과 역학적인 일 사이의 정량적인 관계를 정밀하게 측정하여 발표하였다. 이 실험 내용은 물이 든 수조 속에 회전날개를 설치하고 여기에 도르레를 설치한 추를 매달아 추의 무게에 의해 도르레를 잡아당겨 회전자를 회전시키고 이때 수조 속 물의 온도가 올라가는 것을 측정하였다. 발생 열량은 "열량 = 수량×비열×온도차"에 의해 구하게 되며, 이를 위해 온도계가 삽입되었다.

  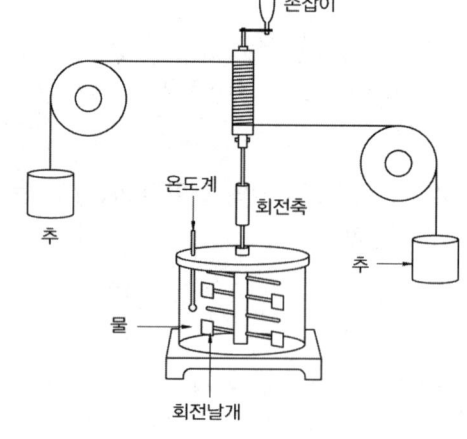

  이 실험에 의해 중량 1[kg$_f$]을 1[m] 움직일 때 발생되는 열량의 값은 $\frac{1}{427}$[kcal]라는걸 알게 된다.

- 일의 열당량(A)과 열의 일당량(J)
  ① **일의 열당량(A)** : 일을 할 때 발생되는 열의 양
  ② **열의 일당량(J)** : 열량이 있을 때 이 열량으로 할 수 있는 일의 양

  A : 일의 열당량 = $\frac{1}{427}$ [kcal/kg$_f$·m]

  J(제이) : 열의 일당량 = 427[kg$_f$·m/kcal]

  열의 일당량을 표시하는 기호로 J(제이)를 사용하며 이 기호는 J(주울) 단위와 무관하다.

2 동력(Power)

단위시간당 얼마만큼 일을 했는지를 나타내는 단위 kg·m/s 또는 HP(영국마력) PS (국제표준마력), kW(한국마력)로 표시하기도 한다.

① 동력 단위
- 1[W] = 1[J/s]
  ※ 1W(와트)는 1초에 1J의 일을 한 것을 말한다.
- 1[J] = 1[N·m]
  ※ 1J(주울)은 1[N·m]미터와 같다.
- 1[kg$_f$] = 9.8[N]
  ※ 힘1[kg$_f$]은 9.8[N]뉴톤과 같다.

$$1[kW] = 1000[W] = 1000[J/s] = 1000[N \cdot m/s] = \frac{1000}{9.8}[kg_f \cdot m/s] = 102[kg_f \cdot m/s]$$

→ 1[kW] = 102[kg·m/s]
→ 1[PS] = 75[kg·m/s] 프랑스 말을 기준하여 1초에 75[kg$_f$]로 1[m]씩 끌고 간다는 뜻
→ 1[HP] = 76[kg·m/s] 영국 말을 기준하여 1초에 76[kg$_f$]로 1[m]씩 끌고 간다는 뜻

② 동력의 열량 환산

$$1[kWh] = 102[kg_f \cdot m/s] \times 3600[s] \times \frac{1}{427}[kcal/kg_f \cdot m] = 860[kcal]$$

$$1[PSh] = 75[kg_f \cdot m/s] \times 3600[s] \times \frac{1}{427}[kcal/kg_f \cdot m] = 632[kcal]$$

$$1[HPh] = 76[kg_f \cdot m/s] \times 3600[s] \times \frac{1}{427}[kcal/kg_f \cdot m] = 641[kcal]$$

- 필수암기
  → 1[kW] = 102[kg·m/s] = 860[kcal/h] = 3600[kJ/h]
  → 1[PS] = 75[kg·m/s] = 632[kcal/h] = 2646[kJ/h]
  → 1[HP] = 76[kg·m/s] = 641[kcal/h] = 2685[kJ/h]

* SI 단위 환산
  1[kW] = 1[kJ/s] = 3600[kJ/h]

단원복습 문제풀이

01 1[HP]는 몇 [W]인가?

① 535
② 620
③ 710
④ 746

해설 1[HP] = 76[kg · m/s] = 641[kcal/h]
1[kW] = 102[kg · m/s] = 860[kcal/h]
$\chi = \dfrac{641[kcal/h]}{860[kcal/h]} \times 1[kW] = 0.745[kW] = 745.35[W]$

02 3320[kcal]의 열량에 가장 가까운 값은?

① 1[USRT]
② 1417640[kg · m]
③ 19588[BTU]
④ 3.86[kW]

해설 ① 1[USRT] = 3,024[kcal/h]
② $Q = A \cdot W$
   $= \dfrac{1}{427}[kcal/kg \cdot m] \times 1,417,640[kg \cdot m]$
   $= 3.320[kcal/h]$
③ $19,588[BTU] \times \dfrac{1[kcal]}{3.968[BTU]} = 4,936.5[kcal/h]$
④ $3.86[kW] \times 860[kcal/h] = 3,319.6[kcal/h]$

03 1[PS]은 몇 [W]인가?

① 535
② 620
③ 710
④ 735

해설 1[PS] = 75[kg · m/s] = 632[kcal/h]
1[kW] = 102[kg · m/s] = 860[kcal/h]
$\chi = \dfrac{632[kcal/h]}{860[kcal/h]} \times 1[kW] = 0.734[kW] = 734.88[W]$

정답 01 ④ 02 ② 03 ④

6　열역학 용어정리(밀도, 비중, 비체적, 원자와 분자)

1 원자량

질량수 12인 탄소원자 C의 질량을 12라 정하고 이것과 비교한 각 원소의 원자인 상대적인 질량의 값을 말한다.
한편, 원자량에 g 단위를 붙인 질량을 1[g] 원자 또는 원자 1몰이라 하며, 1[g] 원자는 종류에 관계없이 6.02×10^{23}개(아보가드로의 법칙)의 질량이다.

2 분자량

각 분자를 구성하고 있는 성분 원소의 원자량의 총합. 한편 분자량에 g 단위를 붙인 질량을 1[g] 분자 또는 1[mol]이라 하며, 1[g] 분자는 6.02×10^{23}개의 질량이다.

- 표준상태가 아닐 경우 이상기체 상태방정식을 이용하여 분자량을 구할 수 있다.

$$PV = \frac{W}{M}RT \text{ 에서 } M = \frac{WRT}{PV}$$

P : 압력(atm)
R : 기체상수($0.082[\text{atm} \cdot l/\text{mol} \cdot °K]$)
V : 체적(l)
T : 절대 온도(°K)
M : 분자량
W : 질량(g)

- 공기의 평균 분자량

 공기의 평균 조성은 부피(%)로 질소(N_2) 78[%], 산소(O_2) 21[%], 아르곤(Ar) 및 기타가스 1[%]로 보아 그 평균 분자량은

$$\frac{(28 \times 78)+(32 \times 21)+(40 \times 1)}{100} = 29 \leftarrow \text{공기의 평균 분자량}$$

즉, 공기 22.4[l]가 차지하는 무게는 약 29[g]이라 할 수 있다.

3 기체 1[g] 분자가 차지하는 부피(아보가드로 법칙)

이탈리아 과학자 아보가드로가 돌톤의 원자설에 어긋나지 않으면서 기체 반응 법칙을 설명하기 위해 고안해낸 법칙으로 모든 기체는 표준상태(STP : 0[℃] 1기압)에서 22.4[l]의 부피에 6.02×10^{23}개의 분자를 포함한다는 법칙이다.

구분	O_2	H_2	CO_2	NH_3
분자량	32[g]	2[g]	44[g]	17[g]
몰	1몰	1몰	1몰	1몰
체적	22.4[l]	22.4[l]	22.4[l]	22.4[l]
분자수	6.02×10^{23}	6.02×10^{23}	6.02×10^{23}	6.02×10^{23}

즉, 몰(mol)이란 분자, 원자, 전자 이온 6.02×10^{23}개의 모임을 말하며, 원자 전자(이온)란 명시가 없을 때는 분자 몰만을 표시한다.

4 가스밀도

각 물질은 고유의 밀도를 가지고 있으며 물질의 질량을 부피로 나눈 값으로 단위로는 [g/l], [g/cm^3], [kg/m^3] 등을 주로 사용한다.(어떤 물질의 분자들이 정해진 공간에 빽빽하게 들어차있을 경우 밀도가 크다라고 표현하며 고체보다 기체가 분자 간의 거리가 멀기 때문에 고체에 비해 기체가 밀도가 작다고 볼 수 있다.)

$$\frac{분자량}{22.4} = 기체밀도[kg/m^3]$$

5 가스비중

표준상태(STP : 0[℃], 1기압)에서 어떤 물질의 질량과 이것과 같은 부피를 가진 표준 물질(가스의 경우 : 공기분자량 29)의 질량과의 비율이다.(대부분의 경우 밀도와 같은 개념이며 밀도는 고유 분자의 개념이고 기체 비중의 경우 온도와 압력에 따라 변할 수 있는 값이다.)

$$\frac{기체분자량}{공기의\ 평균\ 분자량(29)} = 기체비중$$

6 비체적

어떤 물질이 단위질량당 차지하는 체적을 나타낸 값이다. 단위는 [l/g], [m^3/kg]으로 밀도의 역수라 할 수 있다.

$$\frac{22.4}{\text{분자량}\,M} = \text{기체비체적}[m^3/kg]$$

7 액의밀도

단위부피당 질량(기체 밀도와 같은 개념)

$$\frac{\text{질량}[m]}{\text{부피}[v]} = \text{액밀도}[kg/m^3]$$

8 액비중

4[℃]의 순수한 물의 무게와 같은 부피의 액의 무게와 비

> **참고**
> - 질량[kg] : 그 물질이 갖는 고유의 무게로 장소에 따라 변하지 않는다.
> - 중량[kgf] : 그 물질이 갖는 고유의 무게에 중력가속도(9.8[m/s^2])가 더해진 값 무게 상태와 장소에 따라 값이 변할 수 있다.

7 열역학 법칙

1 열역학 제0법칙(열평형법칙)

온도가 서로 다른 물체를 접촉시키면 높은 온도를 지닌 물체의 온도는 내려가고 낮은 온도의 물체는 온도가 올라가서 두 물체의 온도차가 없게 되어 열평형이 이루어지는 현상으로 열평형 법칙이라고도 한다.

$$G_1 C_1 \triangle t_1 + G_2 C_2 \triangle t_2 = (G_1 C_1 + G_2 C_2) \times tm$$

$$tm(평균온도) = \frac{G_1 C_1 \triangle t_1 + G_2 C_2 \triangle t_2}{G_1 C_1 + G_2 C_2} = \frac{G_1 \triangle t_1 + G_2 \triangle t_2}{G_1 + G_2}$$

- G : 질량(kg)
- C : 비열(kcal/kg · ℃)
- $\triangle t$: 온도차(℃)
- tm : 평균온도(℃)

2 열역학 제1법칙(에너지보존의 법칙)

기계적 일은 열로 변할 수 있고 반대로 열도 기계적 일로 변환이 가능하다는 법칙. 열역학 제1법칙은 지금 일 W를 하여 발생한 열량을 Q라 할 때, 다음 식으로 나타낼 수 있다.

$$Q = AW, \quad W = JQ$$

- W : 일량(kg · m)
- J : 열의 일당량(427[kg · m/kcal])
- Q : 열량(kcal)
- A : 일의 열당량(1/427[kcal/kg · m])

① 엔탈피(enthalpy) : 유체가 가진 열에너지와 일 에너지를 합한 열역학적 총에너지를 엔탈피라 하고 유체 1[kg]이 가진 엔탈피가 비엔탈피이다.

$$엔탈피(h) = U + APV$$

- U : 내부 에너지(kcal)
- A : 일의 열당량(1/427[kcal/kg · m])
- PV : 일량(kg · m)

3 열역학 제2법칙(에너지 흐름의 법칙 = 실제적 법칙)

일에너지는 열에너지로 쉽게 바뀔 수 있지만 열 에너지를 일 에너지로 바꾸려면 열기관을 통해야 하는데 열기관을 통해도 열의 전부가 일로 바뀌지 않고 일부가 손실된다.

① 일은 쉽게 열로 변화되지만, 열은 일로 변할 때 그보다 더 낮은 저온체를 필요로 한다.
② 어떤 기관이든 100[%] 열효율을 가지는 기관은 지구상에 존재하지 않는다.
③ **엔트로피**(entropy) : 어떤 단위중량당의 물체가 가지고 있는 열량에 그 유체의 그때 절대온도로 나눈 값이다.

$$엔트로피(\triangle s) = \frac{\triangle Q}{T}$$

$\triangle Q$: 열량(kcal/kg), (kJ/kg)
$\triangle S$: 엔트로피(kcal/kg·K), (kJ/kg·K)
T : 절대온도(K)

4 열역학 제3법칙(네른스트의 열 정리)

열적 평형 상태에 있는 '모든 결정성 고체의 엔트로피는 절대 0°에서 0이 된다'라고 하는 법칙, 즉 어떠한 상태에서도 절대 0°(-273[℃])에 이르게 할 수 없다는 법칙

단원복습 문제풀이

01 온도가 다른 두 물체를 접촉시키면 열은 고온에서 저온의 물체로 이동한다. 이것은 어떤 법칙인가?

① 주울의 법칙
② 열역학 제2법칙
③ 헤스의 법칙
④ 열역학 제1법칙

해설 고온에서 저온으로의 열이동(에너지 흐름의 법칙) 열역학 제2법칙

02 열역학 제1법칙을 설명한 것 중 옳은 것은?

① 열평형에 관한 법칙이다.
② 이론적으로 유도 가능하여 엔트로피의 뜻을 잘 설명한다.
③ 이상 기체에만 적용되는 열량 법칙이다.
④ 에너지 보존의 법칙 중 열과 일의 관계를 설명한 것이다.

해설 열역학 제1법칙 – 에너지보존의 법칙(열은 일로 일은 열로 변환이 가능하다.)

03 한 공학자가 가정용 냉장고를 이용하여 겨울에 난방을 할 수 있다고 주장하였다면 이 주장은 이론적으로 열역학 법칙과 어떠한 관계를 갖겠는가?

① 열역학 제1법칙에 위배된다.
② 열역학 제2법칙에 위배된다.
③ 열역학 제1, 2법칙에 위배된다.
④ 열역학 제1, 2법칙에 위배되지 않는다.

해설 어떤 기관이든 100% 열효율을 가지는 기관은 지구상에 존재하지 않는다.(열역학 제2법칙에 위배)

정답 01 ② 02 ④ 03 ②

8 이상기체와 실제기체

1 이상기체(완전가스-압력이 낮고 온도가 높을수록 이상기체에 가깝다.)

이상기체법칙(보일·샬, 돌턴의 법칙 등)을 따르는 기체로 구성분자들이 모두 동일하며 분자의 부피가 0이고, 분자 간 상호작용이 없는 가상적인 기체이다. 실제의 기체들은 낮은 압력과 높은 온도에서 이상기체와 거의 유사한 성질을 나타낸다.

> **참고**
> ① 이상기체는 질량이 있으나, 이상기체 분자 자신은 부피가 없다.
> ② 이상기체 분자 사이에 인력이 존재하지 않는다.
> ③ 이상기체는 응축 액화가 불가능하다.

① **이상기체 상태방정식** : 온도, 압력, 부피와의 관계를 나타내는 방정식
  ㉠ 1[mol]인 경우 : $PV = RT$
  ㉡ n[mol]인 경우 : $PV = nRT$

$$PV = \frac{W}{M}RT, \quad n = \frac{W}{M}$$

  P : 압력(atml)
  V : 체적/부피(l)
  R : 기체상수 – 기체 1mol의 경우 $R = \dfrac{PV}{T}$로 0℃ 1기압일 때 모든 기체는 22.4[L]
     의 체적을 가지므로 $\dfrac{1 \times 22.4}{273} = 0.082[l \cdot \text{atm/K} \cdot \text{mol}]$이 된다.
  T : 절대온도(K)
  W : 무게(g, kg)
  M : 분자량(g/mol, kg/kmol)

> ※ 단위에 따른 기체상수 R의 값
> ① $l \cdot \text{atm/K} \cdot \text{mol} = 0.082$
> ② $\text{erg/K} \cdot \text{mol} = 8.31 \times 10^7$
> ③ $\text{cal/K} \cdot \text{mol} = 1.978$

② **보일(Boyle)의 법칙** : 온도가 일정할 때, 일정량의 기체가 차지하는 체적(부피)은 압력에 반비례한다.(1662년 아일랜드의 학자인 보일에 의해 고안되었다.)
아래 식에 의해 T = C일 때 압력과 체적이 반비례함을 알 수 있다.

$$P_1 V_1 = P_2 V_2 \rightarrow V_1 = \frac{P_2 V_2}{P_1}$$

$\begin{bmatrix} P : 압력(kg/cm^2),\ (N/m^2) \\ V : 체적/부피(l),\ (m^3) \end{bmatrix}$

③ **샬(Charle)의 법칙** : 압력이 일정할 때 기체의 체적(부피)은 온도에 비례한다.
(1782년 프랑스 학자인 샬의 미발표 논문에 의해 개발됨. 이 후 1802년 조셉루이 게이뤼삭이 발표)
아래 식에 의해 P = C일 때 체적과 온도는 비례함을 알 수 있다.

$$\frac{V_1}{T_1} = \frac{V_2}{T_2} \rightarrow V_1 = \frac{T_1 V_2}{T_2}$$

$\begin{bmatrix} T : 절대온도(K) \\ V : 체적/부피(l),\ (m^3) \end{bmatrix}$

④ **보일-샬의 법칙** : 일정량의 기체가 가진 체적은 압력에 반비례하고, 절대 온도에 비례한다.

아래 식에 의해 $\frac{PV}{T} = C$(일정)일 때 체적은 온도에 비례하고 압력에 반비례함을 알 수 있다.

$$\frac{PV}{T} = C(일정) \rightarrow \frac{P_1 V_1}{T_1} = \frac{P_2 V_2}{T_2} \rightarrow V_1 = \frac{T_1 P_2 V_2}{P_1 T_2}$$

$\begin{bmatrix} P : 압력(kg/cm^2),\ (N/m^2) \\ T : 절대온도(K) \\ V : 체적/부피(l),\ (m^3) \end{bmatrix}$

⑤ **달톤(Dalton)의 분압 법칙** : 여러 종류의 이상기체를 혼합할 때 이 혼합기체의 전압(전체 압력)은 각 기체 분압(부분 압력)의 총합과 같다.
P = P₁+P₂+P₃

$\begin{bmatrix} P : 전체\ 압력(전압) \\ P_1,\ P_2,\ P_3 : 각\ 기체의\ 압력(분압) \end{bmatrix}$

2 실제기체

이상기체는 실제로 존재할 수 없는 것이다. 예를 들어 이 세상에 분자 간의 인력이 존재하지 않거나 부피가 0인 기체는 존재할 수 없다. 그러므로 실제기체는 분자 간 인력이 존재하고 분자 자체의 부피도 무시할 수 없다. 이상기체와는 반대로 압력이 높거나 온도가 낮을 때는 이상기체 법칙으로부터 제외된다.(분자 간 상호작용이 존재할 때 기체를 응축액화시킬 수 있다.)

① 반데르 발스의 방정식(Vander waals)
  ㉠ 1[mol]인 경우
  $$\left(P + \frac{a}{V^2}\right)(V-b) = RT \qquad ※ \ P = \frac{RT}{V-b} - \frac{a}{V^2}$$
  ㉡ n[mol]인 경우
  $$\left(P + \frac{n^2 a}{V^2}\right)(V-nb) = nRT \qquad ※ \ P = \frac{nRT}{V-nb} - \frac{n^2 a}{V^2}$$

$\begin{bmatrix} a : 기체\ 분자\ 간의\ 인력 \\ b : 기체\ 자신이\ 차지하는\ 체적 \\ n : 몰수 \end{bmatrix}$

단원복습 문제풀이

01 다음 설명 중 내용이 맞는 것은?
① 1[BTU]는 물 1[lb]를 1[℃] 높이는데 필요한 열량이다.
② 절대압력은 대기압의 상태를 0으로 기준하여 측정한 압력이다.
③ 이상기체를 단열팽창 시켰을 때 온도는 내려간다.
④ 보일-샬의 법칙이란 기체의 부피는 절대압력에 비례하고 절대온도에 반비례한다.

해설 1[BTU]는 물1[lb]를 1[℉] 높이는데 필요한 열량
절대압력은 완전진공을 0으로 기준하여 측정한 압력
이상기체를 단열팽창 시켰을 때 온도는 내려간다.
보일-샬의 법칙이란 일정량의 기체가 가진 체적은 압력에 반비례하고, 절대 온도에 비례한다.

02 이상기체의 엔탈피가 변하지 않는 과정은?
① 가역 단열과정
② 등온과정
③ 비가역 압축과정
④ 교축과정

해설 교축작용 : 교축작용 시 온도와 압력은 내려가지만 엔탈피의 변화는 없다.
$PT = \downarrow \quad h = C$

정답 01 ③ 02 ④

9 기체의 상태변화(등온과정, 단열과정, 폴리트로픽 과정)

1 등온과정(Isothermal)

기체를 압축 또는 팽창 시 온도가 일정한 것을 나타내며 이론적인 변화에 해당된다.

- **압축 시** : 실린더 주위를 냉각하면서 압축에 수반되는 가스의 온도 상승을 완전히 방지, 압축의 전후에 있어서 가스의 온도를 같게 하는 압축이다.

$PV^n = C$(일정) → $n = 1$ → $PV = C$(일정)으로 나타낼 수 있다.

$$P_1 V_1 = P_2 V_2 \qquad \therefore \frac{P_2}{P_1} = \frac{V_1}{V_2}$$

- P_1 : 압축전의 가스압력(kg/cm²), (N/m²)
- P_2 : 압축후의 가스압력(kg/cm²), (N/m²)
- V_1 : 압축전의 체적(m³)
- V_2 : 압축후의 체적(m³)

2 단열과정(Adiabatic)

기체의 상태변화 중 기체에 대한 열의 출입이 없는 상태로 단열과정이라 하며 냉동기의 압축과정은 이론적으로 단열변화에 가장 가깝다고 할 수 있다.

- **압축 시** : 실린더를 완전히 단열하여 가스의 압축 중 열이 외부로 방출되지 못하게 하여 압축한다. (단열압축은 압축 후 가스의 온도상승, 소요일량, 압력상승이 가장 크며 이상적이다.).

$PV^K =$ (일정) → $K = \dfrac{Cp}{Cv} > 1$ 로 나타낸다.

- P : 가스압력(kg/cm²), (N/m²)
- V : 가스체적(m³)
- Cp : 기체정압비열(kcal/kg·℃), (kJ/kg·℃)
- Cv : 기체정적비열(kcal/kg·℃), (kJ/kg·℃)
- K : 비열비

3 폴리트로픽 과정(Polytropic)

가장 실제적인 압축과정, 등온과정과 단열과정의 중간 형태로 열량, 온도상승, 압력상승도 중간 형태인 압축방식이다.

$PV^n = $ (일정) → $1 < n < K$로 나타낼 수 있다.

- K : 비열비
- $n = k$ (단열변화)
- $n = 1$ (등온변화)
- $n = 0$ (정압변화)
- $n = \infty$ (정적변화)

단원복습 문제풀이

01 단열압축, 등온압축, 폴리트로픽 압축에 관한 사항 중 틀린 것은?

① 압축일량은 단열압축이 제일 크다.
② 압축일량은 등온압축이 제일 작다.
③ 실제 냉동기의 압축 방식은 폴리트로픽 압축이다.
④ 압축가스 온도는 폴리트로픽 압축이 제일 높다.

해설 $1 < n < K$
등온압축 < 폴리트로픽 압축 < 단열압축

02 단열압축, 등온압축, 폴리트로픽 압축에 관한 다음 사항 중 틀리는 것은?

① 압축일량은 단열압축이 제일 크다.
② 압축일량은 단열압축이 제일 작다.
③ 실제 냉동기의 압축방식은 폴리트로픽 압축이다.
④ 압축일량은 등온압축이 제일 작다.

해설 $1 < n < K$
등온압축 < 폴리트로픽 압축 < 단열압축

정답 01 ④ 02 ②

10 전열

전열이란 온도가 높은 곳에서 낮은 곳으로 열이 이동하는 것을 말하며 전열은 온도차에 의해서 이루어진다.

$$Q = \frac{\Delta T}{W}$$

- Q : 전열량(kcal/h), (kJ/h), (kW)
- W : 열 이동에 대한 저항(mh℃/kcal), (mh℃/kJ), (m℃/kW)
- ΔT : 온도차(℃)

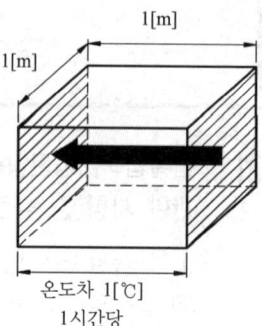

온도차 1[℃]
1시간당

위 공식에 의해 전열량은 온도차에 비례하고 열저항에 반비례한다.

1 열전도(Conduction)

고체와 고체 간의 열 이동을 열전도라 한다.
고체 내에서 열이 이동하는 것도 열전도라 할 수 있다.

$$Q = \lambda \cdot \frac{F \cdot \Delta t}{l}$$

- Q : 한 시간에 이동되는 열량(kcal/h), (kJ/h), (kW)
- λ : 열전도율(kcal/mh℃), (kJ/mh℃), (kW/m℃)
- F : 전열면적(m²)
- Δt : 온도차(℃)
- l : 두께(m)

• 열전도율(kcal/mh℃), (kJ/mh℃), (kW/m℃)

열전달 정도를 나타내는 물질의 상수. 1변이 1[m]인 입방체에 4면을 완전히 열전달하여 나머지 2면을 온도차 1[℃]로 유지할 때 1시간에 양면을 흐르는 열량을 열전도율이라 한다.

2 열전달(Heat transfer)

유체와 고체 간의 열이동을 말한다.

$Q = \alpha \cdot F \cdot \Delta t$

- Q : 한 시간 동안에 이동한 열량(kcal/h), (kJ/h), (kW)
- α : 열전달률, 표면전열률(kcal/m²h℃), (kJ/mh℃), (kW/m℃)
- F : 전열 면적(m²)
- Δt : 유체와 고체 간의 온도차(℃)

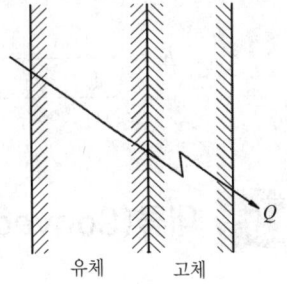
유체   고체

3 열관류율(열통과율 : K)

온도가 다른 유체가 고체벽을 사이에 두고 있을 때 온도가 높은 유체 I 에서 낮은 유체 II로 열이 이동하는 것을 열통과 또는 열관류율(kcal/m²h℃), (kJ/m²h℃), (kW/m²℃)이라 한다.

$Q = K \cdot F \cdot \Delta t$

- Q : 한 시간 동안에 통과한 열량(kcal/h), (kJ/h), (kW)
- K : 열통과율(kcal/m²h℃), (kJ/m²h℃), (kW/m²℃)
- F : 전열 면적(m²)
- Δt : 온도차(℃) (SI 단위 : 얼음 2.09, 물 4.2, 공기 1.01, 수증기 1.85)

4 평판전열벽

열통과율은 제반 전열저항의 합이므로

$W = W_{S_1} + W_{C_1} + W_{C_2} + W_{C_3} + \cdots\cdots + W_{S_2}$

열전도저항 $W_C = \dfrac{l}{\lambda \cdot F}$

열전달저항 $W_S = \dfrac{1}{\alpha_1 \cdot F}$ 이므로

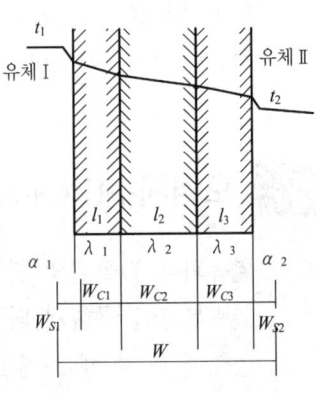

$W = \dfrac{1}{\alpha_1 \cdot F} + \dfrac{l_1}{\lambda_1 \cdot F} + \dfrac{l_2}{\lambda_2 \cdot F} + \dfrac{l_3}{\lambda_3 \cdot F} + \cdots\cdots + \dfrac{1}{\alpha_2 \cdot F}$

$K = \dfrac{1}{F \cdot W}$ 에서 $W = \dfrac{1}{K \cdot F}$ 이므로

$$K = \cfrac{1}{F\left\{\cfrac{1}{F}\left(\cfrac{1}{\alpha_1} + \cfrac{l_1}{\lambda_1} + \cfrac{l_2}{\lambda_2} + \cfrac{l_3}{\lambda_3} + \cdots\cdots + \cfrac{1}{\alpha_2}\right)\right\}}$$

$$\therefore \ K = \cfrac{1}{\cfrac{1}{\alpha_1} + \cfrac{l_1}{\lambda_1} + \cfrac{l_2}{\lambda_2} + \cfrac{l_3}{\lambda_3} + \cdots\cdots + \cfrac{1}{\alpha_2}}$$

5 대류(Convection)

수조에 차가운 물을 반쯤 담아 두고 그 위에 뜨거운 물을 부었을 때 차가운 물에 비해 뜨거운 물의 밀도가 작으므로 수조의 위쪽으로 올라오려 하고 이때 차가운 물은 상대적으로 밀도가 커지므로 수조의 아랫부분으로 내려가려고 하는데 이때 이 밀도차에 의해 물이 순환하는 것을 대류라 한다. 이러한 현상은 액체뿐만 아니라 기체에서도 공통적으로 발생되며 이 성질을 이용해 공기조화 또는 난방을 하기도 한다.

① **자연대류** : 유체의 밀도 변화에 의하여 일어나는 대류
② **강제대류** : 팬 또는 펌프 등 기계를 이용한 강제 대류

6 복사(Radiation)

태양열은 공기층을 지나 지구표면에 이른다. 이와 같이 열이 통하는 중간매질을 통하지 않고 열선(자외선)에 의해 높은 온도의 물체에서 낮은 온도의 물체로 열이 옮아가는 작용을 복사라 한다.

7 오염계수($kcal/m^2h°C$), ($kJ/m^2h°C$), ($kW/m^2°C$)

열통과율은 물질의 열전도율에 따라 그 값이 달라진다. 이런 성질을 이용해 열교환기의 열관류율을 구하게 되는데 이때 열교환기 내의 스케일 및 물때 등의 절연저항을 계산하기도 한다. 이때 스케일의 열전도율 λ와 그 두께 l의 비로 ($\frac{\lambda}{l}$) 표시한 것을 오염계수라 하며 단위는 ($kcal/m^2h°C$), ($kW/m^2h°C$), ($kW/m^2°C$)로 열통과율과 같다.

> **참고**
> 오염계수를 열통과율의 반대개념으로 보아 단위를 $m^2h°C/kcal$로 사용하는 경우도 있다.

$\dfrac{\lambda}{l}$ = 오염계수(kcal/m²h℃), (kJ/m²h℃), (kW/m²℃)

$\left[\begin{array}{l}\lambda : \text{열전도율(kcal/mh℃), (kJ/mh℃), (kW/m℃)}\\ l : \text{두께(m)}\end{array}\right.$

8 방열재(단열재)의 구비조건과 종류

(1) 방열재 구비조건

① 전열이 불량할 것
② 흡습성이 적을 것
③ 강도가 있을 것
④ 불연성일 것
⑤ 부식성이 없을 것
⑥ 시공이 용이할 것
⑦ 내구력이 있을 것
⑧ 가격이 저렴하고 구입이 용이할 것

(2) 방열재 종류

유리섬유(glass fiber), 스티로폼(styrofoam), 톱밥, 글라스 화이버(glass fiber)

단원복습 문제풀이

01 다음의 그림은 열흐름을 나타낸 것이다. 열흐름에 대한 용어로 틀린 것은?

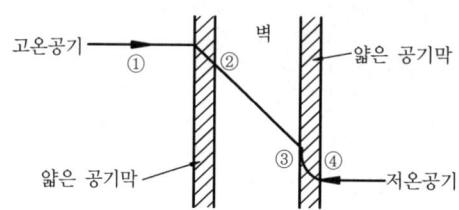

① ① → ② : 열전달
② ② → ③ : 열관류
③ ③ → ④ : 열전달
④ ① → ④ : 열통과

해설 고체와 고체 간의 열이동 : 열전도
유체와 고체 간의 열이동 : 열전달
① 열전달, ② 열전도, ③ 열전달, ④ 열통과

02 [kcal/m²h℃]의 단위는 무엇인가?

① 열전도율
② 열상승률
③ 열통과율
④ 열복사율

해설 ① kcal/mh℃
② 없음
③ kcal/m²h℃
④ 없음

03 암모니아 수냉식 응축기에서 다음과 같은 조건일 때 열관류율은?

- 냉각관 두께 = 3.0[mm]
- 냉각관의 열전도율 = 40[kcal/mh℃]
- 표면 열전달율 = 3,000[kcal/m²h℃] (양측 같음)
- 부착물 물때 두께 = 0.2[mm]
- 물때의 열전도율 = 0.8[kcal/mh℃]

① 1,008[kcal/m²h℃]
② 988[kcal/m²h℃]
③ 998[kcal/m²h℃]
④ 978[kcal/m²h℃]

해설
$$K = \dfrac{1}{\dfrac{1}{\alpha_1} + \dfrac{l_1}{\lambda_1} + \dfrac{l_2}{\lambda_2} + \dfrac{1}{\alpha_2}}$$
$$= \dfrac{1}{\dfrac{1}{3000} + \dfrac{0.003}{40} + \dfrac{0.0002}{0.8} + \dfrac{1}{3000}}$$
$$= 1008.4 [kcal/m^2h℃]$$

정답 01 ② 02 ③ 03 ①

CHAPTER

3

냉동공학(냉동냉장설비)

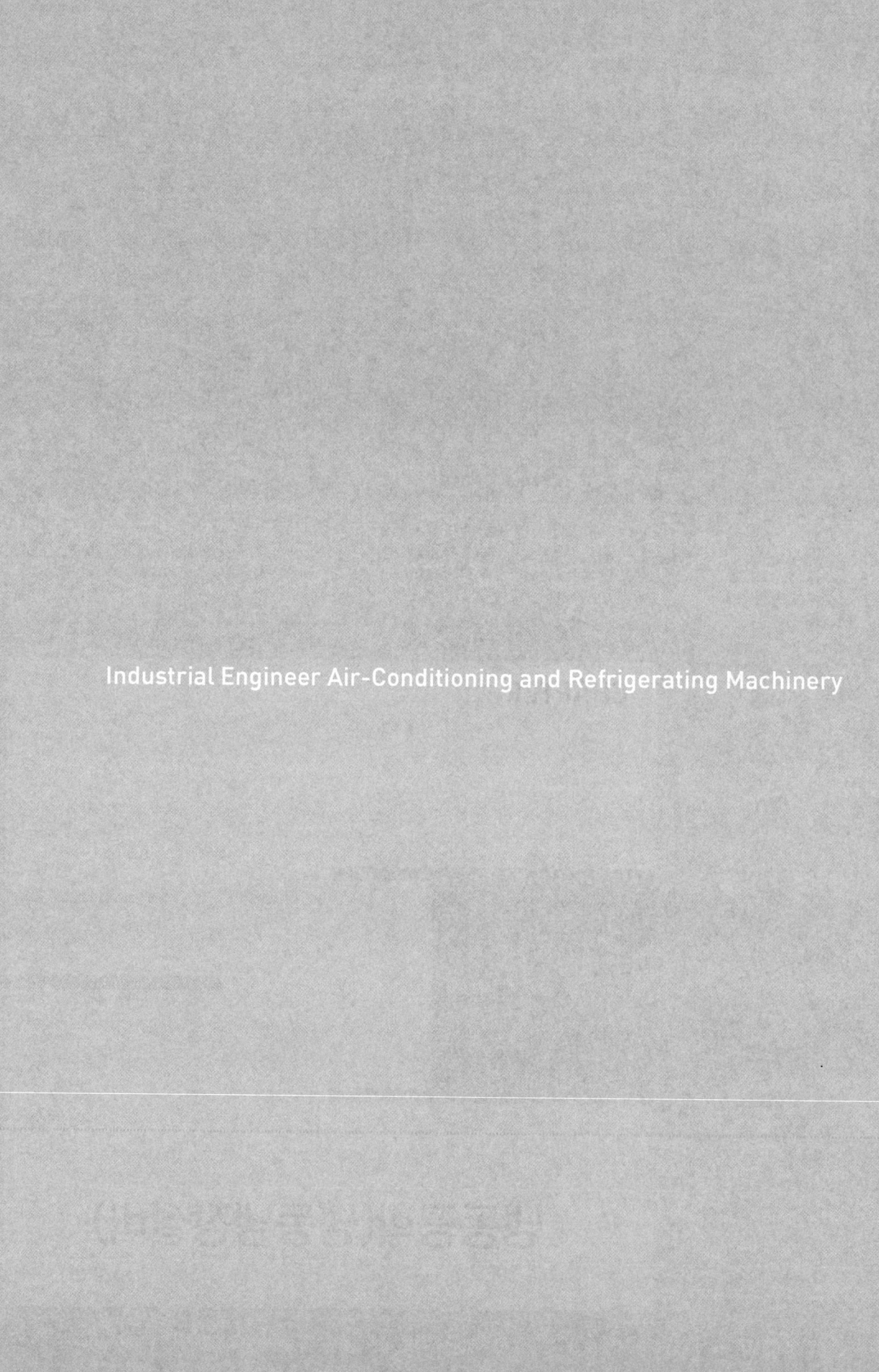
Industrial Engineer Air-Conditioning and Refrigerating Machinery

Chapter 3

냉동공학(냉동냉장설비)

1 냉동원리

1 냉동용어와 원리

(1) 냉동용어

냉동이란 어느 공간 또는 물체의 열을 흡수하여 그 온도를 현재 온도보다 낮게 하고 그 낮게 한 온도를 계속 유지시켜나가는 현상을 말한다.

- **냉각** : 물체의 온도를 주위의 온도보다 낮게 유지하는 것.
- **냉장** : 물체가 동결되지 않도록 하여 저장하는 상태.
- **냉동** : 물체의 온도를 동결온도 이하로 낮추어 동결상태로 유지하는 것.
  (동결온도 : −15℃)
- **제빙** : 상온의 물을 −9℃ 얼음으로 만드는 것.
- **공기조화** : 열을 조절하는 상태를 공기조화라 하며 크게 보건용 공조와 산업용 공조로 나뉜다.

(2) 냉동의 원리

모든 물체의 상태가 변할 때는 반드시 흡열 또는 발열현상이 일어나는데 이것은 여름철 뜨거워진 아스팔트 위에 차가운 물을 부으면 시원해지는 원리와 같다. 즉 여름철 뜨거운 아스팔트 위에 차가운 물을 부으면 순간적으로 물(액체)은 증발하면서 수증기(기체)로 변하게 되는데 이때 물의 증발잠열(상태변화)에 의해 주변의 열을 흡수하게 되며 그로 인해 주변의 온도는 낮아지게 된다.

위와 같이 대기압하에서 쉽게 상태변화를 일으키는 물질이 냉매가 되며 이런 상태변화를 이용해 주변의 열을 흡수시키는 장치를 냉동기라 한다.(냉동기의 종류에 따라 상변화 없이 냉각시키는 장치도 있다.)

2. 냉동방법

(1) 자연적 냉동방법

① **얼음의 융해 잠열(고체 → 액체)** : 얼음(고체)이 녹으면 물(액체)로 상변화하게 된다. 이를 융해라 하며 이 때 발생하는 융해잠열을 이용한 냉동방법을 말한다.(0℃ 얼음 1kg이 액체 상태로 변환될 때 79.68kcal/kg의 열을 흡수한다.)

② **고체의 승화열(고체 CO_2 → 기체)** : 드라이아이스(CO_2 고체)는 대기압에서 액체 상태로 존재하지 못하고 바로 증발하여 기체 상태로 변하게 되는데 이를 승화(고체 → 기체)라 하며 이 때 발생하는 승화잠열에 의한 냉동방법을 말한다.(비점 -78.5℃인 드라이아이스(CO_2)가 기화하면서 137kcal/kg의 열을 흡수한다.)

③ **액체의 증발 잠열(액체 → 기체)** : 물(액체)에 열을 가하여 100℃가 되면 물이 끓어 증발하여 수증기(기체)로 상변화를 일으키는데 이 때 발생되는 증발잠열을 이용한 냉동방법을 말한다.(100℃ 물 1kg이 증기로 변화할 때 539kcal/kg의 열을 흡수한다.)
  ※ 가장 많이 사용되고 있는 증기압축식 냉동기와 흡수식 냉동기의 기본 원리이기도 하다.

④ **기한제 이용방법** : 한제(寒劑)라고도 하며 결합력이 좋은 두 종류의 물질이 서로 섞이면서 순간적으로 주위의 열을 흡수하는 성질을 이용한 냉동방법을 말한다.(1607년 이탈리아의 사크토리우스는 얼음과 소금의 3:1 비율로 가장 낮은 온도를 얻을 수 있다고 발표하였다.)

기한제	혼합비율	강하온도(℃)
얼음(눈) + 소금	3 : 1	- 20
얼음(눈) + 희염산	8 : 5	- 32
얼음(눈) + 염화칼슘	4 : 5	- 40
얼음(눈) + 탄산칼륨	3 : 4	- 45

- **자연적 냉동방법의 특징**
  - 초기 설치 비용이 적게 든다.
  - 취급이 용이하다.
  - 연속적인 냉동효과를 얻을 수 없다.
  - 온도 조절이 어렵다.
  - 저온을 얻기가 어렵다.
  - 냉각제가 소모되면 보충해주어야 하므로 비경제적이다.

(2) 기계적 냉동방법

자연적 냉동방법의 냉매는 한 번 쓰고 나면 재생이 불가능하다. 하지만 기계적 냉동방법의 경우 기계의 전력, 증기, 연료 등을 이용하여 냉매를 순환시키므로 기계상의 누수나 결함이 없는 한 냉매를 반영구적으로 사용할 수 있다.

① 증기압축식 냉동기
증기의 잠열(증발잠열)을 이용한 냉동 방식으로 낮은 압력하에서 쉽게 증발하고 쉽게 응축(액화)할 수 있는 유체(냉매)를 이용해 증발과 응축을 반복하여 냉동 목적을 달성하는 장치

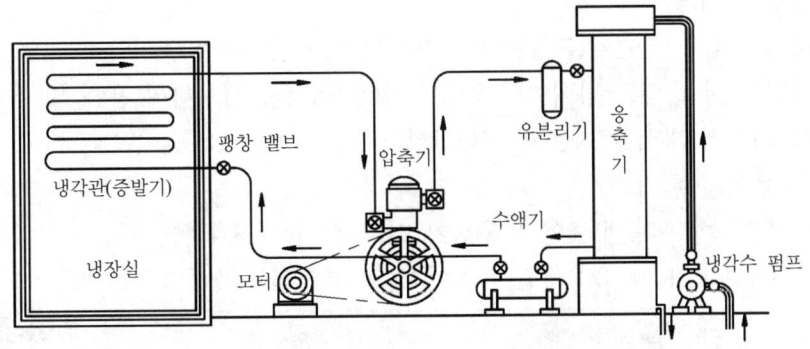

| 증기압축냉동 |

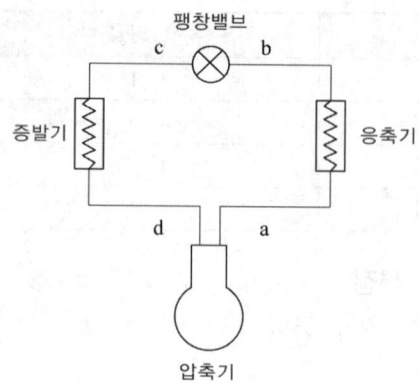

㉠ 증기압축식 냉동기 4대 구성요소(압축기 → 응축기 → 팽창밸브 → 증발기)
　ⓐ 압축기(compressor) : 냉매를 순환시키며 응축기에서 쉽게 응축액화 할 수 있도록 고온, 고압의 냉매가스를 순환시키는 장치
　　• 압축기의 종류 : 왕복동식, 회전식, 터보식, 스크류식
　ⓑ 응축기(condenssor) : 압축기에서 순환된 고온, 고압의 냉매가스를 외부의 물이나 공기를 이용해 응축 액화시키는 장치
　　• 응축기의 종류 : 공냉식, 수냉식, 증발식
　ⓒ 팽창밸브(expansion valve) : 증발기에서 증발이 쉽게 이루어지도록 하기 위해 응축기 또는 수액기에서 응축되어온 고온, 고압의 냉매액를 교축시켜 저온, 저압의 습증기로 만드는 장치(여기까지는 이론상 액으로 표시한다.)
　　• 교축 : $h = C$(엔탈피 일정), $PT = \downarrow$ (압력과 온도 감소)
　ⓓ 증발기(evaperator) : 팽창밸브에서 교축되어 냉매액(습증기)이 들어오면 주위(실내)의 열을 흡수해 냉매액을 증발시키고 이 증발잠열을 이용해 실제 실내를 냉동시키는 장치(냉동효과 달성, 에어컨실내기)

② **흡수식 냉동기**
증기의 잠열과 현열을 동시에 이용하는 냉동장치이며 증기압축식 냉동기와 달리 압축기가 필요 없는 방식이며 압축기 대신 버너를 사용하여 용해 및 유리작용을 이용한 화학적 방식을 이용한 냉동방법이다.
㉠ 용해와 유리
　ⓐ 용해(희용액) : 어떤 물질이 서로 섞이는 상태
　ⓑ 유리(농용액) : 어떤 물질이 서로 분리되는 상태

	용해	유리(분리)
P(압력)	높을 때 ↑	낮을 때 ↓
T(온도)	낮을 때 ↓	높을 때 ↑

ⓛ 냉매와 흡수제
  흡수식 냉동기에서는 냉매의 증발잠열을 이용해 냉동효과를 얻는데 냉매가 액체상태로 되돌아오지 않고 증발한 기체상태로만 존재한다면 더 이상 냉동효과를 얻을 수가 없다. 그러므로 흡수제를 이용해 냉매를 액화시키고 다시 재순환시키게 된다.
  ⓐ 냉매가 물(H_2O)일 때 : 리튬브로마이드(LiBr)
  ⓑ 냉매가 암모니아(NH_3)일 때 : 흡수제 물(H_2O) 사용

냉 매	흡수제
물(H_2O) 비등점(100℃)	리튬브로마이드(LiBr) 비등점(1265℃)
암모니아(NH_3) 비등점(-33.3℃)	물(H_2O) 비등점(100℃)

ⓒ 흡수식 냉동기 장치설명
  ⓐ 재생기(발생기/농축기) : 희용액(흡수제+냉매)을 열원(증기 또는 전기)으로 가열하여 냉매와 흡수제를 분리시켜 냉매는 응축기로 보내고 흡수제는 다시 흡수기로 보내진다.

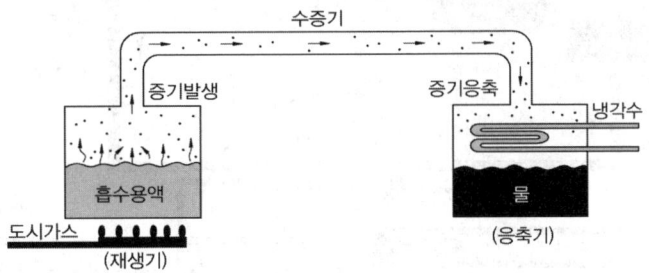

| 재생기 |

  ⓑ 응축기 : 발생기에서 흡수제액과 분리된 냉매증기는 응축기에서 냉각수와 열교환하여 응축 액화한다.
  ⓒ 증발기 : 응축기에서 넘어온 냉매는 냉매펌프에 의해 냉수냉각관 상부에 살포되어 냉수로부터 열을 빼앗아 증발한다. 증발한 냉매는 흡수기에 흡수되며 냉각되어진 냉수는 냉동목적에 이용된다.
  ⓓ 흡수기 : 승발기에서 승발한 냉매가스를 흡수제와 희석시켜 희용액으로 만든다.(흡수기 내의 압력은 증발기 내의 압력보다 다소 낮아 냉매가 계속 유입될 수 있다. → 압력은 고압에서 저압으로 흐른다.)

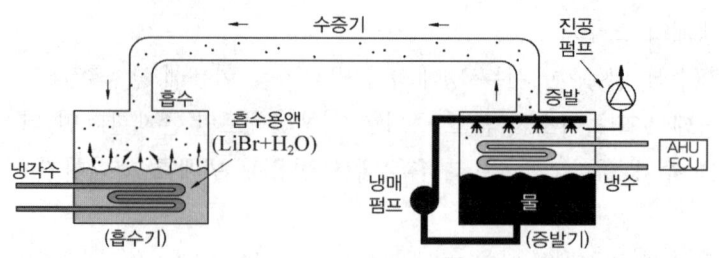

| 흡수기 |

ⓔ 열교환기 : 펌프에 의해 흡수기에서 발생기로 이송된 묽은 용액과 발생기에서 흡수기로 돌아오는 고온의 진한 흡수용액을 열교환함으로써 효율을 향상시킨다.

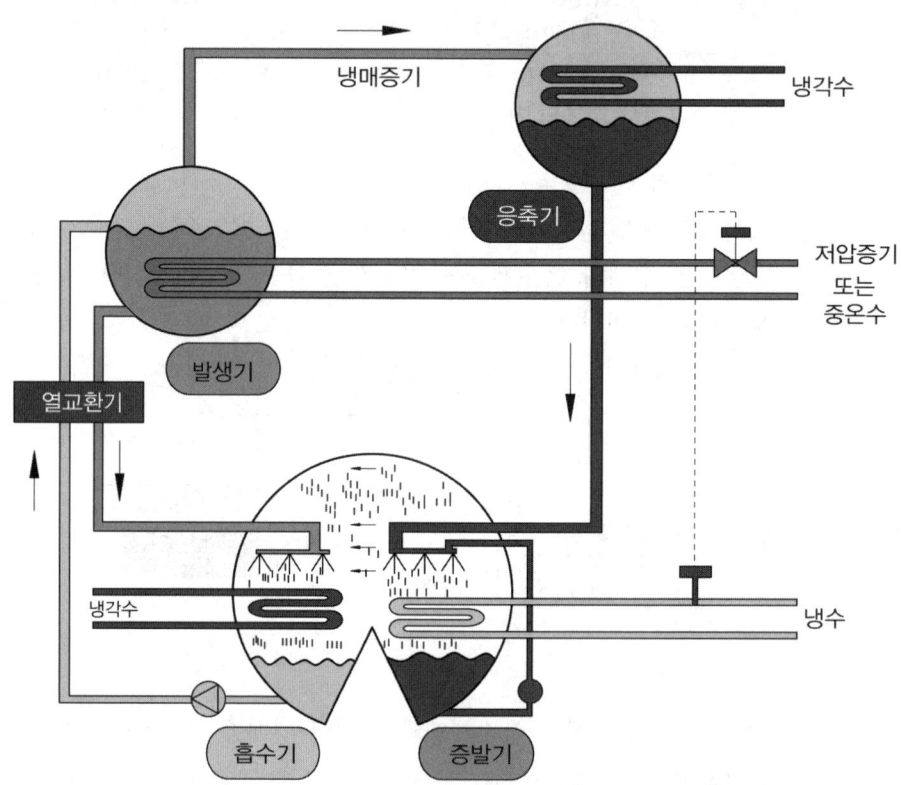

| 흡수식 냉동기 전체 구성도 |

ⓒ 흡수식 냉동기 동작설명

(흡수식 냉동기 4대 구성요소 : 재생기 → 응축기 → 증발기 → 흡수기)

ⓐ 재생기(발생기) : 희용액(냉매+흡수제)을 가열하게 되면 재생기 내에 존재하는 물(냉매)은 100℃에서 끓어 증기가 되고 응축기로 들어가게 된다. 이 때 LiBr 리튬브로마이드(흡수제) 용액은 비등점이 1265℃이므로 액체 상태로 남아 흡수기로 보내진다.

ⓑ 응축기 : 이렇게 재생기에서 넘어온 수증기(기체)를 냉각탑(쿨링타워)에 의해 응축액화시켜 물(냉매)을 액체 상태로 만들어 증발기로 보내게 된다.

ⓒ 증발기 : 응축기에서 보내온 액상의 물(냉매)을 증발기에 들어가기 직전 팽창밸브에 의해 교축시켜 증발기 상부에 분무시키게 되는데 이때 증발기 내부는 약 6.5~7[mmHg]의 진공상태를 유지하고 있으므로 작은 열에도 쉽게 증발하게 된다. 이를 이용해 실내의 냉수와 열교환시켜 약 5[℃] 가량의 냉수를 만들어 실내로 보내 실제적 냉동효과를 얻는다.

ⓓ 흡수기 : 증발기에서 냉수와 열교환하여 증발된 수증기(냉매)는 증발기와 흡수기의 압력차에 의해 기체상태로 흡수기 상부에 고이게 되는데 이 때 재생기에서 재생된 흡수제(농용액)와 만나게 되고 흡수제에 의해 수증기(기체)는 흡수되어 액체 상태로 돌아오게 된다. 이 후 다시 재생기로 보내져 냉동사이클을 완성시킨다.

※ 흡수제의 성질은 냉매액을 빨아들이는 성질을 가지고 있다. 즉 흡수기 안에 냉매증기가 조금만 들어오더라도 흡수제는 그 냉매를 흡수하여 액체상태로 변하게 된다.

③ **증기분사식 냉동기**

증기압축식 냉동기나 흡수식 냉동기와 달리 압축기 및 버너를 사용하지 않고 이젝터(ejector)와 같이 노즐(nozzle)을 사용, 이 노즐을 통해 증기를 고속 분사시키면서 주위의 가스를 빨아들여 진공이 된다. 이 때 증발기 내의 물 또는 식염수는 저압 아래에서 증발됨으로써 그 증발잠열에 의해 냉매가 냉각되고 이를 이용해 냉동하는 방식

• **구성요소** : 증발기 – 이젝터 – 복수기(냉수 및 복수펌프용)

※ 이젝터에서 분사된 증기는 복수기의 냉각수에 의하여 냉각되어 응축하게 되는데 이 때 복수기 내를 진공으로 유지하기 위해 추기용 이젝터가 사용된다.

④ **공기사이클식 펌프**

공기를 단열압축하여 교축작용을 통하여 온도가 강하하는 원리를 이용.(주로 항공기에 사용된다.)

⑤ **전자 냉동법**

두 종류의 금속을 서로 접합하여 두 접점에 온도차를 두면 이에 비례하여 직류 전류가 발생한다. 이러한 현상을 제백효과(seebeck effect)라 하며 이와 반대로 두 금속에 전류를 흘려보내면 양 접점에 온도차가 생겨 열의 흡수 또는 발생이 일어나는데 이것을 펠티어(Peltier effect) 효과라 한다.(이러한 두 현상을 포괄적으로 열전효과라 부른다.)

㉠ 제백효과(Seebeck effect) : 이종금속에 온도차를 흘리면 열기전력이 발생한다. (발전기)

ⓒ 펠티어 효과(Peltier effect) : 이종금속의 접합점에 전류를 인가시키면 각각의 접촉부에서 흡열과 발열현상이 발생된다.(냉동기)
ⓒ 톰슨 효과(Thomson Effect) : 동종금속에 전류를 흘리면 흡열과 발열반응 발생
ⓔ 열전 반도체 : 비스무트 텔루르, 안티몬 텔루르, 비스무트 텔루르 셀렌 등

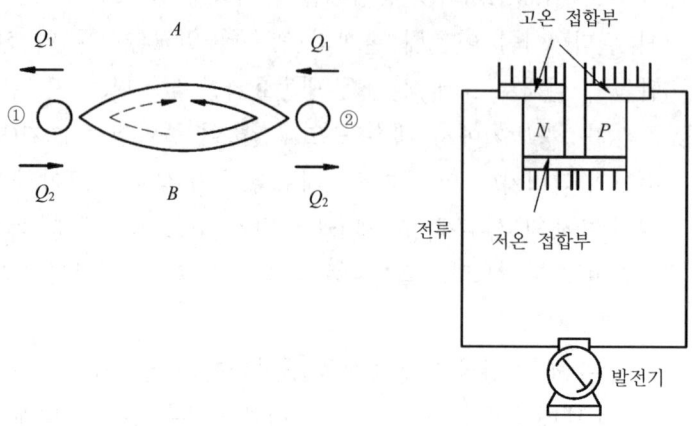

| 펠티어 효과 |

⑥ **열펌프**(Heat Pump)

히트펌프라고도 하며 냉동기의 고온부인 응축기의 방열작용을 이용한 난방 사이클이다. 4방밸브(4Way valve)를 사용하여 여름철에는 냉방이 가능하고 겨울철에는 난방이 가능하도록 구성된 냉동장치이다.

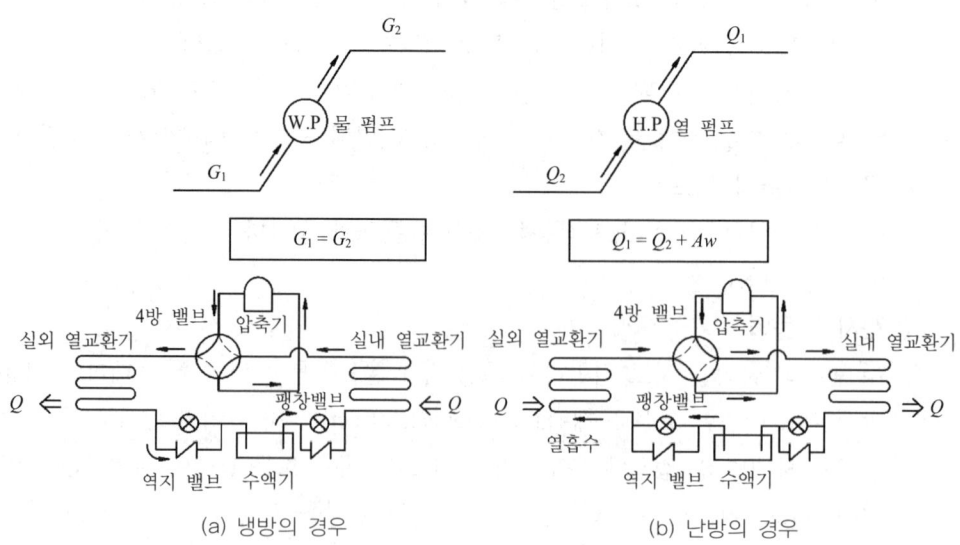

| 열 펌프(heat pump) 구성도 |

단원복습 문제풀이

01 흡수식 냉동기의 설명으로 잘못된 것은?

① 운전 시의 소음 및 진동이 거의 없다.
② 증기, 온수 등 배열을 이용할 수 있다.
③ 압축식에 비해서 설치면적 및 중량이 크다.
④ 흡수식은 냉매를 기계적으로 압축하는 방식이며 열적(熱的)으로 압축하는 방식은 증기압축식이다.

해설 흡수식 냉동기는 버너의 화학적 에너지(열에너지)를 이용한 냉동방식이다.

02 흡수식 냉동장치의 냉매와 흡수제의 조합으로 맞는 것은?

① 물(냉매) - NH_3(흡수제)
② NH_3(냉매) - 물(흡수제)
③ LiBr(냉매) - 물(흡수제)
④ 물(냉매) - 에탄올(흡수제)

해설

냉 매	흡수제
물(H_2O)	리튬브로마이드(LiBr)
암모니아(NH_3)	물(H_2O)

03 흡수식 냉동장치의 적용대상이 아닌 것은?

① 백화점 공조용
② 산업 공조용
③ 냉난방장치용
④ 제빙공장용

해설 흡수식 냉동기의 냉수온도는 약 5℃이다.

04 두 가지 금속으로 폐회로를 만들었을 때 두 접합점에 온도 차이를 주면 열기전력이 발생하는 현상은?

① 평형효과   ② 톰슨 효과
③ 열전효과   ④ 펠티어 효과

해설 열전효과
두 금속에 전류를 흘려보내면 양 접점에 온도차가 생겨 열기전력이 발생하는 현상

05 지열을 이용하는 열펌프(Heat Pump)의 종류가 아닌 것은?

① 엔진구동 열펌프
② 지하수 이용 열펌프
③ 지표수 이용 열펌프
④ 지중열 이용 열펌프

해설 지열을 이용한 열펌프의 종류 : 지하수 열펌프, 지표수 열펌프, 지중열 열펌프

정답 01 ④ 02 ② 03 ④ 04 ③ 05 ①

06 증기분사 냉동법 설명으로 가장 옳은 것은?

① 융해열을 이용하는 방법
② 승화열을 이용하는 방법
③ 증발열을 이용하는 방법
④ 펠티어 효과를 이용하는 방법

해설 이젝터를 이용하여 고온고압의 증기를 고속으로 분사시켜 이때 얻어지는 저압을 통한 증발잠열을 이용한 냉동방식

07 증기 압축식 냉동기와 흡수식 냉동기에 대한 설명 중 잘못된 것은?

① 증기를 값싸게 얻을 수 있는 장소에서는 흡수식이 경제적으로 유리하다.
② 냉매를 압축하기 위해 압축식에서는 화학적 에너지를 흡수식에서는 기계적 에너지를 이용한다.
③ 흡수식에 비해 압축식이 열효율이 높다.
④ 동일한 냉동능력을 갖기 위해서 흡수식은 압축식에 비해 장치가 커진다.

해설 냉매를 압축하기 위해 압축식에서는 전기적 에너지를 흡수식에서는 화학적 에너지를 이용한다.

08 다음 중 기계적 냉동방법인 것은?

① 고체의 융해잠열을 이용하는 방법
② 고체의 승화열을 이용하는 방법
③ 기한제를 이용하는 방법
④ 증기 압축식 냉동기를 이용하는 방법

해설 융해열, 승화열, 기한제 등을 이용한 냉동방법은 자연적 냉동방법에 해당된다.

정답   06 ③   07 ②   08 ④

2 냉동선도와 사이클

1 냉동사이클

(1) 사이클(cycle)

열기관 및 냉동기 등의 장치에서 장치의 동작이 A동작 ⇌ B동작 이와 같이 A동작에서 B동작으로 변하였다가 다시 A동작으로 돌아올 수 있는 과정을 사이클이라 한다. 순환이라고도 하며 A동작이 B동작을 거쳐 다시 A동작으로 돌아올 때 손실이 없이 100% 처음으로 돌아오는 사이클을 가역사이클이라 한다. 이 가역사이클은 세상에 존재하지 않는다.(열역학 제2법칙 위배)

(2) 카르노사이클(cycle)

카르노사이클은 1824년 프랑스의 물리학자 사디카르노(당시 육군공병장교 시절)에 의해 발표되었으며 이로 인해 열역학 제2법칙의 기초를 닦았다. 즉 뜨거운 물체의 열은 차가운 물체의 열로 이동이 가능한데 이때 일이 발생된다. 그러나 차가운 물체의 열은 뜨거운 물체의 열로 혼자서 이동이 불가능하며 열의 이동을 위해서는 그 사이에 일이 필요하다. 이러한 카르노 순환의 개념을 도입하여 카르노사이클을 고안해 정리하였다. (증기기관차의 원리)

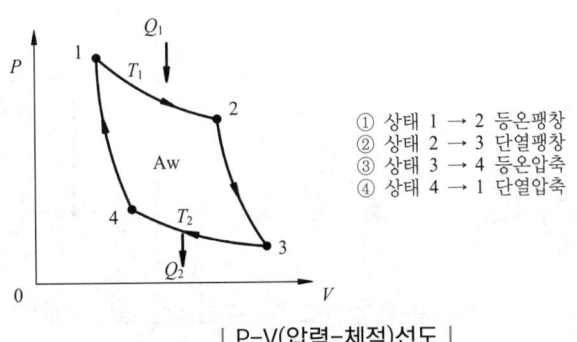

① 상태 1 → 2 등온팽창
② 상태 2 → 3 단열팽창
③ 상태 3 → 4 등온압축
④ 상태 4 → 1 단열압축

| P-V(압력-체적)선도 |

위와 같이 카르노사이클은 두 개의 등온과정과 두 개의 단열과정으로 구성되며 고열원(Q_1)에서 저열원(Q_2)로 열을 이동시키며 일(Aw)을 발생시키게 되는데 이 사이클은 열역학 제1법칙에 의해 다음과 같이 나타낼 수 있다.

- 열과 일의 관계식

  $Q_1 = Aw + Q_2$ 또는 $Aw = Q_1 - Q_2$

- 카르노사이클의 열효율 η_c

  $\eta_c = \dfrac{\text{한것}}{\text{준것}} = \dfrac{Aw}{Q_1} = \dfrac{Q_1 - Q_2}{Q_1} = \dfrac{T_1 - T_2}{T_1}$

이 사이클을 T-S(온도-엔트로피) 선도로 나타낼 경우 이 가역과정에서 그 면적은 열 교환량을 표시할 수 있다. 이 선도에서 열량 Q_1, Q_2와 일량 A_w는

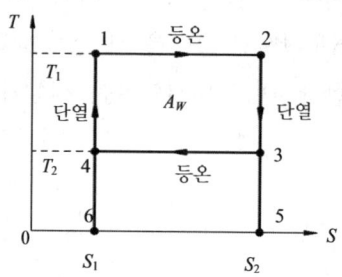

Q_1 : 공급열량
Q_2 : 방출열량
Q_1=면적 1256 = $T_1(S_2 - S_1)$
Q_2=면적 4356 = $T_2(S_2 - S_1)$
$A_w = Q_1 - Q_2$ = 면적 1234로 표시된다.

| T-S(온도-엔트로피)선도 |

(3) 역카르노사이클(cycle) - 이상적냉동사이클

이상적 냉동사이클 이라고도 하며 카르노사이클의 역방향으로 순환시켜 만든 사이클로 실제 냉동사이클은 비가역사이클이다.(열역학 제2법칙(비가역) : 효율이 100%인 기계는 존재하지 않는다.)

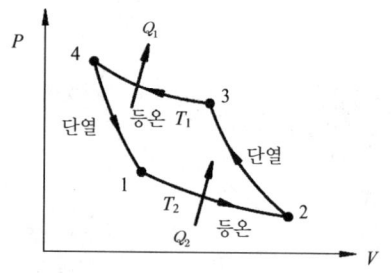 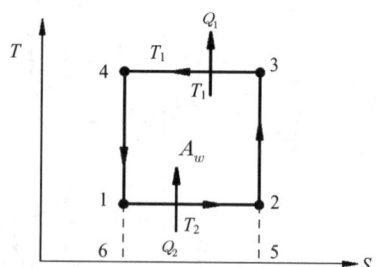

| P-V(압력-체적)선도 T-S(온도-엔트로피 선도) |

① 상태 1 → 2 등온팽창(흡열구간 Q_2)
② 상태 2 → 3 단열압축
③ 상태 3 → 4 등온압축(방열구간 Q_1)
④ 상태 4 → 1 단열팽창

$Aw = Q_1 - Q_2$ 이므로 T-S선도상에서 $Q_1(6534) - Q_2(6521) = A_w(1234)$가 된다.

(4) 표준냉동사이클(기준냉동사이클)

냉동기의 능력을 계산할 때에는 같은 냉동기라 할지라도 사용조건(장소, 시간, 온도, 냉매 종류 등)에 따라 모두 다르게 나타나므로 어떤 냉동기가 효율이 좋고 나쁜지를 판단하기가 어렵다. 그래서 냉동기의 효율을 보다 정확히 판단하기 위해 각 냉매의 종류에 따른 표준냉동사이클(기준냉동사이클)을 정해두게 되었다.

① 응축온도(응축압력에 대한 포화온도) : 30℃(80°F)
② 증발온도(흡입압력에 대한 포화온도) : -15℃(5°F)
③ 압축기 흡입가스 : 건조포화증기(-15℃)
④ 과냉각도 : 5℃

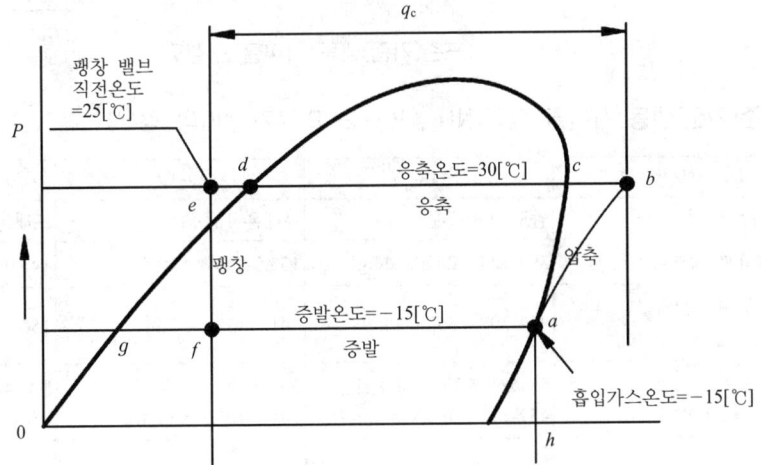

| 표준(기준)냉동 사이클 P-h(몰리에르)선도 |

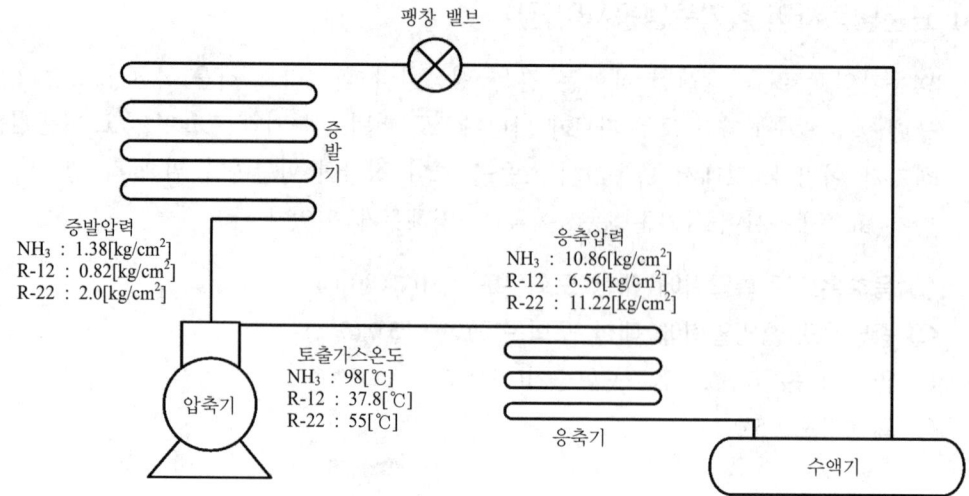

| 표준(기준)냉동 사이클 구성도 |

▶ 표준(기준)냉동 사이클 계산(NH_3, R-12, R-22 냉매의 경우)

냉매 기준 냉동 사이클	NH_3 암모니아 냉매	R-12 프레온 12 냉매	R-22 프레온 22 냉매
1. 냉동효과 : $q = i_a - i_e$	397-128 = 269[kcal/kg]	135.3-105.8 = 29.5	147.9-107.7 = 40.2
2. 압축일의 열당량 : $A_w = i_b - i_a$	452-397 = 55[kcal/kg]	141.2-135.3 = 5.9	156-147.9 = 8.1
3. 응축부하 : $q_c = A_w + q = i_b - i_e$	55+269 = 324[kcal/kg] 452-128 = 324[kcal/kg]	5.9+29,.5 = 35.4 141.2-105.8 = 35.4	8.1+40.2 = 48.3 156-107.7 = 48.3
4. 플래시 가스 발생량 : $i_e - i_g$	128-84 = 44[kcal/kg]	105.8-96.1 = 9.7	107.7-95.7 = 12
5. 플래시 가스 발생률(%) : $\dfrac{i_e - i_g}{i_a - i_g} \times 100$	$\dfrac{128-84}{397-84} \times 100$ = 14.06[%]	$\dfrac{134.3-105.8}{135.3-96.1} \times 100$ = 75.26[%]	$\dfrac{147.9-107.7}{147.9-95.7} \times 100$ = 77[%]
6. -15[℃]에서의 $i_a - i_g$ 증발잠열	397-84 = 313[kcal/kg]	135.3-96.1 = 39.2	147.9-95.7 = 52.2
7. 건조도(x) = $\dfrac{i_e - i_g}{i_a - i_g}$	$\dfrac{128-84}{397-84}$ = 0.14[kg/kg]	$\dfrac{105.8-96.1}{135.3-96.1}$ = 0.2474	$\dfrac{107.7-95.7}{147.9-95.7}$ = 0.2298
8. 압축비 = $\dfrac{P_2}{P_1}$	$\dfrac{11.895}{2.41}$ ≒ 4.93	$\dfrac{7.59}{1.86}$ ≒ 4.08	$\dfrac{12.25}{3.03}$ = 4.042

냉매	NH₃	R-12	R-22
9. 성적계수 $GP = \dfrac{T_2}{T_1 - T_2}$ $COP = \dfrac{q}{A_w}$ 압축기 효율 = $\dfrac{COP}{GP} \times 100$	$\dfrac{258}{303-258} = 5,.73$ $\dfrac{269}{55} = 4.89$ $\dfrac{4.89}{5.73} \times 100 = 85.39[\%]$	$\dfrac{258}{303-258} = 5,.73$ $\dfrac{29.5}{5.9} = 5$ $\dfrac{5}{5.73} \times 100 = 87.26[\%]$	$\dfrac{258}{303-258} = 5,.73$ $\dfrac{40.2}{8.1} = 4.96$ $\dfrac{4.96}{5.73} = 86.56$
10. 1[RT]당 냉매순환량 $G = \dfrac{RT}{q}$	$\dfrac{3320}{269} = 12.34[kg/h]$	$\dfrac{3320}{29.5} = 112.6$	$\dfrac{3320}{40.2} = 82.6$
11. 1[RT]당 압축기 흡입 가스 전체적 : $V = Gv$	$12.34 \times 0.51 = 6.28[m^3/h]$	$112.6 \times 0.0927 = 10.44$	$82.6 \times 0.0776 ≒ 6.41$
12. 1[RT]당 압축일의 열량 : $A_w \cdot G$	$55 \times 12.34 = 0.51$ $= 6.28[m^3/h]$	$5.9 \times 112.6 = 664.34$	$8.1 \times 82.6 = 669.06$
13. 1[RT]당 운전소모마력 : $HP = \dfrac{A_w \cdot G}{632}$	$\dfrac{679}{632} = 1.07[PS]$	$\dfrac{664.34}{632} ≒ 1.05$	$\dfrac{669.06}{632} ≒ 1.059$
14. 1[RT]당 운전소요동력 $kW = \dfrac{A_w \cdot G}{860}$	$\dfrac{679}{860} = 0.79[kWh]$	$\dfrac{664.34}{860} = 0.77$	$\dfrac{669.06}{860} = 0.778$
15. 1[RT]당 응축부하 : $qc \cdot G$	$324 \times 12.34 = 3,998[kcal/h]$	$35.4 \times 112.6 = 3986.04$	$48.3 \times 82.6 = 3989.58$

2 성적계수(COP)

앞서 카르노사이클의 효율에 대해 언급한 바 있다. 카르노사이클의 경우 이상적인 열기관 사이클의 효율이며 $\eta_c = \dfrac{한것}{준것} = \dfrac{A_w}{Q}$ 로 나타낸다.

하지만 이상적 냉동사이클의 경우 역카르노 사이클이므로 η_R 또는 COP로 표시하게 된다. 즉 COP란 이상적 냉동사이클의 효율이다.

(1) 역 카르노사이클(이상적 냉동사이클)의 이론성적계수

$$COP_R = \dfrac{한것}{준것} = \dfrac{Q_2}{A_w} = \dfrac{Q_2}{Q_1 - Q_2} = \dfrac{T_2}{T_1 - T_2}$$

T_1 : 응축 절대온도(K) T_2 : 증발 절대온도(K)
Q_1 : 응축부하(kcal/kg), (kJ/kg) Q_2 : 증발부하(kcal/kg), (kJ/kg)

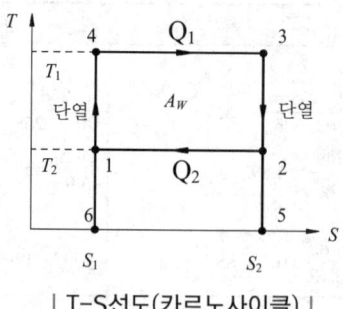

| T-S선도(카르노사이클) |

위 T-S선도에서

$Q_2 = T_2(S_2 - S_1)$

$Q_1 = T_1(S_3 - S_4) = T_1(S_2 - S_1)$

$COP = \dfrac{Q_2}{Aw} = \dfrac{Q_2}{Q_1 - Q_2} = \dfrac{T_2(S_2 - S_1)}{T_1(S_2 - S_1) - T_2(S_2 - S_1)}$

$= \dfrac{T_2(S_2 - S_1)}{(T_1 - T_2)(S_2 - S_1)} = \dfrac{T_2}{T_1 - T_2}$

※ 엔트로피($\triangle S$) : $\triangle S = \dfrac{\triangle Q}{T}$ [kcal/kg·K], [kJ/kg·K]

(2) 열 펌프의 성적계수

$COP_H = \dfrac{한것}{준것} = \dfrac{Q_1}{A_w} = \dfrac{Q_1}{Q_1 - Q_2} = \dfrac{T_1}{T_1 - T_2}$

- T_1 : 응축 절대온도(K)
- T_2 : 증발 절대온도(K)
- Q_1 : 응축부하(kcal/kg)
- Q_2 : 증발부하(kcal/kg)

(3) 실제적 성적계수(ϵ_0)

$\epsilon_0 = \dfrac{냉동능력[\text{kcal/h}]}{압축소요마력 \times 632[\text{kcal/h}]} = \epsilon \times \eta_c \times \eta_m$

$\eta_c(압축효율) = \dfrac{이론마력}{실제마력}$, $\eta_m(기계효율) = \dfrac{실제마력}{운전소요마력}$

- 필수암기사항

  1[PS] = 75[kg · m/s] = 632[kcal/h] = 2646[kJ/h]

  1[HP] = 76[kg · m/s] = 641[kcal/h] = 2685[kJ/h]

  1[kW] = 102[kg · m/s] = 860[kcal/h] = 3600[kJ/h]

> **참고**
>
> ① 열기관의 열효율(η)은 항상 1보다 작다.
>
> $\eta < 1 \rightarrow \dfrac{Q_1 - Q_2}{Q_1} < 1$
>
> ② 냉동기, 열펌프의 성적계수(COP)는 항상 1보다 크다.
>
> $COP > 1 \rightarrow COP_R = \dfrac{Q_2}{Q_1 - Q_2} > 1 \rightarrow COP_H = \dfrac{Q_1}{Q_1 - Q_2} > 1$

3 냉동기 계산

(1) 냉동력

냉매 1[kg]이 증발기에서 흡수하는 열량[kcal/kg], [kJ/kg]

① 증발 및 응축압력이 변화하면 냉동효과도 변화한다.

② 냉동효과 = 증발기 출구 엔탈피 h_a(압축기 입구) − 증발기 입구 엔탈피 h_f(팽창밸브 출구)

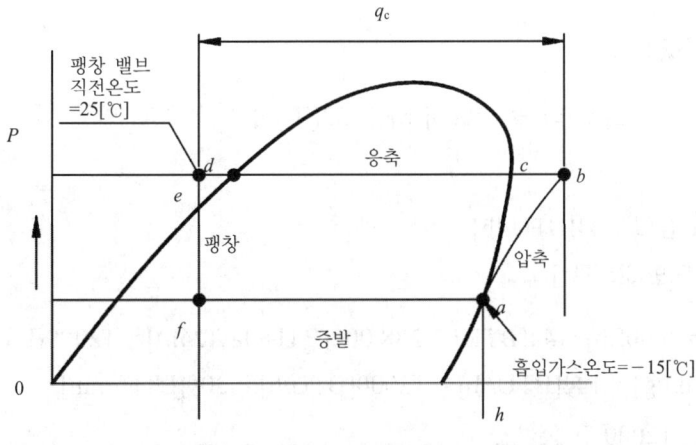

| P-h 선도 |

- 냉동효과(q) = $h_a - h_f$

  kcal/kg = kcal/kg − kcal/kg

  $\begin{bmatrix} q : \text{냉동효과}(kcal/kg)(kJ/kg) \\ h_a : \text{증발기 출구 엔탈피}(kcal/kg)(kJ/kg) \\ h_f : \text{증발기 입구 엔탈피}(kcal/kg)(kJ/kg) \end{bmatrix}$

(2) 냉동능력

단위 시간당 증발기가 제거할 수 있는 열량[kcal/h]

- 냉동능력(Q_r) = $G \times q$

  kcal/h = kg/h×kcal/kg

  $\begin{bmatrix} Q_r : \text{냉동능력}(kcal/h)(kJ/h) \\ G : \text{냉매순환량}(kg/h) \\ q : \text{냉동효과}(kcal/kg)(kJ/kg) \end{bmatrix}$

(3) 냉동톤(RT)

24시간 동안 0[℃]의 물 1[ton]을 0[℃]의 얼음으로 만들 때 제거해야 할 기본적인 열량

$Q = G \cdot C \cdot \triangle T$ (현열)

$Q = G \cdot r$ (잠열)

$\begin{bmatrix} Q : \text{흡수열량}(kcal/h)(kJ/h) \\ G : \text{냉매순환량}(kg/h) \\ r : \text{응고잠열}(79.68kcal/kg)(335kJ/kg) \end{bmatrix}$

* 1RT = 3.86kW
  1RT = 3320kcal/h

한국 1RT = 1000×79.68 = 79680[kcal/day(24h)] = 3320[kcal/h] = 55[kcal/min]

(4) USRT(미국)

24시간 동안 32[℉]의 물 2000[lb]을 32[℉]의 얼음으로 만들 때 제거하여야 할 이론적인 열량

물의 응고잠열 144[BTU/lb]

1[kcal] = 3.968[BTU]

1USRT = 2000[lb]×144[BTU] = 288,000[BTU/day(24h)] = 12000[BTU/h]
79.68[kcal/kg] = 144[BTU/lb] = 12000[BTU/h] = 200[BTU/min]

1USRT = $\dfrac{12000}{3.968}$ = 3024[kcal/h] 또는 12000×0.252 = 3024[kcal/h]

※ 한국 냉동톤은 미국 냉동톤보다 약 10[%] 가량 크다.

(5) 제빙톤

24시간 동안 25[℃]의 물 1[ton]을 −9℃의 얼음으로 만드는데 제거하여야 할 열량.
(단, 제조과정에서의 열손실을 20[%] 가산한다.)

① 25[℃]의 물 1[ton]을 0[℃] 물로 만드는데 제거해야 할 현열량
  $Q_1 = GC\Delta T = 1000[kg] \times 1[kcal/kg \cdot ℃] \times (25-0)[℃] = 25000[kcal]$

② 0[℃]의 물 [1ton]을 0[℃] 얼음으로 만드는데 제거해야 할 잠열량
  $Q_2 = G \cdot r = 1000[kg] \times 79.68[kcal/kg] = 79680[kcal]$

③ 0[℃]의 얼음 1[ton]을 -9[℃] 얼음으로 만드는데 제거해야 할 현열량
  $Q_3 = GC\Delta T = 1000[kg] \times 0.5[kcal/kg \cdot ℃] \times (0-(-9))[℃] = 4500$

※ $Q_1 + Q_2 + Q_3 = 25000 + 7968 + 4500 = 109,180[kcal/24h]$

따라서 열손실 20%를 가산하면,
$109,180 \times 1.2 = 131,016[kcal/24h]$ → 1제빙톤은 131,016[kcal/24h]와 같다.

1제빙톤을 냉동톤으로 환산하면,

$\dfrac{131016}{24 \times 3320} = 1.65[RT]$ → 1제빙톤은 1.65[RT]와 같다.

(6) 결빙시간

결빙시간$(h) = \dfrac{0.56 \times t^2}{-(tb)}$

$\begin{bmatrix} t : 얼음의\ 두께(cm) \\ 0.56 : 결빙계수 \\ tb : 브라인\ 온도(℃) \end{bmatrix}$

※ 결빙시간은 얼음 두께의 2제곱에 비례한다.

4 증기선도(몰리에르 선도)

(1) 증기선도의 종류

① P-V 선도 : 종축 절대압력(P), 횡축 체적(V)
② h-S 선도 : 종축 엔탈피(h), 횡축 엔트로피(S)
③ P-T 선도 : 종축 절대압력(P), 횡축 절대온도(T)

④ T-S 선도 : 종축 절대온도(T), 횡축 엔트로피(S)
⑤ P-h 선도(몰리에르 선도) : 종축 절대압력(P), 횡축 엔탈피(h)

냉동기 계산에 가장 적합한 선도이며 증발압력과 응축압력 두 압력을 기준으로 냉동기의 용량 및 효율을 계산할 수 있다.

(2) 몰리에르 선도(Mollier diagram)

P-h 선도라고도 하며 종축에 절대압력(P[kg/cm²]), 횡축에 엔탈피(h[kcal/kg])로 구성된 선도로서 냉동장치의 기본적인 네 가지 변화(압축 → 응축 → 팽창 → 증발)를 선도상에 그려 넣어 장치의 효율 및 설계 운전상태 등을 체크할 수 있다.

① 냉매 1kg에 대한 작업 과정을 나타낸 선도
② 냉매 순환량, 압축기 흡입량, 응축부하, 압축일량 등 이론적 계산에 사용된다.
③ 종축 절대압력(P), 횡축 엔탈피(h)로 구성되어 있다.

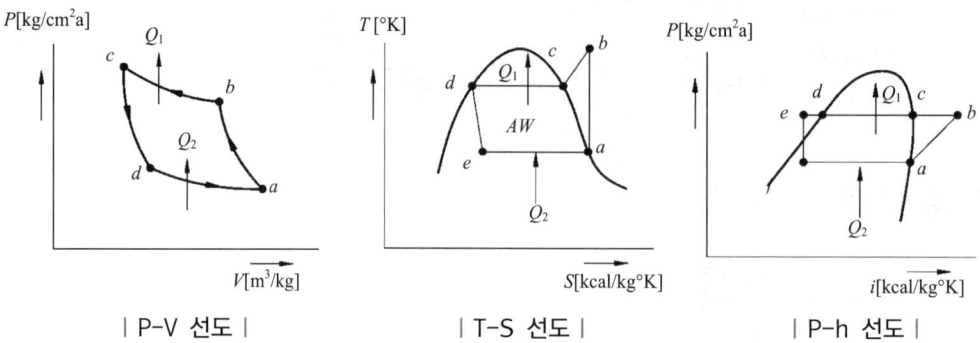

| P-V 선도 |　　| T-S 선도 |　　| P-h 선도 |

(3) 몰리에르 선도의 활용

① 냉동기 크기 결정
② 압축기 용량 결정
③ 냉동능력판단
④ 냉동장치 운전상태 확인
⑤ 냉동기의 효율 측정

(4) 몰리에르 선도 구성

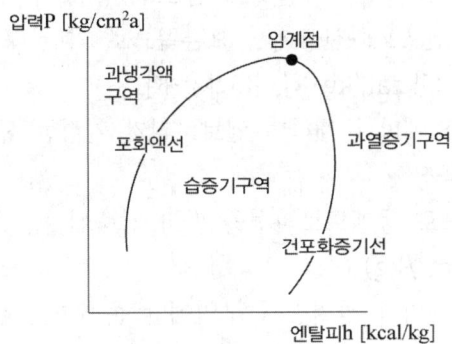

① **임계점** : 증발잠열은 압력이 클수록 적어지며 어느 압력에 도달하면 잠열이 0[kcal/kg]이 되어 더 이상 증발할 수 없는 상태가 되는데 이 상태를 임계상태 혹은 임계점이라 한다.
② **포화액선** : 포화온도 및 압력이 일치하는 증발 직전의 냉매 상태
③ **포화증기선** : 포화액이 증발하여 포화 온도의 기체로 변한 냉매의 상태
④ **과냉각액구역** : 포화액선의 왼쪽 부분으로 등압하에서 포화온도 이하로 냉각된 액상태의 구역
⑤ **과열증기구역** : 포화증기선의 오른쪽 부분으로 포화증기를 더욱 가열하여 포화증기 온도보다 온도가 높은 상태를 나타내는 구역
⑥ **습증기구역** : 포화액선과 포화증기선 사이에 존재하며 액과 기체가 섞여서 존재하는 구역

(5) 몰리에르 선도의 구성선

① **등압선**(P : [kg/cm^2], [kPa])
  ㉠ 횡축으로 나란한 선
  ㉡ 증발압력과 응축압력을 알 수 있다.
  ㉢ 압축비를 구할 수 있다.($\frac{고압}{저압}$)
② **등엔탈피선**(h : [kcal/kg], [kJ/kg])
  ㉠ 종축으로 나란한 선
  ㉡ 냉매 1[kg]의 엔탈피를 구할 수 있다.

③ 등온선(T : ℃)
  ㉠ 과냉각 구역에서 h에 나란하고 습포화 증기 구역에서 P에 평행하며 과열증기 구역에서는 건조포화선상에서 오른쪽으로 약간 구부러지며 하향한다.
④ 등엔트로피선(S : [kcal/kg·K], [kJ/kg·K])
  ㉠ 과열증기 구역에만 존재하며 엔트로피가 일정한 선으로 왼쪽 아래에서 오른쪽으로 상향한 곡선
  ㉡ 단열변화이므로 등엔트로피선을 따라 압축된다.(냉동기의 압축은 단열압축)
⑤ 등비체적선(v : m³/kg)
  ㉠ 습포화 증기구역과 과열증기 구역에만 존재하는 선으로 수평선에서 오른쪽으로 비스듬히 올라간 선
  ㉡ 압축기로 흡입되는 냉매 1[kg]의 체적을 구할 때 사용된다.
⑥ 등건조도선(x)
  ㉠ 포화액선과 포화증기선 사이(습포화 증기구역)을 10등분하여 표시한 선
  ㉡ 포화액의 건조도는 0이며 건조포화 증기의 건조도는 1이다.

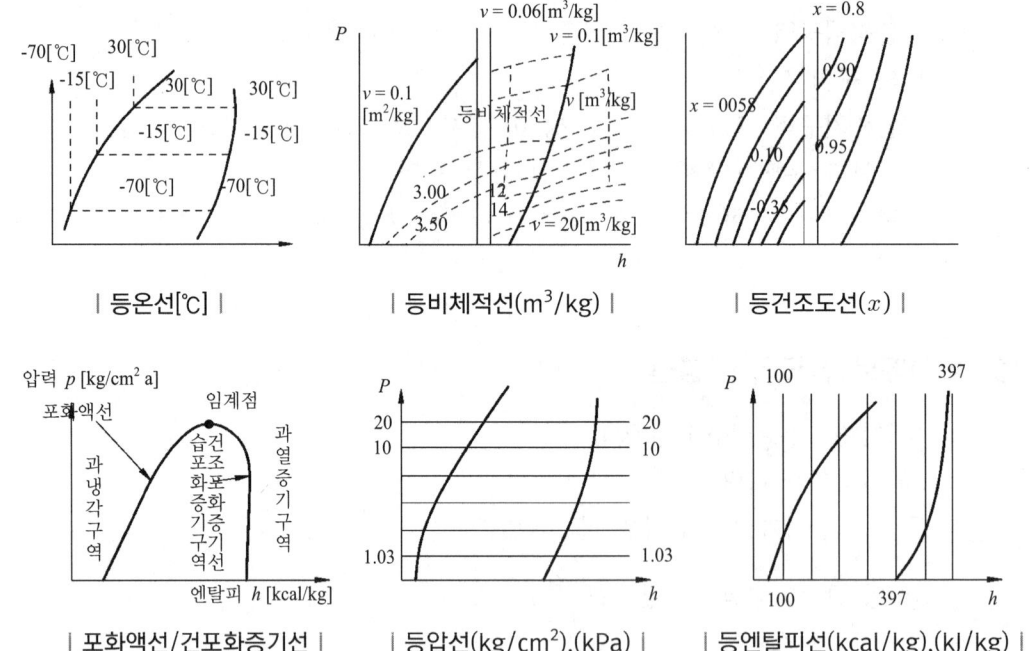

(6) 몰리에르 선도 각부 명칭 설명
① **압축과정(a-b)** : 냉동기 냉매의 순환 및 응축기의 응축을 돕기 위해 고온고압의 냉매 가스를 압축기 측으로 보낸다.

② **응축과정(b-e)** : 압축기에서 보내온 고온고압의 냉매가스를 냉각시켜 고온고압의 냉매액으로 만들어 팽창밸브로 보낸다.
③ **팽창과정(e-f)** : 응축기에서 보내온 고온고압의 냉매액을 교축시켜 온도와 압력을 낮추는 과정으로 팽창밸브를 거치면 저온저압의 액체로 변한다. 사실상 냉매는 습증기가 되지만 이론적으로 액체라고 가정한다.
④ **증발과정(f-a)** : 팽창밸브에서 보내온 저온저압의 액체를 증발시켜 저온저압을 기체로 상태를 변화시키는데 이때 발생하는 증발잠열을 이용해 실제 냉동에 적용시킨다. 이후 저온저압의 기체냉매를 다시 압축기로 보내 사이클을 순환시킨다.

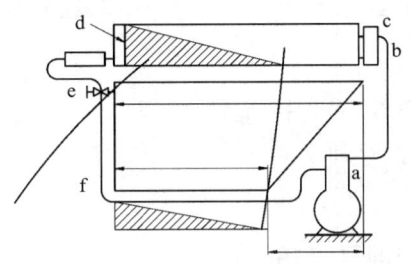 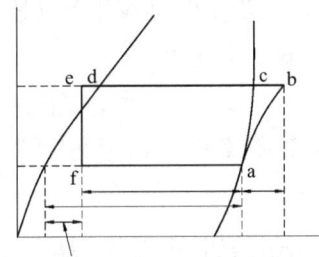

- a : 압축기 흡입(증발기 출구) 지점
- b : 압축기 토출(응축기 입구) 지점
- c : 응축기에서 응축이 시작되는 지점
- d : 응축기에서 응축이 끝난(과냉각이 시작되는) 지점
- e : 팽창 밸브 입구 지점
- f : 팽창 밸브 출구(증발기 입구) 지점

• **교축과정(팽창밸브)**
유체가 밸브 및 배관을 흐르다가 저항이 큰 곳(관이 좁아질 경우)을 지나게 되면 순간적으로 유체의 분자가 흩어짐으로 인하여 압력과 온도강하가 일어난다. 이와 같은 압력강하를 교축이라 하고 교축 시 엔탈피(h)는 일정하고 압력(P)과 온도는(T) 강하한다.

• **플래시 가스(flash gas)**
증발기 이전에 관 마찰저항 및 복사열 등에 의해 냉매가 미리 증발해 기체상태로 존재하는 현상을 말한다. 이러한 현상은 냉동기 효율 저하에 큰 영향을 미치는데 냉동기는 액체를 증기로 상변화(증발잠열)시키는 과정에서 열을 흡수한다. 그런데 플래시 가스는 미리 증발해버린 가스이므로 상태변화를 일으킬 수 없어 냉동기의 효율을 저하시키게 된다. 이러한 플래시 가스의 효율저하를 막기 위해 팽창밸브 직전의 냉매를 5℃ 가량 과냉각 시켜준다.

- 플래시 가스 발생원인
  - 액관이 직사광선에 노출되어 있을 때
  - 액관이 단열되지 않고 따뜻한 곳을 통과할 때
  - 액관이 현저히 입상하거나 지나치게 길 때
  - 액관 액관지지 밸브, 전자 밸브, 드라이어, 스트레이너의 구경이 적은 경우(교축현상)
  - 여과기나 드라이어 등의 막힘(교축현상/마찰저항)

- 플래시 가스가 장치에 미치는 영향
  - 팽창 밸브의 능력 감소로 냉동능력 감소
  - 증발 압력이 낮아져 압축비 상승
  - 소요동력 증가
  - 토출가스 온도 상승, 실린더 과열, 윤활유 열화 및 탄화
  - 윤활유 불량으로 활동부의 마모 초래

(7) 냉동 사이클의 변화에 따른 몰리에르 선도

① 흡입 증기에 따른 압축 사이클의 종류

증발 및 응축온도가 일정하고 과냉각도가 없는 냉동사이클에서 압축기로 흡입되는 가스의 상태에 따른 냉동사이클의 종류는 다음과 같다.

㉠ 건포화압축 : 압축기에 흡입되는 냉매증기가 건조포화상태로 압축되는 사이클이며 이때 건포화증기선에서 압축이 시작된다.(이론적 냉동사이클이며 실제로 건압축은 불가능하다.)

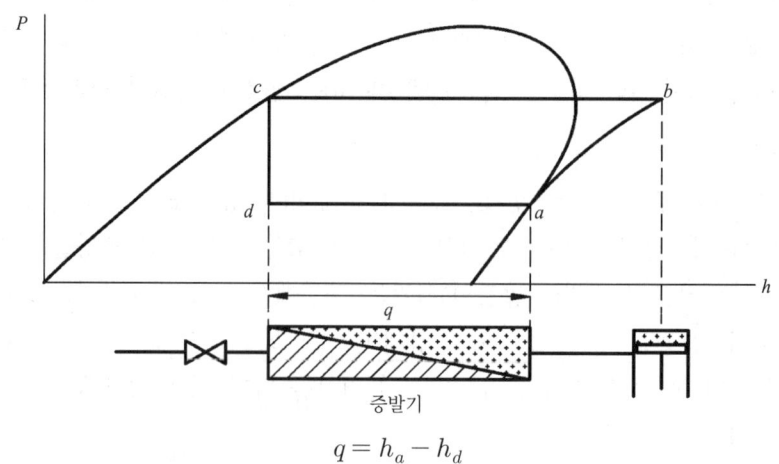

$q = h_a - h_d$

ⓒ 습압축 : 부하가 감소하거나 냉매 순환량이 증가하게 되면 냉매가 모두 증발하지 못하고 증발기 출구에 액이 남아 압축기에 흡입되는 상태를 말한다.

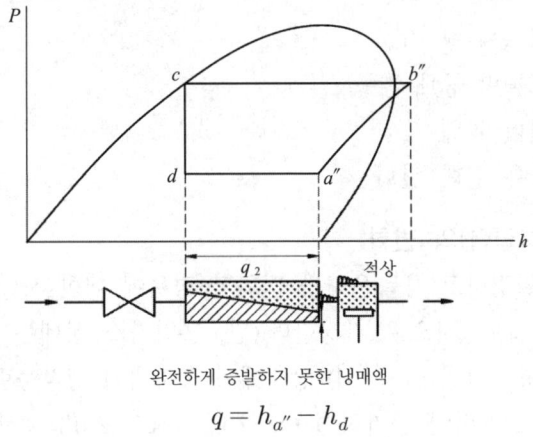

완전하게 증발하지 못한 냉매액

$$q = h_{a''} - h_d$$

ⓐ 습압축 시 장치에 미치는 영향
- 액압축의 위험발생(리퀴드백의 원인)
- 냉동능력 감소
- 성적계수 감소
- 소요동력의 증대

ⓒ 과열압축 : 부하가 증가하거나 냉매순환량이 감소되면 증발기 출구에 이르기 전 냉매가 이미 증발이 완료되고 계속 열을 흡수하여 동일한 증발압력 상태에서 온도만 상승된 과열증기 상태로 압축기에 흡입된다.(실제 냉동사이클에서는 습압축을 방지하기 위해 약간의 과열도를 줌으로써 과열압축 시키게 된다.)

과열도 = 과열증기온도 − 포화온도

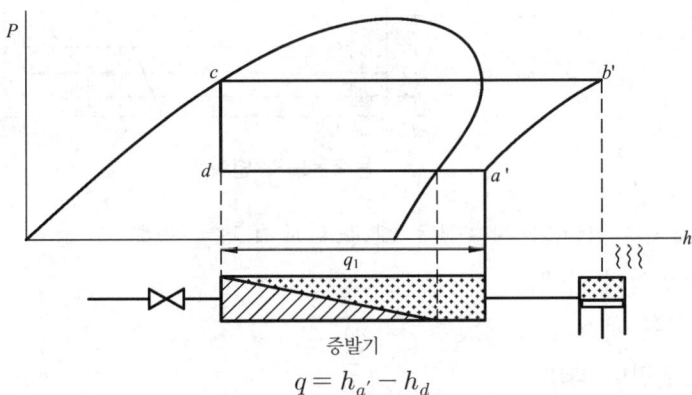

증발기

$$q = h_{a'} - h_d$$

- 과열압축 시 장치에 미치는 영향
  - 토출가스 온도 상승
  - 체적 효율 감소
  - 냉매 순환량 감소
  - 소요동력 증대
  - 실린더 과열
  - 윤활유 열화 탄화

② **응축온도(응축압력)의 변화**

증발압력이 일정하고 응축온도가 변화할 경우에 대한 사이클의 변화를 나타낸 것으로 과냉각은 없는 것으로 가정한다.(단, 흡입가스 상태는 건포화 증기로 한다.)

냉동 사이클(a → b → c → d) 상태에서 응축기의 냉각능력이 부족할 경우 응축압력이 P에서 P'로 압력이 증가하여 (a → b' → c' → d')의 사이클로 변하게 되는데 이 사이클의 경우 증발기의 냉동효과는 감소하고 압축기의 일량은 증가하여 압축비가 상승하게 되므로 냉동기의 효율은 감소하게 된다. 반대로 응축기의 냉각능력이 좋아져 응축온도가 내려가 (a → b″ → c″ → d″)의 사이클로 변하게 되면 증발기의 냉동효과는 증가하고 압축기의 일량은 감소하여 압축비가 감소하고 냉동기의 효율은 증가하게 된다.

이와 같이 응축온도(압력)가 낮을수록 냉동기 효율은 좋아진다.

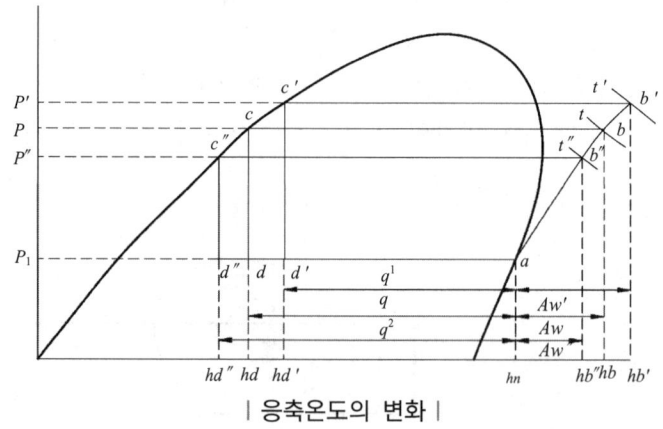

| 응축온도의 변화 |

㉠ 응축온도(압력)가 상승했을 때 장치에 미치는 영향
  ⓐ 압축비 증대
  ⓑ 토출가스 온도 상승
  ⓒ 실린더 과열
  ⓓ 윤활유 열화 탄화

ⓔ 소요동력 증대
ⓕ 체적효율 감소
ⓖ 피스톤 압출량 감소
ⓗ 성적계수 감소
ⓘ 냉동효과 감소
ⓙ 냉매 순환량 감소

③ **증발온도(증발압력)의 변화**
응축온도가 일정하고 증발온도가 변화할 경우에 대한 사이클의 변화를 나타낸 것으로 과냉각은 없는 것으로 가정한다.(단, 흡입가스 상태는 건포화 증기로 한다.)
냉동사이클(a → b → c → d)의 상태에서 피냉각 물질의 온도가 저하되면 그에 비례해 증발온도 역시 저하되고 증발압력은 P에서 P″로 낮아져 (a″ → b″ → c″ → d″)의 상태로 변하게 되는데 이 때 냉동효과는 감소하고 압축일량은 늘어나 압축비가 상승하고 냉동기의 효율은 감소하게 된다. 반대로 피냉각 물질의 온도가 상승하면 그에 비례해 증발온도 역시 상승하고 증발압력은 P에서 P′로 높아져(a′ → b′ → c′ → d′)의 상태로 변하게 되어 냉동효과는 증가하고 압축일량은 감소해 압축비가 감소되고 냉동기의 효율은 증가하게 된다.
이와 같이 증발온도(압력)가 높을수록 냉동기 효율은 좋아진다.

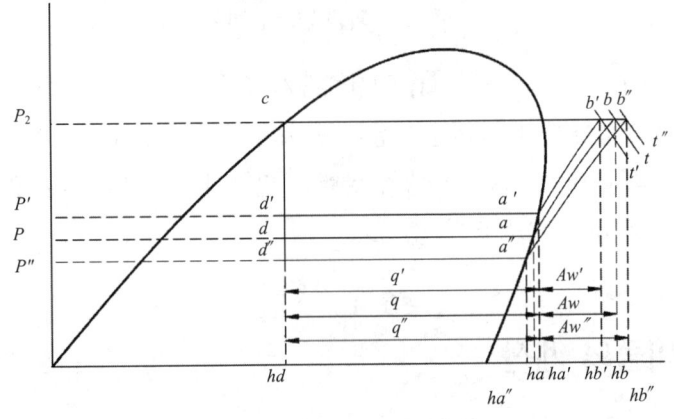

| 증발온도의 변화 |

㉠ 증발온도(압력)가 감소했을 때 장치에 미치는 영향
  ⓐ 압축비 증대
  ⓑ 토출가스 온도 상승
  ⓒ 실린더 과열
  ⓓ 윤활유 열화 탄화

ⓔ 소요동력 증대
ⓕ 체적효율 감소
ⓖ 피스톤 압출량 감소
ⓗ 성적계수 감소
ⓘ 냉동효과 감소
ⓙ 냉매 순환량 감소

④ 과냉각의 변화
응축온도와 증발온도가 일정하고, 압축기 흡입 가스가 건조포화 증기일 경우 응축기 출구의 냉매액 상태가 변화했을 경우에 대한 사이클의 변화를 나타낸 것이다.

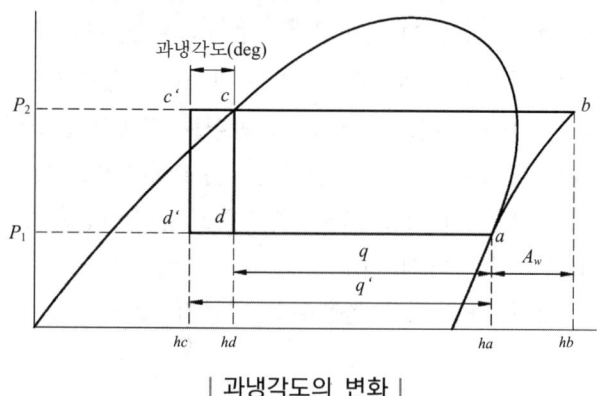

| 과냉각도의 변화 |

냉동사이클(a → b → c → d)의 상태에서 응축기의 냉각능력이 증가하거나 혹은 고압배관과 저압배관의 열교환을 통해 응축기 출구의 온도가 낮아지게 되고 이로 인해 냉동사이클(a → b → c' → d')의 상태로 변하게 되면 냉동효과가 증가하여 냉동기의 성적계수를 증가시킬 수 있다.

5 냉동사이클의 계산

(1) 증발잠열(kcal/kg)(kJ/kg)

냉매 1[kg]이 증발할 때 필요한 열량

$r = ha - hg$

증발잠열 = 포화증기 엔탈피 − 포화액 엔탈피

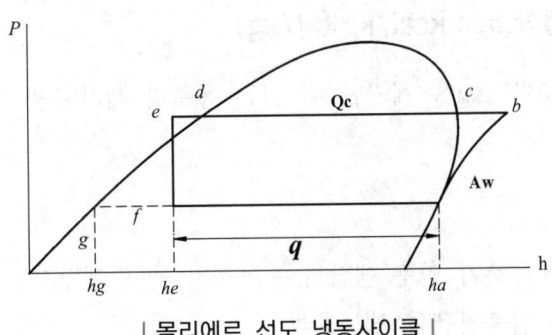

| 몰리에르 선도 냉동사이클 |

(2) 냉동효과/냉동력(q : kcal/kg)(kJ/kg)

증발기에서 냉매 1[kg]이 외부로부터 흡수할 수 있는 열량

$q = h_a - h_e$

냉동효과 = 증발기 출구 엔탈피 − 증발 입구 엔탈피

(3) 압축일의 열당량(A_w : kcal/kg)(kJ/kg)

저압 냉매증기 1[kg]을 압축기에 흡입하여 응축 압력까지 압축하는 일의 열당량

$A_w = h_b - h_a$

압축일량 = 압축기 출구 엔탈피 − 압축기 입구 엔탈피

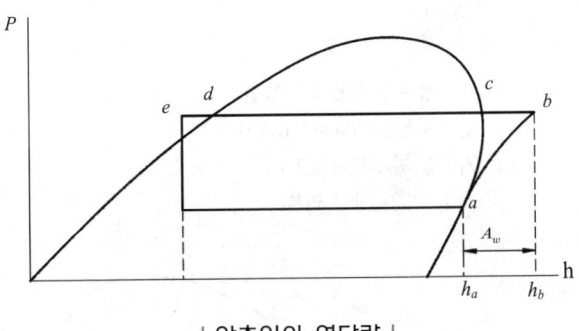

| 압축일의 열당량 |

(4) 응축기의 방열량(q_c : kcal/kg)(kJ/kg)

압축기의 토출증기 1kg을 제거할 수 있는 응축기 제거열량

$q_c = h_b - h_e$

$q_c = A_w + q$

응축기 방열량 = 응축기 입구 엔탈피 − 응축기 출구 엔탈피
응축기 방열량 = 압축열량 + 냉동효과

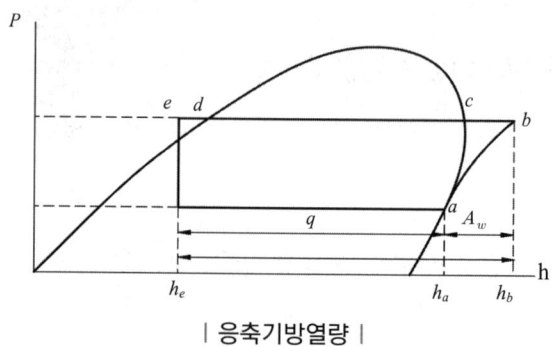

| 응축기방열량 |

(5) 성적계수(COP)

냉동기의 효율로서 증발기의 냉동능력과 압축기의 냉동일량에 대한 비로 나타낸다.

① 이론 성적계수 : COP

$$\text{COP} = \frac{\text{한것}}{\text{준것}} = \frac{\text{냉동효과}}{\text{압축일량}} = \frac{q}{A_w} = \frac{h_a - h_e}{h_b - h_a} = \frac{Q_2}{Q_1 - Q_2} = \frac{T_2}{T_1 - T_2}$$

Q_1 : 응축부하(응축기 방출열량)(kcal/h)(kJ/h)
Q_2 : 냉동능력(kcal/h)(kJ/h)
T_1 : 응축 절대온도(K)
T_2 : 증발 절대온도(K)

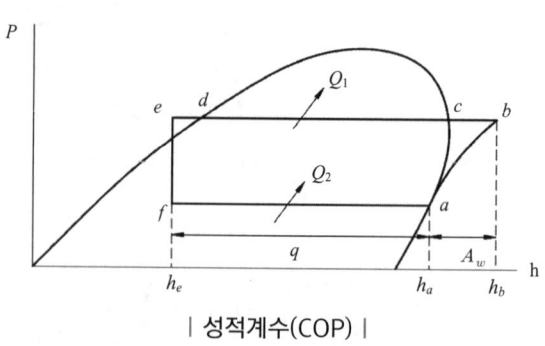

| 성적계수(COP) |

② 실제 성적계수 : COP_P

$$COP_P = \frac{한것}{준것} = \frac{냉동능력}{압축기\ 실제일량} = \frac{Q_2}{압축기\ 축동력(kW) \times 860}$$

$$= \frac{q}{A_w} \times \eta_c(압축효율) \times \eta_m(기계효율)$$

$$= \frac{Q_2}{PS \times 632} = \frac{Q_2}{HP \times 641} = \frac{Q_2}{kW \times 860}$$

• 축동력 단위환산

1[PS] = 632[kcal/h] = 75[kg·m/s]

1[HP] = 641[kcal/h] = 76[kg·m/s]

1[kW] = 860[kcal/h] = 102[kg·m/s]

③ 냉매순환량 : G(kg/h)

단위시간당 증발기에서 순환하는 냉매량

$$Q = G \times q$$

$$G(kg/h) = \frac{Q(kcal/h)}{q(kcal/kg)}$$

$\begin{bmatrix} Q : 냉동능력(kcal/h)(kJ/h) \\ q : 냉동효과(kcal/kg)(kJ/kg) \\ G : 냉매순환량(kg/h) \end{bmatrix}$

$$Q = G \cdot C \cdot \triangle T$$

$$G(kg/h) = \frac{Q(kcal/h)}{C(kcal/kg \cdot ℃) \cdot \triangle T(℃)}$$

$\begin{bmatrix} Q : 냉동능력(kcal/h)(kJ/h) \\ G : 냉매순환량(kg/h) \\ c : 비열(kcal/kg \cdot ℃),\ (kJ/kg \cdot ℃) \\ \triangle T : 온도차(℃) \end{bmatrix}$

④ 냉동능력(RT)

$$R = \frac{V}{C} = \frac{V \times q \times \eta_v}{3320 \times v}$$

$\begin{bmatrix} V : 이론적\ 피스톤\ 토출량(m^3/h) \\ q : 냉동효과(kcal/kg)(kJ/kg) \\ \eta_v : 체적효율 \\ v : 비체적(m^3/kg) \\ C : 압축가스의\ 상수 \end{bmatrix}$

▶ 압축가스의 상수(C의 값)

냉매	압축기 기통 1개의 체적 5000cm³ 초과	압축기 기통 1개의 체적 5000cm³ 이하
NH₃	7.9	8.4
R-12	13.1	13.9
R-22	7.9	8.5
R-13	4.2	4.4
R-500	11.3	12.0
R502	7.9	8.4

⑤ **피스톤 토출량 : V(m³/h)**

단위시간당 압축할 수 있는 냉매가스의 양

$$G(\text{kg/h}) = \frac{V(\text{m}^3/\text{h})}{v(\text{m}^3/\text{kg})}$$

$$V(\text{m}^3/\text{h}) = G(\text{kg/h}) \times v(\text{m}^3/\text{kg}) = \frac{Q(\text{kcal/h})}{q(\text{kcal/kg})} \cdot v(\text{m}^3/\text{kg})$$

$\quad\begin{bmatrix} V : \text{피스톤 토출량(m}^3\text{/h)} \\ v : \text{비체적(m}^3\text{/kg)} \\ Q : \text{냉동능력(kcal/h)} \\ q : \text{냉동효과(kcal/kg)} \\ G : \text{냉매순환량(kg/h)} \end{bmatrix}$

㉠ 왕복 압축기

$$V = \frac{\pi D^2}{4} \cdot L \cdot N \cdot R \cdot 60$$

$\quad\begin{bmatrix} V : \text{이론 피스톤 토출량(m}^3\text{/h)} \\ D : \text{피스톤 지름(m)} \\ L : \text{피스톤 행정/길이(m)} \\ N : \text{피스톤 기통수} \\ R : \text{분당회전수(rpm)} \end{bmatrix}$

㉡ 회전식 압축기

$$V = \frac{\pi(D^2 - d^2)}{4} \cdot t \cdot r \cdot 60$$

$\quad\begin{bmatrix} V : \text{이론 피스톤 토출량(m}^3\text{/h)} \\ D : \text{실린더 안지름(m)} \\ d : \text{피스톤 바깥지름(m)} \\ t : \text{압축부 두께(m)} \\ r : \text{분당회전수(rpm)} \end{bmatrix}$

ⓒ 체적효율(η_v) : 압축기 토출가스와 흡입가스 체적의 비

$$\eta_v = \frac{V_g}{V_a} = \frac{V_a - V_b}{V_a}$$

$\quad\quad\quad\begin{bmatrix} V_a : \text{이론 피스톤 압출량(m}^3\text{/h)} \\ V_g : \text{실제 피스톤 압출량(m}^3\text{/h)} \\ V_b : \text{재 팽창체적} \end{bmatrix}$

$\eta_v < 1$

실제적 압축기는 손실이 발생되므로 η_v는 항상 1보다 작을 수 밖에 없고 체적효율의 정확한 계산은 사실상 어려우므로 다음과 같이 규정하였다.
- 압축기 실린더 기통 1개의 체적이 5000[cm³] 이상인 경우 : 0.8
- 압축기 실린더 기통 1개의 체적이 5000[cm³] 미만인 경우 : 0.75

(6) 실제압축기 압축 시 발생되는 손실의 종류

① 간극(clearance)에 의한 손실
  ㉠ 톱 클리어런스(top clearance) : 압축기 실린더 상부와 피스톤 상사점 사이의 공간으로 피스톤에 이물질이 유입되거나 피스톤이 실린더 상부를 타격하는 것을 방지하기 위한 안전공간
  ㉡ 사이드 클리어런스(side clearance) : 압축기 실린더 내벽과 피스톤 옆면 사이의 공간
    ⓐ 톱 클리어런스 및 사이드 클리어런스는 실린더 내 안전공간이다. 하지만 이 공간에 의해 피스톤 압축 시 냉매가스가 그 공간에 체류하게 되고 이 체류 가스에 의해 흡입되어 들어오는 냉매의 양이 부족해지게 되므로 압축기의 압축 효율을 저하시키는 손실로 간주하게 된다.
② **흡입가스 팽창에 의한 영향** : 실린더에 흡입되는 냉매 가스가 흡입 밸브를 통과할 때 교축작용 및 가열된 실린더 벽과 접촉하여 팽창하게 되면 체적 효율이 감소될 수 있다.
③ 밸브 및 피스톤 링의 누설 시
④ 회전수가 증대하면 통로의 마찰 저항이 커지므로 체적 효율이 감소된다.

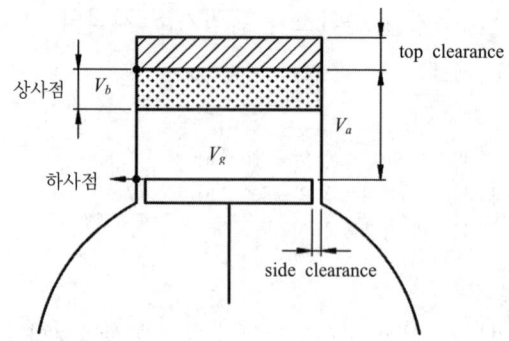

㉠ 체적효율이 감소하는 원인
    ⓐ 간극(톱 클리어런스, 사이드 클리어런스)이 클 때
    ⓑ 실린더 체적의 작을수록
    ⓒ 회전수가 많을수록
    ⓓ 압축비가 클수록

㉡ 체적효율을 늘리는 방법
    ⓐ 간극(톱 클리어런스, 사이드 클리어런스)를 가능한 작게 한다.
    ⓑ 실린더가 과열된 상태에서의 운전을 피한다.(흡입가스 팽창 방지)
    ⓒ 기통 1개의 체적을 크게 한다.

(7) 압축비

압축기의 행정에 있어 실린더 속 흡입가스와 토출가스의 비로 나타내며 압축비가 높을수록 효율은 좋으나 너무 높아지면 토출가스 온도 및 마찰저항이 커지므로 압축기의 효율이 떨어지게 된다.(압축비가 6 이상이 되면 2단 압축을 채용한다.)

$$압축비 = \frac{고압(절대압력)}{저압(절대압력)} = \frac{응축압력(절대압력)}{증발압력(절대압력)}$$

$$Pc(압축비) = \frac{Ph(응축압력)}{P_L(증발압력)}$$

① 압축비가 높아지는 이유
    ㉠ 고압(응축압력)의 증가
    ㉡ 저압(증발압력)의 감소

② 압축비가 클 때 장치에 미치는 영향
    ㉠ 압축 효율 감소
    ㉡ 체적 효율 감소

ⓒ 냉동능력 감소
　　ⓔ 냉매 순환량 감소
　　ⓜ 토출가스 온도상승
　　ⓗ 실린더 과열
　　ⓢ 윤활유 열화 및 탄화
　　ⓞ 소요동력 증대

압축비에 가장 큰 영향을 주는 것은 체적 효율이다. 압축비와 체적효율은 반비례한다.

(8) 압축효율(η_c)

압축 시 발생하는 손실에 의해 실제 압축기의 압축량은 이론압축량보다 작을 수밖에 없다. 이 때 이론압축량과 실제압축량의 비를 압축 효율이라 한다.

$$\eta_c = \frac{N_o}{N_p}$$

$\left[\begin{array}{l} N_o : \text{이론 가스압축 동력} \\ N_p : \text{실제 가스압축 동력} \end{array}\right.$

(9) 기계효율(η_m)

실제적 압축에 있어 실제 가스압축 동력 N_p는 실린더 내의 냉매 가스만을 압축하는 양이므로 이외의 외부로 손실되는 열량 및 마찰저항에 의한 손실열량 등을 고려하여야 하며 이렇게 실제 운전하는데 필요한 동력과 실제 가스를 압축하는 압축동력의 비를 기계효율이라 한다.

$$\eta_m = \frac{N_p}{N_s}$$

$\left[\begin{array}{l} N_p : \text{실제 가스압축 동력} \\ N_s : \text{실제 운전하는데 소요되는 동력} \end{array}\right.$

(10) 압축일량(N)

압축작용을 위하여 가해진 일량은 압축기에 흡입되는 냉매 가스의 엔탈피와 토출되는 냉매가스 엔탈피의 차를 일량으로 환산한 값이다.

① 이론소요동력

$$G = \frac{V}{v}\eta_v \quad G = \frac{Q}{q}$$

$$N = \frac{G \cdot A_w}{860} = \frac{G \cdot (h_b - h_a)}{860} = \frac{Q \cdot (h_b - h_a)}{q \cdot 860} = \frac{(h_b - h_a) \cdot V}{860 \cdot v}\eta_v$$

Q : 냉동능력(kcal/h)
q : 냉동효과(kcal/kg)
G : 냉매순환량(kg/h)
V : 압축기 토출유량(m³/h)
v : 비체적(m³/kg)
η_v : 체적효율
N : 이론소요동력(kw)
A_w : 압축일(kcal/kg)

② 실제 소요 동력(N')

$$N' = \frac{N}{\eta_c \cdot \eta_m} [\text{kW}]$$

$$\frac{G \cdot (h_b - h_a)}{860 \times \eta_c \times \eta_m} [\text{kW}]$$

G : 냉매순환량(kg/h)
η_c : 압축효율
η_m : 기계효율
N : 압축일량(kw)
N' : 실제소요동력(kw)
A_w : 압축일(kcal/kg)
h_a : 압축기 입구 엔탈피(kcal/kg)
h_b : 압축기 출구 엔탈피(kcal/kg)

(11) 냉동능력(Q, R : RT)

$$Q = G \cdot q$$
$$Q = G \cdot (h_a - h_e)$$
$$R = \frac{Q}{3320} = \frac{G \cdot (h_a - h_e)}{3320} = \frac{V \cdot (h_a - h_e)}{v \cdot 3320} \cdot \eta_v$$

G : 냉매순환량(kg/h)
R : 냉동능력(RT)
η_v : 체적효율
V : 압축기 토출유량(m³/h)
Q : 냉동능력(kcal/h)
$(h_a - h_e)$: 냉동효과(kcal/kg)

단원복습 문제풀이

01 다음의 R-22를 냉매로 하는 냉동장치의 운전상태를 P-h 선도에 나타내었다. 이 선도에 기술한 내용 중 틀린 것은?

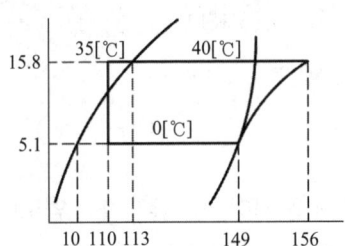

① 냉동효과는 39[kcal/kg]이다.
② 0[℃]에서 압축기로 흡입되는 냉매의 압축 후의 온도는 35[℃]이다.
③ 압축비는 15.8/5.1로서 구할 수 있다.
④ 성적계수는 약 5.6이다.

해설 ① 냉동효과 q_2 = 149-110 = 39[kcal/kg]이다.
② 응축온도가 40[℃]이다.
③ 압축비 $P_r = \dfrac{15.8}{5.1} = 3.1$이다.
④ 성적계수 $COP = \dfrac{q_2}{A_w} = \dfrac{149-110}{156-149} = 5.6$이다.

02 다음의 몰리에르(mollier) 선도를 참고로 했을 때 5냉동톤의 냉동기 냉매 순환량은?

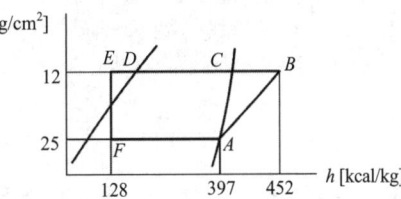

① 301.8[kg/h]
② 51.3[kg/h]
③ 61.7[kg/h]
④ 67.7[kg/h]

해설 $G = \dfrac{Q_2}{q_2} = \dfrac{5 \times 3320}{397-128} = 61.7[kg/h]$

03 냉동기의 냉동능력이 24000[kcal/h], 압축일 5[kcal/kg], 응축열량이 35[kcal/kg]일 경우 냉매 순환량은 얼마인가?

① 600[kg/h]
② 800[kg/h]
③ 700[kg/h]
④ 4000[kg/h]

해설 $G = \dfrac{Q}{q} = \dfrac{Q}{Qc-Qe} = \dfrac{24000}{(35-5)} = 800 kg/h$

정답 01 ② 02 ③ 03 ②

04 냉동사이클의 변화에서 증발온도가 일정할 때 응축온도가 상승할 경우의 영향으로 맞는 것은?

① 성적계수 증대
② 압축일량 감소
③ 토출가스 온도 저하
④ 플래쉬(flash)가스 발생량 증가

해설 증발온도가 일정하고 응축온도가 상승했을 때
- 성적계수 감소
- 압축일량 증가
- 토출가스 온도 증가
- 플래쉬가스 발생량 증가

05 팽창 밸브 직후의 냉매의 건조도 $X = 0.14$이고, 증발 잠열이 400[kcal/kg]이라면 냉동효과는?

① 56[kcal/kg]   ② 213[kcal/kg]
③ 344[kcal/kg]   ④ 566[kcal/kg]

해설 냉동효과
$q_2 = (1-x)r = (1-0.14) \times 400 = 344[\text{kcal/kg}]$

06 입형 단동 압축기로 지름 300[mm], 행정 300[mm], 회전수 300[rpm], 실린더수 2개의 이론적인 피스톤 배제량은 얼마인가?

① 525[m³/h]   ② 467[m³/h]
③ 321[m³/h]   ④ 763[m³/h]

해설
$V_a = \dfrac{\pi D^2}{4} \cdot L \cdot N \cdot R \times 60/h$
$= \dfrac{\pi \cdot 0.3^2}{4} \times 0.3 \times 2 \times 300 \times 60 = 763.02[\text{m}^3]$

V_a : 피스톤 압출량(m³/h)
D : 실린더 지름(m)
L : 행정 길이(m)
N : 기통수(실린더수)
R : 분당 회전수

07 1제빙톤은 몇 냉동톤인가?

① 1.25[RT]
② 1.45[RT]
③ 1.65[RT]
④ 14.85[RT]

해설 1제빙톤 = 1.65[RT]

08 표준 사이클을 유지하고 암모니아의 순환량을 188[kg/h]로 운전했을 때의 소요 동력은 몇 kW인가? (단, 1[kW]는 860[kcal/h], NH_3 1[kg]을 압축하는데 필요한 열량은 몰리에르 선도상에서는 56[kcal/kg]이라 한다.)

① 24.2[kW]
② 12.1[kW]
③ 36.4[kW]
④ 25.6[kW]

해설 $\text{kW} = \dfrac{G \times A_w}{860} = \dfrac{188 \times 56}{860} = 12.24[\text{kW}]$

정답 04 ④ 05 ③ 06 ④ 07 ③ 08 ②

09 암모니아 냉동장치의 P-h 선도에서 압축기 피스톤 토출량을 100[m³/h]라고 하면 냉동능력은 얼마인가? (단, 체적효율은 0.75이다.)

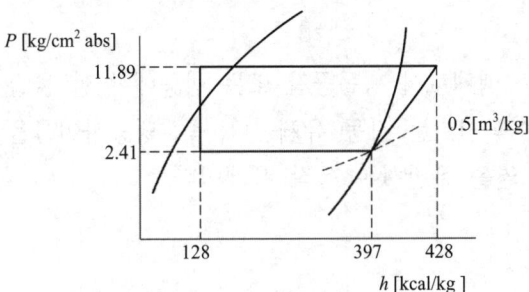

① 36,260[kcal/h]
② 36,380[kcal/h]
③ 40,350[kcal/h]
④ 43,560[kcal/h]

해설
$$Q_2 = G \times q_2 = \frac{V_a}{v} \times \eta_v \times q_2$$
$$= \frac{100}{0.5} \times 0.75 \times (397 - 128)$$
$$= 40,350[\text{kcal/h}]$$

정답 09 ③

3 냉매

1 냉매의 정의

냉매란 대기압 하에서 쉽게 증발할 수 있는 액체로서 냉동공간 또는 냉동해야 할 물질의 열을 흡수하여 원하는 공간으로 열을 이동시키는 작동 유체이다. 즉, 냉동사이클을 순환하면서 온도 또는 상태변화에 의하여 열을 운반하는 동작 유체이다.

(1) 1차 냉매(직접냉매)

직접 또는 간접 팽창식 냉동장치 내를 순환하면서 온도 또는 상태변화에 의하여 잠열상태로 열을 운반하는 냉매를 말한다.

(2) 2차 냉매(간접냉매)

간접 팽창식 냉동장치의 브라인 배관을 순환하면서 온도변화에 의한 감열상태로 열을 운반하는 냉매를 말한다.

2 냉매의 구비조건

(1) 물리적 조건

① 대기압하에서 쉽게 증발 혹은 응축(액화)할 것
   (냉매의 비등점까지 온도를 낮출 수 있다.)
   • 대기압하의 냉매 증발 온도
     - NH_3 : -33.3℃
     - R-11 : 23.7℃
     - R-12 : -29.8℃
     - R-13 : -81.5℃
     - R-22 : -40.8℃
② 임계온도가 상온보다 높고 응고 온도가 낮을 것(상온에서 쉽게 액화될 것.)

③ 증기의 비열 및 증발잠열은 크고, 액체의 비열은 작을 것
- 비열이 클수록 증발시키기 힘들다.
④ 같은 냉동 능력에 대한 냉매가스의 비체적이 작을 것
⑤ 같은 냉동능력에 대한 소요 동력이 작을 것
⑥ 증기의 비열비가 작을 것
- 비열비 K값이 높을 경우 토출가스 온도가 높아진다.
  NH_3의 경우 비열비가 1.31로 냉매 중 가장 높으므로 −35℃ 이하의 저온 냉동을 필요로 할 경우 2단압축 할 필요가 있다.
⑦ 기체 및 액체의 밀도가 작을 것
- 밀도가 클수록 한 번에 압축할 수 있는 냉매량이 줄어들고 마찰저항이 증가하므로 냉매의 밀도는 작을수록 좋다.
⑧ 윤활유와 냉매가 섞여 화학적으로 반응하지 않을 것
- NH_3 : 윤활유의 용해가 어렵다.
- 프레온 냉매 : 윤활유의 용해가 쉽다.

참고

※ 냉매와 윤활유의 용해가 장치에 미치는 영향
① 증발 온도 상승
② 윤활작용 저하
③ 전열작용 저하
④ 냉동능력 감소

---

⑨ 점도가 작고 절연작용이 양호하며 표면장력이 적을 것
- 점도가 클 때 장치에 미치는 영향
  - 압축기 체적효율 감소
  - 배관 내의 유동저항 증가
  - 냉동능력 감소
- 표면장력 : 액체는 서로 끌어당기려는 인력과 밀어내려는 척력을 가지고 있어 액체의 형태를 유지하게 되는데 어느 한부분에 벽과 같은 표면적이 생기면 자신의 형태를 유지하기 위해 그 표면적에 비례하는 에너지가 생기게 되고 이 에너지를 최소로 만들려는 작용을 표면장력이라 한다.
  - NH_3 : 전열이 양호하여 나관을 설치한다.
  - 프레온 냉매 : 전열이 불량하여 핀튜브를 설치한다.

⑩ 누설 시 발견하기 쉬울 것
  • NH₃ : 냄새(악취)가 나므로 누설 시 발견이 쉽다.
  • 프레온 냉매 : 무색, 무미, 무취이므로 누설 시 발견이 어렵다.
⑪ 수분이 섞여도 냉매와 반응하여 장치에 영향을 주지 않을 것
  • NH₃ : 수분에 대한 용해도가 크지만 수분 1%가 함유될 때마다 증발온도가 1/2℃씩 상승한다.
  • 프레온 냉매 : 수분에 대한 용해력이 적고 장치에 수분이 함유될 경우 팽창밸브를 통과할 때 수분이 얼어 동결현상을 일으키고 가수분해 하여 불화수소(HF)와 염화수소(HCL) 등을 생성하여 장치를 부식시키게 된다.
⑫ 전기 절연내력이 클 것
  • NH₃ : 절연내력이 작다.(개방형 냉동기 채택)
  • 프레온계 냉매 : 절연내력이 크다.(밀폐형 냉동기 사용가능)
⑬ 패킹 : 패킹재료를 부식시키지 않을 것
  • NH₃ : 비금속재료를 부식시키므로 천연고무 사용
  • 프레온 냉매 : 천연고무를 부식시키므로 인조고무 사용
⑭ 터보 냉동기의 경우 냉매 가스의 비중이 클수록 압축 효율이 좋다.
  • 속도에너지를 압력에너지로 바꾸어 가스를 압축하므로 기체 비중이 클수록 높은 압력을 얻을 수 있다.
  • 핀튜브(Finned tube)
  냉동장치의 전열면적을 늘려 냉동효율을 높이는 장치로 냉매와 냉수, 냉매와 공기 간 전열저항이 큰 쪽에 전열면적을 늘려 전열을 양호하게 하기 위하여 핀을 부착한 튜브(관)를 말한다.
    – 냉매의 전열 순서
      NH₃ > H₂O > Freon > 공기
    – 핀 튜브 종류
      ㉠ 로우 핀 튜브(Low finned tube) : 튜브 내로 전열이 양호한 유체가 흐르고 튜브 밖에 전열이 불량한 유체가 흐르고 있을 때 전열이 불량한 튜브 밖에 핀을 설치한 튜브
      ㉡ 이너 핀 튜브(inner finned tube) : 튜브 내로 전열이 불량한 유체가 흐르고 튜브 밖에 전열이 양호한 유체가 흐르고 있을 때 전열이 불량한 튜브 내에 핀을 설치한 튜브

> **참고**
> - NH₃ : 암모니아는 전열이 양호하므로 핀튜브를 부착시키지 않는다.
> - Freon : 프레온 냉매의 경우 전열이 불량하므로 핀튜브를 부착시킨다.

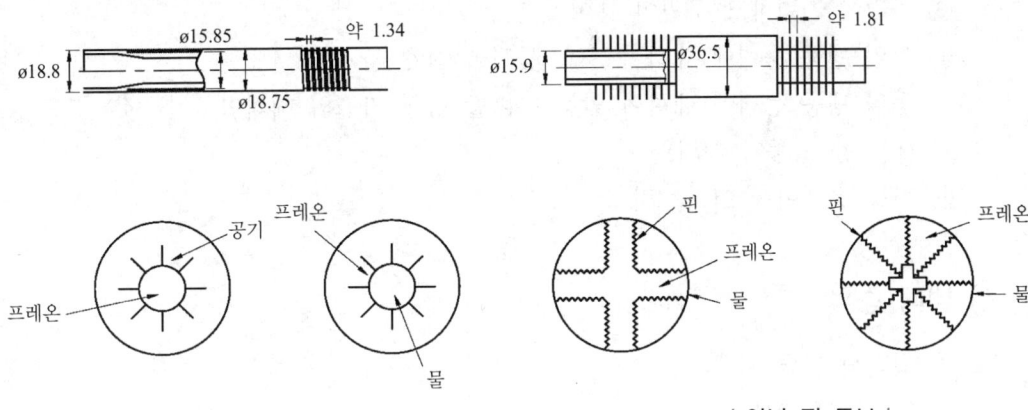

| 로우 핀 튜브 | | 이너 핀 튜브 |

(2) 화학적 조건

① 화학적으로 안정할 것
② 금속을 부식시키지 않고 윤활유를 열화 시키지 않을 것
  - NH₃ : 동 및 동합금 부식(강관 사용)
  - 프레온 냉매 : 마그네슘(동 및 동합금 사용)과 Mg 2[%] 이상 함유한 Al 합금을 부식시킨다.
  - 메틸클로라이드(CH_3Cl) : 알루미늄, 마그네슘, 아연 및 그 합금 부식
③ 독성이 없을 것
  - NH₃ : 독성 있음
  - 프레온 냉매 : 독성 없음
④ 인화성 및 폭발성이 없을 것
  - NH₃ : 가연성
  - 프레온 냉매 냉매 : 없음
⑤ 냄새
  - NH₃ : 악취가 난다.
  - 프레온 냉매 : 무취

(3) 기타 냉매의 구비 조건

① 인체에 무해하고 누설하여 독성이 없고 냉장품에 손상을 주지 않을 것
   • NH_3 : 공기 중 0.5~0.6% 이상 누설될 경우 식품에서 떫은 맛이 난다.
② 악취가 없을 것
③ 가격이 저렴하고 구입이 용이할 것
④ 동일 냉동 능력에 대하여 소요 동력이 적게 들 것
⑤ 동일 냉동 능력에 대하여 압축해야 할 냉매 가스의 체적이 작을 것
   (터보용 냉동기 제외)
⑥ 자동 운전이 용이 할 것

(4) 냉매 종류

① 화학적 분류
   ㉠ 무기화합물
   ㉡ 탄화수소
   ㉢ 할로겐화 탄화수소
   ㉣ 공비 혼합물
② 무기화합물 냉매의 종류
   ㉠ NH_3(암모니아)
   ㉡ CO_2(탄산가스)
   ㉢ SO_2(아황산가스)
   ㉣ H_2O(물)
③ 탄화수소계 냉매
   ㉠ CH_4(메탄)
   ㉡ C_2H_4(에틸렌)
   ㉢ C_2H_6(에탄)
   ㉣ C_3H_8(프로판)
④ 할로겐화 탄화수소
   1개 이상의 할로겐 원소(F, Cl, Br, I)를 포함하는 탄화수소로 이 중에 F를 포함하는 냉매의 종류는 대단히 많은 종류가 있으며 상품명에 따라 프레온(Freon)이라 한다.
   • 프레온 냉매 종류 : R-11, R-12, R-22, R-113

(5) 공비혼합냉매

프레온계 냉매 중 2종의 냉매를 적당한 중량비로 혼합하여 액상 또는 기상에서 처음 냉매와 전혀 다른 하나의 새로운 특성을 나타내는 냉매

공비냉매	조합냉매	혼합비(중량)	비등점 (℃)		
			냉매 1	냉매 2	공비냉매
500	R-152 R-12	26.2 : 78.3	-24.2	-29.8	-33.3
501	R-12 R-22	25 : 75	-29.8	-40.8	-41
502	R-115 R-22	51.2 : 48.8	-38	-40.8	-45
503	R-23 R-13	40.1 : 59.9		-81.5	-53.6

3 냉매의 성질 및 특성

(1) 암모니아 냉매(NH_3 : R-717)

① 일반적 성질
  ㉠ 표준 대기압하에 응고점이 -77.7[℃]로 냉매로서는 비교적 높은 온도이므로 초저온 용으로 사용할 수 없다.
  ㉡ 증발온도 -15℃의 냉매가 비체적 0.5087[m^3/kg]으로 다른 냉매에 비해 크다. 따라서 단위시간당 냉매 순환량이 작아 냉동장치의 배관이나 밸브 등의 지름이 작아지므로 경제적이다.
  ㉢ 표준 냉동 사이클에서 -15[℃] 기준 증발온도에 대한 포화압력은 2.41[kg/cm^2a], 응축온도 30[℃]에서 포화압력 11.895[kg/cm^2a]로 다른 냉매에 비해 그다지 높지 않아 냉동기 제작 및 배관 설비가 용이하다.
  ㉣ 비열비가 1.31로 다른 냉매(R-12 : 1.13, R-22 : 1.18)보다 크므로 압축 후 토출가스 온도가 높으므로 윤활유를 열화 탄화시켜 냉동장치의 악영향을 초래하게 된다. 따라서 워터재킷(water jacket)을 설치하여 실린더를 수냉각 시킨다. 그리고 저온냉동(-35℃ 이하)을 하려면 2단 압축을 채택한다.
  ㉤ 임계온도 133[℃], 임계압력 116.5[kg/cm^2a]로 상온에서 응축 능력이 좋다.
  ㉥ 경제적으로 우수하여 공업용 대형 냉동기에 사용된다.

② 전열 작용
  ㉠ 응축 시 전열계수가 5000[kcal/m^2h℃], 증발 시 3000[kcal/m^2h℃]로 전열계수가 크다.
  ㉡ 가스 및 액의 열전도율이 냉매 중 가장 좋다.

ⓒ 전열이 양호해 핀튜브가 필요하지 않다.

③ 금속에 대한 부식성
ⓐ 철 또는 강에 대한 부식성이 없으므로 강관을 사용한다.
ⓑ 수분을 함유할 경우 암모니아 증기가 아연, 동 및 동합금을 부식시키므로 사용할 수 없다.
ⓒ 수은과 폭발적으로 화합하여 염소(Cl)와 화합한다.(Hg, Cl을 피할 것)
ⓓ 전기 절연물질을 침식시키므로 밀폐형 압축기에 사용이 불가능하다.
ⓔ 패킹재료는 비금속 재료를 부식시키므로 천연고무 및 아스베스토스(석면)를 사용한다.

④ 연소성 및 폭발성
ⓐ 공기 중 13~28[%] 누출되면 연소하고 때로는 폭발할 수도 있다.
ⓑ 인화점은 850[℃]이고 철의 촉매작용에 의해 인화점이 650[℃]로 내려간다.
ⓒ 냉동기의 설치 또는 수리 후 공기로 기밀시험을 할 경우 잔류하는 암모니아 가스를 완전히 배제시켜야 한다.(산소는 조연성이므로 공기가 혼합되어있을 경우 폭발할 우려가 있다.)
ⓓ 인화성이므로 실내 전구에 글로브를 씌워 사용한다.
ⓔ 열분해 온도는 490[℃] 정도이다.
• 열분해 : 외부에서 열을 가하여 분자를 활성시켜 새로운 물질을 만들어내는 방법

⑤ 독성
ⓐ 암모니아의 독성은 허용농도 25[ppm]이다.
ⓑ 암모니아의 특성은 냉매 중 SO_2(아황산가스 : 5[pm]) 다음으로 독성이 강하다.
ⓒ 공기중 0.5~0.6% 정도만 유출되어도 인체에 유해하다.
ⓓ 암모니아는 알칼리성이므로 식품에 닿으면 냉장식품을 상하게 한다.

⑥ 전기적 성질
ⓐ 절연 내력이 적고 절연 물질을 약화시키므로 밀폐식 냉동기 제작이 어렵다.
ⓑ 질소(N)의 절연내력을 1이라 할 때 NH_3 : 0.83, R-12 : 2.4, R-22 : 1.184

⑦ 윤활유와의 관계
ⓐ 암모니아는 윤활유와 서로 잘 용해되지 않는다.
ⓑ 장치에 수분이 과대하게 섞이면 유탁액 현상(에멀존 현상)이 일어나 유분리기에서 오일이 분리되지 않고 장치 내로 흘러들어가 고이게 된다.
• 에멀존 현상 : NH_3 냉동장치에 다량의 수분이 혼입되면 NH_3와 작용하여 수산화암모늄(NH_4OH)을 생성하게 되고 이 수산화암모늄은 오일을 미립자화 시켜 윤활유의 색을 우윳빛으로 변화시키고 윤활유의 점도를 저하시킨다.

ⓒ 일반적으로 입형은 300번, 고속다기통은 150번 냉동유가 좋다.
ⓔ 암모니아는 오일(Oil)보다 비중이 작아 오일이 하부에 고여 전열을 방해하므로 배유관을 하부에 설치해주는 것이 좋다.
ⓜ 오일이 장치 내에 넘어가게 되면 하부에 고여 전열 작용을 방해하므로 압축기와 응축기 사이에 유분리기를 설치하여 오일을 분리시킨다.
(비중 : 프레온 > H_2O > 오일 > 암모니아)

- 암모니아 냉매의 장점
  - 동일 냉동능력이 타 냉매보다 좋으므로 압축기 및 기타 기기가 작아지므로 경제적이다.(증발잠열 313.5[kcal/kg])
    → R-11 : 45.8[kcal/kg], R-12 : 38.59[kcal/kg], R-22 : 51.9[kcal/kg]
  - 가격이 싸다.
  - 직접 팽창식에 용이하므로 큰 설비에 이익이 크다.(냉매 순환량이 적다.)
  - 누설 시 검출이 용이하므로 냉매로 인한 손실이 적다.

(2) 프레온(Freon) 냉매(R-11, R-12, R-22 등)

할로겐화 탄화수소계 냉매를 일반적으로 프레온(freon)이라 한다.

① 화학적 특성
  ㉠ 열에 대하여 500℃까지 안정하다.
  ㉡ 800℃ 이상의 화염과 접촉하면 포스겐($COCl_2$) 가스 및 일산화탄소(CO) 등 독성 가스가 발생한다.
  ㉢ 허용최고 토출가스 온도는 130~150℃ 정도이다.
  ㉣ 무색 무취이며 독성이 없다.
  ㉤ 독성은 없으나 통풍이 나쁜 실내에 다량 누설되었을 때 산소 결핍으로 질식의 우려가 있다.
  ㉥ 비가연성이다.
  ㉦ 전열이 암모니아, 물, 브라인 등에 비해 나쁘므로 핀튜브를 설치한다.
  ㉧ 수분에 잘 용해하지 않는다.
    - 수분이 장치에 미치는 영향
      - 팽창밸브의 동결현상을 막기 위해 제습기(드라이어)를 설치한다.
      - 가수분해에 의한 산의 생성으로 장치의 부식을 촉진시킬 수 있다.(동관사용)
  ㉨ 비열비가 암모니아보다 작아 토출가스 온도가 낮으므로 냉동기를 공냉식으로 만들 수 있다.(가정용 에어컨)

ⓒ 마그네슘(Mg) 및 마그네슘(Mg) 2[%] 이상 함유한 알루미늄(Al) 합금을 부식시킨다.
㉯ 천연고무를 부식시키므로 패킹재료는 인조고무를 사용한다.(NH_3 : 천연고무)

② **물리적 특성**
   ㉠ 임계온도가 높아 응축능력이 양호하다.
   ㉡ 응고온도는 낮아 저온용에 널리 사용된다.
   ㉢ 윤활유와 잘 용해하므로 오일 회수가 용이하다.(유분리기를 압축기와 응축기 사이 1/4 지점에 설치한다.)
      · R-11, R-12, R-21, R-113 : 용해도가 크다.
      · R-13, R-22, R-114 : 용해도가 작다.(저온에서 분리되는 경향이 있다.)
      ※ 압력이 높고 온도가 낮을 때 윤활유와 잘 용해한다.

③ **냉매와 윤활유가 용해할 때의 장단점**
   ㉠ 장점
      ⓐ 윤활유 회수가 용이하다.
      ⓑ 윤활유가 도달하기 힘든 냉동장치의 각부에 급유가 가능하다.
      ⓒ 초저온 장치에서는 유의 응고점이 낮아지므로 급유가 원활하다.
      ⓓ 유막으로 인한 전열면을 저해하는 정도가 NH_3에 비해 작다.
   ㉡ 단점
      ⓐ 증발압력이 낮아진다.(냉동능력 감소)
      ⓑ 윤활유의 점도가 낮아지므로 유압이 오르지 않는다.(유압이 낮으면 윤활이 어렵다.)
      ⓒ 만액식에서는 유회수 장치가 필요하다.
      ⓓ 오일 포밍 현상을 초래한다.
         · 오일 포밍 현상(Oil foaming) : 프레온 냉동기의 운전 중 압축기가 정지했을 때 압축기 내의 온도가 점차 낮아지므로 기체 냉매가 액으로 변해 오일과 섞여있게 된다. 이 때 다시 압축기를 기동하면 크랭크케이스 내의 압력이 감소하면서 오일과 섞여있던 냉매액이 급격히 증발하게 되고 오일의 유면이 약동하며 거품이 발생된다. 이러한 현상을 오일 포밍이라 하며 오일 포밍과 동시에 오일 해머링도 동반된다.
         · 오일 해머링(Oil hammerring) : 오일 포밍 및 피스톤 링의 불량으로 실린더 상부로 다량의 오일이 넘어가 오일이 압축되는 현상을 말한다. 오일은 비압축성이므로 압축하게 되면 속도에너지가 생겨 크랭크 내부 혹은 배관 내부를 타격하여 장치를 파손시킬 우려가 있으며 장치 내로 오일이 넘어가 전열을 불량하게 할 수 있다.

- 방지대책
  - 크랭크 케이스 내에 오일 히터를 설치하여 압축기 기동 전 30~60분 가량 35[℃] 이상으로 예열시켜 오일 중 용해되어 있던 냉매를 미리 증발 시킨 후 압축기를 가동한다.
  - 터보 냉동기의 경우 크랭크 케이스 내를 무정전 상태로 60~80℃로 항상 유지시켜준다.
  - 부하를 서서히 올린다.
  - 밸브조작을 서서히 하여 유면을 조절한다.
- 동부착 현상(copper plating) : 프레온계 냉매를 사용하는 냉동장치 내에 수분이 침입할 경우 수분과 프레온이 반응하여 산성물질을 생성시켜 장치 내 동관을 석출하여 동가루를 만든다. 이 동가루는 장치 내를 순환하면서 온도가 높고 잘 연마된 금속부(압축기 실린더벽, 피스톤, 밸브 등 활동부)에 도금되어 전열을 방해하고 활동부를 마모시키는 등 냉동 능력을 저해시킨다.
- 동부착 현상의 원인
  - 장치 내에 수분이 많고 온도가 높을 때
  - 수소(H) 원자가 많은 냉매일수록
  - 냉매와 오일의 용해도가 클수록
  - 윤활유 중 왁스(Wax)분이 많을수록(Wax : 잘 녹지 않는 성분)
- 동부착 현상이 장치에 미치는 영향
  - 활동부의 간극이 작아져 작동 불량이 되거나 동력손실이 크게 되어 장치의 수명이 줄어들 수 있다.
  - 장치의 전열이 불량해지고 과열될 우려가 있다.

④ **암모니아(NH_3)와 비교한 프레온 냉매의 단점**
  ㉠ 프레온은 암모니아에 비해 전열효율이 좋지 않다. 그러므로 단위 냉동능력당 냉매 순환량은 많아지고 배관 및 부속품의 치수가 커진다.
  ㉡ 프레온 냉동장치의 경우 철(강재)을 부식시키므로 배관은 동관을 사용한다.
  ㉢ 물에 용해되지 않으므로 수분이 침입할 경우 팽창 밸브와 같은 좁은 구역에 동결 현상을 일으키므로 제습기(드라이어)를 설치한다.
  ㉣ 전열이 암모니아보다 불량하므로 같은 냉동능력에 대하여 증발기와 응축기의 전열면적을 넓게 해야 하므로 시설비가 많이 든다.
  ㉤ 증기 밀도가 크므로 관내 압력강하가 크다.
  ㉥ 윤활유에 잘 용해하므로 오일 회수가 용이하지만 오일에 의한 전열방해 및 오일 포밍과 같은 부작용이 있을 수 있다.

ⓐ Freon 냉매와 Oil의 용해 시 장단점
- 장점
  - 장치 각부의 윤활이 가능하다.
  - 저온에서 Oil의 동결점을 낮춘다.
  - Oil의 회수가 용이하다.
  - 유막으로 인한 전열방해 정도가 NH_3에 비해 작다.
- 단점
  - 오일 포밍과 오일 해머링의 우려가 있다.
  - 오일의 점도가 떨어진다.
  - 오일이 압축기로 회수될 수 있도록 배관의 구배를 신경 써야 한다.
  - 만액식 증발기를 사용하는 경우 유회수장치가 필요하고 유회수에 어려움이 많다.

⑤ 구성 및 호칭 방법

  탄소 : C(Carbon)

  수소 : H(Hidrogen)

  불소 : F(Fluorine)

  염소 : Cl(Chlorine)

  ㉠ 메탄(Methane)계 : 10자릿수로 표시(10~50)

```
        H
        ‖ 01
   H = C = H    (R-11, R-12, R-13, R-22 등)
        ‖ 01
        H
```

  ㉡ 에탄(Ethane)계 : 100자릿수로 표시(100~170)

```
        H   H
        ‖ 01 ‖ 01
   H = C = C = H    (R-113, R-114 등)
        ‖ 01 ‖ 01
        H   H
```

⑥ 냉매 표시방법

  ㉠ R은 냉매(refrigerant)의 첫 글자로, 할로겐화 탄화수소계 및 탄화수소 냉매는 다음과 같은 규칙적인 방법으로 표시한다.

- C → 100의 자리 + 1
- H → 10의 자리 −1
- F → 1의 자리 수 동일
- Cl → 남는 자리 수

ⓛ Methane계(CH_4)로 번호가 10 이상 50 이하일 경우

냉매 R-12 같은 경우 100의 자리에 0이 생략되어 있으므로 정확히 표시한다면 R-012와 같다. 이와 같이 정리하여 냉매를 표시해보면

- R - 0 1 2
  C H F Cl
- C(100의 자리) = 0 + 1 → C_1
- H(10의 자리) = 1-1 → H_0
- F(1의 자리 수 동일) = 2 = 2 → F_2
- Cl(남는 자리 수) = Cl_2

위 식에 의해 R-12 → CF_2CL_2과 같다는 걸 알 수 있다.

ⓒ Ethane계(C_2H_6)로 번호가 100 이상 170 이하일 경우

냉매 R-113같은 경우 화학기호로 정확히 표시한다면

- R - 1 1 3
  C H F Cl
- C(100의 자리) = 1+1 → C_2
- H(10의 자리) = 1-1 → H_0
- F(1의 자리 수 동일) = 3 = 3 → F_3
- Cl(남는 자리 수) = Cl_3
- 위 식에 의해 R-113 → $C_2F_3Cl_3$과 같다는 걸 알 수 있다.

▶ 냉매 일람표

냉매번호	화학식	화학명
R-10	CCl_4	사염화 탄소(carbon tetrachloride)
R-11	$CFCl_3$	삼염화 플루오르메탄(trichloromono fluoromethane)
R-12	CF_2Cl_2	이염화 이플루오르메탄(dichlorodi fluoromethane)
R-20	$CHCl_3$	클로로포름(chloroform)
R-21	$CHFCl_2$	이염화 플루오르메탄(dichloromono fluoromethane)
R-22	CHF_2Cl	일염화 이플루오르메탄(monochlorodi fluoromethane)
R-30	CH_2Cl_2	이염화 메틸렌(methylene dichloride)
R-31	CH_2FCl	일염화 플루오르메탄(monochlormono fluoromethane)
R-40	CH_3Cl	염화 메틸(methyle chloride)

냉매번호	화학식	화학명
R-50	CH_4	메탄(methane)
R-110	CCl_3CCl_3	헥사클로로에탄(hexachloroethane)
R-113	$CFCl_2CF_2Cl$	삼염화 삼플루오로에탄(trichlorotri fluoromethane)
R-500	CF_2Cl_2/CH_3CHF_2	리프리게란트(refrigerants)
R-502a	CH_3CHF_2	디플루오로에탄(difluoroethane)
R-600	$CH_3CH_2CH_2CH_3$	부탄(butane)
R-601	$CH(CH_3)_3$	이소부탄(isobutane)
R-1150	$CH_2=CH_2$	에틸렌(ethylene)
R-1270	$CH_3CH\text{-}CH_2$	프로필렌(propylene)

⑦ 기타 냉매 표시법

　㉠ 공비 혼합 냉매 : 500대 번호(예 : R-500, R-501, R-502 등)

　㉡ 무기 화합물 냉매 : 700대 번호(예 : R-718(물), R-717(NH_3))

　㉢ 불포화 화합물 냉매 : 1000대 번호(예 : R-1150(에틸렌))

⑧ 대체 냉매

　㉠ CFC-12의 대체 냉매 : HFC-134a(CH_3FCF_3)

　㉡ CFC-11의 대체 냉매 : HCFC-123($CHCl_3CF_3$)

　㉢ 이외 HCFC-142a, HCFC-123, 123b, 133a 등이 있다.

⑨ 프레온 냉매의 종류

　㉠ R-11(CCl_3F)

　　ⓐ 임계온도 : 198[℃], 임계압력 : 44.7[kg/cm^2a]

　　ⓑ 비등점 : 23.7[℃], 응고점 : -111.7[℃]

　　ⓒ 터보 냉동기에 주로 사용하고 100RT 이상의 대용량 공기조화 장치에 이용된다.

　　ⓓ 냉동기유에 융해하기 쉽다.(세정 작용이 있다 - 슬러지, 왁스, 탄소분 제거시 사용)

　㉡ R-12(CCl_2F_2)

　　ⓐ 임계온도 : 111.5[℃], 임계압력 : 40.9[kg/cm^2a]

　　ⓑ 비등점 : -29.8[℃], 응고점 : -158.2[℃]

　　ⓒ 1930년 최초로 개발된 냉매이며 가장 널리 사용된 냉매이지만 지구 온난화로 인한 환경피해를 막기 위해 서서히 사라지고 대체 냉매가 개발되고 있다.

　㉢ R-13($CClF_3$)

　　ⓐ 임계온도 : 28.8[℃], 임계압력 : 39.4[kg/cm^2a]

　　ⓑ 비등점 : -81.5[℃], 응고점 : -181[℃]

　　ⓒ 냉매 중 응고점이 가장 낮아 초저온용에 사용된다.

　　ⓓ 냉동효율은 좋으나 가격이 비싸다.

② R-21(CHCl$_2$F)
  ⓐ 임계온도 : 178.5[℃], 임계압력 : 52.7[kg/cm^{2}a]
  ⓑ 비등점 : 8.9[℃], 응고점 : -135[℃]
  ⓒ 비등점이 높아 소용량 공기조화용에 사용된다.
⑩ R-22(CHClF$_2$)
  ⓐ 임계온도 : 96[℃], 임계압력 : 50.3[kg/cm^{2}a]
  ⓑ 비등점 : -40.8[℃], 응고점 : -160[℃]
  ⓒ 프레온계 냉매 중 성질이 암모니아와 가까우나 독성이 없어 독성 없는 암모니아라 불리며 현재도 많이 사용되어 왔으나 R-12와 같이 지구온난화로 인해 서서히 사라지고 대체 냉매가 개발되고 있다.
  ⓓ 응고점이 낮으므로 1단에서 -40[℃], 2단에서 -80[℃] 가량의 저온냉동이 가능하다.
  ⓔ R-12와 더불어 소형-대형, 저온-고온 등 광범위하게 사용된다.(단, 전기 절연 물질(고무, 패킹)에 대한 부식력이 크다.)
ⓗ R-113(C$_2$Cl$_3$F$_3$)
  ⓐ 임계온도 : 214[℃], 임계압력 : 34.8[kg/cm^{2}a]
  ⓑ 비등점 : 47.6[℃], 응고점 : -31.1[℃]
  ⓒ R-11과 같이 터보용 냉동기 저압냉매로 사용된다.
ⓢ R-114(C$_2$Cl$_2$F$_4$)
  ⓐ 임계온도 : 155[℃], 임계압력 : 33.33[kg/cm^{2}a]
  ⓑ 비등점 : 3.6[℃], 응고점 : -93.9[℃]
  ⓒ 회전식 압축기용 냉매로 사용된다.(소형 냉장고용)

▶ NH$_3$와 Freon의 비교

비교사항 \ 냉매	NH$_3$	Freon
부식성	① 동 및 동합금 부식 ② 천연고무 사용(인조고무 부식)	① 마그네슘 및 마그네슘 2[%] 이상 함유한 알루미늄 합금 부식 ② 인조고무 사용(생고무 부식)
유의 용해성	① 잘 용해하지 않는다. ② 유분리기 설치 ③ 유막의 전열방해가 프레온보다 크다.	① 잘 용해한다. ② 유회수에 신경을 써야 한다. ③ 오일 포밍(oil foaming) 현상
수분의 용해성	① 900 : 1 로 용해 ② 유상액 현상 ③ 장치 부식 촉진 ④ 증발온도 상승, 증발압력 저하(수분 1[%]에 증발온도 1/2[℃]씩 상승)	① 잘 용해하지 않는다. ② 팽창 밸브 동결 폐쇄 ③ 동부착 현상 ④ 산(불화수산, 염산) 생성 ⑤ 절연 내력 저하

비교사항 \ 냉매	NH₃	Freon
열에 대한 안전성	① 490[℃] 열분해 ② 가연성, 폭발성, 독성 ③ 인화점 850[℃]	① 안전하다. ② 800[℃] 고온 접촉 시 포스겐이란 독성 가스 발생
비열비	NH₃ : 1.31로 높아 실린더 냉각은 수냉식 (water jacket)	R-12 : 1.13, R-22 : 1.18 실린더 냉각 공냉식

(3) 혼합냉매와 공비혼합냉매

① 단순혼합냉매

프레온 계통의 냉매 중 2종의 냉매를 혼합했을 때 액상 및 기상의 혼합비율이 서로 다르고 각각 사용된 냉매의 특성을 나타내는 냉매

㉠ R-22 냉동장치에서 오일회수가 힘들 때 R-12 25[%]를 첨가시켜 유회수를 돕는다.
㉡ R-12 냉동장치의 능력이 부족할 때 R-22 20[%]를 첨가시키면 30[%] 정도의 냉동능력이 증가된다.

② 공비혼합냉매

프레온 냉매 2종을 특정비율로 혼합하면 각각 냉매의 특성과 다른 단일 냉매의 성질을 갖게 되며 마치 한 개의 냉매처럼 사용이 가능하다.(공비혼합냉매는 500번대 냉매로 표시함.)

㉠ R-500(R-152(26.2[%])+R-12(73.8[%]))($CCl_2F_2+CH_3CHF_2$)
  ⓐ R-152냉매 비점 : -24[[℃]]
  ⓑ R-12냉매 비점 : -30[℃]
  ⓒ R-500냉매 비점 : -33.3[℃]

㉡ R-501(R-12(25[%])+R-22(75[%]))($CCl_2F_2+CHClF_2$)
  ⓐ R-12냉매 비점 : -30[℃]
  ⓑ R-22냉매 비점 : -41[℃]
  ⓒ R-501냉매 비점 : 41[℃]

㉢ R-502(R-115(51.2[%])+R-22(48.8[%]))($CHClF_2+CClF_2CF_3$)
  ⓐ R-115냉매 비점 : -38[℃]
  ⓑ R-22냉매 비점 : -41[℃]
  ⓒ R-502냉매 비점 : -45.5[℃]

㉣ R-503(R-23(40.1[%])+R-13(59.9[%]))(CHF_3+CClF_3)
  ⓐ R-503냉매 비점 : -89.1[℃]

(4) 브라인(Brine)냉매

2차 냉매로 사용되며 일종의 부동액으로서 상변화 없이 현열의 형태로 열을 운반하는 냉매로 간접냉매라고 하며 브라인을 사용하는 냉동장치를 간접팽창식 또는 브라인식이라고 한다.

① 브라인의 종류

  ㉠ 무기질 브라인

   ⓐ 염화칼슘($CaCl_2$)
   - 제빙용 등 공업용으로 가장 많이 사용된다.
   - 공정점(-55[℃])이 낮아 저온용으로 이용된다.
   - 부식성이 작다.
   - 식품에 접촉할 경우 떫은 맛이 난다.

   ⓑ 염화나트륨(NaCl)-소금
   - 식품 냉장용으로 적당하다.
   - 금속에 대한 부식성이 크다.
   - 가격이 싸다.
   - 공정점 -21[℃] (비중 1.17)

   ⓒ 염화마그네슘($MgCl_2$)
   - 금속에 대한 부식성이 $CaCl_2$(염화칼슘)보다 크다.
   - 공정점 -33.6[℃]

     ※ 공정점 : 서로 다른 두 물질을 용해할 경우 농도가 진할수록 동결온도가 계속 낮아지는데 어느 일정한 한계의 농도에서는 더 이상 동결온도가 낮아지지 않는다. 이때 가장 낮은 최저의 온도를 공정점이라 한다.

  ㉡ 유기질 브라인

   ⓐ 에틸렌 글리콜($C_2H_6O_2$) : 유기질 브라인으로 부식성이 거의 없으며 모든 금속에 사용이 가능하다.

   ⓑ 프로필렌 글리콜($HOC_2H_3(CH_3)OH$) : 부식성 및 독성이 없고 점성이 크다. 냉동식품의 동결용으로 사용된다.

   ⓒ 에틸 알코올(C_2H_5OH) : 인화점이 낮아 위험도가 크고 취급에 주의하여야 한다. 식품의 초저온 동결용으로 사용된다.

   ⓓ R-11($CCl3F$)
   1차 냉매로 사용하지만 2차 냉매 브라인으로도 사용이 가능하다.(초저온용)

ⓒ 혼합 브라인 : 무기질 브라인과 유기질 브라인을 혼합하여 서로의 단점을 보완하여 사용되는 냉매
② 브라인의 구비조건
  ㉠ 비열이 클 것(현열에 의한 열의 전달 시 열용량이 커야 한다.)
  ㉡ 점도와 비중이 작을 것
  ㉢ 공정점이 낮을 것(냉매의 증발온도보다 5~6[℃] 가량 낮을 것)
  ㉣ 열전달률이 크고, 열전달에 대한 특성이 좋을 것
  ㉤ 냉동장치의 배관 및 부속장치를 부식시키지 않을 것
  ㉥ 화학적으로 안정할 것
  ㉦ 낮은 온도에서도 액체 상태를 유지할 것
  ㉧ 누설 시 냉장품에 손상이 없을 것
  ㉨ 금속에 대한 부식성이 없을 것.(무기질은 부식성이 크고 유기질은 부식성이 작다.)
  ㉩ 구입이 용이하고 가격이 쌀 것
  ㉪ pH값이 중성일 것(pH 7.5~8.2)
③ 브라인의 금속 부식방지대책
  ㉠ 브라인의 pH는 약 7.5~8.2의 약알칼리성으로 유지한다.

> **참고**
>
> pH 농도는 7을 기준으로 한다.
> pH 〉 7 (알칼리성)
> pH = 7 (중성)
> pH 〈 7 (산성)
>
> 산성(pH 3 이하)
> 약산성(pH 3~6)
> 중성(pH 6~7.5)
> 약알칼리성(pH 7.5~8.5)
> 알칼리성(pH 8.5~이상)

  ㉡ 공기와 접촉하지 않는 액순환 방식(밀폐형)을 채택한다.(공기와의 접촉을 피한다.)
  ㉢ 방식아연을 사용한다.
  ㉣ $CaCl_2$ 브라인 : 브라인 1[l]에 대하여 중크롬산나트륨($Na_2Cr_2O_7$) 1.6[g]을 용해하고 중크롬산나트륨 100[g]마다 가성소다(NaOH) 27[g]을 첨가한다.
  ㉤ NaCl 브라인 : 브라인 1[l]에 대하여 중크롬산나트륨($Na_2Cr_2O_7$) 3.2[g]을 용해시켜주고 중크롬산나트륨 100[g]마다 가성소다(NaOH) 27[g]을 첨가한다.

④ 브라인 동결 방지대책
  ㉠ 부동액을 첨가한다.
  ㉡ 동결방지용 TC(온도제어)를 사용한다.
  ㉢ 단수 릴레이를 설치한다.
  ㉣ EPR(증발압력 조정밸브)을 사용한다.
  ㉤ 브라인펌프와 압축기 모터를 인터록 시킨다.
⑤ 무기질 브라인과 유기질 브라인의 비교

무기질 브라인	유기질 브라인
C(탄소)가 포함되지 않는 브라인	C(탄소)가 포함된 브라인
부식성이 강하다.	부식성이 적다.
가격이 싸다.	가격이 비싸다.

(5) 냉매의 누설 검사

① 암모니아(NH_3) 냉매의 누설검사
  ㉠ 악취가 나므로 누설 시 냄새로 알 수 있다.
  ㉡ 붉은 리트머스 시험지가 청색으로 변한다.
  ㉢ 유황초를 누설개소에 대면 흰 연기가 발생한다.
  ㉣ 페놀프탈레인 시험지를 누설개소에 대면 적색으로 변한다.
  ㉤ 만액식 증발기 및 수냉식 응축기는 레슬러 시약으로 검출한다.
    ⓐ 소량 누설 시 : 황색
    ⓑ 다량 누설 시 : 자색
  ㉥ 브라인 속에 암모니아가 누설되었을 경우
    ⓐ 브라인을 소량 채취하여 레슬러 시약을 몇 방울 떨어뜨려 확인한다.
    ⓑ 브라인을 소량 채취하여 가열하면 NH_3 분자가 증발하는데 이곳에 페놀프탈레인 시험지를 대면 적색으로 변한다.
② 프레온(Freon) 냉매의 누설검사
  ㉠ 비눗방울을 이용(가장 많이 사용되는 검사방법)
  ㉡ 헬라이드 토치 사용
    ⓐ 정상 : 청색
    ⓑ 소량 : 녹색
    ⓒ 다량 : 적색
    ⓓ 과대량 : 꺼진다.

- 헬라이드 토치 사용 순서
  - 밑뚜껑을 열어 연료통에 있는 무수 메틸 알코올 등을 심지에 흡입시킨다.
  - 가열 용기에 알코올을 반 정도 충진하고 점화한다. 알코올의 연소로 인해 생긴 열로 연료통 내의 토치 심지에 침지된 알코올이 따뜻하게 되어 증기압이 상승한다.
  - 가열 용기 내의 알코올이 어느 정도 연소하면 조정 밸브의 핸들을 열어 준다. 밸브를 열어 주면 압력이 높은 연료 용기 내의 알코올의 증기가 공기와 혼합하여 노즐에서 분출된다.
- 사용상 주의 : 프레온은 800[℃] 이상의 불꽃에 닿으면 포스겐 가스 발생
- 헬로겐 원소 : F(불소), Cl(염소), Br(취소), I(옥소)

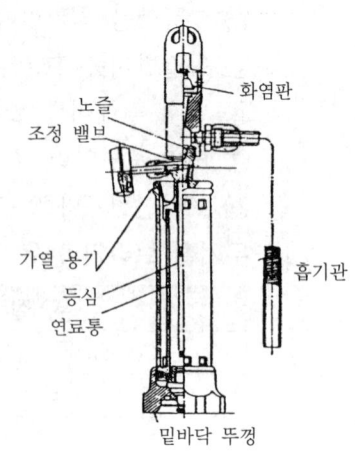

ⓒ 전자식 가스검지기(전자누설 검지기) 사용

(6) 기타 냉매

① 물(H_2O : R-718)
  ㉠ 물은 독성이 없고 안전하여 냉매로서 좋은 조건을 갖추고 있다. 하지만 물은 비압축성 유체이므로 낮은 압력에서만 취급해야 하고 증기의 체적이 크다는 단점이 있다.
  ㉡ 증기분사식 냉동기, 흡수식 냉동기에 사용된다.

② 공기(O_2 : R-729)
  ㉠ 무색, 무미, 무취, 무독하다.
  ㉡ 폭발성이 없어 안정적이다.
  ㉢ 값이 싸다.
  ㉣ 효율이 좋지 않아 성적계수가 낮고 소요동력이 크다.
  ㉤ 항공기의 공기조화용 또는 공기사이클 냉동기에 사용된다.

③ 이산화탄소(CO_2)
  ㉠ 무색, 무미, 무취, 무독하다.
  ㉡ 폭발성이 없어 안정적이다.
  ㉢ 부식성이 없다.
  ㉣ 효율이 좋지 않아 성적계수가 낮고 소요동력이 크다.

　　　　ⓜ 증발압력이 높으므로 배관의 강도가 큰 것이 요구된다.(장치의 가격이 비싸진다.)
　　　　ⓗ 선박용
　　④ 아황산가스(SO_2)
　　　　㉠ 무색이고 유독하다.(5[ppm])
　　　　㉡ 수분이 함유되면 황산으로 변하고 금속에 대한 부식력이 커진다.
　　　　㉢ 독성이 강하여 현재는 사용하지 않는다.
　　⑤ 메틸클로라이드(R-40 : CH_3Cl)
　　　　㉠ 화학적으로 안정하며 금속에 대한 부식이 없다.
　　　　㉡ 독성과 가연성이 있다.
　　　　㉢ 현재는 사용되지 않고 있다.

▶ 각종 냉매 특성

냉매명 특성	암모니아	탄산가스	메틸클로라이드	R-11	R-12	R-13	R-21	R-22	R-113	R-114	R-500	R-502	아황산가스
화학식	NH_3	CO_2	CH_3Cl	CCl_3F	CCl_2F_2	$CClF_3$	$CHCl_2F$	$CHClF_2$	$C_2Cl_3F_3$	$C_2Cl_2F_4$	CCl_2F_2+$C_2H_4F_2$	$HClF_2$+C_2ClF_5	SO_2
분자량	17.03	44	50.48	137.3	120.9	104.47	102.93	86.48	187.4	170.9	99.3	111.66	64.06
비등점 ℃	-33.3	-78.5 (승화)	-23.8	23.8	-29.8	-81.5	8.9	-40.8	47.57	3.55	-33.3	-45.6	-10.0
응고점 ℃	-77.7	-56.6	-97.8	-111.1	-158.2	-181	-135	-160	-35	-94	-158.9		-75.5
임계온도 ℃	133	31	143	198	112	28.8	178.5	96	214	145.7	105.1	90.1	157.1
임계압력 kg/cm^2a	116.5	75.3	68.1	44.65	41.4	39.4	52.7	50.3	34.8	33.2	44.4	42.1	80.26
액의 비중(30[℃]) g/cc	0.595	0.596	0.901	1.46	1.29	1.29 (-30[℃])	1.36	1.177	1.56	1.44	1.14	1.22	1.35
포화증기의 비중(비등점) g/l	0.905		2.55	5.86	6.26	6.9	4.57	4.8	7.4	7.8	5.2	6.1	3.05
액의 비열((30[℃]) cal/g℃	1.15	1.56	0.34	0.21	0.24	0.25 (-30[℃])	0.26	0.34	0.22	0.24	0.29	0.26	0.32
정압 비열(1[atm], 30[℃]) cal/g℃	0.52	0.2	0.24	0.135	0.15	0.14 (-30[℃])	0.14	0.15	0.61 (60[℃])	0.16		0.16	0.15
비열비(C_p/C_V, 1[atm], 30[℃])	1.31	1.3	1.2	1.13	1.136	1.17 (-30[℃])	1.17	1.184	1,080 (60[℃])	1.08	1.13	1.133	1.29
비등점에서의 증발열 kcal/kg	327		102.4	43.5	39.97	35.8	57.9	55.92	35.07	32.78	49.2	42.5	93.1
-15[℃]에서의 증발열 kcal/kg	313.5	65.3	100.4	45.8	38.57	25.31	60.75	52.0	39.2	34.4	46.3		94.2
열전도율 (액 30[℃]) kcal/mh℃	0.43	0.075 (20[℃])	0.135	0.09	0.073	0.314 (-70[℃])	0.104	0.089	0.078	0.067			0.17
절연내력 (질소 1기준) (23[℃], 1[atm])	0.83	0.88	1.06	3.1	2.4	1.4	1.3	1.3	2.6 (0.4[atm])	2.8			1.90

냉매명 특성	암모니아	탄산가스	메틸클로라이드	R-11	R-12	R-13	R-21	R-22	R-113	R-114	R-500	R-502	아황산가스
수분의 냉매에 대한 용해도(℃) g/100[g]	89.9	0.34	0.28	0.0036	0.0026		0.055	0.06	0.0036	0.0026			22.8
가연성 유무	유	무	유	무	무	무	무	무	무	무	무	무	무
독성(숫자가 클수록 독성이 적고, 5[A]는 5보다 독성이 작다)	2	5	4	5[A]	6	6	4~5	5[A]	4~5	6	6	5[A]~6	1
-15[℃]에서의 증발압력 kg/cm²a	2.41	23.3	1.49	0.21	1.862	13.48	0.37	3.03	0.07	0.476	2.175		0.82
30[℃]에서의 응축압력 kg/cm²a	11.895	73.34	6.66	1.30	7.58	임계점 이상	2.19	12.3	0.55	2.58	8.97		4.7
기준 냉동 사이클에서의 압축비	4.936	3.14	4.48	6.19	4.07		5.95	4.046	8.016	5.42	4.124		5.72
기준 냉동 사이클에서의 냉동효과 kcal/kg	269.03	37.9	85.43	38.57	29.52		50.94	40.15	30.9	25.13	34.86		81.31
1[RT]당(한국) 냉매순환량 kg/h	12.34	87.6	38.86	86.1	112.47		65.2	82.69	107.44	132.09	95.24		40.83
-15[℃]에서의 포화증기의 비체적 m³/kg	0.509	0.017	0.279	0.766	0.0927	0.1189	0.57	0.078	1.69	0.264	0.095		0.406
기준 냉동 사이클에서의 토출가스온도 ℃	98	66.1	77.8	44.4	37.8		61.1	55	30	30	40		88.3
1[RT]당(한국) 이론적 피스톤 압출량 m³/h (기준 냉동 사이클)	6.278	1.45	10.84	65.9	10.425		37.15	6.43	171.353	34.806			16.57
1[RT]당(한국) 이론적 도시마력 HP	(1.073) 1.058	1.644	1.047	0.99	1.036		1.010	1.045	1.017	1.055	1.064		1.018
성적계수 C.O.P	4.893	3.15	5.32	5.23	4.87		5.13	4.957	5.09	4.9	4.87		5.08
사용온도 범위 ℃	저, 중	저, 중	중, 고	고	저, 고	극, 저	중, 고	저, 고	중, 고	중, 고	중, 고		중, 고

단원복습 문제풀이

01 냉매와 화학 분자식이 옳게 짝지어진 것은?

① R113 : CCl_3F_3
② R114 : CCl_2F_4
③ R500 : $CCl_2F_2+CH_2CHF_2$
④ R502 : $CHClF_2 + C_2ClF_5$

해설 ① R-113 : ($C_2Cl_3F_3$)
② R-114 : ($C_2Cl_2F_4$)
③ R-500 : ($CCl_2F_2+CH_3CHF_2$)
④ R-502 : ($CHClF_2+CClF_2CF_3$)

02 표준 냉동 사이클에서 냉동효과가 큰 냉매 순서로 맞는 것은?

① 암모니아 > 프레온 114 > 프레온 22
② 프레온 22 > 프레온 114 > 암모니아
③ 프레온 114 > 프레온 22 > 암모니아
④ 암모니아 > 프레온 22 > 프레온 114

해설 암모니아 > 프레온 22 > 프레온 114
기준 냉동 사이클 냉동효과
암모니아 : 269.03kcal/kg
프레온 22 : 40.15
프레온 114 : 25.13

03 브라인에 대한 설명 중 옳지 못한 것은?

① 일반적으로 무기질 브라인은 유기질 브라인에 비해 부식성이 크다.
② 브라인은 용액의 농도에 따라 동결온도가 달라진다.
③ 브라인의 구비조건으로는 비중이 적당하고 점도가 커야 한다.
④ 브라인은 2차 냉매라고도 한다.

해설 ① 일반적으로 무기질 브라인은 유기질 브라인에 비해 부식성이 크다.
② 브라인은 용액의 농도에 따라 동결온도가 달라진다.(공정점)
③ 브라인의 구비조건은 비중이 작고 점도가 작아야한다.
④ 브라인은 2차 냉매라고도 한다.

04 다음 중 냉동기유에 가장 용해하기 쉬운 냉매는 어느 것인가?

① R-11
② R-13
③ R-114
④ R-502

해설 냉동기유에 가장 용해하기 쉬운 냉매 : R-11

정답 01 ④ 02 ④ 03 ③ 04 ①

05 직접 팽창의 냉동 방식에 비해 브라인식은 어떤 장점이 있는가?

① 냉매누설에 의한 냉장품의 오염우려가 없다.
② 설비가 간단하다.
③ 냉동기 정지에 따른 냉장실 온도의 상승이 빠르다.
④ 운전비가 적게 들어간다.

해설 냉매누설에 의한 냉장품의 오염우려가 없다.

06 다음 냉매 중 대기압 하에서 냉동력이 가장 큰 냉매는?

① R-11
② R-12
③ R-21
④ R-22

해설 대기압 하에서 냉동력이 가장 큰 냉매 : R-22

07 공조설비에 사용되는 NH_3 냉매가 눈에 들어갈 경우 조치방법으로 적당한 것은?

① 레몬주스 또는 20[%]의 식초를 바른다.
② 2[%]의 붕산액으로 세척하고 유동파라핀을 점안한다.
③ 치아황산나트륨 포화용액으로 씻어낸다.
④ 암모니아수로 씻는다.

해설 암모니아는 약알칼리성이므로 2%의 붕산액으로 세척 후 유동파리핀을 점안한다.

정답 05 ① 06 ④ 07 ②

4 저온 냉동장치

1 2단 압축

1대의 압축기로 -30℃ 이하의 저온을 얻기 위해서는 압축비가 크게 작용하게 되는데 압축비가 커지게 되면 실린더 과열 및 윤활유 열화 탄화, 체적효율 감소, 냉동능력 감소, 냉동능력당 소요동력의 증가 등의 악영향으로 이어지게 된다. 이러한 결점을 보완하기 위해 냉매를 2단 또는 3단으로 압축하는 것을 다단 압축방식이라 한다.(압축비가 6 이상이면 2단 압축, 10을 넘으면 3단, 온도가 더 낮으면 다원냉동 사이클을 채택한다.)

(1) 2단 압축 채용기준

① 압축비에 의한 2단 압축

$$\frac{P_c}{P_e} > 6 \text{일 때 (압축비가 6 이상일 때)}$$

- P_e : 증발압력(kg/mm² abs)
- P_c : 응축압력(kg/cm² abs)

② 증발온도에 의한 2단 압축
- NH_3 : -35[℃] 이하일 때
- 프레온 : -50[℃]

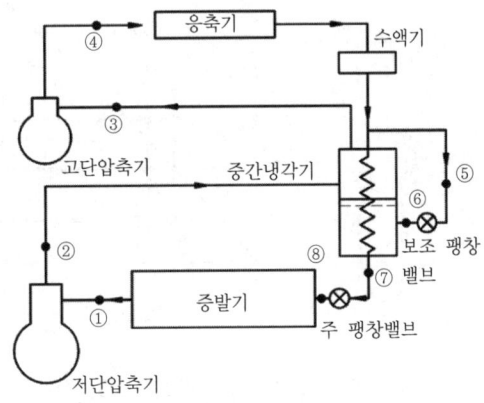

| 2단 압축 1단 팽창 |

(2) 중간압력 선정

$$P_m = \sqrt{P_c \times P_e}$$

- P_m : 중간압력(kg/mm² abs)
- P_e : 증발압력(kg/mm² abs)
- P_c : 응축압력(kg/cm² abs)

(3) 2단 압축 1단 팽창 사이클

① 2단 압축 1단 팽창

2단 압축 1단 팽창은 그림에서와 같이 응축기를 나온 액냉매 중의 일부의 냉매가 저압 압축기에서 나오는 토출 가스와 증발기로 가는 나머지 냉매를 과냉각시키기 위해 중간 냉각기에서 증발하여 팽창 밸브로 보내지는 액의 온도를 낮추어 냉동효과를 증대시키는 것이다.

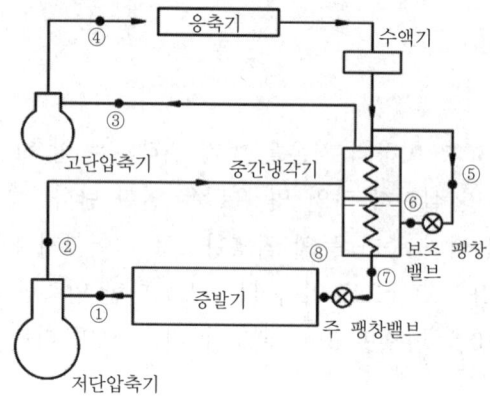

| 2단 압축 1단 팽창 냉동기 구성도 |

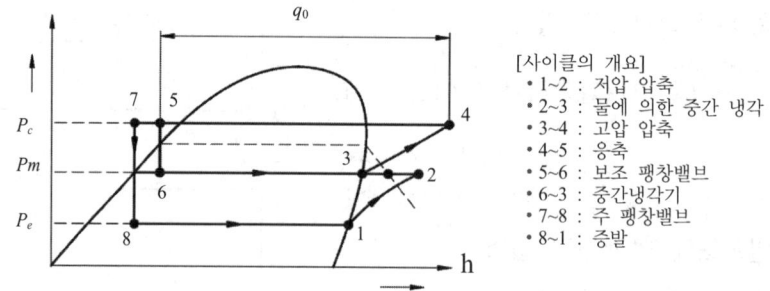

| 2단 압축 1단 팽창식(P-h 선도) |

② 2단 압축 1단 팽창 사이클의 계산
　㉠ 냉동효과
　　$q = h_1 - h_8 = h_1 - h_7$

　　　　h_1 : 증발기 출구 엔탈피(kcal/kg)(kJ/kg)
　　　　h_8 : 증발기 입구 엔탈피(kcal/kg)(kJ/kg)
　　　　h_7 : 팽창밸브 입구 엔탈피(kcal/kg)(kJ/kg)

　㉡ 소요일량
　　$Aw = Aw_1 + Aw_2 = (h_2 - h_1) + (h_4 - h_3)$

　　　　Aw_1 : 저단압축기의 소요일량(kcal/kg)(kJ/kg)
　　　　Aw_2 : 고단압축기의 소요일량(kcal/kg)(kJ/kg)
　　　　Aw : 냉동사이클 전체 일량(kcal/kg)(kJ/kg)

ⓒ 성적계수 COP

$$COP = \frac{q}{A_w} = \frac{(h_1 - h_8)}{(h_2 - h_1) + (h_4 - h_3)}$$

ⓓ 응축기 방열량

$$qc = h_4 - h_7$$

$\left[\begin{array}{l} h_4 : \text{응축기 입구 엔탈피(kcal/kg)(kJ/kg)} \\ h_7 : \text{응축기 출구 엔탈피(kcal/kg)(kJ/kg)} \end{array}\right.$

(4) 2단 압축 2단 팽창 사이클

① 2단 압축 2단 팽창

2단 압축 2단 팽창 사이클은 증발기에서 증발된 냉매가 저압 압축기에 흡입되어 중간압력까지 압축되고 여기서 토출된 냉매 가스가 수냉 중간 냉각기를 지나 등압의 중간 냉각기의 밑에 고인 냉매액 속을 통과하도록 하여 중간 냉각을 완전하게 하는 방식이다. 즉 고압압축기로 유입되는 냉매증기를 건포화증기로 만들기 위하여 저압 압축 후 중간냉각된 과열증기를 분리기로 유입시키는 사이클이다.

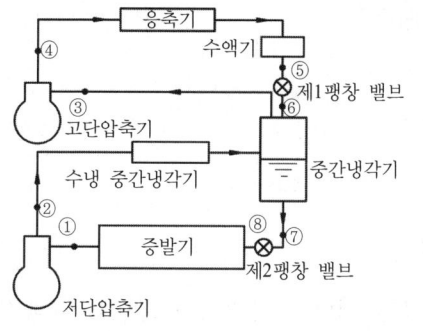 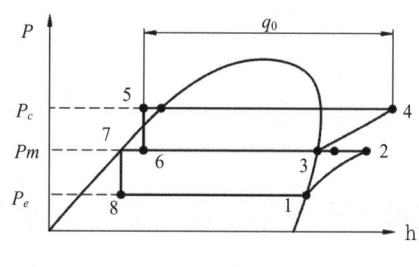

| 2단 압축 2단 팽창 구성도 |　　| 2단 압축 2단 팽창(P-h 선도) |

② 2단 압축 2단 팽창 사이클의 계산

㉠ 냉동효과

$$q = h_1 - h_8 = h_1 - h_7$$

$\left[\begin{array}{l} h_1 : \text{증발기 출구 엔탈피(kcal/kg)(kJ/kg)} \\ h_8 : \text{증발기 입구 엔탈피(kcal/kg)(kJ/kg)} \\ h_7 : \text{제2팽창밸브 입구 엔탈피(kcal/kg)(kJ/kg)} \end{array}\right.$

ⓛ 소요일량

$$Aw = Aw_1 + Aw_2 = (h_2 - h_1) + (h_4 - h_3)$$

- Aw_1 : 저단압축기의 소요일량(kcal/kg)(kJ/kg)
- Aw_2 : 고단압축기의 소요일량(kcal/kg)(kJ/kg)
- Aw : 냉동사이클 전체 일량(kcal/kg)(kJ/kg)

ⓒ 성적계수 COP

$$COP = \frac{q}{A_w} = \frac{(h_1 - h_8)}{(h_2 - h_1) + (h_4 - h_3)}$$

ⓔ 응축기 방열량

$$qc = h_4 - h_5$$

- h_4 : 응축기 입구 엔탈피(kcal/kg)(kJ/kg)
- h_5 : 응축기 출구 엔탈피(kcal/kg)(kJ/kg)

③ **중간냉각기의 기능**
   ⓐ 저압 압축기 토출 가스 온도를 감소시킨다.
   ⓑ 증발기에 공급되는 냉매액을 과냉각시켜 냉동효과를 증가시킨다.
   ⓒ 고압 압축기에 흡입되는 냉매 가스와 액을 분리시킨다.(리퀴드 백 방지)

④ **중간 냉각기의 종류**
   ⓐ 개방식
   ⓑ 밀폐식
   ⓒ 직접 팽창식

(5) 콤파운드 압축기(단기 2단압축방식)

2단 압축냉동장치에서 압축기 2대를 이용한 저단측 압축기와 고단측 압축기를 1대의 압축기로 기통을 2단(저단측기통과 고단측기통)으로 나누어 사용한 것으로써 설치면적, 중량, 설비비 등의 절감을 위하여 사용하는 방식이다.

(6) 부스터 압축기

저압측 압력을 현저하게 낮게 유지하는 저온냉동장치에 1대의 압축기로 응축압력까지 올리기가 힘들 경우 저압에서 중간압력까지 압축하기 위한 보조 저단압축기를 설치하는데 이 보조 저단 압축기를 부스터 압축기라 한다.

2 2원 냉동 사이클

(1) 설치 목적

① -70℃ 이하의 극저온을 얻고자 할 때 2단압축 또는 다단 압축방식으로는 한계가 있다. 그러므로 저온용냉동 사이클과 고온용 냉동사이클로 나누어 극저온을 얻어내는 방식이며 사이클이 두 개로 이루어져 있어 2원 냉동 사이클이라 한다.
저온 측 냉매는 응고점이 낮은 초저온 냉매를 사용하는데 이 냉매는 상온 상에서 응축되지 않으므로 고온 측 증발기를 조합시켜 열교환하게 함으로써 고온 냉동기의 증발기에 의해 저 온측 냉매를 응축시키게 된다.

② 고온 측 냉매(응축압력이 낮다.) : R-12, R-22

③ 저온 측 냉매(비점이 낮고 극저온을 만들 수 있다.) : R-13, R-14, 에틸렌, 메탄, 에탄, 프로판 등

| 부스터 냉동기(구성도) | | 2원 냉동 사이클 P-h 선도 |

(2) 2원 냉동방식의 특징

① 냉매의 선택이 자유롭다.
(단, 고온 측과 저온 측의 냉매 선택은 다르다.)

② 다단 압축방식보다 저온에서 효율이 좋다.

③ -70[℃] 이하의 초저온을 얻을 수 있다.(-100[℃] 이하일 경우에는 3원 냉동방식이 채용)

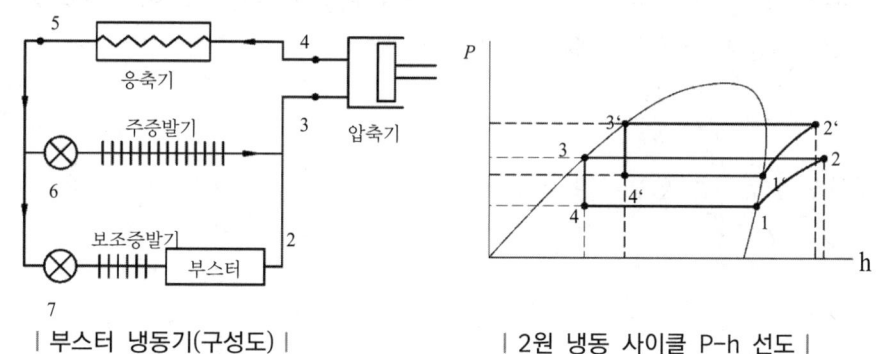

| 2원 냉동방식 |

④ 저온 측 응축부하는 고온 측 증발부가 된다.

⑤ 사용 윤활유가 다르다.

⑥ 팽창 탱크가 필요하다.

(3) 사이클의 개요

① 저온 냉동기
  ㉠ 1~2 : 저온 측 압축
  ㉡ 2~3 : 저온 측 응축
  ㉢ 3~4 : 저온 측의 팽창
  ㉣ 4~1 : 저온 측의 증발

② 고온 냉동기
  ㉠ 1'~2' : 고온 측의 압축
  ㉡ 2'~3' : 고온 측의 응축
  ㉢ 3'~4' : 고온 측의 팽창
  ㉣ 4'~1' : 고온 측의 증발

③ 고온 냉동기의 흡열량 = 저온 냉동기의 방열량이므로 열량(Q_0) 계산은 다음과 같다.

$$Q_0 = G_1(h_1' - h_3') = G_2(h_2 - h_3)$$

$$\therefore \frac{G_1}{G_2} = \frac{h_2 - h_3}{h_1' - h_3'}$$

④ 냉동열량(저온 냉동기의 흡열량) Q_2는

$$Q_2 = G_2(h_1 - h_3)$$

3 다효압축

(1) 설치 목적

증발온도가 서로 다른 증발기에서 발생된 압력이 다른 냉매가스를 하나의 압축기로 동시에 압축하는 방식. 압축기 한 개로 두 개의 가스를 압축하는 만큼 용량조절은 어려우나 소요동력은 적게 든다는 장점이 있으며 주로 NH_3 냉동장치에서 브라인 냉각과 원료수의 예냉장치로 많이 사용되고 있다.

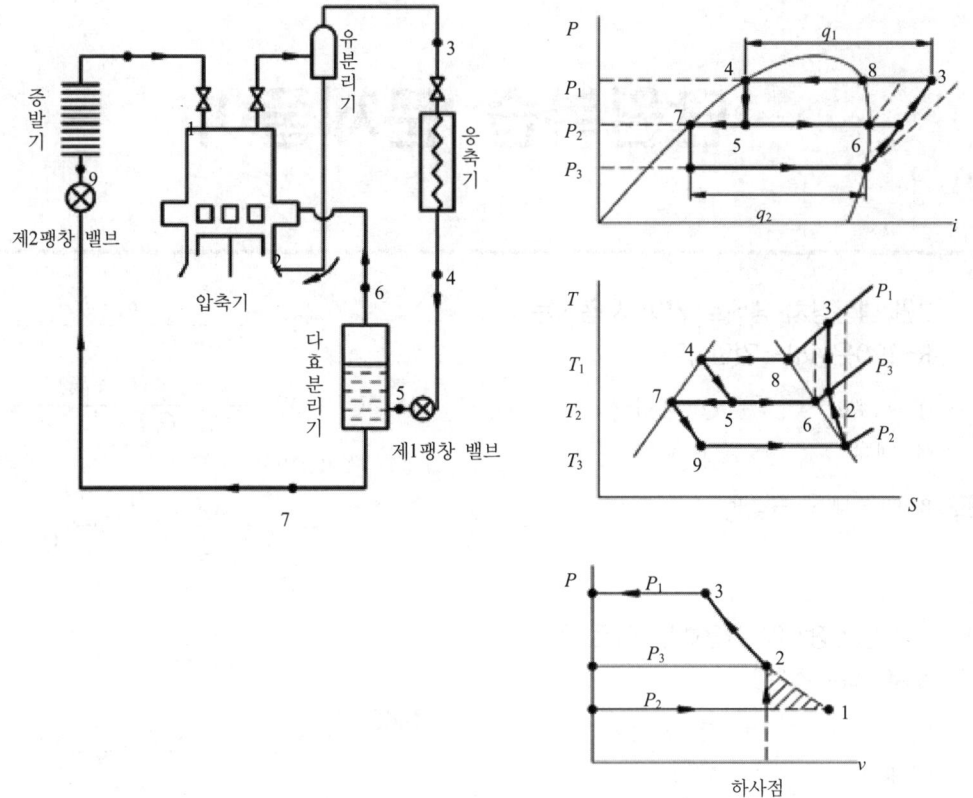

| 다효압축 사이클 |

단원복습 문제풀이

01 2원 냉동장치 냉매로 많이 사용되는 R-290은 어느 것인가?

① 프로판　② 에틸렌
③ 에탄　　④ 부탄

해설 R-290 냉매 → 프로판

02 2원 냉동장치에 사용하는 저온 측 냉매로서 옳은 것은?

① R-717　② R-718
③ R-14　　④ R-22

해설 고온 측 : R-12, R-22
저온 측 : R-13, R-14, 에틸렌, 메탄, 에탄, 프로판

03 다음 그림은 2단 압축, 2단 팽창 이론 냉동사이클이다. 이론 성적계수를 구하는 공식으로 옳은 것은? (G_L 및 G_H는 각각 저단, 고단 냉매순환량이다.)

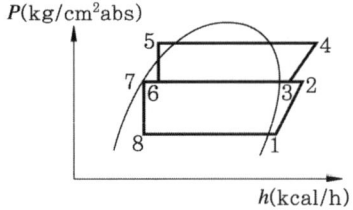

① $COP = \dfrac{G_L \times (h_1 - h_8)}{(G_L + G_H) \times (h_4 - h_1)}$

② $COP = \dfrac{G_L \times (h_1 - h_8)}{(G_L - G_H) \times (h_4 - h_1)}$

③ $COP = \dfrac{G_H \times (h_1 - h_8)}{G_L \times (h_2 - h_1) + G_H \times (h_4 - h_3)}$

④ $COP = \dfrac{G_L \times (h_1 - h_8)}{G_L \times (h_2 - h_1) + G_H \times (h_4 - h_3)}$

해설 $COP = \dfrac{q}{Aw} = \dfrac{(h_1 - h_8)}{(h_2 - h_1) + (h_4 - h_3)}$
$= \dfrac{G_L \times (h_1 - h_8)}{G_L \times (h_2 - h_1) + G_H \times (h_4 - h_3)}$

04 2단 압축 냉동사이클에서 저압 측 증발압력이 2[kgf/cm²g]이고 고압 측 응축압력이 17[kgf/cm²g]일 때 중간압력은 약 얼마인가? (단, 대기압은 1[kgf/cm²a]이다.)

① 5.8[kgf/cm²a]　② 6.0[kgf/cm²a]
③ 7.3[kgf/cm²a]　④ 8.5[kgf/cm²a]

해설 $P_m = \sqrt{P_c \times P_e}$
$P_c = 17 + 1.0332 = 18.0332$ [kgf/cm²a]
$P_e = 2 + 1.0332 = 3.0332$ [kgf/cm²a]
$P_m = \sqrt{18.0332 \times 3.0332} = 7.395$ [kg/cm²a]

정답 01 ①　02 ③　03 ④　04 ③

05 2단 압축 2단 팽창 냉동사이클을 모리엘 선도에 표시한 것이다. 옳은 것은?

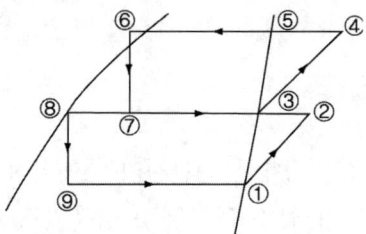

① 중간냉각기의 냉동효과 : ③-⑦
② 증발기의 냉동효과 : ②-⑨
③ 팽창변 통과 직후의 냉매 위치 : ④-⑤
④ 응축기의 방출열량 : ⑧ - ②

05 ①

5 압축기 구조 및 특성

1 압축기의 역할 및 종류

압축기는 냉동기의 심장이라고도 하며 응축을 돕고 냉매를 순환시키는 핵심적인 장치이다. 압축기의 종류는 크게 체적압축식과 비용적식(터보용(원심식)) 압축기로 나뉜다.

(1) 압축기의 역할
① 냉매의 압력을 응축압력까지 높이는 작용
② 냉매를 전장치로 순환시켜주는 역할

(2) 압축기의 종류
① **개방형**
   전동기와 압축기가 별개로 설치되며 벨트(belt)나 커플링(coupling)에 의해 구동된다.
   ㉠ 벨트구동식 : 압축기의 플라이 휠과 전동기의 풀리 사이에 V벨트로 연결하여 동력을 전달시키는 방식
   ㉡ 직결구동식 : 압축기의 축과 전동기의 축이 직접 연결되어 동력을 전달시키는 방식
② **밀폐형**
   전동기와 압축기가 한 하우징(housing) 내에 있어 외부와 밀폐되어 있고 직결구동되고 있다.
   ㉠ 반밀폐형(분해 점검수리가 가능하다.)
   ㉡ 완전밀폐형 : 밀폐된 용기 내에 압축기와 전동기가 동일한 축에 연결되어 있다.
③ **개방형 압축기의 장·단점**
   ㉠ 장점
      ⓐ 보수, 점검 및 취급이 용이하다.
      ⓑ 전동기와 압축기가 별개로 되어 있어 교환사용이 가능하다.
      ⓒ 회전수를 변경할 수 있어 사용조건에 적합한 운전이 가능하다.
      ⓓ 전력배선이 불가능한 곳에 엔진 구동이 가능하다.(외부에서 전원공급 가능)
   ㉡ 단점
      ⓐ 유닛(unit)으로 한 경우 외형이 크므로 설치면적이 크다.

ⓑ 대량 생산일 경우 밀폐·반밀폐형에 비해 제작비가 많이 든다.
　　　ⓒ 축이 외부와 관통하므로 냉매, 오일의 누설 및 외기침입의 우려가 있기 때문에 반드시 축봉장치가 필요하다.
　④ 밀폐형 압축기의 장·단점
　　㉠ 장점
　　　ⓐ 냉매의 누설이 없다.
　　　ⓑ 소음이 적다.
　　　ⓒ 소형이며 경량이다.(개방형에 비해)
　　　ⓓ 과부하 운전이 가능하다.
　　㉡ 단점
　　　ⓐ 전동기가 하우징(housing) 내부에 있으므로 회전수를 임의로 변경시킬 수 없다.
　　　ⓑ 전원이 없는 곳에서는 사용할 수 없다.(외부 전원 공급 불가능)

(3) 압축방식에 의한 분류

　① 왕복동식 압축기(용적식)
　　실린더 내 피스톤의 상하좌우 왕복운동을 통해 가스를 압축하는 방식
　　㉠ 입형 압축기
　　㉡ 횡형 압축기
　　㉢ 고속다기통 압축기
　② 회전식 압축기(용적식)
　　실린더 내 회전자(로우터)를 회전운동시켜 가스를 압축하는 방식
　　㉠ 회전익형
　　㉡ 고정익형
　③ 스크류식 압축기(용적식)
　　암·수 기어의 치형을 갖는 두 개의 로우터가 서로 맞물려 고속으로 역회전하여 압축하는 방식
　④ 원심식(터보) 압축기(비용적식)
　　임펠러를 고속회전시켜 임펠러의 원심력을 이용해 압축하는 방식
　　㉠ 단단압축빙식
　　㉡ 다단압축방식

2 왕복동식 압축기

실린더 내 피스톤의 왕복운동에 의해 냉매가스를 흡입토출하면서 압축하고 압축된 냉매 가스를 응축기로 보내는 형식이다. 압축능력이 크고 흡입밸브와 토출밸브는 얇은 판으로 되어 있으며 냉매가 누설하기 쉬운 베어링 부분은 밀폐되어 있다.

(1) 횡형 압축기

실린더가 수평으로 설치되어 좌우로 왕복운동 하는 압축기이다. 주로 대형 단기통식이며, 피스톤의 양면에서 압축작용을 하는 복동식 압축기이다.

① 특징
  ㉠ 왕복동식이다.
  ㉡ 회전수는 100~250[rpm]이다.
  ㉢ 주로 NH_3용으로 사용된다.
  ㉣ 안전두가 없다. 따라서 톱 클리어런스는 3[mm] 정도로 크다.(체적효율이 나쁘다.)
  ㉤ 중량 및 설치면적이 크고 진동이 심해 대형에만 사용된다.
  ㉥ 냉매가스의 누설을 방지하기 위해 축봉장치를 설치한다.

(2) 입형 압축기

압축기 실린더가 입형으로 설치된 압축기로 크랭크실은 일반적으로 밀폐되어 있고 그 내부에 냉매가스가 충만되어 있어 크랭크축에 따른 가스의 누설이 생기지 않도록 제작되고 있다. 일반적으로 제빙, 냉장 및 공기조화용 등에 널리 사용되고 있다.

① 특징
  ㉠ NH_3 및 Freon 용으로 제작된다.
  ㉡ 기통수는 1~4기통이며 보통 2기통이 사용된다.
  ㉢ 주로 단동식이며, 저속에 제작되며 고속에는 한계가 있다.
  ㉣ 톱 클리어런스가 1[mm] 정도로 체적효율이 좋으며 안전두(Safety Head)를 설치한다.
  ㉤ NH_3용은 실린더를 냉각시키기 위해 워터 재킷(Water Jacket)을 설치하고 Freon 용은 체적효율을 높이기 위해 핀 튜브를 설치한다.

② 안전두(Safety Head)
  왕복동 입형 압축기에 사용되며 실린더 헤드 커버와 밸브판의 토출밸브 사이트 사이를 강한 스프링으로 지지하고 있는 형태로 냉동장치 운전 중 실린더 내로 이물질이

나 액냉매가 유입되어 압축 시 이상 압력 상승으로 인한 압축기의 소손을 방지하는 역할을 한다.(작동압력 : 토출가스 압력보다 3[kg/cm^2] 정도 높게 설정)

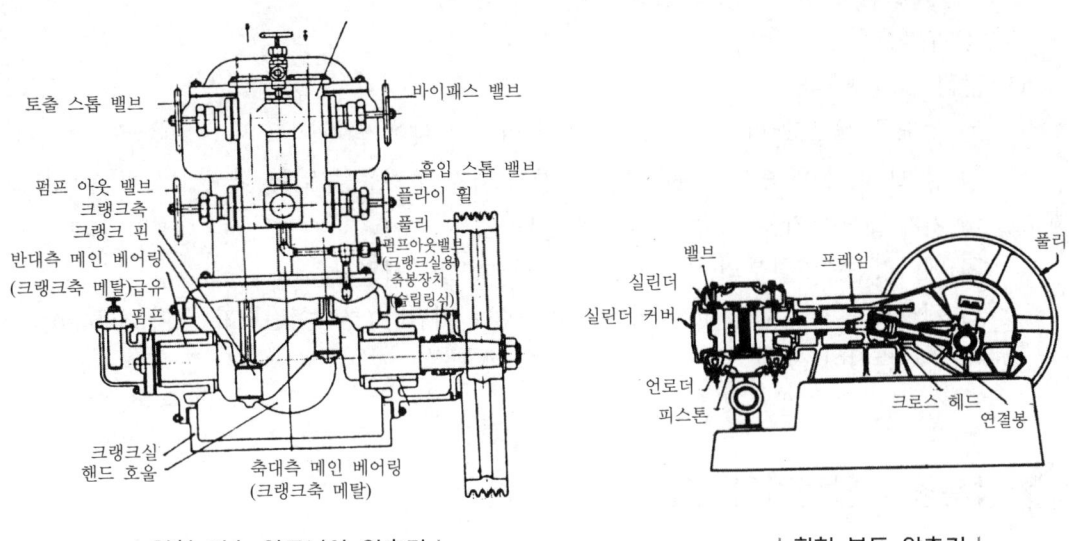

| 입형 저속 암모니아 압축기 | | 횡형 복동 압축기 |

(3) 고속다기통 압축기

기존의 입형 압축기를 개량하여 그 형상을 작게 하고 중량을 경감시키면서 동시에 용량을 크게 할 수 있도록 제작된 압축기로 흡입, 기통은 동적 밸런스를 잡기 위하여 짝수로 설치하며 또한 토출 밸브의 개량이나 윤활장치, 진동방지장치의 발달로 회전의 고속화 (1000~3500[rpm])와 실린더 수의 증가를 실현시킬 수 있었다. 또한 실린더 지름은 행정보다 크거나 같다.

① 특징
  ㉠ 실린더의 수가 많다.(4, 6, 8, 12, 16기통)
  ㉡ 실린더의 배열방법에는 V형, W형, VV형, 성형 등이 있다.
  ㉢ 실린더의 지름이 작다.(95~180[mm])
  ㉣ 축봉장치는 활윤식(스프링식)이 사용된다.
  ㉤ 윤활방식은 강제윤활방식이다.(오일펌프 사용)
  ㉥ 크랭크실에는 실린더 라이너가 설치된다.

② 장점
  ㉠ 실린더 지름이 작아 소형 경량이고, 동적 밸런스가 양호하다.
  ㉡ 용량제어가 용이하다.

ⓒ 기동 시 무부하 운전이 가능하고 자동운전이 용이하다.
　　ⓔ 흡입 및 토출 밸브는 플레이트 밸브를 사용하므로 밸브의 작동이 경쾌하다.
　　ⓜ 강제 윤활 방식이므로 윤활작용이 양호하다.
　　ⓗ 부품호환성이 좋다.
③ 단점
　　㉠ 속도가 빠르고 다기통이므로 윤활유의 소비량이 많다.
　　㉡ 암모니아용 압축기는 윤활유 온도가 높아져 윤활유를 열화 및 탄화시킬 수 있다.
　　㉢ 기계소음이 커서 고장 발견이 어렵다.
　　㉣ 베어링 등 마찰부의 마찰저항이 커서 마모가 빠르다.
　　㉤ 체적효율이 좋지 않고 저압 측 고진공이 어렵다.(클리어런스가 크다.[1.5mm])
　　㉥ 동력손실이 크다.

3 왕복동식 압축기의 부품

(1) 실린더(피스톤 본체)

실린더는 특수 주철을 사용하여 만든 원통형 용기로 압축기의 중요부이며 실린더의 배치 모양에 따라 입형, 횡형, V형, W형 등으로 나뉘고 이 실린더 내 피스톤의 왕복운동을 통해 압축을 하게 된다.(수압시험압력은 30[kg/cm^2] 이상으로 한다.)

① 실린더의 설치위치
　　㉠ 입형저속의 경우 실린더와 크랭크 케이스가 동일한 주물로 제작된다.
　　　　(실린더 지름 : 300[mm])
　　㉡ 고속다기통의 경우 실린더는 단독 주물이며 실린더 라이너를 사용하여 교체가 용이하도록 제작된다.(실린더 지름 : 180[mm])

② 실린더와 피스톤의 간격
　　㉠ 입형저속 : $\dfrac{0.7}{1000} \sim \dfrac{1}{1000}$[mm]
　　㉡ 고속다기통 : $\dfrac{0.8}{1000}$[mm]

③ 실린더 내벽은 연마사상(研磨砂上) 한다.(研磨砂上 : 갈아서 매끈하게 만든다.)
　　㉠ 연마방식
　　　　ⓐ 호닝
　　　　ⓑ 보링
　　　　ⓒ 피니싱

④ 통극(top clearance)이 클 때 장치에 미치는 영향
  ㉠ 실린더 과열
  ㉡ 토출가스 온도 상승
  ㉢ 오일의 열화 및 탄화
  ㉣ 체적효율 감소
  ㉤ 냉동능력 감소

(2) 실린더 라이너(cylinder liner)

실린더 라이너란 실린더 내벽이 마모했을 때 용이하게 교환하기 위하여 실린더 내에 삽입하는 원통형 부품을 말한다.

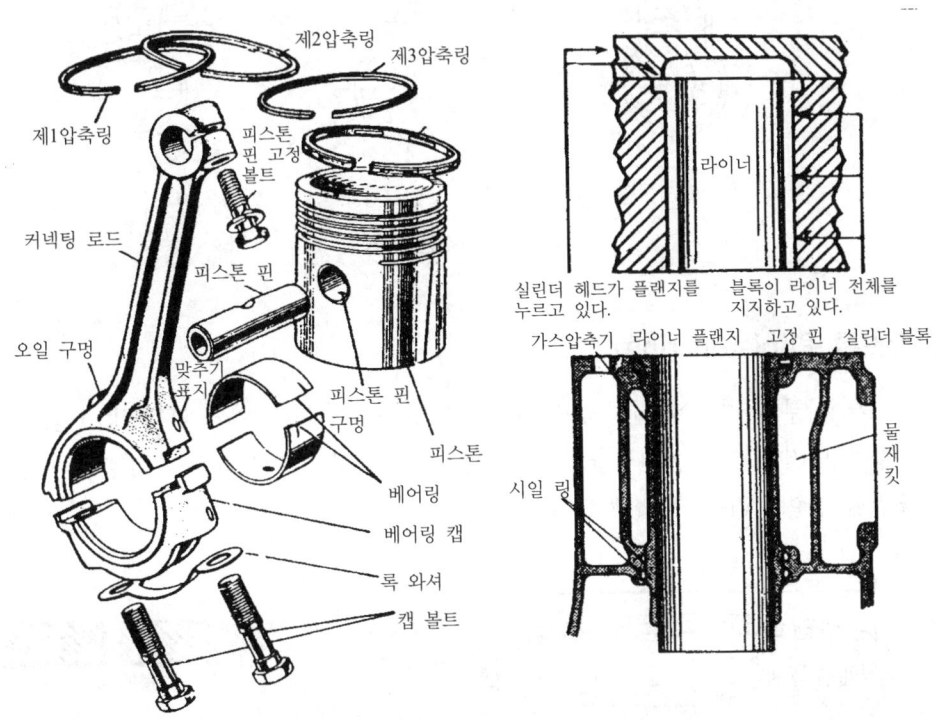

| 습식 라이너의 시일 링 및 피스톤, 커넥팅 로드 |

(3) 피스톤(piston)

실린더 내의 내벽에 밀착해 왕복운동하면서 가스를 직접 압축시켜 압력을 증가시키는 부품을 말한다.

① 종류
　㉠ 플러그형(plug type)
　　ⓐ 소형 프레온 냉동기(가정용)에 주로 사용된다.
　　ⓑ 냉매가 크랭크 케이스 내에 들어가지 않기 때문에 오일 포밍이 일어나지 않는다.
　㉡ 싱글 트렁크형(single trunk type, open type)
　　ⓐ 주로 NH_3용에 많이 사용된다.
　　ⓑ 오일 포밍 현상이 일어날 우려가 있다.
　㉢ 더블 트렁크형(double trunk type)
　　ⓐ 주로 행정이 큰 입형저속, 쌍기통의 NH_3용에 많이 사용된다.

(a) 플러그형　　(b) 싱글 트렁크형(개방형)　　(c) 더블 트렁크형

| 피스톤의 종류 |

(4) 피스톤 링(piston ring)

피스톤 상부와 하부에 설치되어 윤활작용 및 오일과 냉매와의 혼합 방지 및 냉매가스의 누설을 방지하고, 마찰면적을 작게 하여 기계효율을 증대시키고 흡입행정 시 실린더벽의 오일을 긁어내리는 역할을 한다.

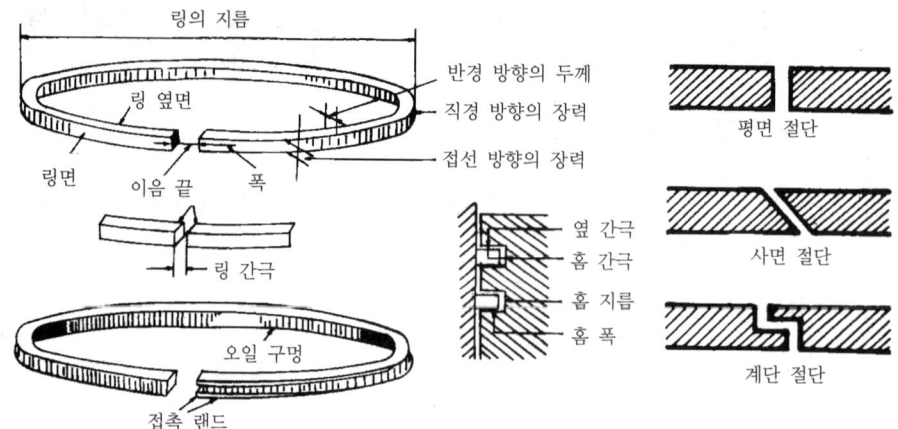

| 피스톤 링의 구조 |

① 종류
　㉠ 압축 링 : 피스톤 상부에 2~3개의 링으로 냉매의 누설방지 및 압축을 돕는다.
　㉡ 오일 링 : 피스톤 하부에 1~2개의 링으로 실린더벽의 오일을 크랭크 케이스 내로 회수한다.
② 피스톤 링이 마모되었을 때 장치에 미치는 영향
　㉠ 응축기나 수액기 내로 오일이 넘어간다.
　㉡ 체적효율이 감소하며 냉동능력도 감소한다.
　㉢ 냉동능력당 동력소비가 증가한다.
　㉣ 크랭크 케이스 내의 압력이 상승한다.

(5) 피스톤 핀(piston pin)

피스톤과 연결봉(connecting rod)을 이어주는 역할을 한다. 중량 감소를 위해 중공(中空 : 속이 뚫린 관)으로 하고 중공 부에 윤활유를 공급하여 윤활한다.

(6) 연결봉/커넥팅 로드(connecting rod)

크랭크축의 회전운동을 피스톤의 왕복운동으로 바꿔주는 부품으로 내부에 유로가 설치되어 크랭크 축으로부터 공급된 윤활유가 피스톤 핀까지 전달되도록 만든 형태이다.

① 종류
　㉠ 분할형
　　ⓐ 대단부 2개로 분할되어 볼트와 너트로 조여져 있다.
　　ⓑ 피스톤 행정이 큰 대형에 주로 사용된다.
　　ⓒ 연결되는 크랭크축(crank shaft)은 주로 핀 연결형이다.
　㉡ 일체형
　　ⓐ 대단부가 분할되지 않은 일체형이다.
　　ⓑ 피스톤 행정이 짧은 소형에 많이 사용된다.
　　ⓒ 연결되는 크랭크축은 편심형이다.

(7) 크랭크축/크랭크 샤프트(crank shaft)

전동기의 회전운동을 피스톤으로 전달하는 부품을 말한다.

① 특징
  ㉠ 탄소강으로 제작되며 내마모성을 증가시키기 위해 표면 열처리를 한다.
  ㉡ 전동기의 회전운동을 연결봉 및 피스톤의 직선 또는 왕복운동으로 바꾸어 주는 역할을 한다.
② 종류
  ㉠ 크랭크형
  ㉡ 편심형
  ㉢ 스카치 요크형

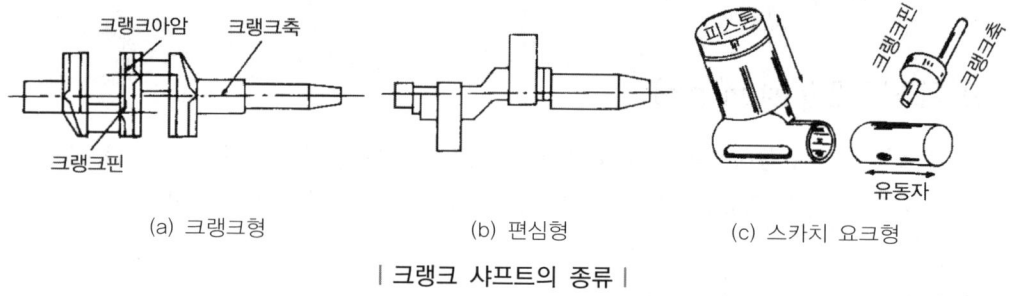

| 크랭크 샤프트의 종류 |

(8) 크랭크 케이스(crank case)

① 케이스 내에 축과 오일이 들어 있고 내부의 유면을 감시할 수 있도록 유면계가 설치되어 있다.
② 크랭크축의 축봉부는 오일시일(축봉장치)이 설치되어 기밀이 유지되도록 설계되어 있다.
③ 크랭크 케이스내 압력은 저압이다.(단, 회전식은 고압이다.)

(9) 축봉장치(shaft seal system)

개방형 압축기에 크랭크 케이스 내의 압력은 저압(흡입압력) 상태이므로 크랭크축이 크랭크 케이스를 관통하는 곳에서 냉매나 오일의 누설 및 공기 침입을 방지하기 위하여 설치되는 장치이다.

① **축상형 축봉장치**

축상형은 그랜드 패킹이라고도 하며 스터핑 박스 안에 패킹을 넣어 이곳에 오일을 공급해 유막을 형성시켜 누설을 방지하는 방식이다. 기동 시 그랜드 패킹 조임 볼트를 약간 풀어주고 정지 시는 다시 조여주도록 한다.

㉠ 사용되는 패킹의 종류
  ⓐ 소프트 패킹 : 고무, 목면, 야안, 석면
  ⓑ 금속 패킹 : 배빗 메탈(babbitt metal) + 흑연
  ⓒ 세미메탈릭 패킹 : 배빗 메탈 + 고무 + 목면
㉡ 소프트 패킹의 특징
  ⓐ 금속 패킹에 비해 유연성이 좋아 가스누설 방지에 좋다.
  ⓑ 마찰저항이 크다.
  ⓒ 수명이 짧고 600[rpm] 이하에서 사용된다.(저속 압축기용)
  ⓓ NH_3용으로 사용된다.(프레온은 천연고무를 부식시킨다.)

② 기계적 축봉장치

일명 활윤식이라고도 하며 고속다기통 압축기나 회전수 600[rpm] 이상의 입형 압축기에 사용한다.

㉠ 프레온용 : 금속 벨로즈식(bellows : 주름관식)
㉡ NH_3 : 고무 벨로즈식(bellows : 주름관식)

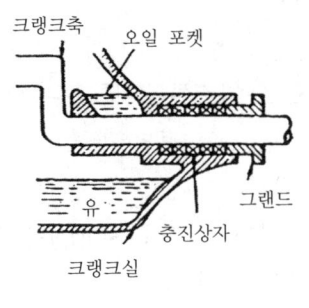

| 축상형 축봉장치 |

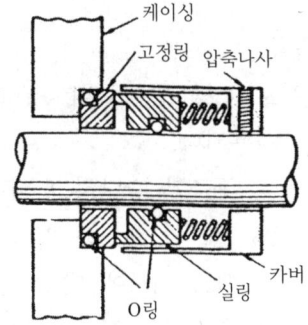

| 기계적 축봉장치 |

(10) 밸브(valve)

장치 또는 관 내를 유동하는 유체의 출입과 유량을 조절하는 기기로 흡입밸브와 토출밸브가 있다.

① 밸브의 구비 조건
  ㉠ 작동이 확실하고 경쾌할 것
  ㉡ 가스의 흐름에 대한 저항이 작을 것
  ㉢ 밸브가 닫혔을 때 누설이 없을 것
  ㉣ 고온에서 변형이 없을 것

ⓜ 마모 및 파손에 대한 저항이 크고 흠집이 없을 것
ⓑ 밸브의 개폐 시 압력차 및 관성이 적을 것

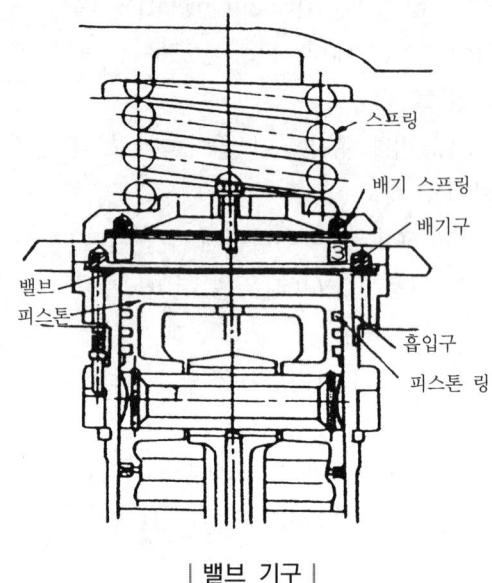

| 밸브 기구 |

② 종류

   ㉠ 포핏 밸브(Poppet valve) : 버섯 모양으로 피스톤 상부에 부착되어 흡입밸브로 사용된다.

      ⓐ 구조가 간단하고 파손이 작다.
      ⓑ 밸브의 개도는 3[mm] 정도이며 가스통과 속도는 40[m/s] 정도이다.
      ⓒ 밸브 시트에 발생되는 충격 및 소음이 크다.
      ⓓ 중량이 크고 개폐가 확실하여 가스 누설이 적다.
      ⓔ 흡입 밸브는 피스톤 상부에 스프링으로 지지되어 있어 흡입 행정 시 피스톤이 하강하면 밸브는 관성에 의해 열린다.
      ⓕ NH_3 입형 저속용 압축기에 많이 사용된다.
      ⓖ 고속다기통에는 사용이 불가능하다.

   ㉡ 플레이트 밸브(Plate valve) : 얇은 원판을 변좌에 스프링으로 눌러놓은 구조이며 중량이 가볍고 움직임이 경쾌하다.

      ⓐ 중량이 작고 경쾌하게 동작하고 밸브 시트에 큰 충격을 주지 않는다.
      ⓑ 흡입 및 토출 밸브의 모양은 동일하나 토출 밸브가 약간 작다.
      ⓒ 고속다기통 압축기의 흡입 및 토출 밸브로 적합하다.
      ⓓ 두께는 1[mm] 정도로 충격에 약하다.(내구성이 약하다.)

ⓒ 리드 밸브(reed valve) : 직사각형의 리본 모양으로 생긴 강편으로 만든 밸브로 얇고 유연하며 변 자체의 탄성에 의해 밸브를 개폐시키는 방식이다.
  ⓐ 플레이트 밸브보다 작동이 경쾌하며 1000[rpm] 이상의 고속용이다.
  ⓑ 소형프레온 냉동기(가정용)에 많이 사용된다.
  ⓒ 양정이 1[mm] 이하이다.
  ⓓ 일반적으로 흡입 및 토출밸브가 실린더 상부의 밸브판에 같이 붙어있다.
  ⓔ 밸브 보호용 밸브 리테이너(retainer)가 있다.
ⓓ 다이어프램 밸브(diaphragm valve) : 0.3~0.6[mm] 정도의 얇은 원형 강편이 가스 압력에 의해 휘어져 밸브를 개폐시켜 가스의 출입을 조정하는 밸브로 고속다기통에 주로 사용된다.(충격에 약하다.)
ⓔ 와셔 밸브(washer valve) : 얇은 원판 중심에 구멍을 뚫고 고정시킨 형태의 밸브로 소음이 적고 파손 시 타 부품의 손실이 적다.(카 쿨러(car cooler)로 주로 사용된다.)

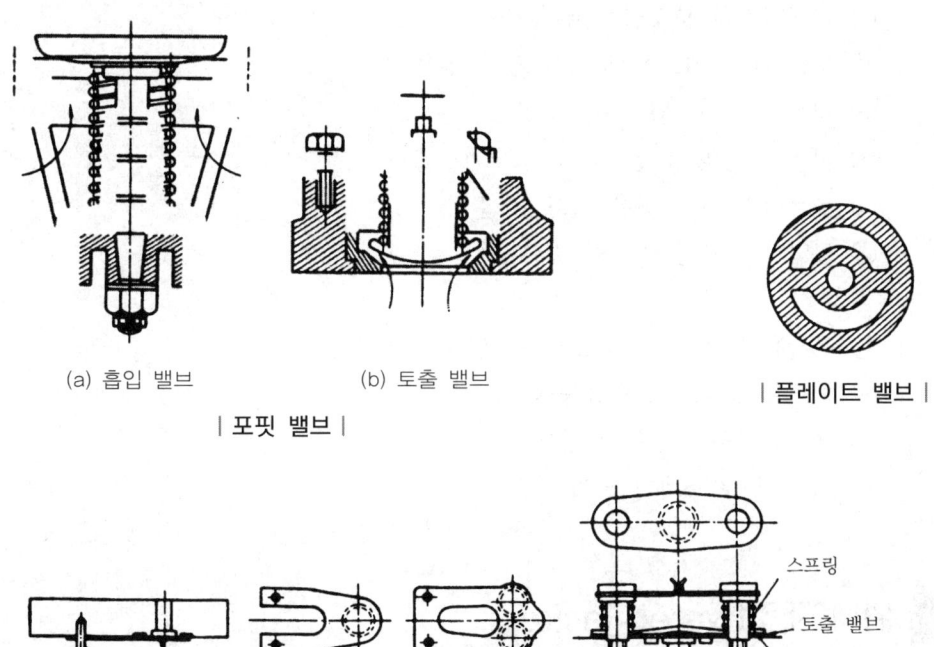

4 서비스 밸브(service valve)

(1) 서비스 밸브의 역할

주로 프레온용 압축기의 흡입 및 토출측에 부착하여 냉동장치를 새로 설치하거나 수리할 경우 냉동장치 내의 불응출가스(공기)를 배제시키고 냉매를 충전하거나 회수할 때 사용하는 밸브이다.

(2) 압축기의 실린더 과열과 토출가스 온도 상승의 원인과 영향

① 원인
  ㉠ 냉매가 부족할 경우 증발기에서 충분히 증발할 수 없으므로 흡입 가스가 과열된다.
  ㉡ 고압이 상승했을 경우
  ㉢ 오일의 윤활이 불량일 경우
  ㉣ 워터재킷이 불량일 경우
  ㉤ 토출 흡입 밸브에 누설이 있을 경우
  ㉥ 내장형 안전 밸브 누설
  ㉦ 피스톤 링의 누설
  ㉧ 유분리기 자동 반유 밸브 누설
  ㉨ 고압가스 제상용 전자 밸브 누설

② 영향
  ㉠ 윤활유 열화 및 탄화로 인한 압축기의 소손
  ㉡ 체적효율 감소로 냉동능력 감소
  ㉢ 냉동능력당 소요동력 증대
  ㉣ 패킹 및 가스켓의 노화 촉진

5 워터 재킷(water jacket)

(1) 워터 재킷 설치 목적

NH_3 냉매는 비열비(K)가 높아 토출가스 온도가 다른 냉매에 비해 높아 실린더를 과열시킨다. 이를 막기 위해 워터 재킷을 설치하여 실린더를 수냉시킨다.

① 설치 시 이점
　㉠ 토출가스 온도 상승을 방지할 수 있다.
　㉡ 실린더가 냉각되므로 오일의 열화 및 탄화를 방지하여 활동부 마모를 방지한다.
　㉢ 밸브 스프링의 수명을 연장한다.
　㉣ 압축효율이 좋아진다.
　㉤ 압축소요일량이 적어진다.

6 냉동기 윤활장치

(1) 설치 목적

냉동장치 활동부의 마찰로 인한 마모를 방지하고 압축기의 동력소모를 적게 하여 기계효율을 높여 냉동기의 효율을 증가시킨다.

(2) 윤활유의 종류

① 동물성유
② 식물성유
③ 광물성유-냉동유로 사용(파라핀계와 나프타계)
　• 광물성유
　　- 파라핀계 오일 : 왁스(wax) 분리가 잘 된다.
　　- 나프탈란계 오일 : 왁스(wax) 분리가 잘 되지 않아 냉동유로 사용된다.

(3) 윤활유의 구비조건

① 응고점이 낮고 인화점이 높을 것.
② 고온에서 열화하지 않을 것.
③ 저온에서 왁스(wax)가 분리하지 않을 것.
④ 냉매에 섞여 화학적으로 변화가 일어나지 않을 것.
⑤ 수분 및 산류의 함량이 적고 전기 절연 내력이 클 것.
⑥ 장기간 사용해도 변하지 않을 것.
⑦ 장기간 휴지시 방청능력이 있을 것.
⑧ 오일포밍에 대한 소포성이 있을 것.
⑨ 항유화성이 있을 것.

(4) 윤활유의 방식

① **비말식** : 크랭크 암에 부착된 밸런스 웨이트 및 오일 디퍼를 이용하여 축의 회전에 의해 오일을 비산시켜 급유하는 방식(소형압축기에 사용)
② **강제 급유식** : 오일펌프(기어펌프)를 이용해 크랭크 케이스 내의 오일을 장치 내로 압송 순환시켜 주는 방식
 • 오일펌프 : 기어펌프, 로터리펌프, 플랜지펌프 등이 있다.

(5) 큐노필터

큐노필터란 오일펌프 출구에 위치하여 오일을 여과시키는 장치로서 여과망 중 제일 고운 여과망이다.(20여겹 정도의 특수여과망)

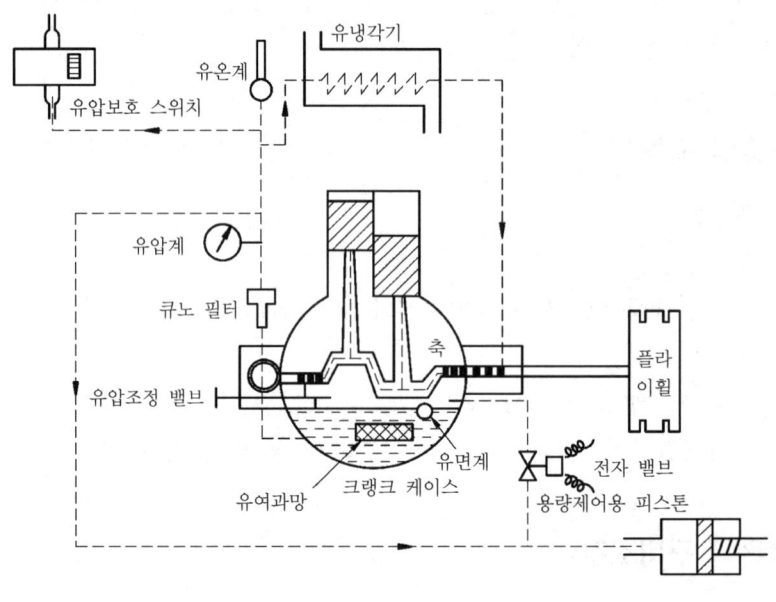

| 유순환 계통도 |

(6) 압축기 유압조정 장치(유압조절 밸브)

유압조절 밸브 전 오일의 압력을 측정하기 위해 유압계를 설치하고 유압조정 밸브를 오른쪽으로 돌려 잠그면 크랭크축 내부 유로가 좁아져 유압계의 압력은 상승하고 유압조정 밸브를 왼쪽 방향으로 열면 유로가 넓어져 유의 압력은 저하된다.

① 유압상승의 원인과 영향
　㉠ 원인
　　ⓐ 유압 조정 밸브의 개도가 과소
　　ⓑ 유온이 너무 낮을 때(점도 상승)
　　ⓒ 오일의 과충전
　　ⓓ 유순환 개통의 폐쇄
　　ⓔ 유압계 불량
　㉡ 영향
　　ⓐ 오일이 장치 내로 넘어가 전열을 방해한다.
　　ⓑ 오일의 압축(오일 해머링)
　　ⓒ 응축압력 상승
　　ⓓ 냉동능력 감소

② 유압저하의 원인과 영향
　㉠ 원인
　　ⓐ 유압조정 밸브 개도의 과대
　　ⓑ 유온이 높을 때(점도 저하)
　　ⓒ 공급 유량 부족
　　ⓓ 오일 중 냉매의 혼입
　　ⓔ 유압계 불량
　　ⓕ 기어 펌프 고장
　　ⓖ 오일필터가 막혔을 때
　㉡ 영향
　　ⓐ 활동부 마모 및 소손
　　ⓑ 실린더 과열
　　ⓒ 토출가스 온도 상승

③ 유압계의 정상 유압[kg/cm^2]
　㉠ 입형저속 압축기 : 크랭크 케이스 정상저압 + 0.5~1.5[kg/cm^2]
　㉡ 고속다기통 압축기 : 크랭크 케이스 정상저압 + 1.5~3[kg/cm^2]
　㉢ 터보압축기 : 정상저압 + 6[kg/cm^2]
　㉢ 유온이 높아지는 이유
　　ⓐ 워터 재킷 통수불량
　　ⓑ 오일쿨러 불량
　　ⓒ 압축기의 과열운전

(7) 크랭크 케이스 내 오일 온도

① 암모니아용(NH_3) : 40[℃] 이하로 유지(오일 쿨러 사용)
② 프레온용 : 30[℃] 이상으로 유지(오일 히터 사용)
③ 고속다기통 : 45[℃] 정도로 유지
 ㉠ 축봉장치가 고무일 경우 60[℃] 이하로 유지
 ㉡ 오일 탱크 내의 유온은 40~65[℃] 정도로 유지
④ 터보냉동기 : 60~70[℃] 정도로 유지

(8) 오일의 각종 이상 현상

① 슬러지(sludge) 현상 : 유에 침전물이 생겨 끈적거리는 현상
② 왁스(wax) 분리 현상 : 저온에서 오일 중 왁스가 덩어리 모양으로 석출되어 있는 현상으로 계통 내가 막힐 우려가 있다.
③ 가루(powder) 현상 : 고온에서 오일이 탄화된 현상

(9) 오일의 인화 및 폭발성

① 유와 산소의 혼합상태에서 압축하면 폭발한다.
② 냉동기유의 인화점은 180~200[℃], 발화점은 300~400[℃]이다.

(10) 오일의 안전 밸브와 쿨러

① 오일 안전 밸브 : 큐노필터 후방에 나사 형태로 끼워져 있고 이상유압 시 작동하여 크랭크 케이스 내로 유출하여 유압상승에 의한 피해를 방지한다.
② 오일 쿨러 : 코일 내 오일이 순환하며 냉각수에 의해 냉각된다. 냉각수량은 30[l/min] 이상이 필요하다.

(11) 오일의 선택 기준

① 암모니아(NH_3)
 ㉠ 입형저속 : 300번
 ㉡ 고속다기통 : 150번
 ㉢ 제빙, 냉장 : 50번
 ㉣ 증발온도가 -10[℃] 이상 : 300번

② 프레온(freon)
  ㉠ 입형저속 : 300번
  ㉡ 고속다기통 : 150번
  ㉢ 초저온 냉동기(-100[℃]) : 90번
  ㉣ 터보냉동기 : 300~350번

7 압축기 용량제어

(1) 용량제어 목적

① 부하변동에 따른 용량을 조절하여 경제적인 운전을 할 수 있다.
② 부하변동에 의해 일어날 수 있는 사고를 미연에 방지할 수 있다.
③ 일정한 증발 온도를 유지할 수 있다.
④ 압축기의 보호 및 기계의 수명을 연장할 수 있다.
⑤ 압축기 장시간 운전 중 흡입압력이 낮아지는 것을 방지하여 습압축 방지 및 압축비 상승을 막아준다.
⑥ 무부하 운전 및 경부하 운전이 가능하다.

(2) 용량조절 방법

① 왕복동 압축기
  ㉠ 회전수 가감법 : 압축기의 동력이 증기 원동기 등으로 전달될 경우 원동기의 회전수를 가감하여 흡입냉매량을 조절하는 방법이다.
  ㉡ 클리어런스 증대법 : 실린더 상부의 톱 클리어런스를 넓혀 주던가 실린더벽에 조절 가능한 클리어런스 포킷을 사용하여 원하는 용량을 조절하는 방법이다. 클리어런스가 커지므로 체적효율은 감소한다.
  ㉢ 바이패스법 : 실린더벽의 행정 1/2 위치에 바이패스 밸브를 설치하여 압축가스의 일부를 바이패스시켜 저압측으로 흘려 나머지 가스만 압축되는 방식이다.

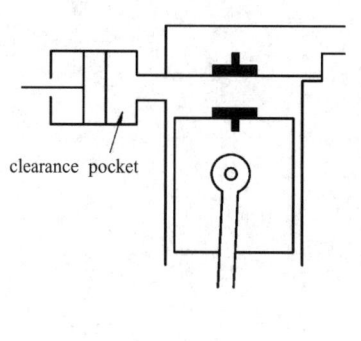 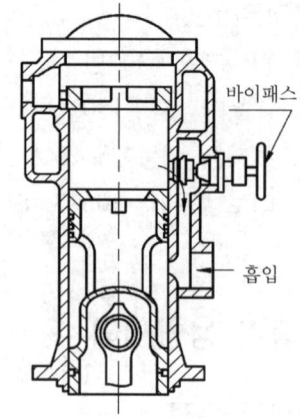

| 바이패스식 용량 조절장치 |

　　　ⓔ 일부 실린더를 놀리는 방법(언로딩 시스템)
　　　ⓜ 흡입밸브 조절법
　② 터보(원심식) 압축기
　　　㉠ 회전수가감법
　　　㉡ 바이패스법
　　　㉢ 흡입 댐퍼 조절법
　　　㉣ 냉각수량 조절법
　　　㉤ 가이드베인 조절법

(3) 언로딩 시스템의 용량제어(일부 실린더를 놀리는 방법)

　① 목적(고속다기통에서 채택하는 용량제어 방식)
　　　㉠ 기동부하를 감소시켜 경부하 운전이 가능하도록 한다.
　　　㉡ 액해머링을 어느 정도 방지할 수 있고 경부하 기동으로 압축기를 보호할 수 있다.
　　　㉢ 자동적인 용량제어가 가능하며 입형저속에 비해 단계적인 용량제어가 가능하며 경제적인 운전이 가능하다.
　② 무부하 상태 : 유압이 걸리지 않은 상태
　　　㉠ 증발압력 저하 → ㉡ 언로더 LPS 접점이 붙음 → ㉢ 전자밸브 열림 → ㉣ 유압이 크랭크 케이스 내로 빠져나감 → ㉤ 언로드 피스톤에 유압이 걸리지 않음 → ㉥ 캠링이 우측으로 이동 → ㉦ 리프트핀이 올라가 흡입 밸브가 들림 → ㉧ 무부하 운전

③ **부하 상태** : 유압이 걸린 상태

㉠ 증발압력상승 → ㉡ 언로더 LPS 접점이 떨어짐 → ㉢ 전자밸브 닫힘 → ㉣ 언로더 피스톤에 유압이 걸림 → ㉤ 캠링이 좌측으로 이동 → ㉥ 리프트핀이 캠링홈에 빠짐 → ㉦ 흡입 밸브가 닫힘 → ㉧ 부하 운전

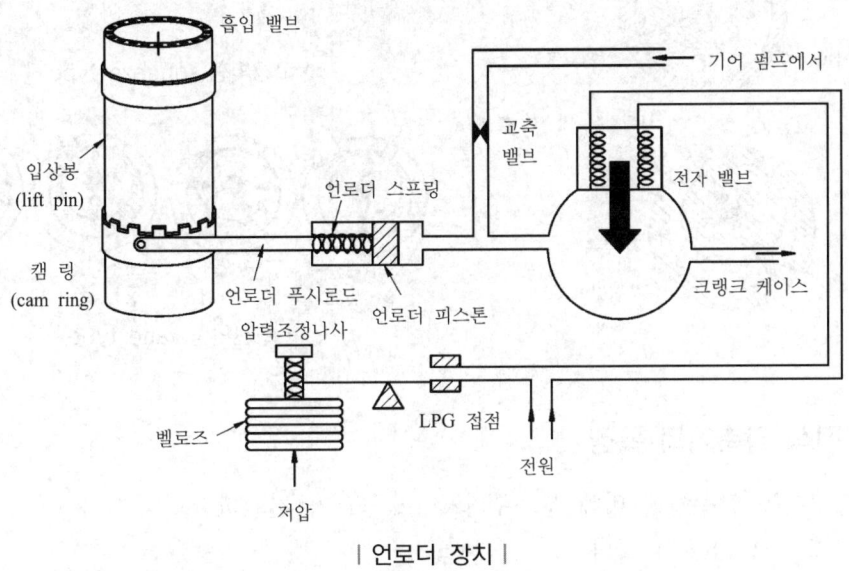

| 언로더 장치 |

8 회전식 압축기(rotary compressor)

회전운동을 하는 회전자(rotor)에 의해 가스를 흡입 또는 배출하는 방식의 압축기이다.

(1) 고정익형(squeeze type)

실린더에 편심으로 부착된 회전자(rotor)가 편심으로 설치되어 회전하면서 이 회전자가 실린더 내벽면을 밀착 압축하는 형식으로 고압부와 저압부를 차단하는 블레이드(blade)에 의해 작동한다.

(2) 회전익형(vane type)

회전자(rotor)의 홈에 2개 이상의 날개(vane)가 삽입되어 이 날개가 유압, 가스압, 스프링, 원심력 등에 의하여 실린더 내벽면에 밀착되어 회전자에 따라 반지름 방향으로 운동할 때 날개와 날개 사이의 냉매가스를 흡입하여 압축한다.

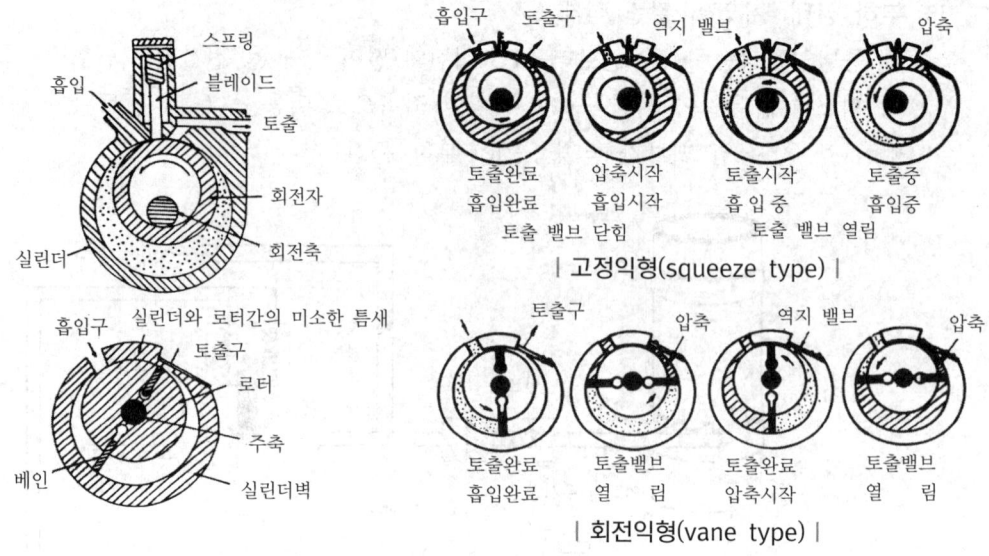

| 고정익형(squeeze type) |
| 회전익형(vane type) |

(3) 회전식 압축기의 특징

① 왕복동 압축기에 비해 부품수가 적고 구조가 간단하다.
② 진동 및 소음이 작다.
③ 가스의 흡입과 배출이 연속적이므로 고진공을 얻을 수 있다.
④ 밀폐형에서 하우징 내부의 압력은 고압이다.
⑤ 잔류가스의 재팽창에 의한 체적효율 저하가 작다.
⑥ 기계용량에 비해 몸체가 작다.
⑦ 일반적으로 소용량에 많이 쓰이며 흡입 밸브가 없다.
⑧ 기동 시 무부하 운전이 가능하며 전력소비가 작다.

(4) 회전식 압축기와 왕복동 압축기의 비교

분류	회전식	왕복식
압축	연속적	단속적
하우징 내 압력	고압	저압
소음	적다.	크다.
용량에 대한 몸체 크기	적다.	크다.
용량	적다.	크다.
극저온	불가능	불가능
능력발생시간	30~60분	10~15분
운전비	싸다.	비싸다.

9 원심식(터보) 압축기

원심식 압축기는 볼류트 펌프(volute pump)가 원심력에 의해 물을 보내는 원리와 같은 형식이다. 임펠러(impeller)의 고속회전에 의한 원심력으로 압축하며 일명 터보(turbo) 압축기라고도 한다.

(1) 원심식 압축기의 특징

① 임펠러에 의해 냉매가스에 운동에너지(속도에너지)를 부여하고 디퓨저에 의해 속도에너지를 압력에너지로 바꾸어 압축하는 방식을 취하고 있다. 임펠러 수에 따라 1단 또는 2단 압축이라 한다.
② 마찰 부분이 적어 고장이 적고 수명이 길다.(피스톤, 실린더, 크랭크 샤프트가 없다.)
③ 단위 냉동능력당 중량 및 설치면적이 작아 모든 설비비가 싸다.
④ 왕복동이 아닌 회전운동이므로 동적 밸런스 조절이 쉽고 진동이 작다.
⑤ 저압 냉매를 사용하므로 위험성이 작고 운전이 용이하다.
⑥ 용량제어와 정밀한 제어가 쉽다.
⑦ 대용량 공기조화용으로 많이 사용한다.(회전수 10,000~12,000[rpm])
⑧ 소용량으로 제작이 곤란하다. 따라서 제작비가 많이 든다는 단점이 있다.
⑨ 소음이 크다.(단점)

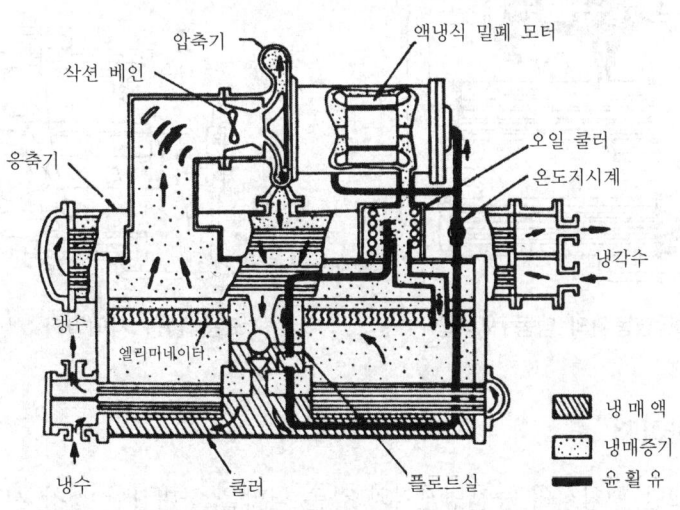

| 터보 냉동기 사이클 |

(2) 터보 압축기의 서징(surging) 현상

터보 압축기의 장시간 운전 시 흡입가스 유량이 감소하거나 응축압력이 상승되어 가스의 유량이 감소될 경우 어떤 일정 유량에 이르렀을 때 압력과 흐름이 급격히 변하여 격심한 맥동(脈動)과 소음, 진동을 일으켜 장치에 무리를 주는 현상을 서징현상이라 한다.

(3) 터보 압축기의 부속장치

① 임펠러 깃
② 흡입 가이드 베인(guide vane)
③ 추기회수장치
④ 헬리컬 기어(고속회전을 위한 증속장치)

(4) 임펠러 깃 각도에 의한 분류

① **터보형** : 임펠러의 출구 각도가 90°보다 작을 때
② **레이디얼형** : 임펠러의 출구 각도가 90°일 때
③ **다익형** : 임펠러의 출구각이 90°보다 클 때

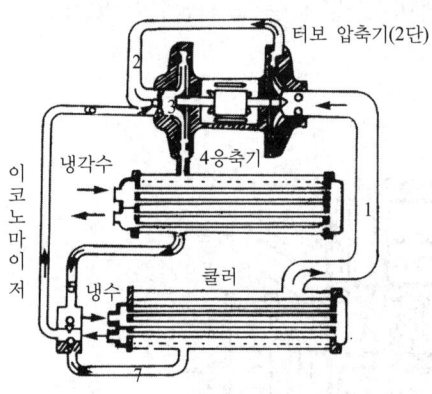

| 터보 냉동기의 냉동 사이클 |

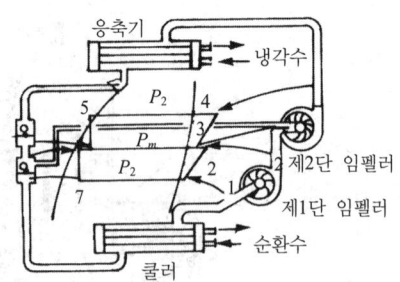

| 표준 냉동 사이클과 $P-h$ 선도 |

(5) 이코너마이저

2단압축 2단 팽창식의 중간냉각기와 같은 역할을 하며 1단 팽창 시 발생하는 플래시 가스와 저압 토출 가스를 혼합하여 2단 흡입 가스가 되도록 하여 냉동능력 및 성적 계수를 증가시킨다.

10 스크루 압축기(screw type)

암(female)/수(male) 두 개의 기어를 맞물려 가스를 압축하는 방식으로 냉매가스를 축방향으로 흡입, 압축, 토출을 반복한다.

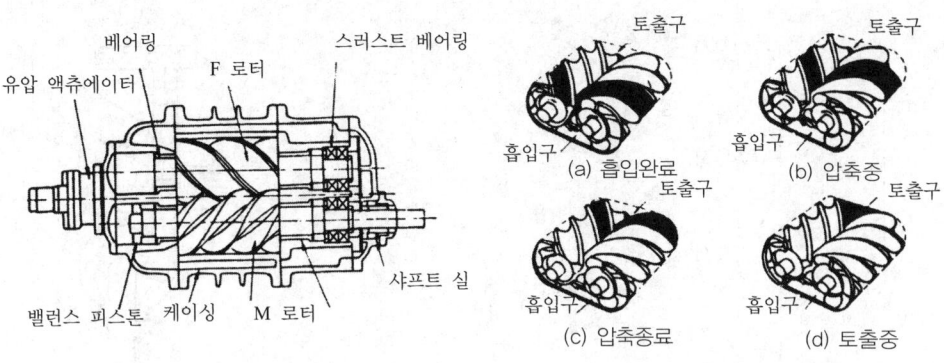

| 스크루 압축기의 구조 | | 스크루 압축기의 압축기구 |

(1) 스크루 압축기의 특징

① 왕복동식에 비해 소형이라 설치면적이 작다.
② 대용량의 가스를 압축할 때 사용된다.
③ 마모 부분이 작다.(크랭크샤프트, 피스톤링, 커넥팅로드 등 마찰 부분이 없다.)
④ 흡입 및 토출 밸브가 없다.
⑤ 1단의 압축비를 크게 할 수 있고 액압축의 영향도 작다.
⑥ 고속회전(3500[rpm] 이상)에서는 소음이 크다.
⑦ 냉매의 압력손실이 작아 체적효율이 크다.
⑧ 독립된 오일 펌프 및 오일 냉각기가 필요하다.
⑨ 경부하 시 동력소비가 크다.
⑩ 운전 시 유지비가 비싸다.
⑪ 운전 정지 시 고압가스가 저압 측으로 역류할 수 있으므로 흡입과 토출 측 사이에 체크밸브를 설치해야 한다.
⑫ 무단계 용량제어가 가능하며, 자동운전에 적합하다.

11 펌프의 종류

펌프란 액체에 에너지를 주어 이것을 저압부(낮은 곳)에서 고압부(높은 곳)로 송출하는 기계로서 작동 상 크게 분류한다면 다음과 같다.

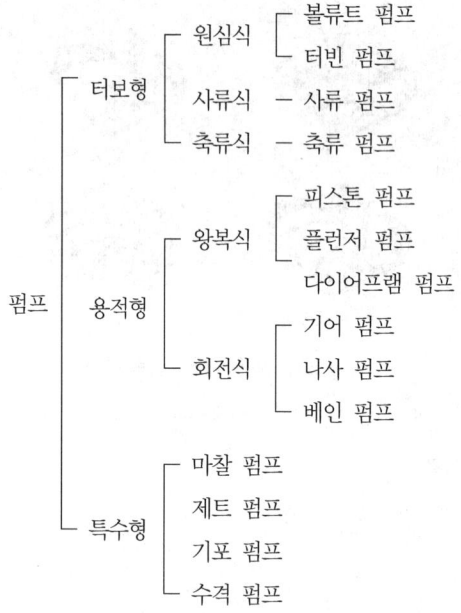
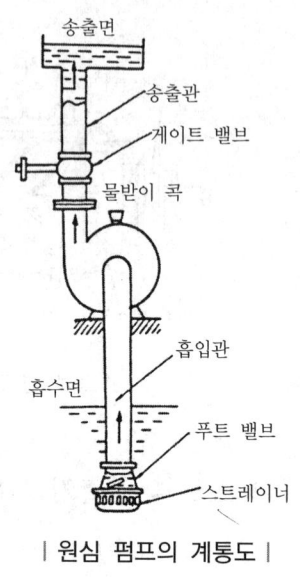

| 원심 펌프의 계통도 |

단원복습 문제풀이

01 냉동기의 스크류 압축기(Screw Compressor)에 대한 특징 설명 중 잘못된 것은?

① 암·수 2개 나선형 로터의 맞물림에 의해 냉매가스를 압축한다.
② 액격 및 유격이 적다.
③ 왕복동식과 비교하여 동일 냉동능력일 때 압축기 체적이 크다.
④ 흡입·토출 밸브가 없다.

해설 왕복동식과 비교하여 동일 냉동능력일 때 압축기 체적이 작다.

02 원심(Turbo)식 압축기의 특징이 아닌 것은?

① 진동이 적다.
② 1대로 대용량이 가능하다.
③ 접동부가 없다.
④ 용량에 비해 대형이다.

해설 단위 냉동능력당 중량 및 설치면적이 작아 모든 설비비가 싸다.

03 터보식 냉동기와 왕복동식 냉동기를 비교했을 때 터보식 냉동기의 특징으로 맞는 것은?

① 회전수가 매우 빠르므로 동작밸런스를 잡기 어렵고 진동이 크다.
② 고압 냉매를 사용하므로 취급이 어렵다.
③ 소용량의 냉동기에는 한계가 있고 비싸다.
④ 저온장치에서도 압축단수가 적어지므로 사용도가 넓다.

해설 ① 동적밸런스 조절이 쉽고 진동이 작다.
② 왕복동에 비해 취급이 용이하다.
③ 소용량의 냉동기에는 한계가 있고 비싸다.
④ 저온장치 사용이 어렵다.

정답 01 ③ 02 ④ 03 ③

6 응축기 구조 및 특성

1 응축기 역할 및 분류

(1) 응축기 역할
압축기에서 압축된 고온고압의 냉매 가스를 외부의 공기나 냉각수를 이용해 응축액화시키는 장치이다.

(2) 응축기 분류
① 수냉식(물)
② 공냉식(공기)
③ 증발식(냉매)

2 응축기 종류

(1) 수냉식 응축기

① 입형 쉘 앤 튜브식 응축기(vertical shell & tube condenser)
   여러개의 냉각관을 세워서 설치하며 냉각관 내면에 냉각수를 흐르게 하고 그 외면에 냉매가스를 응축시키는 형식으로 입형 원통다관식 응축기라고도 하며 대형 암모니아 냉동기에 사용된다.(쉘 : 냉매 / 튜브 : 냉각수)
   ㉠ 입형 쉘 앤 튜브식 응축기 특징
      ⓐ 원통-쉘(shell) : 냉매, 관(tube) : 냉각수
      ⓑ 대형암모니아 냉동기에 사용된다.
      ⓒ 냉각수 소비량이 커서 충분한 냉각수가 있고 수질이 우수한 곳에서 사용한다.
      ⓓ 구조가 간단하고 설치면적이 작다.
      ⓔ 설치가 쉽고 운전 중 청소 및 보수가 용이하다.
      ⓕ 냉각관 입구에 선회기(swirl)를 설치하여 냉각수가 냉각관 내벽을 따라 흐르도록 되어 있다.
      ⓖ 냉각수 입출구 온도차 : 3~4[℃]

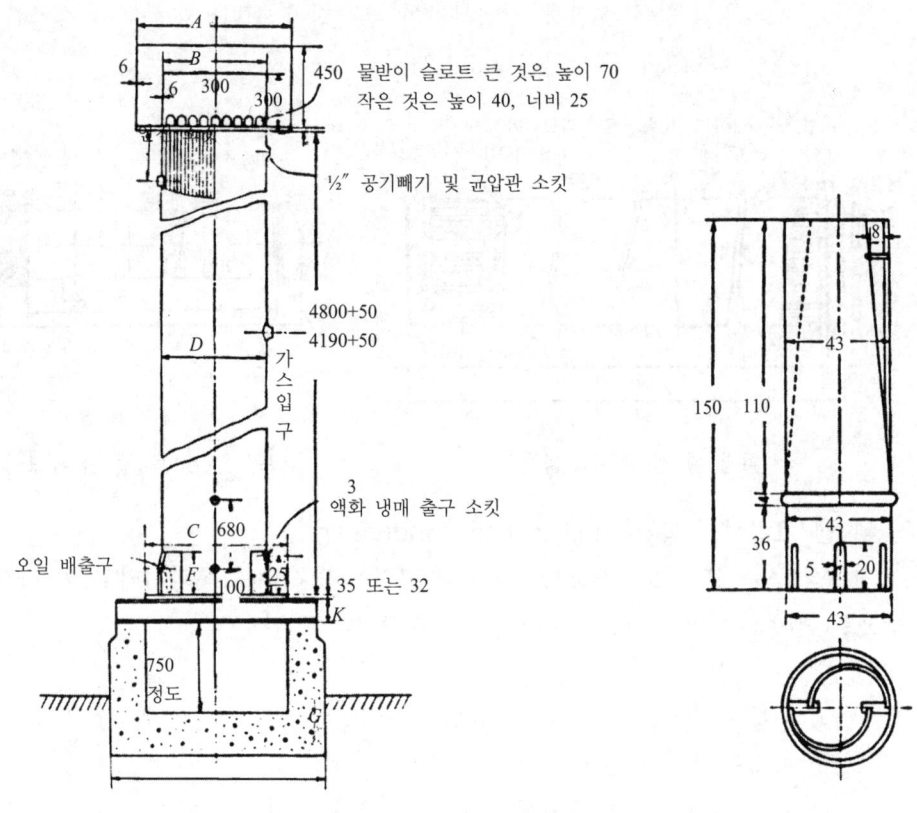

| 입형 셸 튜브식 응축기 | | 스웰 링(swire lling)(냉각수 선회기) |

② **횡형 셸 앤 튜브식 응축기(horizental shell & tube condenser)**
원통을 가로로 설치하고 양쪽 마구리판에 다수의 냉각관을 설치하여 그 내부에 냉각수가 흐르게 하고 외부에 냉매 가스가 흘러 열교환함으로써 냉매 가스가 응축되는 방식이다.
㉠ 횡형 셸 앤 튜브식 응축기 특징
ⓐ 원통－셸(shell) : 냉매, 관(tube) : 냉각수
ⓑ 냉매는 셸 상부에서 들어와 액화되어 하부로 나온다.
ⓒ 수액기와 겸용으로 사용할 수 있다.
ⓓ 입구 및 출구에는 각각 수실이 있다.
ⓔ 냉각수는 일반적으로 냉각탑(cooling tower)에서 재생시켜 사용한다.
ⓕ 암모니아, 프레온용으로 소형에서 대형까지 널리 사용된다.(프레온의 경우 로우핀 튜브를 사용한다.)
ⓖ 냉각수 소비량이 비교적 작다.(냉매와 냉각수 흐름이 향류이므로 전열 효율이 좋다.)
ⓗ 냉각관 청소가 곤란하고 청소 시 운전을 정지해야 한다.

ⓘ 과부하 운전이 곤란하고 냉각관이 부식되기 쉽다.
ⓙ 냉각수 입출구 온도차 : 6~8[℃]

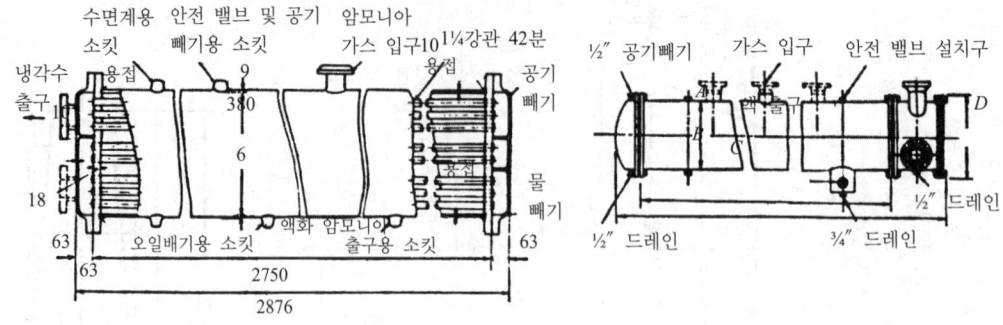

| 횡형 셸 앤 튜브식 응축기 | | 횡형 Freon용 셸 앤 튜브식 응축기 |

③ 쉘 앤 코일식 응축기(shell & coil condenser)

지수식 응축기라고도 하며 나선모양의 코일에 냉각수를 통과시키고 이 나선을 구형 또는 원형의 수조에 담아 순환시키는 응축 방식이다.

㉠ 쉘 앤 코일식 응축기 특징
ⓐ 원통 – 쉘(shell) : 냉매, 관(tube) : 냉각수
ⓑ 냉각관 청소가 곤란하다.
ⓒ 소형 프레온용 냉동기에 사용된다.(현재 거의 사용되지 않고 있다.)

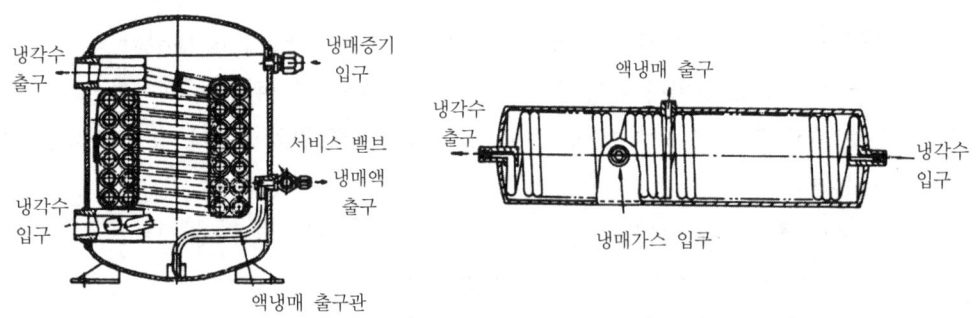

| 셸 앤 코일식 응축기 |

④ 2중관식 응축기(double-pipe condenser)

관을 2중으로 설치하고 내관으로 냉각수가 흐르고 외관에는 냉매가 흐르게 하여 서로 향류 형태로 열교환시킴으로써 냉매 가스를 응축시키는 방식이다.

㉠ 2중관식 응축기 특징
ⓐ 냉매는 상부에서 하부로 흐르고, 냉각수는 하부에서 상부로 흘러 향류의 형태를 이룬다.

ⓑ 냉각수 입출구 온도차 : 8~10[℃]
ⓒ 소형 프레온용 냉동기, NH_3 장치용으로 널리 사용되며 패키지 에어컨 등에 사용된다.
ⓓ 유속은 1~2[m/s], 1톤당 소요 수량은 7~9[l/min-ton]

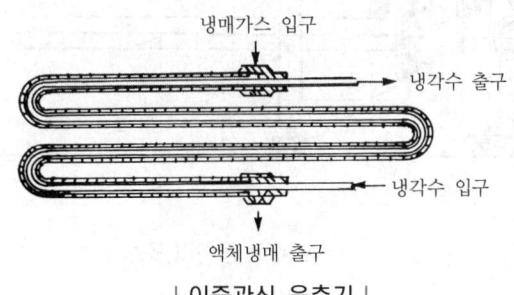

| 이중관식 응축기 |

⑤ **7통로식 응축기(seven pass condenser)**
지름 20[cm], 길이 4.8[m]의 쉘을 가로로 설치하고 그 안에 지름 51[mm]의 냉각관 7본을 삽입하여 냉각관 내를 냉각수를 차례대로 흘려 냉매를 응축하는 방식이다.

㉠ 7통로식 응축기 특징
 ⓐ 쉘(shell) : 냉매, 7통로 관(tube) : 냉각수
 ⓑ 냉각수량이 적게 든다.
   (전열효율이 좋다 : 1000[kcal/m²h℃], 냉각수 유속 : 1.3[m/s])
 ⓒ 조립식이므로 용량 조절이 자유롭다.(호환성이 있어 수리가 용이하다.)
 ⓓ 설치면적을 작게 할 수 있다.
 ⓔ 구조가 복잡하여 설치비가 비싸다.
 ⓕ 대용량에는 부적당하다.
 ⓖ 냉각관 청소가 곤란하다.

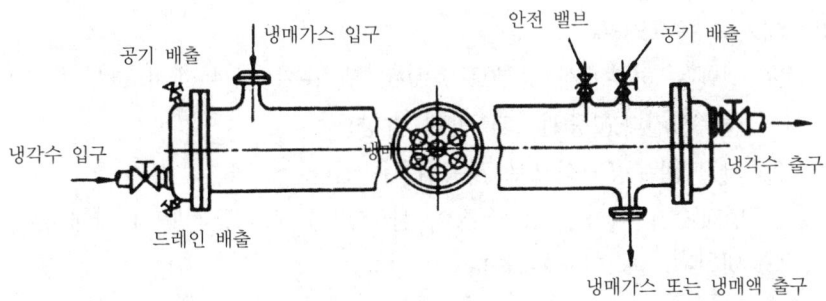

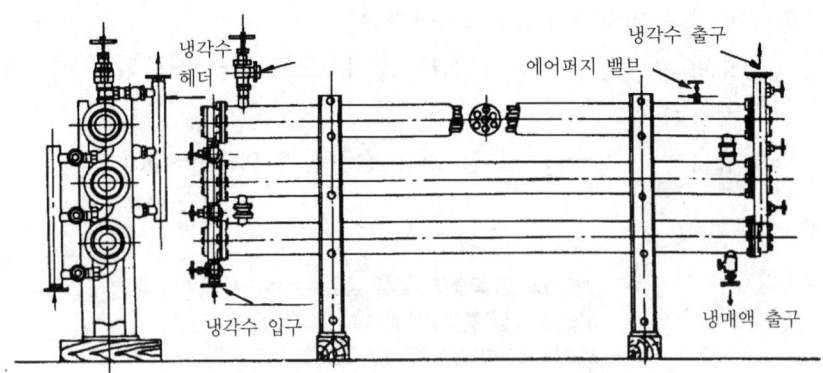

| 7통로 응축기 조립도 |

⑥ 대기식 응축기(atmospheric condenser)

냉매가스가 흐르는 다수의 수평관을 나열하여 그 양단에 리턴밴드(return bend)를 연결하고 상부에 설치한 냉각수통에서 냉각수를 균일하게 흐르게 하여 냉매를 응축시키는 방식이다.

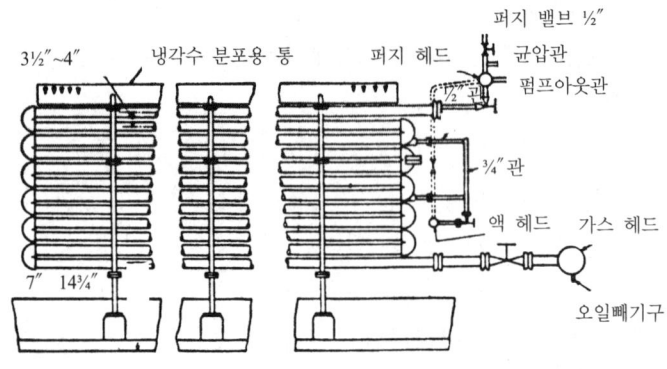

| 대기식 응축기 |

㉠ 대기식 응축기 특징

ⓐ 냉매는 하부에서 상부로 흐르고 냉각수는 상부에서 하부로 흐르면서 냉매를 응축시킨다.(2중관식과 반대 방향)
ⓑ 겨울에는 공냉식으로 사용할 수 있다.
ⓒ 냉각수가 지하수 등 수질이 불량한 곳에서도 사용이 가능하다.
ⓓ 냉각관 청소가 용이하다.
ⓔ 냉각수의 일부가 대기 중에 증발될 우려가 있다.
ⓕ 대용량이고 가격이 고가이며 설치장소가 넓어야 한다.

ⓖ 냉각관이 부식되기 쉽다.
ⓗ 응축된 냉매액은 냉각관의 중간부를 통해 흘러나와 액 헤드를 통해 수액기에 고인다.
ⓘ 주로 중대형 NH₃ 냉동장치에 사용된다.

⑦ **증발식 응축기(evaporative condenser)**
냉매 가스가 흐르는 냉각관 코일의 표면에 노즐(nozzle)을 설치해 냉각수를 분사시키고 송풍기를 이용하여 냉매배관 표면의 열을 흡수하여 공기의 대류작용 및 물의 증발잠열로 냉매를 응축시키는 방식이다. (실제 현열과 잠열을 동시에 이용한다.) 주로 NH₃ 장치에 사용하며 중형 프레온 장치에도 사용된다.

㉠ 증발식 응축기 특징
ⓐ 물의 증발잠열을 이용하므로 전열효율이 좋아 냉각수 소비량이 작다.
ⓑ 상부에 엘리미네이터를 설치한다.
ⓒ 겨울에는 공냉식으로 사용이 가능하다.
ⓓ 냉각탑의 별도 설치가 필요없다.
ⓔ 팬(fan), 노즐(nozzle), 냉각수 펌프 등 부속설비들이 많아 설치비가 비싸다.
ⓕ 외기 습구온도 및 풍속에 영향을 많이 받는다.
ⓖ 증발식 응축기는 냉각수량이 적게 들고 옥외설치가 가능하며 구조가 복잡하고 순환 펌프나 송풍기 등 설비비가 많이 들며 압력강하가 크므로 고압 측 배관에 주의해야 하며 청소나 보수가 곤란하다.

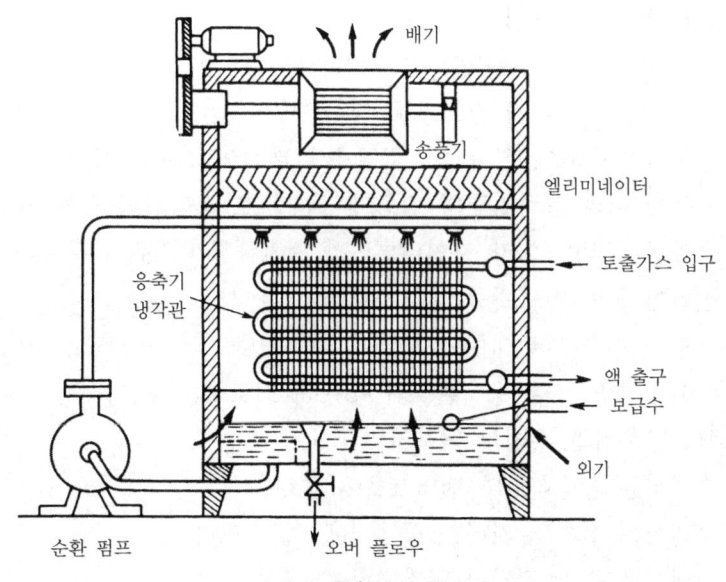

| 증발식 응축기의 구조 |

- 엘리미네이터(eliminator) : 냉각관에 분무되는 냉각수의 일부가 공기와 같이 외부로 비산(飛散)되는 것을 방지하기 위해 응축기 상부에 설치한다.

(2) 공냉식 응축기(air cooling type condenser)

공냉식 응축기는 3/8~1/2"의 동관에 핀(fin)을 부착하여 코일을 형성하고 팬(fan)을 이용해 공기를 2~3[m/s]의 속도로 이송시켜 냉매를 냉각 응축시키는 방식이다. 공냉식 응축기는 응축온도가 외기온도보다 15~20[℃] 가량 높아 효율이 불량하나 냉각수 사용에 비해 간편하고 경제적인 이점이 있어 점차 대용량화 되고 있다.(패키지에어컨, 시스템에어컨 등)
- 종류 : 자연대류식, 강제대류식

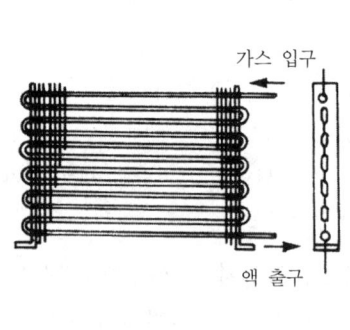
| 자연 대류식 |

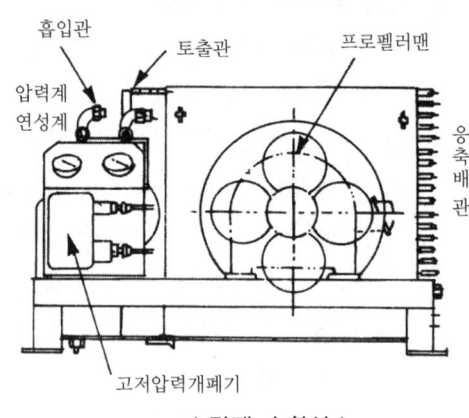
| 강제 순환식 |

① 공냉식 응축기의 특징
  ㉠ 설치가 간단하고 부식이 잘 되지 않는다.
  ㉡ 냉각수를 사용하지 않으므로 냉각수배관, 펌프, 배수시설 등이 불필요하다.
  ㉢ 응축기가 옥외에 설치되어 고압냉매 배관이 길어진다.(통풍이 잘되는 곳에 설치)
  ㉣ 기온에 따라 응축압력의 변화가 심하므로 응축압력을 제어해야 한다.
  ㉤ 송풍기 형식에 따라 자연대류식과 강제대류식으로 구분된다.
  ㉥ 전열이 불량하므로 플레이트 핀 튜브를 사용한다.
  ㉦ 소형 프레온부터 대형까지 널리 이용된다.
  ㉧ NH_3 냉매의 경우 응축온도가 45~50[℃]로 높아 공냉식은 한계가 있고 위험하다.
② 공냉식 응축기와 수냉식 응축기의 비교
  ㉠ 수냉식은 공냉식보다 전열효율이 좋다.
  ㉡ 수냉식은 설치 유지비가 공냉식에 비해 크다.
  ㉢ 수냉식은 수리 점검이 곤란하다.

ⓒ 공냉식은 통풍이 잘되고 신선한 곳에 설치해야 한다.
ⓓ 공냉식은 응축온도 및 압력이 높아 동력소비가 크다.

3 냉각탑(cooling tower)

(1) 원리

수냉식 응축기에서 온도가 높아진 냉각수를 공기와 접촉시켜 물의 증발잠열을 이용하여 냉각작용을 하고 나온 출구수온을 공기로 다시 냉각하여 응축기로 보내어 재사용함으로써 냉각수의 부족해소 및 기타 경제적인 운전이 가능하다.

① 물과 공기의 온도차에 의한 냉각작용(현열)
② 물의 증발잠열에 의한 냉각작용(잠열)

(2) 종류

- 대기형
- 자연통풍형
- 강제통풍형

① 공기와 물의 접촉 방식에 따른 분류
  ㉠ 역류형(counter flow)
  ㉡ 직교형(cross flow)
② 송풍기 설치 위치에 따른 분류
  ㉠ 흡입형 : 송풍기가 탑의 출구에 설치되며 공기를 흡입한다.
  ㉡ 압입형 : 송풍기가 탑의 입구에 설치되며 공기를 압입한다.

(3) 냉각탑의 능력

① 냉각탑 냉각능력(kcal/h) = 냉각수 순환량(L/h)×쿨링레인지
② 쿨링레인지(cooling range) = 냉각수 입구온도 − 냉각수 출구온도
③ 쿨링어프로치(cooling approach) = 냉각수 출구온도 − 입구공기의 습구온도
  ㉠ 쿨링레인지가 클수록, 쿨링어프로치가 작을수록 냉각탑의 능력은 커진다.
  ㉡ 냉각능력 : 입구공기의 습구온도 27[℃], 냉각탑 입구온도 37[℃], 냉각탑 출구수온 32[℃] 냉각수순환량 13[L/min]을 기준으로 한 능력

$$Q = GC\Delta T$$

$13[l/min] \times 60[min/h] \times 1[kcal/l \cdot ℃] \times (37-32)[℃] = 3900[kcal/h]$

- Q : 냉각능력(kcal/h)
- G : 냉각수량(l/h)
- C : 비열(kcal/l · ℃)
- ΔT : 온도차(℃)

∴ 냉각탑 1RT당 능력은 3900[kcal/h]이다.

(4) 냉각탑의 특징

① 증발식 응축기와 비슷한 원리이다.(증발식 응축기 장치 내 : 냉매, 냉각탑 장치 내 : 냉각수)
② 물의 증발잠열을 이용하므로 외기 습구온도의 영향을 많이 받는다.
③ 냉각수를 순환시켜 재사용하는 형식이므로 냉각수가 절약된다.(냉각수의 95[%] 정도 회수가 가능하다.)
④ 외기 습구온도보다 낮게 냉각시킬 수 없다.

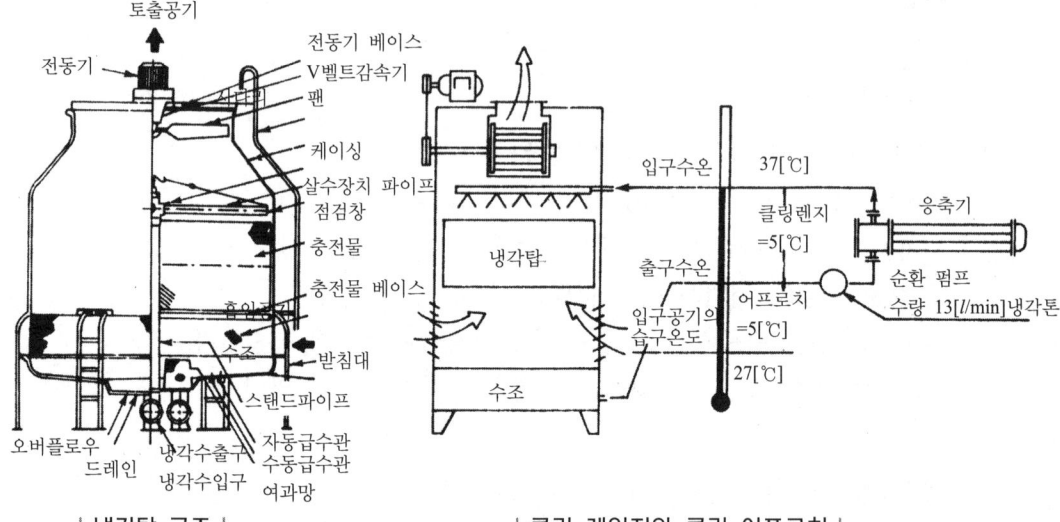

| 냉각탑 구조 | | 쿨링 레인지와 쿨링 어프로치 |

(5) 냉각탑 설치 시 유의사항

① 설치 위치는 급수가 용이하고, 공기 유통이 좋을 것
② 고온의 배기가스에 의한 영향을 받지 않는 장소일 것

③ 취출공기를 재흡입하지 않도록 할 것
④ 냉각탑에서 비산된 물방울에 의한 주위 환경 및 소음 방지를 고려할 것
⑤ 2대 이상의 냉각탑을 같은 장소에 설치할 경우 상호 2[m] 이상의 간격을 유지할 것
⑥ 냉동장치로부터의 거리가 되도록 가까운 장소일 것
⑦ 설치 및 보수 점검이 용이한 장소일 것

4 응축기 부하계산

(1) 냉매 1kg이 응축기에서 제거해야 할 열량 qc(kcal/kg), (kJ/kg)

$$qc = h_b - h_c [\text{kcal/kg}] \ [\text{kJ/kg}]$$

- h_b : 응축기 입구에서 냉매증기 엔탈피(kcal/kg)(kJ/kg)
- h_c : 응축기 출구에서 냉매액 엔탈피(kcal/kg)(kJ/kg)

(2) 응축기 방출 열량 Q_1(kcal/h), (kJ/h)

$$Q_1 = G(h_b - h_c)[\text{kcal/h}] \ [\text{kJ/h}]$$

- Q_1 : 응축기 방출열량(kcal/h)(kJ/h)
- G : 냉매순환량(kg/h)
- h_b : 응축기 입구에서 냉매증기 엔탈피(kcal/kg)(kJ/kg)
- h_c : 응축기 출구에서 냉매액 엔탈피(kcal/kg)(kJ/kg)

여기서 응축부하(Q_1)는 냉동능력(Q_2)과 압축일에 상당하는 열량 A_w[kcal/h], [kJ/h]의 합과 같다.

$$Q_1 = Q_2 + A_w [\text{kcal/h}] \ [\text{kJ/h}]$$

- Q_1 : 응축기 방출열량(kcal/h)(kJ/h)
- Q_2 : 증발기 흡수열량(kcal/h)(kJ/h)
- A_w : 압축일에 대한 상당열량(kcal/h)(kJ/h)

(3) 방열계수

$\dfrac{Q_1}{Q_2}$ (공기조화 : 1.2, 제빙, 냉장 : 1.3)

(4) 응축기 냉매 순환량 G(kg/h)

$$G = \frac{Q_1}{h_b - h_c} [\text{kg/h}]$$

- G : 냉매순환량(kg/h)
- Q_1 : 응축기 방출열량(kcal/h)(kJ/h)
- h_b : 응축기 입구에서 냉매증기 엔탈피(kcal/kg)(kJ/kg)
- h_c : 응축기 출구에서 냉매액 엔탈피(kcal/kg)(kJ/kg)

(5) 응축기 열량 구하는 공식(냉각수량)

$$Q_1 = GC\Delta T$$

- Q_1 : 응축기 방출열량(kcal/h)(kJ/h)
- G : 냉매순환량(kg/h)
- C : 비열(kcal/kg·℃)(kJ/kg·℃)
- ΔT : 응축기 입출구 온도차(℃)

(6) 응축기 열량 구하는 공식(전열과정)

$$Q_1 = KF\Delta T$$

- Q_1 : 응축기 방출열량(kcal/h)(kJ/h)
- K : 열관류율, 열통과율(kcal/m²h℃)(kJ/m²h℃)
- F : 전열면적(m²)
- ΔT : 산술평균온도차, 대수평균온도차(℃)

위 공식은 응축기 및 기타 모든 열기관의 설계에서 전열면적을 구하는 기본 공식으로 사용된다. 이 공식에서 ΔT는 냉매의 응축온도와 냉각수 입출구의 대수평균 온도차이 이나 일반적으로 산술 평균온도를 사용하여 응축부하 계산에 사용하기도 한다.

① 대수평균 온도차(LMTD)

$$LMTD = \frac{\Delta T_1 - \Delta T_2}{\ln \frac{\Delta T_1}{\Delta T_2}}$$

- ΔT_1 : 응축온도 - 냉각수 입구온도(고온℃)
- ΔT_2 : 응축온도 - 냉각수 출구온도(저온℃)

② 산술평균 온도차

$$산술평균온도차 = 응축온도 - \left(\frac{T_1 + T_2}{2}\right)$$

- T_1 : 냉각수 입구온도
- T_2 : 냉각수 출구온도

※ 응축기에서 방출하는 열량은 증발기에서 흡수하는 열량과 압축기에서 소비하는 동력의 열량의 합이며 응축기에서 방출하는 열량은 대략 증발기에서 흡수하는 열량의 1.25배 정도이다.

(7) 응축기 냉각관의 오염계수

$$\text{kcal/m}^2 \cdot \text{h} \cdot ℃ = \frac{\lambda_f}{\ell_f}\left(\frac{\text{kcal/mh}℃}{\text{m}}\right)$$

- l_f : 물때의 두께(m)
- λ_f : 물때의 열전도율(kcal/m·h·℃)(kJ/m·h·℃)

(8) 소요냉각 풍량계산($q[\text{m}^3/\text{h}]$)

$$q = \frac{Q_c}{1.2 \times 0.24(t_2 - t_1)}$$

- Q_C : 응축부하(kcal/h)(kJ/h)
- q : 냉각풍량(m³/h)
- 공기의 비중량 : 1.2(kg/m³)
- 공기의 비열 : 0.24(kcal/kg·℃), 1.01(kJ/kg·℃)
- $t_2 - t_1$: 냉각공기 출구온도 - 냉각공기 입구온도(℃)

5 응축기 열관류율

일반적으로 열은 고온에서 저온 측으로 흐르며 이것을 전열(伝熱)현상이라 한다. 냉각관에 있어 냉각관의 재질 및 두께에 따라 전열효율은 다르며 또한 냉각수 입출구 온도차 및 유체의 유동에 따라 변하게 된다.

• 응축부하의 계산

$$Q_1 = KF\triangle T$$

에서 Q_1은 K에 비례한다. K가 작아지면 열의 이동은 작아진다. 여기서 이 K를 열통과율 또는 열관류율[kcal/m²h℃]이라 한다.

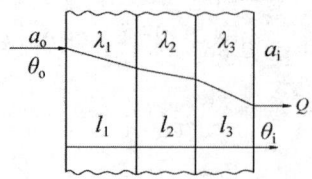

$$K = \cfrac{1}{\cfrac{1}{a_1} + \cfrac{l_1}{\lambda_1} + \cfrac{l_2}{\lambda_2} + \cfrac{l_3}{\lambda_3} + \cfrac{1}{a_2}}$$

K : 열관류율, 열통과율(kcal/m²h℃)(kJ/m²h℃)
a_1 : 냉매 측 표면 열전달률(kcal/m²h℃)(kJ/m²h℃)
a_2 : 냉각수 측 표면 열전달률(kcal/m²h℃)(kJ/m²h℃)
$\lambda_1, \lambda_2, \lambda_3$: 유막, 관벽, 물때(scale)의 열전도율(kcal/mh℃)(kJ/mh℃)
l_1, l_2, l_3 : 유막, 관벽, 물때(scale)의 두께(m)

① 냉매 종류에 따른 표면 열전달률
  ㉠ 암모니아 : 5000[kcal/m²h℃]
  ㉡ 클로르메틸 : 1900[kcal/m²h℃]
  ㉢ R-12 : 1600[kcal/m²h℃]
  ㉣ R-22 : 1800[kcal/m²h℃]
② 응축온도 및 압력상승의 원인
  ㉠ 응축기의 냉각수온 및 냉각공기의 온도가 높을 경우
  ㉡ 증발부하가 클 때
  ㉢ 냉각수량이 부족할 때
  ㉣ 냉매를 너무 과충전했을 경우
  ㉤ 냉각관에 유막 및 스케일(scale)이 생성되었을 경우
  ㉥ 응축기 용량이 너무 작을 경우
  ㉦ 불응축 가스가 혼입되었을 경우
  ㉧ 공냉식의 경우 송풍량 부족 및 외기온도 상승을 초래한다.
  ㉨ 응축기에 액냉매가 퇴적되어 유효전열 면적이 감소된 경우
  ㉩ 증발식 응축기에서 대기의 습구온도가 높을 경우

6 불응축 가스

불응축 가스란 공기, 염소, 오일의 증기, 수증기 등의 혼합물로 냉매와 같이 냉동장치 내를 순환하다가 응축기 또는 수액기 상부에 모여서 액화되지 않고 남아 있는 가스로 일반적으로 공기를 말한다. 불응축 가스가 발생하면 응축온도와 응축압력이 증가하게 되어 냉동장치에 악영향을 미치게 된다.

(1) 발생 원인

① 냉동장치의 설치 및 휴지 후 완전 진공하지 못하여 남아있는 공기
② 오일 포밍 현상의 발생 및 오일의 열화 탄화 시
③ 냉매 충전 시 완전 진공하지 못한 경우
④ 윤활유 충전 시 공기가 섞여 들어갔을 경우
⑤ 진공 시험 시(저압부 누설)

(2) 장치에 미치는 영향(악영향)

① 토출가스 온도상승
② 응축능력 감소
③ 응축압력 상승
④ 소요동력 증대
⑤ 압축비 증대
⑥ 실린더 과열로 인한 오일의 열화 및 탄화
⑦ 암모니아 냉매의 경우 폭발 위험 초래
⑧ 냉매와 냉각관의 열전달 저하
⑨ 오일 탄화 분에 의한 축수하중 증대
⑩ 성적계수 감소 및 냉동능력 감소

(3) 응축압력 상승 시 대책

① 가스퍼저, 불응축 가스 배제
② 냉매 충전량과 부하정도의 점검
③ 냉각수 배관 점검 및 냉각수량 설계 검토
④ 냉각관의 청소 및 오일을 드레인시켜 준다.
⑤ 균압관을 점검하여 냉매가 수액기로 잘 흘러가는가를 점검한다.

(4) 응축기 관리방법

① 공냉식
 ㉠ 솔로 털어낸다.
 ㉡ 4~6[kg^2/cm] 증기로 세척한다.
 ㉢ 압축기로 불어준다.

② **수냉식**
　㉠ 정치법, 순환법, 세제로 세관한다.(화학세관)
　㉡ 화학세관제는 염산, 황산, 쿨민 등이 있다.
　㉢ 무기산 사용제 : 염산, 황산, 인산, 슬퍼민산 사용
　㉣ 유기산 사용제 : 구연산, 히드록산, 초산, 포름산
　㉤ 유기산이 세정 시 유리하다.

단원복습 문제풀이

01 다음 중 지수식 응축기라고도 하며 나선모양의 관에 냉매를 통과시키고 이 나선관을 구형 또는 원형의 수조에 담고 순환시켜 냉매를 응축시키는 응축기는?

① 쉘 앤 코일식 응축기
② 증발식 응축기
③ 공냉식 응축기
④ 대기식 응축기

해설 쉘 앤 코일식 응축기 : 나선형태의 코일을 원통 속에 넣어 냉각수를 순환시켜 냉매를 응축시키는 방식

02 다음 중 불응축 가스가 주로 모이는 곳은?

① 증발기 ② 액분리기
③ 압축기 ④ 응축기

해설 불응축가스가 모이는 곳 : 응축기와 수액기 상부

03 수냉식 응축기의 능력을 증가시키는 방법 중 적합하지 않은 것은?

① 냉각수량을 증가시킨다.
② 수온을 낮춰준다.
③ 응축기 코일을 세척한다.
④ 냉각수 유속을 2배로 증가시킨다.

해설 유속이 낮을수록 전열 효율이 좋다.

04 프레온계 냉매용 횡형 쉘 앤 튜브(shell and tube)식 응축기에서 냉각관의 설명으로 맞는 것은?

① 재료는 강이고 냉각수측의 전열저항에 비해 냉매 측의 전열저항이 매우 크므로 외측의 전열면적을 증가시킨 핀튜브가 사용된다.
② 재료는 동이고 냉각수 측의 전열저항에 비해 냉매 측의 전열저항이 매우 크므로 외측의 전열면적을 증가시킨 핀튜브가 사용된다.
③ 재료는 강이고 냉각수 측의 전열저항에 비해 냉매 측의 전열저항이 매우 크므로 내측의 전열면적을 증가시킨 핀튜브가 사용된다.
④ 재료는 동이고 냉각수 측의 전열저항에 비해 냉매 측의 전열저항이 매우 크므로 내측의 전열면적을 증가시킨 핀튜브가 사용된다.

해설 프레온용 응축기는 동관을 사용하며 전열효율을 높이기 위해 냉매 측에 핀튜브를 설치한다.

정답 01 ① 02 ④ 03 ④ 04 ②

05 어떤 증발기의 열 통과율이 500[kcal/m²h℃]이고 대수평균온도차가 7.5[℃], 냉각능력이 15RT일 때, 이 증발기의 전열면적은 약 얼마인가?

① 13.3[m²] ② 16.6[m²]
③ 18.2[m²] ④ 24.2[m²]

해설 $Q = KF \triangle T$
$F = \dfrac{Q}{K \triangle T} = \dfrac{15 \times 3320}{500 \times 7.5} = 13.28 [m^2]$

06 수냉식 응축기의 응축압력에 관한 설명 중 옳은 것은?

① 수온이 일정한 경우 유막 물때가 두껍게 부착되어도 수량이 증가하면 응축압력에는 영향이 없다.
② 응축부하가 크게 증가하면 응축압력 상승에 영향을 준다.
③ 냉각수량이 풍부한 경우에는 불응축 가스의 혼입 영향이 없다.
④ 냉각수량이 일정한 경우에는 수온에 의한 영향은 없다.

해설 ① 수온이 일정한 경우 유막 물때가 두껍게 부착되면 응축압력이 높아진다.
② 응축부하가 크게 증가하면 응축압력 상승에 영향을 준다.
③ 냉각수량이 풍부한 경우 불응축 가스가 혼입되면 장치에 악영향을 미친다.
④ 냉각수량이 일정한 경우 수온에 대한 영향이 있다.(수온이 낮을수록 효율이 좋다.)

07 증발식 응축기의 엘리미네이터에 대한 설명으로 맞는 것은?

① 물의 증발을 양호하게 한다.
② 공기를 흡수하는 장치다.
③ 물이 과냉각되는 것을 방지한다.
④ 냉각관에 분사되는 냉각수가 대기 중에 비산되는 것을 막아주는 장치다.

해설 엘리미네이터(비산방지장치) : 냉각관에 분사되는 냉각수가 대기 중 비산되는 것을 방지하기 위해 설치하는 장치

7 증발기

1 증발기의 원리

팽창 밸브를 통과한 저온 저압의 냉매액을 피냉동물체 또는 특정 공간으로부터 증발 잠열을 흡수하여 냉동목적을 달성하는 장치

2 증발기의 종류

(1) 용도에 따른 분류

① 액체 냉각용
② 공기 냉각용
③ 고체 냉각용

(2) 증발기 내의 냉매 상태에 따른 분류

① 건식 증발기(dry expansion type evaporator)
건식은 팽창 밸브로부터 냉매가 직접 증발기로 들어가 증발관을 순환하며 냉매의 75[%]가 증기상태로 압축기에 흡입된다.
㉠ 건식 증발기 특징
ⓐ 증발기 내의 냉매액이 25[%], 냉매가스가 75[%]인 상태로 순환된다.(주로 프레온 냉동장치에 사용된다.)
ⓑ 오일의 회수가 쉽다.
ⓒ 냉매량이 적게 소요된다.
ⓓ 전열작용이 없는 냉매 가스가 많으므로 전열이 불량하다.(냉매가스 75[%])
ⓔ 부하 조절이 쉽다.
ⓕ 냉각관에 핀(fin)을 붙여 공기냉각용으로 사용된다.
ⓖ 건식증발기는 가스의 양이 많으므로 주로 공기냉각용에 사용되며 액분리기는 필요없다.
ⓗ 팽창밸브형식 : TEV, AEV, 모세관 등을 사용한다.

② **반만액식 증발기(Semi flooded type evaporator)**
   증발기 내 액이 50[%], 가스가 50[%] 존재하는 증발기로 건식증발기보다 전열이 좋으나 만액식 증발기보다는 나쁘다.
   ㉠ 반만액식 증발기 특징
      ⓐ 증발기 내 냉매액이 50[%], 냉매가스가 50[%]인 상태로 순환된다.
      ⓑ 냉매는 증발기 하부에서 상부로 공급된다.
      ⓒ 건식증발기에 비해 냉매액의 양이 많으므로 전열이 좋다. 하지만 만액식보다는 나쁘다.
      ⓓ 프레온 냉동장치에서 냉각관 내에 오일이 체류할 우려가 있다.

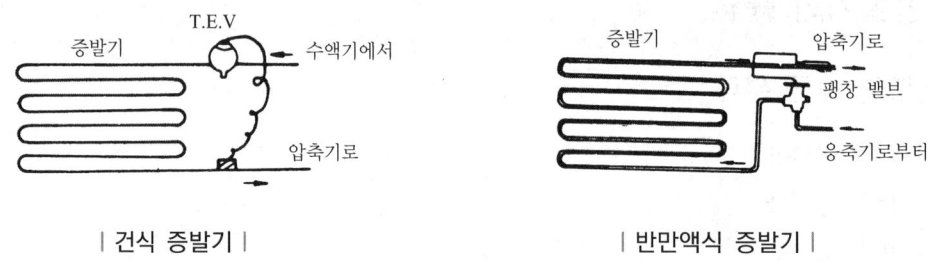

| 건식 증발기 |　　　　　| 반만액식 증발기 |

③ **만액식 증발기(flooded type evaporator)**
   팽창 밸브와 증발기 사이에 어큐뮬레이터(accumulator)를 설치하여, 팽창 밸브를 나온 습증기 중 냉매액과 가스를 분리시켜 액만 증발기로 순환시키는 방식이다.
   ㉠ 만액식 증발기의 특징
      ⓐ 증발기 내 냉매액이 75[%], 냉매가스가 25[%]인 상태로 순환된다.
      ⓑ 건식에 비해 냉매량이 많이 소요된다.
      ⓒ 주로 액체 냉각용으로 사용된다.
      ⓓ 증발기 내에 항상 일정한 액이 충만되어 있으므로 전열작용이 우수하다.

ⓔ 프레온 냉매의 경우 오일회수 장치가 필요하다.(오일이 증발기 내에 고일 우려가 있다.)
ⓕ 증발기 입구에 역지 밸브를 설치하여 가스의 역류를 막는다.
ⓖ 리퀴드 백(liquid back)을 방지하기 위하여 액분리기(accumulator)를 설치한다.

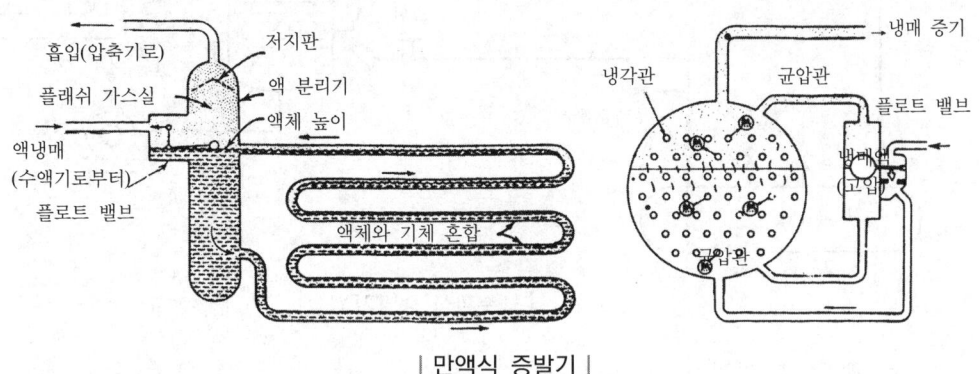

| 만액식 증발기 |

ⓛ 어큐뮬레이터(액분리기) 설치 위치는 증발기보다 높은 위치에 설치해야 하고 그 용량은 증발기 용량의 20% 정도 되어야 한다.

④ **액순환식 증발기**(liquid circulating type evaporator)
액순환식은 펌프를 사용하여 냉매액을 강제로 순환시키는 방식이다. 냉각관 벽은 전부 냉매액으로 차있으므로 전열이 양호하다.

㉠ 액순환식 증발기의 특징
ⓐ 증발기 출구에는 냉매액이 80[%], 냉매가스가 20[%]인 상태로 존재한다.
ⓑ 증발기 내에 오일이 고일 염려가 없어 전열이 양호하다.
ⓒ 액 펌프는 저압수액기와 증발기 입구 사이에 설치한다.
ⓓ 증발기에서 증발하는 냉매량의 4~6배의 냉매액이 펌프로 순환된다.
ⓔ 냉매가 많이 필요하며 펌프, 수액기 등 부속설비가 많이 필요하므로 초기 설치비가 많이 든다.(저압수액기와 액 펌프 사이에 1.2[m] 정도의 낙차가 필요하다.)
ⓕ 주로 대용량에 많이 사용되며 저온 및 급속동결용으로 사용된다.
ⓖ 하나의 팽창 밸브로 여러 대의 증발기를 사용할 수 있다.

㉡ 액순환방식의 이점
ⓐ 리퀴드백(liquid back)이 일어나지 않는다.
ⓑ 열전달률이 크다.
ⓒ 대용량에서 효율이 좋다.
ⓓ 제상 자동화가 용이하다.

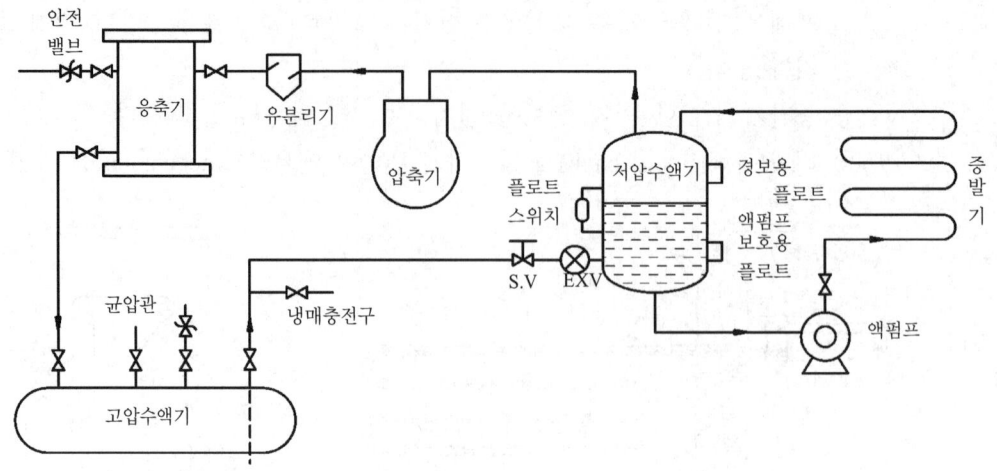

| 액순환식 증발기 |

ⓒ 액 펌프 설치 시 유의점
  ⓐ 액 펌프는 저압 수액기의 하부에 설치한다.
  ⓑ 흡입 배관의 저항을 줄이기 위해 지름이 큰 관을 사용한다.
  ⓒ 흡입배관 중 녹, 먼지 등 이물질의 침입을 막는다.
  ⓓ 저압수액기와 1.2~1.5[m] 정도의 낙차를 유지시킨다.

(3) 증발기 구조에 따른 분류

① 관 코일식 증발기(나관식 : bare type)

강 또는 동관 1/2"~2"의 긴 관을 각종 코일(coil) 형태로 하여 전열시키는 방식. 냉장고, 냉동, 냉장용 진열대의 냉각관 등에 많이 사용된다. 증발기의 기본형이며 공기냉각용에 널리 사용된다.

㉠ 관 코일식 증발기의 특징
  ⓐ 냉각관은 나관(裸管)식이 사용된다.
  ⓑ 제상이 쉽고 구조가 간단하다.
  ⓒ 암모니아는 만액식에도 사용되나 프레온이나 메틸클로라이드는 주로 건식에 사용된다.
  ⓓ 공기 냉각용의 경우 표면적이 작기 때문에 관이 길어지므로 압력강하가 생긴다.
  ⓔ 열전달률이 나쁘다.
  ⓕ NH_3용은 강관, 프레온(Freon)은 동관을 사용한다.

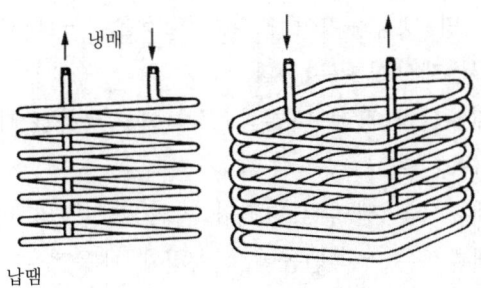

| 관 코일 증발기 |

② **판형 증발기(plate type)**
관 코일식 증발기의 변형으로 알루미늄판 또는 스테인리스판 등 2매의 금속판을 압접하여 만든 증발기로 판 사이의 공간에 냉매액이 흐르고 그 외면에 접촉하는 공기 또는 물, 브라인 등을 냉각하는 방식이다.

㉠ 판형 증발기의 특징
ⓐ 주로 프레온용 건식 증발기로 사용된다.
ⓑ 가정용 냉장고, 쇼 케이스(show case) 등의 냉각관용이며 급속동결장치에도 사용된다.
ⓒ 알루미늄판 등을 이용하므로 전열은 좋으나 재질이 약하다.
ⓓ 알루미늄판의 경우 누설 시 에폭시 등 화학 접착제로 밀봉한다.

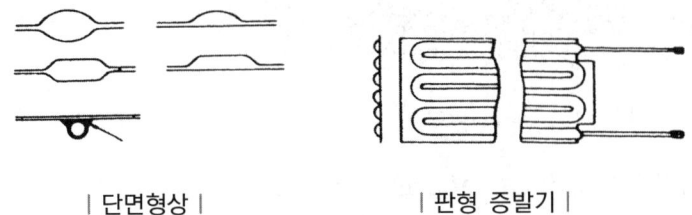

| 단면형상 | | 판형 증발기 |

③ **핀 튜브식 증발기(finned tube type)**
프레온 냉매와 같이 전열효율이 좋지 않은 냉매의 경우 전열량을 증가시키기 위해 나관의 증발관 표면에 핀(fin)을 부착하여 사용하는데 이 방식을 핀 튜브식 증발기라 한다.

㉠ 핀 튜브식 증발기의 특징
ⓐ 건식 증발기에 사용된다.
ⓑ 사용핀(fin)은 암모니아(강 또는 알루미늄), 프레온(동 또는 알루미늄)을 사용한다.

ⓒ 소형이지만 냉동능력이 크다.(전열효율이 크다)
ⓓ 저온에서 제상이 곤란하다.
ⓔ 자연 대류식과 강제 대류식으로 나뉜다.(자연 대류식은 1인치당 2~4열 정도 핀이 사용된다.)
ⓕ 자연 대류식은 핀의 표면적과 관의 표면적의 비를 6 : 20 정도로 한다.
ⓖ 강제 대류식은 부하변동에 신속하게 대응할 수 있어 온도조절이 용이하다.
ⓗ 강제 대류식은 증발기 fan을 설치하여 자연 대류에 비하여 3~5배 정도 열통과율을 취하고 풍속은 2~3[m/s] 정도이다.
ⓘ 자연대류식은 소형 냉장고, 냉장용 진열장, 공기 조화용에 큰 냉각면적을 얻기 위해 사용된다.

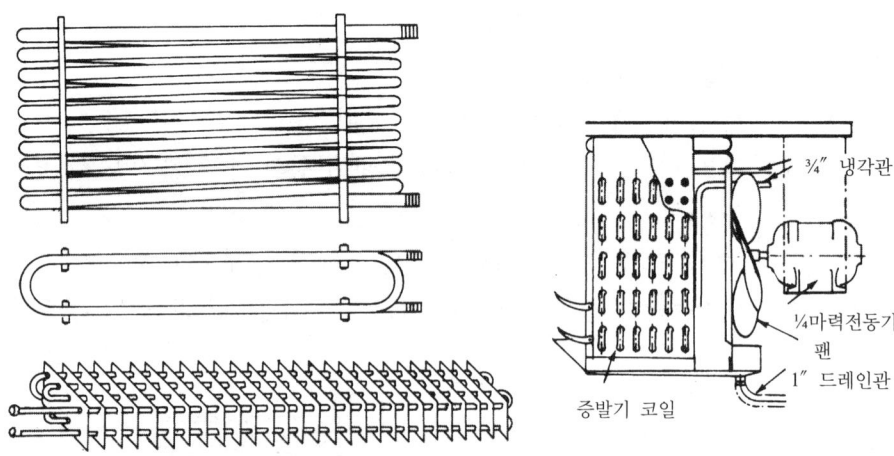

| 핀 튜브 증발기 외형 | | 강제 대류식 핀 튜브 증발기 |

④ 캐스케이드 증발기(cascade evaporator)

이 방식은 액 헤더와 가스 헤더를 설치하고 여기에 냉각관 코일을 연결하여 액냉매를 액 헤더로 공급하고 냉각관 내에서 발생한 가스는 가스 헤더에서 액을 분리한 후 어큐뮬레이터를 통하여 흡입관에 흡입되는 형식이다.

㉠ 캐스케이드 증발기의 특징
  ⓐ 암모니아용으로 벽 코일 및 동결선반에 이용한다.
  ⓑ 액냉매를 공급하고 가스를 분리하는 형식이다.
  ⓒ 액 냉매의 순환과정은 2 → 1 → 4 → 3 → 6 → 5이다.
  ⓓ 증발관에 냉매가 균일하게 분배되어 전열이 양호하다.
  ⓔ 최하부 냉각관의 액 레벨(level)을 일정하게 유지하기 위해 플로트 밸브(float valve)를 사용한다.

ⓕ 구조가 복잡하고 다량의 냉매액이 필요하며 헤더에서 액이 되돌아오기 쉽다.
ⓖ 냉각관 코일은 집중기라 불리는 흡입 헤더에 연락되며 수조의 코일로 분류되어 있다.

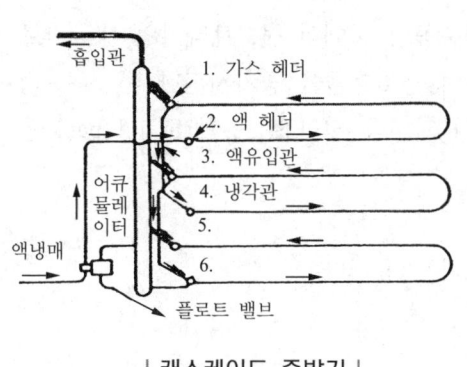

| 캐스케이드 증발기 | | 멀티 피드 멀티섹션 증발기 |

⑤ **멀티 피드 멀티섹션 증발기(multi-feed multi-section evaporator)**
캐스케이드 증발기와 동일한 형식으로 암모니아를 냉매로 사용하며 공기동결실의 동결선반에 이용된다.

⑥ **쉘 앤 코일식 증발기**
입형과 횡형이 있으며 원통(shell) 내부의 1 또는 2중의 코일관 내에 냉매가 흐르고 관 외면에 접촉하는 물 또는 브라인을 냉각하는 방식이다.
㉠ 쉘 앤 코일식 증발기 특징
ⓐ 프레온용으로 건식 증발기로 사용된다.
ⓑ 주로 음료수 냉각장치로 많이 이용된다.
ⓒ 냉매량이 작고 자동팽창 밸브를 사용할 수 있다.
ⓓ 열전달률은 만액식보다 나쁜편이다.

⑦ **만액식 쉘 앤 튜브식 증발기**
암모니아용과 프레온용이 있으며 횡형 쉘 앤 튜브식 응축기와 거의 같은 구조이며 냉각관 내에 물 또는 브라인을 흐르게 하고, 냉매는 냉각관 외부에서 증발하여 브라인을 냉각시키는 방식이다.
㉠ 암모니아용 냉각기 특징
ⓐ 원통 – 쉘(shell) : 냉매, 관(tube) : 브라인 냉매
ⓑ 냉장용, 제빙용, 화학공업용의 브라인 냉각, 냉방의 냉수용에 사용된다.
ⓒ 열전달률이 좋다.
ⓓ 냉각액의 동결로 냉각관 파손의 우려가 있다.

　　　　ⓔ 사용되는 팽창 밸브는 플로트 밸브이다.
　　　　ⓕ 튜브 동파에 주의해야 한다.
　　ⓛ 프레온용 냉각기 특징
　　　　ⓐ 원통－쉘(shell) : 냉매, 관(tube) : 브라인 냉매
　　　　ⓑ 공기조화장치, 화학공업, 식품공업 등에서 물, 브라인의 냉각기로 사용된다.
　　　　ⓒ 냉매 측에 핀(fin)을 부착하여 전열효율을 증가시킨다.
　　　　ⓓ 열교환기를 설치하여 냉매의 과냉각 및 리퀴드 백(liquid back)을 방지한다.
　　　　ⓔ 오일 회수장치가 필요하다.
　　　　ⓕ 브라인 동결에 주의한다.
　　　　ⓖ 팽창 밸브로는 플로트 밸브가 사용된다.
　　ⓒ 브라인 냉매 동파 방지대책
　　　　ⓐ 동결방지용 TC를 사용한다.
　　　　ⓑ 브라인 냉매에 부동액을 사용한다.
　　　　ⓒ EPR(증발압력 조정 밸브)사용
　　　　ⓓ 단수 릴레이 사용(냉동기 냉수 또는 냉각수의 양이 감소했을 때 냉동기의 운전을 정지시켜 브라인 동결을 방지한다.)
　　　　ⓔ 냉각순환 펌프와 압축기를 인터록시킨다.

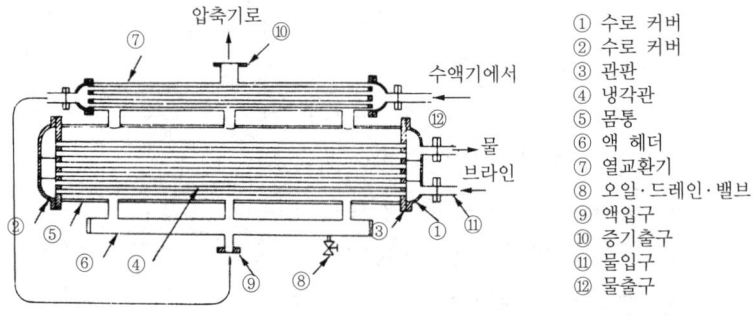

| 만액식 쉘 앤 튜브식 증발기 |

⑧ **건식 쉘 앤 튜브식 증발기**

　동파의 위험이 적으며 원통(shell) 내에 다수의 냉각관을 U형으로 하여 입구와 출구를 같은 방향으로 하고 원통 내에 물 또는 브라인이 냉각관 내를 냉매가 순환하며 열교환하는 방식이다.

　ⓛ 건식 쉘 앤 튜브식 증발기의 특징
　　　ⓐ 원통－쉘(shell) : 냉각수 또는 브라인, 관(tube) : 냉매
　　　ⓑ 원통형 쉘 내에 물 또는 브라인이 순환되므로 동파의 우려가 적다.

ⓒ 온도 조절식 자동 팽창밸브가 사용된다.
ⓓ 브라인과 냉매의 온도차는 5~6℃로 한다.
ⓔ 열통과율이 나쁘므로 핀 튜브를 사용한다.
ⓕ 배플 플레이트(baffle plate)를 설치하여 전열효율을 높인다.
ⓖ 프레온 공기조화용 칠링 유닛(chilling unit)에 적당하다.
ⓗ 오일이 장치 내에 고이는 일이 없으므로 유회수장치 및 유분리기를 설치할 필요가 없다.
ⓘ 만액식에 비해 소요 냉매량이 적다.

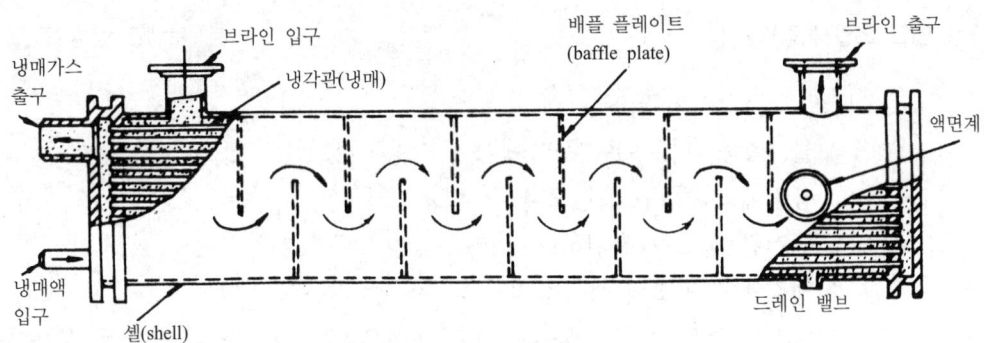

| 건식 셸 앤 튜브식 증발기 |

⑨ **탱크형 증발기**

일명 헤링본식 증발기라고도 하며 상하의 헤드사이드에 > 자형의 관을 다수 설치하고 한쪽에는 어큐뮬레이터가 부착되어 있다. 이 장치를 제빙조의 구획된 트렁크 내에 설치하고, 여기에 브라인을 0.3~0.75[m/s]의 속도로 흐르게 한 방식이다.

㉠ 탱크형(헤링본식) 증발기의 특징
ⓐ 주로 암모니아용 제빙장치에 사용된다.(주로 암모니아 빙관식 제빙장치의 브라인 냉각용 증발기로 사용된다.)
ⓑ 만액식이다.
ⓒ 액순환이 용이하고 기액의 분리가 쉬워 전열이 양호하다.
ⓓ 브라인이 동결하여도 파손되지 않는다.
ⓔ 브라인의 유속이 떨어지면 냉동능력이 급격히 감소한다.
ⓕ 탱크 내의 교반기(프로펠러)에 의해 브라인이 순환한다.(교반기 유속 : 0.75[m/s])

⑩ **보델로 증발기(baudelot evaporator)**
구조는 대기식 응축기와 동일하다. 횡형으로 설치된 냉각관 상부통에서 냉각액을 공급하고 냉매는 횡형으로 장치된 냉각관 내를 흐른다.

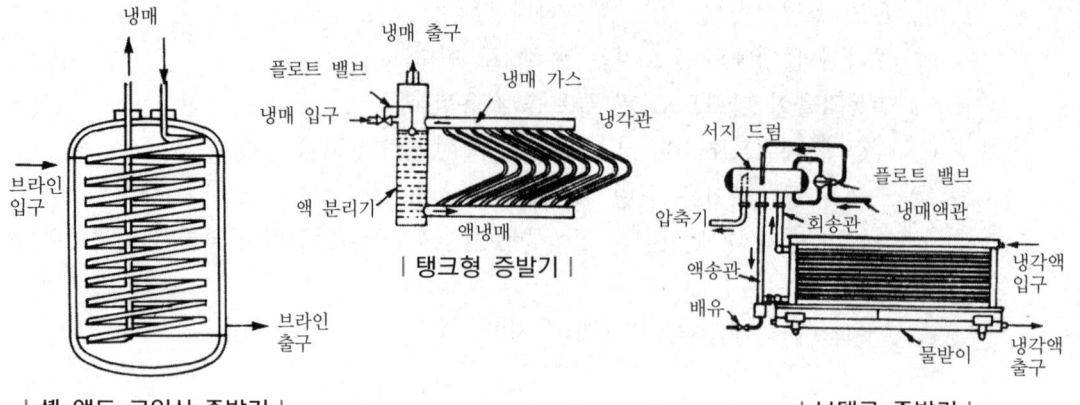

| 셸 앤드 코일식 증발기 | | 탱크형 증발기 | | 보델로 증발기 |

㉠ 보델로 증발기의 특징
ⓐ 물, 식품이나 우유 등의 냉각에 사용된다.
ⓑ 용량에 비해 구조가 크다.
ⓒ 냉각관 청소가 용이하다.
ⓓ 냉각액이 동결되어도 장치가 파손되지 않는다.
ⓔ NH_3는 주로 만액식에 사용되고 프레온용은 습식과 건식 모두 사용가능하다.

㉡ 프레온 냉동장치 2중 입상관
ⓐ 증발기가 여러 대이고 언로더 장치가 있는 경우 부하가 감소되었을 때 오일이 트랩에 고여 굵은 관을 막아 A관으로만 가스가 통과하여 오일을 회수한다.
ⓑ 최대부하 시에는 A 및 B관을 통해 가스가 통과되면서 오일을 회수시킨다.

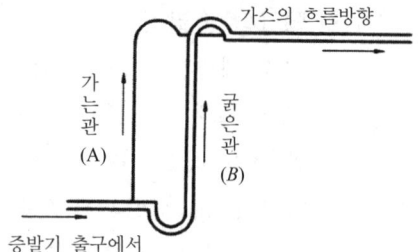

3 직접팽창식과 간접팽창식(브라인식)

(1) 직접 팽창식(direct expansion system)

냉각해야 할 장소 및 냉동공간에 코일을 설치하고 코일 내에 냉매가 직접 흐르게 하여 그 냉매의 증발잠열로 열을 흡수하는 냉동방식을 말한다.

① 장점
   ㉠ 시설이 간편하다.(예 : 가정용 에어컨, 냉장고 등)
   ㉡ 소요동력이 작게 든다.
   ㉢ 동일한 냉동효과를 유지하기 위한 냉매의 증발온도가 높다.(쉽게 증발하므로 효율이 좋다.)

② 단점
   ㉠ 냉매가 누설될 경우 냉장품에 손상을 가져올 수 있다.
   ㉡ 냉장실이 여러 개인 경우 팽창밸브의 개수가 많아진다.
   ㉢ 압축기 정지와 동시에 냉장실 온도가 상승한다.
   ㉣ 능률적인 냉동기 운전이 곤란하다.(용량제어가 힘들다.)

(2) 간접 팽창식(indirect system) : 브라인식

일명 브라인식이라고 하며 냉매에 의하여 냉각된 브라인이 다시 피냉 동물체로부터 감열형태로 열을 흡수하는 냉동방식으로 이 때 냉각된 브라인이 통하는 냉각 코일을 냉각기라 하며 증발기 속의 냉매를 1차 냉매, 냉각기 속의 냉매를 2차 냉매라 한다.

① 장점
   ㉠ 냉매 누설에 의한 냉장품 손실이 적다.
   ㉡ 냉장실이 여러 개일 경우에도 효율적인 운전이 가능하다.
   ㉢ 운전이 정지되어도 냉장실 온도 상승이 느리다.(현열 교환 시 열용량이 크다.)

② 단점
   ㉠ 설비가 복잡하고 설치비가 많이 든다.
   ㉡ 소요동력이 크다.
   ㉢ 시설 유지비가 많이 든다.

▶ 직접 팽창식과 간접 팽창식의 비교

동일한 냉동효과를 얻을 경우	직접 팽창식	간접 팽창식
증발온도	고	저
냉동능력	소	대
소요능력	소	대
냉매순환량	소	대
설치비	소	대
냉매충진량	대	소

4 CA 냉장고(controlled atmosphere storage room)

보다 좋은 저장성을 얻기 위하여 냉장고 내의 산소농도를 3~5% 감소시키거나 탄산가스(CO_2) 농도를 3~5% 증가시켜 냉장고 내의 청과물의 호흡을 억제하면서 냉장하는 방법으로 주로 청과물(과일, 채소) 냉장에 사용된다.

5 제상장치

증발기를 장시간 운전할 경우 표면온도가 0℃ 이하가 되면 공기 중의 습기가 서리가 되어 냉각관 표면에 부착된다. 이 서리는 매우 가벼운 공기를 함유하고 있어 열전도율이 나빠 전열효율을 저하시키는 원인이 되는데 이러한 현상을 적상(積霜 : frosting)이라 한다. 이러한 적상이 축적되면 장치에 미치는 영향이 크므로 일정한 시간을 두고 제거하여야 하는데 이 작업을 제상(除霜 : defrost)이라 한다.

(1) 적상 시 증발기에 미치는 영향

① 전열작용이 불량해진다.
② 냉동효과가 감소된다.
③ 공기의 흐름이 저해된다.(단열)
④ 증발압력이 낮아진다.
⑤ 습압축의 우려가 있다.(리퀴드백 발생)
⑥ 소요동력이 증대된다.
⑦ 토출가스 온도 상승
⑧ 압축비 상승

(2) 제상시기

① 핀 코일식(fin coil type) : 적상 두께 10~15[mm]
② 벽 코일식(wall coil type) : 적상 두께 10~20[mm]
③ 헤어 핀 코일식(hair fin coil) : 적상 두께 25~30[mm]

(3) 제상의 종류와 방법

제상은 장치의 종류 및 외부 환경 등을 고려하여 가능한 단시간 내에 가장 적절한 방법을 채택하는 것이 중요하다.

• 종류
- 고압가스 제상
- 브라인 분무 제상
- 전열식 제상
- 살수식 제상
- 온수 브라인 제상
- 압축기 정지 제상

① **고압가스 제상(hot gas defrost)**

건식 증발기와 같이 냉매 공급량이 적은 증발기에 많이 사용하는 방법으로 고온고압의 토출 가스를 증발기에 보내어 응축시키므로 그 응축열을 이용하여 제상하는 방법이다. 이 경우 제상 중 증발기에 응축 액화한 냉매를 처리하는 방법이 고려되어야 한다. 제상 시간이 짧고 용이하게 설비되어 가장 일반적으로 많이 채택하는 방법이다.

㉠ 증발기가 1대인 경우
ⓐ 수액기 출구 ④를 닫아 액관 중의 액을 회수한 후
ⓑ 팽창 밸브 ①을 닫아 증발기 내의 냉매를 압축기로 흡입시킨다.
ⓒ 고압가스 제상지면 ② 및 ③을 천천히 열어 고온 가스를 증발기로 보낸다.
ⓓ 제상이 시작되면 고온 가스는 열을 방출하고 응축액화 한다.
ⓔ 제상이 완료되면 제상지면 ③ 및 ②를 닫고
ⓕ 수액기 출구지 밸브 ④ 및 팽창 밸브 ①을 열어 정상운전에 들어간다.
ⓖ 이 때 증발기에서 제상을 완료한 고압액 냉매는 액분리기에서 분리되어 액회수장치를 통하여 수액기로 회수된다.

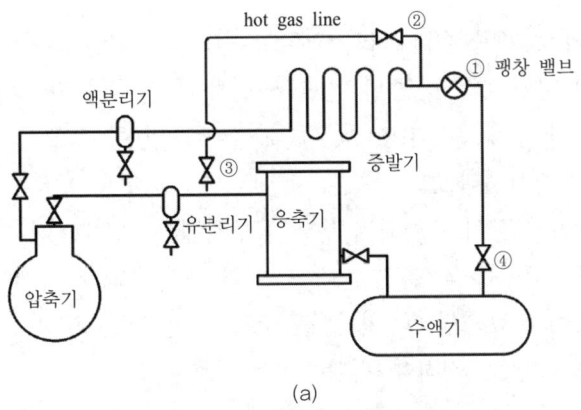

(a)

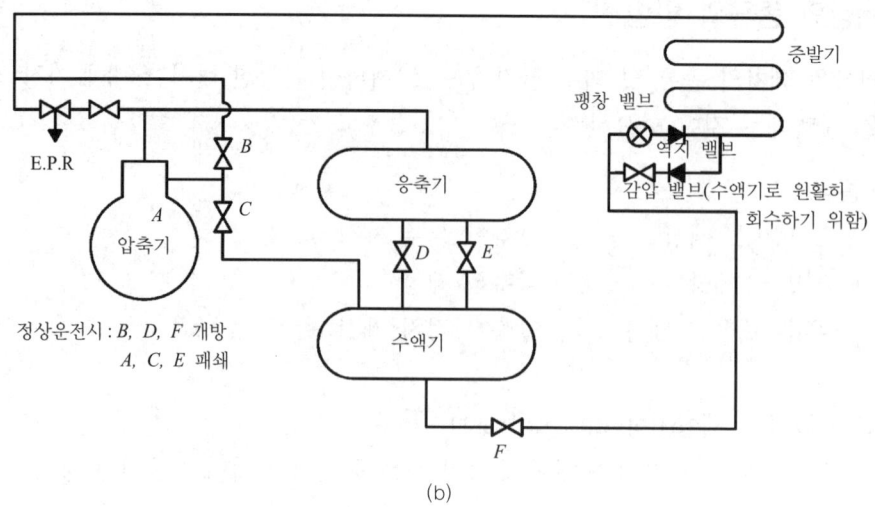

| 증발기 1대인 경우 제상 |

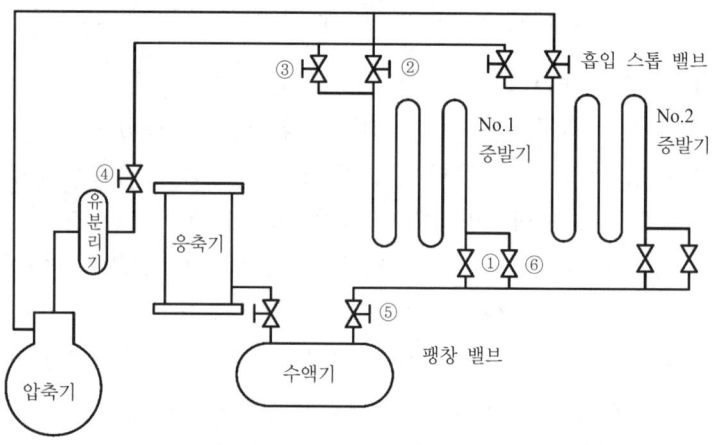

| 증발기를 2대 이상 사용하여 제상하는 경우 |

ⓛ 증발기가 2대인 경우(1대의 경우와 원리는 같다.)
ⓐ 팽창 밸브 ① 및 증발기 출구 밸브 ②를 닫는다.
ⓑ 고압가스 제상지면 ③ 및 ④를 열어 증발 중에 고온 가스를 유입하여 이곳에서 액화시킨다.
ⓒ 제상이 시작되어 액화된 냉매가 냉각관에 충만한 때 수액기 출구지 밸브 ⑤를 닫고 지변 ⑥을 열면 냉각관 중의 응축액화한 냉매는 증발기로 유입된다.
ⓓ 제상이 완료되면 ④ 및 ③을 닫고, ⑥을 닫은 후 ⑤를 열고, ②를 연 후 팽창 밸브 ①을 조정하여 정상운전을 행한다.

ⓒ 제상용 수액기가 설치된 경우 : 증발기 중의 액화 냉매를 제상용 수액기에 저장하는 방법으로 정상운전 중 열려 있는 밸브 ①, ②, ③이다. 먼저 증발기 [Ⅰ]의 제상을 하는 경우

ⓐ 팽창 밸브 ① 및 증발기 출구 밸브 ②를 닫는다.
ⓑ 고압가스 제상지 밸브 ③ 및 ④를 열어 증발기 중에 고온 가스를 유입시켜 제상을 시작한다.
ⓒ 지 밸브(변) ⑤, ⑥, ⑦을 연다. 이 때 제상용 수액기로 액이 유입하게 되며 동시에 제상 중에 응축액화한 액화냉매도 유입하게 된다.
ⓓ 제상이 완료되면 ③ ④ ⑤ ⑥ ⑦ 밸브를 닫는다.
ⓔ 증발기 출구 밸브 ② 및 팽창 밸브 ①을 연다.
ⓕ 지변 ⑧을 열어 제상용 수액기를 고압으로 만든다.
ⓖ 액 출구 밸브 ⑨를 열어 제상용 수액기의 액냉매를 각 증발기로 유입시킨다.
ⓗ 액이 모두 유입되면 지면 ⑧ 및 ⑨를 닫는다.

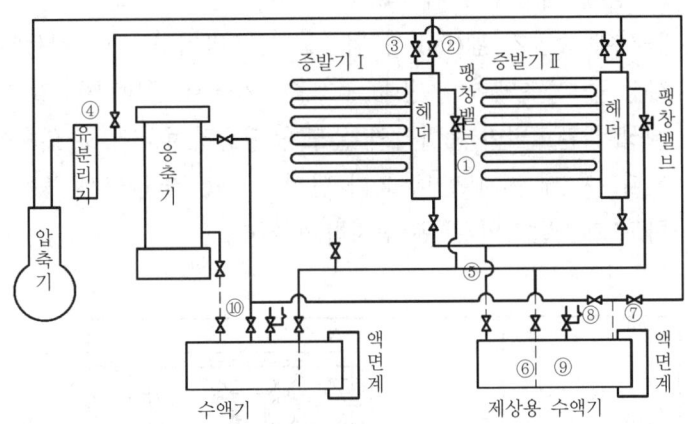

| 재상용 수액기가 설치된 경우 |

ⓓ 가역 사이클 고온가스 제상 : 열 펌프(heat pump)의 원리를 이용하여 가역 사이클(reverse cycle)을 채용함으로써 제상 중 증발기 내의 액화 냉매를 재증발시키기 위하여 응축기를 사용하고 있는 예이다. 이 때 응축기 초의 액의 공급을 위하여 정압 팽창 밸브가 사용되고 있다.

또한 근래의 자동제상장치에서는 A, B, C, D의 밸브가 1개로 모아진 4로 밸브(四路弁; 4way valve)가 사용된다.

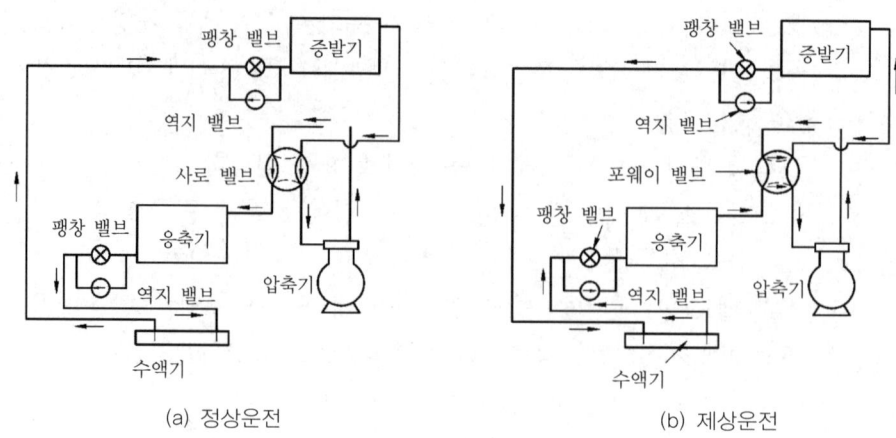

| 가역 사이클 고온가스 제상 |

ⓔ 재증발 코일을 사용한 고압가스 제상
　ⓐ 제상시기가 되면 제상용 타이머(timer)가 작동하여 전자 밸브 Ⓔ가 열리고 Ⓖ가 닫혀 제상에 들어간다.
　ⓑ 동시에 증발기 팬(fan)이 멈추고 재증발기의 팬이 작동된다.
　ⓒ 제상 중 응축액화한 냉매는 재증발기에서 증발하여 압축기로 흡입된다.
　ⓓ 제상이 완료되면 증발기의 온도가 상승하여 온도 스위치에 의해 정상 운전이 된다. 이 때 전자 밸브 Ⓔ가 닫히고 Ⓖ가 열리면서 증발기의 팬은 다시 작동하고 재증발기의 팬은 정지하게 된다.

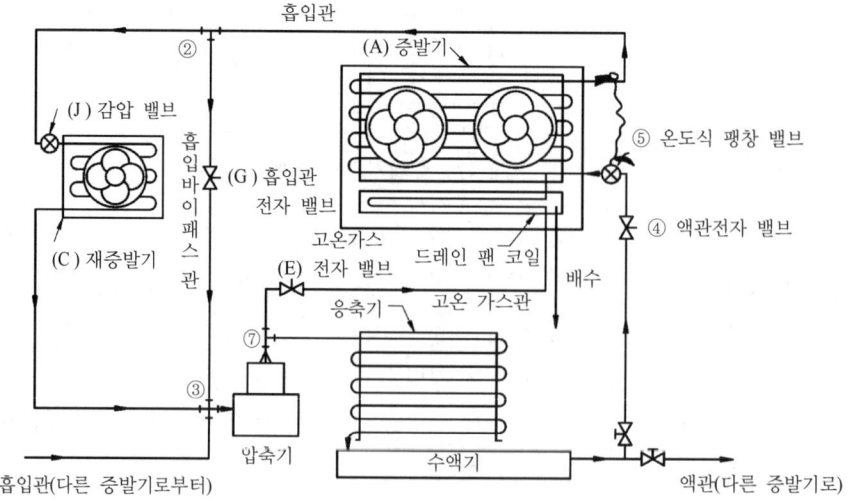

| 재증발 코일을 사용한 고압가스 제상 |

ⓗ 서모 뱅크(thermo-bank)를 이용한 제상
  ⓐ G, S, H 밸브의 개폐

운전＼밸브	G	S	H
정상운전	닫힘	열림	닫힘
제상운전	열림	닫힘	열림

  ⓑ 냉매 순환 과정
    • 정상운전 : 압축기 → 가열코일 → 응축기 → 수액기 → 온도 팽창 밸브 → 증발기 → 압축기
    • 제상운전 : 압축기 → 증발기 → 정압 팽창 밸브 → 재증발 코일(축열조) → 압축기
  ⓒ 바이패스관이 설치된 이유 : 서모 뱅크(축열조) 내의 온도를 일정하게 유지하기 위해 수온이 상승하였을 때 이 바이패스관으로 토출 가스가 직접 바이패스 되도록 한다.

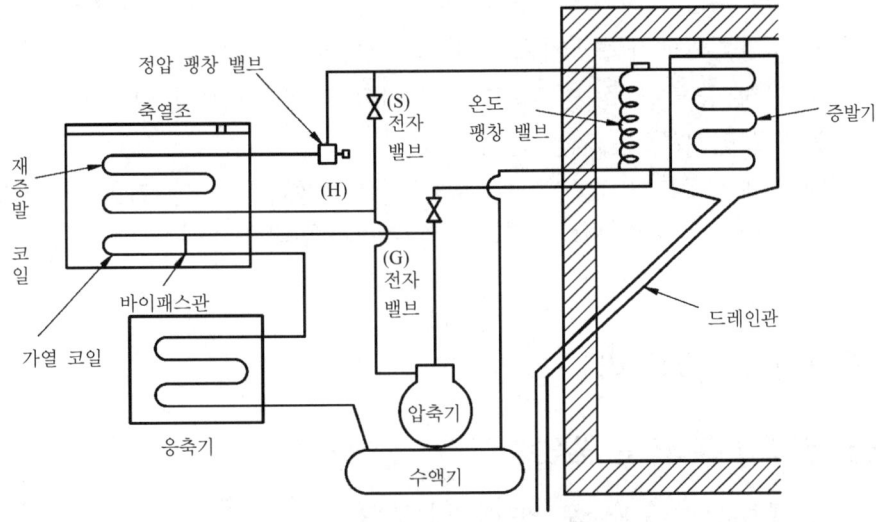

| 서모 뱅크(thermo bank)를 이용한 제상 |

② **살수(撒水)식 제상(water defrost)**
면적 1[m²]당 140[l/min] 정도의 증발기 냉각관 표면에 온수(10~25[℃])를 다량 일시에 살포하여 온수에 의하여 서리를 녹이는 방법으로 고압가스 제상장치와 함께 사용하고 있다. 제상 시에는 팬(fan), 냉동기는 정지하고 가능한 공기의 출입구도 막는 것이 좋다.

③ 전열식(電熱式) 제상(electric defrost)

증발기 냉각관에 전열기(heater)를 삽입하여 공기를 가열하여 제상하는 방법으로 응결수 배관도 제상수의 동결을 방지하기 위해 가열된다. 동력의 소비가 많으나 자동제어는 용이하지만 열손실 및 제상의 불균형을 초래하는 경우가 많다.

④ 브라인 분무제상(brine spray defrost)

브라인 및 부동액을 증발기 냉각관 표면에 분무하여 제상하는 방법으로 저온용 분무코일과 거의 같은 형식이다. 브라인 탱크가 필요하며 부동액의 사용 시 pH의 조정에 주의가 필요하다. 연속 분무 시 그 비말(飛沫)이 실내에 누입되어 해로울 때 사용하는 것으로 염의 보급, 농축기, 부식의 고려에 의한 선택이 필요하다.

⑤ 온 브라인 제상(hot brine defrost)

브라인식 냉각관에 한하여 사용하는 방식으로 순환하고 있는 냉 브라인을 주기적으로 온 브라인으로 교환하여 제상하는 방법이다. 조작이 쉽고 효율적이나 온 브라인 탱크(tank)등 설비비가 많이 들고 열손실이 크다. 브라인은 20[℃] 이상으로 한다.

⑥ 온공기(溫空氣) 제상(warm air defrost)

냉동기의 운전시간이 1일 16~18시간인 경우 나머지 시간을 기계를 정지하고 팬을 돌려 코일을 통과하는 공기로 제상하는 방법이다. 이 장치는 냉장실온이 +2[℃] 이상이고 제상 중 온도 상승이 3[℃] 정도까지 되어도 지장이 없는 경우에 사용한다.

⑦ 냉동기를 정지시키는 제상 방법

냉장실 내의 온도가 0[℃] 이상인 경우에는 냉동기를 정지시키면 자동적으로 냉각관 표면의 서리가 녹게 된다. 일종의 온공기제상법이다.

6 증발기의 안전관리

(1) 증발 압력이 저하하는 원인

① 팽창 밸브의 개도 과소로 인한 냉매 부족
② 증발기 냉각관에 유막 및 적상이 끼여 열교환이 불량
③ 냉매 충전량의 부족
④ 부하의 감소
⑤ 팽창 밸브 및 여과망, 제습기 등의 막힘
⑥ 액관에 플래시 가스(flash gas) 발생

(2) 증발 압력 저하 시의 영향

① 흡입 가스의 과열
② 토출 가스 온도 상승
③ 실린더 과열로 오일의 탄화 및 열화
④ 윤활유 불량으로 활동부 마모 우려
⑤ 압축비의 증대
⑥ 체적 효율 감소
⑦ 냉매 순환량 감소
⑧ 냉동 능력 감소
⑨ 전동기 구동 전류 감소
⑩ 능력당 소요 동력 증가

단원복습 문제풀이

01 증발압력 조정밸브를 붙이는 주요 목적은?

① 흡입압력을 저하시켜 전동기의 기동 전류를 적게 한다.
② 증발기 내의 압력이 일정 압력 이하가 되는 것을 방지한다.
③ 냉매의 증발온도를 일정치 이하로 내리게 한다.
④ 응축압력을 항상 일정하게 유지한다.

해설 증발기 내의 압력이 일정 압력 이하가 되는 것을 방지한다.

02 정상적으로 운전되고 있는 증발기에 있어서, 냉매 상태의 변화에 관한 사항 중 옳은 것은? (단, 증발기는 건식증발기이다.)

① 증기의 건조도가 감소한다.
② 증기의 건조도가 증대한다.
③ 포화액이 과냉각액으로 된다.
④ 과냉각액이 포화액으로 된다.

해설 이상적 증발 과정일수록 증기의 건조도는 증가하고 건조 증기가 된다.

03 불응축가스의 침입을 방지하기 위해 액순환식 증발기와 액펌프 사이에 부착하는 것은?

① 감압 밸브
② 여과기
③ 역지 밸브
④ 건조기

해설 불응축가스의 침입을 방지하기 위해 액순환식 증발기와 액펌프 사이에는 역지 밸브를 설치한다.

04 증발기의 성에부착을 제거하기 위한 제상 방법이 아닌 것은?

① 전열제상
② 핫 가스제상
③ 산 살포제상
④ 부동액 살포제상

해설 제상의 종류
고압가스제상, 브라인분무제상, 전열식제상, 살수식 제상, 온수브라인제상, 압축기정지제상

정답 01 ② 02 ② 03 ③ 04 ③

8 팽창밸브

1 팽창밸브의 개요

팽창밸브는 응축기와 수액기를 통과한 고온고압의 액체 냉매를 교축작용에 의해 저온저압의 상태로 단열팽창시켜 증발기로 유입시키고, 동시에 증발기의 부하에 따른 유량조절을 해주는 장치이다.

(1) 팽창밸브의 교축작용

교축작용이란 냉매액이 팽창밸브를 통과하면서 마찰저항 및 흐름의 변형으로 온도와 압력이 낮아지게 되는데 이와 같이 좁혀진 부분에서의 압력강하를 교축작용이라 한다. 팽창밸브의 교축작용은 단열팽창 과정이며 엔탈피는 일정한 흐름을 보인다.

(2) 팽창밸브의 개도에 의한 변화

① 팽창밸브의 개도가 적합한 경우

팽창밸브의 개도가 적합하다는 말은 이상적 사이클을 말한다. 이때는 증발기 내의 냉매가 완전 증발하였으므로 건포화증기가 압축기에 흡입되는 이상적인 사이클을 얻을 수 있다.

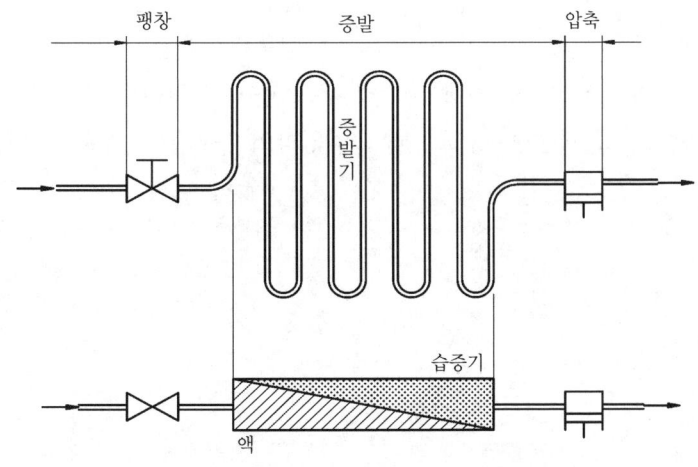

| 건조포화 압축(토출 가스 온도 적정) |

② **팽창밸브의 개도가 과도한 경우**
팽창밸브의 개도가 과도하거나 증발기의 냉각부하가 감소되면 냉매가 증발기에서 완전증발하지 못하여 냉매가 액상태로 압축기에 흡입되는데 액은 비압축성 유체이므로 리퀴드백(liquid back) 및 액해머링(liquid hammer)을 일으켜 흡입배란과 실린더의 적상의 원인이 되고 압축기 밸브의 손상 및 압축기 파손의 우려가 있다.

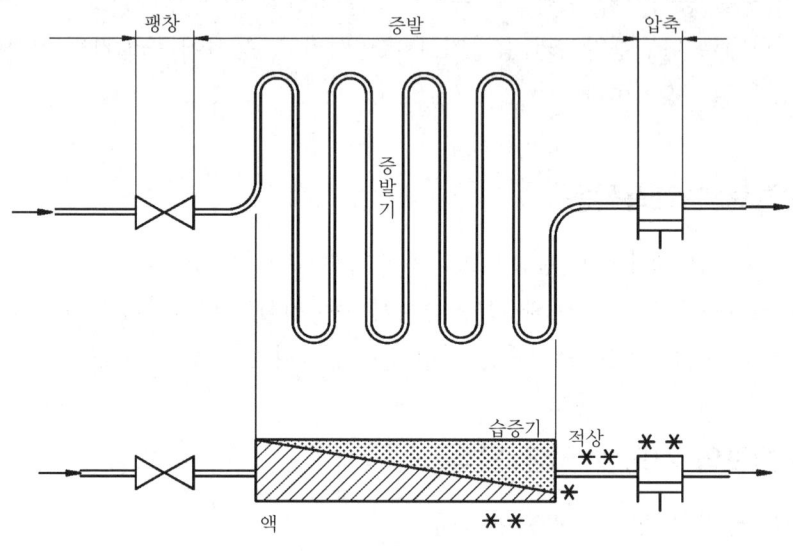

| 습압축(토출 가스 온도 저하) |

③ **팽창밸브의 개도가 과소한 경우** : 팽창밸브의 개도가 과소하거나 증발기의 냉각부하가 너무 증가한 경우 액냉매가 증발기 출구 이전에 완전증발하여 냉매증기는 주위로부터 더 많은 열을 흡수하여 압축기 흡입증기상태는 과열 증기가 된다. 이때 과열도가 너무 커지면 압축기의 토출가스 온도상승, 실린더의 과열 및 윤활유의 열화/탄화 소요동력증대, 냉동능력감소 등의 악영향이 나타나게 된다.

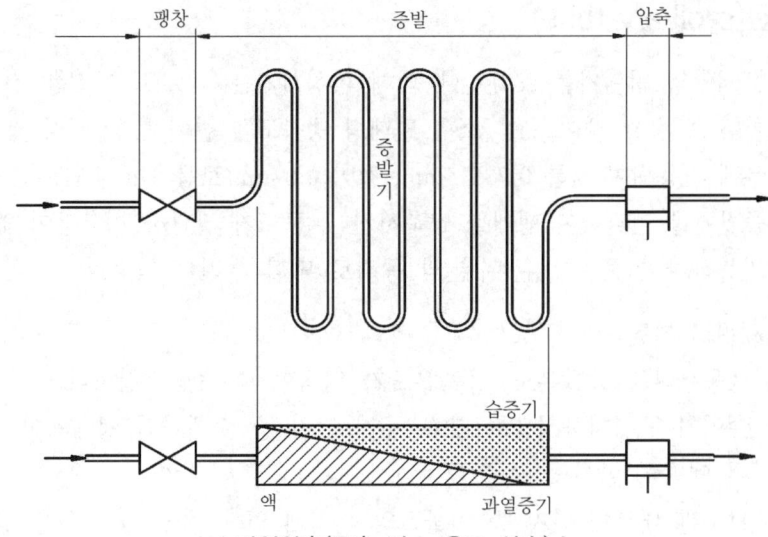

| 과열압축(토출 가스 온도 상승) |

④ 팽창밸브를 과도하게 잠글 때 나타나는 현상
  ㉠ 저압압력이 저하한다.
  ㉡ 흡입가스의 과열로 압축기가 과열된다.
  ㉢ 오일의 탄화 및 열화로 윤활불량 초래
  ㉣ 토출가스 온도 상승
  ㉤ 냉동능력당 소요동력 증대
  ㉥ 축마력 감소
  ㉦ 냉동효율 감소

2 팽창밸브의 종류

(1) 수동 팽창밸브(manual expansion valve, MEV)

부하변동이 큰 NH_3 냉동기의 바이패스(by-pass)용 보조 팽창밸브 등 고장에 대비한 예비용으로 자동 팽창밸브와 병용되어 많이 사용된다. 수동으로 밸브를 조절하므로 유량조절에 신중을 기해야 한다.

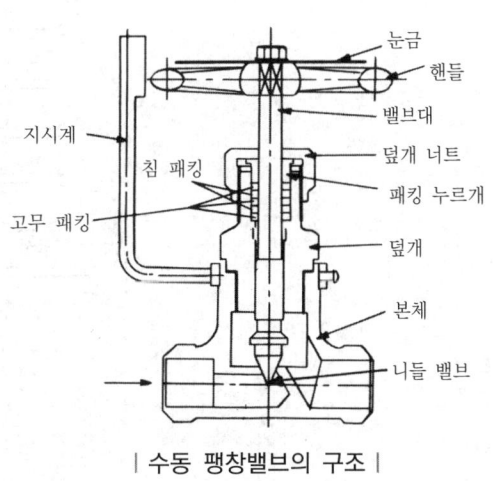

| 수동 팽창밸브의 구조 |

(2) 모세관(capillary tube)

고압과 저압의 압력차를 모세관에 의해 형성시키는 것으로, 가정용 전기 냉장고, 소형 룸 에어컨 또는 쇼 케이스 등 소형 밀폐형 냉장고와 같이 항상 일정량의 냉매가 통과하는 경우에 사용되며 지름 0.7~2.5mm, 길이 0.6~6m(보통 1m 내외) 정도의 관으로 응축기와 증발기를 연결하여 냉매를 교축시킨다. 구조가 간단하고 고장이 없으며 경부하 기동이 가능하나 이물질 또는 수분의 동결로 막힐 우려가 있다.

① 모세관의 특징
- ㉠ 냉동부하와 증발온도, 응축온도가 일정한 경우에 적합하다.
- ㉡ 수액기를 설치하지 않는다.(냉동기 정지 중 수액기의 냉매액이 증발기에 유입되어 액백이 발생될 수 있다.
- ㉢ 모세관 내부에 먼지 등 이물질의 혼입에 의한 폐쇄 및 변형을 방지할 수 있도록 취급에 유의해야 한다.
- ㉣ 모세관 입구 측에 여과망(스트레이너)을 부착한다.
- ㉤ 냉매 충진량은 될 수 있는 한 소량으로 한다.
- ㉥ 냉동효과 증대를 위하여 증발기 출구 측 흡입관과 응축기 출구 측 배관을 열교환시킬 필요가 있다.
- ㉦ 저압부에 냉매량은 압축기 정지 시 최대량이며, 정상 운전 시 최소량이 된다.
- ㉧ 수냉식 콘덴싱 유닛은 모세관을 사용할 수 없다.(액백의 우려가 있다.)
- ㉨ 고압이 상승하면 냉매량이 많아져서 습운전 된다.
- ㉩ 모세관은 고저압이 압력차에 의해 유량이 변하므로 냉동장치에 적합한 것을 선정하여 사용해야 한다.

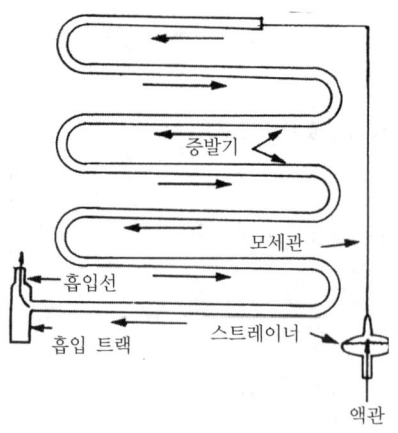

| 모세관식 팽창밸브 |

(3) 정압 팽창밸브(automatic expansion valve : AEV)

증발압력을 항상 일정하게 하는 작용을 하는 팽창밸브이다. 증발온도가 일정한 냉장고와 같이 부하변동이 작은 소용량의 것에 적합하다.

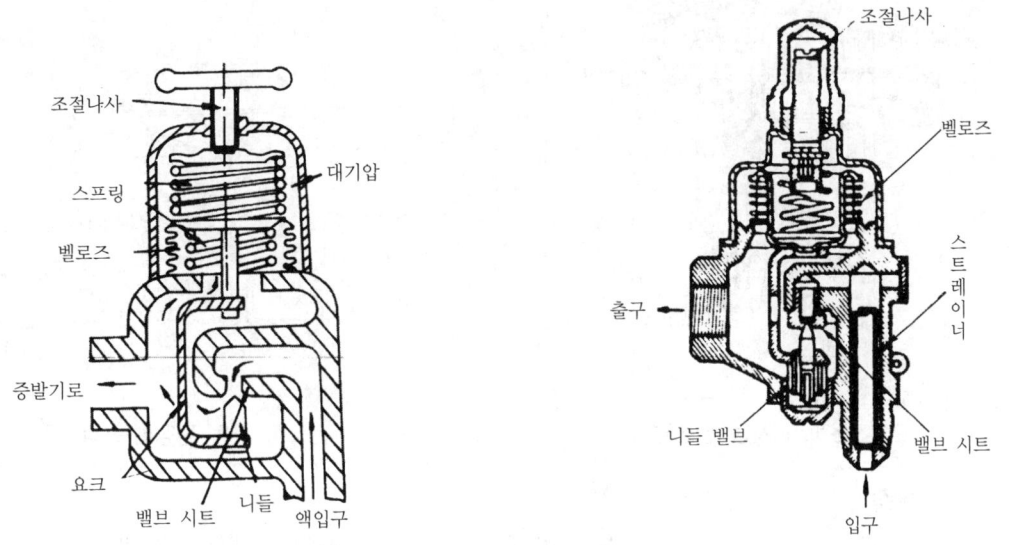

| 정압식 자동 팽창밸브의 작동원리 및 내부구조 |

(4) 온도 자동 팽창밸브(thermostat expansion valve : TEV)

온도식 자동 팽창밸브는 건식 증발기에 사용되며 증발기 출구에 감온통을 부착하여 사용한다. 증발기에 부하변동이 발생하면 감온통의 부착 위치의 냉매 온도를 감지하여 온도가 올라가면 밸브의 개도를 열고 온도가 너무 낮아지면 밸브의 개도를 닫는 형식으로 증발기의 냉각 부하에 대응하여 알맞은 유량을 공급해준다.

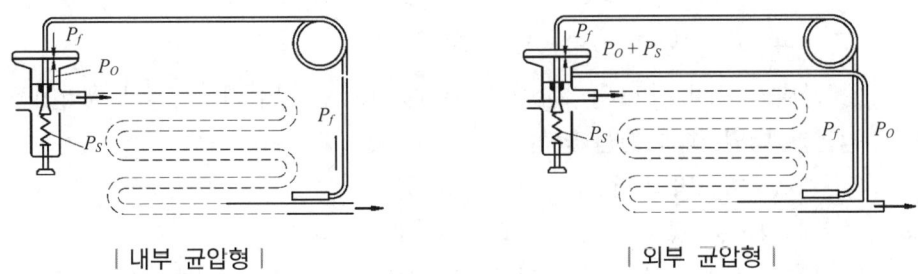

| 내부 균압형 | | 외부 균압형 |

TEV는 내부균압형과 외부균압형 나뉘는데 내부균압형은 증발기 출구에서의 압력이 입구 압력과 대체로 같은 것으로 하여 일정한 과열도(3~8℃ 정도)를 얻도록 조정되어 있다. 하지만 냉매가 증발기를 통과할 때 유동저항에 의한 압력강하가 심할 경우 증발기

출구의 압력에 대응시키는 편이 과열도를 일정하게 유지하기 좋기 때문에 외부균압형이 사용된다.

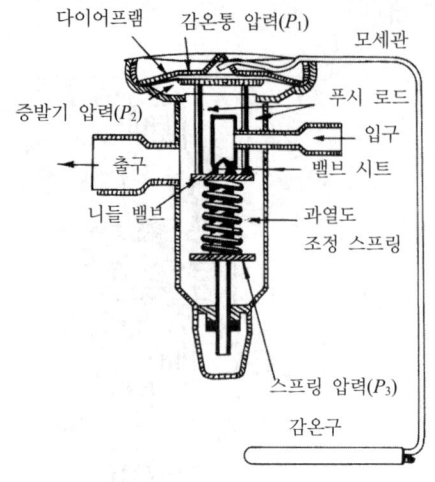
| 온도식 자동 팽창밸브 |

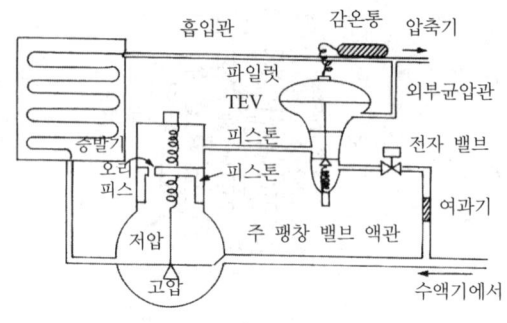
| 파일롯 온도식 자동 팽창밸브(파일럿 TEV) |

① 특징
  ㉠ 감온통식 팽창밸브는 다음 세 가지 힘의 평형상태(平衡狀態)에 대해서 작동된다.
    ⓐ 감온통(感溫筒)에 봉입(封入)된 가스 압력으로 과열도에 의해 다이어프램에 전해지는 압력 : Pf
    ⓑ 증발기 내부 냉매의 증발압력 : P_o
    ⓒ 과열도 조절나사에 의한 스프링압력 : P_s
      $Pf = P_o + P_s$: 균형을 유지하고 있는 상태(정상상태)
      $Pf > P_o + P_s$: 냉동부하 증가 → 과열도 증가 → 밸브의 개도가 커지는 상태
      $Pf < P_o + P_s$: 냉동부하 감소 → 과열도 감소 → 밸브의 개도가 작아지는 상태
  ㉡ 이 밸브에서의 과열도란 증발온도와 흡입 가스 온도와의 차를 말한다. 일반적인 과열도는 3~8℃ 정도를 유지한다.
  ㉢ 증발기 코일 내의 압력강하가 $0.14kg/cm^2$ 이상일 때에는 외부균압형을 채택한다.

② 감온통 내의 냉매 충진 방식
  ㉠ 액체 봉입 방식(liquid charge type)
    ⓐ 감온통 냉매는 장치 내의 냉매와 동일하다.
    ⓑ 밸브 본체의 온도에 관계없이 감온통 내에는 어떠한 경우에도 다이어프램부와 모세관 체적의 합보다 크게 액체 상태의 냉매가 남아있도록 감온통의 내용적이 커야 하고 충분한 액을 충진한다.
    ⓒ 부하변동이 심하여도 항상 일정한 과열도를 유지하도록 되어 있다.

ⓓ 감온통과 밸브 본체의 온도 고·저에 관계없이 사용될 수 있다.
ⓔ 과열도에 민감하므로 압축기 기동 시에 장시간 부하가 걸린다.
ⓕ 압축기 정지 시 밸브가 열린 채로 정지되므로 액관에 전자 밸브를 설치하여 냉매 공급을 차단해야 한다.

ⓛ 가스 충진 방식(gas charge type)
ⓐ 냉동장치의 냉매와 동일한 가스를 충진한다.
ⓑ 밸브 본체의 온도는 감온통 부착 위치의 온도보다 높다.
ⓒ 어느 온도에 달하면 감온통 내의 액이 완전히 증발한다. 이 때의 압력을 최대 작동압력(M.O.P)이라 한다. 즉 감온통 내의 포화압력이다.
ⓓ M.O.P를 제한함으로써 전동기의 과부하 및 리퀴드 백(liquid back)을 방지한다.
ⓔ 과열도가 증가하면 감온통 최대 작동압력을 한정시킬 수 있다.
ⓕ 전동기의 과부하 및 기동 시에 리퀴드 백을 방지할 수 있다.

ⓒ 크로스 충진 방식(cross charge type)
ⓐ 감온통 내에는 냉동장치에서 사용하는 냉매와 다른 액 또는 가스가 충진된다.
ⓑ 전동기의 과부하 및 리퀴드 백(liquid back)을 방지할 수 있다.
ⓒ 저온 냉동장치에 잘 이용된다.(고온에서는 과열도가 커야 밸브가 열리게 된다.)
ⓓ 압축기 기동 정지 시 즉시 밸브도 차단된다.

• 팽창밸브 설치 시 유의사항
- 가능한 증발기와 가까운 위치에 설치한다.
- 팽창밸브 직전에 여과기(strainer)를 설치하여 먼지와 이물질 등을 제거한다.
- 가스충진 방식의 경우 정지 시 감온통 설치 위치의 온도보다 밸브 본체의 설치 위치 온도가 높아야 한다.
- 외부균압관 설치
  ▶ 관은 흡입관 상부에 연락한다.(오일 침입 방지)
  ▶ 감온통 뒤쪽 압축기 가까운 곳에 배관한다.
  ▶ 냉매 분배기(distributor)가 사용될 경우 외부균압관을 설치한다.
  ▶ 증발기에서의 압력강하가 R-12의 경우 다음 값을 넘지 않을 경우에 외부균압관은 냉매 분배기 중의 한 증발기 입구에 연결한다.
  공기조화용 : 0.2[kg/cm^2]
  냉장고용 : 0.1[kg/cm^2]
  저온 동결용 : 0.04[kg/cm^2]
  압력강하가 위의 2배를 초과하지 않을 경우에는 증발기 냉각관 중앙의 곡관부에 설치한다.
  ▶ 균압관은 공통관을 설치하면 안 된다.

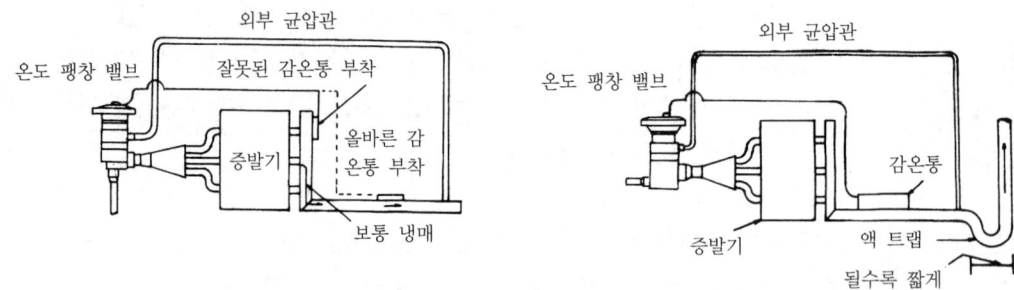

| 냉매가 거침없이 지날 경우의 감온통의 잘못된 부착 흡입관 입상의 감온통 부착 |

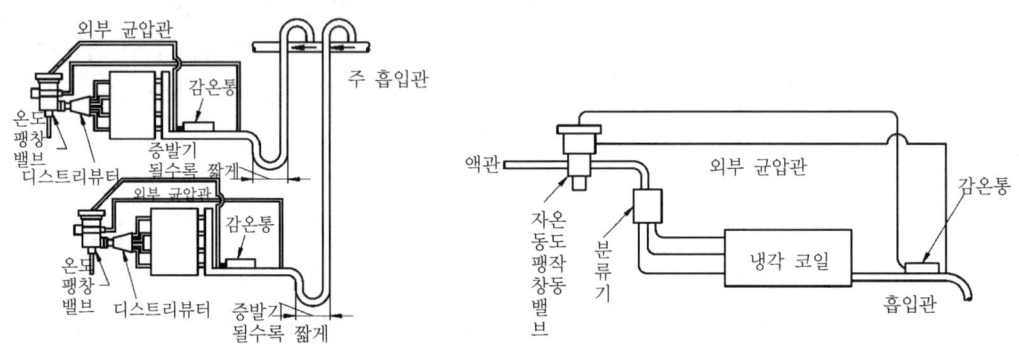

| 두 대의 증발기에서 공통흡입관으로의 배관 |　　| 디스트리뷰터 사용 시의 외부균압 |

③ 분배기(distributor)
　㉠ 직접 팽창 증발기에 사용한다.
　㉡ 각 냉각관에 냉매를 균등하게 흐르도록 분배해 준다.
　㉢ 종류에는 벤튜리형(venturi type), 압력강하형(壓力降下型), 원심형(遠心型)이 있다.

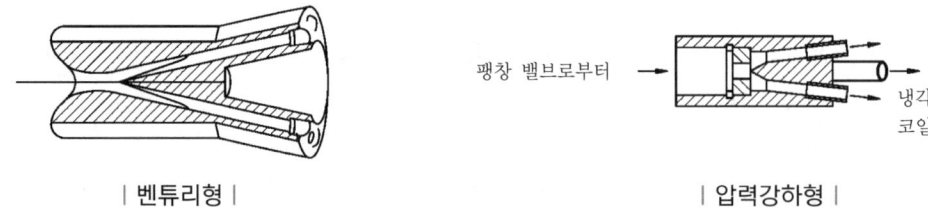

| 벤튜리형 |　　　　　　　| 압력강하형 |

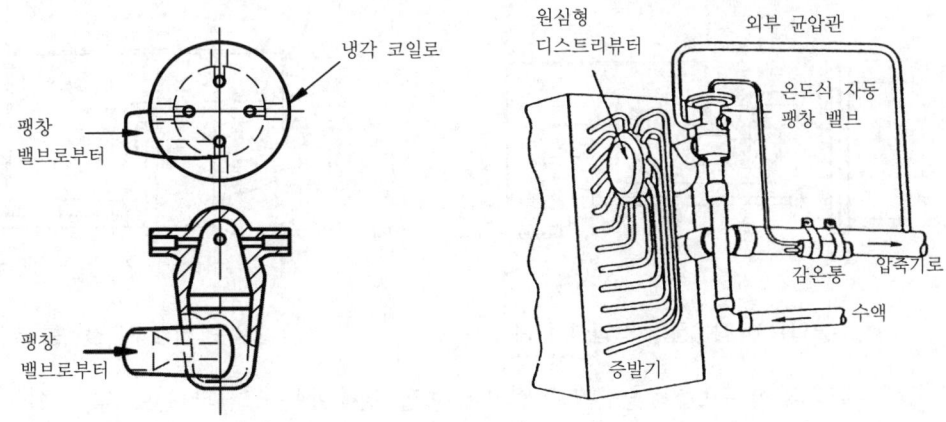

| 원심형 |

④ 감온통(感溫筒)의 설치
  ㉠ 증발기 출구의 흡입관의 수평부분에 밀착시킨다.
  ㉡ 감온통과 관의 접촉 부분은 잘 닦아내고 요철(凹凸)이 없는 위치에 밴드, 동대(銅帶), 동선(銅線) 등으로 확실하게 접촉시킨다.
  ㉢ 흡입관의 지름이 7/8인치(20mm) 이하인 경우에는 흡입관 상부에 부착시키고, 7/8인치(20[mm]) 이상인 경우에는 수평에서 45° 아래에 장착시킨다.

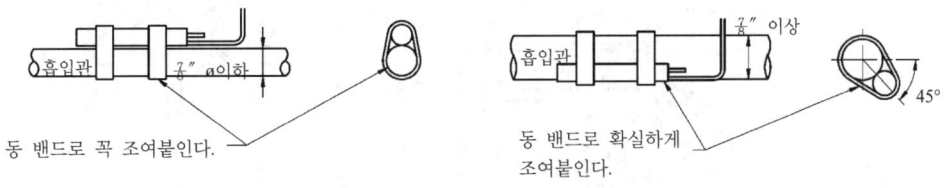

| 7/8인치(20[mm]) 이하의 흡입관인 경우 | | 7/8인치(20[mm]) 이상의 흡입관인 경우 |

  ㉣ 감온통이 공기의 흐름이나 주위 온도에 의한 영향이 있는 경우에는 흡습성이 없는 방열제로 보온해야 한다.(열전도율의 불량을 방지하기 위해 알루미늄칠을 한다.)
  ㉤ 흡입관 내에 포켓(pocket)을 만들어 감온통을 삽입하여 보다 정확한 감지를 하는 경우도 있다.(안지름 50[mm] 이상의 흡입관에는 대부분 설치한다.)
  ㉥ 어떤 경우라도 감온통을 부착한 흡입관 내에는 트랩(trap)이 될 것 같은 곳에는 부적당하다.

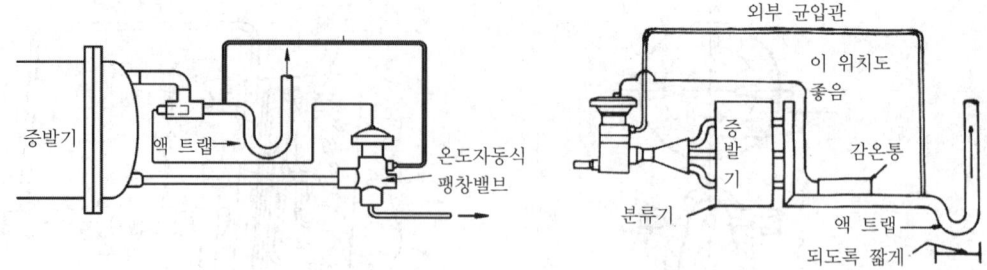

| 흡입관에 감온통의 삽입설치 예 | | 흡입관 입상 시 감온통 부착 |

ⓐ 흡입관이 증발기 출구에서 입상해야 할 경우에는 그림과 같이 액 트랩을 설치하여 감온통 부착 부분의 흡입관 내에 액 냉매나 오일이 고이지 않도록 한다.
ⓑ 증발기에 공기 분배가 일정하지 않으면 그림에서와 같이 냉매액이 충분히 증발하지 못하고 통과할 경우 증발기의 흡입에서 상부에 감온통을 부착시키면 증발기를 나온 소량의 가스와 냉매액은 감온통에 영향을 주지 못하게 되므로 리퀴드 백의 우려가 있다. 따라서 감온통의 설치 위치를 실선과 같이 설치해야 한다.
ⓒ 각각의 온도식 자동 팽창밸브를 사용한 2대 이상의 증발기의 경우에는 하나의 증발기의 냉매 가스가 다른 증발기의 팽창밸브의 감온통에 영향이 미치지 않도록 설치해야 한다.

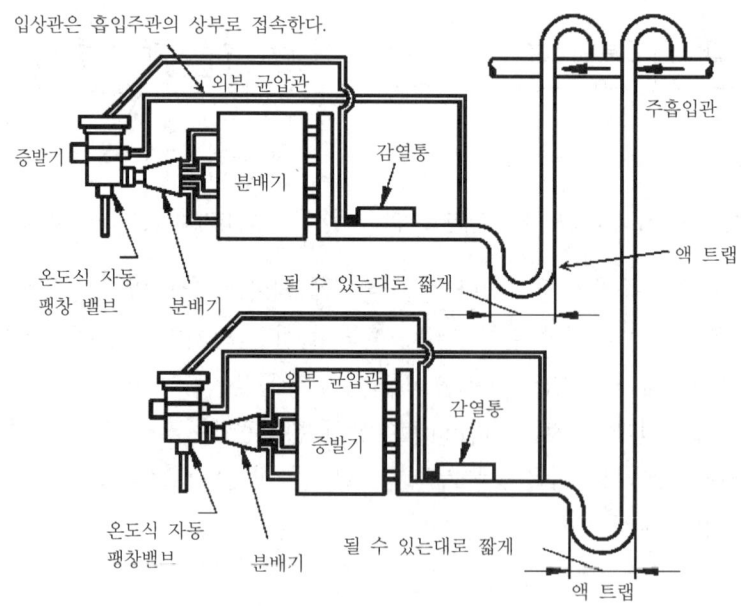

| 두 대의 증발기에서 공통흡입관으로의 배관 |

㉢ 액이 고이기 쉬운 부분을 피하여 설치한다. 액이 고이기 쉬운 곳에 감온통을 위치시키면 감온통 부근이 급냉되어 팽창밸브의 동작이 불안정하게 되어 액백의 위험성이 있다.
㉣ 액체 냉각기의 흡입관에 액가스 열교환기가 설치된 경우에는 감온통을 열교환기 출구에 설치한다.

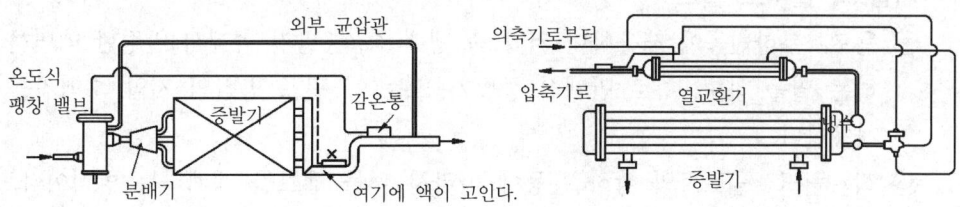

| 액체냉각용 증발기에 열교환기가 설치된 경우 |

(5) 파일럿식 온도자동 팽창밸브(pilot TEV)

대형 냉동장치에서 보통의 온도자동식 팽창밸브를 단독으로 사용할 경우 한계가 있어 냉동능력 R-12의 경우 100~270RT 정도의 대용량에 사용할 수 있도록 고안한 밸브로 주 팽창밸브와 파일럿을 조합한 형태의 밸브이다.

- 작동원리

증발기 출구의 냉매 가스의 과열도가 상승하면 감온통 내의 가스가 팽창하여 파일럿 밸브가 열려 파일럿으로부터 많은 양의 냉매가 들어와 주 팽창 밸브의 피스톤(piston)의 상부에 압력이 가해져 주 팽창밸브의 개도가 열려 냉매 공급량이 증가하게 된다.

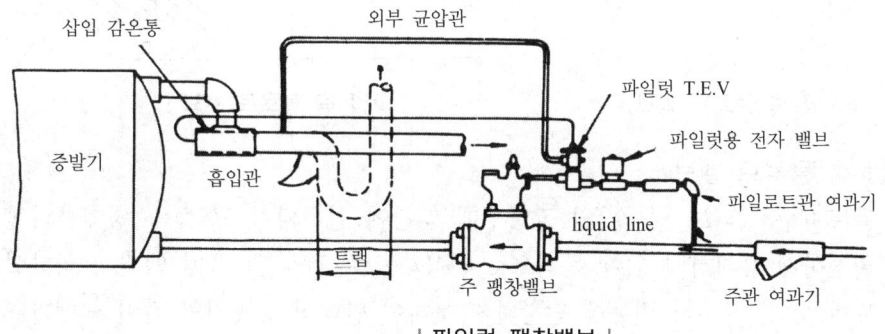

| 파일럿 팽창밸브 |

(6) 플로트식 밸브/부자식(float valve)

만액식 증발기, 저압수액기 등의 액면제어에 널리 사용되며, 증발기와 통해 있는 플로트실 내 부자의 부력에 의해 만액식 증발기 또는 수액기 내의 냉매 액면을 감지하여 부하에 알맞은 냉매를 공급하는 유량제어 방식을 말한다.

① 저압 측 플루트 밸브
  ㉠ 용도 : 부하변동에 대응하여 저압 측 냉매 즉, 증발기 속에서 일정한 액면을 유지하는 일을 하며, 주로 만액식 증발기 또는 액 펌프 방식의 저압 수액기를 많이 사용한다.
  ㉡ 작동원리 : 플로트의 상하 운동에 따라서 니들 밸브를 개폐하는 방식이다.
  ㉢ 제어방법 : 증발기 내에 부자를 직접 띄우는 방식과 별도의 플로트실을 설치하는 방법이 있다. 일반적으로 증발기 내에서는 증발로 인한 액면의 변화가 심하므로 직접식보다는 간접식을 많이 사용한다.

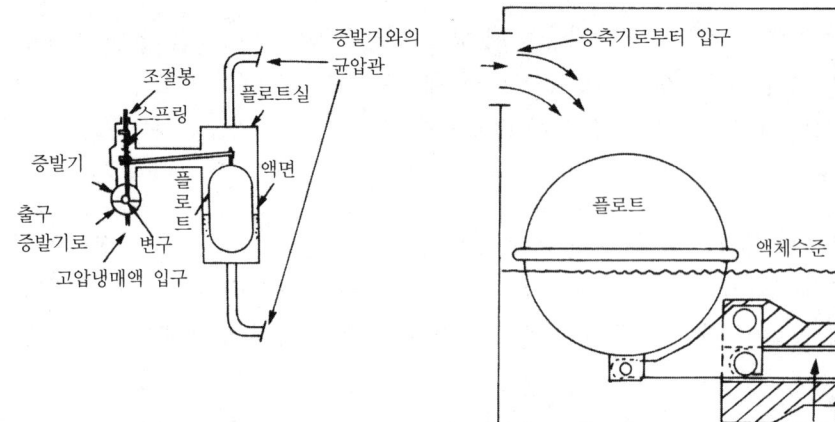

| 저압 측 플로트 밸브 | | 고압 측 플로트 밸브 |

② 고압 측 플루트 밸브
  ㉠ 용도 : 주로 터보 냉동기의 고압냉매 액관에 설치되어 고압 측 냉매량의 높이를 일정하게 유지하기 위한 목적으로 사용하므로 고압 측 냉매 액면에 의하여 작동된다. 증발기 부하 변동에 민감하지 못하여 만액식 증발기와 같이 냉매가 충만되어 흐르는 것이 좋다.(이 밸브는 증발기에 걸리는 부하와는 관계가 없다.)
  ㉡ 작동원리 : 응축기 또는 수액기로부터 유입된 액냉매가 일정한 위치까지 오면 부자는 떠오르고 연결된 침 밸브를 들어올려 밸브 시트(valve seat)가 개방되어 냉매를 통과시키면서 팽창되어 증발기로 유입된다.

ⓒ 고압 플루트식 밸브의 특징
  ⓐ 고압 측 냉매량의 높이, 즉 액면에 의해 작동된다.(부하변동에 의한 유량제어는 할 수 없다.)
  ⓑ 플로트실의 상부에는 불응축 가스를 배출시키기 위해 에어벤트를 설치한다.
  ⓒ 증발기 부하변동에 대응하여 유량을 변동시킬 수 없다.
  ⓓ 변좌는 항상 액냉매 중에 잠겨 있다.
  ⓔ 부하변동에 의한 리퀴드백(liquid back)을 방지하기 위해 액분리기는 증발기 용량의 25% 정도의 크기여야 한다.
㉣ 에어벤트(air-vent) : 플로트실 상부에 불응축 가스가 고이면 압력이 높아 플로트가 뜨지 않아 냉매의 유입이 잘 안 되므로 이것을 빠져나가게 하기 위해 설치한다.

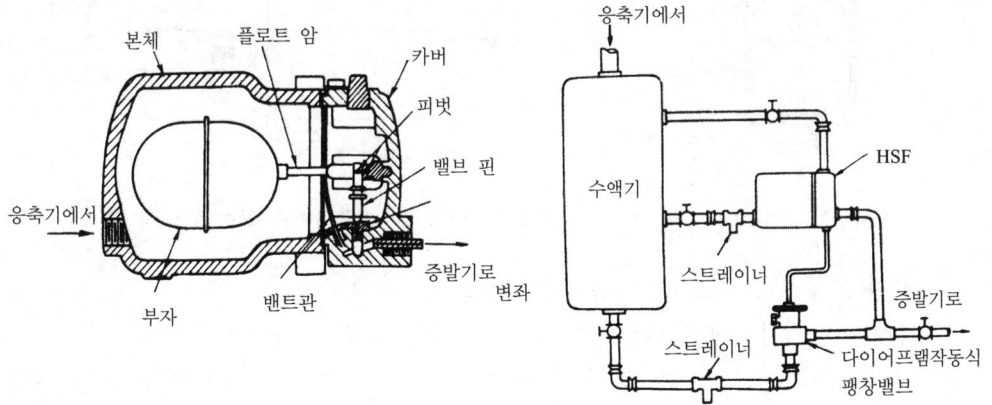

(a) 고압 측 플로트 밸브의 구조   (b) 고압 플로트의 설치 위치

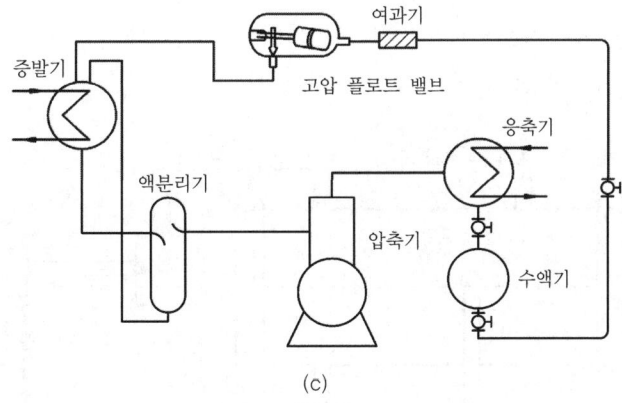

(c)

| 고압 플로트 밸브 |

③ **플로트 스위치와 전자밸브의 이용 :**
플로트 실내의 냉매 액면에 따라 플로트가 상하로 움직여 전기회로를 개폐하는 스위치로 냉동기의 전기적 액면제어장치로 많이 사용되며 전자 밸브를 개폐시켜 액냉매를 제어하면서 증발기 내의 액면을 일정하게 유지시킬 수 있다.

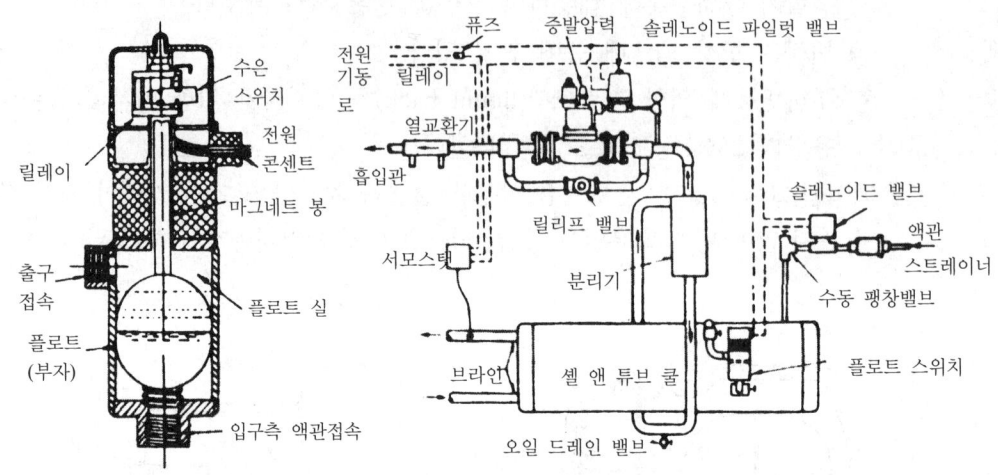

| 플로트 스위치 | | 플로트 스위치로 액면제어를 하는 만액식 쿨러 |

④ **파일럿 플로트 밸브(pilot ploat valve)**
대용량 만액식 증발기에서는 플로트 밸브 한 개로는 용량제어의 한계가 있으므로 유체의 힘을 이용해 파일럿 주 팽창밸브를 작동시켜 용량을 제어하는 방식을 사용한다.
㉠ 부하가 감소하면 액면이 높아진다.
㉡ 플로트실의 플로트가 닫히면 오리피스를 통해 피스톤 상부에 고압이 걸린다.
㉢ 피스톤 하부에도 고압이 걸리므로 밸런스 상태에서 스프링 압력에 의하여 주 팽창밸브가 닫히면 증발기로 유입되는 냉매량이 감소한다.

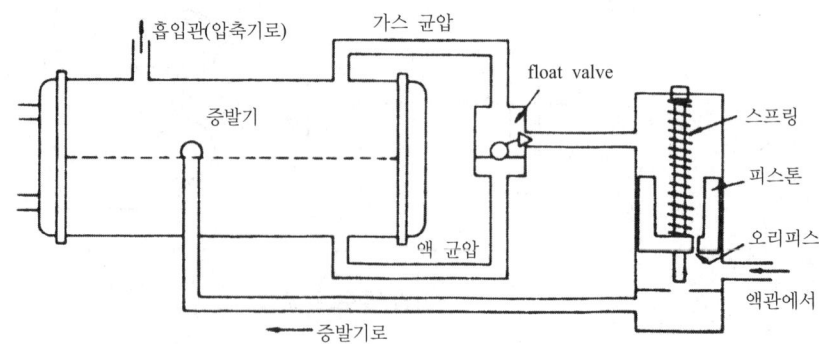

| 파일럿 플로트 밸브의 구조 |

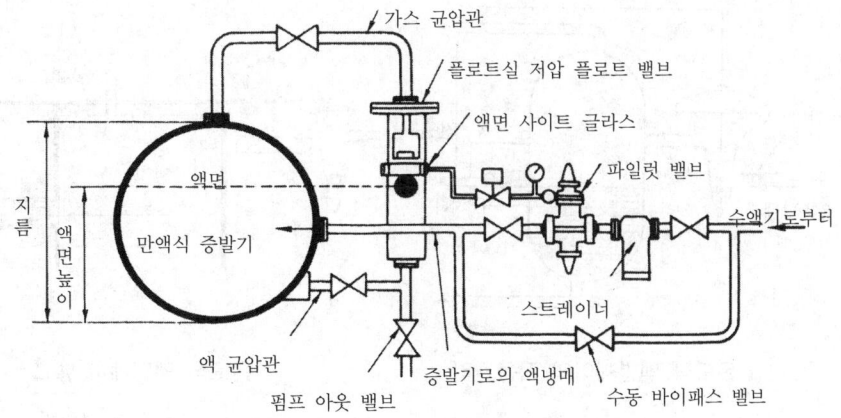

| 만액식 증발기에 설치한 파일럿 플로트 밸브 |

⑤ 전자밸브(solenoid valve)

전자 밸브는 2위치제어 또는 on-off 제어라고 하며 전자 코일에 흐르는 전류의 자기작용에 의해 밸브의 개도를 개폐하는 밸브이다.

㉠ 특징
ⓐ 냉동장치의 어느 곳에나 설치가 가능하다.
ⓑ 전자 밸브 앞에는 여과기를 설치한다.
ⓒ 전기적인 조작에 의해 밸브를 자동적으로 개폐한다.
ⓓ 압력스위치, 온도스위치 등과 결합시켜 원격조정이 가능하다.
ⓔ 부하에 따른 용량조절이 어렵다.
ⓕ 소형 장치에서는 직접작동식 전자 밸브를 설치하고 대용량의 경우는 파일럿 전자 밸브를 설치한다.

㉡ 용도
ⓐ 용량조정(고속다기통 압축기의 부하경감장치용)
ⓑ 온도제어(온도조절기와 조합시켜 조정)
ⓒ 액면조정(플로트 스위치와 조합하여 조정)
ⓓ 리퀴드백(liquid back) 방지(액관에 부착하여 압축기 정지 시 액 공급차단)

⑥ 온도식 액면제어

감온부는 약 15W 정도의 저용량 전열 히터를 감온통에 감아 만든 액면 감지통에 의해 밸브를 개폐하는 방식으로 만액식 증발기의 액면 제어방법으로 사용된다. 증발기 내부에 감온통이 들어있는 형태이므로 저온에 노출되어 있어 정확한 동작을 위해 전열 히터를 감온통에 감아놓은 형태이다.

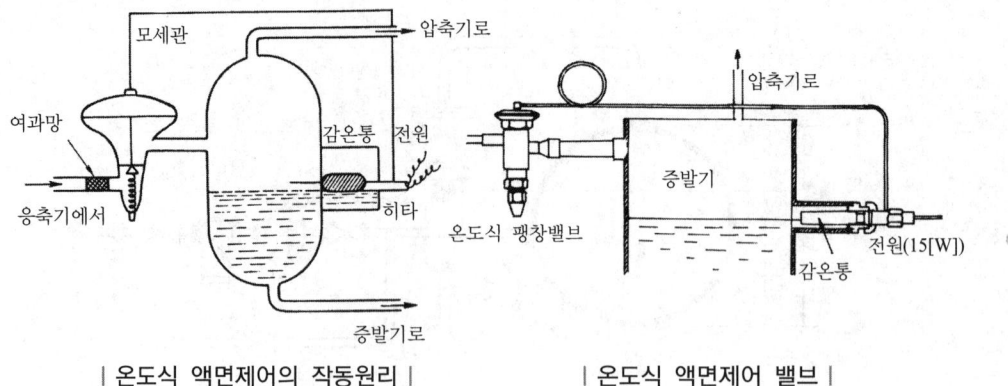

| 온도식 액면제어의 작동원리 | | 온도식 액면제어 밸브 |

단원복습 문제풀이

01 아래 그림에서 온도식 자동 팽창밸브의 감온통 부착 위치로 가장 적당한 곳은?

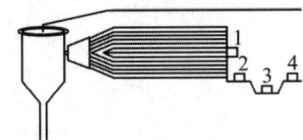

① 1　　　② 2
③ 3　　　④ 4

해설 팽창밸브 설치 위치 : 증발기 출구와 가장 가까운 위치

02 만액식 증발기에 사용되는 팽창밸브는?

① 저압식 플로트 밸브
② 온도식 자동 팽창밸브
③ 정압식 자동 팽창밸브
④ 모세관 팽창밸브

해설 플로트 밸브 : 만액식 증발기 또는 저압수액기 등의 액면제어에 사용된다.

03 냉매가 팽창밸브(expansion valve)를 통과할 때 변하는 것은? (단, 이론상의 표준냉동 사이클)

① 엔탈피와 압력　② 온도와 엔탈피
③ 압력과 온도　　④ 엔탈피와 비체적

해설 교축작용 : 온도와 압력은 감소하고 엔탈피는 일정하다.

04 팽창밸브 선정 시 고려할 사항 중 관계없는 것은?

① 관의 두께
② 냉동기의 냉동능력
③ 사용냉매의 종류
④ 증발기의 형식 및 크기

해설 팽창 밸브 선정 시 관의 두께보다는 관의 길이 및 관의 직경을 고려하여야 한다.

정답　01 ②　02 ①　03 ③　04 ①

05 냉동장치에서 압력과 온도를 낮추고 동시에 증발기로 유입되는 냉매량을 조절해주는 곳은?

① 수액기
② 압축기
③ 응축기
④ 팽창밸브

해설 ① 수액기 : 팽창밸브로 액만 공급될 수 있도록 불응축가스를 분리해주는 장치
② 압축기 : 냉매를 압축하여 온도와 압력을 높여 응축기로 보내주고 냉매를 순환시키는 핵심장치
③ 응축기 : 압축기에서 보내온 냉매가스를 응축시켜 액화시키는 장치
④ 팽창밸브 : 증발기로 유입되기 전 압력과 온도를 낮추고 증발기로 유입되는 냉매량을 조절해주는 장치

정답 05 ④

9 냉동기 자동제어 및 기타 부속장치

압축기, 응축기, 팽창밸브, 증발기는 냉동장치의 4대 구성요소에 속한다. 하지만 실제 냉동장치에는 장치의 안전한 운전과 냉동효율을 높이기 위한 제어장치와 기타 부속장치가 존재하며 자동화가 될수록 장치는 복잡해진다.

① 제어장치
　　㉠ 증발압력 조정밸브
　　㉡ 흡입압력 조정밸브
　　㉢ 전자밸브
　　㉣ 압력자동 급수밸브
　　㉤ 온도 스위치
　　㉥ 습도제어기
　　㉦ 압력 스위치(고, 저압)
　　㉧ 유압보호 스위치
　　㉨ 단수 릴레이
　　㉩ 안전 밸브

② 부속장치
　　㉠ 수액기
　　㉡ 유분리기
　　㉢ 액분리기
　　㉣ 액회수장치
　　㉤ 냉매건조기
　　㉥ 여과기
　　㉦ 가스퍼저
　　㉧ 열교환기
　　㉨ 사이트 글라스(액면계)

1 압력제어장치(자동제어 유량제어)

(1) 증발압력 조정밸브(evaporator pressure regulator : E.P.R)

이 밸브는 증발기와 압축기 사이의 흡입관에 설치하여 부하의 감소, 응축압력의 저하에 의한 압축기의 능력 상승 등이 요인이 되어 증발압력이 일정압력 이하로 감소되었을 경우 밸브를 조여 저항을 증가시켜 압축기의 흡입압력이 낮아지더라도 증발압력을 일정하게 유지시켜 주는 역할을 한다. 작동은 증발기 출구 밸브 입구 측 압력에 의해서 작동한다.

① 특징
  ㉠ 증발기의 압력이 일정압력 이하가 되는 것을 방지한다.
  ㉡ EPR은 밸브의 입구압력에 의해 작동한다.
  ㉢ 냉수 브라인, 수냉각기에서 지나치게 냉각되어 동결되는 것을 방지한다.
  ㉣ 냉장고 등에서 냉각코일에 의한 과도한 제습을 막기 위해 증발온도를 높게 유지한다.
  ㉤ 피냉각 물체(야채, 과일 등)의 동결을 방지하기 위해 증발온도를 높게 유지한다.
  ㉥ 증발온도가 다른 2대 이상의 증발기가 있을 경우 가장 낮은 증발기를 기준으로 하여 운전되므로 온도가 높은 고온 측 증발기를 규정온도 이하가 되지 않도록 한다.

② 종류
  ㉠ 직동식 증발압력조정밸브(상부 조정나사에 의해 조정)
  ㉡ 파일럿식, 작동식, 증발압력조정밸브(직접식보다 정확하게 증발 압력을 조절할 수 있다.)

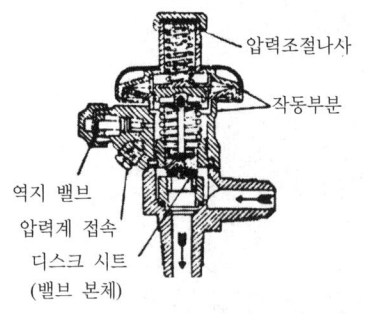

| 직동식 증발 압력 조정 밸브 |

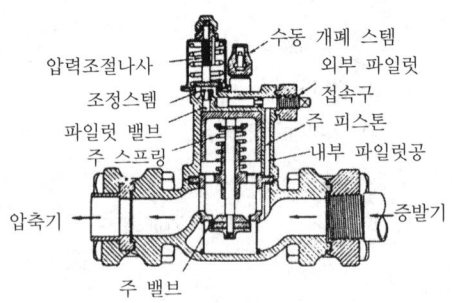

| 파일럿 작동 증발 압력 조정 밸브 |

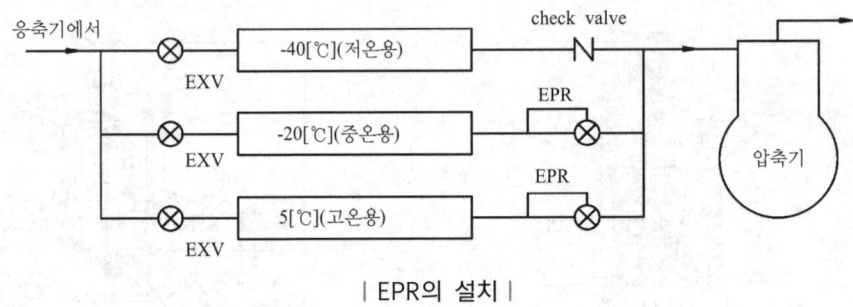

| EPR의 설치 |

(2) 흡입압력 조정밸브(suction pressure regulator : S.P.R)

냉동장치의 장기간 운전정지나 제상(defroster)을 행한 뒤와 같이 증발기에 잔존하는 냉매는 주위온도에 상당하는 포화압력이 되고 비체적은 작아진다. 따라서 압축기 기동시 압축비는 작아도 흡입압축 하는 냉매의 질량이 크기 때문에 압축기의 부하는 커지게 된다. 또한 냉동부하가 급격하게 과대해져 저압이 상승하는 경우에도 발생된다. 이러한 과부하 운전을 방지하기 위해 S.P.R을 설치하는데 S.P.R은 증발기와 압축기 흡입관 도중에 설치하여 압축기의 흡입압력이 일정한 조정압력 이상이 되는 것을 방지하며 전동기의 과부하를 방지한다. 또한 밸브 출구의 압력에 의해 작동한다.

① 흡입압력 조정밸브가 필요할 때
  ㉠ 흡입압력이 높은 상태에서 기동할 경우
  ㉡ 높은 흡입압력으로 장시간 운전되는 경우
  ㉢ 고압가스 제상으로 흡입압력이 상승하는 경우
  ㉣ 흡입압력의 변동이 심한 경우
  ㉤ 압축기의 리퀴드백(liquid back)을 방지하기 위해
  ㉥ 낮은 전압에서 높은 기동압력으로 기동할 경우

▶ E.P.R과 S.P.R의 비교

비교사항 \ 구분	증발 압력 조정 밸브	흡입 압력 조정 밸브
역할	증발압력의 일정 이하 방지	흡입압력의 일정 이상 방지
설치위치	흡입관(증발기 출구 측)	흡입관(압축기 입구 측)
작동압력(밸브 기준)	입구압력(밸브 전 압력)	출구압력(밸브 후 압력)

작동원리	증발압력 ┌ 상승 → 열림
	         └ 저하 → 닫힘
		흡입압력 ┌ 상승 → 닫힘
		         └ 저하 → 열림

보호대상	냉각관 동파 방지	전동기 소손 방지

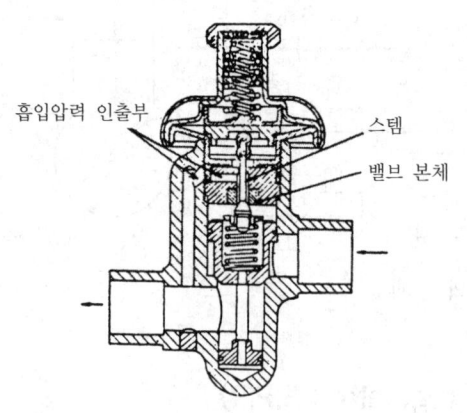

| 내부 파일럿 작동 흡입 압력 조정 밸브 |

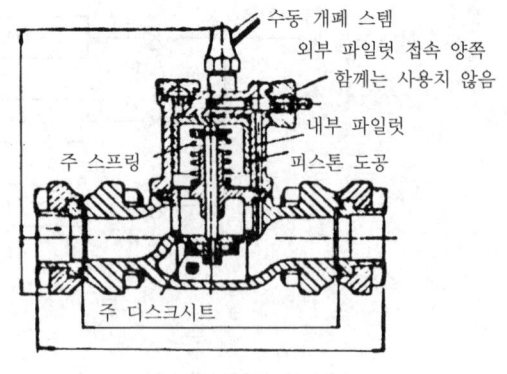

| 외부 파일럿 작동 흡입 압력 조정 밸브 |

(3) 압력 스위치

냉동장치 운전 중 고압, 저압, 유압, 수압 등을 검지하는 압력 스위치는 규정된 압력에 변화가 생기면 전기회로를 차단하여 압축기의 운전을 정지하거나 또는 압축기 언로드 작동 및 압축기의 유압 확보 등을 목적으로 냉동장치에서 중요한 안전장치로 많이 사용된다.

① 종류
  ㉠ 고압 차단 스위치(high pressure cut out switch)
  ㉡ 저압 차단 스위치(low pressure cut out swich)
  ㉢ 고저압 차단 스위치(dual pressure cut out switch)
  ㉣ 유압보호 스위치(oil protection switch)

② 스위치의 특성
  ㉠ 고압 차단 스위치(H.P.S) : 응축압력과 같은 고압 측 이상압력 상승 시 전기적인 접점을 차단하여 압축기를 정지시키는 압축기 안전장치로, 고압차단장치라고도 한다. 이 장치의 작동압력은 안전 밸브의 작동압력 이하를 취하여 2중의 안전 보호 역할을 행하도록 한다.
    ⓐ 작동압력 = 정상고압 + $4[kg/cm^2]$(안전밸브 작동압력 = 정상고압+$5[kg/cm^2]$)
    ⓑ 압력 인출 위치
      • 압축기가 1대일 경우 : 토출 밸브판과 토출 밸브 사이
      • 압축기가 2대일 경우 : 고압가스 헤더(공통 토출가스 헤더)
    ⓒ 압력 조정 범위
      • Freon : $6\sim30[kg/cm^2 \cdot g]$(차압 $1.5\sim8[kg/cm^2]$)
      • NH_3용 : $6\sim22[kg/cm^2 \cdot g]$(차압 $2\sim8[kg/cm^2]$)

ⓓ HPS는 주로 cut out 압력만 표시되는 경우가 많고 작동 후 복귀형태에 따라 자동복귀형과 수동복귀형으로 나뉜다.

ⓛ 저압 차단 스위치(L.P.S) : 용도에 따라 압축기 정지용과 언로더(unloader)용(용량 제어용)이 있으며 냉동부하 등의 감소로 인하여 압축기 흡입압력이 일정압력 이하가 되면 전기회로를 차단시켜 압축기의 운전을 정지시키거나, 또한 전자밸브와 조합시켜 고속다기통 압축기의 언로더 기구를 작동시키는데 사용된다. 즉 저압이 현저하게 낮아졌을 경우 압축비의 상승으로 인한 압축기 파손을 방지하기 위하여 압축기를 보호하는 안전장치의 일종이다.

ⓐ 압력 조정 범위
- Freon : 10[cmHg~5kg/cm^2 · g](차압 0.3~0.4[kg/cm^2])
- NH$_3$용 : 30[cmHg~7kg/cm^2 · g]

ⓑ 차압이 작을수록 동력소비가 작아진다.

ⓒ 차압을 너무 적게 설정하면 압축기의 시동과 정지가 심해지고 너무 크게 설정하면 압축기 정지시간이 길어져서 차압조정 시 적당히 조정하는 것이 중요하다.

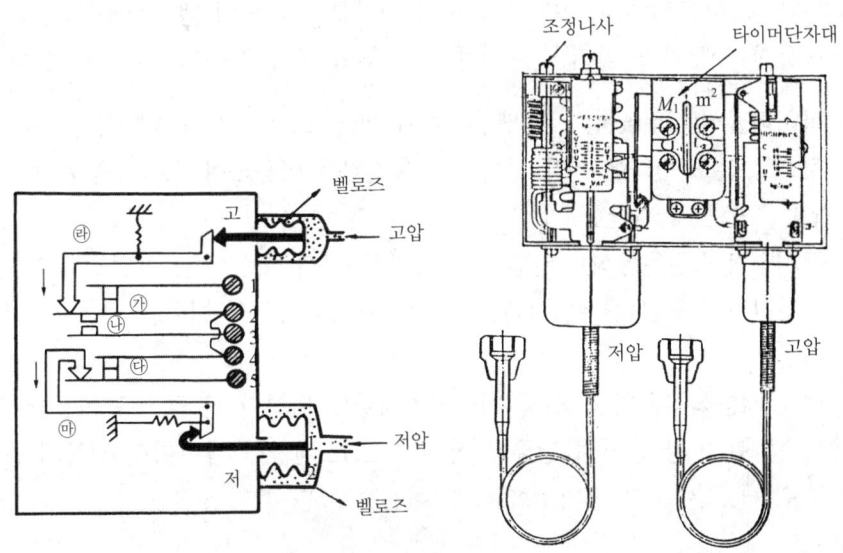

| 고저압 차단 스위치의 원리 및 구조 |

ⓒ 고저압 차단 스위치(D.P.S) : HPS와 LPS 즉, 고압차단 스위치와 저압차단 스위치를 조합시킨 것으로 냉동기의 고압이 설정값 이상 되거나 저압이 소정압력 이하로 내려간 경우 두 압력의 차압에 의해 전기회로가 차단되어 압축기를 정지시킨다. 저압 측은 압력상승에 의하여 자동적으로 재기동되나 고압 측의 경우에는 일반적으로 압력이 강하해도 수동리셋(reset)하여야 압축기가 재기동 된다. 즉, 고압과

저압 중 어느 한쪽에 이상이 생기면 압축기를 정지시키는 안전장치이다.
ㄹ. 유압 보호 스위치(OPS) : 강제윤활방식에서 유압보호 스위치는 압축기의 활동부에 오일 공급이 부족하다든지 또는 급유장치의 고장으로 인하여 압축기의 손상을 방지하는 보호장치로서 주로 고속압축기에 사용한다. 흡입압력과 오일 펌프 출구의 유압과의 차가 일정시간(60~90초), 일정값 이하가 되면 이 유압보호 스위치가 작동하여 압축기의 운전을 정지시킨다.

2 온도제어장치(temperature control : TC)

냉장실 내의 브라인, 냉수의 온도를 일정한 온도로 유지하기 위한 온도변화를 검출하는 제어장치로 압축기가 작동되면 팽창밸브 앞의 전자밸브를 개폐시킨다.

(1) 온도제어장치의 종류(thermostat)

일명 항온기라고도 하며 이것에 의하여 전류를 개폐하여 냉각작용을 발생시키는 방법으로 냉동장치에 가장 널리 이용된다. 측온부의 종류에 따라 3가지가 있다.

① **바이메탈식(bimetal)** : 큰 팽창계수가 다른 2종의 금속(니켈+황동) 박판을 접합시킨 것으로 온도 변화에 의해 금속의 신축변위를 이용하여 스위치를 개폐한다. (종류 : 와권형, 평판형, 원판형)
② **증기압력식(감온통식)** : 일반적으로 가장 널리 사용되는 방법으로 감온통에 냉매를 봉입시켜 온도검출부에 접촉온도에 의한 포화압력의 변화를 이용해 스위치를 개폐시킨다.
③ **전기 저항식** : 온도 변화에 따른 전기저항의 변화가 큰 금속을 이용한 것으로 온도가 상승하면 저항이 커져 전류가 작게 흐르고 저항이 작아지면 전류의 흐름은 커진다. 주로 터보 냉동기 공기조화온도제어용으로 많이 사용된다.

3 습도제어(humidity control)

냉동기 내부의 습도제어가 필요할 때 사용하며 공기조화장치에서는 필수적으로 사용되는 장치이다. 측정가능 범위는 상대습도 20~96% 정도이고 차습도(디퍼렌셜)는 상대습도 2% 정도이다. 설치 시 부식성이 있는 곳은 피하고 평균습도를 검출할 수 있는 곳으로 바닥에서 1.5m 정도 위에 설치한다.

(1) 습도제어장치 종류(humidistate)

① **모발식** : 모발은 습도에 따라 신축하게 되는데 이 성질을 이용한 제어장치로 습도가 증가하면 모발이 늘어나 전기 접점이 연결되고 이에 의해 전자밸브와 같은 장치들을 작동시켜 가습장치를 작동시킨다. 일반적으로 공기조화장치에 사용되며, 냉장실에서의 사용은 불가능하다.

② **듀셀식** : 듀셀은 염화리튬(LiCl)의 흡수성을 이용한 노점계로 염화리튬 포화수용액의 온도와 증기압이 일정한 관계가 있는 것을 이용하며 포화 수용액의 증기압과 주위 공기의 수증기압 등과 같이 될 때의 포화 수용액의 온도에서 노점을 구한다. 가열용 전극선은 교류전기를 이용하며 결선하는 수은 스위치를 달면 노점에 의한 습도 조정기로 사용할 수 있다.

③ **전기저항식** : 서로 절연된 2개의 전극 간에 흡수성과 전도성인 얇은 막을 붙여 놓으면 주위의 기체습도가 증가되면 습기를 흡수하여 전기저항이 감소되는 것을 이용한 것이다. 0[℃] 이하의 냉장실에서는 사용이 불가능하다.

4 냉각수 및 냉수량 제어장치

(1) 압력자동 급수밸브(water regulating valve) : 절수밸브

수냉응축기 냉각수 입구 측에 설치하여 압축기의 토출압력에 의해 응축기에 공급하는 냉각수량을 조절한다. 따라서 응축기의 응축압력을 안정시키고 응축압력에 대응한 냉각수량의 조절로 소비수량을 절감한다. 냉동기 정지 시 냉각수 공급도 정지되며 냉각수를 절약하여 경제적인 운전이 가능하다.

① **절수밸브의 종류**
  ㉠ 압력 작동형
  ㉡ 압력 역작동형
  ㉢ 온도 작동형
  ㉣ 압력작동 3통로형

② **설치해서는 안 되는 경우**
  ㉠ 수압이 낮은 경우
  ㉡ 사용 냉매가 NH_3인 장치
  ㉢ 냉각수 펌프로 왕복동식 펌프를 사용할 경우
  ㉣ 대형 에어컨 및 heat pump

③ 사용하면 좋은 경우
　㉠ 시수나 공업용수 사용 시
　㉡ 2대 이상의 에어컨 사용 시

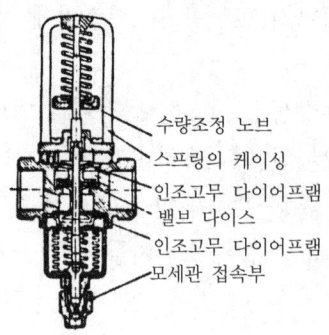

| 압력 자동급수 밸브의 구조도 |

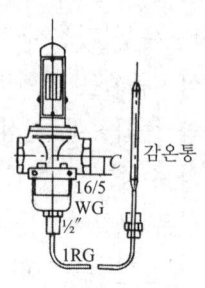

| 온도 자동수량 조절 밸브의 구조도 |

(2) 온도자동 수량조절밸브

냉수(브라인) 냉각기의 냉수면 또는 브라인 출구에 감온통을 설치하여 냉수, 브라인의 출구온도(냉각온도)에 따라 밸브의 개도를 변화시켜 수량을 조절한다. 즉, 검출부를 응축온도로 한 것이며 전폐와 전개 시의 온도차는 8℃이다.

(3) 단수 릴레이

브라인 쿨러, 수냉각기에서 수량의 감소로 인한 액체냉각용 동파방지 및 응축기의 냉각 수량의 감소로 인한 응축압력의 상승을 방지하는 역할을 한다. 단수 릴레이의 작동과 동시에 압축기의 기동도 정지한다.

① **단압식 릴레이** : 냉수 또는 냉각수 출입구의 어느 한 쪽의 압력을 감지함으로써 작동하는 것으로 출입구 압력차가 발생하므로 잘 사용하지 않는다.
② **차압식 단수 릴레이(차압 스위치)** : 브라인이나, 냉수 또는 냉각수 출입구 어느 한 쪽의 압력을 감지하여 작동한다. 즉, 양쪽의 압력차에 의해 작동한다.(유압보호 스위치의 변형으로 생각할 수 있다.
③ **수류식 단수 릴레이** : 냉수 또는 냉각수 배관 내에 설치하여 물이 흐르는 저항에 의해 작동된다.
④ **플로트 스위치(float switch)**

5 수액기

수액기는 응축기에서 응축액화한 고압냉매를 일시저장하는 고압가스 용기로 불응축가스를 제거하거나 액냉매만 팽창밸브로 보내는 역할을 한다.

냉매순환량은 냉동부하 및 온도에 의하여 변하므로 용기의 크기는 증발기의 냉동부하가 클 때 소요되는 다량의 순환 냉매액이 필요없고 부하가 작아졌을 때는 소량의 순환 냉매액이 필요하므로 잔여 냉매량을 충분히 저장할 수 있어야 한다. 횡형의 것이 많고 NH_3용은 수압 $30[kg/cm^2]$, 공기압시험 $20[kg/cm^2]$ 기밀시험을 통과해야 한다.

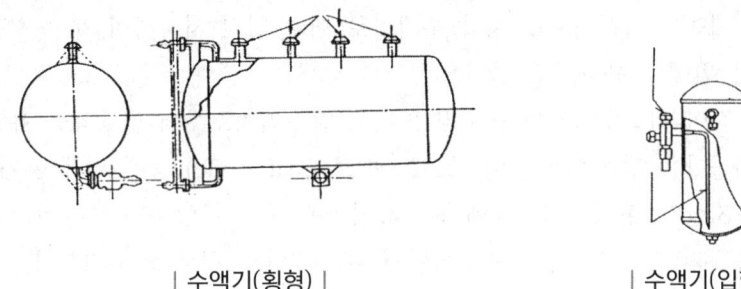

| 수액기(횡형) | | 수액기(입형) |

(1) 구비조건

① 수액기가 2개 이상으로 그 지름이 서로 다를 때는 수액기의 상단높이를 일치시킨다.
② 수액기의 액면계 파손을 방지하기 위하여 금속제 커버를 사용하며 수액기와 접촉하는 배관에는 체크 볼 밸브(check ball valve)를 설치한다.
  • 볼 밸브 : 액면계가 파손되었을 경우 수액기의 액이 볼을 밀어내어 액면계의 관을 막음으로써 액의 누설을 막는다.
③ 설치 위치는 응축기 하부에 설치하며 균압관의 설치 시 균압관은 충분한 지름의 관을 사용하여야 하며 관의 상부에 에어퍼저(air purger)를 설치한다.
④ 수액기의 크기는 냉매가 암모니아일 경우 1RT당 냉매액량이 15[kg] 소요되는 것으로 하고 수액기는 이 양의 약 1/2을 저장하도록 규정하는 것이 보통이다. 특히 냉동장치를 수리할 때 장치 내의 냉매를 수액기에 저장할 수 있는 크기로 하여야 한다.

(2) 수액기 설치 시 주의사항

① 수액기는 직사광선이 닿지 않는 곳에 설치할 것
② 화기와 충분한 거리를 둘 것
③ 용접계수 부분에는 배관 및 기타 기기를 접속하지 말 것

④ 안전밸브의 원변은 항상 열어둘 것
⑤ 수액기의 냉매량은 3/4(75[%]) 이상 만액시키지 말 것
⑥ 인접한 용접부의 상호거리는 판 두께의 10배 이상 떨어져 있을 것
⑦ 수액기의 위치는 응축기보다 낮은 곳에 설치할 것

(3) 저압 수액기

액순환식 증발기를 갖는 냉동장치에서 액 펌프가 각 증발기로 이송하는 저온 저압의 냉매액을 저장하는 용기로 액분리기 기능을 가진다. 또한 제상 시 증발기 내에는 저온 저압의 냉매액을 일시적으로 저압 수액기로 회수 일시 저장하여 제상 시간을 짧고 편리하게 하기 위해 사용하기도 한다.

아래와 같이 저압수액기는 응축기 또는 고압수액기로부터 냉매액을 유입하고 각 증발기에서 되돌아온 냉매액과 같이 플로트 밸브(float vavle) 등에 의해 용기 내 액면을 일정하게 유지한다. 용기 내의 냉매액은 흡입관을 통하여 압축기로 흡입되고 액면을 유지하면서 증발되며, 또한 자기 냉각하면서 저온저압의 상태를 유지한다.

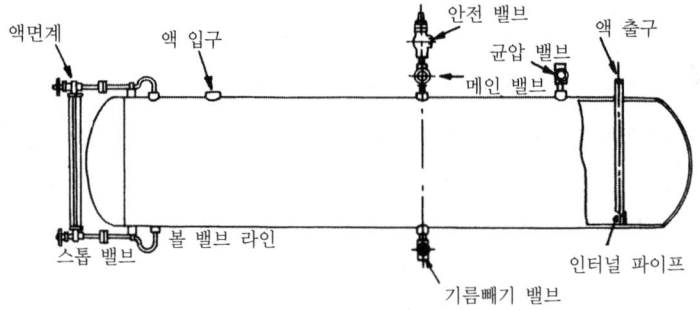

| 수액기의 구조 |

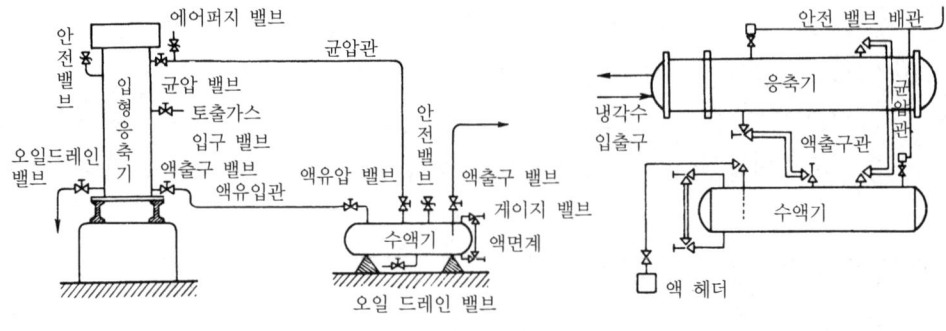

| 균압관의 계통도 |

6 액분리기(accumulator)

압축기에 액화냉매가 흡입되면 습압축의 원인이 되고 습압축 시 체적효율의 저하와 냉동기의 효율을 저하시키며 다량의 액이 압축기로 흡입될 경우 액해머(liquid hammer)를 일으켜 장치를 손상시킬 수 있다. 그러므로 증발기 출구배관과 압축기 사이에 액분리기를 설치하여 압축기로 액이 흡입되는 것을 방지한다.(기동시 증발기내의 액 교란을 방지하기도 한다.)

(1) 설치위치

증발기와 압축기 사이의 흡입관(모든 액분리기는 증발기보다 상부에 설치한다.)

(2) 설치용량

증발기 내용적의 20~25[%] 이상 크게 설치한다.

(3) 액분리기 설치가 필요한 경우

① NH_3 냉동장치
② 만액식 증발기를 갖는 냉동장치 및 부하변동이 심한 장치
③ 만액식 브라인 쿨러 사용 냉동기

(4) 액분리기 내 가스유속

1[m/s] 정도

(5) 분리된 액냉매 처리방법

① 증발기로 재순환시키는 방법
② 가열시켜 액을 증발시켜 압축기로 흡입시키는 방법
  ㉠ 열교환법 : 액분리기 내에 액관의 코일을 삽입하여 액관의 열로 증발기에서 보내온 냉매액을 증발시켜 흡입시키는 방식
  ㉡ 액분리기에 고인 냉매액을 천천히 조금씩 압축기에 지장이 없을 정도로 흡입시키는 방식

ⓒ 액분리기에 고인 냉매액을 전열로 가온되는 용기에 넣어 증발시켜 감온 팽창밸브를 통하여 흡입시키는 방식
③ **고압측 수액기에 복귀시키는 방법**
㉠ 액펌프를 사용하여 수액기로 강제 복귀시키는 방식
㉡ 고압가스를 사용하는 방법

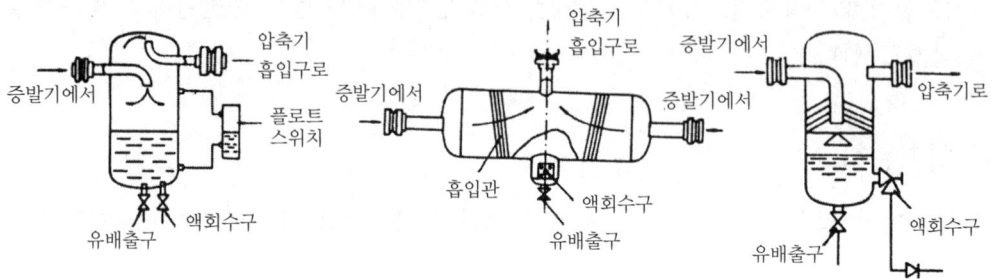

| 액분리기의 구조 |

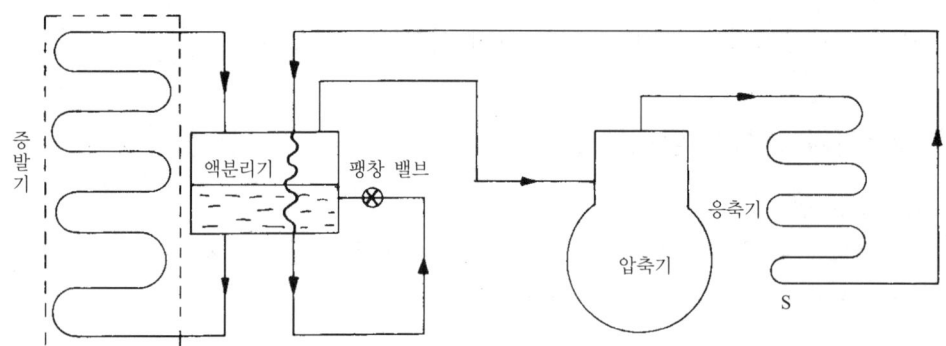

(a) 중력급액식 액분리기

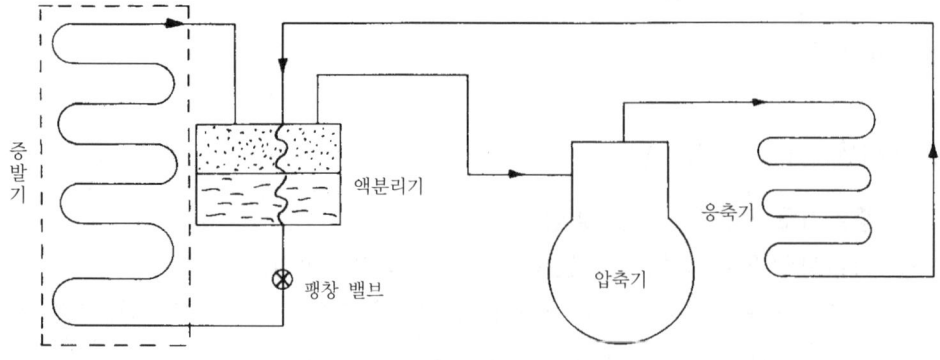

(b) 압력급액식 액분리기

| 액분리기 |

7 액회수장치(liquid return system)

액분리기에서 분리된 냉매액을 고압 수액기로 회수하거나 증발기로 재순환시키는 장치로 분리된 액냉매 처리방법은 위에서 설명하였으며 액회수장치는 수동식과 자동식 액회수장치가 있다.

(1) 중력에 의해 증발기로 재순환시키는 방법

액분리기에서 분리된 냉매액이 자체 중력에 의해 증발기로 재순환 될 수 있도록 액분리기와 증발기를 리턴관으로 연결한 방식이다.

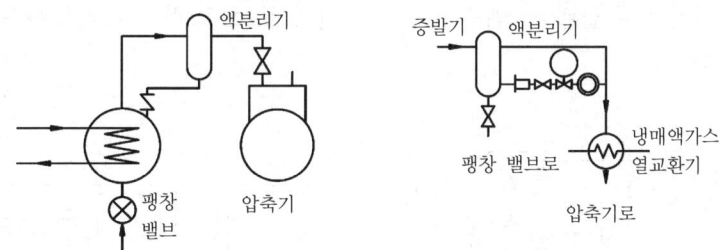

| 중력에 의한 증발기로의 재순환 |　　| 압축기로 흡입시키는 방법 |

(2) 압축기로 흡입시키는 방법

액분리기 하부에서 액냉매 및 오일의 혼합액을 배관으로 배출하여 여과기 교축밸브, 전자밸브, 사이트 글라스를 설치한 배관을 통해 연속적으로 소량의 냉매가 액·가스 열교환기를 통과해 압축기로 흡입되는 방식

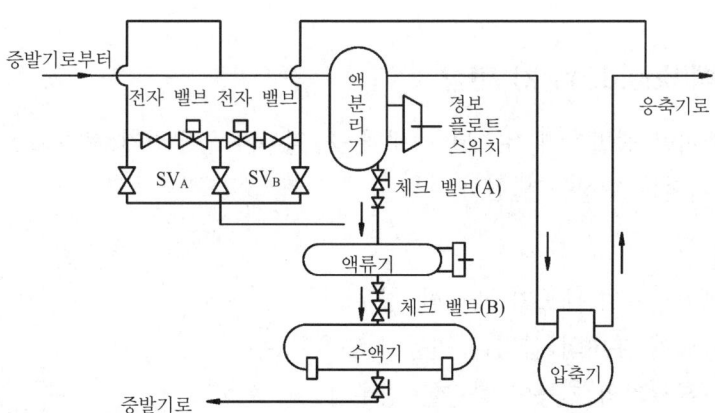

(3) 냉매액 펌프를 사용하는 방법

액분리기 및 액류에 플로트 스위치를 설치하고 액류에 일정한 양의 냉매액이 흡입하면 액펌프에 의해 수액기로 이송된다. 주로 대형 암모니아 냉동장치에 사용된다.

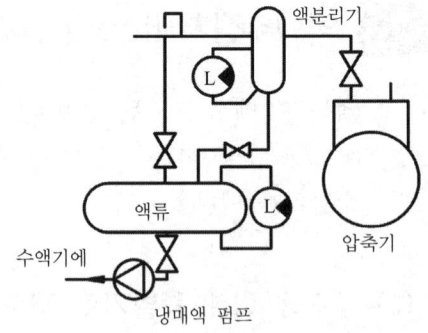

(4) 수액기로 유입시키는 방법

액류에 적당히 액이 고이면 플로트 스위치가 작동하여 3방밸브에서 액분리기의 연락관이 차단되고 고압가스의 연락관이 열려 액류기 내의 압력은 고압이 되고 액류기 내의 액은 수액기로 유입된다. 액면이 낮아지면 플로트 스위치가 작동하여 3방 밸브는 원위치가 된다.

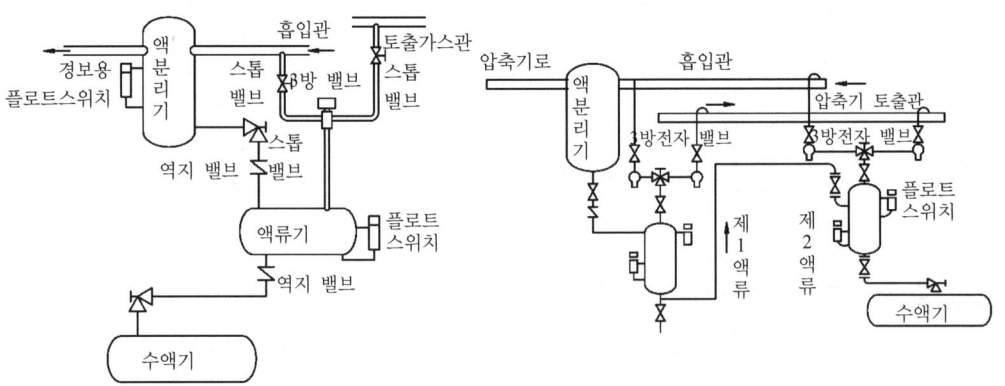

| 고압가스를 사용하는 방법(자동 액회수장치) | | 액분리기와 수액기의 수직거리가 충분치 못할 경우의 자동액 회수장치 |

(5) 리퀴드백(liquid back) 현상

리퀴드백이란 증발기에 유입된 액냉매 중 일부가 증발하지 못하고 액 그대로 압축기쪽으로 유입되는 현상을 말한다.

① 원인
  ㉠ 팽창밸브의 개도가 과대할 경우
  ㉡ 증발기 부하의 급격한 변동이 있을 경우
  ㉢ 액분리기의 기능이 불량할 경우
  ㉣ 증발기에 적상 및 유막이 과대형성되었을 경우(전열 불량)

ⓜ 증발기 용량이 작을 경우
　　　ⓑ 감온식 팽창밸브 사용 시 감온통의 부착위치가 부적합한 경우
　　　ⓢ 기동 조작이 잘못 되었을 경우(흡입밸브를 갑자기 만개할 때)
　　　ⓞ 냉매 충전량 과다
　② **영향**
　　　㉠ 흡입관 및 실린더에 상(霜)이 붙는다.
　　　㉡ 토출가스 온도가 저하된다.
　　　㉢ 토출 밸브 및 실린더 헤더의 냉각으로 이슬이 맺히거나 서리가 낀다.
　　　㉣ 압축기에 이상음이 발생한다.
　　　㉤ 소요동력 증대
　　　㉥ 냉동능력 감소
　　　㉦ 윤활유 열화 및 탄화
　　　㉧ 전류계 및 압력계의 지침이 떨어진다.
　③ **대책**
　　　㉠ 실린더에 상이 붙은 경우(현상이 미세한 경우)
　　　　ⓐ 흡입밸브를 조인다.
　　　　ⓑ 팽창밸브를 조인다.
　　　　ⓒ 흡입밸브를 천천히 연다.
　　　㉡ 현상이 심각할 경우(액해머링이 일어날 경우)
　　　　ⓐ 전원을 차단한다.(압축기 정지)
　　　　ⓑ 워터재킷의 냉각수를 드레인시킨다.
　　　　ⓒ 흡입밸브를 차단한 후 조치한다.
　　　㉢ 현상이 경미한 경우(실린더에 적상이 심할 경우)
　　　　팽창밸브를 조정하고 경우에 따라 부하를 조정한다.

8 유분리기/오일분리기(Oil separator)

압축기의 윤활유가 미세한 입자로 되어 토출가스 중 함유되어 응축기에 유입되면 전열 효율을 떨어뜨리고 냉매가 암모니아일 경우 이 오일이 팽창밸브에서 동결할 우려가 있다. 또한 증발기에 유입되어 유막을 형성하고 냉매의 순환을 나쁘게 한다. 그러므로 토출가스 중 오일입자를 분리하기 위하여 유분리기를 설치한다.

(1) 압축기의 토출가스 중 오일의 혼입량이 많아지면 나타나는 장애

① 압축기의 오일 부족으로 윤활불량 초래
② 활동부의 마모
③ 증발기 및 배관 등에서 유막이 형성되어 전열을 나쁘게 한다.
④ 소음 및 토출가스의 맥동현상 초래

(2) 유분리기 설치위치

유분리기는 압축기와 응축기 사이에 설치한다.(NH_3의 경우 압축기에서의 토출가스 온도는 낮을수록 오일의 점도가 커져서 분리가 용이하므로 분리기는 가능한 응축기 입구에 접근시키는 것이 좋다. 프레온은 압축기에서 토출된 냉매가스가 응축되지 않고 윤활유를 쉽게 분리할 수 있는 압축기 가까이에 설치한다.) 어떠한 경우에도 응축기나 수액기보다 낮은 곳에 설치해서는 안 된다.

(3) 유분리기의 설치가 필요한 경우

① 암모니아 냉동장치
② 만액식 증발기를 사용하는 경우(프레온 냉동장치)
③ 다량의 오일을 포함한 냉매가 토출되는 경우
④ 토출배관이 긴 경우(9[m] 이상)
⑤ 토출가스에 다량의 오일이 섞여 나간다고 생각되는 경우
⑥ 저온냉동기의 경우(프레온계 냉매는 오일을 용해하므로 증발기에 운반된 오일도 압축기에 용이하게 흡입시키므로 소형일 경우에는 오일 분리기를 설치하지 않는다. 그러나 저온(-18[℃]) 이하일 경우에는 점도가 커지므로 압축기로 흡입시키기 어려우므로 저온 대형 냉동기에서는 유분리기를 설치해야 한다.)

(4) 분리된 오일의 처리

① **프레온** : 유분리기의 저부에 플로트 밸브를 부착시켜 자동적으로 압축기 크랭크 케이스실에 유입되도록 배관한다.
② **암모니아** : 암모니아는 토출가스 온도가 높으므로 오일이 탄화하기 때문에 재사용하지 않고 외부로 배유시킨다.

(5) 유분리기의 작동원리

① 냉매가스 속도변화(1[m/s] 이하로 한다.)를 이용한다.(유속감소 분리형)
② 냉매가스의 방향전환을 이용한다.(가스충돌 분리형)
③ 표면장력을 이용한다.
④ 원심분리형(원심분리기 사용)

(6) 유분리기의 종류

① **관성력식** : 오일을 동반한 냉매가 용기 내의 방해판에 충돌하여 급격한 방향전환을 일으켜 입자의 관성력에 의하여 분리되는 형식이다.
② **배플식** : 용기 내 다수의 작은 구멍에 있는 배플판(baffle plate)을 부착하고 냉매가 이 판에 의하여 흐름의 방향을 급변시켜 유속을 느리게 하여 그 중력에 의하여 가스에 분리되어 저면에 고이게 하는 방식이다.
③ **금망식** : 용기 내에 금속망판을 조립하여 설치한 것으로 냉매가스가 이 금망을 통과할 때 장력에 의해 오일이 분리되는 형식이다.
④ **서미스터식** : 유체 중에 포함된 서로 상이한 분자를 서미스터 내의 선망으로 분리하는 여과 방식의 분리기이다.
⑤ **분리재료 삽입식** : 미세한 금속 와이어의 금망이 적충된 분리재료 속을 냉매가 통과할 때 오일과 냉매를 분리하는 형식이다.

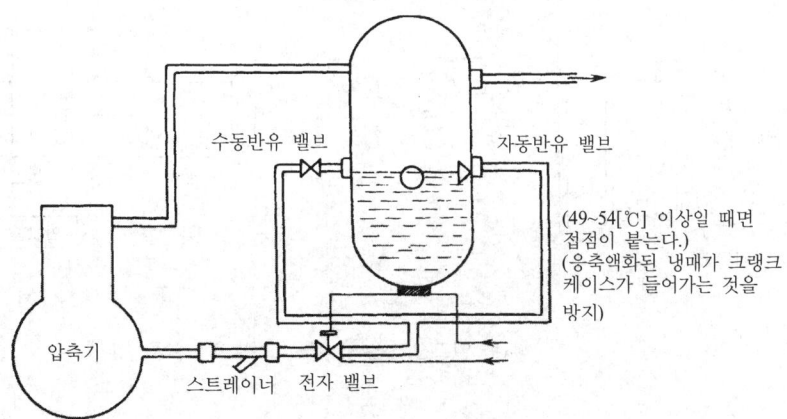

| 프레온 자동반유 계통도 |

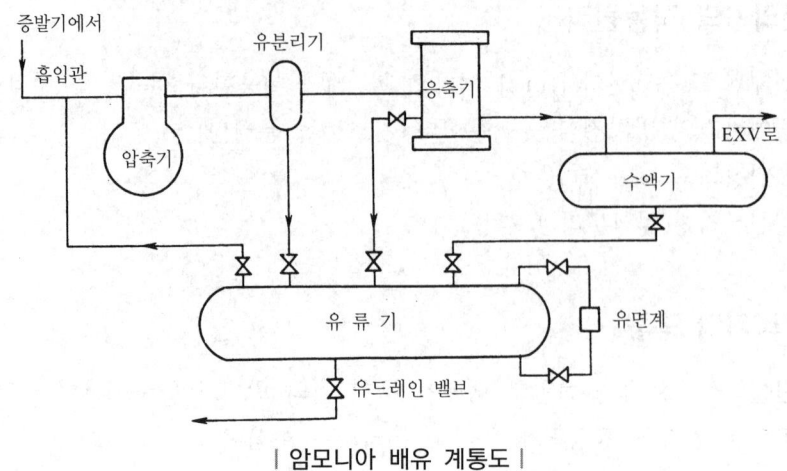

| 암모니아 배유 계통도 |

9 유회수장치/오일 회수장치(Oil return system)

암모니아의 경우 오일보다 비중이 작기 때문에 오일이 증발기 밑부분에 고이게 된다. 따라서 증발기 내부의 압력이 대기압보다 높아지면 수동으로 외부로 오일을 배출할 수가 있다. 이때 빼낸 가스는 저압 측으로 흡입시킨다.

프레온의 경우 오일보다 비중이 크므로 오일은 냉매 상부에 고이게 되고 또한 오일을 잘 용해하므로 오일 리턴(oil return) 장치를 설치하여 자동 운전할 수 있게 한다.

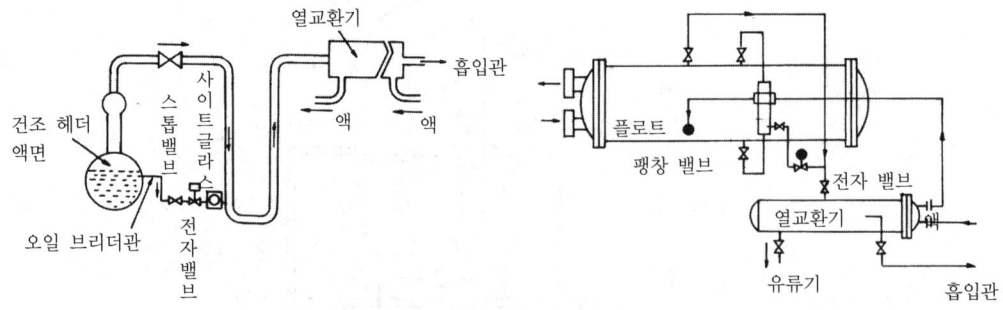

(a) 열교환기 설치 경우 오일 회수장치

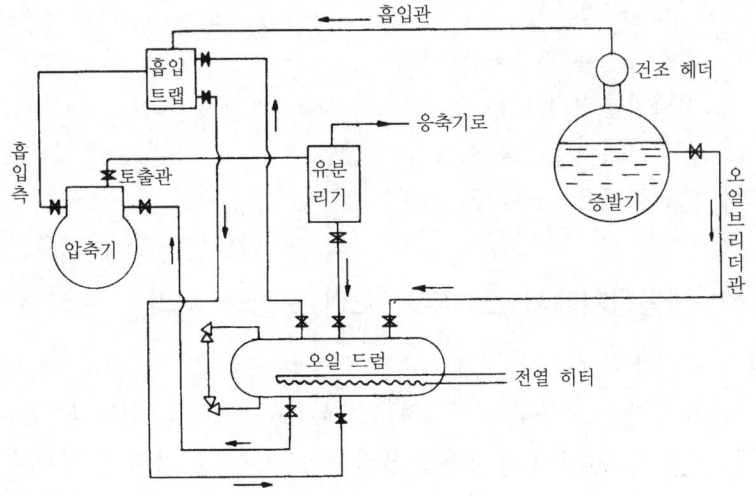

(b) 대형 오일 회수장치

| 오일 회수장치 |

(1) 유회수장치의 종류

① **소형냉동기(소형 유회수장치)**
  ㉠ 증발기에서 흡입관에 가는 액관으로 연락하고 액관이 흐르는 오일의 혼합액은 흡입관에 들어가 액은 증발하고 가스와 함께 오일을 압축기로 회수한다.
  ㉡ 압축기 정지와 동시에 액관이 차단되도록 전자밸브를 부착한다.

② **대형냉동기(대형 유회수장치)**
  ㉠ 대형에서는 흡입관만으로 액과 오일의 분리가 어려우므로 열교환의 원리를 이용한 오일 회수기를 설치하여 가열하여 냉매를 가스상태로 응축기로 흡입시키고 오일은 액상 그대로 별도의 압축기 크랭크 케이스로 돌려보낸다.
  ㉡ 전자밸브를 이용하여 압축기 정지와 동시에 유회수를 위한 액관이 닫히도록 한다.

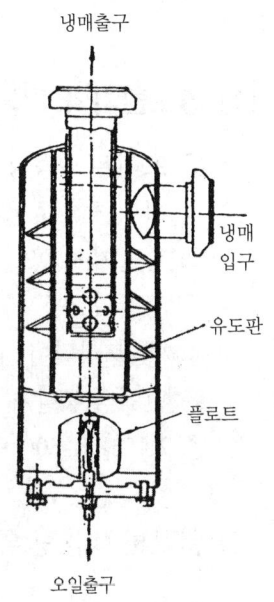

ⓒ 오일 가열방법
　　　　ⓐ 토출가스를 이용하는 방법
　　　　ⓑ 전열기를 사용하는 방법
　　　　ⓒ 온수 또는 증기를 이용하는 방법
　　　　ⓓ 열교환기를 사용하는 방법

(2) 암모니아 냉동장치에서 고압부에 고인 오일의 처리

암모니아 냉동장치에서 고압부에 고인 오일을 정기적으로 장치 외부로 유출시킬 경우 오일과 같이 냉매가 배출되어 위험하므로 유류(oil receiver)를 설치하여 오일을 우선 유류에 이송시킨 후 유류기의 냉매를 흡입관으로 보내고 유류에 설치된 유면계를 주의하면서 외부로 배출시킨다.

10 열교환기(heat exchange)

열교환기는 액가스형과 열교환기 즉, 냉매액관과 흡입관을 접촉시키는 열교환 방식이 있다.

(1) 열교환기의 기능

① 프레온 냉동장치에서 흡입가스의 과열과 증발기에 공급하는 액을 과냉각시켜서 냉동 사이클의 효율을 상승시킨다.
② 증발기에 공급되는 액을 과냉각시켜 플래시 가스의 발생을 방지한다.
③ 흡입가스를 과열시켜 리퀴드 백을 방지한다.
④ 액의 리턴이 있을 경우에 액분리기의 역할과 여기서 액을 증발하는 목적이 있다.
⑤ 만액식 증발기나 저압수액기로부터 오일과 냉매를 분리하는 오일회수장치 역할을 한다.
⑥ R-12, R-500 등은 5[℃] 과열 시 가장 효과가 크다.

(2) 열교환기의 종류

① 관접촉식
② 2중관식
③ 쉘 앤 튜브식(shell and tube type)
④ 액체의 흡입 가스 열교환기

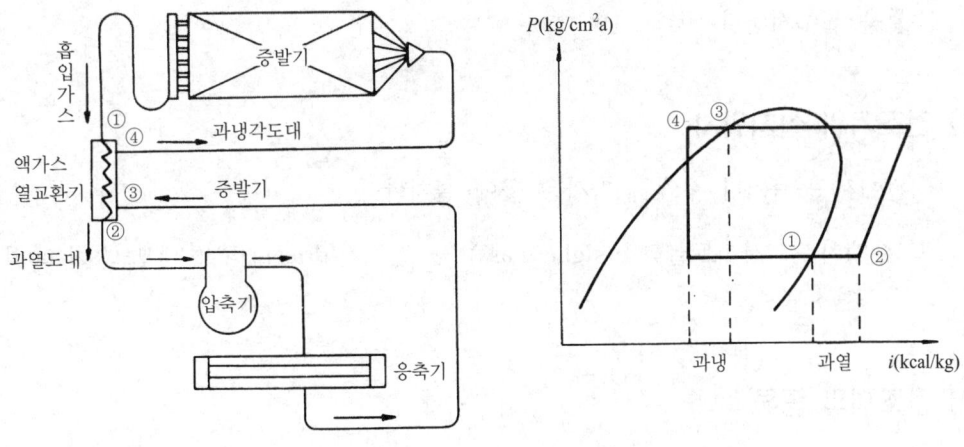

| 액 가스 열교환기의 장치도 및 P-i 선도 |

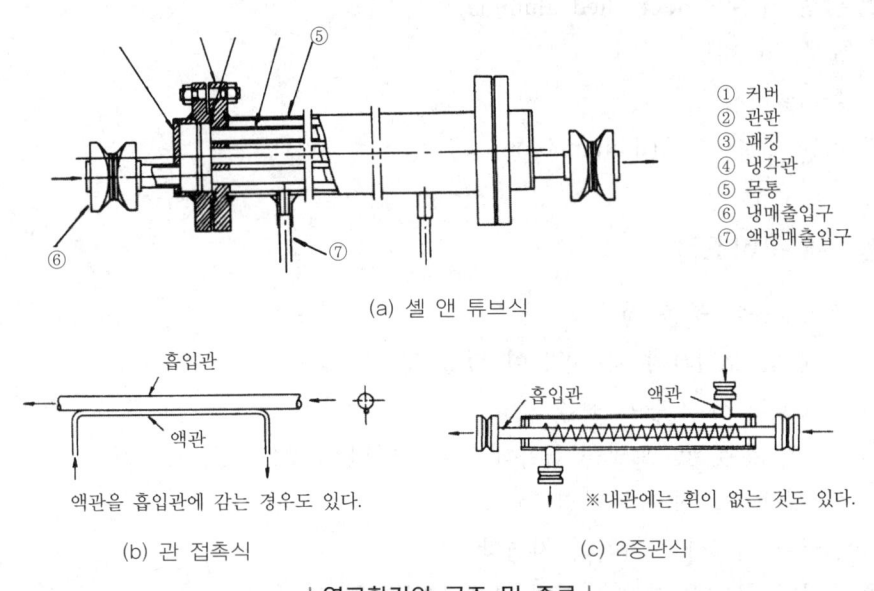

| 열교환기의 구조 및 종류 |

11 건조기(drier : 제습기)

NH_3 냉매는 수분과 친화력이 있어 용해되므로 건조기를 설치할 필요가 없지만 프레온계 냉매와 크로르 메틸(CH_3Cl) 냉매는 수분에 대한 용해도가 극히 적어서 유리(遊離)된 수분이 팽창밸브의 니들밸브(needle valve) 구멍에서 동결하여 냉매순환을 저해하고 가수분해(加水分解)에 의하여 산성물질을 만들어 금속을 부식시키고 윤활유를 열화시킨다.

따라서 수액기와 팽창밸브 사이에 건조기를 설치하여 고압냉매액이 건조기를 통과할 때 수분을 흡수시킨다.

(1) 건조기의 설치위치

액관에서 응축기나 수액기 가까운 곳에 설치한다.

※ 수액기 → 사이트글라스(sight glass) → 건조기(drier) → 전자밸브(solenoid valve) → 팽창밸브

(2) 건조재의 종류

① 실리카겔(silicagel)
② 활성 알루미나(activated alumina)
③ S/V 소바비드
④ 몰리쿨러시브
⑤ 리튬 브로마이드(lithium bromide)

(3) 건조재 구비조건

① 건조효율이 좋을 것
② 냉매 및 오일과의 화학반응이 없을 것
③ 냉매통과 시 저항이 적을 것
④ 다량의 수분 및 오일을 함유해도 분말화되지 않을 것
⑤ 큰 흡착력을 장시간 가질 것
⑥ 취급이 편리하고 가격이 저렴할 것
⑦ 충분한 강도를 가지고 쉽게 분해하지 않을 것
⑧ 안전하고 취급이 용이할 것

(4) 장치 내의 수분 침입 원인

① 냉매 및 오일 중 수분이 함유될 경우
② 흡입 압력이 진공상태일 때 누설부 외기 침입
③ 누설시험 시 공기압축기를 사용할 경우
④ 정비작업 시 부주의로 인한 경우

⑤ 진공작업 불충분으로 수분이 잔류하는 경우
⑥ 냉매 및 오일 충전 시 부주의로 공기와 함께 혼입될 경우

(5) 수분 침입 시 장치에 미치는 영향

① 프레온계 냉매
  ㉠ 팽창밸브의 동결폐쇄 현상
  ㉡ 염산, 불화수소산 생성으로 인한 장치 부식
  ㉢ 동부착현상 촉진
  ㉣ 흡입 압력 저하
② 암모니아 냉매
  ㉠ 장치의 부식
  ㉡ 유탁액 현상
  ㉢ 증발온도 상승
  ㉣ 흡입 압력 저하

(6) 건조기의 구조

볼트로 조립되어 제습제와 여과기를 교환할 수 있는 분할형과 제습제를 교환할 수 없는 일체형이 있다.

(7) 건조기의 종류

① 오픈타입
② 밀폐형
  ※ 일반적으로 건조기는 여과기와 겸용으로 사용되는 경우가 많다.

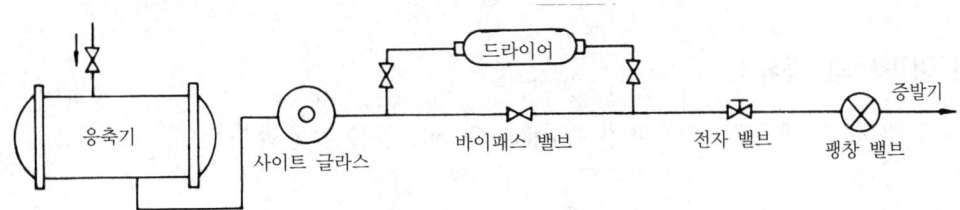

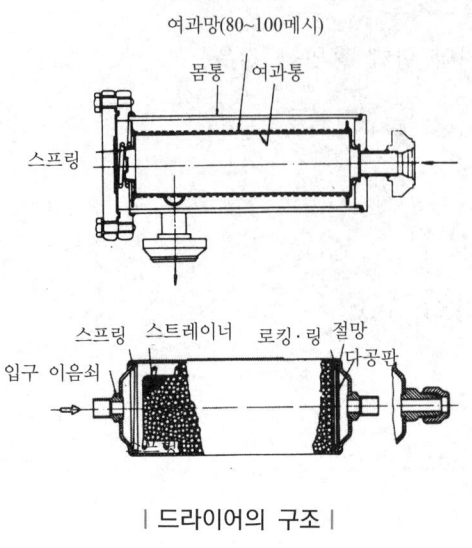

▶ 제습기의 크기

마력(HP)	내부체적(in³)	지름(in)	전체 길이(in)
$\frac{1}{3}$	4	$1\frac{5}{8}$	5
$\frac{1}{3}$	4	$1\frac{5}{8}$	$4\frac{5}{8}$
$\frac{1}{3}$	4	$1\frac{5}{8}$	$4\frac{7}{8}$
$\frac{1}{2}$	6	$1\frac{5}{8}$	6
$\frac{3}{4}$	10	$2\frac{1}{8}$	$6\frac{5}{8}$
$\frac{3}{4}$	10	$2\frac{1}{8}$	$6\frac{7}{8}$
1	14	$2\frac{1}{8}$	$7\frac{7}{8}$
1	14	$2\frac{1}{8}$	$8\frac{1}{8}$
$1\frac{1}{2}$	20	$2\frac{1}{8}$	$9\frac{3}{4}$
$1\frac{1}{2}$	20	$2\frac{1}{8}$	$10\frac{3}{8}$
3	32	$2\frac{1}{8}$	$13\frac{5}{8}$
3	32	$2\frac{1}{8}$	14

| 드라이어의 구조 |

12 여과기(strainer or filter)

냉동장치 내의 먼지, 모래, 금속편 등 이물질이 존재하면 팽창밸브, 전자밸브, 압축기 및 기타밸브 등의 작동에 장해가 발생한다. 이러한 장해요소들을 제거하기 위해 각종 기기들 전방에 여과기를 설치하여 불순물을 제거시킨다.

(1) 여과기의 구조

① Y형 : 가스 및 액관에 사용
② L형(angle type) : 곡관에 사용(앵글 여과기)
③ 라인 여과기 : 관에 설치하며 크기는 관 지름의 20배 정도
④ 핑거형(finger type) : 팽창밸브 및 압축기 흡입관 등에 사용

(2) 여과재의 종류

금망(金網), 펠트(felt), 글라스 울(glass wool) 등을 사용한다.

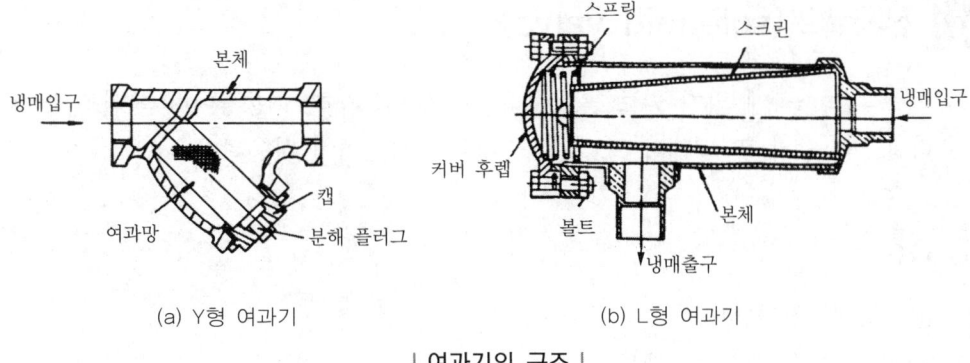

| 여과기의 구조 |

(3) 여과기 및 건조기가 막혔을 경우 장치에 미치는 영향

① 저압이 낮아진다.(그 정도가 클 경우에는 LPS의 작동으로 모터가 정지된다.)
② 토출가스 온도 상승
③ 흡입가스 과열
④ 실린더 과열
⑤ 피스톤 마모
⑥ 윤활유 열화 및 탄화로 인한 윤활불량 초래

13 사이트 글라스(sight glass)

냉매액이 관 내를 흐르는 상태를 알 수 있도록 액관 중 응축기(수액기)쪽에 설치하여 적정 냉매량의 충전확인 및 액중의 거품 발생의 유무를 점검하여 플래시 가스(flash gas) 존재를 확인할 수 있다. 또한 오일 분리기에서 압축기까지 오일이 회수되는 상태를 점검하기 위해 오일관에 투시경을 설치하는 경우도 있다.

(1) 적정 냉매량 확인 방법

① 사이트 글라스 내 기포가 있어도 움직이지 않을 때
② 사이트 글라스 입구 측에만 기포가 있고 출구에는 안보일 때
③ 기포가 연속적이 아니고 가끔 보일 때

14 전자밸브(solenoid valve)

전기적인 조작에 의해 밸브를 자동적으로 ON-OFF하여 용량이나 액면조정, 온도제어, 리퀴드백 방지 및 냉매나 브라인, 냉각수 흐름제어에 사용된다.

(1) 종류

① 직동식 전자밸브
② 파일럿 작동식 전자밸브

(2) 전자밸브 설치 시 주의사항

① 코일 부분이 상부로 오도록 수직설치
② 유체의 방향에 맞추어 설치할 것
③ 파일럿 전자 밸브의 경우 수동 개폐장치의 캡을 풀어낼 수 있는 스페이스가 있을 것.
④ 전자밸브 전에 먼저 여과기를 설치할 것
⑤ 전자밸브 설치 시 120℃ 이상 본체의 온도가 상승 시에는 위험하므로 전자밸브 분해 후 용접할 것

15 안전밸브, 파열판, 가용전

(1) 안전밸브(safety valve)

① **형식에 따른 분류** : 스프링식, 중추식, 가용전식, 파열판식
② **사용법에 따른 분류** : 대기개방형, 저압방출형
③ **분출작동압력** : 내압시험압력 8/10 이하에서 작동 조절할 것
④ 고압차단 스위치(HPS) 이상의 압력에서 작동할 것
⑤ 안전밸브 분출면적 계산

$$d = \frac{w}{230P\sqrt{\dfrac{M}{T}}} \text{[cm}^2\text{]}$$

d : 분출부의 유효면적(cm^2)
w : 안전 밸브의 분출량(kg/h)
P : 안전 밸브의 작동 절대압력(kg/cm^2)
M : 분출 가스의 분자량
T : 분출 가스의 절대온도(K)

(2) 가용전(fusible plug)

① **설치목적** : 프레온 냉동장치의 응축기나 수액기 등에서 압력용기의 냉매액과 증기가 공존하는 곳의 증기부에 설치하여 불의의 사고 시 일정온도 이상 상승할 때 용해하여 고압가스를 외부로 방출하여 이상고압의 사고를 미연에 방지할 수 있다.
② **가용 전(개용마개) 용융온도** : 68~75℃ 이하
③ **가용 전의 구경(지름)** : 안전밸브 지름의 1/2 이상
④ **설치장소** : 응축기, 수액기의 상부에 토출가스의 영향을 직접 받지 않는 위치에 설치할 것
⑤ **합금성분** : 비스무트(bismuth), 카드뮴(cadmium), 납, 주석

| 가용전의 구조 |

용융점	성분(%)			
	Bi(비스무트)	Cd(카드뮴)	Pb(납)	Sn(주석)
68[℃]	50	12.5	25	12.5
68[℃]	50.1	10	26.6	13.3
70[℃]	49.5	10.1	27.27	13.13
70[℃]	45.3	12.3	17.9	24.5
70[℃]	27.5	34.5	27.5	10

(3) 파열판(rupture disk)

① **설치목적** : 내부압력이 높아 고압용기가 파열될 경우 이상고압에 의한 위해를 사전에 방지하기 위해 설치한다.
② **설치장소** : 주로 터보 냉동기 저압 측
③ **지지형식에 따른 분류** : 대구경 플랜지형, 중구경 유니온형, 소구경 나사형

④ **파열판의 선정 시 고려사항**
   ㉠ 정상운전 압력과 파열압력 관계
   ㉡ 정상운전 온도
   ㉢ 냉매의 종류
   ㉣ 구경의 크기
   ㉤ 정지압력, 맥동압력 고려
⑤ **안전두** : 정상고압+3[kg/cm²]에서 분출 조정
⑥ **고압차단스위치** : 정상고압+4[kg/cm²]에서 분출 조정
⑦ **안전밸브** : 정상고압+5[kg/cm²]에서 분출 조정

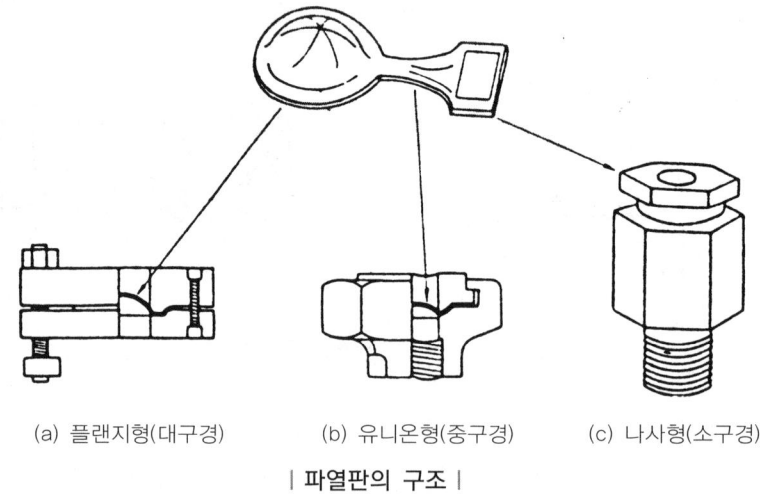

(a) 플랜지형(대구경)　　(b) 유니온형(중구경)　　(c) 나사형(소구경)

| 파열판의 구조 |

16　오일냉각기(oil cooler)

① 오일의 온도가 상당히 높아지는 경우 오일 펌프에서 나온 오일을 냉각시켜 오일의 기능을 증대시킬 목적으로 사용
② NH₃ 냉동장치에서 일반적으로 사용되며 프레온(freon) 장치인 경우 오일의 탄화나 점도 저하로 오일의 기능이 저하될 우려가 적으므로 사용되지 않는 경우가 많다.
③ 관판과 함께 냉각관을 떼어낼 수 있는 구조로 되어 있으며 청소작업이 가능하다.

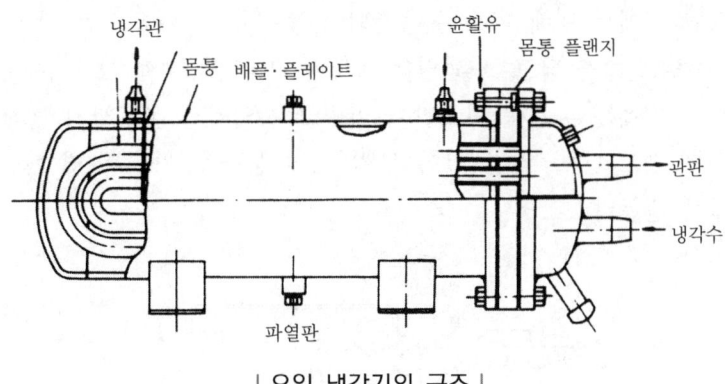

| 오일 냉각기의 구조 |

17 불응축 가스 퍼저(gas purger)

(1) 불응축 가스

냉동장치를 순환하면서 응축하지 않는 가스로서, 장치 외부에서 침입하는 공기나 윤활유 탄화에 따른 윤활유 가스 등이 포함되어 있다.

(2) 설치목적

냉동장치 내에 혼입된 불응축 가스를 냉매와 분리시켜 장치 밖으로 방출시켜 준다.

(3) 종류

① 자체 에어퍼저 밸브 이용법
㉠ 냉동장치의 운전 정지
㉡ 응축기 입출구를 닫는다.
㉢ 냉각수를 충분히 통수시켜 냉매 가스를 최대한 응축시킨다.
㉣ 에어퍼저 밸브를 천천히 열어 냉매의 손실에 유의하며 공기를 방출시킨다.
② 불응축 가스퍼저를 이용하는 방법
㉠ 스톱밸브 ①을 열어 고압 액냉매가 팽창밸브를 통해 냉각드럼 내를 냉각시키도록 한다.
㉡ 불응축 가스 스톱밸브 ②를 열어 수액기 및 응축기 상부로부터 불응축 가스가 포함된 고압 가스를 드럼 내로 유입시킨다.

ⓒ 드럼 내에서 냉매 가스는 응축되고 불응축 가스만 드럼 상부에 모인다.
ⓔ 스톱밸브 ②를 닫고 ③을 열어 응축된 냉매액을 수액기로 회수시키고 ③을 닫는다.
ⓜ 드럼 내에는 불응축 가스만 남아있고 흡입가스 온도까지 냉각시킨다.
ⓗ 스톱 밸브 ④를 약간 열어 드럼 내의 불응축 가스를 방출하고 방출이 끝나면 ④를 닫는다.

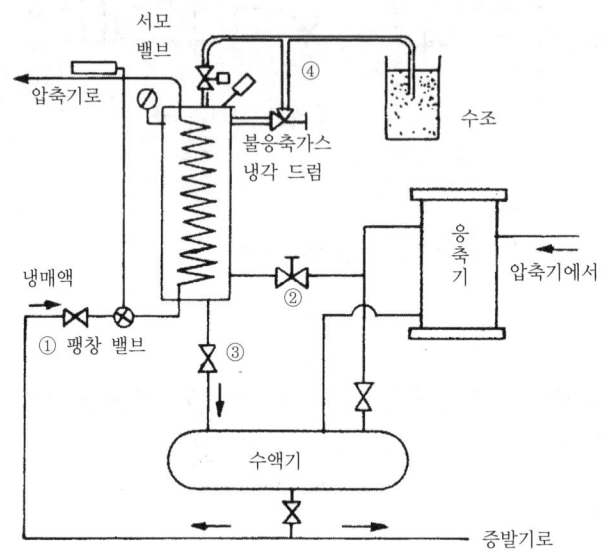

| 불응축 가스 퍼저 |

단원복습 문제풀이

01 만액식과 건식 증발기를 비교할 때 건식 증발기의 장점이 아닌 것은?

① 윤활유가 증발기 내에 고일 우려가 적다.
② 소요 냉매량이 적다.
③ 전열 효과가 크다.
④ 설치가 용이하고 비용이 적다.

해설 건식 증발기의 특징
- 증발기 내 냉매액이 25[%], 냉매 가스가 75[%] 존재한다.
- 증발관 내에 냉매액보다 가스가 많으므로 전열효과가 적다.
- 냉매액의 순환량이 적어 액분리가 불필요하다.
- 냉매 공급이 위에서 아래로 공급되므로 오일 회수가 용이하며 오일 회수장치가 필요없다.
- NH_3 사용 시에는 유효 전열면적을 증대시키기 위해 냉매 공급을 아래에서 위로 공급할 수 있다.
- 주로 공기 냉각용으로 많이 사용한다.

02 아래 그림 A, 그림 B와 같은 증발기에 관한 설명 중 옳은 것은?

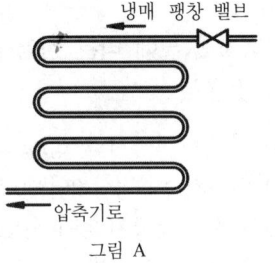

그림 A

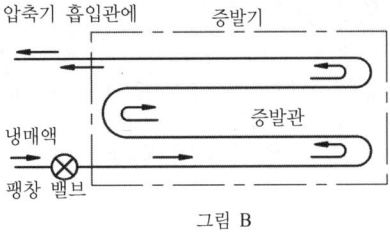

그림 B

① A와 B는 건식 증발기이며 전열은 A가 더 양호하다.
② A는 건식, B는 만액식 증발기이며 전열은 B가 더 양호하다.
③ A는 건식, B는 반만액식이며 전열은 B가 더 양호하다.
④ A와 B는 반만액식 증발기이며 전열은 A와 B가 동등하다.

해설 A그림은 건식 증발기를 나타내고 B그림은 반만액식 증발기를 나타낸다. 그러므로 만액식 증발기인 B가 전열효율이 좋다.

정답 01 ③ 02 ③

03 제빙용으로 브라인(brine)의 냉각에 적당한 증발기는?

① 관코일 증발기
② 헤링본 증발기
③ 원통형 증발기
④ 평판상 증발기

해설 헤링본식 증발기 : 제빙용 브라인 냉각기에 사용되며 탱크형 증발기라고도 한다.

04 압축기 종류에 따른 정상적인 유압이 아닌 것은?

① 터보 = 정상저압+6[kg/cm^2]
② 입형저속 = 정상저압+ 0.5 ~ 1.5[kg/cm^2]
③ 소형 = 정상저압+ 0.5[kg/cm^2]
④ 고속다기통 = 정상저압 6[kg/cm^2]

해설 압축기별 적정 유압
① 소형 = 정상저압+0.5[kg/cm^2]
② 입형저속 = 정상저압+0.5~1.5[kg/cm^2]
③ 고속다기통 = 정상저압+1.5~3[kg/cm^2]
④ 터보 = 정상저압+6[kg/cm^2]
⑤ 스크루 = 토출압력(고압)+2~3[kg/cm^2]

05 고속 다기통 압축기의 흡입 및 토출밸브에 주로 사용하는 것은?

① 포핏 밸브
② 플레이트 밸브
③ 리드 밸브
④ 와샤 밸브

해설 플레이트 밸브 : 고속다기통 압축기 흡입/토출밸브로 사용

06 다음 중 주로 원심식 냉동기의 안전장치로 사용하며, 용기의 과열 등에 의한 이상 고압으로부터의 위해를 방지하기 위한 장치는?

① 가용전
② 릴리프 밸브
③ 차압 스위치
④ 파열판

해설 파열판 : 이상고압이 발생했을 때 과열 폭발 사고를 방지하기 위해 사전에 파열되어 압력을 외부로 도피시켜 사고를 방지하는 장치. 주로 터보냉동기 저압측에 사용된다.

07 냉동장치의 고압 측에 안전장치로 사용되는 것 중 옳지 않은 것은?

① 스프링식 안전밸브
② 플로트 스위치
③ 고압차단 스위치
④ 가용전

해설 플로트 스위치는 저압용 스위치로 고압에는 부적당하다.

08 불응축가스의 침입을 방지하기 위해 액순환식 증발기와 액펌프 사이에 부착하는 것은?

① 감압 밸브
② 여과기
③ 역지 밸브
④ 건조기

해설 역지밸브 : 유체의 역류를 방지하는 장치로 냉동기에서는 불응축가스 침입 방지장치로도 사용할 수 있다.

정답 03 ② 04 ④ 05 ② 06 ④ 07 ② 08 ③

09 가용전(fusible plug)에 대한 설명으로 틀린 것은?

① 불의의 사고(화재 등) 시 일정 온도에서 녹아 냉동장치의 파손을 방지하는 역할을 한다.
② 용융점은 냉동기에서 68~75℃ 이하로 한다.
③ 구성 성분은 주석, 구리, 납으로 되어 있다.
④ 토출가스의 영향을 직접 받지 않는 곳에 설치해야 한다.

해설
- 합금성분 : 비스무트(bismuth), 카드뮴(cadmium), 납, 주석
- 구리 용융 온도 : 1084℃

정답 09 ③

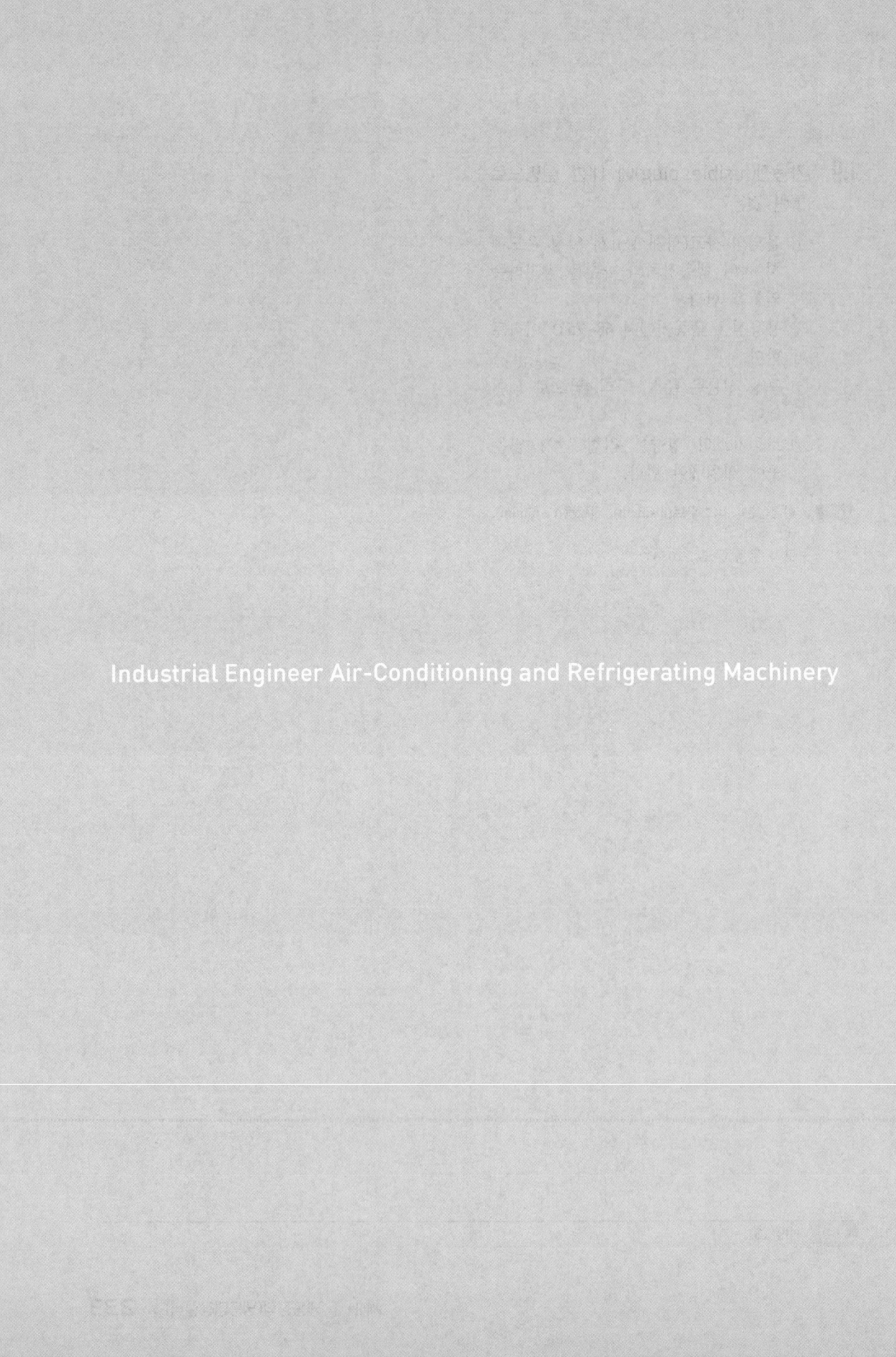
Industrial Engineer Air-Conditioning and Refrigerating Machinery

공기조화(공기조화설비)

CHAPTER 4

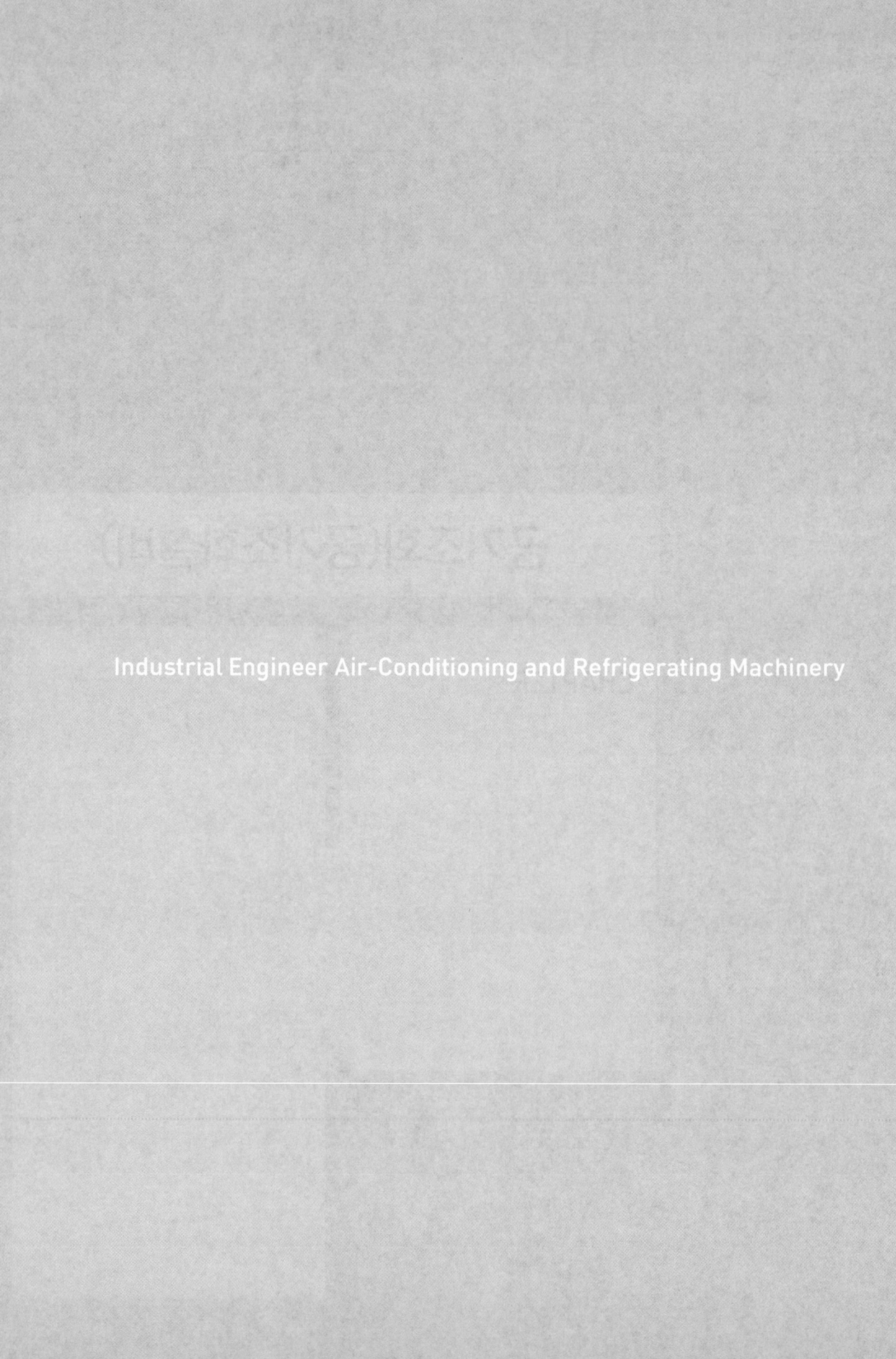
Industrial Engineer Air-Conditioning and Refrigerating Machinery

Chapter 4
공기조화(공기조화설비)

1 공기조화의 개요

1 공기조화

(1) 정의
인위적으로 실내 또는 일정한 공간의 공기를 사용목적에 적합하도록 적당한 상태로 조정하는 것을 공기조화라 한다.

(2) 공기조화의 4대 구성요소
온도, 습도, 기류, 청정도

(3) 공기조화의 분류
① **보건용 공기조화** : 쾌적한 주거환경을 유지하여 보건, 위생 및 근무환경을 향상시키기 위한 공기조화(사람을 위한 공기조화)
② **산업용(공업용) 공기조화** : 생산과정에 있는 물질을 대상으로 하여 물질의 온도, 습도의 변화 및 유지와 환경의 청정화로 생산성 향상을 목적으로 한다.(기계를 위한 공기조화)

(4) 보건용 공조의 실내환경

① **유효온도** : 실내환경을 평가하는 척도로서(ET-effective temperature) 온도, 습도, 기류를 하나로 조합한 상태의 온도감각을 상대습도 100%, 풍속 0[m/s]일 때 느껴지는 온도감각이다.

(5) 산업용 공조의 실내조건

① 실험 및 측정실은 건구온도 20℃, 상대습도 65%로 유지시킨다.
② **클린 룸(clean room)**
  ㉠ 공업용 클린 룸(ICR : industrial clean room)
  ㉡ 바이오 클린 룸(BCR : bio clean room)
  ㉢ 클린 룸 등급은 미연방 규격에 의하면 공기 1[ft³] 체적 내에 0.5[μm] 크기의 유해가스 크기의 입자수로 나타낸다.

(6) 공기조화의 열원장치

① **공기조화기** : 외기와 환기의 혼합실, 난방용 가열코일, 냉각 감습용 냉각코일, 가습을 위한 가습 노즐 등의 조합기기
② **열운반장치** : 송풍기, 펌프, 덕트, 배관 등
③ **열원장치** : 보일러, 냉동기 등
④ 자동제어장치

(7) 냉난방 설계 시 외기조건

① 상당외기온도(t_e)

$$t_e = \frac{a}{a_0} \times I + t_0$$

$$a = a \times I + a_0(t_0 - t_s) = a_0\left[\left(\frac{a}{a_0} + I + t_0\right) - t_s\right]$$

a : 벽체 표면의 일사흡수율(%)
I : 벽체 표면이 받는 전일사량(kcal/m²h)(kJ/m²h)
a_0 : 표면 열전달률(kcal/m²h℃)(kJ/m²h℃)
t_0 : 외기온도(℃)
t_s : 벽체의 표면온도(℃)
q : 표면의 공기층으로부터 벽체에 전달되는 열량(kcal/m²h)(kJ/m²h)

② 상당외기온도차(실효온도차 ETD : equivalent temperature difference)

ETD = 상당외기온도 - 실내온도(℃) = $t_e - t_r$

(8) 도일(度日 : degree day)

실내온도를 t_r, 냉·난방 개시 및 종료 온도를 t_o라고 하면 표시되는 면적과 같은 기간 냉·난방 부하의 총량이 된다. 이를 도일 또는 디그리데이라 한다.

디그리데이 $D = \triangle d \times (t_r - t_o)[\deg℃ \cdot day]$

- t_r : 설정한 실내온도(℃)
- t_o : 냉·난방 기간 동안의 매일 평균 외기온도(℃)
- $\triangle d$: 냉·난방 기간(day)
- 도일(D) : 난방도일이면 HD, 냉방도일이면 CD

2 공기(Air)

(1) 습공기의 조성

체적비율로서 질소 78%, 산소 21%, 기타 가스1%(아르곤 0.6%, 탄산가스 0.03%, 미량의 수증기)로 조성된다.

(2) 건구온도(t)

기온을 측정할 때 온도계의 감열부가 건조된 상태에서 측정한 온도(℃)

(3) 습구온도(t')

기온측정 시 감열부를 천으로 싸고 모세관 현상으로 물을 빨아올려 감열부가 젖게 한 뒤 측정한 온도(℃)

(4) 포화공기

습공기 중에 수증기(x)가 점차 증가하여 더 이상 수증기를 포함시킬 수 없을 때의 공기

(5) 노점온도(이슬점)

공기 중에 포함된 수증기가 작은 물방울로 변화하여 이슬이 맺히는 점을 말하며 결로현상이라고도 한다. 즉 공기 중 수분이 응축하기 시작하는 온도를 노점온도라 한다.

(6) 노입공기(무입공기)

수증기가 미세한 안개(물방울)로 존재하는 공기. 무화현상

(7) 상대습도(%)

어떠한 상태의 공기가 포함한 수증기량과 공기가 최대로 포함할 수 있는 수증기량의 비를 나타낸 것으로 %로 표시한다.

(8) 절대습도(x)

습공기 중에 함유되어 있는 수증기의 중량, 즉 습공기를 구성하고 있는 건공기 1kg 중에 포함된 수증기의 중량 x[kg]을 말하며 절대습도 x[kg/kg']로 표시하고 여기에서 kg'는 습공기 중에 건조공기의 중량이다.(kg' 또는 DA로 표시하기도 한다.)

(9) 포화도(비교습도)

포화습공기의 절대습도와 동일온도의 습증기의 절대습도의 비

습공기의 포화도 $(\phi_s) = \dfrac{x}{x_a} \times 100[\%]$

$\begin{bmatrix} \phi_s : 포화도(\%) \\ x : 어떤 공기의 절대습도 \ DA(kg/kg') \\ x_a : 포화공기의 절대습도(kg/kg') \end{bmatrix}$

(10) 습공기의 엔탈피(건공기 엔탈피 + 수증기 엔탈피)

① 건공기 엔탈피(ha)

$ha = C_p \cdot t = 0.24t\,[\text{kcal/kg}]$

② 수증기 엔탈피(hv)

$hv = r + C_{vp} \cdot t = 597.5 + 0.44t\,[\text{kcal/kg}]$

③ 습공기 엔탈피(hw)

$$hw = ha + x \cdot hv [\text{kcal/kg}] = C_p \cdot t + x(r + C_{vp} \cdot t)$$
$$= 0.24t + x(597.5 + 0.44t)[\text{kcal/kg}] = 1.01t + x(2501 + 1.85t)[\text{kJ/kg}]$$

- C_p : 건조공기의 정압비열(0.24[kcal/kg℃], 1.01[kJ/kg℃])
- t : 건구온도[℃]
- r : 0[℃]에서 포화수의 증발잠열(597.5[kcal/kg], 2501[kJ/kg])
- C_{vp} : 수증기의 정압비열(0.44[kcal/kg℃], 1.85[kJ/kg℃])

(11) 현열비/감열비(sensible heat factor : SHF)

실내로 송출되는 공기의 상태를 알기 위한 값으로 전열량과 현열량의 비로 나타낸다.

$$SHF = \frac{q_s}{q_s + q_L} = \frac{q_s}{q_t}$$

- q_s : 현열량
- q_L : 잠열량
- q_t : 전열량

3 습공기선도

(1) $h-x$ 선도(molier chart)

엔탈피 h를 경사축으로 절대습도 x를 종축으로 구성한 선도이다.

(2) $t-x$ 선도(carrier chart)

건구온도 t를 횡축에, 절대습도 x를 종축으로 한 선도

(3) 습공기의 상태변화

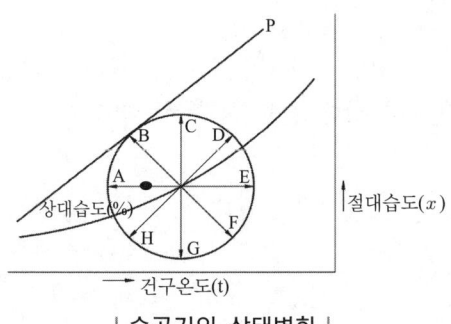

| 습공기의 상태변화 |

4 결로(結露)현상

(1) 표면결로

결로현상이 물체의 표면에 발생되는 것

(2) 내부결로

벽체 내의 어떤 층 온도가 습공기의 노점온도보다 낮아지면 그 층 부근에서 결로현상이 발생하는 것을 말한다.

(3) 결로

습공기가 차가운 벽이나 천장 바닥 등에 닿으면 공기 중에 함유된 수분이 응축되어 그 표면에 이슬이 맺히는 현상

(4) 결상(빙결)

결로현상은 공기와 접한 물체의 온도가 그 공기의 노점온도보다 낮을 때 일어나며, 온도가 0℃ 이하가 되면 결상(結霜), 또는 결빙(結氷)이라 한다.

(5) 표면결로의 방지

벽체 표면의 온도(t_s)가 실내공기의 노점온도(t_r)보다 높으면 결로가 방지된다. 즉 결로를 방지하기 위해서는 해당 표면의 온도가 공기 노점온도보다 높아야 한다.

5 습도계

(1) 모발습도계

모발의 신축을 이용해서 상대 습도를 측정한다.
정밀도가 낮다.

(2) 전기저항 습도계

다공질의 유리면에 염화리튬을 도포한 것으로 상대습도가 증가하면 전기저항이 감소하는 성질을 이용한 습도계이다. 따라서 이 저항을 측정하면 상대습도를 측정할 수 있다.

단원복습 문제풀이

01 공기가 노점온도보다 낮은 냉각코일을 통과하였을 때의 상태를 기술한 것 중 틀린 것은?

① 상대습도 저하
② 절대습도 저하
③ 비체적 저하
④ 건구온도 저하

해설 노점온도보다 낮은 코일을 통과할 때 공기의 상태
① 상대습도 증가
② 절대습도 저하
③ 비체적 저하
④ 건구온도 저하

02 상대습도에 대한 설명 중 맞는 것은?

① 습공기에 포함되는 수증기의 양과 건조공기 양과의 중량비
② 습공기의 수증기압과 동일 온도에 있어서 포화공기의 수증기압과의 비
③ 포화상태 수증기의 분량과의 비
④ 습공기의 절대습도와 그와 동일 온도의 포화 습공기의 절대 습도의 비

해설 상대습도 : 어떠한 상태의 공기가 포함한 수증기량과 공기가 최대로 포함할 수 있는 수증기량의 비를 나타낸 것으로 %로 표시한다.

03 보건용 공기조화에서 쾌적한 상태를 제공하여 주는 4가지 주요한 요소에 해당되지 않는 것은?

① 온도
② 습도
③ 기류
④ 음향

해설 공기조화의 4대 구성요소 : 온도, 습도, 기류, 청정도

04 실내에 있는 사람이 느끼는 더위, 추위의 체감에 영향을 미치는 수정 유효온도의 주요 요소는?

① 기온, 습도, 기류, 복사열
② 기온, 기류, 불쾌지수, 복사열
③ 기온, 사람의 체온, 기류, 복사열
④ 기온, 주위의 벽면온도, 기류, 복사열

해설 유효온도 : 온도, 습도, 기류, 복사열

정답 01 ① 02 ② 03 ④ 04 ①

05 다음 공기의 성질에 대한 설명 중 틀린 것은?

① 최대한도의 수증기를 포함한 공기를 포화공기라 한다.
② 습공기의 온도를 낮추면 물방울이 맺히기 시작하는 온도를 그 공기의 노점온도라고 한다.
③ 건공기 1kg에 혼합된 수증기의 질량비를 절대습도라 한다.
④ 우리 주변에 있는 공기는 대부분의 경우 건공기이다.

해설 우리 주변에 있는 공기는 대부분 습공기이다.

06 공조부하 계산 시 잠열과 현열을 동시에 발생시키는 요소는?

① 벽체로부터의 취득열량
② 송풍기에 의한 취득열량
③ 극간풍에 의한 취득열량
④ 유리로부터의 취득열량

해설
• 벽체 취득열량 : 현열
• 송풍기 취득열량 : 기계열량+현열
• 극간풍에 의한 취득열량 : 현열+잠열
• 유리로부터의 취득열량 : 현열

정답 05 ④ 06 ③

2 습공기의 상태변화

1 습공기 가열에 따른 상태변화(현열변화)

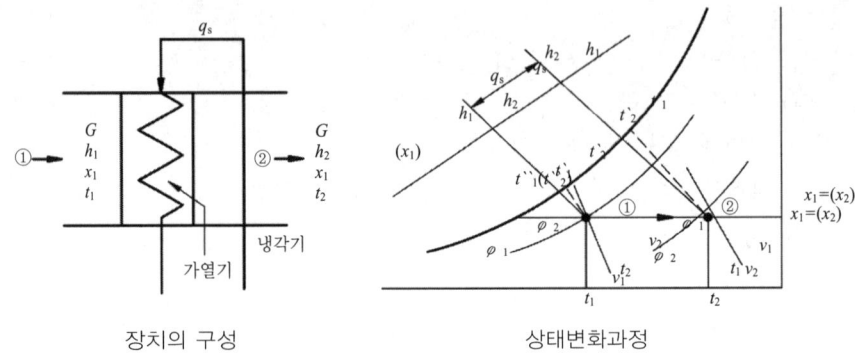

| 현열만에 의한 공기의 가열 |

(1) 가열기 가열량(q_s)

$$q_s = G(h_2 - h_1) = 0.24\,G(t_2 - t_1) = 1.2\,Q(h_2 - h_1) = 0.29\,Q(t_2 - t_1)\,[\text{kcal/h}]$$
$$= 1.01\,G(t_2 - t_1) = 1.2\,Q(t_2 - t_1) = 1.2\,Q(t_2 - t_1)\,[\text{kJ/h}]$$

- 공기의 정압비열 : 0.24(kcal/kg℃), 1.01(kJ/kg℃)
- 공기의 1[m³]당 정압비열 : 0.29(kcal/m³℃), 1.01(kJ/kg℃)
- $h_2 - h_1$: ①과 ② 상태의 습공기의 엔탈피(kcal/kg)(kJ/kg)
- $t_1 - t_2$: ①과 ② 상태의 공기의 건구온도(℃)
- G : 가열기로 들어오는 습공기의 중량(kg/h)
- Q : 가열기로 들어오는 습공기의 체적(m³/h)

2 습공기의 냉각(현열냉각)

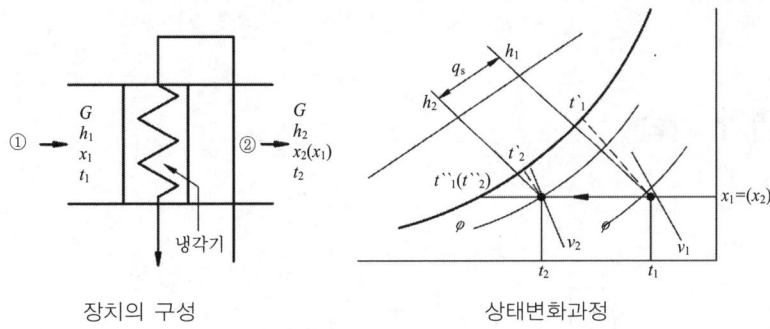

| 현열만에 의한 냉각 |

(1) 냉각기 열량(q_s)

$$q_s = G(h_1 - h_2) = 0.24\,G(t_1 - t_2) = 1.2\,Q(h_1 - h_2) = 0.29\,Q(t_1 - t_2)\,[\text{kcal/h}]$$
$$= G(h_1 - h_2) = 1.01\,G(t_1 - t_2) = 1.2\,Q(h_1 - h_2) = 1.2\,Q(t_1 - t_2)\,[\text{kJ/h}]$$

3 습공기의 가습(잠열가습)

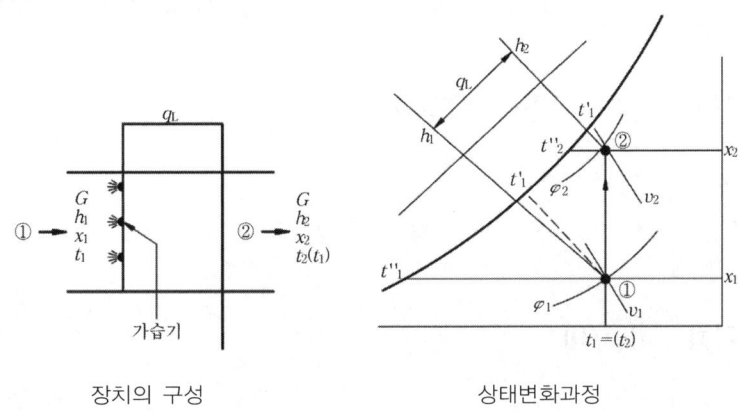

| 잠열만에 의한 가습 |

(1) 가습으로 공기에 가해진 열량(q_L)

$$q_L = G(h_2 - h_1) = 597.5\,G(x_2 - x_1) = 1.2\,Q(h_2 - h_1) = 717\,Q(x_2 - x_1)\,[\text{kcal/h}]$$
$$= G(h_2 - h_1) = 2501\,G(x_2 - x_1) = 1.2\,Q(h_2 - h_1) = 3001.2\,Q(x_2 - x_1)\,[\text{kJ/h}]$$

(2) 가습증기량(L)

$$L = G(x_2 - x_1) = 1.2\,Q(x_2 - x_1)$$

4 가열과 가습

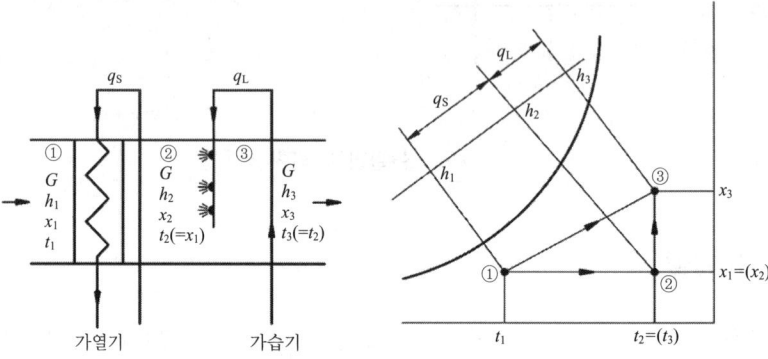

(1) 가열기의 가열에 의한 현열(q_s)

$$q_s = G(h_2 - h_1) = 0.24\,G(t_2 - t_1) = 1.2\,Q(h_2 - h_1) = 0.29\,Q(t_2 - t_1)\,[\text{kcal/h}]$$
$$= G(h_2 - h_1) = 1.01\,G(t_2 - t_1) = 1.2\,Q(h_2 - h_1) = 1.2\,Q(t_2 - t_1)\,[\text{kJ/h}]$$

(2) 가습증기로 인한 가열된 잠열량(q_L)

$$q_L = G(h_3 - h_2) = 597.5\,G(x_3 - x_2) = 1.2\,Q(h_3 - h_2) = 717\,Q(x_3 - x_2)\,[\text{kcal/h}]$$
$$= G(h_3 - h_2) = 2501\,G(x_3 - x_2) = 1.2\,Q(h_3 - h_2) = 3001.2\,Q(x_3 - x_2)\,[\text{kJ/h}]$$

(3) 가습증기량 L[kg/h]

$$L = G(x_3 - x_2)$$

(4) 장치 전체의 가열량(q_T)

$$q_T = q_S + q_L = G(h_3 - h_1)\,[\text{kcal/h}][\text{kJ/h}]$$

(5) 현열비(SHF : sensible heat factor)

$$SHF = \frac{q_s}{q_s + q_L} = \frac{공기의\ 현열량}{공기의\ 전열량}$$

(6) 열수분비(수분비)

열수분비란 습공기의 상태변화량 중 수분의 변화량과 엔탈피 변화량의 비를 말하며 수분비(u : moisture ratio)라고도 한다.

$$u = \frac{엔탈피\ 변화량}{수분의\ 변화량} = \frac{\triangle h}{\triangle x} = \frac{h_3 - h_1}{x_3 - x_1}[\text{kcal/kg}][\text{kJ/kg}]$$

(7) 각종 가습방법

① **순환수 가습** : 펌프로 노즐을 통하여 공기 중에 분무하여 가습하는 방법이다.
② **온수 가습** : 순환수를 온수로 만들어 가열하여 분무시킨다.
③ **증기 가습** : 증기를 분무하여 가습하며 이 혼합 과정에서 외부로부터 열을 공급받거나 방출되지 않는다면 단열 혼합이라 한다.

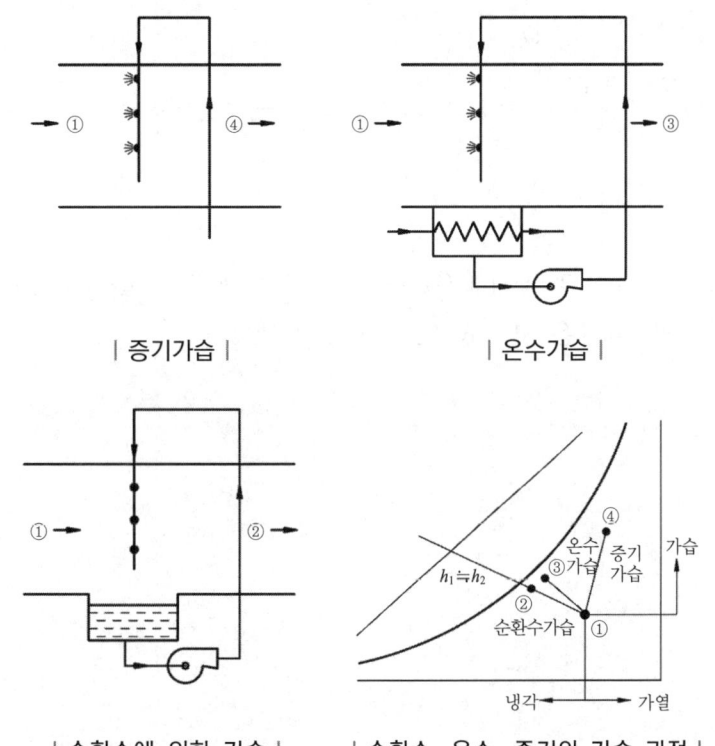

| 증기가습 | | 온수가습 |

| 순환수에 의한 가습 | | 순환수, 온수, 증기의 가습 과정 |

5 단열혼합과정

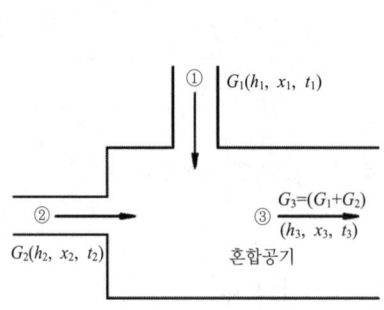 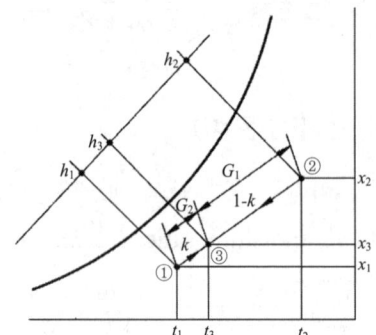

① $h_3 = \dfrac{G_1 h_1 + G_2 h_2}{G_3} = h_1 + (h_2 - h_1)\dfrac{①\sim③}{①\sim②}$

$= h_1 + (h_2 - h_1)\dfrac{G_2}{G_3} = h_1 + (h_2 - h_1)k$

② $t_3 = \dfrac{G_1 t_1 + G_2 t_2}{G_3} = t_1 + (t_2 - t_1)\dfrac{①\sim③}{①\sim②}$

$= t_1 + (t_2 - t_1)\dfrac{G_2}{G_3} = t_1 + (t_2 - t_1)k$

③ $x_3 = \dfrac{G_1 x_1 + G_2 x_2}{G_3} = x_1 + (x_2 - x_1)\dfrac{①\sim③}{①\sim②}$

$= x_1 + (x_2 - x_1)\dfrac{G_2}{G_3} = x_1 + (x_2 - x_1)k$

※ 그림에서 ①의 공기에 ② 상태의 공기를 K의 비율(G_2[kg])로 혼합하면 ① 상태의 공기비율은 $(1-K)$인 G_1[kg]이 된다.

6 습코일/건코일

① **건코일** : 그림 (a)에서 냉각 코일에서 입구공기 ①(건구 온도 t_1, 노점 온도 t_1'')이 냉각되는 과정은 이 때 코일의 표면온도가 입구공기의 노점온도인 t_1''보다 높은 t_2라면 (b)에서 보는 바와 같이 ①, ②의 수평선상으로 즉, 현열변화만 한다. 따라서 습공기는 온도만 내려가고 절대습도의 변화는 가져오지 않으므로 코일의 표면은 건조한 상태의 냉각이다. 이러한 코일을 건코일(dry coil)이라 한다.

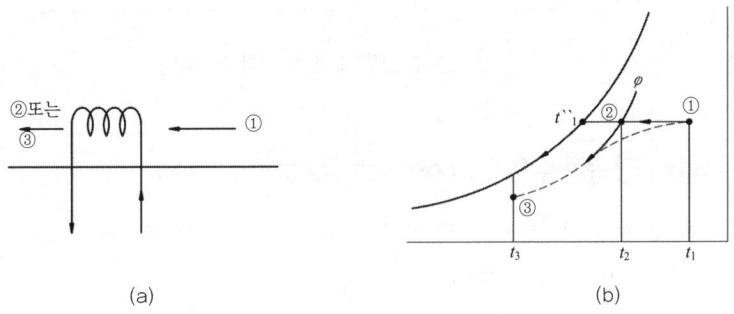

(a)   (b)

② **습코일** : 코일의 표면온도가 통과공기의 노점온도보다 낮은 t_3이라 하면 ①의 공기는 t_1''까지는 수평선상으로 냉각하고(현열량 감소) 계속하여 포화 공기선을 따라 t_3까지 (현열 및 잠열 감소)내려본다. 따라서 포화공기선을 따라 내려오는 과정에서 습공기 중에 있는 수분이 코일 표면에 응축되는 습코일(wet coil)이 된다.

7 바이패스 팩터(by-pass factor)

(1) 바이패스 팩터(BF)

냉각 코일이 습 코일이며 코일 역수가 무한히 많고 통과공기의 속도가 무한히 느리다면 그림에서 ①의 공기는 냉각 감습되어 최종적으로 장치의 노점온도인 ⑤점 즉 포화공기의 온도 t_s에 달한다.

그러나 실제적으로는 코일의 열수는 4~8열 정도이며 풍속도 2~3[m/s] 정도로 되어 대부분의 공기는 코일에 접촉되어 열교환이 된 t_s의 상태 ⑤점이 되나 일부의 공기는 코일과 접촉하지 못하고 ①의 상태로 그대로 빠져나간다. 그러므로 출구공기는 ⑤ 상태의 공기와 ①의 상태인 공기가 혼합된 ②의 공기상태가 된다. 이 때 공기가 코일을 통과해도 코일과 접촉하지 못하고 지나가는 공기의 비율을 바이패스 팩터라 한다.

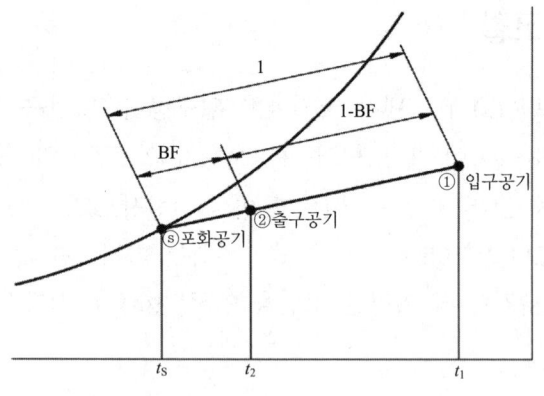

| 냉각 코일에서 바이패스 팩터 |

(2) 컨택트 팩터/접속계수(CF : contact factor)

전공기에 비해 코일과 접촉한 후의 공기비율을 컨택트 팩터라 한다.

ⓢ ② : ② ① = BF : (1 - BF)

ⓢ ② : ⓢ ① = BF : 1

1-BF = CF

$$\text{BF} = \frac{\text{바이패스한 공기량}}{\text{코일을 통과한 공기량}} = \frac{t_2 - t_s}{t_1 - t_s} = \frac{h_2 - h_s}{h_1 - h_s} = \frac{x_2 - x_s}{x_1 - x_s}$$

8 습공기의 혼합과 냉각

(a)와 같은 공조장치는 ①의 상태(h_1, t_1, x_1)인 환기량 G_R[kg/h]과 ②의 상태(h_2, t_2, x_2)인 외기량 G_0[kg/h]가 혼합되어 ③의 상태(h_3, t_3, x_3)인 혼합공기로 된 후 혼합공기량 G[kg/h]는 냉각 코일을 거치는 동안 상태변화를 하여 ④의 상태(h_4, t_4, x_4)로 되어 송풍기에 의해 실내로 취출된다.

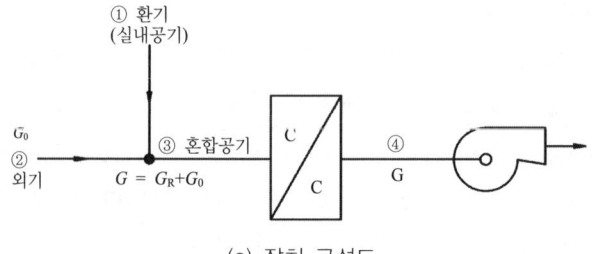

(a) 장치 구성도

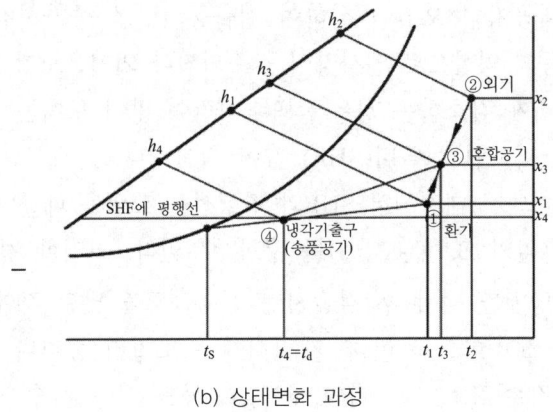

(b) 상태변화 과정

※ 냉각선은 ③과 ④를 연결한 선이 된다.

9 혼합, 냉각, 재열

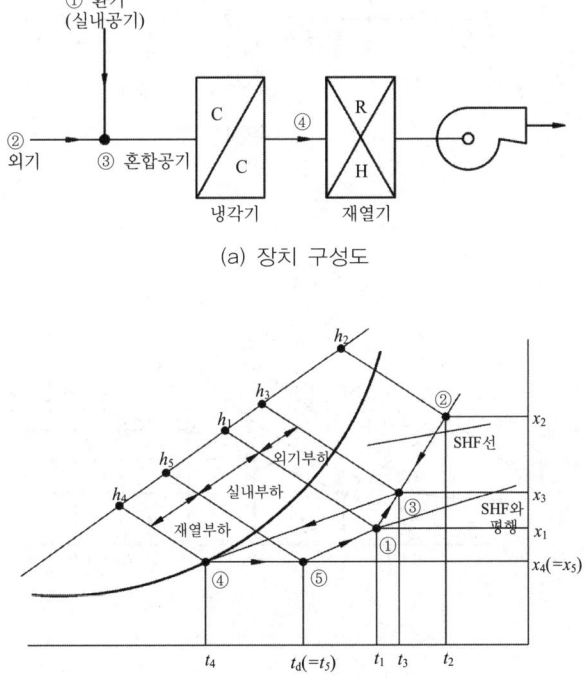

(a) 장치 구성도

(b) 상태변화 과정

냉방 시에 실내공기의 오염이 심하여 취출공기량을 증가시킬 필요가 있을 때나 흐린 날씨, 장마철 등의 영향으로 일사량이 감소되거나 외기온도가 낮아져 실내 취득 열량 중 현열량이 현저하게 감소하는 경우, 식당, 사람이 많이 모이는 장소와 같이 실내 취득 잠열부하가 매우 커지면 현열비(SHF) 값이 작아진다.

따라서 실내공기의 상태점에서 SHF와 평행선을 그었을 때 포화공기선과 교차하지 않기 때문에 냉각 코일의 표면온도(t_s)를 구할 수 없다. 이러한 경우에는 이와 같이 장치의 냉각기로 혼합냉매를 냉각 후 감습시켜 절대습도를 낮춘 후에 재열기(RH)로 재열하여 SHF 평행선과 교차하도록 한다. 재열시에는 보일러 증기나 온수의 이용 외에도 응축기로부터의 냉각수 또는 냉동기의 hot gas 등을 사용할 수 있다.

10 혼합, 가열, 가습

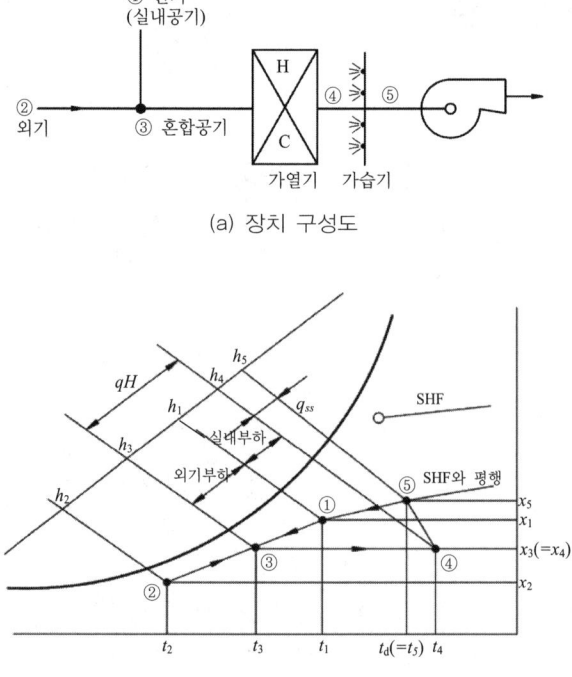

(a) 장치 구성도

(b) 상태변화 과정

실내의 환기와 외기를 혼합하여 가열한 후 가습기에 가습을 하고 송풍기로 실내를 취출(⑤의 공기)하는 난방장치이며 가습방식은 여러 가지 방식이 있다.

11 예냉 혼합, 냉각 감습

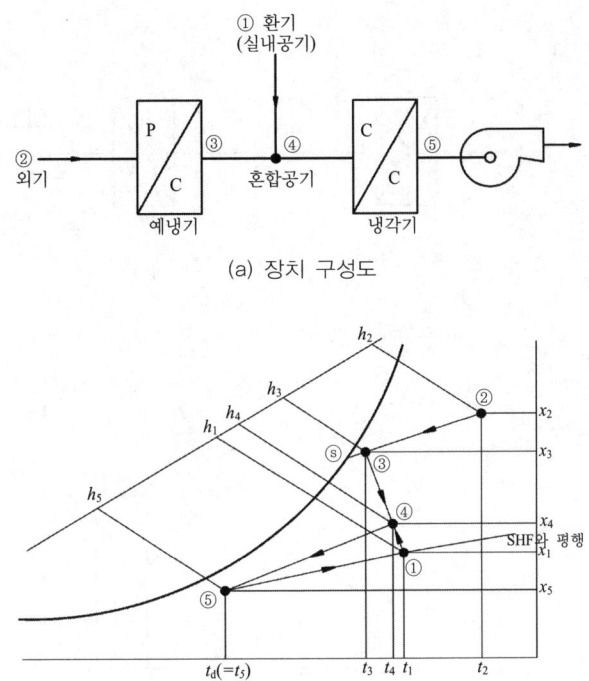

(a) 장치 구성도

(b) 상태변화 과정

공조장치는 외기 ②를 냉수 코일이나 지하수를 이용한 에어워셔 등을 이용하여 예냉기로 냉각시킨 후 감습하여 ③의 공기상태로 만든 후 환기(실내공기)와 즉 ①과 혼합하여 ④의 혼합공기로 냉각기로 들어가서 다시 냉각 감습되어 ⑤의 공기상태로 실내로 취출된다.

12. 예열 혼합, 가습(수분무), 가열

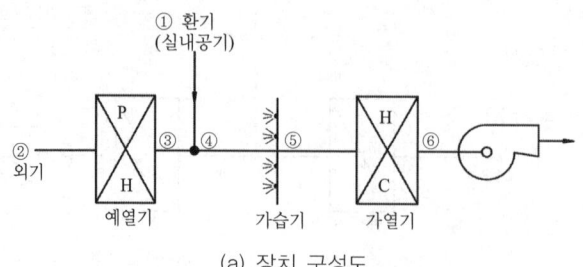

(a) 장치 구성도

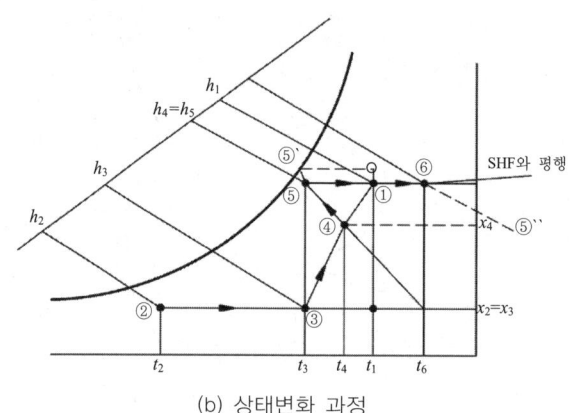

(b) 상태변화 과정

외기온도가 극히 낮은 한랭지방에서 가습효과를 높이고 가열기의 용량을 줄일 수 있는 방법의 공조장치이다.

외기 ②를 예열기로 ③의 상태로 예열한 후 실내 환기 ①과 혼합하여 혼합공기 ④를 만들고 여기에 순환 물(水)을 분무하여 ⑤의 상태로 가습시킨다. 다시 가습 후 가열기로 ⑥의 상태로 만든 후 실내로 송풍기로 송풍한다.

그런데 혼합공기 ④를 순환수로 가습하는 경우 가습량의 한계가 낮아서 현열비(SHF)가 작은 때에는 이 방식이 부적당하다. 그러므로 현열비가 작은 경우에는 가열기와 가습기의 위치를 바꾸어 놓으면 ④→⑤″→⑥의 과정을 거치게 되므로 가습기 효율이 낮더라도 응용이 가능하다.

13. 혼합, 냉각, 바이패스

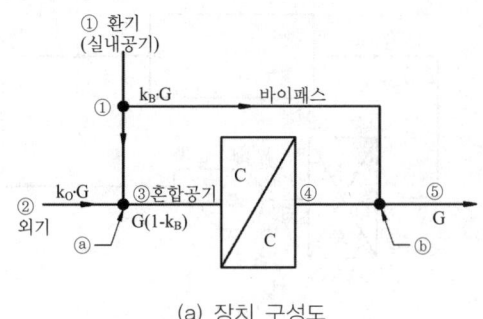

(a) 장치 구성도

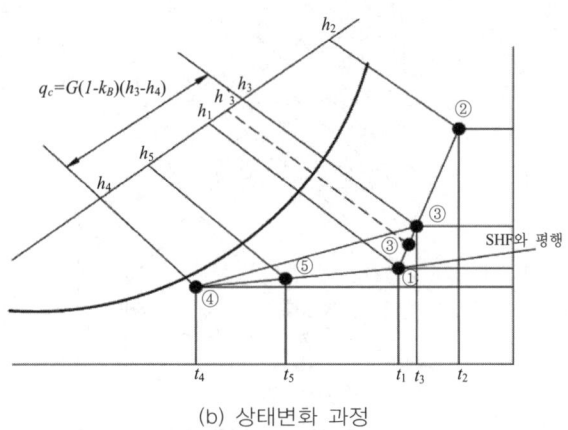

(b) 상태변화 과정

취출공기와 실내공기의 온도차가 너무 크면 불쾌감을 느끼게 된다. 따라서 온도차를 줄이기 위하여 실내로 오는 환기의 일부를 바이패스하여 바이패스 공기 ①과 혼합하여 냉각기를 거쳐 나오는 공기와 혼합하여 실내로 급기하는 ⑤의 공기 구조로 만든다.

14 팬 부하를 고려한 상태변화

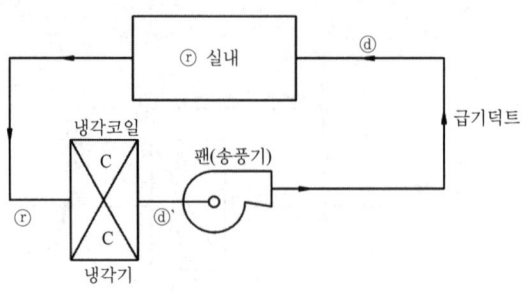

(a) 장치 구성도

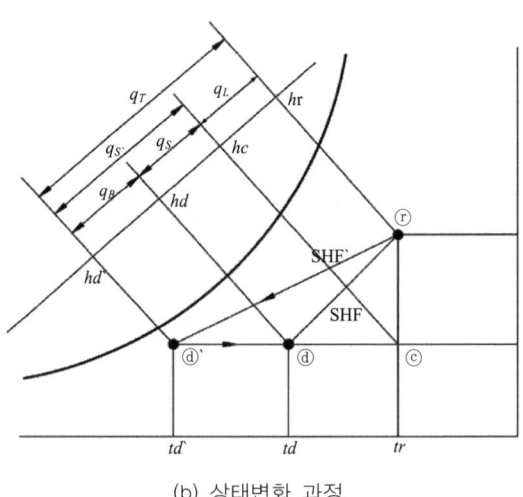

(b) 상태변화 과정

실내로 공급되는 실제 공기는 송풍기와 덕트를 거쳐서 실내로 취출된다. 그림에서 냉각코일을 통과한 ⓓ' 상태의 공기는 팬(송풍기)에 의해 압축되고 팬 모터로부터 열을 받게 되며 또한 급기 덕트를 통해 취출구까지 오는 도중 덕트 표면을 통해 외부로부터 열을 받아 ⓓ의 공기로 실내에 급기된다.

이 과정에서 공기가 받은 열은 모두 현열로서 이를 팬 부하(팬 부하+덕트 부하)라 한다.

단원복습 문제풀이

01 실내의 현열부하가 4,500[kcal/h]이고, 잠열부하가 13,000[kcal/h]일 때 현열비(SHF)는?

① 0.75
② 0.67
③ 0.33
④ 0.25

해설 현열비(SHF)

$$SHF = \frac{현열부하}{현열부하+잠열부하} = \frac{4,500}{4,500+13,000} = 0.257$$

02 외기 온도 30[℃], 환기 온도 25[℃]인 공기를 각각의 비율 1 : 3으로 혼합해서 냉각 코일 통과시 바이패스 팩터가 0.2이다. 이 때 출구의 공기온도는? (단, 코일 표면의 온도는 12[℃]이다.)

① 18.85[℃]
② 16.85[℃]
③ 14.85[℃]
④ 12.85[℃]

해설

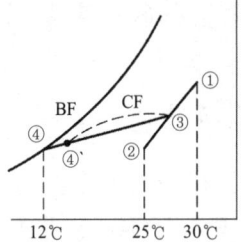

① 혼합공기온도
$$t_3 = \frac{(30 \times 1)+(25 \times 3)}{1+3} = 26.25[℃]$$

② 바이패스 팩터
$$B_F = \frac{코일\ 출구온도 - 코일\ 표면온도}{혼합\ 공기온도 - 코일\ 표면온도} = \frac{t_4' - t_4}{t_3 - t_4}$$

③ 코일 출구온도
$$t_4' = [BF \times (t_3 - t_4)] + t_4$$
$$= [0.2 \times (26.25 - 12)] + 12 = 14.85[℃]$$

03 가습효율이 100%에 가까우며 무균이면서 응답성이 좋아 정밀한 습도제어가 가능한 가습기는?

① 물분무식 가습기
② 증발팬 가습기
③ 증기 가습기
④ 소형 초음파 가습기

해설 가습효율 100%에 가까우며 효율이 가장 좋은 가습 방법 : 증기가습

정답 01 ④ 02 ③ 03 ③

3 공기조화 부하계산

1 부하의 분류

(1) 냉방부하

냉각 감습하는 열 및 수분의 양을 냉방부하라 한다.

(2) 난방부하

가열 가습하는 양을 난방부하라 한다.
① 냉방 시에는 실내의 온도 습도를 일정한 상태로 유지시키기 위해서 외부에서 들어오거나 또는 실내에서 발생되는 열량과 수분을 제거해야 한다.
② 난방 시에는 외부로 손실되는 열량과 수분을 보충해야 한다.

2 냉방부하

(1) 냉방부하 발생원인

① 실내 취득열량
  ㉠ 벽체로부터의 취득열량(현열)
  ㉡ 유리로부터의 취득열량(현열)(일사 + 대류)
  ㉢ 극간풍에 의한 발생 열량(현열 + 잠열)
  ㉣ 인체의 발생열량(현열 + 잠열)
  ㉤ 기구로부터의 발생열량(현열 + 잠열)
② 기기로 부터의 취득열량
  ㉠ 송풍기에 의한 취득열량(현열)
  ㉡ 덕트로부터의 취득열량(현열)
③ **재열부하** : 재열기의 가열에 의한 취득열량(현열)
④ **외기부하** : 외기의 도입으로 인한 취득열량(현열+잠열)

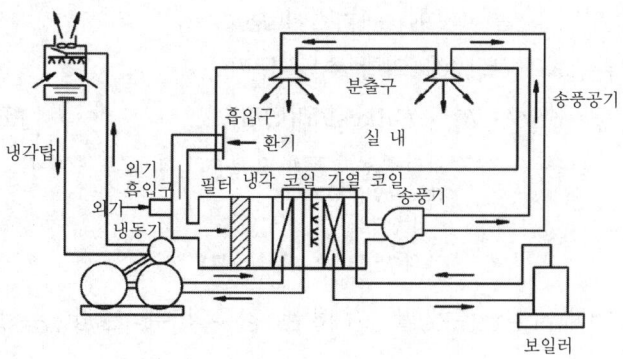

| 공기조화설비의 구성 |

(2) 냉방부하 계산

① 벽체로부터의 취득열량(q_w)

㉠ 햇빛을 받는 외벽 및 지붕

$q_w = k \cdot F \cdot ETD$ [kcal/h][kJ/kg]

- k : 구조체의 열관류율(kcal/m²h℃)(kJ/m²h℃)
- F : 구조체의 면적(m²) (벽체 중심 간 또는 기둥 중심 간 거리×층고)
- ETD : 상당온도차(℃) (실내온도와 상당외기 온도차)

※ 외기에 접하고 있는 벽이나 지붕의 취득열량

㉡ 칸막이, 천장, 바닥으로부터의 취득열량

$q_w = k \cdot F \cdot \Delta t$ [kcal/h][kJ/h]

- k : 칸막이, 천장, 바닥 등의 열관류율(kcal/m²h℃)(kJ/m²h℃)
- F : 칸막이, 천장, 바닥 등의 면적(m²) (벽체 중심 간 또는 기둥 중심 간 거리×천장고)
- Δt : 인접실과의 온도차(℃)

※ 외기에 접하지 않은 칸막이, 천장, 벽, 바닥 등에서 통과되는 열량

② 유리로부터의 일사에 의한 취득열량(q_{GR})

㉠ 유리로부터 열관류의 형식으로 전해지는 열량(q_{GT})

$q_{GT} = k \cdot F_g \cdot \Delta t$ [kcal/h][kJ/h]

- k : 유리의 열관류율(kcal/m²h℃)(kJ/m²h℃)
- Fg : 유리창의 면적(m²)(섀시 포함)
- Δt : 실내·외 온도차(℃)

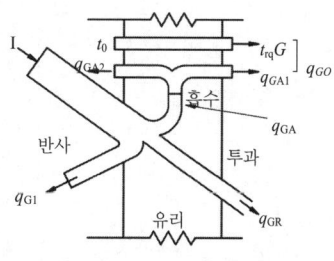

| 유리창에 들어온 태양 복사량의 열팽창 |

ⓛ 유리로부터의 일사(日射) 취득열량(q_{GR})

ⓐ 표준일사 취득법에 의한 취득량(q_{GR})

$$q_{GR} = SSG \cdot K_S \cdot Fg \text{[kcal/h][kJ/h]}$$

- SSG : 유리를 통해 투과 및 흡수의 형식으로 취득되는 표준일사 취득열량 (kcal/m²h)(kJ/m²h)
- K_S : 전 차폐계수
- F_g : 유리의 면적(m²) (새시 포함)

ⓑ 축열계수(蓄熱係數)를 고려하는 경우의 취득열량(q_{GRS})

$$q_{GRS} = SSG_{\max} \cdot K_S \cdot F_g \cdot SLF_g \text{[kcal/h][kJ/h]}$$

- $SSG_{\max}$: 방위마다 최대 취득일사량(kcal/m²h)(kJ/m²h)
- K_S : 전 차폐계수
- F_g : 유리의 면적(m²)
- SLF_g : 축열부하계수

ⓒ 일사흡열수정법(修正法)에 의한 취득열량(q'_{GR})

$$q'_{GR} = \text{표준일사 취득법에 의한 취득열량} + A_g \cdot F_R \cdot AMF \text{[kcal/h][kJ/h]}$$

- A_g : 유리창의 면적(m²)
- K_R : 유리의 복사 차폐계수
- AMF : 벽체의 일사 흡열 수정계수(kcal/m²h)(kJ/m²h)

③ 극간풍(틈새바람)에 의한 취득열량(q_I)

$$q_I = q_{IS} + q_{IL} \text{[kcal/h][kJ/h]}$$

$$q_{IS} = 0.24\, G_1 (t_0 - t_r) \text{[kcal/h]} = 1.01\, G_1 (t_0 - t_r) \text{[kJ/h]}$$

$$q_{IL} = r \cdot G_1 (x_0 - x_r) = 717\, Q_1 (x_0 - x_r) \text{[kcal/h]} = 3001.2\, Q_1 (x_0 - x_r) \text{[kJ/h]}$$

- q_{IS} : 틈새바람에 의한 현열 취득량(kcal/h)(kJ/h)
- q_{IL} : 틈새바람에 의한 잠열 취득량(kcal/h)(kJ/h)
- $t_0,\ t_r$: 외기온도 및 실내온도(℃)
- G_1 : 틈새바람의 양(kg/h)
- Q_1 : 틈새바람의 양(m³/h)
- x_0 : 외기의 절대습도(kg/kg')
- x_r : 실내의 절대습도(kg/kg')
- r : 0[℃]에서 물의 증발잠열(597.5[kcal/kg], 717[kcal/m³])(2501[kJ/kg], 3001.2[kJ/m³])
- 0.24 : 건조공기의 정압비열(kcal/kg℃)(kJ/kg℃)
- 0.29 : 건조공기의 정압비열(kcal/m³℃)(kJ/m³℃)
- Q_1 : 틈새비람의 양(시간당 환기횟수×실의 체적)

④ 인체로부터의 취득열량(q_M)

$q_M = q_C + q_R + q_E + q_S$ [kcal/h][kJ/h]

- q_M : 신진대사에 의해 발생하는 열량(kcal/h)(kJ/h)
- q_C : 인체의 피부면에서 대류에 의해 방출하는 열량(kcal/h)(kJ/h)
- q_R : 인체의 피부면에서 복사에 의해 방출하는 열량(kcal/h)(kJ/h)
- q_E : 호흡, 땀의 증발에 의해 방출하는 열량(kcal/h)(kJ/h)
- q_S : 체내에 축열되는 열량(kcal/h)(kJ/h)

※ 실내에 여러 명(n 명)이 있는 경우 인체로부터 현열량(q_{HS})과 잠열량(q_{HL})

$q_{HS} = n \cdot H_S$ [kcal/h][kJ/h]

$q_{HL} = n \cdot H_L$ [kcal/h][kJ/h]

- n : 실내 총인원수(명)
- H_S : 1인당 인체발생 현열량(kcal/h·인)(kJ/h·인)
- H_L : 1인당 인체발생 잠열량(kcal/h·인)(kJ/h·인)

⑤ 기기로부터의 취득열량(q_E)

㉠ 조명기구(총 와트(W)수가 알려져 있을 경우)

ⓐ 백열등일 경우(kcal/h)

$q_E = 0.86 \times w \cdot f$

ⓑ 형광등일 경우(안정기가 실내에 있을 때)(kcal/h)

$q_E = 0.86 \times w \cdot f \times 1.2$

- w : 조명기구의 총 와트(watt)
- f : 조명 점등률
- 0.86 : 1[w]당 발열량(1[watt] = 0.86[kcal/h])
- 1.2 : 형광등의 안정기가 실내에 있을 때에 발열량의 20[%]를 가산한 경우

※ 기구발생부하(조명기구 발생열량)

백열등 : 1kw = 860[kcal/h] = 3600[kJ/h]

형광등 : 1kw = 1000[kcal/h] = 3600×1.2[kJ/h]

㉡ 조명기구의 총 와트(w)수를 모를 때

ⓐ 백열등일 경우(kcal/h)

$q_E = 0.86 \times w \cdot F \cdot f$

ⓑ 형광등일 경우(kcal/h)

$q_E = 0.86 \times w \cdot F \cdot f \times 1.2$

- w : 단위면적당 와트수(watt/m²)
- F : 실 면적(m²)

ⓒ 축열부하를 고려하는 경우(q'_E)

$$q'_E = q_E \cdot SLP_E [\text{kcal/h}][\text{kJ/h}]$$

$\quad\quad\quad\quad\quad\quad\quad\quad\Big[\,$ q_E : 조명기구의 발생열량(kcal/h)(kJ/h)
$\quad\quad\quad\quad\quad\quad\quad\quad\,$ SLF_E : 축열부하계수

※ 축열부하

조명기구에서 실내로 방출하는 열은 대류성분과 복사성분으로 구분되며 복사성분은 벽이나 바닥에 흡수된 후 시간 지연과 함께 실내부하로 된다.

ⓔ 동력으로부터의 취득열량(q_E)

- 전동기 및 기계로부터 발생되는 열량

$$q_E = 860 \times p \times f_e \times f_o \times f_k [\text{kcal/h}]$$

$\quad\quad\quad\quad\quad\quad\Big[\,$ p : 전동기 정격출력(kW)
$\quad\quad\quad\quad\quad\quad\,$ f_e : 전동기에 대한 부하율(0.8~0.9)(실제 모터 출력/모터 정격출력)
$\quad\quad\quad\quad\quad\quad\,$ f_o : 전동기의 가동률
$\quad\quad\quad\quad\quad\quad\,$ f_k : 전동기의 사용상태 계수

ⓜ 기구로부터의 취득열량(q_E)

$$q_E = q_e \cdot k_1 \cdot k_2 [\text{kcal/h}][\text{kJ/h}]$$

$\quad\quad\quad\quad\quad\quad\Big[\,$ q_e : 기구의 열원용량(발열량)(kcal/h)(kJ/h)
$\quad\quad\quad\quad\quad\quad\,$ k_1 : 기구의 사용률
$\quad\quad\quad\quad\quad\quad\,$ k_2 : 후두가 달린 기구의 발열 중 실내로 복사되는 비율

⑥ 송풍기와 덕트로부터의 취득열량(q_B)

㉠ 송풍기로부터의 취득열량(q_B)

$$q_B = 860 \times \text{kW}[\text{kcal/h}] = 3600 \times \text{kW}[\text{kJ/h}]$$

$\quad\quad\quad\quad\quad\quad\Big[\,$ 1[kW-h] = 860[kcal/h] = 3600[kJ/h]
$\quad\quad\quad\quad\quad\quad\,$ kW : 소요동력

㉡ 덕트로부터의 취득열량(q_B) : 실내 취득 현열량의 약 2% 정도이며 송풍기와 덕트로부터 취득되는 현열량을 합하여 대략적으로 산출할 때에는 실내 취득 열량의 15% 정도로 보아도 큰 차이가 없다.

⑦ 재열부하(q_R)과 외기부하(q_F)

㉠ 재열부하(q_R)

$$q_R = 0.24\,G\,(t_2 - t_1) = 0.29\,Q\,(t_2 - t_1)[\text{kcal/h}] = 1.01\,G\,(t_2 - t_1) = 1.2\,Q\,(t_2 - t_1)[\text{kJ/h}]$$

$\quad\quad\quad\quad\quad\quad\Big[\,$ G : 송풍공기량(kg/h)
$\quad\quad\quad\quad\quad\quad\,$ Q : 송풍공기량(m³/h)
$\quad\quad\quad\quad\quad\quad\,$ 공기의 정압비열 : 0.24[kcal/kg℃], 1.01[kJ/kg℃]
$\quad\quad\quad\quad\quad\quad\,$ 공기 1[m³]당 정압비열 : 0.29[kcal/m³℃], 1.2[kJ/kg℃]
$\quad\quad\quad\quad\quad\quad\,$ ※ 0.24×1.2[kg/m³]≒0.29[kcal/m³℃], 1.01×1.2[kg/m³]=1.2[kJ/m³℃]

※ 재열부하

공조기에 의해 온도 $t\,℃$까지 냉각된 공기를 재열기로 온도 $t_2\,℃$까지 가열하여 실내로 보내질 때 이 경우 재열기에서 가열한 만큼 냉각기에서 더 냉각해야 되므로 냉방부하에 첨가시킨다.

ⓒ 외기부하(q_F)

$$q_F = q_{FS} + q_{FL} = G_F(h_0 - h_r)$$
$$q_{FS} = 0.24\,G_F(t_0 - t_r) = 0.29\,Q_F(t_0 - t_r)[kcal/h]$$
$$\quad = 1.01\,G_F(t_0 - t_r) = 1.2\,Q_F(t_0 - t_r)[kJ/h]$$
$$q_{FL} = 597.5\,G_F(x_0 - x_r) = 717\,Q_F(x_0 - x_r)[kcal/h]$$
$$\quad = 2501\,G_F(x_0 - x_r) = 3001.2\,Q_F(x_0 - x_r)[kJ/h]$$

- q_{FS} : 외기부하의 현열(kcal/h)(kJ/h)
- q_{FL} : 외기부하에 의한 잠열(kcal/h)(kJ/h)
- G_F : 외기량(kg/h)
- Q_F : 외기량(m³/h)
- h_0 : 외기의 엔탈피(kcal/kg)(kJ/kg)
- h_r : 실내공기의 엔탈피(kcal/kg)(kJ/kg)
- $t_0,\ t_r$: 외기 및 실내공기의 건구온도(℃)
- $x_0,\ x_r$: 외기 및 실내공기의 절대습도(kg/kg')
- 0[℃]에서 물의 증발잠열 : 597.5(kcal/kg), 2501(kJ/kg)

※ 실내의 공기는 담배연기나 호흡 및 여러 가지 원인 등에 의해 오염될 우려가 있으므로 일정량의 외기도입이 필요하다.

이 때 도입되는 외기의 온도나 습도는 실내공기와 차이가 있다. 따라서 온도차에 의한 현열부하와 습도 차이에 의한 잠열부하가 되며 이 두 가지를 합한 것을 외기부하라 한다.

3 난방부하

(1) 난방부하 발생원인

① 실내 손실열량
  ㉠ 외벽, 창문(유리), 지붕내벽, 바닥의 현열 발생량
  ㉡ 극간풍(틈새바람)의 현열과 잠열
② 기기 손실열량 : 덕트에 의한 현열
③ 외기 부하 : 환기의 극간풍(현열+잠열)

(2) 난방부하 계산

① 벽체로부터의 손실열량(q_w)

㉠ 외벽, 창문(유리), 지붕에서의 손실열량(q_w)

$$q_w = k \cdot F \cdot K(t_r - t_0 - \Delta t_a)[\text{kcal/h}][\text{kJ/h}]$$

- k : 구조체의 열관류율(kcal/m²h℃)(kJ/m²h℃)
- F : 구조체의 면적(m²)
- K : 방위에 따른 부가계수
- t_r, t_0 : 실내, 실외의 공기온도(℃)
- Δt_a : 대기복사에 의하는 외기온도에 대한 보정온도(℃)

㉡ 내벽, 내부창문(유리), 천장에서의 열손실(q_w)

$$q_w = k \cdot F \cdot \Delta t [\text{kcal/h}][\text{kJ/h}]$$

- k : 구조체의 열관류율(kcal/m²h℃)(kJ/m²h℃)
- F : 구조체의 면적(m²)
- Δt : 인접실과의 온도차(℃)

㉢ 지면에 접하는 바닥 콘크리트 또는 지하층 벽의 손실열량(q_w)

ⓐ 지상 0.6m~지하 2.4m까지의 경우

$$q_w = k_p \cdot l_p (t_r - t_0)[\text{kcal/h}][\text{kJ/h}]$$

- k_p : 열손실량(kcal/mh℃)(kJ/mh℃)
- l_p : 지하 벽체의 길이(m)
- t_r, t_0 : 실내외의 온도(℃)

ⓑ 지하 2.4m 이하인 경우

$$q_w = k \cdot F \cdot (t_r - t_g)[\text{kcal/h}][\text{kJ/h}]$$

- k : 바닥 및 지하 2.4[m] 이하의 벽에 대한 열관류율(kcal/m²h℃)(kJ/m²h℃)
- F : 벽체 및 바닥의 면적(m²)
- t_r : 실내외의 온도(℃)
- t_g : 지중온도(℃)

② 극간풍에 의한 손실열량(q_1)

$$q_1 = q_{IS} + q_{IL} = 현열량 + 잠열량$$

$$q_{IS}(현열부하) = 0.24\,G_1\,(t_r - t_0) = 0.29\,Q_1\,(t_r - t_0)[\text{kcal/h}]$$

$$= 1.01\,G_1\,(t_r - t_0) = 1.2\,Q_1\,(t_r - t_0)[\text{kJ/h}]$$

$$q_{IL}(잠열부하) = 597.5\,G_1\,(x_r - x_0) = 717\,Q_1\,(x_r - x_0)[\text{kcal/h}]$$

$$= 2501\,G_1\,(x_r - x_0) = 3001.2\,Q_1\,(x_r - x_0)[\text{kJ/h}]$$

- G_1, Q_1 : 극간풍량(kg/h, m³/h)
- t_r, t_0 : 실내 및 실외 온도(℃)
- x_r, x_0 : 실내 및 실외공기의 절대습도(kg/kg')

③ 외기부하에 의한 손실열량(q_F)

$q_F = q_{FS} + q_{FL}$

q_{FS}(현열부하) $= 0.24\,G_F\,(t_r - t_0) = 0.29\,Q_F\,(t_r - t_0)$ [kcal/h]
$= 1.01\,G_F\,(t_r - t_0) = 1.2\,Q_F\,(t_r - t_0)$ [kJ/h]

q_{FL}(잠열부하) $= 597.5\,G_F\,(x_r - x_0) = 717\,Q_F\,(x_r - x_0)$ [kcal/h]
$= 2501\,G_F\,(x_r - x_0) = 3001.2\,Q_F\,(x_r - x_0)$ [kJ/h]

G_F, Q_F : 도입 외기량(kg/h, m³/h)
※외기부하란 외기의 도입으로 인한 손실열량(kcal/h)(kJ/h)이다.

④ 기기에 의한 손실열량(q_B)

공조장치의 챔버나 덕트의 외면으로부터의 손실부하와 여유 등을 총괄하여 일어나는 손실열량(kcal/h)을 말한다.

단원복습 문제풀이

01 다음의 냉방부하 중에서 현열 부하만 발생하는 것은 어떤 것인가?

① 극간풍에 의한 열량
② 인체의 발생 열량
③ 벽체로부터의 열량
④ 기구의 발생 열량

해설 벽체로부터의 열량은 실내의 온도차에 의한 열의 침입으로서 현열부하로 가정한다.(복사열)

02 냉동부하 계산 시 실내에서 취득하는 열량이 아닌 것은?

① 기구, 조명 등의 발생열량
② 유리에서의 침입열량
③ 인체 발생열량
④ 송풍기로부터 발생한 열량

해설
• 기구, 조명 등의 발생열량 : 실내부하
• 유리에서의 침입 열량 : 실내부하
• 인체 발생열량 : 실내부하
• 송풍기로부터의 발생열량 : 기기 발생열량

03 공조부하 계산 시 잠열과 현열을 동시에 발생시키는 요소는?

① 벽체로부터의 취득열량
② 송풍기에 의한 취득열량
③ 극간풍에 의한 취득열량
④ 유리로부터의 취득열량

해설 극간풍 : 틈새바람이라고도 하며 실외기이므로 현열과 잠열을 포함한다.

정답 01 ③ 02 ④ 03 ③

4 공기조화방식 및 종류

1 공기조화방식의 분류

(1) 중앙공조방식

각 실의 존(zone)에 공급해야 할 공조용 열매체인 냉수, 온수 또는 냉풍, 온풍을 만드는 장소를 중앙기계실로 별도로 두어 중앙기계실로부터 조화된 공기나 냉·온수를 각 실로 공급하는 방식이다.

① 열을 운반하는 매체의 종류에 따른 분류
   ㉠ 전공기 방식
   ㉡ 공기-수방식
   ㉢ 전수방식(F.C.U)

② 중앙방식의 특징
   ㉠ 덕트 스페이스나 파이프 스페이스 및 샤프트가 필요하다.
   ㉡ 열원기기가 중앙기계실에 집중되어 있으므로 유지관리가 편리하다.
   ㉢ 주로 규모가 큰 건물에 유리하다.

(2) 개별공조방식

개별방식은 각 층 또는 각 존(zone)에 별도로 공기조화 유닛(unit)을 개별 설치한 것으로서 개별제어 및 국소운전이 가능한 방식이다.

① 냉매방식에 따른 분류
   ㉠ 패키지 방식
   ㉡ 룸쿨러 방식
   ㉢ 멀티 유닛 방식

② 개별방식의 특징
   ㉠ 유닛이 여러 곳에 분산되어 있어 관리가 불편하다.
   ㉡ 각 유닛마다 냉동기가 필요하다.
   ㉢ 외기냉방은 할 수 없다.
   ㉣ 소음과 진동이 크다.

▶ 공조방식의 분류

분류			명칭
중앙방식	전공기방식	단일덕트방식	정풍량방식
			• 말단에 재열기가 없는 방식 • 말단에 재열기가 있는 방식
			변풍량방식
			• 재열기가 없는 방식 • 재열기가 있는 방식
		2중덕트방식	• 정풍량 2중 덕트 방식 • 변풍량 2중 덕트 방식 • 멀티존 유닛 방식
			• 덕트 병용의 패키지 방식 • 각 층 유닛 방식
	공기수방식 (유닛병용방식)		• 덕트 병용 팬 코일 유닛 방식 • 유인 유닛 방식 • 복사 냉난방 방식
	전수방식		• 팬 코일 유닛 방식
개별방식	냉매방식		• 패키지 방식 • 룸 쿨러 방식 • 멀티 유닛 방식

(3) 운반되는 열매체에 의한 분류

① 전공기 방식(공기만 공급되는 방식)

㉠ 중앙공조기로부터 덕트를 통해 냉풍, 온풍을 공급받는다.
㉡ 송풍량이 많아서 실내의 공기 오염이 적다.
㉢ 중간기에 외기냉방이 가능하다.
㉣ 실내 유효면적을 넓힐 수 있다.
㉤ 실내에 배관으로 인한 누수의 염려가 없다.
㉥ 대형 덕트로 인한 덕트 스페이스가 필요하다.
㉦ 열매체인 냉·온풍의 운반에 필요한 팬의 소요동력이 크다.
㉧ 넓은 공조실이 필요하고 많은 풍량이 필요하다.
㉨ 클린 룸(clean room)과 같이 청정도가 요구되는 곳에 필요하다.
㉩ 10000m^2 이하의 소규모에 필요하다.

※ 전공기 방식은 중앙공조기로부터 덕트를 통해 냉, 온풍을 공급 받는다.

② 전수방식(냉수, 온수(물)만 공급되는 방식)

전수방식은 보일러로부터 증기 및 온수를 공급하고 냉동기로부터 냉수를 각 실에 있는 팬 코일 유닛(FCU)으로 공급시켜 냉난방을 하는 방식이다. 배관에 의해 공조공간 즉, 실내로 냉·온수를 공급한다.

㉠ 장점
　　　ⓐ 덕트 스페이스가 필요없다.
　　　ⓑ 열의 운송동력이 공기에 비해 적게 소요된다.
　　　ⓒ 각 실의 제어가 용이하다.
　　㉡ 단점
　　　ⓐ 송풍공기가 없어서 실내 공기의 오염이 심하다.
　　　ⓑ 실내의 배관에 의해 누수될 염려가 있다.
　　㉢ 사용처
　　　ⓐ 재실 인원이 적은 방에 적당하다.
　　　ⓑ 극간풍이 비교적 많은 주택, 여관 등에 적당하다.

③ 공기-수방식(공기와 냉수, 온수(물)를 동시에 공급하는 방식)
　공기-수방식은 전공기방식과 수방식을 병용한 방식이다. 이 방식들은 전 공기방식과 전수방식의 장점을 갖고 있으며 서로의 단점을 보완시킨 방식이다.
　　㉠ 장점
　　　ⓐ 덕트 스페이스가 작아도 된다.
　　　ⓑ 유닛 1대로 국소의 존을 만들 수 있다.
　　　ⓒ 수동으로 각 실의 온도제어를 쉽게 할 수 있다.
　　　ⓓ 열 운반 동력이 전 공기방식에 비해 적게 든다.
　　㉡ 단점
　　　ⓐ 유닛 내의 필터(filter)가 저성능이므로 공기의 청정도는 낮은 편이다.
　　　ⓑ 실내에 수(水) 배관에 의한 누수의 염려가 있다.
　　　ⓒ 유닛의 소음이 있다.
　　　ⓓ 유닛의 설치 스페이스가 필요하다.
　　㉢ 사용처 : 건축 사무소, 병원, 호텔 등에서 외부 존은 수방식으로, 내부 존은 공기방식으로 사용하는 것이 좋다.

④ 냉매방식(개별방식)
　이 방식은 냉동기 또는 히트펌프 등의 열원을 갖춘 패키지 유닛을 사용하는 방식이다.
　　㉠ 종류
　　　ⓐ 룸 쿨러 방식
　　　ⓑ 멀티 유닛형 룸 쿨러 방식
　　　ⓒ 패키지형 방식
　　㉡ 사용목적
　　　ⓐ 냉방용
　　　ⓑ 냉·난방용

ⓒ 설치 위치에 따라
　　㉠ 벽걸이형
　　㉡ 바닥설치형
　　㉢ 천장매립형

(4) 제어방식에 의한 분류

① 전체 제어 방식
② 존별 제어 방식
③ 개별 제어 방식

(5) 공급열원에 의한 분류

① **단열원 방식** : 냉·난방 시 냉동기 또는 보일러만 설치한 방식
② **복열원 방식** : 보일러나 냉동기를 동시에 갖추어 실내의 부하변동 시 즉시 대응이 가능한 방식을 말한다.

(6) 조닝(zoning)과 존(zone)

① **조닝** : 건물 전체를 몇 개의 구획으로 분할하고 각각의 구획은 덕트나 냉, 온수에 의해 냉·난방 부하를 처리하게 되는 것을 말한다.
② **존**
　　㉠ 내부 존 : 용도에 따른 시간별 조닝 등
　　㉡ 외부 존 : 방위별, 층별 조닝

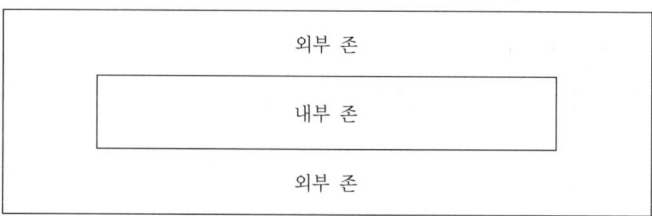

| 건물의 내부 존과 외부 존 |

2 공기조화 방식의 특성

(1) 단일덕트방식

공조기(AHU : air handling unit)에서 조화된 냉풍 또는 온풍을 하나의 덕트를 통해 각 취출구로 송풍하는 방식이다.

① 장점
  ㉠ 덕트가 1계통이라서 시설비가 적게 들고 덕트 스페이스도 적게 차지한다.
  ㉡ 냉풍과 온풍을 혼합하는 혼합 상자가 필요 없으므로 소음, 진동이 작다.
  ㉢ 에너지가 절약된다.

② 단점
  ㉠ 각 실이나 존의 부하변동에 즉시 대응이 어렵다.
  ㉡ 부하특성이 다른 여러 개의 실이나 존이 있는 건물에 적용하기 곤란하다.
  ㉢ 실내부하가 감소될 경우에 송풍량을 줄이면 실내 공기의 오염이 심하다.

(2) 단일덕트 재열방식

냉방부하가 감소될 경우 냉각기 출구 공기를 재열기(reheater)로 가열시켜 송풍하므로 덕트 내의 공기를 말단 재열기(terminal reheater) 또는 존별 재열기를 설치하고 증기 또는 온수로 송풍공기를 가열하는 방식이 단일 덕트 재열방식이다.

① 장점
  ㉠ 부하 특성이 다른 여러 개의 실이나 존(zone)이 있는 건물에 적합하다.
  ㉡ 잠열부하가 많은 경우나 장마철 등의 공조에 적합하다.
  ㉢ 설비비는 2중 덕트 방식보다 적게 든다.

② 단점
  ㉠ 재열기의 설치로 설비비 및 유지관리비가 든다.
  ㉡ 재열기의 설치 스페이스가 필요하다.
  ㉢ 냉각기에 재열부하가 첨가된다.
  ㉣ 여름에도 보일러의 운전이 필요하다.
  ㉤ 재열기가 실내에 있는 경우 누수의 염려가 있다.

(3) 2중 덕트 방식

2중 덕트 방식은 공조기에 냉각 코일과 가열 코일이 있어서 냉방, 난방 시를 불문하고 냉풍 및 온풍을 만들 수 있다. 냉풍과 온풍은 각각 별개의 덕트를 통해 각 실이나 존으로 송풍하고 냉·난방부하에 따라 혼합상자(mixing box)에 혼합하여 취출시킨다.

① **종류**
  ㉠ 2중 덕트 방식
  ㉡ 멀티존 방식

② **장점**
  ㉠ 부하의 특성이 다른 다수의 실이나 존에도 적용할 수 있다.
  ㉡ 각 실이나 존의 부하변동이 생기면 즉시 냉·온풍을 혼합하여 취출하기 때문에 적응속도가 빠르다.
  ㉢ 방의 설계변경이나 완성 후에 용도 변경에도 쉽게 대처가 가능하다.
  ㉣ 실의 냉·난방 부하가 감소되어도 취출공기의 부족현상이 없다.

③ **단점**
  ㉠ 덕트가 2계통이므로 설비비가 많이 든다.
  ㉡ 혼합상자에서 소음과 진동이 생긴다.
  ㉢ 냉·온풍의 혼합으로 인한 혼합손실이 있어서 에너지 소비량이 많다.
  ㉣ 덕트샤프트 및 덕트의 스페이스가 크게 된다.

(4) 변풍량 방식

① **단일 덕트 변풍량 방식** : 취출구 1개 또는 여러 개의 변풍량 유닛(VAV unit)을 설치하여 실의 온도에 따라 취출풍량을 제어한다.
  ㉠ 특징
    ⓐ 실내부하가 감소되면 송풍량이 감소된다.
    ⓑ 부하가 극히 감소되면 실내의 공기오염이 심해진다.

② **2중 덕트 변풍량 방식** : 단일 덕트의 변풍량 방식의 단점을 보완하여 만든 방식이다. 2중 덕트의 혼합상자와 변풍량 유닛을 조합한 2중 덕트 변풍량 유닛을 사용하거나 또는 혼합상자와 변풍량 유닛이 별개로 분리된 것을 사용하기도 한다.

③ **단일 덕트 변풍량 재열 방식** : 단일 덕트 변풍량 방식은 실의 냉방부하가 최소값에 달해도 일정량의 최소 냉풍량이 취출되므로 추위를 느끼게 된다. 따라서 재열형 변풍량 유닛으로 공급 공기를 재열시킨 후 취출하는 방식이다.

▶ 변풍량 방식의 특성 비교표

단일 덕트 변풍량 방식	단일 덕트 변풍량 재열방식	2중 덕트 변풍량 방식
① 에너지 절감 효과가 크다. ② 일사량 변화가 심한 페리미터 존에 적합하다. ③ 각실이나 존의 온도를 개별 제어가 쉽다. ④ 설비비가 많이 든다.	① 각 실 및 존의 개별제어가 쉽다. ② 외기 풍량의 요구가 필요로 하는 곳이 좋다. ③ 설치비가 많이 든다. ④ 여름에도 보일러 가동이 필요하다. ⑤ 누수의 염려가 있다.	① 에너지 절감 효과가 있다. ② 외기 풍량을 많이 필요한 곳에 좋다. ③ 까다로운 실내조건을 만족시킨다. ④ 설비비가 많이 든다. ⑤ 혼합 손실이 있다.

(5) 덕트 병용 패키지 방식

덕트 병용 패키지 방식은 각 층에 있는 패키지 공조기(PAC : package type air conditioner)로 냉·온풍을 만들어 덕트를 통해 각 실로 송풍한다. 패키지 내에는 직접 팽창 코일 즉 증발기가 있어서 냉풍을 만들 수 있고 응축기에는 옥상에 있는 냉각탑으로부터 공급되는 냉각수에 의해 냉각된다. 또 패키지 내에 있는 가열 코일로는 지하실에 있는 보일러로부터 온수 또는 증기가 공급된다. 그러나 난방부하가 적은 경우에는 전열기를 설치하므로 보일러가 냉각되는 경우도 있다.

① **장점**
  ㉠ 중앙기계실에 냉동기를 설치하는 방식에 비해 설비비가 적게 든다.
  ㉡ 특별한 기술이 없어도 된다.
  ㉢ 중앙기계실의 면적이 작다.
  ㉣ 냉방 시에는 각 층은 독립적으로 운전이 가능하므로 에너지 절감효과가 크다.
  ㉤ 급기를 위한 덕트 샤프트가 필요 없다.

② **단점**
  ㉠ 패키지형 공조기가 각 층에 분산 배치되므로 유지관리가 번거롭다.
  ㉡ 실내 온도제어가 2위치 제어이므로 편차가 크고 또한 습도제어가 불충분하다.
  ㉢ 15[RT] 이하의 소형은 송풍기 정압이 낮고 고급의 필터를 설치할 때 부스터 팬(booster fan)이 필요하다.
  ㉣ 공조기로 외기의 도입이 곤란한 것도 있다.

③ **사용처** : 중·소규모의 건물, 호텔 등

(6) 각층 유닛 방식

각층 유닛 방식은 각 층마다 독립된 유닛(2차 공조기)을 설치하고 이 공조기의 냉각 코일 및 가열 코일에는 중앙기계실로부터 냉수 및 온수나 증기를 공급받는다. 이 방법은 대규모 건물이고 다층인 경우에 적용된다.

① 장점
 ㉠ 외기용 공조기가 있는 경우에는 습도제어가 용이하다.
 ㉡ 외기도입이 용이하다.
 ㉢ 1차 공기용 중앙장치나 또한 덕트가 작아도 된다.
 ㉣ 중앙기계실의 면적을 작게 차지하고 송풍기의 동력도 적게 든다.
 ㉤ 각 층마다 부하변동에 대응할 수 있다.
 ㉥ 각 층마다 부분운전이 가능하다.
 ㉦ 환기 덕트가 작거나 없어도 된다.

② 단점
 ㉠ 공조기가 각 층에 분산되므로 관리가 불편하다.
 ㉡ 각 층마다 공조기를 설치해야 할 장소가 필요하다.
 ㉢ 각 층의 공조기로부터 소음 및 진동이 있다.
 ㉣ 각 층마다 수(水) 배관을 설치해야 하므로 누수의 우려가 있다.

(7) 팬 코일 유닛 방식

팬 코일 유닛(fan-coil unit)은 수(水)방식으로서 중앙기계실의 냉·열원기기(냉동기나 보일러 열교환기 및 축열조)로부터 냉수 또는 온수나 증기를 배관을 통해 각 실에 있는 팬 코일 유닛(FCU)에 공급하여 실내공기와 열교환시키는 방식이다. 이 방식은 외기를 도입하지 않는 방식, 외기를 실내 유닛인 팬코일 유닛으로 직접 도입하는 방식, 덕트병용의 팬코일 유닛 방식이 있다.

① 장점
 ㉠ 각 실의 유닛은 수동으로도 제어가 가능하고 개별제어가 용이하다.
 ㉡ 유닛을 창문 밑에 설치하면 콜드 드래프트(cold draft)를 줄일 수 있다.
 ㉢ 덕트 방식에 비해 유닛의 위치 변경이 용이하다.
 ㉣ 펌프에 의해 냉수, 온수가 이송되므로 송풍기에 의한 공기의 이송동력보다 적게 든다.
 ㉤ 덕트 샤프트나 스페이스가 없거나 작아도 된다.
 ㉥ 중앙기계실의 면적이 작아도 된다.

② 단점
　㉠ 각 실에 수배관에 의한 누수의 염려가 있다.
　㉡ 외기량이 부족하여 실내공기의 오염이 심하다.
　㉢ 팬 코일 유닛 내에 있는 팬으로부터 소음이 있다.
　㉣ 유닛 내에 설치된 필터는 주기적으로 청소해주어야 한다.

(8) 유인 유닛 방식

유인유닛방식(IDU : induction unit system) 방식은 1차공기를 처리하는 중앙공조기, 고속덕트와 각 실에는 유인 유닛 및 냉·온수나 증기를 공급하는 배관에 의해 구성된다. 1차 공기는 보통 외기만 통과하지만 때로는 실내환기와 외기를 혼합하여 통과하는 경우도 있다.

이 방식은 건물 내부 존을 단일 덕트 정풍량 방식 또는 단일 덕트 변풍량 방식으로 하고 외부존에서 유인 유닛을 혼용하여 설치하기도 한다.

유인유닛에는 1차 공기에서 냉각, 감습 또는 가열, 가습한 1차 공기를 고압, 고속으로 유닛 내로 보내면서 유닛 내에 있는 노즐을 통해 분출될 때 유인작용으로 실내공기인 2차 공기를 혼합하여 분출한다. 이 때 2차 공기는 흡입구와 노즐 사이에 설치된 냉수, 온수코일에 의해 냉각 또는 가열된다.

- 유인 유닛으로 들어오는 1차 공기를 PA(primary air), 2차 공기가 SA(secondary air)
- 1차 공기와 2차 공기가 혼합된 합계공기를 TA(total air)
- 유인비$(k) = \dfrac{\text{합계공기}}{\text{1차 공기}} = \dfrac{TA}{PA} = 3 \sim 4$

① 장점
　㉠ 각 유닛마다 제어가 가능하므로 개별제어가 가능하다.
　㉡ 고속 덕트를 사용하므로 덕트 스페이스를 작게 할 수 있다.
　㉢ 중앙공조기는 1차 공기만 처리하므로 규모가 작아도 된다.
　㉣ 유인 유닛에는 전기배선이 필요없다.
　㉤ 실내 부하의 종류에 따라 조닝을 쉽게 할 수 있다.
　㉥ 부하변동에 따른 적응성이 좋다.

② 단점
　㉠ 각 유닛마다 수배관이 필요하여 누수의 염려가 있다.
　㉡ 유닛은 소음이 있고 가격은 비싸다.
　㉢ 유닛 내의 필터 청소를 자주해야 한다.

㉣ 외기 냉방의 효과가 적다.
㉤ 유닛 내에 있는 노즐이 막히기 쉽다.
③ **사용처** : 고층사무소 빌딩, 호텔, 회관 등의 외부 존
최근의 건물은 유리창이 많아서 태양의 일사량이 많아 방위에 따라 변화가 심하며 겨울철에도 냉방이 필요할 때가 있어서 냉·온수를 준비하여 부하의 변동에 대응이 가능하도록 한 방식이다.

(9) 복사 냉난방 방식

이 방식은 바닥, 천장 또는 벽면을 복사면으로 하여 실내 현열부하의 50~70%를 처리하도록 하고 나머지의 현열부하와 잠열부하는 중앙공조기를 통해 덕트로 공급처리하는 방식이다.

복사면은 냉수, 온수를 통하게 하는 패널(panel)을 사용하거나 파이프를 바닥이나 벽 등에 매설하는 경우와 전기 히터를 사용하는 경우 또는 연소 가스가 구조체의 온돌을 통하게 하는 경우가 있다.

일반적으로 공기조화에서의 복사냉난방은 냉·온수가 패널에 공급되고 덕트를 통해 공기가 실내로 공급되는 공기, 수방식을 말한다.

① 장점
㉠ 현열 부하가 큰 곳에 설치하는 것이 효과적이다.
㉡ 쾌감도가 높고 외기의 부족현상이 적다.
㉢ 냉방 시에 조명부나 일사에 의한 부하가 쉽게 처리된다.
㉣ 바닥에 기기를 배치하지 않아도 되므로 공간이용이 용이하다.
㉤ 건물의 축열을 기대할 수 있다.
㉥ 덕트 스페이스가 필요 없고 열운반 동력을 줄일 수 있다.

② 단점
㉠ 단열시공이 필요하다.
㉡ 시설비가 많이 든다.
㉢ 방의 내부구조나 모양의 변경 시 융통성이 적다.
㉣ 냉방 시에는 패널에 결로의 염려가 있다.
㉤ 풍량이 적어서 풍량이 많이 필요한 곳에는 부적당하다.

(10) 개별방식

① 종류
   ㉠ 패키지 방식(packaged airconditioner)
   ㉡ 룸 쿨러 방식(room cooler)
   ㉢ 멀티 유닛 방식(multi-unit)

② 장점
   ㉠ 설치나 철거가 용이하다.
   ㉡ 운전조작이 쉽고 유지관리가 수월하다.
   ㉢ 제품이 규격화되어 있고 용도나 용량에 따라 선택이 자유롭다.
   ㉣ 히트펌프(heat pump)식은 냉·난방을 겸할 수 있다.
   ㉤ 개별제어가 용이하다.

③ 단점
   ㉠ 설치장소에 제한이 따른다.
   ㉡ 실내에 설치하므로 설치공간이 필요하다.
   ㉢ 실내 유닛이 분리되지 않는 경우에는 소음이나 진동이 발생된다.
   ㉣ 응축기의 열풍으로 주위에 피해가 우려된다.
   ㉤ 외기량이 부족하다.

5 중앙식 공조방식의 구성요소

1 공기여과기

(1) 에어필터(Air Filter)

① 에어필터의 효율 측정법
   ㉠ 중량식 : 필터의 상류 측과 하류 측의 분진 중량(mg/m^3)을 측정한다.
   ㉡ 변색도법(비색법 : NBS법) : 필터 상류 및 하류의 분진을 각각 여과지로 채집하여 광 투과량이 같도록 상하류에 통과되는 공기량을 조절하여 계산식을 이용하여 효율을 구한다.

ⓒ 계수법(DOP법) : 광산란식 입자계수기를 사용하여 필터의 상류 및 하류의 미립자에 의한 산란광에서 그 입경과 개수를 계측하여 농도를 측정하여 포집률을 구한다.

② 에어필터의 분류

분류	종류	특성	비고
여과작용에 의한 분류	충돌점착식	여과재 교환형, 유닛 교환형	수동 청소형
		자동식 충돌 점착식	자동 청소형
	건성여과식	폐기 또는 유닛 교환형	수동 청소형
		자동 이동형	
		고성능 필터	
	전기식	이동전하식 정기 청소형, 2단하단식 여과재 집진형, 1단 하전식 여과재 誘電形	
	활성탄 흡착식	원통형, 지그재그형, 바이패스형	
보수관리상의 분류	자동 청소형	여과재가 연속해서 청소용 기름 탱크를 통과하면서 청소된다.	재사용 가능
	자동 재생형	더러워진 오염 mat는 자동적으로 감겨져 새로운 부분이 나온다.	
	정기 청소법	여과재가 오염되면 청소한다.	재사용한다.
	여과재 교환형	오염된 여과재는 새 것으로 교환한다.	
	유닛 교환형	여과재가 오염되면 유닛 자체를 새것으로 교체한다.	

③ 에어필터의 설치 위치
  ㉠ 송풍기의 흡입 측 코일의 앞에 설치한다.
  ㉡ 예냉 코일이 있으면 예냉 코일과 냉각 코일 사이에 설치
  ㉢ 고성능 HEPA 필터나 ULPA 필터, 전기식 필터의 경우 송풍기의 출구 측에 설치

2 공조장치의 코일(열원장치)

(1) 설치목적에 따른 코일

① 예열 코일
② 예냉 코일
③ 가열 코일
④ 냉각 코일
⑤ 온수 코일
⑥ 증기 코일
⑦ 직접팽창 코일

(2) 관 외부에 부착된 핀의 종류에 따른 코일

① 나선형 핀 코일
② 플레이트 핀 코일
③ 슬릿 핀 코일

(3) 코일의 배열방식에 따른 코일

① 풀 서킷 코일
② 더블 서킷 코일
③ 하프 서킷 코일

(4) 코일의 표면 상태에 따른 코일

① 건 코일(dry coil)
② 습 코일(wet coil)

(5) 냉·온수 코일 선정

① 냉수 코일의 정면 풍속은 2.0~3.0[m/s] 범위 내이나 일반적으로 2.5[m/s]로 한다.(단, 온수 코일은 2.0~3.5[m/s])
② 풍속이 2.5[m/s]를 초과하면 코일에 부착된 응축수가 날려서 송풍기의 흡입구 측으로 들어오기 때문에 이를 막기 위해 코일 출구 측에 엘리미네이터를 설치한다.
③ 튜브 내의 물의 유속은 1.0[m/s] 전후로 하는 것이 이상적이나 단수에 비해 수량이 많으면 코일 내에 물(水)의 유속이 빨라진다. 따라서 마찰저항이 증가하므로 더블 서킷 코일을 채택한다.
④ 공기의 흐름방향과 코일 내에 있는 냉·온수의 흐름방향이 동일한 병류보다는 반대인 역류(대향류)로 하는 것이 냉수, 온수와 공기의 평균온도차가 크게 되므로 전열효과가 훨씬 커진다.
⑤ 코일을 통과하는 수온의 변화는 5℃ 전후로 한다. 그러나 펌프동력을 절약하기 위해서 8~10℃로 하는 경우도 있다.

(6) 대수평균 온도차(LMTD)

코일 내에서 공기와 냉수, 온수가 열교환하는 방식은 병류(평행류)와 향류(대향류)에 의해 열교환되며 물과 공기의 온도차는 위치마다 다르므로 코일 전체를 대표할 수 있는 온도차 즉, 대수평균온도차(LMTD : Logarithmic Mean Temperature Difference)로 계산하게 된다.

$$LMTD = \frac{\triangle T_1 - \triangle T_2}{\ln\dfrac{\triangle T_1}{\triangle T_2}} = \frac{\triangle T_1 - \triangle T_2}{2.3\log\dfrac{\triangle T_1}{\triangle T_2}}$$

$\left[\begin{array}{l} \triangle T_1 : \text{공기 입구 측에서 공기와 물의 온도차(deg℃)} \\ \triangle T_2 : \text{공기 출구 측에서 공기와 물의 온도차(deg℃)} \end{array}\right.$

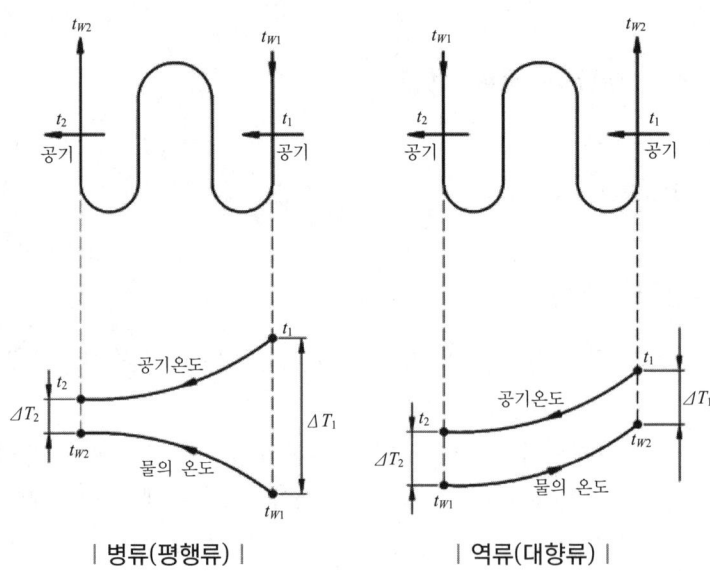

| 병류(평행류) | | 역류(대향류) |

(7) 코일의 열수(N) 계산

$Q = K \cdot A \cdot a \cdot N \cdot LMTD$

$N = \dfrac{Q}{K \cdot A \cdot a \cdot LMTD}$

$N = \dfrac{\text{코일의 현열부하}}{\text{열관류율}\times\text{코일의 면적}\times\text{습면보정계수}\times\text{대수평균온도차}}$ [열]

$\left[\begin{array}{l} K : \text{코일의 열관류율(kcal/m}^2\text{h℃)(kW/m}^2\cdot\text{K)(W/m}^2\cdot\text{K)} \\ A : \text{코일의 면적(m}^2\text{)} \\ a : \text{습면보정계수} \\ LMTD : \text{대수평균온도차(℃)} \\ N : \text{코일의 열수} \end{array}\right.$

※ **습면보정계수**

입구공기의 노점온도와 입구수온과의 온도차 및 입구공기의 건구온도와 입구 수온의 온도차에 따라 열관류율을 보정하는 계수를 말한다.

(8) 증기 코일의 열수계산(N)

$$N = \frac{코일의\ 현열부하}{정면면적 \times 열관류율 \times \frac{튜브의\ 표면적}{정면면적}\left(증기온도 - \frac{코일입구\ 공기온도 + 코일출구\ 공기온도}{2}\right)}$$

3 가습장치

(1) 수분무식

물을 공기 중에 직접 분무하는 방식(직접분사식)

① **원심식** : 전동기로 원반을 고속회전하면 물은 흡수관을 통해 흡상되어 원반의 회전에 의한 원심력으로 미세화된 무화상태로 되고 전동기에 직렬된 송풍기의 송풍력에 의해 공기 중에 방출된다.

② **초음파식** : 수조 내의 물에 전기 압력 120~320[W]의 전력을 사용하여 초음파를 가하면 수면으로부터 수 μm의 작은 물방울이 발생하게 된다. 용량은 1.3~4.0[l/h] 정도의 비교적 작은 용량으로 일반 가정 및 전산실이나 소규모 사무실에 사용된다.

③ **분무식** : 물을 공기 중에 기압 펌프로 2.5~7[kg/cm^{2}g]의 압력으로 노즐을 통해 분무하며 가열된 온수를 사용하면 분무 가습효율이 향상된다.

(2) 증기 발생식

무균의 청정실이나 정밀한 습도제어가 요구되는 경우에는 증기발생식을 사용하며 가습기에는 전열식, 전극식, 적외선식이 있다.

(3) 증기 공급식

증기를 쉽게 얻을 수 있는 경우에 증기를 가습용으로 사용하는 것으로 과열증기식과 분무식이 있다.(효율이 가장 좋은 편이다.)

(4) 증발식

높은 습도를 요구하는 경우에는 증발식 가습이 적당하며 그 종류는 회전식, 모세관식, 적하식이 있다.

(5) 에어와셔(Air Washer)에 의한 가습

① 에어와셔는 공기에 분무수를 접촉시킴으로써 물과 공기의 열교환과 동시에 수분의 교환에 의해 공기의 습도조절(가습, 감습)과 먼지나 냄새를 제거하기도 한다.

② 에어 와셔에 의한 가습에서 공기 입구 부분에 공기의 흐름을 일정하게 하는 루버(louver)를 설치하고 출구 측에는 물방울의 급기와 함께 혼입되지 않도록 엘리미네이터를 설치한다. 그리고 엘리미네이터의 오염을 방지하기 위해 상부에 있는 플러딩 노즐(flooding nozzle)로 물을 분무하여 청소를 한다. 또 분무수와 공기를 접촉시키는 세정실(spray chamber)에는 몇 개의 스탠드 파이프(stand pipe)를 세우고 분무 노즐로 분무한다. 스탠드 파이프 및 분무 노즐의 배치 방식은 1열로 되어 있는 것을 1뱅크(bank), 2열로 되어 있는 것을 2뱅크라 하며 공기의 흐름 방향과 분무수의 방향에 따라 동일방향이면 평행류, 반대방향이면 역류, 역류 분무수가 서로 마주 바라보면 대향류이다.

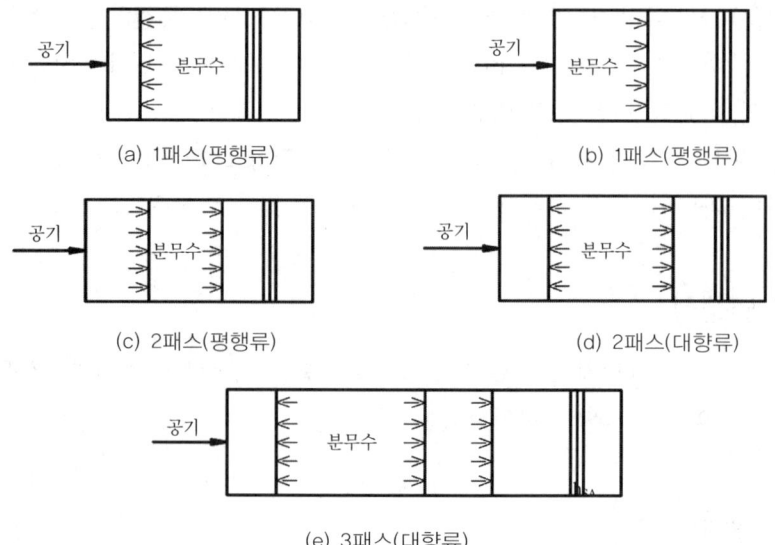

4 열교환기

(1) 전열 열교환기의 구조와 원리

전열 열교환기는 공기 대 공기의 열교환기로서 엔탈피의 교환장치이다.(현열, 잠열이 모두 교환된다.) 공조기 시스템에서 배기와 도입되는 외기와의 전열교환으로서 공조기는 물론 보일러, 냉동기 등의 용량을 줄일 수 있고 연료비가 절약되는 기기이다.

(2) 전열 교환기 효율 및 열회수량

① **난방** : 환기(RA)상태로 로터에 현열과 잠열을 축적시키고 배기(EA)로 되어 나간다. 한편 외기(OA)는 로터를 통해 통과되는 동안 배기가 축적시킨 현열과 잠열을 얻어 실내로 급기(SA) 상태로 들어온다.

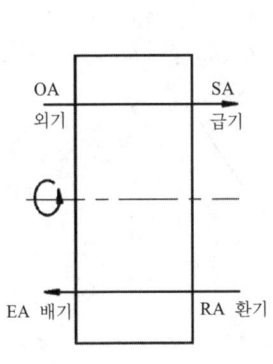
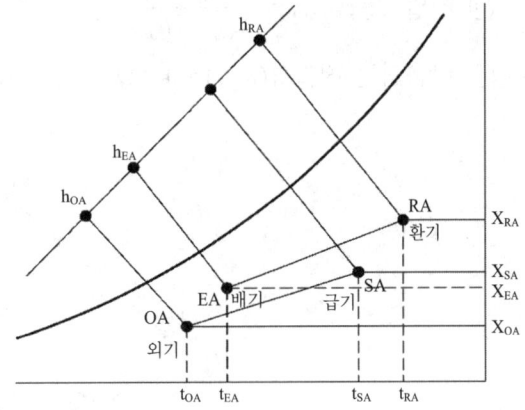

㉠ 전열효율(η_{HT}) = $\dfrac{h_{SA} - h_{OA}}{h_{RA} - h_{OA}}$

㉡ 전열회수량(q_{HT}) = $1.2\,Q\,(h_{SA} - h_{OA})$ = $1.2\,Q\,(h_{RA} - h_{OA})\eta_H$ [kcal/h][kJ/h]

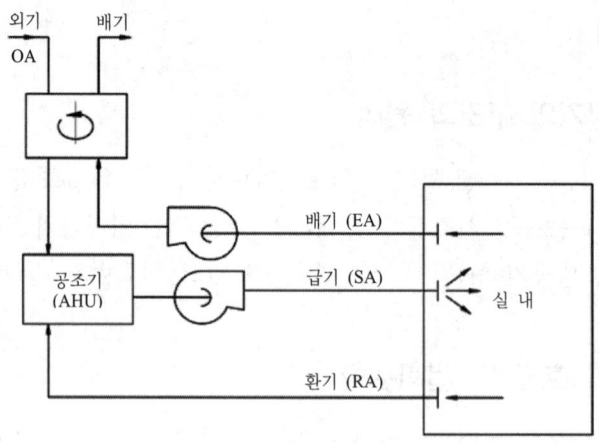

| 공조기의 전열 열교환기 설치 일례 |

② 냉방

㉠ 전열효율(η_{CT}) = $\dfrac{h_{OA} - h_{SA}}{h_{OA} - h_{RA}}$

㉡ 방출되는 전열량(q_{CT}) = $1.2\,Q\,(h_{OA} - h_{SA}) = 1.2\,Q\,(h_{OA} - h_{RA})\eta_{CT}$ [kcal/h][kJ/h]

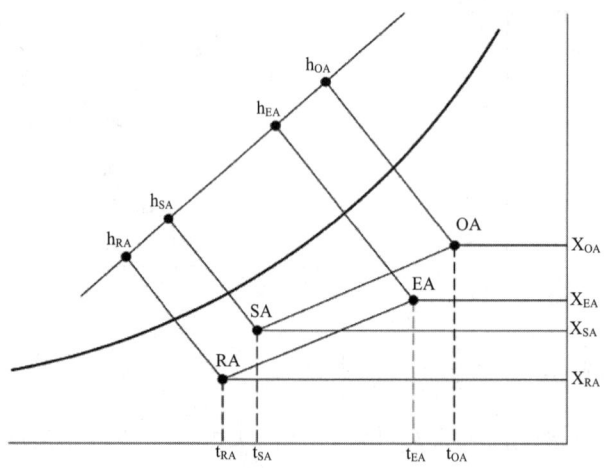

5 송풍기

송풍기는 기체를 수송하기 위한 목적으로 설치하며 그 압력에 따라 팬(fan)과 블로워(blower)로 분류하나 공기조화의 목적으로 사용되는 송풍기는 팬이 사용된다.

① 팬 : $0.1[kg/cm^2]$ 미만에서 사용
② 블로워 : $0.1 \sim 1.0[kg/cm^2]$ 정도에서 사용

(1) 송풍기의 분류

① 원심형 송풍기
  ㉠ 다익형 송풍기
  ㉡ 터보형 송풍기
  ㉢ 리밋 로드형 송풍기
  ㉣ 익형 송풍기
② 축류형 송풍기
  ㉠ 베인형 송풍기
  ㉡ 튜브형 송풍기
  ㉢ 프로펠러형 송풍기
③ 관류식 송풍기

(2) 원심형 송풍기 및 축류형 송풍기의 특징

① **터보형 송풍기** : 블레이드(blade) 끝부분이 회전방향의 뒤쪽으로 굽은 후곡형(後曲形)이며 효율이 높고 풍량 증가에 따라 소요동력의 급상승이 없다. 또한 고속에서도 비교적 정숙한 운전이 가능하다.

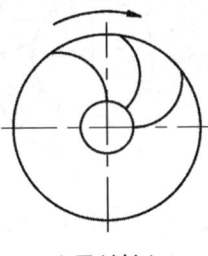 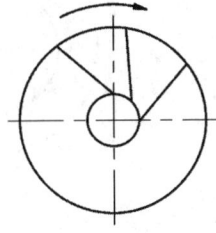

| 곡선형 | | 직선형 |

② **플레이트형 송풍기** : 방사형 날개로서 자기청소의 특성이 있다. 따라서 분진의 누적이 심하고 이로 인해 송풍기 날개의 손상이 우려되는 공장용 송풍기에 이상적이다. 효율이 낮고 소음이 크다.

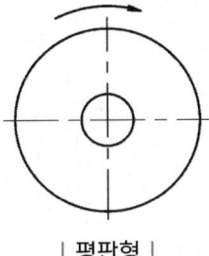

| 평판형 | | 전곡형(前曲形) |

③ **시로코형 송풍기** : 다익형(多翼形)이며 날개의 끝부분이 회전방향으로 굽은 전곡형으로 동일 용량에 대하여 다른 형식에 비해 회전수가 상당히 적다. 동일 용량에 비해 송풍기 용량이 적고 특히 팬 코일 유닛(FCU)에 적합한 송풍기이다. 저속 덕트용으로 활용된다.

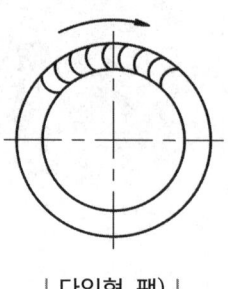

| 다익형 팬) |

④ **익형 송풍기** : 후곡형(터보형)과 다익형의 개량형이다. 소음이 적고 고속회전이 가능하다. 다익형은 풍량이 증가하면 축동력이 급격히 증가하여 오버로드(over load)가 된다. 이것을 보완한 송풍기이다.

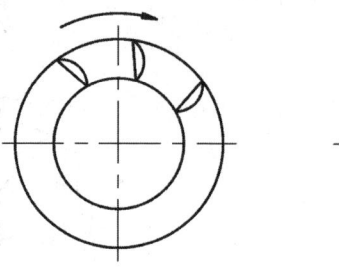 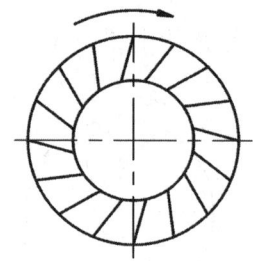

| 익형 |　　　| 리밋트 로드 팬(limit load fan) |

⑤ **축류형 송풍기** : 프로펠러형의 블레이드가 기체를 축방향으로 송풍한다. 낮은 풍압에 많은 풍량이 요구되는데 사용된다.

(3) 송풍기의 크기 및 소요동력

① 송풍기의 크기는 송풍기의 번호(No)로 나타낸다.

$$원심식(No) = \frac{회전날개의\ 지름[mm]}{150[mm]}$$

$$축류식(No) = \frac{회전날개의\ 지름[mm]}{100[mm]}$$

② 동력(축동력)

$$축동력(L_s) = \frac{Q \cdot \Delta P}{102 \times 60 \times \eta_f}[\text{kW}]$$

$$축동력(L_s) = \frac{Q \cdot \Delta P}{75 \times 60 \times \eta_f}[\text{PS}]$$

- Q : 송풍량(m³/min)
- N : 임펠러의 회전수(rpm)
- P : 송풍기에 의해 생긴 정압(mmAq)
- L_S : 송풍기 소요동력(kW, PS)
- D : 송풍기의 날개 지름(mm)
- η_f : 송풍기의 효율(%)

③ 송풍기의 상사법칙

㉠ 풍량은 회전속도비에 비례하여 변화한다. : $Q_2 = Q_1\left(\dfrac{N_2}{N_1}\right)$

㉡ 압력은 회전속도비의 2제곱에 비례하여 변화한다. : $P_2 = P_1\left(\dfrac{N_2}{N_1}\right)^2$

㉢ 동력은 회전속도비의 3제곱에 비례하여 변화한다. : $L_2 = L_1\left(\dfrac{N_2}{N_1}\right)^3$

㉣ 풍량은 송풍기 크기비의 3제곱에 비례하여 변화한다. : $Q_2 = Q_1\left(\dfrac{D_2}{D_1}\right)^3$

㉤ 압력은 송풍기의 크기비의 2제곱에 비례하여 변화한다. : $P_2 = P_1\left(\dfrac{D_2}{D_1}\right)^2$

㉥ 동력은 송풍기 크기비의 5제곱에 비례하여 변화한다. : $L_2 = L_1\left(\dfrac{D_2}{D_1}\right)^5$

- $N_1 \rightarrow N_2$: 회전속도
- $D_1 \rightarrow D_2$: 송풍기의 크기

(4) 송풍기의 풍량제어법

① 토출 댐퍼에 의한 제어 : 익형 송풍기, 소형 송풍기의 댐퍼 조절 변화
② 흡입 댐퍼에 의한 제어 : 송풍기 흡입 측 댐퍼 조절 변화
③ 흡입 베인(vane)에 의한 제어 : 가동날개의 열림 정도의 변화
④ 회전수에 의한 제어 : 전동기의 회전수 변화
⑤ 가변 피치(variable pitch) 제어 : 날개각도 변화

단원복습 문제풀이

01 다음 중 개별제어 방식인 것은?
① 유인유닛 방식
② 패키지유닛 방식
③ 단일덕트 정풍량 방식
④ 단일덕트 변풍량 방식

해설 개별제어방식 : 패키지 방식, 룸 쿨러 방식, 멀티 유닛 방식

02 전 공기방식에 비해 반송동력이 적고, 유닛 1대로서 존을 구성하므로 조닝이 용이하며, 개별제어가 가능한 장점이 있어 사무실, 호텔, 병원 등의 고층 건물에 적합한 공기 조화 방식은?
① 단일덕트 방식
② 유인 유닛 방식
③ 이중덕트 방식
④ 재열 방식

해설 전 공기식에 비해 반송동력이 적고, 유닛 1대로 조닝을 구성하므로 조닝이 용이하며 개별제어가 가능한 장점이 있는 중앙공조방식 : 유인 유닛 방식

03 가변풍량 단일덕트 방식의 특징이 아닌 것은?
① 송풍기의 동력을 절약할 수 있다.
② 실내공기의 청정도가 떨어진다.
③ 일사량 변화가 심한 존(zone)에 적합하다.
④ 각 실이나 존(zone)의 온도를 개별제어하기가 어렵다.

해설 가변풍량 단일덕트 방식의 특징
① 에너지 절감 효과가 크다.
② 일사량 변화가 심한 페리미터 존에 적합하다.
③ 각 실이나 존의 온도 개별 제어가 쉽다.
④ 설비비가 많이 든다.
⑤ 단일덕트 정풍량 방식에 비해 실내공기 청정도가 떨어진다.

04 중앙식 공조기에서 외기 측에 설치되는 기기는?
① 공기예열기   ② 엘리미네이터
③ 가습기   ④ 송풍기

해설 공조기 설치 순서 : 공기예열기 → 필터 → 냉·온수 코일 → 에어와셔 → 송풍기

정답 01 ② 02 ② 03 ④ 04 ①

05 공조방식을 개별식과 중앙식으로 구분하였을 때 중앙식에 해당되는 것은?

① 패키지 유닛방식
② 멀티 유닛형 룸쿨러방식
③ 팬 코일 유닛방식(덕트병용)
④ 룸쿨러방식

해설
- 개별제어방식 : 패키지 방식, 룸 쿨러 방식, 멀티 유닛 방식
- 팬코일유닛방식(덕트병용) : 중앙공조방식에 포함된다.

06 공기조화 방식의 중앙식 공조방식에서 수-공기방식에 해당되지 않는 것은?

① 이중 덕트방식
② 팬 코일 유닛방식(덕트병용)
③ 유인 유닛방식
④ 복사 냉난방 방식(덕트병용)

해설 이중덕트방식 : 중앙공조방식-전공기식

07 독립계통으로 운전이 자유롭고 냉수 배관이나 복잡한 덕트 등이 없기 때문에 소규모 상점이나 사무실 등에서 사용되는 경제적인 공조 방식은?

① 중앙식 공조 방식
② 복사 냉난방 공조 방식
③ 유인유닛 공조 방식
④ 패키지 유닛 공조 방식

해설 개별제어에 유리하고 소규모 상점 및 사무실 등에 사용되는 공조방식 : 패키지 유닛 방식

08 송풍기의 회전수가 $N \rightarrow N_1$ 으로 변할 때 송풍기의 상사법칙에 의한 정압의 변화를 나타낸 식은? (여기서, N : 회전수, P : 정압)

① $P_1 = \left(\dfrac{N_1}{N}\right) P$
② $P_1 = \left(\dfrac{N_1}{N}\right)^2 P$
③ $P_1 = \left(\dfrac{N}{N_1}\right) P$
④ $P_1 = \left(\dfrac{N}{N_1}\right)^2 P$

해설
$Q_1 = Q\left(\dfrac{N_1}{N}\right)$, $P_1 = P\left(\dfrac{N_1}{N}\right)^2$,
$KW_1 = KW\left(\dfrac{N_1}{N}\right)^3$

- N : 변경 전 회전수
- N_1 : 변경 후 회전수
- Q, P, KW : 변경 전 송풍량, 정압, 소요동력
- Q_1, P_1, KW_1 : 변경 후 송풍량, 정압, 소요동력

09 다음 중 원심식 송풍기의 종류가 아닌 것은?

① 다익 송풍기
② 터보형
③ 익형 송풍기
④ 프로펠러형

해설
① 다익형(시로코형) : 원심식
② 터보형 : 원심식
③ 익형송풍기 : 원심식
④ 프로펠러형 : 축류형

정답 05 ③ 06 ① 07 ④ 08 ② 09 ④

10 송풍기 오버 로드(over load)가 일어나는 요인은?

① 송풍량이 과잉될 때
② 송풍량이 과소
③ 송풍량이 적당할 때
④ 부하감소

해설 송풍기 오버로드(over load)의 원인 : 송풍량이 과잉일 때 송풍기에 과부하가 걸리고 이때 오버로드(THR)가 작동된다.

11 공기조화기의 송풍기의 축동력을 산출할 때 필요한 값과 거리가 먼 것은?

① 송풍량
② 현열비
③ 송풍기 전압효율
④ 송풍기 전압

해설 송풍기 축동력 공식

$$kW = \frac{Q \cdot P_T}{102 \times 60 \times \eta_T}$$ 이므로

현열비(SHP)는 무관하다.

$\begin{cases} Q : 풍량(m^3/sec) \\ P_T : 전압(mmAq) \\ \eta_T : 전압효율(\%) \end{cases}$

정답 10 ① 11 ②

6　덕트와 부속기기

1　덕트

(1) 덕트의 재료

① 아연도금 강판(함석 KSD 3506)
　㉠ 강도가 높고 부식성이 적다.
　㉡ 가격이 싸고 가공이 쉽다.
　㉢ 일반공조용 및 환기 덕트(duct), 공조기의 케이싱, 풍량조절 댐퍼, 급배기용 루버, 덕트 행거 등에 사용된다.
② 열간 압연 강판(KSD 3501)
③ 냉간 압연 강판(KSD 3512)
④ 알루미늄판
　※ 덕트의 단열재 및 흡음재 : 글라스 울

(2) 덕트의 확대 및 축소

덕트의 단면을 변화시킬 필요가 있을 때 단면변화를 급격하게 하면 기류의 와류현상이 생기므로 완만하게 하여야 한다. 즉, 단면적의 비가 75% 이하의 확대 및 축소를 하는 경우 정압손실을 줄이기 위하여 아래와 같이 설계한다.

① 확대의 경우
　㉠ 저속 덕트 15° 이하
　㉡ 고속 덕트 8° 이하
② 축소의 경우
　㉠ 저속 덕트 30° 이하
　㉡ 고속 덕트 15° 이하

부득이하게 각도를 넘을 경우에는 가이드 베인을 설치한다. 그러나 단면적비가 75% 이상의 경우에는 점차 확대 및 축소관을 사용하지 않아도 된다.

(3) 덕트의 굴곡

엘보는 덕트 폭 W에 대한 내측 반지름 R의 비율(R/W)이 적을수록 굴곡부의 국부손실이 커지므로 내측의 곡률 반지름이 R≥W가 되도록 한다.

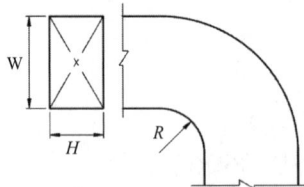

(4) 덕트의 분기

$\dfrac{Q_1}{Q_2} = \dfrac{W_5}{W_4}$, $\dfrac{W_5}{W_1} \geq 0.3$으로 제한한다.

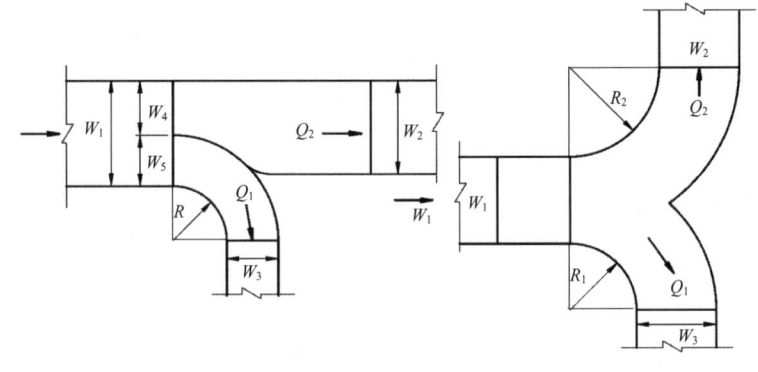

(a) 1방향 분기   (b) 2방향 분기

| 덕트의 벤드형 분기 |

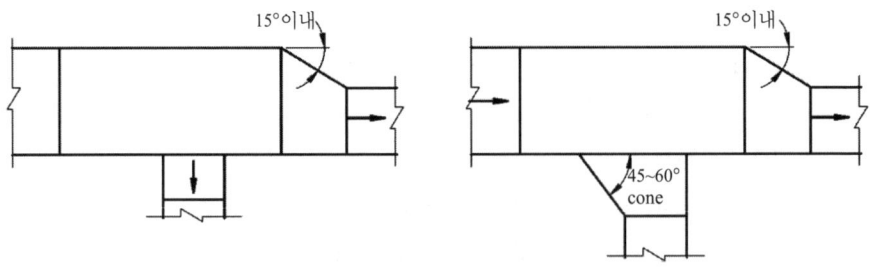

| 직사각형 덕트의 직각 분기 |

(5) 덕트의 마찰저항

① **직관부의 마찰저항(ΔP)** : 직관부의 마찰저항은 덕트 내의 공기가 흐를 때 생기는 직관부에서의 마찰저항과 덕트의 변형부에서 생기는 국부저항의 합으로 나타낸다.

$$\Delta P = \lambda \cdot \frac{l}{d} \cdot \frac{V^2}{2g} \cdot r [\text{mmAq}]$$

- λ : 관의 마찰저항계수
- l : 덕트의 길이(m)
- d : 덕트의 지름(m)
- r : 공기의 평균비중량(≒1.2[kg/m³])
- g : 중력의 가속도(≒9.8[m/s²])
- V : 공기의 평균속도(m/s)

(6) 원형 덕트에서 직사각형 덕트의 환산

① 동일한 풍량을 송풍할 때 덕트의 마찰손실은 단면이 원형인 원형 덕트가 가장 작다.
② 원형 덕트를 4각 덕트로 변형시키기 위하여 폭 a를 늘리면 높이 b를 줄여도 같은 효과를 올릴 수 있다.
③ 원형 덕트를 4각 덕트로 변형시킬 때 원형 덕트의 지름과 변형시킬 수 있는 4각 덕트의 장변치수 a와 단변치수 b와의 관계식은 아래와 같다.

$$d = 1.3 \left[\frac{(a \cdot b)^5}{(a+b)^2} \right]^{\frac{1}{8}}$$

- d : 원형 덕트의 지름 또는 상단 지름
- a : 4각 덕트의 장변 길이
- b : 4각 덕트의 단변 길이

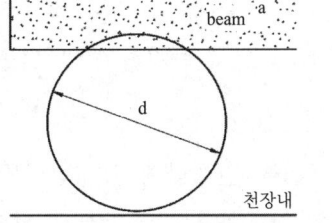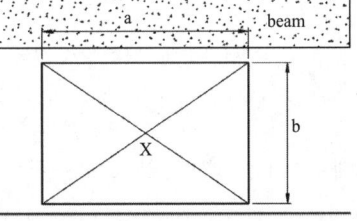

| 원형 덕트를 4각 덕트로 변형 |

(7) 덕트의 국부저항

덕트의 엘보와 같은 곡관부분이나 분기관 합류관 기타의 단면변화가 있는 곳 등은 흐르는 증기의 와류현상과 관마찰손실 등에 의하여 직관부보다는 압력손실이 크다. 이와 같은 곳에서의 압력손실을 국부저항이라 한다.

국부저항 손실계수 ζ을 이용한 덕트의 국부저항(ΔP_L)

$$\Delta P_L = \zeta \frac{V^2}{2g} r$$

V : 풍속(m/s)
g : 중력의 가속도($\fallingdotseq 9.8[m/s^2]$)
r : 공기의 비중량($\fallingdotseq 1.2[kg/m^3]$)

(8) 덕트의 풍속

① **저속덕트** : 15[m/s] 이하
② **고속덕트** : 15~20[m/s]
※ 같은 양의 공기가 덕트를 통해 송풍될 때 풍속을 높게 하면 덕트의 단면 치수가 작아도 되므로 설치 스페이스가 적게 차지한다.

(9) 덕트 치수결정법

① **등속법** : 이 방식은 덕트 내의 풍속을 일정하게 유지할 수 있도록 덕트 치수를 결정하는 방법이다.
② **등마찰저항법** : 이 방법은 덕트의 단위길이당 마찰저항이 일정한 상태가 되도록 덕트 마찰 선도에서 지름을 구하는 방법으로 쾌적용 공조의 경우에 흔히 적용된다.
③ **정압 재취득법** : 1개의 급기 덕트에 몇 개의 취출구가 순차적으로 있을 때 1구간에서 말단으로 가면서 덕트 저항 ΔP는 점차적으로 증가하고 각 취출구에서의 취출로 인하여 전압(P_T)은 감소된다.

취출 후에도 덕트 내의 풍속 즉 동압(P_v)을 일정하게 유지한다면 다음 구간의 정압(P_S)이 감소되어 취출압력이 낮아지므로 취출풍량도 적어지게 된다.

전압 = 동압 + 정압

따라서 지난 구간에서 취출된 후에도 일정한 정압을 유지시키기 위해서는 취출 후에 덕트 내의 풍속(동압 : P_v)을 감소시켜 정압을 올리는 방법을 택한다. 즉, 앞의 구간에서 동압감소(풍속 감소)로 인해 얻은 정압을 다음 구간에 있는 취출구의 취출 압력 손실을 이용하는 설계법을 정압재취득법이라 한다.

$$정압재취득법(\Delta P_S) = k\left(\frac{V_1^2}{2g} - \frac{V_2^2}{2g}\right)r[\text{mmAq}]$$

$\quad\begin{bmatrix} k : 정압재취득계수(0.75\sim0.9) \\ V_1, \ V_2 : 상류 및 하류의 취출구의 풍속(m/s) \\ g : 중력의 가속도(\fallingdotseq 9.8[m/s^2]) \\ r : 공기의 비중량(\fallingdotseq 1.2[kg/m^3]) \end{bmatrix}$

(10) 덕트의 종류

① 급기 덕트 : 공조기에서 조화된 공기를 실내로 보내는 덕트
② 환기 덕트 : 실내 공기를 공조기로 되돌려 보내는 덕트
③ 배기 덕트 : 실내 공기를 외부로 버리는 덕트
④ 외기 덕트 : 외기를 공조기로 도입하는 덕트

(11) 덕트의 배치

① 간선 덕트 방식 : 주 덕트인 입상 덕트로부터 각 층에서 분기되어 각 취출구로 취출관을 연결한다.
② 개별 덕트 방식 : 입상 주 덕트에서 각 개의 취출구로 각 개의 덕트를 통해 분산하여 송풍하는 방식
③ 각 개 입상 덕트 방식 : 호텔, 오피스빌딩 등에서 공기-수방식인 덕트 병용 팬 코일 유닛 방식이나 유인 유닛 방식 또는 고속 덕트의 입상 덕트용으로 사용된다.
④ 환상 덕트 방식 : 2개의 덕트 말단을 루프(loop) 상태로 연결함으로써 양쪽 덕트의 정압을 균일하게 한다.

2 덕트의 부속기기(댐퍼)

(1) 풍량조절 댐퍼(VD : volume damper)

주 덕트의 주요 분기점, 송풍기 출구 측에 설치되며 날개의 열림 정도에 따라 풍량을 조절 또는 폐쇄하는 역할을 한다.

① 종류
  ㉠ 버터플라이 댐퍼 : 소형 덕트 개폐용
  ㉡ 루버 댐퍼 : 평형익형은 대형 덕트 개폐용, 대향익형은 풍량조절용

ⓒ 스플릿 댐퍼 : 분기부에 설치하여 풍량조절용으로 사용

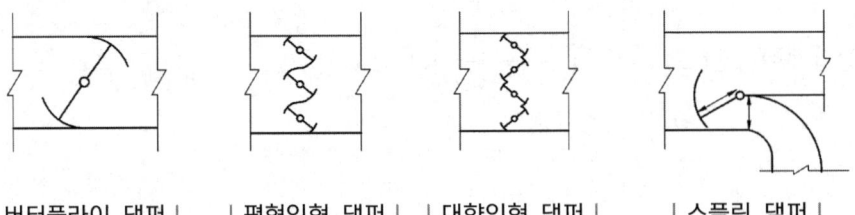

| 버터플라이 댐퍼 |　　| 평형익형 댐퍼 |　　| 대향익형 댐퍼 |　　| 스플릿 댐퍼 |

(2) 방화 댐퍼(FD : Fire damper)

화재발생 시 덕트를 통해 다른 곳으로 화재가 번지는 것을 방지하기 위하여 방화구역을 관통하는 덕트 내에 설치된 차단장치이다.

① 종류
　㉠ 루버형 방화 댐퍼 : 대형의 4각 덕트용으로 퓨즈 이용하여 72℃ 이상에서 용융되어 작동
　㉡ 피벗(pivot)형 방화 댐퍼 : 퓨즈 이용
　㉢ 슬라이드형 방화 댐퍼 : 퓨즈 이용
　㉣ 스윙형 방화 댐퍼 : 퓨즈 이용

(3) 방연 댐퍼(SD : smoke damper)

연기감지기와 연동시킨 댐퍼이며 실내에 설치된 연기감지기로 화재 초기에 발생된 연기를 탐지하여 덕트를 폐쇄시킨다.

7 취출구와 흡입구

1 취출구

취출구란 실내에 공기를 공급해주는 기구를 말한다.

(1) 취출구의 분류방식

① 설치 위치에 따른 분류
  ㉠ 천장 취출구 : 천장에 설치하여 하향으로 취출한다.
  ㉡ 벽면 취출구 : 벽면에 설치하여 수평방향으로 취출한다.
  ㉢ 라인형 취출구 : 창틀 밑이나 창 위쪽에 설치하여 상향 또는 하향으로 취출한다.

② 취출구의 흐름 형식에 따른 분류
  ㉠ 확산형 취출구
  ㉡ 축류형 취출구

방식	종류	
천장형 취출구	• 아네모스탯형 • 팬형 • 다공판형	• 웨이형 • 라이트 트로피형
벽설치형 취출구	• 베인격자형(유니버설형)	• 노즐형
라인형 취출구	• 브리즈 라인형 • T-라인형 • T-바형	• 캄 라인형 • 슬롯라인형 • 다공판형
축류형 취출구	• 노즐형 • 베인격자형(유니버설형) • 슬롯형	• 펑커루버형 • 다공판형
확산형 취출구	• 아네모스탯형	• 팬형

(2) 흡입/토출의 이동

취출구에서 실내로 취출되어 나온 공기는 1차 공기, 실내에 있던 공기 중에서 취출 공기와 혼합되는 공기를 2차 공기라 한다.

취출구에서 불어내는 1차 공기는 주위로부터 2차 공기를 유인하여 1차 공기와 혼합한다. 이 혼합된 공기가 전공기이다.

$$유인비(R) = \frac{1차\ 공기량 + 2차\ 공기량}{1차\ 공기량} = \frac{전\ 공기량}{1차\ 공기량}$$

① 취출공기는 유인작용에 의해 주위 공기를 끌어들이므로 취출구로부터 멀어질수록 공기량은 증가하고 속도는 감소하여 기류는 원뿔형태로 퍼져나간다. 그러나 어느 한계를 지나면 기류의 속도가 낮아져서 유인작용을 하지 못하고 주위로 확산된다.
② 동일한 풍량이 동일한 압력상태에서 실내로 취출되는 경우에 원형단면을 갖는 취출구보다는 단면의 둘레가 긴 직사각형으로 된 취출구에서 유인작용이 더욱 잘 일어난다.
③ 벽면에서 공기를 수평으로 취출하는 경우에 취출공기와 실내공기의 온도가 동일하면 공기의 비중도 동일하므로 수평방향으로 퍼져나갈 것이다. 그러나 취출공기의 온도가 실내공기의 온도보다 높으면 취출공기가 가벼워서 천장쪽으로 뜨면서 퍼져나가고 또 취출공기의 온도가 낮으면 바닥에 가라앉으면서 퍼져나간다.
④ 취출구로부터 기류의 중심속도가 0.25[m/s]로 되는 곳까지의 수평거리를 최대 도달거리라 한다.
⑤ 취출구로부터 기류의 중심속도가 0.5[m/s]로 되는 곳까지의 수평거리를 최소 도달거리라 한다.

2 취출구의 종류

(1) 천장 취출구

① **아네모스탯** : 확산형 취출구의 일종으로 몇 개의 콘(cone)이 있어서 1차 공기에 의한 2차 공기의 유인성능이 좋다. 확산 반지름이 크고 도달거리가 짧기 때문에 천장 취출구로 가장 많이 사용된다. 외형상으로 원형과 각형이 있고 콘을 고정시킨 것과 상하로 이동할 수 있는 것이 있다.
② **웨이형 취출구** : 방의 구조가 복잡하여 취출 기류를 특정방향으로 취출해야 할 필요성이 있는 경우에 디플렉터를 취출구의 출구쪽에 부착한다. 드플렉터의 방향수에 따라 1~4way로 구분한다.
③ **팬형 취출구** : 원형과 각형이 있으며 아네모스탯형의 콘 대신에 중앙에 원판 모양의 팬을 붙인 것으로 취출 기류는 fan의 상면을 따라 확산되므로 유인비 및 소음발생이 심하다. 또한 팬의 위치를 상하로 이동시키므로 기류의 확산범위를 조절할 수 있다.

④ 라이트-트로퍼형 취출구 : 라이트-트로퍼(light troffer)의 양쪽에 취출구를 갖고 있으며 중앙에는 조명등을 갖추고 있다. 따라서 인테리어 디자인의 측면으로 볼 때 조명등의 외관으로 취출구의 역할까지 겸하므로 호평을 받고 있다. 취출구 내에서는 풍량 조절 댐퍼가 있어서 풍량을 조절하고 풍량조절용 블레이드에 의해 난방 시에는 수직 취출을, 냉방 시에는 수평 취출을 하도록 한다.

⑤ 다공판형 취출구 : 취출구의 프레임(frame)에 다공판(perforated face)을 부착시킨 것으로 천장 설치용으로 적당하며 취출구의 두께가 얇아서 천장 내의 덕트 스페이스가 작은 경우에 적합하다. 다공판은 확산 효과가 크기 때문에 도달거리는 짧고 또한 통풍력(draft)이 적다.

(2) 라인형 취출구

① 브리즈 라인형 취출구 : 이 취출구의 취출부분에는 홈(slot)이 있다. 따라서 선의 개념을 통하여 인테리어 디자인면에서 미적인 감각이 있다. 출입구의 에어 커튼 역할 및 외부존(zone)의 냉난방부하를 처리하고 또 취출구 내에 있는 블레이드(blade)의 조정으로 취출 기류를 내측으로 바꾸면 내부 존의 부하를 처리할 수 있다.

② 캄 라인형 취출구 : 가느다란 선형 취출구가 있으며 그 뒤쪽에는 디플렉터(deflector)가 있어서 정류작용을 한다. 그러나 흡입용으로 사용하는 경우에는 디플렉터가 필요 없다. 이 취출구는 외부 존이나 내부 존에 모두 사용이 가능하며 출입구의 부근에 에어 커튼(air curtain)용으로도 적합하며 선형이므로 interior design의 일환으로도 적당하다.

③ T-라인(T-line)형 취출구 : 천장이나 건축물의 구조체에 바-프레임(bar frame)인 T-바(T-bar)를 고정하고 그 틈 사이에 취출구를 끼운다. 취출구 내에 있는 베인의 고정 방향에 따라 다양하게 바꿀 수 있으며 댐퍼의 기능도 갖고 있다. 내부 존이나 외부존 모두 사용되며 베인을 제거하면 흡입구로도 사용이 가능하다.

④ 슬롯-라인형 취출구 : 챔버(chamber)의 하단에 슬롯(slot)형의 취출구를 부착시킨 것으로 일명 모듈 라인형 취출구(module line diffuser)라고도 한다. 용도는 T-라인형과 유사하다. 필요한 취출풍량에 따라 슬롯수를 1~3개 범위에서 선정이 가능하다. 취출구인 슬롯 내에는 베인이 있어서 댐퍼 및 풍량조절의 기능을 갖고 있다. 한편 베인을 제거하면 흡입구로도 사용된다.

⑤ T-바(T-bar)형 취출구 : 챔버 하단에 슬롯(slot)형의 취출구가 접속되어 있으며 슬롯은 풍량에 따라 1개 및 2개의 것을 선택할 수 있으며 용도로는 일반적으로 천장 취출 및 창틀 취출을 위해 설치한다. 슬롯 내에는 베인이나 댐퍼가 있어 취출기류의 방향 및 풍량을 조절한다. 베인이나 댐퍼를 제거하면 흡입구로도 사용이 가능한 취출구이다.

(3) 축류형(軸流形) 취출구

① **노즐형 취출구** : 이 취출구는 노즐을 덕트에 접속시켜 취출한다. 도달거리가 길기 때문에 실내공간이 넓은 경우에 벽면에 부착하여 횡방향으로 취출하는 예가 많지만 천장이 높은 경우에 천장에 부착하여 하향 취출하는 경우도 있다. 소음이 적기 때문에 풍속이 5[m/s] 이상으로도 사용되며 소음규제가 심한 곳에서는 저속취출을 하기도 한다.

② **펑커형 취출구** : 천장이나 벽쪽의 덕트에 접속시키며 기류의 방향도 자유자재로 변경이 가능한 일종의 노즐형 취출구가 펑커 취출구(panka diffuser)이다. 이 취출구는 제한된 활동영역만을 대상으로 한다. 일반적인 공조방식은 거주영역을 대상으로 하지만 열기가 다량으로 발생되는 실내온도가 높은 또한 작업자가 많은 시간동안 체류하는 곳에 소형의 펑커형 취출구가 사용된다.

(4) 베인(vane)격자형 취출구

베인 격자형은 각형의 프레임에 베인을 조립한 것으로 이 베인이 고정된 것을 고정 베인형 취출구, 가동할 수 있는 것을 가동형 취출구라 한다.

가동 베인형 취출구(유니버설형 취출구)는 도달거리와 강하 및 상승거리를 실내 조건에 맞도록 가동 베인을 조정함으로써 수정할 수 있다. 이들 취출구는 주로 벽 설치용으로 사용된다.

취출풍량의 조절은 베인 뒤쪽에 있는 댐퍼 또는 셔터(shutter)로 하는 것도 있고 댐퍼로 하는 것은 레지스터(register)라 하며 댐퍼나 셔터(shutter)가 없는 것을 그릴(grill)이라 한다.

▶ 취출구의 종류

방 식	분 류	종 류	설 치 예	냉방 시 최고 취출 온도차
천장취출 (하향)	ceiling diffuser	원 형	아네모스탯형, 팬형, 노드라프트형	11~14[℃]
		선 상	천장 슬롯형, 브리즈라인형, T라인형, 트로퍼형	10~12[℃]
		각 형	TCSX형, TMDC형, 아네모스탯형	11~14[℃]
	축류형	노 즐	천장 노즐형, 펑커루버	4~8[℃]
	다공판넬		전면전장취출, 멀티벤트 취출구	4~8[℃]

방식	분류	종류	설치 예	냉방 시 최고 취출 온도차
측벽취출 (횡향)	wall diffuser	각 형	유니버설형	8~10[℃]
		반원형	아네모스탯형	10~12[℃]
	축류형	노 즐	벽설치 노즐	7~10[℃]
		가변방향노즐	펑커루버	7~10[℃]
	선 상		슬롯형	7~10[℃]
상면 또는 취대 취출구 (상향)	광산형		슬롯형, 유니버설형	7~10[℃]

▶ 취출속도

실용도	분출 속도(m/s)
방송실	1.5~2.5
주택, 아파트, 극장, 호텔 침실	2.5~3.75
개인사무실	2.5~4.0
영화관	5.0
일반사무실	5.0~6.25
상점	7.5
백화점	10.0

3 흡입구

실내공기의 흡입구는 공조에서 실내공기를 환기시키는 환기용 흡입구, 공장이나 주방 등에서 오염된 공기를 부분적으로 배출시키기 위한 후드(hood), 화재 시 연기를 배출시키기 위한 배출구 등을 말하나 공조용 흡입구는 아래 도표와 같다.

▶ 흡입구의 분류

설치 위치	종류
천장쪽	• 라인형 흡입구 • 라이트 트로퍼형 흡입구 • 격자형 흡입구 • 화장실 배기용 흡입구
벽쪽	• 격자용 흡입구 • 펀칭메탈형 흡입구
바닥쪽	• 머시룸형 흡입구

(1) 종류

① **격자(slit)형 흡입구** : 사각의 프레임에 루버(louver)나 그리드(grid)를 부착시킨 것이며 벽에 설치하나 때로는 천장에도 설치된다. 내부에는 댐퍼나 셔터가 있는 것이 있는데 이것을 레지스터형 흡입구라 하고 레지스터(register)가 없는 것은 그릴(grill)형 흡입구라 한다. 배기용은 필터가 없으나 흡입용은 흡입구 내에 필터가 있어 정기적으로 청소가 필요하다.

② **펀칭 메탈(punching metal)형 흡입구** : 4각의 프레임에 펀칭 메탈을 부착시킨 것이다. 댐퍼의 유무에 따라 레지스터형과 그릴형으로 구분된다. 펀칭 메탈의 관통된 구멍의 총면적을 자유면적이라 하며 전체면적과의 비율을 자유면적비라 한다(자유면적비가 적으면 흡입저항이 크다.)

$$자유면적비 = \frac{펀칭\ 메탈의\ 관통된\ 구멍의\ 총면적(자유면적)}{전체면적}$$

③ **머시룸(mushroom)형 흡입구** : 바닥면에 설치되는 흡입구는 버섯모양으로 되어 있어 바닥면의 공기를 흡입한다. 바닥의 먼지를 빨아들이게 되므로 필터나 냉각 코일을 심하게 더럽힌다. 먼지를 제거하는 세틀링 챔버(settling chamber)를 부착시킨 후 저속으로 흡입한다.

④ **화장실용 배기용 흡입구** : 천장설치용 흡입구를 배기용 덕트에 접속시키는 방식의 흡입구이다.

4 콜드 드래프트 및 흡입, 취출구 허용풍속

(1) 콜드 드래프트(cold draft)

인체는 생산된 열량보다 소비되는 열량이 많아지면 추위를 느끼게 된다. 이와 같이 소비되는 열량이 많아져 추위를 느끼게 되는 현상을 콜드 드래프트라 한다.

① 콜드 드래프트(cold draft)의 원인
  ㉠ 인체 주위의 공기 온도가 너무 낮을 때
  ㉡ 기류의 속도가 클 때
  ㉢ 습도가 낮을 때
  ㉣ 주위 벽면의 온도가 낮을 때
  ㉤ 동절기 창문의 극간풍이 많을 때
  ※ 풍속은 너무 높으면 드래프트(draft)를 느끼게 하고 너무 낮으면 공기가 침체되어 불쾌감을 준다. 장소나 활동에 따라 적당한 범위의 값이 요구된다. 실내의 온도분포를 균일하게 하고 기류의 풍속이 어느 제한값 내에 있으면 cold draft가 최소가 된다.

(2) 취출구와 흡입구의 허용풍속

① 취출구의 허용풍속

건물의 종류	취출허용풍속(m/s)
방송국	1.5 ~ 2.5
주택, 아파트, 교회, 극장	2.5 ~ 3.75
개인 사무실	2.5 ~ 4.0
영화관	5.0
일반사무실	5.0 ~ 6.25
백화점	7.5
1층 백화점	10

② 흡입구의 허용풍속

건물의 종류	흡입허용풍속(m/s)
• 거주구역의 상부에 있을 때	4.0 이상
• 거주영역 내에 있고 좌석에서 멀 때	3.0 ~ 4.0
• 거주영역 내에 있고 좌석에서 가까울 때	2.0 ~ 3.0
• 도어 그릴 또는 벽설치용 그릴	3.0
• 주택	2.0
• 공장	4.0 이상

8 환기설비

1 환기

환기란 일정 공간에 있는 공기의 오염을 막기 위해 실외로부터 청정한 공기를 공급하여 실내의 오염된 공기를 실외로 배출시키고 실내의 오염된 공기를 교환 또는 희석시켜 실내의 공기를 쾌적한 공기로 만드는 것을 말한다.

(1) 환기의 분류

① **사람에 대한 환기** : 재실자의 불쾌감이나 위생적 위험성 증대의 방지를 위한 환기
② **물질에 대한 환기** : 품질관리에 있어서 원료나 제품의 보존을 위한 주변환경의 악화로부터 보호하는 환기

(2) 환기방식

① **자연환기** : 실내외 온도차에 의한 부력과 외기의 풍압에 의한 실내외의 압력차에 의해 이루어지는 중력환기를 말한다.
  ㉠ 특징
    ⓐ 동력이 필요 없다.
    ⓑ 일정한 환기량을 얻기가 힘들다.
    ⓒ 일정량 이상의 환기량을 기대할 수 없다.

② **기계환기** : 송풍기, 팬 등을 이용하여 실내의 공기를 환기시켜주는 강제환기 방식
  ㉠ 특징
    ⓐ 기계적 에너지가 많이 필요하다.
    ⓑ 급기 팬, 배기 팬이 필요하고 동력이 소요된다.
    ⓒ 용도와 목적에 따라 환기량이나 실내압력 조정이 가능하다.

(3) 환기의 종류

① **제1종 환기방식** : 급기팬과 배기팬의 조합이며 실내압은 임의로 정할 수 있다.
  (강제급기+강제배기)

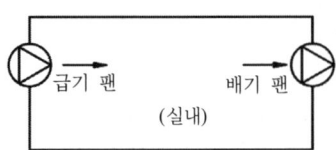

② **제2종 환기방식** : 급기팬과 자연배기의 조합이며 실내압은 정압상태이다.
  (강제급기+자연배기)

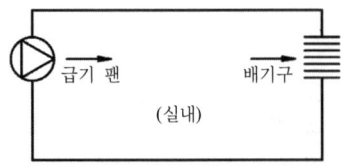

③ **제3종 환기방식** : 자연급기와 배기 팬의 조합이며 실내압은 부압상태이다.
  (자연급기+강제배기)

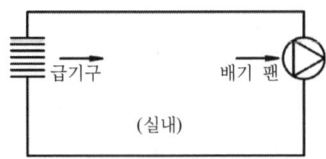

④ **제4종 환기방식** : 자연급기와 자연환기의 조합이며 실내압은 부압상태이다.(자연환기방식)
  (자연급기+자연배기)

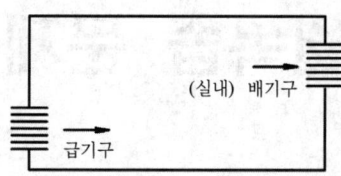

단원복습 문제풀이

01 겨울철 창면을 따라서 존재하는 냉기에 의해 외기와 접한 창면에 접해있는 사람은 더욱 추위를 느끼게 되는 현상을 콜드 드래프트라 한다. 이 콜드 드래프트의 원인으로 볼 수 없는 것은?

① 인체 주위의 온도가 너무 낮을 때
② 주위 벽면의 온도가 너무 낮을 때
③ 창문의 틈새가 많을 때
④ 인체 주위 기류속도가 너무 느릴 때

해설 콜드 드래프트(cold draft)의 원인
㉠ 인체 주위의 공기 온도가 너무 낮을 때
㉡ 기류의 속도가 클 때
㉢ 습도가 낮을 때
㉣ 주위 벽면의 온도가 낮을 때
㉤ 동절기 창문의 극간풍이 많을 때

02 적당한 위치에서 배기구를 설치하고 송풍기에 의하여 외기를 강제적으로 도입하여 배기는 배기구에서 자연적으로 환기되도록 하는 환기법은?

① 제1종 환기   ② 제2종 환기
③ 제3종 환기   ④ 제4종 환기

해설 환기의 종류
제1종 환기 : 강제급기+강제배기
제2종 환기 : 강제급기+자연배기
제3종 환기 : 자연급기+강제배기
제4종 환기 : 자연급기+자연배기

03 환기의 효과가 가장 큰 환기법은?

① 제1종 환기
② 제2종 환기
③ 제3종 환기
④ 제4종 환기

해설 제1종 환기 : 강제급기+강제배기

정답 01 ④   02 ②   03 ①

CHAPTER 5

보일러 및 난방설비
(공조냉동설치운영)

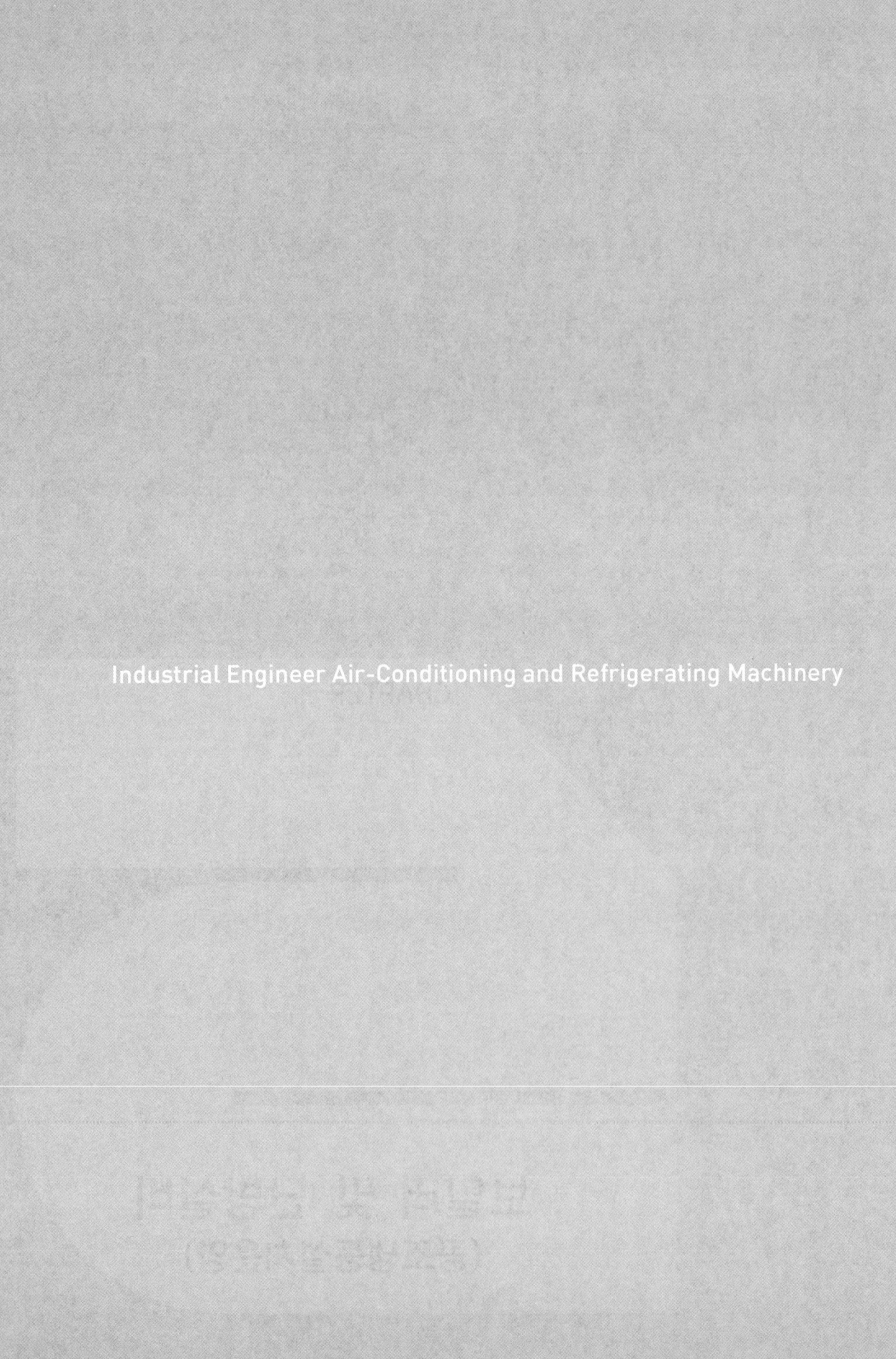

Chapter 5

보일러 및 난방설비(공조냉동설치운영)

1 보일러

보일러란 밀폐된 용기에서 온수나 증기를 발생시키는 열원장치이다.

1 보일러의 3대 구성요소

① 본체(보일러)
② 연소장치
③ 부속장치

2 보일러의 분류

① 원통형 보일러
  ㉠ 입형 보일러 : 입형 횡관식, 입형 연관식, 코크란식
  ㉡ 횡형 보일러
    ⓐ 노통 보일러 : 코르니시 보일러, 랭커셔 보일러
    ⓑ 연관 보일러 : 횡연관 외분식 보일러, 기관차 보일러, 케와니 보일러
    ⓒ 노통 연관식 패키지 보일러 : 육용, 선박용
② 수관식 보일러
  ㉠ 자연순환식 보일러 : 배브콕 윌콕 보일러(babcok and wilcox boiler), 쓰네기찌 보일러, 다쿠마 보일러, 야로 보일러, 2동 D형 팩케이지 보일러

ⓒ 강제순환식 보일러 : 라몽 보일러, 베록스 보일러
　　　ⓒ 관류 보일러 : 벤숀 보일러, 슐처 보일러, 앳모스 보일러
　③ 주철제 보일러(섹션 보일러)
　　　㉠ 주철제 증기 보일러
　　　ⓒ 주철제 온수 보일러
　④ 특수 보일러
　　　㉠ 폐열 보일러 : 하이네 보일러, 리 보일러
　　　ⓒ 열매체 보일러 : 다우섬 및 특수 열매체 사용
　　　ⓒ 간접가열 보일러 : 슈미트 하트만 보일러, 레플러 보일러

3 보일러 부속장치

① 안전장치
　　㉠ 안전 밸브
　　ⓒ 방출 밸브(릴리프 밸브)
　　ⓒ 방폭문
　　㉣ 저수위 경보장치
　　㉤ 화염검출기
　　㉥ 압력제한장치
② 송기장치
　　㉠ 비수방지관
　　ⓒ 기수분리기
　　ⓒ 주증기 밸브
　　㉣ 증기 헤더
　　㉤ 어큐뮬레이터(증기 축열기)
　　㉥ 증기 트랩
　　㉦ 감압 밸브
　　㉧ 신축 조인트
③ 분출장치(수저분출, 수면분출)
　　㉠ 분출관
　　ⓒ 분출 밸브
　　ⓒ 분출 콕

④ 폐열회수장치
　㉠ 과열기
　㉡ 재열기
　㉢ 절탄기(급수가열기)
　㉣ 공기예열기
⑤ 급수장치
　㉠ 급수 펌프
　㉡ 인젝터
　㉢ 급수 탱크
⑥ 집진장치
　㉠ 건식
　　ⓐ 여과식
　　ⓑ 원심력식
　　ⓒ 중력식
　　ⓓ 음파식
　㉡ 습식
　　ⓐ 유수식
　　ⓑ 가압수식(사이클론 스크러버, 벤튜리 스크러버, 제트 스크러버, 충진탑)
　　ⓒ 회전식
　㉢ 전기식 : 코트렐식
⑦ 통풍장치와 연돌
　㉠ 자연통풍
　㉡ 강제통풍
　　ⓐ 압입통풍 : 터보형 송풍기
　　ⓑ 흡입통풍 : 플레이트형 송풍기
　　ⓒ 평형통풍 : 압입 송풍기 + 흡입 송풍기
　㉢ 연도와 굴뚝

4 연소장치

① 고체연료의 연소장치
　㉠ 화격자 연소방식 : 수분식, 기계식

ⓛ 미분탄 연소방식 : 선회식 버너, 편평류 버너
　　　ⓒ 유동층(세분탄) 연소방식 : 화격자와 미분탄의 절충식
　② **액체연료의 연소장치**
　　　㉠ 기화연소방식
　　　ⓛ 무화연소방식
　　　　　ⓐ 유압분사식 버너
　　　　　ⓑ 회전분무식 버너
　　　　　ⓒ 기류식 버너(고압, 저압)
　　　　　ⓓ 건타입 버너
　③ **기체연료의 연소장치**
　　　㉠ 확산연소방식
　　　　　ⓐ 포트형
　　　　　ⓑ 버너형(선회형, 방사형)
　　　ⓛ 예혼합방식
　　　　　ⓐ 저압 버너
　　　　　ⓑ 고압 버너
　　　　　ⓒ 송풍 버너

2 보일러의 특징

1 원통형 보일러의 장단점

　① **장점**
　　　㉠ 구조가 간단하고 설비비가 싸다.
　　　ⓛ 취급이 용이하다.
　　　ⓒ 청소 및 보수가 용이하다.
　　　㉣ 부하변동에 비해 압력변화가 적다.

② 단점
　㉠ 고압이나 대용량에 부적당하다.
　㉡ 보유수량이 많아 증기발생의 소요시간이 길다.
　㉢ 보유수량이 많아 파열 시 피해가 크다.
　㉣ 열효율이 낮다.

2 수관식 보일러의 장단점

① 장점
　㉠ 드럼의 지름이 작아서 고압에 잘 견딘다.
　㉡ 수관군의 배치에 따라 전열면적이 크고 열효율이 크다.
　㉢ 전열면적당 보유수량이 작아서 증발속도가 빠르다.
　㉣ 파열 시 피해가 적다.
　㉤ 보일러수의 순환력이 크다.
② 단점
　㉠ 부하변동 시 압력변화가 크고 수위변동이 심하다.
　㉡ 스케일의 생성이 커서 급수처리가 필요하다.
　㉢ 취급상 기술적인 문제가 따른다.

3 관류 보일러의 장단점(단관식, 다관식) – 수관식 보일러의 한 종류

① 장점
　㉠ 단관식은 순환비가 1이라서 드럼이 필요 없다.
　㉡ 보유수가 적어 증발이 극심하다.
　㉢ 구조가 컴팩트하다.
　㉣ 열효율이 매우 높다.
② 단점
　㉠ 스케일의 생성이 빨라서 급수처리가 필요하다.
　㉡ 부하변동 시 압력변화가 크다.
　㉢ 자동제어장치가 반드시 필요하다.

4 주철제 보일러의 장단점

① 장점
- ㉠ 분해나 조립, 운반이 편리하다.
- ㉡ 섹션수의 증감에 따라 보일러 용량을 자유롭게 조절할 수 있다.
- ㉢ 내식성이 좋다.
- ㉣ 급수처리가 까다롭지 않다.
- ㉤ 전열면적에 비해 설치면적이 작다.

② 단점
- ㉠ 고압 및 대용량에 부적당하다.
- ㉡ 균열이 발생하기 쉽다.
- ㉢ 인장강도와 충격에 약하다.
- ㉣ 구조상 내부청소나 검사가 불편하다.

3 난방설비

1 증기난방

① 장점
- ㉠ 증발잠열을 이용하므로 열의 운반능력이 크다.
- ㉡ 방열면적이 적어도 되고 관의 지름이 작아도 된다.
- ㉢ 예열시간이 짧다.

② 단점
- ㉠ 난방부하에 따라 방열량 조절이 곤란하다.
- ㉡ 응축수의 생성으로 수격작용(워터 해머)의 발생이 심하다.
- ㉢ 보일러 취급이 까다롭다.

▶ 증기난방법의 분류

분류	종류	비고
응축수환수방식	중력환수식 증기난방	소규모 난방법
	기계환수식 증기난방	펌프 사용
	진공환수식 증기난방	환수관의 진공도 100~250[mmHg]
증기압력	저압증기 난방	0.15~0.35[kg/cm^2] 이하
	고압증기 난방	1[kg/cm^2] 이상
증기공급방식	상향식 공급	
	하향식 공급	
배관방식	단관식 배관	증기와 응축수가 동일배관
	복관식 배관	증기와 응축수가 다른배관
환수배관방식	습식 환수관	환수주관이 수면보다 낮다.
	건식 환수관	환수주관이 수면보다 높다.

- 하트포드 접속 방법

저압증기 난방장치에서 환수주관을 보일러 하단에 직접 접속하면 보일러 내의 증기압에 의해 보일러 내의 수면이 안전수위 이하로 내려간다.

또, 환수관의 일부가 파손되어 물이 샐 때는 보일러 내의 물이 유출하여 안전수위 이하가 되고 보일러는 저수위 상태가 된다.

이러한 위험을 막기 위해 밸런스관을 달고 안전저수위보다 높은 위치에 환수관을 설치하는데 이런 배관이음을 하트포드(hartford) 접속법이라 한다.

- 리프트피팅(lift fittings)

진공환수식 난방장치에서 부득이하게 방열기보다 높은 곳에 환수관을 배관하지 않으면 안될 때 또는 환수주관보다 높은 위치에 진공펌프를 설치할 때는 리프트피팅 이음을 사용하면 환수관의 응축수를 끌어올릴 수 있다. 이것은 리프트피팅까지는 환수가 구배(기울기)에 따라서 자연유하하여 리프트 이음의 하부에 고이며 따라서 환수관의 통기가 막힌다. 그러나 진공펌프의 작동으로 이 리프트 이음 전후에서 압력차가 생겨 물을 끌어올리게 된다.

이 수직관은 주관보다 한 치수 가느다란 관으로 하는 것이 보통이며 빨아올리는 높이는 1.5m 이내이고 2, 3단 직렬 연속으로 접속하여 빨아올리는 경우도 있다.

2 온수난방

① 장점
- ㉠ 난방부하의 변동에 따른 온도조절이 용이하다.
- ㉡ 현열을 이용하므로 쾌감도가 좋다.
- ㉢ 방열기의 표면온도가 낮아 화상의 위험이 적다.
- ㉣ 보일러 취급이 용이하고 안전하다.
- ㉤ 응축손실이 없다.
- ㉥ 워터 해머(water hammer)(수격작용)가 생기지 않아 소음이 없다.

② 단점
- ㉠ 증기난방에 비해 배관의 관지름이 커야 한다.
- ㉡ 증기난방에 비해 설비비가 더 비싸다.
- ㉢ 공기의 정체로 순환의 장애가 따른다.
- ㉣ 열용량이 크기 때문에 온수의 순환시간이 길다.
- ㉤ 야간 난방 시에는 동결의 위험이 있다.

▶ 온수난방법

분류	종류	비고
온수온도	저온수 난방	85~90°(개방식 팽창 탱크 사용)
	고온수 난방	100[℃] 이상(밀폐식 팽창 탱크 사용)
온수순환방법	중력 환수식	자연순환방식
	강제 순환식	순환 펌프 사용
배관방법	단 관 식	송탕관과 복귀탕관이 동일 배관
	복 관 식	송탕관과 복귀탕관이 서로 다르다.
온수공급방법	상향 공급식	송탕주관이 최하층 배관에서 수직관으로 상향 분기
	하향 공급식	송탕주관을 최상층 배관에 수직관을 하향 분기

3 복사난방

벽이나 바닥 속에 온수가열 코일을 매설하여 온수를 공급하여 그 코일 표면의 복사열로 난방하는 방식을 말한다.

① 장점
- ㉠ 실내 온도가 균등하며 쾌감도가 높다.

ⓒ 방열기의 설치가 불필요하므로 바닥면의 이용도가 높다.
　　　ⓒ 동일방열량에 비해 열손실이 대체적으로 적다.
　　　㉢ 공기의 대류가 적어 실내공기의 오염도가 적다.
　　　㉣ 환기의 열손실이 적은 편이다.
　② 단점
　　　㉠ 외기 온도의 급격한 변화에 대한 온도 조절이 곤란하다.
　　　ⓒ 벽속에 매입된 배관이므로 시공 수리가 불편하며 설비비가 많이 든다.
　　　ⓒ 누설의 발견이 어렵고 시멘트 모르타르 등의 균열이 일어날 수 있다.
　　　㉢ 열손실은 대류난방에 비해 크므로 단열재 시공이 많이 든다.
　③ 방열 패널(panel)
　　　㉠ 바닥 패널(panel)
　　　ⓒ 천정 패널(panel)
　　　ⓒ 벽 패널(panel)

4　지역난방

지역난방은 1개소 또는 수 개소의 보일러실에서 어떤 대규모 특정지역 내의 건물, 아파트 등에 증기나 온수를 공급하는 방식이다.
① 장점
　　㉠ 열효율이 좋고 연료비가 절감된다.
　　ⓒ 각 건물에 보일러실, 연돌이 필요 없으므로 건물의 유효면적이 증대된다.
　　ⓒ 설비의 고도화에 따라 도시 매연이 감소한다.

5　온풍난방

온풍난방의 원리는 더운 공기를 방안에 보내어 난방하는 방법으로, 공기를 가열하는 방법에는 온풍로에 의한 직접 가열식과 열교환기를 사용하는 간접 가열식이 있다.
① 장점
　　㉠ 설비비가 작다.
　　ⓒ 장치의 열용량이 극히 적으므로 예열시간이 짧고 연료비가 적다.
　　ⓒ 온기로의 효율이 크다.
　　㉢ 보통의 공조방식에 비해 덕트는 소형으로 할 수 있다.

② 단점
　㉠ 취출풍량이 적으므로 실내 상하의 온도차가 크다.
　㉡ 덕트 보온에 주의하지 않으면 온도강하 때문에 난방이 불충분하다.
　㉢ 소음이 생기기 쉽다.
③ **적용** : 공장, 주택 등 소규모 건축물

단원복습 문제풀이

01 수관보일러로부터 드럼을 제거하고 수관으로만 연소실을 둘러싼 것으로 보유수량이 적어 증기발생이 빠른 보일러로 옳은 것은?

① 노통보일러 ② 연관보일러
③ 노통연관보일러 ④ 관류보일러

해설 수관식보일러 : 자연순환식, 강제순환식, 관류식

02 보일러 점화 직전 운전원이 반드시 제일 먼저 점검해야 할 사항은?

① 공기온도 측정
② 보일러 수위 확인
③ 연료의 발열량 측정
④ 연료실의 잔류가스 측정

해설 보일러는 저수위 사고가 가장 위험하다.

03 보일러의 부속장치에서 댐퍼의 설치목적으로 틀린 것은?

① 주연도와 부연도가 있을 경우 가스흐름을 전환한다.
② 배기가스의 흐름을 조절한다.
③ 통풍력을 조절한다.
④ 열효율을 조절한다.

해설 댐퍼 : 덕트의 송풍량을 조절하거나 차단하는 장치

04 온수난방에 대한 설명으로 잘못된 것은?

① 예열부하가 증기난방에 비해 작다.
② 한랭지에서는 동결의 위험성이 있다.
③ 온수온도에 의해 보통온수식과 고온수식으로 구분한다.
④ 난방부하에 따라 온도조절이 용이하다.

해설 온수난방은 증기난방에 비해 예열시간이 길다.

05 증기난방의 환수관 배관 방식에서 환수주관을 보일러의 수면보다 높은 위치에 배관하는 것은?

① 진공 환수식
② 강제 환수식
③ 습식 환수식
④ 건식 환수식

해설
• 환수관이 보일러 수면보다 높은 위치에서 배관될 때 : 건식 환수방식
• 환수관이 보일러 수면보다 낮은 위치에서 배관될 때 : 습식 환수방식

정답 01 ④ 02 ② 03 ④ 04 ① 05 ④

06 다음 난방방식에 대한 설명으로 틀린 것은?

① 온풍난방은 습도를 가습 또는 감습할 수 있는 장치를 설치할 수 있다.
② 증기난방의 응축수환수관 연결 방식은 습식과 건식이 있다.
③ 온수난방의 배관에는 팽창탱크를 설치하여야 하며 밀폐식과 개방식이 있다.
④ 복사난방은 천장이 높은 실(室)에는 부적합하다.

해설 복사난방 방열패널 : 천장패널, 바닥패널, 벽패널

07 복사난방의 특징이 아닌 것은?

① 외기온도의 급변화에 따른 온도조절이 곤란하다.
② 배관시공이나 수리가 비교적 곤란하고 설비비용이 비싸다.
③ 공기의 대류가 많아 쾌감도가 나쁘다.
④ 방열기가 불필요하다.

해설 복사난방
① 외기온도의 급변화에 따른 온도조절이 곤란하다.
② 배관시공이나 수리가 비교적 곤란하고 설비비용이 비싸다.
③ 공기의 대류가 적어 쾌감도가 좋다.
④ 방열기가 불필요하다.

정답 06 ④   07 ③

CHAPTER

6

배관일반(공조냉동설치운영)

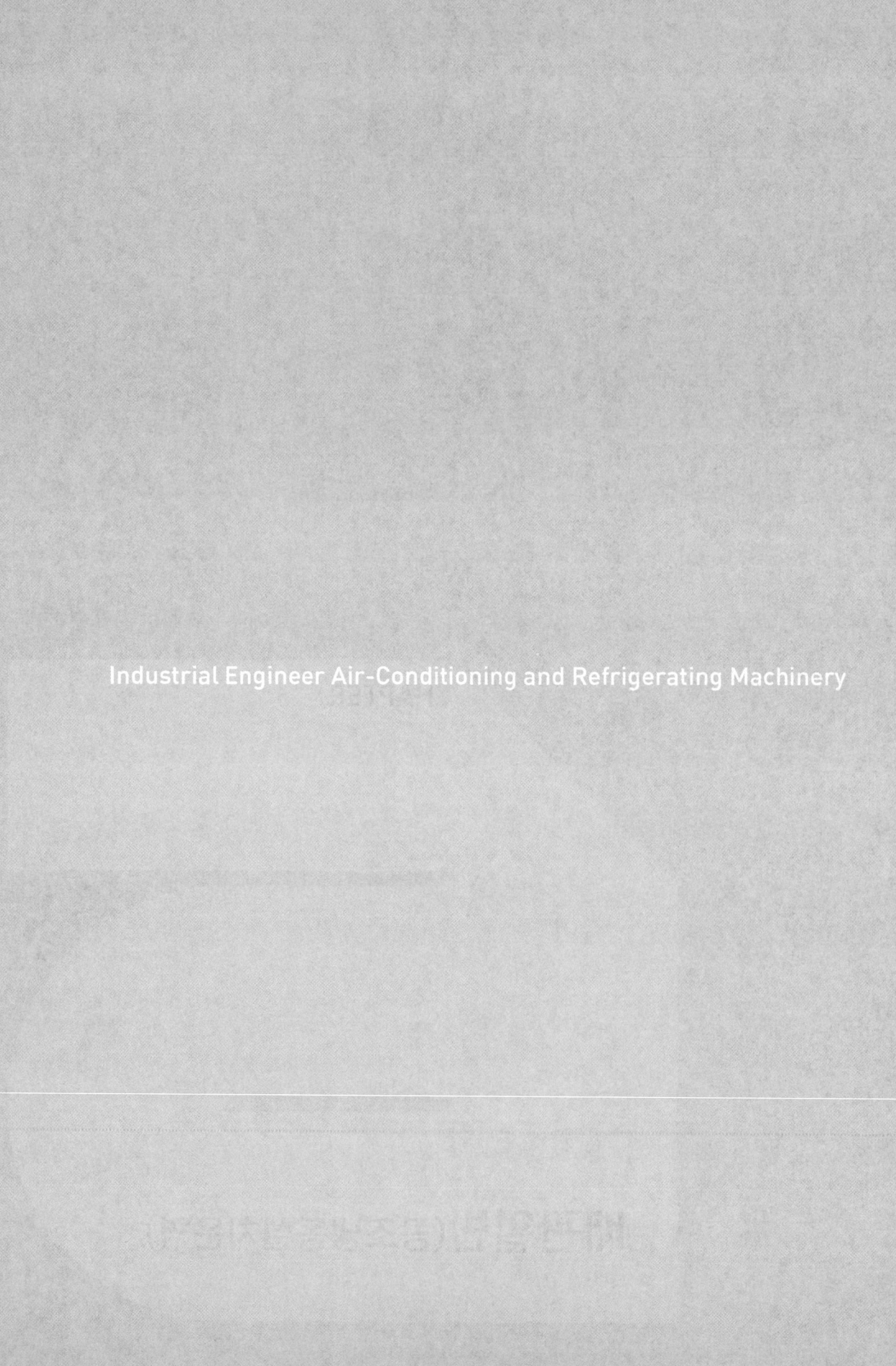

Chapter 6

배관일반(공조냉동설치운영)

1 배관재료

1 배관재료

(1) 관의 종류와 용도

① **관의 재료** : 관은 재료의 종류에 따라 다음과 같이 분류할 수 있다.
  ㉠ 강관 : 탄소강관, 합금강관, 스테인리스 강관, 특수관
  ㉡ 주철관 : 수도용관, 배수용관
  ㉢ 비철금속관 : 동관, 구리 합금관, 납관, 알루미늄관
  ㉣ 비금속관 : 합성수지관, 석면시멘트관, 철근 콘크리트관, 도관

② **강관** : 배관용 강관에는 탄소강관, 수도용 아연 도금강관, 압력배관용 탄소강관 등이 있다. KS 규격에는 강관의 호칭을 mm(A) 또는 inch(B)로 나타낸다.
  ㉠ 탄소강관 : C 0.25[%] 이하, S과 P 0.04[%] 이하 함유, 인장강도 22[kg/mm^2] 이상이다.
  ㉡ 합금강관 : 재질은 C 0.1~0.15[%] 정도이고 Mo강, Cr-Mo강으로서 Cr의 함유량이 많을수록 내식성이 좋아진다. 인장강도는 39~42[kg/mm^2]이다.
  ㉢ 스테인리스강관 : 27 ~ 32종까지 6종이 있고 페라이트계(표준 Cr 13[%])와 오스테나이트계(표준 Cr : N = 18[%])가 있으며 인장강도는 52[kg/mm^2]이다.
  ㉣ 특수관
    ⓐ 모르타르 라이닝 강관 : 부식방지를 위해 강관의 내면에 시멘트 모르타르를 얇게 바르고 외면에 아스팔트를 바른 관

ⓑ 합성수지 라이닝 강관 : 내식, 내한, 내약품성을 높이기 위해 강관의 외면에 폴리에틸렌 등의 합성수지 피막을 입힌 강관으로 석유, 제약 등의 화학공장과 상하수도, 공업용수 등의 수송관에 이용된다.
ⓒ 알루미늄 도금 강관 : 관의 표면에 Al종 또는 철, Al합금 종을 형성시켜 만든 관으로 내열 내유화성이 우수하여 열교환기, 응축기 등에 사용된다.

ⓓ 관의 두께 : 강관의 두께는 스케줄 번호(schedule number)로 나타내며 스케줄 번호에는 SCH 10, 20, 30, 40, 60, 80 등이 있고 번호가 클수록 관의 두께가 두꺼워진다.

$$스케줄 번호(SCH) = \frac{P(사용압력 kg/cm^2)}{S(허용응력 kg/mm^2)} \times 10$$

$$관두께(t) = (\frac{PD}{175S}) + 2.54$$

▶ KS 규격에 의한 강관의 종류와 용도

종류		KS 규격 기호	용도
수도용	수도용 아연 도금 강관	SPPW	정수두 100[m] 이하의 수도로서 주로 급수배관용. 호칭 지름 10~300[A]
	수도용 도복장 강관	STPW-A SPPW-C	정수두 100[m] 이하의 수두로서 주로 급수 배관용. 호칭 지름 80~1,500[A]
배관용	배관용 탄소강 강관	SPP	사용 압력이 낮은 증기, 물, 기름, 가스 및 공기 등의 배관용. 호칭 지름 15~500[A]
	압력 배관용 탄소강 강관	SPPS	350[℃] 이하에서 사용하는 압력 배관용. 관의 호칭은 호칭 지름과 두께(스케줄 번호)에 의하여 호칭 지름 6~500[A]
	고압 배관용 탄소강 강관	SPPH	350[℃] 이하에서 사용 압력이 높은 고압 배관용. 관지름 6~168.3[mm] 정도이나 특별한 규정이 없다.
	배관용 아크 용접 탄소강 강관	SPW	사용 압력 10[kg/cm²]의 낮은 증기, 물, 기름, 가스 및 공기 등의 배관용. 호칭 지름 350~1,500[A]
	고온 배관용 탄소강 강관	SPHT	350[℃] 이상 온도의 배관용(350~450[℃]). 관의 호칭은 호칭 지름과 스케줄 번호에 의한다. 호칭 지름 6~500[A]
	저온 배관용 강관	SPLT	빙점 이하 특히 저온도 배관용. 호칭 지름 6~500[A]. 두께는 스케줄 번호로 표시
	배관용 합금강 강관	SPA	주로 고온도의 배관용. 호칭 지름 6~500[A]. 두께는 스케줄 번호로 표시
	배관용 스테인리스 강관	STS×TP	내식용, 내열용 및 고온 배관용. 저온 배관용에도 사용된다. 호칭 지름 6~300[A]. 두께는 스케줄 번호로 표시

종류		KS 규격 기호	용도
열전달용	보일러·열교환기용 탄소강 강관	STH	관의 내외에서 열의 수수를 행함을 목적으로 하는 장소에 사용된다. 보일러의 수관, 연관, 과열관, 공기 예열관, 화학 공업, 석유 공업의 열교환기, 가열로 관 등을 사용
	보일러·열교환기용 합금강 강관	STHA	
	보일러·열교환기용 스테인리스 강관	STS×TB	
	저온 열교환기용 강관	STLT	빙점하의 특히 낮은 온도에서 관의 내외에서 열의 수수를 행하는 열교환기관, 콘덴서관
구조용	일반 구조용 탄소 강관	SPS	토목, 건축, 철탑, 지주와 기타의 구조물용
	기계 구조용 탄소강 강관	STM	기계, 항공기, 자동차, 자전거 등의 기계 부분품용
	구조용 합금강 강관	STA	항공기, 자동차, 가타의 구조물용

③ **주철관** : 주철관은 내식성, 내마모성이 우수하고 다른 금속관에 비해 내구성이 우수해 급수관, 배수관, 도시가스 공급관, 통신용 케이블 매설관, 화학공업용관, 광산용 양수관 등 주로 매설관으로 사용된다. 재질에 따라 보통 주철관과 고급 주철관으로 분류할 수 있다.

　㉠ 수도용 수직 주철관 : 주조할 때 관의 중심선이 수직으로 되게 주형을 세워 선철을 용해 주입하여 만든 것으로 보통 입관(최대 사용수두 75m 이하)과 저압관(45m 이하)이 있다.

　㉡ 수도용 원심력 모래형 주철관 : 주물사로 만든 주형을 회전시키면서 용융 선철을 원심력을 이용하여 만든 관으로 재질이 치밀하고 두께가 균일하며 강도가 크다. 고압관(최대 사용 정수도 100m 이하), 보통 입관(75m 이하), 저압관(45m 이하)의 세 종류가 있다.

　㉢ 수도용 원심력 금형 주철관 : 수냉식 금형을 주형으로 사용. 모래형 원심력 주철관과 같은 방법으로 원심력을 이용하여 주조한 관으로 급속 냉각이 되므로 표면에 칠(chill)현상이 생겨 경도와 강도가 커진다.

　㉣ 원심력 모르타르 라이닝 주철관 : 관의 내면에 원심력을 이용하여 모르타르를 균일하게 바른 관으로 녹의 발생을 방지한다.

　㉤ 배수용 주철관 : 오물의 배수용으로 사용되며 내식성을 높이기 위해 관의 내외에 콜타르를 바르기도 한다. 내압은 받지 않으므로 두께가 얇다.(1종과 2종이 있다.)

　㉥ 주철관은 접합부의 모양에 따라 플랜지관, 소켓관, 메커니컬 조인트관 등으로 구분 된다.

④ 동관 및 동합금관
   ㉠ 동관 및 동합금관의 특성
      ⓐ 담수에는 내식성이 크나 연수에 침식된다.
      ⓑ 경수에는 아연화동, 탄산칼슘 보호막이 생겨 부식을 방지할 수 있다.
      ⓒ 건조한 대기 중에서는 변하지 않으나 탄산가스가 있는 대기 중에서 청녹색의 산화막이 생성된다.
      ⓓ 유기약품, 알칼리성에는 내식성이 우수하다.
      ⓔ 암모니아수, 암모니아 습증기, 초산, 황산, 염산 등에 침식된다.
   ㉡ 종류
      ⓐ 이음매 없는 터프 피치 동관(TCup) : 열전도율이 좋고 내식성이 우수하여 열교환기, 급수관, 압력계관, 화학공장 등의 배관에 사용된다.
      ⓑ 이음매 없는 탈산 동관(DCup) : 산소량이 많은 전기동을 인(P)으로 탈산하여 냉간인발하여 제조, 전기 냉장고, 급수관, 가솔린관, 송유관 등에 사용한다.
      ⓒ 구리 합금관 : 황동관(BsSTx), 복수기용 청동관(BsPF), 단동관(RBsPxS), 규소 청동관(BiBp, Si 2.5~3.5[%] 함유), 니켈동합금관(N-Cup) 등이 있으며 복수기, 가열기, 증류기, 냉각기 등의 열교환기용으로 사용한다.

⑤ 납(Pb)관 : 초산, 염산, 질산 등에 침식되나 그 밖의 산에 강하며 알칼리성에 약하다.
   ㉠ 수도용 납관 : 정수두 75[m] 이하의 수도에 사용하는 납관은 안지름 10~15[mm] 정도의 가는 수도인 입관에 사용되며 1종(Pb : 99.8[%] 이상), 2종(안티몬, 동, 주석, 합금관) 2가지 종류가 있다.
   ㉡ 배수용 납관 : 상온에서 가공성이 크므로 세면기의 트랩과 배수관 화장실 변기에 배수관으로 사용되며 특히 좁은 장소에서 복잡한 가공에 많이 사용된다.

⑥ 알루미늄관
   물, 공기, 증기에 강하며 아세톤, 아세틸렌, 기름에 침식되지 않으나 알칼리, 염산, 황산 등에 약하다. 이음매 없는 알루미늄 합금관 알루미늄 합금 용접관 등이 있으며 열교환기, 선박, 차량 등의 특수용에 사용된다.

⑦ 비금속관
   ㉠ 석면 시멘트관 : 이터닛관(eternit pipe)이라고도 하며 아스베스트(석면 섬유)와 보통시멘트를 중량비 1 : 5로 혼합, 물로 반죽하여 성형하고 수중에서 7일 이상 담가서 경화시킨 후 대기 중에서 완전 경화시킨다. 내식성, 내알칼리성이 우수하고 강하며 고압(항장력 250~300[kg/cm^2])에 잘 견딘다. 수도용관, 가스관, 배수관 등으로 사용된다.

ⓛ 철근 콘크리트관
  ⓐ 보통 철근 콘크리트관 : 형틀에 철근을 넣고 콘크리트를 다져서 만든 관으로 조직이 거칠고 기공이 많아 강도가 약하나 보통 배수관으로 사용된다.
  ⓑ 원심력 철근 콘크리트관 : 흄관(hume pipe)이라고도 하며 원심력을 이용하여 만들므로 조직이 치밀하고 강도가 높다. 압력을 필요로 하는 배수관에 사용된다.
ⓒ 도관 : 점토를 주원료로 하여 성형, 소성하여 만들며 보통관, 후관, 특후관이 있다.
  ⓐ 보통관 : 가정의 배수관, 농업관계용 수관으로 사용
  ⓑ 후관 : 도시의 하수관으로 이용
  ⓒ 특후관 : 철도용 배수관으로서 주로 매설용으로 사용
ⓔ 합성수지관 : 석유, 석탄, 천연가스 등으로부터 얻어지는 에틸렌, 프로필렌, 아세틸렌, 벤젠 등을 주원료로 하여 제조
  ⓐ 합성수지의 종류
    • 열경화성 수지 : 페놀수지, 요소수지, 멜라민수지, 폴리에스테르수지, 규소수지 등
    • 열가소성 수지 : 스티롤수지, 염화비닐, 폴리에틸렌, 초산비닐, 아크릴수지
  ⓑ 합성수지의 특징
    • 가볍고 튼튼하며 가공성이 크고 성형이 간단하다.
    • 전기 절연성이 좋고 산·알칼리 유류, 약품 등에 강하나 열에 약하다.
    • 투명한 것이 많고 착색이 자유로우며 비중 강도비가 높다.
  ⓒ 합성수지관의 종류
    • 경질 염화 비닐관 : 일반관(VP), 박관(VU), 수도관(VW) 등이 있고 일반관은 해수용관 약액수송관으로 사용. 박관은 배수관, 통기관으로 사용하며 특히 모든 산과 알칼리에 강하나 50[℃] 이상의 고온이나 낮은 온도(-18℃)에서 사용하기 곤란하며 온도의 변화가 심한 곳에서 노출시켜 직선배관할 때 30~40[m]마다 신축 이음을 해야한다.
    • 폴리에틸렌관 : 에틸렌을 주원료로 하여 만든 관으로 우유색이 난다. 광선에 약하므로 장시간 직사광선을 받으면 산화되어 황색으로 변하기 때문에 카본 블랙을 첨가하여 흑색관으로 만든다. 비중(0.92~0.96)이 작고 연화 온도가 90[℃] 정도이며 충격에도 잘 견디며 -60[℃]에서도 잘 견디므로 추운 지방의 배관에 적당하다.

(2) 관 이음 재료

① **관이음 재료의 용도**
  ㉠ 배관 유로의 방향을 바꿀 때 : 엘보, 벤드 등
  ㉡ 유체를 분기시킬 때 : 티, 크로스, 와이 등
  ㉢ 지름이 같은 관을 직선으로 연결시킬 때 : 소켓, 유니언, 플랜지 등
  ㉣ 지름이 서로 다른 관을 접속시킬 때 : 이경 소켓(레듀셔), 이경 티, 부싱 등
  ㉤ 관의 끝을 폐쇄할 때 : 플러그, 캡 등

② **관 이음 재료의 크기 표시 방법** : 일반적으로 관용 테이퍼가 깎여 있으므로 그 크기를 나타낼 때는 관용테이퍼 나사의 표시 방법을 따른다.
  ㉠ 구경이 2개인 경우 : 큰 치수를 먼저 표시한 후 작은 치수를 표시한다.
   [예] $\frac{3}{4} \times \frac{1}{2}$ 엘보, 3×2 레듀셔
  ㉡ 구경이 3개인 경우 : 동일 중심선상 또는 평행한 중심선 위에서 지름이 큰 것을 1번, 조금 작은 것을 2번, 나머지를 3번의 순서로 나타낸다.
   [예] $1/2 \times 3/4 \times 3/8$ 티, $2 \times 2 \times 3/4$ 티
  ㉢ 구경이 4개인 경우 : 지름이 가장 큰 것을 1번, 이것과 동일한 중심선 위에 있는 것을 2번, 나머지 2개 중 지름이 큰 것을 3번, 작은 것을 4번의 차례로 나타낸다.
  ㉣ 90° 와이의 경우에는 지름이 큰 것을 먼저 나타내고 작은 것을 차례로 나타낸다.

③ **강관용 이음쇠** : 강관용 이음쇠는 이음 방법에 따라 나사식, 용접식, 플랜지식, 이음쇠가 있다.
  ㉠ 용접식 이음쇠 : 접속부의 모양에 따라 맞대기 용접식과 슬리브 용접식이 있고 재질에 따라 일반 배관용과 특수 배관용이 있다.
    ⓐ 일반 배관용 이음쇠 : 탄소강관을 맞대기 용접할 때 사용
    ⓑ 특수 배관용 이음쇠 : 압력 배관, 고온·고압 배관, 저온 배관 스테인리스 강관 등 합금 강관을 용접으로 접속할 때 사용
    ⓒ 맞대기 용접식 이음쇠 : 45° 엘보(L), 90° 엘보(L 및 S), 180° 엘보(L 및 S)의 호칭 지름과 같은 경우이고, L : 굽힘 반지름이 호칭 지름의 1.5배 됨을 뜻한다.
    ⓓ 슬리브 용접식 이음쇠 : 이음쇠에 마련된 구멍에 접속관을 끼운 후 용접한다.
  ㉡ 나사식 이음쇠 : 50[A] 이하의 관이음에 사용하며 다음과 같은 것이 있다.
    ⓐ 가단 주철제 이음쇠 : 흑심 가단 주철로 복잡한 모양을 쉽게 만들 수 있으며 $25[kg/cm^2]$의 수압과 $5[kg/cm^2]$ 공기압 시험에 합격된 것만 사용하도록 규정되어 있다.

ⓑ 배수관용 이음쇠 : 탄소강관을 배수관으로 사용할 때 이용하는 이음쇠로 주철제와 가단 주철제가 있고 이음부의 유체 저항을 줄이고 오물이 쌓이지 않게 관의 안지름과 이음쇠의 안지름이 일치되도록 만들어졌다.
ⓒ 강관제 이음쇠 : 탄소강관과 같은 재질로 만들며, 물, 기름, 증기 등의 일반 배관용에 사용한다.
ⓒ 플랜지식 이음쇠 : 고압 파이프 라인 또는 밸브, 펌프, 열교환기 및 각종 기기를 접속시킬 때 관을 자주 해체하거나 교환할 필요가 있을 때 사용
 ⓐ 재질 : 강판, 주철, 주강, 청동, 황동 등으로 만든다.
 ⓑ 종류
  • 전면 시트형 플랜지 : 호칭 압력 16[kg/cm^2] 이하에 사용
  • 대평면 시트형 플랜지 : 호칭 압력 63[kg/cm^2] 이하에 사용되며 패킹재는 연질을 사용하는 것이 좋다.
  • 소평면 시트형 플랜지 : 호칭 압력 16[kg/cm^2] 이상에서 사용되며 패킹재는 경질을 사용하는 것이 좋다.
  • 끼워맞춤 시트 플랜지 : 호칭 압력 16[kg/cm^2] 이상, 기밀을 요하는 곳에 사용
  • 홈 시트형 플랜지 : 호칭 압력 16[kg/cm^2] 이상이고, 위험성이 큰 유체의 배관, 큰 기밀을 필요로 하는 배관에 사용

구분	종류
엘보	엘보, 암·수 엘보, 45° 엘보, 46° 암·수 엘보, 리듀서 엘보, 리듀서 암·수 엘보
T	T, 암·수 T, 리듀서 T, 리듀서 암·수 T, 편심 리듀서 T
Y	45°Y, 90°Y, 리듀서 소켓, 편심 리듀서 소켓
밴드	밴드, 암·수 밴드, 45° 암·수 밴드, 리턴·밴드
니플	니플, 리듀서·니플
기타	유니온, 스톱·너트, 푸시, 플러그, 캡

④ **주철관용 이형관(이음쇠)**
 ㉠ 수도용 주철관 이음쇠 : 접합부의 모양에 따라 소켓관·플랜지관이 있으며 직선배관, 굴곡배관, 유량계 등의 계기를 접속시킬 부분에 사용된다.
 ㉡ 배수용 주철관 이음쇠 : 배수의 흐름을 원활하게 하고 접합부에 오물이 쌓이지 않도록 만들어야 하며 주로 소켓관으로 만들어져 있으나 배수용 납관과 연결할 때에는 플랜지관으로 만든 것을 사용해야 한다.
⑤ **동관용 이음쇠** : 동관이음쇠에는 동관과 같은 재질로 만든 것과 동합금 주물로 만든 것이 있고 접속 방법에 따라 땜 접합(납땜, 황동납땜, 은납땜)에 쓰이는 슬리브식과 관 끝을 나팔관 모양으로 넓혀 플레어 너트로 죄어서 접속하는 플레어식 이음쇠가 있다.

⑥ 비금속관 이음용 재료
　㉠ 석면 시멘트관용 이음쇠
　　ⓐ 심플렉스 접합 : 주철제 칼러의 홈에 고무링을 끼운 다음 관을 링 안에 넣어 기밀을 유지하도록 한 것
　　ⓑ 기 볼트 이음관 : 주철제의 슬리브와 고무링 및 플랜지를 사용하여 볼트로 조여 접합한다. 약간의 탄력성을 갖는다.
　㉡ 도관용 이음관 : 도관과 같이 점토를 주원료로 만들며 보통관용과 후관용이 있다.
　㉢ 합성 수지관용 이음관 : 경질 염화 비닐관용과 폴리에틸렌관용이 있고 경질 염화 비닐관에는 수도용과 배수용이 있다.

(3) 관의 지지 재료

관의 신축, 동요, 하중 등에 의하여 과도한 변형 및 응력이 생기지 않도록 하기 위해 사용하며 간단한 구조로서 충분한 강도를 유지해야 한다.

① **행거(hanger)** : 관을 천장에 걸어 지지하게 하는 장치로 리지드식, 스프링식, 콘스탄트식 등이 있다.
　㉠ 리지드 행거 : I(아이) 빔에 턴 버클을 연결하여 관을 매다는 방법
　㉡ 스프링 행거 : 턴 버클 대신 스프링을 사용한 것으로 충격, 진동 등을 흡수할 수 있다.
　㉢ 콘스탄트 행거 : 배관의 상하 운동을 어느 정도 허용하는 구조로 만들어 관의 지지력을 일정하게 한 것

② **서포트(support)** : 관을 밑에서 떠받쳐 지지하는 장치
　㉠ 리지드 서포트(rigid support) : 강도가 높은 재료로 만든 빔으로 여러 개의 관을 동시에 지지할 수 있다.
　㉡ 파이프 슈(pipe shoe) : 관에 직접 접속하여 지지하는 것으로 배관의 수평부와 곡관부를 지지하는 장치
　㉢ 롤러 서포트(roller support) : 관의 축방향의 운동을 자유롭게 하기 위해 롤러를 이용해 지지하는 장치
　㉣ 스프링 서포트(spring support) : 스프링에 의해 관의 하중에 따라 상하 운동을 다소 허용하는 지지대

③ **리스트레인트(restraint)** : 관을 지지하며 열팽창에 의한 배관의 운동을 구속 또는 제한하는 관 지지물
　㉠ 앵커 : 볼트를 콘크리트에 매설하여 관을 완전히 고정하는 장치로 진동이 심한 곳에 사용

ⓛ 스톱 : 관을 일정한 방향으로 운동하게 하고 회전을 구속하는데 사용
ⓒ 가이드 : 관을 축 방향으로만 운동을 안내하고 직각 방향의 운동을 구속하는데 사용. 파이프 랙(pipe rack) 위 배관의 곡관 부분과 신축 이음부에 설치한다.
④ 브레이스(brace : 방진 이음) : 펌프, 압축기 등에서 발생하는 기계의 진동을 흡수하는 방진기와 수격작용, 지진 등에서 일어나는 충격을 완화하는 완충기가 있으며 종류에는 스프링식과 유압식이 있다.

(4) 단열 재료 패킹 및 도료

① **단열재료** : 냉동기 및 열기관(보일러의 배관) 등의 열손실을 방지하기 위해 단열재(보온재)를 사용하며 유기질 단열재와 무기질 단열재로 나눈다.
  ㉠ 유기질 단열재
    ⓐ 펠트(felt) : 양털, 쇠털 등의 동물성 섬유로 만든 것과 삼베, 면 그밖의 식물성 섬유를 혼합하여 만든 것이 있다.
      • 쇠털을 사용하여 펠트 모양으로 만든 것은 곡면 부분의 단열에 편리하며 노출된 관의 보온용으로 사용된다.
      • 아스팔트 또는 아스팔트천으로 방습 가공한 것은 -60[℃] 정도의 보냉용으로 사용된다.
    ⓑ 코르크(cork) : 액체나 기체를 잘 통과시키지 않으므로 보냉이나 보온 재료로서 효과가 우수하므로 냉수, 냉매 배관, 냉각기, 펌프 등의 보냉용으로 사용
      • 탄화 코르크는 판형, 원통형의 금속 모형으로 압축한 다음 300[℃]로 가열하여 만든다.
      • 재질이 연하고 굽힘성이 없으므로 곡면에 사용하면 균열이 생기기 쉽다.
    ⓒ 기포성 수지 : 합성수지 또는 고무질 재료를 사용하여 다공질로 만든 것으로 열전도율이 낮고 가벼우며 흡습성은 좋지 않으나 굽힘성이 풍부하다. 부드럽고 불에 잘타지 않기 때문에 보온, 보냉 재료로서 효과가 높다.
  ㉡ 무기질 단열재료
    ⓐ 석면 : 아스베스토스를 주원료로 하여 만든다.
      • 장점 : 균열이 생기거나 부숴지는 일이 없어 선박과 같은 진동이 심한 곳에서 사용할 수 있다.
      • 용도 : 400[℃] 이하의 관, 탱크, 노벽 등의 보온재로 적당하다.
    ⓑ 암면 : 암산암, 현무암 등에 석회석을 섞어 용해하여 섬유 모양으로 만든다.
      • 단점 : 석면에 비해 섬유가 거칠고 굳어서 부숴지기 쉽다.

- 용도 : 식물성, 동물성, 합성수지 등의 접착제를 써서 띠, 관, 원통형으로 가공하여 400[℃] 이하의 관, 덕트, 탱크 등의 보온재로 사용된다.
ⓒ 규조토 : 광물질의 잔해 퇴적물로 좋은 것은 순백색이고 부드럽다. 불순물을 함유하고 있는 것은 황색, 회녹색을 띠고 있으며 보통 불순물이 많이 함유된 것이 사용되고 있다.
- 단점 : 다른 보온재에 비해 단열 효과가 나쁘므로 두껍게 시공해야 한다.
- 500[℃] 이하의 관, 탱크, 노벽 등의 보온에 사용
ⓓ 탄산마그네슘 : 염기성 탄산마그네슘 85[%], 석면 15[%]를 배합하여 물에 개어서 사용하는 보온재이다.
- 장단점 : 가볍고 보온성이 우수하나 300~320[℃]에서 열분해된다.
- 용도 : 방습 가공하여 옥외 배관, 습기가 많은 지하 덕트의 배관에 사용하며 250[℃] 이하의 관, 탱크 등의 보온재로 사용된다.

② **패킹재료**
㉠ 플랜지 패킹
ⓐ 고무 패킹 : 탄성이 크고 약품에 침식되지 않으므로 기름, 증기, 온수, 냉매 배관에 사용된다.
ⓑ 석면 조인트 시트 : 석면은 천연섬유로 강인한 특징이 있다. 석면 조인트 시트의 내열도가 450[℃]로 높아 고온·고압 증기용으로 사용된다.
ⓒ 합성수지 패킹 : 불소(F)를 함유한 탄화물은 패킹 재료로 우수하다. 테프론(teflon : 테트라불화 에틸렌을 기체로한 수지)은 약품이나 기름 및 강한 산에도 침식되지 않으며 내열 범위는 -260~260[℃]이나 탄성이 부족하여 석면, 고무와 같이 사용된다.
ⓓ 오일 실 패킹 : 한지나 질긴 성질의 종이를 일정한 두께로 겹쳐 내유가공한 것으로 열에 약하다. 펌프, 기어 박스 등에 사용된다.
ⓔ 금속 패킹 : 철, 구리, 황동, 알루미늄, 납, 모넬 메탈 등의 연질 금속이 사용되나 탄성이 적어 높은 온도에서 팽창이나 진동으로 유체가 새는 단점이 있다.
㉡ 나사용 패킹 : 나사용 패킹은 페인트, 일산화납(litharge), 액상 합성 수지 등이 사용된다.
㉢ 글랜드 패킹 : 글랜드 패킹은 밸브의 회전 부분에 사용하며 석면 각형, 석면 DIS, 아마존, 몰드 패킹 등이 있다.
㉣ 가죽 패킹 : 쇠가죽, 말가죽, 돼지가죽이 사용되며 유연성, 강인성, 방수성 및 통기성을 주기 위해 타닌 처리나 크롬 처리를 한다.
ⓐ 타닌 처리한 쇠가죽 : 치밀하고 딴딴하여 잘 늘어나지 않는다. 내열성이 약하다.
ⓑ 크롬 처리한 쇠가죽 : 연하고 늘어나기 쉬우며 내열성이 좋다.

③ 도료
  ㉠ 페인트 : 하연화 연백 등의 안료를 액체로 된 접착제로 반죽하여 만든 것으로 도장막은 은폐력이 커서 소재 금속이 보이지 않는다. 종류는 다음과 같다.
    ⓐ 사용하는 접착제(물, 기름, 니스 등)의 종류에 따라 수성 페인트, 유성 페인트, 에나멜 등이 있다.
    ⓑ 물결 모양 페인트 : 되게 갠 풀처럼 생긴 페인트로 보일유로 녹여서 사용한다.
  ㉡ 니스 : 수지 또는 합성수지를 용제로 용해한 정제 니스와 정제 니스에 건성유를 융합한 유성 니스가 있다. 또한 정제 니스에 질산 셀룰로이드를 첨가한 것을 래커(lacquer)라 한다.
  ㉢ 녹막이 도료(방청도료 또는 내식도료)
    ⓐ 연단 도료(광명단) : 과산화납(Pb_3O_4)을 아마인유에 혼합한 것으로 밀착력이 크고 풍화에 대한 저항력이 강하여 다른 도료의 밑 바탕 도장에 사용된다.
    ⓑ 아연화납 도료 : 납가루를 기름으로 갠 것으로 치밀한 막을 만들며 녹막이 효과가 크다.
    ⓒ 산화철 도료 : 산화철의 양이 적을수록 빨갛고 많을수록 짙은 자색을 나타내며 값이 싸서 많이 사용한다.
    ⓓ 크롬산납 도료 : 붉은색의 크롬산납을 안료로 하는 유성 페인트로 소량의 산화납을 가하여 사용한다.
    ⓔ 알루미늄 분말 도료 : 산화 알루미늄(Al_2O_3) 분말을 유성 니스에 혼합한 것으로 녹막이 효과가 크며 밑바탕 도장 후에 유성 페인트를 사용하면 녹막이 효과가 더욱 커진다.
  ㉣ 내산 도료 : 산이나 알칼리에 관의 표면을 보호하기 위해 사용
    ⓐ 아스팔트 : 산이나 알칼리에 대한 저항력이 커서 화학공업용으로 많이 사용된다.
    ⓑ 합성수지계 도료 : 내산성이 강한 비닐계 수지, 페놀계 수지, 프탈계 수지 등을 액체로 하고 가소제 용제 등을 배합한 도료로서 모든 약품에 저항이 강하다.
    ⓒ 염화고무계 도료 : 염화 고무에 안료, 가소제, 용제 등을 배합한 것으로 내산, 내알칼리성이 강하다.
  ㉤ 내열 도료
    ⓐ 소부 니스 : 100~120[℃] 정도 소부하는 투명니스와 180[℃] 이상 소부하는 흑색 니스가 있다.
    ⓑ 멜라닌 도료 : 내열도 150[℃] 정도
    ⓒ 실리콘 도료 : 내열도 약 200[℃] 정도로서 내열 도료 중에서 가장 내열도가 높다.

2 배관공작

(1) 배관공구와 공작

① 수공구에 의한 절단

㉠ 쇠톱 : 크기는 피팅 홀의 간격으로 나타내며 200[mm], 250[mm], 300[mm]의 것이 있고 피치는 1인치(inch)당 산수로 나타내며 피삭재의 종류에 따라 같은 것이 있다.

▶ 쇠톱의 톱니 모양과 용도

톱니 모양	톱니수(25.4[mm])당	용 도
크다	14~16	연한 재료(알루미늄 등)
중간	18~25	일반 구조용 철재, 단단한 재료
작다	25~32	단단한 재료, 두께가 얇은 철판, 파이프 등의 재료

ⓐ 절단 방법 : 절단할 부분을 날 끝으로 가볍게 왕복시켜 표시한 후 전체의 길이를 이용하여 절단한다.

ⓑ 절단 시 유의점
- 톱날을 관축에 직각으로 유지할 것
- 절단이 끝날 무렵 가볍고 짧은 행동으로 절단할 것

㉡ 파이프 커터 : 1매날과 3매날이 있는데 1매날은 주로 6~75[A]까지, 3매날은 15~150[A] 정도의 대구경 파이프의 절단에 사용

ⓐ 절단 방법 : 날과 직각으로 관을 끼운 다음 조정나사 핸들을 돌리면서 관 둘레를 회전시켜 절단한다.

ⓑ 절단 시 유의점 : 절단면에 턱이 생겨 유체의 흐름을 방해하므로 리머 가공으로 턱과 거스러미를 제거한다.

② 동력 절단기에 의한 절단

㉠ 포터블 소잉 머신 : 쇠톱을 전동화한 것으로 고정된 프레임이 크랭크 기구 또는 편심기구에 의해 왕복운동을 하며 절단한다. 이동시켜 쓸 수 있다.

㉡ 고정식 소잉 머신 : 지름이 큰 관이나 공장에서 대량 절단할 때 사용된다.

㉢ 커팅 휠 절단기 : 두께 0.5~3[mm] 정도의 얇은 원판 휠을 사용하며 이 때 휠이 깨지지 않도록 절단 속도 가압피드를 일정하게 유지해야 한다.

㉣ 관 전용 절단기 : 공장에 설치하여 지름이 큰 관을 절단하는데 사용한다.

③ 가스에 의한 절단 : 일반적으로 산소–아세틸렌을 사용하여 수동 또는 자동으로 절단하여 절단면이 깨끗하지 못한 단점이 있다.

(2) 동 및 그밖의 관의 절단

① **동관의 절단** : 20[A] 이하의 관은 커터를, 20[A] 이상의 관은 주로 쇠톱을 사용하여 절단하며 단면에 변형이 생겼을 때는 사이징 툴을 사용하여 교정한다.
② **납관의 절단(연관 절단)** : 연관 톱을 이용하여 절단하며 재질이 연하여 톱날이 걸리거나 찢어지고 변형이 생기므로 관지름에 맞는 나무봉을 끼워 절단한다.
③ **스테인리스 강관의 절단** : 쇠톱이나 소잉 머신 커팅 휠 절단기를 사용하여 절단하며 톱날은 1인치에 대해 32산의 것이 적당하다.
  ㉠ 절단 속도가 너무 빠르면 톱날이 과열되어 절단이 잘 안된다.
  ㉡ 커팅 휠로 절단할 때는 스테인리스용을 사용, 고속회전으로 절단한다.
④ **주철관의 절단** : 지름이 작은 주철관은 쇠톱이나 소잉 머신으로 절단하거나 정으로 깎아 절단하고 지름이 큰 관은 체인식 파이프 커터를 사용하여 절단한다.

▶ 주철관의 지름과 커터수

호칭 번호	절단할 수 있는 관의 지름	커터수
	주철관	
No. 1	75[mm](3[B])~150[mm](6[B])	8
N0. 2	75[mm](3[B])~200[mm](8[B])	10

⑤ **합성 수지관의 절단** : 강관용 쇠톱이나 파이프 커터를 이용하여 절단하고 거스러미(burr)를 제거하여 배관시공 후 각종 기기의 고장 원인을 없애야 한다.

(3) 강관 나사내기

① **관용 나사** : 관용 나사는 휘트워드 나사(whitworth screw thread)를 기본으로 하여 관용 평행 나사와 테이퍼 나사(테이퍼 1/16′[inch] = 1.5883[mm])가 깎여 있다.
② **강관에 나사내기**
  ㉠ 수공구에 의한 나사내기 : 수공구에 의한 나사내기는 25[A] 이하는 한 사람이, 50[A] 이하는 두 사람이, 100[A] 이하는 세 사람이 작업한다.
    ⓐ 오스터형 나사 절삭기 : 4개의 날이 1조로 되어 있고 15~20[A]는 나사산이 14산, 25~250[A]는 나사산이 11산으로 되어 있다.
    ⓑ 리드형 나사 절삭기 : 2개의 날이 1조로 되어 있는데 날의 뒤쪽에는 4개의 조로 파이프의 중심을 맞출 수 있는 스크롤이 있다.

▶ 나사내기 공구와 관의 지름

형식	번호	사용관의 지름
오스터형	102	8[A]~32[A]
	104	15[A]~50[A]
	105	40[A]~100[A]
	107	65[A]~100[A]
래칫식 오스터형	112R	8[A]~32[A]
	114R	15[A]~50[A]
	115R	40[A]~80[A]
	117R	65[A]~100[A]
리드형	5RC	40[A]~65[A]
베이비 리드형	2R3	15[A]~25[A]
	2R4	15[A]~32[A]
	2R5	8[A]~5[A]

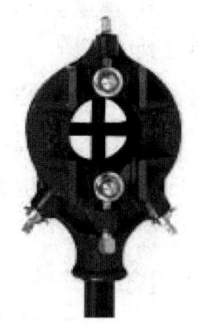

| 리드형 나사 절삭기 |

ⓒ 동력 나사 절삭기 : 동력을 이용하여 나사를 절삭하는 기계는 오스터를 이용한 다이헤드(die head), 호브(hob) 등을 이용한 것이 있으며 파이프의 절단, 나사절삭 리머 작업도 할 수 있게 되어 있다.

(4) 관의 접합

① 강관 접합

㉠ 나사 이음용 공구

ⓐ 바이스(vice)
- 수평 파이프 바이스 : 수평 바이스와 파이프 바이스를 겸용할 수 있는 것으로 20~75[mm]의 파이프를 고정할 수 있고 수평 바이스의 조(jaw) 폭은 100~125[mm]의 공작물을 고정할 수 있다.
- 파이프 바이스 : 파이프를 절단하거나 나사를 절삭할 때, 배관을 시공할 때 파이프를 고정해 주는 바이스
  - 파이프 바이스의 크기 : 고정할 수 있는 관지름의 최대 크기로 나타내며 규격에 따라 6~150[A]의 파이프를 고정할 수 있다.
  - 체인 바이스 : 체인을 이용, 파이프를 고정

ⓑ 파이프 렌치(pipe wrench) : 관이음에서 나사를 조이거나 파이프를 회전시킬 때 쓰이는 공구로 크기는 전체의 길이로 나타내며 체인 파이프 렌치는 200[A] 이상의 강관작업에 사용된다.

ⓛ 강관의 접합
  ⓐ 나사 접합 : 규정된 나사산수로 절삭하여 나사의 조임이 바르게 되어 있으면 관내의 유체가 새지 않는다.
   • 액체 패킹 : 시일, 광명단, 삼 등을 사용하여 나사를 조이면 수밀성이 높아진다.
   • 나사 결합 시 유의점 : 파이프의 크기에 알맞은 파이프 렌치를 사용할 것. 필요 이상의 큰 파이프 렌치를 사용하면 나사가 파괴되고 응력이 생겨 후일 파손의 원인이 된다.

▶ 나사의 크기와 삽입 길이(길이의 단위는 mm)

(A)	(B)	인치당 산수	유효나사 길이	삽입 길이	관의 외경
15	½	14	15	13	21.7
20	¾	14	17	15	27.2
25	1	11	19	17	34.0
32	1¼	11	22	20	42.7
40	1½	11	22	20	48.6
50	2	11	26	24	60.5

  ⓑ 용접 접합 : 가스 용접과 아크 용접을 하며 용접 방법에는 맞대기 용접, 슬리브 용접, 플랜지 용접이 있다.
   • 맞대기 용접
    – 용접할 부분의 관 끝을 V형으로 가공한다.
    – 접합할 때에는 롤러가 달린 받침대에 올려놓고 양쪽의 접합부를 맞대어 놓는다.
    – 접합부가 받침대의 중앙에 오도록 하고 관축이 일직선이 되도록 조정한 후 3~4개소 가접한다.
    – 관을 회전시키면서 하향 용접한다.
   • 슬리브 용접 : 한쪽 관의 슬리브를 미리 용접하고 다른 쪽 관을 끼운 다음 용접한다. 이 때 슬리브와 관 사이에 틈이 어느 한쪽으로 생기지 않도록 주의 한다.
   • 플랜지 용접 : 한 곳을 가접한 다음 플랜지 각자를 이용하여 플랜지면이 직각이 되도록 3~4곳 가접한 다음 하향 모서리 용접을 한다.
   • 용접의 장점
    – 접합부의 용접이 완전하며 배관의 유지 보수비가 절감된다.
    – 배관 후 단열, 피복 등을 할 때 접합부에 턱이 생기지 않으므로 피복재료, 작업시간이 절약되고 외관도 좋다.
    – 접합의 강도가 크다.

② 동관 접합
　㉠ 동관용 공구
　　ⓐ 토치 램프 : 납땜, 벤딩 등의 부분 가열에 이용되며 가솔린을 사용하는 것과 등유를 사용하는 것이 있다.
　　ⓑ 플레어링 툴 : 동관을 고정하는 공구
　　ⓒ 익스팬더 : 동관의 끝을 확관(스웨징) 또는 나팔 끝 모양으로 넓힌 공구는 플레어링 툴이다.
　　ⓓ 튜브 벤더 : 동관 벤딩용 공구
　　ⓔ 사이징 툴 : 동관의 끝을 진원으로 교정하는 공구
　㉡ 플레어 접합 : 구경이 20[mm] 이하의 동관을 배관할 때 기계의 점검, 보수 등을 위해 분해할 필요가 있을 때 이용하며 관 끝을 나팔관 모양으로 넓혀 플레어 너트로 접합한다.(강관의 유니언에 의한 접합 방법과 비슷한 원리이다.)
　㉢ 납땜접합
　　ⓐ 연납땜 접합 : Pb+Sn(납+주석) 합금으로 비교적 용융점이 낮아 황동관, 동관, 연관의 접합에 쓰인다.
　　ⓑ 경납땜 : 은납땜, 황동납땜이 있으며 주로 은납땜이 많이 쓰인다. 은납땜 순서는 다음과 같다.
　　　• 관의 표면을 깨끗이 닦아내고 두관 의 끝을 맞춘다.
　　　• 용제를 바른다.(용제 : 가열에 의한 접합면의 산화를 막고 녹은 은납이 잘 흘러 들어가게 돕는다. 용제는 염화 리튬(lithium)이나 붕사를 사용한다.)
　　　• 접합부를 700[℃] 전후로 고르게 가열한다.
　　　• 은납땜을 한다.(은납은 용제가 가열에 의해 묽은 크림 상태로 되었을 때 붙인다.)
　　　• 은납 땜 후 젖은 천으로 냉각하고 깨끗이 닦아낸다.
　㉣ 플랜지 접합
　　ⓐ 냉매 배관용은 단조에 의해 만든 끼워맞춤 플랜지, 홈 플랜지를 사용한다.
　　ⓑ 물, 증기, 공기, 배관용은 황동, 청동으로 만든 평면형 플랜지 또는 철판제의 유합 플랜지를 사용한다.
　　ⓒ 동관의 플랜지 접합은 유합 플랜지를 제외하고는 납땜 접합을 한다.
　㉤ 가지관의 접합 : 본관에서 이음쇠를 사용하지 않고 가지관을 만들 때 가지관 끝을 나팔관 모양으로 넓혀 본관의 표면에 밀착하도록 가공하고 본관에는 가지관의 안지름 보다 1~2[mm] 정도 큰 구멍을 뚫어 거스러미를 제거하고 접촉면을 깨끗이 닦고 은납땜을 한다.

ⓐ 가지관의 턱부분은 얇아지나 상용 압력은 20[kg/cm^2] 정도이다.
ⓑ 왕복동식 냉동기 주변의 동관 배관에 이용된다.

③ **연관의 접합**
㉠ 연관용 공구
ⓐ 연관용 톱 : 연관 절단에 사용
ⓑ 봄 볼 : 주관에 구멍을 뚫을 때 사용
ⓒ 드레서 : 연관 표면의 산화막 제거에 사용
ⓓ 벤드 벤 : 연관 굽힘 작업에 사용
ⓔ 턴 핀 : 접합하려는 관 끝을 넓히는데 사용
ⓕ 맬릿 : 턴 핀을 때려 박든가 접합부 주위를 오므리는데 사용하는 나무 해머
㉡ 플라스턴 접합 : 연납으로 사용되는 납과 주석의 합금은 납 38%, 주석 62% 정도에서 용융점(183℃)이 제일 낮은 공정 반응이 일어나며 모재인 연관의 용융점(327℃)보다 낮으므로 연관의 납땜이 가능하다. 그러므로 납 60%, 주석 40%의 연납(용융점 : 238℃)을 만들어 연관 접합에 사용한다. 접합 방법에는 맞대기 접합과 슬리브 접합이 있다.
ⓐ 맞대기 접합
- 접합할 면을 관축에 직각으로 절단하고 거스러미를 제거한 후 두 관을 직선으로 고정
- 접합면에 용제(플라스턴)를 바르고 토치 램프로 가열하여 크림 플라스턴이 은빛으로 변하면(납땜 온도 : 240℃) 와이어 플라스턴을 공급한다.
- 밀착된 접합면이 열로 인해 모세관 현상이 일어나 용융된 와이어 플라스턴이 스며들어간다.
- 와이어 플라스턴이 완전히 스며든 후 물로 냉각시키고 접합부를 닦아낸다. 이와 같은 방법은 다른 연관 접합에서도 동일하다.
ⓑ 슬리브 접합
- 연관을 관축에 직각으로 절단하고 절단면을 다듬어 거스러미를 제거하고 삽입관의 바깥면을 줄로 모따기 한다.
- 수입관의 단면을 토치 램프로 가열하면서 터빈 핀으로 벌려 나간다.
- 두 관을 서로 끼우고 둘레를 고르게 다듬고 삽입관의 바깥면에 크림 플라스턴을 바르고 앞에서 설명한 요령으로 접합한다.
ⓒ 가지관 접합
- 주관을 가열하여 봄 볼로 타원형의 구멍을 뚫는다.
- 가지관의 접합부를 가열하여 턴 핀으로 나팔 모양을 만든다.

- 주관과 가지관의 접합부를 와이어 브러시로 닦아내고 크림 플라스턴을 바른다.
- 주관과 가지관을 접속시키고 크림 플라스턴이 은빛으로 변할 때까지 토치 램프로 가열하면서 와이어 플라스턴을 녹여 접합한다.

ⓓ 참블 접합 : 관구를 폐쇄하는데 쓰이며 관끝을 오므려 폐쇄하고 와이어 브러시로 닦아내고 크림 플라스턴을 바르고 와이어 플라스턴을 녹여 접합한다.

ⓒ 살붙임 납땜 접합 : 살붙임 납땜 접합은 급·배수관 접합 시에 사용했으나 최근에는 배수용 연관 접합에 주로 사용하며 직선 접합과 분기접합 방법이 있다.

ⓐ 직선접합
- 관축에 직각으로 연관을 절단하고 줄로 다듬는다.
- 삽입관의 겉면을 줄로 경사지게 관 두께의 2/3 정도 깎아낸다.
- 수입관의 끝을 턴 핀으로 넓혀 삽입관이 끼워지도록 한다.
- 양쪽관의 접촉면을 와이어 브러시로 닦아내고 용제를 바른다.
- 양쪽관의 둘레를 토치 램프로 균일하게 가열하고 봉납을 녹여 관둘레에 용착시킨 후 몰스킨(면양털로 짠 천)으로 감싸서 돌려 구슬 모양으로 만들어 접합한다.
- 살붙임이 끝나면 접합 부분에 용제를 바르고 냉각시킨다.

ⓑ 연관의 분기점 접합 : 분기점 접합에는 T형, Y형 분기가 있고 접합 순서는 다음과 같다.
- 본관에 분기관보다 약간 작은 구멍을 뚫는다.
- 구멍에 벤드 벤을 놓고 해머로 타출하여 분기관의 구멍이 밀착되도록 가공한다.
- 분기관이 본관 속으로 깊이 들어가지 않도록 접합부를 고정하고 앞에서 설명한 요령으로 접합한다.

④ 합성 수지관의 접합

㉠ 경질 염화 비닐관의 접합

ⓐ 나사 접합 : 재질이 연하여 오스터의 무게에 의한 편심 가공이 되기 쉽고 나사부분의 두께가 얇아져 강도가 약하므로 보강하고 관에 맞는 환봉을 끼워 나사 절삭을 한다. 최근 이음관이 생산되어 나사 접합은 거의 사용하지 않는다.

ⓑ 냉간 접합 : 이음관을 접착제를 사용하여 접합하는 방법으로 접합제가 관 및 이음관의 표면을 녹여 붙이는 역할을 한다.
- 냉간 접합의 장점
  - 한냉기 강풍이 불 때 : 옥내외 작업, 화기 엄금 장소 등에서도 접합이 가능하다.

- 접합 강도가 개인의 숙련도에 따라 차이가 나지 않는다.
- 접합 시간이 빠르며 접합 경비가 절약된다.
- 냉간 접합 요령
  - 관축의 직각으로 절단해야 되며 특히 지름이 큰 관은 절단면이 직각을 이루지 않으면 접합 강도가 낮아진다.
  - 절단면의 거스러미를 완전히 제거하고 관 및 이음관을 깨끗이 닦아낸다.
  - 접착제를 바르고 단번에 끼워 맞춘다.
- 냉간 접합 시 유의사항
  - 이음과 내면이 테이퍼져 있으므로 접착제가 접착 작용을 시작하기 전에 삽입한 힘을 풀면 관이 밀려나온다.
  - 지름이 큰 관은 삽입기를 이용하여 삽입한다.

ⓒ 열간 접합
- 1단 열간 접합 : 주로 50[mm] 이하의 관 접합에 사용되며 수입관의 관구를 120[℃]로 가열하여 접착제를 바른 삽입관을 단번에 끼우고 냉각한다.
- 2단 열간 접합 : 수입관을 가열하여 삽입관을 끼우고 냉각시킨 후 삽입관을 뽑아서 수입관을 소켓 모양으로 만들어 삽입관에 접착제를 바르고 다시 끼워서 가열하여 접합하며 구경이 큰 관의 접합에 쓰인다.

ⓓ 플랜지 접합
- 관축에 직각으로 관을 절단하고 거스러미를 제거한다.
- 플랜지 성형용 금형을 미리 약 90[℃]로 가열해 둔다.
- 플랜지를 성형할 부분은 약 140[℃]로 가열, 플랜지 성형용 금형을 끼운다.
- 금형 A를 죄어 성형한 후 물로 냉각한다.
- 플랜지 성형 시 열원은 전열기, 토치, 램프, 숯불 등이 사용되며 뜨거운 기름 속에서 가열하는 것이 좋다.

▶ 플랜지 부분의 표준 치수

호 칭	D[mm]	R[mm]	L[mm]
⅜	38	3	10
½	46	3	12
¾	54	3	14
1	64	4	15
1¼	72	4	15
1½	80	4	16
2	96	4	18
2½	112	4	18
3	130	4	20
4	155	5	20

ⓔ 용접 접합 : 경질 염화 비닐관의 가소성을 이용하여 용접 접합한다. 가열방법에 따라 용접법을 분류하면 열풍 용접, 직접 용접, 고주파 용접, 마찰 용접이 있으며 열풍 용접을 가장 많이 사용한다. 열풍 용접 순서는 다음과 같다.
- 용접 부분은 가공하여 관을 일직선으로 고정시킨다.
- 열풍압을 0.25~0.4[kg/cm^2]로 조절하여 접합부로부터 5[mm] 정도 떨어져서 가열하고 용접봉을 밀어 모재에 압착시킨다.
- 용접봉의 용융 온도(175~180[℃])와 경질 염화 비닐관의 열분해 온도(181[℃])와의 차이가 아주 작으므로 가열 시 주의해야 한다.
- 테이퍼 코어 접합 : 테이퍼 코어 접합은 지름이 큰 관(50[A] 이상)의 접합에 알맞으며 작업 순서는 다음과 같다.
- 테이퍼 플랜지를 미리 관에 끼우고 관 끝을 모따기하고, 테이퍼 코어의 길이보다 길게 가열한다.
- 가열된 관 끝 내면과 테이퍼 코어 외면에 접착제를 바르고 테이퍼 코어를 관속에 끼운다.
- 양쪽 테이퍼 플랜지는 반드시 스프링 와셔를 사용하여 볼트를 조인다.

ⓛ 폴리에틸렌관의 접합
ⓐ 나사 접합 : 폴리에틸렌관은 강도가 약하여 진원의 나사를 깎기 위해서 환봉을 관에 끼우고 강관의 나사산수보다 1~2산 정도 적게 하여 한번에 균일한 나사를 깎아야 한다. 나사산으로 인하여 강도가 떨어지며 나사가 깎여 있는 폴리에틸렌 이음관이 생산, 시판되고 있다.
ⓑ 인서트 접합
- 관을 가열하여 연화시키고 턱이 있는 인서트를 끼운 다음 물로 급속 냉각한다.
- 금속 밴드를 끼워 조이는 나사부가 서로 90°되는 위치에 오도록 끼우고 고정한다.
- 가열 방법 : 끓는 글리세린 수용액(물 : 글리세린 = 3 : 2) 또는 토치 램프 등을 사용하여 가열한다.
ⓒ 고무링 접합 : 지름이 75[mm] 이상되는 관을 접합할 때 사용한다. 변형을 방지하기 위해 폴리에틸렌관의 외측 리브를 붙이든가 접합부의 관속에 코어를 넣는다.
ⓓ 융착 슬리브 이음
- 접합부의 관 끝을 경사지게 깎고 120[℃] 정도 가열한다.
- 가열부가 녹으면 관 끝을 맞대어 접합부가 편심이 되지 않도록 약간 비트는 듯 한 힘을 주어 접합한다.

- 가열 방법 : 토치 램프에 철판을 붙인 것이나 전열기에 철판을 올려놓은 것을 사용하며 이 때의 철판 가열 온도는 170~220[℃]가 알맞다.

⑤ **주철관의 접합**

　㉠ 에폭시 수지 접합 : 납 대신 에폭시 수지를 삽입시키고 코킹을 하면 작업 능률이 매우 높다.

　㉡ 메카니컬 접합 : 메카니컬 접합은 지름이 큰 관에 사용되며 수입관에만 플랜지가 붙어 있다.

　　ⓐ 삽입관에 푸시 링과 고무 링을 끼운다.
　　ⓑ 수입관에 삽입관을 끼운 후 볼트를 조인다.
　　ⓒ 볼트를 조일 때는 손으로 안돌아 갈 때까지 조인 후 교대로 조금씩 조여야 한다.

　㉢ 소켓 접합 : 접착제로 납과 얀(yarn)을 이용, 다음과 같은 순서로 접합한다.

　　ⓐ 접합할 두 관을 끼워 둘레의 틈이 균일하게 한다.
　　ⓑ 얀(yarn)을 한 가닥 3[mm] 정도로 조여서 이것이 다시 10줄 내외로 합해 조여 이음관 틈새에 비틀어 끼워 넣으면 물이 접합부로 들어오는 것을 막아 준다.
　　ⓒ 얀(yarn)을 채운 후 납을 녹여 붓는다.(납은 얀을 눌러주고 물이 새는 것을 방지)
　　ⓓ 용입한 납이 굳은 후 코킹용 정으로 납을 때려 넣는다.
　　ⓔ 녹인 납을 용입할 때 유의 사항
　　　- 가로 방향으로 누워 있는 관은 크기에 알맞은 클립을 사용하여 용융납의 유출을 방지한다.
　　　- 용융납이 부족하지 않게 준비하여 한 번에 붓는다.(용융 납을 여러 번 나누어 부으면 이음매에 블로홀(blowhole)이 생겨 누수의 원인이 된다.)
　　　- 접합부에 수분이 있으면 용융납이 비산하여 위험하므로 완전히 건조한 후 용해된 납을 붓는다.
　　　- 급수관은 접합부에 얀(yarn)을 1/3, 납을 2/3, 배수관은 얀(yarn)을 2/3, 납을 1/3 정도 채운다.

　㉣ 빅토리 접합 : 관을 서로 맞대고 특수 고무 패킹을 끼운 후 흑심가단주철제의 링으로 패킹이 압착되도록 볼트를 조인다.

　　ⓐ 가단주철제 링은 관지름이 350[mm] 이하일 때는 분할구가 두 곳, 400[mm] 이상일 때는 네 곳으로 되어 있다.
　　ⓑ 이 접합은 관 속의 압력이 높아질수록 고무 링이 관벽에 밀착되어 누설을 방지한다.
　　ⓒ 접합할 때 관을 중심에 맞추어야 하고 접합부에 가요성이 있으므로 진동이 있는 곳의 접합에 적당하다.

ⓜ 플랜지 접합 : 배관 도중에 밸브 등을 설치할 때 사용되고 비교적 지름이 큰 관에 사용된다.
  ⓐ 관의 접합면에 패킹(고무, 납, 석면 등)을 넣고 볼트를 메카니컬 접합에서와 같은 방법으로 조인다.
  ⓑ 급수용은 고무 패킹, 배수용은 석면 패킹이 많이 쓰이며 패킹의 두께는 3[mm] 정도가 알맞다.

⑥ **비금속관 접합**
  ㉠ 석면 시멘트관 접합
    ⓐ 기이 볼트 접합 : 기이 볼트 접합은 약간의 신축성과 굴절성을 가지며 석면 시멘트관의 칼라 접합에 5~10개소마다 1개의 기이 볼트 접합을 한다. 양쪽관 끝에 플랜지, 고무 링, 슬리브를 차례로 끼우고 관과 관 사이의 간격을 5~10[mm] 정도 되게 놓고 관의 중심을 맞춘 후 슬리브로 고무 링을 압착시키고 플랜지로 슬리브를 압착시키도록 볼트를 조인다.
    ⓑ 칼라 접합 : 기이 볼트 접합보다 간단하나 탄력이 없기 때문에 매설할 때에 관 밑의 지반이 단단하지 않으면 상층의 압력에 의해 파손될 우려가 있다. 1종과 2종이 있으며 1종은 7.5[kg/cm^2], 2종은 4.5[kg/cm^2]의 압력에 사용하며 작업 순서는 다음과 같다.
      • 한쪽관 끝에 이터닛 칼라를 끼운 후 양쪽관 끝을 일직선으로 맞대어 놓는다.
      • 이터닛 칼라가 중앙에 오도록 하고 관 둘레의 틈이 균일하도록 쐐기를 박은 다음 시멘트 모르타르를 다져 놓는다.
    ⓒ 심플렉스 접합 : 칼라 접합과 같이 칼라를 사용하며 모르타르 대신 고무 링을 사용하므로 탄력을 갖는다. 다른 관의 접합과 마찬가지로 관의 중심선이 일치되어야 하고 관과 칼라의 틈새가 균일해야 한다. 사용 압력은 10.5[kg/cm^2] 이상이고 굽힘성과 내식성이 우수하다.
  ㉡ 콘크리트관의 접합 : 보통 콘크리트관은 소켓 접합을 하며 소켓 틈에 시멘트 모르타르를 채워 막대 등으로 충분히 다져야 파손이 일어나지 않으며 모르타르가 완전히 굳은 후 흙을 메워야 한다.
  ㉢ 도관의 접합 : 접합제로 시멘트 모르타르를 사용하며 배관 후 즉시 통수할 필요가 있을 때에는 급결제를 사용하나 시공 후 진동이나 충격을 주어서는 안 된다.

(5) 관의 굽힘

① **굽힘형의 제작** : 굽힘형은 9~12[mm] 정도의 연강판 또는 환봉으로 굽힘용 공구를 사용하여 제작한다.
  ㉠ 현도 굽힘형 : 복잡한 모양의 굽힘관이나 가열 굽힘관인 경우에도 현도 굽힘형을 제작한다.
  ㉡ 현장 굽힘형
    ⓐ 배관 계통도 특히 복잡한 관이나 최종 연결관은 일반적으로 현장에서 굽힘형을 만든다.
    ⓑ 현장 굽힘형을 만들 때는 양끝의 길이를 목록하여 실제의 길이보다 300[mm] 정도 긴 형봉을 준비한다.
    ⓒ 현장 굽힘형을 만들 때의 주의 사항
      • 한 개의 형봉에 굽힘 부분이 많아서는 안 된다.
      • 가능한 평면굽힘이 되게 한다.
      • 다른 관 또는 구조물과의 접촉을 피하고 적당한 간격을 유지하고 보온관의 경우 보온재의 두께를 고려해야 한다.
      • 이음관의 위치는 분해가 용이한 곳에 설치한다.
      • 전선이나 전기기기 근처에는 가급적 배관하지 않는 것이 좋다.
      • 통행에 불편하지 않도록 배관한다.

② **강관 굽힘형 기계 및 공구**
  ㉠ 파이프 벤딩 머신 : 동력 파이프 벤딩 머신은 유압식, 로터리식, 램식이 있으며 일반적으로 유압식이 많이 사용된다.
    ⓐ 로터리식 유압 벤딩 머신
      • 벤딩 다이 : 굽힘 반지름에 따라 갈아끼울 수 있도록 되어 있으며 관을 굽히는 역할을 한다.
      • 클램프 다이 : 관을 벤딩 다이에 고정시킨다.
      • 센터링 다이 : 관속에 압입하여 주름과 관 단면이 타원으로 되는 것을 방지하며 관의 안지름보다 0.5~3.5[mm] 정도 작은 것을 선택하는 것이 좋다.
      • 프레셔 다이 : 관을 굽힐 때 생기는 반력을 지탱해 준다.
      • 두께가 얇은 관 : 굽힘 반지름이 작은 관은 주름 방지기를 사용한다.
      • 로터리식 유압 파이프 벤딩 머신의 장점
        - 시간이 절약되고 단면 변화율이 작다.
        - 5~180°까지 굽힐 수 있으며 200[A] 정도의 관을 상온에서 굽힐 수 있다.
        - 굽힘 가공면이 깨끗하면 대량 생산에 적합하다.

ⓑ 램식 유압 파이프 벤딩 머신
　　　　• 50[A] 이하의 관은 수동 램식 유압 파이프 벤딩 머신으로 굽히는 경우가 많다.
　　　　• 벤딩 방법 : 센터 포머를 램의 끝에 고정하고 앤드 포머를 관으로 지지한 다음 램을 밀어 관을 굽힌다.
　　　　• 장단점 : 두께가 얇은 관이나 굽힘 반지름이 작으면 가공면이 깨끗하지 않으나 같은 다이를 사용하여 굽힘 반지름이 다른 관을 굽힐 수 있고 특히 굽힘 반지름이 큰 관을 굽힐 수 있다.
　　　ⓒ 수동 롤러 벤더 : 롤러의 끝에 관을 고정하고 핸들을 돌려 관을 굽힌다. 지름이 큰 관은 굽힐 수 없고 굽힘 반지름이 작은 것은 단면이 타원으로 되는 결점이 있다.
　　ⓒ 가열 굽힘 장치 : 모래 채우는 장치, 가열로, 원치 등이 있으며 100[A] 이상의 관에는 수동 또는 동력 원치, 캡 스턴 등의 설비가 필요하다.
　　ⓒ 관 굽힘용 공구 : 구멍정반, 펀치, 받침대, 외면 성형 공구, 각도기, 수평기 등이 사용된다.
③ 관 굽힘 작업
　㉠ 가열 굽힘
　　ⓐ 모래 채우기 : 관을 굽힐 때에 주름이 생기거나 관의 단면이 타원으로 되는 것을 방지하기 위해 모래를 채운다.
　　　• 모래알의 크기는 1~5[mm] 정도로 가급적 내열성이 큰 것을 건조하여 사용한다.
　　　• 관에 모래가 채워진 정도는 해머로 때렸을 때의 소리로 판별한다.
　　ⓑ 가열
　　　• 일반적으로 중유로를 사용하나 지름이 작은 관은 가스 용접기의 토치, 산소, 프로판 가스의 토치 또는 토치 램프를 사용한다.
　　　• 가열 온도는 강관 800~1000[℃], 동관 600~700[℃] 정도이며 그 온도는 색깔로 판별하는데 색깔로 판별하기 어려운 합금강관이나 알루미늄관 등은 복사 온도계 또는 템프레스틱을 사용하여 온도를 측정한다.
　　ⓒ 관 굽힘 작업
　　　• 굽힘 반지름은 관지름의 3~4배 정도가 알맞고 유체의 저항을 적게 하려면 6배 이상 굽힌다.
　　　• 굽힘 형판(R 게이지)은 굽힘 반지름에서 관 바깥지름의 1/2을 빼고 제작한다.
　　　　$(R - \dfrac{D}{2})$

- 관의 굽힘면은 한 평면이 되게 굽혀야 한다.
- 용접선을 위쪽으로 향하여 바이스에 고정하고 굽힘 형판을 맞추어 가며 굽힌다.
- 가열은 휘어지는 반대 방향 즉 인장되는 부분을 가열한다.
- 굽힘이 끝나면 관속의 모래를 완전히 빼내며 관 벽에 늘어붙은 모래는 해머, 튜브 클리너 또는 샌드 블라스트로 털어낸다.

ⓛ **로터리식 유압 파이프 벤딩 머신에 의한 굽힘** : 클램프 다이로 관을 고정하고 프레셔 다이를 죄어 벤딩 다이를 회전시켜 일정한 각도로 굽히게 되면 자동으로 정지 된다. 굽힘 각도는 스프링 백을 고려하여 결정한다. 로터리식 유압 벤더로 관을 굽힐 때의 주의 사항은 다음과 같다.

ⓐ 벤더로 굽힘 부분을 펼 수 없으므로 필요 이상으로 관을 굽히지 말 것
ⓑ 굽힘 부분이 많을 때에는 굽힘 순서를 미리 결정할 것
ⓒ 용접관을 굽힐 때에는 용접부가 중립선상에 오도록 할 것

▶ 로터리식 유압 벤딩 머신에 의한 관 굽힘의 결함과 원인

결함	원인
관이 미끄러진다.	• 관의 고정 불량 • 클램프 또는 관의 표면에 기름이 묻어 있다. • 프레셔 다이가 지나치게 조정되어 있다.
관이 파손된다.	• 프레셔 다이가 지나치게 조정되어 저항이 크다. • 센터링 다이가 지나치게 나와 있다. • 굽힘 반지름이 지나치게 작다. • 재료에 결함이 있다.
주름이 생긴다.	• 관이 미끄러진다. • 센터링 다이가 너무 내려와 있다. • 벤딩 다이의 홈이 관의 지름보다 작다. • 벤딩 다이의 홈의 지름이 지나치게 크다. • 바깥지름에 비하여 두께가 얇다. • 굽힘 형이 주축에 대하여 편심되어 있다.
관 단면이 타원형으로 된다.	• 센터링 다이가 너무 내려와 있다. • 센터링 다이와 관 내측 사이의 틈이 크다. • 센터링 다이의 모양이 적합하지 않다. • 재질이 연하고 두께가 얇다.

ⓒ 동관의 굽힘

ⓐ 관의 지름이 클 때에는 가열하여 굽히거나 동력 벤더로 굽히며 작은 것은 수동 롤러식 동관 벤더로 굽힌다.(동관 가열 시 온도는 600~700[℃])

ⓑ 동관의 가열 온도가 낮으면 색깔에 의한 판별이 곤란하므로 과열되지 않도록 주의한다.
ㄹ 연관의 굽힘
  ⓐ 지름이 작은 관은 상온에서도 굽힐 수 있지만 일반적으로 100[℃] 정도로 가열하여 굽힌다.
  ⓑ 배수용 연관과 같이 지름이 큰 관은 모래를 채워 굽기도 하지만 일반적으로 모래를 채우지 않고 봄볼, 벤드벤을 사용하여 굽힌다.
ㅁ 합성 수지관의 굽힘
  ⓐ 경질 염화 비닐관의 굽힘
    • 20[mm] 이하의 관은 굽힘부를 토치 램프 또는 가열기로 가열하여 모래를 채우지 않고 굽힐 수 있으나 25~30[mm]관은 상온의 보통 모래를 채우고 그 이상의 관은 120~130[℃]로 예밀한 모래를 채운다.
    • 가열 온도는 120~130[℃]가 알맞고 온도가 너무 높으면 굽힘 부분에 균열이 생기기 쉽다.
    • 굽힘 반지름은 관 지름의 3~6배 정도가 적당하다.
  ⓑ 폴리에틸렌관의 굽힘
    • 굽힘 반지름이 관지름의 8배 이상일 때는 상온 가공이 가능하나 굽힘 반지름이 작을 때에는 가열하여야 한다.
    • 가열은 끓는 물을 사용하거나 가열기를 사용하고 불꽃이 직접 관에 닿지 않도록 한다.(융착슬리브 접합의 융착 온도는 180~240[℃])

(6) 관길이 산출

배관에서 모든 치수는 관의 중심에서 중심까지의 거리를 mm로 나타내며 정확한 치수로 배관 시공을 하려면 이음쇠 및 부속의 중심에서 단면 중심까지의 길이와 관의 유효 나사 길이 및 삽입 길이를 정확히 알아야 한다.

① 관의 직선 길이 산출

$$l = L - 2(A - a)$$

A : 부속의 중심에서 단면 중심까지의 길이
a : 관의 삽입 길이
l : 관의 실제 길이
L : 관의 전체 길이
$(A-a)$: 여유 치수라고도 한다.

▶ 관 지름에 따른 나사가 물리는 최소 길이

관지름(A)	15	20	25	32	40	50	65	80	100	125	150
나사가 물리는 최소 길이(a)	11	13	15	17	18	20	23	25	28	30	33

호칭 지름	중심에서 단면까지의 거리(mm)		90°엘보	45°엘보
	A(90°)	A(45°)	A-a(mm)	A-a(mm)
15	27	21	15	12
20	32	25	20	15
25	38	29	25	20
32	46	34	30	25
40	48	37	35	30
50	57	42	40	35

▶ 이경 엘보의 여유 치수

호칭 지름	중심에서 단면까지의 거리(mm)		여유 치수(mm)	
	A	B	A-a	B-b
15	27	21	15	12
20	32	25	20	15
25	38	29	25	20
32	46	34	30	25
40	48	37	35	30
50	57	42	40	35

▶ 소켓의 여유 치수

호칭 지름(mm)	L(mm)	여유 치수(mm)
		L-2a
15	35	13
20	40	14
25	45	15
32	50	16
40	55	19
50	60	20

호칭 지름(mm)	L(mm)	여유 치수(mm)		
		A-a	B-b	L-(a+b)
20×15	38	7	7	14
25×20	42	7	7	14
32×20	48	9	9	18
32×25	48	8	8	16
40×25	52	10	9	19
40×32	52	9	8	17
50×32	58	11	10	21
50×40	58	10	10	20

▶ 티의 여유 치수

호칭 지름	중심에서 단면까지의 거리 A(mm)	여유 치수 A-a(mm)
15	27	16
20	32	19
25	38	23
32	46	29
40	48	30
50	57	37

▶ 이경 티의 여유 치수

호칭 지름	중심에서 단면까지의 거리(mm)		90° 엘보	45° 엘보
	A	B	A-a	B-b
20×15	29	30	16	19
25×15	32	33	17	22
20×20	34	35	19	22
32×20	38	40	21	27
32×25	40	42	23	27
40×20	38	43	20	30
40×25	41	45	23	30
40×32	45	48	27	31
50×20	41	49	21	36
50×25	44	51	24	36
50×32	48	54	28	37
50×40	52	55	32	37

② 관의 빗변 길이 산출 : 피타고라스의 정리에 의해서

$$L = \sqrt{L_1^2 + L_2^2}$$

$$L = \sqrt{L_1^2 + L_2^2} - 2(A-a)$$

③ 곡관의 길이 산출

$$l = 2\pi R \times \frac{Q}{360} = R \times Q \times \frac{2\pi}{360} = R \times Q \times 0.01745$$

$$\therefore\ L = l + (l_1 - R) + (l_2 - R) - 2(A-a)$$

l_1, l_2 : 직선 부분의 길이
l : 곡관 부분의 길이
R : 곡률 반지름
Q : 각도

3 배관제도와 KS도시기호

(1) 배관도

① **관 계통도** : 복잡한 관 장치를 알기 쉽도록 계통적으로 간략화하여 그린 도면으로서 관의 지름, 부속품, 흐름 방향 등이 명시되어 있고 관장치 속에 들어있는 계기 등의 계통을 알기 쉽게 평면적으로 나타낸다. 관의 지름에 관계없이 모두 하나의 선으로 나타내고 여기에 흐름 방향과 관의 호칭 지름을 기입한다.

② **관 장치도** : 관계통도를 바탕으로 하여 관의 실제 배치를 나타내는 도면으로 관 장치도는 1/25~1/50의 축적으로 그리는데 관의 지름은 일반적으로 크기에 관계없이 한 줄의 실선으로 나타낸다.

- 두 줄의 실선으로 나타내는 관
  - 축적 1/25에서 50[A] 이상의 관
  - 축적 1/50에서 80[A] 이상의 관

관 장치도에는 관을 도시하고 밸브, 콕 기타 부속품의 설치 위치를 명시하고 관지지물은 관 장치도에 기입하지 않는다.

③ **관 제작도** : 관 장치도를 세분화하여 관 하나 하나를 보다 자세히 나타낸 것

(2) 관

관은 하나의 실선으로 도시하고 같은 도면에서는 관을 표시하는 선의 굵기는 같은 굵기로 나타냄을 원칙으로 하며, 기기의 뒷면에 가려진 배관은 파선으로 표시하고 앞으로 배관을 계획할 필요가 있는 경우에는 쇄선으로 표시한다.

① **유체의 종류 상태 및 목적 표시**

㉠ 유체의 종류 도시 : 관 속을 흐르는 유체의 종류·상태·목적을 표시할 때에는 인출 선을 긋고 그 위에 문자 기호로 도시하는 것을 원칙으로 한다. 그러나 유체의 종류를 표시하는 문자 기호는 필요에 따라 관을 표시하는 선을 끊고 표시할 수도 있다.

ⓐ 관에 흐르는 유체의 종류, 상태 및 목적을 나타낼 때는 주기 및 글자 기호로 그림 아래의 것과 같이 나타내는 것을 원칙으로 한다.

ⓑ 유체의 종류 중 공기, 가스, 유류, 수증기 및 물의 기호는 아래의 표를 이용한다.

ⓛ 유체의 종류 표시

유체의 종류	기 호	유체의 종류	기 호
공기	A	냉수	C
가스	G	오일	O
유류	O	냉매	R
수증기	S	온수	H
물	W	응결액	W'
진공	V		

ⓒ 유체의 흐름 방향 : 화살표로 나타낸다.
ⓔ 관의 굵기와 재질 표시
  ⓐ 관을 나타내는 선 위에 표시하는 것이 원칙이며 관의 굵기를 표시하는 숫자 다음에 관의 종류를 표시하는 글자 또는 기호를 기입한다.
  ⓑ 복잡한 도면에서 혼동을 피하기 위해 지시선을 써서 표시한다.
  ⓒ 이음쇠는 주류 방향을 따라 기입하고 지류는 굵은 쪽을 먼저 기입한다.
ⓜ 관의 접속 상태 표시

관의 접속 상태	도시기호
접속되어 있지 않을 때	┼
접속되어 있을 때	┿
분기되어 있을 때	┬

ⓗ 관의 입체적 표시
  ㉠ 관이 도면에 직각으로 앞쪽을 향해 구부러져 있을 때
  ㉡ 관이 도면에 직각으로 뒤쪽을 향해 구부러져 있을 때
  ㉢ 관 A가 도면에 직각으로 뒤쪽을 향해 굽혀 관 B와 접속되었을 때
ⓢ 관 이음쇠의 표시

▶ 밸브·콕 및 계기의 표시

종류	기호	종류	기호
글로브 밸브	▶◀	일반 조작 밸브	
슬루스 밸브	▷◁	전자 밸브	
앵글 밸브		전동 밸브	
체크 밸브		도출 밸브	
안전 밸브(스프링)		공기빼기 밸브	

종류	기호	종류	기호
안전 밸브(추식)		닫혀 있는 일반 밸브	
일반 콕		닫혀 있는 일반 콕	
삼방 콕		온도계·압력계	

◎ 유체의 종류 중 공기, 가스, 유류, 수증기 및 물의 글자 기호는 다음 것을 사용한다.

유체의 종류	공기	가스	유류	수증기	물
글자 기호	A	G	O	S	W

㉺ 유체의 흐름 방향 : 유체의 흐름 방향을 나타낼 때는 화살표로서 나타낸다.

㉻ 관의 굵기, 종류 : 관의 굵기 또는 종류를 표시하는 경우에는 관의 굵기를 나타내는 숫자 또는 관의 종류를 나타내는 글자 또는 기호를 관을 표시하는 선 위에 표시함을 원칙으로 한다. 관의 굵기와 종류를 동시에 표시할 때는 관의 굵기를 표시하는 숫자 다음에 관의 종류 표시 글자 또는 기호를 기입한다. 다만, 복잡한 도면에서 혼동 우려가 있을 때는 지시선을 써서 표시한다. 또 관 이음쇠의 종류도 지시선으로 표시하며, 이음쇠는 주류 방향을 따라 기입하고 지류는 굵은 쪽을 먼저 기입한다. 특히, 관 속을 흐르는 유체의 종류, 상태, 목적 또는 관의 굵기, 종류를 구분하여 표시할 필요가 있을 때는 관을 나타내는 선의 종류(점선, 쇄선, 두 줄의 평형선 등) 또는 굵기를 달리할 수 있다.

② 관의 접속 상태 표시 : 관의 접속 상태는 다음과 같이 표시한다.

▶ 파이프관의 접속 상태 및 입체적 표시

접속 상태	실제 모양	도시 기호	굽은 상태	실제 모양	도시 기호
접속하지 않을 때			파이프 A가 앞쪽으로 수직하게 구부러질 때		
접속하고 있을 때			파이프 B가 뒤쪽으로 수직하게 구부러질 때		
분기하고 있을 때			파이프 C가 뒤쪽으로 구부러져서 D에 접속될 때		

③ **치수 기입** : 배관 도면의 평면도에는 가로, 세로를 표시하는 치수만 치수선에 기입하고 입면도와 입체도에는 높이를 표시하는 치수만 기입한다.
　㉠ 치수 표시 : 치수는 mm를 단위로 하여 표시하며, 치수선에는 숫자만 기입한다.
　㉡ 높이 표시 : 배관 도면을 작성할 때 사용하는 높이의 표시는 기준선(base line)을 정하여 이 기준선으로부터의 높이를 표시하는데 이 표시법을 EL 표시법이라 한다. 표시방법은 EL이라는 약호를 먼저 적고 그 뒤 기준선으로부터의 높이를 기입한다.

▶ 관의 높이 표시 기호

기호	뜻	예	비고
EL(elevation)	지상에서 200~500[mm]의 높이를 기준 수평면으로 한 것	EL	
B.O.P (bottom of pipe)	관 외경의 아래면까지의 높이를 기준으로 표시	BOP.EL 1,500	지름이 다른 관의 높음을 표시할 때 관의 중심까지의 높이를 기준으로 할 때 측정과 치수기입이 복잡하므로 사용
T.O.P (top of pipe)	관 외경의 윗면을 기준으로 표시하는 방법	TOP.EL 1,500	가구류 건물의 빔 밑변을 이용하여 관지지 또는 지하에 매설시 윗면까지 높이 산출위해 사용
G.L(ground line)	포장된 지표면을 기준으로 하여 장치의 높이 표시	GL.EL-400	
FL(floor line)	1층 바닥면을 기준으로 한 높이로서 장치의 높이를 표시하는데 편리하다.	FL.EL-4000	
CL(center line)	관, 기타의 중심선까지의 높이	CL.EL-2000	
T.O.B (top of bean)	가대 윗면까지의 높이	TOB.EL-1500	

(3) 배관 도시 기호(출처 : KS)

관 이음 방법에는 나사 이음, 플랜지 으음, 턱걸이 이음, 용접 이음, 땜 이음 등이 있으며 표시 기호는 표와 같다.

▶ 파이프 도색 상태

유체의 종류	도색	유체의 종류	도색
공기	백색	수증기	적색
가스	황색	물	청색
유류	암, 황적색	증기	암적색
산·알칼리	회자색	전기	미황적색

▶ 관의 접속상태 표시

접속상태	실제모양	도시 기호
접속하지 않을 때		
접속하고 있을 때		
분기하고 있을 때		

▶ 관의 입체적 표시

접속상태	실제모양	도시 기호
파이프 A가 앞쪽으로 수직하게 구부러질 때		A
파이프 B가 뒤쪽으로 수직하게 구부러질 때		B
파이프 C가 뒤쪽으로 구부러져서 D에 접속될 때		C — D

▶ 관 이음의 표시

이음 종류	연결 방법	도시 기호	예	이음 종류	연결 방식	도시 기호
관이음	나사형			신축 이음	루프형	
	용접형				슬리브형	
	플랜지형				벨로즈형	
	턱걸이형				스위블형	
	납땜형					

▶ 밸브 및 계기의 도시 기호

종류	기호	종류	기호
옥형변(글로브 밸브)		일반조작 밸브	
사절변(슬루스 밸브)		전자 밸브	
앵글 밸브 역지변(체크 밸브) 역지변(체크 밸브)		전동 밸브	
		도출 밸브	
안전 밸브(스프링식)		공기빼기 밸브	
안전 밸브(추식)		닫혀 있는 일반 밸브	
일반 콕		닫혀 있는 일반 콕	
삼방 콕		온도계 · 압력계	

▶ 배관의 말단표시 기호

| 막힘 플랜지 | ─┤ | 캡 | ─⊐ | 플러그 | ─◁ |

▶ 밸브, 기구, 조정기 등의 표시 방법

구분	도시기호	구분	도시기호
고압집합관		고압호스	∼∼∼Ⓗ
1구 콕		플렉시블 호스	
2구 콕		스트레이너	
가스미터		중간콕크	
압력계		용기와 밸브	
1구 곤로		단단감압식저압조정기	Ⓡ
2구 곤로		2단 감압식 1차 조정기	Ⓡ₁
가스렌지		2단 감압식 2차 조정기	Ⓡ₂
히터기		자동절환식 조정기	또는
일반(고무)호스	∼∼∼	저압집합관	

▶ 일반배관 및 관지지 기호

명칭		기호	관지지기호		
			관지지	설치예	기호
분리가능관			앵커		⊗
원추형 여과막		또는	가이드		══G
평면형 여과막			슈		●──
증기가열관		X[mm]	행거		●──H
Y형여과기	맞대기 용접		스프링 행거		●──SH
	소켓용품				
	플랜지		바닥지지		■──S
	나사식		스프링지지		■──SS

명칭	기호	명칭	기호
절연	X[mm]	트랩	
보온관	X[mm]	벤트	
인체 안전용 보온관	X[mm] PP	탱크용 벤트	

▶ 관의 두께별 도시

관의 종류	선의 굵기(mm)	도시	
		적관도	단면도
신설관	14[B] 이하 0.5~0.8		
구설관	14[B] 이하 0.3~0.4		
중설 예정관	14[B] 이하 0.3~0.4		
온수관	14[B] 이하 0.5~0.8		
지름이 큰 관	64[B] 이하 0.2 이하		
포관	포관 0.2 이하의 점선		
2중관	외관 0.2 이하		
보온·보냉 하는 관	보온·보냉의 외관 지름 0.2 이하↑		

▶ 이음법의 도시 기호〈관 부속 이음〉   [KS배관도시기호]

구 분	플랜지 이음 (flanged)	나사 이음 (sorewed)	턱걸이 이음 (bell & spigot)	용접 이음 (welded)	땜 이음 (soldered)
1. 부싱(bushing)					
2. 캡(cap)					
3. 크로스(cross) ① 줄임 크로스 (reducing)					
② 크로스 (straight size)					

구 분	플랜지 이음 (flanged)	나사 이음 (sorewed)	턱걸이 이음 (bell & spigot)	용접 이음 (welded)	땜 이음 (soldered)
4. 엘보(elbow)					
① 45° 엘보 (45-degree)					
② 90° 엘보 (90-degree)					
③ 가는 엘보 (turned down)					
④ 오는 엘보 (turned up)					
⑤ 받침 엘보 (base)					
⑥ 쌍가지 엘보 (double branch)					
⑦ 긴 반지름 엘보 (long radius)					
⑧ 줄임 엘보 (reducing)					
⑨ 옆가지 엘보 (가는 것) (side outlet) (outlet down)					
⑩ 옆가지 엘보 (오는 것) (sied outlet) (outlet up)					
5. 조인트					
① 조인트 (connecting pipe)					
② 팽창 조인트 (expansion)					
6. 와이(Y) 타이 (lateral)					
7. 오리피스 플랜지 (orifice flange)					

구 분	플랜지 이음 (flanged)	나사 이음 (sorewed)	턱걸이 이음 (bell & spigot)	용접 이음 (welded)	땜 이음 (soldered)
8. 줄임 플랜지 (reducing flange)					
9. 플러그(plugs)					
① 벌 플러그 (bull plug)					
② 파이프 플러그 (pipe plug)					
10. 줄이개(reducer)					
① 줄이개 (concentric)					
② 편심 줄이개 (eccenitric)					
11. 슬리브(sleeve)					
12. 티(tee)					
① 티 (straight size)					
② 오는 티 (outlet up)					
③ 가는 티 (outlet down)					
④ 쌍 스위프 티 (double sweep)					
⑤ 줄임 티 (reducing)					
⑥ 스위프 티 (single sweep)					
⑦ 옆가지 티 (가는 것) (side out let) (out let down)					
⑧ 옆가지 티 (오는 것) (side out let) (out let up)					
13. 유니온(union)					

CHAPTER 6 배관일반(공조냉동설치운영) ⟫ 361

▶ 밸브 이음

구 분	플랜지 이음 (flanged)	나사 이음 (sorewed)	턱걸이 이음 (bell & spigot)	용접 이음 (welded)	땜 이음 (soldered)
14. 앵글 밸브 (angle valve)					
① 앵글 체크 밸브 (check)					
② 슬루스 앵글 밸브 (수직) gate(elevation)					
③ 슬루스 앵글 밸브 (수평) gate(plan)					
④ 글로브 밸브 (수직) globe(elevation)					
⑤ 글로브 밸브 (수평) globe(plan)					
⑥ 호스 앵글 밸브 (hose angle)	기호22.1과 같다.				
15. 자동 밸브 (automatic valve)					
① 바이패스 자동 밸브(by pass)					
② 거버너 자동 밸브 (governoroperated)					
③ 줄임 자동 밸브 (reducing)					
16. 체크 밸브 (check valve)					
① 앵글 체크 밸브 (angle check)					
② 체크 밸브 (straight way)					

구 분	플랜지 이음 (flanged)	나사 이음 (sorewed)	턱걸이 이음 (bell & spigot)	용접 이음 (welded)	땜 이음 (soldered)
17. 콕(cock)					
18. 다이어프램 밸브 (diaphragm valve)					
19. 플로트 밸브 (float valve)					
20. 슬루스 밸브 (gate valve)					
① 슬루스 밸브					
② 앵글 슬루스 밸브 (angle gate)	기호14.1 및 14.3과 같다.				
③ 호스 슬루스 밸브 (hose gate)	기호22.2와 같다.				
④ 전동 슬루스 밸브 (motor operated)					
21. 글로브 밸브 (globe valve)					
① 글로브 밸브					
② 앵글 글로브 밸브 (angle globe)	기호14.4 및 14.5와 같다.				
③ 호스 글로브 밸브 (hose globe)	기호22.3과 같다.				
④ 전동 글로브 밸브 (motor operated)					
22. 호스 밸브 (hose valve)					
① 앵글 호스 밸브 (angle)					
② 글로브 호스 밸브 (gate) 글로브 호스 밸브 (globe)					
23. 봉함 밸브 (lockshield valve)					
24. 지렛대 밸브 (quick opening valve)					

구 분	플랜지 이음 (flanged)	나사 이음 (sorewed)	턱걸이 이음 (bell & spigot)	용접 이음 (welded)	땜 이음 (soldered)
25. 안전 밸브 (safety valve)					
26. 스톱 밸브 (stop valve)	기호20.1과 같다.				
27. 슬루스 밸브 (gate valve)	기호20.1과 같다.				

▶ 냉난방 및 환기의 도시기호

1. 공기 제거기 (air eliminator)		③ 플로트(float)	
2. 앵커(anchor)	PA	④ 플로트와 온도 조절 (float and thermostatic)	
3. 팽창 이음 (expansion joint)		⑤ 온도 조절(thermostatic)	
4. 걸이쇠 또는 받침쇠 (hanger orisupport)	H	13. 유닛 히트(원심 송풍기) 평면도(unit heater <centrifugal fan>, plan)	
5. 열교환기 (heat exchange)		14. 유닛 히터(프로펠러) 평면도(unit heater <propeller> plan)	
6. 열전달면, 평면도 (대류기능 형식을 표시) (heat transfer surface, plan<indicate type such as convector>)		15. 유닛 벤티레이터 (unit ventilator, plan)	
7. 펌프(진공 등 형식 표시) (pump<indicate type such as vacuum>)		16. 밸브(valves)	
		① 체크 밸브(check)	
8. 여과기(strainer)		② 다이어프램 밸브 (diaphragm)	
9. 탱크(형식을 표시) (tank<designate type)>	REC	③ 슬루스 밸브(gate)	
		④ 글로브 밸브(globe)	
10. 온도계 (thermometer)		⑤ 봉함 밸브 (lock and shield)	
11. 온도 조절기 (thermostat)		⑥ 전동기 구동 밸브 (motor operated)	
		⑦ 감압 밸브 (reducing pressure)	
12. 트랩(traps)			
① 보일러 귀환 (boiler return)		⑧ 안전판(압력 또는 진공) (relief<either pressure or vacuum>)	
② 분출 온도 조절식 (blast thermostatic)		17. 배기점(vent point)	배기

18. 점검문(access door)		23. 분기 댐퍼 (defleting damper)	
19. 이형관 연결구 (adjustable plaque)		24. 흐름의 방향 (direction of flow)	
20. 이형관 직각 연결구 (adjustable plaque)		25. 덕트(첫째 숫자는 도면에 표시된 폭, 둘째 숫자는 도면에 표시되지 않은 폭) duct(1st figure, side shown, 2nd side not shown)	
21. 자동 댐퍼 (automatic dampers)			
22. 캔버스 이음 (canvas connections)			

▶ 열동력 장치의 도시기호

1. 압축기(compressor) ① 회전식(rotary) ② 왕복식(reciprocating) ③ 원심력식(centrifugal) M(motor)-전동기 T(turbine)-터빈		5. 디에어레이터(deairator) ① 서지(surge) ② 서지 탱크 붙이 (with surge tank)	
2. 응축기(condenser) ① 기압식(barometric) ② 분사식(jet) ③ 표면(surface)		6. 드레인 또는 액면 조절기 (drainer or liquid level controller)	
		7. 기관(engine) ① 증기(steam) ② S-과급기 (S-supercharger D-diesel) ③ G-가스(G-gas)	
3. 냉각기 또는 열교환기 (cooler or heat exchanger)		8. 증발기(evaporator) ① 단식(single effect) ② 복식(double effect)	
4. 냉각탑(cooling tower)			

9. 축출기(extractor)		
10. 송풍기(fan-blower) 　M(motor)-터빈 　T(turbine)-전동기		
11. 여과(filter)		
12. 노즐(flow nozzle)		
13. 액체 구동(fluid drive)		
14. 가열기(heater) 　① 공기(관 또는 관형) 　　(air<plate or tubular>)		
② 공기(회전식) 　　(air<rotating type>)		
③ 과열 방지기 　　(desuperheater)		
④ 급수 직접 접속식 　　(direct contact feed-water)		
⑤ 배기구 붙이 급수식 　　(feed-with air outlet)		
⑥ 연도가스 재열기식 　　(중간 과열기) 　　(flue gas reheater) 　　<intermediate superheater>		
⑦ 증기 과열기 또는 재열기 　　(love steam super) 　　<heater or reheater>		
15. 액면 조절기 　(liquid level controller)		
16. 오리피스(orifice)		
17. 침전기(precipitator) 　(electrostatic)-정전 　M(mechanical)-기계 　W(wet)-수분		

18. 펌프(pump) 　① 원심 및 회전식 　　(centrifugal and rotary) 　　기호는 공급 　　F(boiler feed) 　　S(service) 　　D(condensate) 　　C(circulating water) 　　-순환수 　　V(V-air) 　　O(oil)-기름 　　M(motor)-전동기 　　T(turbine)-터빈 　　E(steam engine)-증기기관 　　D(diesel)-디젤 엔진		
② 왕복식(reciprocating)		
③ 원동식 　　(dynamic) 　　(air elector or eductor)		
19. 분리기(separator)		
20. 증기 발생기 　(절약기 있는 보일러) 　(steam generator) 　<boiler with economizer>		
21. 증기 트랩 　(steam trap)		
22. 여과기(strainer) 　① 단식(single)		
② 복식(double)		
23. 탱크(tank) 　① 폐쇄식(closed)		
② 개방식(open)		
③ 압력(flash or pressure)		

24. 터빈(turbine) ① 응축(condensing) ② 증기 터빈 또는 축류식 압축기 (steam turbine or axial compressor)		35. 천장 급기 출구 (-형식을 표시) (supply outlet ceiling <indicate type>)	지름 50[cm]-28.3[m²/min]
		36. 벽면 급기 출구 (-형식을 표시) (supply outlet wall <indicate type>)	TR 30×12 -19.8[m²/min]
25. 벤튜리관 (venturi tube)		37. 베인(vanes)	
26. 덕트 단면 (배기 또는 환기) (duct section <exhaust or return>)	E OR R 50×30	38. 풍량 조정 댐퍼 (volume damper)	
		39. 모세관(capillary tube)	
		40. 압축기(compressor)	
27. 덕트 단면(급기) (duct section<supply>)	S 50×30	41. 압축기 벨트 구동 회전식 밀폐형(compressor, enclosed, crankcase, rotary, belted)	
28. 천장 배기구 (~형식을 표시) (exhaust inlet ceiling indicate type)	CR 50×30-19.8[m²/min] CG 50×30-19.8[m²/min]		
		42. 압축기 벨트 구동 왕복식 개방형(compressor, open crankcase reciprocating, belted)	
29. 벽면 배기 입구 (~형식을 표시) (eahaust inlet wall <inidcate type>)	TR 30×12-19.8[m²/min]	43. 압축기 직결 구동 왕복식 개방형(compressor, open crankcase reciprocating, direct drive)	
30. 벨트 씌우개 붙이 송풍기와 전동기 (fan and motor with belt guard)			
		44. 응축기, 핀붙이 강제 공냉식(condenser, air cooled finned, forced air)	
31. 공기 흐름 방향으로 기울어져 내려간다. (inclined drop in respect to air flow)	D		
		45. 응축기, 핀붙이 정압 공냉식(condenser, air cooled, finned, static)	
32. 공기 흐름 방향으로 기울어져 올라간다. (inclined rise in to air flow respect)	R	46. 응축기, 동심판 수냉식 (condenser, water cooled concentrice tube in a tube)	
33. 스크린 붙이 흡기 루버 (intake louvers on screen)			
		47. 응축기, 셸 코일 수냉식 (condenser, water cooled shell and coil)	
34. 루버의 크기 (louver opening)	LI 50×30-19.8[m²/min]		

48. 응축기, 셸 코일 수냉식 (condenser, water cooled shell and tube)			62. 강제 대류식 냉각장치 (forced convection cooling unit)	
49. 응축 장치, 공냉식 (condenser unit, air cooled condensing)			63. 게이지(gauge)	
			64. 고압 측 플로트 (high side float)	
50. 응축 장치, 수냉식 (condensing unit, water cooled)			65. 침입식 냉각장치 (immersion cooling unit)	
51. 냉각탑(cooling tower)			66. 저압 측 플로트 (low side float)	
52. 건조기(dryer)			67. 전동기 구동 압축기, 직결 왕복식 밀폐형 (motor-compressor, enclosed crank case, reciprocating, direct connected)	
53. 증발식 응축기 (evaporative condenser)				
54. 증발기, 핀붙이 원형 천정식(evaporator, circular, ceiling type, finned)				
			68. 전동기 구동 압축기, 직결 회전식 밀폐형 (motor-compressor, enclosed crankcase, rotary, direct connected)	
55. 증발기, 다기관형 중력 공기식(evaporator, manifolded, bare tube gravity air)				
			69. 전동기 구동 압축기, 왕복식 완전 밀폐형 (motor-compressor, sealed crankcase, reciprocating)	
56. 증발기, 핀붙이 다기관 강제 송풍식 (evaporator, manifolded, finned forced air)				
57. 증발기, 핀붙이 다디관 중력 공기식 (evaporator, manifolded, finned gravity air)			70. 전동기 구동 압축기, 회전식 완전 밀폐형 (motor-compressor, sealed crankcase, rotary)	
			71. 압력 조절기 (pressure stat)	
58. 증발기, 헤더 또는 다기관 판 코일식 (evaporator, plate coils headered or manifold)			72. 압력 스위치 (pressure switch)	
			73. 고압력 제어 스위치 (pressure switch with pressure cut-out)	
59. 여과기, 배관선상 (filter, line)			74. 수평식 수액기 (receiver, horizontal)	
60. 여과기와 제거기, 배관선상 (filter & strainer, line)				
61. 핀붙이 냉각장치, 자연 대류식(finned type cooling unit natural convection)			75. 직립식 수액기 (receiver, vertical)	
			76. 스케일 트랩(scale trap)	

명칭	기호
77. 분무조(spray pond)	
78. 감온통(thermal bulb)	
79. 온도 조절기(원거리 조절) (thermostat <remote bulb>)	
80. 밸브(valves)	
① 자동 팽창식 (automatic expansion)	
② 스로틀형 흡입 압축기 압력 제한식(압축기측) (compressor suction pressure liming, throttling type <compressor side>)	
③ 정압식 흡입측 (constant pressure, suction)	
④ 증발기 압력 조절식, 단속형 (evaporator pressure regulating, snap action)	
⑤ 증발기 압력 조절식 온도 조절 스로틀형 (evaporator pressure regulating thermostatic throttling type)	
⑥ 증발기 압력 조절식 스로틀형(증발기 측) (evaporator pressure reguxating throttling type<evaporator side>)	
⑦ 수동 팽창식 (hand expansion)	
⑧ 전자 정지식 (magentic stop)	
⑨ 단속식(snap action)	
⑩ 흡입 증기 조절식 (suction vapor regulating)	
⑪ 온도 작동 흡입식 (thermo suction)	
⑫ 온도 자동 팽창식 (thermostatic expansion)	
⑬ 벨로즈 팽창식 (belows expansion)	
81. 진동 흡수장치, 배관 (vibration absorber, line)	

▶ 배관에 사용되는 일반기호

명칭	기호	비고	명칭	기호	비고
송기관	———	증기 및 온수	Y자관		
복귀관	-------	증기 및 온수	공관		주철이향관
증기관	—/—	증기	T자관		주철이향관
응축수관	---/---		Y자관		주철이향관
기타관	===		90° Y자관		주철이향관
급수관	—·—		편심조이트		주철이향관
상수도관	— — —		팽창곡관		
우물급수관	— ·· —		팽창조인트		
급탕관	—Ⅰ—		배관고정법		
탕복귀관	—Ⅱ—		스톱밸브		

명칭		기호	비고	명칭		기호	비고
배수관		---------		슬루스밸브			
통기관		—×—		앵글밸브			
소화관				체크밸브	리프트형		
주철관	급수		관지름 75[mm] 관지름 100[mm]		스윙형		
	배수						
연관	급수		관지름 13[mm] 관지름 100[mm]	콕			
	배수						
콘크리트관	급수		관지름 150[mm]	삼방콕			
	배수						
도관			관지름 100[mm]	안전밸브			
수직관				배압밸브			
수직상향하향부				배압밸브			
곡관		—⊢		온도조정밸브			
플랜지		—‖—		공기밸브			
유니온				압력계			
엘보				연성계			
티				온도계			
증기트랩				송기도 단면			
스트레이너				배기도 단면			
바닥박스				송기템퍼 단면			
기름분리기				배기템퍼 단면			
기수분리기				송기구			
리프트피팅				배기구			
분기가열기				양수기			
주형방열기				청소구			
벽걸이방열기				하우스트랩			
				그리스트랩			
핀방열기				기구배수구			
대류방열기				바닥배수구			

▶ HASS에 의한 도시 기호

종류	도시기호	종류	도시기호
1. 난방·급기		3. 급수·급탕	
① 공압증기 공급관	—#—#—#—	① 급수관	—·—·—·—
② 고압증기 환수관	--#—#--#----	② 급수 주철관	—⟨—·—⟨—
③ 중기중압 공급관	—/—/—	③ 급수 연관	—·—·—·—
④ 중기중압 환수관	··/—/··/—···	④ 급수 동관	————
⑤ 저압증기 공급관	————	⑤ 급수 황동관	————
⑥ 저압증기 환수관	— — —	⑥ 급수 콘크리트관	——·——·——
⑦ 공기 배출관	----------	⑦ 급수 석면 시멘트관	—··—··—··
⑧ 연료 공급관	— — —	⑧ 급수 비닐관	————
⑨ 연료 저탕관	- - -	⑨ 상수도관	————
⑩ 기름 저장탱크 통기관	— — —	⑩ 우물수관	—··—··—
⑪ 압축 공기관	— — —	⑪ 급탕 공급관	—⊦—⊦—
⑫ 온수난방 공급관	————	⑫ 급탕 환수관	—⊦⊦—⊦⊦—
⑬ 온수난방 환수관	- - - - -	4. 배수	
2. 공기조화		① 배수관	————
① 냉매 토출관	— — —	② 통기관	- - - - -
② 냉매액관	— - —	③ 배수 주철관	—⟨—⟨—⟨—
③ 냉매 흡입관	— --- ---	④ 배수 연관	————
④ 냉각수 공급관	— — —	⑤ 배수 콘크리트관	——·——
⑤ 냉각수 환수관	— -- —	⑥ 배수 비닐관	————
⑥ 냉수 및 냉온수공급관	— — —	⑦ 도 관	————
⑦ 냉수 및 냉온수환수관	— -- —	5. 소화	
⑧ 브라인 공급관	— — —	① 소화 수관	————
⑨ 브라인 환수관	-· — —	② 스프링클러 주관	— — —
		③ 스프링클러 헤드지관	—◯—◯—◯—
		④ 스프링클러 드레인관	- - - - -

4 배관의 단열재 및 보온재

(1) 단열재

① **단열재의 개요** : 단열재란 열전도율이 작은 재료로서 고열공업 등 공업요로에서 방산되는 열량을 적게 하기 위하여 사용되는 재료를 의미하는 즉 열손실 차단재이다.

　㉠ 단열재의 구비조건
　　ⓐ 열전도율이 작을 것
　　ⓑ 세포조직이 다공질층일 것
　　ⓒ 기공의 크기가 균일할 것

　㉡ 단열재의 사용 효과
　　ⓐ 축열용량이 작아진다.
　　ⓑ 열전도도가 작아진다.
　　ⓒ 로(爐) 내 온도가 균일해진다.
　　ⓓ 로(爐) 내외의 온도 구배가 완만하여 스폴링이 방지된다.
　　ⓔ 내화물의 수명이 길어진다.

　㉢ 내화물, 단열재, 보온재의 구분

구분		내용
내화재		SK 26(1580[℃]) 이상 SK 42까지
내화단열재		SK 10(1300[℃]) 이상의 물질
단열재		800~1200[℃]에 사용
보온재	유기질	100~500[℃]에 사용
	무기질	500~800[℃]에 사용
보냉재		100[℃] 이하에 사용

　㉣ 단열재의 원료
　　ⓐ 규조토
　　ⓑ 석면
　　ⓒ 질석
　　ⓓ 팽창혈암
　　ⓔ 펄라이트

　㉤ 다공질 방법
　　ⓐ 톱밥이나 코크스와 같은 가연성 물질을 혼합한다.
　　ⓑ 팽창질석이나 펄라이트 이외의 경립립을 이용한다.

ⓑ 단열재의 사용처
  ⓐ 단열 벽돌 : 노벽의 배면용으로 사용
  ⓑ 내화단열 벽돌 : 노의 고온면용으로 사용
② 단열재의 종류
  ㉠ 저온용 단열벽돌
    ⓐ 규조토질 단열 벽돌 : 천연에 퇴적한 규조토 괴로부터 형상을 잘라내어서 분말시킨 다음 소량의 가소성 점토 및 톱밥 등을 가하여 혼련 성형한 다음 800~850[℃]로 소성한 벽돌이다.
      • 안전사용온도 : 800~1200[℃]
      • 특징
        - 압축강도 및 내마모성이 작다.
        - 재가열 시 수축이 크다.
        - 스폴링 저항에 약하다.
        - 열전도률이 0.12~0.2[kcal/mh℃]
        - 가공률이 70~80[%]
        - 비중이 0.45~0.7 정도이다.
    ⓑ 적벽돌(보통 벽돌) : 점토에 흙이나 강가의 모래 등을 배합하고 5[%] 정도의 산화철을 첨가하여 기계로 혼련 성형하며 900~1000[℃] 정도와 건조 소성하여 만든다.
      • 안전사용온도 : 800~1000[℃]
      • 특징
        - 노벽 외측에 사용된다.
        - 압축강도가 100~300[kg/cm^2]
        - 겉보기 비중이 1.60~1.87이다.
        - 흡수율이 4~23[%]이다.
  ㉡ 고온용 단열벽돌
    ⓐ 점토질 단열벽돌 : 점토질이나 고알루미나질에 톱밥이나 발포제에 넣어서 고온소성(1200~1500[℃])하여 만든다.
      • 안전사용온도 : 1200~1500[℃]
      • 특징
        - 벽돌이 가벼워서 중량이 가볍다.
        - 고온용에 적합하다.
        - 스폴링 저항이 크다.

- 노벽의 내면 외면에 모두 사용된다.
- 열전도율이 0.15~0.43[kcal/mh℃]이다.
- 벽돌이 가벼워서 벽돌의 열용량이 적다.
- 물체의 가열시간이 25~30[%] 정도 단축된다.

(2) 보온재

보온재란 열전도율이 0.1[kcal/mh℃] 이하의 작은 재료로서 보일러나 요로, 난방배관에서 유체의 방열손실을 방지하여 유체의 온도를 보호한다.

- 보온재의 열전도율을 작게하려면 재질 내의 독립기포로 된 다공질층이 있어야 한다.

- 열전도율에 영향을 미치는 요소
  - 재질 자체의 기공의 크기가 작을수록 열전도율이 작아진다.
  - 재료의 두께가 두꺼울수록 열전도율은 작아진다.
  - 유체의 온도가 높을수록 열전도율은 증가한다.
  - 재질 내의 흡수성이 클수록 열전도율은 증가한다.
  - 재질 자체의 밀도가 작으면 열전도율은 작아진다.
  - 재질내의 기공이 균일하면 열전도율은 작아진다.

- 보온재의 종류
  - 유기질 보온재
  - 무기질 보온재
  - 금속질 보온재

- 안전사용온도에 따른 보온재의 구분
  - 저온용 보온재
  - 중온용 보온재
  - 고온용 보온재

- 경제적인 보온 방법
  - 보온재의 두께가 두꺼우면 보온 효율이 좋다.
  - 보온재가 80[mm] 정도 두께일 때 경제적이다.
  - 보온재 두께가 열손실 감소비율이 작아져서 경제적이지 못하다.

• 보온효율 계산

$$\eta = \frac{Q_0 - Q}{Q_0} \times 100 \qquad 방산열량(Q) = \frac{\lambda \Delta t}{b}$$

- Q_0 : 나면에서 손실되는 열량(kcal/h)
- Q : 보온면에서 손실되는 열량(kcal/h)
- λ : 보온재 열전도율(kcal/m·h·℃)
- b : 보온재 두께(m)
- Δt : 보온재 내외면의 온도차

▶ 유기질 보온재의 종류 ↓

보온재 종류		최고 안전사용온도 ℃	열전도율(kcal/mh℃)
식물성	탄화콜크	-200~130[℃]	0.035
	텍스류	120 이하	0.057~0.058
	면화	160	0.1~0.2
동물성	우모펠트	130	0.042~0.046
	양모펠트	130	0.042~0.046
	닭털	130	0.042~0.046
인공품	플라스틱폼	100~140	0.03
	고무폼	-50~-50	0.03
	염화비닐폼	60~200	0.03
	폴리스틸렌폼	-50~-70	0.03
	폴리우렌탄폼	-200~130	0.03

▶ 무기질 보온재의 종류 ↓

보온재 종류	최고 안전사용온도 ℃	열전도율(kcal/mh℃)
석면(아스베스토)	350~550	0.048~0.065
규조토	500	0.08~0.095
질석팽창	650	0.1~0.2
펄라이트	650	0.055~0.067
암면(록울)	400~600	0.039~0.048
규산칼슘	650	0.053
탄산마그네슘	250	0.05~0.07
글라스울	300	0.036~0.057
폼글라스	300	0.05~0.06
실리카파이버	50~1100	0.05
세라믹파이버	30~1300	0.036~0.06

① 보온재의 구비조건
　㉠ 열전도율이 작고 보온능력이 클 것
　㉡ 장시간 사용하여도 사용온도에 충분히 견딜 것
　㉢ 장시간 사용하여도 변질되지 않을 것
　㉣ 어느 정도의 기계적 강도를 가질 것
　㉤ 가볍고 비중이 작을 것
　㉥ 흡습성이나 흡수성이 작을 것
　㉦ 시공이 용이할 것
　㉧ 가격이 저렴할 것
　㉨ 열전도율이 0.07[kcal/mh℃] 이하일 것

② 열전도율에 영향을 미치는 요소
　㉠ 독립기포의 다공질층이 적으면 열전도율은 빨라진다.
　㉡ 기공의 크기가 작을수록 열전도율은 늦어진다.
　㉢ 재료의 두께가 두터울수록 열전도율은 작아진다.
　㉣ 재료의 온도가 높을수록 열전도율이 커진다.
　㉤ 재질 내의 흡습성이 클수록 열전도율이 커진다.
　㉥ 재질 자체의 밀도가 클수록 열전도율이 커진다.
　㉦ 재질 내의 기공이 균일할수록 열전도율이 작아진다.

③ 보온재의 종류
　㉠ 유기질 보온재
　　ⓐ 펠트(felt)류 : 양모, 우모, 마모, 등의 재료를 사용하여 만든 보온재
　　　• 안전사용온도 : 100[℃] 이하
　　　• 특징
　　　　- 우모 펠트는 곡면의 시공에 매우 유리하다.
　　　　- 주로 방로 보온용에 사용된다.
　　　　- 아스팔트와 아스팔트 천을 가지고 방습가공한 것은 -60[℃]까지 보냉이 가능하다.
　　ⓑ 텍스류 : 톱밥, 목재, 펄프를 주원료로 하여 압축판 모양으로 만든 보온재
　　　• 안전사용온도 : 120[℃]
　　　• 특징
　　　　- 불연재이다.
　　　　- 시공이 간편하다.

- 실내벽의 보온 및 방음용이다.
- 방습, 흡음, 단열의 효과가 있다.

ⓒ 코르크(cork)
- 안전사용온도 : 130[℃] 이하
- 특징
  - 보냉 보온재로서 우수하다.
  - 냉수 냉매배관 및 냉각기 펌프 등의 보냉용에 사용된다.
  - 탄화 코르크는 무르고 가용성이 없으므로 시공면에 틈이 생기기 쉽다.

▶ 단열보온재의 분류

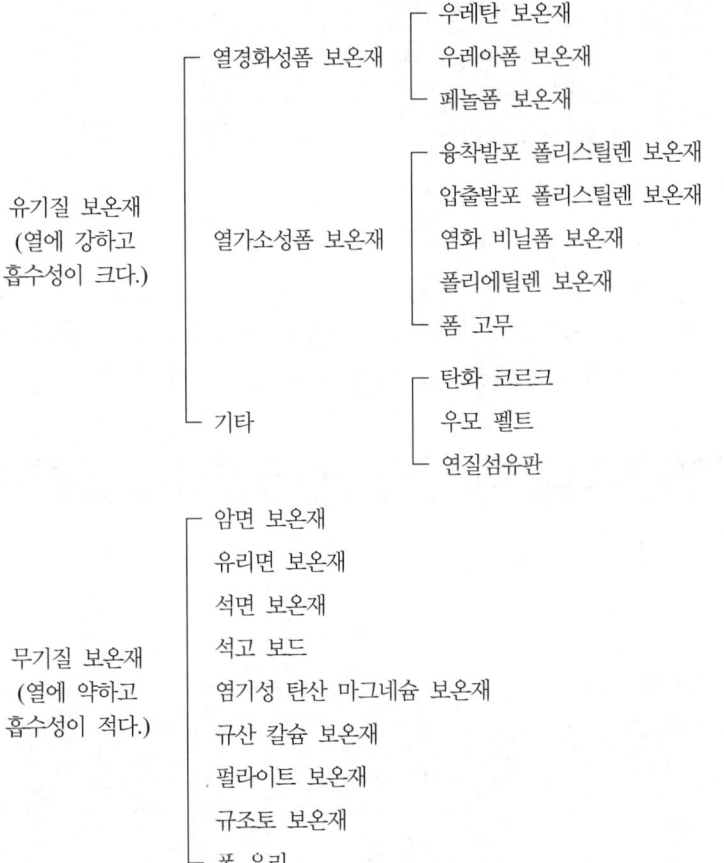

▶ 단열재의 열전도율

구분	종류	열전도율(kcal/m·h℃)
무기 단열재	암면	0.027~0.034
	유리면	0.027~0.037
유기 단열재	아소 핑크	0.023~0.025
	폴리우레탄폼	0.022~0.025
	우레아폼(요소수지발포 보온재)	0.030~0.031
	스티로폴(보통 압출한 것)	0.029~0.035

ⓓ 기포성 수지(스폰지)
- 안전사용온도 : 80[℃] 이하
- 특징
  - 열전도율이 낮고 가볍다.
  - 부드럽고 불연성이다.
  - 보온 보냉효과가 있다.
  - 흡수성이 좋지 않다.
  - 굽힘성이 풍부하다.
- 원리 : 합성수지, 고무 등으로 다공질 제품으로 만든 폼류이다.
- 종류 : 경질 우레탄폼, 폴리스틸렌폼, 염화 비닐폼 등

참고

※ 보온재의 표면온도(t)

① 평면인 경우

$$t_0(℃) = \frac{Q}{\alpha} + t_a$$

② 원통관인 경우

$$t(℃) = \frac{Q}{\pi Dl\alpha} + t_a$$

- Q : 보온면의 단위면적에서 손실되는 열량(kcal/m²·h)(kW/m²)
- α : 대기 열전달률(kcal/m²·h·℃)(kW/m²℃)
- t_a : 대기 온도(℃)
- D : 원통관의 바깥지름(m)
- l : 원통관의 길이(m)

ⓛ 무기질 보온재
  ⓐ 석면(asbestos : 아스베토스토)
    • 안전사용온도 : 450[℃] 이하
    • 사용처 : 선박과 같이 진동이 심한 장치 등에 이상적이다.
    • 특징
      - 금이 가거나 부서지는 일이 없다.
      - 파이프, 탱크, 노벽 등의 보온용이다.
      - 400[℃] 이상에서는 탈수분해되고 800[℃] 이상에서는 강도와 보온성이 상실된다.
      - 곡관부나 플랜지부의 배관에 사용된다.
  ⓑ 암면(rock wool)
    • 안전사용온도 : 400[℃] 이하
    • 사용처 : 파이프, 덕트, 탱크 등의 보온용으로 사용된다. 또한 열설비의 보온, 보냉, 단열용이다.
    • 특징
      - 석면에 비하여 거칠고 부서지기 쉽다.
      - 보냉용의 것은 방습을 위하여 아스팔트 가공을 한다.
      - 식물성 접착제를 사용한 것은 습기에 약하다.
    • 원리 : 안산암이나 현무암 등에 석회석을 섞어서 용해하여 보온재를 만든다.
  ⓒ 규조토(광물질의 잔해 퇴적물)
    • 안전사용온도 : 500[℃] 이하
    • 사용처 : 500[℃] 이하의 파이프, 탱크, 노벽에 사용
    • 특징
      - 열전도율이 커서 단열효과가 낮아 두껍게 시공한다.
      - 시공 후 건조시간이 길다.
      - 진동이 있는 곳에는 사용이 불가능하다.
      - 접착성이 좋은 편이다.
      - 시공 시에 철사망 등의 보강재가 필요하다.
  ⓓ 탄산마그네슘 : 염기성의 탄산 마그네슘 85[%]에 15[%]의 석면을 혼합하여 만든다.
    • 안전사용온도 : 250[℃] 이하
    • 사용처 : 관, 탱크 등의 보온재로 사용된다.

- 특징
  - 열전도율이 낮다.
  - 가볍고 보온성이 우수하다.
  - 300[℃] 이상에서 열분해한다.
  - 방습가공한 것은 옥외 배관이나 습기가 많은 지하 덕트 내의 배관에 적합하다.
ⓔ 유리면(glass wool : 글라스 울) : 유리를 용융하여 섬유화한 보온재이다.
- 안전사용온도 : 일반용 300[℃] 이하, 방수처리용 600[℃] 이하
- 사용처 : 건축물의 벽이나 천장 바닥 등의 보온, 보냉 단열용이며 파이프나 덕트에도 사용이 가능하다.
- 특징
  - 열전도율이 낮아서 보온효과가 크다.
  - 불연성이며 유독 가스가 발생되지 않는다.
  - 시공이 간편하다.
  - 흡음 효과가 크다.
  - 외관이 아름답다.
ⓕ 광재면(slag wool : 슬래그 울) : 용광로에서 발생된 슬래그를 이용하여 만든다. 그 특징은 암면과 거의 동일하다.
- 안전사용온도 : 400~600[℃]
ⓖ 규산 칼슘 보온재 : 규산질 분말에 소석회 및 3~15[%]의 석면섬유를 가해서 수증기를 이용하여 경화시킨 보온재이다.
- 안전사용온도 : 650[℃] 이하
- 사용처 : 제철소, 발전소, 선박 등의 고온배관용이다.
- 특징
  - 압축강도가 크다.
  - 내수성이 크다.
  - 내구성이 우수하다.
  - 시공이 용이하다.
  - 반영구적으로 사용이 가능하다.
ⓗ 펄라이트(pearlite : 팽창질석) : 흑요석이나 진주암 등을 1000[℃]로 가열하여 체적을 8~20배 정도로 팽창시켜 만든다. 또한 접착제와 3~15[%]의 석면이 첨가된다.

- 안전사용온도 : 650[℃] 이하
- 특징은 가볍고 단열성이 우수하다.
ⓒ 고온용 보온재(내화단열재)
ⓐ 실리카 화이버 : 규산 칼슘계 광물을 수열반응시켜 고온용 결정구조를 갖게 한 보온재이다.
- 안전사용온도 : 1100[℃] 이하
- 사용처 : 섬유공업 파이프나 탱크 보일러 등
ⓑ 세라믹 화이버(내화단열재) : 고순도의 실리카 알루미나를 2000[℃]에서 용융 섬유화한 보온재로서 고온용이다.
- 안전사용온도 : 1300[℃] 이하
- 사용처 : 열설비 및 석유화학 공업에 쓰이며 우주선의 외표피 등에 사용된다.
ⓒ 실리카와 세라믹의 특징
- 고온에서 열전도율이 낮아서 단열효과가 크다.
- 가볍고 유연성이 크다.
- 강도가 강하다.
- 시공성이 좋다.
ⓓ 금속질 보온재 : 금속 특유의 복사열에 대한 반사 특성을 이용하여 보온효과를 얻는 특성을 이용해 만든 보온재이다. 대표적으로 알루미늄박 등이 있다.
ⓐ 알루미늄 박(泊) : 알루미늄판 또는 박(泊)을 사용하여 공기층을 만들어서 그 표면은 열복사에 대한 방사능을 이용한 금속질 보온재이다. 특히 두께가 10[mm] 이하일 때가 효과가 크다.

(3) 단열 보온재 및 내화물에서의 열 이동

① **열전도(熱傳導)** : 물체에서 온도 구배(온도차)가 있을 때는 높은 온도에서 낮은 온도로 즉 물체는 움직이지 않고 열만 이동되는 푸리에의 법칙에 따르는 열의 이동이나 열전도에 의한 열전달은 평판의 열전도가 있으며 또한 원통관의 열전도가 있다. 그리고 열전도계수(열전도율)의 단위는 kcal/mh℃이다.
㉠ 열전도율 : 넓이가 1[m^2]인 물체에서 길이가 1[m]일 때 양쪽 온도 차이가 1[℃]를 유지할 때 1시간 동안에 이동한 열량이다.

> **참고**
>
> 물체의 인접한 두 부분 사이의 온도차에 의해서 생기는 에너지의 이동현상을 열전도라고 한다. 열량이 단면을 통하여 이동할 때 시간에 대한 이동률을 열전도율 K라 하며, 온도차에 물체의 두께는 dt/dx 온도 기울기로 정의된다. 여기서 K는 열전도율이라는 비례상수이다. 그리고 열전도의 현상은 또한 열과 온도의 개념이 분명히 다르다는 것을 알려준다. 어떤 막대의 양단 온도차가 같다 하여도 막대의 종류가 다르면 같은 시간 내에 막대를 흐르는 열량도 다르다.

② **열대류(熱對流)** : 고체벽이 온도가 다른 유체와 접촉하고 있을 때 유체 내 유동이 생기면서 열이 이동하는 현상이다. 즉, 유체는 열을 받으면 밀도가 작아져서 부력이 생기기 때문에 상승현상이 생겨 유체 스스로 자연적인 대류의 현상이 생긴다. 그러나, 송풍기나 그밖의 장치로 대류를 촉진시키는 대류는 강제대류이다.

　㉠ 대류에 의한 전열량 계산(Q)

　　Q = 열전달률×고체표면적(m^2)×(고체표면온도 - 유체온도)[kcal/h]

　　※ 열전달률(α) = $kcal/m^2h℃$

> **참고**
>
> 대류현상은 서로 다른 온도를 유지하고 있는 2개의 물체가 어떤 유체와 접촉하고 있을 때 일어난다. 따뜻한 물체와 접촉하여 있는 유체는 에너지를 흡수하여 대부분의 경우 팽창한다. 그러면 이 유체는 주위의 차가운 유체 때문에 밀도가 작아지고 부력을 받고 상승한다. 공허한 부분은 차가운 유체에 의해 채워지며 이것 역시 따뜻한 물체로부터 에너지를 얻고 같은 방법으로 상승한다. 이와 동시에 차가운 물체에 접하여 있는 유체는 에너지를 잃고 밀도가 커져서 가라앉게 된다. 이런 현상이 대류현상이다.

③ **열복사** : 열에너지는 전도나 대류와 같이 물질을 매체로 하여 열전달 될 뿐 아니라 두 개의 물체 사이가 진공(vacuum)일 경우라도 빛과 같이 열에너지가 전자파 형태의 물체로부터 복사되며 이것이 다른 물체에 도달하여 흡수되면 열로 변하는데 이러한 것을 복사열전달 또는 열복사라고 한다. 또 열복사가 에너지로 물체에 도달하면 그 일부는 표면에서 반사되고 일부는 흡수되며 나머지는 투과된다.

> **참고**
>
> 복사현상은 모든 물질들은 전자기적인 복사로 일어나는데 그 양과 복사의 성질은 그 구성 물질과 물체의 표면적 그리고 온도에 의해서 결정된다. 일반적으로, 에너지 방출률은 물체의 온도 T의 4제곱에 비례하여 증가한다. 따라서, 뜨거운 물체는 에너지를 방출하면 그 중 일부는 근접하여 있는 다른 물체에 흡수된다. 차가운 물체도 역시 복사를 하지만 그 자신이 흡수하는 양보다는 적다. 왜냐하면, 주위보다 저온이기 때문이다. 그 결과 따뜻한 물체에서 차가운 물체로 에너지가 전달된다. 전자기복사는 진공층을 전파하기 때문에 에너지 전달을 위한 물질적인 접촉을 필요로 한다. 따라서 태양으로부터 지구로 그 사이에 사실상 아무런 물질이 없어도 복사에 의해서 에너지는 전달된다.

  ㉠ 스테판-볼쯔만(Stefan-Boltzmann)의 법칙 : 흑체(黑體) 열복사력 E는 온도에 의해서 구해진다는 원리로서 다음과 같은 관계식을 가진다.

  $$E = 4.88 \times 10^{-8} \times 흑체표면의\ 절대온도 = 4.88 \times \left(\frac{T}{100}\right)^4 [kcal/m^2h]$$

  $$E = 4.88 \times \epsilon \left[\left(\frac{T}{100}\right)^4 - \left(\frac{T}{100}\right)^4\right] [kcal/m^2h]$$

  ※ 스테판-볼쯔만 상수 = $4.88 \times 10^{-8}[kcal/m^2hK^4]$, $5.67 \times 10^{-8}[W/m^2K^4]$
  흑체표면의 절대온도 $T = (℃ + 273.15)$
  방사능(흑도) = ϵ

④ **열관류(熱灌流)** : 열이 한 유체에서 벽을 통하여 다른 유체로 전달되는 현상이며 열통과라고도 한다.

  ㉠ 열관류율(K)

  $$k = \frac{1}{\frac{1}{실내벽의\ 열전달률} + \frac{벽의\ 두께}{열전도율} + \frac{1}{실외벽의\ 열전달률}} = [kcal/m^2h℃][kJ/m^2h℃][kW/m^2]$$

  ┌ 열전달률(alpha) = $kcal/m^2h℃ (kJ/m^2h℃)(kW/m^2)$
  ├ 열전도율(lambda) = $kcal/mh℃ (kJ/mh℃)(kW/m)$
  └ 벽의 두께(b) = m

  $$K = \frac{1}{\frac{1}{a_1} + \frac{b}{\lambda} + \frac{1}{a_2}} = [kcal/m^2h℃][kJ/m^2h℃][kW/m^2]$$

  ┌ a_1 : 실내 측 열전달률$(kcal/m^2h℃)(kJ/m^2h℃)(kW/m^2)$
  ├ λ : 벽제의 열전도율$(kcal/mh℃)(kJ/mh℃)(kW/m)$
  └ a_2 : 실외 측 열전달률$(kcal/m^2h℃)(kJ/m^2h℃)(kW/m^2)$

5 냉매 배관

(1) 냉매 배관재료

① 냉매나 윤활유 또는 이 두가지의 화학적, 물리적인 작용에 의하여 열화(劣化)되지 않는 것으로 할 것
② 냉매의 종류에 따라 재료를 선택 사용할 것
   다음 냉매에 대하여 아래에 명시한 금속을 사용해서는 안 된다.
   ㉠ 암모니아 : 동 및 동합금
   ㉡ 염화메틸 : 알루미늄 및 알루미늄 합금
   ㉢ 프레온 : 2[%] 이상의 마그네슘을 함유한 알루미늄 합금
③ 가요관(flexible tube)은 충분한 내압강도를 가져야 하고 특히 고무관은 팽윤 또는 열화되었을 때 교환할 수 있고 정기적으로 교환하는 것이 좋다.(R-22는 고무관을 열화시키므로 주의할 것)
④ 냉매의 압력이 10[kg/cm^{2}g]를 초과하는 배관은 주철관을 사용해서는 안 된다.
⑤ 온도가 -50[℃] 이하의 저온에 노출되는 배관은 2~4[%]의 니켈을 함유한 강파이프 또는 이음매 없는 동파이프와 같은 저온에서도 충격값이 큰 재료를 사용할 것
⑥ 동파이프, 동합금관, 알루미늄관 등은 이음매 없는 파이프를 사용할 것
⑦ 가스관(배관용 탄소강 강관)은 저압 측에 사용하여도 좋으나, 고압 측에는 사용할 수 없는 냉매도 있다.
⑧ 파이프의 외면이 물에 접촉되는 부분의 배관(공기냉각기 등)에는 순도가 99.8[%] 미만인 알루미늄을 사용하지 않는 것이 좋으며, 사용할 때는 적당한 내식(耐蝕) 처리를 할 것

(2) 배관의 신축

모든 배관은 상온과 유체 사이에 온도차가 생기면 팽창 및 수축 현상이 생긴다. 그래서 배관의 신축은 사전에 고려되어야 하며 일반적으로 루프(loop) 또는 오프셋(off set)과 같이 한다.

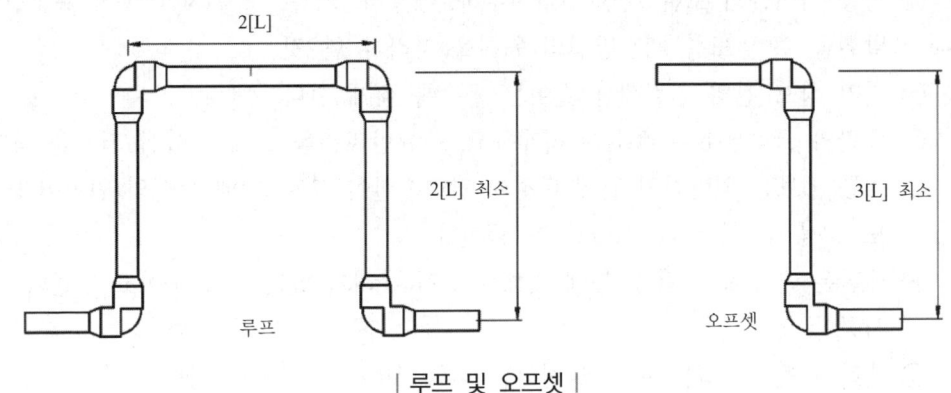

| 루프 및 오프셋 |

▶ 배관 직관길이 10[m]에 대한 열팽창 길이

온도차(℃)	동관(mm)	강관(mm)
0	0	0
25	4.21	2.78
50	8.42	5.72
75	12.75	8.64
100	10.07	11.66
125	21.34	14.76
150	25.94	17.91
175	30.40	21.19
200	34.89	24.43

▶ 각종 냉매의 유속 및 압력강하 기준

냉매	흡입관				토출관			액관
	유속 (m/s)	포화온도 강하(℃)	압력강하 (kg/cm²)		유속 (m/s)	포화온도 강하(℃)	압력강하 (kg/cm²)	유속 (m/s)
R-12 R-22	6~20	1	R-12 0.3 R-22 0.2	5[℃]	10~17.5	0.5~1	R-12, 0.15~0.3 R-22, 0.2~0.5	0.5~1
암모니아	10~25	0.5	0.05(+5[℃]) 0.03(-30[℃])		15~30	0.5	0.2	0.5~1
염화메틸	6~20	1	0.1(5[℃])		10~20	0.5~1	0.2	0.5~1

(3) 냉매배관 시공상의 기본사항

① 장치의 기기, 배관은 완전히 기밀되어야 하며 충분한 내압강도를 가질 것
② 사용재료는 각각의 용도, 냉매의 종류, 온도에 따라 선택된 것일 것
③ 냉매 배관 내의 냉매가스의 유속은 적당해야 할 것
④ 냉동 사이클의 모든 운전상태(전부하, 경부하, 기동, 정지)에 대하여 충분한 기능을 발휘할 수 있도록 배관방법의 원칙을 따라야 할 것
⑤ 기기 상호 간의 연결배관 길이는 될수록 짧게 한다.
⑥ 배관의 굴곡부분은 될수록 적게하고, 곡률반지름을 크게 잡아서 저항을 작게 한다.
⑦ 스톱 밸브는 일반적인 관에 비하여 압력손실이 크고, 냉매 누설의 원인이 되기 쉬우므로 될 수 있는 한 그 개소를 줄인다.
⑧ 배관은 이음 또는 용접 등에 의해 누설될 우려가 있는 곳을 줄이고 누설되지 않도록 시공할 것
⑨ 배관은 될 수 있는 한 온도변화를 피할 것(흡입가스관, 액관)
⑩ 수평으로 뻗은 배관은 모든 냉매의 흐르는 방향으로 $\frac{1}{250}$[mm] 정도의 하향구배로 할 것
⑪ 불필요한 트랩(trap : U자 모양의 배관)은 피할 것(오일이 고이므로)
⑫ 압축기, 응축기, 증발기 등 2대 이상을 1조로 하여 운전할 때는 특히 냉매, 냉동유, 압력 등이 균일하게 되도록 주의할 것
⑬ 온도변화에 의한 배관의 신축을 고려한 루프 배관 또는 지지방법을 채용하여, 진동방지와 배관의 견고한 고정을 위하여, 적당한 간격마다 행거(hanger)를 설치할 것
⑭ 배관에 상처가 나기 쉬운 곳에는 보호커버를 붙인다. 또 통로 등을 가로지를 때는 바닥 위에서 2[m] 이상의 높이로 하거나 견고한 보호장치를 시공한 바닥 밑에 매설한다.

(4) 흡입가스 배관

① 흡입관의 지름
  ㉠ 냉매가스 중 용해되어 있는 오일이 확실하게 운반될 수 있을 정도의 속도가 확보되어야 한다.(수평관 3.5[m/s] 이상, 수직관 6[m/s] 이상)
  ㉡ 과도한 압력손실 및 소음이 나지 않을 정도의 속도로 억제할 것(일반적으로 20[m/s] 이하가 좋다.)
  ㉢ 흡입관에 의하여 생기는 총 마찰손실압력이 흡입온도로 1[℃]의 강하에 상당하는 압력을 넘지 않도록 할 것

② 흡입관 시공상 주의사항
　㉠ 운전 중 최대 최소부하에 관계없이 소량의 기름이 항상 일정하게 압축기로 반송될 것

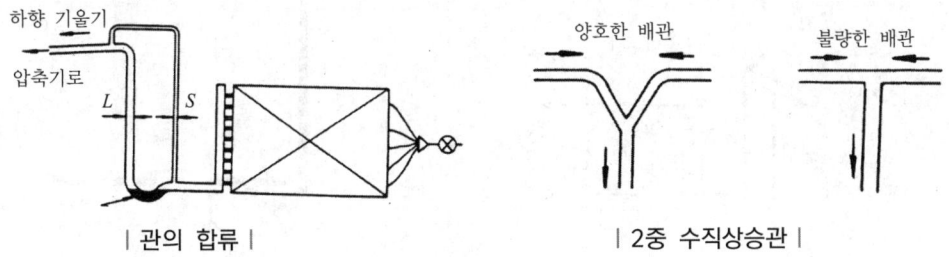

| 관의 합류 |　　　　| 2중 수직상승관 |

용량제어시켰을 때, 가스의 속도가 떨어져 윤활유를 운반하지 못하고 여기에 트랩 부분에 고이게 되는데 가스는 관 S를 통한다. 전부하로 되돌아가면, 가스는 관 L과 S의 양쪽을 통한다.

　㉡ 두 갈래의 흐름이 합류하는 곳은 "T" 이음을 하지 말고 "Y" 이음을 할 것
　㉢ 압축기가 증발기 아래 있을 경우, 정지 중에 액화된 냉매가 압축기에 떨어지지 않도록 시공할 것
　㉣ 흡입관의 수직상승 길이가 대단히 길 때는 약 10[m]마다 중간에 trap을 설치한다.(유회수를 쉽게 하기 위해)

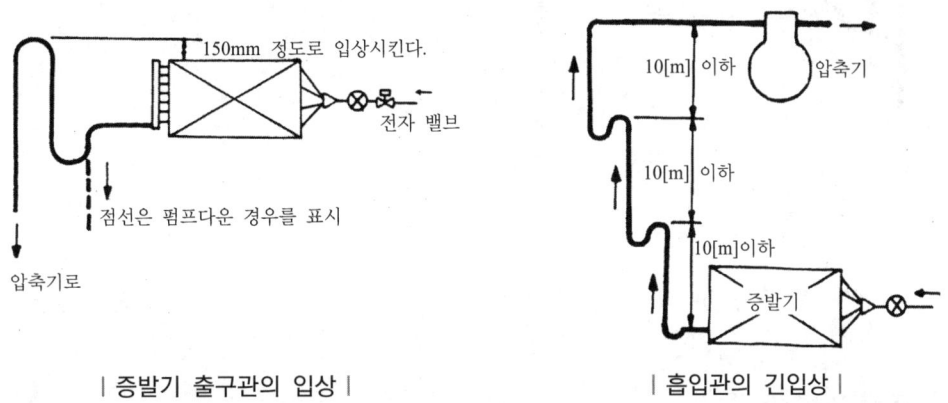

| 증발기 출구관의 입상 |　　　　| 흡입관의 긴입상 |

　㉤ 각 증발기에서 흡입주관으로 들어가는 관은 반드시 주관의 위로 접속할 것(액냉매나 오일이 흘러내리는 것을 방지할 수 있다.)
　㉥ 압축기의 입구 근처에는 trap을 설치하지 말 것(재기동 시 액압축 방지)
　㉦ 2대 이상의 증발기가 서로 다른 수준으로 되어 있고, 압축기가 증발기 아래에 있을 경우 흡입관은 작은 trap을 만들어 증발기 윗부분보다 150[mm] 이상까지 올린 다음 압축기로 향한다.

◎ 2대 이상의 증발기가 있어도 부하 변동이 심하지 않을 경우에는 1개의 수직상승 관으로 연결한다.

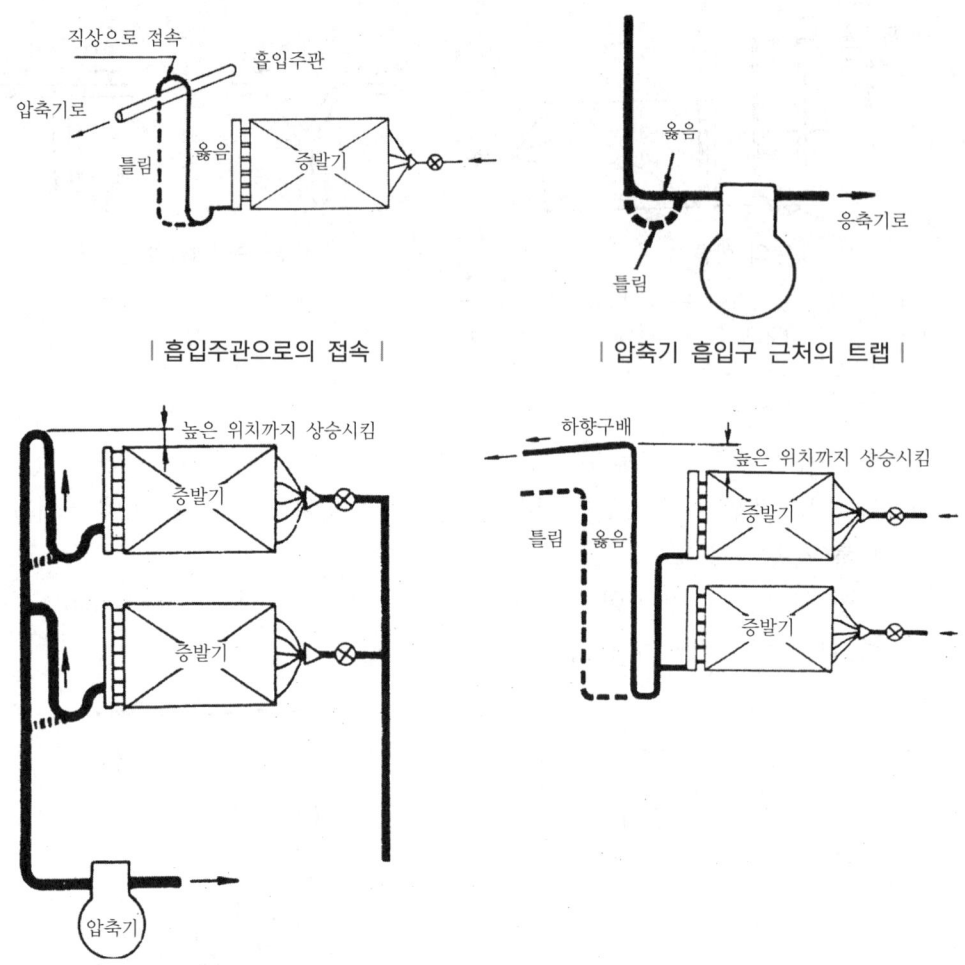

| 흡입주관으로의 접속 | | 압축기 흡입구 근처의 트랩 |

| 2대의 증발기가 압축기 윗부분에 설치되는 경우 | | 2대의 증발기의 흡입관 |

(5) 토출가스 배관

① 토출관의 지름

　㉠ 냉매가스 중에 용해되어 있는 오일이 확실하게 운반될 수 있을 정도의 속도가 확보될 것(수평관 3.5[m/s], 수직관 6[m/s] 이상)

　㉡ 관, 관이음부분, 스톱 밸브 등은 배관저항, 누설 등을 고려하여 될 수 있는 한 그 수를 적게 하는 것이 좋다.

ⓒ 과도한 압력손실 및 소음이 발생하지 않을 정도로 속도를 억제할 것(일반적으로 20[m/s] 이하)

ⓔ 토출관에 의하여 생기는 전 마찰손실압력은 0.2[kg/cm^2]을 넘지 않는 것이 좋다.

② 토출관 시공상의 주의사항

㉠ 압축기와 응축기가 같은 위치에 있을 경우에는 일단 수직상승관을 설비한 다음 하향 구배한다.

㉡ 휴지 중 배관 속의 오일이 압축기에 역류하는 것을 방지하기 위하여, 수직상승 토출관의 아래에 오일트랩을 설치한다.(수직상승길이 2.5[m] 이상의 경우)

㉢ 압축기가 응축기보다 아래에 있을 경우 토출관의 수직상승 길이가 길어질 때는 약 10[m]마다 중간 트랩을 설치한다.(정지 중 압축기로 오일 역류 방지)

㉣ 압축기에 광범위한 용량조절장치가 있을 경우, 수직상승관 속의 유속을 확보하기 위하여 2중 수직상승관을 사용한다.

㉤ 소음기는 수직상승관에 부착하되 될 수 있는 한 압축기 근처에 부착한다.

㉥ 2대 이상의 압축기가 각각 독립된 응축기를 갖고 있을 경우에는 토출관 중에 균압관(equalizer)을 설치하되 응축기 입구의 가까운 곳에 설치하고 될수록 짧게, 토출관과 같거나 그 이상의 굵기로 한다.

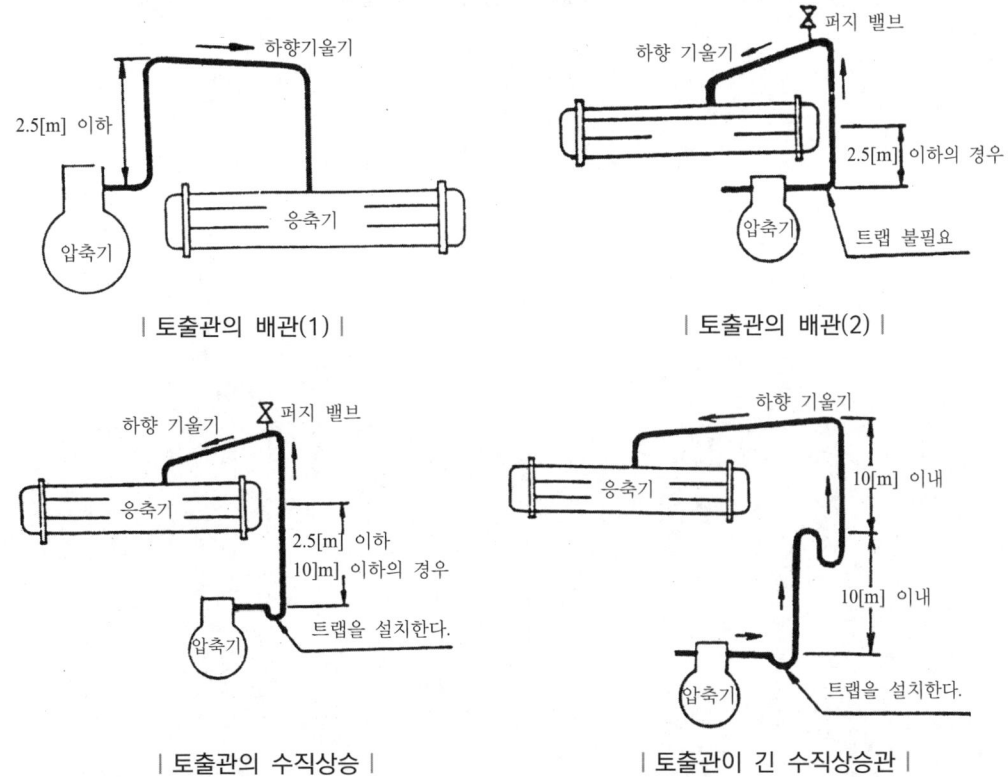

| 토출관의 배관(1) | | 토출관의 배관(2) |

| 토출관의 수직상승 | | 토출관이 긴 수직상승관 |

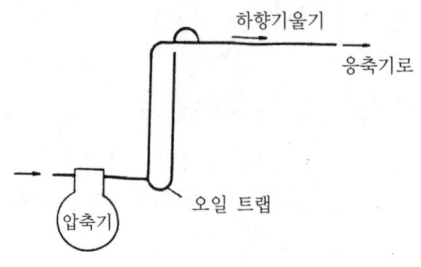

| 토출관의 2중 수직상승관 |

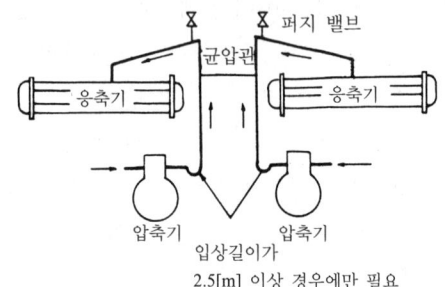

| 소음기(消音器)의 설치 위치 |

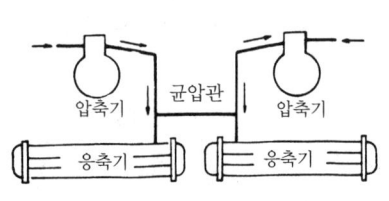

| 2대의 압축기의 균압관 |

단원복습 문제풀이

01 다음 중 보온재의 구비조건 중 틀린 것은?

① 열전도성이 적을 것
② 수분 흡수가 좋을 것
③ 내구성이 있을 것
④ 설치공사가 쉬울 것

해설 수분은 열전도율을 좋게 한다.

02 보온재 선정 시 고려사항으로 거리가 먼 것은?

① 열전도율
② 물리적·화학적 성질
③ 전기 전도율
④ 사용온도 범위

해설 보온재 선정 시 고려사항
① 열전도율
② 물리적·화학적 성질
③ 사용온도 범위

03 무기질 단열재에 해당되지 않은 것은?

① 코르크
② 유리섬유
③ 암면
④ 규조토

해설 무기질 단열재 : 석면, 암면, 규조토, 탄산마그네슘, 글라스울, 슬레그울, 규산칼슘, 펄라이트

04 안전사용 최고온도가 가장 높은 배관 보온재는?

① 우모펠트
② 폼 폴리스티렌
③ 규산칼슘
④ 탄산마그네슘

해설 안전사용온도
① 우모펠트 : 100℃ 이하
② 폼 폴리스틸렌 : 80℃
③ 규산칼슘 : 650℃ 이하
④ 탄산마그네슘 : 250℃ 이하

정답 01 ② 02 ③ 03 ① 04 ③

05 탄산마그네슘 보온재에 대한 설명 중 옳지 않은 것은?

① 열전도율이 적고 300~320℃ 정도에서 열분해한다.
② 방습 가공한 것은 습기가 많은 옥외 배관에 적합하다.
③ 250℃ 이하의 파이프, 탱크의 보냉용으로 사용된다.
④ 유기질 보온재의 일종이다.

해설 탄산마그네슘은 무기질 보온재에 속한다.

정답 05 ④

전기제어공학(공조냉동설치운영)

CHAPTER 7

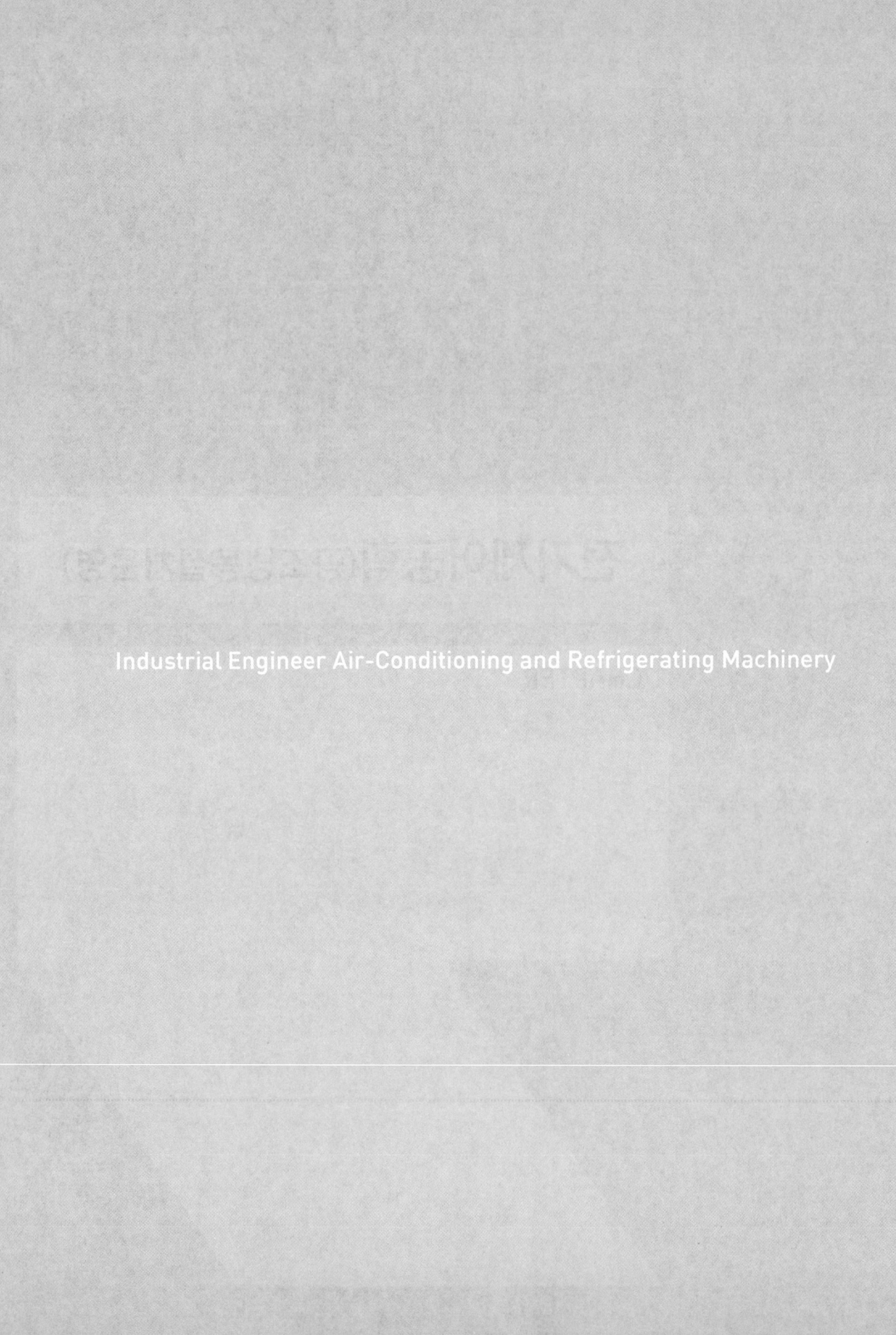
Industrial Engineer Air-Conditioning and Refrigerating Machinery

Chapter 7

전기제어공학(공조냉동설치운영)

1 직류회로

1 전기의 발생

양자는 전기량이 즉 전하량이 1.60219×10^{-19}[C] 쿨롱인 양전기를 가지고 있으며 전자는 전기량이 -1.60219×10^{-19}[C]인 음전기를 가지고 있지만 원자는 보통 상태에서 양전기를 가진 양자의 수와 음전기를 가진 전자의 수가 같기 때문에 전체적으로는 전기적으로 중성을 띠고 있다.

원자핵 주위를 돌고 있는 전자 중에서도 가장 바깥쪽 궤도를 돌고 있는 전자는 원자핵과의 결합력이 약하기 때문에 자극을 받으면 외부로 쉽게 이탈하여 자유롭게 움직일 수 있다.

이와 같은 전자를 자유전자라 하며 전기의 발생은 이와 같은 자유전자의 이동 또는 증감에 의해 일어나게 된다.

자유전자(free electron)의 이동으로 인하여 전기가 발생하는 원리는 아래 그림과 같다. 먼저 그림 (a)는 양전하를 가진 원자핵과 음전하를 가진 전자가 견고하게 결합하여 중성 상태에 있는 것을 나타낸 것이다. 그러나 물질 중의 자유전자는 쉽게 움직일 수 있는 성질이 있으므로 어떤 원인으로 인하여 그림 (b)와 같이 자유전자가 물질 밖으로 나가면 물질 속에는 양전하가 음전하보다 많아져 이 물질은 양전기를 가지게 되고 마지막으로 그림 (c)와 같이 밖에서 자유전자가 들어오면 양전하보다 음전하가 많아져서 물질은 음전기를 가지게 된다.

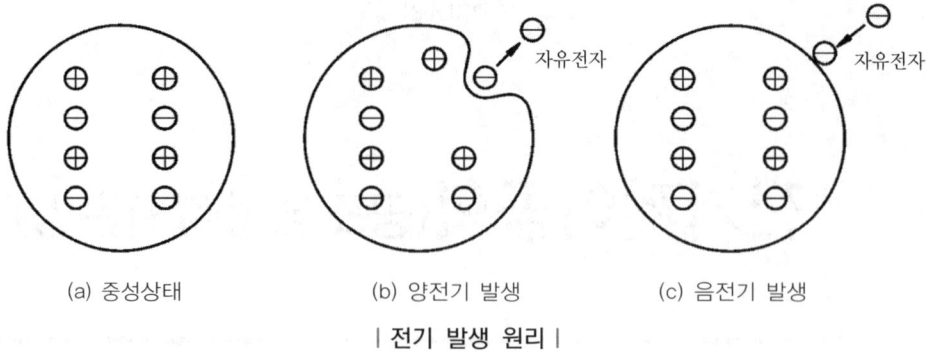

| (a) 중성상태 | (b) 양전기 발생 | (c) 음전기 발생 |
| 전기 발생 원리 |

2 전기 기본회로

그림에서 보는 바와 같이 건전지와 스위치 그리고 작은 전구를 전선으로 연결한 후 스위치를 닫으면 전기회로가 구성되어 전류가 흐르고 작은 전구에 불이 들어온다. 이 때 건전지의 양(+)극에서 일정한 크기의 전류가 흘러나와 꼬마전구를 거친 후 건전지의 음(-)극으로 흘러들어가게 된다. 이와 같이 일정 크기의 전류가 한 방향으로만 흐르는 전기회로를 직류회로(DC circuit)라 한다.

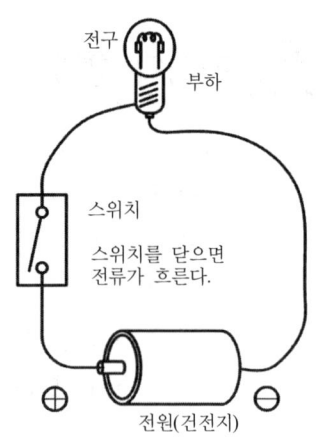

건전지와 같이 전기회로에 전류를 흐르게 하는 것을 전원(electric source)이라 하며 작은 전구와 같이 전원으로부터 전류를 공급받아 빛을 내는 것을 부하(load)라 한다.

3 전류

전기회로에 직류전류가 흐르게 되는 것은 위의 전기회로 형성의 그림에서 보는 바와 같이 건전지의 음(-)극에서 일정한 양의 전자가 흘러나와 전기회로를 통해서 작은 꼬마전구를 거친 후 건전지의 양(+)극으로 흘러 들어가기 때문이다. 이와 같은 전자의 흐름을 전류(electric current)라 한다.

전류의 방향은 전자 흐름의 반대방향으로 정한다.

① 전류의 크기는 전기회로의 어떤 단면을 1초 동안에 통과하는 전기량(전하)으로 나타낸다.
② 1초 동안에 1쿨롱[C]의 전하가 이동하였을 때의 전류의 크기를 1암페어(ampere)라 하고 기호는 [A]로 정한다.

전류$(I) = \dfrac{Q}{t}$ [A]

4 전압

전기회로를 통해서 부하에는 전원으로부터 전기적 압력으로 인하여 전하가 이동하게 되어 전류가 흐른다. 이 때 전원의 전기적 압력을 전압(voltage)이라 하며 그 크기는 볼트(volt), 기호는 [V]로 나타낸다.

5 옴(ohm)의 법칙

전기회로의 부하에 흐르는 전류는 부하에 가해진 전압의 크기에 비례하여 흐르고 부하가 가지고 있는 저항값의 크기에는 반비례하여 흐른다.
이와 같은 전기적 법칙을 옴의 법칙(ohm's law)이라 하며 여기에서 저항의 크기는 옴(ohm), 기호는 [Ω]으로 나타낸다.
직류회로에서는 그림과 같이 이 회로에 흐르는 전류(I)는 직류전압(V)에 비례하고 저항(R)에는 반비례한다.

I(전류) $= \dfrac{전압}{저항} = \dfrac{V}{R}$ [A]

R(저항) $= \dfrac{전압}{전류} \dfrac{V}{I}$ [Ω]

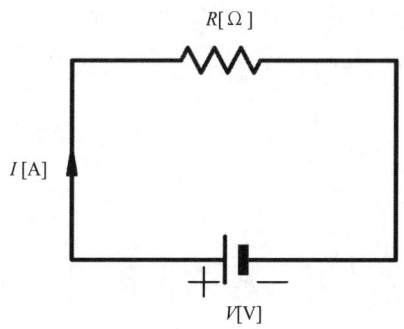

저항의 역수$(G) = \dfrac{1}{R}$을 컨덕턴스(conductance)

단위 : 지멘스(siemens), 기호 S 또는 ℧ (모(mho) 또는 Ω^{-1})

6 저항의 접속

① 직렬접속

그림에서 보는 바와 같이 저항 R_1, R_2, R_3을 직렬로 접속한 회로에서 합성저항 R은 각 저항의 합과 같다.

$R = R_1 + R_2 + R_3$

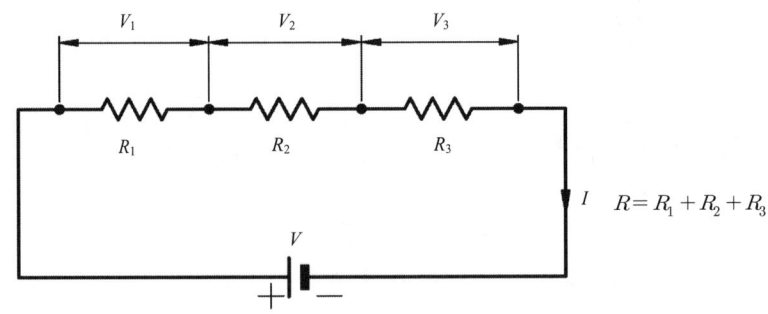

| 직렬접속 |

이 회로에서 저항 R_1, R_2, R_3에 흐르는 전류 I[A]는

$I = \dfrac{V}{R} = \dfrac{V}{R_1 + R_2 + R_3}$[A]

전체전압(V)

$V[\text{V}] = IR = IR_1 + IR_2 + IR_3 = V_1 + V_2 + V_3[\text{V}]$

② 병렬접속

다음 그림에서 보는 바와 같이 3개의 저항 R_1, R_2, R_3을 병렬 접속한 회로는 각 저항에는 동일한 직류전압 V가 걸리므로 각 저항에 흐르는 전류 I_1, I_2, I_3는

$I_1 = \dfrac{V}{R_1}[\text{A}], \quad I_2 = \dfrac{V}{R_2}[\text{A}], \quad I_3 = \dfrac{V}{R_3}[\text{A}]$

전체전류

$I = I_1 + I_2 + I_3 = \dfrac{V}{R_1} + \dfrac{V}{R_2} + \dfrac{V}{R_3} = V\left(\dfrac{1}{R_1} + \dfrac{1}{R_2} + \dfrac{1}{R_3}\right)[\text{A}]$

합성저항

$$R = \frac{V}{I} = \frac{1}{\dfrac{1}{R_1} + \dfrac{1}{R_2} + \dfrac{1}{R_3}} [\Omega]$$

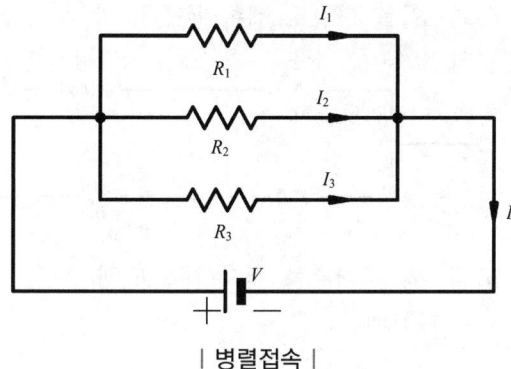

| 병렬접속 |

③ 직·병렬접속

직·병렬접속이란 직렬접속과 병렬접속을 조합한 것이다.

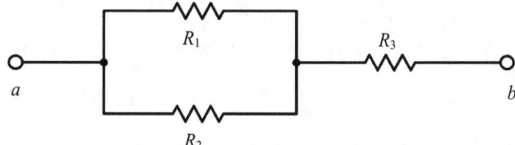

$$R_{12} = \frac{1}{\dfrac{1}{R_1} + \dfrac{1}{R_2}} = \frac{R_1 R_2}{R_1 + R_2} [\Omega]$$

합성저항(R)은

$$R = R_{12} + R_3 = \frac{R_1 R_2}{R_1 + R_2} + R_3 [\Omega]$$

위의 그림은 R_1과 R_2를 병렬로 접속한 다음 이것에 R_3를 직렬로 접속한 것이다.

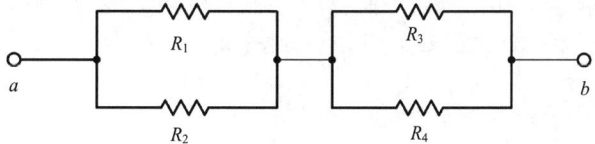

위의 그림은 R_1과 R_2, R_3와 R_4를 각각 병렬로 접속한 후 이것을 직렬로 접속한 것이다.

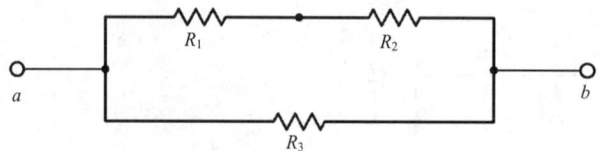

위의 그림은 R_1과 R_2를 직렬로 접속한 것을 R_3와 병렬로 접속한 것이다.

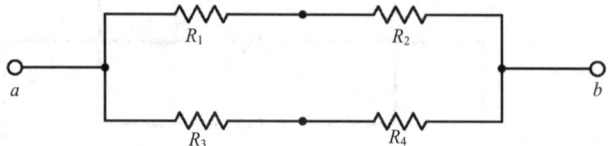

위의 그림은 R_1과 R_2를 직렬로 접속하고 R_3과 R_4를 직렬로 접속한 다음 이것을 병렬로 다시 접속한 상태다.

7 도체(conductor)와 부도체(nonconductor)

물질 중에는 전기가 잘 흐를 수 있는 것과 전기가 잘 흐르지 않는 것이 있다. 일반적으로 금속 및 전해질 용액과 같이 전기가 잘 흐르는 물질을 도체라 한다.

그러나 운모나 도자기, 에보나이트, 합성수지 등은 전기가 잘 흐르지 않기 때문에 이러한 물질을 부도체 또는 절연체(insulator)라 한다.

8 전기저항

도체는 전기를 잘 흐르게 하는 물체이지만 어떤 도체라도 어느 정도의 저항은 가지고 있다. 도체(구리선 등)의 전기저항은 그 도체의 재질, 길이, 단면적, 온도 등에 의해 결정된다.

① 어떤 일정 온도에서 같은 재질의 도체를 생각할 때 도체의 전기 저항은 그 도체의 길이에 비례하고 단면적에는 반비례한다.

도체의 저항$(R) = \rho \dfrac{\ell}{A} [\Omega]$

$\begin{bmatrix} \rho : \text{도체의 재질에 따라 정해지는 고유저항}(\Omega \cdot m) \\ A : \text{단면적}(m^2) \\ l : \text{길이}(m) \end{bmatrix}$

② 도체의 전기저항은 온도에 따라 그 값이 변하게 된다.
③ 금속의 저항은 온도가 상승함에 따라 증가하지만 전해질 용액의 저항은 반대로 감소한다.

9 전력(electric power)

① **전력** : 전기회로에서 작은 꼬마전구에 불이 켜지는 것은 저항에 전류가 흘러서 어떤 일을 하고 있기 때문이다. 이 때 전기회로의 전구에 불이 켜지는 불의 밝기는 전류의 크기에 따라 달라진다.
이와 같이 전기가 하는 일의 능률을 전력이라 한다.
전력은 어떤 부하에 가해지는 전압 V[V]과 그 부하에 흐르는 전류 I[A]의 곱으로 나타내며 그 단위는 와트(watt)이며 기호는 [W]이다.

전력$(P) = VI = I^2R = \dfrac{V^2}{R}$ [W]

② **전력량** : 전기회로에서 저항 부하에 일정시간 동안 전류가 흐르면 전기 에너지가 발생하여 일을 하게 되는데 이와 같이 일정시간 동안 전기 에너지가 한 일의 양을 전력량이라 하고 전력량을 저항부하에서 발생하는 전력 P[W]와 시간 t[s]의 곱으로 나타낸다. 그리고 단위는 줄(joule), 기호는 [J]이다.

전력량$(W) = Pt$ [J]

그러나 전력량의 단위는 1[kW]의 전력을 1시간 사용했을 때의 전력량을 나타내는 [kWh]를 많이 사용한다.

※ 1[kWh] = 10^3[Wh] = 3.6×10^6[J]

10 전류의 발열

전열기에 전압을 가하여 전류를 흘리면 열이 발생하는데 이것을 전류의 발열작용이라고 한다.
이런 현상은 전열기 내에 있는 전열선이나 도체가 비교적 큰 저항을 가지고 있어서 전류를 흘리면 열이 발생된다.
I[A]의 전류가 저항값이 R[Ω]인 도체를 t (s) 동안 흐를 때 그 도체에는 발열$(H) = I^2Rt$[J]의 열이 발생한다.

이것을 줄의 법칙이라 하며 발생하는 열을 줄열이라 한다.
1[cal] = 4.186[J]

발열 (H)를 cal로 표시하면

$$H = \frac{I^2 Rt}{4.186} ≒ 0.24 I^2 Rt [\text{cal}]$$

① **전선의 온도상승** : 전선은 구리, 알루미늄 등의 저항이 작은 도체로 만드나 어느 정도의 저항은 가진다. 따라서 전선에 전류가 흐르면 줄의 법칙에 의해 열이 발생하고 그 열 때문에 전선의 온도가 상승한다. 온도가 상승한 경우 전선은 기계적인 강도가 변하고 온도가 매우 높으면 전선이 녹아서 끊어지게 된다.

② **허용전류(allowable current)** : 전선 중 절연전선에서는 온도가 높게 되면 절연물이 열화되어 절연전선으로는 기능이 상실된다. 절연전선의 온도상승은 전류의 증가에 따라 발생하므로 각각의 전선에 안전하게 흘릴 수 있는 전류의 크기는 허용된 온도상승으로부터 결정된다. 그렇기 때문에 전선에 안전하게 흘릴 수 있는 최대전류를 허용전류라고 한다.

※ 전선에 전류가 흐를 때 온도상승은 전선이 놓여있는 주위의 온도에도 영향을 받기 때문에 전선의 허용전류는 주위온도를 30[℃] 이하로 하여야 한다.

11 전하(electric charge)

유리막대와 명주 등의 절연체를 서로 마찰시키면 이들 물체는 전기를 띠게 되고 가벼운 물체를 끌어당긴다. 이와 같이 물체가 전기를 띠는 현상을 대전이라 하고 대전된 물체를 대전체라 하며 대전체가 가지는 전기량을 전하라 한다.

- 전하의 단위 : 쿨롱(coulomb)
- 전하의 기호 : C

① **전기력(electricforce)** : 전하에는 양전하와 음전하 두 종류가 있으며 동일한 부호의 전하는 서로 반발하며 다른 부호의 전하는 서로 끌어당기는 성질이 있다. 이와 같이 두 전하 사이에 작용하는 힘을 전기력 또는 정전기력이라 한다.

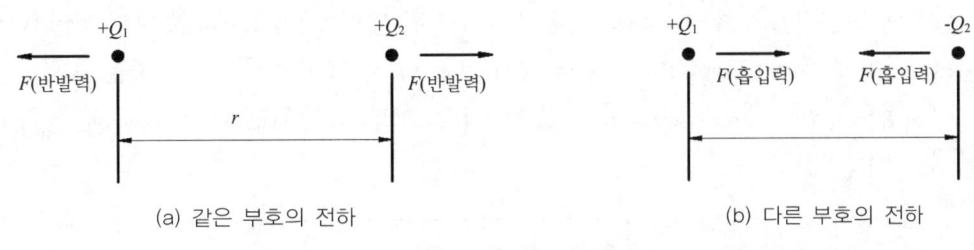

| 두 전하 사이의 전기력 |

② **쿨롱의 법칙** : 두 전하 사이에 작용하는 전기력은 두 전하 사이의 크기의 곱에 비례하고 두 전하 사이의 거리의 제곱에 반비례한다.(정전기에 관한 쿨롱의 법칙) Q_1[C]과 Q_2[C]의 전하가 진공 중에서 $r(m)$의 거리에 있을 때 이들 사이에 작용하는 전기력(F)은

$$F = 9 \times 10^9 \times \frac{Q_1 Q_2}{r^2} [N]$$

12 전기장(electric field)

전기장이란 전기력이 작용하는 공간이다. 전기장의 크기와 방향을 선으로 나타낸 것을 전기력선이라 한다.

13 정전유도(electrostatic induction)

대전되지 않는 도체(B) 근처에 대전체(A)를 가까이 하면 도체(B)는 대전체(A)에 가까운 쪽에는 다른 종류의 전하가 유도되고 먼 쪽에는 같은 종류의 전하가 유도된다. 이와 같은 현상을 정전유도라 한다. 그러나 대전체를 멀리하면 도체는 원래의 중성상태로 되어 돌아간다.

14 정전용량(electrostatic capacity)

두 장의 도체판(전극)을 서로 마주보게 하여 직류전원에 접속하면 전원의 양(+)극으로부터 (A)전극에는 양전하가 이동되고 음(-)극으로부터는 (B)전극에는 음전하가 이동하여 축적된다.

이 때 전원전압 V(V)에 의해 두 전극에 축적된 전하를 Q(C)이라고 하면 전압 V와 전하 Q 사이에는 Q = CV(C)의 관계가 성립된다. 이 때 (C)는 전극이 전하를 축적하는 능력의 정도를 나타내는 상수로서 정전용량이라 하며 그 단위는 패럿(farad)이라 하고 기호는 (F)로 나타낸다.

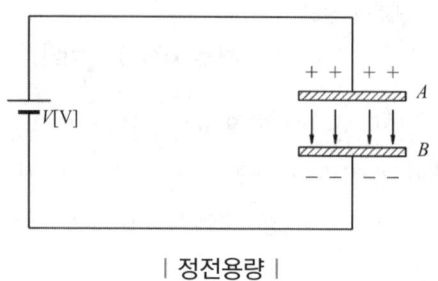

| 정전용량 |

15 콘덴서(condenser)

콘덴서란 정전 용량을 이용하기 위하여 만들어진 전기소자이다. 큰 정전 용량을 얻기 위해서는 전극판의 면적을 넓게하거나 간격을 작게 또는 극판 간에 넣는 절연물을 비유전율이 큰 것으로 사용하는 방법 등을 이용하고 있다.

① 사용목적에 따른 콘덴서(커패시터, capacitor)
　㉠ 고정 콘덴서
　　㉠ 종이 콘덴서
　　㉡ 마이카 콘덴서
　　㉢ 세라믹 콘덴서
　　㉣ 전해 콘덴서
　㉡ 가변 콘덴서 : 공기 가변 콘덴서

16 자기(magnetism)

① **자기** : 자석은 철조각이나 철가루를 끌어당기는 성질이 있다. 이와 같은 자기력이 생기는 근원이며 자석이 철조각을 끌어당기는 힘은 자석의 양 끝에서 가장 강하다. 이 양 끝단을 자극이라 한다.
② **자하(magnetic charge)** : 자석에는 항상 2종류의 극성이 있으며 양 자극이 가지는 자기량 또는 자하는 서로 같다. 자하량의 단위는 웨버(weber)이며 그 기호는 WB이다.

③ **자기에 관한 쿨롱의 법칙(자석의 성질)** : 막대자석의 중앙을 실로 매어 천장에 수평으로 매달았을 때 자석의 N극은 북쪽을 가리키고 S극은 남쪽을 가리킨다. 그리고 같은 극성의 자석은 서로 반발하고 다른 극성의 자석은 서로 끌어당긴다.

2개의 자석 사이에 작용하는 자기력의 크기는 두 자극의 자하의 곱에 비례하고 두 자극 사이의 거리의 제곱에 반비례한다. 이것을 자기에 관한 쿨롱의 법칙이라 한다. 두 자극 사이에 작용하는 자기력(F)

$$F = 6.33 \times 10^4 \times \frac{m_1 m_2}{r^2} [\text{N}]$$

$\begin{bmatrix} m_1, m_2 : 자하(\text{Wb}) \\ r : 떨어진\ 거리(\text{m}) \end{bmatrix}$

④ **자기장(magnetic field)과 자기력선(line of magnetic force)** : 자기장은 자기력이 작용하는 공간이며 자기장의 크기와 방향을 선으로 나타낸 것을 자기력선이라 한다. 자기력선은 자석의 N극에서 시작하여 S극에서 끝나고 자기력선은 서로 교차하지 않는다.

⑤ **자기유도** : 자석의 자극 가까이에 철편을 접근시키면 철편에 자극이 생기고 자석이 된다. 이와 같은 현상을 자기유도 또는 철의 자화라 한다.

17 전자력(electromagnetic force)

전자력이란 자기장 내에 있는 도체에 전류를 흘릴 때 작용하는 힘을 말한다.

① **플레밍의 왼손법칙** : 왼손의 엄지, 검지, 중지를 각각 직각으로 하여 검지방향이 자기장의 방향과 일치하도록 하고 전류방향과 중지방향을 일치시키면 전류가 흐르는 도체에 작용하는 힘은 엄지방향과 일치하게 된다.

18 전자유도

① **전자유도작용** : 코일 부근에 영구자속을 코일 L과 쇄교하는 수를 시간적으로 변화시키면 코일 L에 기전력이 유기되어 전류가 흐른다.

자속의 시간적 변화가 전류를 유도하게 되고 코일과 쇄교하는 자속이 변화하면 이 변화를 방해하는 방향으로 기전력이 유기된다. 이와 같은 현상을 전자유도라고 한다.

② **페러데이의 전자유도법칙(유도기전력의 크기)** : 유도기전력의 크기는 코일을 지나는 자속의 매초 변화량과 코일의 권수에 비례한다.

③ **렌쯔의 법칙(유도기전력의 방향)** : 전자 유도에 의하여 생긴 기전력 방향은 그 유도 전류가 만드는 자속이 원래 자속의 증가 또는 감소를 방해하는 방향으로 생긴다. 즉, 코일을 지나는 자속이 증가될 때는 자속을 감소시키는 방향으로 또 감소될 때는 자속을 증가시키는 방향으로 유도기전력이 발생된다.

④ **플레밍의 오른손 법칙** : 자장 내를 운동하는 도체에 유도되는 기전력의 크기는 그 도체가 단위시간에 끊는 자속수에 비례하고 그 방향은 운동하는 도체가 폐회로일 경우 이에 흐르는 전류에 의해서 생기는 자속이 쇄교작용을 상쇄하는 방향으로 유도된다.

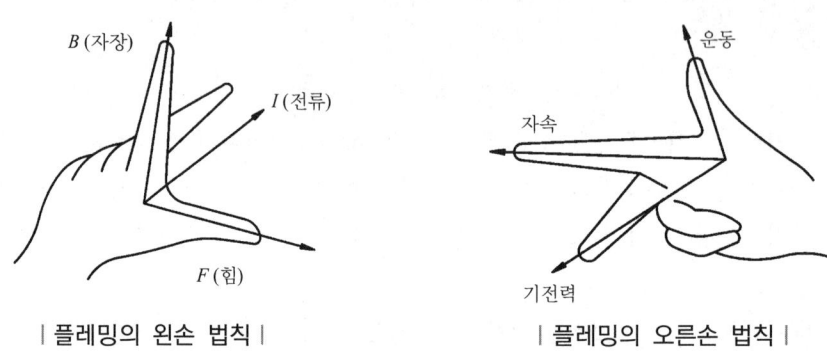

| 플레밍의 왼손 법칙 | | 플레밍의 오른손 법칙 |

19 앙페르의 오른나사 법칙

도선에 전류가 흐르면 그 주위에 자장이 생기는데 그 방향은 오른나사 법칙에 의해 결정된다.

오른나사가 진행하는 방향으로 전류가 흐르면 나사가 회전하는 방향으로 자장이 생기고 반대로 나사가 회전하는 방향으로 전류가 흐르면 진행하는 방향으로 자장이 생긴다.

20 자기회로

① **자속과 자속밀도** : 매질에 관계없이 $+m$[Wb]의 자극에서는 m개의 가상선이 나오고 있는 것으로 생각하여 이것을 자속이라 하고 기호는 $\varnothing$로 나타낸다.

즉, 자력선들의 전체의 집합을 말한다.

㉠ 자속의 단위 : 웨버(Wb)

㉡ 자속의 밀도(B) = $\dfrac{\varnothing}{A}$[Wb/m²]

철심에 코일을 감고 이것에 전류를 흘리면 철심 내에 자속이 발생한다. 자속은 코일의 권수(N)가 많을수록, 흐르는 전류 I가 클수록 크다.
이와 같이 자속을 만드는 원동력이 되는 것을 기자력이라 한다.

ⓐ 기자력 기호 : F, NI

ⓑ 기자력의 단위 : AT(암페어 턴)

21 키르히호프의 법칙

① **제1법칙** : 회로망 중의 임의의 한 접속점에 유입하는 전류의 총합과 유출하는 전류의 총합은 같다.

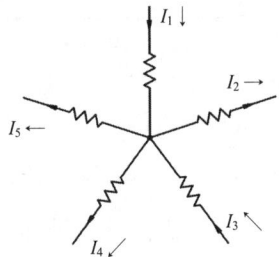

$\sum I = 0$

I_1, I_3 를 (+), I_2, I_4, I_5 를 (−)라 하면

$I_1 + I_3 = I_2 + I_4 + I_5$

$I_1 + I_3 - I_2 - I_4 - I_5 = 0$

② **제2법칙** : 회로망 중의 임의의 한 폐회로의 각부를 흐르는 전류와 저항과의 곱의 대수합은 그 폐회로 내에 있는 모든 기전력의 대수합과 같다.

$\sum V = \sum IR$

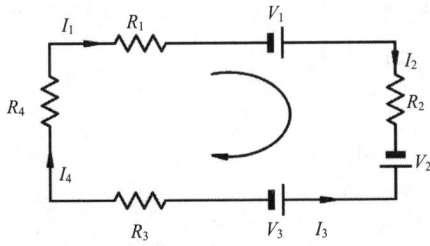

전류의 방향을 화살표 방향으로 가정하고 이 방향과 일치하는 전압 강하와 기전력은 (+)이나 반대로 되는 것은 (−)로 하면

$R_1 I_1 + R_2 I_2 - R_3 I_3 + R_4 I_4 = V_1 + V_2 - V_3$

가 된다.

22 전압과 전류의 측정

① **전류계와 전압계** : 전류의 세기를 측정하는 전류계와 전압의 크기를 측정하는 전압계는 그 계기 내부에 전류가 흘러서 동작하게 되므로 그 동작원리는 같으나 전류계는 내부 저항이 작고 전압계는 내부 저항이 큰 점이 다르다.

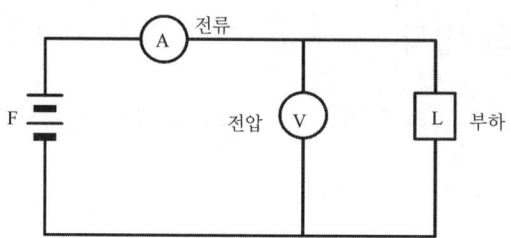

㉠ 전류계 Ⓐ는 부하가 직렬로 설치
㉡ 전압계 Ⓥ는 부하에 병렬로 접속

② **배율기(multiplier)** : 전압계의 측정범위를 넓히기 위하여 내부저항 $r_v\,[\Omega]$의 전압계에 직렬로 $R_m\,[\Omega]$의 저항을 접속해야 한다. 이 저항을 배율기라 한다.

③ **분류기(shunt)** : 전류계의 측정 범위를 넓히기 위하여 전류계와 병렬로 $R_s\,[\Omega]$의 저항을 접속해야 한다. 이 저항을 분류기라 한다.

23 전지(battery)

전지란 화학 변화에 의해서 생기는 에너지 또는 광, 열 등의 물리적인 에너지를 전기에너지로 변환하는 장치이다.

방전 후 충전이 불가능한 전지를 1차 전지라 하며 방전 후 충전에 의해 재사용할 수 있는 전지를 2차 전지라 한다.

① **전지의 원리**
  ㉠ 볼타전지(voltaic cell)
  ㉡ 망간 건전지(dry cell) : 전해액은 염화암모늄 용액(NH_4Cl + H_2O)
  ㉢ 납축전지(lead storage battery) : 전해액은 묽은 황산

② **전지의 접속**
  ㉠ 직렬접속 : 기전력 $V[V]$, 내부저항 $r[\Omega]$의 전지를 n개 직렬로 접속하면 기전력은 $V_0 = nV$로 n배가 되지만 전류용량은 전지 1개인 경우와 같게 되며 내부저항은 n배로 된다.

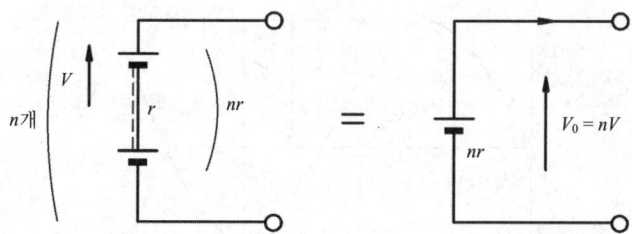

ⓒ **병렬접속** : 다음의 전지를 m개 병렬로 접속하면 기전력은 1개 때와 같지만 전류 용량 m배로 내부저항 $\dfrac{r}{m}$배로 된다.

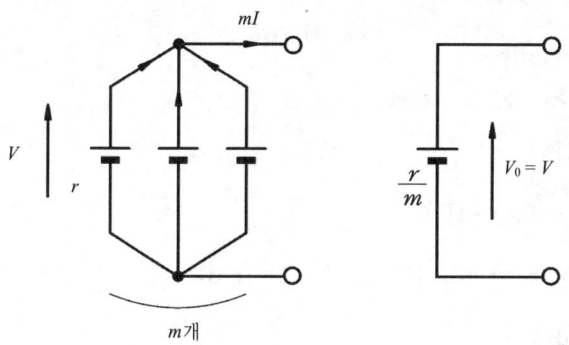

2 교류회로

1 사인파 교류(sinuous wave AC)

사인파 교류는 시간의 흐름에 따라 크기와 방향이 사인파 모양으로 주기적으로 변하는 교류이며 사인파 교류는 평등 자기장에서 도체를 일정속도로 회전시킬 때 발생한다.

① **파형(wave form)** : 교류의 크기와 방향이 시간에 대해 어떻게 변화하는가를 그린 것을 파형이라 한다.

② **각속도(angular velocity)** : 1초 동안에 회전한 각도 t초 동안에 θ (rad)만큼 회전하면

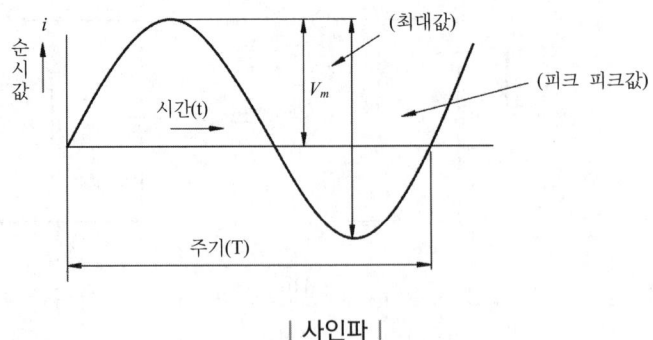

| 사인파 |

각속도 $\omega = \dfrac{\theta}{t}[\text{rad/s}]$

회전각(θ) $= \omega t [\text{rad}]$

※ 반원의 중심각은 180°이고 호의 길이는
$l = \pi r$ 이므로

$\theta = \dfrac{l}{r} = \dfrac{\pi r}{r} = \pi [\text{rad}]$

따라서 180° $= \pi [\text{rad}]$이고 360° $= 2\pi [\text{rad}]$이다.

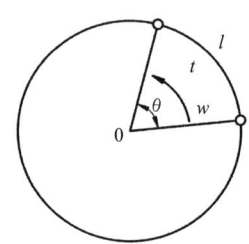

③ **주기와 주파수**

㉠ 교류의 1회 변화를 1사이클(cycle)이라 하며 1사이클의 변화에 요하는 시간을 주기 $T(\text{s})$라 한다.

주기 $T(\text{s})$와 각속도 $\omega [\text{rad/s}]$ 사이의 관계

$T = \dfrac{2\pi}{\omega}(\text{s})$

㉡ 주파수 $f[\text{Hz}]$는 1[s] 동안에 반복하는 사이클의 수를 나타내며 그 단위는 헤르츠(hertz), 기호는 (Hz)이다.

$T = \dfrac{1}{f}, \qquad f = \dfrac{1}{T}$

주파수 $F[\text{Hz}]$와 각속도 $\omega [\text{rad/s}]$와의 관계

$f = \dfrac{1}{T} = \dfrac{1}{\left(\dfrac{2\pi}{\omega}\right)} = \dfrac{\omega}{2\pi}$

$\therefore \ \omega = 2\pi f [\text{rad/s}]$

㉢ 사인파 교류의 전압 표시

$V = V_m \sin\theta = V_m \sin \omega t = V_m \sin 2\pi f t [\text{V}]$

④ 위상(phase)과 위상차
  ㉠ 주파수가 동일한 2개 이상의 교류 사이의 시간적인 차이를 나타내는데는 위상을 사용한다.
  ㉡ 2개의 교류 사이의 시간적인 차이(위상차)는 시간으로 표시하기도 하나 보통은 각도로 표시한다.

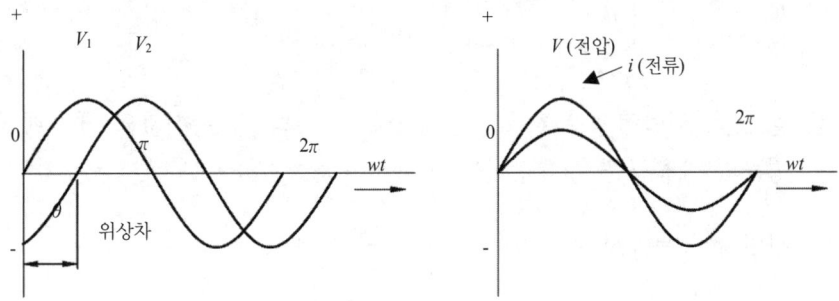

V_2는 V_1에 비해 위상이 뒤진다.

| 동상의 전압과 전류 |

ⓐ V_1보다 위상이 θ_1만큼 뒤진 교류 V_2는
  $V_2 = V_{m2}\sin(wt-\theta_1)[\text{V}]$
ⓑ V_1보다 위상이 θ_2만큼 앞선 교류 V_3은
  $V_3 = V_{m3}\sin(wt+\theta_2)[\text{V}]$
ⓒ 교류 V_1의 최대값을 V_{m1}이라 하면 교류 V_1은
  $V_1 = V_{m1}\sin wt[\text{V}]$

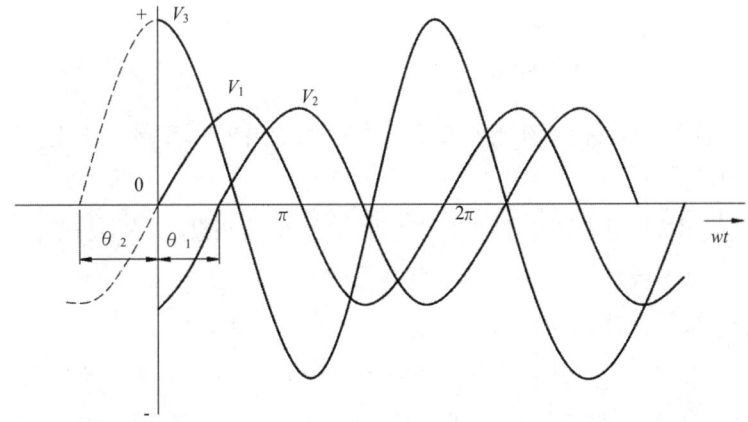

| 위상차의 교류 표시 |

⑤ 교류의 표시

　㉠ 순시값 : 사인파 교류는 $V = V_m \sin wt$[V]로 표시한다. 이 식에서 전압 V는 순간 순간 변하므로 이것을 전압의 순시값이라 하며 이 순시값 중에서 가장 큰 값 V_m을 최대값 또는 진폭이라 한다.

　순시값$(v) = V_m \sin wt$[V]

　　$\begin{bmatrix} V_m : \text{전압의 최대값(V)} \\ w : \text{각속도(rad/s)} \\ t : \text{주기(s)} \end{bmatrix}$

　㉡ 실효값 : 일반적으로 사용되는 값으로 교류의 각 순시값의 제곱에 대한 1주기의 평균의 제곱근을 실효값이라 한다.

　사인파 교류에서 실효값은 $I^2R = \dfrac{I_m^2}{R}R$ 에서

　$I = \sqrt{\dfrac{I_m^2}{2}} = \dfrac{I_m}{\sqrt{2}} = 0.707\, I_m$[A]

　　$\begin{bmatrix} I : \text{전류의 실효값(A)} \\ I_m : \text{전류의 최대값(A)} \end{bmatrix}$

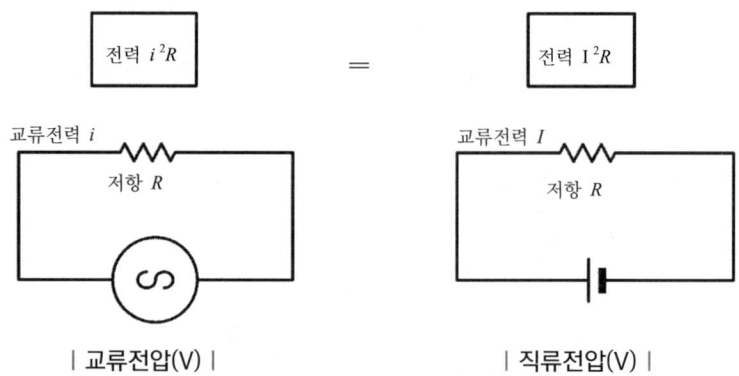

교류의 실효값은 저항내에서 소비되는 전력이 동일하게 되는 직류의 값으로 나타낸다.

　㉢ 실효값과 최대값의 한계 : 사인파 전압의 순시값 v[V]를 실효값 V[V]를 사용하여 표시하면

　전압의 순시값$(v) = V_m \sin wt = \sqrt{2}\, V \sin wt$[V]

　　여기서, V : 전압의 실효값(V)

　㉣ 평균값 : 교류 순시값의 반주기 동안의 평균을 취하여 나타낸 값을 평균값이라 한다. 사인파 전압 v[V]의 평균값 V_a[V]라 하면

$$V_a = \frac{2}{\pi} V_m ≒ 0.637 V_m [V]$$

실효값 V와 평균값 V_a의 관계는

$$\frac{V}{V_a} = \frac{\frac{V_m}{\sqrt{2}}}{\frac{2V_m}{\pi}} = \frac{\pi}{2\sqrt{2}} ≒ 1.11$$

⑥ **사인파 교류의 벡터**

　㉠ 스칼라양 : 길이나 온도 등과 같이 크기라는 하나의 양만으로 표시되는 물리량을 스칼라양이라 한다.

　㉡ 벡터량 : 힘과 속도와 같이 크기와 방향 등으로 2개 이상의 양이 표시되는 물리량을 벡터양이라 한다.

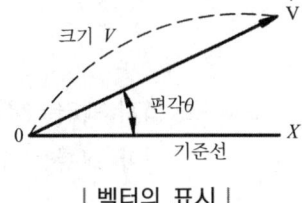

| 벡터의 표시 |

　　• 벡터의 표시

　　　ⓐ 벡터의 크기 : 선분의 길이

　　　ⓑ 벡터의 방향 : 화살표와 편각

　　　ⓒ 벡터의 표시 : $\dot{V}$, $\dot{I}$

　　　　벡터를 문자로 표시할 때에는 $\dot{V}$, $\dot{I}$와 같이 문자 위에 점(dot)을 찍어서 V 도트 또는 벡터 V라고 읽으며 점은 찍지 않고 V, I 라고 쓰는 경우는 크기만을 표시한다.

　㉢ 회전 벡터 : $I = I_m \sin wt$ 의 사인파 교류는 회전하는 벡터 I_m으로 나타낼 수 있는데 이 벡터 I_m을 회전 벡터라 한다.

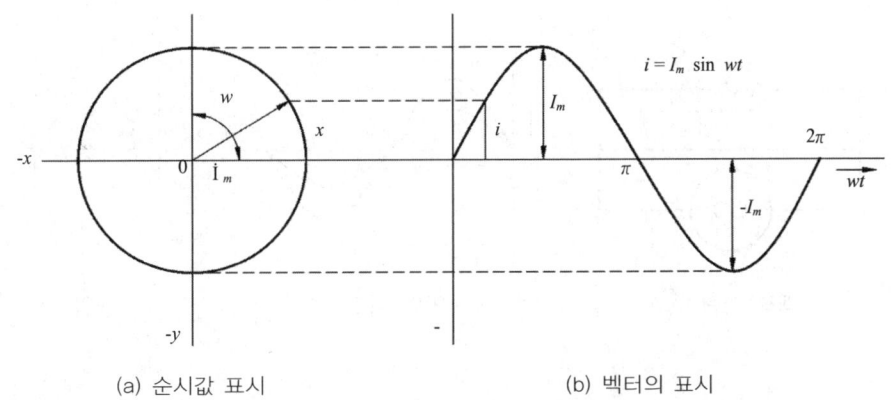

(a) 순시값 표시　　　　　(b) 벡터의 표시

| 회전 벡터와 사인파 교류 |

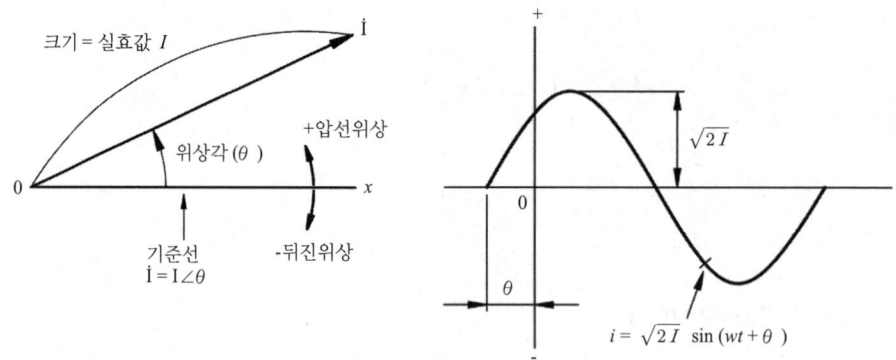

| 사인파 교류의 정지 벡터 |

ⓔ **정지 벡터** : 실효값이 I이고 위상각이 θ인 사인파 교류에서 동일한 주파수의 사인파 교류를 취급할 때는 회전 벡터 대신에 정지 벡터로 나타낼 수 있다.

2 단상 교류회로

① 기본회로

㉠ 저항 R만의 회로 : 저항 $R[\Omega]$만의 회로에 교류전압 $v = V_m \sin wt[V]$를 가해주면 회로의 흐르는 전류 $i[A]$는

$$i = \frac{v}{R} = \frac{V_m}{R} \sin wt = I_m \sin wt \, [A]$$

이 때 전압 v와 전류 i는 다음과 같이 나타낼 수 있으며 회로에 흐르는 전류 i는 회로에 가해 준 전압 v와 시작하는 원점 및 최대가 되는 시각이 같은 모양으로 전압과 전류는 위상이 같다라고 한다.

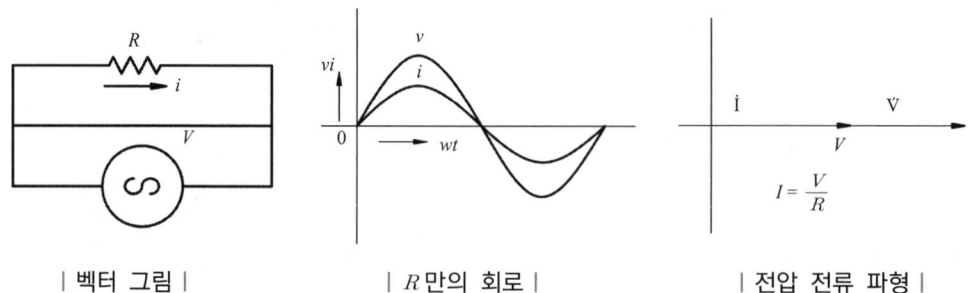

| 벡터 그림 | | R만의 회로 | | 전압 전류 파형 |

전압 v와 전류 i의 실효값 V와 I는

$$V = \frac{V_m}{\sqrt{2}} [\text{V}]$$

$$I = I_m \sqrt{2} = \frac{I_m}{\sqrt{2} R} [\text{A}]$$

전압 v와 전류 i 벡터양은

$\dot{V} = V \angle 0 \ [\text{V}]$

$\dot{I} = I \angle 0 \ [\text{A}]$

ⓛ 인덕턴스 $L(\text{H})$만의 회로 : 인덕턴스 $L(\text{H})$만의 회로에 교류전압 $v = V_m \sin wt [\text{V}]$를 가해주면 회로에 흐르는 전류 $i(\text{A})$는 $i = \frac{V_m}{wL} \sin\left(wt - \frac{\pi}{2}\right) = I_m \sin\left(wt - \frac{\pi}{2}\right) [\text{A}]$

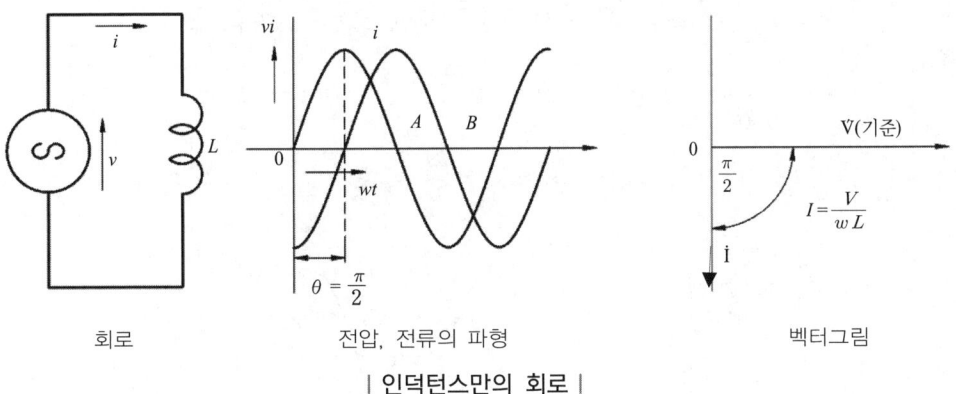

| 인덕턴스만의 회로 |

전압 v와 전류 i는 회로에 흐르는 전류 i는 회로에 가해준 전압 v보다 위상이 90° 즉 $\frac{\pi}{2} [\text{rad}]$만큼 늦는다.

※ 인덕턴스란 코일의 권수, 형태 및 철심의 재질 등에 의해 결정되는 상수이다.

ⓒ 커패시턴스 C만의 회로 : 커패시턴스 $C(\text{F})$만의 회로에 교류전압 $v = V_m \sin wt [\text{V}]$를 가해주면 회로에 흐르는 전류 i는

$i = wCV_m \sin\left(wt + \frac{\pi}{2}\right) = I_m \sin\left(wt + \frac{\pi}{2}\right) [\text{A}]$

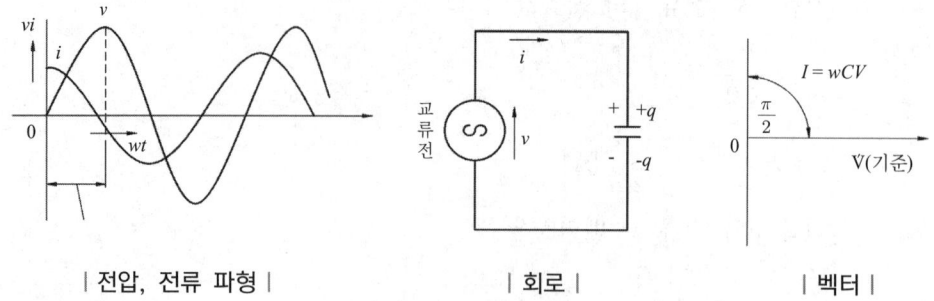

| 전압, 전류 파형 |　| 회로 |　| 벡터 |

이 때 전압 v 와 전류 i 는 회로에 흐르는 전류 i 는 회로에 가해준 전압 v 보다 위상이 90° 즉 $\frac{\pi}{2}$[rad]만큼 빠른 것을 알 수 있다.

② **RLC 직렬회로**

　㉠ RL 직렬회로 : 저항 $R[\Omega]$과 인덕턴스 $L(H)$의 직렬회로에 교류전압 $v = V_m \sin wt [V]$를 가해주면 회로에 흐르는 전류 $i(A)$는

$$i = \frac{V_m}{\sqrt{R^2+(wL)^2}} \sin(wt-\theta) = I_m \sin(wt-\theta)$$

위의 식에서 위상각(θ) = $\tan^{-1}\frac{wL}{R}$이다.

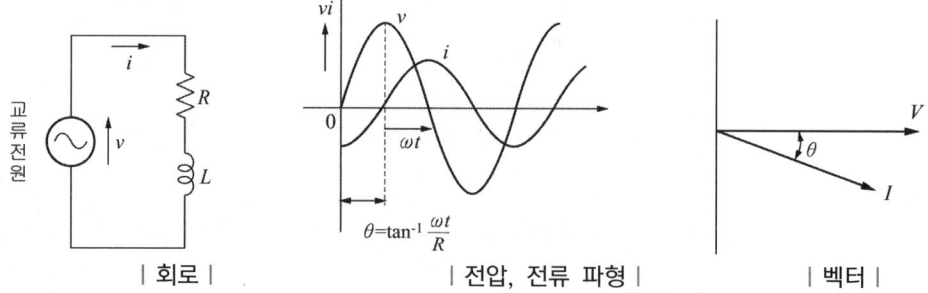

| 회로 |　| 전압, 전류 파형 |　| 벡터 |

이 때 전압 v 와 전류 i 는 회로에 가해준 전압 v 보다 전류 i 는 위상이 $\theta = \tan^{-1}\frac{wL}{R}$만큼 늦어진다.

이와 같은 작용을 하는 $\sqrt{R^2+(wL)^2}$을 임피던스라 하며

임피던스$(Z) = \sqrt{R^2+(wL)^2} = \sqrt{R^2+(2\pi f L)^2}\ [\Omega]$

※ 임피던스란 교류에서 전류가 흐를 때의 전류의 흐름을 방해하는 R.L.C의 벡터합이다.

ⓛ RC 회로 : 저항 $R[\Omega]$과 커패시턴스 $C(F)$의 직렬회로에 교류전압 $v = V_m \sin wt[V]$를 가해주면 회로에 흐르는 전류 $i(A)$는

$$i = \frac{V_m}{\sqrt{R^2 + \left(\frac{1}{wc}\right)^2}} \sin(wt+\theta)[A] = I_m \sin(wt+\theta)$$

위상각(θ) = $\tan^{-1}\frac{1}{wCR}$ 이다.

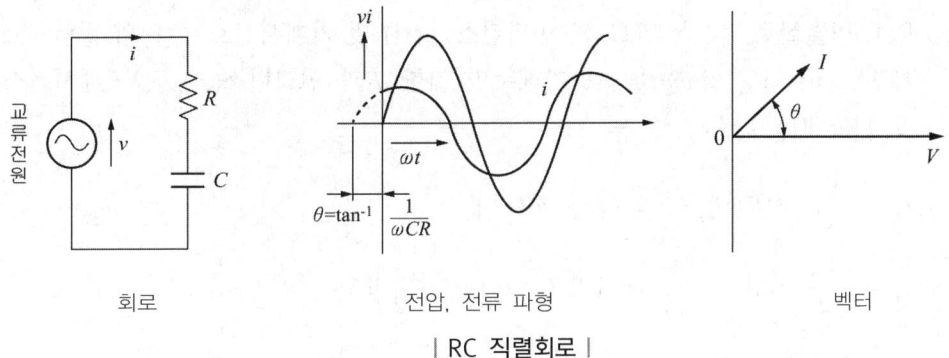

| RC 직렬회로 |

회로에 흐르는 전류 i 는 회로에 가해 준 전압 v 보다 위상이 $\theta = \tan^{-1}\frac{1}{wCR}$ 만큼 빠르다.

여기에서 전압 v 와 전류 i 의 최대값인 V_m 과 I_m 사이에는

$\frac{V_m}{I_m} = \sqrt{R^2 + \left(\frac{1}{wc}\right)^2}$ 의 관계식이 성립되며 실효값 V 와 I 사이에도

$\frac{V}{I} = \sqrt{R^2 + \left(\frac{1}{wc}\right)^2}$ 의 관계식이 성립한다.

ⓒ RLC 직렬회로 : 저항 $R[\Omega]$과 인덕턴스 $L(H)$ 및 커패시턴스 $C(F)$는 직렬회로에 교류전압 $v = V_m \sin wt[V]$를 가해주면 회로에 흐르는 전류 $i(A)$는

$$i = \frac{V_m}{\sqrt{R^2 + \left(wL - \frac{1}{wc}\right)^2}} \sin(wt - \theta) = I_m \sin(wt - \theta)$$

위의 식에서 위상각은

$$\theta = \tan^{-1}\frac{wL - \frac{1}{wC}}{R} = \tan^{-1}\frac{X_L - X_C}{R} \text{이다.}$$

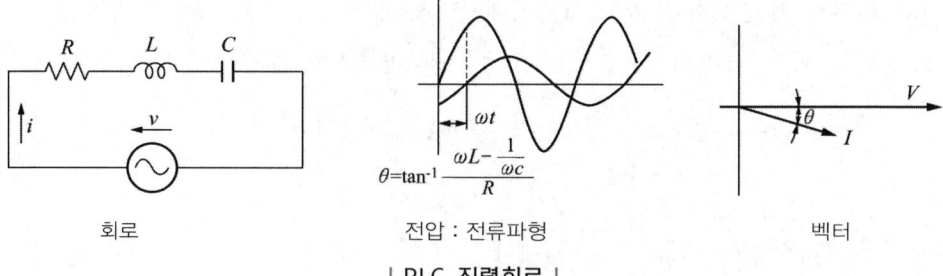

| RLC 직렬회로 |

③ **RLC 병렬회로** : 저항 $R[\Omega]$과 인덕턴스 $L(H)$ 및 커패시턴스 $C(F)$의 병렬회로에 교류전압 $v = V_m \sin wt[V]$를 가해주면 저항 R과 인덕턴스(L) 및 커패시턴스 C에 흐르는 전류 i_R, i_L, i_C는

$$i_R = \frac{V_m}{R} \sin wt = \sqrt{2}\, I_R \sin wt [A]$$

$$i_L = \frac{V_m}{wL} \sin\left(wt - \frac{\pi}{2}\right) = \sqrt{2}\, I_L \sin\left(wt - \frac{\pi}{2}\right)[A]$$

$$i_C = wCV_m \sin\left(wt - \frac{\pi}{2}\right) = \sqrt{2}\, I_C \sin\left(wt + \frac{\pi}{2}\right)[A]$$

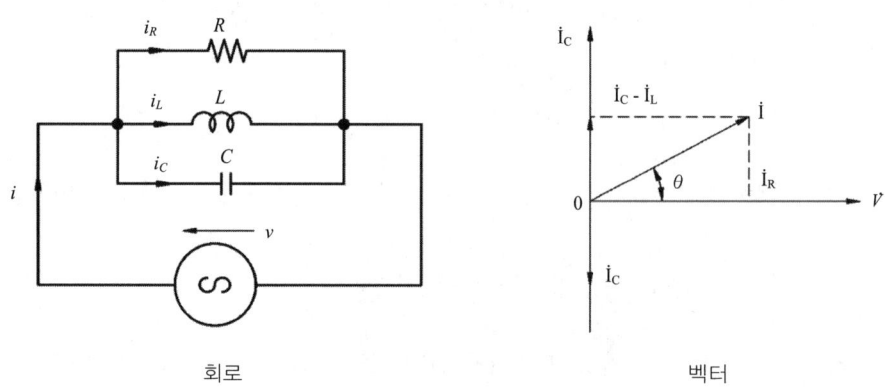

| RLC 병렬회로 |

3 3상 교류 회로

① **3상 교류 전압의 발생** : 코일 A에 대해서 기하학적으로 $\frac{2}{3}\pi$ [rad] 만큼씩의 간격을 두어 코일 B와 코일 C를 배치시키고 이들을 동시에 자기장 내에서 반시계 방향으로 회전시켜보면 서로 $\frac{2}{3}\pi$ [rad] 만큼씩의 위상차를 가진다. 크기가 같은 3개의 사인파 교류의 전압이 발생한다. 이와 같은 3개의 사인파 교류·전압을 3상 교류전압이라 한다.

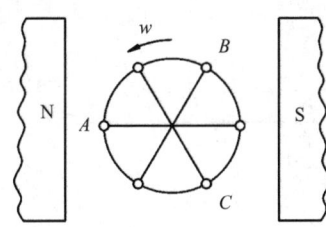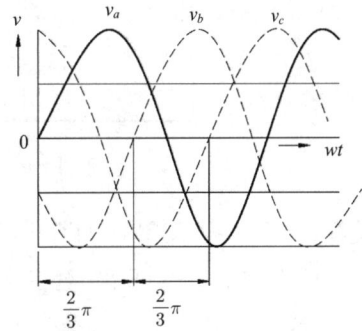

| 3상 교류 전압의 발생 |

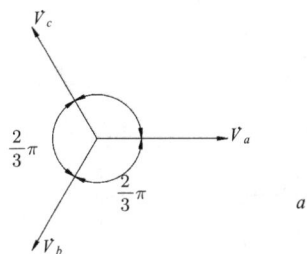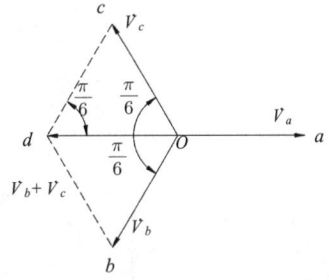

| 3상 교류의 벡터 표시 및 벡터의 합 |

② 3상 교류의 결선법

　㉠ Y결선 : 3개의 코일 한 끝을 한 점 0에 접속하고 다른 끝을 각각 단자 a, b, c에 접속한 결선을 3상 Y결선 또는 성형결선이라 한다.

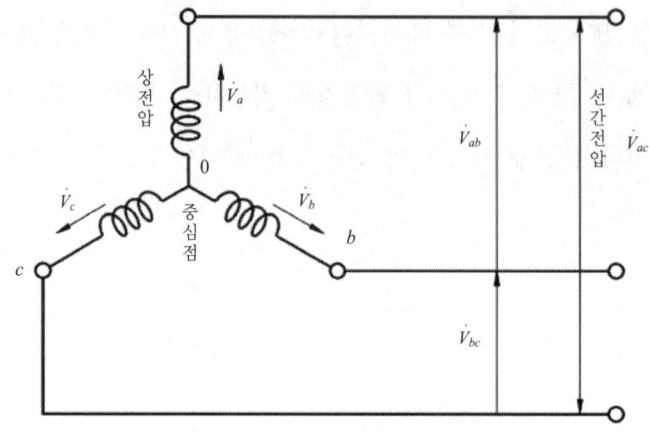

상 전압 : $\dot{V}_a$, $\dot{V}_b$, $\dot{V}_c$ 선간전압 : $\dot{V}_{ab}$, $\dot{V}_{bc}$, $\dot{V}_{ca}$

　㉡ △결선 : 각 코일을 삼각형의 형태로 접속하고, 각 접속점을 단자로 하여 외부 회로에 3상 3선식으로 전류를 흐르게 하는 결선을 3상 △결선 또는 삼각결선이라 한다. △결선에서 선간전압은 상전압과 동일하다.

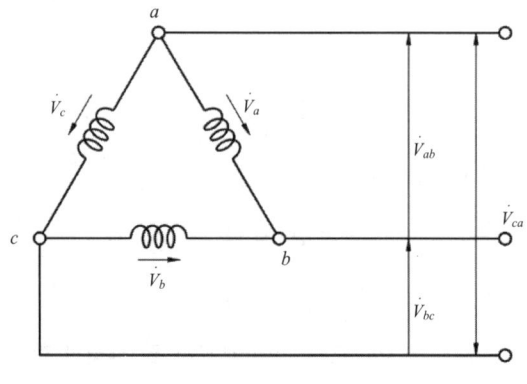

상전압 = 선간전압

대칭 3상 전압 : $\dot{V}_a$, $\dot{V}_b$, $\dot{V}_c$ 선간전압 : $\dot{V}_{ab}$, $\dot{V}_{bc}$, $\dot{V}_{ca}$ (대칭 3상 전압)

4 평형 3상 회로

① Y-Y회로 : 전원의 접속 및 부하의 접속이 모두 Y결선인 회로가 Y-Y회로이다.

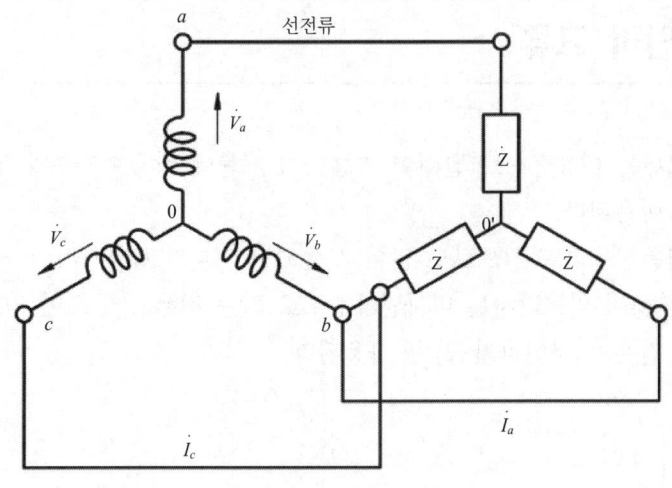

| Y-Y회로 |

선전류 I_a, I_b, I_c 그 크기는 $I = I_a = I_b = I_c$로 모두 같으며 상전압 $V = V_a = V_b = V_c$로 임피던스 Z로 나눈 값이 된다. 각 부하에 흐르는 상전류는 그대로 선전류가 되므로 선전류의 크기와 같다.

② △-△회로 : 전원의 접속 및 부하의 접속이 모두 △결선인 회로가 △-△회로라 한다. 대칭 △형 전원에 동일한 임피던스 $\dot{Z}$를 △결선으로 한 3상 평형부하를 접속하는 경우 각 선에 흐르는 선전류 I_a, I_b, I_c는 $I = I_a$, $I_b = I_c$로 모두 같으며 $V = V_a = V_b = V_c$를 임피던스 Z로 나눈 값이 된다.

각 부하에 흐르는 상전류 I_A, I_B, I_C는 선전류 I_a, I_b, I_c의 $\dfrac{1}{\sqrt{3}}$배가 된다.

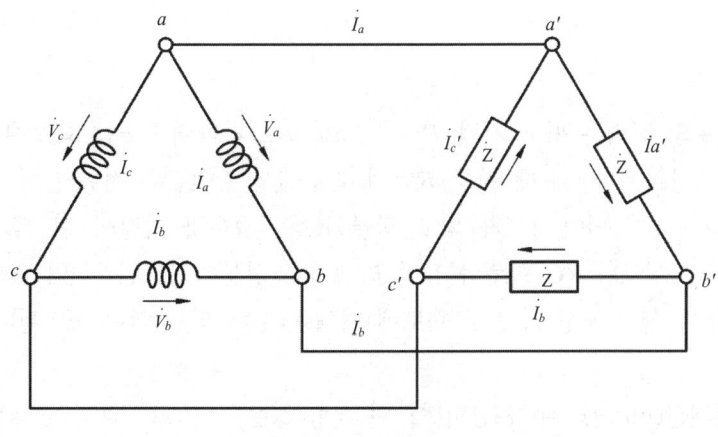

| △-△회로 |

3 비사인파 교류

사인파 교류는 대용량으로 발전이 가능하기 때문에 상용주파수의 교류로서 대부분의 전기장치에 이용된다.

또한 전기통신용의 전원으로도 많이 사용되고 있다. 그러나 사인파 교류는 부하의 성질에 따라 파형이 일그러지는 비사인파형으로 되는 경우가 있으며 전자공학의 응용분야에 펄스파와 같은 비사인파가 많이 사용된다.

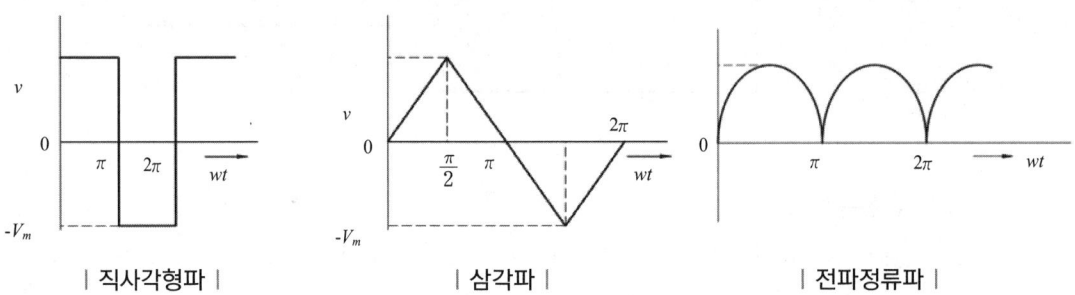

| 직사각형파 | | 삼각파 | | 전파정류파 |

4 교류전력

1 역률

교류 회로의 전력은 평균 전력 $P = VI\cos\theta$로 나타내며 θ는 회로에 가한 전압 v와 전류 i의 위상차이다. 이 때 저항 R만의 회로에서는 전압과 전류가 동상이기 때문에 전력은 $\cos\theta = 1$이 되어 VI가 되고 직류회로인 경우와 똑같이 취급할 수 있다.

그리고 RL 회로나 RC 회로와 같이 리액턴스 성분이 있으면 전압 v와 전류 i 사이에는 위상차 θ가 생겨 저항 R만이 회로에 비해 $\cos\theta$배의 전력이 소비된다. 이 $\cos\theta$가 역률이다.

① **역률계산**($\cos\theta$) : 부하 임피던스의 저항 성분이 $R[\Omega]$ 리액턴스 성분 $X[\Omega]$일 경우

$$\cos\theta = \frac{R}{Z} = \frac{R}{\sqrt{R^2 + X^2}} = \frac{\text{유효전력}}{\text{피상전력}} = \frac{VI\cos\theta}{VI} = \cos\theta$$

2 피상전력(P_a)

각종 부하들은 보통 저항과 리액턴스 성분을 함께 가지고 있으므로 전압과 전류 사이에는 위상차가 생긴다. 이 경우 부하에서 소비되는 전력은 단순히 전압과 전류와의 곱인 VI만으로 되지 않고 $P = VI\cos\theta(W)$와 같이 된다.
여기에서 전압과 전류와의 곱 VI를 피상전력이라 한다.
단위 VA(볼트암페어), kVA(킬로볼트암페어)

3 유효전력(P)

평균전력 $P = VI\cos\theta(W)$는 피상전력 VI 중에서 부하에 유효하게 이용되는 전력이 유효전력이다.

4 무효전력(P_r)

회로에 흐르는 전류 I(A) 중에서 전압 V[V]와 직각으로 되는 성분 $I\sin\theta$ (A)와 전압 V[V]와의 곱은 부하에서는 전력으로 이용될 수 없다. 이것이 무효전력이다.
$P_r = VI\sin\theta$[Var]

- **무효전력단위** : Var(바르) 또는 1000배인 kVar(킬로바르), $\sin\theta$ 무효율

전압과 전류의 위상차(θ)가 크게 되면 무효율은 커지고 그 결과 무효전력은 커지게 된다.

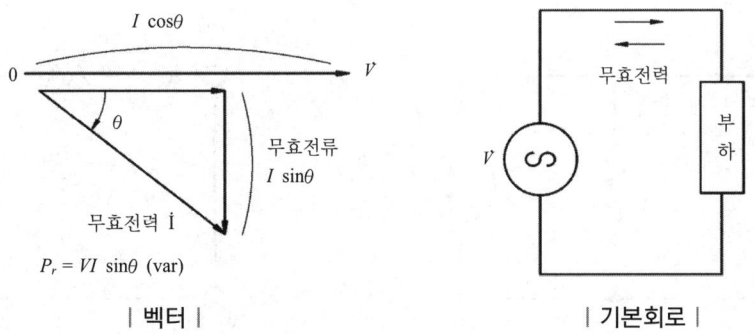

| 벡터 | | 기본회로 |

유효전력 P [W]와 무효전력 P_r [var] 및 피상전력 P_a [VA] 사이에는 $P^2 + P_r^2 = P_a^2$가 성립된다.

5 전기의 측정(전기, 전자의 측정)

1 전류의 측정

영구자석 가동 코일형 계기 : 전류의 크기를 가리킨다. 대부분의 직류 지시 계기에 응용된다.

2 전압계

가동 코일에 흐르는 전류는 가동 코일에 가해지는 전압에 비례하므로 가동 코일형 계기는 직접 전압계로 사용이 가능하다.

코일의 내부 저항은 작고 가동 코일에 흘릴 수 있는 전류로 작기 때문에 높은 전압의 측정을 위해서는 가동 코일과 직렬로 배율기 저항 R_m을 접속하여 직류전압계를 사용하게 된다. 그러나 교류 전압을 측정하기 위해서는 직류전압계에 정류회로를 포함시켜 만든 교류 전압계를 사용한다.

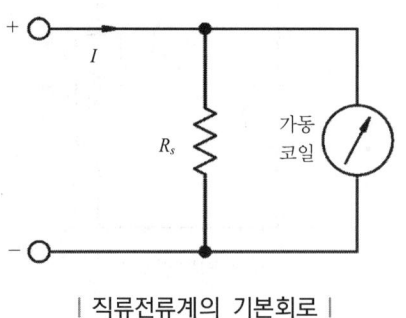

| 직류전류계의 기본회로 |

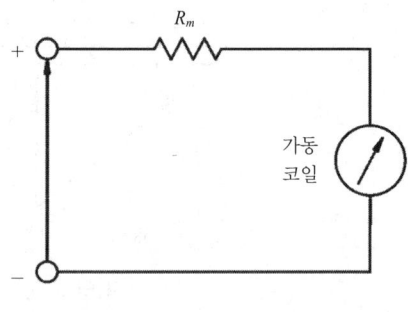

| 직류전압계의 기본회로 |

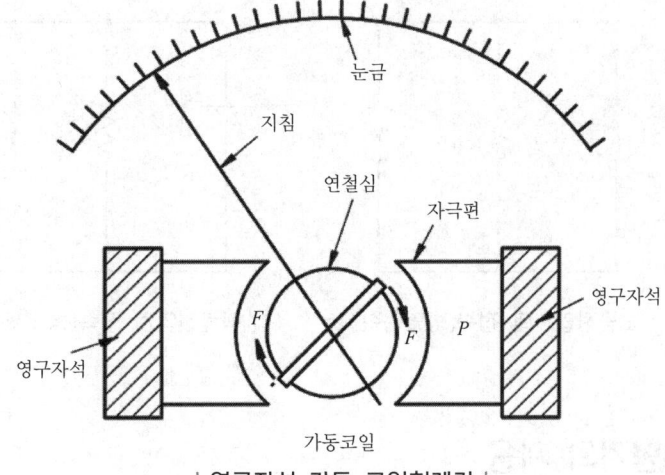

| 영구자석 가동 코일형계기 |

3 전류계

가동 코일형 계기는 원리상 그 자체를 전류계로 사용할 수 있으나 가동 코일에 직접 흘릴 수 있는 전류는 50[mA] 정도로서 이보다 큰 전류를 측정하고자 하는 경우에는 가동 코일과 병렬로 분류기 저항(R_s)을 접속시켜 직류전류의 측정범위를 확대시켜 만든 직류 전류계를 사용한다. 그러나 교류전류의 측정을 위해서는 직류전류계에 정류회로를 포함하여 만든 교류전류계를 사용한다.

4 전압계와 전류계의 접속법

① 직류전압 측정 시에는 극성에 유의하여 접속하여야 한다.
② 직류전류계는 단자에 극성 표시가 있으므로 전류의 흐르는 방향을 생각하여 전류가 전류계의 (+)단자를 거쳐 전류계 내부를 지난 다음 전류계의 (-)단자를 통하여 밖으로 흘러나오게 접속하여야 한다.

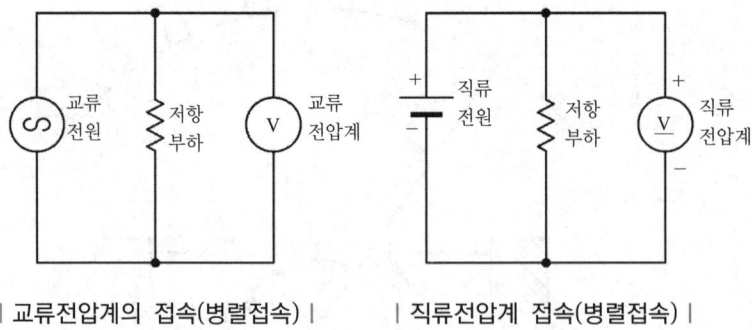

| 교류전압계의 접속(병렬접속) | | 직류전압계 접속(병렬접속) |

5 회로시험기의 사용

회로시험기는 전압, 전류 및 저항 등을 쉽게 측정할 수 있기 때문에 여러 가지 전기 기구와 전자제품의 고장·수리 및 점검에 편리하게 이용이 가능한 전기전자 계측기로서
① 직류전압의 측정이 가능하다.
② 교류전압의 측정이 가능하다.
③ 직류전류의 측정이 가능하다.
④ 저항의 측정이 가능하다.

6 시퀀스 제어(정성적제어)

1 제어(control)

① 수동제어
② 자동제어
    ㉠ 시퀀스 제어(sequence control)
    ㉡ 피드백 제어(feedback control)
③ 시퀀스 제어
    ㉠ 현상이 일어나는 순서이다.

ⓒ 미리 정해진 순서 또는 일정한 논리에 의하여 정해진 순서에 따라 제어의 각 단계를 순서대로 진행시키는 제어이다.
ⓒ 다음 단계에서 일어나야 할 제어 동작 논리가 미리 정해져 있어서 전단계의 제어 동작 논리가 완료된 후 다음 동작과 논리로 이행하는 제어이다.
ⓔ 자동판매기, 교통신호, 공중전화, 컴퓨터, 승강기, 전기세탁기, 전기압력밥솥 등이 있다.
ⓜ 유접점 릴레이(전자릴레이), 무접점 릴레이(다이오드, 트랜지스터, IC 등의 반도체 논리소자)가 있다. 또한 논리(logic)회로에 의하여 구성되는 로직 시퀀스 제어가 있다.
ⓗ 개회로로서 각 동작이 1 아니면 0으로 결정된다. 고로 상태진행 중의 과도현상이나 어떤 상태에서의 편차 등은 문제삼지 않는다.

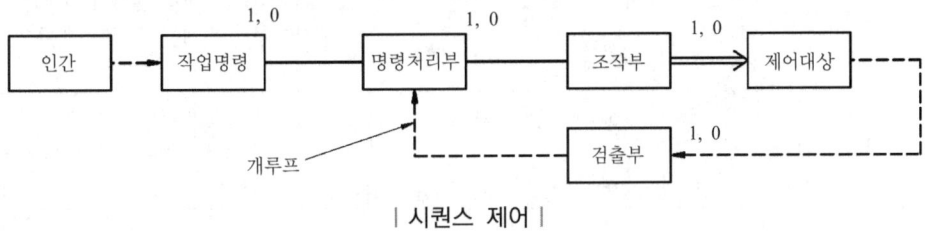

| 시퀀스 제어 |

▶ 접점의 도시기호

명칭	그림기호		적요
	a접점	b접점	
접점(일반) 또는 수동 조작	(a) ┘╱┐ (b) ─╱○─	(a) ┘╱┐ (b) ─○╱○─	a접점 : 평시에 열려있는 접점(NO) b접점 : 평시에 닫혀있는 접점(NC) c접점 : 전환 접점
수동 조작 자동복귀 접점	(a) (b) ─○─○─	(a) (b) ─○┃○─	손을 떼면 복귀하는 접점이며, 누름형, 당김형, 비틈형으로 공통이고, 버튼 스위치, 조작 스위치 등의 접점에 사용된다.
기계적 접점	(a) (b) ─○─○─	(a) (b) ─○┃○─	리밋 스위치 같이 접점의 개폐가 전기적 이외의 원인에 의하여 이루어지는 것에 사용된다.
조작 스위치 잔류 접점	(a) (b) ─○─○─	(a) (b) ─○┃○─	

명칭	그림기호		적요
	a접점	b접점	
전기 접점 또는 보조 스위치 접점	(a) ┤╱├ (b) ─o o─	(a) ┤╲├ (b) ─oΛo─	
한시 동작 접점	(a) (b) ─△o─	(a) (b) ─oΛo─	특히 한시 접점이라는 것을 표시할 필요가 있는 경우에 사용한다.
한시 복귀 접점	(a) (b) ─o▽o─	(a) (b) ─oΛo─	
수동 복귀 접점	(a) (b)	(a) (b)	인위적으로 복귀시키는 것인데, 전자식으로 복귀시키는 것도 포함한다. 예를 들면, 수동 복귀의 열전계전기 접점, 전자복귀식 벨계전기 접점 등
전자 접촉기 접점	(a) (b)	(a) (b)	잘못이 생길 염려가 없을 때는 계전 접점 또는 보조 스위치 접점과 똑같은 그림 기호를 사용해도 된다.
제어기 접점 (드럼형 또는 캡형)			그림은 하나의 접점을 가리킨다.

- a접점 : 열려있는 접점(arbeit contact, make contact)
- b접점 : 닫혀있는 접점(break contact)
- c접점 : 전환 접점(change-over contact)

2 시퀀스 제어 소자

① 나이프 스위치(knife switch) : 나이프 스위치는 핸들을 수동으로 조작함으로써 전도를 개로 또는 폐로라 하고 조작하는 손을 놓아도 그대로의 개폐 상태를 유지하는 조작스위치이다.

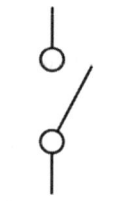

| 나이프 스위치 |

② **푸시 버튼 스위치(명령 스위치 : push button switch)** : 푸시 버튼을 수동으로 조작함으로써 개폐동작이 이루어져서 전로를 개로 또는 폐로하며 조작하는 손을 떼면 자동적으로 용수철의 힘에 의하여 원래의 상태로 되돌아가는 제어용 조작 스위치이다. 푸시버튼 스위치의 접점은 수동으로 조작하면 상태가 변하지만 조작하는 손을 떼면 자동적으로 복귀해서 원래의 상태로 되돌아가는 접점이며 그 동작상태에 따라 두 가지가 있다.

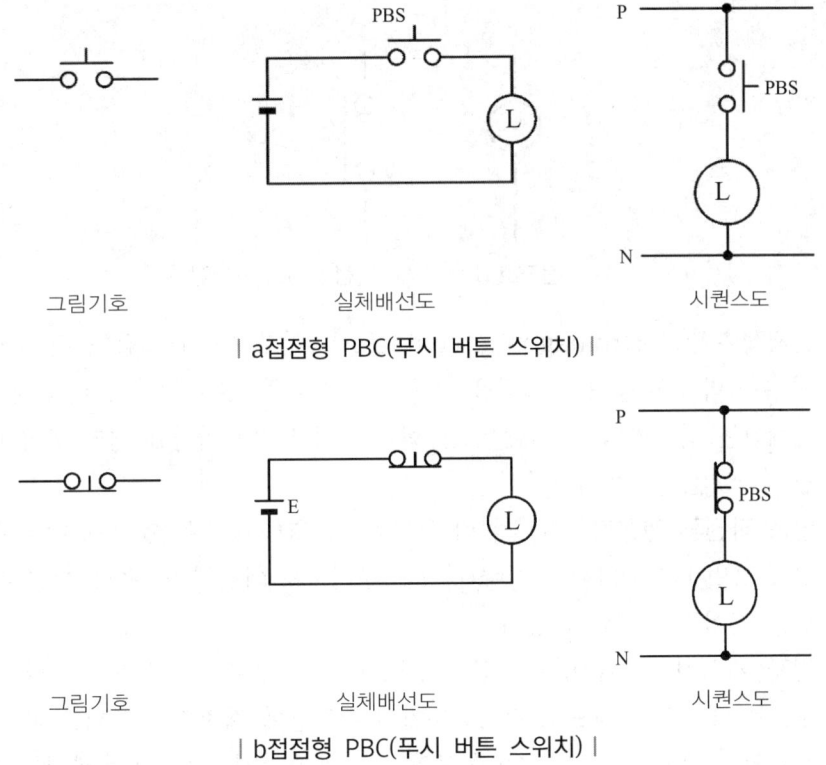

| a접점형 PBC(푸시 버튼 스위치) |

| b접점형 PBC(푸시 버튼 스위치) |

　㉠ a접점[a contact, 메이크 접점(make contact)] : 일반적으로 조작하고 있을 때만 닫히는 접점이다.
　㉡ b접점[b contact, 브레이크 접점(break contact)] : 조작 시에만 열리는 접점이다.
③ **보존 유지형 스위치** : 한 번 조작하면 반대조작을 할 때까지 그 접점의 개폐상태를 그대로 유지하는 보존유지형 명령 스위치이다.
④ **검출 스위치** : 위치, 액면, 속도, 온도, 압력, 전압 등의 양을 검출하는 스위치이다. 대표적으로 리밋 스위치가 있다. 그 외에도 광전스위치, 근접 스위치가 있다.

⑤ **전자계전기(electromagnetic relay)**
  ㉠ a접점 : 전자 코일에 전류가 흐르지 않는 상태에서는 가동접점과 고정접점이 떨어져 있어서 열린상태이지만 전자코일에 전류가 흐르면 접점이 고정접점에 접촉해서 닫힌상태가 된다.
  ㉡ b접점 : 전자 코일에 전류가 흐르지 않은 상태에서는 닫힌 상태이지만 전자 코일에 전류가 흐르면 가동접점이 고정접점으로부터 떨어져서 열린 상태가 되는 접점이다.

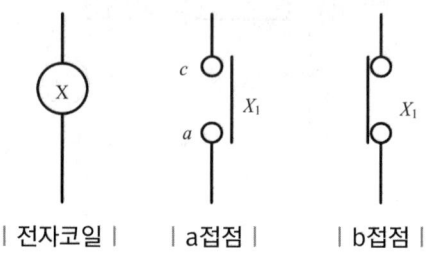

| 전자코일 | | a접점 | | b접점 |

⑥ **전자접촉기(electromagnetic contactor)** : 전자계전기와 같이 전자석에 의한 철편의 흡인력을 이용해서 접점을 개폐하는 기능을 가진 기기이다. 전자계전기에 비해 개폐하는 회로의 전력이 매우 큰 회로에 사용되며 빈번한 개폐 조작에도 충분히 견딜 수 있는 구조이다.

⑦ **열동 과전류 계전기** : 히터와 바이메탈을 결합하여 만든 것으로 히터 부분에 과전류가 흐르면 바이메탈이 일정량 이상 구부러져서 이것에 연동하는 접점이 동작하여 회로를 끊어주는 역할을 한다.

⑧ **전자 개폐기(electromagnetic switch)** : 전자접촉기와 열동 과전류계기를 하나의 구조로 결합하는 것으로 전자접촉기의 주접점에 접촉되는 주회로에 열동 과전류 계전기의 설정값(정상 전류값) 이상의 전류가 흐르게 되면 열동 과전류 계전기가 동작하고 전자코일 회로를 끊어서 주접점 회로를 개로시키는 개폐기이다.

⑨ **타이머(timer 한시계전기)**
  ㉠ 동작원리에 따른 타이머
    ⓐ 전동기식 타이머
    ⓑ 전자식 타이머
  ㉡ 동작상태에 따른 타이머
    ⓐ 한시동작형 타이머 : 입력신호가 주어지면 미리 설정한 시간이 경과한 후 타이머의 a접점이 닫히고 b접점은 열리게 된다. 또한, 입력신호가 없어지면 두 접점은 원래의 상태로 복귀한다.

ⓑ **한시복귀형 타이머** : 입력신호가 주어지면 순시 동작하여 타이머의 a접점은 닫히고 b접점은 열리게 된다. 또한 입력신호가 없어지면 미리 설정한 시간이 경과한 후 두 접점은 원래의 상태로 복귀한다.
　　　ⓒ **한시동작 한시복귀 타이머(뒤진 회로)** : 어느 때나 출력 신호의 변화가 뒤지는 타이머
　⑩ **조작기기** : 조작기기는 제어대상에 직접조작을 가하는 기계이다.
　　　㉠ 전동기(motor)
　　　㉡ 솔레노이드(solenoid)
　⑪ **과부하 계전기** : 전류가 일정값을 넘어 일정시간 이상 회로를 흐르는 경우 과부하로서 회로를 끊는 계전기이다.
　⑫ **스테핑 릴레이** : 일정시간 계속하는 펄스 전류에 의해서 복수의 접점을 순차적으로 바꾸는 일종의 계전기이다.

3 기본 시퀀스 제어회로

① **논리대수와 논리회로** : 시퀀스제어의 기본 논리 단위는 1이나 0, on이나 off로 일반의 디지털 컴퓨터와 완전히 같은 2값 신호를 취하고 있다. 이 2값 신호를 사용하여 연산 및 제어를 하는 것을 논리조작(logical operation)이라고 한다.
　㉠ 그 논리조작을 수식으로 나타낸 것이 논리대수
　㉡ 논리조작을 하기 위한 논리소자로 구성된 회로를 논리회로(logical circuit)라 한다.

▶ 논리공식

접점회로		논리도	논리공식
A─A (직렬)	A	A,A → A	$A \cdot A = A$
A∥A (병렬)	A	A,A → A	$A + A = A$
A─Ā (직렬)	0	A,A → 0	$A \cdot \overline{A} = 0$
A∥Ā (병렬)	1	A,A → 1	$A + \overline{A} = 1$
A─(A∥B)	A	B,A → A	$A(A+B) = A$

② 논리회로

　㉠ AND 회로(논리곱회로, AND gate) : 두 개의 입력 A와 B가 모두 1일 때만 출력이 1이 되는 회로로서 입력 스위치나 접점이 직렬로 연결되어 모두 닫힌 경우에만 출력이 닫힌 상태로 동작하는 회로이다.(직렬회로이다.)

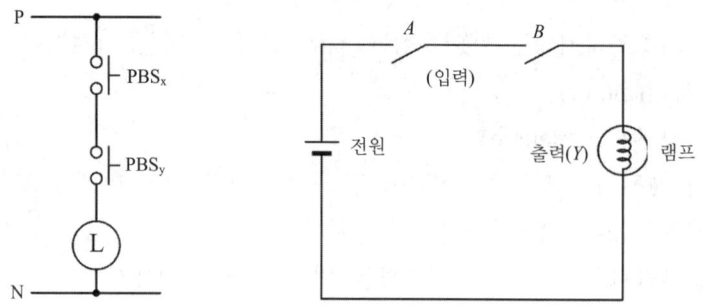

| AND 회로와 기호 |

- 스위치가 ON(도통) → 1로 나타난다.
- 스위치가 OFF(비도통) → 0으로 나타난다.
- 램프가 점등 상태 → 1로 나타난다.
- 램프가 소등 상태 → 0으로 나타난다.

　ⓐ 논리식 : $X = A \cdot B$
　ⓑ A, B 둘 다 연결된 후 램프가 점등된다.
　ⓒ 논리기호 : $\begin{smallmatrix}A\\B\end{smallmatrix}$ ⫤◻▷─X (논리소자 기호 logic symbol)
　ⓓ 진리표값

입력		출력	입력		출력
A	B	X	X_1	X_2	Y
0	0	0	0	0	0
0	1	0	0	1	0
1	0	0	1	0	0
1	1	1	1	1	1

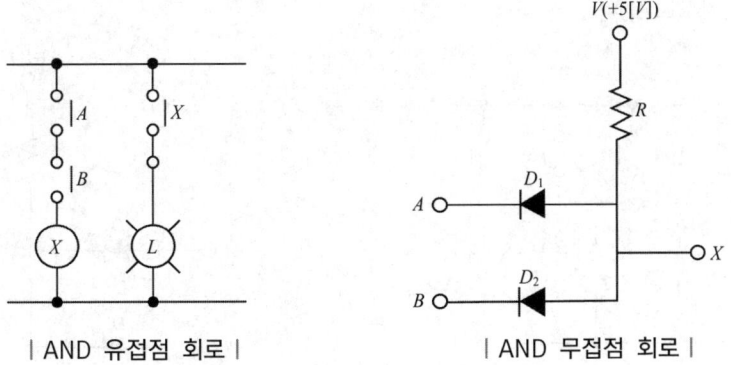

| AND 유접점 회로 | | AND 무접점 회로 |

ⓒ OR 회로(논리합, OR gate) : 입력 A 또는 B의 어느 한 쪽이나 양자가 1일 때 출력이 1이 되는 회로로서 OR 회로이다.(병렬접속이다.)

ⓐ 논리식 $X = A + B$: 입력 스위치나 접점이 병렬로 연결되어 둘 중에서 한 개만 닫혀도 출력이 닫힌 상태로 동작하는 회로이다.

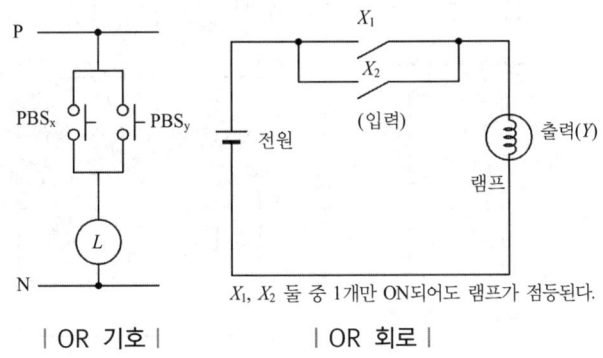

| OR 기호 | | OR 회로 |

ⓑ 논리소자기호 :

ⓒ 진리표값

입력		출력
A	B	X
0	0	0
0	1	1
1	0	1
1	1	1

입력		출력
X_1	X_2	Y
0	0	0
0	1	1
1	0	1
1	1	1

ⓓ 접점

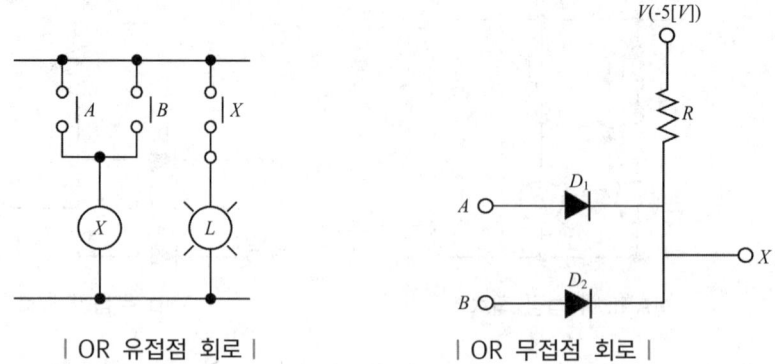

| OR 유접점 회로 | | OR 무접점 회로 |

ⓒ NOT 회로(논리부정 NOT gate) : 입력이 0일 때 출력은 1, 입력이 1일 때 출력은 0이 되는 회로이다. 회로도 입력신호에 대해서 부정(NOT)의 출력이 나오는 것이다. 입력 스위치나 접점이 닫히면 출력은 열린 상태가 되고 이와는 반대로 입력 스위치나 접점이 열리면 출력은 닫힌 상태가 되는 회로이다.

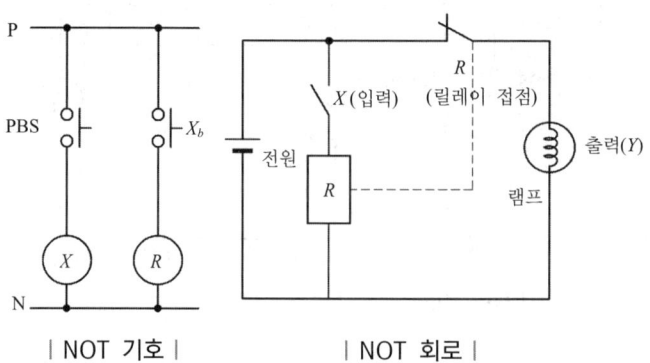

| NOT 기호 | | NOT 회로 |

ⓐ 논리기호 :

ⓑ 논리식 : $Y = \overline{X}$ (X ba라고 한다.) 또는 $X = \overline{A}$

ⓒ 진리표값

입력	출력
A	X
0	1
1	0

입력	출력
X	Y
0	1
1	0

- 스위치 릴레이 접점 램프

  OFF 0 ⟶ 1 ⟶ 1 (점등)

  ON 1 ⟶ 0 ⟶ 0 (소멸)

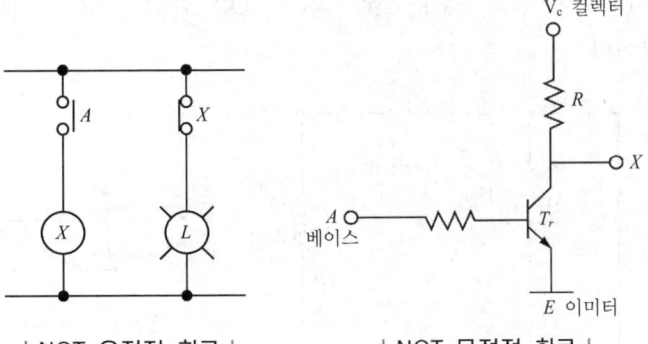

| NOT 유접점 회로 | | NOT 무접점 회로 |

㉣ NAND(논리곱부정) 회로 : AND 회로에 NOT 회로를 접속한 AND-NOT 회로이다.

ⓐ 논리식 : $X = \overline{A \cdot zB}$ 또는 $Y = \overline{X_1 \cdot X_2}$ 이다.

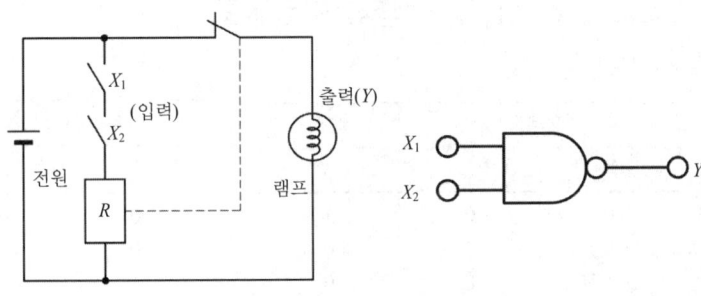

| NAND 회로 | | NAND 기호 |

ⓑ 진리표값

입력		출력
A	B	X
0	0	1
0	1	1
1	0	1
1	1	0

입력		출력
X_1	X_2	Y
0	0	1
0	1	1
1	0	1
1	1	0

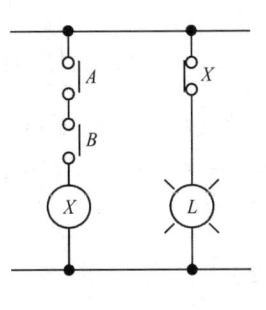
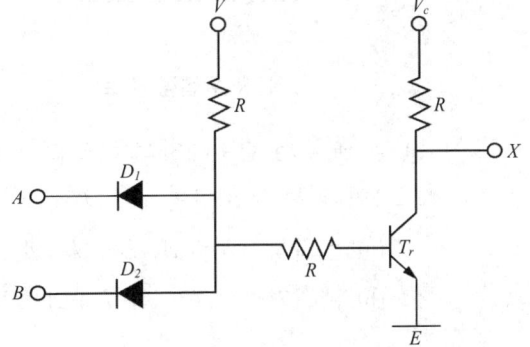

| NAND 유접점 회로 | | NAND 무접점 회로 |

⑪ NOR(논리합 부정, NOR gate) 회로 : OR 회로에 NOT 회로를 접속한 OR-NOT 회로이다.

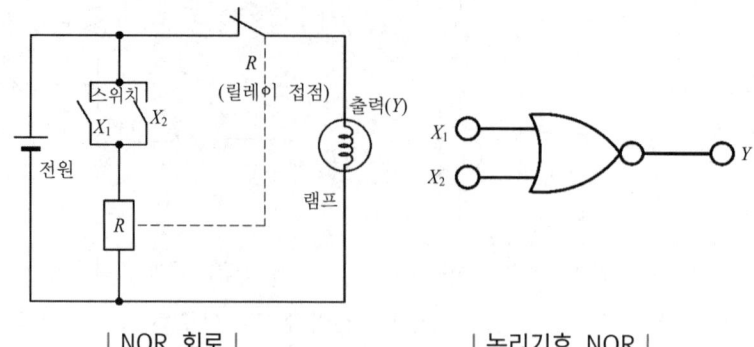

| NOR 회로 | | 논리기호 NOR |

ⓐ 논리식 : $X = \overline{A+B}$ 또는 $Y = \overline{X_1 + X_2}$
ⓑ 진리표값

입력		출력
A	B	X
0	0	1
0	1	0
1	0	0
1	1	0

입력		출력
X_1	X_2	Y
0	0	1
0	1	0
1	0	0
1	1	0

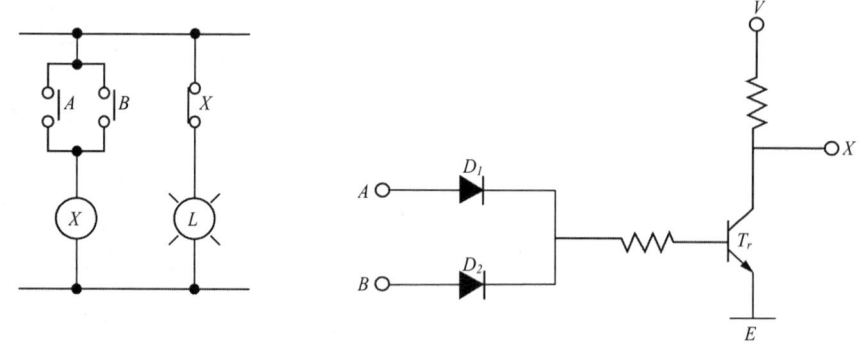

| NOR 유접점 회로 | | NOR 무접점 회로 |

⑫ exclusive-OR(배타적 논리합)회로 : 입력 A, B가 서로 같지 않을 때만 출력이 1이 되는 회로이며 A, B가 모두 1이어서는 안 된다는 의미가 있다.
ⓐ 논리식 : $X = \overline{A} \cdot B + B \cdot \overline{A} = A \oplus B$
ⓑ 논리기호 : $X = \overline{A} \cdot B + A \cdot \overline{B} = A \oplus B$

ⓒ 진리표값

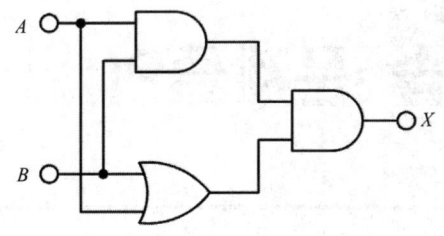

입력		출력
A	B	X
0	0	0
0	1	1
1	0	1
1	1	0

단원복습 문제풀이

01 주어진 입력신호가 동시에 가해질 때만 출력이 나오는 회로를 무슨 회로라 하는가?

① AND ② OR
③ NOT ④ NAND

해설 AND 회로 : 입력 신호가 동시에 가해졌을 때만 출력이 나온다.

02 다음 논리 기호의 논리식으로 적절한 것은?

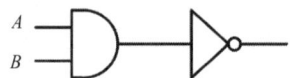

① $A \cdot B$ ② $A + B$
③ $\overline{A \cdot B}$ ④ $\overline{A + B}$

해설

명칭	논리기호	설명
AND 회로	$X = A \cdot B$	2개의 입력 A와 B가 모두 1일 때만 출력이 1이 되는 회로
OR 회로	$X = A + B$	입력 A 또는 B의 어느 한 쪽이나 양자가 1일 때 출력이 1인 회로
NOT 회로	$X = \overline{A}$	입력이 1일 때 출력은 0, 입력이 0일 때 출력이 1인 회로
NAND 회로	$X = \overline{A \cdot B}$	AND 회로에 NOT 회로를 접속한 회로
NOR 회로	$X = \overline{A + B}$	OR 회로에 NOT 회로를 접속한 회로

03 저항 5[Ω]인 고체에 2[A] 전류가 1분간 흘렀을 때 발생하는 열량은 몇 [J]인가?

① 50 ② 100
③ 600 ④ 1,200

해설 $H = I^2 RT = 2^2 \times 5 \times 60 = 1,200[J]$

정답 01 ① 02 ③ 03 ④

CHAPTER

안전관리 관련 법규

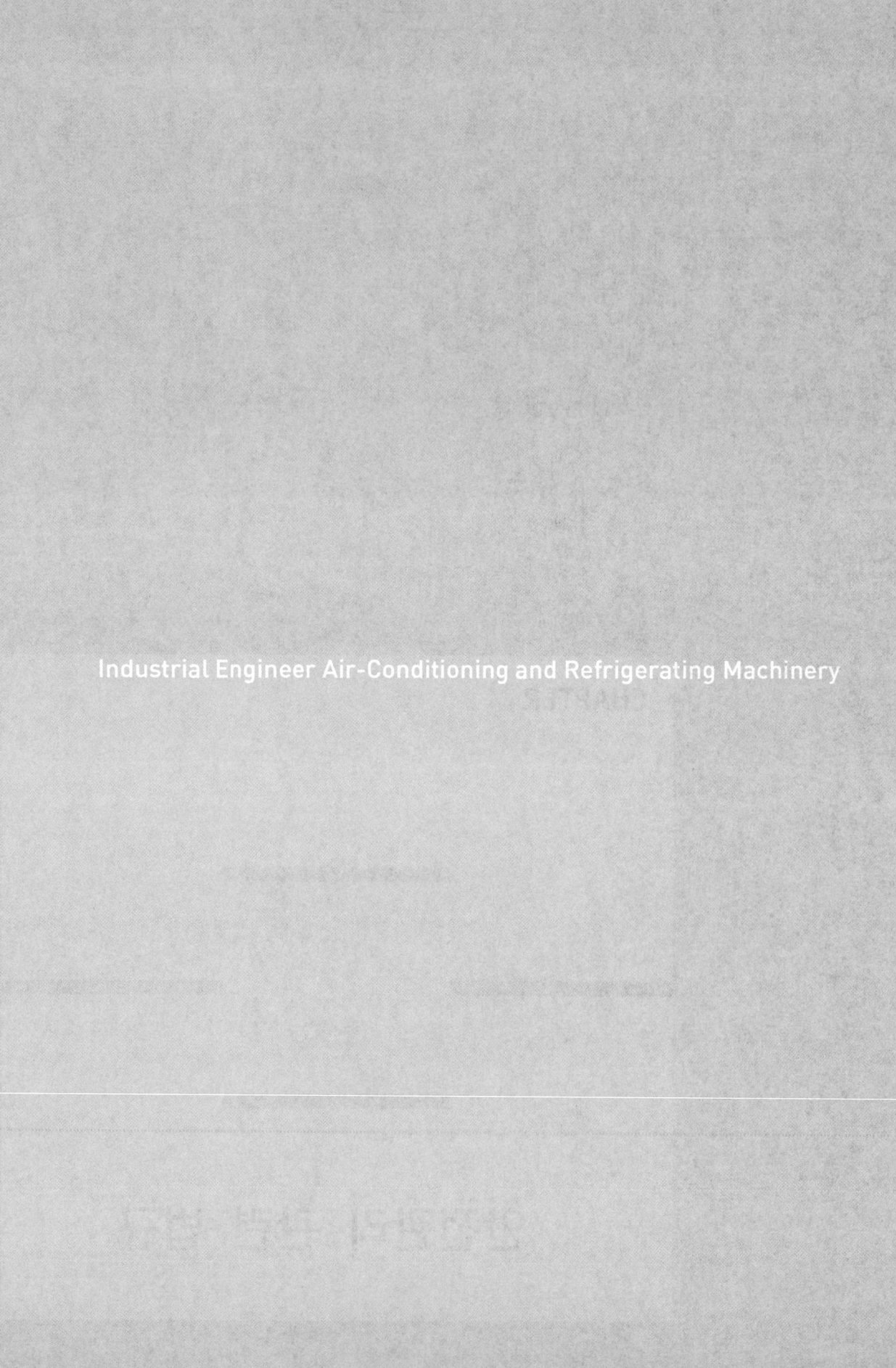
Industrial Engineer Air-Conditioning and Refrigerating Machinery

Chapter 8

안전관리 관련 법규

1 고압가스 안전관리법

(1) 고압가스의 종류 및 범위(고압가스 안전관리법 시행령 제2조)

「고압가스 안전관리법」 제2조에 따라 법의 적용을 받는 고압가스의 종류 및 범위는 다음 각 호와 같다.

① 상용(常用)의 온도에서 압력(게이지압력을 말한다. 이하 같다)이 1메가파스칼 이상이 되는 압축가스로서 실제로 그 압력이 1메가파스칼 이상이 되는 것 또는 섭씨 35도의 온도에서 압력이 1메가파스칼 이상이 되는 압축가스(아세틸렌가스는 제외한다)

② 섭씨 15도의 온도에서 압력이 0파스칼을 초과하는 아세틸렌가스

③ 상용의 온도에서 압력이 0.2메가파스칼 이상이 되는 액화가스로서 실제로 그 압력이 0.2메가파스칼 이상이 되는 것 또는 압력이 0.2메가파스칼이 되는 경우의 온도가 섭씨 35도 이하인 액화가스

④ 섭씨 35도의 온도에서 압력이 0파스칼을 초과하는 액화가스 중 액화시안화수소·액화브롬화메탄 및 액화산화에틸렌가스

(2) 용어의 정의(고압가스 안전관리법 시행규칙 제2조 및 별표11)

① "액화가스"란 가압(加壓)·냉각 등의 방법에 의하여 액체 상태로 되어 있는 것으로서 대기압에서의 끓는점이 섭씨 40도 이하 또는 상용 온도 이하인 것을 말한다.

② "압축가스"란 일정한 압력에 의하여 압축되어 있는 가스를 말한다.

③ "저장설비"란 고압가스를 충전·저장하기 위한 설비로서 저장탱크 및 충전용기보관설비를 말한다.

④ "저장탱크"란 고압가스를 충전·저장하기 위하여 지상 또는 지하에 고정 설치된 탱크를 말한다.

⑤ "초저온저장탱크"란 섭씨 영하 50도 이하의 액화가스를 저장하기 위한 저장탱크로서 단열재를 씌우거나 냉동설비로 냉각시키는 등의 방법으로 저장탱크 내의 가스온도가 상용의 온도를 초과하지 아니하도록 한 것을 말한다.
⑥ "충전용기"란 고압가스의 충전질량 또는 충전압력의 2분의 1 이상이 충전되어 있는 상태의 용기를 말한다.
⑦ "잔가스용기"란 고압가스의 충전질량 또는 충전압력의 2분의 1 미만이 충전되어 있는 상태의 용기를 말한다.
⑧ "처리능력"이란 처리설비 또는 감압설비에 의하여 압축·액화나 그 밖의 방법으로 1일에 처리할 수 있는 가스의 양(온도 섭씨 0도, 게이지압력 0파스칼의 상태를 기준으로 한다. 이하 같다)을 말한다.
⑨ "일체형 냉동기"란 아래의 "가"부터 "라"까지의 모든 조건 또는 "마"의 조건에 적합한 것과 응축기 유닛 및 증발유닛이 냉매배관으로 연결된 것으로 하루 냉동능력이 20톤 미만인 공조용 패키지 에어컨 등을 말한다. (시행규칙 별표 11)
　가) 냉매설비 및 압축기용 원동기가 하나의 프레임 위에 일체로 조립된 것
　나) 냉동설비를 사용할 때 스톱밸브 조작이 필요 없는 것
　다) 사용장소에 분할·반입하는 경우에는 냉매설비에 용접 또는 절단을 수반하는 공사를 하지 않고 재조립하여 냉동제조용으로 사용할 수 있는 것
　라) 냉동설비의 수리 등을 하는 경우에 냉매설비 부품의 종류, 설치개수, 부착위치 및 외형치수와 압축기용 원동기의 정격 출력 등이 제조 시 상태와 같도록 설계·수리될 수 있는 것
　마) "가"부터 "라"까지 외에 산업통상자원부장관이 일체형 냉동기로 인정하는 것

(3) 고압가스 제조허가 등의 종류 및 기준 등(고압가스 안전관리법 시행령 제3조)
　① 고압가스 특정제조
　　산업통상자원부령으로 정하는 시설에서 압축·액화 또는 그 밖의 방법으로 고압가스를 제조(용기 또는 차량에 고정된 탱크에 충전하는 것을 포함한다)하는 것으로서 그 저장능력 또는 처리능력이 산업통상자원부령으로 정하는 규모 이상인 것
　② 고압가스 일반제조
　　고압가스 제조로서 제①호에 따른 고압가스 특정제조의 범위에 해당하지 아니하는 것
　③ 고압가스 충전
　　용기 또는 차량에 고정된 탱크에 고압가스를 충전할 수 있는 설비로 고압가스를 충전하는 것으로서 다음 각 목의 어느 하나에 해당하는 것. 다만, 제①호에 따른 고압가스 특정제조 또는 제②호에 따른 고압가스 일반제조의 범위에 해당하는 것은 제외한다.

가) 가연성가스(액화석유가스와 천연가스는 제외한다) 및 독성가스의 충전
나) "가" 외의 고압가스(액화석유가스와 천연가스는 제외한다)의 충전으로서 1일 처리능력이 10제곱미터 이상이고 저장능력이 3톤 이상인 것
④ 냉동제조
1일의 냉동능력(이하 "냉동능력"이라 한다)이 20톤 이상(가연성가스 또는 독성가스 외의 고압가스를 냉매로 사용하는 것으로서 산업용 및 냉동·냉장용인 경우에는 50톤 이상, 건축물의 냉·난방용인 경우에는 100톤 이상)인 설비를 사용하여 냉동하는 과정에서 압축 또는 액화의 방법으로 고압가스가 생성되게 하는 것. 다만, 다음 각 목의 어느 하나에 해당하는 자가 그 허가받은 내용에 따라 냉동제조를 하는 것은 제외한다.
가) 제①호에 따른 고압가스 특정제조의 허가를 받은 자
나) 제②호에 따른 고압가스 일반제조의 허가를 받은 자
다) 「도시가스사업법」에 따른 도시가스사업의 허가를 받은 자

(4) 고압가스제조의 신고대상(고압가스 안전관리법 시행령 제4조)
고압가스제조의 신고대상은 다음과 같다.
① 고압가스 충전
용기 또는 차량에 고정된 탱크에 고압가스를 충전할 수 있는 설비로 고압가스(가연성가스 및 독성가스는 제외한다)를 충전하는 것으로서 1일 처리능력이 10세제곱미터 미만이거나 저장능력이 3톤 미만인 것
② 냉동제조
냉동능력이 3톤 이상 20톤 미만(가연성가스 또는 독성가스 외의 고압가스를 냉매로 사용하는 것으로서 산업용 및 냉동·냉장용인 경우에는 20톤 이상 50톤 미만, 건축물의 냉·난방용인 경우에는 20톤 이상 100톤 미만)인 설비를 사용하여 냉동을 하는 과정에서 압축 또는 액화의 방법으로 고압가스가 생성되게 하는 것. 다만, 다음 각 목의 어느 하나에 해당하는 자는 그 허가받은 내용에 따라 냉동 제조를 하는 것은 제외한다.
가) 제3조 제1항 또는 제2항에 따른 고압가스 특정제조, 고압가스 일반제조 또는 고압가스저장소 설치의 허가를 받은 자
나) 「도시가스사업법」에 따른 도시가스사업의 허가를 받은 자

(5) 용기 등의 제조등록 대상범위 및 등록기준(고압가스 안전관리법 시행령 제5조)
① 용기·냉동기 또는 특징설비(이하 "용기 등"이라 한다)의 제조등록 대상범위는 다음과 같다.
가) 용기 제조 : 고압가스를 충전하기 위한 용기(내용적 3데시리터 미만의 용기는 제외한다), 그 부속품인 밸브 및 안전밸브를 제조하는 것

나) 냉동기 제조 : 냉동능력이 3톤 이상인 냉동기를 제조하는 것
다) 특정설비 제조 : 고압가스의 저장탱크(지하 암반동굴식 저장탱크는 제외한다), 차량에 고정된 탱크 및 산업통상자원부령으로 정하는 고압가스 관련 설비를 제조하는 것

② 용기 등의 제조등록기준은 다음 각 호와 같다.
가) 용기의 제조등록기준 : 용기별로 제조에 필요한 단조(鍛造 : 금속을 두들기거나 눌러서 필요한 형태로 만드는 일을 말한다. 이하 같다) 설비·성형설비·용접설비 또는 세척설비 등을 갖출 것
나) 냉동기의 제조등록기준 : 냉동기 제조에 필요한 프레스설비·제관설비·건조설비·용접설비 또는 조립설비 등을 갖출 것
다) 특정설비의 제조등록기준 : 특정설비의 제조에 필요한 용접설비·단조설비 또는 조립설비 등을 갖출 것

(6) 안전관리자의 종류 및 자격 등(고압가스 안전관리법 시행령 제12조)
① 법 제15조에 따른 안전관리자의 종류는 다음 각 호와 같다.
가) 안전관리 총괄자
나) 안전관리 부총괄자
다) 안전관리 책임자
라) 안전관리원
② 안전관리 총괄자는 해당 사업자(법인인 경우에는 그 대표자) 또는 특정고압가스 사용신고시설(이하 "사용신고시설"이라 한다)을 관리하는 최상급자로 하며, 안전관리 부총괄자는 해당 사업자의 시설을 직접 관리하는 최고 책임자로 한다.
③ 안전관리자의 자격과 선임 인원은 별표 3과 같다.

(7) 안전관리자의 업무(고압가스 안전관리법 시행령 제13조)
① 법 제15조에 따른 안전관리자는 다음 각 호의 안전관리업무를 수행한다.
가) 사업소 또는 사용신고시설의 시설·용기 등 또는 작업과정의 안전유지
나) 용기 등의 제조공정관리
다) 법 제10조에 따른 공급자의 의무이행 확인
라) 법 제11조에 따른 안전관리규정의 시행 및 그 기록의 작성·보존
마) 사업소 또는 사용신고시설의 종사자[사업소 또는 사용신고시설을 개수(改修) 또는 보수(補修)하는 업체의 직원을 포함한다]에 대한 안전관리를 위하여 필요한 지휘·감독
바) 그 밖의 위해방지 조치

② 안전관리 책임자 및 안전관리원은 이 영에 특별한 규정이 있는 경우 외에는 제①항 각 호의 직무 외의 다른 일을 맡아서는 아니 된다.
③ 안전관라자의 업무는 다음 각 호의 구분에 따른다.
　가) 안전관리 총괄자 : 해당 사업소 또는 사용신고시설의 안전에 관한 업무의 총괄
　나) 안전관리 부총괄자 : 안전관리 총괄자를 보좌하여 해당 가스시설의 안전에 대한 직접 관리
　다) 안전관리 책임자 : 안전관리 부총괄자(안전관리 부총괄자가 없는 경우에는 안전관리 총괄자)를 보좌하여 사업장의 안전에 관한 기술적인 사항의 관리 및 안전관리원에 대한 지휘·감독
　라) 안전관리원 : 안전관리 책임자의 지시에 따라 안전관리자의 직무 수행

(8) 냉동제조시설 안전관리자의 선임인원(시행령 제12조 제3항 별표3)

처리능력	선임구분	
	안전관리자 구분 및 선임인원	자격구분
냉동능력 300톤 초과 (프레온을 냉매로 사용하는 것은 600톤 초과)	안전관리 총괄자 : 1명	-
	안전관리 책임자 : 1명	공조냉동기계산업기사
	안전관리원: 2명 이상	공조냉동기계기능사 또는 냉동시설안전관리자 양성교육 이수자
냉동능력 100톤 초과 300톤 이하 (프레온을 냉매로 사용하는 것은 200톤 초과 600톤 이하)	안전관리 총괄자 : 1명	-
	안전관리 책임자 : 1명	공조냉동기계산업기사 또는 현장 실무경력이 5년 이상인 공조냉동기계기능사
	안전관리원: 1명 이상	공조냉동기계기능사 또는 냉동시설안전관리자 양성교육 이수자
냉동능력 50톤 초과 100톤 이하 (프레온을 냉매로 사용하는 것은 100톤 초과 200톤 이하)	안전관리 총괄자 : 1명	-
	안전관리 책임자 : 1명	공조냉동기계기능사 또는 현장 실무경력이 5년 이상인 냉동시설안전관리자 양성교육 이수자
	안전관리원: 1명 이상	공조냉동기계기능사 또는 냉동시설안전관리자 양성교육 이수자
냉동능력 50톤 이하 (프레온을 냉매로 사용하는 것은 100톤 이하)	안전관리 총괄자 : 1명	-
	안전관리 책임자 : 1명	공조냉동기계기능사 또는 냉동시설안전관리자 양성교육 이수자

(9) 품질유지 대상인 고압가스의 종류(고압가스 안전관리법 시행규칙 제45조 별표26)
　① 냉매로 사용되는 가스
　　가) 프레온 22
　　나) 프레온 134a

다) 프레온 404a

라) 프레온 407c

마) 프레온 410a

바) 프레온 507a

사) 프레온 1234yf

아) 프로판

자) 이소부탄

② 연료전지용으로 사용되는 수소가스

(10) 품질유지 제외대상 고압가스의 종류(고압가스 안전관리법 시행령 제15조의3)

"냉매로 사용되는 가스등 대통령령으로 정하는 종류의 고압가스"란 냉매로 사용되는 고압가스 또는 연료전지용으로 사용되는 고압가스로서 산업통상자원부령으로 정하는 종류의 고압가스를 말한다. 다만, 다음 각 호의 어느 하나에 해당하는 고압가스는 제외한다.

① 수출용으로 판매 또는 인도되거나 판매 또는 인도될 목적으로 저장·운송 또는 보관되는 고압가스

② 시험용 또는 연구개발용으로 판매 또는 인도되거나 판매 또는 인도될 목적으로 저장·운송 또는 보관되는 고압가스(해당 고압가스를 직접 시험하거나 연구개발하는 경우만 해당한다)

③ 1회 수입되는 양이 40킬로그램 이하인 고압가스

(11) 벌칙(고압가스 안전관리법 제39조~제42조)

① 2년 이하의 징역 또는 2천만 원 이하의 벌금(제39조)

가) 허가를 받지 아니하고 고압가스를 제조한 자

나) 허가를 받지 아니하고 저장소를 설치하거나 고압가스를 판매한 자

다) 등록을 하지 아니하고 용기 등을 제조한 자

라) 등록을 하지 아니하고 고압가스 수입업을 한 자

마) 등록을 하지 아니하고 고압가스를 운반한 자

바) 정보지원센터에 고압가스배관 매설상황의 확인요청을 하지 아니하고 굴착공사를 한 자

사) 사업소 밖 배관 보유 사업자가 설치한 고압가스 배관이 매설된 지역에서 고압가스배관 파손사고의 위험성이 높은 굴착공사를 하려는 자가 그 사업소 밖 배관 사업자와 협의를 하지 아니하고 굴착공사를 하거나 정당한 사유 없이 협의요청에 응하지 아니한 자

아) 협의서를 작성하지 아니하거나 거짓으로 작성한 자
자) 협의 내용을 지키지 아니한 사업소 밖 배관 보유 사업자와 굴착공사의 시행자
차) 고압가스배관 손상방지 기준에 따르지 아니하고 굴착작업을 한 자
카) 고압가스배관에 대한 도면을 작성·보존하지 아니하거나 거짓으로 작성·보존한 사업소 밖 배관 보유 사업자
타) 검사기관으로 지정을 받지 아니하고 검사를 한 자
파) 검사업무를 위탁받지 아니하고 검사를 한 자

② 1년 이하의 징역 또는 1천만 원 이하의 벌금(제40조)
가) 고압가스의 제조 변경허가를 받지 아니하고 허가받은 사항을 변경한 자(상호의 변경 및 법인의 대표자 변경은 제외)
나) 용기 등의 제조 변경등록을 하지 아니하고 등록받은 사항을 변경한 자(상호의 변경 및 법인의 대표자 변경은 제외)
다) 고압가스 제조자 또는 판매자가 고압가스를 수요자에게 공급할 때 그 수요자의 시설에 대하여 안전점검을 실시하지 아니한 자 또는 시설기준과 기술기준을 위반한 자
라) 제13조의 2 제1항에 따른 안전성 평가를 하지 아니하거나 안전성 향상계획을 제출하지 아니한 자
마) 제13조의 2 제3항에 따른 안전성 향상계획을 이행하지 아니한 자
바) 제16조 1항부터 제3항까지의 규정과 제17조 1항에 따른 검사나 감리를 받지 아니한 자
사) 검사나 재검사를 받아야 할 용기 등을 검사나 재검사를 받지 아니하고 판매할 목적으로 진열한 자
아) 품질기준에 맞지 아니한 고압가스를 판매 또는 인도하거나 판매 또는 인도할 목적으로 저장·운송 또는 보관한 자
자) 품질검사를 받지 아니하거나 품질검사를 거부·방해·기피한 자
차) 인증을 받지 아니한 안전설비를 양도·임대 또는 사용하거나 판매할 목적으로 진열한 자
카) 고압가스배관 매설상황 확인을 하여 주지 아니한 사업소 밖 배관 보유 사업자
타) 적절한 조치를 하지 아니한 굴착공사자 또는 사업소 밖 배관 보유 사업자
파) 정보지원센터로부터 굴착공사 개시통보를 받기 전에 굴착공사를 한 굴착공사자

③ 500만 원 이하의 벌금(제41조)
가) 대통령령으로 정하는 종류 및 규모 이하의 고압가스를 제조하려는 자가 신고를 하지 아니하고 고압가스를 제조한 자(경우)

나) 특정고압가스 사용신고자 특정고압가스 사용 전에 규정에 따른 안전관리자를
선임하지 아니한 자(경우)
④ 300만 원 이하의 벌금(제42조)
가) 적합한 자가 아닌 자에게 용기수리를 받은 자
나) 사업개시신고 또는 수입신고를 하지 아니한 자
다) 용기의 안전관리사항, 운반에 대한 안전관리사항을 위반한 자
라) 정기검사나 수시검사를 받지 아니한 자
마) 정밀안전검진을 받지 아니한 자
바) 회수 등의 명령을 위반한 자
사) 사용신고를 하지 아니하거나 거짓으로 신고한 자

2 고압가스 안전관리법에 의한 냉동기 관리

(1) 가스(냉동)설비 유지관리

  냉동설비의 안전성 및 작동성을 확보하고 냉매설비 주위에서의 위해요소 발생을 방지하기 위하여 다음 기준에 따라 필요한 조치를 강구한다.
  ① 안전밸브 또는 방출밸브에 설치된 스톱밸브는 항상 완전히 열어 놓는다.
  ② 냉동설비의 설치공사 또는 변경공사가 완공된 때에는 산소 외의 가스를 사용하여 시운전 또는 기밀시험을 실시(공기를 사용하는 때에는 미리 냉매설비 중의 가연성가스를 방출한 후에 실시한다)하여 정상인 것을 확인한 후에 사용한다.
  ③ 가연성가스의 냉동설비 부근에는 작업에 필요한 양 이상의 연소하기 쉬운 물질을 두지 아니한다.

(2) 수리·청소 및 철거기준

  가연성가스 또는 독성가스의 냉매설비를 수리·청소 및 철거하는 때에는 그 작업의 안전확보와 그 설비의 작동성 유지를 위하여 다음 작업안전수칙에 따라 수리·청소 및 철거를 한다.
  ① 수리·청소 및 철거 준비 가스설비의 수리·청소 및 철거(이하 "수리 등"이라 한다)를 할 때에는 해당 수리 등의 작업내용, 일정, 책임자, 그밖의 작업담당 구분, 지휘체제, 안전상의 조치, 소요자재 등을 정한 작업계획을 미리 해당 작업의 책임자 및 관계자에게 주지시키는 동시에 그 작업계획에 따라 해당 책임자의 감독하에 실시한다.

② 가스의 치환 가연성가스 또는 독성 가스설비의 수리 등을 할 때에는 다음 기준에 따라 미리 그 내부의 가스를 불활성가스 또는 물 등 해당 가스와 반응하지 아니하는 가스 또는 액체로 치환한다.

(3) 독성가스 설비
① 가스설비의 내부가스를 그 압력이 대기압 가까이 될 때까지 다른 저장탱크 등에 회수한 후 잔류가스를 대기압이 될 때까지 제해설비로 유도하여 제해시킨다.
② 해당가스와 반응하지 아니하는 불활성가스 또는 물 그밖의 액체 등으로 서서히 치환한다. 이 경우 방출하는 가스는 제해설비로 유도하여 제해시킨다.
③ 치환결과를 가스검지기 등으로 측정하고 해당 독성가스의 농도가 TLV-TWA 기준농도 이하로 될 때까지 치환을 계속한다.
④ 수리·청소 및 철거작업(독성가스 가스설비)
　가) 독성 가스설비의 재치환작업은 가스설비 내부에 남아있는 가스 또는 액체가 공기와 충분히 혼합되어 혼합된 가스가 방출관, 맨홀 등으로부터 대기중에 방출되어도 유해한 영향을 끼칠 염려가 없는 것을 확인한 후 치환방법에 따라 실시한다.
　나) 공기로 재치환 한 결과를 산소측정기 등으로 측정하여 산소의 농도가 18%부터 22%까지로 된 것이 확인될 때까지 공기로 반복하여 치환한다. 이 경우 가스검지기 등으로 해당 독성가스의 농도가 TLV-TWA 기준 농도 이하인 것을 재확인한다.
⑤ 수리 및 청소 사후조치 : 가스설비의 수리 등을 완료한 때에는 다음 기준에 따라 그 가스설비가 정상으로 작동하는지를 확인한다.
　가) 내압강도에 관계가 있는 부분으로서 용접에 따른 보수실시 또는 부식 등으로 내압강도가 저하 되었다고 인정될 경우에는 비파괴검사, 내압시험 등으로 내압강도를 확인한다.
　나) 기밀시험을 실시하여 누출이 없는지 확인한다.
　다) 계기류가 소정의 위치에 정상으로 작동하는지 확인한다.
　라) 수리 등을 위하여 개방된 부분의 밸브 등은 개폐상태가 정상으로 복구되고 설치한 맹판 및 표시등이 제거되어 있는지 확인한다.
　마) 안전밸브·역류방지밸브 및 긴급차단장치 그 밖의 과압안전장치가 소정의 위치에서 이상 없이 작동하는지 확인한다.
　바) 회전기계 내부에 이물질이 없고 구동상태의 정상여부 및 이상진동, 이상음이 없는지 확인한다.
　사) 가연성가스의 가스설비는 그 내부가 불활성가스 등으로 치환되어 있는지 확인한다.

3 기계설비법

(1) 목적(기계설비법 제1조)

이 법은 기계설비산업의 발전을 위한 기반을 조성하고 기계설비의 안전하고 효율적인 유지 관리를 위하여 필요한 사항을 정함으로써 국가경제의 발전과 국민의 안전 및 공공복리 증진을 이바지함을 목적으로 한다.

(2) 기계설비 발전 기본계획의 수립(기계설비법 제5조)

국토교통부장관은 기계설비산업의 육성과 기계설비의 효율적인 유지관리 및 성능확보를 위하여 기계설비 발전 기본계획을 5년마다 수립·시행하여야 한다.

(3) 기계설비의 착공 전 확인과 사용 전 검사의 대상 건축물 또는 시설물(기계설비법 시행령 제11조 별표5)

① 용도별 건축물 중 연면적 1만제곱미터 이상인 건축물(「건축법」 제2조제2항 제18호에 따른 창고시설은 제외한다)

② 에너지를 대량으로 소비하는 다음의 건축물

가) 냉동·냉장, 항온·항습 또는 특수청정을 위한 특수설비가 설치된 건축물로서 해당 용도에 사용되는 바닥면적의 합계가 500제곱미터 이상인 건축물

나) 아파트 및 연립주택

다) 다음의 건축물로서 해당 용도에 사용되는 바닥면적의 합계가 500제곱미터 이상인 건축물
- 목욕장
- 놀이형 시설(물놀이를 위하여 실내에 설치된 경우로 한정한다) 및 운동장(실내에 설치된 수영장과 이에 딸린 건축물로 한정한다)

라) 다음의 건축물로서 해당 용도에 사용되는 바닥면적의 합계가 2천제곱미터 이상인 건축물
- 기숙사
- 의료시설
- 유스호스텔
- 숙박시설

마) 다음의 건축물로서 해당 용도에 사용되는 바닥면적의 합계가 3천제곱미터 이상인 건축물
- 판매시설

- 연구소
- 업무시설

③ 지하역사 및 연면적 2천제곱미터 이상인 지하도상가(연속되어 있는 둘 이상의 지하도상가의 연면적 합계가 2천제곱미터 이상인 경우를 포함한다)

(4) 기계설비 유지관리 대상 건축물(기계설비법 시행령 제14조)
① 연면적 1만제곱미터 이상의 건축물(창고시설은 제외한다)
② 500세대 이상의 공동주택
③ 300세대 이상으로서 중앙집중식 난방방식(지역난방방식을 포함한다)의 공동주택
④ 건설공사를 통하여 만들어진 교량, 터널, 항만, 댐, 건축물 등 구조물과 그 부대시설
⑤ 학교시설
⑥ 지하역사, 지하도상가

(5) 기계설비 성능점검업자에 대한 행정처분의 기준(기계설비법 시행령 제20조 별표8)

위반행위	근거 법조문	1차 위반	2차 위반	3차 이상 위반
가. 거짓이나 그 밖의 부정한 방법으로 등록한 경우	법 제22조 제2항제1호	등록취소		
나. 최근 5년간 3회 이상 업무정지 처분을 받은 경우	법 제22조 제2항제2호	등록취소		
다. 업무정지기간에 기계설비성능점검 업무를 수행한 경우. 다만, 등록취소 또는 업무정지의 처분을 받기 전에 체결한 용역계약에 따른 업무를 계속한 경우는 제외한다.	법 제22조 제2항제3호	등록취소		
라. 기계설비성능점검업자로 등록한 후 법 제22조 제1항에 따른 결격사유에 해당하게 된 경우(같은 항 제6호에 해당하게 된 법인이 그 대표자를 6개월 이내에 결격사유가 없는 다른 대표자로 바꾸어 임명하는 경우는 제외한다)	법 제22조 제2항제4호	등록취소		
마. 법 제21조제1항에 따른 대통령령으로 정하는 요건에 미달한 날부터 1개월이 지난 경우	법 제22조 제2항제5호	등록취소		
바. 법 제21조제2항에 따른 변경등록을 하지 않은 경우	법 제22조 제2항제6호	시정명령	업무정지 1개월	업무정지 2개월
사. 법 제21조제3항에 따라 발급받은 등록증을 다른 사람에게 빌려 준 경우	법 제22조 제2항제7호	업무정지 6개월	등록취소	

(6) 기계설비 유지관리자의 선임기준(기계설비법 시행규칙 제8조 별표1)

No.	기계설비유지관리자 선임대상 건축물 등	자격 및 경력기준	선임인원
1.	가. 연면적 6만제곱미터 이상 건축물 나. 3천세대 이상 공동주택	책임(특급)유지관리자	1명
		보조 유지관리자	1명
2.	가. 연면적 3만제곱미터 이상 6만제곱미터 미만 건축물 나. 2천세대 이상 3천세대 미만 공동주택	책임(고급)유지관리자	1명
		보조 유지관리자	1명
3.	가. 연1만5천제곱미터 이상 3만제곱미터 미만 건축물 나. 1천세대 이상 2천세대 미만의 공동주택	책임(중급)유지관리자	1명
4.	가. 연1만제곱미터 이상 1만5천제곱미터 미만 건축물 나. 500세대 이상 1천세대 미만 공동주택 다. 300세대 이상 500세대 미만 중앙집중식(지역)난방방식 공동주택	책임(초급)유지관리자	1명
5.	가. 1.~4.에 해당하지 않는 국토부 고시 시설물, 지하역사, 지하도상가(영 제14조제1항제3호가목, 다목)	책임 또는 보조유지관리자	1명
6.	가. 1.~4.에 해당하지 않는 국토부 고시 학교시설, 공공건축물 (영 제14조제1항제3호나목, 라목)	책임 또는 보조유지관리자	1명

※ 5. 6.의 건축물 등에 대한 선임기준은 국토부 고시 후 적용됨.

(7) 유지관리 및 성능점검 대상 기계설비(기계설비 유지관리 기준 제7조 별표1)

기계설비의 종류	세부항목
1. 열원 및 냉난방설비	냉동기 냉각탑 축열조 보일러 열교환기 팽창탱크 펌프(냉·난방) 신재생에너지(지열, 태양열, 연료전지 등) 패키지 에어컨 항온항습기
2. 공기조화설비	공기조화기 팬코일 유닛
3. 환기설비	환기설비 필터
4. 위생기구설비	위생기구설비
5. 급수·급탕설비	급수펌프, 급탕탱크 고·저수조
6. 오·배수 통기 및 우수배수설비	오·배수배관 통기배관 우수배관

7. 오수정화 및 물재이용설비	오수정화설비 물 재이용설비
8. 배관설비	배관 및 부속기기
9. 덕트설비	덕트 및 부속기기
10. 보온설비	보온 및 부속기기
11. 자동제어설비	자동제어설비
12. 방음·방진·내진 설비	방음설비 방진설비 내진설비
13. 플랜트 설비	에너지플랜트 설비 화공플랜터 설비 환경플랜트 설비 철강플랜트 설비
14. 특수설비	냉동장비설비, 청정실설비, 생활폐기물 이송관리 및 자동집하시설, 건널목차단기설비, 철도기계신호설비, 전자파차단설비, 무대기계장치설비, 자동창고설비, 집진기설비, 스크린도어설비, 문서반송(기송관 등)설비, 진공청소설비, 분수설비, 수영장설비, 이송설비

(8) 기계설비 성능점검 시 검토사항(기계설비 유지관리 기준 제11조 별표3)

점검항목	세부검토사항
1. 기계설비 시스템 검토	가. 유지관리지침서의 적정성 나. 기계설비 시스템의 작동 상태 다. 점검대상 현황표 상의 설계값과 측정값 일치 여부
2. 성능개선 계획 수립	가. 기계설비의 내구연수에 따른 노후도 나. 성능점검표에 따른 부적합 및 개선사항 다. 성능개선 필요성 및 연도별 세부개선계획
3. 에너지 사용량 검토	가. 냉난방설비 등 분류별 에너지 사용량

※ 관리주체가 성능점검을 대행하게 하는 경우 기계설비 성능점검 시 검토사항은 특급 책임기계설비유지관리자가 작성해야 한다.

(9) 기계설비공사 시작하기 전과 끝낸 경우 기계설비 시공자와 감리업무 수행자가 작성할 사항(기계설비 기술기준 제19조)
  ① 기계설비 시공자가 작성할 사항
    가) 기계설비 착공 전 확인표 작성(별지 제1호 서식)
    나) 기계설비 사용 전 확인표 작성(별지 제3호 서식)
    다) 기계설비 성능확인서 작성(별지 제4호 서식)
    라) 기계설비 안전확인서 작성(별지 제5호 서식)

② 기계설비 감리업무 수행자 작성할 사항
　　가) 기계설비 착공적합 확인서 작성(별지 제2호 서식)
　　나) 기계설비 사용적합 확인서 작성(별지 제6호 서식)

(10) **기계설비 유지관리교육에 관한 업무 위탁기관 지정**
　① 위탁 업무의 내용 및 위탁기관

위탁업무의 내용	관련법령	위탁기관
법 제20조 제1항에 따른 기계설비유지관리 교육에 관한 업무	기계설비법 시행령 제16조 제2항	대한기계설비건설협회

　② 위탁된 업무의 처리방법
　　업무를 위탁받은 기관은 그 업무를 수행함에 있어서 관련 법령의 규정에 의하여야 한다.

4 산업안전보건법 관계법규

분류	내용
목적	이 법은 산업안전 및 보건에 관한 기준을 확립하고 그 책임의 소재를 명확하게 하여 산업재해를 예방하고 쾌적한 작업환경을 조성함으로써 노무를 제공하는 사람의 안전 및 보건을 유지·증진함을 목적으로 한다.
정의	제2조(정의) 이 법에서 사용하는 용어의 뜻은 다음과 같다. 1. "산업재해"란 노무를 제공하는 사람이 업무에 관계되는 건설물·설비·원재료·가스·증기·분진 등에 의하거나 작업 또는 그 밖의 업무로 인하여 사망 또는 부상하거나 질병에 걸리는 것을 말한다. 2. "중대재해"란 산업재해 중 사망 등 재해 정도가 심하거나 다수의 재해자가 발생한 경우로서 고용노동부령으로 정하는 재해를 말한다. 3. "근로자"란 「근로기준법」 제2조 제1항 제1호에 따른 근로자를 말한다. 4. "사업주"란 근로자를 사용하여 사업을 하는 자를 말한다. 5. "근로자대표"란 근로자의 과반수로 조직된 노동조합이 있는 경우에는 그 노동조합을, 근로자의 과반수로 조직된 노동조합이 없는 경우에는 근로자의 과반수를 대표하는 자를 말한다. 6. "도급"이란 명칭에 관계없이 물건의 제조·건설·수리 또는 서비스의 제공, 그 밖의 업무를 타인에게 맡기는 계약을 말한다. 7. "도급인"이란 물건의 제조·건설·수리 또는 서비스의 제공, 그 밖의 업무를 도급하는 사업주를 말한다. 다만, 건설공사발주자는 제외한다.

분류	내용

정의	8. "수급인"이란 도급인으로부터 물건의 제조·건설·수리 또는 서비스의 제공, 그 밖의 업무를 도급받은 사업주를 말한다.
	9. "관계수급인"이란 도급이 여러 단계에 걸쳐 체결된 경우에 각 단계별로 도급받은 사업주 전부를 말한다.
	10. "건설공사발주자"란 건설공사를 도급하는 자로서 건설공사의 시공을 주도하여 총괄·관리하지 아니하는 자를 말한다. 다만, 도급받은 건설공사를 다시 도급하는 자는 제외한다.
	11. "건설공사"란 다음 각 호의 어느 하나에 해당하는 공사를 말한다.
	    가.「건설산업기본법」제2조 제4호에 따른 건설공사
	    나.「전기공사업」제2조 제1호에 따른 전기공사
	    다.「정보통신공사업」제2조 제2호에 따른 정보통신공사
	    라.「소방시설공사업」에 따른 소방시설공사
	    마.「문화재수리 등에 관한 법률」에 따른 문화재수리공사
	12. "안전보건진단"이란 산업재해를 예방하기 위하여 잠재적 위험성을 발견하고 그 개선대책을 수립할 목적으로 조사·평가하는 것을 말한다.
	13. "작업환경측정"이란 작업환경 실태를 파악하기 위하여 해당 근로자 또는 작업장에 대하여 사업주가 유해인자에 대한 측정계획을 수립한 후 시료(試料)를 채취하고 분석·평가하는 것을 말한다.

안전 보건 관리 책임자	(안전보건관리책임자) ① 사업주는 사업장을 실질적으로 총괄하여 관리하는 사람에게 해당 사업장의 다음 각 호의 업무를 총괄하여 관리하도록 하여야 한다. 1. 사업장의 산업재해 예방계획의 수립에 관한 사항 2. 제25조 및 제26조에 따른 안전보건관리규정의 작성 및 변경에 관한 사항 3. 제29조에 따른 안전보건교육에 관한 사항 4. 작업환경측정 등 작업환경의 점검 및 개선에 관한 사항 5. 제129조부터 제132조까지에 따른 근로자의 건강진단 등 건강관리에 관한 사항 6. 산업재해의 원인 조사 및 재발 방지대책 수립에 관한 사항 7. 산업재해에 관한 통계의 기록 및 유지에 관한 사항 8. 안전장치 및 보호구 구입 시 적격품 여부 확인에 관한 사항 9. 그 밖에 근로자의 유해·위험 방지조치에 관한 사항으로서 고용노동부령으로 정하는 사항 ② 제1항 각 호의 업무를 총괄하여 관리하는 사람(이하 "안전보건관리책임자" 라 한다)은 제17조에 따른 안전관리자와 제18조에 따른 보건관리자를 지휘·감독한다. ③ 안전보건관리책임자를 두어야 하는 사업장의 종류와 사업장의 상시근로자 수, 그 밖에 필요한 사항은 대통령령으로 정한다.
관리 감독자	(관리감독자) ① 사업주는 사업장의 생산과 관련되는 업무와 그 소속 직원을 직접 지휘·감독하는 직위에 있는 사람(이하 "관리감독자"라 한다)에게 산업안전 및 보건에 관한 업무로서 대통령령으로 정하는 업무를 수행하도록 하여야 한다. ② 관리감독자가 있는 경우에「건설기술 진흥법」제64조 제1항 제2호에 따른 안전관리책임자 및 같은 항 제3호에 따른 안전관리 담당자를 각각 둔 것으로 본다.
안전 관리자	(안전관리자) ① 사업주는 사업장에 제15조 제1항 각 호의 사항 중 안전에 관한 기술적인 사항에 관하여 사업주 또는 안전보건관리책임자를 보좌하고 관리감독자에게 지도·조언하는 업무를 수행하는 사람(이하 "안전관리자"라 한다)을 두어야 한다. ② 안전관리자를 두어야 하는 사업의 종류와 사업장의 상시근로자 수, 안전관리자의 수·자격·업무·권한·선임방법, 그 밖에 필요한 사항은 대통령령으로 정한다.

분류	내용
안전관리자	③ 대통령령으로 정하는 사업의 종류 및 사업장의 상시근로자 수에 해당하는 사업장의 사업주는 안전관리자에게 그 업무만을 전담하도록 하여야 한다. ④ 고용노동부장관은 산업재해 예방을 위하여 필요한 경우로서 고용노동부령으로 정하는 사유에 해당하는 경우에는 사업주에게 안전관리자를 제2항에 따라 대통령령으로 정하는 수 이상으로 늘리거나 교체할 것을 명할 수 있다. ⑤ 대통령령으로 정하는 사업의 종류 및 사업장의 상시근로자 수에 해당하는 사업장의 사업주는 제21조에 따라 지정받은 안전관리 업무를 전문적으로 수행하는 기관(이하 "안전관리전문기관"이라 한다)에 안전관리자의 업무를 위탁할 수 있다.
보건관리자	(보건관리자) ① 사업주는 사업장에 제15조 제1항 각 호의 사항 중 보건에 관한 기술적인 사항에 관하여 사업주 또는 안전보건관리책임자를 보좌하고 관리감독자에게 지도·조언하는 업무를 수행하는 사람(이하 "보건관리자"라 한다)을 두어야 한다. ② 보건관리자를 두어야 하는 사업의 종류와 사업장의 상시근로자 수, 보건관리자의 수·자격·업무·권한·선임방법, 그 밖에 필요한 사항은 대통령령으로 정한다. ③ 대통령령으로 정하는 사업의 종류 및 사업장의 상시근로자 수에 해당하는 사업장의 사업주는 보건관리자에게 그 업무만을 전담하도록 하여야 한다. ④ 고용노동부장관은 산업재해 예방을 위하여 필요한 경우로서 고용노동부령으로 정하는 사유에 해당하는 경우에는 사업주에게 보건관리자를 제2항에 따라 대통령령으로 정하는 수 이상으로 늘리거나 교체할 것을 명할 수 있다. ⑤ 대통령령으로 정하는 사업의 종류 및 사업장의 상시근로자 수에 해당하는 사업장의 사업주는 제21조에 따라 지정받은 보건관리 업무를 전문적으로 수행하는 기관(이하 "보건관리전문기관"이라 한다)에 보건관리자의 업무를 위탁할 수 있다.
안전보건관리담당자	(안전보건관리담당자) ① 사업주는 사업장에 안전 및 보건에 관하여 사업주를 보좌하고 관리감독자에게 지도·조언하는 업무를 수행하는 사람(이하 "안전보건관리담당자"라 한다)을 두어야 한다. 다만, 안전관리자 또는 보건관리자가 있거나 이를 두어야 하는 경우에는 그러하지 아니하다. ② 안전보건관리담당자를 두어야 하는 사업의 종류와 사업장의 상시근로자 수, 안전보건관리담당자의 수·자격·업무·권한·선임방법, 그 밖에 필요한 사항은 대통령령으로 정한다. ③ 고용노동부장관은 산업재해 예방을 위하여 필요한 경우로서 고용노동부령으로 정하는 사유에 해당하는 경우에는 사업주에게 안전보건관리담당자를 제2항에 따라 대통령령으로 정하는 수 이상으로 늘리거나 교체할 것을 명할 수 있다. ④ 대통령령으로 정하는 사업의 종류 및 사업장의 상시근로자 수에 해당하는 사업장의 사업주는 안전관리전문기관 또는 보건관리전문기관에 안전보건관리담당자의 업무를 위탁할 수 있다.
안전관리자 등의 지도·조언	(안전관리자 등의 지도·조언) 사업주, 안전보건관리책임자 및 관리감독자는 다음 각 호의 어느 하나에 해당하는 자가 제15조 제1항 각 호의 사항 중 안전 또는 보건에 관한 기술적인 사항에 관하여 지도·조언하는 경우에 이에 상응하는 적절한 조치를 하여야 한다. 1. 안전관리자 2. 보건관리자 3. 안전보건관리담당자 4. 안전관리전문기관 또는 보건관리전문기관(위탁)

분류	내용

안전
보건
관리
규정의
작성
	(안전보건관리규정의 작성) ① 사업주는 사업장의 안전 및 보건을 유지하기 위하여 다음 각 호의 사항이 포함된 안전보건관리규정을 작성하여야 한다.
	    1. 안전 및 보건에 관한 관리조직과 그 직무에 관한 사항
	    2. 안전보건교육에 관한 사항
	    3. 작업장의 안전 및 보건 관리에 관한 사항
	    4. 사고 조사 및 대책 수립에 관한 사항
	    5. 그 밖에 안전 및 보건에 관한 사항
	② 제1항에 따른 안전보건관리규정(이하 "안전보건관리규정"이라 한다)은 단체협약 또는 취업규칙에 반할 수 없다. 이 경우 안전보건관리규정 중 단체협약 또는 취업규칙에 반하는 부분에 관하여는 그 단체 협약 또는 취업규칙으로 정한 기준에 따른다.
	③ 안전보건관리규정을 작성하여야 할 사업의 종류, 사업장의 상시근로자 수 및 안전보건관리규정에 포함되어야 할 세부적인 내용, 그 밖에 필요한 사항은 고용노동부령으로 정한다.

직무교육	(안전보건관리책임자 등에 대한 직무교육) ① 사업주(제5호의 경우는 같은 호 각 목에 따른 기관의 장을 말한다)는 다음 각 호에 해당하는 사람에게 제33조에 따른 안전보건교육기관에서 직무와 관련한 안전보건교육을 이수하도록 하여야 한다. 다만, 다음 각 호에 해당하는 사람이 다른 법령에 따라 안전 및 보건에 관한 교육을 받는 등 고용노동부령으로 정하는 경우에는 안전보건교육의 전부 또는 일부를 하지 아니할 수 있다.
	  1. 안전보건관리책임다
	  2. 안전관리자
	  3. 보건관리자
	  4. 안전보건관리담당자
	  5. 다음 각 목의 기관에서 안전과 보건에 관련된 업무에 종사하는 사람
	    가. 안전관리전문기관
	    나. 보건관리전문기관

안전조치	(안전조치) ① 사업주는 다음 각 호의 어느 하나에 해당하는 위험으로 인한 산업재해를 예방하기 위하여 필요한 조치를 하여야 한다.
	    1. 기계·기구, 그 밖의 설비에 의한 위험
	    2. 폭발성, 발화성 및 인화성 물질 등에 의한 위험
	    3. 전기, 열, 그 밖의 에너지에 의한 위험
	② 사업주는 굴착, 채석, 하역, 벌목, 운송, 조작, 운반, 해체, 중량물 취급, 그 밖의 작업을 할 때 불량한 작업방법 등에 의한 위험으로 인한 산업재해를 예방하기 위하여 필요한 조치를 하여야 한다.
	③ 사업주는 근로자가 다음 각 호의 어느 하나에 해당하는 장소에서 작업을 할 때 발생할 수 있는 산업재해를 예방하기 위하여 필요한 조치를 하여야 한다.
	    1. 근로자가 추락할 위험이 있는 장소
	    2. 토사·구축물 등이 붕괴할 우려가 있는 장소
	    3. 물체가 떨어지거나 날아올 위험이 있는 장소
	    4. 천재지변으로 인한 위험이 발생할 우려가 있는 장소
	④ 사업수가 제1항부터 제3항까지의 규정에 따라 하여야 하는 조치(이하 "안전조치"라 한다)에 관한 구체적인 사항은 고용노동부령으로 정한다.

분류	내용

보건조치	(보건조치) ① 사업주는 다음 각 호의 어느 하나에 해당하는 건강장해를 예방하기 위하여 필요한 조치(이하 "보건조치"라 한다)를 하여야 한다.
	  1. 원재료·가스·증기·분진·흄(fume, 열이나 화학반응에 의하여 형성된 고체증기가 응축되어 생긴 미세입자를 말한다)·미스트(mist, 공기 중에 떠다니는 작은 액체방울을 말한다)·산소결핍·병원체 등에 의한 건강장해
	  2. 방사선·유해광선·고온·저온·초음파·소음·진동·이상기압 등에 의한 건강장해
	  3. 사업장에서 배출되는 기체·액체 또는 찌꺼기 등에 의한 건강장해
	  4. 계측감시(計測監視), 컴퓨터 단말기 조작, 정밀공작(精密工作) 등의 작업에 의한 건강장해
	  5. 단순반복작업 또는 인체에 과도한 부담을 주는 작업에 의한 건강장해
	  6. 환기·채광·조명·보온·방습·청결 등의 적정기준을 유지하지 아니하여 발생한 건강장해

단원복습 문제풀이

01 고압가스안전관리법령에 따라 "냉매로 사용되는 가스 등 대통령령으로 정하고 종류의 고압가스"는 품질기준을 고시하여야 하는데, 목적 또는 용량에 따라 고압가스에서 제외될 수 있다. 이러한 제외 기준에 해당하는 것을 모두 고른 것으로 맞는 것은?

> 가. 수출용으로 판매 또는 인도되거나 판매 또는 인도될 목적으로 저장·운송 또는 보관되는 고압가스
> 나. 시험용 또는 연구개발용으로 판매 또는 인도될 목적으로 저장·운송 또는 보관되는 고압가스(해당 고압가스를 직접 시험하거나 연구개발하는 경우만 해당한다)
> 다. 1회 수입되는 양이 400킬로그램 이하인 고압가스

① 가, 나
② 가, 다
③ 나, 다
④ 가, 나, 다

해설 다. 1회 수입되는 양이 40 킬로그램 이하인 고압가스

02 고압가스 안전관리 법령에 따라 일체형 냉동기의 조건으로 틀린 것은?

① 냉매설비 및 압축기용 원동기가 하나의 프레임 위에 일체로 조립된 것
② 응축기 유닛 및 증발유닛이 냉매배관으로 연결된 것으로 하루 냉동능력이 20톤 미만인 공조용 패키지에어콘
③ 사용장소에 분할 반입하는 경우에는 냉매설비에 용접 또는 절단을 수반하는 공사를 하지 않고 재조립하여 냉동제조용으로 사용할 수 있는 것
④ 냉동설비를 사용할 때 스톱밸브 조작이 필요한 것

해설 냉동설비를 사용할 때 스톱밸브 조작이 필요없는 것

03 고압가스 안전관리법령에서 규정하는 냉동제조 등록을 해야 하는 냉동기의 기준은 얼마인가?

① 냉동능력 3톤 이상인 냉동기
② 냉동능력 5톤 이상인 냉동기
③ 냉동능력 8톤 이상인 냉동기
④ 냉동능력 10톤 이상인 냉동기

해설 냉동제조 등록대상 : 냉동능력이 3톤 이상인 냉동기를 제조하는 것

정답 01 ① 02 ④ 03 ①

04 고압가스 안전관리법에서 냉동기의 제조등록을 하고자 하는자는 냉동기 제조에 필요한 다음설비를 갖추어야 하는데 가장 거리가 먼것은?

① 프레스설비
② 제관설비
③ 세척설비
④ 용접설비

해설 고압가스 안전관리법 냉동기 제조등록에서 세척설비는 용기 제조자가 갖추어야 할 설비에 속한다.

05 고압가스안전관리법상 고압가스 제조신고를 받아야 하는 냉동제조 능력에 대한 다음 조건 중 ( ) 안에 내용으로 옳은 것은?

> 냉동능력이 3톤 이상 ( ) 미만(가연성가스 또는 독성가스 외의 고압가스를 냉매로 사용하는 것으로서 산업용 및 냉동·냉장용인 경우에는 20톤 이상 50톤 미만, 건축물의 냉·난방용인 경우에는 20톤 이상 100톤 미만)인 설비를 사용하여 냉동을 하는 과정에서 압축 또는 액화의 방법으로 고압가스에 생성되게 하는 것

① 3톤
② 5톤
③ 10톤
④ 20톤

해설 냉동능력이 3톤 이상 20톤 미만(가연성가스 또는 독성가스 외의 고압가스를 냉매로 사용하는 것으로서 산업용 및 냉동·냉장용인 경우에는 20톤 이상 50톤 미만, 건축물의 냉·난방용인 경우에는 20톤 이상 100톤 미만)인 설비를 사용하여 냉동을 하는 과정에서 압축 또는 액화의 방법으로 고압가스가 생성되게 하는 것

06 기계설비법령에서 규정하고 있는 기계설비의 범위에 해당되지 않는 것은?

① 우수배수설비
② 플랜트 설비
③ 가스설비
④ 오수정화·물재이용 설비

해설 기계설비의 범위
열원 및 냉난방설비, 공기조화설비, 환기설비, 위생기구설비, 급수·급탕설비, 오·배수 통기 및 우수배수설비, 오수정화 및 물재이용설비, 배관설비, 덕트설비, 보온설비, 자동제어설비, 방음·방진·내진 설비, 플랜트 설비, 특수설비

07 기계설비법령에 따라 기계설비 발전 기본계획은 몇 년마다 수립·시행 하여야 하는가?

① 1년
② 2년
③ 3년
④ 5년

해설 기계설비법 제5조
국토교통부장관은 기계설비산업의 육성과 기계설비의 효율적인 유지관리 및 성능확보를 위하여 기계설비 발전 기본계획을 5년마다 수립·시행하여야 한다.

08 기계설비법에서 사용 전 검사 신청서에 구비서류로 가장 거리가 먼 것은?

① 기계설비공사 준공설계도서 사본
② 관계법령에 따라 기계설비에 대한 감리업무를 수행한 자가 확인한 기계설비 사용 적합 확인서
③ 에너지이용합리화법 검사대상기기로 합격한 경우 그 검사결과서
④ 기계설비법 완성검사에 합격한 경우 그 검사결과서

정답 04 ③ 05 ④ 06 ③ 07 ④ 08 ④

해설 기계설비법에서 사용전 검사 신청서의 구비서류
① 기계설비공사 준공설계도서 사본
② 관계 법령에 따라 기계설비에 대한 감리업무를 수행한 자가 확인한 기계설비 사용 적합 확인서
③ 에너지이용합리화법 검사대상기기로 합격한 경우 그 검사결과서
④ 고압가스안전관리법 완성검사에 합격한 경우 그 검사 결과서 등이다.

09 기계설비법령에 따른 기계설비 시공자의 업무에 해당하지 않는 것은?

① 기계설비 착공 전 확인표 작성
② 기계설비 사용 전 확인표 작성
③ 기계설비 성능확인서 작성
④ 기계설비 착공적합 확인서 작성

해설 ① 기계설비 시공자가 작성할 사항
　가) 기계설비 착공 전 확인표 작성
　나) 기계설비 사용 전 확인표 작성
　다) 기계설비 성능확인서 작성
　라) 기계설비 안전확인서 작성
② 기계설비 감리업무 수행자 작성할 사항
　가) 기계설비 착공적합 확인서 작성
　나) 기계설비 사용적합 확인서 작성

10 기계설비법령에 따라 기계설비 유지관리 교육에 관한 업무를 위탁받아 시행하는 기관은?

① 한국기계설비건설협회
② 대한기계설비건설협회
③ 한국공작기계산업협회
④ 한국건설기계산업협회

해설 기계설비 유지관리교육에 관한 업무 위탁기관 지정
① 위탁 업무의 내용 및 위탁기관

위탁업무의 내용	관련법령	위탁기관
법 제20조1항에 따른 기계설비유지관리 교육에 관한 업무	기계설비법 시행령 제16조 제2항	대한기계설비 건설협회

② 위탁된 업무의 처리방법
　업무를 위탁받은 기관은 그 업무를 수행함에 있어서 관련 법령의 규정에 의하여야 한다.

11 기계설비법령에 따른 기계설비의 착공 전 확인과 사용 전 검사의 대상 건축물 또는 시설물에 해당하지 않는 것은?

① 연면적 1만 제곱미터 이상인 건축물
② 목욕장으로 사용되는 바닥면적 합계가 500제곱미터 이상인 건축물
③ 기숙사로 사용되는 바닥면적 합계가 1천제곱미터 이상인 건축물
④ 판매시설로 사용되는 바닥면적 합계가 3천제곱미터 이상인 건축물

해설 ③ 기숙사로 사용되는 바닥면적 합계가 2천제곱미터 이상인 건축물

12 산업안전보건법령상 냉동·냉장 창고시설 건설공사에 대한 유해위험방지계획서를 제출해야 하는 대상시설의 연면적 기준은 얼마인가?

① 3천제곱미터 이상
② 4천제곱미터 이상
③ 5천제곱미터 이상
④ 6천제곱미터 이상

해설 연면적 5천제곱미터 이상인 냉동·냉장창고시설 건설공사의 경우 유해위험방지계획서를 제출해야 한다.

13 산업안전보건법령상 유해·위험 방지를 위한 방호조치가 필요한 기계·기구에 해당하는 것은?

① 응축기　　② 저장탱크
③ 공기압축기　④ 냉각기

정답　09 ④　10 ②　11 ③　12 ③　13 ③

해설 산업안전보건법 시행령
유해·위험 방지를 위한 방호조치가 필요한 기계·기구
① 예초기
② 원심기
③ 공기압축기
④ 금속절단기
⑤ 지게차
⑥ 포장기계(진공포장기, 래핑기로 한정한다)

14 산업안전보건법에서 사업주는 다음에 해당하는 위험으로 인한 산업재해를 예방하기 위하여 필요한 안전조치를 해야 하는 위험으로 가장 거리가 먼 것은?

① 기계·기구, 그 밖의 설비에 의한 위험
② 폭발성, 발화성 및 인화성 물질 등에 의한 위험
③ 전기, 열, 그 밖의 에너지에 의한 위험
④ 방사선·유해광선·고온·저온·초음파·소음·진동·이상기압 등에 의한 건강위험

해설 ④ 방사선·유해광선·고온·저온·초음파·소음·진동·이상기압 등에 의한 건강위험(장해)은 보건조치 사항에 해당한다.

15 산업안전보건법에서 안전보건관리책임자로 가장 거리가 먼 사람은?

① 안전보건관리책임자
② 안전관리자
③ 안전보건담당자
④ 품질관리자

해설 산업안전보건법에서는 안전보건관리책임자, 관리감독자, 안전관리자, 보건관리자, 안전보건관리담당자에 대한 법령이 명시되어 있다.

16 산업안전보건법에서 안전관리규정을 작성할 때 포함할 사항으로 틀린 것은?

① 안전 및 보건에 관한 관리조직과 그 직무에 관한 사항
② 안전위생활동에 관한 사항
③ 작업장의 안전 및 보건 관리에 관한 사항
④ 사고 조사 및 대책 수립에 관한 사항

해설 산업안전보건법에서 안전보건관리 규정을 작성할 때 포함 할 사항
① 안전 및 보건에 관한 관리조직과 그 직무에 관한 사항
② 안전보건교육에 관한 사항
③ 작업장의 안전 및 보건 관리에 관한 사항
④ 사고 조사 및 대책 수립에 관한 사항

정답 14 ④ 15 ④ 16 ②

CHAPTER

9

열역학(추가이론)

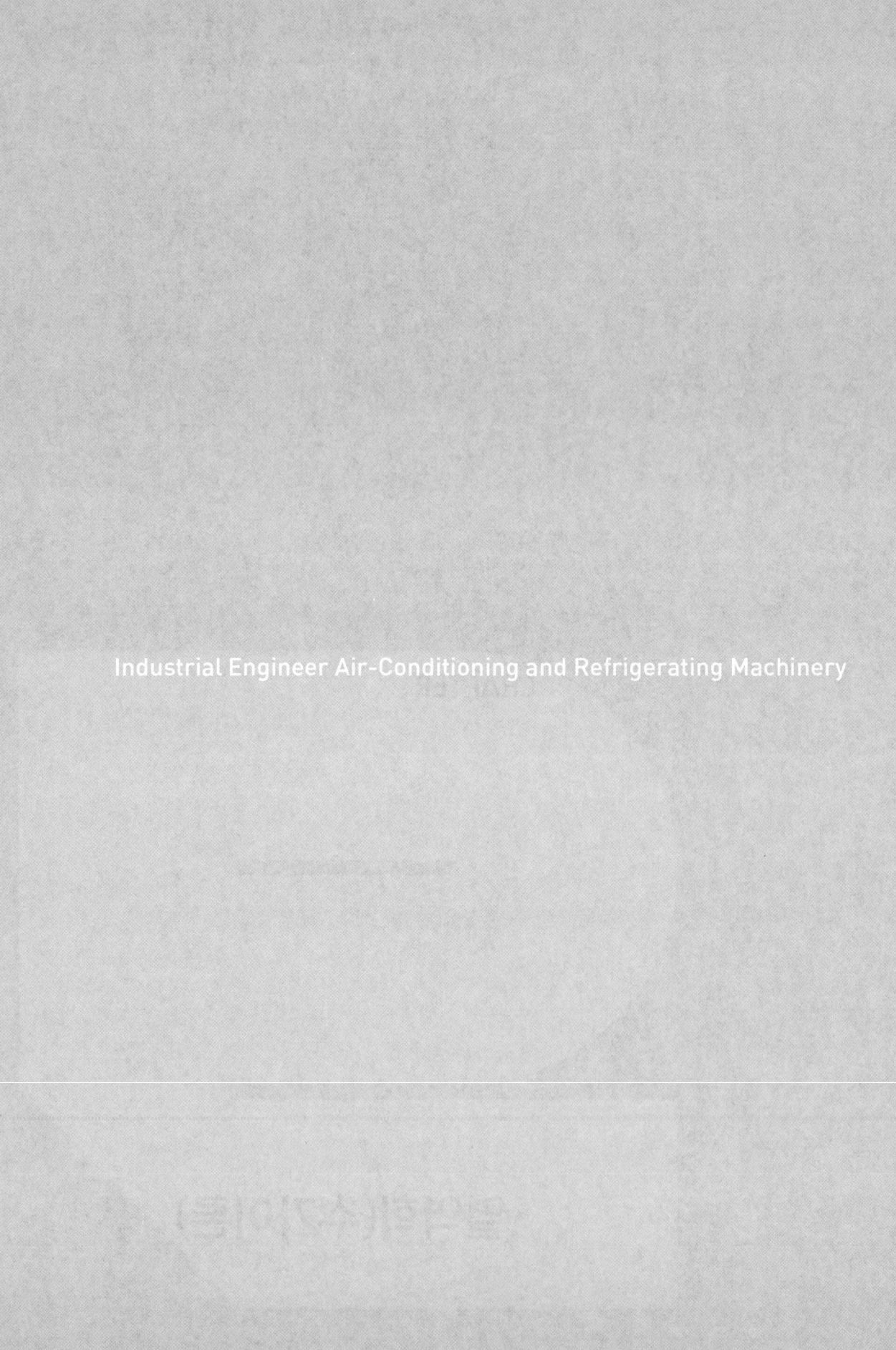

Chapter 9

열역학(추가이론)

1 이상기체의 상태변화

(1) 기체의 기초법칙

① 아보가드로의 법칙 : 모든 기체 1[g]분자는 표준상태(STP : 0℃, 1기압)에서 22.4[L]의 부피에 6.02×10²³개의 분자를 포함한다는 법칙이다.

구분	O_2	H_2	CO_2	NH_3
분자량[g]	32[g]	2[g]	44[g]	17[g]
몰[mol]	1[mol]	1[mol]	1[mol]	1[mol]
체적[ℓ]	22.4[ℓ]	22.4[ℓ]	22.4[ℓ]	22.4[ℓ]
분자 수	6.02×10²³	6.02×10²³	6.02×10²³	6.02×10²³

즉, 몰[mol]이란 분자, 원자, 전자 이온 6.02×10²³개의 모임을 말하며, 완전 전자(이온)란 명시가 없을 때 분자 몰만을 표시한다.

② 보일-샬의 법칙

가) 보일의 법칙 : 온도가 일정할 때, 일정량의 기체가 차지하는 체적(부피)은 압력에 반비례한다.

$$P_1 V_1 = P_2 V_2 \rightarrow V_1 = \frac{P_2 V_2}{P_1}$$

나) 샬의 법칙 : 압력이 일정할 때 기체의 체적(부피)은 절대온도에 비례한다.

$$\frac{V_1}{T_1} = \frac{V_2}{T_2} \rightarrow V_1 = \frac{T_1 V_2}{T_2}$$

다) 보일-샬의 법칙 : 일정량의 기체가 가진 체적은 압력에 비례하고, 절대온도는 비례한다.

$$\frac{PV}{T} = C(일정) \rightarrow \frac{P_1 V_1}{T_1} = \frac{P_2 V_2}{T_2} \rightarrow V_1 = \frac{T_1 P_2 V_2}{P_1 T_2}$$

- P_1 : 변하기 전 압력
- V_1 : 변하기 전 부피
- T_1 : 변하기 전 절대온도(K)
- P_2 : 변한 후 압력
- V_2 : 변한 전 부피
- T_2 : 변한 전 절대온도(K)

③ 이상기체 상태 방정식

가) 이상기체의 성질
  ⊙ 아보가드로의 법칙을 따른다.
  ⓒ 보일-샬의 법칙을 만족한다.
  ⓒ 내부에너지는 온도만의 함수이다.
  ⓔ 온도에 관계없이 비열비는 일정하다.
  ⓜ 기체의 분자력과 크기도 무시되며 분자간의 충돌은 완전 탄성체이다.
  ⓗ 줄의 법칙이 성립한다.

④ 이상기체 상태 방정식

가) 절대단위

$$PV = nRT \quad PV = \frac{W}{M}RT \quad PV = Z\frac{W}{M}RT$$

- P : 압력(atm)
- n : 몰수(mol)
- M : 분자량(g)
- T : 절대온도(K)
- V : 체적(ℓ)
- R : 기체상수(0.082[$\ell \cdot$atm/mol$\cdot$K])
- W : 질량(g)
- Z : 압축계수

나) SI 단위

$$PV = mRT$$

- P : 압력(kPa)
- V : 체적(m³)
- R : 기체상수$\left(\frac{8.314}{M}[kJ/kg\cdot K]\right)$
- m : 질량(kg$_m$)
- T : 절대온도(K)

다) 공학단위

$$PV = GRT$$

- P : 압력(kgf/m²)
- V : 체적(m³)
- R : 기체상수$\left(\frac{8.48}{M}[kgf\cdot m/kg\cdot K]\right)$
- G : 중량(kgf)
- T : 절대온도(K)

(2) 기체의 상태변화

① 정적과정

가) P.V.T 관계($V = C$)

$$\frac{P_1}{T_1} = \frac{P_2}{T_2}$$

나) 절대일(팽창일, 밀폐일)[kJ]

$$_1W_2 = \int_1^2 PdV = 0$$

다) 공업일(압축일, 개방일)[kJ]

$$W_t = -\int_1^2 VdP = -V(P_2 - P_1) = V(P_1 - P_2) = mR(T_1 - T_2)$$

라) 내부에너지 변화[kJ]

$$\triangle U = mC_V(T_2 - T_1)$$

마) 엔탈피 변화[kJ]

$$\triangle H = mC_P(T_2 - T_1)$$

바) 열량[kJ]

$$\triangle Q = du + Pdv = du + 0 = dh - vdP$$

$$\therefore \triangle Q = \triangle U = mC_V(T_2 - T_1)$$

※ 정적과정에서는 절대일량이 0이 되므로 공급열량 전부가 내부에너지 변화로 표시된다.

> **참고**
>
> 엔탈피 $\triangle H = \triangle U + \triangle PV$
> - H : 엔탈피(kJ) U : 내부에너지(kJ)
> - P : 압력(kPa) V : 체적(m^3)

② 정압과정

가) P.V.T 관계($P = C$)

$$\frac{V_1}{T_1} = \frac{V_2}{T_2}$$

나) 절대일(팽창일, 밀폐일)[kJ]
$$_1W_2 = \int_1^2 PdV = P(V_2 - V_1) = mR(T_2 - T_1)$$

다) 공업일(압축일, 개방일)[kJ]
$$W_t = -\int_1^2 VdP = 0$$

라) 내부에너지 변화[kJ]
$$\triangle U = u_2 - u_1 = mC_V(T_2 - T_1)$$

마) 엔탈피 변화[kJ]
$$\triangle H = h_2 - h_1 = mC_P(T_2 - T_1)$$

바) 열량[kJ]
$$\triangle Q = du + Pdv = dh$$
$$\therefore \triangle Q = \triangle H = mC_P(T_2 - T_1)$$

※ 정압과정에서는 공업일이 0이 되므로 공급열량 전부가 엔탈피 변화로 표시된다.

③ 등온과정

가) P.V.T 관계($T = C$)
$$P_1V_1 = P_2V_2 \rightarrow \frac{P_1}{P_2} = \frac{V_2}{V_1}$$

나) 절대일(팽창일, 밀폐일)[kJ]
$$_1W_2 = \int_1^2 PdV = P_1V_1\ln\frac{V_2}{V_1} = P_1V_1\ln\frac{P_1}{P_2} = mRT\ln\frac{V_2}{V_1} = mRT\ln\frac{P_1}{P_2}$$

다) 공업일(압축일, 개방일)[kJ]
$$W_t = -\int_1^2 VdP = -P_1V_1\ln\frac{P_2}{P_1} = -P_1V_1\ln\frac{V_1}{V_2}$$
$$= P_1V_1\ln\frac{P_1}{P_2} = P_1V_1\ln\frac{V_2}{V_1}$$
$$= mRT\ln\frac{P_1}{P_2} = mRT\ln\frac{V_2}{V_1}$$

라) 내부에너지 변화[kJ]
$$\triangle U = u_2 - u_1 = 0$$

마) 엔탈피 변화[kJ]
$$\triangle H = h_2 - h_1 = 0$$

바) 열량[kJ]

$$\therefore \triangle Q = P_1 V_1 \ln \frac{V_2}{V_1} = P_1 V_1 \ln \frac{P_1}{P_2} = mRT \ln \frac{V_2}{V_1} = mRT \ln \frac{P_1}{P_2}$$

※ 등온과정에서는 공급한 열량은 모두 일로 변환 가능하다.

④ **단열과정**

가) P.V.T 관계($S = C$)

$$\frac{T_2}{T_1} = \left(\frac{P_2}{P_1}\right)^{\frac{k-1}{k}} = \left(\frac{V_1}{V_2}\right)^{k-1}$$

나) 절대일(팽창일, 밀폐일)[kJ]

$$_1W_2 = \frac{P_1 V_1 - P_2 V_2}{k-1} = \frac{mR}{k-1}(T_1 - T_2)$$

다) 공업일(압축일, 개방일)[kJ]

$$W_t = \frac{k(P_1 V_1 - P_2 V_2)}{k-1} = \frac{kmR}{k-1}(T_1 - T_2)$$

라) 내부에너지 변화[kJ]

$$\triangle U = u_2 - u_1 = mC_V(T_2 - T_1)$$

마) 엔탈피 변화[kJ]

$$\triangle H = h_2 - h_1 = mC_P(T_2 - T_1)$$

바) 열량[kJ]

$$\therefore \triangle Q = 0$$

※ 단열과정에는 열의 이동이 없으므로 열량은 0이 된다.

⑤ **폴리트로픽 과정**

가) P.V.T 관계($n = n$)

$$\frac{T_2}{T_1} = \left(\frac{P_2}{P_1}\right)^{\frac{n-1}{n}} = \left(\frac{V_1}{V_2}\right)^{n-1}$$

나) 절대일(팽창일, 밀폐일)[kJ]

$$_1W_2 = \frac{P_1 V_1 - P_2 V_2}{n-1} = \frac{mR}{n-1}(T_1 - T_2)$$

나) 공업일(압축일, 개방일)[kJ]

$$W_t = \frac{n(P_1 V_1 - P_2 V_2)}{n-1} = \frac{nmR}{n-1}(T_1 - T_2)$$

라) 내부에너지 변화[kJ]

$$\triangle U = u_2 - u_1 = mC_V(T_2 - T_1)$$

마) 엔탈피 변화[kJ]

$$\triangle H = h_2 - h_1 = mC_P(T_2 - T_1)$$

바) 열량[kJ]

$$\therefore \triangle Q = mC_n(T_2 - T_1) = m \cdot C_V \cdot \frac{n-k}{n-1}(T_2 - T_1)$$

※ 여기서, $C_n = C_V \dfrac{n-k}{n-1}$ 이 된다.

⑥ 폴리트로픽 지수(n) 변화에 따른 과정

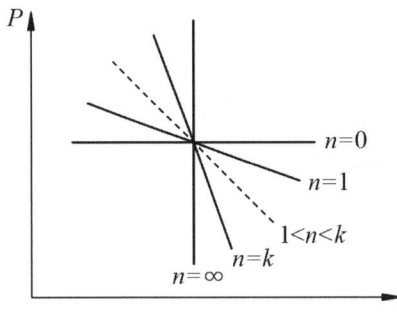

① 정압과정 : $n = 0$
② 정적과정 : $n = \infty$
③ 등온과정 : $n = 1$
④ 단열과정 : $n = k$
⑤ 폴리트로픽 과정 : $1 < n < k$

※ 각 과정별 상태변화 비교표

구 분	정압과정($P=C$)	정적과정($V=C$)	등온과정($T=C$)	단열과정($S=C$) $PV^k=C$	폴리트로픽 과정($n=n$) $PV^n=C$
P.V.T 관계식	$\dfrac{PV}{T}=C$			$\dfrac{T_2}{T_1}=\left(\dfrac{P_2}{P_1}\right)^{\frac{k-1}{k}}=\left(\dfrac{V_1}{V_2}\right)^{k-1}$	$\dfrac{T_2}{T_1}=\left(\dfrac{P_2}{P_1}\right)^{\frac{n-1}{n}}=\left(\dfrac{V_1}{V_2}\right)^{n-1}$
비열(C)	$C_P=\dfrac{kR}{k-1}, \ C_V=\dfrac{R}{k-1}, \ R=C_P-C_V$		$C=\infty$	$C=0$	$C_n=C_V \cdot \dfrac{n-k}{n-1}$
폴리트로픽 지수(n)	$n=0$	$n=\infty$	$n=1$	$k=\dfrac{C_P}{C_V}$	$1<n<k$
절대일(팽창일, 밀폐일) $_1W_2=\displaystyle\int_1^2 PdV$	$P(V_2-V_1)$	0	$P_1V_1\ln\dfrac{V_2}{V_1}$	$\dfrac{P_1V_1-P_2V_2}{k-1}$	$\dfrac{P_1V_1-P_2V_2}{n-1}$
공업일(압축일, 개방일) $W_t=-\displaystyle\int_1^2 VdP$	0	$V(P_1-P_2)$	$P_1V_1\ln\dfrac{V_2}{V_1}$	$\dfrac{k(P_1V_1-P_2V_2)}{k-1}$	$\dfrac{n(P_1V_1-P_2V_2)}{n-1}$
내부에너지($\triangle U$)	$mC_V(T_2-T_1)$	$mC_V(T_2-T_1)$	0	$mC_V(T_2-T_1)$	$mC_V(T_2-T_1)$
엔탈피($\triangle H$)	$mC_P(T_2-T_1)$	$mC_P(T_2-T_1)$	0	$mC_P(T_2-T_1)$	$mC_P(T_2-T_1)$
열량($\triangle Q$)	$mC_P(T_2-T_1)$	$mC_V(T_2-T_1)$	$P_1V_1\ln\dfrac{V_2}{V_1}$	0	$mC_n(T_2-T_1)$
엔트로피 변화량($\triangle S$)	$mC_P\ln\dfrac{T_2}{T_1}$	$mC_V\ln\dfrac{T_2}{T_1}$	$mR\ln\dfrac{V_2}{V_1}$, $-mR\ln\dfrac{P_2}{P_1}$	0	$mC_n\ln\dfrac{T_2}{T_1}$

※ $\triangle S=mC_V\ln\dfrac{T_2}{T_1}+mR\ln\dfrac{V_2}{V_1}$ 또는 $\triangle S=mC_P\ln\dfrac{T_2}{T_1}-mR\ln\dfrac{P_2}{P_1}$

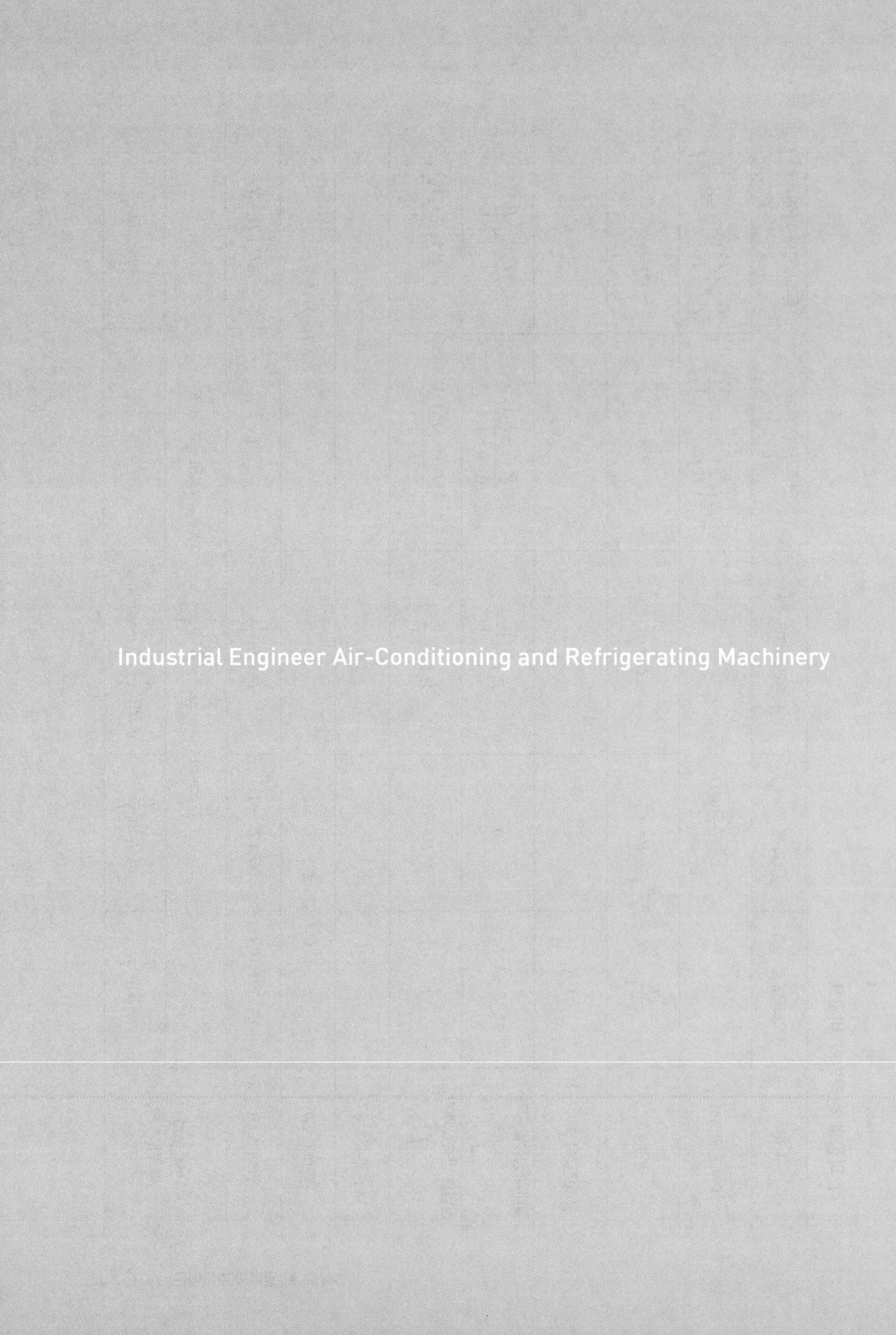

APPENDIX

부록

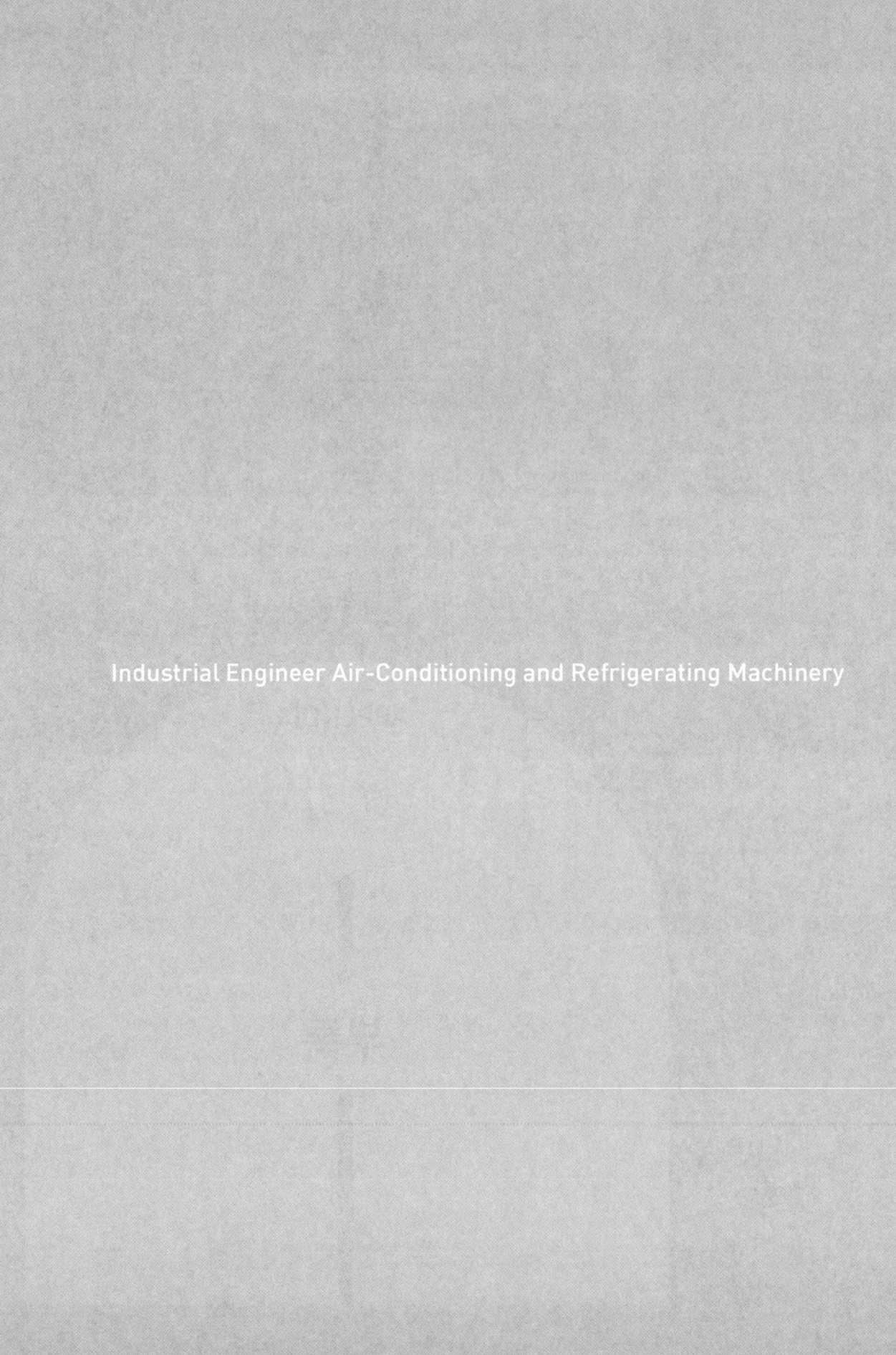
Industrial Engineer Air-Conditioning and Refrigerating Machinery

SI 단위환산 팁

① 1[kcal]=4.18[kJ], 1[cal]=4.18[J]
② 1[RT]=3.86[kW]
③ 1[Pa]=1[N/m^2]
④ 1[J]=1[N·m]
⑤ 1[kW]=1[kJ/s], 1[w]=1[J/s]
⑥ 1[kW]=3600[kJ/h]
⑦ 1[m^3]=1000[L]

- 표준대기압
1[atm]=1.0332[kg/cm^2]=760[mmHg]
=10.33[mH$_2$O]=1.01325[bar]=1013.25[mbar]
=101325[N/m^2]=101325[Pa]=101.325[kPa]
=14.7[lb/in^2]

㉠ 물의 비열 : 1[kcal/kg·℃]=4.18(4.2)[kJ/kg·K]
㉡ 공기의 비열 : 0.24[kcal/kg·℃]×4.2=1.008 → 약 1.01[kJ/kg·K]
㉢ 얼음의 비열 : 0.5[kcal/kg·℃]×4.2=2.1 → 약 2.09[kJ/kg·K]
㉣ 100℃ 물의 증발잠열 : 539[kcal/kg]×4.18=2253.02 → 약 2256[kJ/kg], 2257[kJ/kg]
㉤ 0℃ 포화수 증발잠열 : 597.5[kcal/kg]×4.18=2497.55 → 약 2501[kJ/kg]
㉥ 응고(융해)잠열 : 79.68[kcal/kg]×4.2=334.6 → 약 335[kJ/kg]
㉦ 물 1[L] = 1[kg]

* 최근 문제에서는 100℃ 물의 증발잠열이 주로 2257[kJ/kg]로 출제되고 있으니 이점 참고해 주세요.

QR코드

※ 해당 기출문제 풀이 영상은 QR 코드를 스캔하시면 시청하실 수 있습니다.

공조냉동기계산업기사

SI 단위 계산문제

1. 냉방 시 침입외기가 200m³/h일 때 침입 외기에 의한 손실부하는 약 얼마인가? (단, 외기는 32℃ DB, 0.018kg/kg DA, 실내는 27℃ DB, 0.013kg/kg DA이며, 침입외기 밀도 1.2kg/m³, 건공기 정압비열 1.01kJ/kg·K, 물의 증발잠열 2501kJ/kg이다.)

① 3,001kJ/h
② 1,215kJ/h
③ 4,213kJ/h
④ 5,655kJ/h

해설 ▶공식
① 건공기 열량 : $q_s = GC\triangle T$
② 수증기 열량 : $q_L = G \cdot r \cdot \triangle x$
여기서, q_s : 현열량[kJ/h]
q_L : 잠열량[kJ/h]
G : 침입외기량[kg/h]
C : 비열[kJ/kg·K]
$\triangle T$: 온도차[K]
$\triangle x$: 절대습도차[kg/kg]

▶풀이
① 건공기 열량 : $q_s = 200\dfrac{m^3}{h} \times 1.2\dfrac{kg}{m^3} \times 1.01\dfrac{kJ}{kg \cdot K} \times (32-27)K = 1212[kJ/h]$

② 수증기 열량 : $q_L = 200\dfrac{m^3}{h} \times 1.2\dfrac{kg}{m^3} \times 2501\dfrac{kJ}{kg} \times (0.018-0.013)\dfrac{kg}{kg} = 3001.2[kJ/h]$

침입외기(습증기)의 총열량 : $1212 + 3001.2 = 4213.2[kJ/h]$

2. 유량 100L/min의 물을 15℃에서 10℃로 냉각하는 수냉각기가 있다. 이 냉동장치의 냉동효과가 125kJ/kg일 경우 냉매 순환량은 얼마인가? (단, 물의 비열은 4.18kJ/kg·K이다.)

① 16.7kg/h
② 1,000kg/h
③ 450kg/h
④ 960kg/h

해설 ▶공식
① $Q = G_r \cdot dh$ 또는 $Q = G_r \cdot q$
② $Q = G_w C \triangle T$
여기서, Q : 열량[kJ/h]
G_r : 냉매순환량[kg/h]
dh : 엔탈피차[kJ/kg]
q : 냉동효과[kJ/kg]
G_w : 냉수순환량[kg/h]

▶풀이
∴ $G_w \cdot C \triangle T = G_r \cdot dh$

$$100\left[\frac{kg}{min}\right] \times 60\left[\frac{min}{h}\right] \times 4.18\left[\frac{kJ}{kg \cdot K}\right] \times (15-10)[K] = G_r\left[\frac{kg}{h}\right] \times 125\left[\frac{kJ}{kg}\right]$$

$$G_r = \frac{100 \times 60 \times 4.18 \times (15-10)}{125} = 1003.2[kg/h]$$

※ 힌트 : 물 1[L]=1[kg]

3. 물 5kg을 0℃에서 80℃까지 가열하면 물의 엔트로피 증가는 약 얼마인가? (단, 물의 비열은 4.18kJ/kg·K이다.)

① 26.31kJ/K
② 13.75kJ/K
③ 5.37kJ/K
④ 1.17kJ/K

해설 ▶공식(엔트로피 변화량)
① 엔트로피 변화량 : $\triangle S = \frac{\triangle Q}{T}[kJ/K]$
② 온도가 변할 때 : $\triangle S = GC_p \ln\frac{T_2}{T_1}$
③ 체적이 변할 때 : $\triangle S = GC_p \ln\frac{V_2}{V_1}$

▶풀이
∴ $\triangle S = 5 \times 4.18 \times \ln\frac{80+273}{0+273} = 5.37[kJ/K]$

4. 냉수코일의 설계에 있어서 코일 출구온도 10℃, 코일 입구온도 5℃, 전열부하 83,740kJ/h일 때, 코일 내 순환량(L/min)은 약 얼마인가? (단, 물의 비열은 4.2kJ/kg·K이다.)

① 55.5L/min
② 66.5L/min
③ 78.5L/min
④ 98.7L/min

해설 ▶공식

$$Q = GC\triangle T \rightarrow G = \frac{Q}{C \times \triangle T}$$

여기서, Q: 열량[kJ/h]
G: 냉수순환량[L/min]
C: 비열[kJ/kg·K]
$\triangle T$: 온도차[K]

▶풀이

$$\therefore G = \frac{83,740\frac{kJ}{h}}{4.2\frac{kJ}{kg\cdot K} \times ((10+273)-(5+273))K} = 3987.62[kg/h] = \frac{3987.62\frac{kg}{h}}{60\frac{min}{h}} = 66.46[kg/min] \text{ or } [L/min]$$

※ 힌트 : 물 1[L]=1[kg]

5. 실내온도가 25℃이고, 실내 절대습도가 0.0165kg/kg의 조건에서 틈새바람에 의한 침입 외기량 200L/s일 때 현열 부하와 잠열부하는? (단, 실외온도 35℃, 실외 절대습도 0.0321kg/kg, 공기의 비열 1.01kJ/kg·K, 물의 증발잠열 2501kJ/kg이다.)

① 현열부하 2.424kW, 잠열부하 9.364kW
② 현열부하 2.424kW, 잠열부하 7.803kW
③ 현열부하 2.828kW, 잠열부하 10.924kW
④ 현열부하 2.828kW, 잠열부하 10.144kW

해설 ▶공식

① 건공기 열량 : $q_s = GC\triangle T$
② 수증기 열량 : $q_L = G \cdot r \cdot \triangle x$

여기서, q_s : 현열량[kJ/h]
q_L : 잠열량[kJ/h]
G: 침입외기량[kg/h]
C: 비열[kJ/kg·K]
$\triangle T$: 온도차[K]
$\triangle x$: 절대습도차[kg/kg]

▶풀이

① $q_s = 0.2\frac{m^3}{s} \times 1.2\frac{kg}{m^3} \times 1.01\frac{kJ}{kg\cdot K} \times (35-25)K = 2.424[kJ/s], [kW]$

② $q_L = 0.2\dfrac{m^3}{s} \times 1.2\dfrac{kg}{m^3} \times 2501\dfrac{kJ}{kg} \times (0.0321 - 0.0165)\dfrac{kg}{kg} = 9.364[kJ/s], [kW]$

※ 힌트 : $1[m^3]=1000[L]$, $1[kJ/s]=1[kW]$

6. 8,000W의 열을 발산하는 기계실의 온도를 외기 냉방하여 26℃로 유지하기 위한 외기도입량은? (단, 밀도 1.2kg/m³, 공기 정압비열 1.01kJ/kg·K, 외기온도 11℃이다.)

① 약 600.06m³/h ② 약 1,584.16m³/h
③ 약 1,851.85m³/h ④ 약 2,160.22m³/h

해설 ▶공식
$Q = GC\triangle T \rightarrow Q = q \times 1.2 \times 1.01 \times \triangle T$
여기서, Q: 열량[kJ/h]
G: 외기량[kg/h]→q[m³/h]×1.2[kg/m³]
C: 비열[kJ/kg·K]
$\triangle T$: 온도차[K]

▶풀이

$q = \dfrac{Q}{1.2 \times 1.01 \times \triangle T} = \dfrac{8\dfrac{kJ}{s} \times 3600\dfrac{s}{h}}{1.2\dfrac{kg}{m^3} \times 1.01\dfrac{kJ}{kg \cdot K} \times (26-11)K} = 1584.16[m^3/h]$

※ 힌트 : $1[kJ/s]=1[kW]$, $1[kW]=3600[kJ/h]$, $1[kW]=1,000[W]$

7. 어떤 냉동장치에서 응축기용의 냉각수 용량이 7,000kg/h이고 응축기 입구 및 출구 온도가 각각 15℃와 28℃이었다. 압축기로 공급한 동력이 5.4×10⁴kJ/h이라면 이 냉동기의 냉동능력은? (단, 냉각수의 비열은 4.1855kJ/kg·K이다.)

① 2.27×10⁵kJ/h ② 3.27×10⁵kJ/h
③ 4.67×10⁵kJ/h ④ 5.67×10⁵kJ/h

해설 ▶공식
① 응축기능력 : $Q = GC\triangle T$
여기서, Q: 열량[kJ/h]
G: 냉각수량[kg/h]
C: 비열[kJ/kg·K]
$\triangle T$: 온도차[K]
② 냉동기능력=응축기능력-압축기능력

▶풀이
① $Q = 7000\dfrac{kg}{h} \times 4.1855\dfrac{kJ}{kg \cdot K} \times (28-15)K = 380880.5[kJ/h]$
② 냉동기능력 = $380880.5 - (5.4 \times 10^4) = 326880.5[kJ/h]$
∴ $3.27 \times 10^5[kJ/h]$

8. 어떤 냉동기로 1시간당 얼음 1ton을 제조하는데 50PS의 동력을 필요로 한다. 이때 사용하는 물의 온도는 10℃이며 얼음은 -10℃이였다. 이 냉동기의 성적계수는?
(단, 융해열은 335kJ/kg이고, 물의비열은 4.2kJ/kg·K, 얼음의 비열은 2.09kJ/kg·K이다.)

① 2.0 ② 3.0 ③ 4.0 ④ 5.0

해설 ▶풀이
㉮ 냉각조건 : 10[℃]물 → 0[℃]물 → 0[℃]얼음 → -10[℃]얼음
　　　　　　　　　　 ①　　　　 ②　　　　　 ③

① $q_s = GC\Delta T = 1,000\dfrac{kg}{h} \times 4.2\dfrac{kJ}{kg\cdot K} \times (10-0)K = 42,000[kJ/h]$

② $q_L = G \cdot r = 1,000\dfrac{kg}{h} \times 335\dfrac{kJ}{kg} = 335,000[kJ/h]$

③ $q_s = GC\Delta T = 1,000\dfrac{kg}{h} \times 2.09\dfrac{kJ}{kg\cdot K} \times (0-(-10))K = 20,900[kJ/h]$

∴ 냉각부하 총량 : $42,000 + 335,000 + 20,900 = 397,900[kJ/h]$

㉯ 성적계수
$COP = \dfrac{Q}{Aw} = \dfrac{397,900[kJ/h]}{50 \times 632 \times 4.2[kJ/h]} = 2.99 ≒ 3$

9. 물 10kg을 0℃에서 70℃까지 가열하면 물의 엔트로피 증가는 약 얼마인가? (단, 물의 비열은 4.18kJ/kg·K이다.)

① 4.14kJ/K ② 52.52kJ/K ③ 12.74kJ/K ④ 9.54kJ/K

해설 ▶공식(엔트로피 변화량)

① 엔트로피 변화량 : $\Delta S = \dfrac{\Delta Q}{T}[kJ/K]$

② 온도가 변할 때 : $\Delta S = GC_p \ln\dfrac{T_2}{T_1}$

③ 체적이 변할 때 : $\Delta S = GC_p \ln\dfrac{V_2}{V_1}$

▶풀이
∴ $\Delta S = 10 \times 4.18 \times \ln\dfrac{70+273}{0+273} = 9.54[kJ/K]$

10. 절대압력 20bar의 가스 10L가 일정한 온도 10℃에서 절대압력 1bar까지 팽창할 때의 출입한 열량은? (단, 가스는 이상기체로 간주한다.)

① 55kJ ② 65kJ ③ 60kJ ④ 70kJ

해설 ▶풀이
$P_1 = 20[bar] = 2000[kPa]$
$V_1 = 10[L] = 0.01[m^3]$

$P_2 = 1[\text{bar}] = 100[\text{kPa}]$

$Q = P_1 V_1 \ln\dfrac{P_1}{P_2} = 2000 \times 0.01 \times \ln\dfrac{2000}{100} = 60[\text{kJ}]$

※ 힌트 : $1[\text{m}^3]=1000[\text{L}]$, $1.01325[\text{bar}]=101.325[\text{kPa}]$, $1[\text{Pa}]=1[\text{N/m}^2]$, $1[\text{J}]=1[\text{N}\cdot\text{m}]$

11. 1925kg/h의 석탄을 연소하여 10550kg/h의 증기를 발생시키는 보일러의 효율은? (단, 석탄의 저위발열량은 25271kJ/kg, 발생증기의 엔탈피는 3717kJ/kg, 급수엔탈피 221kJ/kg으로 한다.)

① 45.8%   ② 64.6%   ③ 70.5%   ④ 75.8%

[해설] ▶공식(보일러의 효율)

$\eta = \dfrac{G(h''-h')}{Gf \times Hl} \times 100[\%]$

여기서, η: 보일러효율
h'': 발생증기 엔탈피(kJ/kg)
h': 급수 엔탈피(kJ/kg)
Gf: 사용 연료량(kg/h)
Hl: 연료의 저위발열량(kJ/kg)

▶풀이

$\eta = \dfrac{10550 \times (3717-221)}{1925 \times 25271} \times 100 = 75.8[\%]$

12. 10kg의 쇠덩어리를 20℃에서 80℃까지 가열하는데 필요한 열량은? (단, 쇠덩어리의 비열은 0.61kJ/kg·℃이다.)

① 27kcal   ② 87kcal   ③ 366kcal   ④ 600kcal

[해설] ▶공식

$Q = GC\triangle T$

여기서, Q: 열량[kJ]
G: 물질의양[kg]
C: 비열[kJ/kg·℃]
$\triangle T$: 온도차[℃]

▶풀이

$Q = 10\text{kg} \times 0.61\dfrac{\text{kJ}}{\text{kg}\cdot\text{℃}} \times (80-20)\text{℃} = 366[\text{kJ}]$

∴ $\dfrac{366}{4.18} = 87[\text{kcal}]$

※ 힌트 : $1[\text{kcal}]=4.18[\text{kJ}]$

13. 냉각수 출입구 온도차를 5℃, 냉각수의 처리 열량을 16380kJ/h로 하면 냉각수량(L/min)은? (단, 냉각수의 비열은 4.2kJ/kg·℃)로 한다.

① 10 ② 13 ③ 18 ④ 20

해설 ▶공식

$$Q = GC\Delta T \rightarrow G = \frac{Q}{C\Delta T}$$

▶풀이

$$Q = \frac{16380 \frac{kJ}{h}}{4.2 \frac{kJ}{kg \cdot ℃} \times 5℃} = 780[L/h]$$

$$\therefore \frac{780}{60} = 13[L/min]$$

※ 힌트 : 물 1[kg]=1[L], 1[h]=60[min]

14. 온도가 20℃, 절대압력이 1MPa인 공기의 밀도(kg/m³)는? (단, 공기는 이상기체이며, 기체상수(R)는 0.287kJ/kg·K이다.)

① 15.89 ② 13.78 ③ 11.89 ④ 9.55

해설 ▶이상기체 상태방정식 $PV = GRT$에서

- 밀도$(\rho) = \frac{질량(G)}{체적(V)}$이므로
- $P = \rho RT$와 같다.

  여기서 밀도(ρ)를 구하면

▶풀이

$$\rho = \frac{P}{RT} = \frac{1 \times 1000 KPa \left(\frac{KN}{m^2}\right)}{0.287 \frac{KJ(KN \cdot m)}{kg \cdot K} \times (20+273)K} = 11.89 kg/m^3$$

※ MPa을 KPa로 바꾸어 주기 위해 1000을 곱한다.
※ KPa=KN/m²
※ KJ=KN·m

15. 송풍 공기량을 Q[m³/s], 외기 및 실내온도를 각각 to, tr[℃]이라 할 때 침입외기에 의한 손실 열량 중 현열부하(kW)를 구하는 공식은? (단, 공기의 정압비열은 1.0kJ/kg·K, 밀도는 1.2kg/m³이다.)

① 1.2×Q×(to-tr) ② 1.0×Q×(to-tr)
③ 597.5×Q×(to-tr) ④ 717×Q×(to-tr)

해설 ▶침입외기에 의한 손실 열량
① 현열부하 $q_s = 1.0 \cdot G \cdot (t_o - t_r)$
$\qquad\qquad\quad = 1.0 \cdot Q \cdot 1.2 \cdot (t_o - t_r)$
$\qquad\qquad\quad = 1.2 \cdot Q \cdot (t_o - t_r)$
② 잠열부하 $q_L = 2501 \cdot G \cdot (X_o - X_r)$
$\qquad\qquad\quad = 2501 \cdot Q \cdot 1.2 (X_o - X_r)$
$\qquad\qquad\quad = 3001.2 \cdot Q \cdot (X_o - X_r)$

※ 0℃ 물의 증발잠열 $r = 2501 [kJ/kg]$
※ 풍량 : $G[kg/h] = Q[m^3/h] \times 1.2 [kg/m^3]$
※ $1[kW] = 1[kJ/s]$, $1[kWh] = 3600[kJ]$

16. 조건을 참고하여 산출한 이론 냉동사이클의 성적계수는?

[조건]
- (ㄱ) 증발기 입구 냉매 엔탈피 : 250[kJ/kg]
- (ㄴ) 증발기 출구 냉매 엔탈피 : 390[kJ/kg]
- (ㄷ) 압축기 입구 냉매 엔탈피 : 390[kJ/kg]
- (ㄹ) 압축기 출기 냉매 엔탈피 : 440[kJ/kg]

① 2.5 ② 2.8 ③ 3.2 ④ 3.8

해설 ▶이론 성적계수
$COP = \dfrac{q_e}{Aw} = \dfrac{390 - 250}{440 - 390} = 2.8$

17. 조건을 참고하여 산출한 흡수식 냉동기의 성적계수는?

[조건]
- (ㄱ) 응축기 냉각 열량 : 20000[kJ/h]
- (ㄴ) 흡수기 냉각 열량 : 25000[kJ/h]
- (ㄷ) 재생기 가열량 : 21000[kJ/h]
- (ㄹ) 증발기 냉동 열량 : 24000[kJ/h]

① 0.88 ② 1.14 ③ 1.34 ④ 1.52

해설 ▶흡수식냉동기의 성적계수를 구할 때는 압축기의 열량 대신 재생기(발생기)의 열량을 대입하여 구해준다.
$COP = \dfrac{q_e}{Aw} = \dfrac{24000}{21000} = 1.14$

18. 실내 취득열량 중 현열이 35kW일 때, 실내 온도를 26℃로 유지하기 위해 12.5℃의 공기를 송풍하고자 한다. 송풍량(m³/min)은? (단, 공기의 비열은 1.0kJ/kg·℃, 공기의 밀도는 1.2 kg/m³로 한다.)

① 129.6 ② 154.3 ③ 308.6 ④ 617.2

해설 ▶공식

$$Q = GC\Delta T \rightarrow Q = q \times 1.2 \times C \times \Delta T$$

$$\rightarrow q = \frac{Q}{1.2 \times C \times \Delta T}$$

※ 1[kW]=[1kJ/s], 1[kWh]=3600[kJ]

$$q = \frac{35 \frac{kJ}{s}}{1.2 \frac{kg}{m^3} \times 1 \frac{kJ}{kg \cdot \text{℃}} \times (26-12.5)\text{℃}} = 2.1605 \, m^3/s$$

$$\therefore 2.1605 \frac{m^3}{s} \times 60 \frac{s}{min} = 129.63 \, m^3/min$$

19. 밀폐계에서 10kg의 공기가 팽창 중 400kJ의 열을 받아서 150kJ의 내부에너지가 증가하였다. 이 과정에서 계가 한 일(kJ)은?

① 15 ② 40 ③ 550 ④ 250

해설 ▶밀폐계에서의 열량($dQ = dU + W$)
$W = dQ - dU = 400 - 150 = 250 \, kJ$

20. 8000W의 열을 발생하는 기계실의 온도를 외기 냉방하여 26℃로 유지하기 위해 필요한 외기 도입량(m³/h)은? (단, 밀도는 1.2kg/m³, 공기 정압비열은 1.01kJ/kg·℃, 외기온도는 11℃이다.)

① 600.06 ② 1584.16 ③ 1851.85 ④ 2160.22

해설 ▶ $Q = q \times 1.2 \times C \times \Delta T$

$$q = \frac{Q}{1.2 \times C \times \Delta T}$$

$$= \frac{\frac{8000}{1000}[kJ/s] \times 3600[s/h]}{1.2[kg/m^3] \times 1.01[kJ/kg \cdot \text{℃}] \times (26-11)[\text{℃}]}$$

$$= 1584.16[m^3/h]$$

※ 1[kW]=1[kJ/s], 1[W]=1[J/s]

21. 다음 조건으로 운전되고 있는 수랭 응축기가 있다. 냉매와 냉각수와의 평균 온도차는?

[조건]
- 냉각수 입구 온도 : 16[℃]
- 냉각수량 : 200[L/min]
- 냉각수 출구 온도 : 24[℃]
- 응축기 냉각 면적 : 20[m²]
- 응축기 열 통과율 : 3349.6[kJ/m²·h·℃]

① 4℃ ② 5℃ ③ 6℃ ④ 7℃

해설 ▶ $Q = KF \Delta Tm = GC \Delta T$

평균온도차 $Tm = \dfrac{GC \Delta T}{KF}$

$Tm = \dfrac{200[\text{kg/min}] \times 60[\text{min/h}] \times 4.18[\text{kJ/kg·℃}] \times (24-16)[℃]}{3349.6[\text{kJ/m}^2\text{·h·℃}] \times 20[\text{m}^2]} = 6[℃]$

※ 물 1[L]=1[kg]
※ 물의 비열 : 1[kcal/kg·℃]=4.18[kJ/kg·℃]
※ 1[kcal]=4.18[kJ]

22. 28℃의 원수 9ton을 4시간에 5℃까지 냉각하는 수냉각 장치의 냉동 능력은? (단, 1RT는 13900kJ/h로 한다.)

① 12.5RT ② 15.6RT ③ 17.1RT ④ 20.7RT

해설 ▶ $Q = GC \Delta T$

$Q = \dfrac{9000}{4}[\text{kg/h}] \times 4.18[\text{kJ/kg·℃}] \times (28-5)[℃]$

$= 216315[\text{kJ/h}]$

- 냉동능력(RT)

$\dfrac{216315[\text{kJ/h}]}{13900[\text{kJ/h}]} = 15.56[\text{RT}]$

※ 물의 비열 : 1[kcal/kg·℃]=4.18[kJ/kg·℃]
※ 1[kcal]=4.18[kJ]

23. 유량 100L/min의 물을 15℃에서 9℃로 냉각하는 수냉각기가 있다. 이 냉동장치의 냉동효과가 168kJ/kg일 경우 냉매순환량(kg/h)은? (단, 물의 비열은 4.2kJ/kg·K로 한다.)

① 700 ② 800 ③ 900 ④ 1000

해설 ▶ 냉동능력($Q = GC \Delta T$)

$Q = 100\dfrac{\text{kg}}{\text{min}} \times 60\dfrac{\text{min}}{\text{h}} \times 4.2\dfrac{\text{kJ}}{\text{kg}} \times (15-9)℃ = 151200[\text{kJ/h}]$

▶ 냉매순환량
$$\frac{151200[kJ/h]}{168[kJ/kg]} = 900[kg/h]$$
※ 물 1[L]=1[kg]
※ 물의 비열 : 1[kcal/kg·℃] = 4.18[kJ/kg·℃]
※ 1[kcal]=4.18[kJ]

24. 습공기 5000m³/h를 바이패스팩터 0.2인 냉각코일에 의해 냉각시킬 때 냉각코일의 냉각열량 (kW)은? (단, 코일 입구공기의 엔탈피는 64.5kJ/kg, 10℃이며, 10℃의 포화습공기 엔탈피는 30kJ/kg이다.)

① 38　　　② 46　　　③ 138　　　④ 165

해설 ① 코일 출구공기의 엔탈피
$$BF = \frac{h_2 - h_s}{h_1 - h_s}$$
$$0.2 = \frac{h_2 - 30}{64.5 - 30}$$
$$\to h_2 = \{0.2 \times (64.5 - 30)\} + 30 = 36.9[kJ/kg]$$

② 냉각코일 열량
$$Q = G \Delta h$$
$$Q = \frac{5000\frac{m^3}{h} \times 1.2\frac{kg}{m^3} \times (64.5 - 36.9)\frac{kJ}{kg}}{3600\frac{s}{h}} = 46[kJ/s]$$
$$= 46[kW]$$
※ 1[kW]=1[kJ/s]

25. 팽창밸브 직후 냉매의 건도가 0.2이다. 이 냉매의 증발열이 1884kJ/kg이라 할 때, 냉동효과 (kJ/kg)은 얼마인가?

① 376.8　　　② 1324.6　　　③ 1507.2　　　④ 1804.3

해설 ① 건조도$(x) = \frac{플래시가스 열량}{증발잠열}$

$$0.2 = \frac{플래시가스 열량}{1884}$$

플래시가스 열량 $= 0.2 \times 1884 = 376.8[kJ/kg]$

② 냉동효과=증발잠열-플래시가스 열량
$q = 1884 - 376.8 = 1507.2[kJ/kg]$

26. −20℃의 암모니아 포화액의 엔탈피가 314kJ/kg이며, 동일 온도에서 건조포화증기의 엔탈피가 1687kJ/kg이다. 이 냉매액이 팽창밸브를 통과하여 증발기에 유입될 때의 냉매의 엔탈피가 670kJ/kg이었다면 중량비로 약 몇 %가 액체 상태인가?

① 16 ② 26 ③ 74 ④ 84

해설 ▶액체의 중량비(습도)

$$습도 = \frac{1687-670}{1687-314} \times 100[\%] = 74[\%]$$

27. 90℃ 고온수 25kg을 100℃의 건조포화액으로 가열하는 데 필요한 열량(kJ)은? (단, 물의 비열은 4.2kJ/kg·K이다.)

① 42 ② 250 ③ 525 ④ 1050

해설 ▶가열량

$$Q = GC\triangle T = 25\text{kg} \times 4.2\text{kJ/kg·K} \times (100-90)\text{K} = 1050[\text{kJ}]$$

28. 두께 150mm, 면적 10m²인 콘크리트 내벽의 외부온도가 30℃, 내부온도가 20℃일 때 8시간 동안 전달되는 열량(kJ)은? (단, 콘크리트, 내벽의 열전도율은 1.5W/m·K이다.)

① 1350 ② 8350
③ 13200 ④ 28800

해설 ▶ $Q = \dfrac{\lambda}{l} \cdot F \cdot \triangle T$

여기서, Q: 열량[W]
λ: 열전도율[W/m·K]
l: 두께[m]
F: 면적[m²]
$\triangle T$: 온도차[℃]

$$Q = \frac{1.5}{0.15} \times 10 \times (30-20) = 1000[W] = 1[\text{kW}] = 1[\text{kJ/s}]$$

∴ 8시간 동안 전달되는 열량

$$1\frac{[\text{kJ}]}{[\text{s}]} \times \frac{3600[\text{s}]}{1[\text{h}]} \times 8[\text{h}] = 28800[\text{kJ}]$$

29. 냉동효과가 1088kJ/kg인 냉동사이클에서 1냉동톤당 압축기 흡입증기의 체적(m³/h)은? (단, 압축기 입구의 비체적은 0.5087m³/kg이고, 1냉동톤은 3.9kW이다.)

① 15.5 ② 6.5 ③ 0.258 ④ 0.002

해설 ▶ $G = \dfrac{Q}{q} = \dfrac{V}{v} \times \eta_v$

여기서, Q: 열량[kJ/h]
  q: 냉동효과[kJ/kg]
  G: 냉매순환량[kg/h]
  V: 압축기흡입증기량[m³/h]
  v: 비체적[m³/kg]
  η_v: 체적효율

$$V = \dfrac{Q}{q} \times v = \dfrac{1\text{RT} \times 3.9 \dfrac{\text{kJ/s}}{\text{RT}} \times 3600 \dfrac{\text{s}}{\text{h}}}{1088 \dfrac{\text{kJ}}{\text{kg}}} \times 0.5087 \dfrac{\text{m}^3}{\text{kg}} = 6.5 \text{m}^3/\text{h}$$

※ 체적효율에 대한 조건을 주지 않았으므로 1 또는 생략한다.
※ 단위환산 힌트 : 3.9[kW]=3.9[kJ/s], 1[h]=3600[s]

30. 어떤 냉동기로 1시간당 얼음 1ton을 제조하는데 37kW의 동력을 필요로 한다. 이 때 사용하는 물의 온도는 10℃이며 얼음은 –10℃이었다. 이 냉동기의 성적계수는? (단, 융해열은 335kJ/kg이고, 물의 비열은 4.19kJ/kg·K, 얼음의 비열은 2.09kJ/kg·K이다.)

① 2.0 ② 3.0 ③ 4.0 ④ 5.0

해설 ▶ 10℃ 물 → 0℃ 물 → 0℃ 얼음 → –10℃ 얼음
   ㉠   ㉡   ㉢

㉠ $Q_1 = GC\Delta T = 1000 \times 4.19 \times (10-0) = 41900$[kJ/h]
㉡ $Q_2 = Gr = 1000 \times 335 = 335000$[kJ/h]
㉢ $Q_3 = GC\Delta T = 1000 \times 2.09 \times (0-(-10)) = 20900$[kJ/h]
  $Q_t = 41900 + 335000 + 20900 = 397800$[kJ/h]

$$COP = \dfrac{Q_t}{Aw} = \dfrac{397800 \dfrac{\text{kJ}}{\text{h}}}{37 \dfrac{\text{kJ}}{\text{s}} \times 3600 \dfrac{\text{s}}{\text{h}}} = 2.98$$

∴ COP=3

※ 단위환산 힌트
  물 1ton=1000kg, 37Kw=37kJ/s, 1h=3600s, 1kwh=3600kJ, 1kw=3600kJ/h

31. 다음과 같은 [조건]에서 작동하는 냉동장치의 냉매순환량(kg/h)은? (단, 1RT는 3.9kW이다.)

[조건]
① 냉동능력 : 5RT
② 증발기입구 냉매 엔탈피 : 240kJ/kg
③ 증발기출기 냉매 엔탈피 : 400kJ/kg

① 325.2   ② 438.8   ③ 512.8   ④ 617.3

해설 ▶ $Q = Gq$

여기서, Q: 냉동능력[kJ/h]
　　　　G: 냉매순환량[kg/h]
　　　　q: 냉동효과[kJ/kg]

$$G = \frac{Q}{q} = \frac{5 \times 3.9 \times 3600 [\text{kJ/h}]}{400 - 240 [\text{kJ/kg}]} = 438.8 [\text{kg/h}]$$

※ 단위환산 힌트
　1[kW] = 1[kJ/s], 1[h] = 3600[s], 1[kw] = 3600[kJ/h]

32. 풍량이 800m³/h인 공기를 건구온도 33℃, 습구온도 27℃, (엔탈피(h_1)는 85.26kJ/kg)의 상태에서 건구온도 16℃, 상대습도 90%(엔탈피(h_2)는 42kJ/kg)상태 까지 냉각할 경우 필요한 냉각열량(kW)은? (단, 건공기의 비체적은 0.83m³/kg이다.)

① 3.1   ② 5.4   ③ 11.6   ④ 22.8

해설 ▶ 공식(냉각열량)

$Q = G(h_1 - h_2) \rightarrow Q = \frac{q}{v}(h_1 - h_2)$

여기서, Q: 냉각열량(kJ/h)
　　　　G: 냉매순환량(kg/h)
　　　　h_1: 냉각기출구엔탈피(kJ/kg)
　　　　h_2: 냉각기입구엔탈피(kJ/kg)
　　　　q: 공기량(m³/h)
　　　　v: 공기의비체적(m³/kg)

$$Q = \frac{800 \frac{\text{m}^3}{\text{h}} \times \frac{1\text{h}}{3600\text{s}}}{0.83 \frac{\text{m}^3}{\text{kg}}} \times (85.26 - 42) \frac{\text{kJ}}{\text{kg}} = 11.58 [\text{kJ/s}]$$

∴ 11.6[kW]

※ 단위환산 힌트
　1[kW]=[1kJ/s], 1[kW]=3600[kJ/h]

33. 겨울철 침입외기(틈새바람)에 의한 잠열 부하(ql, kJ/h)를 구하는 공식으로 옳은 것은? (단, Q는 극간풍량(m³/h), $\triangle t$는 실내·외 온도차(℃), $\triangle x$는 실내·외 절대습도차(kg/kg')이다.)

① $1.212 \times Q \times \triangle T$
② $539 \times Q \times \triangle x$
③ $2501 \times Q \times \triangle x$
④ $3001.2 \times Q \times \triangle x$

해설 ▶잠열부하
$q_L = Q \times 1.2 \times 2501 \times \triangle x$
$q_L = 3001.2 \times Q \times \triangle x$

※ 힌트
① 극간풍량 : $G[kg/h] \rightarrow Q \times 1.2 [m^3/h]$
② 공기비중량 : $1.2[kg/m^3]$
③ 0℃물의 증발잠열 : $2501[kJ/kg](597.5kcal/kg)$

▶현열부하
$q_s = Q \times 1.2 \times C \times \triangle T$
$q_s = Q \times 1.2 \times 1.01 \times \triangle T$

※힌트
① 극간풍량 : $G[kg/h] \rightarrow Q \times 1.2[m^3/h]$
② 공기비열 : $1.01[kJ/kg \cdot ℃](0.24kcal/kg \cdot ℃)$

34. 방열량이 5.25kW인 방열기에 공급해야 할 온수량(m³/h)은? (단, 방열기 입구온도는 80℃, 출구온도는 70℃이며, 물의 비열은 4.2kJ/kg·℃, 물의 밀도는 977.5kg/m³이다.)

① 0.34
② 0.46
③ 0.66
④ 0.75

해설 ▶냉동능력($Q = GC \triangle T$)
▶냉매순환량($G = \dfrac{Q}{C \triangle T}$)

$$G = \dfrac{5.25 \dfrac{kJ}{s} \times 3600 \dfrac{s}{h}}{977.5 \dfrac{kg}{m^3} \times 4.2 \dfrac{kJ}{kg \cdot ℃} \times (80-70)℃} = 0.46 m^3/h$$

※단위환산 힌트
최종 온수량의 단위를 m³/h로 물어봤으므로 밀도까지 나누어 단위를 맞춰 주어야 한다.

35. 다음 중 엔탈피가 0kJ/kg인 공기는 어느 것인가?

① 0℃ 건공기 ② 0℃ 습공기
③ 0℃ 포화공기 ④ 32℃ 습공기

해설 ▶건공기 엔탈피
$h_a = 1.01t \,[\text{kJ/kg}]$
▶수증기 엔탈피
$h_w = x(2501 + 1.85t)\,[\text{kJ/kg}]$
위 공식에 따라 엔탈피 값이 0kJ/kg이 되기 위해서는 건구온도 0℃이거나 절대습도가 0kg/kg'가 되어야 한다.
※ 단위환산 힌트
$ha = 1.01t\,[\text{kJ/kg}] \to 0.24t\,[\text{kcal/kg}]$
$h_w = x(2501 + 1.85t)\,[\text{kJ/kg}] \to x(597.5 + 0.44t)\,[\text{kcal/kg}]$

36. 냉동기 속 두 냉매가 아래 표의 조건으로 작동될 때, A냉매를 이용한 압축기의 냉동능력을 Q_A, B냉매를 이용한 압축기의 냉동능력을 Q_B인 경우, Q_A/Q_B의 비는? (단, 두 압축기의 피스톤 압출량은 동일하며, 체적효율도 75%로 동일하다.)

	A	B
냉동효과(kJ/kg)	1130	170
비체적(m³/kg)	0.509	0.077

① 1.5 ② 1.0 ③ 0.8 ④ 0.5

해설 ▶냉동능력

$Q = G \times q \to Q = \left(\dfrac{V}{v} \times \eta_v\right) \times q$

여기서, Q: 냉동능력(kJ/h)
G: 냉매순환량(kg/h)
q: 냉동효과(kJ/kg)
V: 피스톤 압출량(m³/h)
v: 비체적(m³/kg)
η_v: 체적효율

$Q_A = \left(\dfrac{V}{0.509} \times 0.75\right) \times 1130 = 1665.03\,V$
$Q_B = \left(\dfrac{V}{0.077} \times 0.75\right) \times 170 = 1655.85\,V$
$\dfrac{Q_A}{Q_B} = \dfrac{1665\,V}{1655\,V} = 1.0$

37. 두께 3cm인 석면판의 한 쪽의 온도는 400℃, 다른 쪽면의 온도는 100℃일 때, 이 판을 통해 일어나는 열전달량(W/m²)은? (단, 석면의 열전도율은 0.095W/m·℃이다.)

① 0.95
② 95
③ 950
④ 9500

해설 ▶열전달량(Q)

$$Q = \frac{\lambda}{l} \times \Delta t$$

여기서, Q: 열전달량(W/m²)
λ: 열전도율(W/m·℃)
l: 두께(m)
Δt: 온도차(℃)

$$Q = \frac{0.095 \frac{W}{m \cdot ℃}}{0.03m} \times (400-100)℃ = 950 W/m^2$$

38. R-502를 사용하는 냉동장치의 몰리에르 선도가 다음과 같다. 이 장치의 실제 냉매순환량은 167kg/h이고, 전동기 출력이 3.5kW일 때, 실제 성적계수는?

① 1.3
② 1.4
③ 1.5
④ 1.6

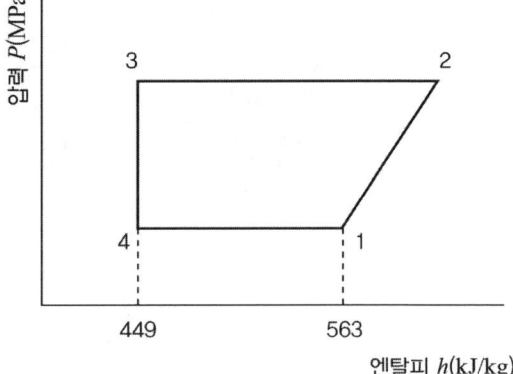

해설 ▶실제성적계수(COP)

$$COP = \frac{Q}{Aw} = \frac{G(h_1 - h_2)}{Aw}$$

$$COP = \frac{167 \frac{kg}{h} \times (563-449) \frac{kJ}{kg}}{3.5 \frac{kJ}{s} \times 3600 \frac{s}{h}} = 1.5$$

※ 단위환산 힌트
  1[kW]=1[kJ/s], 1[kW]=3600[kJ/h], 1[h]=3600[s]

39. 피스톤 압출량이 500m³/h인 암모니아 압축기가 그림과 같은 조건으로 운전되고 있을 때 냉동능력(kW)은 얼마인가? (단, 체적효율은 0.68이다.)

① 101.8
② 134.6
③ 158.4
④ 182.1

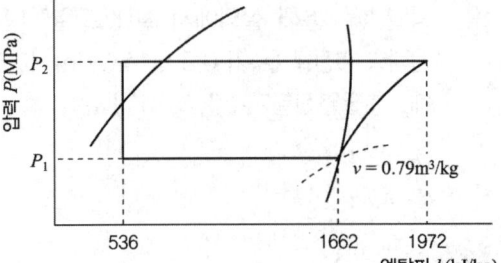

해설 ① 냉매순환량(G)

$$G = \frac{Q}{q} = \frac{V}{v} \times \eta_v$$

여기서, Q : 냉동능력(kJ/h)
q : 냉동효과(kJ/kg)
V : 피스톤압출량(m³/h)
v : 비체적(m³/kg)
η_v : 체적효율

$$G = \frac{500 \frac{m^3}{h}}{0.79 \frac{m^3}{kg}} \times 0.68 = 430.4 [kg/h]$$

② 냉동능력(Q)

$$Q = G \times q = G(h_1 - h_4)$$

여기서, h_1 : 증발기출구 엔탈피(kJ/kg)
h_2 : 증발기입구 엔탈피(kJ/kg)

$$Q = 430.4 \frac{kg}{h} \times (1662 - 536) \frac{kJ}{kg} = 484.630 [kJ/h]$$

$$\therefore 484.630 \frac{kJ}{h} \times \frac{1h}{3600s} = 134.6 [kJ/s], [kW]$$

※ 단위환산 힌트
1[kW]=1[kJ/s], 1[kW]=3600[kJ/h], 1[h]=3600[s]

40. 방열벽을 통해 실외에서 실내로 열이 전달될 때, 실외측 열전달계수가 $0.02093 kW/m^2 \cdot K$, 실내측 열전달계수가 $0.00814 kW/m^2 \cdot K$, 방열벽 두께가 0.2m, 열전도가 $5.8 \times 10^{-5} kW/m \cdot K$일 때, 총괄열전달계수($kW/m^2 \cdot K$)는?

① 4.54×10^{-3}
② 2.77×10^{-4}
③ 4.82×10^{-4}
④ 5.04×10^{-3}

해설 ▶열통과율

$$K = \cfrac{1}{\cfrac{1}{\alpha_1} + \cfrac{l}{\lambda} + \cfrac{1}{\alpha_2}}$$

여기서, K : 열관류율, 총괄열전달계수($kW/m^2 \cdot K$)
α_1 : 외측열전달계수($kW/m^2 \cdot K$)
α_2 : 실내측열전달계수($kW/m^2 \cdot K$)
λ : 열전도도($kW/m \cdot K$)
l : 벽의두께(m)

$$K = \cfrac{1}{\cfrac{1}{0.02093} + \cfrac{0.2}{5.8 \times 10^{-5}} + \cfrac{1}{0.00814}} = 2.773 \times 10^{-4} [kW/m^2 \cdot K]$$

공조냉동기계산업기사 SI 단위 계산문제 답안

1	2	3	4	5	6	7	8	9	10
③	②	③	②	①	②	②	②	④	③
11	12	13	14	15	16	17	18	19	20
④	②	②	③	①	②	②	①	④	②
21	22	23	24	25	26	27	28	29	30
③	②	③	②	③	③	④	④	②	②
31	32	33	34	35	36	37	38	39	40
②	③	④	②	①	②	③	③	②	②

공조냉동기계산업기사

과년도 출제문제

(2012.03.04. 시행)

제1과목 공기조화(공기조화설비)

01 다음 중 용어와 난방방식의 조합이 틀린 것은?

㉮ 리버스 리턴 : 온수난방
㉯ MRT : 복사난방
㉰ 온도조절식 트랩 : 증기난방
㉱ 팽창 탱크 : 증기난방

해설 ㉮ 리버스 리턴 : 온수난방의 환수 방식
㉯ MRT(Mean Radint Temperature) : 평균복사온도
㉰ 온도조절식 트랩 : 증기난방 시 응축수를 원활히 환수시키기 위해 사용한다.
㉱ 팽창 탱크 : 온수난방 시 온수의 체적팽창을 흡수하기 위해 사용한다.

02 냉수 코일 설계에 관한 설명 중 옳은 것은?

㉮ 대수 평균 온도차(MTD)를 크게 하면 코일의 열수가 많아진다.
㉯ 냉수의 속도는 2m/s 이상으로 하는 것이 바람직하다.
㉰ 코일을 통과하는 풍속은 2~3m/s가 경제적이다.
㉱ 물의 온도 상승은 일반적으로 15℃ 전후로 한다.

해설 ㉮ 대수 평균 온도차(MTD)를 크게 하면 코일의 열수가 작아진다.
㉯ 냉수의 속도는 1m/s 이상으로 하는 것이 바람직하다.
㉱ 물의 온도 상승은 일반적으로 5℃ 전후로 한다.

03 덕트의 설계에서 고려해야 할 사항으로 맞는 것은?

㉮ 취출구 또는 흡입구와 송풍기까지는 가능한 한 길게 설계한다.
㉯ 덕트의 굴곡이나 변형 등 저항 증가 요소를 많게 하여 송풍 동력을 증가시킨다.
㉰ 극장, 방송국 스튜디오 등에는 반드시 고속덕트로 설계하여 공기조화목적을 달성할 수 있어야 한다.
㉱ 덕트 내의 압력손실은 덕트공의 기능도, 접합방법 등에 의하여 달라질 수 있기 때문에 주의하여야 하며 각 덕트가 분기되는 지점에 댐퍼를 설치하여 압력의 평형을 유지할 수 있도록 한다.

정답 01 ㉱ 02 ㉰ 03 ㉱

해설
㉮ 취출구 또는 흡입구와 송풍기까지는 가능한 한 짧게 설계한다.
㉯ 덕트의 굴곡이나 변형 등 저항 감소 요소를 많게 하여 송풍 동력을 줄여준다.
㉰ 극장, 방송국, 스튜디오 등에는 소음을 줄이기 위해 저속덕트를 설계하여 공기조화 목적을 달성할 수 있어야 한다.

04 보일러에서 연료를 연소하는 데에는 연소에 필요한 산소량을 알면 공기량을 산출할 수 있지만, 이 공기량만으로는 완전연소가 곤란하다. 따라서 연료를 완전연소시키기 위해서는 더 많은 공기가 필요한데, 실제로 필요한 공기량과 이론적인 공기량의 비를 무엇이라 하는가?

㉮ 실제공기계수　㉯ 연기공기계수
㉰ 공기과잉계수　㉱ 필요공기계수

해설
$A = m \times A_o \rightarrow m = \dfrac{A}{A_o}$

여기서, A : 실제공기량
　　　　A_o : 이론공기량
　　　　m : 과잉공기계수

05 열원방식의 특징으로 맞는 것은?

㉮ 흡수식 냉동기 : 피크전력부하 경감
㉯ 축열방식 : 심야전력 이용곤란
㉰ 지역냉난방방식 : 대기오염 심각
㉱ 열펌프 : 폐열발생

해설
㉯ 축열방식 : 심야전력을 이용하여 열을 축적한 뒤 피크부하 시 사용한다.
㉰ 지역난방방식 : 한 곳에서 집중적으로 난방하고 폐열회수장치와 대기오염 저감장치 등을 설치하게 때문에 대기오염을 감소시킬 수 있다.
㉱ 열펌프 : 4방 밸브를 이용한 냉난방 장치로 폐열이 발생하지 않는다.

06 온도 30℃ 습공기의 절대습도는 0.00104kg/kg이다. 엔탈피(kcal/kg)은 약 얼마인가?

㉮ 10.1　　㉯ 9.2
㉰ 8.6　　㉱ 7.8

해설
$h = 0.24 \times 30 + 0.00104 \times (597.5 + 0.44 \times 30)$
$\quad = 7.8 \text{kcal/kg}$

$h = C_p \cdot t + x(r + C_{vp} \cdot t)$
$\quad = 0.24t + x(597.5 + 0.44t)$

여기서, C_p : 건공기 정압비열 0.24[kcal/kg·℃]
　　　　C_{vp} : 수증기 정압비열 0.44[kcal/kg·℃]
　　　　t : 습공기의 온도[℃]
　　　　x : 습공기의 절대습도 [kg/kg]
　　　　r : 0도시 포화수 증발잠열 597.5[kcal/kg]

07 열교환기의 열관류율을 달라지게 하는 인자와 거리가 먼 것은?

㉮ 유체의 유속
㉯ 내구성
㉰ 전열면의 재질
㉱ 전열면의 오염 정도

해설 열교환기의 열관류율을 달라지게 하는 인자
유체의 유속, 전열면의 재질, 전열면의 오염 정도

08 송풍기에 관한 설명 중 틀린 것은?

㉮ 압력이 10kPa 이하는 일반적으로 팬(Fan)이라 한다.
㉯ 송풍기의 크기가 일정할 때 압력은 회전속도비의 2제곱에 비례하여 변화한다.
㉰ 회전속도가 같을 때 동력은 송풍기 임펠러 지름비의 3제곱에 비례하여 변화한다.
㉱ 일반적으로 원심송풍기에 사용되는 풍량제어 방법에는 회전수제어, 베인제어, 댐퍼제어 등이 있다.

[해설] ㉰ 회전속도가 같을 때 동력은 송풍기 임펠러 지름비의 5제곱에 비례하여 변화한다.

09 다음 중 실내 발열부하가 아닌 것은?

㉮ 펌프부하
㉯ 조명부하
㉰ 인체부하
㉱ 기구부하

[해설] ㉮ 펌프부하는 기계부하이며 실내부하로 볼 수 없다.
• 실내 발열부하
조명부하, 인체부하, 기구부

10 각 실마다 전기스토브나 기름난로 등을 설치하여 난방을 하는 방식은?

㉮ 온돌난방
㉯ 중앙난방
㉰ 지역난방
㉱ 개별난방

[해설] 각 실마다 전기스토브나 기름난로 등을 설치하여 난방하는 방식은 개별난방 방식이다.

11 냉방부하에 관한 설명이다. 옳은 것은?

㉮ 조명에서 발생하는 열량은 잠열로서 외기부하에 해당된다.
㉯ 상당외기온도차는 방위, 시각 및 벽체 재료 등에 따라 값이 정해진다.
㉰ 유리창을 통해 들어오는 부하는 태양 복사열만 계산한다.
㉱ 극간풍에 의한 부하는 실내외 온도차에 의한 현열만을 계산한다.

[해설] ㉮ 조명에서 발생하는 열량은 현열로서 실내부하에 해당된다.
㉰ 유리창을 통해 들어오는 부하는 태양의 복사열, 실의 방위 등을 고려하여 계산한다.(그 외 틈새바람, 환기부하 등은 간접적으로 고려한다.)
㉱ 극간풍에 의한 부하는 실내외 온도차에 의한 현열과 잠열을 함께 계산한다.

12 구조체의 결로방지에 관한 설명이다. 옳지 않은 것은?

㉮ 표면결로를 방지하기 위해서는 다습한 외기를 도입하지 않는다.
㉯ 내부결로를 방지하기 위해서는 실내측보다 실외 측에 방습막을 부착하는 것이 바람직하다.
㉰ 유리창의 경우는 공기층이 밀폐된 2중 유리를 사용한다.
㉱ 공기와의 접촉면 온도를 노점온도 이상으로 유지한다.

[해설] ㉯ 내부결로를 방지하기 위해서는 실내 측에 방습막을 부착하는 것이 바람직하다.

[정답] 08 ㉰ 09 ㉮ 10 ㉱ 11 ㉯ 12 ㉯

13 클린룸 설비에 있어 실내기류에 따른 방식에 해당되지 않는 것은?

㉮ 수직층류방식
㉯ 수평층류방식
㉰ 비층류방식
㉱ 직교류층류방식

해설 클린룸 설비의 실내기류 형식에 따른 분류
① 수직층류방식
② 수평층류방식
③ 비층류방식(난류식)

14 일반적인 난방부하 계산 시 포함되지 않는 난방부하 경감요인에 해당하는 것은?

㉮ 침입외기 영향
㉯ 일사영향
㉰ 외기도입 영향
㉱ 벽체의 관류영향

해설 ㉮ 침입외기 영향 : 난방부하 증가 요인
㉯ 일사영향 : 난방부하 경감 요인
㉰ 외기도입 영향 : 난방부하 증가 요인
㉱ 벽체의 관류영향 : 난방부하 증가 요인

15 실내취득열량 중 현열이 25,000kcal/h일 때, 실내온도를 26℃로 유지하기 위해 14℃의 공기를 송풍하고자 한다. 송풍량은 약 얼마(m³/min)인가? (단, 공기의 비열은 0.24kcal/kg·℃, 공기의 비중량은 1.2kg/m³로 한다.)

㉮ 7,233.8
㉯ 10,416.7
㉰ 173.6
㉱ 120.6

해설
$$q = \frac{25000\frac{kcal}{h}}{1.2\frac{kg}{m^3} \times 0.24\frac{kcal}{kg\cdot℃} \times (26-14)℃} = 7233[m^3/h]$$

$$\therefore \frac{7233\frac{m^3}{h}}{60\frac{min}{h}} = 120.56[m^3/min]$$

$Q = GC\triangle T$
$Q = q \times 1.2 \times 0.24 \times \triangle T$
여기서, Q : 열량[kcal/h]
　　　　q : 풍량[m³/h]
　　　　공기비중량 : 1.2[kg/m³]
　　　　C : 공기비열[kcal/kg·℃]
　　　　$\triangle T$: 온도차[℃]
　　　　G : 유체의 순환량[kg/h]

16 다음 중 용어와 단위가 잘못된 것은?

㉮ 열수분비 : %
㉯ 음의 강도 : watt/m²
㉰ 비열 : kcal/kg℃
㉱ 일사강도 : kcal/m²h

해설 열수분비
$$U(열수분비) = \frac{dh(엔탈피 변화량)}{dx(수분의 변화량)}[kcal/kg]$$

17 변풍량 단일덕트 방식(VAV방식)에 대한 설명 중 틀린 것은?

㉮ Zone 또는 각 방마다 설치한 변풍량 유닛에 의해 실내 기류에 따라 송풍량을 조절하는 방식이다.
㉯ 동시 사용률을 고려하여 기기용량을 결정할 수 있으므로 설비용량을 적게 할 수 있다.
㉰ 칸막이 변경이나 부하 증감에 대하여 적응성이 좋다.
㉱ 부분부하 시 송풍기 동력을 절감할 수 있다.

정답 13 ㉱ 14 ㉯ 15 ㉱ 16 ㉮ 17 ㉮

해설 ㉮ 취출덕트 부분에 변풍량 유닛을 설치하여 실내 기류에 따라 송풍량을 조절하는 방식이다.

18 에어와셔의 엘리미네이터의 더러워짐을 방지하기 위해 상부에 설치하여 물을 분무하여 청소를 하는 것은?

㉮ 플러딩 노즐
㉯ 루버
㉰ 분무 노즐
㉱ 스탠드 파이프

해설 에어와셔의 엘리미네이터의 더러워짐을 방지하기 위해 상부에 설치하여 물을 분무하여 청소를 하는 것을 플러딩 노즐이라고 한다.

19 지붕 구조체의 열관류율 0.48(W/m²℃), 면적 200m², 냉방부하온도차(CLTD) 34℃, 실내온도 26℃일 때 관류에 의한 냉방부하는 얼마인가?

㉮ 768W
㉯ 2,496W
㉰ 2,880W
㉱ 3,264W

해설 $Q = 0.48 \frac{W}{m^2 \cdot ℃} \times 200m^2 \times 34℃ = 3264[W]$

$Q = KF\triangle T$

여기서, K : 열관류율 [W/m²·℃]
F : 면적[m²]
$\triangle T$: 온도차[℃]

20 온수난방의 배관 방식이 아닌 것은?

㉮ 역환수식   ㉯ 진공환수식
㉰ 단관식   ㉱ 복관식

해설 • 온수난방
① 배관 방식에 따른 분류 : 단관식, 복관식, 역환수방식
② 순환방식에 따른 분류 : 자연순환식, 강제순환식

• 증기난방
① 배관 방식에 따른 분류 : 단관식, 복관식
② 환수 방식에 따른 분류 : 중력환수식, 진공환수식, 기계환수식

제2과목 | 냉동공학(냉동냉장설비)

21 다음 보기의 내용 중 맞는 것으로 짝지어진 것은?

[보기]
① 냉동기유는 NH₃액보다 가볍다.
② NH₃는 냉동기유에 용해하기 어렵지만 R-12는 기름에 잘 용해한다.
③ R-22는 일정한 고온에서는 냉동기유에 잘 용해되며 저온에서는 잘 용해되지 않는다.
④ 증발기 중에서 냉동기유는 R-12의 액 위에 분리하여 뜬다.

㉮ ①, ②   ㉯ ②, ③
㉰ ①, ④   ㉱ ①, ③

해설 ① 냉동기유는 NH₃액보다 무겁다.
④ 증발기 중에서 냉동기유는 R-12에 융해되어 순환한다.

정답 18 ㉮ 19 ㉱ 20 ㉯ 21 ㉯

22 할라이드 토치로 누설을 탐지할 때 누설이 있는 것에서는 토치의 불꽃색깔이 어떻게 되는가?

㉮ 흑색
㉯ 파란색
㉰ 노란색
㉱ 녹색

[해설] 헬라이드 토치는 프레온 냉매 누설검지기로 불꽃의 색깔을 이용해 누설 여부를 판별하며 일반적으로 프레온 누설부에 불꽃을 대면 불꽃색이 녹색으로 변한다.

23 다음은 증발식 응축기에 관한 설명이다. 잘못된 것은?

㉮ 구조가 간단하고 압력강하가 작다.
㉯ 일반 수랭식에 비하여 전열작용이 나쁘다.
㉰ 대기의 습구온도 영향을 많이 받는다.
㉱ 물의 증발잠열을 이용하여 냉각하므로 냉각수가 적게 든다.

[해설] ㉮ 다른 응축기에 비해 구조가 복잡하고 압력강하가 크다.

24 다음 무기질 브라인 중에 동결점이 제일 낮은 것은?

㉮ $MgCl_2$
㉯ $CaCl_2$
㉰ H_2O
㉱ $NaCl$

[해설] 무기질 브라인의 공정점
① 염화나트륨($NaCl$) : -21℃
② 염화마그네슘($MgCl_2$) : -33.6℃
③ 염화칼슘($CaCl_2$) : -55℃

25 팽창밸브 직전 냉매의 온도가 낮아짐에 따라 증발기의 능력은 어떻게 되는가?

㉮ 냉매의 온도가 낮아지면 냉매 조절장치가 동작할 것으로 증발기의 능력에 변화가 없다.
㉯ 냉매의 온도가 낮아지면 증발기의 능력도 감소한다.
㉰ 냉매온도가 낮아짐에 따라 증발기의 능력은 증가한다.
㉱ 증발기의 능력은 크기와 과열도 등에 관계되므로 증발기의 능력에는 변화가 없다.

[해설] 팽창밸브 직전 냉매의 온도가 낮아지면 과냉각 사이클이 되므로 증발기의 능력은 증가한다.

26 1RT 냉동기의 수랭식 응축기에 있어서 냉각수 입구 및 출구온도를 10℃, 20℃로 하기 위하여 약 얼마의 냉각수가 필요한가? (단, 공기조화용이며 응축기방열량은 20% 추가할 것)

㉮ 5.5L/min
㉯ 6.6L/min
㉰ 332L/min
㉱ 400L/min

해설 ① 냉각수량

$$Q = GC\Delta T \rightarrow G = \frac{Q}{C\Delta T}$$

$$G = \frac{1 \times 3320 \times 1.2 \frac{kcal}{h}}{1 \frac{kcal}{kg \cdot ℃} \times (20-10)℃} = 398.4 [kg/h]$$

※ 냉각수의 양을 구하기 위해서는 응축기 부하를 기준으로 한다.

② 단위환산

$$\frac{398.4 \frac{L}{h}}{60 \frac{min}{h}} = 6.6 [L/min]$$

※ 단위 환산 힌트 : 물 1L = 1kg

27 왕복동식 냉동기의 기동부하를 경감시키는 방법이 아닌 것은?

㉮ 바이패스법
㉯ 클리어런스 증대법
㉰ 언로더 시스템법
㉱ 흡입댐퍼 조절법

해설 ㉱ 흡입댐퍼 조절법은 원심식(터보) 압축기의 용량 조정 방법에 속한다.

28 일의 열당량(A)을 옳게 표시한 것은?

㉮ A = 427kg·m/kcal
㉯ A = $\frac{1}{427}$ kcal/kg·m
㉰ A = 102kg·m
㉱ A = 860kg·m/kcal

해설 ① 일의 열당량 : $\frac{1}{427}$ [kcal/kg·m]
② 열의 일당량 : 427 [kg·m/kcal]

29 카르노 사이클(Carnot Cycle)의 가역과정 순서를 올바르게 나타낸 것은?

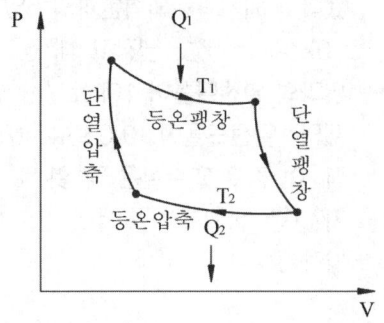

㉮ 등온팽창 → 단열팽창 → 등온압축 → 단열압축
㉯ 등온팽창 → 단열압축 → 단열팽창 → 등온압축
㉰ 등온팽창 → 등온압축 → 단열압축 → 단열팽창
㉱ 등온팽창 → 단열팽창 → 단열압축 → 등온압축

해설 카르노 사이클 가역과정 순환 순서
등온팽창 → 단열팽창 → 등온압축 → 단열압축

정답 27 ㉱ 28 ㉯ 29 ㉮

30 냉장고의 방열재의 두께가 200mm인데 냉각효과를 좋게 하기 위해 300mm로 했다. 외기와 외벽면과의 열전달률이 20kcal/m²h℃, 냉장고 내 공기와 내벽면과의 열전달률이 10kcal/m²h℃, 방열재의 열전도율이 0.035kcal/m²h℃이다. 이 경우 열손실은 약 몇 % 감소하는가? (단, 방열재 이외의 열전도저항은 무시하는 것으로 한다.)

㉮ 18 ㉯ 33
㉰ 45 ㉱ 62

해설 열손실 감소율 $= \dfrac{l_2 - l_1}{l_2} \times 100 [\%]$

$\dfrac{300 - 200}{300} \times 100 = 33 [\%]$

31 냉동장치의 온도를 일정하게 유지하기 위하여 사용되는 온도제어기(Thermostat)의 방식으로 적당하지 않은 것은?

㉮ 바이메탈식
㉯ 건습구식
㉰ 증기 압력식
㉱ 전기 저항식

해설 냉동장치의 온도제어기
바이메탈식, 증기압력식, 전기저항식

32 0℃와 100℃ 사이의 물을 열원으로 역카르노 사이클로 작동되는 냉동기(ε_C)와 히트펌프(ε_H)의 성적계수는 각각 얼마인가?

㉮ $\varepsilon_C = 1.00$, $\varepsilon_H = 2.00$
㉯ $\varepsilon_C = 3.54$, $\varepsilon_H = 4.54$
㉰ $\varepsilon_C = 2.12$, $\varepsilon_H = 3.12$
㉱ $\varepsilon_C = 2.73$, $\varepsilon_H = 3.73$

해설
$\varepsilon_c = \dfrac{q_L}{Aw} = \dfrac{T_2}{T_1 - T_2} = \dfrac{0 + 273}{(100 + 273) - (0 + 273)} = 2.73$

$\varepsilon_H = \dfrac{q_h}{Aw} = \dfrac{T_1}{T_1 - T_2} = \dfrac{100 + 273}{(100 + 273) - (0 + 273)} = 3.73$

33 흡수식 냉온수기에서 기내로 유입된 공기와 기내에서 발생한 불응축가스를 기외로 방출하는 장치는?

㉮ 흡수장치 ㉯ 재생장치
㉰ 압축장치 ㉱ 추기장치

해설 추기장치 : 흡수식 냉온수기에서 기내로 유입된 공기와 기내에서 발생한 불응축가스를 기외로 방출하는 장치

34 냉동장치의 안전장치가 아닌 것은?

㉮ 안전밸브
㉯ 가용전, 파열판
㉰ 고압차단스위치
㉱ 응축압력 조절밸브

해설 냉동장치에 사용되는 안전장치
안전밸브, 가용전, 파열판, 고압차단스위치(HPS), 저압차단스위치(LPS), 고저압차단스위치(DPS), 증발압력조정밸브(EPR), 흡입압력조정밸브(SPR)

35 진공압력 200mmHg를 절대압력으로 환산하면 약 얼마인가?
(단, 대기압은 1.033kgf/cm²이다.)

㉮ 0.52kgf/cm² ㉯ 0.76kgf/cm²
㉰ 1.72kgf/cm² ㉱ 3.52kgf/cm²

해설 ① 단위환산
$$\frac{200\text{mmHg}}{760\text{mmHg}} \times 1.033\text{kg/cm}^2 = 0.27\text{kg/cm}^2\text{v}$$
② 절대압력 계산
절대압력 = 1.033 − 0.27 = 0.76kg/cm²a

36 프레온 냉동장치에 공기가 유입되면 어떠한 현상이 일어나는가?

㉮ 고압이 공기의 분압만큼 낮아진다.
㉯ 고압이 높아지므로 냉매 순환량이 많아지고 냉동능력도 증가한다.
㉰ 토출가스의 온도가 상승하므로 응축기의 열통과율이 높아지고 방출열량도 증가한다.
㉱ 냉동톤당 소요동력이 증가한다.

해설 ㉮ 고압이 공기의 분압만큼 높아진다.
㉯ 고압이 높아지므로 냉매 순환량이 작아지고 냉동능력도 감소한다.
㉰ 토출가스의 온도가 상승하므로 응축기 열통과율이 낮아지고 방출열량도 감소한다.

37 20℃의 물 1kg을 냉각하여 -9℃의 얼음으로 만들고자 할 때 제빙에 필요한 냉동능력을 구하려고 한다. 이때 필요한 값이 아닌 것은?

㉮ 얼음의 비체적
㉯ 물의 비열
㉰ 물의 응고잠열
㉱ 얼음의 비열

해설 20℃ 물을 냉각하여 현열과 잠열구간을 거쳐 -9℃ 얼음으로 만들고자 할 때 필요 냉동능력을 구하려면 물의 비열, 물의 응고잠열, 얼음의 비열 값이 필요하다

38 냉장고 중 쇼케이스(Show Case)의 종류에 해당되지 않는 것은?

㉮ 리칭(Reach)형 쇼케이스
㉯ 밀폐형 쇼케이스
㉰ 개방형 쇼케이스
㉱ 유닛소형 쇼케이스

해설 냉장고 쇼케이스의 종류
리칭형 쇼케이스, 밀폐형 쇼케이스, 개방형 쇼케이스

39 흡수식 냉동시스템에서 냉매의 순환방향으로 올바른 것은?

㉮ 압축기 → 응축기 → 증발기 → 열교환기 → 압축기
㉯ 증발기 → 흡수기 → 발생기(재생기) → 응축기 → 증발기
㉰ 압축기 → 응축기 → 팽창장치 → 증발기 → 압축기
㉱ 증발기 → 열교환기 → 발생기(재생기) → 흡수식 → 증발기

해설 흡수식 냉동시스템의 냉매 순환방향
증발기 → 흡수기 → 발생기(재생기) → 응축기 → 증발기

정답 35 ㉯ 36 ㉱ 37 ㉮ 38 ㉱ 39 ㉯

40 원통다관식 암모니아 만액식 증발기의 원통(셸) 내의 냉매액은 어느 정도 차도록 하는 것이 적당한가?

㉮ 원통 높이의 1/4~1/2
㉯ 원통 길이의 1/4~1/2
㉰ 원통 높이의 1/2~3/4
㉱ 원통 길이의 1/2~3/4

해설 원통다관식 암모니아 만액식 증발기의 원통(셸) 내의 냉매액은 원통 높이의 1/2~3/4 정도로 유지한다.

제3과목 | 배관일반(공조냉동설치운영 1)

41 옥내 급수관에서 20A 급수전 4개에 급수하는 주관의 관경을 정하는 방법 중에서 아래의 급수관 균등표를 사용하여 관경을 구한 것으로 맞는 것은?

[기구의 동시 사용률]

기구수	2	3	4	5	10	15	20
동시 사용률 (%)	100	80	75	70	53	48	44

[급수관의 균등표]

관지름(A)	15	20	25	32	40	50
15	1					
20	2	1				
25	3.7	1.8	1			
32	7.2	3.6	2	1		
40	11	5.3	2.9	1.5	1	
50	20	10.0	5.5	2.8	1.9	1

㉮ 25A
㉯ 32A
㉰ 40A
㉱ 50A

해설
① 기구의 동시 사용률 표에서 급수기구 4개를 사용할 때 동시사용률이 75%이므로 : $4 \times 0.75 = 3$개
② 급수관의 균등표에서 20A 급수관 사용시 급수기구수 3개와 가까운 수치의 관지름을 찾으면 32A가 된다.

42 플랜지 관이음쇠의 시트 모양에 따른 용도에서 위험성이 있는 유체의 배관 및 기밀을 요하는 배관에 가장 적합한 것은?

㉮ 홈꼴형 시트
㉯ 소평면 시트
㉰ 대평면 시트
㉱ 삽입형 시트

해설 플랜지 관이음쇠의 시트 모양 중 위험성이 있는 유체의 배관 및 기밀을 요하는 배관에는 홈꼴형 시트를 사용한다.

43 증기난방의 분류에 해당되지 않는 것은?

㉮ 중력 환수식
㉯ 진공 환수식
㉰ 정압 환수식
㉱ 기계 환수식

해설
• 증기난방
 ① 배관방식에 따른 분류 : 단관식, 복관식
 ② 환수방식에 따른 분류 : 중력환수식, 진공환수식, 기계환수식
• 온수난방
 ① 배관방식에 따른 분류 : 단관식, 복관식, 역환수방식
 ② 순환방식에 따른 분류 : 자연순환식, 강제순환식

정답 40 ㉰ 41 ㉯ 42 ㉮ 43 ㉰

44 관 내에 분리된 증기나 공기를 배출하고 물의 팽창에 따른 위험을 방지하기 위해 설치하는 것은?

㉮ 순환탱크
㉯ 팽창탱크
㉰ 옥상탱크
㉱ 압력탱크

해설 팽창탱크 : 온수보일러의 배관 내부에서 불리된 증기나 공기를 배출하고 물의 팽창에 따른 위험성을 방지하기 위해 설치한다.

45 통기관의 종류가 아닌 것은?

㉮ 각개통기관
㉯ 루프통기관
㉰ 신정통기관
㉱ 분해통기관

해설 통기관의 종류
각개통기관, 루프(회로)통기관, 신정통기관, 도피통기관, 결합통기관, 습윤통기관, 공용통기관

46 온수난방에서 역귀환 방식(Reverse Return System)을 채택하는 주된 이유는?

㉮ 순환펌프를 설치하기 위해
㉯ 배관의 길이를 축소하기 위해
㉰ 열손실과 발생소음을 줄이기 위해
㉱ 건물 내 각실의 온도를 균일하게 하기 위해

해설 배관계에 다수의 방열기를 취급할 때 배관의 길이가 다르면 실내 온도 분포가 불균일하다. 이때 가장 먼 방열기에 환수주관을 설치하여 순환배관 길이를 동일하게 하는 방식으로 배관 길이가 길어지고 마찰손실은 증가하지만 실의 온도 분포를 균일하게 할 수 있다.

47 온수난방 배관의 분류와 합류를 나타낸 것으로 적합하지 않은 것은?

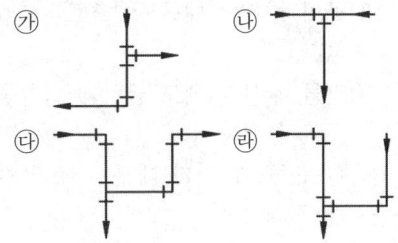

해설 분류와 합류지점에는 신축이음이 필요하다.
위 그림들은 스위블 이음의 개략도로 엘보를 2개 이상 사용하여 배관을 우회시키는 방법이다. 이때 ㉯ 배관의 이음쇠는 티이음만 사용되었으므로 스위블 이음으로 볼 수 없다.

48 개방형 팽창탱크의 특징이 아닌 것은?

㉮ 설치가 어렵고 설치비가 고가이다.
㉯ 산소가 용해되어 배관 부식의 원인이 된다.
㉰ 설치 위치에 제약이 따른다.
㉱ 공기배출을 위하여 탱크를 대기에 개방시킨다.

해설 ㉮ 개방형 팽창탱크는 밀폐식에 비해 설치가 쉽고 저가이다.

정답 44 ㉯ 45 ㉱ 46 ㉱ 47 ㉯ 48 ㉮

49 중앙식 급탕방법의 장점으로 맞는 것은?
㉮ 배관 길이가 짧아 열손실이 적다.
㉯ 탕비장치가 대규모이므로 열효율이 좋다.
㉰ 건물 완성 후에도 급탕개소의 증설이 비교적 쉽다.
㉱ 설비규모가 적기 때문에 초기 설비비가 적게 든다.

해설 ㉮ 배관 길이가 길어 열손실이 크다.
㉰ 건물 완성 후에는 급탕개소의 증설이 어렵다.
㉱ 설비 규모가 크기 때문에 초기 설비비가 많이 든다.

50 플레어 관이음쇠에 의한 접합은 어느 관에서 사용하는가?
㉮ 강관　　　㉯ 동관
㉰ 염화비닐관　㉱ 시멘트관

해설 플레어 이음 : 압축 이음이라고도 하며 동관의 끝을 나팔 모양으로 성형하여 플레어 볼트와 플레어 너트를 체결하는 이음쇠

51 덕트 제작에 이용되는 심의 종류가 아닌 것은?
㉮ 스탠딩 심　㉯ 포켓펀치 심
㉰ 피츠버그 심　㉱ 로크 그루브 심

해설 덕트 이음시 사용되는 심의 종류
① 피츠버그 심
② 버튼펀치스냅 심
③ 그루브 심(로크 그루브 심)
④ 더블 심
⑤ 스탠딩 심
※ 심(seam) : 덕트를 규격에 맞게 휘어서 이음하는 이음매(덕트뿐만 아니라 타 기기의 이음매 역시 심이라 부른다.)

52 배수 및 통기설비에서 배수 배관의 청소구 설치를 필요로 하는 곳이다. 틀린 것은?
㉮ 배수 수직관의 제일 밑부분 또는 그 근처
㉯ 배수 수평 주관과 배수 수평 분기관의 분기점
㉰ 길이가 긴 배수관의 중간지점으로 하되 100A 이상의 배수관은 10m 마다 설치
㉱ 배수관이 45° 이상의 각도로 방향을 전환하는 곳

해설 배수배관의 청소구 설치 위치
① 길이가 긴 배수관의 중간지점으로 하되 100A 이상의 배수관은 30m 마다 설치
② 길이가 긴 배수관의 중간지점으로 하되 100A 이하의 배수관은 15m 마다 설치

53 주철관의 용도로 적합하지 않은 것은?
㉮ 수도용　㉯ 가스용
㉰ 배수용　㉱ 냉매용

해설 주철관 : 내식성, 내마모성이 우수하여 급수관, 배수관, 도시가스 공급관, 통신용 케이블 매설관, 화학공업용관, 광산용 양수관 등 주로 매설관에 사용된다.

54 스케줄 번호에 의해 두께를 나타내는 관이 아닌 것은?
㉮ 수도용 아연도금 강관
㉯ 압력배관용 탄소강관
㉰ 고압 배관용 탄소강관
㉱ 배관용 합금강관

해설 수도용 아연도금 강관은 정수두 100m 이하의 수도용으로 사용되므로 큰 압력이 작용하지 않아 스케줄 번호로 나타내지 않는다

정답　49 ㉯　50 ㉯　51 ㉯　52 ㉰　53 ㉱　54 ㉮

55 급수장치에서 세정밸브를 사용하는 경우 최저 필요수압은 얼마인가?

㉮ 1kg$_f$/cm^2
㉯ 0.7kg$_f$/cm^2
㉰ 0.5kg$_f$/cm^2
㉱ 0.3kg$_f$/cm^2

해설 급수장치의 세정밸브를 사용하는 경우 최저 필요수압은 0.7kg$_f$/cm^2 이다.

56 펌프의 베이퍼룩 발생요인이 아닌 것은?

㉮ 액 자체 또는 흡입배관 외부의 온도가 상승할 경우
㉯ 펌프 냉각기가 작동하지 않거나 설치되지 않은 경우
㉰ 흡입관 지름이 크거나 펌프 설치 위치가 적당하지 않을 때
㉱ 흡입 관로의 막힘, 스케일 부착 등에 의한 저항의 증대

해설 ㉰ 흡입관 지름이 작거나 펌프 설치위치가 적당하지 않을 때

57 암모니아 냉동설비의 배관으로 사용하지 못하는 것은?

㉮ 배관용 탄소강 강관
㉯ 이음매 없는 동관
㉰ 저온 배관용 강관
㉱ 배관용 스테인리스 강관

해설 암모니아(NH$_3$)는 동 및 동합금을 부식시키므로 강관을 사용한다.

58 정압기 종류에서 구조와 기능이 우수하고 중압을 저압으로 감압하며, 일반 소비기기용이나 지구정압기에 널리 쓰이는 것은?

㉮ 레이놀드식 정압기
㉯ 피셔식 정압기
㉰ 엠코 정압기
㉱ 부종식 정압기

해설 레이놀드식 정압기 : 구조와 기능이 우수하고 중압을 저압으로 감압하며, 일반 소비기기용이나 지구정압기에 널리 쓰인다.

59 도시가스 입상관에 설치하는 밸브는 바닥으로부터 몇 m 이상에 설치해야 하는가?

㉮ 0.5m 이상 1m 이하
㉯ 1m 이상 1.5m 이하
㉰ 1.6m 이상 2m 이하
㉱ 2m 이상 2.5m 이하

해설 도시가스 입상관에 설치하는 밸브는 바닥으로부터 1.6m 이상 2m 이하에 설치해야 한다.

60 급수설비에서 급수펌프 설치 시 캐비테이션(Cavitation) 방지책에 대한 설명으로 틀린 것은?

㉮ 펌프의 회전수를 빠르게 한다.
㉯ 흡입배관은 굽힘부를 적게 한다.
㉰ 단흡입 펌프를 양흡입 펌프로 바꾼다.
㉱ 흡입관경은 크게 하고 흡입양정을 짧게 한다.

해설 ㉮ 펌프의 회전수를 느리게 한다.

정답 55 ㉯ 56 ㉰ 57 ㉯ 58 ㉮ 59 ㉰ 60 ㉮

제4과목 | 전기제어공학(공조냉동설치운영 2)

61 그림 (a)의 직렬로 연결된 저항회로에서 입력전압 V_i와 출력전압 V_o의 관계를 그림 (b)의 블록선도로 나타낼 때 A에 들어갈 전달함수는?

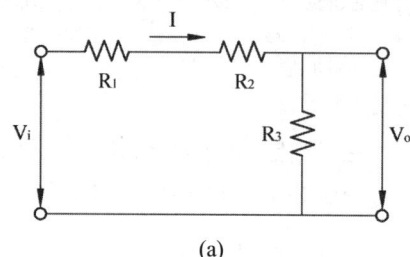

(a)

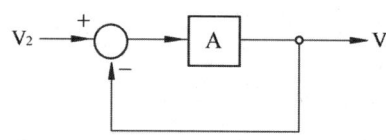

(b)

㉮ $\dfrac{R_3}{R_1 + R_2}$ ㉯ $\dfrac{R_1}{R_2 + R_3}$

㉰ $\dfrac{R_2}{R_1 + R_3}$ ㉱ $\dfrac{R_3}{R_1 + R_2 + R_3}$

해설 ① 블록선도의 출력
$V_o = (V_i - V_c)A$
② V_i와 V_o
$V_i = I(R_1 + R_2 + R_3)$
$V_o = IR_3$
③ A에 들어갈 전달함수
$A = \dfrac{V_o}{V_i - V_o} = \dfrac{IR_3}{I(R_1 + R_2 + R_3) - IR_3}$
$= \dfrac{R_3}{R_1 + R_2}$

62 그림과 같은 회로도의 논리식은 어떻게 되는가?

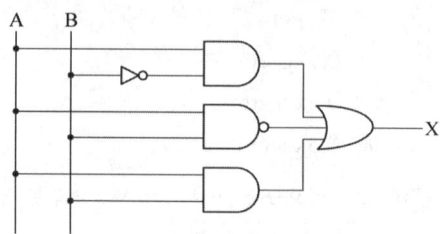

㉮ $\overline{A} \cdot B + \overline{A \cdot B} + A \cdot B = X$
㉯ $\overline{A} \cdot B + \overline{A \cdot B} + A \cdot \overline{B} = X$
㉰ $A \cdot \overline{B} + \overline{A \cdot B} + A \cdot B = X$
㉱ $(A \cdot B + A \cdot \overline{B}) + \cdot \overline{A \cdot B} = X$

해설 $A \cdot \overline{B} + \overline{A \cdot B} + A \cdot B = X$

63 170V, 50Hz 3상 유도전동기의 전부하 슬립이 4%이다. 공급전압이 5% 저하된 경우의 전부하 슬립은 약 몇 %인가?

㉮ 4.4   ㉯ 5.1
㉰ 5.6   ㉱ 7.4

해설 ① 전부하 슬립
$S_2 = S_1 \left(\dfrac{V_1}{V_2}\right)^2$
② $V_1 = 170[V]$
$V_2 = 170 \times (1 - 0.05)[V]$
③ $S_2 = 4 \times \left(\dfrac{170}{170 \times (1 - 0.05)}\right)^2 = 4.4$

64 유기 기전력은 어느 것에 관계되는가?

㉮ 시간에 비례한다.
㉯ 쇄교 자속수의 변화에 비례한다.
㉰ 쇄교 자속수에 반비례한다.
㉱ 쇄교 자속수의 변화에 반비례한다.

해설 기전력

$$e = N\frac{\varnothing}{t}$$

여기서, e : 기전력[V]
N : 극수
$\varnothing$: 자속
t : 시간[s]

65 그림과 같은 평형 3상 회로에서 전력계의 지시가 100W일 때 3상 전력은 몇 W 인가? (단, 부하의 역률은 100%로 한다.)

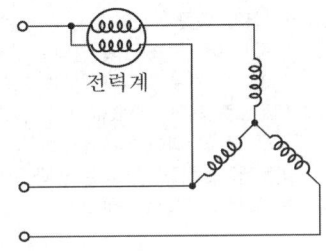

㉮ $100\sqrt{2}$ ㉯ $100\sqrt{3}$
㉰ 200 ㉱ 300

해설 $P_1+P_2=100+100=200$[W]
위 회로는 2전력계법 이며 평형 3상회로 이므로 각 코일에 걸리는 전력이 100W로 같다.

공식
① 1전력계법 = 3P
② 2전력계법 = P_1+P_2
③ 3전력계법 = $P_1+P_2+P_3$

66 그림은 VVVF를 이용한 속도 제어회로의 일부이다. 회로의 설명 중 옳은 것은?

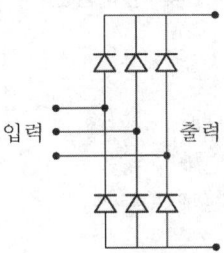

㉮ 교류를 직류로 변환하는 정류회로이다.
㉯ 교류의 PWM 제어회로이다.
㉰ 교류의 주파수를 변환하는 회로이다.
㉱ 교류의 전압으로 변환하는 인버터회로이다.

해설 위 회로는 VVVF를 이용한 속도 제어회로써 교류를 직류로 변환하는 정류회로이다.

67 3상 농형유도전동기의 특징으로 틀린 것은?

㉮ 슬립링이나 브러시 등을 사용하지 않으므로, 간단한 구조로 고장이 적으며, 유지보수가 간단하다.
㉯ 회전자의 구조가 간단하여 제작이 쉽다.
㉰ 상용전원을 직접 입력하여 운전 시, 발생토크와 고정자 전류 사이에는 선형관계가 성립하지 않는다.
㉱ 기동 시에는 회전자장을 만들 수 없어 기동장치를 필요로 한다.

해설 ㉱ 3상 이므로 기동시에 회전자장을 만들 수 있어 기동장치를 필요로 하지 않는다.

3상 농형 유도전동기
3상 교류로 회전자계를 생성하여, 도체의 양단을 모두 단락시킨 '농형 구조'로 농형 회전자를 이용한 전동기이다.(바구니모양, 다람쥐 쳇바퀴 모양)

정답 65 ㉰ 66 ㉮ 67 ㉱

68 공기콘덴서의 극판 사이에 비유전율 ε_s의 유전체를 채운 경우 동일 전위차에 대한 극판 간의 전하량은?

㉮ $\dfrac{1}{\varepsilon}$로 감소
㉯ ε배로 증가
㉰ 변하지 않음
㉱ $\pi\varepsilon$배로 증가

해설 콘덴서(C)
$$C = \dfrac{Q}{V} = \varepsilon_r \dfrac{A}{l}$$
여기서, Q : 전기량[C]
C : 정전용량[F]
V : 전압[V]
ε_r : 비유전율
A : 면적[m^2]
l : 거리[m]

69 제어명령을 증폭시켜 직접 제어대상을 제어시키는 부분을 무엇이라 하는가?

㉮ 조작부
㉯ 전송부
㉰ 검출부
㉱ 조절부

해설 피드백 제어의 요소
① 조절부 : 동작신호를 만드는 부분으로 기준입력 신호와 검출부의 신호를 합하여 제어계가 소요 작용을 하는데 필요한 신호를 만들어 조작부에 보내는 장치
② 조작부 : 조절부에서 받은 신호를 조작량으로 변환하여 제어대상에 보내는 장치
③ 검출부 : 제어대상으로부터 압력이나 온도, 유량 등의 제어량을 검출하여 신호로 만드는 역할을 하는 부분
(피드백 제어요소 중 전송부는 별도 존재하지 않는다.)

70 기계적 추치제어계로 그 제어량이 위치, 각도 등인 것은?

㉮ 자동조정
㉯ 정치제어
㉰ 프로그래밍제어
㉱ 서보기구

해설 추치제어 : 목표값이 임의의 변화에 대하여 추종하도록 구성된 제어로 목표값이 시간에 따라 변화되는 상태량을 제어한다.

추치제어의 종류
① 추종 제어 : 목표값이 임의로 변화되는 경우의 제어(서보기구 : 위치, 방향, 자세, 각도 등)
② 프로그램 제어 : 목표값의 변화량이 미리정해진 프로그램에 의하여 상태량을 제어한다.
③ 비율제어 : 목표값이 다른 양과 일정한 비율 관계를 갖는 상태량을 제어한다.

정치제어 : 목표값이 시간에 따라 변하지 않고 일정한 상태량을 제어하는 방식(프로세스 제어, 자동조정 제어, 온도제어 등)

71 다음 블록선도로 제어계를 구성하여, 계단함수 $\dfrac{1}{s}$을 입력하였다. 이때 시간이 충분히 지나 제어계가 정상상태가 되었을 때의 출력은?

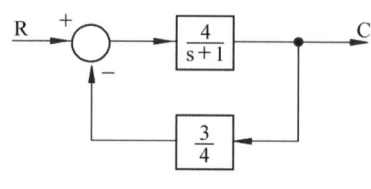

㉮ 0
㉯ 1
㉰ 4
㉱ 8

해설 ① 전체 전달함수

$$T(s) = \frac{C}{R} = \frac{패스경로}{1-피드백경로}$$

$$T(s) = \frac{\frac{4}{s+4}}{1-\frac{4}{s+1}\cdot\frac{3}{4}} = \frac{\frac{4}{s+4}}{1+\frac{3}{s+1}}$$

$$= \frac{\frac{4}{s+4}}{\frac{s+4}{s+1}} = \frac{4(s+1)}{(s+4)(s+1)} = \frac{4}{s+4}$$

② 계단함수 $\frac{1}{s}$을 입력하였으므로

$$T(s) = \frac{4}{s+4}\cdot\frac{1}{s} = \frac{4}{s(s+4)}$$

③ 역라플라스변환

$$\frac{A}{S} + \frac{B}{S+4}$$

$$A = \frac{4}{S+4}\mid_{s=0} \frac{4}{4} = 1$$

$$B = \frac{4}{S}\mid_{s=-4} \frac{4}{-4} = -1$$

④ 시간이 충분히 지나 제어계가 정상상태가 되었을 때의 출력 $f(t) = \infty$, $s = 0$
∴ $s = 0$일 때의 결과값은 1이 된다.

72 계단응답이 입력신호와 파형이 같고 크기만 증가하였다. 이 계의 요소는?

㉮ 미분요소
㉯ 비례요소
㉰ 1차 뒤진요소
㉱ 2차 뒤진요소

해설 비례요소
계단응답이 입력신호와 파형이 같고 크기만 증가하였을 때의 제어 요소

73 저항 20Ω인 전열기에 5A의 전류를 흘렸다면 소비전력은 몇 W인가?

㉮ 200   ㉯ 300
㉰ 400   ㉱ 500

해설 ① 옴의법칙 $I = \frac{V}{R}$
$V = IR = 5 \times 20 = 100[V]$
② 전력 $P = VI$
$P = 100 \times 5 = 500[W]$

74 교류 전기에서 실효치는?

㉮ $\frac{최대치}{2}$ ㉯ $\frac{최대치}{\sqrt{3}}$
㉰ $\frac{최대치}{\sqrt{2}}$ ㉱ $\frac{최대치}{3}$

해설 ① 실효값=최대값×0.707
실효값=$\frac{최대값}{\sqrt{2}}$
② 실효값=평균값×1.11
④ 평균값=최대값×0.637

75 절연저항 측정에 관한 설명으로 틀린 것은?

㉮ 절연체에 직류고전압을 가하면 누설전류가 흐르는 것을 이용한 것이다.
㉯ 선로의 사용 전압에 관계없이 절연저항 측정 시 선로에 일정한 전압을 인가한다.
㉰ 절연저항의 측정단위는 MΩ이다.
㉱ 옥내선로의 절연저항 측정 시에는 모든 부하 쪽의 선로를 개방해야 한다.

해설 ㉯ 절연저항 측정 시 선로의 사용 전압에 따라 서로 다른 전압을 인가한다.

정답 72 ㉯ 73 ㉱ 74 ㉰ 75 ㉯

76 그림과 같은 회로에서 R의 값은?

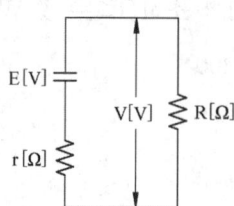

㉮ $\dfrac{E}{E-V}r$ ㉯ $\dfrac{E-V}{E}r$

㉰ $\dfrac{V}{E-V}r$ ㉱ $\dfrac{E-V}{V}r$

해설 ▶ 회로의 R값
$V = E \times \dfrac{R}{R+r} \to V(R+r) = ER$
$\to VR + Vr = ER \to Vr = ER - VR \to Vr = R(E-V)$
$R = \dfrac{V}{E-V}r$

77 다음의 블록선도와 등가인 블록선도는?

㉮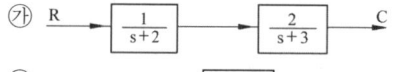

㉯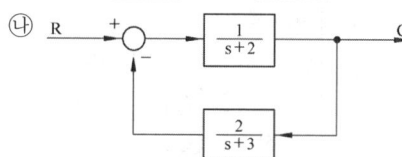

㉰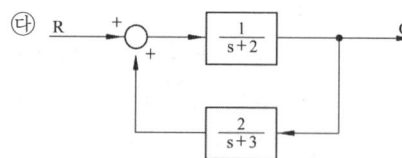

㉱ R ─┬─ $\dfrac{1}{s+2}$ ─┬─(+)→ C
         └─ $\dfrac{2}{s+3}$ ─┘(+)

해설 문제의 블록선도
$G(s) = \dfrac{C}{R} = \left(\dfrac{3s+7}{s+2}\right)\left(\dfrac{1}{s+3}\right) = \dfrac{3s+7}{(s+2)(s+3)}$

보기의 블록선도

① $G(s) = \dfrac{C}{R} = \left(\dfrac{1}{s+2}\right)\left(\dfrac{2}{s+3}\right) = \dfrac{2}{(s+2)(s+3)}$

② $G(s) = \dfrac{C}{R} = \dfrac{\dfrac{1}{s+2}}{1-\left(\dfrac{1}{s+2}\right)\left(\dfrac{2}{s+3}\right)}$

$= \dfrac{\dfrac{1}{s+2}}{1-\dfrac{2}{s^2+5s+6}} = \dfrac{\dfrac{1}{s+2}}{\dfrac{s^2+5s+6}{s^2+5s+6}-\dfrac{2}{s^2+5s+6}}$

$= \dfrac{\dfrac{1}{s+2}}{\dfrac{s^2+5s+4}{s^2+5s+6}} = \dfrac{\dfrac{1}{s+2}}{\dfrac{(s+1)(s+4)}{(s+2)(s+3)}}$

$= \dfrac{1\times(s+2)(s+3)}{(s+2)\times(s+1)(s+4)} = \dfrac{s+3}{(s+1)(s+4)}$

③ $G(s) = \dfrac{C}{R} = \dfrac{\dfrac{1}{s+2}}{1+\left(\dfrac{1}{s+2}\right)\left(\dfrac{2}{s+3}\right)}$

$= \dfrac{\dfrac{1}{s+2}}{1+\dfrac{2}{s^2+5s+6}} = \dfrac{\dfrac{1}{s+2}}{\dfrac{s^2+5s+6}{s^2+5s+6}+\dfrac{2}{s^2+5s+6}}$

$= \dfrac{\dfrac{1}{s+2}}{\dfrac{s^2+5s+8}{s^2+5s+6}} = \dfrac{1\times(s+2)(s+3)}{(s+2)\times(s^2+5s+8)}$

$= \dfrac{s+3}{s^2+5s+8}$

④ $G(s) = \dfrac{C}{R} = \left(\dfrac{1}{s+2}\right)+\left(\dfrac{2}{s+3}\right)$

$= \dfrac{s+3}{(s+2)(s+3)} + \dfrac{2\times(s+2)}{(s+2)(s+3)}$

$= \dfrac{s+3+2s+4}{(s+2)(s+3)} = \dfrac{3s+7}{(s+2)(s+3)}$

정답 76 ㉰   77 ㉱

78 그림과 같은 게이트회로에서 출력 Y는?

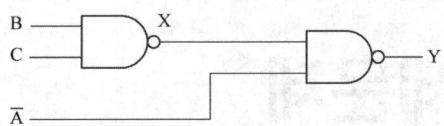

㉮ B + A · C
㉯ A + B · C
㉰ A + B · C
㉱ B + A · C

해설 해당 게이트회로의 출력Y
$Y = \overline{\overline{A} \cdot x} = \overline{\overline{A} \cdot \overline{B \cdot C}} = A + \overline{\overline{B} + \overline{C}} = A + BC$

79 50kVA 단상변압기 4대를 사용하여 부하에 공급할 수 있는 3상 전력은 최대 몇 kVA인가?

㉮ 100
㉯ 150
㉰ 173
㉱ 200

해설 V결선의 전력 : $P = \sqrt{3}\,Pa$
VV결선의 전력
$P = \sqrt{3} \times 50 \times 2 = 173 \text{kVA}$

80 제어요소가 제어대상에 주는 양은?

㉮ 기준입력
㉯ 동작신호
㉰ 제어량
㉱ 조작량

해설 ① 조작량 : 제어요소가 제어대상에게 주는 양
② 제어량 : 제어대상에 대한 전체량 가운데 제어코자하는 목적의 량
③ 기준입력신호 : 목표값과 피드백 신호를 비교하기 위하여 주 피드백 신호와 같은 종류의 신호로 목표값을 변화시켜 제어계의 폐쇄 루프에 입력하는 신호
④ 동작신호 : 주 피드백량과 기준입력을 비교하여 얻어진 편차량의 신호

정답 78 ㉯ 79 ㉰ 80 ㉱

공조냉동기계산업기사

과년도 출제문제

(2012.05.20. 시행)

제1과목 공기조화(공기조화설비)

01 극간풍량을 구하는 방법으로 옳지 않은 것은?

㉮ 환기횟수법
㉯ 창문 길이법
㉰ DOP법
㉱ 이용 빈도수에 의한 풍량

해설 극간풍량 산정법
① 환기횟수법
② 창문 틈새길이법
③ 창문 면적법
④ 이용 빈도수에 의한 방법

02 실내 냉방 시 냉동기용량 중 냉각코일용량에 속하지 않는 것은?

㉮ 송풍기 부하
㉯ 재열부하
㉰ 배관부하
㉱ 외기부하

해설 냉각코일 용량산정시 필요한 부하
송풍기부하, 재열부하, 외기부하

03 일반적으로 상대습도(%)가 가장 낮은 사업장은?

㉮ 렌즈 연마실
㉯ 빵 발효 식품 공장
㉰ 담배 원료 가공 공장
㉱ 반도체 공장

해설 반도체 공장은 기본적으로 클린룸을 채택하며 일정 온도를 유지하고 상대습도 낮추어 청정도를 높여 불량률을 줄인다.

04 펌프를 작동원리에 따라 분류할 때 왕복 펌프에 해당하지 않는 것은?

㉮ 피스톤 펌프
㉯ 베인 펌프
㉰ 버킷 펌프
㉱ 플런저 펌프

해설
① 터보형 : 원심식 펌프(볼류트, 터빈), 축류식 펌프, 사류식 펌프
② 왕복동식 : 피스톤 펌프, 플런저 펌프, 다이어프램 펌프, 버킷 펌프
③ 회전식 : 기어 펌프, 나사 펌프, 베인 펌프

정답 01 ㉰ 02 ㉰ 03 ㉱ 04 ㉯

05 어떤 실내의 현열량이 3,000kcal/h, 실내온도 25℃, 송풍기 출구온도 15℃일 때 실내 송풍량은 약 얼마인가? (단, 공기의 비열 0.24kcal/kg℃, 공기의 비중량 1.2kg/m³으로 한다.)

㉮ 1,071.43m³/h
㉯ 1,061.67m³/h
㉰ 1,051.43m³/h
㉱ 1,041.67m³/h

해설 $Q = GC\Delta T \rightarrow Q = q \times 1.2 \times 0.24 \times \Delta T$

$q = \dfrac{Q}{1.2 \times 0.24 \times \Delta T}$

$q = \dfrac{3000 \dfrac{kcal}{h}}{1.2 \dfrac{kg}{m^3} \times 0.24 \dfrac{kcal}{kg \cdot ℃} \times (25-15)℃}$

$= 1041.67 [m^3/h]$

06 보일러의 종류 중 원통보일러의 분류에 해당되지 않는 것은?

㉮ 폐열 보일러 ㉯ 입형 보일러
㉰ 노통 보일러 ㉱ 연관 보일러

해설 ㉮ 폐열 보일러 : 특수 보일러
㉯ 입형 보일러 : 원통 보일러
㉰ 노통 보일러 : 원통 보일러
㉱ 연관 보일러 : 원통 보일러

07 전열교환기의 일종으로 흡습성 물질이 엘리멘트를 적층시켜 원판 형태로 만든 로터와 로터를 구동하는 장치 및 케이싱으로 구성되어 있는 전열교환기는?

㉮ 고정형   ㉯ 정지형
㉰ 회전형   ㉱ 원판형

해설 회전형 전열교환기 : 흡습성 물질이 엘리멘트를 적층시켜 원판 형태로 만든 로터와 로터를 구동하는 장치 및 케이싱으로 구성되어 있는 전열교환기

08 하트포드(Hart Ford) 접속법에 대한 설명으로 틀린 것은?

㉮ 보일러의 물이 환수관에 역류하여 보일러 속의 수면이 저수위 이하로 내려가지 않도록 한다.
㉯ 보일러의 물이 환수관으로 들어가도록 하는 역할을 한다.
㉰ 균형관(밸런스관)은 보일러 사용수위보다 50mm 아래에 연결해야 한다.
㉱ 증기관과 환수관 사이에 균형관(밸런스관)을 설치한다.

해설 ㉯ 보일러 환수관에 누설이 발생하였을 때 환수관으로 물이 흘러가는 것을 막아 저수위 사고를 방지한다.

09 원심식 송풍기에 사용되는 풍량제어 방법이라고 할 수 없는 것은?

㉮ 댐퍼제어
㉯ 베인제어
㉰ 압력제어
㉱ 회전수제어

해설 원심식 송풍기 풍량제어 방법
① 송풍기 회전수 제어
② 댐퍼에 의한 제어
③ 흡입 베인에 의한 제어

정답 05 ㉱ 06 ㉮ 07 ㉰ 08 ㉯ 09 ㉰

10 복사난방의 특징을 설명한 것 중 맞지 않는 것은?

㉮ 외기온도 변화에 따라 실내의 온도 및 습도조절이 쉽다.
㉯ 방열기가 불필요하므로 가구배치가 용이하다.
㉰ 실내의 온도분포가 균등하다.
㉱ 복사열에 의한 난방이므로 쾌감도가 크다.

해설 ㉮ 외기온도 변화에 따라 실내의 온도 및 습도조절이 어렵다.

11 냉방 시 유리를 통한 일사 취득열량을 줄이기 위한 방법으로 옳지 않은 것은?

㉮ 유리창의 입사각을 적게 한다.
㉯ 투과율을 적게 한다.
㉰ 반사율을 크게 한다.
㉱ 차폐계수를 적게 한다.

해설 ㉮ 유리창의 입사각을 크게 한다.
※ 차폐계수 : 차폐 후 실내로 침입한 일사열의 비율

12 열수분비에 대한 설명 중 옳은 것은?

㉮ 상대습도의 변화량에 대한 전열량의 변화량의 비율
㉯ 상대습도의 변화량에 대한 절대습도의 변화량의 비율
㉰ 절대습도의 변화량에 대한 전열량의 변화량의 비율
㉱ 절대습도의 변화량에 대한 상대습도의 변화량의 비율

해설 열수분비 : 절대습도 변화량에 대한 전열량 변화량의 비율

$$U(열수분비) = \frac{dh(엔탈피\ 변화량)}{dx(수분의\ 변화량)}[\text{kcal/kg}]$$

13 공조용 가습장치 중 수분무식에 해당하지 않는 것은?

㉮ 원심식   ㉯ 초음파식
㉰ 분무식   ㉱ 적하식

해설 가습장치의 종류
① 수분무식 : 원심식, 초음파식, 분무식
② 증발식 : 회전식, 모세관식, 적하식, 에어와셔식
③ 증기식 : 전열식(가습팬식), 전극식, 적외선식

14 보일러의 안전수면을 유지시키기 위한 배관접속 방법으로 적당한 것은?

㉮ 하트포드 접속
㉯ 신축 이음 접속
㉰ 리버스리턴 접속
㉱ 리턴콕 접속

해설 하트보드 접속법(Hartford connection)
저압증기난방의 습식환수방식에 있어 보일러 수위가 환수관의 접속부로의 누설로 인한 저수위사고가 일어나는 것을 방지하기 위해 증기관과 환수관 사이에 표준수면에서 50[mm] 아래 균형관(밸런스관)을 설치한 방식

15 급수온도 48℃에서 증기압력 15kgf/cm², 온도 400℃의 증기를 30kg/h 발생시키는 보일러 마력(HP)은 약 얼마인가? (단, 15kgf/cm², 400℃에서 과열증가 엔탈피는 784.2kcal/kg이다.)

㉮ 1.49   ㉯ 1.87
㉰ 2.34   ㉱ 2.62

정답 10 ㉮ 11 ㉮ 12 ㉰ 13 ㉱ 14 ㉮ 15 ㉱

해설 보일러마력 = $\dfrac{30\times(784.2-48)}{8435}$ = 2.62[HP]

▶ 보일러마력(B-HP) : 매시간 100℃ 물 15.65kg을 100℃ 증기로 만드는데 필요한 능력

B-HP = $\dfrac{G(h''-h')}{8435}$ [HP]

여기서, G : 급수량[kg/h]
h'' : 증기엔탈피 [kcal/kg]
h' : 급수엔탈피 [kcal/kg]

16 온수난방을 시설한 건물의 설계 열손실이 100,000kcal/h이고 도중 배관손실이 10,000kcal/h이다. 보일러 출구 및 환수온도를 각각 85℃, 70℃로 하여 펌프에 의한 강제순환을 할 때 펌프 용량은 약 얼마인가?

㉮ 3.65L/s ㉯ 2.76L/s
㉰ 2.04L/s ㉱ 3.05L/s

해설 $Q = GC\triangle T$

$G = \dfrac{Q}{C\triangle T} = \dfrac{110,000}{1\times(85-70)} = 7333.33$ [kg/h]

∴ $\dfrac{7333.33\,\frac{\text{kg}}{\text{h}}}{3600\,\frac{\text{s}}{\text{h}}} = 2.037$ [kg/s][L/s]

※ 단위환산 힌트 : 물 1[L]=1[kg]

17 공조기(AHU)와 덕트의 접속에서 송풍기의 진동이 덕트로 전달되지 않도록 하기 위한 적합한 이음법은?

㉮ 플렉시블 이음
㉯ 캔버스 이음
㉰ 스위블 이음
㉱ 루프 이음

해설 캔버스 이음
송풍기의 토출측과 흡입측에 설치하여 송풍기의 진동이 덕트 및 장치에 전달되는 것을 방지하기 위해 설치한다.

18 개방식 냉각탑의 설계에 관한 설명으로 맞는 것은?

㉮ 압축식 냉동기 1RT당 냉각열량은 2,800kcal/h로 한다.
㉯ 압축식 냉동기 1RT당 풍량은 역류식은 600m³/h 정도, 직교류식에서는 400m³/h 정도로 한다.
㉰ 압축식 냉동기 1RT당 수량은 외기습구 온도 27℃일 때 8L/min 정도로 한다.
㉱ 흡수식 냉동기를 사용할 때 열량은 일반적으로 압축식 냉동기의 약 1.7~2.0배 정도로 한다.

해설 ㉮ 압축식 냉동기 1RT당 냉각열량은 3900kcal/h로 한다.
㉯ 압축식 냉동기 1RT당 풍량은 역류식은 400m³/h 정도, 직교류식에서는 600m³/h 정도로 한다.
㉰ 압축식 냉동기 1RT당 수량은 외기습구 온도 27℃일 때 13L/min 정도로 한다.

19 동일 송풍기에서 회전수를 2배로 했을 경우의 성능의 변화량에 대하여 옳은 것은?

㉮ 압력 2배, 풍량 4배, 동력 8배
㉯ 압력 8배, 풍량 4배, 동력 2배
㉰ 압력 4배, 풍량 8배, 동력 2배
㉱ 압력 4배, 풍량 2배, 동력 8배

정답 16 ㉰ 17 ㉯ 18 ㉱ 19 ㉱

해설 동일 송풍기의 회전수를 2배로 했을 경우 성능은 압력 4배, 풍량 2배, 동력 8배로 변하게 된다.

송풍기의 상사법칙

풍량	$Q_2 = \left(\dfrac{N_2}{N_1}\right) \cdot \left(\dfrac{D_2}{D_1}\right)^3 \cdot Q_1$
정압	$P_2 = \left(\dfrac{N_2}{N_1}\right)^2 \cdot \left(\dfrac{D_2}{D_1}\right)^2 \cdot P_1$
동력	$L_2 = \left(\dfrac{N_2}{N_1}\right)^3 \cdot \left(\dfrac{D_2}{D_1}\right)^5 \cdot L_1$

20 보일러연료로 기름을 사용할 때 기름을 저장할 수 있는 탱크가 필요하다. 다음 중 오일탱크의 종류가 아닌 것은?

㉮ 서비스 탱크
㉯ 옥내 저장탱크
㉰ 지하 저장탱크
㉱ 익스팬션 탱크

해설 오일탱크의 종류
서비스 탱크, 옥내 저장탱크, 지하 저장탱크
팽창탱크(익스팬션 탱크) : 온수보일러의 배관내부에서 불리된 증기나 공기를 배출하고 물의 팽창에 따른 위험성을 방지하기 위해 설치한다.

제2과목 냉동공학(냉동냉장설비)

21 냉동장치의 운전 중 냉각수 펌프 이상으로 인하여 응축기 냉각수량이 부족하였다. 이때 발생할 수 있는 현상이 아닌 것은?

㉮ 응축온도의 상승
㉯ 압축일량 증가
㉰ 압축기 흡입가스 체적증가
㉱ 고압상승

해설 ㉰ 압축기 흡입가스 체적감소

22 냉동 사이클이 0℃와 100℃ 사이에서 역카르노사이클로 작동할 때 성적계수는 얼마인가?

㉮ 0.19
㉯ 1.37
㉰ 2.73
㉱ 3.73

해설 냉동장치의 성적계수
$$COP = \dfrac{Q}{Aw} = \dfrac{T_2}{T_1 - T_2} = \dfrac{0+273}{(100+273)-(0+273)} = 2.73$$

23 빙축열방식에 대한 설명 중 잘못된 것은?

㉮ 제빙을 위한 냉동기 운전은 냉수 취출을 위한 운전보다 증발온도가 낮기 때문에 성능계수(COP)가 높아 20~30% 정도의 소비동력이 감소한다.
㉯ 냉매를 직접 제빙부에 공급하는 직접팽창식과 냉동기에서 냉각된 브라인을 제빙부에 공급하는 브라인 방식으로 나눈다.
㉰ 제빙방식은 정적제빙방식과 동적제빙방식으로 나눈다.
㉱ 주로 심야전력을 이용하는 잠열축열방식이다.

해설 ㉮ 제빙을 위한 냉동기 운전은 냉수 취출을 위한 운전보다 증발온도가 낮기 때문에 성능계수가 (COP)가 20~30% 정도의 소비동력이 증가한다.

정답 20 ㉱ 21 ㉰ 22 ㉰ 23 ㉮

24 냉동기의 성능을 표시하기 위해 정한 기준(표준) 냉동 사이클의 운전조건으로 잘못된 것은?

㉮ 증발온도 = -15℃
㉯ 응축온도 = 30℃
㉰ 압축기 흡입가스 상태 = 건조포화증기
㉱ 팽창밸브 직전온도 = 45℃(과냉각도 5℃)

해설 기준(표준)냉동 사이클의 운전조건
① 응축온도 : 30℃
② 증발온도 : -15℃
③ 압축기 흡입가스 : 건조포화증기(-15℃)
④ 과냉각도 : 5℃

25 증발기의 종류와 그 용도가 적당하지 않은 것은?

㉮ 나관코일식 : 공기 냉각용
㉯ 헤링본식 : 음료수 냉각용
㉰ 셸튜브식 : 브라인 냉각용
㉱ 보델로 : 유류, 우유 등의 냉각용

해설 ㉯ 헤링본식(탱크형) : 제빙용 증발기

26 저온 측 응축기를 고온 측 냉동기로 냉각하는 것은?

㉮ 흡수식 냉동
㉯ 터보 냉동
㉰ 로터리 냉동
㉱ 2원 냉동

해설 2원 냉동장치 : -70℃ 이하의 극저온을 얻고자 할 때 저온용냉동 사이클과 고온용 냉동사이클로 나누어 극저온을 얻어내는 방식으로 이때 저온측 응축부하는 고온측 증발부하와 같게 된다.

27 -20℃의 암모니아 포화액의 엔탈피가 75kcal/kg이며, 동일 온도에서 건조포화증기의 엔탈피가 403kcal/kg이다. 이 냉매액이 팽창밸브를 통과하여 증발기에 유입될 때의 냉매의 엔탈피가 128kcal/kg이었다면 중량비로 약 몇 %가 액체 상태인가?

㉮ 16%
㉯ 45%
㉰ 84%
㉱ 94%

해설 액체의 중량비(%)
$$\frac{403-128}{403-75} \times 100 = 84[\%]$$

28 냉매 중에서 지구 성층권의 오존층을 가장 많이 파괴시키는 냉매는 어느 것인가?

㉮ R-22
㉯ R-152
㉰ R-125
㉱ R-134a

해설 위 냉매 중 오존층 파괴에 가장 큰 영향을 미치는 냉매는 Cl이 포함되어 있는 R-22가 된다.

29 열역학 제2법칙을 바르게 설명한 것은?

㉮ 열은 에너지의 하나로서 일을 열로 변환하거나 또는 열을 일로 변환시킬 수 있다.
㉯ 온도계의 원리를 제공한다.
㉰ 절대 0도에서의 엔트로피 값을 제공한다.
㉱ 열은 스스로 고온물체로부터 저온물체로 이동되나 그 과정은 비가역이다.

정답 24 ㉱ 25 ㉯ 26 ㉱ 27 ㉰ 28 ㉮ 29 ㉱

해설 ① 열역학 제1법칙 : 에너지보존의 법칙
② 열역학 제0법칙 : 온도계의 원리(열평형)
③ 열역학 제3법칙 : 열적평형 상태에서 모든 결정성 고체의 엔트로피는 절대 0°에서 0이 된다.
④ 열역학 제2법칙 : 에너지 흐름의 법칙=실제적 법칙

30 브라인의 동결방지 목적으로 사용하는 기기가 아닌 것은?

㉮ 온도 스위치
㉯ 단수 릴레이
㉰ 흡입압력 조절기
㉱ 증발압력 조절기

해설 브라인 동결 방지대책
① 부동액을 첨가한다.
② 동결방지용 TC(온도제어)를 사용한다.
③ 단수 릴레이를 설치한다.
④ EPR(증발압력 조정밸브)을 사용한다.
⑤ 브라인펌프와 압축기 모터를 인터록 시킨다.

31 냉매의 압축, 응축, 팽창, 증발과정으로 구성되어 있는 냉동사이클에서 저압측 압력조정밸브가 아닌 것은?

㉮ 응축압력조정밸브
㉯ 증발압력조정밸브
㉰ 흡입압력조정밸브
㉱ 정압밸브

해설 냉동장치 저압측 압력조정밸브
① 증발압력조정밸브(EPR)
② 흡입압력조정밸브(SPR)
③ 정압밸브

32 초저온동결에 액체질소를 사용할 때의 장점으로 적당하지 않은 것은?

㉮ 산화에 의한 품질변화를 억제할 수 있다.
㉯ 동일능력의 냉동설비에 비해 설비비가 적게 든다.
㉰ 식품의 온도가 순식간에 낮아진다.
㉱ 식품에 직접 분사하므로 제품표면에 손상이 없다.

해설 ㉱ 식품에 직접 분사할 경우 제품에 손상이 발생될 수 있다.
저온액화가스 동결법
액체질소의 비점 : -196℃

33 다음 제어기기와 안전장치에 대한 설명으로 옳은 것은?

㉮ 유압보호 스위치는 유압계의 지시가 일정압력보다 내려갔을 때 압축기가 작동하도록 조정한다.
㉯ 압축기에 안전밸브와 고압차단 장치를 설치했을 때 안전밸브의 작동압력은 고압차단장치의 작동압력보다 높게 조정하는 것이 좋다.
㉰ 압축기 전동기의 과부하차단장치(오버로드 릴레이)가 있으면 냉매계통의 안전장치는 없어도 된다.
㉱ 절수밸브는 증발압력을 검지하여 냉각수량을 가감하는 조정밸브이므로 안전장치로 간주한다.

해설 ㉮ 유압보호 스위치는 유압계의 지시가 일정압력보다 내려갔을 때 압축기가 정지하도록 조정한다.
㉰ 압축기 전동기의 과부하차단장치(오버로드 릴레이)가 있더라도 그 외 안전장치가 필요하다.
㉱ 절수밸브는 증발압력을 검지하여 냉가수량을 가감하는 조정밸브로 부속장치에 속한다.

정답 30 ㉰ 31 ㉮ 32 ㉱ 33 ㉯

34 헬라이드 토치는 프레온계 냉매의 누설검지기이다. 누설 시 식별방법은?

㉮ 불꽃의 크기 ㉯ 연료의 소비량
㉰ 불꽃의 온도 ㉱ 불꽃의 색깔

해설) 헬라이드 토치는 프레온 냉매 누설 검지기로 불꽃의 색깔을 이용해 누설 여부를 판별한다.
프레온 냉매 누설시 헬라이드 토치 불꽃 색깔
① 청색 : 누설이 없을 때
② 녹색 : 소량 누설 시
③ 자색 : 다량 누설 시
④ 꺼짐 : 과대량 누설 시

35 다음 냉매 중 15℃에서의 포화압력(증발압력)이 큰 것부터 순서대로 된 것은?

㉮ R-22 → R-113 → NH₃ → R-500
㉯ R-22 → NH₃ → R-500 → R-113
㉰ NH₃ → R-500 → R-22 → R-113
㉱ NH₃ → R-22 → R-500 → R-113

해설) R-22 : 3.03kg/cm²
NH3 : 2.41kg/cm²
R-500 : 2.175kg/cm²
R-113 : 0.07kg/cm²

36 흡수식 냉동기의 특징에 대한 설명으로 틀린 것은?

㉮ 부분 부하에 대한 대응성이 좋다.
㉯ 용량제어의 범위가 넓어 폭넓은 용량제어가 가능하다.
㉰ 초기 운전 시 정격 성능을 발휘할 때까지의 도달 속도가 느리다.
㉱ 냉동기의 성능계수(COP)가 높다.

해설) ㉱ 냉동기의 성능계수(COP)가 타 냉동장치에 비해 낮다.

37 20℃의 물 1ton이 들어있는 용기에 100℃ 건포화증기(증발잠열 539kcal/kg)를 혼합시켜 60℃의 물을 만들려면 약 몇 kg이 필요한가? (단, 용기의 전열량은 무시한다.)

㉮ 39kg ㉯ 49kg
㉰ 59kg ㉱ 69kg

해설) ① 건포화 증기의 열량변화(Q_1)
100℃(증기)→100℃(물)→60℃(물)
　　　　　　㉠　　　　㉡
㉠ $q_L = G \times 539$
㉡ $q_s = G \times 1 \times (100-60)$
② 물의 열량변화(Q_2)
20℃(물)→60℃(물)
㉠ $q_s = 1000 \times 1 \times (60-20)$
③ 건포화증기와 물의열량은 열평형 상태에서
($Q_1 = Q_2$)이므로,

$G \times 539 + G \times 1 \times (100-60) = 1000 \times 1 \times (60-20)$
$G(539 + 1 \times (100-60)) = 1000 \times 1 \times (60-20)$
$\therefore G = \dfrac{1000 \times 1 \times (60-20)}{539 + 1 \times (100-60)} = 69[kg]$

38 이상적 냉동사이클로 작동되는 냉동기의 성적계수가 6.84일 때 증발온도가 -15℃이다. 응축온도는 약 몇 ℃인가?

㉮ 18 ㉯ 23
㉰ 27 ㉱ 32

해설) 성적계수
$COP = \dfrac{T_2}{T_1 - T_2}$
$6.84 = \dfrac{273-15}{T_1 - (273-15)}$
$T_1 - (273-15) = \dfrac{273-15}{6.84}$
$T_1 = \dfrac{273-15}{6.84} + (273-15) = 295.7[K]$
$T_1 = 295.7 - 273 = 22.71 ≒ 23[℃]$

정답   34 ㉱   35 ㉯   36 ㉱   37 ㉱   38 ㉯

39 제빙장치의 설명으로 틀린 것은?

㉮ 융빙탱크 : 빙관과 얼음의 접촉면을 녹이는 장치
㉯ 주수탱크 : 결빙시간을 단축하기 위한 장치
㉰ 탈빙기 : 얼음과 빙관을 분리시키는 장치
㉱ 양빙기 : 결빙된 얼음을 빙관에 든 채로 이동시키는 장치

[해설] 주수탱크 : 얼음을 얼리기 위한 물을 담아두는 탱크

40 냉동용 압축기에 사용되는 윤활유를 냉동기유라고 한다. 냉동기유의 역할과 거리가 먼 것은?

㉮ 윤활작용 ㉯ 냉각작용
㉰ 제습작용 ㉱ 밀봉작용

[해설] 윤활유의 역할
윤활작용, 냉각작용, 밀봉작용

제3과목 | 배관일반(공조냉동설치운영 1)

41 수도직결식 급수설비에서 수도본관에서 최상층 수전까지 높이가 10m일 때 수도본관의 최저필요수압은 얼마인가? (단, 수전의 최저 필요압력은 $0.3 \text{kg}_f/\text{cm}^2$, 관내 마찰손실 수두는 $0.2 \text{kg}_f/\text{cm}^2$으로 한다.)

㉮ $1.0 \text{kg}_f/\text{cm}^2$ ㉯ $1.5 \text{kg}_f/\text{cm}^2$
㉰ $2.0 \text{kg}_f/\text{cm}^2$ ㉱ $2.5 \text{kg}_f/\text{cm}^2$

[해설] ① 단위환산 $mH_2O \rightarrow kg/cm^2$
$$\frac{10}{10.332} \times 1.0332 = 1 \text{kg/cm}^2$$
② 수도본관의 최저필요수압
$1 + 0.3 + 0.2 = 1.5 \text{kg/cm}^2$

42 다음 그림은 감압밸브 주위의 배관도이다. 명칭이 틀린 것은?

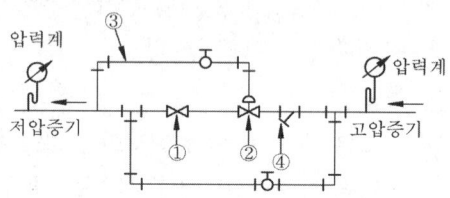

㉮ ① 스톱밸브 ㉯ ② 감압밸브
㉰ ③ 파일럿관 ㉱ ④ 티이

[해설] ① 스톱밸브
② 감압밸브
③ 파일럿관
④ 스트레이너(여과기)

43 공기조화 배관설비 중 냉수코일을 통과하는 일반적인 설계 풍속으로 가장 적당한 것은?

㉮ 2~3m/s ㉯ 4~5m/s
㉰ 6~7m/s ㉱ 8~10m/s

[해설] 공기조화 배관설비 중 냉수코일 통과 시 일반적인 설계 풍속은 2~3m/s로 한다.

44 경질 염화비닐관의 특성으로 옳지 않은 것은?

㉮ 급탕관, 증기관으로 사용하는 것은 적합하지 않다.
㉯ 다른 관에 비해 관내 마찰손실이 커서 불리하다.
㉰ 온도의 상승에 따라 인장강도는 떨어진다.
㉱ 충격에 약하며 열팽창률은 철의 약 7~8배가 된다.

해설 ㉯ 다른 관에 비해 관내 마찰손실이 적어서 유리하다.

45 보온피복 재료로 적당하지 않은 것은?

㉮ 우모펠트, 코르크
㉯ 유리섬유, 기포성수지
㉰ 탄산마그네슘, 규산칼슘
㉱ 광명단, 에폭시수지

해설 광명단과 에폭시수지는 페인트(도료)에 속한다.

46 다음 중 보온, 보냉이 필요한 배관은?

㉮ 천장 속의 냉·온수배관
㉯ 지중 매설된 급수관
㉰ 방열기 주위 배관
㉱ 공기빼기 및 물빼기 밸브 이후의 배관

해설 보온, 보냉시 필요한 배관은 열이 방열되거나 열이 손실되는 배관으로 문제에서는 천장 속의 냉·온수배관이 된다.

47 동관용 공구에 대한 설명 중 틀린 것은?

㉮ 튜브커터 : 동관 절단용
㉯ 익스팬더 : 동관의 압축 접합용
㉰ 튜브벤더 : 동관 굽힘용
㉱ 사이징 툴 : 동관의 끝부분을 원형으로 성형

해설 ㉯ 익스팬더 : 동관 확관용 공구
※ 플레어링 툴 : 플레어 이음용 공구로 관끝을 나팔 모양으로 성형해 플레어볼트와 너트를 연결할 때 사용한다.(플레어이음 : 플레어볼트와 너트가 조여질 때 동관에 압력이 가해지므로 압축이음이라고도 한다.)

48 수격작용 방지법에 관한 설명 중 부적합한 것은?

㉮ 수전류 가까이에 공기실을 설치한다.
㉯ 관내 유속을 느리게 한다.
㉰ 관의 지름을 크게 한다.
㉱ 밸브의 개폐를 신속히 한다.

해설 수격작용 방지대책
① 공기실 및 수격방지기를 설치한다.
② 관경을 크게 하여 유속을 느리게 한다.
③ 펌프에 플라이 휠을 설치한다.
④ 배관을 가능한 직선으로 시공한다.
⑤ 밸브는 송출구 가까이 설치하고 서서히 개폐한다.
⑥ 조압수조를 설치한다.

• 플라이 휠(fly wheel) : 펌프의 급격한 속도변화를 방지한다.
• 조압수조(surge tank) : 수압관 및 도수관에서 발생하는 수압의 급격한 증감을 조정하는 수조

정답 44 ㉯ 45 ㉱ 46 ㉮ 47 ㉯ 48 ㉱

49 강관의 일반적인 접합방법에 해당되지 않는 것은?

㉮ 나사 접합
㉯ 플랜지 접합
㉰ 압축 접합
㉱ 용접 접합

[해설] 플레어이음 : 압축이음 이라고도 하며 동관 배관시 기계의 점검, 보수 등을 위해 분해할 필요가 있을 때 이용하며 관 끝을 나팔관 모양으로 넓혀 플레어 너트로 접합한다.

50 패널난방(Panel Heating)은 열의 전달방법 중 주로 어느 것을 이용한 것인가?

㉮ 전도 ㉯ 대류
㉰ 복사 ㉱ 전파

[해설] 복사난방(패널난방) : 건축물의 천장, 바닥, 벽 등에 가열코일을 매설하여 코일내로 증기 및 온수를 열매체로 순환시켜 그 복사열에 의해 난방하는 방식

51 공기조화 설비의 구성과 거리가 먼 것은?

㉮ 냉동기 설비
㉯ 보일러 실내기기 설비
㉰ 위생기구 설비
㉱ 송풍기, 공조기 설비

[해설] 공기조화 설비의 구성
- 열운반장치 : 송풍기, 펌프, 덕트, 배관 등
- 열원장치 : 보일러, 냉동기 등
- 공기조화기 : 필터, 냉각·가열코일, 가습기 등
- 자동제어장치
※ 위생설비 : 건강에 유익한 조건을 갖추도록 돕는 설비(화장실, 욕실, 세탁실, 및 기타 급배수 설비 등의 총칭)

52 LP 가스의 주성분으로 맞는 것은?

㉮ 프로판(C_3H_8)과 부틸렌(C_4H_8)
㉯ 프로판(C_3H_8)과 부탄(C_4H_{10})
㉰ 프로필렌(C_3H_6)과 부틸렌(C_4H_8)
㉱ 프로필렌(C_3H_6)과 부탄(C_4H_{10})

[해설] LP 가스의 주성분 : 프로판(C_3H_8), 부탄(C_4H_{10})

53 증기보일러에서 환수방법을 진공환수방법으로 할 때 설명으로 맞는 것은?

㉮ 증기주관은 선하향 구배로 한다.
㉯ 환수관은 습식 환수관을 사용한다.
㉰ 리프트 피팅의 1단 흡상고는 2m로 한다.
㉱ 리프트 피팅은 펌프 부근에 2개 이상 설치한다.

[해설] 진공환수식
② 환수관은 건식 환수관을 사용한다.
③ 리프트 피팅의 1단 흡상고는 1.5m 이내로 설치한다.
⑤ 리프트 피팅은 펌프 부근에 1개만 설치한다.(사용개수는 가급적 적게 설치할 것)

54 통기관의 관경을 정할 때 기본 원칙으로 틀린 것은?

㉮ 결합통기관은 배수수직관과 통기수직관 중 관경이 작은 쪽의 관경 이상으로 한다.
㉯ 신정통기관의 관경은 그것에 접속하는 배수수직관 관경의 1/2 이상으로 한다.
㉰ 도피통기관의 관경은 그것에 접속하는 배수수평지관 관경의 1/2 이상으로 한다.
㉱ 각개통기관의 관경은 그것에 접속하는 배수관 관경의 1/2 이상으로 한다.

정답 49 ㉰ 50 ㉰ 51 ㉰ 52 ㉯ 53 ㉮ 54 ㉯

[해설] ④ 신정통기관은 배수수직관 상부 관경을 축소하지 않고 그대로 개구해야 한다.

55 배관의 신축이음 중 고압에 잘 견디며 고온고압의 옥외 배관 신축이음쇠로 가장 좋은 것은?

㉮ 루프형 신축이음쇠
㉯ 슬리브형 신축이음쇠
㉰ 벨로스형 신축이음쇠
㉱ 스위블형 신축이음쇠

[해설] 루프형 신축이음쇠
① 고압증기 옥외배관에 많이 사용된다.
② 신축흡수에 따른 응력이 발생한다.
③ 고압에 잘견디고 고장이 적어 고온, 고압용 배관에 사용된다.
④ 곡률반경은 직경의 6배 이상으로 한다.
⑤ 설치공간을 많이 차지한다.

56 온수 배관에 관한 설명 중 틀린 것은?

㉮ 배관재료는 내열성을 고려해야 한다.
㉯ 온수보일러의 팽창관에는 슬루스 밸브를 설치한다.
㉰ 공기가 고일 염려가 있는 곳에는 공기 배출밸브로 설치한다.
㉱ 배관의 지지는 처짐이 생기지 않도록 한다.

[해설] ④ 온수보일러의 팽창관에는 그 어떠한 밸브도 설치하여서는 아니된다.

57 클린룸(Clean Room)의 실내 기류방식이 아닌 것은?

㉮ 수직수평 정류방식
㉯ 수직 정류방식
㉰ 수평 정류방식
㉱ 비 정류방식

[해설] 클린룸 설비의 실내 기류형식에 따른 분류
① 수직정류방식
② 수평정류방식
③ 비정류방식(난류식)

58 S트랩에서 잘 일어나며 관 내에 배수가 가득 차서 흐를 경우 발생하는 봉수 파괴 현상은?

㉮ 자기사이펀작용   ㉯ 분출작용
㉰ 모세관현상   ㉱ 증발작용

[해설] 봉수파괴 원인 중 S트랩에 잘 일어나며 관내 배수가 가득차서 흐를 경우 발생하기 쉬운 현상은 자기사이펀 작용이다.

59 급탕설비 중에서 증기 사이렌서(Steam Silencer)를 필요로 하는 방식은?

㉮ 순간급탕기
㉯ 저탕식 급탕기
㉰ 간접가열 급탕기
㉱ 기수혼합 급탕기

[해설] 스팀사이렌서(Steam Silencer) : 기수혼합식 급탕기에서 증기로 인한 소음을 줄이기 위하여 사용하며, 저탕조에 증기를 직접 불어넣어 물을 가열하는 방식이다.(종류는 S형과 F형이 있다.)

정답 55 ㉮ 56 ㉯ 57 ㉮ 58 ㉮ 59 ㉱

60 정압기 설치시공상 주의사항으로 틀린 것은?

㉮ 출구에는 가스차단장치를 설치할 것
㉯ 출구에는 압력이상 상승방지장치를 설치할 것
㉰ 출구에는 경보장치 및 불순물 제거장치를 설치할 것
㉱ 출구에는 압력 측정장치를 설치할 것

해설 ㉰ 출구에는 경보장치를 설치하고 입구에는 불순물 제거장치를 설치할 것

제4과목 | 전기제어공학(공조냉동설치운영 2)

---

61 자동제어계에서 각 요소를 블록선도로 표시할 때 각 요소는 전달함수로 표시한다. 신호의 전달경로는 무엇으로 표현하는가?

㉮ 접점
㉯ 점선
㉰ 화살표
㉱ 스위치

해설 블록선도 표시방법
① 입·출력 변수 : 표시
② 전달함수 : Block
③ 신호흐름방향 : 화살표

62 400V 이상인 저압전로의 절연저항값은 몇 MΩ 이상이어야 하는가?

㉮ 0.1
㉯ 0.2
㉰ 0.3
㉱ 0.4

해설 용전압에 따른 절연저항

사용전압		절연저항
300[V] 이하	대지전압 150[V] 이하	0.1 MΩ
	150~300[V] 이하	0.2 MΩ
300~400[V] 이하		0.3 MΩ
400[V] 이하		0.4 MΩ

63 그림과 같은 유접점 회로를 간단히 한 회로는?

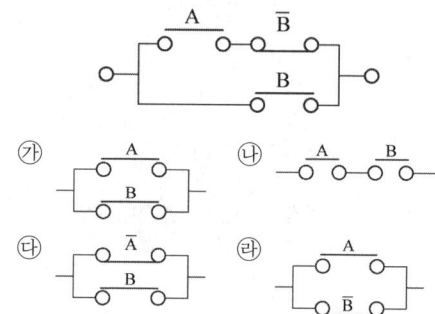

해설 $x = (A \cdot \overline{B}) + B = A + B \cdot \overline{B} + B = A + B$

64 자동제어에서 제어동작의 특징 중 정상편차가 없는 것은?

㉮ 2위치동작(사이클링이 있음)
㉯ P동작(사이클링을 방지함)
㉰ PI동작(뒤진 회로의 특성과 같음)
㉱ PD동작(앞선 회로의 특성과 같음)

해설 ① 2위치동작(on-off동작) : 불연속동작 조작량 0% 또는 100% 이므로 목표치 부근에 진동(사이클링)이 발생한다.
② P(비례제어) : 연속동작으로 편차량 검출시 그것에 비례하여 조작량을 가감하며 잔류편차가 남을 수 있다.
③ I(적분제어) : 연속동작으로 출력편차 시간적분에 비례하며 편차가 남는 것을 적분 수정한다.(잔류편차 제거)
④ D(미분제어) : 연속동작으로 출력편차의 시간에 비례하며 제어편차가 검출될 때 편차가 변하는 속도에 비례한다.

65 그림과 같은 계전기 접점회로의 논리식으로 알맞은 것은?

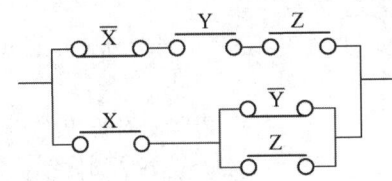

㉮ $(X+\overline{Y}+Z)(\overline{X}+Y+Z)$
㉯ $X(\overline{Y}+Z)+\overline{X}YZ$
㉰ $(X+\overline{Y}Z)(\overline{X}+Y+Z)$
㉱ $(X\overline{Y}+Z)\overline{X}YZ$

해설 위쪽 회로 : $\overline{X}\cdot Y\cdot Z$
아래쪽 회로 : $X(\overline{Y}+Z)$
위아래 회로가 병렬연결이므로
$\overline{X}\cdot Y\cdot Z + X(\overline{Y}+Z)$

66 교류의 실효치에 관한 설명 중 틀린 것은?

㉮ 교류의 진폭은 실효치의 $\sqrt{2}$ 배이다.
㉯ 전류나 전압의 한 주기의 평균치가 실효치이다.
㉰ 실효치 100V인 교류와 직류 100V로 같은 전등을 점등하면 그 밝기는 같다.
㉱ 상용전원이 220V라는 것은 실효치를 의미한다.

해설 ㉯ 전류나 전압의 한주기의 평균치를 나타내는 값은 평균치이다.

67 변압기의 무부하 전류에 대한 설명으로 틀린 것은?

㉮ 철심에 자속을 만드는 전류로서 여자 전류라고도 한다.
㉯ 1차 단자 간에 전압을 가했을 때 흐르는 전류이다.
㉰ 전압보다 약 90도 뒤진 위상의 전류이다.
㉱ 부하에 흐르는 전류가 0이며, 전압이 존재하지 않는 무저항 전류이다.

해설 ㉱ 전선이 존재하는 경우 저항이 존재하므로 무저항으로 볼 수 없다.

정답 65 ㉯ 66 ㉯ 67 ㉱

68 평형 상태인 브리지에서 $L_1 : L_2$ 길이의 비율은 $1 : 2$이다. $R = 20\,\Omega$ 일 때 저항 X의 값은 몇 Ω 인가?

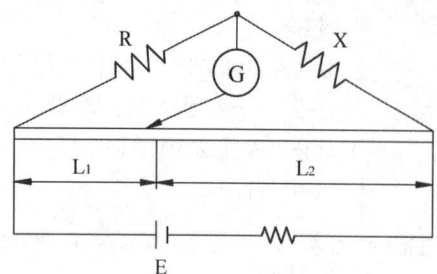

㉮ 5 ㉯ 10
㉰ 20 ㉱ 40

해설 휘스톤 브릿지 회로 : 서로마주한 저항과 리액턴스의 곱은 같다.
$RL_2 = XL_1$
$20 \times 2 = X \times 1$
$X = 40\,[\Omega]$

69 어떤 제어계의 임펄스 응답이 $\sin \omega t$ 일 때 계의 전달함수는?

㉮ $\dfrac{\omega}{s+\omega}$ ㉯ $\dfrac{s}{s+\omega^2}$

㉰ $\dfrac{\omega}{s^2+\omega^2}$ ㉱ $\dfrac{\omega^2}{s+\omega}$

해설

시간함수	라플라스 변환
$u(t)$	$\dfrac{1}{S}$
$e^{-at}u(t)$	$\dfrac{1}{s+a}$
$\sin wt$	$\dfrac{w}{s^2+w^2}$
$\cos wt$	$\dfrac{s}{s^2+w^2}$

70 자동제어에서 미리 정해 놓은 순서에 따라 제어의 각 단계가 순차적으로 진행되는 제어방식은?

㉮ 프로세스제어
㉯ 시퀀스제어
㉰ 서보제어
㉱ 되먹임제어

해설 시퀀스 제어 : 미리정해진 순서에 따라 각 단계별 제어를 행하는 제어로 제어결과에 따라 조작이 자동적으로 이행된다.

71 제어기기 중 조작기기에 대한 설명으로 옳은 것은?

㉮ 전기식은 적응성이 대단히 넓고 특성의 변경은 어렵다.
㉯ 공기식은 PID 동작을 만들기 쉬우나 장거리 전송은 빠르다.
㉰ 유압식은 관성이 적고 큰 출력을 얻기가 쉽다.
㉱ 전기식에는 전자밸브, 직류 서보전동기, 클러치 등이 있다.

해설 자동제어의 신호전달방식
① 공기식 : 신호전송에 지연이 생기고 전송거리가 짧다.
② 유압식 : 관성이 적고 큰 출력을 얻기가 쉬우나 인화의 위험성이 있다.
③ 전기식 : 신호전송이 빠르고 복잡한 신호전송이 가능하며 전송거리가 길다.(효율이 우수하다.)

정답 68 ㉱ 69 ㉰ 70 ㉯ 71 ㉰

72 그림과 같은 회로에서 ab 간에 100V를 가했을 때 cd 사이에 나타나는 전압은 몇 V인가?

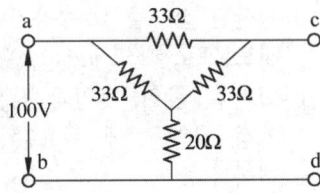

㉮ 43.8 ㉯ 53.8
㉰ 63.8 ㉱ 73.8

해설 $R_\triangle < R_Y$, $R_\triangle = 3R_Y$, $R_Y = \frac{1}{3}R_\triangle$

$\therefore 100 \times \frac{11+20}{11+11+20} = 73.8[V]$

73 변압기의 용도가 아닌 것은?

㉮ 전압의 변환
㉯ 임피던스의 변환
㉰ 전류의 변환
㉱ 주파수의 변환

해설 변압기는 전류, 전압, 저항(임피던스)을 변환해 주는 장치이다.

74 그림은 피드백 제어계의 일부이다. 출력 Y는?

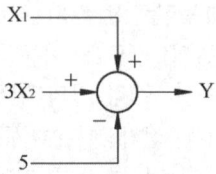

㉮ $X_1 + 3X_2 - 5$ ㉯ $X_1 + 3X_2 + 5$
㉰ $X_1 \cdot 3X_2 \cdot (-5)$ ㉱ $X_1 \cdot 3X_2 \cdot 5$

해설 $Y = X_1 + 3X_2 - 5$

75 워드 레오나드방식의 속도제어는 어느 제어에 속하는가?

㉮ 직렬저항제어
㉯ 계자제어
㉰ 전압제어
㉱ 직병렬제어

해설 워드 레오나드방식의 속도제어는 전압제어에 속한다.

76 전달함수 $G(S) = \dfrac{10}{3+2s}$를 갖는 계에 $\omega = 2rad/sec$인 정현파를 줄 때 이득은 약 몇 dB인가?

㉮ 2 ㉯ 3
㉰ 4 ㉱ 6

해설 이득공식 : $x = 20\log(Av)$

$x = 20\log\dfrac{10}{3+2s} = 20\log\dfrac{10}{3+j(2\times 2)}$

$= 20\log\dfrac{10}{\sqrt{3^2+4^2}} = 6[dB]$

※ 힌트 : $s = jw$

77 기전력 1V의 정의는?

㉮ 1C의 전기량이 이동할 때 1J의 일을 하는 두 점 간의 전위차
㉯ 1A의 전류가 이동할 때 1J의 일을 하는 두 점 간의 전위차
㉰ 1C의 전기량이 1초 동안에 이동하는 양
㉱ 어떤 전기회로에 전압을 가하면 전류가 흐르고 이에 따른 전력이 발생하는 것

해설 $W = V \cdot Q \rightarrow V = \dfrac{W}{Q}$

여기서, W : 일[J]
  V : 기전력 [V], [J/C]
  Q : 전기량[C]

78 1W와 크기가 같은 것은?

㉮ 1J
㉯ 1J/sec
㉰ 1cal
㉱ 1cal/sec

해설 전력(P)의 단위는 [W]이며 [J/S]와 같다.

79 전압 v = 125sin377t[V]를 인가하여 전류 i = 50cos377t[A]가 흘렀다면 이것은 어떤 소자에 전류를 흘린 것인가?

㉮ 저항
㉯ 저항과 사이리스터
㉰ 콘덴서
㉱ 인덕터

해설 $V = 125\sin 377t\,[V]$

$i = 50\cos 337t\,[A]$

이때 전류 i는 cos파이므로 sin파보다 90° 빠른 상태이므로 $i = 50\cos(337t - 90)$로 볼 수 있다.
즉 전류 I가 전압 V보다 90° 앞서므로 콘덴서 C만의 회로이다.

80 프로세스 제어에 대한 설명으로 옳은 것은?

㉮ 공업공정의 상태량을 제어량으로 하는 제어를 말한다.
㉯ 생산된 전기를 각 수용가에 배전하는 것도 프로세스 제어의 일종이다.
㉰ 회전수, 방위, 전압과 같은 제어량이 일정 시간 안에 목표값에 도달하는 제어이다.
㉱ 임의로 변화하는 목표값을 추정하는 제어의 일종이다.

해설 프로세스제어
생산공정 중의 상태량을 제어량으로 하는 제어로 제어계에 가해지는 외란의 억제를 주목적으로 한다.
① 제어량 : 공업공정의 상태량(온도, 압력, 유량, 습도, 밀도, 농도 등)
② 사용처 : 수조의 온도제어, 대단위 화학 플랜트 등

공조냉동기계산업기사

과년도 출제문제

(2012.08.26. 시행)

제1과목 공기조화(공기조화설비)

01 효과적인 공기조화 설비를 계획하기 위해서는 조닝(Zoning)을 실시한다. 이때 고려해야 할 요소로 가장 거리가 먼 것은?

㉮ 실의 방위
㉯ 실의 사용시간
㉰ 실의 밝기
㉱ 실의 형태

[해설] 조닝(Zoning)을 실시할 때 고려해야 할 요소 실의 방위, 실의 사용시간, 실의 형태

02 증기난방에 비해 온수난방에 대한 특징을 설명한 것으로 틀린 것은?

㉮ 난방부하에 따라 열량조절이 용이하다.
㉯ 예열시간이 길지만 가열 후에 냉각시간도 길다.
㉰ 수격작용이 심하다.
㉱ 현열을 이용한 난방으로 쾌감도가 높다.

[해설] ㉰ 온수난방은 증기난방에 비해 수격작용이 적게 발생한다.

03 공기조화 방식의 특징 중 공기-물 방식(유닛병용식)의 특징에 해당하는 것은?

㉮ 유닛의 소음이 발생하지 않는다.
㉯ 유닛 1대로써 1개의 소규모 존을 구성하므로 조닝이 용이하다.
㉰ 덕트가 없으므로 덕트 스페이스가 필요하지 않다.
㉱ 개별식이므로 부분 운전 및 시간차 운전에 적합하다.

[해설] ㉮ 실내 유닛에서 소음이 발생한다.
㉰ 덕트가 필요하므로 덕트 스페이스가 필요하다.
㉱ 중앙식이며 개별제어가 용이하다. 따라서 부분 운전 및 시간차 운전을 할 수 있다.

04 공조기를 설치한 바닥 면적은 좁고 층고가 높은 경우에 적합한 공조기(AHU)의 형식은?

㉮ 수직형
㉯ 수평형
㉰ 복합형
㉱ 멀티존형

[해설] 공조기를 설치한 바닥 면적은 좁고 층고가 높은 경우에는 수직형 공조기(AHU)가 적합하다.

정답 01 ㉰ 02 ㉰ 03 ㉯ 04 ㉮

05 압축식 냉동기에 비해 흡수식 냉동기 냉각탑의 열처리용량과 냉각수량은 몇 배 정도로 하는가?

㉮ 처리용량 2배, 냉각수량 1.5배
㉯ 처리용량 4배, 냉각수량 2배
㉰ 처리용량 1.5배, 냉각수량 4배
㉱ 처리용량 2배, 냉각수량 4배

해설 압축식 냉동기에 비해 흡수식 냉동기의 냉각탑 열처리용량과 냉각수량은 처리용량 2배, 냉각수량 1.5배로 한다.

06 다음 공식 중 관 내 마찰손실 수두를 구하는 식은? (단, d : 관의 안지름, l : 관의 길이, g : 중력 가속도, V : 유속, f : 마찰계수, r : 물의 비중량)

㉮ $h = f \dfrac{l}{d} \dfrac{V^2}{2g} r$ ㉯ $h = f \dfrac{V^2}{2g} r$

㉰ $h = \dfrac{V^2}{2g} r$ ㉱ $h = \left(\dfrac{1}{f} - 1\right)^2 \dfrac{V^2}{2g} r$

해설 원형관의 마찰손실(h 또는 $\triangle P$)

$$h = f \times \dfrac{l}{d} \times \dfrac{v^2}{2g} \times r$$

여기서, h : 손실수두[N]
　　　　$f(\lambda)$: 마찰저항계수
　　　　l : 관의 길이[l]
　　　　d : 관의 직경 [m]
　　　　v : 유속[m/s]
　　　　g : 중력가속도(9.8m/s²)
　　　　r : 비중량[N/m³]

07 공기조화 부하 중 실내 취득 열량이 아닌 것은?

㉮ 인체 발생 열량
㉯ 벽체로부터의 열량
㉰ 덕트로부터의 열량
㉱ 기구 발생 열량

해설 • 실내부하
① 벽체로부터의 취득열량(현열)
② 유리로부터의 취득열량(현열)
③ 극간풍에 의한 발생열량(현열+잠열)
④ 인체의 발생열량(현열+잠열)
⑤ 기기로부터의 발생열량(현열+잠열)
• 장치부하(기기 취득열량)
① 송풍기에 의한 취득열량(현열)
② 덕트로부터의 취득열량(현열)
• 외기부하
① 외기의 도입으로 인한 취득열량(현열+잠열)

08 원통다관식 열교환기에 관한 설명으로 맞지 않는 것은?

㉮ 동체 내에 다수의 관을 설치한 형식으로 되어 있다.
㉯ 전열관 내 유속은 1.8m/s 이하가 되도록 하는 것이 바람직하다.
㉰ 전열관은 일반적으로 직경 25.4mm의 동관이 많이 사용된다.
㉱ 동관을 전열관으로 사용할 경우 유체의 온도는 150℃ 이상이 좋다.

해설 ㉱ 동관을 전열관으로 사용할 경우 유체의 온도는 150℃ 이하가 좋다.

09 어떤 실내공간의 냉방 설계 온습도 조건이 26℃ DB, 50% RH이고, 냉방부하 중 현열부하 qs = 3,000kcal/h, 잠열부하 qL = 1,000kcal/h였다면 공급해야 할 송풍량은 약 얼마인가? (단, 냉풍의 취출온도는 16℃, 공기의 정압비열 Cp = 0.24kcal/kg℃, 공기의 밀도 r = 1.2kg/m³ 이다.)

㉮ 694m³/h　㉯ 1,042m³/h
㉰ 1,389m³/h　㉱ 1,426m³/h

해설 특별한 조건이 없는 경우 송풍량의 계산은 현열부하를 기준으로 한다.
$Q = GC\Delta T$
$Q = q \times 1.2 \times 0.24 \times \Delta T$
$3000 = q \times 1.2 \times 0.24 \times (26-16)$

$q = \dfrac{3000 \dfrac{kcal}{h}}{1.2 \dfrac{kg}{m^3} \times 0.24 \dfrac{kcal}{kg \cdot ℃} \times (26-16)℃}$

$= 1041.67 [m^3/h]$

10 다음 중 냉수코일의 설계법으로 틀린 것은?

㉮ 공기흐름과 냉수흐름의 방향을 평행류로 하고 대수평균 온도차를 적게 한다.
㉯ 코일의 열수는 일반공기 냉각용에는 4~8열(列)이 많이 사용된다.
㉰ 냉수 속도는 일반적으로 1m/s 전후로 한다.
㉱ 코일의 설치는 관이 수평으로 놓이게 한다.

해설 ㉮ 공기흐름과 냉수흐름의 방향을 향류로 하고 대수평균 온도차를 크게 한다.

11 송풍기를 원심, 축류 및 기타로 크게 나눌 때 원심 송풍기의 종류에 속하지 않는 것은?

㉮ 터보 송풍기
㉯ 리밋 로드 송풍기
㉰ 익형 송풍기
㉱ 프로펠러 송풍기

해설 ① 원심식 송풍기 : 터보형, 다익형, 익형, 관류형, 리밋로드형, 리버스형 등
② 축류형 송풍기 : 프로펠러형, 베인형, 튜브형 등

12 증기난방 설비를 설계할 때 필요 방열면적(s)의 산출식으로 옳은 것은?

㉮ s = 손실열량/650
㉯ s = (650 × 손실열량)/539
㉰ s = 손실열량/539
㉱ s = 손실열량/450

해설 증기난방 설비의 필요 방열면적
$S = \dfrac{Q}{650} [m^2]$
필요방열면적(상당방열면적)
$Q = q \times EDR$
여기서, Q : 난방부하[kcal/h]
q : 표준방열량[kcal/m²h]
EDR : 표준(상당)방열면적[m²]
※ 표준방열량
증기 : 650[kcal/m²h]
온수 : 450[kcal/m²h]

정답　09 ㉯　10 ㉮　11 ㉱　12 ㉮

13 전공기 방식의 특징에 속하는 것은?

㉮ 외기냉방이 가능하다.
㉯ 공조기계실이 적어도 된다.
㉰ 부하가 큰 실에 대해서도 덕트 크기가 작아진다.
㉱ 공기-수 방식에 비해 반송동력이 적게 된다.

해설 ㉯ 공조기계실이 커야 된다.
㉰ 부하가 큰 실에 대해서는 덕트의 크기가 커진다.
㉱ 공기-수방식에 비해 반송동력이 크게 된다.

14 지하주차장 환기설비에서 천장부에 설치되어 있는 고속노즐로부터 취출되는 공기의 유인효과를 이용하여 오염공기를 국부적으로 희석시키는 방식으로 맞는 것은?

㉮ 제트팬 방식
㉯ 고속덕트 방식
㉰ 무덕트환기 방식
㉱ 드리벤트 방식

해설 지하주차장 환기설비에서 천장부에 설치되어 있는 고속노즐로부터 취출되는 공기의 유인효과를 이용하여 오염공기를 국부적으로 희석시키는 방식을 드리벤트 방식이라고 한다.

15 기계환기 중 송풍기와 배풍기를 이용하여 대규모 보일러실, 변전실 등에 적용하는 환기법은?

㉮ 1종 환기   ㉯ 2종 환기
㉰ 3종 환기   ㉱ 4종 환기

해설 환기방식
① 제1종 환기 : 강제급기 + 강제배기
② 제2종 환기 : 강제급기 + 자연배기
③ 제3종 환기 : 자연급기 + 강제배기
④ 제4종 환기 : 자연급기 + 자연배기

16 다음의 공기선도상에서 상태점 A의 노점온도는 몇 ℃인가?

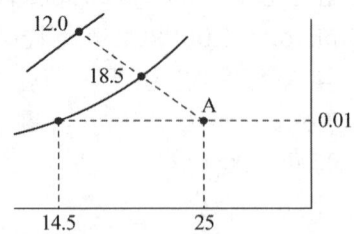

㉮ 12   ㉯ 14.5
㉰ 18.5   ㉱ 25

해설 ① 상태점 A의 건구온도 : 25[℃]
② 상태점 A의 노점온도 : 14.5[℃]
③ 상태점 A의 엔탈피 : 12[kcal/kg]
④ 상태점 A의 절대습도 : 0.01[kg/kg]

17 다음은 냉각 코일에서 공기상태 변화를 나타낸 것이다. 이때 코일의 BF(Bypass Factor)는 어느 것인가?

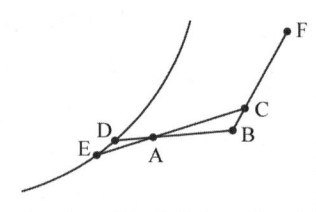

㉮ $\dfrac{BA}{BD}$ ㉯ $\dfrac{AD}{BA}$

㉰ $\dfrac{AE}{CE}$ ㉱ $\dfrac{CA}{CE}$

해설 바이패스 팩터(BF)
$$BF = \dfrac{A-E}{C-E}$$

18 상대습도 50%, 냉방의 현열부하가 7,500 kcal/h, 잠열부하가 2,500kcal/h일 때 현열비(SHF)는 얼마인가?

㉮ 0.25   ㉯ 0.65
㉰ 0.75   ㉱ 0.85

해설 현열비(SHF)
$$SHF = \frac{q_s}{q_s + q_L} = \frac{7500}{7500 + 2500} = 0.75$$

19 덕트의 치수 결정법에 대한 설명으로 옳은 것은?

㉮ 등속법은 각 구간마다 압력손실이 같다.
㉯ 등마찰 손실법에서 풍량이 10,000m³/h 이상이 되면 정압재취득법으로 하기도 한다.
㉰ 정압재취득법은 취출구 직전의 정압이 대략 일정한 값으로 된다.
㉱ 등마찰 손실법에서 각 구간마다 압력손실을 같게 해서는 안 된다.

해설 ㉮ 등속법은 덕트내의 풍속을 일정하게 유지할 수 있도록 덕트 치수를 결정하는 방법이다.
㉯ 기본적으로 덕트 설계방식의 변경은 쉽지 않다. 다만 등마찰 손실법에서 풍량이 10000m³/h 이상이 되는 경우 등속법으로 바꾸는 경우는 있다.
㉱ 등마찰 손실법은 각 구간마다 압력손실을 같게 해야 한다.

20 물 또는 온수를 직접 공기 중에 분사하는 방식의 수분무식 가습장치의 종류에 해당되지 않은 것은?

㉮ 원심식
㉯ 초음파식
㉰ 분무식
㉱ 가습팬식

해설 가습장치의 종류
① 수분무식 : 원심식, 초음파식, 분무식
② 증발식 : 회전식, 모세관식, 적하식, 에어와셔식
③ 증기식 : 전열식(가습팬식), 전극식, 적외선식

| 제2과목 | 냉동공학(냉동냉장설비) |

21 액분리기(Accumulator)의 설명으로 잘못된 것은?

㉮ 압축기에 액이 흡입되지 않게 한다.
㉯ 응축기와 압축기 사이에 설치한다.
㉰ 압축기의 파손을 방지한다.
㉱ 장치 기동 시 증발기 내에서의 냉매의 교란을 방지한다.

해설 ㉯ 증발기와 압축기 사이에 설치한다.

22 냉매 1kg당 냉동량이 300kcal인 어떤 냉동장치가 냉동능력 18RT를 내기 위하여 냉매순환량은 약 얼마이어야 하는가?

㉮ 200kg/h
㉯ 250kg/h
㉰ 300kg/h
㉱ 350kg/h

정답 18 ㉰   19 ㉰   20 ㉱   21 ㉯   22 ㉮

해설 $G = \dfrac{Q}{q} = \dfrac{18 \times 3320}{300} = 199.2 \,[\text{kg/h}]$

▶ $Q = G \times q$

여기서, Q : 냉동능력[kcal/h]
G : 냉매순환량[kg/h]
q : 냉동효과[kcal/kg]

23 냉매의 응축온도 50℃, 응축기 냉각수 입구온도 25℃, 출구온도 35℃일 때 대수 평균온도차는 약 얼마인가?

㉮ 22.6℃
㉯ 19.6℃
㉰ 16.6℃
㉱ 12.6℃

해설 $LMTD = \dfrac{\Delta T_1 - \Delta T_2}{\ln \dfrac{\Delta T_1}{\Delta T_2}}$

여기서 ΔT_1과 ΔT_2를 구하면 아래와 같다.
$\Delta T_1 : 50 - 25 = 25℃$
$\Delta T_2 : 50 - 35 = 15℃$

$\therefore LMTD = \dfrac{25 - 15}{\ln \dfrac{25}{15}} = 19.6℃$

24 스크류(Screw) 압축기의 특징을 설명한 것으로 틀린 것은?

㉮ 부품의 수가 적고 수명이 길다.
㉯ 흡입밸브와 토출밸브가 없어 밸브의 마모, 손실이 없다.
㉰ 압축이 연속적이며, 진동이 크다.
㉱ 무단계 용량제어가 가능하며 자동운전에 적합하다.

해설 ㉰ 압축이 연속적이며, 진동이 작다.

25 냉동능력 9,960kcal/h인 냉동기에서 냉매를 압축할 때 3.2kW의 동력이 소모되었다. 응축기 방열량은 몇 kcal/h인가?

㉮ 11,982
㉯ 12,012
㉰ 12,712
㉱ 13,160

해설 $Q_c = 9960 + 3.2 \times 860 = 12712\,[\text{kcal/h}]$
$Q_c = Q_e + Aw$
여기서, Q_C : 응축부하[kcal/h]
Q_e : 증발기부하(냉동능력)[kcal/h]
Aw : 압축기부하[kcal/h]

26 고속다기통 압축기의 특성 중 틀린 것은?

㉮ 윤활유의 소비가 많다.
㉯ 능력에 비해 소형이며 가볍다.
㉰ 기통수가 많아 용량제어가 곤란하다.
㉱ 무부하 기동이 가능하다.

해설 ㉰ 기통수가 많아 용량제어가 용이하다.

27 소량의 냉장화물 수송이나 해상수송이 필요할 때에는 냉동 컨테이너를 이용하는 것이 편리하다. 냉동 컨테이너의 냉각방식의 조합으로 적당하지 않은 것은?

㉮ 얼음 : 융해열
㉯ 드라이아이스 : 승화열
㉰ 액체질소 : 증발열
㉱ 기계식 냉동기 : 압축열

해설 ④ 기계식 냉동기의 경우 그 종류에 따라 증발열, 액체의 현열 등 다양하게 이용할 수 있지만 압축열은 이용하지 않는다.

28 제빙장치에서 깨끗한 얼음을 만들기 위해 빙관 내로 공기를 송입하여 물을 교반시킨다. 이때 어떤 종류의 송풍기가 많이 사용되는가?

㉮ 프로펠러식 송풍기
㉯ 임펠러식 송풍기
㉰ 로터리식 송풍기
㉱ 스크류식 송풍기

[해설] 제빙장치에서 깨끗한 얼음을 만들기 위해 빙관 내로 공기를 송입하여 물을 교반시키는데 이때 로터리식 송풍기를 많이 사용한다.

29 헬라이드 토치로 누설검사가 불가능한 냉매는?

㉮ NH_3 ㉯ R-504
㉰ R-22   ㉱ R-114

[해설] 헬라이드 토치는 프레온 냉매의 누설검사에 사용하는 장치로 NH_3(암모니아)냉매에는 사용이 불가능하다.

30 P-V 선도에서 1에서 2까지 단열압축하였을 때의 압축일량은 다음 중 어느 것으로 표현되는가?

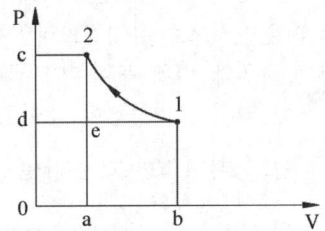

㉮ 면적 1 2 c d 1
㉯ 면적 1 d 0 b1
㉰ 면적 1 2 a b 1
㉱ 면적 a e d 0 a

[해설] ① 절대일(밀폐계일) : 1 2 a b 1
② 공업일(개방계일) : 1 2 c d 1

31 최근 여름철 주간 전력부하를 야간으로 이전하고 에너지를 효율적으로 사용하자는 측면에서 빙축열시스템이 보급되고 있다. 다음 중 빙축열시스템의 분류에 대한 조합으로 적당하지 않은 것은?

㉮ 정적형 : 관내착빙형
㉯ 정적형 : 캡슐형
㉰ 동적형 : 관외착빙형
㉱ 동적형 : 과냉각아이스형

[해설] 정적형 : 전열면에서 얼음이 생성되는 방식
(종류 : 관외착빙형, 관내착빙형, 캡슐형)
동적형 : 제빙된 얼음을 이탈시켜 저장하는 방식
(종류 : 빙박리형, 액체식 빙생성형, 과냉각아이스형)

32 브라인에 대한 설명으로 옳은 것은?

㉮ 브라인은 그 감열을 이용하여 냉각한다.
㉯ 염화칼슘 브라인보다 염화나트륨 브라인 쪽이 온도를 더 내릴 수 있다.
㉰ 일반적으로 유기질브라인은 무기질브라인에 비해 부식성이 크다.
㉱ 브라인은 비등점이 낮아도 상관없다.

해설 ㉯ 염화나트륨 브라인보다 염화칼슘 브라인 쪽이 온도를 더 내릴 수 있다.
㉰ 일반적으로 유기질브라인은 무기질브라인에 비해 부식성이 작다.
㉱ 브라인은 비등점이 낮을수록 좋다.

33 응축온도는 일정한데 증발온도가 저하되었을 때 감소되지 않는 것은?

㉮ 압축비
㉯ 냉동능력
㉰ 성적계수
㉱ 냉동효과

해설 응축온도는 일정한데 증발온도가 저하되었을 때 냉동능력, 성적계수, 냉동효과 등이 감소하며 압축비는 증가하게 된다.

34 두께가 30cm인 콘크리트 벽이 있는데 이 벽의 내면온도가 26℃, 외면온도가 36℃일 때 이 콘크리트 벽을 통하여 흐르는 단위 면적당 열량(kcal/h)은 약 얼마인가? (단, 콘크리트 벽의 열전도율은 0.8kcal/mh℃이다.)

㉮ 2.40   ㉯ 3.75
㉰ 26.67 ㉱ 41.67

해설 $Q = \dfrac{0.8}{0.3} \times 1 \times (36-26) = 26.67 \text{[kcal/h]}$

$Q = KF\Delta T \rightarrow Q = \dfrac{\lambda}{l} \cdot F\Delta T$

여기서, Q : 열량[kcal/h]
λ : 열전도율[kcal/mh℃]
l : 벽체의 두께[m]
F : 벽체의 면적[m²]
ΔT : 온도차[℃]

35 흡수식 냉동기용 흡수제의 구비조건으로 틀린 것은?

㉮ 재생에 많은 열량을 필요로 하지 않을 것
㉯ 점도가 높지 않을 것
㉰ 부식성이 없을 것
㉱ 용액의 증기압이 높을 것

해설 ㉱ 용액의 증기압이 낮을 것

36 냉매가 암모니아일 경우는 주로 소형, 프레온일 경우에는 대용량까지 광범위하게 사용되는 응축기로 전열이 양호하고, 설치면적이 적어도 되나 냉각관이 부식되기 쉬운 응축기는?

㉮ 2중관식 응축기
㉯ 입형 셸 엔드 튜브식 응축기
㉰ 횡형 셸 엔드 튜브식 응축기
㉱ 7통로식 횡형 셸 엔드식 응축기

해설 횡형 쉘앤 튜브식 응축기
냉매가 암모니아인 경우 주로 소형으로 사용되고, 프레온일 경우에는 대용량까지 광범위하게 사용되는 응축기로 전열이 양호하고, 설치면적이 적어도 되나 냉각관이 부식되기 쉬운 단점이 있다.

정답 32 ㉮ 33 ㉮ 34 ㉰ 35 ㉱ 36 ㉰

37 왕복동 압축기의 흡입밸브와 토출밸브의 필요조건으로 틀린 것은?

㉮ 가스가 통과할 때 유동저항이 적을 것
㉯ 밸브가 닫혔을 때 누설이 없을 것
㉰ 밸브의 관성력이 크고 개폐작동이 원활할 것
㉱ 밸브가 파손되거나 고장이 없을 것

[해설] ㉰ 밸브의 관성력이 적고 개폐작동이 원활할 것

38 주위와 에너지는 교환할 수 있으나 물질은 교환할 수 없는 계를 열역학에서는 무엇이라 하는가?

㉮ 개방계 ㉯ 밀폐계
㉰ 고립계 ㉱ 상태계

[해설] 밀폐계
주위와 에너지를 교환할 수 있으나 물질은 교환할 수 없는 계로 질량의 이동이 없고 에너지만 교환되는 상태를 나타낸다.

39 냉매의 구비조건이 아닌 것은?

㉮ 응고점이 낮을 것
㉯ 증기의 비열비가 작을 것
㉰ 증발열이 클 것
㉱ 임계온도는 상온보다 낮을 것

[해설] ㉱ 임계온도는 상온보다 높을 것

40 응축기에서 수액기로 액이 떨어지지 않을 때가 있다. 그 대책에 관한 설명 중 옳지 않은 것은?

㉮ 낙하관의 관경을 크게 한다.
㉯ 균압관을 설치한다.
㉰ 낙하관에 트랩을 설치한다.
㉱ 낙하관에 체크밸브를 설치한다.

[해설] ㉱ 낙하관에 체크밸브를 설치해서는 아니된다.

제3과목 | 배관일반(공조냉동설치운영 1)

41 나사용 배관에 사용되는 패킹은?

㉮ 모올드패킹 ㉯ 일산화연
㉰ 고무패킹   ㉱ 아마존패킹

[해설] 나사용 배관에 사용되는 패킹
페인트, 일산화연, 액상합성수지

42 암거 내에 증기난방 배관 시공을 하고자 할 때 나관(Bare Pipe) 상태라면 관 표면에 무엇을 바르는가?

㉮ 시멘트   ㉯ 석면
㉰ 테프론 테이프 ㉱ 콜타르

[해설] 암거 내에 증기난방 배관시공을 하고자 할 때 나관(Bare Pipe) 상태라면 내식성을 높이기 위해 관표면에 콜타르를 바른다.

정답 37 ㉰ 38 ㉯ 39 ㉱ 40 ㉱ 41 ㉯ 42 ㉱

43 냉동배관 중 액관 시공상 주의할 점을 열거한 것이다. 잘못된 것은?

㉮ 매우 긴 입상 배관의 경우 압력이 증가하게 되므로 충분한 과냉각이 필요하다.
㉯ 배관은 가능한 한 짧게 하여 냉매가 증발하는 것을 방지한다.
㉰ 2대 이상의 증발기를 사용하는 경우 액관에서 발생한 증발가스(Flash Gas)가 균등하게 분배되도록 배관한다.
㉱ 증발기가 응축기 또는 수액기보다 8m 이상 높은 위치에 설치되는 경우에는 액을 충분히 과냉각시켜 액 냉매가 관 내에서 증발하는 것을 방지하도록 한다.

[해설] ㉮ 매우 긴 입상 배관의 경우 압력이 감소하게 되므로 충분한 과냉각이 필요하다.

44 도시가스 제조 공정에 해당하지 않는 것은?

㉮ 열분해 공정
㉯ 접촉분해 공정
㉰ 압축연소 공정
㉱ 수소화분배 공정

[해설] 도시가스 제조 공정
① 열분해 공정
② 부분연소 공정
③ 접촉분해 공정
④ 수소화분배 공정
⑤ 대체천연가스(SNG) 공정

45 도시가스 공급시설의 기밀시험 및 내압시험압력은 최고사용압력의 몇 배인가?

㉮ 1.5배, 1.1배
㉯ 1.1배, 2배
㉰ 2배, 1.1배
㉱ 1.1배, 1.5배

[해설] 도시가스 공급시설
① 기밀시험 : 최고사용압력 × 1.1배
② 내압시험 : 최고사용압력 × 1.5배

46 배관길이 200m, 관경 100mm의 배관 내 20℃의 물을 80℃로 상승시킬 경우 배관의 신축량은? (단, 강관의 선팽창계수는 12.5×10^{-6} m/m℃이다.)

㉮ 10cm
㉯ 15cm
㉰ 20cm
㉱ 25cm

[해설] 신축량(Δl)
$\Delta l = l \times a \times \Delta t$
여기서, Δl : 신축량(mm)
　　　　l : 배관길이(m)
　　　　a : 선팽창계수(m/m·℃)
　　　　Δt : 온도차(℃)
$\Delta l = 200\text{m} \times 12.5 \times 10^{-6}\text{m/m·℃} \times (80-20)\text{℃}$
$= 0.15\text{m} = 15\text{cm}$

47 복사난방을 바닥패널로 시공할 경우 적당한 가열면의 온도범위는?

㉮ 30~33℃
㉯ 40~43℃
㉰ 50~53℃
㉱ 60~63℃

[해설] 복사난방 바닥패널 가열온도 범위 : 27~35℃

48 송풍기의 토출 측과 흡입 측에 설치하여 송풍기의 진동이 덕트나 장치에 전달되는 것을 방지하기 위한 접속법은?

㉮ 크로스 커넥션(Cross Connection)
㉯ 캔버스 커넥션(Canvas Connection)
㉰ 서브 스테이션(Sub Station)
㉱ 하트포드(Hartford) 접속법

해설 캔버스 이음(Canvas connection)
송풍기의 토출측과 흡입측에 설치하여 송풍기의 진동이 덕트 및 장치에 전달되는 것을 방지하기 위해 설치한다.

49 배수설비의 통기방식 종류가 아닌 것은?

㉮ 회로통기방식
㉯ 일체통기방식
㉰ 각개통기방식
㉱ 신정통기방식

해설 통기관의 종류
각개통기관, 루프(회로)통기관, 신정통기관, 도피통기관, 결합통기관, 습윤통기관, 공용통기관

50 수액기를 나온 냉매액은 팽창밸브를 통해 교축되어 저온·저압의 증발기로 공급된다. 팽창밸브의 종류가 아닌 것은?

㉮ 온도식
㉯ 플로트식
㉰ 인젝터식
㉱ 압력자동식

해설 팽창밸브의 종류
① 온도조절식 팽창밸브
② 플로트식 팽창밸브
③ 정압식(압력작동식) 팽창밸브
※ 인젝터는 보일러에 사용하는 급수 장치이다.

51 급탕배관의 시공상 주의 사항이다. 틀린 것은?

㉮ 하향식 공급방식에서는 급탕관은 끝올림, 복귀관은 끝내림 구배로 한다.
㉯ 급탕관은 보통 아연도금 강관을 사용한다.
㉰ 팽창탱크의 설치 높이는 탱크의 저면이 급수원보다 5m 이상 높은 곳에서 설치한다.
㉱ 물이 가열되면 공기가 생기므로 공기빼기 밸브를 설치한다.

해설 ㉮ 하향식 공급방식에서는 급탕관과 복귀관을 끝내림 구배로 한다.

52 다음 배관 부속 중 사용 목적이 서로 다른 것과 연결된 것은?

㉮ 플러그 – 캡
㉯ 유니언 – 플랜지
㉰ 니플 – 소켓
㉱ 티 – 리듀서

해설 각 이음쇠의 역할
① 플러그, 캡 : 관끝을 막을 때 사용
② 유니언, 플랜지 : 분해조립이 용이한 이음쇠
③ 니플-소켓 : 직관의 이음시 사용
④ 티 : 분기용 이음쇠
⑤ 레듀셔 : 관의 직경이 다른 경우 사용

정답 48 ㉯ 49 ㉯ 50 ㉰ 51 ㉮ 52 ㉱

53 다음 보기에서 설명하는 난방 방식은?

[보기]
① 설비비가 비교적 적다.
② 예열시간이 짧고 연료비가 적다.
③ 실내 상하의 온도차가 크다.
④ 소음이 생기기 쉽다.

㉮ 지역 난방
㉯ 온수 난방
㉰ 온풍 난방
㉱ 복사 난방

해설 온풍난방 : 공기를 가열하여 실내로 보내는 난방으로 온풍로를 이용한 직접가열식과 열교환기를 이용한 간접가열식이 있다.
• 특징
① 설비비가 비교적 적다.
② 예열시간이 짧고 연료비가 적다.
③ 실내 상하의 온도차가 크다.
④ 소음이 생기기 쉽다.
⑤ 공기의 대류를 이용한 방식이다.

54 증기트랩 중 기계식에 해당되지 않는 것은?

㉮ 벨로즈트랩
㉯ 버킷트랩
㉰ 플로우트트랩
㉱ 다량트랩

해설 ① 기계식 트랩 : 플로트 트랩, 버킷 트랩
② 온도조절식 트랩(열동식 트랩) : 바이메탈 트랩, 벨로우즈 트랩
③ 열역학적 트랩 : 오리피스 트랩, 디스크 트랩

55 배수관에 트랩을 설치하는 이유는?

㉮ 배수관에서 배수의 역류를 방지한다.
㉯ 배수관의 이물질을 제거한다.
㉰ 배수의 속도를 조절한다.
㉱ 배수관에 발생하는 유취와 유해가스의 역류를 방지한다.

해설 배수 트랩 : 배수관에 설치하여 배수관에서 발생하는 유취(악취)와 유해가스의 역류를 방지한다.

56 배수 설비를 옥내 배수와 옥외 배수로 구분할 때 그 기준은?

㉮ 1.5m 담장
㉯ 건물 외벽
㉰ 건물 외벽에서 밖으로 1m 경계선
㉱ 가옥 부지 경계선

해설 배수 설비를 옥내 배수와 옥외 배수로 구분할 때 건물 외벽에서 밖으로 1m 경계선을 기준으로 구분하게 된다.

정답 53 ㉰ 54 ㉮ 55 ㉱ 56 ㉰

57 연관의 장점이 아닌 것은?

㉮ 가공성이 좋다.
㉯ 신축성이 풍부하다.
㉰ 중량이 가벼우며 충격에 강하다.
㉱ 산에는 강하지만 알칼리성에는 약하다.

해설 ㉰ 중량이 무거우며 충격에 약하다.

58 급탕의 사용온도가 가장 높은 것은?

㉮ 접시 헹구기용
㉯ 음료용
㉰ 성인 목욕용
㉱ 면도용

해설 ㉮ 접시 헹구기용 : 70~80℃
㉯ 음료용 : 50~55℃
㉰ 성인 목욕용 : 42~45℃
㉱ 세면용 : 40~42℃

59 증기배관에서 워터해머를 방지하기 위한 방법 중 틀린 것은?

㉮ 보일러에서 프라이밍(Priming)이 없도록 한다.
㉯ 감압밸브를 설치하는 것이 좋다.
㉰ 역구배를 충분히 크게 하고 관경을 크게 한다.
㉱ 트랩은 확실하게 작동되고 고장이 없는 것을 사용한다.

해설 ㉰ 순구배를 충분히 크게 하고 관경을 크게 한다.

60 냉동 설비에서 고온·고압의 냉매 기체가 흐르는 배관은?

㉮ 증발기와 압축기 사이 배관
㉯ 응축기와 수액기 사이 배관
㉰ 압축기와 응축기 사이 배관
㉱ 팽창밸브와 증발기 사이 배관

해설 ㉮ 증발기와 압축기 사이 : 저온저압의 기체
㉯ 응축기와 수액기 사이 : 고온고압의 액체
㉰ 압축기와 응축기 사이 : 고온고압의 기체
㉱ 팽창밸브와 증발기 사이 : 저온저압의 액체

제4과목 | 전기제어공학(공조냉동설치운영 2)

61 $v = 200\sin\left(120\pi t + \dfrac{\pi}{3}\right)$[V]인 전압의 순시값에서 주파수는 몇 Hz인가?

㉮ 50   ㉯ 55
㉰ 60   ㉱ 65

해설 $w = 2\pi f$
$f = \dfrac{w}{2\pi} = \dfrac{120\pi}{2\pi} = 60\text{Hz}$

62 다음 ( ) 안의 ①, ②에 알맞은 것은?

[보기]
근궤적은 G(s)H(s)의 (①)에서 출발하여 (②)에서 종착한다.

㉮ ① 영점, ② 극점
㉯ ① 극점, ② 영점
㉰ ① 분지점, ② 극점
㉱ ① 극점, ② 분지점

정답 57 ㉰ 58 ㉮ 59 ㉰ 60 ㉰ 61 ㉰ 62 ㉯

해설 근궤적 출발점(K=0) : 극점에서 출발
근궤적 종착점(K=∞) : 영점에서 종착한다.
① 영점 : 전달함수 분자의 근이 0이 되는 s의 값
② 극점 : 전달함수 분모(특성방정식)의 근이 0이 되는 s의 값

63 직류전동기의 회전수를 일정하게 유지시키기 위하여 전압제어를 하고 있다. 전압의 크기는 어느 것에 해당하는가?

㉮ 목표값
㉯ 조작량
㉰ 제어량
㉱ 제어대상

해설 직류전동기는 제어대상에 속하며 조작부에서 조작량을 만들어 전압의 크기를 제어하게 된다.

64 되먹임 제어를 바르게 설명한 것은?

㉮ 입력과 출력을 비교하여 정정동작을 하는 방식
㉯ 프로그램의 순서대로 순차적으로 제어하는 방식
㉰ 외부에서 명령을 입력하는데 따라 제어되는 방식
㉱ 미리 정해진 순서에 따라 순차적으로 제어되는 방식

해설 되먹임 제어(피드백 제어)
입력과 출력을 비교하여 정정동작을 하는 방식

65 단위 계단함수 u(t-a)를 라플라스변환 하면?

㉮ $\dfrac{e^{as}}{s^2}$
㉯ $\dfrac{e^{-as}}{s^2}$
㉰ $\dfrac{e^{-as}}{s}$
㉱ $\dfrac{e^{as}}{s}$

해설 $u(t) = \dfrac{1}{S}$, $-a = e^{-as}$

∴ $u(t-a) = \dfrac{e^{-as}}{S}$

시간함수	라플라스 변환
$u(t)$	$\dfrac{1}{S}$
$e^{-at}u(t)$	$\dfrac{1}{s+a}$
$\sin wt$	$\dfrac{w}{s^2+w^2}$
$\cos wt$	$\dfrac{s}{s^2+w^2}$

66 그림과 같이 교류의 전압을 직류용 가동코일형 계기를 사용하여 측정하였다. 전압계의 눈금은 몇 V인가? (단, 교류전압의 최대값은 V_m이고, 전압계의 내부저항 R의 값은 충분히 크다고 한다.)

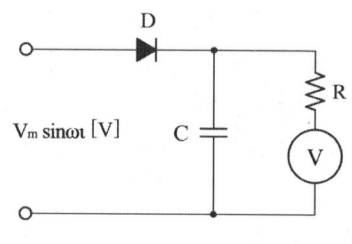

㉮ V_m
㉯ $\dfrac{V_m}{\sqrt{2}}$
㉰ $\dfrac{V_m}{2}$
㉱ $\dfrac{V_m}{2\sqrt{2}}$

정답 63 ㉯ 64 ㉮ 65 ㉰ 66 ㉮

해설 전압계 내부저항 R의 값이 충분히 크게 되면 전류는 저항에 막혀 흘러가지 못하고 전압계의 눈금은 최대값(V_m)을 표시하게 된다.

67 그림의 신호 흐름선도에서 $\dfrac{C}{R}$는?

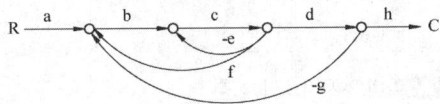

㉮ $\dfrac{abcd}{1-ce+bcf-bcdg}$

㉯ $\dfrac{abcdh}{1-ce-bcf-bcdg}$

㉰ $\dfrac{abcdh}{1+ce-bcf+bcdg}$

㉱ $\dfrac{bcd}{1-ce-bcf-bcdg}$

해설 전체전달함수 $G=\dfrac{C}{R}$

① $\triangle = 1-(-ce+bcf-bcdg)$
  $= 1+ce-bcf+bcdg$
② $Gi = abcdh$
③ $\triangle i =$ 없다

∴ $\dfrac{C}{R} = \dfrac{abcdh}{1+ce-bcf+bcdg}$

메이슨의 이득공식
$G = \dfrac{\sum Gi \cdot \triangle i}{\triangle}$

여기서, $\triangle$: 1 - 피드백 경로의 합+2개가 비접촉인 피드백의 곱...
  Gi : i번째 전향경로
  $\triangle i$: 1 - 전향경로와 비접촉인 피드백 + ...

68 그림에서 a, b단자에서 100V를 인가할 때 저항 2Ω에 흐르는 전류 I_1는 몇 A인가?

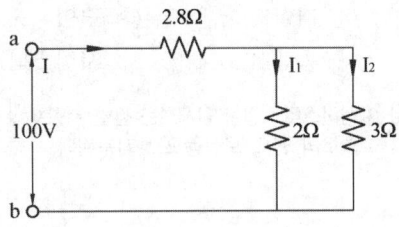

㉮ 10 ㉯ 15
㉰ 20 ㉱ 25

해설 ① 합성저항
$R = R_3 + \dfrac{R_1 \times R_2}{R_1 + R_2} = 2.8 + \dfrac{2 \times 3}{2+3} = 4[\Omega]$

② 전전류
$I = \dfrac{V}{R} = \dfrac{100}{4} = 25[A]$

③ 2[Ω]에 흐른 전류 $I_1[A]$
$I_1 = I \times \dfrac{R_2}{R_1+R_2} = 25 \times \dfrac{3}{2+3} = 15[A]$

69 3상 유도전동기가 85%의 부하를 가지고 운전하고 있던 중 1선이 개방되면?

㉮ 즉시 정지한다.
㉯ 역방향으로 회전한다.
㉰ 계속 운전하며 전동기에 큰 지장이 없다.
㉱ 계속 운전하나 결국엔 소손된다.

해설 3상 유도전동기 운전 중 1선을 개방하게 되면 계속 운전하나 결국엔 소손된다.(3상이 나눠 받던 부하를 2상으로 나눠 받게 되므로 과부하가 걸리게 된다.)

정답 67 ㉰ 68 ㉯ 69 ㉱

70 전자회로에서 온도 보상용으로 많이 사용되고 있는 소자는?

㉮ 저항
㉯ 코일
㉰ 콘덴서
㉱ 서미스터

해설 서미스터 : 열을 감지하는 감열 저항체 소자로 전자회로의 온도 보상용으로 사용된다.

71 직류전동기의 속도제어방법 중 광범위한 속도제어가 가능하며 운전효율이 좋은 방법은?

㉮ 계자제어
㉯ 직렬저항제어
㉰ 병렬저항제어
㉱ 전압제어

해설 전압제어
직류전동기의 속도제어방법 중 광범위한 속도제어가 가능하며 운전효율이 좋다.

72 연료의 유량과 공기의 유량과의 관계 비율을 연소에 적합하게 유지하고자 하는 제어는?

㉮ 프로세스제어
㉯ 비율제어
㉰ 프로그래밍제어
㉱ 시퀀스제어

해설 비율제어 : 목표값이 다른 양과 일정한 비율관계를 갖는 상태량을 제어하는 것으로 보일러 자동연소장치에 사용된다.

73 도선에 흐르는 전류에 의하여 발생되는 자계의 크기가 전류의 크기와 거리에 따라 달라지는 법칙은?

㉮ 암페어의 오른나사 법칙
㉯ 플레밍의 왼손 법칙
㉰ 비오－사바르의 법칙
㉱ 렌츠의 법칙

해설 비오-사바르의 법칙
도선에 흐르는 전류에 의하여 발생되는 자계의 크기는 전류의 크기와 거리에 따라 달라진다.

74 다음 논리회로에서 출력 y의 논리식은?

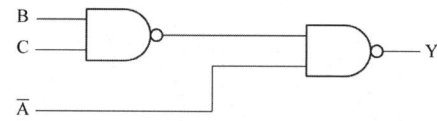

㉮ $y = \overline{A} + BC$
㉯ $y = B + \overline{A}C$
㉰ $y = A + BC$
㉱ $y = B + AC$

해설 $Y = \overline{\overline{A \cdot B \cdot C}} = A + \overline{\overline{B \cdot C}} = A + \overline{\overline{B} + \overline{C}} = A + B \cdot C$

정답 70 ㉱ 71 ㉱ 72 ㉯ 73 ㉰ 74 ㉰

75 그림은 인덕턴스회로에서 전압 V와 전류 i의 관계를 설명하고 있다. 그 특징에 대한 설명으로 옳은 것은?

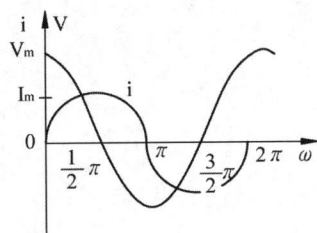

㉮ 전압과 전류는 동일 주파수의 정현파이다.
㉯ 전류가 전압보다 위상이 90° 앞선다.
㉰ 실효치의 비가 $\frac{1}{\omega L}$ 이다.
㉱ 콘덴서회로와 같이 다른 주파수의 정현파이다.

해설 지상회로(인덕턴스회로) : 전류 i는 전압 V보다 뒤진다.
① 전류가 전압보다 위상이 90° 뒤진다.
② 실효치의 비는 ωL이다.
③ 인덕턴스회로와 같은 동일 주파수의 정현파이다.

76 그림과 같은 논리회로는?

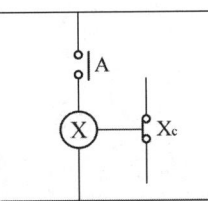

㉮ OR 회로 ㉯ AND 회로
㉰ NOT 회로 ㉱ NAND 회로

해설 A가 1일 때 x_c가 0이 되고 A가 0일 때 x_c가 1이 되므로 위 회로는 NOT 회로를 나타낸다.

77 저항 10Ω과 정전용량 $20\mu F$를 직렬로 연결하였을 때, 이 회로의 시정수는 몇 ms인가?

㉮ 0.2   ㉯ 0.8
㉰ 1.2   ㉱ 1.6

해설 시정수 : 회로의 반응속도
$t = R \cdot C = 10 \times 20 \times 10^{-6} = 2 \times 10^{-4} [s]$
∴ $2 \times 10^{-4} \times 10^3 = 0.2 [ms]$
여기서, t : 시정수[s]
R : 저항[Ω]
C : 정전용량[F]
※단위환산 힌트
μ[마이크로] : 10^{-6}
m[밀리언] : 10^{-3}

78 그림은 전동기 속도제어의 한 방법이다. 전동기가 최대 출력을 낼 때 사이리스터의 점호각은 몇 rad이 되는가?

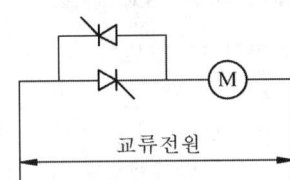

㉮ 0   ㉯ $\frac{\pi}{6}$
㉰ $\frac{\pi}{2}$ ㉱ π

해설 사이리스터가 서로 반대 방향일 때 최대출력을 내는 점호각은 0[rad]이다.

79 유도전동기의 속도를 제어하는 데 필요한 요소가 아닌 것은?

㉮ 슬립
㉯ 주파수
㉰ 극수
㉱ 리액터

해설 유도전동기의 회전수(속도제어)

$N = \dfrac{120f}{P}(1-S)$

여기서, N : 회전수[rpm]
f : 주파수[Hz]
P : 극수
S : 슬립
$(1-S)$: 슬립효율

▶추가설명
주파수 f가 1Hz 증가할 때 2극 증가한다.

$f = \dfrac{P}{2} \cdot n \rightarrow n = \dfrac{2f}{P}[\text{rps}] \rightarrow n = \dfrac{120f}{P}[\text{rpm}]$

80 바리스터(Varistor)란?

㉮ 비직선인 전압 – 전류 특성을 갖는 2단자 반도체소자이다.
㉯ 비직선인 전압 – 전류 특성을 갖는 3단자 반도체소자이다.
㉰ 비직선인 전압 – 전류 특성을 갖는 4단자 반도체소자이다.
㉱ 비직선인 전압 – 전류 특성을 갖는 리액턴스 소자이다.

해설 비직선인 전압 - 전류 특성을 갖는 2단자 반도체소자를 바리스터(Varistor)라고 한다.

정답 79 ㉱ 80 ㉮

공조냉동기계산업기사

과년도 출제문제

(2013.03.10. 시행)

제1과목 | 공기조화(공기조화설비)

01 통과풍량이 320m³/min일 때 표준 유닛형 에어필터(통과 풍속 1.4m/s, 통과면적 0.30m²)의 수는 약 몇 개인가? (단, 유효면적은 80%이다.)

㉮ 13개
㉯ 14개
㉰ 15개
㉱ 16개

해설

① $Q = \dfrac{320 \dfrac{m^3}{min}}{60 \dfrac{s}{min}} = 5.33 [m^3/s]$

② $n = \dfrac{Q}{A \times V} = \dfrac{5.33 \dfrac{m^3}{s}}{0.3 \dfrac{m^2}{개} \times 1.4 \dfrac{m}{s} \times 0.8}$

  $= 15.86 ≒ 16 [개]$

$Q = A \cdot V \cdot n$
여기서, Q : 풍량[m³/s]
  A : 단위개수당 필터의 면적[m²/개]
  V : 풍속 [m/s]
  n : 에어필터의 수[개]

02 난방방식 중 낮은 실온에서도 균등한 쾌적감을 얻을 수 있는 방식은?

㉮ 복사난방
㉯ 대류난방
㉰ 증기난방
㉱ 온풍로난방

해설 복사난방(패널난방/방사난방)
패널 또는 방열관을 천장, 벽, 바닥에 매설하여 난방하는 방식으로 쾌감도가 좋고 실내공간 이용율이 좋으며 화상의 염려가 없고 열손실이 작다는 장점이 있지만, 패널 및 방열관이 매설되어 있으므로 초기 설치비가 비싸고 고장발견이 어렵다는 단점이 있다.

03 다음과 같은 습공기선도상의 상태에서 외기부하를 나타내고 있는 것은?

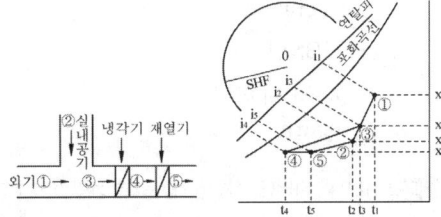

㉮ $G(i_3 - i_4)$
㉯ $G(i_5 - i_4)$
㉰ $G(i_3 - i_2)$
㉱ $G(i_2 - i_5)$

정답 01 ㉱ 02 ㉮ 03 ㉰

해설 외기부하 = $G(i_3 - i_2)$
▶ 외기부하=혼합부하(i_3)-실내부하(i_2)
※ 고온의 외기가 실내의 리턴공기를 데우게 되는데 이때 발생되는 혼합공기와 리턴공기의 차를 외기부하로 본다.

04 냉방부하 종류 중 현열로만 이루어진 부하로 맞는 것은?

㉮ 조명에서의 발생열
㉯ 인체에서의 발생열
㉰ 문틈에서의 발생열
㉱ 실내기구에서의 발생열

해설
• 실내부하
  ① 벽체로부터의 취득열량(현열)
  ② 유리로부터의 취득열량(현열)
  ③ 극간풍(틈새바람)에 의한 발생열량(현열+잠열)
  ④ 인체의 발생열량(현열+잠열)
  ⑤ 기기로부터의 발생열량(현열+잠열)
• 장치부하(기기 취득열량)
  ① 송풍기에 의한 취득열량(현열)
  ② 덕트로부터의 취득열량(현열)
• 외기부하
  ① 외기의 도입으로 인한 취득열량(현열+잠열)

05 HEPA 필터에 적합한 효율 측정법은?

㉮ Weight법
㉯ NBS법
㉰ Dust spot법
㉱ DOP법

해설 HEPA 필터에 적합한 효율 측정방법 : DOP법

06 냉방 시 침입외기가 200m³/h일 때 침입외기에 의한 손실부하는 약 얼마인가? (단, 외기는 32℃ DB, 0.018kg/kg DA, 실내는 27℃ DB, 0.013kg/kg DA이며, 침입외기 밀도 1.2kg/m³, 건공기 정압비열 1.01kJ/kg·K, 물의 증발잠열 2501kJ/kg이다.)

㉮ 3,001kJ/h
㉯ 1,215kJ/h
㉰ 4,213kJ/h
㉱ 5,655kJ/h

해설 ① 외기 현열량
$q_S = GC\Delta T = q \times 1.2 \times 1.01 \times \Delta T$
$= 200 \dfrac{m^3}{h} \times 1.2 \dfrac{kg}{m^3} \times 1.01 \dfrac{kJ}{kg K} \times (32-27)K$
$= 1212 [kJ/h]$
② 외기 잠열량
$q_L = Gr \cdot \Delta x$
$= 200 \dfrac{m^3}{h} \times 1.2 \dfrac{kg}{m^3} \times 2501 \dfrac{kJ}{kg} \times (0.018-0.013) \dfrac{kg}{kg}$
$= 3001.2 [kJ/h]$
③ 총 손실부하
∴ $1212 + 3001.2 = 4213.2 [kJ/h]$

07 다음 그림의 방열기 도시기호 중 'W-H'가 나타내는 의미는 무엇인가?

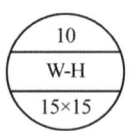

㉮ 방열기 쪽수
㉯ 방열기 높이
㉰ 방열기 종류(형식)
㉱ 연결배관의 종류

정답 04 ㉮ 05 ㉱ 06 ㉰ 07 ㉰

해설 벽걸이 방열기 도시기호

W : 벽걸이 방열기
H : 수평형
V : 수직형

08 열동식 트랩에 대한 설명 중 옳은 것은?

㉮ 방열기에 생긴 응축수를 증기와 분리하여 보일러에 환수시키는 역할을 한다.
㉯ 방열기 내에 머무르는 공기만을 분리하여 제거하는 역할을 한다.
㉰ 열동식 트랩은 열역학적 트랩의 일종이다.
㉱ 방열기에서 발생하는 응축수는 분리하여 방열기에 오랫동안 머무르게 하고 증기를 배출하는 역할을 한다.

해설 열동식 트랩의 특징
① 방열기에 생긴 응축수를 증기와 분리하여 보일러로 환수시키는 역할을 한다.
② 열동식 트랩을 온도조절식 트랩이라고도 한다.

09 공기조화를 위한 사무실의 외기온도 −10℃, 실내온도 22℃일 때 면적 20m²를 통하여 손실되는 열량은 얼마인가? (단, 구조체의 열관류율은 2.1kcal/m²h℃이다.)

㉮ 41kcal/h
㉯ 504kcal/h
㉰ 820kcal/h
㉱ 1,344kcal/h

해설 $Q = KF \triangle T$
$Q = 2.1 \dfrac{\text{kcal}}{\text{m}^2\text{h}℃} \times 20\text{m}^2 \times (22-(-10))℃$
$= 1344 [\text{kcal/h}]$
여기서, Q : 손실열량[kcal/h]
K : 열관류율[kcal/m²h℃]
F : 면적[m²]
$\triangle T$: 온도차[℃]

10 공기조화 설비방식의 일반 열원방식 중 2중 효용 흡수식 냉동기와 보일러를 사용하여 구성되는 공조방식의 관련된 장치가 아닌 것은?

㉮ 발생기, 흡수기, 입형 보일러
㉯ 응축기, 증발기, 관류보일러
㉰ 재생기, 응축기, 노통연관보일러
㉱ 응축기, 압축기, 수관보일러

해설 ※ 흡수식 냉동기는 압축기를 사용하지 않는다.
2중 효용 흡수식 냉동기의 구성
발생기2대, 열교환기2대, 응축기, 흡수기, 증발기

11 공기조화방식의 분류 중 전공기방식에 해당되지 않는 것은?

㉮ 유인유닛 방식
㉯ 정풍량 단일덕트 방식
㉰ 2중덕트 방식
㉱ 변풍량 단일덕트 방식

해설 유인유닛 방식 : 공기-수 방식

정답 08 ㉮ 09 ㉱ 10 ㉱ 11 ㉮

12 습공기의 상태를 나타내는 요소에 대한 설명 중 맞는 것은?

㉮ 상대습도는 공기 중에 포함된 수분의 양을 계산하는 데 사용한다.
㉯ 수증기 분압에서 습공기가 가진 압력(보통 대기압)은 그 혼합성분인 건공기와 수증기가 가진 분압의 합과 같다.
㉰ 습구온도는 주위 공기가 포화증기에 가까우면 건구온도와의 차는 커진다.
㉱ 엔탈피는 0℃ 건공기의 값을 593 kcal/kg으로 기준하여 사용한다.

해설 ㉮ 상대습도는 실제 포함된 수증기 양과 포함할 수 있는 최대한의 수증기 양과의 비를 나타낸다.
㉰ 습구온도는 주위 공기가 포화 증기에 가까우면 건구온도와의 차이는 작아진다.
㉱ 엔탈피는 0[℃] 건공기의 값을 0[kcal/kg]으로 기준하여 사용한다.

13 구조체에서의 손실부하 계산 시 내벽이나 중간층 바닥의 손실부하를 구하고자 할 때 적용하는 온도차를 구하는 공식은?
(단, t_r : 실내의 온도, t_0 : 실외의 온도)

㉮ $\Delta t = (t_r - \dfrac{t_r - t_0}{2})$
㉯ $\Delta t = (t_r + \dfrac{t_r - t_0}{2})$
㉰ $\Delta t = (\dfrac{t_r - t_0}{2})$
㉱ $\Delta t = (t_r - \dfrac{t_r + t_0}{2})$

해설 내벽 또는 중간층 바닥의 손실부하에 대한 적용 온도
= 실내온도 - 평균온도
$\Delta t = \left(t_r - \dfrac{t_r + t_o}{2} \right)$

14 인텔리젠트 빌딩과 같이 냉방부하가 큰 건물이나 백화점과 같이 잠열부하가 큰 건물에서 송풍량과 덕트 크기를 크게 늘리지 않고자 할 때, 공조방식으로 적합한 것은?

㉮ 바닥취출 공조방식
㉯ 저온공조방식
㉰ 팬코일 유닛방식
㉱ 재열코일방식

해설 송풍량과 덕트를 늘리지 않고 실내부하를 낮추기 위해서는 저온으로 공조를 해야 하므로 저온공조방식을 채택한다.

15 열교환기를 구조에 따라 분류하였을 때 판형 열교환기의 종류에 해당하지 않는 것은?

㉮ 플레이트식 열교환기
㉯ 케틀형 열교환기
㉰ 플레이트핀식 열교환기
㉱ 스파이럴형 열교환기

해설 판형 열교환기 종류
플레이트식, 플레이트핀식, 스파이럴형
※ 케틀형 열교환기는 원통다관(쉘앤튜브)식 열교환기에 속한다.

16 직교류형 냉각탑과 대향류형 냉각탑을 비교하였다. 직교류형 냉각탑의 특징으로 틀린 것은?

㉮ 물과 공기의 흐름이 직각으로 교차한다.
㉯ 냉각탑 설치 면적은 크고, 높이는 낮다.
㉰ 대향류형에 비해 효율이 좋다.
㉱ 냉각탑 중심부로 갈수록 온도가 높아진다.

해설 ㉰ 직교류형은 대향류형에 비해 효율이 나쁘다.

정답 12 ㉯ 13 ㉱ 14 ㉯ 15 ㉯ 16 ㉰

17 기화식(증발식) 가습장치의 종류로 옳은 것은?

㉮ 원심식, 초음파식, 분무식
㉯ 전열식, 전극식, 적외선식
㉰ 과열증기식, 분무식, 원심식
㉱ 회전식, 모세관식, 적하식

[해설] 가습장치의 종류
① 수분무식 : 원심식, 초음파식, 분무식
② 기화식(증발식) : 회전식, 모세관식, 적하식, 에어와셔식
③ 증기식 : 전열식(가습팬식), 전극식, 적외선식

18 증기난방의 장점으로 틀린 것은?

㉮ 열의 운반능력이 크고, 예열시간이 짧다.
㉯ 한랭지에서 동결의 우려가 적다.
㉰ 환수관의 내부 부식이 지연되어 강관의 수명이 길다.
㉱ 온수난방에 비하여 방열기의 방열면적이 작아진다.

[해설] ③ 환수관에 내부 부식이 발생되어 강관의 수명이 짧다.

19 공기 세정기의 구조에서 앞부분에는 세정실이 있고 물방울의 유출을 방지하기 위해 뒷부분에는 무엇을 설치하는가?

㉮ 배수관
㉯ 유닛 히트
㉰ 유량조절밸브
㉱ 엘리미네이터

[해설] 공기 세정기의 구조에서 앞부분에는 세정실이 있고 물방울의 유출을 방지하기 위해 뒷부분에 엘리미네이터를 설치한다.

20 A상태에서 B상태로 가는 냉방과정에서 현열비는?

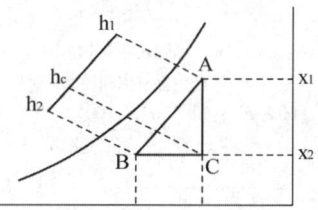

㉮ $\dfrac{h_1 - h_2}{t_1 - t_2}$ ㉯ $\dfrac{h_1 - h_c}{h_1 - h_2}$

㉰ $\dfrac{x_1 - x_2}{t_1 - t_2}$ ㉱ $\dfrac{h_c - h_2}{h_1 - h_2}$

[해설] 현열비(SHF)

$$SHF = \frac{\text{현열}}{\text{현열} + \text{잠열}} = \frac{q_s}{q_s + q_L}$$

$$= \frac{\text{현열}}{\text{전열}} = \frac{h_c - h_2}{h_1 - h_2}$$

제2과목 냉동공학(냉동냉장설비)

21 다음 조건을 갖는 수랭식 응축기의 전열면적은 약 얼마인가? (단, 응축기 입구의 냉매가스 엔탈피는 450kcal/kg, 응축기 출구의 냉매액 엔탈피는 150kcal/kg, 냉매 순환량은 100kg/h, 응축온도 40℃, 냉각수 평균온도는 33℃, 응축기의 열관류율은 800kcal/m²h℃이다.)

㉮ 3.86m²   ㉯ 4.56m²
㉰ 5.36m²   ㉱ 6.76m²

[정답] 17 ㉱ 18 ㉰ 19 ㉱ 20 ㉱ 21 ㉰

해설 $K \cdot F \cdot \triangle T = G \triangle h$
여기서, K : 열관류율[kcal/m²h℃]
F : 면적[m²]
$\triangle T$: 온도차[℃]
G : 냉매순환량[kg/h]
$\triangle h$: 엔탈피차[kcal/kg]
$800 \times F \times (40-33) = 100 \times (450-150)$

$$F = \frac{100 \frac{kg}{h} \times (450-150) \frac{kcal}{kg}}{800 \frac{kcal}{m^2 h ℃} \times (40-33)℃} = 5.36 [m^2]$$

22 0.02kg의 기체에 100J의 일을 가하여 단열 압축하였을 때 기체 내부에너지 변화는 약 얼마인가?

㉮ 1.87kcal/kg
㉯ 1.54kcal/kg
㉰ 1.39kcal/kg
㉱ 1.19kcal/kg

해설
① $\frac{0.1kJ}{0.02kg} = 5[kJ/kg]$

② $\frac{5 \frac{kJ}{kg}}{4.18 \frac{kJ}{kcal}} = 1.19 [kcal/kg]$

※ 단위환산 힌트 : 1[kcal]=4.18[kJ]

23 흡수식냉동기의 구성품 중 왕복동 냉동기의 압축기와 같은 역할을 하는 것은?

㉮ 발생기
㉯ 증발기
㉰ 응축기
㉱ 순환펌프

해설 흡수식냉동기는 왕복동 냉동기의 압축기 대신 발생기(재생기)를 사용한다.

24 냉동장치의 액분리기에 대한 설명 중 맞는 것으로만 짝지어진 것은?

[보기]
① 증발기와 압축기 흡입 측 배관 사이에 설치한다.
② 기동 시 증발기 내의 액이 교란되는 것을 방지한다.
③ 냉동부하의 변동이 심한 장치에는 사용하지 않는다.
④ 냉매액이 증발기로 유입되는 것을 방지하기 위해 사용한다.

㉮ ①, ②   ㉯ ③, ④
㉰ ①, ③   ㉱ ②, ③

해설 ③ 냉동부하의 변동이 심한 장치에 사용한다.
④ 냉매액이 압축기로 유입되는 것을 방지하기 위해 사용한다.

25 이상기체를 정압하에서 가열하면 체적과 온도는 어떻게 변화되는가?

㉮ 체적 증가, 온도 상승
㉯ 체적 일정, 온도 일정
㉰ 체적 증가, 온도 일정
㉱ 체적 일정, 온도 상승

해설 샬의 법칙 : 압력이 일정할 때 체적은 온도에 비례한다. $\left(\frac{V}{T} = C\right)$

$\frac{V_1}{T_1} = \frac{V_2}{T_2} \rightarrow V_1 = \frac{T_1 V_1}{T_2}$

※ 체적이 증가하면 온도도 비례하여 상승한다.

정답 22 ㉱ 23 ㉮ 24 ㉮ 25 ㉮

26 온도식 팽창밸브(Thermostatic expansion valve)에 있어서 과열도란 무엇인가?

㉮ 고압 측 압력이 너무 높아져서 액냉매의 온도가 충분히 낮아지지 못할 때 정상시와 온도차
㉯ 팽창밸브가 너무 오랫동안 작용하면 밸브 시트가 뜨겁게 되어 오작동할 때 정상시와의 온도차
㉰ 흡입관 내의 냉매가스 온도와 증발기 내의 포화온도와의 온도차
㉱ 압축기와 증발기 속의 온도보다 1℃ 정도 높게 설정되어 있는 온도와의 온도차

해설 온도조절식 팽창밸브의 과열도
흡입관내 냉매가스온도 - 증발기내 포화온도

27 10kW의 모터를 1시간 동안 작동시켜 어떤 물체를 정지시켰다. 이때 사용된 에너지는 모두 마찰열로 되어 $t = 20℃$의 주위에 전달되었다면 엔트로피의 증가는 약 얼마인가?

㉮ 29.4kcal/kg·K
㉯ 39.4kcal/kg·K
㉰ 49.4kcal/kg·K
㉱ 59.4kcal/kg·K

해설 $\triangle S = \dfrac{\triangle Q}{T}$

여기서, $\triangle S$: 엔트로피[kcal/kg·K]
$\triangle Q$: 열량 [kcal/kg]
T : 절대온도[K]

$\triangle S = \dfrac{\triangle Q}{T} = \dfrac{10 \times 860}{20 + 273} = 29.4 [kcal/kgK]$

※ 단위환산 힌트
① 1[kWh]=860[kcal]
② 정압상태에서 열량의 변화량($\triangle Q$)은 엔탈피 변화량($\triangle h$)과 같다. 그러므로 위 문제에서의 열량단위를 비엔탈피의 단위인 [kcal/kg]으로 사용하였다.

28 암모니아 냉동기에서 유분리기의 설치 위치로 가장 적당한 곳은?

㉮ 압축기와 응축기 사이
㉯ 응축기와 팽창변 사이
㉰ 증발기와 압축기 사이
㉱ 팽창변과 증발기 사이

해설 유분리기의 설치위치 : 압축기와 응축기 사이

29 압축기의 용량제어 방법 중 왕복동 압축기와 관계가 없는 것은?

㉮ 바이패스법
㉯ 회전수 가감법
㉰ 흡입 베인 조절법
㉱ 클리어런스 증가법

해설 왕복동 압축기의 용량제어 방법
① 회전수 가감법
② 클리어런스 증대법
③ 바이패스법
④ 언로딩 시스템(일부실린더를 놀리는 방법)
⑤ 흡입밸브 조절법

터보(원심식) 압축기 용량제어 방법
① 회전수가감법
② 바이패스법
③ 흡입 댐퍼 조절법
④ 냉각수량 조절법
⑤ 가이드베인 조절법

30 프레온 냉동장치에 수분이 혼입됐을 때 일어나는 현상이라고 볼 수 있는 것은?

㉮ 수분과 반응하는 양이 매우 적어 뚜렷한 영향을 나타내지 않는다.
㉯ 수분이 혼입되면 황산이 생성된다.
㉰ 고온부의 냉동장치에 동 부착(도금) 현상이 나타난다.
㉱ 유탁액(Emulsion) 현상을 일으킨다.

[해설] 동부착 현상(copper plating) : 프레온 냉매를 사용하는 냉동장치 내부에 수분이 침입하는 경우 수분과 프레온이 반응하여 산성물질을 생성시키고 장치 내 동관을 석출하여 동가루를 만드는데 이 동가루가 장치내를 순환하면서 온도가 높고 잘 연마된 금속부에 도금되어 전열을 방해하게 되고 활동부를 마모시키는 현상

31 50RT의 브라인 쿨러에서 입구온도 -15℃일 때 브라인의 유량이 0.5m³/min이라면 출구의 온도는 약 몇 ℃인가?
(단, 브라인의 비중은 1.27, 비열은 0.66kcal/kg℃, 1RT는 3,320kcal/h이다.)

㉮ -20.3℃   ㉯ -21.6℃
㉰ -11℃   ㉱ -18.3℃

[해설] $Q = GC\Delta T$
$50 \times 3320 = 0.5 \times 1000 \times 60 \times 1.27 \times 0.66 \times ((-15) - t)$
$t = -15 - \dfrac{50 \times 3320}{0.5 \times 1000 \times 60 \times 1.27 \times 0.66}$
$= -21.6[℃]$

※ 단위환산 힌트
1[m³]=1000[L] → 물1000[L]=1000[kg]
1[RT]=3320[kcal/h]

브라인의 비중이 1.27이란 것은 물의 비중을 기준으로 1로 두었을 때 물보다 1.27배 무겁다는 의미이므로 곱해주게 된다.

32 온도식 자동팽창밸브 감온통의 냉매충전 방법이 아닌 것은?

㉮ 액충전   ㉯ 벨로스충전
㉰ 가스충전   ㉱ 크로스충전

[해설] 온도자동식 팽창밸브 감온통의 냉매충전 방법
액충전식, 가스충전식, 크로스충전식

33 액체 냉매를 가열하면 증기가 되고 더 가열하면 과열증기가 된다. 단위열량을 공급할 때 온도 상승이 가장 큰 것은?

㉮ 과냉액체   ㉯ 습증기
㉰ 과열증기   ㉱ 포화증기

[해설] 단위열량을 공급할 때 온도 상승이 가장 큰 것은 과열증기이다.

34 흡수식 냉동기에 관한 설명 중 옳은 것은?

㉮ 초저온용으로 사용된다.
㉯ 비교적 소용량보다는 대용량에 적합하다.
㉰ 열 교환기를 설치하여도 효율은 변함없다.
㉱ 물-LiBr식에서는 물이 흡수제가 된다.

[해설] ㉮ 초저온용으로 사용이 어렵다.
㉰ 열교환기를 설치하면 효율이 증가한다.
㉱ 물-LiBr식에서는 물이 냉매가 되고 LiBr이 흡수제가 된다.

35 자동제어의 목적이 아닌 것은?

㉮ 냉동장치 운전상태의 안정을 도모한다.
㉯ 냉동장치의 안전을 유지한다.
㉰ 경제적인 운전을 꾀한다.
㉱ 냉동장치의 냉매 소비를 절감한다.

[해설] 자동제어의 목적 : 경제적 이익과 안전을 도모한다.

정답 30 ㉰ 31 ㉯ 32 ㉯ 33 ㉰ 34 ㉯ 35 ㉱

36 다음 중 냉매의 구비조건으로 틀린 것은?

㉮ 전기저항이 클 것
㉯ 불활성이고 부식성이 없을 것
㉰ 응축 압력이 가급적 낮을 것
㉱ 증기의 비체적이 클 것

해설 ㉱ 증기의 비체적이 작을 것

37 프레온 냉동장치에서 압축기 흡입배관과 응축기 출구배관을 접촉시켜 열 교환시킬 때가 있다. 이때 장치에 미치는 영향으로 옳은 것은?

㉮ 압축기 운전 소요동력이 다소 증가한다.
㉯ 냉동 효과가 증가한다.
㉰ 액백(liquid back)이 일어난다.
㉱ 성적계수가 다소 감소한다.

해설 ㉮ 압축기 운전 소요동력이 감소한다.
㉰ 액백(liquid back)을 방지할 수 있다.
㉱ 성적계수가 증가한다.

38 염화나트륨 브라인의 공정점은 몇 ℃인가?

㉮ -55℃ ㉯ -42℃
㉰ -36℃ ㉱ -21℃

해설 무기질 브라인 동결점
① CaCl₂(염화칼슘) : -55[℃]
② MgCl₂(염화마그네슘) : -33.6[℃]
③ NaCl(염화나트륨) : -21[℃]

39 주위 압력이 750mmHg인 냉동기의 저압 gauge가 100mmHgv를 나타내었다. 절대압력은 약 몇 kg_f/cm²인가?

㉮ 0.5 ㉯ 0.73
㉰ 0.88 ㉱ 0.96

해설 ① 단위 변환
- 대기압 = $\dfrac{750\text{mmHg}}{760\text{mmHg}} \times 1.0332\text{kg/cm}^2$
  = 1.019kg/cm^2
- 진공압 = $\dfrac{100\text{mmHg}}{760\text{mmHg}} \times 1.0332\text{kg/cm}^2$
  = $0.135\text{kg/cm}^2\text{v}$

② 절대압력=대기압-진공압
∴ $1.019 - 0.135 = 0.884\text{kg/cm}^2$

40 암모니아 냉동기의 증발온도 -20℃, 응축온도 35℃일 때 이론 성적계수(①)와 실제 성적계수(②)는 약 얼마인가? (단, 팽창밸브 직전의 액온도는 32℃, 흡입가스는 건포화증기이고, 체적효율은 0.65, 압축효율은 0.80, 기계효율은 0.9로 한다.)

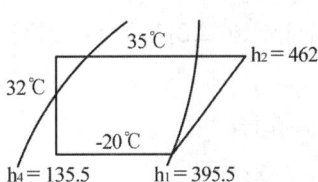

㉮ ① 0.5, ② 3.8
㉯ ① 3.5, ② 2.5
㉰ ① 3.9, ② 2.8
㉱ ① 4.3, ② 2.8

해설 ① 이론성적계수(COP, ϵ)
$\epsilon = \dfrac{q}{Aw} = \dfrac{395.5 - 135.5}{462 - 395.5} = 3.9$

② 실제성적계수($\epsilon_o = \epsilon \times \eta_c \times \eta_m$)
$\epsilon_o = 3.9 \times 0.8 \times 0.9 = 2.8$

여기서, ϵ_o : 실제성적계수
ϵ : 이론성적계수
η_c : 압축효율
η_m : 기계효율

| 제3과목 | 배관일반(공조냉동설치운영1) |

41 급탕 주관의 배관길이가 300m, 환탕 주관의 배관길이가 50m일 때 강제순환식 온수순환펌프의 전 양정은 얼마인가?

㉮ 5m ㉯ 3m
㉰ 2m ㉱ 1m

해설 강제순환식 온수펌프 전양정
$$H = 0.01\left(\frac{L}{2} + l\right) = 0.01 \times \left(\frac{300}{2} + 50\right) = 2[m]$$
※ 별도의 언급이 없는 경우 관마찰손실은 급탕주관의 50%로 계산한다.

42 배관지지 금속 중 리스트레인트(Restraint)에 속하지 않는 것은?

㉮ 행거
㉯ 앵커
㉰ 스토퍼
㉱ 가이드

해설 리스트레인트의 종류
앵커, 스토퍼, 가이드

43 동관의 이음으로 적합하지 않은 것은?

㉮ 납땜 이음
㉯ 플레어 이음
㉰ 플랜지 이음
㉱ 타이튼 이음

해설 타이튼 이음방식은 주철관 접합 방법에 속한다.

44 배수관이나 통기관의 배관 후 누설 검사 방법으로 적당하지 않은 것은?

㉮ 수압시험
㉯ 기압시험
㉰ 연기시험
㉱ 통관시험

해설 배관 후 누설검사 방법
수압시험, 기압시험, 연기시험

45 배관 내 마찰저항에 의한 압력손실의 설명으로 옳은 것은?

㉮ 관의 유속에 비례한다.
㉯ 관 내경의 2승에 비례한다.
㉰ 관 내경의 5승에 비례한다.
㉱ 관의 길이에 비례한다.

해설 원형관의 마찰손실($\triangle P$ 또는 h)
$$\triangle P = f \times \frac{l}{d} \times \frac{v^2}{2g} \times r$$
여기서, $\triangle P(h)$: 손실수두[N]
$f(\lambda)$: 마찰저항계수
l : 관의 길이[m]
d : 관의 직경[m]
v : 유속[m/s]
g : 중력가속도(9.8m/s^2)
r : 비중량[N/m^3]

46 고층 건물이나 기구 수가 많은 건물에서 입상관까지의 거리가 긴 경우 루프통기관의 효과를 높이기 위해 설치하는 통기관은?

㉮ 도피 통기관
㉯ 결합 통기관
㉰ 공용 통기관
㉱ 신정 통기관

정답 41 ㉰ 42 ㉮ 43 ㉱ 44 ㉱ 45 ㉱ 46 ㉮

해설 도피 통기관
- 루프 통기관의 통기 효율을 높이기 위해 설치한다.
- 최하류 기구배수관과 배수수직관 사이에 설치한다.
- 기구 트랩에 발생되는 배압이나 그것에 의한 봉수의 유실을 막는다.
- 관경의 배수수평지관 관경의 1/2 이상, 최소 32mm 이상으로 한다.

47 다음 중 냉·온수 헤더에 설치하는 부속품이 아닌 것은?

㉮ 압력계　　㉯ 드레인관
㉰ 트랩장치　㉱ 급수관

해설 트랩장치의 경우 증기난방에 사용되므로 냉·온수 헤더와 관계가 없다.

48 냉매배관 설계 시 잘못된 것은?

㉮ 2중 입상관(Riser) 사용 시 트랩을 크게 한다.
㉯ 과도한 압력강하를 방지한다.
㉰ 압축기로 액체 냉매의 유입을 방지한다.
㉱ 압축기를 떠난 윤활유가 일정 비율로 다시 압축기로 되돌아오게 한다.

해설 ① 2중 입상관(Riser) 사용 시 트랩을 작게 한다.

2중 입상관 예시

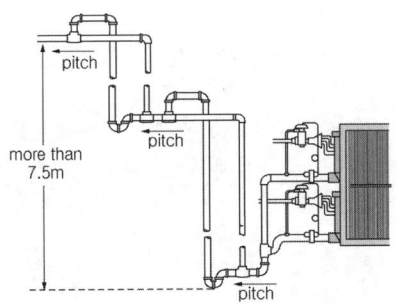

49 압축공기 배관 시공 시 일반적인 주의사항으로 틀린 것은?

㉮ 공기 공급배관에는 필요한 개소에 드레인용 밸브를 장착한다.
㉯ 주관에서 분기관을 취출할 때에는 관의 하단에 연결하여 이물질 등을 제거한다.
㉰ 용접개소는 가급적 적게 하고 라인의 중간 중간에 여과기를 장착하여 공기 중에 섞인 먼지 등을 제거한다.
㉱ 주관 및 분기관의 관 끝에는 과잉의 압력을 제거하기 위한 불어내기(Blow)용 게이트 밸브를 달아준다.

해설 ㉯ 주관에서 분기관을 취출할 때에는 관의 상단에 연결하여 이물질 등을 제거한다.

50 도시가스 내 부취제의 액체 주입식 부취설비 방식이 아닌 것은?

㉮ 펌프 주입 방식
㉯ 적하 주입 방식
㉰ 미터연결 바이패스 방식
㉱ 위크식 주입 방식

해설
- 부취제의 액체 주입 방식 : 펌프 주입방식, 적하 주입 방식, 미터연결 바이패스 방식
- 부취제의 증발식 주입 방식 : 바이패스 증발식, 위크 증발식

정답　47 ㉰　48 ㉮　49 ㉯　50 ㉱

51 열을 잘 반사하고 확산하므로 난방용 방열기 표면 등의 도장용으로 사용되는 도료는?

㉮ 광명단 도료
㉯ 산화철 도료
㉰ 합성수지 도료
㉱ 알루미늄 도료

해설 알루미늄 도료(은분)
① 산화알루미늄(Al_2O_3) 분말을 유성 니스에 혼합한 것으로 방청 효과가 크며 밑바탕 도장 후 유성 페인트를 사용하면 방청 효과가 더욱 커진다.
② 열을 잘 반사하고 난방용 방열기 표면 등의 도장용으로 사용된다.

52 개별식 급탕법에 비해 중앙식 급탕법의 장점으로 적합하지 않은 것은?

㉮ 배관의 길이가 짧아 열손실이 적다.
㉯ 탕비장치가 대규모이므로 열효율이 좋다.
㉰ 초기 시설비가 비싸지만 경상비가 적어 대규모 급탕에는 경제적이다.
㉱ 일반적으로 다른 설비기계류와 동일한 장소에 설치되므로 관리상 유효하다.

해설 ㉮ 배관의 길이가 길어지므로 열손실이 크다.

53 방열기의 환수구에 설치하여 증기와 드레인을 분리하여 환수시키고 공기도 배출시키는 트랩은?

㉮ 열동식 트랩
㉯ 플로트 트랩
㉰ 상향식 버킷트랩
㉱ 충격식 트랩

해설 방열기의 환수구에 설치하여 증기와 드레인을 분리하여 환수시키고 공기도 배출시킬 수 있는 트랩은 열동식 트랩이다.

54 증기 또는 온수난방에서 2개 이상의 엘보를 이용하여 배관의 신축을 흡수하는 신축이음쇠는?

㉮ 스위블형 신축이음쇠
㉯ 벨로스형 신축이음쇠
㉰ 볼 조인트형 신축이음쇠
㉱ 슬리브형 신축이음쇠

해설 스위블형 신축이음쇠
증기 또는 온수난방에서 2개 이상의 엘보를 이용해 배관의 신축을 흡수하는 이음쇠

55 배수설비에 대한 설명으로 틀린 것은?

㉮ 건물 내에서 나오는 오수와 잡수 등을 배출한다.
㉯ 펌프 유무에 따라 중력식과 기계식으로 분류한다.
㉰ 정화조에서 정화되어 나오는 것은 처리할 수 없다.
㉱ 오수, 잡수 등을 모아서 내보내는 합류식이 있다.

해설 ㉰ 정화조에서 정화되어 나오는 것을 처리하기 위해 배수설비를 설치한다.

정답 51 ㉱ 52 ㉮ 53 ㉮ 54 ㉮ 55 ㉰

56 증기난방의 응축수 환수방법이 아닌 것은?
- ㉮ 중력 환수식
- ㉯ 기계 환수식
- ㉰ 상향 환수식
- ㉱ 진공 환수식

해설 증기난방의 응축수 환수방식
(암기법 : 중,진,기)
중력환수식, 진공환수식, 기계환수식

57 고온배관용 탄소강관은 몇 ℃의 고온배관에 사용되는가?
- ㉮ 230℃ 이하
- ㉯ 250~270℃
- ㉰ 280~310℃
- ㉱ 350℃ 이상

해설 고온배관용 탄소강관(SPHT)
온도 350℃ 이상의 고온에 사용되는 배관

58 배관 재료에서 열응력 요인이 아닌 것은?
- ㉮ 열팽창에 의한 응력
- ㉯ 열간가공에 의한 응력
- ㉰ 용접에 의한 응력
- ㉱ 안전밸브의 분출에 의한 응력

해설 ㉱ 안전밸브의 분출시 열응력은 발생되지 않는다.

59 급수설비에서 수격작용 방지를 위하여 설치하는 것은?
- ㉮ 에어챔버(Air Chamber)
- ㉯ 앵글밸브(Angle Valve)
- ㉰ 서포트(Support)
- ㉱ 볼탭(Ball Tap)

해설 급수설비의 수격작용을 방지하기 위한 설비 공기실(에어챔버), 수격방지기

60 보일러를 장기간 사용하지 않을 때 부식방지를 위하여 내부에 충전하는 가스로 적합한 것은?
- ㉮ 이산화탄소
- ㉯ 아황산가스
- ㉰ 질소가스
- ㉱ 산소가스

해설 보일러를 장기간 사용하지 않을 때 부식방지를 위해 내부에 질소가스를 충전한다.

제4과목 | 전기제어공학(공조냉동설치운영2)

61 미리 정해진 프로그램에 따라 제어량을 변화시키는 것을 목적으로 한 제어는?
- ㉮ 정치제어
- ㉯ 추종제어
- ㉰ 프로그램제어
- ㉱ 비례제어

해설 ① 정치제어 : 목표값이 시간에 따라 변하지 않고 일정한 상태량을 제어하는 방식
② 추종제어 : 목표값이 임의의 시간적 변화를 하는 경우 제어량을 그것에 추종시키기 위한 제어
③ 목표값의 변화량이 미리 정해진 프로그램에 의하여 상태량을 제어한다.
④ 비례제어(P동작) : 설정값과 제어 결과와의 편차 크기에 비례하여 조작부를 제어하는 동작

정답 56 ㉰ 57 ㉱ 58 ㉱ 59 ㉮ 60 ㉰ 61 ㉰

62 전력선, 전기기기 등 보호 대상에 발생한 이상상태를 검출하여 기기의 피해를 경감시키거나 그 파급을 저지하기 위하여 사용되는 것은?

㉮ 보호계전기
㉯ 보조계전기
㉰ 전자접촉기
㉱ 한시계전기

[해설] 보호계전기 : 전력선, 전기기기 등 보호 대상에 발생한 이상상태를 검출하여 기기의 피해를 경감시키거나 그 파급을 저지하기 위하여 사용된다.

63 자동제어를 분류할 때 제어량에 의한 분류가 아닌 것은?

㉮ 정치제어
㉯ 서보기구
㉰ 프로세스제어
㉱ 자동조정

[해설] 제어량에 의한 제어
① 서보기구 : 물체의 위치 방향 자세 등 제어
② 프로세스제어 : 온도, 유량, 액위 등 제어
③ 자동조정 : 전류, 전압, 주파수 등 제어

목표값에 의한 제어
정치제어, 프로그램제어, 추치(추종)제어, 비율제어

64 서미스터에 대한 설명으로 옳은 것은?

㉮ 열을 감지하는 감열 저항체 소자이다.
㉯ 온도 상승에 따라 전자유도현상이 크게 발생되는 소자이다.
㉰ 구성은 규소, 아연, 납 등을 혼합한 것이다.
㉱ 화학적으로는 수소화물에 해당한다.

[해설] 서미스터 : 열을 감지하는 감열 저항체 소자로 전자회로의 온도 보상용으로 사용된다.

65 다음의 논리식 중 다른 값을 나타내는 논리식은?

㉮ $XY + X\overline{Y}$
㉯ $X(X+Y)$
㉰ $X(\overline{X}+Y)$
㉱ $X+XY$

[해설]
㉮ $XY + X\overline{Y} = X(Y+\overline{Y}) = X$
㉯ $X+(X+Y) = XX+XY = X+XY = X(1+Y) = X$
㉰ $X(\overline{X}+Y) = X\overline{X}+XY = 0+XY = XY$
㉱ $X+XY = X(1+Y) = X$

66 직렬공진 시 RLC 직렬회로에 대한 설명으로 잘못된 것은?

㉮ 회로에 흐르는 전류는 최대가 된다.
㉯ 회로에는 유효전력이 발생되지 않는다.
㉰ 회로의 합성 임피던스가 최소가 된다.
㉱ R에 걸리는 전압이 공급전압과 같게 된다.

[해설] 직렬공진 : $X_L - X_C = 0$
합성임피던스 : $Z = R + jX$
직렬공진시 합성임피던스 $Z = R$이므로 R만의 회로가 되며 특징은 아래와 같다.
① 위상차가 0이 된다.
② 전류는 최대가 된다.
③ 유효전력만 존재하며 최대가 된다.
④ 공급전압이 모두 저항 R에 인가된다.

67 금속 도체의 전기저항은 일반적으로 온도와 어떤 관계가 있는가?

㉮ 온도 상승에 따라 감소한다.
㉯ 온도와는 무관하다.
㉰ 저온에서 증가하고 고온에서 감소한다.
㉱ 온도 상승에 따라 증가한다.

해설 금속 도체의 전기저항은 일반적으로 온도와 비례하므로 온도가 상승하면 저항도 증가한다.

68 60Hz에서 회전하고 있는 4극 유도전동기의 출력이 10kW일 때 전동기의 토크는 약 몇 N·m인가?

㉮ 48   ㉯ 53
㉰ 63   ㉱ 84

해설 ① 유도전동기의 회전수
$$N = \frac{120f}{P} = \frac{120 \times 60}{4} = 1800[\text{rpm}]$$
② 유도전동기의 토크
$$T = \frac{P}{2\pi n} = \frac{10000}{2\pi \times \frac{1800}{60}} = 53.05[\text{N·m}]$$

유도전동기의 회전수
$$N = \frac{120f}{P}(1-S)$$
여기서, N : 회전수[rpm]
f : 주파수[Hz]
P : 극수
S : 슬립
$(1-S)$: 슬립효율

유도전동기의 토크
$$T = \frac{P}{w} = \frac{P}{2\pi f} = \frac{P}{2\pi n}$$
여기서, T : 토크[N·m]
P : 전력[W]
f : 주파수[Hz]
n : 초당회전수[rps]

69 조절부로부터 받은 신호를 조작량으로 바꾸어 제어대상에 보내주는 피드백 제어의 구성요소는?

㉮ 궤한신호
㉯ 조작부
㉰ 제어량
㉱ 신호부

해설 조작부 : 조절부에서 받은 신호를 조작량으로 변환하여 제어대상에 보내는 장치

70 논리함수 $X = B(A+B)$를 간단히 하면?

㉮ $X = A$
㉯ $X = B$
㉰ $X = A \cdot B$
㉱ $X = A + B$

해설 $X = B(A+B) = BA + BB = BA + B = B(A+1) = B$

71 $\sin \omega t$를 라플라스 변환하면?

㉮ $\dfrac{s}{s^2 + \omega^2}$ ㉯ $\dfrac{s}{s^2 - \omega^2}$

㉰ $\dfrac{\omega}{s^2 + \omega^2}$ ㉱ $\dfrac{\omega}{s^2 - \omega^2}$

해설

시간함수	라플라스 변환
$u(t)$	$\dfrac{1}{S}$
$e^{-at}u(t)$	$\dfrac{1}{s+a}$
$\sin \omega t$	$\dfrac{w}{s^2+w^2}$
$\cos \omega t$	$\dfrac{s}{s^2+w^2}$

정답 67 ㉱ 68 ㉯ 69 ㉯ 70 ㉯ 71 ㉰

72 정성적 제어에서 전열기의 제어 명령이 되는 신호는 전열기에 흐르는 전류를 흐르게 한다든가 아니면 차단하면 된다. 이와 같은 신호를 무엇이라 하는가?

㉮ 목표값
㉯ 제어신호
㉰ 2진신호
㉱ 3진신호

[해설] 신호를 흐르게 하거나 차단하게 되는 제어는 on-off 제어로 2위치제어로 볼 수 있고 이때의 신호는 2진 신호가 된다.

73 3상 부하가 Y결선되어 각 상의 임피던스가 $Z_a = 3\Omega$, $Z_b = 3\Omega$, $Z_c = j3\Omega$ 이다. 이 부하의 영상임피던스는 몇 Ω 인가?

㉮ $2+j1$
㉯ $3+j3$
㉰ $3+j6$
㉱ $6j+3$

[해설] 영상임피던스
3상 Y결선 $= \dfrac{Z}{3} = \dfrac{3+3+j3}{3} = \dfrac{6+j3}{3} = 2+j1$

74 전동기의 회전방향과 전자력에 관계가 있는 법칙은?

㉮ 플레밍의 왼손법칙
㉯ 플레밍의 오른손법칙
㉰ 페러데이의 법칙
㉱ 암페어의 법칙

[해설] ① 플레밍의 오른손 법칙 : 발전기의 기본 법칙으로 도체에 힘을 가하면 발생되는 전류의 방향을 알 수 있다.
② 플레밍의 왼손 법칙 : 전동기의 기본 법칙으로 도체에 전류를 흐르게 하면 발생되는 힘의 방향을 알 수 있다.

75 서보기구의 제어량에 속하는 것은?

㉮ 유량
㉯ 압력
㉰ 밀도
㉱ 위치

[해설] 추종 제어 : 목표값이 임의로 변화되는 경우의 제어 (서보기구 : 위치, 방향, 자세, 각도 등)

76 안정된 필요조건을 갖춘 특성방정식은?

㉮ $s^4 + 2s^2 + 5s + 5 = 0$
㉯ $s^3 + s^2 - 3s + 10 = 0$
㉰ $s^3 + 3s^2 + 3s - 3 = 0$
㉱ $s^3 + 6s^2 + 10s + 9 = 0$

[해설] 특성방정식 안정화 조건
① 모든 계의 부호가 동일할 것
② 계수 중 어느 하나라도 0이 아닐 것
③ 1열의 부호 변화가 없을 것
$s^3 + 6s^2 + 10s + 9 = 0$

모든 부호가 동일하며 1열의 부호변화가 없다.
또한 $s^3 = 1$, $s^2 = 6$, $s = 10$, 남는항 $= 9$이므로 해당 조건들을 만족한다.

77 200V의 전압에서 2A의 전류가 흐르는 전열기를 2시간 동안 사용했을 때의 소비전력량은 몇 kWh인가?

㉮ 0.4
㉯ 0.6
㉰ 0.8
㉱ 1.0

해설 소비전력량[kWh] : $W = P \cdot t$
$W = V \cdot I \cdot t = 200 \times 2 \times 2 = 800[\text{Wh}] = 0.8[\text{kWh}]$
∴ 0.8[kWh]

여기서, W : 전력량[J]
P : 전력[W]
t : 시간[h]
V : 전압[V]
I : 전류[A]

78 2전력계법으로 전력을 측정하였더니 P_1 = 4W, P_2 = 3W이었다면 부하의 소비전력은 몇 W인가?

㉮ 1 ㉯ 5
㉰ 7 ㉱ 12

해설 $P_1+P_2=4+3=7[\text{W}]$
공식
① 1전력계법 = 3P
② 2전력계법 = P_1+P_2
③ 3전력계법 = $P_1+P_2+P_3$

79 그림과 같은 RLC 직렬회로에서 직렬공진회로가 되어 전류와 전압의 위상이 동위상이 되는 조건은?

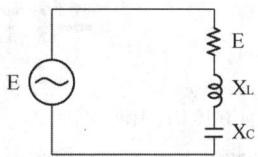

㉮ $X_L > X_C$
㉯ $X_L < X_C$
㉰ $X_L - X_C = 0$
㉱ $X_L - X_C = R$

해설 직렬공진 : $X_L - X_C = 0$

80 맥동 주파수가 가장 많고 맥동률이 가장 적은 정류 방식은?

㉮ 단상 반파정류
㉯ 단상 전파정류
㉰ 3상 반파정류
㉱ 3상 전파정류

해설 맥동 주파수가 가장 많고 맥동률이 가장 적은 정류 방식은 3상 전파 정류 방식이다.

정답 77 ㉰ 78 ㉰ 79 ㉰ 80 ㉱

공조냉동기계산업기사

과년도 출제문제

(2013.06.02. 시행)

제1과목 공기조화(공기조화설비)

01 난방부하는 어떤 기기의 용량을 결정하는 데 기초가 되는가?

㉮ 공조장치의 공기냉각기
㉯ 공조장치의 공기가열기
㉰ 공조장치의 수액기
㉱ 열원설비의 냉각탑

해설 난방부하는 열을 발생시키는 장치의 부하로 위 보기 중 공조장치의 공기가열기 부하가 이에 속한다.

02 가스난방에 있어서 실의 총손실열량이 200,000kcal/h, 가스의 발열량이 5,000 kcal/m³, 가스소요량이 60m³/h일 때 가스스토브의 효율은 약 얼마인가?

㉮ 67% ㉯ 80%
㉰ 85% ㉱ 90%

해설 가스스토브의 효율

$$\eta = \frac{200000 \frac{kcal}{h}}{60 \frac{m^3}{h} \times 5000 \frac{kcal}{m^3}} \times 100 = 67[\%]$$

공식
$$\eta = \frac{출열}{입열} = \frac{Q}{Gf \times H} \times 100$$
여기서, η : 효율[%]
  Q : 손실열량[kcal/h]
  Gf : 연료량[m³/h]
  H : 연료의 방열량[kcal/m³]

03 상당 증발량이 2,500kg/h이고, 급수온도가 30℃, 발생증기 엔탈피가 635.2 kcal/kg일 때 실제 증발량은 약 얼마인가?

㉮ 2,226kg/h
㉯ 2,249kg/h
㉰ 2,149kg/h
㉱ 2,048kg/h

해설 보일러의 실제증발량

$$G = \frac{2500 \times 539}{635.2 - 30} = 2226 [kg/h]$$

공식
$$G_e = \frac{G(h''-h')}{539} \rightarrow G = \frac{G_e \times 539}{h''-h'}$$

여기서, G_e : 상당증발량[kg/h]
  G : 증발량(급수량)[kg/h]
  h'' : 발생증기 엔탈피[kcal/kg]
  h' : 급수 엔탈피[kcal/kg]

정답 01 ㉯ 02 ㉮ 03 ㉮

04 공기조화방식의 열매체에 의한 분류 중 냉매방식의 특징으로 옳지 않은 것은?

㉮ 유닛에 냉동기를 내장하므로 사용시간에만 냉동기가 작동하여 에너지 절약이 되고, 또 잔업 시의 운전 등 국소적인 운전이 자유롭게 된다.
㉯ 온도조절기를 내장하고 있어 개별제어가 된다.
㉰ 대형의 공조실을 필요로 한다.
㉱ 취급이 간단하고 대형의 것도 쉽게 운전할 수 있다.

해설 냉매방식은 개별공조방식의 한 분류에 속한다.
㉰ 소형의 공조실에서 운전시 더욱 효과적이다.

05 다음의 습공기 선도에서 현재의 상태를 A라고 할 때 건구온도, 습구온도, 노점온도, 절대습도 그리고 엔탈피를 그림의 각 점과 대응시키면 어느 것인가?

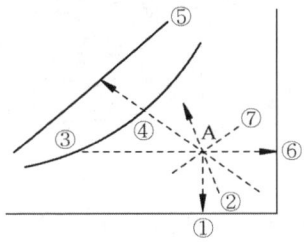

㉮ ④, ③, ①, ⑥, ⑤
㉯ ③, ①, ④, ⑦, ②
㉰ ①, ④, ③, ⑥, ⑤
㉱ ②, ③, ①, ⑦, ⑤

해설
• 건구온도 : ①   • 습구온도 : ④
• 노점온도 : ③   • 절대습도 : ⑥
• 엔탈피 : ⑤
참고
② : 해당 상태점의 비체적선
⑦ : 해당 상태점의 상대습도선

06 다음 중 축류식 취출구에 해당되는 것은?

㉮ 팬형   ㉯ 펑커루버형
㉰ 머쉬룸형   ㉱ 아네모스탯형

해설 축류식 취출구 : 노즐형, 펑커루버형, 그릴형, 슬롯형, 유니버설형 등

07 공조시스템에서 실내에서 배기되는 배기와 환기용 외기를 열교환하는 에너지 절약 설비로서 설비비는 증가하나 외기의 최대부하를 감소시키므로 보일러나 냉동기의 용량을 줄일 수 있어 중앙 공조시스템에서의 에너지 회수방식으로 많이 사용되는 열교환기의 형식은?

㉮ 증기 – 물 열교환기
㉯ 공기 – 공기 열교환기
㉰ 히트 파이프
㉱ 이코노마이저

해설 실내에서 배기되는 공기와 환기용 외기의 공기를 열교환 시키므로 공기-공기 열교환 방식으로 볼 수 있다.

08 냉각탑에 주로 사용하는 축류식 송풍기의 종류로 맞는 것은?

㉮ 리밋로드형 송풍기
㉯ 프로펠러형 송풍기
㉰ 크로스 플로형 송풍기
㉱ 다익형 송풍기

해설 냉각탑에 주로 사용하는 축류식 송풍기는 프로펠러형 송풍기이다.

정답 04 ㉰ 05 ㉰ 06 ㉯ 07 ㉯ 08 ㉯

09 클린룸(Clean room)에 대한 등급을 나타내는 방법으로 미연방규격을 준용하여, 1fit³의 체적 내에 들어 있는 불순 미립자의 수를 Class 등급으로 나타내는 방법이 있다. 예를 들어 class 100이라고 함은 입경이 얼마인 불순 미립자의 수를 100으로 제한한다는 의미인가?

㉮ $0.1\mu m$ ㉯ $0.2\mu m$
㉰ $0.3\mu m$ ㉱ $0.5\mu m$

해설 1class : 1ft³의 공기 체적 중 $0.5\mu m$ 크기 이상의 미립자 수

10 증기트랩에 대한 설명으로 옳지 않은 것은?

㉮ 바이메탈트랩은 내부에 열팽창계수가 다른 두 개의 금속이 접합된 바이메탈로 구성되며, 워터해머에 안전하고, 과열증기에도 사용 가능하다.
㉯ 벨로즈트랩은 금속제의 벨로즈 속에 휘발성 액체가 봉입되어 있어 주위에 증기가 있으면 팽창되며, 증기가 증축되면 온도에 의해 수축하는 원리를 이용한 트랩이다.
㉰ 플로트 트랩은 응축수의 온도차를 이용하여 플로트가 상하로 움직이며 밸브를 개폐한다.
㉱ 버킷트랩은 응축수의 부력을 이용하여 밸브를 개폐하며 상향식과 하향식이 있다.

해설 ㉰ 플로트 트랩은 응축수로 인해 발생되는 부력을 이용하여 플로트가 상하로 움직이며 밸브를 개폐한다.

11 실내의 거의 모든 부분에서 오염가스가 발생되는 경우 실 전체의 기류분포를 계획하여 실내에서 발생하는 오염물질을 완전히 희석하고 확산시킨 다음에 배기를 행하는 환기방식은?

㉮ 자연 환기
㉯ 제3종 환기
㉰ 국부 환기
㉱ 전반 환기

해설 실내의 거의 모든 부분에서 오염가스가 발생되는 경우 실 전체의 기류분포를 계획하여 실내에서 발생하는 오염물질을 완전히 희석하고 확산시킨 다음 배기를 행하는 환기방식은 전반 환기라고 한다.

12 다음 중 축열시스템의 특징으로 맞는 것은?

㉮ 피크 컷(Peak Cut)에 의해 열원장치의 용량이 증가한다.
㉯ 부분부하 운전에 쉽게 대응하기가 곤란하다.
㉰ 도시의 전력수급상태 개선에 공헌한다.
㉱ 야간운전에 따른 관리 인건비가 절약된다.

해설 축열시스템 : 심야전기를 이용하여 축열조에서 차가운 냉수(얼음) 또는 온수 등을 저장하였다가 주간에 냉방 및 난방시 사용하는 시스템

13 흡착식 감습장치에 사용되는 고체흡착제는?

㉮ 실리카겔
㉯ 염화리듐
㉰ 트리에틸렌글리콜
㉱ 드라이아이스

해설
- 흡착식 감습 : 실리카겔, 활성 알루미나, 애드솔, 제올라이트 등의 고체 흡착제를 사용한 감습방법
- 흡수식 감습 : 염화리튬, 트리에틸렌글리콜 등의 액체 흡수제를 사용하므로 가열원이 있어야 한다.

14 보일러의 용량을 결정하는 정격출력을 나타내는 것으로 적당한 것은?

㉮ 정격출력 = 난방부하 + 급탕부하
㉯ 정격출력 = 난방부하 + 급탕부하 + 배관손실부하
㉰ 정격출력 = 난방부하 + 급탕부하 + 예열부하
㉱ 정격출력 = 난방부하 + 급탕부하 + 배관손실부하 + 예열부하

해설
정격출력=난방부하+급탕부하+배관부하+예열부하
상용출력=난방부하+급탕부하+배관부하

15 흡수식 냉동기의 특징으로 맞지 않는 것은?

㉮ 기기 내부가 진공에 가까우므로 파열의 위험이 적다.
㉯ 기기의 구성요소 중 회전하는 부분이 많아 소음 및 진동이 많다.
㉰ 흡수식 냉온수기 한 대로 냉방과 난방을 겸용할 수 있다.
㉱ 예냉시간이 길어 냉방용 냉수가 나올 때까지 시간이 걸린다.

해설 ㉯ 기기의 구성요소 중 회전하는 부분이 많아 소음 진동이 많은 방식은 증기압축식 냉동기이다.

16 다음 그림은 냉각코일의 선도 변화를 나타낸 것이다. ① : 입구공기, ② : 출구공기, ⓢ : 포화공기일 때 노점온도(A)와 바이패스 팩터(B) 구간으로 맞는 것은?

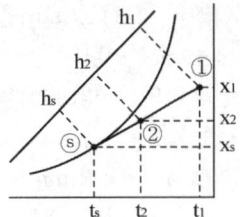

㉮ A : t_s, B : $\dfrac{h_2-h_s}{h_1-h_s}$

㉯ A : t_s, B : $\dfrac{t_1-t_2}{t_1-t_s}$

㉰ A : t_2, B : $\dfrac{t_1-t_2}{t_2-t_s}$

㉱ A : t_2, B : $\dfrac{h_2-h_s}{h_1-h_2}$

해설 A(노점온도) : t_s
B(바이패스팩터)
① $BF = \dfrac{h_2-h_s}{h_1-h_s}$
② $BF = \dfrac{t_2-t_s}{t_1-t_s}$

정답 13 ㉮ 14 ㉱ 15 ㉯ 16 ㉮

17 다익형 송풍기의 경우 송풍기의 크기 (No)에 대한 내용으로 맞는 것은?

㉮ 임펠러의 직경(mm)을 60(mm)으로 나눈 숫자이다.
㉯ 임펠러의 직경(mm)을 100(mm)으로 나눈 숫자이다.
㉰ 임펠러의 직경(mm)을 120(mm)으로 나눈 숫자이다.
㉱ 임펠러의 직경(mm)을 150(mm)으로 나눈 숫자이다.

해설 ※ 다익형 송풍기는 원심식 송풍기에 해당된다.

송풍기의 크기(No)
① 원심식 $(No) = \dfrac{\text{회전날개지름}}{150}$
② 축류식 $(No) = \dfrac{\text{회전날개지름}}{100}$

18 건구온도 5℃, 습구온도 3℃의 공기를 덕트 중에 재열기로 건구온도가 20℃로 되기까지 가열하고 싶다. 재열기를 통하는 공기량이 1000m³/min인 경우, 재열기에 필요한 열량은 약 얼마인가?
(단, 공기의 비체적은 0.849m³/kg이다.)

㉮ 254,417kcal/min
㉯ 15,000kcal/min
㉰ 8,200kcal/min
㉱ 4,240kcal/min

해설
$Q = 1000 \dfrac{m^3}{min} \times \dfrac{1}{0.849} \dfrac{kg}{m^3} \times 0.24 \dfrac{kcal}{kg \cdot ℃} \times (20-5)℃$
$= 4240.28 [kcal/min]$

$Q = GC\Delta T \rightarrow Q = q \times \dfrac{1}{v} \times C \times \Delta T$

19 공조방식에 관한 특징으로 옳지 못한 것은?

㉮ 전공기방식은 높은 청정도와 정압을 요구하는 병원 수술실, 극장 등에 많이 사용된다.
㉯ 수-공기방식은 부하가 큰 방에서도 덕트의 치수를 적게 할 수 있다.
㉰ 개별식 유닛을 분산시켜 개별 제어와 외기냉방에 효과적이다.
㉱ 전수방식은 유닛에 물을 공급하여 실내공기를 가열·냉각하는 방식으로 극간풍이 많은 곳에 유리하다.

해설 ㉰ 개별 제어 방식의 경우 외기냉방의 어려움이 있다.

20 공기조화의 분류에서 산업용 공기조화의 적용 범위에 해당하지 않는 것은?

㉮ 반도체 공장에서 제품의 품질 향상을 위한 공조
㉯ 실험실의 실험조건을 위한 공조
㉰ 양조장에서 술의 숙성온도를 위한 공조
㉱ 호텔에서 근무하는 근로자의 근무환경 개선을 위한 공조

해설 ㉱ 호텔에서 근무하는 근로자의 근부 환경 개선을 위한 공조방식은 보건용 공조에 속한다.

정답 17 ㉱ 18 ㉱ 19 ㉰ 20 ㉱

| 제2과목 | 냉동공학(냉동냉장설비) |

21 냉매로서 구비해야 할 이상적인 성질이 아닌 것은?

㉮ 임계온도가 상온보다 높아야 한다.
㉯ 증발잠열이 커야 한다.
㉰ 윤활유에 대한 용해도가 클수록 좋다.
㉱ 전열이 양호하여야 한다.

해설 ㉰ 윤활유에 대한 용해도가 작을수록 좋다.

22 염화칼슘 브라인의 공정점(共晶点)은?

㉮ −15℃
㉯ −21℃
㉰ −33.6℃
㉱ −55℃

해설 무기질 브라인 동결점
① $CaCl_2$(염화칼슘) : -55[℃]
② $MgCl_2$(염화마그네슘) : -33.6[℃]
③ $NaCl$(염화나트륨) : -21[℃]

23 원심 압축기의 용량 조정법에 대한 설명으로 틀린 것은?

㉮ 회전수 변화
㉯ 안내깃의 경사도 변화
㉰ 냉매의 유량 조절
㉱ 흡입구의 댐퍼 조정

해설 원심식 압축기 용량제어 방법
① 회전수 가감법
② 바이패스법
③ 댐버 조절법
④ 가이드베인 조절법
⑤ 안내깃의 경사도 조절법
⑥ 냉각수량 조절법

24 Brine의 중화제 혼합비율로 가장 적당한 것은?

㉮ 염화칼슘 100L당 중크롬산소다 100g, 가성소다 23g
㉯ 염화칼슘 100L당 중크롬산소다 100g, 가성소다 43g
㉰ 염화칼슘 100L당 중크롬산소다 160g, 가성소다 23g
㉱ 염화칼슘 100L당 중크롬산소다 160g, 가성소다 43g

해설 ※ 아래 해설을 참고할 때 염화칼슘 100[L]당 중크롬산소다 160[g]을 첨가해야 하므로 가성소다는 $\frac{160}{100} = 1.6$배 더 첨가하여야 한다. 그러므로 가성소다는 $27 \times 1.6 = 43[g]$이 된다.

브라인 부식 방지법(중화제 혼합비율)
① 염화칼슘($CaCl_2$)브라인 1[L]에 대하여 중크롬산나트륨 1.6[g]을 융해하고 중크롬산나트륨 100[g]마다 가성소다 27[g]을 첨가한다.
② 염화나트륨($NaCl$)브라인 1[L]에 대하여 중크롬산나트륨 3.2[g]을 융해하고 중크롬산나트륨 100[g]마다 가성소도 27[g]을 첨가한다.

25 깊이 5m인 밀폐 탱크에 물이 5m 차있다. 수면에는 $3kg_f/cm^2$의 증기압이 작용하고 있을 때 탱크 밑면에 작용하는 압력은 얼마인가?

㉮ $35 \times 10^5 kg_f/cm^2$
㉯ $3.5 \times 10^4 kg_f/cm^2$
㉰ $3.5 kg_f/cm^2$
㉱ $35 kg_f/cm^2$

정답 21 ㉰ 22 ㉱ 23 ㉰ 24 ㉱ 25 ㉰

해설 ※ 수면에 작용하는 증기압력을 P_1으로 두고 5m 높이의 물이 누르는 압력을 P_2로 가정한다면 탱크 밑면에 작용하는 전압력 $P_t = P_1 + P_2$로 구할 수 있다.
① $P_1 = 3 \text{kgf}/\text{cm}^2$
② 물이 높이가 5m이므로 수두압 5mAq로 볼 수 있다. 이때 P_2를 kgf/cm^2로 구하면,
$P_2 = \dfrac{5}{10.332} \times 1.0332 = 0.5 \text{kgf}/\text{cm}^2$
③ 탱크 밑면에 작용하는 전압력(Pt)
$P_t = 3 + 0.5 = 3.5 \text{kgf}/\text{cm}^2$

※ 단위환산 힌트
$1\text{atm} = 1.0332 [\text{kgf}/\text{cm}^2] = 10.332 [\text{mAq}]$

26 다음 설명 중 옳은 것은?

㉮ 냉동능력을 크게 하려면 압축비를 높게 운전하여야 한다.
㉯ 팽창밸브 통과 전후의 냉매 엔탈피는 변하지 않는다.
㉰ 암모니아 압축기용 냉동유는 암모니아보다 가볍다.
㉱ 암모니아는 수분이 있어도 아연을 침식시키지 않는다.

해설 ㉮ 냉동능력을 크게 하려면 압축비를 작게 운전하여야 한다.
㉰ 암모니아 압축기용 냉동유는 암모니아보다 무겁다.
㉱ 암모니아는 수분이 있으면 아연, 동 및 동합금을 부식시킨다.

27 냉동장치에서 펌프다운을 하는 목적으로 틀린 것은?

㉮ 장치의 저압 측을 수리하기 위하여
㉯ 장시간 정지 시 저압 측으로부터 냉매 누설을 방지하기 위하여
㉰ 응축기나 수액기를 수리하기 위하여
㉱ 기동 시 액해머 방지 및 경부하 기동을 위하여

해설 • 펌프다운(pump-down) : 저압측의 냉매를 고압측(응축기, 수액기)에 회수하여 모으는 것
• 펌프다운의 목적
① 냉동장치의 저압 측 수리를 위하여
② 기동 시 오일포밍과 액해머링을 방지하고 경부하 기동을 할 수 있다.
③ 소형 냉동장치 이설시 필요 냉매를 저장 할 수 있다.

28 증기 압축식 이론 냉동사이클에서 엔트로피가 감소하고 있는 과정은 다음 중 어느 과정인가?

㉮ 팽창과정   ㉯ 응축과정
㉰ 압축과정   ㉱ 증발과정

해설 비가역냉동사이클의 엔트로피 변화
① 팽창과정 : 엔트로피 증가
② 응축과정 : 엔트로피 감소
③ 압축과정 : 엔트로피 일정(단열압축)
④ 증발과정 : 엔트로피 증가

29 암모니아 냉동장치의 브르돈관 압력계 재질은?

㉮ 황동   ㉯ 연강
㉰ 청동   ㉱ 아연

해설 브르돈관 압력계의 재질 : 연강

30 냉동장치 운전 중 주의해야 할 사항으로 옳지 않은 것은?

㉮ 액을 흡입하지 않도록 주의한다.
㉯ 압력계 및 전류계 지시를 점검한다.
㉰ 이상음 및 진동 유무를 점검한다.
㉱ 오일의 오염 및 냉각수 통수 상태를 점검한다.

해설 ㉱ 오일의 오염 및 냉각수 통수 상태는 운전 전 정지 상태에서 점검해야 한다.

31 제빙공장에서는 어획량이나 계절에 따라 얼음의 수요가 갑자기 증가하기도 하는데, 이런 경우 설비의 확장이나 생산비를 높이지 않고 일정 기간만 얼음을 증산 할 수 있는 방법으로 적당하지 않은 것은?

㉮ 빙관에 있는 모든 물이 완전히 얼음으로 될 때까지 동결하는 방법
㉯ 빙관을 일정 두께까지 동결시킨 후 공간을 둔 채 동결을 중지하는 방법
㉰ 빙관을 일정 두께까지 동결시킨 후 중앙부의 공간에 얼음조각과 물을 넣어서 완전동결하는 방법
㉱ 빙관을 일정 두께까지 동결시킨 후 중앙부의 공간에 설빙을 넣어서 완전 동결하는 방법

해설 ㉮ 일정 기간만 얼음을 증산할 때에는 빙관에 있는 모든 물이 완전히 얼음으로 될 때까지 동결하게 되면 에너지 손실이 증가하며 비효율적이다.

32 증발기 내의 압력을 일정하게 유지할 목적으로 사용되는 팽창밸브는?

㉮ 정압식 팽창밸브
㉯ 유량 제어 팽창밸브
㉰ 응축압력 제어 팽창밸브
㉱ 유압 제어 팽창밸브

해설 증발기 내의 압력을 일정하게 유지할 목적으로 사용하는 팽창밸브는 정압식 팽창밸브이다.

33 냉장고를 보냉하고자 한다. 냉장고 온도는 -5℃, 냉장고 외부의 온도가 30℃일 때 냉장고벽 1m²당 10kcal/h의 열손실을 유지하려면 열 통과율을 약 얼마로 하여야 하는가?

㉮ 0.34kcal/m²h℃
㉯ 0.4kcal/m²h℃
㉰ 0.286kcal/m²h℃
㉱ 0.5kcal/m²h℃

해설 $Q = KF\Delta T \rightarrow K = \dfrac{Q}{F\Delta T}$

$\therefore K = \dfrac{10\dfrac{kcal}{h}}{1m^2 \times (30-(-5))℃} = 0.286[kcal/m^2 h ℃]$

34 냉동장치를 자동운전하기 위하여 사용되는 자동제어방법 중 정해진 제어동작의 순서에 따라 진행되는 제어방법은?

㉮ 시퀀스제어
㉯ 피드백제어
㉰ 2위치제어
㉱ 미분제어

해설 시퀀스 제어 : 미리정해진 순서에 따라 각 단계별 제어를 행하는 제어로 제어결과에 따라 조작이 자동적으로 이행된다.

35 아래 그림은 브라인 순환식 빙축열 시스템의 개략도를 나타낸 것이다. (A) 기기의 명칭과 (B) 매체의 명칭으로 맞는 것은?

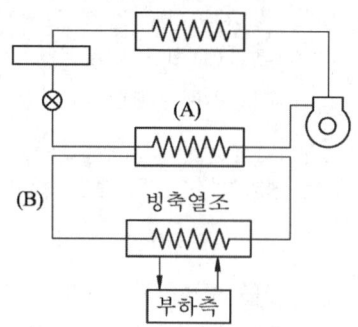

㉮ (A) 증발기, (B) 냉매
㉯ (A) 축냉기, (B) 냉매
㉰ (A) 증발기, (B) 브라인
㉱ (A) 증발기, (B) 냉수

해설 (A) : 증발기
(B) : 브라인

36 온도가 500℃인 열용량이 큰 열원으로부터 18,000kcal/h의 열이 공급된다. 이때 저열원은 대기(20℃)이며, 이 두 열원 간에 가역사이클을 형성하는 열기관이 운전된다면 사이클의 열효율은?

㉮ 0.53   ㉯ 0.62
㉰ 0.74   ㉱ 0.81

해설 $\eta = \dfrac{한것}{준것} = \dfrac{W}{Q_h} = \dfrac{Q_h - Q_L}{Q_h} = \dfrac{T_h - T_L}{T_h}$

$\eta = \dfrac{(500+273)-(20+273)}{500+273} = 0.62$

37 5kg의 산소가 체적 2m³로부터 4m³로 변화하였다. 이 변화가 일정 압력하에서 이루어졌다면 엔트로피의 변화는 얼마인가? (단, 산소는 완전가스로 보고, C_p = 0.221kcal/kgK로 한다.)

㉮ 0.33kcal/K   ㉯ 0.67kcal/K
㉰ 0.77kcal/K   ㉱ 1.16kcal/K

해설 압력이 일정할 때 엔트로피 변화량($\triangle S$)

$\triangle S = GC_p \ln \dfrac{V_2}{V_1}$

$= 5 \times 0.221 \times \ln \dfrac{4}{2} = 0.765 ≒ 0.77 [\text{kcal/K}]$

38 압축기 과열의 원인이 아닌 것은?

㉮ 증발기의 부하가 감소했을 때
㉯ 윤활유가 부족했을 때
㉰ 압축비가 증대했을 때
㉱ 냉매량이 부족했을 때

해설 ㉮ 증발기의 부하가 증가했을 때

39 다음 상태변화에 대한 기술 내용으로 옳은 것은?

㉮ 단열변화에서 엔트로피는 증가한다.
㉯ 등적변화에서 가해진 열량은 엔탈피 증가에 사용된다.
㉰ 등압변화에서 가해진 열량은 엔탈피 증가에 사용된다.
㉱ 등온변화에서 절대일은 0이다.

해설 ㉮ 단열변화에서 엔트로피는 일정하다.
㉯ 등적변화에서 가해진 열량은 내부에너지 증가에 사용된다.
㉱ 정적변화에서 절대일은 1이다.

40 CA(Controlled Atmosphere) 냉장고에서 청과물 저장 시 보다 좋은 저장성을 얻기 위하여 냉장고 내의 산소를 몇 % 탄산가스로 치환하는가?

㉮ 3~5%   ㉯ 5~8%
㉰ 8~10% ㉱ 10~12%

해설 CA냉장고에서 청과물 저장 시 보다 좋은 저장성을 얻기 위해 냉장고 내의 산소를 3~5% 정도 탄산가스로 치환한다.

제3과목 | 배관일반(공조냉동설치운영1)

41 프레온 냉동장치의 배관에 있어서 증발기와 압축기가 동일 레벨에 설치되는 경우 흡입주관의 입상높이는 증발기 높이보다 몇 mm 이상 높게 하여야 하는가?

㉮ 10   ㉯ 40
㉰ 70   ㉱ 150

해설 프레온 냉동장치의 배관에 있어서 증발기와 압축기가 동일 레벨에 설치되는 경우 흡입주관의 입상높이는 증발기보다 150mm 이상 높게 설치하여야 한다.

42 다음 중 체크밸브의 종류가 아닌 것은?

㉮ 스윙형 체크밸브
㉯ 해머리스형 체크밸브
㉰ 리프트형 체크밸브
㉱ 플랩형 체크밸브

해설 체크밸브의 종류
① 스윙형 체크밸브
② 리프트형 체크밸브
③ 해머리스형 체크밸브
④ 풋형 체크밸브

43 흡수식 냉동기의 단점으로 맞는 것은?

㉮ 기기 내부가 진공상태로서 파열의 위험이 있다.
㉯ 설치면적 및 중량이 크다.
㉰ 냉온수기 한 대로는 냉·난방을 겸용할 수 없다.
㉱ 소음 및 진동이 크다.

해설 ㉮ 기기 내부가 진공상태로 파열의 위험성이 작다.
㉰ 냉온수기 한 대로 냉·난방을 겸용할 수 있다.
㉱ 압축기를 사용하는 냉동장치에 비해 동일용량에서 소음 및 진동이 작다.

44 온수난방에 대한 설명 중 옳지 않은 것은?

㉮ 배관을 1/250 정도의 일정구배로 하고 최고점에 배관 중의 기포가 모이게 한다.
㉯ 고장 수리를 위하여 배관 최저점에 배수 밸브를 설치한다.
㉰ 보일러에서 팽창탱크에 이르는 팽창관에 밸브를 설치한다.
㉱ 난방배관의 소켓은 편심 소켓을 사용한다.

해설 ㉰ 보일러에서 팽창탱크에 이르는 팽창관에는 어떠한 밸브도 설치해서는 아니 된다.

45 가스미터 부착상의 유의점으로 잘못된 것은?

㉮ 온도, 습도가 급변하는 장소는 피한다.
㉯ 부식성의 약품이나 가스가 미터기에 닿지 않도록 한다.
㉰ 인접 전기설비와는 충분한 거리를 유지한다.
㉱ 가능하면 미관상 건물의 주요 구조부를 관통한다.

정답 40 ㉮ 41 ㉱ 42 ㉱ 43 ㉯ 44 ㉰ 45 ㉱

해설 ㉰ 가능하면 건물의 주요 구조부를 관통해서는 안된다.

46 급수배관 시공 시 바닥 또는 벽의 관통배관에 슬리브를 이용하는 이유로 적합한 것은?

㉮ 관의 신축 및 보수를 위해
㉯ 보온효과의 증대를 위해
㉰ 도장을 위해
㉱ 방식을 위해

해설 급수배관 시공 시 바닥 또는 벽의 관통배관에 관의 신축흡수 및 보수를 위해 슬리브를 설치한다.

47 지름 20mm 이하의 동관을 이음할 때나 기계의 점검, 보수 등으로 관을 떼어내기 쉽게 하기 위한 동관의 이음방법은?

㉮ 슬리브 이음
㉯ 플레어 이음
㉰ 사이징 이음
㉱ 플라스틴 이음

해설 동관이음 방법 중 분해조립을 위해 플레어 이음방법을 사용한다.

48 다이어프램 밸브의 KS 그림기호로 맞는 것은?

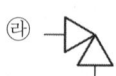

해설 ㉮ 다이어프램밸브
㉯ 글로브밸브
㉰ 체크밸브
㉱ 앵글밸브

49 저탕조 내의 온수가열관으로 가장 적합한 것은?

㉮ 강관   ㉯ 폴리부틸렌관
㉰ 주철관   ㉱ 연관

해설 저탕조 내의 온수가열관의 종류 : 동관, 강관

50 배수트랩이 하는 역할로 가장 적합한 것은?

㉮ 배수관에서 발생한 유해가스가 건물 내로 유입되는 것을 방지한다.
㉯ 배수관 내의 찌꺼기를 제거하여 물의 흐름을 원활하게 한다.
㉰ 배수관 내로 공기를 유입하여 배수관 내를 청정하는 역할을 한다.
㉱ 배수관 내의 공기와 물을 분리하여 공기를 밖으로 빼내는 역할을 한다.

해설 배수트랩 : 배수관에서 발생한 유해가스가 건물내로 유입되는 것을 방지한다.

51 열팽창에 의한 관의 신축으로 배관의 이동을 구속 또는 제한하는 장치는?

㉮ 턴버클   ㉯ 브레이스
㉰ 리스트 레인트   ㉱ 행거

해설 리스트레인트 : 열팽창에 의한 관의 신축으로 배관의 이동을 구속 또는 제한하는 장치
(종류 : 앵커, 스토퍼, 가이드)

정답 46 ㉮ 47 ㉯ 48 ㉮ 49 ㉮ 50 ㉮ 51 ㉰

52 감압밸브 주위 배관에 사용되는 부속장치이다. 적당하지 않은 것은?

㉮ 압력계 ㉯ 게이트밸브
㉰ 안전밸브 ㉱ 콕(cock)

해설 감압밸브의 배관은 주로 바이패스 이음을 채용하며 이때 게이트 밸브와 글로브 밸브를 이용하게 된다.
※ 바이패스 이음시 콕밸브는 사용하지 않는다.

53 스테인리스 강관의 특성에 대한 설명으로 틀린 것은?

㉮ 위생적이어서 적수, 백수, 청수의 염려가 없다.
㉯ 내식성이 우수하고 계속 사용 시 내경의 축소, 저항 증대 현상이 적다.
㉰ 저온 충격성이 크고, 한랭지 배관이 가능하며 동결에 대한 저항도 크다.
㉱ 강관에 비해 기계적 성질이 약하고, 용접식·몰코식 이음법 등 특수시공법으로 인해 시공이 어렵다.

해설 ㉱ 강관에 비해 기계적 성질이 우수하고 용접식·몰코식 이음법 등 특수시공법으로 인해 시공이 용이하다.

54 팬 코일 유닛의 배관방식 중 냉수 및 온수관이 각각 있어서 혼합손실이 없는 배관방식은?

㉮ 1관식 ㉯ 2관식
㉰ 3관식 ㉱ 4관식

해설 ① 1관식(단관식) : 1개의 배관으로 공급관과 환수관을 겸용으로 사용하는 방식으로 각실(개별)제어가 곤란하여 소규모 난방에 사용된다.
② 2관식 : 각각의 공급관과 환수관을 가진 방식으로 가장 많이 사용된다.
③ 3관식 : 공급관이 2개(온수관, 냉수관)이고 환수관이 1개인 방식으로 배관설비가 복잡하지만 개별제어가 가능하다. 환수관이 1개이므로 냉수와 온수의 혼합 열손실이 발생할 수 있다.
④ 4관식 : 공급관(냉수관, 온수관) 2개, 환수관(냉수관, 온수관) 2개인 방식으로 배관설비가 가장 복잡하지만 혼합열손실이 발생하지 않는다.

55 다음은 한랭지에서의 배관요령이다. 틀린 것은?

㉮ 동결할 위험이 있는 장소에서의 배관은 가능한 한 피한다.
㉯ 동결이 염려되는 배관에는 물 빼기 장치를 수전 가까이 설치한다.
㉰ 물 빼기 장치 이후 배관은 상향구배로 하여 물 빼기가 용이하게 한다.
㉱ 한랭지에서의 배관은 외벽에 매입한다.

해설 ㉱ 한랭지배관은 동결심도 이하에서 매설해야 한다.

56 우수 수직관 관경에 따른 허용 최대 지붕 면적(m^2)으로 적당하지 않은 것은? (단, 지붕 면적은 수평으로 투영한 면적이며, 강우량은 100mm/h를 기준으로 산출한 것이다.)

㉮ 50A-67m^2
㉯ 65A-135m^2
㉰ 75A-197m^2
㉱ 100A-325m^2

해설 ㉱ 100A-425m^2

57 다음 중 주철관의 접합방법이 아닌 것은?

㉮ 플랜지 접합
㉯ 매커니컬 접합
㉰ 소켓 접합
㉱ 플레어 접합

[해설] ㉱ 플레어 접합은 동관의 이음방식이다.

58 강관을 재질상으로 분류한 것이 아닌 것은?

㉮ 탄소 강관
㉯ 합금 강관
㉰ 스테인리스 강관
㉱ 전기용접 강관

[해설] 전기용접 강관의 경우 제조 방법에 따른 분류에 해당한다.

59 팽창탱크를 설치하지 않은 온수난방장치를 작동하였을 때 일어나는 현상으로 적당한 것은?

㉮ 온수 저장이 곤란하다.
㉯ 온수 순환이 안 된다.
㉰ 배관의 파열을 일으키게 된다.
㉱ 온수 순환이 잘 된다.

[해설] 팽창탱크를 설치하지 않은 온수난방장치는 온수의 가열로 인한 체적팽창을 흡수하지 못하게 되고 이로 인해 배관 및 장치의 파열을 일으키게 된다.

60 급탕설비에서 80℃의 물 300L와 20℃의 물 200L를 혼합시켰을 때 혼합탕의 온도는 얼마인가?

㉮ 42℃   ㉯ 48℃
㉰ 56℃   ㉱ 62℃

[해설] 혼합온도
$$tm = \frac{G_1 t_1 + G_2 t_2}{G_1 + G_2} = \frac{(300 \times 80) + (200 \times 20)}{300 + 200} = 56[℃]$$

제4과목 | 전기제어공학(공조냉동설치운영2)

61 제어대상에 속하는 양으로 제어장치의 출력신호가 되는 것은?

㉮ 제어량   ㉯ 조작량
㉰ 목표값   ㉱ 오차

[해설] ① 제어량 : 제어대상에 대한 전체량 가운데 제어코자하는 목적의 량(제어대상에 속하는 양으로 제어장치의 출력신호)
② 조작량 : 제어요소가 제어대상에게 주는 양
③ 목표값 : 제어의 출력이 소정의 값을 만족하도록 목표를 세운 외부에서 주어진 값
④ 제어편차 : 목표값에서 제어량의 값을 뺀 값

62 시퀀스 회로에서 접점이 조작하기 전에는 열려 있고 조작하면 닫히는 접점은?

㉮ a접점   ㉯ b접점
㉰ c접점   ㉱ 공통접점

[해설] ① Nomal open(NO) : a접점, arbeit접점
② Nomal close(NC) : b접점, brake접점
③ common : C접점, 공통접점

[정답] 57 ㉱ 58 ㉱ 59 ㉰ 60 ㉰ 61 ㉮ 62 ㉮

63 다음은 분류기이다. 배율은 어떻게 표현되는가? (단, R_s : 분류기의 저항, R_a : 전류계의 내부저항)

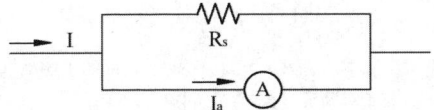

㉮ $\dfrac{R_s}{R_a}$　　㉯ $1+\dfrac{R_s}{R_a}$

㉰ $1+\dfrac{R_a}{R_s}$　　㉱ $\dfrac{R_a}{R_s}$

해설 ① 분류기 : 전류계에 병렬로 연결하여 전류계의 측정범위를 넓히는 장치

분류기 = $1+\dfrac{r}{R_s}$ 배 증가

② 배율기 : 전압계에 직렬로 연결하여 전압계의 측정범위를 넓히는 장치

배율기 = $1+\dfrac{R_m}{r}$ 배 증가

여기서, r : 내부저항(전류계, 전압계)
R_s : 분류기저항
R_m : 배율기저항

64 그림과 같은 블록선도에 전달함수 $\dfrac{C}{R}$ 는?

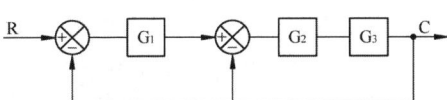

㉮ $\dfrac{G_1G_2G_3}{1+G_1G_2+G_1G_2G_3}$

㉯ $\dfrac{G_1G_2G_3}{1+G_2G_3+G_1G_2G_3}$

㉰ $\dfrac{G_1G_2G_3}{1+G_2G_3+G_1G_3}$

㉱ $\dfrac{G_1G_2G_3}{1+G_1G_3+G_1G_2G_3}$

해설 전체전달함수 $G=\dfrac{C}{R}$

① $\triangle = 1-(-G_2G_3-G_1G_2G_3)$
$= 1+G_2G_3+G_1G_2G_3$

② $Gi = G_1G_2G_3$

③ $\triangle i =$ 없다

∴ $\dfrac{C}{R} = \dfrac{G_1G_2G_3}{1+G_2G_3+G_1G_2G_3}$

메이슨의 이득공식

$G=\dfrac{\sum Gi\cdot\triangle i}{\triangle}$

여기서, $\triangle$: 1−피드백경로의 합+2개가 비접촉인 피드백의 곱...
Gi : i번째 전향경로
$\triangle i$: 1−전향경로와 비접촉인 피드백 + ...

65 자동제어의 분류에서 제어량의 종류에 의한 분류가 아닌 것은?

㉮ 서보기구
㉯ 추치제어
㉰ 프로세스제어
㉱ 자동조정

해설 제어량에 의한 제어
① 서보기구 : 물체의 위치, 방향, 자세 등 제어
② 프로세스제어 : 온도, 유량, 액위 등 제어
③ 자동조정 : 전류, 전압, 주파수 등 제어

목표값에 의한 제어
정치제어, 프로그램제어, 추치(추종)제어, 비율제어

66 제어기기 중 전기식 조작기기에 대한 설명으로 옳지 않은 것은?

㉮ 장거리 전송이 가능하고 늦음이 적다.
㉯ 감속장치가 필요하고 출력은 적다.
㉰ PID 동작이 간단히 실현된다.
㉱ 많은 종류의 제어에 적용되어 용도가 넓다.

해설 자동제어의 신호전달방식
① 공기식 : 신호전송에 지연이 생기고 전송거리가 짧다.
② 유압식 : 관성이 적고 큰 출력을 얻기가 쉬우나 인화의 위험성이 있다.
③ 전기식 : 신호전송이 빠르고 복잡한 신호전송이 가능하며 전송거리가 길다.(효율이 우수하다.)
※ 전기식은 전선을 사용하는 아날로그식이고 PID 제어는 전자신호를 사용하는 디지털식이므로 서로 무관하다고 본다.

67 논리식 $X = \overline{A} \cdot B + \overline{A} \cdot \overline{B}$를 간단히 하면?

㉮ $\overline{A}$
㉯ A
㉰ 1
㉱ B

해설 $X = \overline{A} \cdot B + \overline{A} \cdot \overline{B} = \overline{A}(B + \overline{B}) = \overline{A}$

68 그림과 같은 회로에서 각 저항에 걸리는 전압 V_1과 V_2는 각각 몇 V인가?

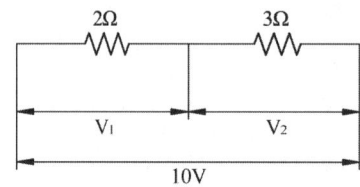

㉮ $V_1 = 10$, $V_2 = 10$
㉯ $V_1 = 6$, $V_2 = 4$
㉰ $V_1 = 4$, $V_2 = 6$
㉱ $V_1 = 5$, $V_2 = 5$

해설 ① $V_1 = 10 \times \dfrac{2}{2+3} = 4[V]$
② $V_2 = 10 \times \dfrac{3}{2+3} = 6[V]$

69 다음 중 직류 분권전동기의 용도에 적합하지 않은 것은?

㉮ 압연기
㉯ 제지기
㉰ 권선기
㉱ 기중기

해설 분권전동기 : 계자와 전기자 권선이 병렬로 연결된 직류전동기로 속도 변화가 작다.
(종류: 권선기, 압연기, 컨베이어, 공작기계 등으로 속도가 일정한 곳에 주로 사용)
직권전동기 : 계좌와 전기가 권선이 직렬로 연결된 직류전동기로 속도 변동이 크다.
(종류 : 기중기, 자동차시동전동기, 자동차 등 속도변화가 큰 곳에 주로 사용)

70 1Ω의 저항에 흐르는 전류는 몇 A인가?

㉮ 0.1
㉯ 1
㉰ 10
㉱ 100

해설 $I = \dfrac{V}{R} = \dfrac{10}{1} = 10[A]$

71 콘덴서만의 회로에서 전압과 전류의 위상 관계는?

㉮ 전압이 전류보다 180도 앞선다.
㉯ 전압이 전류보다 180도 뒤진다.
㉰ 전압이 전류보다 90도 앞선다.
㉱ 전압이 전류보다 90도 뒤진다.

해설 R(저항)만의 회로 : 동상(위상차가 없다.)
L(인덕턴스)만의 회로 : 지상
전류가 전압보다 위상이 90° 뒤진다.
전압이 전류보다 위상이 90° 앞선다.
C(커패시턴스)만의 회로 : 진상
전류가 전압보다 위상이 90° 앞선다.
전압이 전류보다 위상이 90° 뒤진다.

정답 67 ㉮ 68 ㉰ 69 ㉱ 70 ㉰ 71 ㉱

72 10kVA의 단상변압기 3대가 있다. 이를 3상 배전선에 V결선했을 때의 출력은 몇 kVA인가?

㉮ 11.73　　㉯ 17.32
㉰ 20　　　　㉱ 30

해설　V결선의 전력 : $P = \sqrt{3}\,Pa$
$P = \sqrt{3} \times 10 = 17.32[kVA]$

73 대칭 3상 Y부하에서 각 상의 임피던스 $Z = 3+j4[\Omega]$이고, 부하전류가 20[A]일 때, 이 부하의 선간전압은 약 몇 [V]인가?

㉮ 141　　㉯ 173
㉰ 220　　㉱ 282

해설　① 상전압　V=IZ
$Z = 3+j4 = \sqrt{3^2+4^2} = 5[\Omega]$
$V = I \times Z = 20 \times 5 = 100[V]$
② 선전압 $= 100 \times \sqrt{3} = 173.2[V]$
　Y결선에서의 선전압
　선전압=상전압$\times \sqrt{3}$

74 다음 중 입력장치에 해당되는 것은?

㉮ 검출 스위치
㉯ 솔레노이드 밸브
㉰ 표시램프
㉱ 전자개폐기

해설　검출 스위치는 입력장치에 해당한다.

75 컴퓨터 제어의 아날로그 신호를 디지털 신호로 변환하는 과정에서, 아날로그 신호의 최대값을 M, 변환기의 bit수를 3이라 하면 양자화 오차의 최댓값은 얼마인가?

㉮ M　　　　㉯ $\dfrac{M}{2}$
㉰ $\dfrac{M}{7}$　　㉱ $\dfrac{M}{8}$

해설　디지털신호와 아날로그 신호의 변환
$d = a \times \dfrac{2^n}{M} \rightarrow a = d \times \dfrac{M}{2^n}$
양자화 오차 : 소수점 이하의 값을 버리는 정수
X.999 → 0.999 → 1
$a = 1 \times \dfrac{M}{2^3} = \dfrac{M}{8}$
d : 디지털신호
a : 아날로그 신호
M : 최대값
n : bit수

76 정전용량 C[F]의 콘덴서를 △결선해서 3상 전압 V[V]를 가했을 때의 충전용량은 몇 [VA]인가? (단, 전원의 주파수는 f[Hz]이다.)

㉮ $2\pi f C V^2$　　㉯ $6\pi f C V^2$
㉰ $6\pi f^2 CV$　　㉱ $18\pi f C V^2$

해설　△결선 $= 6\pi f C V^2$
Y결선 $= 2\pi f C V^2$

정답　72 ㉯　73 ㉯　74 ㉮　75 ㉱　76 ㉯

77 일정 토크부하에 알맞은 유도전동기의 주파수 제어에 의한 속도제어 방법을 사용할 때, 공급전압과 주파수의 관계는?

㉮ 공급전압과 주파수는 비례되어야 한다.
㉯ 공급전압과 주파수는 반비례되어야 한다.
㉰ 공급전압은 항상 일정하고, 주파수는 감소되어야 한다.
㉱ 공급전압은 제곱에 비례하는 주파수를 공급하여야 한다.

해설 토크 부하시 전압과 주파수의 관계
$T = \dfrac{P}{w} = \dfrac{VI}{2\pi f} \rightarrow V = \dfrac{2\pi fT}{I}$
※ 전압(V)과 주파수(f)는 비례한다.

78 유도전동기의 원선도 작성에 필요한 기본량이 아닌 것은?

㉮ 무부하 시험   ㉯ 저항 측정
㉰ 회전수 측정   ㉱ 구속 시험

해설 유도전동기의 원선도 작성시 필요한 기본량
무부하 시험, 저항측정, 구속시험

79 그림과 같은 시스템의 등가합성 전달함수는?

X ──→ G₁ ──→ G₂ ──→ Y

㉮ $G_1 + G_2$ ㉯ $G_1 \cdot G_2$
㉰ $G_1 - G_2$ ㉱ $\dfrac{1}{G_1 \cdot G_2}$

해설 등가합성 전달함수(직렬) : $G_1 \cdot G_2$

80 $x_1 + Ax_3 + x_2 = x_3$로 표현된 신호흐름 선도는?

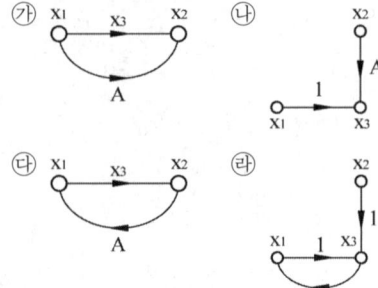

해설
㉮ $X_2 = X_1 \cdot X_3 + X_1 \cdot A = X_1(X_3 + A)$
㉯ $X_3 = X_1 \cdot 1 + X_2 \cdot A = X_1 + X_2 \cdot A$
㉰ $\dfrac{X_2}{X_1} = \dfrac{X_3}{1 - X_3 \cdot A} \rightarrow X_2 = \dfrac{X_1 \cdot X_3}{1 - X_3 \cdot A}$
㉱ $\dfrac{X_3}{X_1} = \dfrac{1}{1 - A} \rightarrow X_3 = \dfrac{X_1}{1 - A}$
$X_3(1 - A) = X_1$
$X_3 - X_3 \cdot A = X_1$
$X_3 = X_1 + X_3 \cdot A$
∴ $X_3 = X_1 + X_3 A + X_2$

정답 77 ㉮ 78 ㉰ 79 ㉯ 80 ㉱

공조냉동기계산업기사

과년도 출제문제

(2013.08.18. 시행)

제1과목 | 공기조화(공기조화설비)

01 복사 냉난방 방식에 대한 설명으로 틀린 것은?

㉮ 비교적 쾌감도가 높다.
㉯ 패널 표면온도가 실내 노점온도보다 높으면 결로하게 된다.
㉰ 배관 매설을 위한 시설비가 많이 들며 보수 및 수리가 어렵다.
㉱ 방열기가 필요치 않아 바닥면의 이용도가 높다.

해설 ㉯ 패널 표면온도가 실내 노점온도보다 낮으면 결로가 발생하게 된다.

02 실내에 존재하는 습공기의 전열량에 대한 현열량의 비율을 나타낸 것은?

㉮ 현열비(SHF)
㉯ 잠열비
㉰ 바이패스비(BF)
㉱ 열수분비(U)

해설 현열비(SHF)
$$SHF = \frac{현열}{전열} = \frac{현열}{현열+잠열}$$
$$SHF = \frac{q_s}{q_t} = \frac{q_s}{q_s + q_L}$$

03 대기의 절대습도가 일정할 때 하루 동안의 상대습도 변화를 설명한 것 중 올바른 것은?

㉮ 절대습도가 일정하므로 상대습도의 변화는 없다.
㉯ 낮에는 상대습도가 높아지고 밤에는 상대습도가 낮아진다.
㉰ 낮에는 상대습도가 낮아지고 밤에는 상대습도가 높아진다.
㉱ 낮에 상대습도가 정해지면 하루종일 그 상태로 일정하다.

해설 대기의 절대습도가 일정할 때 하루 동안 상대습도의 변화의 경우 낮에는 상대습도가 낮아지고 밤에는 상대습도가 높아진다.

04 냉각수는 배관 내를 통하게 하고 배관 외부에 물을 살수하여 살수된 물의 증발에 의해 배관 내 냉각수를 냉각시키는 방식으로 대기오염이 심한 곳 등에서 많이 적용되는 냉각탑 방식은?

㉮ 밀폐식 냉각탑
㉯ 대기식 냉각탑
㉰ 자연통풍식 냉각탑
㉱ 강제통풍식 냉각탑

정답 01 ㉯ 02 ㉮ 03 ㉰ 04 ㉮

해설 밀폐식 냉각탑
냉각수는 배관 내를 통하게 하고 배관 외부에 물을 살수하여 살수된 물의 증발에 의해 배관 내 냉각수를 냉각시키는 방식으로 대기오염이 심한 곳에 사용한다.

05 유인 유닛(IDU) 방식에 대한 설명 중 틀린 것은?

㉮ 각 유닛마다 제어가 가능하므로 개별실 제어가 가능하다.
㉯ 송풍량이 많아서 외기 냉방효과가 크다.
㉰ 냉각, 가열을 동시에 하는 경우 혼합손실이 발생한다.
㉱ 유인 유닛에는 동력배선이 필요 없다.

해설 ㉯ 유인유닛 방식은 공기-수 방식으로 전공기 방식에 비해 송풍량이 적어서 외기 냉방효과가 작다.

06 덕트계 부속품의 기능을 설명한 것으로 옳지 않은 것은?

㉮ 댐퍼 : 풍량을 조정하거나 덕트를 폐쇄하기 위해 설치된다.
㉯ 플랙시블 커플링 : 송풍기와 덕트를 접속할 때 사용하며 진동이 전달되는 것을 방지한다.
㉰ 취출구 : 덕트로부터 공기를 실내로 공급한다.
㉱ 후드 : 실내로 광범위하게 공기를 공급한다.

해설 ㉱ 후드 : 국소 환기장치로 사용된다.

07 공기 중의 냄새나 아황산가스 등 유해가스의 제거에 가장 적당한 필터는?

㉮ 활성탄 필터
㉯ HEPA 필터
㉰ 전기 집진기
㉱ 롤 필터

해설 공기 중의 냄새나 아황산가스 등의 유해가스를 제거하기 위해 활성탄 필터를 사용한다.

08 다수의 전열판을 겹쳐 놓고 볼트로 연결시킨 것으로 판과 판 사이를 유체가 지그재그로 흐르면서 열교환이 이루어지는 것으로 열교환 능력이 매우 높아 설치 면적이 적게 필요하고 전열판의 증감으로 기기 용량의 변동이 용이한 열교환기를 무엇이라 하는가?

㉮ 플레이트형 열교환기
㉯ 스파이럴형 열교환기
㉰ 원통다관형 열교환기
㉱ 회전형 전열교환기

해설 플레이트(plate type) 열교환기
다수의 전열판을 겹쳐 놓고 볼트로 연결시킨 것으로 판과 판 사이를 유체가 지그재그로 흐르면서 열교환하는 형식으로 열교환 능력이 매우 높아 필요 설치 면적이 작고 전열판 증감 및 기기의 용량 변동이 용이하다.

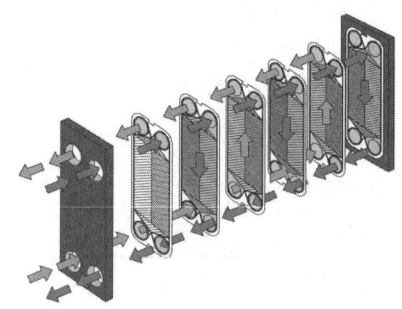

정답 05 ㉯ 06 ㉱ 07 ㉮ 08 ㉮

09 아래 그림과 같은 병행류형 냉각코일의 대수평균 온도차는 약 얼마인가?

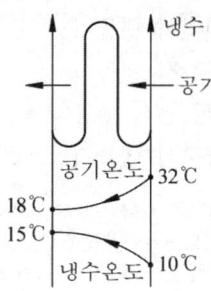

㉮ 8.74℃
㉯ 9.54℃
㉰ 12.33℃
㉱ 13.10℃

해설 병행류이므로 입출구 온도를 구하며
입구온도 : 32-10=22℃
출구온도 : 18-15=3℃

• 대수평균온도차
$$LMTD = \frac{\triangle T_1 - \triangle T_2}{\ln\frac{\triangle T_1}{\triangle T_2}} = \frac{22-3}{\ln\frac{22}{3}} = 9.54℃$$

10 기류 및 주위 벽면에서의 복사열은 무시하고 온도와 습도만으로 쾌적도를 나타내는 지표를 무엇이라고 부르는가?

㉮ 쾌적 건강지표
㉯ 불쾌지수
㉰ 유효온도지수
㉱ 청정지표

해설 기류 및 주위 벽면에서의 복사열은 무시하고 습도만으로 쾌적도를 나타내는 지표를 불쾌지수라고 한다.

11 온수난방장치와 관계없는 것은?

㉮ 팽창탱크
㉯ 보일러
㉰ 버킷 트랩
㉱ 공기빼기 밸브

해설 온수난방에만 사용되는 장치 : 팽창탱크
증기난방에만 사용되는 장치 : 증기트랩

12 상당방열면적(EDR)에 대한 설명으로 맞는 것은?

㉮ 표준상태 방열기의 전 방열량을 연료 연소에 따른 방열면적으로 나눈 값
㉯ 표준상태 방열기의 전 방열량을 보일러 수관의 방열면적으로 나눈 값
㉰ 표준상태 방열기의 전 방열량을 표준 방열량으로 나눈 값
㉱ 표준상태 방열기의 전 방열량을 실내 벽체에서 방열되는 면적으로 나눈 값

해설 필요방열면적(상당방열면적)
$$Q = q \times EDR \rightarrow EDR = \frac{Q}{q}$$
여기서, Q : 열량 [kcal/h]
q : 표준방열량[kcal/m²h]
EDR : 표준(상당)방열면적[m²]
※ 표준방열량
증기 : 650[kcal/m²h]
온수 : 450[kcal/m²h]

13 냉방부하의 종류 중 현열만 존재하는 것은?

㉮ 외기를 실내 온습도로 냉각·감습시키는 열량
㉯ 유리를 통과하는 전도열
㉰ 문틈에서의 틈새바람
㉱ 인체에서의 발생열

해설
㉮ 외기를 실내 온습도로 냉각시키는 열량 : 현열+잠열
㉯ 유리를 통과하는 전도열 : 현열
㉰ 문틈에서의 틈새바람 : 현열+잠열
㉱ 인체에서의 발생열 : 현열+잠열

14 배관계통에서 유량은 다르더라도 단위길이당 마찰손실이 일정하게 되도록 관경을 정하는 방법은?

㉮ 균등법   ㉯ 균압법
㉰ 등마찰법 ㉱ 등속법

해설 배관계통에서 유량은 다르더라도 단위 길이 당 마찰손실을 일정하게 되도록 관경을 정하는 방법을 등마찰저항법이라고 한다.

15 기기 1대로 동시에 냉·난방을 해결할 수 있는 장치로 도시가스를 직접 연소시켜 사용할 수 있고 압축기를 사용하지 않는 열원방식은?

㉮ 흡수식 냉온수기 방식
㉯ GHP 설비방식
㉰ 빙축열 설비방식
㉱ 전동냉동기+보일러 방식

해설 흡수식 냉온수기 방식
기기 1대로 동시에 냉·난방을 할 수 있으며 도시가스를 직접 연소시켜 사용할 수 있고 압축기를 사용하지 않는 방식

16 공조용으로 사용되는 냉동기의 종류가 아닌 것은?

㉮ 원심식 냉동기
㉯ 자흡식 냉동기
㉰ 왕복동식 냉동기
㉱ 흡수식 냉동기

해설 공조용으로 사용되는 냉동기
원심식 냉동기, 왕복동식 냉동기, 흡수식 냉동기, 회전식 냉동기, 전자식 냉동기 등

17 외기온도 −5℃, 실내온도 20℃, 벽면적 20m^{2}인 실내의 열손실량은 얼마인가? (단, 벽체의 열관류율 8kcal/m^{2}h℃, 벽체 두께 20cm, 방위계수는 1.2이다.)

㉮ 4,800kcal/h
㉯ 4,000kcal/h
㉰ 3,200kcal/h
㉱ 2,400kcal/h

해설 $Q = 8 \times 20 \times (20-(-5)) \times 1.2 = 4800 [kcal/h]$
$Q = K \cdot F \triangle T a$
여기서, Q : 열량 [kcal/h]
K : 열관류율 [kcal/m^{2}h℃]
F : 면적 [m^2]
$\triangle T$: 온도차 [℃]
a : 방위계수

정답 13 ㉯ 14 ㉰ 15 ㉮ 16 ㉯ 17 ㉮

18 실내 취득 냉방부하가 아닌 것은?

㉮ 재열부하
㉯ 벽체의 축열부하
㉰ 극간풍에 의한 부하
㉱ 유리창의 복사열에 의한 부하

해설 ㉮ 재열부하는 재열기에서 발생되는 부하로 공조기의 덕트에 설치되며 실내부하에는 해당되지 않는다.
실내 취득 냉방부하
벽체의 축열부하, 극간풍에 의한 부하, 유리창의 복사열에 의한 부하

19 송풍기의 특성을 나타내는 요소에 해당되지 않는 것은?

㉮ 압력 ㉯ 축동력
㉰ 재질 ㉱ 풍량

해설 송풍기의 축동력(kW)

$kW = \dfrac{QH}{102 \times \eta}$

여기서, Q : 열량[m³/s]
　　　　H : 전압[mmAq]
　　　　η : 전압효율

20 공기량(풍량) 400kg/h, 절대습도 x_1 = 0.007kg/kg인 공기를 x_2 = 0.013kg/kg까지 가습하는 경우 가습에 필요한 공급수량은 얼마인가?

㉮ 2.0kg/h
㉯ 2.4kg/h
㉰ 3.0kg/h
㉱ 3.5kg/h

해설 공급수량(가습량)

$L = G \triangle x = 400 \dfrac{kg}{h} \times (0.013 - 0.007) \dfrac{kg}{kg} = 2.4 [kg/h]$

여기서, L : 공급수량(가습량)[kg/h]
　　　　$\triangle x$: 절대습도차[kg/kg]

제2과목　냉동공학(냉동냉장설비)

21 감압장치에 관한 내용 중 틀린 것은?

㉮ 감압장치에는 교축밸브를 사용하는데 냉동기에서는 이것을 보통 팽창밸브라고 한다.
㉯ 플로트 밸브식 팽창밸브를 일명 정압식 팽창밸브라고 한다. 차동식 팽창밸브는 증발기 내의 압력을 항상 일정하게 유지해준다.
㉰ 자동식 팽창밸브는 증발기 내의 압력을 항상 일정하게 유지해준다.
㉱ 온도조절식 팽창밸브는 주로 직접팽창식 증발기에 쓰이는데, 종류는 내부균압관형과 외부균압관형이 있다.

해설 ㉯ 플로트식 팽창밸브와 플로트의 부력에 의해 냉매유량을 제어하고 정압식 팽창밸브는 증발기 내부를 일정 압력으로 유지하여 냉매유량을 제어한다. 즉 플로트식과 정압식은 다른 종류의 팽창밸브이다.

22 고온가스에 의한 제상 시 고온가스의 흐름을 제어하는 것으로 적당한 것은?

㉮ 모세관
㉯ 자동팽창밸브
㉰ 전자밸브
㉱ 사방밸브(4-way 밸브)

정답 18 ㉮　19 ㉰　20 ㉯　21 ㉯　22 ㉰

[해설] 전자밸브
전자밸브는 2위치제어 또는 on-off 제어라고도 하며 전자 코일에 흐르는 전류의 자기작용에 의해 밸브의 개도를 개폐하는 밸브이다. 냉동장치에서는 용량조정, 온도제어, 액면조정, 리퀴드백방지 등에 사용되며 고온가스(hot gas)제상시 고온 가스의 흐름을 제어하는데 사용된다.

23 할로겐 탄화수소계 냉매의 누설을 탐지하는 방법으로 가장 적합한 것은?

㉮ 유황을 묻힌 심지를 이용한다.
㉯ 헬라이드 토치를 이용한다.
㉰ 네슬러 시약을 이용한다.
㉱ 페놀프탈렌 시험지를 이용한다.

[해설] 할로겐화 탄화수소계(프레온)냉매의 누설검지 법 : 비눗물 검사, 헬라이드 토치를 이용한 누설검사

24 왕복동 압축기에서 -30~-70℃ 정도의 저온을 얻기 위해서는 2단 압축방식을 채용한다. 그 이유 중 옳지 않은 것은?

㉮ 토출가스의 온도를 높이기 위하여
㉯ 윤활유의 온도 상승을 피하기 위하여
㉰ 압축기의 효율 저하를 막기 위하여
㉱ 성적계수를 높이기 위하여

[해설] ㉮ 토출가스의 온도를 낮추기 위하여

25 냉동장치의 저압차단 스위치(LPS)에 관한 설명으로 맞는 것은?

㉮ 유압이 저하했을 때 압축기를 정지시킨다.
㉯ 토출압력이 저하했을 때 압축기를 정지시킨다.
㉰ 장치 내 압력이 일정압력 이상이 되면 압력을 저하시켜 장치를 보호한다.
㉱ 흡입압력이 저하했을 때 압축기를 정지시킨다.

[해설] 저압차단스위치(Low Pressure Switch)
용도에 따라 압축기 정지용과 언로더용이 있으며 냉동부하 등의 감소로 인한 압축기 흡입압력이 일정 압력 이하가 되면 회로를 차단시켜 압축기의 운전을 정지시켜 압축기의 파손을 방지한다.

26 증발압력 조정밸브(EPR)에 대한 설명 중 틀린 것은?

㉮ 냉수 브라인 냉각 시 동결 방지용으로 설치한다.
㉯ 증발기 내의 압력이 일정압력 이하가 되지 않게 한다.
㉰ 증발기 출구, 밸브 입구 측의 압력에 의해 작동한다.
㉱ 한 대의 압축기로 증발온도가 다른 2대 이상의 증발기 사용 시 저온 측 증발기에 설치한다.

[해설] ㉱ 한 대의 압축기로 증발온도가 다른 2대 이상의증발기 사용 시 고온측 증발기에 설치한다.

증발압력 조정밸브(EPR)
증발기와 압축기 사이의 흡입관에 설치하여 증발기 내부 압력이 일정압력 이하로 감소되었을 경우 밸브를 조여 저항을 증가시켜 압축기의 흡입압력이 낮더라도 증발압력을 일정하게 유지시켜주는 밸브

정답 23 ㉯ 24 ㉮ 25 ㉱ 26 ㉱

27 내부에너지에 대한 설명 중 잘못된 것은?

㉮ 계(系)의 총 에너지에서 기계적 에너지를 뺀 나머지를 내부에너지라 한다.
㉯ 내부에너지의 변화가 없다면 가열량은 일로 변환된다.
㉰ 온도의 변화가 없으면 내부에너지의 변화도 없다.
㉱ 내부에너지는 물체가 갖고 있는 열에너지이다.

해설 ㉰ 온도의 변화가 없더라도 내부에너지는 변할 수 있다.

28 유량 100L/min의 물을 15℃에서 10℃로 냉각하는 수랭각기가 있다. 이 냉동장치의 냉동효과가 125kJ/kg일 경우에 냉매 순환량은 얼마인가? (단, 물의 비열은 4.18kJ/kg·K이다.)

㉮ 16.7kg/h ㉯ 1,000kg/h
㉰ 450kg/h   ㉱ 960kg/h

해설
• 냉동능력($Q = GC\Delta T$)
$Q = 100\dfrac{\text{kg}}{\text{min}} \times 60\dfrac{\text{min}}{\text{h}} \times 4.18\dfrac{\text{kJ}}{\text{kg K}} \times (15-10)\text{K}$
$= 125400 [\text{kJ/h}]$

• 냉매순환량($G = \dfrac{Q}{q}$)
$G = \dfrac{125400 \dfrac{\text{kJ}}{\text{h}}}{125 \dfrac{\text{kJ}}{\text{kg}}} = 1003.2 [\text{kg/h}]$

29 30℃의 원수 5ton을 3시간 2℃까지 냉각하는 수 냉각장치의 냉동능력은 약 얼마인가?

㉮ 8RT   ㉯ 11RT
㉰ 14RT ㉱ 26RT

해설 ① 30℃ 원수 5ton을 2℃까지 냉각할때의 현열량
$q_s = GC\Delta T = 5000\text{kg} \times 1\dfrac{\text{kcal}}{\text{kg}^\circ\text{C}} \times (30-2)^\circ\text{C} = 140000[\text{kcal}]$

② 냉동톤(RT) $= \dfrac{140000}{3 \times 3320} = 14RT$

※ 냉동톤 1RT=3320kcal/h
※ 냉각시간이 3시간 걸렸으므로 냉동톤 계산시 3을 나누어 단위시간으로 만들어 준다.

30 물 5kg을 0℃에서 80℃까지 가열하면 물의 엔트로피 증가는 약 얼마인가?
(단, 물의 비열은 4.18kJ/kg·K이다.)

㉮ 1.17kJ/K   ㉯ 5.37kJ/K
㉰ 13.75kJ/K ㉱ 26.31kJ/K

해설 공식(엔트로피 변화량)
① 엔트로피 변화량 : $\Delta S = \dfrac{\Delta Q}{T}[\text{kJ/K}]$
② 온도가 변할 때 : $\Delta S = GC_p \ln\dfrac{T_1}{T_2}$
③ 체적이 변할 때 : $\Delta S = GC_p \ln\dfrac{V_2}{V_1}$

풀이
$\therefore \Delta S = 5 \times 4.18 \times \ln\dfrac{80+273}{0+273} = 5.37[\text{kJ/K}]$

정답 27 ㉰ 28 ㉯ 29 ㉰ 30 ㉯

31 흡수식 냉동기에서 냉매와 흡수용액을 분리하는 기기는?

㉮ 발생기 ㉯ 흡수기
㉰ 증발기 ㉱ 응축기

[해설] 흡수식 냉동기에서 냉매와 흡수용액을 분리하는 기기는 발생기이다.

32 흡수식 냉동기에서 재생기에서의 열량을 Q_G, 응축기에서의 열량을 Q_C, 증발기에서의 열량을 Q_E, 흡수기에서의 열량을 Q_A라고 할 때 전체의 열평형식으로 옳은 것은?

㉮ $Q_G = Q_E + Q_C + Q_A$
㉯ $Q_G + Q_C = Q_E + Q_A$
㉰ $Q_G + Q_A = Q_C + Q_E$
㉱ $Q_G + Q_E = Q_C + Q_A$

[해설] 흡수식 냉동기의 4대 구성요소
재생기, 응축기, 증발기, 흡수기
흡수식 냉동기의 열평형식
$Q_G + Q_E = Q_C + Q_A$

33 어떤 변화가 가역인지 비가역인지 알려면 열역학 몇 법칙을 적용하면 되는가?

㉮ 제0법칙 ㉯ 제1법칙
㉰ 제2법칙 ㉱ 제3법칙

[해설] 열역학 제2법칙(열이동 법칙, 실제적 법칙)
자연계에 어떠한 변화도 남기지 않고 일정온도의 열은 계속해서 일로 변환시킬 수 있는 기관은 존재하지 않는다.
① 일은 쉽게 열로 변화되지만, 열은 일로 변할 때 그보다 더 낮은 저온체를 필요로 한다.
② 어떤 기관이든 100[%] 열효율을 가지는 기관은 지구상에 존재할 수 없다.

34 부압작용에 의하여 진공을 만들어 냉동작용을 하는 것은?

㉮ 증기분사 냉동기
㉯ 왕복동 냉동기
㉰ 스크류 냉동기
㉱ 공기압축 냉동기

[해설] 증기분사식 냉동기 : 이젝터와 같은 노즐을 사용하여, 이 노즐을 통해 증기를 고속 분사시키면서 주위의 가스를 빨아들여 진공시킨다. 이때 증발기내의 물 또는 식염수는 저압 아래에서 증발됨으로써 그 증발잠열에 의해 냉매(물)가 냉각되고 이를 이용해 냉동하는 방식이다.

35 다음 냉동 관련 용어의 설명 중 잘못된 것은?

㉮ 제빙톤 : 25℃의 원수 1톤을 24시간 동안에 -9℃의 얼음으로 만드는 데 제거할 열량을 냉동능력을 표시한다.
㉯ 동결점 : 물질 내에 존재하는 수분이 얼기 시작하는 온도를 말한다.
㉰ 냉동톤 : 0℃의 물 1톤을 24시간 동안에 -10℃의 얼음으로 만드는 데 필요한 냉동능력으로 1RT = 2,520kcal/h이다.
㉱ 결빙시간 : 얼음을 얼리는 데 소요되는 시간은 얼음 두께의 제곱에 비례하고, 브라인의 온도에는 반비례한다.

[해설] ㉰ 냉동톤 : 0℃의 물 1톤을 24시간 동안에 0℃의 얼음으로 만드는데 필요한 냉동능력으로 1RT=3320kcal/h이다.

정답 31 ㉮ 32 ㉱ 33 ㉰ 34 ㉮ 35 ㉰

36 냉매가스를 단열 압축하면 온도가 상승한다. 다음 가스를 같은 조건에서 단열 압축할 때 온도 상승률이 가장 큰 것은?

㉮ 공기 ㉯ R-12
㉰ R-22 ㉱ NH₃

해설 비열비(K)
㉮ 공기 : 1.4
㉯ R-12 : 1.136
㉰ R-22 : 1.184
㉱ NH₃ : 1.313
비열비가 큰 순서대로 나열하면
공기 > NH₃ > R-22 > R-12

37 액 흡입으로 인해 발생하는 압축기 소손을 방지하기 위한 부속장치는?

㉮ 저압차단 스위치
㉯ 고압차단 스위치
㉰ 어큐뮬레이터
㉱ 유압보호 스위치

해설 액 흡입으로 인해 발생하는 압축기의 소손을 방지하기 위해 증발기와 압축기 사이에 어큐뮬레이터(액분리기)를 설치한다.

38 역카르노 사이클로 작동되는 냉동기에서 성능계수(COP)가 가장 큰 응축온도(t_c) 및 증발온도(t_e)는?

㉮ t_c = 20℃, t_e = -10℃
㉯ t_c = 30℃, t_e = 0℃
㉰ t_c = 30℃, t_e = -10℃
㉱ t_c = 20℃, t_e = -20℃

해설 냉동기 성적계수(COP)

$$COP = \frac{Q_2}{Q_1 - Q_2} = \frac{T_2}{T_1 - T_2}$$

㉮ $\frac{273-10}{(273+20)-(273-10)} = 8.77$

㉯ $\frac{0+273}{(273+30)-(273+0)} = 9.1$

㉰ $\frac{273-10}{(273+30)-(273-10)} = 6.58$

㉱ $\frac{273-20}{(273+20)-(273-20)} = 6.33$

39 냉동장치에서 일반적으로 가스퍼저(Gas Purger)를 설치할 경우 설치 위치로 적당한 곳은?

㉮ 수액기와 팽창밸브의 액관
㉯ 응축기와 수액기의 액관
㉰ 응축기와 수액기의 균압관
㉱ 응축기 직전의 토출관

해설 냉동장치의 불응축가스는 주로 응축기 상부 또는 수액기 상부에 모인다. 그러므로 일반적으로 가스퍼저는 응축기와 수액기의 균압관에 설치한다.

40 냉동식품의 생산공장에 많이 설치되는 동결장치로 설치면적이 작고 출입구의 레이아웃을 비교적 자유롭게 하여 생산공정의 연속화·라인화에 쉽게 연결할 수 있는 방식은?

㉮ 스파이럴식 동결장치
㉯ 송풍 동결장치
㉰ 공기 동결장치
㉱ 액체질소 동결장치

정답 36 ㉮ 37 ㉰ 38 ㉯ 39 ㉰ 40 ㉮

해설 스파이럴식 동결장치 : 냉동식품 생상공장에 많이 설치되며 라인이 나선형태로 회전을 하기 때문에 높이는 높고 설치면적은 작게하여 설치할 수 있는 장점이 있으며 연속화와 라인화를 쉽게 할 수 있다.

제3과목 | 배관일반(공조냉동설치운영1)

41 배관된 관의 수리, 교체에 편리한 이음방법은?

㉮ 용접이음 ㉯ 신축이음
㉰ 플랜지이음 ㉱ 스위블이음

해설 관의 분해 조립 및 수리시 사용되는 이음쇠 플랜지, 유니언

42 급탕배관에 관한 설명 중 틀린 것은?

㉮ 건물의 벽 관통 부분 배관에는 슬리브(Sleeve)를 끼운다.
㉯ 공기빼기 밸브를 설치한다.
㉰ 배관기울기는 중력순환식인 경우 보통 $\frac{1}{150}$로 한다.
㉱ 직선배관 시에는 강관인 경우 보통 60m마다 1개의 신축이음쇠를 설치한다.

해설 ㉱ 직선배관 시에는 강관인 경우 30m마다 1개의 신축이음쇠를 설치하고 동관인 경우 20m마다 1개의 신축이음쇠를 설치한다.

43 배관의 지름은 유속에 따라 결정된다. 저압 증기관에서의 권장유속으로 적당한 것은?

㉮ 10~15m/s ㉯ 20~30m/s
㉰ 35~45m/s ㉱ 50m/s 이상

해설 저압증기관의 권장유속 : 20~30[m/s]
고압증기관의 권장유속 : 30~60[m/s]

44 증기난방에서 고압식인 경우 증기압력은?

㉮ 0.15~0.35kg$_f$/cm^2 미만
㉯ 0.35~0.72kg$_f$/cm^2 미만
㉰ 0.72~1kg$_f$/cm^2 미만
㉱ 1kg$_f$/cm^2 이상

해설 증기난방의 압력은 통상 1[kg/cm^2]보다 높으면 고압 1[kg/cm^2]보다 낮으면 저압으로 분류한다.
증기난방의 압력에 따른 분류
① 고압식 : 1~3[kg/cm^2] 이상
② 저압식 : 0.1~0.35[kg/cm^2]
③ 진공압식 : 대기압 이하

45 아래 그림과 같이 호칭직경 20A인 강관을 2개의 45° 엘보를 사용하여 그림과 같이 연결하였다면 강관의 실제 소요길이는 얼마인가? (단, 엘보에 삽입되는 나사부의 길이는 10mm이고, 엘보의 중심에서 끝 단면까지의 길이는 25mm이다.)

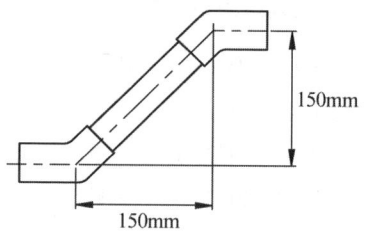

㉮ 212.1mm ㉯ 200.3mm
㉰ 170.3mm ㉱ 182.1mm

해설 ① 45° 엘보간 중심까지의 길이(전체길이)
$\sqrt{150^2 + 150^2} = 212.13mm$
② 강관의 뺄길이(엘보의 남은 공간길이)
$25 - 10 = 15mm$
② 강관의 실제 절단길이
$212.13 - (15 + 15) = 182.13mm$

46 주철관의 소켓이음 시 코킹작업을 주목적으로 가장 적합한 것은?

㉮ 누수 방지 ㉯ 경도 증가
㉰ 인장강도 증가 ㉱ 내진성 증가

해설 코킹 : 틈새 메우기
주철관의 소켓 이음 시 코킹 작업의 주목적은 누수를 방지하기 위함이다.

47 증기난방에 비해 온수난방의 특징으로 틀린 것은?

㉮ 예열시간이 길지만 가열 후에 냉각시간도 길다.
㉯ 공기 중의 미진이 늘어 생기는 나쁜 냄새가 적어 실내의 쾌적도가 높다.
㉰ 보일러의 취급이 비교적 쉽고 안전하여 주택 등에 적합하다.
㉱ 난방부하 변동에 따른 온도조절이 어렵다.

해설 ㉱ 온수난방이 증기난방에 비해 부하변동에 따른 온도조절이 용이하다.

48 배수관 설치기준에 대한 내용 중 틀린 것은?

㉮ 배수관의 최소 관경은 20mm 이상으로 한다.
㉯ 지중에 매설하는 배수관의 관경은 50mm 이상이 좋다.
㉰ 배수관의 배수의 유하방향(流下方向)으로 관경을 축소해서는 안 된다.
㉱ 기구배수관의 관경은 이것에 접속하는 위생기구의 트랩구경 이상으로 한다.

해설 ㉮ 배수관의 최소 관경은 30mm 이상으로 한다.

49 열을 잘 반사하고 내열성이 있어 난방용 방열기 등의 외면에 도장하는 도료로 맞는 것은?

㉮ 산화철 도료
㉯ 광명단 도료
㉰ 알루미늄 도료
㉱ 합성수지 도료

해설 알루미늄 도료(은분)
① 산화 알루미늄(Al_2O_3) 분말을 유성 니스에 혼합한 것으로 방청효과가 크며 밑바탕 도장 후 유성페인트를 사용하면 방청효과가 더욱 커진다.
② 열을 잘 반사하고 내열성이 있어 난방용 방열기 등의 외면 도장 도료로 많이 사용된다.

50 배수 트랩 중 관 트랩의 종류가 아닌 것은?

㉮ P트랩 ㉯ V트랩
㉰ S트랩 ㉱ U트랩

해설 배수트랩 종류
① 파이프형식(사이펀식) : S트랩, U트랩, P트랩
② 용적형(비사이펀식) : 드럽트랩, 벨트랩

정답 46 ㉮ 47 ㉱ 48 ㉮ 49 ㉰ 50 ㉯

51 2원 냉동장치의 구성기기 중 수액기의 설치 위치는?

㉮ 증발기와 압축기 사이
㉯ 압축기와 응축기 사이
㉰ 응축기와 팽창밸브 사이
㉱ 팽창밸브와 증발기 사이

해설 수액기의 설치 위치 : 응축기와 팽창밸브 사이

52 체크밸브에 대한 설명으로 옳은 것은?

㉮ 스윙형, 리프트형, 풋형 등이 있다.
㉯ 리프트형은 배관의 수직부에 한하여 사용한다.
㉰ 스윙형은 수평배관에만 사용한다.
㉱ 유량조절용으로 적합하다.

해설 ㉯ 리프트형은 배관의 수평부에 한하여 사용한다.
㉰ 스윙형은 수직, 수평배관에 모두 사용할 수 있다.
㉱ 유체의 역류를 방지하며 유량조절은 불가능하다.

53 급탕설비에 있어서 팽창관의 역할을 설명한 것으로 적당하지 않은 것은?

㉮ 보일러 내면에 생기기 쉬운 스케일 부착을 방지한다.
㉯ 물의 온도 상승에 따른 용적 팽창을 흡수한다.
㉰ 배관 내의 공기나 증기의 배출을 돕는다.
㉱ 안전밸브의 역할을 한다.

해설 팽창 탱크는 온수보일러 및 급탕설비에 사용하며 온수의 체적팽창에 따른 압력을 흡수하기 위해 사용한다. 팽창탱크에 연결된 배관을 팽창관이라고 하며 스케일과는 관계가 없다.

• 팽창 탱크의 설치 목적
① 체적팽창, 이상팽창압력 흡수
② 관내 온수온도와 압력을 일정하게 유지한다.
③ 관수의 손실에 따른 열손실을 방지한다.
④ 보충수 공급

54 급수배관에서 수격작용 발생개소와 거리가 먼 것은?

㉮ 관 내 유속이 빠른 곳
㉯ 구배가 완만한 곳
㉰ 급격히 개폐되는 밸브
㉱ 굴곡개소가 있는 곳

해설 ㉯ 구배가 급격한 곳에서 수격작용이 발생한다.

55 다음 그림 기호가 나타내는 밸브는?

㉮ 증발압력 조정밸브
㉯ 유압 조정밸브
㉰ 용량 조정밸브
㉱ 흡입압력 조정밸브

해설 ① 증발압력 조정밸브
  : EPR(Evaporator Pressure Regulator)
② 흡입압력 조정밸브
  : SPR(Suction Pressure Regulator)
③ 유압조정밸브
  : OPR(Oil Pressure Regulator)
④ 용량조정밸브 : capacity reagulation valve

정답 51 ㉰ 52 ㉮ 53 ㉮ 54 ㉯ 55 ㉯

56 스테인리스강관에 대한 설명으로 적당하지 않은 것은?

㉮ 위생적이어서 적수의 염려가 적다.
㉯ 내식성이 우수하다.
㉰ 몰코 이음법 등 특수 시공법으로 대체로 배관시공이 간단하다.
㉱ 저온에서 내충격성이 적다.

[해설] ㉱ 저온에서 내충격성이 크다.

57 온수난방용 개방식 팽창탱크에 대한 설명 중 맞지 않는 것은?

㉮ 탱크용량은 전체 팽창량과 같은 체적이어야 한다.
㉯ 저온수난방에 흔히 사용된다.
㉰ 배관계통상 최고 수위보다 1m 이상 높게 설치된다.
㉱ 탱크의 상부에 통기관을 설치한다.

[해설] ① 개방식 팽창탱크의 용량은 전체 팽창량의 2~2.5배 이상의 크기로 설치 하여야 하며, 사용온도는 85~90℃로 한다.
② 밀폐식 팽창탱크의 용량은 공기층의 필요압력 만큼으로 설치하여야 하며, 사용온도는 100℃ 이상으로 한다.

58 급수펌프의 설치 시 주의사항으로 틀린 것은?

㉮ 펌프는 기초볼트를 사용하여 기초 콘크리트 위에 설치 고정한다.
㉯ 풋 밸브는 동수위면보다 흡입관경의 2배 이상 물속에 들어가게 한다.
㉰ 토출 측 수평관은 상향구배로 배관한다.
㉱ 흡입양정은 되도록 길게 한다.

[해설] ㉱ 흡입양정이 길면 마찰저항이 커지고 캐비테이션의 원인이 되므로 짧게 설치한다.

59 배관지지장치에서 수직방향 변위가 없는 곳에 사용되는 행거는 어느 것인가?

㉮ 리지드 행거   ㉯ 콘스턴트 행거
㉰ 가이드 행거   ㉱ 스프링 행거

[해설] ㉮ 배관지지 장치 중 수직방향 변위가 없을 경우 리지드 행거를 사용한다.

60 사이펀 작용이나 부압으로부터 트랩의 봉수를 보호하기 위하여 설치하는 것은?

㉮ 통기관   ㉯ 볼밸브
㉰ 공기실   ㉱ 오리피스

[해설] 통기관 : 트랩내부의 봉수파괴를 방지하고 배수의 흐름을 원활하게 하기 위해 설치한다.

제4과목 | 전기제어공학(공조냉동설치운영2)

61 부하 증대에 따라 속도가 오히려 증대되는 특성을 갖는 직류전동기의 종류는?

㉮ 타여자전동기
㉯ 분권전동기
㉰ 가동복권전동기
㉱ 차동복권전동기

[해설] 차동복권전동기
부하가 증대됨에 따라 속도가 오히려 증대되는 특성을 갖고 있다.

[정답] 56 ㉱ 57 ㉮ 58 ㉱ 59 ㉮ 60 ㉮ 61 ㉱

62 농형 유도전동기의 기동법이 아닌 것은?

㉮ 전전압기동법 ㉯ 기동보상기법
㉰ Y-△기동법   ㉱ 2차 저항법

[해설] 농형 유도전동기 기동법
① 전전압기동법
② 기동보상기법
③ Y-△기동법
2차저항법은 권선유도전동기의 기동법이다.

63 자동 제어계의 출력신호를 무엇이라 하는가?

㉮ 동작신호 ㉯ 조작량
㉰ 제어량   ㉱ 제어 편차

[해설] 자동제어계의 출력신호 : 제어량

64 센서를 변위센서, 속도센서, 열센서, 광센서로 분류하였다. 분류방법으로 알맞은 것은?

㉮ 계측의 대상 ㉯ 계측의 형태
㉰ 소자의 재료 ㉱ 변환의 원리

[해설] 변위센서, 속도센서, 열센서, 광센서로 분류하였다면 계측대상에 대한 분류방법이 된다.
- 계측의 형태 : 아날로그, 디지털 등
- 소자의 재료 : 반도체, 금속, 세라믹 등
- 변환의 원리 : 열역학적 신호, 전기적 신호 등을 변환하는 방식

65 정상편차를 없애고, 응답속도를 빠르게 한 동작은?

㉮ 비례동작
㉯ 비례적분동작
㉰ 비례미분동작
㉱ 비례적분미분동작

[해설] PID(비례적분미분)제어 : 정상편차를 없애고, 응답속도를 빠르게한 제어동작
① P(비례제어) : 연속동작으로 편차량 검출시 그것에 비례하여 조작량을 가감하며 잔류편차가 남을 수 있다.
② I(적분제어) : 연속동작으로 출력편차 시간적분에 비례하며 편차가 남는 것을 적분 수정한다.(잔류편차 제거)
③ D(미분제어) : 연속동작으로 출력편차의 시간에 비례하며 제어편차가 검출될 때 편차가 변하는 속도에 비례한다.

66 컴퓨터실의 온도를 항상 18℃로 유지하기 위하여 자동냉난방기를 설치하였다. 이 자동 냉난방기의 제어는?

㉮ 정치제어 ㉯ 추종제어
㉰ 비율제어 ㉱ 서보제어

[해설] 자동냉난방기 설치시 실의 온도를 항상 18℃로 일정하게 유지하기 위해서는 목표값이 일정한 정치제어를 사용하게 된다.

67 전기로의 온도를 1,000℃로 일정하게 유지시키기 위하여 열전온도계의 지시값을 보면서 전압조정기로 전기로에 대한 인가전압을 조절하는 장치가 있다. 이 경우 열전온도계는 다음 중 어느 것에 해당되는가?

㉮ 조작부 ㉯ 검출부
㉰ 제어량 ㉱ 조작량

[해설] 열전온도계는 온도센서로 검출부에 속한다.

[정답] 62 ㉱ 63 ㉰ 64 ㉮ 65 ㉱ 66 ㉮ 67 ㉯

68 $i(t) = 141.4\sin\omega t$ [A]의 실효값은 몇 [A]인가?

㉮ 81.6 ㉯ 100
㉰ 173.2 ㉱ 200

해설 순시값 : $i(t) = 141.4\sin\omega t$ [A]
실효값 = 최대값 × 0.707
141.4 × 0.707 = 99.9 ≒ 100[A]

69 3상 평형부하의 전압이 100[V]이고, 전류가 10[A]이다. 역률이 0.8이면 이때의 소비전력은 약 몇 [W]인가?

㉮ 1,386 ㉯ 1,732
㉰ 2,100 ㉱ 2,430

해설 소비전력(유효전력) $P = VI\cos\theta$
3상 평형부하의 유효전력
$P = \sqrt{3}\,VI\cos\theta = \sqrt{3} \times 100 \times 10 \times 0.8 = 1386[W]$

70 시퀀스 제어에 관한 설명 중 옳지 않은 것은?

㉮ 미리 정해진 순서에 의해 제어된다.
㉯ 일정한 논리에 의해 정해진 순서로 제어된다.
㉰ 조합논리회로로 사용된다.
㉱ 입력과 출력을 비교하는 장치가 필수적이다.

해설 ㉱ 입력과 출력을 비교하는 장치가 필수적인 제어 방식은 피드백제어이다.

71 전동기의 절연 및 절연내력 시험에 대한 설명으로 틀린 것은?

㉮ 보통 온도상승시험 직후에 실시한다.
㉯ 500V 메거 또는 1,000V 메거로 절연저항을 측정한다.
㉰ 절연내력시험은 보통 전동기를 운전하지 않은 상태에서 실시한다.
㉱ 계기가 일정한 지시를 가리키는 데 시간이 걸릴 수도 있다.

해설 ㉰ 절연내력시험은 전동기가 운전 중인 상태에서 실시한다.

72 회로에서 세트입력(S), 리셋입력(R), 출력(Q)의 진리표에 대한 설명 중 옳지 않은 것은? (단, L은 Low, H는 High이다.)

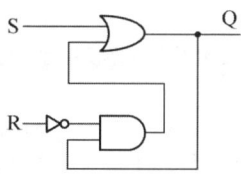

㉮ S는 L, R은 H일 때 Q는 L로 된다.
㉯ S는 H, R은 L일 때 Q는 H로 된다.
㉰ S는 L, R은 L일 때 Q는 L로 된다.
㉱ S는 H, R은 H일 때 Q는 L로 된다.

해설 L : 2진법에서 가장 낮은 수 0을 나타낸다.
H : 2진법에서 가장 높은 수 1을 나타낸다.
㉮ S는 L, R은 H일 때 Q는 L로 된다.
  0+(0·0)=0 ∴Q=0(L)
㉯ S는 H, R은 L일 때 Q는 H로 된다.
  1+(1·1)=1 ∴Q=1(H)
㉰ S는 L, R은 L일 때 Q는 L로 된다.
  0+(1·0)=0 ∴Q=0(L)
㉱ S는 H, R은 H일 때 Q는 L로 된다.
  1+(0·1)=1 ∴Q=1(H)

정답 68 ㉯ 69 ㉮ 70 ㉱ 71 ㉰ 72 ㉱

73 그림과 같이 저항 R을 전류계와 내부저항 20[Ω]인 전압계로 측정하니 15[A]와 30[V]이었다. 저항 R은 몇 [Ω]인가?

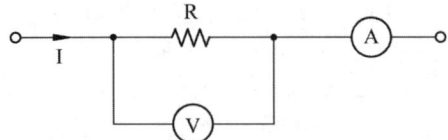

㉮ 1.54　　㉯ 1.86
㉰ 2.22　　㉱ 2.78

해설
① 전압계에 흐르는 전류(I_V)의 값
$$I_V = \frac{V}{r} = \frac{30}{20} = 1.5[A]$$
② 저항 R에 걸린 전류(I_R)의 값
$$I_R = 15 - 1.5 = 13.5[A]$$
③ 저항 R값
$$R = \frac{V}{I_R} = \frac{30}{13.5} = 2.22[\Omega]$$

74 그림과 같은 계전기 접점회로의 논리식은?

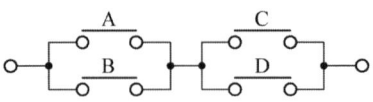

㉮ $(\overline{A}+B) \cdot (C+\overline{D})$
㉯ $(\overline{A}+\overline{B}) \cdot (C+D)$
㉰ $(A+B) \cdot (C+D)$
㉱ $(A+B) \cdot (\overline{C}+\overline{D})$

해설 $(A+B) \cdot (C+D)$

75 그림과 같은 신호 흐름 선도에서 $\dfrac{X_2}{X_1}$를 구하면?

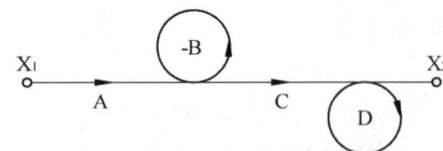

㉮ $\dfrac{AC}{(1+B)(1-C)}$　㉯ $\dfrac{AC}{(1-B)(1+D)}$
㉰ $\dfrac{AC}{(1-B)(1-D)}$　㉱ $\dfrac{AC}{(1+B)(1-D)}$

해설
전체전달함수 $G = \dfrac{C}{R}$
① $\triangle = 1 - (-B+D) + (-BD)$
$= 1 + B - D + BD$
$(1+B) \cdot (1-D)$
② $Gi = AC$
③ $\triangle i = $ 없다
∴ $\dfrac{X_2}{X_1} = \dfrac{AC}{(1+B) \cdot (1-D)}$

메이슨의 이득공식
$$G = \frac{\sum Gi \cdot \triangle i}{\triangle}$$
여기서,
$\triangle$: 1 − 피드백경로의 합 + 2개가 비접촉인피드백의 곱…
Gi : i번째 전향경로
$\triangle i$: 1 − 전향경로와 비접촉인피드백 + …

76 다음 중 기동 토크가 가장 큰 단상 유도 전동기는?

㉮ 분상기동형
㉯ 반발기동형
㉰ 반발유도형
㉱ 콘덴서기동형

해설 기동 토크가 가장 큰 단상 유도전동기 : 반발기동형 유도전동기

77 플레밍(Fleming)의 오른손 법칙에 따라 기전력이 발생하는 원리를 이용한 기기는?

㉮ 교류발전기
㉯ 교류전동기
㉰ 교류정류기
㉱ 교류용접기

해설 ① 플레이밍의 오른손 법칙 : 발전기의 기본 법칙으로 도체에 힘을 가하면 발생되는 전류의 방향을 알 수 있다.
② 플레이밍의 왼손 법칙 : 전동기의 기본 법칙으로 도체에 전류를 흐르게 하면 발생되는 힘의 방향을 알 수 있다.

78 PLC 제어의 특징이 아닌 것은?

㉮ 제어시스템의 확장이 용이하다.
㉯ 유지보수가 용이하다.
㉰ 소형화가 가능하다.
㉱ 부품 간의 배선에 의해 로직이 결정된다.

해설 ㉱ PLC 제어는 디지털 장치로 프로그램 로직을 이용하며 배선이 없다.

79 어떤 도체의 단면을 1시간에 7,200[C]의 전기량이 이동했다고 하면 전류는 몇 [A] 인가?

㉮ 1　　㉯ 2
㉰ 3　　㉱ 4

해설 전기량 $Q = I \cdot t$
$I = \dfrac{Q}{t} = \dfrac{7200}{3600} = 2[A]$
여기서, Q : 전기량[C]
　　　　I : 전류[A]
　　　　t : 시간[s]

80 물체의 위치, 방위, 자세 등의 기계적 변위를 제어량으로 해서 목표값의 임의의 변화에 추종하도록 구성된 제어계는?

㉮ 공정 제어
㉯ 정치 제어
㉰ 프로그램 제어
㉱ 추종 제어

해설 추치제어 : 목표값이 임의의 변화에 대하여 추종하도록 구성된 제어로 목표값이 시간에 따라 변화되는 상태량을 제어한다.

추치제어의 종류
① 추종 제어 : 목표값이 임의로 변화되는 경우의 제어(서보기구 : 위치, 방향, 자세, 각도 등)
② 프로그램 제어 : 목표값의 변화량이 미리정해진 프로그램에 의하여 상태량을 제어한다.
③ 비율제어 : 목표값이 다른 양과 일정한 비율관계를 갖는 상태량을 제어한다.

정치제어 : 목표값이 시간에 따라 변하지 않고 일정한 상태량을 제어하는 방식(프로세스 제어, 자동조정 제어, 온도 제어 등)

정답　77 ㉮　78 ㉱　79 ㉯　80 ㉱

공조냉동기계산업기사

과년도 출제문제

(2014.03.02. 시행)

제1과목 공기조화(공기조화설비)

01 우리나라에서 오전 중에 냉방 부하가 최대가 되는 존(Zone)은 어느 방향인가?

㉮ 동쪽 방향
㉯ 서쪽 방향
㉰ 남쪽 방향
㉱ 북쪽 방향

해설 우리나라에서 오전 중 냉방부하가 최대가 되는 존(Zone)은 동쪽 방향이다.

02 환기방식 중 송풍기를 이용하여 실내에 공기를 공급하고, 배기구나 건축물의 틈새를 통하여 자연적으로 배기하는 방법은?

㉮ 제1종 환기
㉯ 제2종 환기
㉰ 제3종 환기
㉱ 제4종 환기

해설 환기방식
① 제1종 환기 : 강제급기 + 강제배기
② 제2종 환기 : 강제급기 + 자연배기
③ 제3종 환기 : 자연급기 + 강제배기
④ 제4종 환기 : 자연급기 + 자연배기

03 냉수코일의 설계에 있어서 코일 출구온도 10℃, 코일 입구온도 5℃, 전열부하 83,740kJ/h일 때, 코일 내 순환수량(L/min)은 약 얼마인가? (단, 물의 비열은 4.2kJ/kg·K이다.)

㉮ 55.5L/min
㉯ 66.5L/min
㉰ 78.5L/min
㉱ 98.7L/min

해설 $Q = GC\Delta T \rightarrow G = \dfrac{Q}{C\Delta T}$

$G = \dfrac{83740\,\dfrac{kJ}{h}}{4.2\,\dfrac{kJ}{kg\cdot K} \times (10-5)K} = 3987.61\,[kg/h]$

$\therefore G = \dfrac{3987.61\,\dfrac{kg}{h}}{60\,\dfrac{min}{h}} = 66.46\,[L/min]$

04 공기조화 부하계산을 할 때 고려하지 않아도 되는 것은?

㉮ 열원방식
㉯ 실내 온·습도의 설정조건
㉰ 지붕재료 및 치수
㉱ 실내 발열기구의 사용기간 및 발열량

정답 01 ㉮ 02 ㉯ 03 ㉯ 04 ㉮

해설 공기조화 부하계산 시 고려사항
① 실내 온·습도의 설정온도
② 지붕재료 및 치수
③ 실내 발열기구의 사용기간 및 발열량

05 냉수 또는 온수코일의 용량제어를 2방 밸브로 하는 경우 물배관계통의 특성 중 옳은 것은?

㉮ 코일 내의 수량은 변하나 배관 내의 유량은 부하 변동에 관계없이 정유량(定流量)이다.
㉯ 부하변동에 따라 펌프의 대수제어가 가능하다.
㉰ 차압제어밸브가 필요 없으므로 펌프의 양정을 낮게 할 수 있다.
㉱ 코일 내의 수량이 변하지 않으므로 전열 효과가 크다.

해설 ㉮ 용량제어 방식으로 코일 내의 수량은 부하변동에 따라 변하게 되고 변유량 이다.
㉰ 차압제어밸브를 필요로 하며 펌프의 양정을 높게 할 수 있다.
㉱ 용량제어를 하므로 코일 내 수량은 부한변동에 따라 변하게 되고 전열 효과가 작다.

06 인체에 작용하는 실내 온열 환경 4대요소가 아닌 것은?

㉮ 청정도   ㉯ 습도
㉰ 기류속도 ㉱ 공기온도

해설 인체에 작용하는 실내 온열 환경 4대 요소
(수정 유효온도)
온도, 습도, 기류, 복사열
공기조화의 4대 요소 : 온도, 습도, 기류, 청정도

07 바이패스 팩터(By-pass Factor)에 관한 설명으로 옳지 않은 것은?

㉮ 바이패스 팩터는 공기조화기를 공기가 통과할 경우 공기의 일부가 변화를 받지 않고 원상태로 지나쳐갈 때 이 공기량과 전체 통과 공기량에 대한 비율을 나타낸 것이다.
㉯ 공기조화기를 통과하는 풍속이 감소하면 바이패스 팩터는 감소한다.
㉰ 공기조화기의 코일열수 및 코일 표면적이 적을 때 바이패스 팩터는 증가한다.
㉱ 공기조화기의 이용 가능한 전열 표면적이 감소하면서 바이패스 팩터는 감소한다.

해설 ㉱ 공기조화기의 이용 가능한 전열 표면적이 감소하면 바이패스 팩터는 증가한다.

08 공기 세정기에 관한 설명으로 옳지 않은 것은?

㉮ 공기 세정기의 통과풍속은 일반적으로 2~3m/s이다.
㉯ 공기 세정기의 가습기는 노즐에서 물을 분무하여 공기에 충분히 접촉시켜 세정과 가습을 하는 것이다.
㉰ 공기 세정기의 구조는 루버, 분무노즐, 플러딩노즐, 엘리미네이터 등이 케이싱 속에 내장되어 있다.
㉱ 공기 세정기의 분무 수압은 노즐 성능상 20~50kPa이다.

해설 ㉱ 공기 세정기의 분무 수압은 노즐 성능상 140~250kPa이다.

정답 05 ㉯ 06 ㉮ 07 ㉱ 08 ㉱

09 염화리튬, 트리에틸렌 글리콜 등의 액체를 사용하여 감습하는 장치는?

㉮ 냉각감습장치
㉯ 압축감습장치
㉰ 흡수식 감습장치
㉱ 세정식 감습장치

해설
- 흡수식 감습 : 염화리튬, 트리에틸렌글리콜 등의 액체 흡수제를 사용하므로 가열원이 있어야 한다.
- 흡착식 감습 : 실리카겔, 활성 알루미나, 애드솔, 제올라이트 등의 고체 흡착제를 사용한 감습방법

10 증기난방에 관한 설명으로 옳지 않은 것은?

㉮ 열매온도가 높아 방열면적이 작아진다.
㉯ 예열시간이 짧다.
㉰ 부하변동에 따른 방열량의 제어가 곤란하다.
㉱ 증기의 증발현열을 이용한다.

해설 ㉱ 증기의 증발잠열을 이용한다.

11 공기조화 방식의 분류 중 공기-물 방식이 아닌 것은?

㉮ 유인 유닛방식
㉯ 덕트병용 팬코일 유닛방식
㉰ 복사 냉난방 방식(패널에어 방식)
㉱ 멀티존 유닛방식

해설
㉮ 유인 유닛방식 : 공기-수 방식
㉯ 덕트병용 팬코일 유닛방식 : 공기-수 방식
㉰ 복사 냉난방 방식(패널에어 방식) : 공기-수 방식
㉱ 멀티존 유닛방식 : 전공기 방식

12 도서관의 체적이 630m³이고 공기가 1시간에 29회 비율로 틈새바람에 의해 자연 환기될 때 풍량(m³/min)은 약 얼마인가?

㉮ 295 ㉯ 304
㉰ 444 ㉱ 572

해설

$$q = \frac{630 \times 29 \frac{m^3}{h}}{60 \frac{min}{h}} = 304.5 [m^3/min]$$

※ "회"는 단위가 아니므로 단위 환산시 생략하게 된다.

13 다음 그림은 송풍기의 특성 곡선이다. 점선으로 표시된 곡선 B는 무엇을 나타내는가?

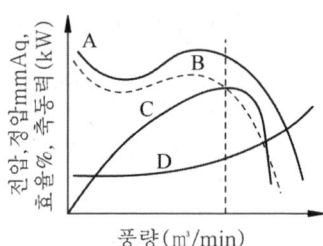

㉮ 축동력 ㉯ 효율
㉰ 전압   ㉱ 정압

해설
A : 전압
B : 정압
C : 효율
D : 축동력

정답 09 ㉰ 10 ㉱ 11 ㉱ 12 ㉯ 13 ㉱

14 덕트 설계 시 고려하지 않아도 되는 사항은?

㉮ 덕트로부터의 소음
㉯ 덕트로부터의 열손실
㉰ 공기의 흐름에 따른 마찰 저항
㉱ 덕트 내를 흐르는 공기의 엔탈피

해설 덕트 설계 시 고려할 사항
① 덕트로부터의 소음
② 덕트로부터의 열손실
③ 공기의 흐름에 따른 마찰 저항
④ 공기의 유속

15 실내의 기류분포에 관한 설명으로 옳은 것은?

㉮ 소비되는 열량이 많아져서 추위를 느끼게 되는 현상 또는 인체에 불쾌한 냉감을 느끼게 되는 것을 유효 드래프트라고 한다.
㉯ 실내의 각 점에 대한 EDT를 구하고, 전체 점수에 대한 쾌적한 점수의 비율을 T/L비라고 한다.
㉰ 일반 사무실 취출구의 허용풍속은 1.5~2.5m/s이다.
㉱ 1차 공기와 전 공기의 비를 유인비라 한다.

해설 ㉮ 소비되는 열량이 많아져서 추위를 느끼게 되는 현상 또는 인체에 불쾌한 냉감을 느끼게 되는 것을 콜드 드래프트라고 한다.
㉯ 실내의 각 점에 대한 EDT(유효드래프트 온도)를 구하고, 전체 점수에 대한 쾌적한 점수의 비율을 공기 확산계수라고 한다.
㉰ 일반 사무실 취출구의 허용풍속은 5~6.25m/s이다.

16 증기-물 또는 물-물 열교환기의 종류에 해당되지 않는 것은?

㉮ 원통다관형 열교환기
㉯ 전열 열교환기
㉰ 판형 열교환기
㉱ 스파이럴형 열교환기

해설 전열 열교환기는 공기-공기 열교환기이다.

17 공기 중의 수증기 분압을 포화압력으로 하는 온도를 무엇이라 하는가?

㉮ 건구온도
㉯ 습구온도
㉰ 노점온도
㉱ 글로브(Globe) 온도

해설 공기 중의 수증기 분압을 포화압력으로 하는 온도를 노점온도라고 한다.
※ 수증기 분압 : 공기 중 물분자가 차지하는 압력

18 보일러의 출력표시에서 난방부하와 급탕부하를 합한 용량으로 표시되는 것은?

㉮ 과부하출력   ㉯ 정격출력
㉰ 정미출력   ㉱ 상용출력

해설 ① 정격출력=난방부하+급탕부하+배관부하+예열부하
② 상용출력=난방부하+급탕부하+배관부하
③ 정미출력=난방부하+급탕부하

정답 14 ㉱ 15 ㉱ 16 ㉯ 17 ㉰ 18 ㉰

19 온수배관 시공 시 주의할 사항으로 옳은 것은?

㉮ 각 방열기에는 필요시에만 공기배출기를 부착한다.
㉯ 배관 최저부에는 배수밸브를 설치하며, 하향구배로 설치한다.
㉰ 팽창관에는 안전을 위해 반드시 밸브를 설치한다.
㉱ 배관 도중에 관지름을 바꿀 때에는 편심이음쇠를 사용하지 않는다.

해설 ㉮ 각 방열기에는 관내 불응축가스(공기)를 제거하기 위해 공기배출기를 부착하여야 한다.
㉰ 팽창관에는 안전을 위하여 밸브 등 기타 차단장치를 설치하여서는 안된다.
㉱ 배관 도중에 관지름을 바꿀 때에는 편심 이음쇠를 사용하여 이물질 및 공기가 체류하는 것을 방지한다.

20 습공기선도상에 나타나 있는 것이 아닌 것은?

㉮ 상대습도 ㉯ 건구온도
㉰ 절대습도 ㉱ 포화도

해설 습공기선도상 포화도는 알 수 없다.
습공기선도의 구성
건구온도, 습구온도, 노점온도, 절대습도, 상대습도, 수증기분압, 엔탈피, 비체적, 열수분비, 현열비

| 제2과목 | 냉동공학(냉동냉장설비) |

21 냉동장치의 안전장치 중 압축기로의 흡입압력이 소정의 압력 이상이 되었을 경우 과부하에 의한 압축기용 전동기의 위험을 방지하기 위하여 설치되는 기기는?

㉮ 증발압력 조정밸브(EPR)
㉯ 흡입압력 조정밸브(SPR)
㉰ 고압 스위치
㉱ 저압 스위치

해설 흡입압력 조정밸브(SPR)
압축기의 흡입압력이 소정의 압력 이상이 되었을 경우 과부하에 의한 압축기용 전동기의 위험을 방지하기 위하여 설치되는 밸브

22 열원에 따른 열펌프의 종류가 아닌 것은?

㉮ 물-공기 열펌프
㉯ 태양열 이용 열펌프
㉰ 현열 이용 열펌프
㉱ 지중열 이용 열펌프

해설 열원에 따른 열펌프의 종류
물-공기 열펌프, 태양열 열펌프, 지중열 열펌프

23 팽창밸브 입구에서 410kcal/kg의 엔탈피를 갖고 있는 냉매가 팽창밸브를 통과하여 압력이 내려가고 포화액과 포화증기의 혼합물, 즉 습증기가 되었다. 습증기 중 포화액의 유량이 7kg/min일 때 전 유출 냉매의 유량은 약 얼마인가? (단, 팽창밸브를 지난 후의 포화액의 엔탈피는 54kcal/kg, 건포화증기의 엔탈피는 500kcal/kg이다.)

㉮ 30.3kg/min ㉯ 32.4kg/min
㉰ 34.7kg/min ㉱ 36.5kg/min

해설 ① 건조도(x)
$$x = \frac{410-54}{500-54} = 0.7982$$
② 건조도를 이용해 포화액(Gs)를 구하면,
$$x = \frac{포화증기량}{전냉매량} = \frac{포화증기}{포화액+포화증기} = \frac{Gs}{Gw+Gs}$$
$$0.7982 = \frac{Gs}{7+Gs} \rightarrow 0.7982(7+Gs) = Gs$$
$$\rightarrow 5.5874 + 0.7982Gs = Gs \rightarrow$$
$$5.5874 = Gs - 0.7982Gs$$
$$\rightarrow 5.5874 = (1-0.7982)Gs$$
$$Gs = \frac{5.5874}{1-0.7982} = 27.69[kg/min]$$
③ 전유출 냉매량
$$\therefore Gw + Gs = 7 + 27.69 = 34.69 ≒ 34.7[kg/min]$$

24 매분 염화칼슘 용액 350L/min을 -5℃에서 -10℃까지 냉각시키는 데 필요한 냉동능력은 얼마인가? (단, 염화칼슘 용액의 비중은 1.2, 비열은 0.6kcal/kg$_f$℃이다.)

㉮ 78,300kca/h ㉯ 75,600kca/h
㉰ 72,500kca/h ㉱ 71,900kca/h

해설 $Q = GC\triangle T$
$$Q = 350\frac{L}{min} \times 1.2\frac{kg}{L} \times 60\frac{min}{h} \times 0.6\frac{kcal}{kg\cdot℃} \times (-5-(-10))℃$$
$$= 75600 kcal/h$$

25 C.A 냉장고(Controlled Atmosphere Storage Room)의 용도로 가장 적당한 것은?

㉮ 가정용 냉장고로 쓰인다.
㉯ 제빙용으로 주로 쓰인다.
㉰ 청과물 저장에 쓰인다.
㉱ 공조용으로 철도, 항공에 주로 쓰인다.

해설 CA 냉장고는 주로 청과물 냉장에 사용된다.

26 압축기 직경이 100mm, 행정이 850mm, 회전수 2,000rpm, 기통 수 4일 때 피스톤 배출량은?

㉮ 3,204m³/h ㉯ 3,316m³/h
㉰ 3,458m³/h ㉱ 3,567m³/h

해설 $V = \frac{\pi D^2}{4} LNR \times 60$
$$= \frac{\pi \times 0.1^2}{4} \times 0.85 \times 4 \times 2000 \times 60$$
$$= 3204.42[m^3/h]$$
여기서, V : 피스톤 토출유량[m³/h]
$\frac{\pi D^2}{4}$: 피스톤면적[m²]
L : 행정[m]
N : 기통수
R : 회전수[rpm]

27 냉매와 화학분자식이 옳게 짝지어진 것은?

㉮ R-500 → $CCl_2F_4 + CH_2CHF_2$
㉯ R-502 → $CHClF_2 + CClF_2CF_3$
㉰ R-22 → CCl_2F_4
㉱ R-717 → NH_4

해설 ㉮ R-500 → $CCl_2F_2 + CH_3CHF_2$
㉰ R-22 → $CHClF_2$
㉱ R-717 → NH_3

28 2원 냉동장치의 저온 측 냉매로 적합하지 않은 것은?

㉮ R-22 ㉯ R-14
㉰ R-13 ㉱ 에틸렌

해설 저온 측 냉매 : R-13, R-14, 에틸렌, 메탄, 에탄, 프로판 등
고온 측 냉매 : R-12, R-22

정답 24 ㉯ 25 ㉰ 26 ㉮ 27 ㉯ 28 ㉮

29 냉매가 구비해야 할 이상적인 물리적 성질로 틀린 것은?

㉮ 임계온도가 높고 응고온도가 낮을 것
㉯ 같은 냉동능력에 대하여 소요동력이 적을 것
㉰ 전기절연성이 낮을 것
㉱ 저온에서도 대기압 이상의 압력으로 증발하고 상온에서 비교적 저압으로 액화할 것

해설 ㉰ 전기절연성이 높을 것

30 2단 압축 2단 팽창 냉동장치에서 중간냉각기가 하는 역할이 아닌 것은?

㉮ 저단 압축의 토출 가스 과열도를 낮춘다.
㉯ 고압 냉매액을 과랭시켜 냉동효과를 증대시킨다.
㉰ 저단 토출가스를 재압축하여 압축비를 증대시킨다.
㉱ 흡입가스 중의 액을 분리하여 리퀴드백을 방지한다.

해설 ㉰ 저단 토출 가스의 과열도를 제거하여 압축비를 감소시킨다.

31 다음 냉매 중 아황산가스에 접했을 때 흰 연기를 내는 가스는?

㉮ 프레온 12
㉯ 크로메틸
㉰ R-410A
㉱ 암모니아

해설 암모니아(NH_3) 냉매의 누설검사
① 악취가 나므로 누설 시 냄새로 알 수 있다.
② 붉은 리트머스 시험지가 청색으로 변한다.
③ 유황초를 누설개소에 대면 흰 연기가 발생한다.
④ 페놀프탈레인 시험지를 누설개소에 대면 적색으로 변한다.
⑤ 염산 및 아황산가스를 헝겊에 적셔 누설개소에 대면 흰 연기가 발생한다.

32 교축작용과 관계가 적은 것은?

㉮ 등엔탈피 변화
㉯ 팽창밸브에서의 변화
㉰ 엔트로피의 증가
㉱ 등적변화

해설 교축작용시 변화
① 등엔탈피 변화
② 압력 감소
③ 온도 감소
④ 엔트로피 증가(비가역 사이클)
⑤ 체적 증가(팽창)

33 10℃와 85℃ 사이의 물을 열원으로 역카르노 사이클로 작동되는 냉동기(ε_C)와 히트펌프(ε_H)의 성적계수는 각각 얼마인가?

㉮ $\varepsilon_C = 1.00$, $\varepsilon_H = 2.00$
㉯ $\varepsilon_C = 2.12$, $\varepsilon_H = 3.12$
㉰ $\varepsilon_C = 2.93$, $\varepsilon_H = 3.93$
㉱ $\varepsilon_C = 3.78$, $\varepsilon_H = 4.78$

해설
$$\varepsilon_c = \frac{q_L}{Aw} = \frac{T_2}{T_1 - T_2} = \frac{10+273}{(85+273)-(10+273)} = 3.77$$
$$\varepsilon_H = \frac{q_h}{Aw} = \frac{T_1}{T_1 - T_2} = \frac{85+273}{(85+273)-(10+273)} = 4.77$$

34 팽창밸브가 과도하게 닫혔을 때 생기는 현상이 아닌 것은?

㉮ 증발기의 성능 저하
㉯ 흡입가스의 과열
㉰ 냉동능력 증가
㉱ 토출가스의 온도상승

해설 ㉰ 냉동능력 감소

35 공랭식 응축기에 있어서 냉매가 응축하는 온도는 어떻게 결정하는가?

㉮ 대기의 온도보다 30℃(54°F) 높게 잡는다.
㉯ 대기의 온도보다 19℃(35°F) 높게 잡는다.
㉰ 대기의 온도보다 10℃(18°F) 높게 잡는다.
㉱ 증발기 속의 냉매 증기를 과열도에 따라 높인 온도를 잡는다.

해설 공랭식 응축기의 온도 기준
대기온도보다 15~20℃가량 높게 설정한다.

36 흡수식 냉동기에 대한 설명 중 옳은 것은?

㉮ $H_2O + LiBr$계에서는 응축 측에서 비체적이 커지므로 대용량은 공랭식화가 곤란하다.
㉯ 압축기는 없으나, 발생기 등에서 사용되는 전력량은 압축식 냉동기보다 많다.
㉰ $H_2O + LiBr$계나 $H_2O + NH_3$계에서는 흡수제가 H_2O이다.
㉱ 공기조화용으로 많이 사용되나, $H_2O + LiBr$계는 0℃ 이하의 저온을 얻을 수 있다.

해설 ㉯ 압축기가 없으므로, 발생증기 등에서 사용되는 전력량은 압축식 냉동기보다 적다.
㉰ $H_2O+LiBr$계 에서는 LiBr를 흡수제로 쓰고, H_2O+NH_3계 에서는 H_2O를 흡수제로 쓴다.
㉱ 공기조화용으로 많이 사용되고 0℃ 이하의 저온을 얻을 수 없다.

37 온도식 팽창밸브에서 흐르는 냉매의 유량에 영향을 미치는 요인이 아닌 것은?

㉮ 오리피스 구경의 크기
㉯ 고·저압 측 간의 압력차
㉰ 고압 측 액상 냉매의 냉매온도
㉱ 감온통의 크기

해설 온도식 팽창밸브에서 흐르는 냉매의 유량에 영향을 미치는 요인
① 오리피스 구경의 크기
② 고·저압 측 간의 압력차
③ 고압 측 액상 냉매의 냉매온도

38 암모니아 냉동장치에 대한 설명 중 옳은 것은?

㉮ 압축비가 증가하면 체적 효율도 증가한다.
㉯ 표준 냉동 사이클로 운전할 경우 R-12에 비해 토출 가스의 온도가 낮다.
㉰ 기밀시험에 산소가스를 이용하는 것은 폭발의 가능성이 없기 때문이다.
㉱ 증발압력 조정밸브를 설치하는 것은 냉매의 증발 압력을 일정 이상으로 유지하기 위해서이다.

해설 ㉮ 압축비가 증가하면 체적효율은 감소한다.
㉯ 표준 냉동 사이클로 운전할 경우 R-12에 비해 토출 가스의 온도가 높다.
㉰ 기밀시험 시 산소는 폭발의 위험성이 있으므로 이용할 수 없다.

정답 34 ㉰ 35 ㉯ 36 ㉮ 37 ㉱ 38 ㉱

39 할로겐 원소에 해당되지 않는 것은?

㉮ 불소[F]
㉯ 수소[H]
㉰ 염소[Cl]
㉱ 브롬[Br]

해설 할로겐원소
F(불소), Cl(염소), Br(브롬), I(요소), At(아스타틴)

40 다음 열역학적 설명으로 옳지 않은 것은?

㉮ 물체의 순간(현재)상태만에 관계하는 양을 상태량이라 하며 열량과 일 등은 상태량이다.
㉯ 평형을 유지하면서 조용히 상태변화가 일어나는 과정은 준 정적변화이며 가역변화라고 할 수 있다.
㉰ 내부에너지는 그 물질의 분자가 임의 온도하에서 갖는 역학적 에너지의 총합이라고 할 수 있다.
㉱ 온도는 내부에너지에 비례하여 증가한다.

해설 ㉮ 물체의 순간(현재)상태만에 관계하는 양을 상태량이라 하며 온도, 압력, 체적 등은 상태량(점함수)이다.
※ 일과 열은 경로함수이다.

제3과목 배관일반(공조냉동설치운영 1)

41 흄(Hume)관이라고도 하는 관은?

㉮ 주철관
㉯ 경질염화비닐관
㉰ 폴리에틸렌관
㉱ 원심력 철근콘크리트관

해설 흄(Hume)관 : 원심력 철근콘크리트관

42 가스배관의 기밀시험 방법에 관한 설명으로 옳은 것은?

㉮ 질소 등의 불활성 가스를 사용하여 시험한다.
㉯ 수압(水壓) 시험을 한다.
㉰ 매설 후 산소를 사용하여 시험한다.
㉱ 배관의 부식에 의하여 시험한다.

해설 가스배관의 기밀시험은 질소 등의 불활성 가스를 사용하여 시험한다.

43 열팽창에 의한 배관의 신축이 방열기에 영향을 주지 않도록 방열기 주위 배관에 일반적으로 설치하는 신축이음쇠는?

㉮ 신축곡관
㉯ 스위블 조인트
㉰ 슬리브형 신축이음
㉱ 벨로스형 신축이음

해설 스위블 이음
온수 또는 저압증기 난방의 주관과 지관 방열기 주변 배관법 중 하나로 2개 이상의 엘보를 사용하여 나사의 회전에 의해 신축을 흡수하는 장치

44 관의 결합방식 표시방법 중 용접식 기호로 옳은 것은?

해설 ㉮ 플랜지 이음
㉯ 턱걸이(소켓) 이음
㉰ 용접 이음
㉱ 나사 이음

정답 39 ㉯ 40 ㉮ 41 ㉱ 42 ㉮ 43 ㉯ 44 ㉰

45 급탕배관에 대한 설명으로 옳지 않은 것은?

㉮ 공기빼기 밸브를 설치한다.
㉯ 벽 관통 시 슬리브를 넣어서 신축을 자유롭게 한다.
㉰ 관의 부식을 고려하여 노출배관하는 것이 좋다.
㉱ 배관의 신축은 고려하지 않아도 좋다.

해설 ㉱ 배관의 신축을 고려하여야 한다.

46 냉각탑을 사용하는 경우의 일반적인 냉각수 온도 조절방법이 아닌 것은?

㉮ 전동 2way valve를 사용하는 방법
㉯ 전동 혼합 3way valve를 사용하는 방법
㉰ 전동 분류 4way valve를 사용하는 방법
㉱ 냉각탑 송풍기를 on-off 제어하는 방법

해설 4way valve는 열펌프의 냉·난방 전환장치로 사용되며 냉각탑과는 무관하다.

47 3세주형 주철제방열기 3-600을 설치할 때 사용증기의 온도가 120℃이고, 실내 공기의 온도가 20℃, 난방부하 10,000kcal/h를 필요로 하면 설치할 방열기의 소요 쪽수는 얼마인가? (단, 방열계수는 7.9kcal/m²h℃이고, 1쪽당 방열면적은 0.13m²이다.)

㉮ 88쪽 ㉯ 98쪽
㉰ 108쪽 ㉱ 118쪽

해설 $Q = K \cdot F \cdot \triangle T \cdot n$
$10000 = 7.9 \times 0.13 \times (120-20) \times n$

$$n = \frac{10000 \frac{kcal}{h}}{7.9 \frac{kcal}{m^2 h ℃} \times 0.13 \frac{m^2}{쪽} \times (120-20)℃}$$
$= 97.37 ≒ 98[쪽]$

※ 쪽수는 부하보다 작으면 안되기에 소수점을 남기지 않고 소주 첫째 자리에서 그 값과 관계없이 올림 하여 부하보다 큰 쪽수를 택한다.

48 트랩의 봉수 유실 원인이 아닌 것은?

㉮ 증발작용
㉯ 모세관작용
㉰ 사이펀 작용
㉱ 배수작용

해설 트랩의 봉수 : 트랩 내부에 고이는 물로 배관 내 악취 및 유해가스를 차단한다.
• 트랩 봉수 파괴의 원인
① 봉수의 자연 증발
② 모세관 현상
③ 자기 사이펀 작용
④ 유도사이펀 작용(관내 압력감소로 발생되는 흡인작용)
⑤ 역압에 의한 분출(토출 작용)
⑥ 관성에 의한 배출

정답 45 ㉱ 46 ㉰ 47 ㉯ 48 ㉱

49 컴퓨터실의 공조방식 중 바닥 아래 송풍방식(프리액세스 취출방식)의 특징이 아닌 것은?

㉮ 컴퓨터에 일정 온도의 공기 공급이 용이하다.
㉯ 급기의 청정도가 천장 취출방식보다 높다.
㉰ 바닥온도가 낮게 되고 불쾌감을 느끼는 경우가 있다.
㉱ 온·습도 조건이 국소적으로 불만족한 경우가 있다.

해설 ㉱ 온도 분포가 좋으므로 온·습도 조건이 국소적으로 불만족한 경우가 적다.

50 연단에 아마인유를 배합한 것으로 녹스는 것을 방지하기 위하여 사용되며 도료의 막이 굳어서 풍화에 대해 강하고 다른 착색 도료의 밑칠용으로 널리 사용되는 것은?

㉮ 알루미늄 도료
㉯ 광명단 도료
㉰ 합성수지 도료
㉱ 산화철 도료

해설 광명단 도료 : 연단을 아마인유와 혼합한 것으로 밀착력 및 풍화에 강해 녹 방지를 위해 페인트의 밑칠용으로 사용된다.

51 도시가스를 공급하는 배관의 종류가 아닌 것은?

㉮ 본관
㉯ 공급관
㉰ 내관
㉱ 주관

해설 도시가스 배관의 종류
본관, 공급관, 내관

52 냉매배관 중 토출 측 배관 시공에 관한 설명으로 틀린 것은?

㉮ 응축기가 압축기보다 높은 곳에 있을 때 2.5m보다 높으면 트랩장치를 한다.
㉯ 수직관이 너무 높으면 2m마다 트랩을 1개씩 설치한다.
㉰ 토출관의 합류는 Y이음으로 한다.
㉱ 수평관은 모두 끝내림 구배로 배관한다.

해설 ㉯ 수직관이 너무 높으면 10m마다 트랩을 1개씩 설치한다.

53 하나의 장치에서 4방 밸브를 조작하여 냉·난방 어느 쪽도 사용할 수 있는 공기조화용 펌프는?

㉮ 열펌프
㉯ 냉각펌프
㉰ 원심펌프
㉱ 왕복펌프

해설 열펌프(Heat Pump)
히트펌프라고도 하며 냉동기의 고온부인 응축기의 방열작용을 이용한 난방 사이클로 4방밸브(4Way valve)를 사용하여 여름철에는 냉방이 가능하고 겨울철에는 난방이 가능하도록 구성된 장치이다.

정답 49 ㉱ 50 ㉯ 51 ㉱ 52 ㉯ 53 ㉮

54 나사용 패킹으로 냉매배관에 많이 사용되며 빨리 굳는 성질을 가진 것은?

㉮ 일산화연
㉯ 페인트
㉰ 석면각형 패킹
㉱ 아마존 패킹

[해설] 일산화연 : 나사용 패킹으로 냉매배관에 많이 사용되며 빨리 굳는 성질이 있다.

55 증기난방 설비의 수평배관에서 관경을 바꿀 때 사용하는 이음쇠로 가장 적합한 것은?

㉮ 편심 리듀서
㉯ 동심 리듀서
㉰ 유니언
㉱ 소켓

[해설] 증기난방 설비의 수평 배관에서 관경을 바꿀 때는 저항을 줄이고 이물질의 체류를 막기 위해 편심 레듀셔를 사용한다.

56 공기 여과기의 분진포집 원리에 의해 분류한 집진형식에 해당되지 않는 것은?

㉮ 정전식
㉯ 여과식
㉰ 가스식
㉱ 충돌점착식

[해설] 공기여과기 분진포집 원리
정전식, 여과식, 충돌점착식

57 도시가스 배관의 나사이음부와 전기계량기 및 전기개폐기의 거리로 옳은 것은?

㉮ 10cm 이상
㉯ 30cm 이상
㉰ 60cm 이상
㉱ 80cm 이상

[해설] 가스 배관과 전기 장치들과의 이격 거리
① 전기계량기, 개폐기 : 60cm 이상
② 굴뚝, 전기 접속기, 전기 점멸기 : 30cm 이상
③ 절연 조치하지 않은 전선 : 10cm 이상

58 배수계통에 설치된 통기관의 역할과 거리가 먼 것은?

㉮ 사이펀 작용에 의한 트랩의 봉수 유실을 방지한다.
㉯ 배수관 내를 대기압과 같게 하여 배수 흐름을 원활히 한다.
㉰ 배수관 내로 신선한 공기를 유통시켜 관 내를 청결히 한다.
㉱ 하수관이나 배수관으로부터 유해가스의 옥내 유입을 방지한다.

[해설] ※ ㉱번의 하수관이나 배수관으로부터 유해가스의 옥내 유입을 방지하는 장치는 배수트랩으로 봐야 하며 통기관의 설명으로 물어봤기 때문에 틀린 답이 되며 맞게 바꾸면 아래와 같다.
㉱ 하수관이나 배수관으로부터 유해가스를 옥외로 배출한다.

[정답] 54 ㉮ 55 ㉮ 56 ㉰ 57 ㉰ 58 ㉱

59 배수배관의 시공상 주의사항으로 틀린 것은?

㉮ 배수를 가능한 한 빨리 옥외 하수관으로 유출할 수 있을 것
㉯ 옥외 하수관에서 유해가스가 건물 안으로 침입하는 것을 방지할 수 있을 것
㉰ 배수관 및 통기관은 내구성이 풍부하고 물이 새지 않도록 접합을 완벽히 할 것
㉱ 한랭지일 경우 동결 방지를 위해 배수관은 반드시 피복을 하며 통기관을 그대로 둘 것

해설 ㉱ 한랭지일 경우 동결 방지를 위해 배수관과 통기관은 반드시 피복하여야 한다.

60 호칭지름 25A인 강관을 R150으로 90° 구부림할 경우 곡선부의 길이는 약 몇 mm인가? (단, π는 3.14이다.)

㉮ 118mm ㉯ 236mm
㉰ 354mm ㉱ 547mm

해설 호칭지름(l)

$l = 2\pi r \times \dfrac{\theta}{360}$

$= 2 \times 3.14 \times 150 \times \dfrac{90}{360} = 235.5 ≒ 236[mm]$

제4과목 전기제어공학(공조냉동설치운영 2)

61 그림과 같은 논리회로의 출력 Y는?

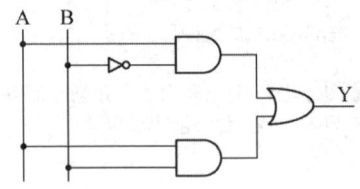

㉮ $Y = AB + A\overline{B}$
㉯ $Y = \overline{A}B + AB$
㉰ $Y = \overline{A}B + A\overline{B}$
㉱ $Y = \overline{A}\,\overline{B} + A\overline{B}$

해설 $Y = A\overline{B} + AB$

62 PC에 의한 계측에 있어, 센서에서 측정한 데이터를 PC에 전달하기 위해 필요한 필수적인 요소는?

㉮ A/D 변환기
㉯ D/A 변환기
㉰ RAM
㉱ ROM

해설 센서(아날로그) 신호를 PC(디지털) 신호로 바꿀 때는 A/D 변환기를 사용한다.

63 그림과 같이 실린더의 한쪽으로 단위시간에 유입하는 유체의 유량을 $x(t)$라 하고 피스톤의 움직임을 $y(t)$로 한다. t시간이 경과한 후의 전달함수를 구해보면 어떤 요소가 되는가?

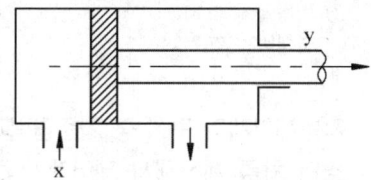

㉮ 비례요소　　㉯ 미분요소
㉰ 적분요소　　㉱ 미적분요소

해설 ① 비례요소 : 입력과 출력이 일정한 비례관계에 있는 요소
② 적분요소 : 출력이 입력의 적분값에 비례하는 요소
③ 미분요소 : 출력이 입력의 미분 값으로 주어지는 요소

64 그림과 같은 회로는 어떤 논리회로인가?

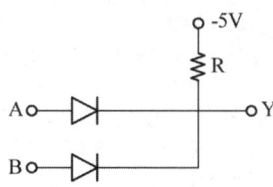

㉮ AND 회로　　㉯ OR 회로
㉰ NOT 회로　　㉱ NOR 회로

해설 위 회로는 OR 회로의 무접점 회로이다.

65 전달함수를 정의할 때의 조건으로 옳은 것은?

㉮ 모든 초기값을 고려한다.
㉯ 모든 초기값을 0으로 한다.
㉰ 입력신호만을 고려한다.
㉱ 주파수 특성만을 고려한다.

해설 전달함수 : 초기값이 0인 시스템에 대하여 입력과 출력의 관계를 라플라스식으로 표현한 식

66 다음 중 동기화 제어변압기로 사용되는 것은?

㉮ 싱크로 변압기
㉯ 앰필리다인
㉰ 차동변압기
㉱ 리졸버

해설 동기화 제어변압기 : 싱크로 변압기

67 120Ω의 저항 4개를 접속하여 가장 작은 저항값을 얻기 위한 회로 접속법은 어느 것인가?

㉮ 직렬접속
㉯ 병렬접속
㉰ 직병렬접속
㉱ 병직렬접속

해설 ① 직렬합성저항
120+120+120+120=480[Ω]
② 병렬합성저항
$$\frac{1}{\frac{1}{120}+\frac{1}{120}+\frac{1}{120}+\frac{1}{120}}=30[\Omega]$$

정답 63 ㉰　64 ㉯　65 ㉯　66 ㉮　67 ㉯

68 $F(S) = \dfrac{3s+10}{s^3+2s^2+5s}$ 일 때 $f(t)$의 최종치는?

㉮ 0   ㉯ 1
㉰ 2   ㉱ 8

해설 ① 최종치 : $S \to 0$
① 초기치 : $S \to \infty$

$f(t) = \lim\limits_{S \to 0} S \dfrac{3s+10}{s^3+2s^2+5s}$

$= \lim\limits_{s \to 0} \dfrac{3s+10}{s^2+2s+5} = \dfrac{(3 \times 0)+10}{0^2+(2 \times 0)+5} = \dfrac{10}{5} = 2$

69 역률 80%인 부하의 유효전력이 80kW이면 무효전력은 몇 kVar인가?

㉮ 40   ㉯ 60
㉰ 8   ㉱ 100

해설 ① 유효전력 공식으로 피상전력값을 구한다.
$80 = VI \times 0.8 \to VI = \dfrac{80}{0.8} = 100[kVA]$

② 피상전력을 이용해 무효전력을 구한다.
$P_r = 100 \times \sqrt{1-0.8^2} = 60[kVar]$

피상전력 : $P_a = VI[VA]$
유효전력 : $P = VI\cos\theta[w]$
무효전력 : $P_r = VI\sin\theta[var]$
※ $\sin\theta = \sqrt{1-\cos\theta^2}$

70 변압기를 스코트(Scott) 결선할 때 이용률은 몇 %인가?

㉮ 57.7   ㉯ 86.6
㉰ 100   ㉱ 173

해설 스코트(scott)결선
① 이용률 : 86.8%
② 출력비 : 57.7%

71 자동제어계의 구성 중 기준입력과 궤한신호의 차를 계산해서 제어계가 보다 안정된 동작을 하도록 필요한 신호를 만들어 내는 부분은?

㉮ 목표설정부
㉯ 조절부
㉰ 조작부
㉱ 검출부

해설 피드백제어의 요소
① 조절부 : 동작 신호를 만드는 부분으로 기준 입력 신호와 검출부의 신호를 합하여 제어계가 소요 작용을 하는데 필요한 신호를 만들어 조작부에 보내는 장치
② 조작부 : 조절부에서 받은 신호를 조작량으로 변환하여 제어대상에 보내는 장치
③ 검출부 : 제어대상으로부터 압력이나 온도, 유량 등의 제어량을 검출하여 신호로 만드는 역할을 하는 부분
(피드백 제어요소 중 전송부는 별도 존재하지 않는다.)

72 유도전동기의 고정손에 해당하지 않는 것은?

㉮ 1차 권선의 저항손
㉯ 철손
㉰ 베어링 마찰손
㉱ 풍손

해설 1차 권선의 저항손은 가변손에 속한다.

정답 68 ㉰ 69 ㉯ 70 ㉯ 71 ㉯ 72 ㉮

73 다음 블록선도의 입력 R에 5를 대입하면 C의 값은 얼마인가?

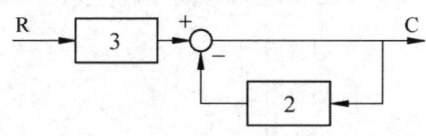

㉮ 2   ㉯ 3
㉰ 4   ㉱ 5

해설 ① 첫 번째 공식
$C = +3R - 2C$
$C + 2C = 3R$
$3C = 3R$
$R = C$
∴ 입력과 출력은 같은 값이므로 입력 R에 5를 대입하면 출력 C의 값은 5가 된다.

② 두 번째 공식
입력측 R에 5를 넣고 시작하면 아래와 같이 계산된다.
$\dfrac{C}{5} = \dfrac{3}{1-(-2)} \rightarrow C = \dfrac{5 \times 3}{1+2} = 5$

74 교류에서 실효값과 최대값의 관계는?

㉮ 실효값 = $\dfrac{최대값}{\sqrt{2}}$

㉯ 실효값 = $\dfrac{최대값}{\sqrt{3}}$

㉰ 실효값 = $\dfrac{최대값}{2}$

㉱ 실효값 = $\dfrac{최대값}{3}$

해설 ① 실효값 = 최대값 × 0.707
실효값 = $\dfrac{최대값}{\sqrt{2}}$

75 $V = 100\angle 60°[V]$, $I = 20\angle 30°[A]$일 때 유효전력은 약 몇 [W]인가?

㉮ 1,000   ㉯ 1,414
㉰ 1,732   ㉱ 2,000

해설 유효전력 : $P = VI\cos\theta$
$P = 100 \times 20 \times \cos(60-30) = 1732[W]$

76 축전지의 용량을 나타내는 단위는?

㉮ Ah   ㉯ VA
㉰ W   ㉱ V

해설 축전지의 용량 : 1시간 동안 흐르는 전류(A)의 양
$Q = I \cdot T$
여기서, Q : 전지용량[Ah]
I : 전류[A]
T : 시간[h]

77 그림과 같은 회로의 전달함수 $\dfrac{C}{R}$는?

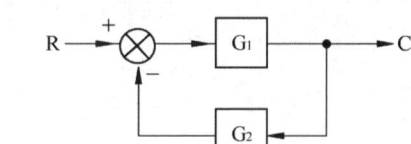

㉮ $\dfrac{G_1}{1+G_1G_2}$ ㉯ $\dfrac{G_2}{1+G_1G_2}$

㉰ $\dfrac{G_1}{1-G_1G_2}$ ㉱ $\dfrac{G_2}{1-G_1G_2}$

해설 전달함수
$G(s) = \dfrac{C}{R} = \dfrac{패스경로}{1-피드백경로}$
∴ $\dfrac{C}{R} = \dfrac{G_1}{1-(-G_1G_2)} = \dfrac{G_1}{1+G_1G_2}$

정답 73 ㉱   74 ㉮   75 ㉰   76 ㉮   77 ㉮

78 전류에 의해 생기는 자속은 반드시 폐회로를 이루며, 자속이 전류와 쇄교하는 수를 자속 쇄교수라 한다. 자속 쇄교수의 단위에 해당되는 것은?

㉮ Wb ㉯ AT
㉰ WbT ㉱ H

해설 자속쇄교수 : 코일과 자속이 엉켜있는 정도를 나타내는 값
자속쇄교수[Wb·T]=자속[Wb]×코일권수[T]

79 유도전동기의 1차 전압 변화에 의한 속도제어 시 SCR을 사용하여 변화시키는 것은?

㉮ 주파수 ㉯ 토크
㉰ 위상각 ㉱ 전류

해설 사이리스터(SCR) : 반도체 소자로 매주기마다 일정 각도(위상각)에서 on이 되도록 제어하여 전압의 실효치를 제어하는 장치

80 제어기기의 대표적인 것으로는 검출기, 변환기, 증폭기, 조작기기를 들 수 있는데 서보모터는 어디에 속하는가?

㉮ 검출기
㉯ 변환기
㉰ 증폭기
㉱ 조작기기

해설 서보전동기(서보모터)
① 서보기구의 조작기기로 제어신호에 의해 부하를 구동하는 장치로 서보모터의 동력원에 따라 전기식, 공기식, 유압식 등이 있다.
② 보통 서보모터라 함은 서보전동기를 가리키는 경우가 많고 서보전동기는 빠른 응답성과 넓은 속도 제어의 범위를 가진 제어용 전동기로, 그 전원에 따라 직류서보모터와 교류서보모터로 분류된다.

공조냉동기계산업기사

과년도 출제문제

(2014.05.25. 시행)

제1과목 공기조화(공기조화설비)

01 겨울철 침입외기(틈새바람)에 의한 잠열부하(kcal/h)는? (단, Q는 극간풍량(m^3/h)이며, t_0, t_r은 각각 외기, 실내온도(℃), x_0, x_r은 각각 실외, 실내의 절대습도(kg/kg)이다.)

㉮ $q_L = 0.24 \cdot Q \cdot (t_0 - t_r)$
㉯ $q_L = 0.29 \cdot Q \cdot (t_0 - t_r)$
㉰ $q_L = 539 \cdot Q \cdot (x_0 - x_r)$
㉱ $q_L = 717 \cdot Q \cdot (x_0 - x_r)$

해설 잠열부하(kcal/h)
$q_L[\text{kcal/h}] = Q[m^3/h] \times 1.2[kg/m^3] \times 597.5[\text{kcal/kg}] \times (x_o - x_r)[\text{kg/kg}']$
$q_L = Q \cdot 717 \cdot (x_o - x_r)$

02 다음 부하 중 냉각코일의 용량을 산정하는 데 포함되지 않는 것은?

㉮ 실내 취득 열량
㉯ 도입 외기 부하
㉰ 송풍기 축동력에 의한 열부하
㉱ 펌프 및 배관으로부터의 부하

해설 냉각코일의 용량
① 실내 취득 열량 ② 도입 외기 부하
③ 송풍기 축동력에 의한 열부하

03 온수난방의 특징으로 옳지 않은 것은?

㉮ 증기난방보다 상하온도 차가 적고 쾌감도가 크다.
㉯ 온도조절이 용이하고 취급이 간단하다.
㉰ 예열시간이 짧다.
㉱ 보일러 정지 후에도 여열에 의한 실내난방이 어느 정도 지속된다.

해설 ㉰ 온수는 증기에 비해 비열이 높고 예열시간이 길다.

04 급수온도 10℃이고 증기압력 14kg/cm^2, 온도 240℃인 과열증기(비엔탈피 693.8 kcal/kg)를 1시간에 10,000kg을 발생시키는 증기보일러가 있다. 이 보일러의 상당증발량은 얼마인가? (단, 급수의 비엔탈피는 10kcal/kg이다.)

㉮ 10,479kg/h
㉯ 11,580kg/h
㉰ 12,691kg/h
㉱ 13,702kg/h

해설 상당증발량
$G_e = \dfrac{G(h'' - h')}{539}[\text{kg/h}]$
$G_e = \dfrac{10000 \times (693.8 - 10)}{539} = 12686.45[\text{kg/h}]$
여기서, G_e : 상당증발량[kg/h]

정답 01 ㉱ 02 ㉱ 03 ㉰ 04 ㉰

G : 증기발생량[kg/h]
h'' : 발생증기 엔탈피[kcal/kg]
h' : 급수 엔탈피[kcal/kg]
100℃물의 증발잠열 : 539[kcal/kg]

05 다음은 단일덕트방식에 대한 것이다. 틀린 것은?

㉮ 단일덕트정풍량방식은 개별제어에 적합하다.
㉯ 중앙기계실에 설치한 공기조화기에서 조화한 공기를 주 덕트를 통해 각 실내로 분배한다.
㉰ 단일덕트정풍량방식에서는 재열을 필요로 할 때도 있다.
㉱ 단일덕트방식에서는 큰 덕트 스페이스를 필요로 한다.

해설 ㉮ 단일덕트 정풍량 방식은 개별제어가 어렵다.

06 다음 난방에 이용되는 주형 방열기의 종류가 아닌 것은?

㉮ 2주형   ㉯ 2세주형
㉰ 3주형   ㉱ 3세주형

해설 주형 방열기의 종류

종 별	기 호
2주형	II
3주형	III
3세주형	3 or 3C
5세주형	5 or 5C

07 가습기의 종류에서 증기취출식에 대한 특징이 아닌 것은?

㉮ 공기를 오염시키지 않는다.
㉯ 응답성이 나빠 정밀한 습도제어가 불가능하다.
㉰ 공기온도를 저하시키지 않는다.
㉱ 가습량 제어를 용이하게 할 수 있다.

해설 ㉯ 응답성이 좋고 정밀한 습도제어가 가능하다.

08 지하철에 적용할 기계환기방식의 기능으로 틀린 것은?

㉮ 피스톤효과로 유발된 열차풍으로 환기효과를 높인다.
㉯ 터널 내의 고온의 공기를 외부로 배출한다.
㉰ 터널 내의 잔류 열을 배출하고 신선외기를 도입하여 토양의 발열효과를 상승시킨다.
㉱ 화재 시 배연기능을 달성한다.

해설 ㉰ 터널 내의 잔류 열을 배출하고 신선외기를 도입하여 토양의 흡열효과를 상승시킨다.

09 직접 난방부하 계산에서 고려하지 않은 부하는 어느 것인가?

㉮ 외기도입에 의한 열손실
㉯ 벽체를 통한 열손실
㉰ 유리창을 통한 열손실
㉱ 틈새바람에 의한 열손실

해설 직접 난방부하 계산 시에는 외기도입에 의한 열손실은 고려하지 않는다.

10 밀봉된 용기와 위크(Wick) 구조체 및 증기 공간에 의하여 구성되며, 길이 방향으로는 증발부, 응축부, 단열부로 구분되는데 한쪽을 가열하면 작동유체는 증발하면서 잠열을 흡수하고 증발된 증기는 저온으로 이동하여 응축되면서 열교환하는 기기의 명칭은?

㉮ 전열 교환기
㉯ 플레이트형 열교환기
㉰ 히트 파이프
㉱ 히트 펌프

[해설] 히트파이프(Heat Pipe)
밀봉된 용기와 위크(Wick) 구조체 및 증기 공간에 의하여 구성되며, 길이 방향으로 증발부, 응축부, 단열부로 구분되는데 한쪽을 가열하면 작동유체는 증발하면서 잠열을 흡수하고 증발된 증기는 저온으로 이동하여 응축되면서 열교환하는 기기

11 중앙집중식 공조방식과 비교하여 덕트 병용 패키지 공조방식의 특징이 아닌 것은?

㉮ 기계실 공간이 적다.
㉯ 고장이 적고, 수명이 길다.
㉰ 설비비가 저렴하다.
㉱ 운전의 전문기술자가 필요 없다.

[해설] ㉯ 고장이 많고, 수명이 짧다.

12 송풍기의 특성에 풍량이 증가하면 정압(靜壓)은 어떻게 되는가?

㉮ 증가한다.
㉯ 감소한다.
㉰ 변함없이 일정하다.
㉱ 감소하다가 일정하다.

[해설] 송풍기의 풍량 증가시
정압 감소, 전압 감소, 동압 증가, 축동력 증가

13 덕트 설계방법 중 공기분배계통의 에어밸런싱(Air Balancing)을 유지하는 데 가장 적합한 방법은?

㉮ 등속법
㉯ 정압법
㉰ 개량정압법
㉱ 정압재취득법

[해설] 덕트 설계방법 중 공기분배계통의 에어밸런싱(Air Balancing)을 유지하는데 가장 적합한 방법으로 정압재취득법을 사용한다.

14 겨울철 중간기에 건물 내의 난방을 필요로 하는 부분이 생길 때 발열을 효과적으로 회수해서 난방용으로 이용하는 방법을 열회수방식이라고 한다. 다음 중 열회수의 방법이 아닌 것은?

㉮ 고온공기를 직접 난방부분으로 송풍하는 방식
㉯ 런 어라운드(Run Around) 방식
㉰ 열펌프 방식
㉱ 축열조 방식

[해설] 축열조 방식 : 심야전기나 태양열을 이용하여 열을 축열하는 방식으로 열축적 방식에 해당한다.

정답 10 ㉰ 11 ㉯ 12 ㉯ 13 ㉱ 14 ㉱

15 다음 중 공기조화기 부하를 바르게 나타낸 것은?

㉮ 실내 부하 + 외기 부하 + 덕트통과열 부하 + 송풍기 부하
㉯ 실내 부하 + 외기 부하 + 덕트통과열 부하 + 배관통과열 부하
㉰ 실내 부하 + 외기 부하 + 송풍기 부하 + 펌프 부하
㉱ 실내 부하 + 외기 부하 + 재열 부하 + 냉동기 부하

해설 공기조화기 부하 = 실내부하+외기부하+덕트통과열부하+송풍기 부하
냉동기 부하 = 실내취득부하+기기취득부하+재열기부하+외기부하+펌프 및 배관부하

16 에어필터 입구의 분진농도가 0.35mg/m³, 출구의 분진농도가 0.14mg/m³일 때 에어필터의 여과효율은?

㉮ 33% ㉯ 40%
㉰ 60% ㉱ 66%

해설 ① 에어필터에서 처리된 분진량
0.35-0.14=0.21
② 에어필터의 여과효율
$\eta = \dfrac{0.21}{0.35} \times 100 = 60[\%]$
공식
$\eta = \dfrac{C_1 - C_2}{C_1}$
여기서, C_1 : 필터입구의 분진농도
C_2 : 필터출구의 분진농도

17 흡수식 냉동기에서 흡수기의 설치 위치는 어디인가?

㉮ 발생기의 팽창밸브 사이
㉯ 응축기와 증발기 사이
㉰ 팽창밸브와 증발기 사이
㉱ 증발기와 발생기 사이

해설 흡수식 냉동기의 냉매 순환 순서
발생기 → 응축기 → 증발기 → 흡수기 → 발생기

18 습공기의 성질에 관한 설명 중 틀린 것은?

㉮ 단열가습하면 절대습도와 습구온도가 높아진다.
㉯ 건구온도가 높을수록 포화 수증기량이 많아진다.
㉰ 동일한 상대습도에서 건구온도가 증가할수록 절대습도 또한 증가한다.
㉱ 동일한 건구온도에서 절대습도가 증가할수록 상대습도 또한 증가한다.

해설 ㉮ 단열가습하면 절대습도는 증가하고 습구온도는 일정한 상태가 된다.

19 난방부하 계산 시 온도 측정방법에 대한 설명 중 틀린 것은?

㉮ 외기온도 : 기상대의 통계에 의한 그 지방의 매일 최저온도의 평균값보다 다소 높은 온도
㉯ 실내 온도 : 바닥 위 1m의 높이에서 외벽으로부터 1m 이내 지점의 온도
㉰ 지중온도 : 지하실의 난방부하의 계산에서 지표면 10m 아래까지의 온도
㉱ 천장 높이에 따른 온도 : 천장의 높이가 3m 이상이 되면 직접난방법에 의해서 난방할 때 방의 윗부분과 밑면과의 평균온도

정답 15 ㉮ 16 ㉰ 17 ㉱ 18 ㉮ 19 ㉯

해설 ④ 실내 온도 : 바닥 위 1.5m의 높이에서 외벽으로부터 1m 이내 지점의 온도

20 시간당 5,000m³의 공기가 지름 70cm의 원형 덕트 내를 흐를 때 풍속은 약 얼마인가?

㉮ 1.4m/s   ㉯ 2.6m/s
㉰ 3.6m/s   ㉱ 7.1m/s

해설
$Q = AV \rightarrow Q = \dfrac{\pi D^2}{4} \times V$

$\dfrac{5000}{3600}[m^3/s] = \dfrac{\pi \times 0.7^2}{4}[m^2] \times V[m/s]$

$\therefore V = \dfrac{5000}{\dfrac{\pi \times 0.7^2}{4} \times 3600} = 3.6[m/s]$

여기서, Q : 풍량[m³/s]
A : 면적[m²]
V : 유속[m/s]

제2과목   냉동공학(냉동냉장설비)

21 압력 18kg/cm², 온도 300℃인 증기를 마찰이 없는 이상적인 단열 유통으로 압력 2kg/cm²까지 팽창시킬 때 증기의 최종속도는 약 얼마인가? (단, 최초 속도는 매우 작으므로 무시한다. 또한 단열 열낙차는 105.3kcal/kg로 한다.)

㉮ 912.1m/sec   ㉯ 938.8m/sec
㉰ 946.4m/sec   ㉱ 963.3m/sec

해설 ① 최초속도 V_1은 무시한다.
② 열낙차 $h_1 - h_2$ = 105.3kcal/kg
여기서, h_1 : 노즐입구엔탈피(kcal/kg)
h_2 : 노즐출구엔탈피(kcal/kg)
③ 최종속도
$V_2 = 91.5\sqrt{h_1 - h_2} = 91.5\sqrt{105.3} = 938.93[m/s]$

22 작동물질로 H₂O-LiBr을 사용하는 흡수식 냉동사이클에 관한 설명 중 틀린 것은?

㉮ 열교환기는 흡수기와 발생기 사이에 설치
㉯ 발생기에서는 냉매 LiBr이 증발
㉰ 흡수기의 압력은 저압이며 발생기는 고압임
㉱ 응축기 내에서는 수증기가 응축됨

해설 ㉯ 흡수식냉동기에서 냉매를 H₂O로 쓸 때 LiBr을 흡수제로 사용하며 발생기에서는 H₂O가 증발하게 된다.

23 단면 확대 노즐 내를 건포화증기가 단열적으로 흐르는 동안 엔탈피가 118kcal/kg만큼 감소하였다. 이때의 노즐 출구의 속도는 약 얼마인가? (단, 입구의 속도는 무시한다.)

㉮ 828m/s   ㉯ 886m/s
㉰ 924m/s   ㉱ 994m/s

해설 ① 열낙차 $h_1 - h_2$ = 118kcal/kg
여기서, h_1 : 노즐입구엔탈피(kcal/kg)
h_2 : 노즐출구엔탈피(kcal/kg)
② 최종속도(노즐 출구 속도)
$V_2 = 91.5\sqrt{h_1 - h_2} = 91.5\sqrt{118} = 993.94 ≒ 994[m/s]$

정답 20 ㉰   21 ㉯   22 ㉯   23 ㉱

24 다음 설명 중 옳은 것은?

㉮ 암모니아 냉동장치에서는 토출가스 온도가 높기 때문에 윤활유의 변질이 일어나기 쉽다.
㉯ 프레온 냉동장치에서 사이트글라스는 응축기 전에 설치한다.
㉰ 액순환식 냉동장치에서 액펌프는 저압수액기 액면보다 높게 설치해야 한다.
㉱ 액관 중에 프레시가스가 발생하면 냉매의 증발 온도가 낮아지고 압축기 흡입 증기 과열도는 작아진다.

해설 ㉯ 프레온 냉동장치에서 사이트글라스는 응축기 이후 수액기와 팽창밸브 사이에 설치한다.
㉰ 액순환식 냉동장치에서 액펌프는 저압수액기 액면보다 낮게 설치해야 한다.
㉱ 액관 중에 플래시가스가 발생하면 냉매의 증발온도가 높아하고 압축기 흡입 증기 과열도는 커진다.

25 지열을 이용하는 열펌프의 종류에 해당되지 않는 것은?

㉮ 지하수 이용 열펌프
㉯ 폐수 이용 열펌프
㉰ 지표수 이용 열펌프
㉱ 지중열 이용 열펌프

해설 지열을 이용하는 열펌프의 종류
① 지하수 이용 열펌프
② 지표수 이용 열펌프
③ 지중열 이용 열펌프

26 다음 응축기에 대한 설명 중 옳은 것은?

㉮ 증발식 응축기는 주로 물의 증발에 의하여 냉각되는 것이다.
㉯ 횡형 응축기의 관내 유속은 5m/sec가 표준이다.
㉰ 공랭식 응축기는 공기의 잠열로 냉각된다.
㉱ 입형 암모니아 응축기는 운전 중에 냉각관의 소제를 할 수 없으므로 불편하다.

해설 ㉯ 횡형 응축기의 관내 유속은 1~2m/sec가 표준이다.
㉰ 공랭식 응축기는 공기의 현열로 냉각 된다.
㉱ 입형 암모니아 응축기는 운전 중에 냉각관의 소제(청소)를 할 수 있다.

27 몰리에르선도상에서 압력이 증대함에 따라 포화액선과 건포화증기선이 만나는 일치점을 무엇이라 하는가?

㉮ 한계점
㉯ 임계점
㉰ 상사점
㉱ 비등점

해설 임계점
포화액선과 건포화증기선이 만나는 점으로 압력이 증가할수록 잠열은 감소하는데 잠열이 0[kcal/kg]이 되는 지점을 말한다.

28 다음 냉매 중 구리 도금 현상이 일어나지 않는 것은?

㉮ CO_2
㉯ CCl_3F
㉰ R-12
㉱ R-22

정답 24 ㉮ 25 ㉯ 26 ㉮ 27 ㉯ 28 ㉮

해설 동부착 현상
프레온계냉매를 사용하는 냉동장치 내에 수분이 침입할 경우 수분과 프레온이 반응하여 산성 물질을 생성시키고 동관을 석출하여 동가루를 만든다. 이 동가루는 장치 내를 순환하면서 온도가 높고 잘 연마된 금속부에 도금되어 전열을 방해하고 활동부를 마모시키는 등 냉동 능력을 저하시킨다.
※ CO_2는 프레온 냉매가 아니며 산성 물질을 발생시키지 않는다.

29 다음 엔트로피에 관한 설명 중 틀린 것은?

㉮ 엔트로피는 자연현상이 비가역성을 나타내는 척도가 된다.
㉯ 엔트로피를 구할 때 적분경로는 반드시 가역변화이어야 한다.
㉰ 열기관이 가역사이클이면 엔트로피는 일정하다.
㉱ 열기관이 비가역사이클이면 엔트로피는 일정하다.

해설 ㉱ 열기관이 비가역사이클이면 엔트로피는 증가한다.

30 감열(Sensible Heat)에 대해 설명한 것으로 옳은 것은?

㉮ 물질이 상태 변화 없이 온도가 변화할 때 필요한 열
㉯ 물질이 상태, 압력, 온도 모두 변화할 때 필요한 열
㉰ 물질이 압력은 변화하고 상태가 변하지 않을 때 필요한 열
㉱ 물질이 온도만 변하고 압력이 변화하지 않을 때 필요한 열

해설 감열(현열) : 물질이 상태 변화 없이 온도가 변화할 때 필요한 열

31 압축기 및 응축기에서 과도한 온도상승을 방지하기 위한 대책으로 부적당한 것은?

㉮ 압력 차단 스위치를 설치한다.
㉯ 온도 조절기를 사용한다.
㉰ 규정된 냉매량보다 적은 냉매를 충진한다.
㉱ 많은 냉각수를 보낸다.

해설 ㉰ 규정된 냉매량보다 적은 냉매를 충전하면 증발기 출구 냉매의 온도가 높아지고 압축기 흡입가스 과열로 토출가스가 상승하게 된다. 그러므로 냉매는 적정 냉매량으로 충진하여야 한다.

32 증발기에 서리가 생기면 나타나는 현상은?

㉮ 압축비 감소
㉯ 소요동력 감소
㉰ 증발압력 감소
㉱ 냉장고 내부온도 감소

해설 액압축(liquid back)
리퀴드백이라고도 하며 증바기에 유입된 액냉매 중 울비가 증발하지 못하고 액 그대로 압축기 쪽으로 유입되는 현상으로 액압축 발생시 흡입관 및 실린더에 서리가 생긴다.
※ 액압축 발생 시 증발압력이 감소하며 압축기 소요동력 증대, 냉동능력이 저하로 이어진다.

33 일반적으로 초저온냉동장치(Super Chilling Unit)로 적당하지 않은 냉동장치는 어느 것인가?

㉮ 다단압축식(Multi-Stage)
㉯ 다원압축식(Multi-Stage Cascade)
㉰ 2원압축식(Cascade System)
㉱ 단단압축식(Single-Stage)

해설 단단압축식 : 각각의 냉동장치에서 한 대의 압축기로 압축하는 방식으로 억지로 저온을 얻게 되면 압축비 상승으로 토출 가스 온도가 증가하게 되므로 저온을 얻기 어렵다.

34 다음 냉매 중 독성이 큰 것부터 나열된 것은?

[보기]
㉠ 아황산(SO_2)
㉡ 탄산가스(CO_2)
㉢ R-12(CCl_2F_2)
㉣ 암모니아(NH_3)

㉮ ㉣-㉡-㉠-㉢
㉯ ㉣-㉠-㉡-㉢
㉰ ㉠-㉣-㉡-㉢
㉱ ㉠-㉡-㉣-㉢

해설 냉매의 독성 순서
$SO_2 > NH_3 > CO_2 >$ R-12

35 프레온 냉동기의 냉동능력이 18,900kcal/h이고, 성적계수가 4, 압축일량이 45kcal/kg일 때 냉매순환량은 얼마인가?

㉮ 96kg/h ㉯ 105kg/h
㉰ 108kg/h ㉱ 116kg/h

해설 성적계수(COP)
$COP = \dfrac{Q}{Aw} \rightarrow COP = \dfrac{Q}{G \times \Delta h}$
※ 압축기의 열량(kcal/h) : $Aw = G\Delta h$

냉매순환량(G)
$\therefore G = \dfrac{Q}{COP \times \Delta h} = \dfrac{18900}{4 \times 45} = 105[\text{kg/h}]$

36 냉동장치의 증발기 냉각능력이 4,500 kcal/h, 증발관의 열통과율이 700kcal/m^2h℃, 유체의 입·출구 평균온도와 냉매의 증발온도와의 차가 6℃인 증발기의 전열 면적은 약 얼마인가?

㉮ 1.07m^2 ㉯ 3.07m^2
㉰ 5.18m^2 ㉱ 7.18m^2

해설 $Q = KF\Delta T$
$4500 = 700 \times F \times 6$
$F = \dfrac{4500}{700 \times 6} = 1.07[m^2]$
여기서, Q : 냉동능력[kcal/h]
K : 열통과율[kcal/m^2h℃]
F : 면적[m^2]
ΔT : 온도차[℃]

37 1냉동톤을 바르게 설명한 것은?

㉮ 1시간에 0℃의 물 1톤을 냉동하여 0℃의 얼음으로 만들 때의 열량
㉯ 1일에 4℃의 물 1톤을 냉동하여 0℃의 얼음으로 만들 때의 열량
㉰ 1시간에 4℃의 물 1톤을 냉동하여 0℃의 얼음으로 만들 때의 열량
㉱ 1일에 0℃의 물 1톤을 냉동하여 0℃의 얼음으로 만들 때의 열량

해설 1냉동톤(RT) : 1일에 0℃의 물 1톤을 냉동하여 0℃의 얼음으로 만들때의 열량

38 냉매에 관한 설명 중 틀린 것은?

㉮ 초저온 냉매로는 프레온 13과 프레온 14가 적합하다.
㉯ 암모니아액은 R-12보다 무겁다.
㉰ R-12의 분자식은 CCl_2F_2이다.
㉱ 흡수식 냉동기의 냉매로는 물이 적합하다.

정답 34 ㉰ 35 ㉯ 36 ㉮ 37 ㉱ 38 ㉯

해설 ㉯ 암모니아액은 R-12보다 가볍다.

39 감온 팽창밸브에 대한 설명 중 옳은 것은?

㉮ 팽창밸브의 감온부는 냉각되는 물체의 온도를 감지한다.
㉯ 강관에 감온통을 사용할 때는 부식 및 열전도율의 불량을 막기 위해 알루미늄 칠을 한다.
㉰ 암모니아 냉동장치에 수분이 있으면 냉매에서 수분이 분리되어 팽창밸브를 폐쇄시킨다.
㉱ R-12를 사용하는 냉동장치에 R-22용의 팽창밸브를 사용할 수 있다.

해설 ㉮ 팽창밸브의 감온부는 증발기 출구 배관의 과열도를 감지한다.
㉰ 프레온 냉동장치에 수분이 있으면 냉매에서 수분이 분리되어 팽창밸브를 폐쇄시킨다.
㉱ R-12를 사용하는 냉동장치에 R-22용의 팽창밸브를 사용할 수 없다.

40 압축기의 흡입 밸브 및 송출 밸브에서 가스누출이 있을 경우 일어나는 현상은?

㉮ 압축일의 감소
㉯ 체적효율이 감소
㉰ 가스의 압력이 상승
㉱ 가스의 온도가 하강

해설 압축기의 흡입 밸브 및 송출 밸브에서 가스누출이 발생한 경우 체적효율이 감소한다.

제3과목 | 배관일반(공조냉동설치운영1)

41 내식성 및 내마모성이 우수하여 지하매설용 수도관으로 적당한 것은?

㉮ 주철관
㉯ 알루미늄관
㉰ 황동관
㉱ 강관

해설 주철관 : 내식성 및 내마모성이 우수하여 주로 지하매설용 수도관으로 사용된다.

42 강관의 이음방법이 아닌 것은?

㉮ 나사이음
㉯ 용접이음
㉰ 플랜지이음
㉱ 코터이음

해설 코터(cotter) : 축과 축등을 결합시키는데 사용되는 쐐기로 강관 이음시에는 사용하지 않는다.

43 개방형 팽창탱크에 설치되는 부속기기가 아닌 것은?

㉮ 안전밸브
㉯ 배기관
㉰ 팽창관
㉱ 안전관

해설
- 개방식 팽창탱크 : 배기관(통기관), 오버플로우관, 배수관, 팽창관, 급수관
- 밀폐식 팽창탱크 : 압력계, 안전밸브, 수위계, 급수관, 배수관, 팽창관, 공기공급관

정답 39 ㉯ 40 ㉯ 41 ㉮ 42 ㉱ 43 ㉮

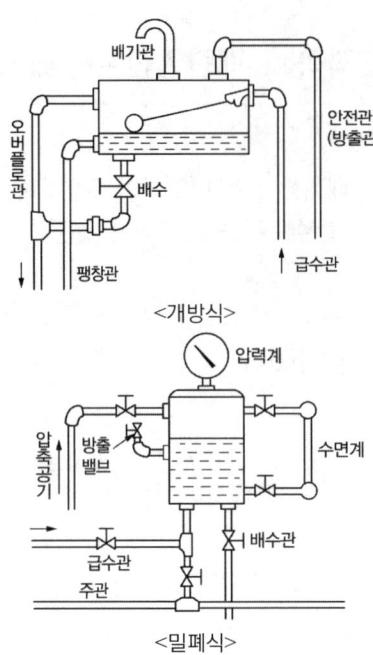

44 350℃ 이하의 온도에서 사용되는 관으로 압력 10~100kgf/cm² 범위에 있는 보일러의 증기관, 수압관, 유압관 등의 압력 배관에서 사용되는 관은?

㉮ 배관용 탄소 강관
㉯ 압력배관용 탄소 강관
㉰ 고압배관용 탄소 강관
㉱ 고온배관용 탄소 강관

해설 강관의 종류별 사용처
① 배관용 탄소 강관(SPP) : 10kg/cm² 미만의 압력에서 사용
② 압력배관용 탄소 강관(SPPS) : 10~100kg/cm² 이내의 압력에서 사용
③ 고압배관용 탄소 강관(SPPH) : 100kg/cm² 이상의 압력에서 사용
④ 고온배관용 탄소 강관(SPHT) : 350℃ 이상의 온도에서 사용

45 급탕배관 시공 시 현장 사정상 그림과 같이 배관을 시공하게 되었다. 이때 그림의 Ⓐ부에 부착해야 할 밸브는?

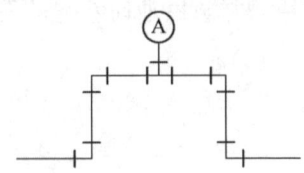

㉮ 앵글밸브
㉯ 안전밸브
㉰ 공기빼기 밸브
㉱ 체크밸브

해설 배관의 상부에는 공기(불응축가스)가 체류할 수 있으므로 공기빼기 밸브를 설치하여야 한다.

46 급수 본관 내에서 적절한 유속은 몇 m/s 인가?

㉮ 0.5   ㉯ 2
㉰ 4   ㉱ 6

해설 급수 본관 내부의 적정 유속은 2m/s 이다.

47 2단 압축기의 중간 냉각기 종류에 속하지 않는 것은?

㉮ 액냉각형 중간 냉각기
㉯ 흡수형 중간 냉각기
㉰ 플래시형 중간 냉각기
㉱ 직접 팽창형 중간 냉각기

해설 2단 압축기의 중각 냉각기 종류
① 액냉각형 중간 냉각기
② 플래시형 중간 냉각기
③ 직접 팽창형 중간 냉각기

정답 44 ㉯   45 ㉰   46 ㉯   47 ㉯

48 각종 배수관에 사용되는 재료로 적합하지 않은 것은?

㉮ 오수 옥내배관 : 경질염화비닐관
㉯ 잡배수 옥외배관 : 경질염화비닐관
㉰ 우수배수 옥외배관 : 원심력 철근콘크리트관
㉱ 통기 옥내배관 : 원심력 철근콘크리트관

[해설] ㉱ 통기 옥내배관 : 경질염화비닐관, 백강관 등

49 급수설비에서 물이 오염되기 쉬운 배관은?

㉮ 상향식 배관
㉯ 하향식 배관
㉰ 크로스커넥션(Cross Connection) 배관
㉱ 조닝(Zoning) 배관

[해설] 급수설비에서 크로스커넥션(Cross Connection) 배관의 경우 유체가 한곳에 모이는 구조이므로 물이 오염되기 쉽다.

50 폴리부틸렌관 이음(Polybutylene Pipe Joint)에 대한 설명으로 틀린 것은?

㉮ 강한 충격, 강도 등에 대한 저항성이 크다.
㉯ 온돌난방, 급수위생, 농업원예배관 등에 사용된다.
㉰ 가볍고 화학작용에 대한 우수한 내식성을 가지고 있다.
㉱ 에어콘 파이프의 사용가능 온도는 10~70℃로 내한성과 내열성이 약하다.

[해설] 에어콘 파이프의 사용가능 온도는 -20 ~ 100℃로 내한성 및 내열성이 우수하다.

51 가스관으로 많이 사용하는 일반적인 관의 종류는?

㉮ 주철관
㉯ 주석관
㉰ 연관
㉱ 강관

[해설] 가스관으로 많이 사용하는 일반적인 배관 강관, 동관, PE관

52 압력탱크식 급수법에 대한 설명으로 틀린 것은?

㉮ 압력탱크의 제작비가 비싸다.
㉯ 고양정의 펌프를 필요로 하므로 설비비가 많이 든다.
㉰ 대규모의 경우에도 공기압축기를 설치할 필요가 없다.
㉱ 취급이 비교적 어려우며 고장이 많다.

[해설] 압력탱크식 급수법은 기본적으로 압력탱크 내부의 공기에 압력을 높여 급수를 하는 방식이므로 공기압축기를 설치하여야 한다.

53 트랩 중에서 응축수를 밀어올릴 수 있어 환수관을 트랩보다도 위쪽에 배관할 수 있는 것은?

㉮ 버킷 트랩
㉯ 열동식 트랩
㉰ 충동증기 트랩
㉱ 플로트 트랩

[해설] 버킷 트랩 : 주로 고압증기의 관말트랩으로 사용되며 응축수를 밀어올릴 수 있는 구조로 환수관을 트랩보다도 위쪽에 배관할 수 있다.

정답 48 ㉱ 49 ㉰ 50 ㉱ 51 ㉱ 52 ㉰ 53 ㉮

54 급탕 사용량이 4,000L/h인 급탕설비 배관에서 급탕주관의 관경으로 적합한 것은? (단, 유속은 0.9m/s이고 순환량은 약 2.5배이다.)

㉮ 40A ㉯ 50A
㉰ 65A ㉱ 80A

해설
$Q = AV \rightarrow Q = \dfrac{\pi D^2}{4} \times V$

여기서, Q : 유량[m³/s]
A : 면적[m²]
V : 유속[m/s]

$\dfrac{4000}{1000 \times 3600} \times 2.5 = \dfrac{\pi D^2}{4} \times 0.9$

$D = \sqrt{\dfrac{4000 \times 2.5 \times 4}{1000 \times 3600 \times \pi \times 0.9}} = 0.063 \text{[m]}$

∴ 0.063[m] = 63[mm] ≒ 65[A]

※ 63[mm]보다 큰 배관을 설치해야 하므로 65[A] 관을 설치한다.

55 스테인리스 관의 특성이 아닌 것은?

㉮ 내식성이 좋다.
㉯ 저온 충격성이 크다.
㉰ 용접식, 몰코식 등 특수시공법으로 시공이 간단하다.
㉱ 강관에 비해 기계적 성질이 나쁘다.

해설 강관에 비해 기계적 성질이 우수하다.

56 관경이 다른 강관을 직선으로 연결할 때 사용되는 배관 부속품은?

㉮ 티 ㉯ 리듀서
㉰ 소켓 ㉱ 니플

해설 관경이 다른 강관의 직선 이음에는 레듀서를 사용한다.
관이음 재료의 용도
① 배관 유로의 방향을 바꿀 때 : 엘보, 벤드 등
② 유체를 분기시킬 때 : 티, 크로스, 와이 등
③ 지름이 같은 관을 직선으로 연결시킬 때 : 소켓, 유니언, 플랜지 등
④ 지름이 서로 다른 관을 접속시킬 때 : 이경소켓(레듀서), 이경 티, 부싱 등
⑤ 관의 끝을 막을 때 : 플러그, 캡 등

57 관경 50A 동관(L-type)의 관 지지간격에서 수평주관인 경우 행거 지름(mm)과 지지간격(m)으로 적당한 것은?

㉮ 지름 : 9mm, 간격 : 1.0m 이내
㉯ 지름 : 9mm, 간격 : 1.5m 이내
㉰ 지름 : 9mm, 간격 : 2.0m 이내
㉱ 지름 : 13mm, 간격 : 2.5m 이내

해설 관경 50A 동관(L-type)의 관 지지간격에서 수평주관인 경우 행거의 지름 9mm, 간격 2m 이내로 설치한다.

58 압축기의 진동이 배관에 전해지는 것을 방지하기 위해 압축기 근처에 설치하는 것은?

㉮ 팽창밸브
㉯ 리듀싱
㉰ 플렉시블 조인트
㉱ 엘보

해설 플렉시블형 이음쇠
압축기 및 펌프의 흡입 및 토출측에 설치하여 열팽창에 의한 신축을 흡수하고 배관에 전달되는 진동과 소음을 차단하여 장치의 변형 및 파손을 방지한다.

정답 54 ㉰ 55 ㉱ 56 ㉯ 57 ㉰ 58 ㉰

59 보온재의 구비 조건 중 틀린 것은?

㉮ 열전도율이 클 것
㉯ 불연성일 것
㉰ 내식성 및 내열성이 있을 것
㉱ 비중이 적고 흡습성이 적을 것

[해설] ㉮ 열전도율이 작을 것

60 하수관 또는 오수탱크로부터 유해가스나 옥내로 침입하는 것을 방지하는 장치는?

㉮ 통기관
㉯ 볼탭
㉰ 체크밸브
㉱ 트랩

[해설] 하수관 또는 오수탱크로부터 유해가스가 옥내로 침입하는 것을 방지하기 위해 배수트랩을 설치하여 봉수의 파괴를 방지한다.

제4과목 | 전기제어공학 (공조냉동설치운영2)

61 정현파 전압 $v = 50\sin\left(628t - \dfrac{\pi}{6}\right)$[V]인 파형의 주파수는 얼마인가?

㉮ 30 ㉯ 50
㉰ 60 ㉱ 100

[해설] 전압의 순시값
$V = V_m \sin wt + \theta$
$= V_m \sin 2\pi ft + \theta$
$w = 2\pi f \rightarrow f = \dfrac{w}{2\pi}$
$\therefore f = \dfrac{628}{2\pi} = 99.94 \fallingdotseq 100[\text{Hz}]$

62 옴의 법칙에서 전류의 세기는 어느 것에 비례하는가?

㉮ 저항
㉯ 동선의 길이
㉰ 동선의 고유방향
㉱ 전압

[해설] 옴의법칙 $I = \dfrac{V}{R}$
전류는 전압에 비례하고 저항에 반비례한다.

63 그림의 계전기 접점회로를 논리회로로 변환시킬 때 점선 안(C, D, E)에 사용되지 않는 소자는?

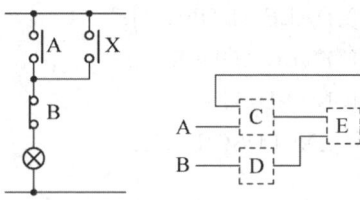

㉮ AND   ㉯ OR
㉰ NOT   ㉱ NOR

[해설] ① A와 X는 병렬이므로 : OR
② B는 릴레이 b접점 이므로 : NOT
③ A·X와 B는 서로 직렬이므로 : AND
∴ 사용되지 않은 소자는 NOR이다.

64 정자계와 정전계의 대응 관계를 표시하였다. 잘못 연관된 것은?

㉮ 자속 – 전속
㉯ 자계 – 전계
㉰ 자기력선 – 전기력선
㉱ 투자율 – 도전율

정답 59 ㉮ 60 ㉱ 61 ㉱ 62 ㉱ 63 ㉱ 64 ㉱

해설 정자계와 정전계의 비교

정자계	정전계
자속	전속
자계	전계
자기력선	전기력선
투자율	유전율
자극의세기	전하량

65 다음 그림은 무엇을 나타낸 논리연산회로인가?

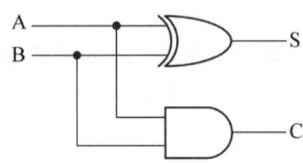

㉮ HALF-ADDER 회로
㉯ FULL-ADDER 회로
㉰ NAND 회로
㉱ EXCLUSIVE 회로

해설 가산기
① HALF-ADDER(반가산기)회로 : 2개의 2진 입력과 2개의 2진 출력
② FULL-ADDER (전가산기)회로 : 3개의 2진 입력과 2개의 2진 출력

66 변압기는 어떤 작용을 이용한 전기기기인가?

㉮ 정전유도 작용
㉯ 전자유도 작용
㉰ 전류의 발열작용
㉱ 전류의 화학작용

해설 변압기는 전자유도 작용을 이용한 전기기기이다.

67 그림과 같이 1차 측에 직류 10V를 가했을 때 변압기 2차 측에 걸리는 전압 V_2는 몇 V인가? (단, 변압기는 이상적이며, $n_1 = 100$회, $n_2 = 500$회이다.)

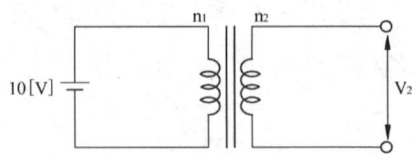

㉮ 0 ㉯ 2
㉰ 10 ㉱ 50

해설 변압기 1차 측에 정현파 교류전압이 인가 되어야 정현파 교번자속이 발생하며 2차측 전압이 유도된다.
∴ 이번 문제에서는 변압기 1차측에 직류전압을 가하였기 때문에 교번자속이 발생되지 않고 그로 인해 2차측 전압은 0이 된다.

예를 들어 교류전압 10[V]가 인가된다면 아래와 같이 구할 수 있다.

$V_2 = V_1 \dfrac{n_2}{n_1} = 10 \times \dfrac{500}{100} = 50[V]$

68 피드백제어에서 반드시 필요한 장치는?

㉮ 안정도를 향상시키는 장치
㉯ 응답속도를 개선시키는 장치
㉰ 구동장치
㉱ 입력과 출력을 비교하는 장치

해설 피드백제어 : 제어계의 출력값을 목표값과 비교하여 일치하지 않으면 그 신호를 입력으로 되돌려 피드백하고 오차를 수정하는 제어 방식

정답 65 ㉮ 66 ㉯ 67 ㉮ 68 ㉱

69 다음의 논리식 중 다른 값을 나타내는 논리식은?

㉮ $\overline{X}Y+XY$ ㉯ $(Y+X+\overline{X})Y$
㉰ $X(\overline{Y}+X+Y)$ ㉱ $XY+Y$

[해설] ㉮ $\overline{X}Y+XY = Y(\overline{X}+X) = Y \cdot 1 = Y$
㉯ $(Y+X+\overline{X})Y = (Y+1)Y = Y \cdot 1 = Y$
㉰ $X(\overline{Y}+X+Y) = X(1+X) = X \cdot 1 = X$
㉱ $XY+Y = (X+1)Y = 1 \cdot Y = Y$

70 회전자가 슬립 S로 회전하고 있을 때, 고정자 회전자의 실효 권수비를 a라 하면, 고정자 기전력 E_1과 회전자 기전력 E_2와의 비는 어떻게 표현되는가?

㉮ $\dfrac{a}{S}$ ㉯ Sa
㉰ $(1-S)a$ ㉱ $\dfrac{a}{1-S}$

[해설] 고정자 기전력과 회전자 기전력의 비
$\dfrac{E_1}{E_2} = \dfrac{a}{s}$

71 스트레인 게이지(Strain Gauge)의 센서는 무엇의 변화량을 측정하는가?

㉮ 마이크로파
㉯ 정전용량
㉰ 인덕턴스
㉱ 저항

[해설] 스트레인 게이지 : 물체가 외력으로 변형될 때 물체의 저항 변화량을 측정하는 장치

72 다음 중 제어계에 가장 많이 이용되는 전자요소는?

㉮ 증폭기
㉯ 변조기
㉰ 주파수 변환기
㉱ 가산기

[해설] 제어계에서 가장 많이 이용되는 전자요소는 증폭기이다.

73 역률 80%인 부하에 전압과 전류의 실효값이 각각 100V, 5A라고 할 때 무효전력[Var]은?

㉮ 100 ㉯ 200
㉰ 300 ㉱ 400

[해설] 무효전력
$P_r = 100 \times 5 \times \sqrt{1-0.8^2} = 300[\text{Var}]$

- 피상전력 : $P_a = VI[\text{VA}]$
- 유효전력 : $P = VI\cos\theta[\text{w}]$
- 무효전력 : $P_r = VI\sin\theta[\text{var}]$
※ $\sin\theta = \sqrt{1-\cos\theta^2}$

74 그림과 같은 블록선도의 전달함수는?

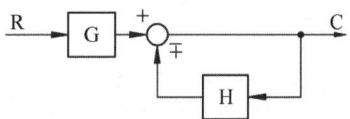

㉮ $\dfrac{1}{1 \pm GH}$ ㉯ $\dfrac{G}{1 \pm GH}$
㉰ $\dfrac{G}{1 \pm H}$ ㉱ $\dfrac{1}{1 \pm H}$

정답 69 ㉰ 70 ㉮ 71 ㉱ 72 ㉮ 73 ㉰ 74 ㉰

해설 전달함수
$$G(s) = \frac{C}{R} = \frac{패스경로}{1-피드백경로}$$
$$\therefore \frac{C}{R} = \frac{G}{1 \pm H}$$

75 PLC(Programmable Logic Controller)를 설치할 때 옳지 않은 방법은?

㉮ 설치장소의 환경을 충분히 파악하여 온도, 습도, 진동, 충격 등에 주의하여야 한다.
㉯ 배선공사 시 동력선과 신호케이블은 평행시키지 않도록 한다.
㉰ 접지공사는 제1종 접지공사로 하고 다른 기기와 공용 접지가 바람직하다.
㉱ 잡음(Noise) 대책의 일환으로 제어반의 배선은 실드케이블을 사용한다.

해설 ㉰ PLC의 접지 공사는 개별접지로 한다.

76 발전기의 유기기전력의 방향과 관계가 있는 법칙은?

㉮ 플레밍의 왼손법칙
㉯ 플레밍의 오른손법칙
㉰ 패러데이의 법칙
㉱ 암페어의 법칙

해설 ① 플레이밍의 오른손 법칙 : 발전기의 기본 법칙으로 도체에 힘을 가하면 발생되는 전류의 방향을 알 수 있다.
② 플레이밍의 왼손 법칙 : 전동기의 기본 법칙으로 도체에 전류를 흐르게 하면 발생되는 힘의 방향을 알 수 있다.

77 그림에서 V_s는 몇 V인가?

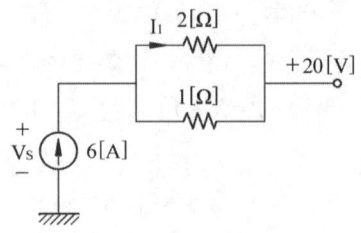

㉮ 8 ㉯ 16
㉰ 24 ㉱ 32

해설 ① 1Ω 과 2Ω 병렬저항에서의 전압강하를 V_R이라고 할 때
$$V_R = 6 \times \frac{2 \times 1}{2+1} = 4[V]$$
② 전전압 : $V_S = V_R + 20[V]$
$V_S = 4 + 20 = 24[V]$

78 3상 4선식 불평형 부하의 경우, 단상전력계로 전력을 측정하고자 할 때 몇 대의 단상전력계가 필요한가?

㉮ 2 ㉯ 3
㉰ 4 ㉱ 5

해설 3상 : R상, S상, T상
4선 : R선, S선, T선, N선(중심선)
단상 전력계의 종류 : R-N, S-N, T-N (총3대)

79 시퀀스 제어를 명령 처리 기능에 따라 분류할 때 속하지 않는 것은?

㉮ 순서제어
㉯ 시한제어
㉰ 병렬제어
㉱ 조건제어

해설 시퀀스제어의 명령 처리 기능
① 순서제어 : 순차적 제어 방식
② 시한제어 : 타이머를 이용한 제어 방식
③ 조건제어 : 조건이 맞지 않는 경우 동작을 제한하는 제어방식(인터록)

80 AC 서보전동기의 전달함수는 어떻게 취급하면 되는가?

㉮ 미분요소와 1차 요소의 직렬결합으로 취급한다.
㉯ 적분요소와 2차 요소의 직렬결합으로 취급한다.
㉰ 미분요소와 2차 요소의 피드백접속으로 취급한다.
㉱ 적분요소와 1차 요소의 피드백접속으로 취급한다.

해설 AC 서보전동기의 전달함수는 적분요소와 2차 요소의 직렬 결합으로 취급한다.

정답 79 ㉰ 80 ㉯

공조냉동기계산업기사

과년도 출제문제

(2014.08.17. 시행)

제1과목 | 공기조화(공기조화설비)

01 다음은 난방부하에 대한 설명이다. ( )에 들어갈 적당한 용어로서 옳은 것은?

[보기]
겨울철 실내는 일정한 온도 및 습도를 유지하여야 한다. 이때 실내에서 손실된 (①)이나 (②)를(을) 보충하여야 하며, 이때의 난방부하는 냉방부하 계산보다 (③)하게 된다.

㉮ ① 수분, ② 공기, ③ 간단
㉯ ① 열량, ② 공기, ③ 복잡
㉰ ① 수분, ② 열량, ③ 복잡
㉱ ① 열량, ② 수분, ③ 간단

[해설] 겨울철 실내는 일정한 온도 및 습도를 유지하여야 한다. 이때 실내에서 손실된 열량이나 수분을 보충하여야 하며, 이때의 난방부하는 냉방부하 계산보다 간단하게 된다.

02 냉방부하의 경감방법으로 틀린 것은?

㉮ 건물의 단열강화로 열전도에 의한 열의 침입을 방지한다.
㉯ 건물의 외피면적에 대한 창면적비를 적게 하여 일사 등, 창을 통한 열의 침입을 최소화한다.
㉰ 실내조명을 되도록 밝게 하여 시원한 감을 느끼게 한다.
㉱ 건물은 되도록 기밀을 유지하고 사람 출입이 많은 주 출입구는 회전문을 채용한다.

[해설] ㉰ 실내조명을 되도록 적당하게 하여 시원한 감을 느끼게 한다.

03 에어 핸들링 유닛(Air Handling Unit)의 구성요소가 아닌 것은?

㉮ 공기 여과기
㉯ 송풍기
㉰ 공기 세정기
㉱ 압축기

[해설] 공기조화기(AHU)의 구성요소
공기냉각기(쿨링 코일), 공기가열기(히팅 코일), 공기여과기(에어필터), 가습기, 송풍기 등
※ 압축기는 냉동장치의 구성요소이지 공기조화기의 구성요소에 속하지 않는다.

정답 01 ㉱ 02 ㉰ 03 ㉱

04 건공기 중에 포함되어 있는 수증기의 중량으로 습도를 표시한 것은?

㉮ 비교습도 ㉯ 포화도
㉰ 상대습도 ㉱ 절대습도

해설 절대습도 : 건공기 1kg이 포함하고 있는 수증기의 량

05 공기여과기의 성능을 표시하는 용어 중 가장 거리가 먼 것은?

㉮ 제거효율
㉯ 압력손실
㉰ 집진용량
㉱ 소재의 종류

해설 공기여과기의 성능표시
제거효율(포집율), 압력손실, 집진용량(포집용량) 등

06 온도가 t℃인 다량의 물(또는 얼음)과 어떤 상태의 습윤공기가 단열된 용기 속에 있다. 습윤공기 속에 물이 증발하면서 소요되는 열량과 공기로부터 물에 부여되는 열량이 같아지면서 열적평형을 이루게 되는 이때의 온도를 무엇이라 하는가?

㉮ 열역학적 온도
㉯ 단열포화온도
㉰ 건구온도
㉱ 유효온도

해설 단열포화온도 : 온도 t[℃]인 다량의 물(또는 얼음)과 어떤 상태의 습공기가 단열된 용기 속에 있을 때 습공기 속의 물이 증발하며 소요되는 열량과 공기로부터 물에 부여되는 열량이 같아지면서 열적평형을 이루게 되는 온도

07 패널복사난방에 관한 설명 중 옳은 것은?

㉮ 천장고가 낮고 외기 침입이 없을 때 난방효과를 얻을 수 있다.
㉯ 실내온도 분포가 균등하고 쾌감도가 높다.
㉰ 증발잠열(기화열)을 이용하므로 열의 운반능력이 크다.
㉱ 대류난방에 비해 방열면적이 작다.

해설 ㉮ 천장고가 높아도 난방효과가 좋다.
㉰ 복사열을 이용하므로 열의 운반 능력이 작다.
㉱ 대류난방에 비해 방열 면적이 크다.

08 외기의 온도가 -10℃이고 실내온도가 20℃이며 벽 면적이 25m²일 때, 실내의 열손실량은? (단, 벽체의 열관류율 10W/m²·K, 방위계수는 북향으로 1.2이다.)

㉮ 7kW   ㉯ 8kW
㉰ 9kW   ㉱ 10kW

해설 $Q = 10\frac{W}{m^2 \cdot K} \times 25m^2 \times (20-(-10))K \times 1.2$
$= 9000[W] ≒ 9[kW]$
$Q = K \cdot F \cdot \triangle T \cdot \alpha$
여기서, K : 열관류율[W/m²·K]
F : 면적[m²]
$\triangle T$: 온도차[K]
α : 방위계수

09 온수난방과 비교한 증기난방 방식의 장점으로 가장 거리가 먼 것은?

㉮ 방열면적이 작다.
㉯ 설비비가 저렴하다.
㉰ 방열량 조절이 용이하다.
㉱ 예열시간이 짧다.

해설 ㉰ 방열량 조절이 어렵다.

정답 04 ㉱ 05 ㉱ 06 ㉯ 07 ㉯ 08 ㉰ 09 ㉰

10 화력발전설비에서 생산된 전력을 이용함과 동시에 전력을 생산하는 과정에서 발생되는 배기열을 냉난방 및 급탕 등에 이용하는 방식이며, 전력과 열을 함께 공급하는 에너지 절약형 발전방식으로 에너지 종합효율이 높고 수요지 부근에 설치할 수 있는 열원 방식은?

㉮ 흡수식 냉온수 방식
㉯ 지역 냉난방 방식
㉰ 열회수 방식
㉱ 열병합발전(Co-generation) 방식

해설 열병합발전 방식
전력 생산이 가능하며, 전력 생산 시 발생되는 열을 냉난방, 급탕 등에 이용할 수 있으며 에너지 종합 효율이 높다.

11 다음 복사난방에 관한 설명 중 옳은 것은?

㉮ 고온식 복사난방은 강판제 패널 표면의 온도를 100℃ 이상으로 유지하는 방법이다.
㉯ 파이프 코일의 매설깊이는 균등한 온도분포를 위해 코일 외경의 3배 정도로 한다.
㉰ 온수의 공급 및 환수 온도차는 가열면의 균일한 온도분포를 위해 10℃ 이상으로 한다.
㉱ 방이 개방상태에서도 난방효과가 있으나 동일 방열량에 대해 손실량이 비교적 크다.

해설 ㉯ 파이프 코일의 매설 깊이는 균등한 온도 분포를 위해 코일 외경의 1.5배 정도로 한다.
㉰ 온수의 공급 및 환수 온도차는 가열면의 균일한 온도 분포를 위해 10℃ 이하로 한다.
㉱ 방이 개방상태에서도 난방효과가 있으나 동일 방열량에 대한 손실량이 비교적 작다.

12 에너지 손실이 가장 큰 공조방식은?

㉮ 2중 덕트 방식
㉯ 각층 유닛 방식
㉰ 팬코일 유닛 방식
㉱ 유인 유닛 방식

해설 2중 덕트 방식은 송풍량이 많으므로 에너지 손실이 큰 편이다.

13 26℃인 공기 200kg과 32℃인 공기 300kg을 혼합하면 최종온도는?

㉮ 28.0℃   ㉯ 28.4℃
㉰ 29.0℃   ㉱ 29.6℃

해설 혼합온도
$$tm = \frac{G_1 t_1 + G_2 t_2}{G_1 + G_2} = \frac{(200 \times 26) + (300 \times 32)}{200 + 300} = 29.6[℃]$$

14 지역난방에 관한 설명으로 틀린 것은?

㉮ 열매체로 온수 사용 시 일반적으로 100℃ 이상의 고온수를 사용한다.
㉯ 어떤 일정지역 내 한 장소에 보일러실을 설치하여 증기 또는 온수를 공급하여 난방하는 방식이다.
㉰ 열매체로 온수 사용 시 지형의 고저가 있어도 순환 펌프에 의하여 순환이 된다.
㉱ 열매체로 증기 사용 시 게이지 압력으로 15~30MPa의 증기를 사용한다.

해설 ㉱ 열매체로 증기 사용 시 게이지 압력으로 0.1~1.5MPa의 증기를 사용한다.

정답 10 ㉱ 11 ㉮ 12 ㉮ 13 ㉱ 14 ㉱

15 냉방 시 공조기의 송풍량을 산출하는 데 가장 밀접한 부하는?

㉮ 재열부하
㉯ 외기부하
㉰ 펌프·배관부하
㉱ 실내취득열량

해설 냉방 시 공조기의 송풍량 산출에 가장 밀접한부하는 실내취득열량 이다.

16 송풍기에 대한 설명 중 틀린 것은?

㉮ 원심팬 송풍기는 다익팬, 리밋로드팬, 후향팬, 익형팬으로 분류된다.
㉯ 블로어 송풍기는 원심블로어, 사류블로어, 축류블로어로 분류된다.
㉰ 후향팬은 날개의 출구각도를 회전과 역방향으로 향하게 한 것으로 다익팬 보다 높은 압력상승과 효율을 필요로 하는 경우에 사용한다.
㉱ 축류 송풍기는 저압에서 작은 풍량을 얻고자 할 때 사용하며, 원심식에 비해 풍량이 작고 소음도 작다.

해설 ㉱ 축류 송풍기는 저압에서 많은 풍량을 얻고자 할 때 사용하며, 원심식에 비해 풍량이 많고 소음이 크다.

축류식 송풍기
① 풍량이 많다.
② 저압에 사용된다.
③ 소음이 크다.

원심식 송풍기
① 풍량이 작다.
② 고압에 사용된다.
③ 소음이 작다.

17 스테인리스 강판(두께 1.8~4.0mm)을 와류형으로 감아 그 끝단을 용접으로 밀봉하고 파이프 플랜지 이외에는 가스켓을 사용하지 않으며 주로 물 – 물에 사용되는 열교환기는?

㉮ 스파이럴형
㉯ 원통 다관식
㉰ 플레이트형
㉱ 관형

해설 스파이럴형 열교환기
스테인레스 강판(두께 1.8~4.0mm)을 와류형으로 감아 그 끝단을 용접으로 밀봉하고 파이프 플랜지 이외에 가스켓을 사용하지 않으며 주로 물-물 열교환기로 사용된다.

18 8,000W의 열을 발산하는 기계실의 온도를 외기 냉방하여 26℃로 유지하기 위한 외기도입량은? (단, 밀도 1.2kg/m³, 공기 정압비열 1.01KJ/kg·K, 외기온도 11℃ 이다.)

㉮ 약 600.06m³/h
㉯ 약 1,584.16m³/h
㉰ 약 1,851.85m³/h
㉱ 약 2,160.22m³/h

해설 $Q = GC\triangle T \rightarrow Q = q \times 1.2 \times C \times \triangle T$
$8 \times 3600 = q \times 1.2 \times 1.01 \times (26-11)$

$q = \dfrac{8 \times 3600 \dfrac{kJ}{h}}{1.2 \dfrac{kg}{m^3} \times 1.01 \dfrac{kJ}{kg \cdot K} \times (26-11)K} = 1584.16 [m^3/h]$

여기서, Q : 열량[kJ/h]
q : 외기도입량[m³/h]
C : 비열[kJ/kg·K]
$\triangle T$: 온도차[K]
1.2 : 공기밀도[kg/m³]
※ 단위환산 힌트
1[kW]=3600[kJ/h]

정답 15 ㉱ 16 ㉱ 17 ㉮ 18 ㉯

19 공기를 가열하는 데 사용하는 공기가열코일의 종류로 가장 거리가 먼 것은?

㉮ 증기(蒸氣)코일
㉯ 온수(溫水)코일
㉰ 전열(電熱)코일
㉱ 증발(蒸發)코일

해설 공기가열코일 종류
① 증기코일
② 온수코일
③ 전열코일
④ 냉매코일

20 보일러의 종류에 따른 특성을 설명한 것 중 틀린 것은?

㉮ 주철제 보일러는 분해, 조립이 용이하다.
㉯ 노통연관 보일러는 수질관리가 용이하다.
㉰ 수관 보일러는 예열시간이 짧고 효율이 좋다.
㉱ 관류 보일러는 보유수량이 많고 설치면적이 크다.

해설 ㉱ 관류 보일러는 보유수량이 적고 설치면적이 작다.

제2과목 냉동공학(냉동냉장설비)

21 다음과 같은 대향류 열교환기의 대수 평균 온도차는? (단, $t_1 = 40℃$, $t_2 = 10℃$, $tw_1 = 4℃$, $tw_2 = 8℃$이다.)

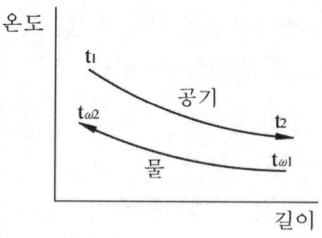

㉮ 약 11.3℃   ㉯ 약 13.5℃
㉰ 약 15.5℃   ㉱ 약 19.5℃

해설 대향류이므로 입출구 온도를 구하며
입구 온도 : 40-8=32℃
출구 온도 : 10-4=6℃

• 대수평균온도차
$$LMTD = \frac{\Delta T_1 - \Delta T_2}{\ln\frac{\Delta T_1}{\Delta T_2}} = \frac{32-6}{\ln\frac{32}{6}} = 15.53℃$$

22 다음과 같은 냉동기의 이론적 성적계수는?

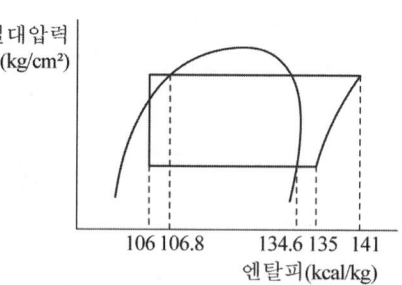

㉮ 4.8   ㉯ 5.8
㉰ 6.5   ㉱ 8.9

해설 냉동장치의 성적계수
$$COP = \frac{q(냉동효과)}{Aw(압축일)} = \frac{135-106}{141-135} = 4.83$$

23 나선모양의 관으로 냉매증기를 통과시키고 이 나선관을 원형 또는 구형의 수조에 넣어 냉매를 응축시키는 방법을 이용한 응축기는?

㉮ 대기식 응축기(Atmospheric Condenser)
㉯ 지수식 응축기(Submerged Condenser)
㉰ 증발식 응축기(Evaporative Condenser)
㉱ 공랭식 응축기(Air Cooled Condenser)

해설 쉘 앤 코일식 응축기 : 지수식 응축기라고도 하며 나선모양의 관으로 냉매증기를 통과시키고 이 나선관을 원형 또는 구형의 수조에 넣어 냉매를 응축시키는 방식이다.

24 브라인의 금속에 대한 특징으로 틀린 것은?

㉮ 암모니아가 브라인 중에 누설하면 알칼리성이 대단히 강해져 국부적인 부식이 발생한다.
㉯ 유기질 브라인은 일반적으로 부식성이 강하나 무기질 브라인은 부식성이 적다.
㉰ 브라인 중에 산소량이 증가하면 부식량이 증가하므로 가능한 한 공기와 접촉하지 않도록 한다.
㉱ 방청제를 사용하며, 방청제로는 중크롬산소다를 사용한다.

해설 ㉯ 유기질 브라인은 일반적으로 부식성이 적고 무기질 브라인은 부식성이 크다.

25 냉동기에 사용하는 윤활유의 구비조건으로 틀린 것은?

㉮ 불순물이 함유되어 있지 않을 것
㉯ 전기 절연내력이 클 것
㉰ 응고점이 낮을 것
㉱ 인화점이 낮을 것

해설 ㉱ 인화점이 높을 것

26 다음 중 무기질 브라인이 아닌 것은?

㉮ 식염수 ㉯ 염화마그네슘
㉰ 염화칼슘 ㉱ 에틸렌글리콜

해설 무기질 브라인 : 염화나트륨(NaCl), 염화마그네슘($MgCl_2$), 염화칼슘($CaCl_2$)
※ 부식순서 암기법 : 나>마>카
• 유기질 브라인 : 에틸렌글리콜($C_2H_6O_2$), 프로필렌글리콜($C_3H_6(OH)_2$), 에틸알콜(C_2H_5OH)

27 흡수식 냉동기에 사용하는 흡수제의 요구조건으로 가장 거리가 먼 것은?

㉮ 용액의 증발압력이 높을 것
㉯ 농도의 변화에 의한 증기압의 변화가 적을 것
㉰ 재생에 많은 열량을 필요로 하지 않을 것
㉱ 점도가 낮을 것

해설 ㉮ 용액의 증발 압력이 낮을 것
(흡수제의 압력이 낮을수록 진공 및 용액의 흡수가 용이하다.)

정답 23 ㉯ 24 ㉯ 25 ㉱ 26 ㉱ 27 ㉮

28 이상적 냉동사이클에서 어떤 응축 온도로 작동 시 성능 계수가 가장 높은가? (단, 증발온도는 일정하다.)

㉮ 20℃   ㉯ 25℃
㉰ 30℃   ㉱ 35℃

해설 증발온도가 일정한 상태에서 응축 온도는 낮을수록 압축비가 감소하게 되고 성능계수는 증가하게 된다. 위 보기에서는 20℃가 된다.

29 왕복동식 압축기와 비교하여 터보 압축기의 특징으로 가장 거리가 먼 것은?

㉮ 고압의 냉매를 사용하므로 취급이 다소 어렵다.
㉯ 회전운동을 하므로 동적 균형을 잡기 좋다.
㉰ 흡입 밸브, 토출 밸브 등의 마찰 부분이 없으므로 고장이 적다.
㉱ 마모에 의한 소산이 적어 성능 저하가 없고 구조가 간단하다.

해설 ㉮ 터보냉동기는 저압의 냉매를 사용하므로 취급이 다소 용이하다.

30 냉동기 속 두 냉매가 아래 표의 조건으로 작동될 때, A냉매를 이용한 압축기의 냉동능력을 R_A, B냉매를 이용한 압축기의 냉동능력을 R_B라 할 경우, R_A/R_B의 비는? (단, 두 압축기의 피스톤 압출량은 동일하며, 체적효율도 75%로 동일하다.)

	A	B
냉동효과(kcal/kg)	269.03	40.34
비체적(m^3/kg)	0.509	0.077

㉮ 1.5   ㉯ 1.0
㉰ 0.8   ㉱ 0.5

해설 냉동능력

$$Q = G \times q \rightarrow Q = \left(\frac{V}{v} \times \eta_v\right) \times q$$

여기서, Q : 냉동능력(kcal/h)
G : 냉매순환량(kg/h)
q : 냉동효과(kcal/kg)
V : 피스톤 압출량(m^3/h)
v : 비체적(m^3/kg)
η_v : 체적효율

$$Q_A = \left(\frac{V}{0.509} \times 0.75\right) \times 269.03 = 396.4V$$

$$Q_B = \left(\frac{V}{0.077} \times 0.75\right) \times 40.34 = 392.92V$$

$$\frac{R_A}{R_B} = \frac{396.4}{392.92} = 1.0088$$

※ 영상 강의에서는 V를 1로 통일하여 풀이해 단위를 kcal/h로 맞춰준 것이고, 해설에서는 단위 환산 없이 V를 남겨둔 것이니 참고하여 보시면 되겠습니다.

31 축열장치의 장점으로 거리가 먼 것은?

㉮ 수처리가 필요 없고 단열공사비 감소
㉯ 용량 감소 등으로 부속설비를 축소 가능
㉰ 수전설비 축소로 기본 전력비 감소
㉱ 부하 변동이 큰 경우에도 안정적인 열 공급 가능

해설 축열장치의 경우 열을 축적해야 하므로 단열공사비가 많이 들고 냉수나 온수 축열장치의 경우 수처리를 해주어야 한다.

32 냉동장치의 운전 중 압축기의 토출압력이 높아지는 원인으로 가장 거리가 먼 것은?

㉮ 장치 내에 냉매를 과잉 충전하였다.
㉯ 응축기의 냉각수가 과다하다.
㉰ 공기 등의 불응축 가스가 응축에 고여 있다.
㉱ 냉각관이 유막이나 물때 등으로 오염되어 있다.

해설 보기㉯에서 응축기의 냉각수가 과다하면 응축 능력이 증가해 응축이 더욱 잘되어 응축 압력은 감소하게 되며 이로 인해 토출 가스압력 또한 감소하게 된다.

33 유량 100ℓ/min의 물을 15℃에서 9℃로 냉각하는 수냉각기가 있다. 이 냉동장치의 냉동효과가 40kcal/kg일 경우 냉매순환량은? (단, 물의 비열은 1kcal/kg·K로 한다.)

㉮ 700kg/h ㉯ 800kg/h
㉰ 900kg/h ㉱ 1,000kg/h

해설 ① 냉동능력(Q) : $Q = GC\Delta T$
$Q = 100 \times 60 \times 1 \times (15-9) = 36000 [kcal/h]$

② 냉매순환량(G) : $Q = Gq \rightarrow G = \dfrac{Q}{q}$

$G = \dfrac{Q(냉동능력)}{q(냉동효과)} = \dfrac{36000}{40} = 900 [kg/h]$

34 핀 튜브관을 사용한 공랭식 응축관의 자연대류식 수평·수직 및 강제대류식 전열계수를 비교했을 때 옳은 것은?

㉮ 자연대류 수평형 > 자연대류 수직형 > 강제대류식
㉯ 자연대류 수직형 > 자연대류 수평형 > 강제대류식
㉰ 강제대류식 > 자연대류 수평형 > 자연대류 수직형
㉱ 자연대류 수평형 > 강제대류식 > 자연대류 수직형

해설 전열효율이 좋은 순서
강제대류식 > 자연대류 수평형 > 자연대류 수직형

35 증발온도와 압축기 흡입가스의 온도차를 적정 값으로 유지하는 것은?

㉮ 온도조절식 팽창밸브
㉯ 수동식 팽창밸브
㉰ 플로트 타입 팽창밸브
㉱ 정압식 자동 팽창밸브

해설 온도조절식 팽창밸브(TEV)
증발기 출구에 감온통을 설치하여 증발기 출구의 과열도를 감지해 냉매의 유량을 조절한다.
※ 증발기 출구의 과열도가 곧 압축기의 흡입가스 온도가 된다.

정답 31 ㉮ 32 ㉯ 33 ㉰ 34 ㉰ 35 ㉮

36 온도식 팽창밸브(TEV)의 작동과 관계없는 압력은?

㉮ 증발기 압력 ㉯ 스프링의 압력
㉰ 감온통 압력 ㉱ 응축압력

해설 온도식 팽창밸브(TEV)의 작동 시 필요압력
증발기 압력, 스프링 압력, 감온통 압력

37 냉동부하가 50냉동톤인 냉동기의 압축기 출구 엔탈피가 457kcal/kg, 증발기 출구 엔탈피가 369kcal/kg, 증발기 입구 엔탈피가 128kcal/kg일 때 냉매 순환량은? (단, 1냉동톤 = 3,320kcal/h이다.)

㉮ 약 688kg/h ㉯ 약 504kg/h
㉰ 약 325kg/h ㉱ 약 178kg/h

해설 $Q = Gq \rightarrow G = \dfrac{Q}{q}$

여기서, Q : 냉동능력[kcal/h]
　　　　G : 냉매순환량[kg/h]
　　　　q : 냉동효과[kcal/kg]

$G = \dfrac{50 \times 3320}{369 - 128} = 688 \, [\text{kg/h}]$

38 다음 그림은 어떤 사이클인가? (단, P = 압력, h = 엔탈피, T = 온도, S = 엔트로피이다.)

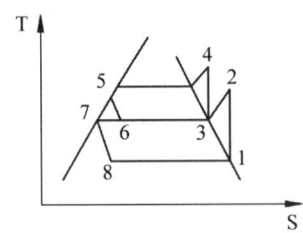

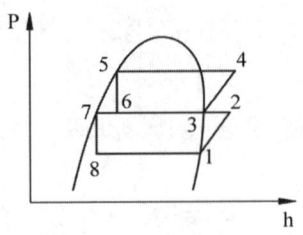

㉮ 2단 압축 1단 팽창 사이클
㉯ 2단 압축 2단 팽창 사이클
㉰ 1단 압축 1단 팽창 사이클
㉱ 1단 압축 2단 팽창 사이클

해설 2단압축 1단팽창 사이클

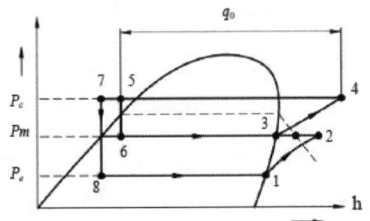

2단압축 2단팽창 사이클

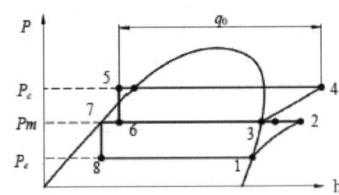

2원냉동 사이클

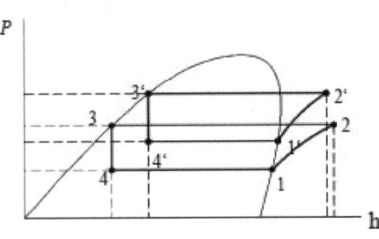

정답 36 ㉱ 37 ㉮ 38 ㉯

39 냉동장치의 액관 중 발생하는 플래시 가스의 발생 원인으로 가장 거리가 먼 것은?

㉮ 액관의 입상 높이가 매우 작을 때
㉯ 냉매 순환량에 비하여 액관의 관경이 너무 작을 때
㉰ 배관에 설치된 스트레이너, 필터 등이 막혀 있을 때
㉱ 액관이 직사광선에 노출될 때

해설 ㉮ 액관의 입상 높이가 매우 길 때 플래시 가스가 발생하게 된다.

40 암모니아 냉동기에서 냉매가 누설되고 있는 장소에 적색 리트머스 시험지를 대면 어떤 색으로 변하는가?

㉮ 황색   ㉯ 다갈색
㉰ 청색   ㉱ 홍색

해설 암모니아(NH_3) 냉매의 누설검사
① 악취가 나므로 누설 시 냄새로 알 수 있다.
② 붉은 리트머스 시험지가 청색으로 변한다.
③ 유황초를 누설 개소에 대면 흰 연기가 발생한다.
④ 페놀프탈레인 시험지를 누설 개소에 대면 적색으로 변한다.
⑤ 염산 및 아황산가스를 헝겊에 적셔 누설 개소에 대면 흰 연기가 발생한다.

제3과목 배관일반(공조냉동설치운영 1)

41 밸브의 종류 중 콕(Cock)에 관한 설명으로 틀린 것은?

㉮ 콕의 종류에는 대표적으로 글랜드 콕과 메인 콕이 있다.
㉯ 0~90° 회전시켜 유량조절이 가능하다.
㉰ 유체저항이 크며, 개폐 시 힘이 드는 단점이 있다.
㉱ 콕을 흐르는 방향을 2방향, 3방향, 4방향으로 바꿀 수 있는 분배 밸브로 적합하다.

해설 ㉰ 유체의 저항이 작으며, 개폐 시 힘이 적게 든다.

콕(cock)밸브
원뿔형 콕을 90° 회전시켜 유체의 흐름을 차단하고 유량을 정지시키는 밸브

42 바이패스 관의 설치장소로 적절하지 않은 곳은?

㉮ 증기배관
㉯ 감압밸브
㉰ 온도조절밸브
㉱ 인젝터

해설 바이패스 배관 설치장소
증기배관, 감압밸브, 온도조절밸브, 증기트랩, 유량계 등

정답 39 ㉮ 40 ㉰ 41 ㉰ 42 ㉱

43 온수난방 시 역귀환방식을 채택하는 주된 이유는?

㉮ 순환펌프를 설치하기 위해
㉯ 배관의 길이를 축소하기 위해
㉰ 열손실과 발생소음을 줄이기 위해
㉱ 건물 내 각 실의 온도를 균일하게 하기 위해

해설 역귀환방식(reverse return system)
배관계에 다수의 방열기를 취급할 때 배관의 길이가 다르면 실내 온도 분포가 불균일하다. 이때 가장 먼 방열기에 환수주관을 설치하여 순환배관 길이를 동일하게 하는 방식으로 배관 길이가 길어지고 마찰 손실은 증가하지만 실의 온도 분포를 균일하게 할 수 있다.

44 냉매 배관 시 주의사항으로 틀린 것은?

㉮ 배관의 굽힘 반지름은 크게 한다.
㉯ 불응축 가스의 침입이 잘 되어야 한다.
㉰ 냉매에 의한 관의 부식이 없어야 한다.
㉱ 냉매 압력에 충분히 견디는 강도를 가져야 한다.

해설 ㉯ 불응축 가스의 침입을 방지 하여야 한다.

45 대·소변기를 제외한 세면기, 싱크대, 욕조 등에 나오는 배수는?

㉮ 오수   ㉯ 우수
㉰ 잡배수   ㉱ 특수배수

해설 대·소변기를 제외한 세면기, 싱크대 욕조 등에서 나오는 배수를 잡배수라고 한다.

46 옥상탱크식 급수방식의 배관계통의 순서로 옳은 것은?

㉮ 저수탱크 → 양수펌프 → 옥상탱크 → 양수관 → 급수관 → 수도꼭지
㉯ 저수탱크 → 양수관 → 양수펌프 → 급수관 → 옥상탱크 → 수도꼭지
㉰ 저수탱크 → 양수관 → 급수관 → 양수펌프 → 옥상탱크 → 수도꼭지
㉱ 저수탱크 → 양수펌프 → 양수관 → 옥상탱크 → 급수관 → 수도꼭지

해설 옥상탱크 급수방식의 배관계통 순서
저수탱크 → 양수펌프 → 양수관 → 옥상탱크 → 급수관 → 수도꼭지

47 다음과 같이 압축기와 응축기가 동일한 높이에 있을 때, 배관방법으로 가장 적합한 것은?

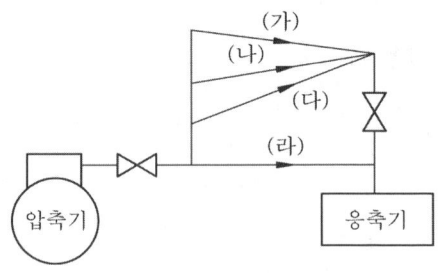

㉮ (가)   ㉯ (나)
㉰ (다)   ㉱ (라)

해설 압축기 토출 가스 배관의 경우 압축기 쪽으로 액이 넘어오는 것을 방지하기 위해 입상관을 설치한 후 응축기쪽으로 선하향(앞올림, 선단상향) 구배로 하여야 한다.
※ 선하향은 진행 방향으로 하향구배를 뜻하며 다른 말로 앞올림구배, 선단상향구배 라고도 한다.

정답 43 ㉱ 44 ㉯ 45 ㉰ 46 ㉱ 47 ㉮

48 경질염화비닐관의 특징 중 틀린 것은?

㉮ 내열성이 좋다.
㉯ 전기절연성이 크다.
㉰ 가공이 용이하다.
㉱ 열팽창률이 크다.

[해설] ㉮ 내열성이 나쁘다.

49 공기조화설비에서 증기코일에 관한 설명으로 틀린 것은?

㉮ 코일의 전면풍속은 3~5m/s로 선정한다.
㉯ 같은 능력의 온수코일에 비하여 열수를 작게 할 수 있다.
㉰ 응축수의 배제를 위하여 배관에 약 $\dfrac{1}{150} \sim \dfrac{1}{200}$ 정도의 순구배를 붙인다.
㉱ 일반적인 증기의 압력은 0.1~2kg$_f$/m^2 정도로 한다.

[해설] ㉰ 응축수의 배제를 위하여 배관에 약 $\dfrac{1}{50} \sim \dfrac{1}{100}$ 정도의 순구배를 붙인다.

50 관 트랩의 종류와 가장 거리가 먼 것은?

㉮ S트랩   ㉯ P트랩
㉰ U트랩   ㉱ V트랩

[해설] 배수트랩 종류
① 파이프형식(사이펀식) : S트랩, U트랩, P트랩
② 용적형(비사이펀식) : 드럽트랩, 벨트랩

51 급탕배관 시공 시 고려사항으로 틀린 것은?

㉮ 자동 공기 빼기 밸브는 계통의 가장 낮은 위치에 설치한다.
㉯ 복귀탕의 역류 방지를 위해 설치하는 체크밸브는 탕의 저항을 적게 하기 위하여 2개 이상 설치하지 않는다.
㉰ 배관의 구배는 중력 순환의 경우 $\dfrac{1}{150}$ 정도로 해준다.
㉱ 하향공급식은 급탕관, 복귀관 모두 선하향 배관 구배로 한다.

[해설] ㉮ 자동 공기 빼기 밸브는 계통의 가장 높은 위치에 설치한다.

52 중앙식 급탕방식의 장점으로 가장 거리가 먼 것은?

㉮ 기구의 동시 이용률을 고려하여 가열장치의 총용량을 적게 할 수 있다.
㉯ 기계실 등에 다른 설비 기계와 함께 가열장치 등이 설치되기 때문에 관리가 용이하다.
㉰ 배관에 의해 필요 개소에 어디든지 급탕할 수 있다.
㉱ 설비 규모가 작기 때문에 초기 설비비가 적게 든다.

[해설] ㉱ 설비 규모가 크기 때문에 초기 설비비가 많이 든다.

정답 48 ㉮ 49 ㉰ 50 ㉱ 51 ㉮ 52 ㉱

53 급수방식 중 수도직결방식의 특징으로 틀린 것은?

㉮ 위생적이고 유지관리 측면에서 가장 바람직하다.
㉯ 저수조가 있으므로 단수 시에도 급수할 수 있다.
㉰ 수도본관의 영향을 그대로 받아 수압 변화가 심하다.
㉱ 고층으로의 급수가 어렵다.

해설 ㉯ 저수조가 없으므로 단수 시에는 급수가 불가능하다.

54 증기난방방식 중 대규모 난방에 많이 사용하고 방열기의 설치 위치에 제한을 받지 않으며 응축수 환수가 가장 빠른 방식은?

㉮ 진공환수식
㉯ 기계환수식
㉰ 중력환수식
㉱ 자연환수식

해설 증기난방방식 중 대규모 난방에 많이 사용하며 방열기의 설치위치에 제한을 받지 않고 응축수 환수가 가장 빠른 방식은 진공환수식이다.

55 급탕배관 계통에서 배관 중 총 손실열량이 15,000kcal/h이고, 급탕온도가 70℃, 환수온도가 60℃일 때, 순환수량은?

㉮ 약 1,000kg/min
㉯ 약 50kg/min
㉰ 약 100kg/min
㉱ 약 25kg/min

해설 $Q = GC\Delta T \rightarrow G = \dfrac{Q}{C\Delta T}$

여기서, Q : 열량[kcal/h]
C : 비열[kcal/kg·℃]
ΔT : 온도차[℃]

$G = \dfrac{15000}{1 \times (70-60)} = 1500$[kg/h]

$\therefore \dfrac{1500}{60} = 25$[kg/min]

56 지역난방방식 중 온수난방의 특징으로 가장 거리가 먼 것은?

㉮ 보일러 취급은 간단하며, 어느 정도 큰 보일러라도 취급 주임자가 필요 없다.
㉯ 관 부식은 증기난방보다 적고 수명이 길다.
㉰ 장치의 열용량이 작으므로 예열시간이 짧다.
㉱ 온수 때문에 보일러의 연소를 정지해도 예열이 있어 실온이 급변되지 않는다.

해설 ㉰ 장치의 열용량이 크므로 예열시간이 길다.

57 펌프의 설치 및 배관상의 주의를 설명한 것 중 틀린 것은?

㉮ 펌프는 기초 볼트를 사용하여 기초 콘크리트 위에 설치 고정한다.
㉯ 펌프와 모터의 축 중심을 일직선상에 정확하게 일치시키고 볼트로 죈다.
㉰ 펌프의 설치 위치를 되도록 높여 흡입양정을 크게 한다.
㉱ 흡입구는 수면 위에서부터 관경의 2배 이상 물속으로 들어가게 한다.

해설 ㉰ 펌프의 설치 위치를 되도록 낮게 하여 흡입양정을 작게 한다.

정답 53 ㉯ 54 ㉮ 55 ㉱ 56 ㉰ 57 ㉰

58 대구경 강관의 보수 및 점검을 위해 분해·결합을 쉽게 할 수 있도록 사용되는 연결방법은?

㉮ 나사 접합
㉯ 플랜지 접합
㉰ 용접 접합
㉱ 슬리브 접합

해설 플랜지 접합 : 대구경 강관의 보수 및 점검을 위해 분해·결합을 쉽게 할 수 있도록 사용되는 연결 방법

59 배관 신축이음의 종류로 가장 거리가 먼 것은?

㉮ 빅토리 조인트 신축이음
㉯ 슬리브 신축이음
㉰ 스위블 신축이음
㉱ 루프형 밴드 신축이음

해설 ※ 빅토리 접합은 주철관의 접합 방식이다.
배관 신축이음의 종류
① 슬리브형 신축이음
② 스위블형 신축이음
③ 루프형형 신축이음
④ 벨로우즈형 신축이음

60 펌프의 캐비테이션(Cavitation) 발생 원인으로 가장 거리가 먼 것은?

㉮ 흡입양정이 클 경우
㉯ 날개차의 원주속도가 클 경우
㉰ 액체의 온도가 낮을 경우
㉱ 날개차의 모양이 적당하지 않을 경우

해설 캐비테이션(공동현상) 발생원인
① 흡입양정이 클 경우
② 날개차의 원주속도가 클 경우
③ 액체의 온도가 높은 경우
④ 날개차의 모양이 적당하지 않을 경우

제4과목 전기제어공학(공조냉동설치운영 2)

61 다음 중 개루프제어(Open-loop Control System)에 속하는 것은?

㉮ 전등점멸시스템
㉯ 배의 조타장치
㉰ 추적시스템
㉱ 에어컨디션시스템

해설 개루프제어 : 필요한 조작을 행한 후 결과를 목표치와 비교하지 않는 회로(시퀀스제어)
폐루프 제어 : 필요한 조작을 행한 후 결과를 목표치와 비교하는 회로(피드백제어)

62 유도전동기의 1차 접속을 △에서 Y로 바꾸면 기동 시의 1차 전류는 어떻게 변화하는가?

㉮ $\frac{1}{3}$로 감소
㉯ $\frac{1}{\sqrt{3}}$로 감소
㉰ $\sqrt{3}$으로 증가
㉱ 3배로 증가

해설 $I_\triangle$가 I_Y보다 3배 크다.
$$I_\triangle = 3I_Y \rightarrow I_Y = \frac{I_\triangle}{3}$$
즉, △에서 Y로 변환시 전류의 양은 $\frac{1}{3}$로 감소한다.

63 제어 방식에서 기억과 판단기구 및 검출기를 가진 제어방식은?

㉮ 순서프로그램 제어
㉯ 피드백 제어
㉰ 조건 제어
㉱ 시한 제어

해설 제어 방식에서 기억과 판단 기구 및 검출기를 가진 제어 방식은 피드백 제어이다.

정답 58 ㉯　59 ㉮　60 ㉰　61 ㉮　62 ㉮　63 ㉯

64 플레밍의 왼손법칙에서 둘째 손가락(검지)이 가리키는 것은?

㉮ 힘의 방향　㉯ 자계 방향
㉰ 전류 방향　㉱ 전압 방향

해설 플레밍의 왼손법칙 : 전동기
① 엄지 : 힘의 방향
② 검지 : 자계의 방향
③ 중지 : 전류의 방향

플레밍의 오른손 법칙 : 발전기
① 엄지 : 힘의 방향
② 검지 : 자계의 방향
③ 중지 : 기전력의 방향

65 특성방정식 $s^2 + 2s + 2 = 0$을 갖는 2차 계에서의 감쇠율(δ, Damping Ratio)는?

㉮ $\sqrt{2}$　㉯ $\dfrac{1}{\sqrt{2}}$
㉰ $\dfrac{1}{2}$　㉱ 2

해설 2차 특성방정식 표준 공식
$s^2 + 2\zeta w_n S + w_n^2 = 0$
$s^2 + 2S + 2 = s^2 + 2\zeta w_n S + w_n^2$

여기서 감쇠율(ζ)를 구하면
① $w_n^2 = 2 \rightarrow w_n = \sqrt{2}$
② $2\zeta w_n = 2$
③ $2\zeta\sqrt{2} = 2 \rightarrow \zeta = \dfrac{2}{2\sqrt{2}} = \dfrac{1}{\sqrt{2}}$

66 다음 중 3상 유도전기의 회전방향을 바꾸려고 할 때 옳은 방법은?

㉮ 전원 3선 중 2선의 접속을 바꾼다.
㉯ 기동보상기를 사용한다.
㉰ 전원 주파수를 변환한다.
㉱ 전동기의 극수를 변환한다.

해설 3상 유도전동기 회전 방향을 바꾸려면 전원 3선 중 2선의 접속을 바꾸면 된다.

67 그림과 같은 블록선도가 의미하는 요소는?

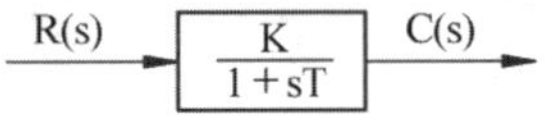

$R(s) \rightarrow \boxed{\dfrac{K}{1+sT}} \rightarrow C(s)$

㉮ 1차 지연 요소
㉯ 2차 지연 요소
㉰ 비례 요소
㉱ 미분 요소

해설 1차 지연 요소 : 출력이 입력의 변화에 따라 어떤 일정한 값에 도달하는데 시간의 지연이 있는 요소로 인디셜 응답이 지수 함수적으로 증가하다가 결국 일정 값이 유지된다.(전달함수 특성방정식의 s의 차수(승수)가 1인 경우 1차 지연 요소, 2인 경우 2차 지연 요소라고 나타낸다.)

① 1차 지연요소 : $G(s) = \dfrac{K}{1+sT}$
② 2차 지연요소 : $G(s) = \dfrac{Kw_n^2}{s^2 + 2\zeta w_n^2 s + w_n^2}$
③ 비례 요소 : $G(s) = K$
④ 적분 요소 : $G(s)\dfrac{K}{s}$
⑤ 미분 요소 : $G(s) = Ks$

68 그림은 일반적인 반파정류회로이다. 변압기 2차 전압의 실효값을 E [V]라 할 때 직류전류의 평균값은? (단, 변류기의 전압강하는 무시한다.)

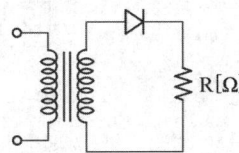

㉮ $\dfrac{E}{R}$　　㉯ $\dfrac{E}{2R}$

㉰ $\dfrac{2E}{\pi R}$　　㉱ $\dfrac{\sqrt{2}\,E}{\pi R}$

해설 반파정류 회로
① 평균전압 $E_d = \dfrac{\sqrt{2}}{\pi}$
② 직류전류의 평균값 $I_d = \dfrac{E_d}{R} = \dfrac{\sqrt{2}\,E}{\pi R}$

69 PLC(Programmable Logic Controller)를 사용하더라도 대용량 전동기의 구동을 위해서 필수적으로 사용하여야 하는 기기는?

㉮ 타이머　　㉯ 릴레이
㉰ 카운터　　㉱ 전자개폐기

해설 전자개폐기 : 대용량 전동기의 구동을 위해 필수적으로 사용되는 기기

70 직류발전기의 철심을 규소강판으로 성층하여 사용하는 이유로 가장 알맞은 것은?

㉮ 브러시에서의 불꽃 방지 및 정류 개선
㉯ 와류손과 히스테리시스손의 감소
㉰ 전기자 반작용의 감소
㉱ 기계적으로 튼튼함

해설 직류발전기의 철심을 규소강판으로 성층하여 사용하는 이유는 와류 손과 히스테리시스손의 감소 때문이다.

71 다음 중 파형률을 바르게 나타낸 것은?

㉮ $\dfrac{실효값}{평균값}$　　㉯ $\dfrac{최대값}{평균값}$

㉰ $\dfrac{최대값}{실효값}$　　㉱ $\dfrac{실효값}{최대값}$

해설 파형율 = $\dfrac{실효값}{평균값}$
파고율 = $\dfrac{최대값}{실효값}$

72 다음 중 지시계측기의 구성요소가 아닌 것은?

㉮ 구동장치　　㉯ 제어장치
㉰ 제동장치　　㉱ 유도장치

해설 지시계측기의 구성요소
구동장치, 제어장치, 제동장치

73 5Ω의 저항 5개를 직렬로 연결하면 병렬로 연결했을 때보다 몇 배가 되는가?

㉮ 10　　㉯ 25
㉰ 50　　㉱ 75

해설 합성저항
① 직렬연결 : 5+5+5+5+5=25[Ω]
② 병렬연결 : $\dfrac{1}{\frac{1}{5}+\frac{1}{5}+\frac{1}{5}+\frac{1}{5}+\frac{1}{5}} = 1[\Omega]$

정답　68 ㉱　69 ㉱　70 ㉯　71 ㉮　72 ㉱　73 ㉯

74 프로세스 제어(Process Control)에 속하지 않는 것은?

㉮ 온도 ㉯ 압력
㉰ 유량 ㉱ 자세

해설 프로세스제어
생산공정 중의 상태량을 제어량으로 하는 제어로 제어계에 가해지는 외란의 억제를 주목적으로 한다.
① 제어량 : 공업 공정의 상태량(온도, 압력, 유량, 습도, 밀도, 농도 등)
② 사용처 : 수조의 온도 제어, 대단위 화학 플랜트 등

75 서보전동기에 대한 설명으로 틀린 것은?

㉮ 정·역운전이 가능하다.
㉯ 직류용은 없고 교류용만 있다.
㉰ 급가속 및 급감속이 용이하다.
㉱ 속응성이 대단히 높다.

해설 서보전동기는 직류용과 교류용으로 모두 사용이 가능하다.

76 제어부의 제어동작 중 연속동작이 아닌 것은?

㉮ P동작
㉯ ON-OFF동작
㉰ PI동작
㉱ PID동작

해설 연속동작 : P(비례)동작, PI(비례적분)동작, PD(비례미분)동작, PID(비례적분미분)동작
on-off동작은 2위치제어로 불연속 동작에 속한다.

77 다음 블록선도의 출력이 4가 되기 위해서는 입력은 얼마이어야 하는가?

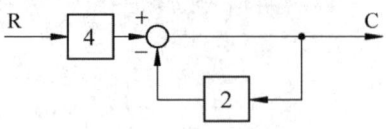

㉮ 2 ㉯ 3
㉰ 4 ㉱ 5

해설 ① 첫 번째 공식
$C = 4R - 2C$
$4R = C + 2C$
$4R = 3C$
$C = \frac{4}{3}R$
∴ 출력이 4가 되려면 입력(R)은 3이 된다.

② 두 번째 공식
출력 측 C에 4를 넣고 시작하면 아래와 같이 계산된다.
$\frac{4}{R} = \frac{4}{1-(-2)} \rightarrow R = \frac{4 \times (1+2)}{4} = 3$

78 A-D 컨버터의 변환 방식이 아닌 것은?

㉮ 병렬형
㉯ 순차 비교형
㉰ 델타 시그마형
㉱ 바이너리형

해설 A-D 컨버터의 변환 방식
병렬형, 순차 비교형, 델타 시그마, 이중적분, 경사형, 추정형 등

79 그림과 같은 유접점 회로의 논리식은?

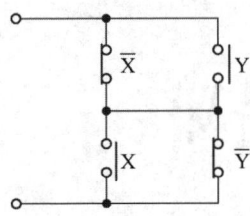

㉮ $x\overline{y}+x\overline{y}$
㉯ $(\overline{x}+\overline{y})(x+y)$
㉰ $\overline{x}y+\overline{x}\,\overline{y}$
㉱ $xy+\overline{x}\,\overline{y}$

해설 ① 위쪽 $\overline{X}$와 Y는 OR회로 이므로 : $\overline{X}+Y$
② 아래쪽 X와 $\overline{Y}$의 OR회로 이므로 : $X+\overline{Y}$
③ 두 OR회로는 직렬(AND)로 연결되므로

$(\overline{X}+Y)(X+\overline{Y})$
$=\overline{X}X+\overline{X}\,\overline{Y}+YX+Y\overline{Y}$
$=\overline{X}\,\overline{Y}+YX$
$\therefore XY+\overline{X}\,\overline{Y}$

80 그림과 같은 회로에서 저항 R_2에 흐르는 전류 I_2[A]는?

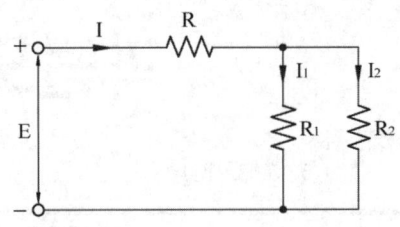

㉮ $\dfrac{I\cdot(R_1+R_2)}{R_1}$

㉯ $\dfrac{I\cdot(R_1+R_2)}{R_2}$

㉰ $\dfrac{I\cdot R_2}{R_1+R_2}$

㉱ $\dfrac{I\cdot R_1}{R_1+R_2}$

해설 전류는 저항과 반비례하므로
$I_2 = I \times \dfrac{R_1}{R_1+R_2}$

공조냉동기계산업기사

과년도 출제문제

(2015.03.08. 시행)

제1과목 | **공기조화(공기조화설비)**

01 축류 취출구로서 노즐을 분기덕트에 접속하여 급기를 취출하는 방식으로 구조가 간단하여 도달거리가 긴 것은?

㉮ 펑거루버
㉯ 아네모스탯형
㉰ 노즐형
㉱ 팬형

해설 노즐형 취출구 : 축류형 취출구로 노즐을 분기덕트에 접속하여 급기를 취출하는 방식으로 구조가 간단하며 도달거리가 길다.

02 공조기 내에 흐르는 냉·온수 코일의 유량이 많아서 코일 내의 유속이 너무 클 때 적절한 코일은?

㉮ 풀서킷 코일(Full Circuit Coil)
㉯ 더블서킷 코일(Double Circuit Coil)
㉰ 하프서킷 코일(Half Circuit Coil)
㉱ 슬로서킷 코일(Slow Circuit Coil)

해설 ① 더블 서킷 코일 : 유량이 많아 코일내 유속이 빠를 때 사용된다.
② 풀서킷 코일, 하프서킷 코일 : 유량이 적고 코일내 유속이 작을 때 사용된다.

03 지하상가의 공조방식 결정 시 고려해야 할 내용으로 틀린 것은?

㉮ 취기를 발하는 점포는 확산되지 않도록 한다.
㉯ 각 점포마다 어느 정도의 온도 조절을 할 수 있게 한다.
㉰ 음식점에서는 배기가 필요하므로 풍량 밸런스를 고려하여 채용한다.
㉱ 공공 지하보도 부분과 점포 부분은 동일 계통으로 한다.

해설 ㉱ 공공 지하보도 부분과 점포 부분은 별개의 계통으로 한다.

04 온수보일러의 상당방열면적이 110m²일 때, 환산증발량은?

㉮ 약 91.8kg/h
㉯ 약 112.2kg/h
㉰ 약 132.6kg/h
㉱ 약 153.0kg/h

정답 01 ㉰ 02 ㉯ 03 ㉱ 04 ㉮

해설 ① 난방부하(Q)
$$Q = EDR \times q$$
$$Q = 110 \times 450 = 49500 [kcal/h]$$
여기서, Q : 난방부하[kcal/h]
EDR : 상당방열면적[m^2]
q : 상당방열량[kcal/m^2h]
(온수 : 450, 증기 : 650)

② 상당증발량(G_e)
$$G_e = \frac{G(h''-h')}{539} = \frac{Q}{539}$$
$$G_e = \frac{49500}{539} = 91.83 [kg/h]$$

※ 539[kcal/h]는 100℃ 물의 증발잠열이다.

05 제습장치에 대한 설명으로 틀린 것은?

㉮ 냉각식 제습장치는 처리공기를 노점온도 이하로 냉각시켜 수증기를 응축시킨다.
㉯ 일반 공조에서는 공조기에 냉각코일을 채용하므로 별도의 제습장치가 없다.
㉰ 제습방법은 냉각식, 압축식, 흡수식, 흡착식이 있으나 대부분 냉각식을 사용한다.
㉱ 에어와셔방식은 냉각식으로 소형이고 수처리가 편리하여 많이 채용된다.

해설 ㉱ 에어 와셔는 공기 중 물을 분무시키는 가습장치이므로 제습장치로 사용할 수 없다.

06 가스난방에 있어서 실의 총 손실열량이 300,000kcal/h, 가스의 방열량이 6,000 kcal/m^3, 가스소요량이 70m^3/h일 때 가스 스토브의 효율은?

㉮ 약 71%
㉯ 약 80%
㉰ 약 85%
㉱ 약 90%

해설 난방장치의 효율
$$\eta = \frac{G(h''-h')}{Gf \times H} = \frac{Q}{Gf \times H}$$
여기서, η : 효율
Q : 총손실열량[kcal/h]
Gf : 가스연료사용량[m^3/h]
H : 가스연료의 발열량[kcal/m^3]
G : 증기발생량[kg/h]
h'' : 발생증기 엔탈피[kcal/kg]
h' : 급수 엔탈피[kcal/kg]

$$\therefore \eta = \frac{3000000 \frac{kcal}{h}}{70 \frac{m^3}{h} \times 6000 \frac{kcal}{m^3}} \times 100 = 71[\%]$$

07 난방부하 계산 시 침입외기에 의한 열손실로 가장 거리가 먼 것은?

㉮ 현열에 의한 열손실
㉯ 잠열에 의한 열손실
㉰ 크롤 공간(Crawl Space)의 열손실
㉱ 굴뚝효과에 의한 열손실

해설 난방부하 계산 시 침입외기에 의한 열손실
① 현열에 의한 열손실
② 잠열에 의한 열손실
③ 굴뚝효과에 의한 열손실
※ 크롤 공간(Crawl Space) : 천장의 배관 및 배선을 위한 좁은 공간으로 천장의 열손실로 간주하며 침입외기 부하와는 관계가 없다.

08 엔탈피 13.1kcal/kg인 300m³/h의 공기를 엔탈피 9kcal/kg의 공기로 냉각시킬 때 제거 열량은? (단, 공기의 밀도는 1.2kg/m³이다.)

㉮ 1,476kcal/h
㉯ 1.538kcal/h
㉰ 1,879kcal/h
㉱ 1,984kcal/h

해설 $Q = G \Delta h \rightarrow Q = q \times 1.2 \times \Delta h$
여기서, Q : 열량[kcal/h]
G : 유량[kg/h]
q : 풍량[m³/h]
1.2 : 공기밀도[kg/m³]
Δh : 엔탈피차[kcal/kg]

∴ $Q = 300 \times 1.2 \times (13.1 - 9) = 1476$[kcal/h]

09 통과 풍량이 350m³/min일 때 표준 유닛형 에어필터의 수는 약 몇 개인가? (단, 통과 풍속은 1.5m/s, 통과 면적은 0.5m² 이며, 유효면적은 85%이다.)

㉮ 4개　㉯ 6개
㉰ 8개　㉱ 10개

해설 공식
$Q = A \cdot V \cdot n$
여기서, Q : 유량[m³/s]
A : 면적[m²]
V : 유속[m/s]
n : 코일의수

풀이
$\frac{350}{60} = 0.5 \times 0.85 \times 1.5 \times n$

$n = \frac{\frac{350}{60}}{0.5 \times 0.85 \times 1.5} = 9.15 ≒ 10$개

※ 코일의 수량은 최소 수량보다 커야 하므로 9.15의 소수 첫째 자리에서 올려 10개로 한다.

10 전공기 방식의 특징에 관한 설명으로 틀린 것은?

㉮ 송풍량이 충분하므로 실내공기의 오염이 적다.
㉯ 리턴 팬을 설치하면 외기냉방이 가능하다.
㉰ 중앙집중식이므로 운전, 보수 관리를 집중화할 수 있다.
㉱ 큰 부하의 실에 대해서도 덕트가 작게 되어 설치 공간이 작다.

해설 ㉱ 큰 부하의 실에 대해서는 덕트가 크게 되어 설치 공간이 커지게 된다.

11 중앙에 냉동기를 설치하는 방식과 비교하여 덕트병용 패키지 공조방식에 대한 설명으로 틀린 것은?

㉮ 기계실 공간이 작게 필요하다.
㉯ 운전에 필요한 전문 기술자가 필요 없다.
㉰ 설치비가 중앙식에 비해 적게 든다.
㉱ 실내 설치 시 급기를 위한 덕트 샤프트가 필요하다.

해설 ㉱ 실내 설치 시 급기를 위한 덕트 샤프트가 필요 없다.

12 가습방식에 따른 분류 중 수분무식에 해당하는 것은?

㉮ 회전식
㉯ 원심식
㉰ 모세관식
㉱ 적하식

[해설] ① 기화식(증발식) : 회전식, 모세관식, 적하식
② 수분 무식 : 원심식, 초음파식, 분무식
③ 증기식 : 전열식, 전극식, 적외선식, 과열증기식, 분무노즐식

13 공조장치의 공기 여과기에서 에어필터 효율의 측정법이 아닌 것은?

㉮ 중량법
㉯ 변색도법(비색법)
㉰ 집진법
㉱ DOP법

[해설] 에어필터 효율 측정 방법(암기법 : 중비계)
중량, 비색법, 계수법(DOP법) 법

14 풍량 600m³/min, 정압 60mmAq, 회전수 500rpm의 특성을 갖는 송풍기의 회전수를 600rpm으로 증가시켰을 때 동력은? (단, 정압효율은 50%이다.)

㉮ 약 12.1kW
㉯ 약 18.2kW
㉰ 약 20.3kW
㉱ 약 24.5kW

[해설] ① $L = \dfrac{Qh}{102 \times \eta}$

여기서, L : 동력[kW]
Q : 풍량[m³/min]
h : 정압[mmAq]
η : 효율

$L = \dfrac{600 \times 60}{102 \times 0.5 \times 60} = 11.76[kW]$

② 상사법칙

$L_2 = \left(\dfrac{N_2}{N_1}\right)^3 L_1$

$L_2 = \left(\dfrac{600}{500}\right)^3 \times 11.76 = 20.32[kW]$

송풍기의 상사법칙

풍량	$Q_2 = \left(\dfrac{N_2}{N_1}\right) \cdot \left(\dfrac{D_2}{D_1}\right)^3 \cdot Q_1$
정압	$P_2 = \left(\dfrac{N_2}{N_1}\right)^2 \cdot \left(\dfrac{D_2}{D_1}\right)^2 \cdot P_1$
동력	$L_2 = \left(\dfrac{N_2}{N_1}\right)^3 \cdot \left(\dfrac{D_2}{D_1}\right)^5 \cdot L_1$

15 공기조화 부하의 종류 중 실내부하와 장치부하에 해당되지 않는 것은?

㉮ 사무기기나 인체를 통해 실내에서 발생하는 열
㉯ 외부의 고온 기류 중 실내로 들어오는 열
㉰ 덕트에서의 손실열
㉱ 펌프동력에서의 취득열

[해설] 펌프는 냉동기, 보일러, 열펌프 등의 구성요소이므로 공기조화기의 구성요소와는 관련 없다.

16 에어와셔에서 분무하는 냉수의 온도가 공기의 노점온도보다 높을 경우 공기의 온도와 절대습도의 변화는?

㉮ 온도는 올라가고, 절대습도는 증가한다.
㉯ 온도는 올라가고, 절대습도는 감소한다.
㉰ 온도는 내려가고, 절대습도는 증가한다.
㉱ 온도는 내려가고, 절대습도는 감소한다.

[해설] 냉수의 온도가 공기의 노점온도보다 높을 경우 온도가 내려가고, 절대습도는 증가한다.

정답 13 ㉰ 14 ㉰ 15 ㉱ 16 ㉰

17 보일러의 종류 중 원통보일러의 분류에 해당되지 않는 것은?

㉮ 폐열 보일러
㉯ 입형 보일러
㉰ 노통 보일러
㉱ 연관 보일러

해설 원통보일러의 종류
입형보일러 : 입형횡관, 입형연관, 코크란
횡형보일러 : 노통, 연관, 노통연관
폐열보일러 : 리히보일러, 하이네보일러

18 각 실마다 전기스토브나 기름 난로 등을 설치하여 난방을 하는 방식은?

㉮ 온돌난방   ㉯ 중앙난방
㉰ 지역난방   ㉱ 개별난방

해설 각 실마다 전기스토브나 기름 난로 등을 설치하는 방식은 개별난방 방식이다.

19 여과기를 여과작용에 의해 분류할 때 해당되지 않는 것은?

㉮ 충돌 점착식
㉯ 자동 재생식
㉰ 건성 여과식
㉱ 활성탄 흡착식

해설 여과작용에 의한 여과기의 분류
충돌 점착식, 건성 여과식, 활성탄 흡착식

20 다음 중 수증기의 분압 표시로 옳은 것은? (단, P_w : 습공기 중의 수증기 분압, P_s : 동일온도 포화수증기의 분압, ϕ : 상대습도)

㉮ $P_w = \phi - P_s$
㉯ $P_w = \phi P_s$
㉰ $P_w = \dfrac{\phi}{P_s}$
㉱ $P_w = \phi + P_s$

해설 상대습도

상대습도$(\varnothing) = \dfrac{습공기중수증기분압(P_w)}{동일온도 포화수증기의 분압(P_s)}$

$\varnothing = \dfrac{P_w}{P_s} \rightarrow P_w = \varnothing \times P_s$

제2과목 | **냉동공학**(냉동냉장설비)

---

21 열전도도가 0.02kcal/m·h·℃이고, 두께가 10cm인 방열벽의 열통과율은?
(단, 외벽, 내벽에서의 열전달률은 각각 20kcal/m²·h·℃, 8kcal/m²·h·℃)

㉮ 약 0.493kcal/m²·h·℃
㉯ 약 0.393kcal/m²·h·℃
㉰ 약 0.293kcal/m²·h·℃
㉱ 약 0.193kcal/m²·h·℃

해설 열통과율(열관류율)

$$K = \cfrac{1}{\cfrac{1}{a_1} + \cfrac{l}{\lambda} + \cfrac{1}{a_2}}$$

여기서, K : 열통과율, 열관류율[kcal/m²h℃]
　　　　a_1 : 외벽 열전달율[kcal/m²h℃]
　　　　a_2 : 내벽 열전달율[kcal/m²h℃]
　　　　λ : 열전도도[kcal/mh℃]
　　　　l : 벽의 두께[m]

$$K = \cfrac{1}{\cfrac{1}{20} + \cfrac{0.1}{0.02} + \cfrac{1}{8}} = 0.193 [\text{kcal/m}^2\text{h℃}]$$

22 팽창밸브를 너무 닫았을 때 일어나는 현상이 아닌 것은?

㉮ 증발 압력이 높아지고 증발기 온도가 상승한다.
㉯ 압축기의 흡입가스가 과열된다.
㉰ 능력당 소요 동력이 증가한다.
㉱ 압축기의 토출가스 온도가 높아진다.

해설 ㉮ 증발 압력이 낮아지고 증발기 온도가 감소한다.

23 냉동기의 성적계수가 6.84일 때 증발온도가 -13℃이다. 응축온도는?

㉮ 약 15℃
㉯ 약 20℃
㉰ 약 25℃
㉱ 약 30℃

해설 성적계수

$$COP = \frac{T_2}{T_1 - T_2}$$

$$6.84 = \frac{-13 + 273}{T_1 - (-13 + 273)}$$

$$T_1 - (-13 + 273) = \frac{(-13 + 273)}{6.84}$$

$$T_1 = \frac{-13 + 273}{6.84} + (-13 + 273) = 298 [\text{K}]$$

$$T_1 = 298 - 273 ≒ 25 [℃]$$

24 표준냉동사이클이 적용된 냉동기에 관한 설명으로 옳은 것은?

㉮ 압축기 입구의 냉매 엔탈피와 출구의 냉매 엔탈피는 같다.
㉯ 압축비가 커지면 압축기 출구의 냉매 가스 토출온도는 상승한다.
㉰ 압축비가 커지면 체적 효율은 증가한다.
㉱ 팽창 밸브 입구에서 냉매의 과냉각도가 증가하면 냉동능력은 감소한다.

해설 ㉮ 압축기 입구의 냉매 엔탈피는 출구의 냉매 엔탈피 보다 작다.
㉰ 압축비가 커지면 체적효율은 감소한다.
㉱ 팽창밸브 입구에서 냉매의 과냉각도가 증가하면 냉동능력은 증가한다.

25 물 10kg을 0℃로부터 100℃까지 가열하면 엔트로피의 증가는 얼마인가? (단, 물의 비열은 1kcal/kg·℃이다.)

㉮ 2.18kcal/kg·℃
㉯ 3.12kcal/kg·℃
㉰ 4.32kcal/kg·℃
㉱ 5.18kcal/kg·℃

정답 22 ㉮　23 ㉰　24 ㉯　25 ㉯

해설

$$\triangle S = GCn\left(\dfrac{T_2}{T_1}\right)$$

여기서, $\triangle S$: 엔트로피 변화량[kcal/kg℃]
G : 물의 양[kg]
C : 비열[kcal/kg℃]
T_1 : 변화전 온도[℃]
T_2 : 변화후 온도[℃]

$$\triangle S = 10 \times 1 \times \ln\left(\dfrac{100+273}{0+273}\right) = 3.12\,[\text{kcal/kg℃}]$$

26 어느 냉동기가 2HP의 동력을 소모하여 시간당 5,050kcal의 열을 저열원에서 제거한다면 이 냉동기의 성적계수는 약 얼마인가?

㉮ 4   ㉯ 5
㉰ 6   ㉱ 7

해설
① 냉동효과(q) : 5050[kcal/h]
② 압축기의 동력(HP) : 2×641=[kcal/h]
③ 성적계수

$$COP = \dfrac{q}{Aw} = \dfrac{5050}{2 \times 641} = 3.9 \fallingdotseq 4$$

※ 단위 환산 힌트
1[kW]=860[kcal/h]
1[PS]=632[kcal/h]
1[HP]=641[kcal/h]

27 다음 증발기의 종류 중 전열 효과가 가장 좋은 것은? (단, 동일 용량의 증발기로 가정한다.)

㉮ 플레이트형 증발기
㉯ 팬코일식 증발기
㉰ 나관 코일식 증발기
㉱ 쉘튜브식 증발기

해설 동일 용량으로 가정한다면 위 보기 중 쉘튜브식 증발기가 전열 효율이 가장 우수하다.

28 냉동사이클에서 등엔탈피 과정이 이루어지는 곳은?

㉮ 압축기
㉯ 증발기
㉰ 수액기
㉱ 팽창밸브

해설 팽창밸브(교축과정)
압력감소, 온도감소, 엔탈피 일정

29 프레온 냉동기의 제어장치 중 가용전(Fusible Plug)은 주로 어디에 설치하는가?

㉮ 열교환기
㉯ 증발기
㉰ 수액기
㉱ 팽창밸브

해설 가용전
프레온 냉동장치의 응축기나 수액기 등, 압력용기의 냉매액과 증기가 공존하는 곳의 증기부에 설치하여 불의의 사고 시 일정 온도 이상 상승할 때 용해하여 고압가스를 외부로 방출하고 이상고압의 사고를 미연에 방지하는 장치

정답 26 ㉮ 27 ㉱ 28 ㉱ 29 ㉰

30 냉동장치 내의 불응축 가스에 관한 설명으로 옳은 것은?

㉮ 불응축 가스가 많아서 응축압력이 높아지고 냉동능력은 감소한다.
㉯ 불응축 가스는 응축기에 잔류하므로 압축기의 토출가스 온도에는 영향이 없다.
㉰ 장치에 윤활유를 보충할 때에 공기가 흡입되어도 윤활유에 용해되므로 불응축 가스는 생기지 않는다.
㉱ 불응축 가스가 장치 내에 침입해도 냉매와 혼합되므로 응축압력은 불변한다.

해설 ㉯ 불응축 가스는 응축기에 잔류하므로 압축기 토출가스 온도 상승의 원인이 된다.
㉰ 장치에 윤활유를 보충할 때에 공기가 흡이 되면 불응축 가스가 증가하게 된다.
㉱ 불응축 가스가 장치 내에 침입하면 응축 압력을 증가시키게 된다.

31 압축기의 체적효율에 대한 설명으로 틀린 것은?

㉮ 압축기의 압축비가 클수록 커진다.
㉯ 틈새가 작을수록 커진다.
㉰ 실제로 압축기에 흡입되는 냉매증기의 체적과 피스톤이 배출한 체적과의 비를 나타낸다.
㉱ 비열비 값이 적을수록 적게 된다.

해설 ㉮ 압축기의 압축비가 클수록 체적효율은 작아진다.

32 브라인에 대한 설명으로 옳은 것은?

㉮ 브라인 중에 용해하고 있는 산소량이 증가하면 부식이 심해진다.
㉯ 구비조건으로 응고점은 높아야 한다.
㉰ 유기질 브라인은 무기질에 비해 부식성이 크다.
㉱ 염화칼슘용액, 식염수, 프로필렌글리콜은 무기질 브라인이다.

해설 ㉯ 구비조건으로 응고점은 낮을수록 좋다.
㉰ 유기질 브라인은 무기질에 배해 부식성이 작다.
㉱ 염화칼슘용액과 식염수는 무기질 브라인이고 프로필렌 글리콜은 유기질 브라인이다.
- 무기질 브라인 : 염화나트륨(식염수), 염화마그네슘, 염화칼슘
- 유기질 브라인 : 에틸렌글리콜, 프로필렌글리콜, 에틸알콜

33 감온식 팽창밸브의 작동에 영향을 미치는 것으로만 짝지어진 것은?

㉮ 증발기의 압력, 스프링 압력, 흡입관의 압력
㉯ 증발기의 압력, 응축기의 압력, 감온통의 압력
㉰ 증발기의 압력, 흡입관의 압력, 압축기 토출 압력
㉱ 증발기의 압력, 스프링 압력, 감온통의 압력

해설 온도식 팽창밸브(TEV)의 작동 시 필요 압력
증발기 압력, 스프링 압력, 감온통 압력

정답 30 ㉮ 31 ㉮ 32 ㉮ 33 ㉱

34 응축 온도는 일정한데 증발온도가 저하되었을 때 감소되지 않는 것은?

㉮ 압축비　　㉯ 냉동능력
㉰ 성적계수　㉱ 냉동효과

해설 응축 온도가 일정한 상태에서 증발온도가 저하되면 압축비 증가, 토출 가스 온도 상승, 동력소비량 증가, 냉동능력 감소, 성적계수 감소, 냉동효과 감소 등 냉동자치의 악영향으로 이어진다.

35 원심식 압축기의 특징이 아닌 것은?

㉮ 체적식 압축기이다.
㉯ 저압의 냉매를 사용하고 취급이 쉽다.
㉰ 대용량에 적합하다.
㉱ 서징 현상이 발생할 수 있다.

해설 ㉮ 원심식 압축기이다.

36 열펌프(Heat Pump)의 성적계수를 높이기 위한 방법으로 적당하지 못한 것은?

㉮ 응축온도를 높인다.
㉯ 증발온도를 높인다.
㉰ 응축온도와 증발온도의 차를 줄인다.
㉱ 압축기 소요동력을 감소시킨다.

해설 성적계수는 응축 온도가 낮고 증발 온도가 높을수록 높아진다.

37 밀폐형 압축기에 대한 설명으로 옳은 것은?

㉮ 회전수 변경이 불가능하다.
㉯ 외부와 관통으로 누설이 발생한다.
㉰ 전동기 이외의 구동원으로 작동이 가능하다.
㉱ 구동방법에 따라 직결구동과 벨트구동 방법으로 구분한다.

해설 보기 ㉯,㉰,㉱는 개방식 압축기에 대한 설명이다.

38 전자식 팽창밸브에 관한 설명으로 틀린 것은?

㉮ 응축압력의 변화에 따른 영향을 직접적으로 받지 않는다.
㉯ 온도식 팽창밸브에 비해 초기투자비용이 비싸고 내구성이 떨어진다.
㉰ 일반적으로 슈퍼마켓 쇼케이스 등과 같이 운전시간이 길고 부하변동이 비교적 큰 경우 사용하기 적합하다.
㉱ 전자식 팽창밸브는 응축기의 냉매유량을 전자제어장치에 의해 조절하는 밸브이다.

해설 ㉱ 전자식 팽창밸브는 증발기의 냉매유량을 전자제어장치에 의해 조절하는 밸브이다.

39 흡수식 냉동기의 특징에 대한 설명으로 틀린 것은?

㉮ 부분 부하에 대한 대응성이 좋다.
㉯ 용량제어의 범위가 넓어 폭넓은 용량 제어가 가능하다.
㉰ 초기 운전 시 정격 성능을 발휘할 때까지의 도달 속도가 느리다.
㉱ 압축식 냉동기에 비해 소음과 진동이 크다.

해설 ㉱ 압축식 냉동기에 비해 소음과 진동이 작다.

40 축열장치에서 축열재가 갖추어야 할 조건으로 가장 거리가 먼 것은?

㉮ 열의 저장은 쉬워야 하나 열의 방출은 어려워야 한다.
㉯ 취급하기 쉽고 가격이 저렴해야 한다.
㉰ 화학적으로 안정해야 한다.
㉱ 단위체적당 축열량이 많아야 한다.

[해설] ㉮ 열의 저장과 방출이 쉬워야 한다.

제3과목	배관일반(공조냉동설치운영 1)

41 특수 통기방식 중 배수 수직관에 선회력을 주어 공기코어를 형성하여 통기관 역할을 하는 것은?

㉮ 소벤트 방식(Sovent System)
㉯ 섹스티어 방식(Sextia System)
㉰ 스택 벤트 방식(Stack Vent System)
㉱ 에어 챔버 방식(Air Chamber System)

[해설] ㉯ 섹스티어 방식(Sextia System)
특수 통기방식의 한 종류로 배수 수직관에 선회력을 주어 공기코어를 형성하여 통기관의 역할을 하는 방식

42 배관 회로의 환수방식에 있어 역환수방식이 직접 환수방식보다 우수한 점은?

㉮ 순환펌프의 동력을 줄일 수 있다.
㉯ 배관의 설치 공간을 줄일 수 있다.
㉰ 유량을 균등하게 배분시킬 수 있다.
㉱ 재료를 절약할 수 있다.

[해설] 역환수방식(리버스리턴 방식)
냉·온수 배관법의 일종으로 하나의 배관계에 다수의 방열기를 설치할 때 배관의 길이가 다르기 때문에 환수관을 가장 먼 기기까지 가지고 간 다음, 반복하여 환수관을 원래 방향으로 되돌리면서 각 기기의 배관 저항의 균형을 맞추어 기기로의 수량 평균성을 본존하는 방식이다.
- 설치 이유 : 방열기에 공급되는 유량 분배를 균등하게 할 수 있다.

43 진공 환수식 증기난방법에서 탱크 내 진공도가 필요 이상으로 높아지면 밸브를 열어 탱크 내에 공기를 넣는 안전밸브의 역할을 담당하는 기기는?

㉮ 버큠 브레이커(Vacuum Breaker)
㉯ 스팀 사일렌서(Steam Silencer)
㉰ 리프트 피팅(Lift Fitting)
㉱ 냉각 레그(Cooling Leg)

[해설] 버큠 브레이커(Vacuum Breaker)
진공 환수식 증기난방법에서 탱크 내 진공도가 필요 이상으로 높아지면 밸브를 열어 탱크 내로 공기를 넣어 안전을 유지시키는 밸브

44 중앙식 급탕방법의 장점으로 옳은 것은?

㉮ 배관 길이가 짧아 열손실이 적다.
㉯ 탕비장치가 대규모이므로 열효율이 좋다.
㉰ 건물 완성 후에도 급탕 개소의 증설이 비교적 쉽다.
㉱ 설비 규모가 작기 때문에 초기 설비비가 적게 든다.

[해설] ㉮ 배관 길이가 길어져 열손실이 크다.
㉰ 건물 완성 후에는 급탕 개소의 증설이 어렵다.
㉱ 설비 규모가 크기 때문에 초기 설비비가 많이 든다.

정답 40 ㉮ 41 ㉯ 42 ㉰ 43 ㉮ 44 ㉯

45 급탕 배관 시공 시 배관 구배로 가장 적당한 것은?

㉮ 강제순환식 : $\dfrac{1}{100}$, 중력순환식 : $\dfrac{1}{50}$

㉯ 강제순환식 : $\dfrac{1}{50}$, 중력순환식 : $\dfrac{1}{100}$

㉰ 강제순환식 : $\dfrac{1}{100}$, 중력순환식 : $\dfrac{1}{100}$

㉱ 강제순환식 : $\dfrac{1}{200}$, 중력순환식 : $\dfrac{1}{150}$

해설 급탕배관의 구배
- 중력 순환식 : 1/150
- 강제 순화식 : 1/200

46 비중이 약 2.7로서 열 및 전기 전도율이 좋으며, 가볍고, 전연성이 풍부하여 가공성이 좋으며 순도가 높은 것은 내식성이 우수하여 건축재료 등에 주로 사용되는 것은?

㉮ 주석관
㉯ 강관
㉰ 비닐관
㉱ 알루미늄관

해설 알루미늄배관
비중이 약 2.7로서 열 및 전기 전도율이 좋으며, 가볍고, 전연성이 풍부하여 가공성이 좋고, 순도가 높은 것은 내식성이 우수하여 건축재료 등에 주로 사용된다.
전연성(전성+연성)
① 전성 : 얇게 펴지는 성질
② 연성 : 늘어나는 성질

47 급수설비에서 급수펌프 설치 시 캐비테이션(Cavitation) 방지책에 대한 설명으로 틀린 것은?

㉮ 펌프의 회전수를 빠르게 한다.
㉯ 흡입배관은 굽힘부를 적게 한다.
㉰ 단흡입 펌프를 양흡입 펌프로 바꾼다.
㉱ 흡입 관경은 크게 하고 흡입 양정은 짧게 한다.

해설 ㉮ 펌프의 회전수를 작게 한다.

48 수도 직결식 급수설비에서 수도본관에서 최상층 수전까지 높이가 10m일 때 수도본관의 최저필요수압은? (단, 수전의 최저 필요압력은 0.3kg$_f$/cm², 관내 마찰손실 수두는 0.2kg$_f$/cm²으로 한다.)

㉮ 1.0kg$_f$/cm²   ㉯ 1.5kg$_f$/cm²
㉰ 2.0kg$_f$/cm²   ㉱ 2.5kg$_f$/cm²

해설 수도본관에서 최상층 수전까지의 높이가 10m이므로 수두압력 10mH$_2$O로 볼 수 있다. 이는 표준대기압 하에서 1kg/cm²와 같으므로 최저수압은 아래와 같이 구할 수 있다.
∴ $1 + 0.3 + 0.2 = 1.5 [\text{kg/cm}^2]$

49 주철관의 이음방법이 아닌 것은?

㉮ 소켓 이음(Socket Joint)
㉯ 플레어 이음(Flare Joint)
㉰ 플랜지 이음(Flange Joint)
㉱ 노허브 이음(No-hub Joint)

해설 플레어 이음은 동관의 끝을 나팔 모양으로 성형하여 플레어 볼트와 너트를 체결하는 압축 이음쇠로 동관의 이음 방법에 속한다.

정답 45 ㉱ 46 ㉱ 47 ㉮ 48 ㉯ 49 ㉯

50 배관에서 보온재 선택 시 고려할 사항으로 가장 거리가 먼 것은?

㉮ 안전 사용 온도 범위
㉯ 열전도율
㉰ 내용연수
㉱ 운반비용

해설 보온재 선택 시 고려할 사항
안전 사용 온도 범위, 열전도율, 내용연수

51 공기조화설비에서 덕트 주요 요소인 가이드 베인에 대한 설명으로 옳은 것은?

㉮ 소형 덕트의 풍량 조절용이다.
㉯ 대형 덕트의 풍량 조절용이다.
㉰ 덕트 분기 부분의 풍량 조절용이다.
㉱ 덕트 밴드부에서 기류를 안정시킨다.

해설 가이드 베인(guide vane) : 덕트의 직각 부분 통로에 동일형의 날개(곡률을 가진 날개)를 부착하여 속도 변화에 의한 난류의 발생을 방지하고, 유체의 저항 손실을 작게 하는 목적으로 쓰인다.

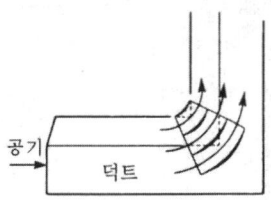

52 배관이나 밸브 등의 보온 시공한 부분의 서포트부에 설치되며 관의 자중 또는 열팽창에 의한 보온재의 파손을 방지하기 위해 사용하는 것은?

㉮ 가이드(Guide)
㉯ 파이프슈(Pipe Shoe)
㉰ 브레이스(Brace)
㉱ 앵커(Anchor)

해설 파이프 슈(Pipe Shoe)
배관이나 밸브 등의 보온 시공한 부분의 서포트 부에 설치되며 관의 자중 또는 열팽창에 의한 보온재의 파손을 방지하기 위해 사용한다.

53 다음 중 각 장치의 설치 및 특징에 대한 설명으로 틀린 것은?

㉮ 슬루스 밸브는 유량조절용보다는 개폐용(ON-OFF용)에 주로 사용된다.
㉯ 슬루스 밸브는 일명 게이트 밸브라고도 한다.
㉰ 스트레이너는 배관 속 먼지, 흙, 모래 등을 제거하기 위한 부속품이다.
㉱ 스트레이너는 밸브 뒤에 설치한다.

해설 ㉱ 스트레이너는 밸브의 앞(입구)에 설치한다.

정답 50 ㉱ 51 ㉱ 52 ㉯ 53 ㉱

54 배수관에 설치하는 트랩에 관한 내용으로 틀린 것은?

㉮ 트랩의 유효수심은 관 내 압력 변동에 따라 다르나 일반적으로 최저 50mm가 필요하다.
㉯ 트랩은 배수 시 자기세정이 가능해야 한다.
㉰ 트랩의 봉수파괴 원인은 사이펀 작용, 흡출작용, 봉수의 증발 등이 있다.
㉱ 트랩의 봉수깊이는 가능한 한 깊게 하여 봉수가 유실되는 것을 방지하다.

[해설] ㉱ 배수트랩의 봉수 깊이가 너무 깊으면 저항이 발생하고 이물질이 퇴적될 수 있으므로 봉수의 파괴 또는 봉수의 능력이 감소할 수 있으므로 일반적 봉수의 깊이는 50~100mm정도로 한다.

55 슬리브형 신축 이음쇠의 특징이 아닌 것은?

㉮ 신축 흡수량이 크며, 신축으로 인한 응력이 생기지 않는다.
㉯ 설치 공간이 루프형에 비해 크다.
㉰ 곡선배관 부분이 있는 경우 비틀림이 생겨 파손의 원인이 된다.
㉱ 장시간 사용 시 패킹의 마모로 인해 누설될 우려가 있다.

[해설] ㉯ 설치 공간이 루프형에 비해 작다.

56 배관 부속기기인 여과기(Strainer)에 대한 설명으로 틀린 것은?

㉮ 여과기의 종류에는 형상에 따라 Y형, U형, V형 등이 있다.
㉯ 여과기의 설치 목적은 관 내 유체의 이물질을 제거하여 수량계, 펌프 등을 보호하는 데 있다.
㉰ U형 여과기는 유체의 흐름이 수평이므로 저항이 작아 주로 급수배관용에 사용한다.
㉱ V형 여과기는 유체가 스트레이너 속을 직선적으로 흐르므로 Y형이나 U형에 비해 유속에 대한 저항이 적다.

[해설] U형 스트레이너는 주철제의 본체 안에 원통형 여과망을 수직으로 넣어 유체가 망의 안쪽에서 바깥쪽으로 흐른다. 구조상 유체가 내부에서 직각으로 흐르게 됨으로써 Y형 스트레이너에 비해 유체에 대한 저항이 크나 보수나 점검 등이 편리한 장점이 있다. 주로 급유 계통의 배관에 많이 쓰인다.

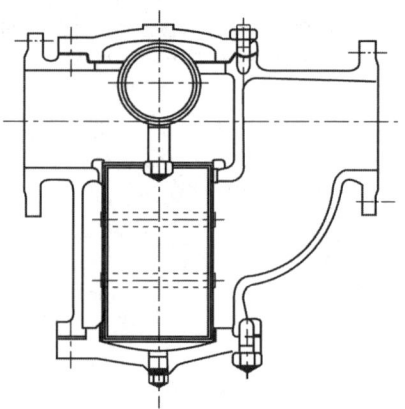

57 가스설비 배관 시 관의 지름은 폴(Pole) 식을 사용하여 구한다. 이때 고려할 사항이 아닌 것은?

㉮ 가스의 유량
㉯ 관의 길이
㉰ 가스의 비중
㉱ 가스의 온도

해설 폴(Pole)의 공식
$$Q = K\sqrt{\dfrac{D^5 H}{SL}}$$
여기서, Q : 가스유량[m³/h]
K : 유량계수
D : 관의 내경[cm]
H : 압력손실수두[mmAq]
S : 비중
L : 길이[m]

58 강판제 케이싱 속에 열전도성이 우수한 핀(Fin)을 붙여 대류작용만으로 열을 이동시켜 난방하는 방열기는?

㉮ 콘백터
㉯ 길드 방열기
㉰ 주형 방열기
㉱ 벽걸이 방열기

해설 컨벡터(convector) : 강판제 케이싱 속에 열전도성이 우수한 핀(Fin)을 붙여 대류작용만으로 열을 이동시켜 난방하는 방열기

59 이음쇠 중 방진, 방음의 역할을 하는 것은?

㉮ 플렉시블형 이음쇠
㉯ 슬리브형 이음쇠
㉰ 스위블형 이음쇠
㉱ 루프형 이음쇠

해설 플렉시블형 이음쇠
압축기 및 펌프의 흡입 및 토출 측에 설치하여 열팽창에 의한 신축을 흡수하고 배관에 전달되는 진동과 소음을 차단하여 장치의 변형 및 파손을 방지한다.

60 냉동배관 재료로서 갖추어야 할 조건으로 틀린 것은?

㉮ 저온에서 강도가 커야 한다.
㉯ 내식성이 커야 한다.
㉰ 관 내 마찰저항이 커야 한다.
㉱ 가공 및 시공성이 좋아야 한다.

해설 ㉰ 관 내 마찰저항은 작아야 한다.

제4과목 | 전기제어공학(공조냉동설치운영 2)

61 다음 블록선도 중 비례적분제어기를 나타낸 블록선도는?

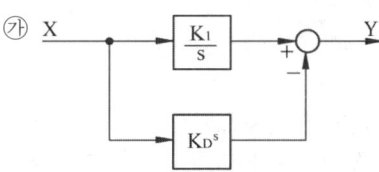

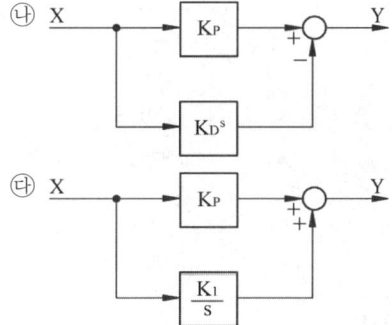

정답 57 ㉱ 58 ㉮ 59 ㉮ 60 ㉰ 61 ㉰

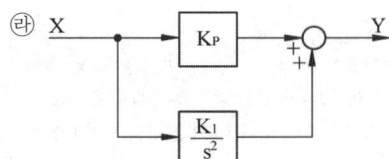

해설 비례적분(PI)동작 제어기 수식 : $K_P + \dfrac{K_I}{s}$

전달함수

㉮ $\dfrac{Y}{X} = \dfrac{K_I}{S} - K_D s$

㉯ $\dfrac{Y}{X} = K_P - K_D s$

㉰ $\dfrac{Y}{X} = K_P + \dfrac{K_I}{s}$

㉱ $\dfrac{Y}{X} = K_P + \dfrac{K_I}{s^2}$

62 전압계에 대한 설명으로 틀린 것은?

㉮ 동작원리는 전류계와 같다.
㉯ 회로에 직렬로 접속한다.
㉰ 내부저항이 있다.
㉱ 가동코일형은 직류 측정에 사용된다.

해설 전압계는 회로에 병렬로 접속한다.

63 다음의 신호흐름선도의 입력이 5일 때 출력이 3이 되기 위한 A의 값은?

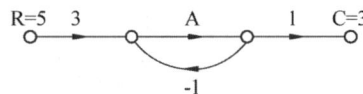

㉮ 2   ㉯ 3
㉰ 4   ㉱ 5

해설 전달함수

$G(s) = \dfrac{C}{R} = \dfrac{패스경로}{1 - 피드백경로}$

$\dfrac{C}{R} = \dfrac{3A}{1+A}$

$\rightarrow \dfrac{3}{5} = \dfrac{3A}{1+A} \rightarrow \dfrac{3}{15} = \dfrac{A}{1+A} \rightarrow \dfrac{1}{5} = \dfrac{1}{1+A}$

$\rightarrow 1+A = 5A \rightarrow 1 = 5A - A \rightarrow 1 = 4A$

$\rightarrow A = \dfrac{1}{4}$

※ 위 문제는 보기가 잘못되었으며 최종 답은 $\dfrac{1}{4}$ 이 맞습니다.

64 목표값이 시간에 따라 변화하지 않는 제어로 정전압장치나 일정 속도제어 등에 해당하는 제어는?

㉮ 프로그램 제어   ㉯ 추종제어
㉰ 정치제어   ㉱ 비율제어

해설 추치제어 : 목표값이 임의의 변화에 대하여 추종하도록 구성된 제어로 목표값이 시간에 따라 변화되는 상태량을 제어한다.

추치제어의 종류
① 추종 제어 : 목표값이 임의로 변화되는 경우의 제어(서보기구 : 위치, 방향, 자세, 각도 등)
② 프로그램 제어 : 목표값의 변화량이 미리 정해진 프로그램에 의하여 상태량을 제어한다.
③ 비율 제어 : 목표값이 다른 양과 일정한 비율 관계를 갖는 상태량을 제어한다.

정치제어 : 목표값이 시간에 따라 변하지 않고 일정한 상태량을 제어하는 방식(프로세스 제어, 자동 조정 제어, 온도 제어 등)

65 동작신호를 조작량으로 변환하는 요소로서 조절부와 조작부로 이루어진 요소는?

㉮ 기준압력 요소
㉯ 동작신호 요소
㉰ 제어 요소
㉱ 피드백 요소

해설 제어 요소 : 동작 신호를 조작량으로 변환시키는 요소로 조절부와 조작부로 구성된다.
① 조절부 : 동작 신호를 만드는 부분으로 기준 입력 신호와 검출부의 신호를 합하여 제어계가 소요 작용을 하는데 필요한 신호를 만들어 조작부에 보내는 장치
② 조작부 : 조절부에서 받은 신호를 조작량으로 변환하여 제어 대상에 보내는 장치

66 배리스터의 주된 용도는?

㉮ 서지전압에 대한 회로 보호용
㉯ 온도 측정용
㉰ 출력전류 조절용
㉱ 전압 증폭용

해설 배리스터 : 비직선적인 전압-전류 특성을 갖는 반도체 소자로 전압이 증가하면 저항이 감소하는 성질이 있어 서지 전압에 대한 회로 보호용으로 사용된다.

67 그림은 제어회로의 일부이다. 회로에 대한 설명이 틀린 것은?

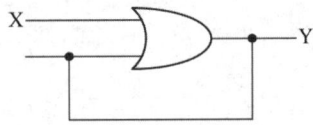

㉮ 자기유지회로이다.
㉯ 논리식은 Y = X + Y이다.
㉰ X가 "1"이면 항상 Y는 "1"이다.
㉱ Y가 "1"인 상태에서 X가 0이면 Y는 0이 되는 회로이다.

해설 해당 회로는 OR 회로이므로 X, Y 둘 중 하나라도 1이 되면 출력은 1이 된다.

68 100V, 10A, 전기자저항 1Ω, 회전수 1,800rpm인 직류 전동기의 역기전력은 몇 V인가?

㉮ 80 ㉯ 90
㉰ 100 ㉱ 110

해설 직류전동기의 역기전력
$E = V - IR = 100 - 10 \times 1 = 90[V]$

직류전동기의 전압(V)
$V = IR + E$
여기서, V : 직류전동기의 전압[V]
I : 전류[A]
R : 저항[Ω]
E : 역기전력[V]

정답 65 ㉰ 66 ㉮ 67 ㉱ 68 ㉯

69 R-L-C 직렬회로에서 전류가 최대로 되는 조건은?

㉮ $wL = wC$
㉯ $\dfrac{w^2 L}{R} = \dfrac{1}{wCR}$
㉰ $wLC = 1$
㉱ $wL = \dfrac{1}{wC}$

해설 직렬공진 : $X_L - X_C = 0$, $wL = \dfrac{1}{wc}$

합성임피던스 : $Z = R + jX$
직렬 공진 시 합성 임피던스 Z=R이므로 R만의 회로가 되며 특징은 아래와 같다.
① 위상차가 0이 된다.
② 전류는 최대가 된다.
③ 유효전력만 존재하며 최대가 된다.
④ 공급 전압이 모두 저항 R에 인가된다.

70 직류전동기는 속도제어를 비교적 간단하게 할 수 있고 기동 토크가 크므로 엘리베이터나 전차 등에 많이 사용되고 있다. 직류전동기에 가해지는 전압을 제어하여 속도제어로 많이 사용하는 방법은?

㉮ 전압제어방식
㉯ 계자저항제어방식
㉰ 1단 속도제어방식
㉱ 워드-레오너드방식

해설 워드-레오너드방식
직류전동기의 전압을 제어하여 속도제어를 비교적 간단하게 하며 기동 토크가 크므로 엘리베이터나 전차 등에 많이 사용된다.

71 직류회로에서 일정 전압에 저항을 접속하고 전류를 흘릴 때 25%의 전류값을 증가시키고자 한다. 이때 저항을 몇 배로 하면 되는가?

㉮ 0.25
㉯ 0.8
㉰ 1.6
㉱ 2.5

해설 $I = \dfrac{V}{R} \rightarrow I \times 1.25 = \dfrac{V}{R}$

$\rightarrow R = \dfrac{V}{I \times 1.25} = \dfrac{1}{1 \times 1.25} = 0.8$

72 1차 지연요소의 전달함수는?

㉮ $\dfrac{s}{K}$
㉯ Ks
㉰ $\dfrac{1}{K}$
㉱ $\dfrac{K}{1 + Ts}$

해설 1차 지연 요소 : 출력이 입력의 변화에 따라 어떤 일정한 값에 도달하는데 시간의 지연이 있는 요소로 인디셜 응답이 지수 함수적으로 증가하다가 결국 일정 값이 유지된다.(전달함수 특성방정식의 s의 차수(승수)가 1인 경우 1차 지연 요소, 2인 경우 2차 지연 요소라고 나타낸다.)

① 1차 지연요소 : $G(s) = \dfrac{K}{1 + Ts}$
② 2차 지연요소 : $G(s) = \dfrac{Kw_n^2}{s^2 + 2\zeta w_n^2 s + w_n^2}$
③ 비례 요소 : $G(s) = K$
④ 적분 요소 : $G(s) = \dfrac{K}{s}$
⑤ 미분 요소 : $G(s) = Ks$

정답 69 ㉱ 70 ㉱ 71 ㉯ 72 ㉱

73 파형률이 가장 큰 것은?

㉮ 구형파 ㉯ 삼각파
㉰ 정현파 ㉱ 포물선파

해설 파형률
① 정현파 : 1.11
② 삼각파 : 1.15
③ 구형파 : 1

74 전기력선의 성질로 틀린 것은?

㉮ 양전하에서 나와 음전하로 끝나는 연속곡선이다.
㉯ 전기력선 상의 접선은 그 점에 있어서의 전계의 방향이다.
㉰ 전기력선은 서로 교차한다.
㉱ 단위 전계강도 1V/m인 점에 있어서 전기력선 밀도를 1개/m²라 한다.

해설 ㉰ 전기력선은 서로 교차하지 않는다.

75 물건을 오르내리는 소형 호이스트의 로직 회로의 일부이다. L_{sh}는 어떤 기능인가?

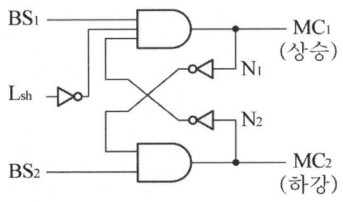

㉮ 인터록
㉯ 상승정지(상부에서)
㉰ 가동입력
㉱ 하강정지(하부에서)

해설 Lsh는 호이스트가 상부까지 올라갔을 때 정지시키는 용도이다.

76 제백 효과(Seebeck Effect)를 이용한 센서에 해당하는 것은?

㉮ 저항 변화용
㉯ 인덕턴스 변화용
㉰ 용량 변화용
㉱ 전압 변화용

해설 제백효과 : 서로 다른 종류의 금속을 접합하여 두 접점 간에 온도차를 주면 기전력이 발생되는 현상

77 다음 중 프로세스 제어에 속하는 것은?

㉮ 장력 ㉯ 압력
㉰ 전압 ㉱ 저항

해설 프로세스제어
생산공정 중의 상태량을 제어량으로 하는 제어로 제어계에 가해지는 외란의 억제를 주목적으로 한다.
① 제어량 : 공업 공정의 상태량(온도, 압력, 유량, 습도, 밀도, 농도 등)
② 사용처 : 수조의 온도 제어, 대단위 화학 플랜트 등

78 변압기의 정격용량은 2차 출력단자에서 얻어지는 어떤 전력으로 표시하는가?

㉮ 피상전력
㉯ 유효전력
㉰ 무효전력
㉱ 최대전력

해설 피상전력 : 교류의 부하 또는 전원의 용량을 나타내는 값.(유효전력+무효전력)

정답 73 ㉯ 74 ㉰ 75 ㉯ 76 ㉱ 77 ㉯ 78 ㉮

79 100V의 기전력으로 100J의 일을 할 때 전기량은 몇 C인가?

㉮ 0.1 ㉯ 1
㉰ 10 ㉱ 100

해설 ① 전기량 $Q = It$
② 전력량 $W = Pt$
③ 전력 $P = V \cdot I$
$W = V \cdot I \cdot \dfrac{Q}{I} \rightarrow W = V \cdot Q$
$Q = \dfrac{W}{V} = \dfrac{100}{100} = 1[\text{C}]$

80 다음 진리표의 논리식과 같지 않은 것은?

입력		출력
A	B	X
0	0	0
0	1	1
1	0	1
1	1	1

㉮ $X = B + A \cdot \overline{B}$
㉯ $X = A + B$
㉰ $X = A \cdot B + \overline{A} \cdot B$
㉱ $X = A + \overline{A} \cdot B$

해설
㉮ $X = B + A\overline{B} = A + BB + \overline{B} = A + B$
㉯ $X = A + B$
㉰ $X = A \cdot B + \overline{A} \cdot B = B(A + \overline{A}) = B$
㉱ $X = A + \overline{A} \cdot B = A + \overline{A} \cdot A + B = A + B$

정답 79 ㉯ 80 ㉰

공조냉동기계산업기사

과년도 출제문제

(2015.05.31. 시행)

제1과목 공기조화(공기조화설비)

01 극간풍의 풍량을 계산하는 방법으로 틀린 것은?

㉮ 환기 횟수에 의한 방법
㉯ 극간 길이에 의한 방법
㉰ 창 면적에 의한 방법
㉱ 재실 인원수에 의한 방법

해설 극간풍량 산정법
- 환기횟수법
- 창문 틈새길이법(극간 길이법)
- 창문 면적법
- 이용 빈도수에 의한 방법

02 환기와 배연에 관한 설명으로 틀린 것은?

㉮ 환기란 실내의 공기를 차거나 따뜻하게 만들기 위한 것이다.
㉯ 환기는 급기 또는 배기를 통하여 이루어진다.
㉰ 환기는 자연적인 방법, 기계적인 방법이 있다.
㉱ 배연설비란 화재 초기에 발생하는 연기를 제거하기 위한 방법이다.

해설 ㉮ 환기란 실내의 유해 물질 또는 오염된 공기를 배제시켜 실내를 쾌적하게 만드는 것이다.

03 공기조화방식 분류 중 전공기방식이 아닌 것은?

㉮ 멀티존 유닛방식
㉯ 변풍량 재열식
㉰ 유인유닛방식
㉱ 정풍량식

해설 ㉮ 멀티존 유닛방식 : 중앙방식 - 전공기방식
㉯ 변풍량 재열식 : 중앙방식 - 전공기방식
㉰ 유인유닛방식 : 중앙방식 - 수·공기방식
㉱ 정풍량방식 : 중앙방식 - 전공기방식
(교재참고 270p)

04 다음 분류 중 천장 취출방식이 아닌 것은?

㉮ 아네모스탯형
㉯ 브리즈 라인형
㉰ 팬형
㉱ 유니버설형

해설 천장형 : 아네모스탯형, 팬형, 펑커루버형, 라인형
벽 취출방식 : 유니버설형, 노즐형

05 다음 중 엔탈피의 단위는?

㉮ kcal/kg·℃
㉯ kcal/kg
㉰ kcal/m²·h·℃
㉱ kcal/m·h·℃

해설 엔탈피의 단위 : [kcal/kg] 또는 [kJ/kg]

정답 01 ㉱ 02 ㉮ 03 ㉰ 04 ㉱ 05 ㉯

06 다음의 표시된 벽체의 열관류율은?
(단, 내표면의 열전달률 a_i : 8kcal/m²·h·℃, 외표면의 열전달률 a_0 : 20kcal/m²·h·℃, 벽돌의 열전도율 λ_a : 0.5kcal/m·h·℃, 단열재의 열전달률 λ_b : 0.03kcal/m·h·℃, 모르타르의 열전도율 λ_c : 0.62kcal/m·h·℃ 이다.)

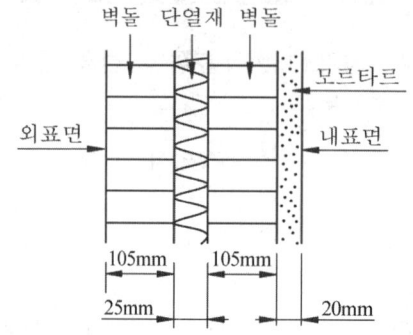

㉮ 0.685kcal/m²·h·℃
㉯ 0.778kcal/m²·h·℃
㉰ 0.813kcal/m²·h·℃
㉱ 1.460kcal/m²·h·℃

해설 열통과율(열관류율)

$$K = \frac{1}{\frac{1}{a_1} + \frac{l_1}{\lambda_1} + \frac{l_2}{\lambda_2} + \frac{l_3}{\lambda_3} + \frac{l_4}{\lambda_4} + \frac{1}{a_2}}$$

여기서, K : 열통과율, 열관류율[kcal/m²h℃]
a_1 : 내벽 열전달율[kcal/m²h℃]
a_2 : 외벽 열전달율[kcal/m²h℃]
$\lambda_{(1-4)}$: 벽체 각각의 열전도도[kcal/mh℃]
$l_{(1-4)}$: 벽체 각각의 두께[m]

$$K = \frac{1}{\frac{1}{8} + \frac{0.105}{0.5} + \frac{0.025}{0.03} + \frac{0.105}{0.5} + \frac{0.02}{0.62} + \frac{1}{20}}$$
$= 0.685$[kcal/m²h℃]

07 다음 중 현열부하에만 영향을 주는 것은?
㉮ 건구온도   ㉯ 절대습도
㉰ 비체적   ㉱ 상대습도

해설 현열이란 물체의 상태변화 없이 온도만 변할 때의 열량을 나타내며 현열부하에만 영향을 주는 것은 건구온도이다.

08 전열량의 변화와 절대습도 변화의 비율은 무엇이라고 하는가?
㉮ 현열비   ㉯ 포화비
㉰ 열수분비 ㉱ 절대비

해설 열수분비

$$U(열수분비) = \frac{dh(엔탈피\ 변화량)}{dx(수분의\ 변화량)}[kcal/kg]$$

09 유인 유닛 공조방식에 대한 설명으로 옳은 것은?
㉮ 실내환경 변화에 대응이 어렵다.
㉯ 덕트 공간이 비교적 크다.
㉰ 각 실의 제어가 어렵다.
㉱ 회전부분이 없어 동력(전기) 배선이 필요 없다.

해설 ㉮ 실내환경 변화에 대응이 용이하다.
㉯ 덕트 공간이 비교적 작다.
㉰ 각 실의 제어가 용이하다.
※ 유인 유닛은 유닛 내부에 팬이 없으므로 동력배선이 필요 없으며, 이와 비교해 팬코일유닛은 팬이 설치되므로 동력배선이 필요하다.

10 습공기 선도상에서 확인할 수 있는 사항이 아닌 것은?

㉮ 노점온도
㉯ 습공기의 엔탈피
㉰ 효과온도
㉱ 수증기 분압

[해설] 습공기 선도상에서 확인할 수 있는 사항
건구온도, 노점온도, 습구온도, 절대습도, 상대습도, 엔탈피, 비체적, 수증기 분압 등

11 공기조화기의 냉수코일을 설계하고자 할 때의 설명으로 틀린 것은?

㉮ 코일을 통과하는 물의 속도는 1m/s 정도가 되도록 한다.
㉯ 코일 출입구의 수온차는 대개 5~10℃ 정도가 되도록 한다.
㉰ 공기와 물의 흐름은 병류(평행류)로 하는 것이 대수평균 온도차가 크게 된다.
㉱ 코일의 모양은 효율을 고려하여 가능한 한 정방형으로 한다.

[해설] ㉰ 공기와 물의 흐름은 역류(대향류)로 하는 것이 대수평균 온도차가 크게 된다.

12 전공기식 공기조화에 관한 설명으로 틀린 것은?

㉮ 덕트가 소형으로 되므로 스페이스가 작게 된다.
㉯ 송풍량이 충분하므로 실내공기의 오염이 적다.
㉰ 중앙집중식이므로 운전, 보수관리를 집중화할 수 있다.
㉱ 병원의 수술실과 같이 높은 공기의 청정도를 요구하는 곳에 적합하다.

[해설] ㉮ 덕트가 대형으로 되므로 스페이스가 크게 된다.

13 펌프를 작동원리에 따라 분류할 때 왕복 펌프에 해당하지 않는 것은?

㉮ 피스톤 펌프
㉯ 베인 펌프
㉰ 다이어프램 펌프
㉱ 플런저 펌프

[해설] 펌프의 종류
① 왕복동식 펌프 : 피스톤, 플런저, 다이어프램
② 회전식 펌프 : 기어, 나사, 베인
③ 원심식 펌프 : 볼류트, 터빈

14 다음과 같은 사무실에서 방열기의 설치 위치로 가장 적당한 곳은?

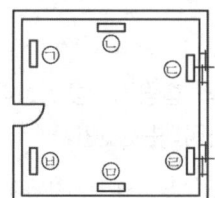

㉮ [㉠, ㉡]
㉯ [㉡, ㉢]
㉰ [㉢, ㉣]
㉱ [㉣, ㉥]

[해설] 방열기는 열손실을 줄이고 대류현상을 효과적으로 이용하기 위해 부하가 큰 창문가에 설치하는 것이 이상적이다.

15 덕트의 설계법을 순서대로 나열한 것 중 가장 바르게 연결한 것은?

㉮ 송풍량 결정 - 덕트경로 결정 - 덕트치수 결정 - 취출구 및 흡입구 위치 결정 - 송풍기 선정 - 설계도 작성
㉯ 송풍량 결정 - 취출구 및 흡입구 위치 결정 - 덕트경로 결정 - 덕트치수 결정 - 송풍기 선정 - 설계도 작성
㉰ 덕트치수 결정 - 송풍량 결정 - 덕트경로 결정 - 취출구 및 흡입구 위치 결정 - 송풍기 선정 - 설계도 작성
㉱ 덕트치수 결정 - 덕트경로 결정 - 취출구 및 흡입구 위치 결정 - 송풍량 결정 - 송풍기 선정 - 설계도 작성

해설 덕트의 설계법 순서
송풍량 결정 - 취출구 및 흡입구 위치 결정 - 덕트경로 결정 - 덕트치수 결정 - 송풍기 선정 - 설계도 작성

16 다음의 습공기 선도 상에서 E-F는 무엇을 나타내는 것인가?

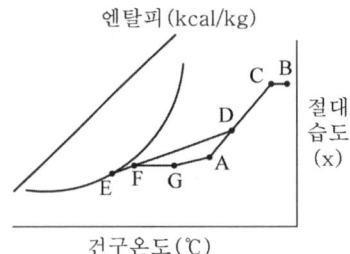

㉮ 가습
㉯ 재열
㉰ CF(Contact Factor)
㉱ BF(By-pass Factor)

해설 ① E-F : 바이패스 팩터
② D-F : 콘택트 팩터

17 공조용 가습장치 중 수분무식에 해당하지 않는 것은?

㉮ 원심식   ㉯ 초음파식
㉰ 분무식   ㉱ 적하식

해설 가습장치의 종류
① 수분무식 : 원심식, 초음파식, 분무식
② 증발식 : 회전식, 모세관식, 적하식, 에어와셔식
③ 증기식 : 전열식(가습팬식), 전극식, 적외선식

18 덕트의 직관부를 통해 공기가 흐를 때 발생하는 마찰저항에 대한 설명 중 틀린 것은?

㉮ 관의 마찰저항 계수에 비례한다.
㉯ 덕트의 지름에 반비례한다.
㉰ 공기의 평균 속도의 제곱에 비례한다.
㉱ 중력 가속도의 2배에 비례한다.

해설 원형관의 마찰손실($\triangle P$ 또는 h)

$$\triangle P = f \times \frac{l}{d} \times \frac{v^2}{2g} \times r$$

여기서, $\triangle P(h)$: 손실수두[N]
$f(\lambda)$: 마찰저항계수
l : 관의길이[m]
d : 관의직경[m]
v : 유속[m/s]
g : 중력가속도(9.8m/s²)
r : 비중량[N/m³]

19 다음 장치도 및 t-x 선도와 같이 공기를 혼합하여 냉각, 재열한 후 실내로 보낸다. 여기서, 외기부하를 나타내는 식은?
(단, 혼합공기량은 G(kg/h)이다.)

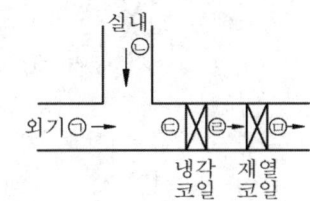

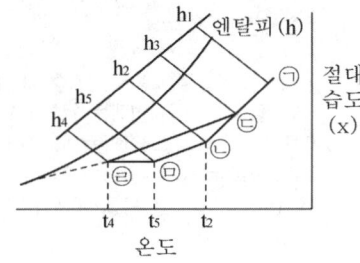

㉮ $q = G(h_3 - h_4)$ ㉯ $q = G(h_1 - h_3)$
㉰ $q = G(h_5 - h_4)$ ㉱ $q = G(h_3 - h_2)$

해설 외기부하 $= G(h_3 - h_2)$
외기부하=혼합부하(h_3)-실내부하(h_2)
※ 고온의 외기가 실내의 리턴 공기를 데우게 되는데 이때 발생되는 혼합공기와 리턴 공기의 차를 외기부하로 본다.

20 습공기를 냉각하게 되면 공기의 상태가 변화한다. 이때 증가하는 상태값은?
㉮ 건구온도   ㉯ 습구온도
㉰ 상대습도   ㉱ 엔탈피

해설 ㉮ 건구온도 : 감소
㉯ 습구온도 : 감소
㉰ 상대습도 : 증가
㉱ 엔탈피 : 감소

제2과목 냉동공학(냉동냉장설비)

21 이상 기체를 체적이 일정한 상태에서 가열하면 온도와 압력은 어떻게 변하는가?
㉮ 온도가 상승하고 압력도 높아진다.
㉯ 온도가 상승하고 압력도 낮아진다.
㉰ 온도가 저하하고 압력도 높아진다.
㉱ 온도가 저하하고 압력도 낮아진다.

해설 이상기체를 체적이 일정한 상태에서 가열하면 온도가 상승하고 압력도 높아진다.

22 그림과 같은 이론 냉동 사이클이 적용된 냉동장치의 성적계수는? (단, 압축기의 압축효율 80%, 기계효율 85%로 한다.)

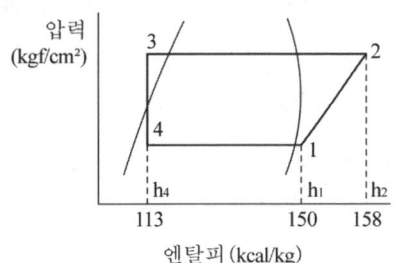

㉮ 2.4   ㉯ 3.1
㉰ 4.4   ㉱ 5.1

해설 ① 이론성적계수(COP, ϵ)
$$\epsilon = \frac{q}{Aw} = \frac{150-113}{158-150} = 4.63$$
② 실제성적계수($\epsilon_o = \epsilon \times \eta_c \times \eta_m$)
$\epsilon_o = 4.63 \times 0.8 \times 0.85 = 3.1$
여기서, ϵ_o : 실제성적계수
ϵ : 이론성적계수
η_c : 압축효율
η_m : 기계효율

정답 19 ㉱ 20 ㉰ 21 ㉮ 22 ㉯

23 단열재의 선택요건에 해당되지 않는 것은?

㉮ 열전도도가 크고 방습성이 클 것
㉯ 수축변형이 적을 것
㉰ 흡수성이 없을 것
㉱ 냉압강도가 클 것

해설 ㉮ 열전도도가 작고 방습성이 클 것

24 팽창밸브로 모세관을 사용하는 냉동장치에 관한 설명 중 틀린 것은?

㉮ 교축 정도가 일정하므로 증발부하 변동에 따라 유량 조절이 불가능하다.
㉯ 밀폐형으로 제작되는 소형 냉동장치에 적합하다.
㉰ 내경이 크거나 길이가 짧을수록 유체 저항의 감소로 냉동능력은 증가한다.
㉱ 감압 정도가 크면 냉매 순환량이 적어 냉동능력을 감소시킨다.

해설 ㉰ 내경이 크거나 길이가 짧을수록 유체 저항이 감소하고 내경이 작고 길이가 길수록 유체 저항이 증가한다. 또한 부하 변동에 따라 냉동능력은 변하게 된다.

25 4마력(PS) 기관이 1분간에 하는 일의 열당량은?

㉮ 약 0.042kcal
㉯ 약 0.42kcal
㉰ 약 4.2kcal
㉱ 약 42.1kcal

해설 ① $4 \times 632 = 2528 [\text{kcal/h}]$
② $\dfrac{2528}{60} = 42.1 [\text{kcal/min}]$
※ 단위환산 힌트
$1[PS] = 632[\text{kcal/h}]$

26 수랭식 응축기에 대한 설명 중 옳은 것은?

㉮ 냉각수량이 일정한 경우 냉각수 입구온도가 높을수록 응축기 내의 냉매는 액화하기 쉽다.
㉯ 종류에는 입형 셸 튜브식, 7통로식, 지수식 응축기 등이 있다.
㉰ 이중관식 응축기는 냉매증기와 냉각수를 평행류로 함으로써 냉각수량이 많이 필요하다.
㉱ 냉각수의 증발잠열을 이용해 냉매가스를 냉각한다.

해설 ㉮ 냉각수량이 일정한 경우 냉각수 입구온도가 낮을수록 응축기 내의 냉매는 액화하기 쉽다.
㉰ 이중관식 응축기의 냉매증기와 냉각수를 대향류로 함으로써 냉각수량이 적게 필요하다.
㉱ 냉각수의 현열을 이용해 냉매가스를 냉각한다.

27 프레온 냉동장치에서 유분리기를 설치하는 경우가 아닌 것은?

㉮ 만액식 증발기를 사용하는 장치의 경우
㉯ 증발온도가 높은 냉동장치의 경우
㉰ 토출가스 배관이 긴 경우
㉱ 토출가스에 다량의 오일이 섞여 나가는 경우

해설 ㉯ 증발 온도가 낮은 냉동장치의 경우 오일에 점도가 낮아져 장치 하부에 고이거나 냉매와 오일이 잘 혼합되므로 유분리기를 설치한다.

정답 23 ㉮ 24 ㉰ 25 ㉱ 26 ㉯ 27 ㉯

28 2원 냉동 사이클에서 중간열교환기인 캐스케이드 열교환기의 구성은 무엇으로 이루어져 있는가?

㉮ 저온 측 냉동기의 응축기와 고온 측 냉동기의 증발기
㉯ 저온 측 냉동기의 증발기와 고온 측 냉동기의 응축기
㉰ 저온 측 냉동기의 응축기와 고온 측 냉동기의 응축기
㉱ 저온 측 냉동기의 증발기와 고온 측 냉동기의 증발기

[해설] 2원 냉동사이클에서 중간열교환기인 캐스케이드 열교환기는 저온 측 냉동기의 응축기와 고온측 냉동기의 증발기로 구성되어 있다.

29 프레온계 냉동장치의 배관재료로 가장 적당한 것은?

㉮ 철   ㉯ 강
㉰ 동   ㉱ 마그네슘

[해설] 프레온 냉매 : 마그네슘 및 Mg 2[%] 이상 함유한 Al 합금을 부식시키므로 동관 및 동합금을 사용한다.
NH₃ : 동 및 동합금을 부식시키므로 강관을 사용한다.

30 카르노 사이클의 기관에서 20℃와 300℃ 사이에서 작동하는 열기관의 열효율은?

㉮ 약 42%   ㉯ 약 48%
㉰ 약 52%   ㉱ 약 58%

[해설] 카르노사이클의 열효율
$$\eta = \frac{Aw}{Q} = \frac{T_1 - T_2}{T_1}$$
$$= \frac{(300+273)-(20+273)}{300+273} = 0.48$$
∴ 0.48×100 = 48[%]

31 열에 대한 설명으로 옳은 것은?

㉮ 온도는 변화하지 않고 물질의 상태를 변화시키는 열은 잠열이다.
㉯ 냉동에서 주로 이용되는 것은 현열이다.
㉰ 잠열은 온도계로 측정할 수 있다.
㉱ 고체를 기체로 직접 변화시키는 데 필요한 승화열은 감열이다.

[해설] ㉯ 냉동에서 주로 이용되는 것은 잠열이다.
㉰ 잠열은 온도계로 측정할 수 없다.
㉱ 고체를 기체로 직접 변화시키는데 필요한 승화열은 잠열이다.

32 몰리에르 선도에 대한 설명 중 틀린 것은?

㉮ 과열구역에서 등엔탈피선은 등온선과 거의 직교한다.
㉯ 습증기 구역에서 등온선과 등압선은 평행하다.
㉰ 습증기 구역에서만 등건조도선이 존재한다.
㉱ 등비체적선은 과열 증기구역에서도 존재한다.

[해설] ㉮ 과열구역에서 등엔탈피선은 등온선과 거의 나란하다.

33 만액식 증발기의 특징으로 가장 거리가 먼 것은?

㉮ 전열작용이 건식보다 나쁘다.
㉯ 증발기 내에 액을 가득 채우기 위해 액면제어장치가 필요하다.
㉰ 액과 증기를 분리시키기 위해 액분리기를 설치한다.
㉱ 증발기 내에 오일이 고일 염려가 있으므로 프레온의 경우 유회수장치가 필요하다.

해설 ㉮ 전열작용이 건식보다 좋다.

34 건식 증발기의 종류에 해당되지 않는 것은?

㉮ 셸 코일식 냉각기
㉯ 핀 코일식 냉각기
㉰ 보델로 냉각기
㉱ 플레이트 냉각기

해설 건식 증발기 : 셸 코일식 냉각기, 핀 코일식 냉각기, 플레이트 냉각기
보델로 냉각기 : NH_3는 주로 만액식에 사용되고 프레온용은 습식과 건식 모두 사용이 가능하다.

35 제빙능력이 50ton/day, 제빙원수 온도가 5℃, 제빙된 얼음의 평균온도가 −6℃일 때, 제빙조에 설치된 증발기의 냉동부하는? (단, 물의 비열은 1kcal/kg·℃, 얼음의 비열은 0.5kcal/kg·℃, 물의 응고잠열은 80kcal/kg이다.)

㉮ 약 162,400kcal/h
㉯ 약 183,333kcal/h
㉰ 약 185,220kcal/h
㉱ 약 193,515kcal/h

해설 5℃물 → 0℃물 → 0℃얼음 → −6℃얼음
　　　　　① 　　　 ② 　　　　 ③

① $Q_1 = GC\Delta T$
　　 $= 50000 \times 1 \times (5-0) = 250,000 [\text{kcal/day}]$

② $Q_2 = Gr$
　　 $= 50000 \times 80 = 4,000,000 [\text{kcal/day}]$

③ $Q_3 = GC\Delta T$
　　 $= 50000 \times 0.5 \times (0-(-6)) = 150,000 [\text{kcal/day}]$

∴ $\dfrac{250,000 + 4,000,000 + 150,000}{24}$
　 $= 183,333 [\text{kcal/h}]$

36 12kW 펌프의 회전수가 800rpm, 토출량이 1.5m³/min인 경우 펌프의 토출량을 1.8m³/min으로 하기 위하여 회전수를 얼마로 변화하면 되는가?

㉮ 850rpm
㉯ 960rpm
㉰ 1,025rpm
㉱ 1,365rpm

해설 토출유량이 변할 때의 회전수(N_2)

$Q_2 = \left(\dfrac{N_2}{N_1}\right)Q_1 \rightarrow 1.8 = \dfrac{N_2}{800} \times 1.5$

$\rightarrow N_2 = \dfrac{1.8 \times 800}{1.5} = 960 [\text{rpm}]$

송풍기의 상사법칙

풍량	$Q_2 = \left(\dfrac{N_2}{N_1}\right) \cdot \left(\dfrac{D_2}{D_1}\right)^3 \cdot Q_1$
정압	$P_2 = \left(\dfrac{N_2}{N_1}\right)^2 \cdot \left(\dfrac{D_2}{D_1}\right)^2 \cdot P_1$
동력	$L_2 = \left(\dfrac{N_2}{N_1}\right)^3 \cdot \left(\dfrac{D_2}{D_1}\right)^5 \cdot L_1$

정답 33 ㉮ 34 ㉰ 35 ㉯ 36 ㉯

37 액체나 기체가 갖는 모든 에너지를 열량의 단위로 나타낸 것을 무엇이라고 하는가?

㉮ 엔탈피
㉯ 외부에너지
㉰ 엔트로피
㉱ 내부에너지

해설 엔탈피 : 액체나 기체가 갖는 모든 에너지를 열량의 단위로 나타낸 값

38 밀폐계에서 실린더 내에 0.2kg의 가스가 들어 있다. 이것을 압축하기 위하여 1,200kg·m의 일을 소비할 때, 1kcal의 열을 주위에 방출한다면 가스 1kg당 내부에너지의 증가는? (단, 위치 및 운동에너지는 무시한다.)

㉮ 약 5.41kcal/kg
㉯ 약 7.65kcal/kg
㉰ 약 9.05kcal/kg
㉱ 약 11.43kcal/kg

해설 ① $Q = U + APV$
여기서, Q : 열량
U : 내부에너지
APV : 일의 열당량
열을 방출하게 되면 (-)값을 가지게 된다.
그러므로 $Q = -1[kcal]$가 되며
일의 양 APV는 소비된 일이므로 (-)값을 가지게 된다.
$APV = -1200 kg \cdot m \times \dfrac{1}{427} [kcal/kg \cdot m]$
$= 2.81 [kcal]$
② 정리된 열량과 일량을 위 공식에 대입하면
$-1 = U - 2.81$
$U = -1 + 2.81 = 1.81 [kcal]$
③ 가스 0.2[kg]의 내부에너지(u)
$\therefore \dfrac{1.81}{0.2} = 9.05 [kcal/kg]$

39 간접 냉각 냉동장치에 사용하는 2차 냉매인 브라인이 갖추어야 할 성질로 틀린 것은?

㉮ 열전달 특성이 좋아야 한다.
㉯ 부식성이 없어야 한다.
㉰ 비등점이 높고 응고점이 낮아야 한다.
㉱ 점성이 커야 한다.

해설 ㉱ 점성이 작아야 한다.

40 암모니아 냉매의 특성이 아닌 것은?

㉮ 수분을 함유한 암모니아는 구리와 그 합금을 부식시킨다.
㉯ 대규모 냉동장치에 널리 사용되고 있다.
㉰ 물과 윤활유에 잘 용해된다.
㉱ 독성이 강하고, 강한 자극성을 가지고 있다.

해설 ㉰ 물에는 잘 용해되나 윤활유에는 잘 용해되지 않는다

| 제3과목 | 배관일반(공조냉동설치운영 1) |

41 다음의 경질염화비닐관에 대한 설명 중 틀린 것은?

㉮ 전기 절연성이 좋으므로 전기부식 작용이 없다.
㉯ 금속관에 비해 차음효과가 크다.
㉰ 열전도율이 동관보다 크다.
㉱ 극저온 및 고온배관에 부적당하다.

해설 ㉰ 열전도율이 동관보다 작다.

정답 37 ㉮ 38 ㉰ 39 ㉱ 40 ㉰ 41 ㉰

42 건축설비의 급수배관에서 기울기에 대한 설명으로 틀린 것은?

㉮ 급수관의 모든 기울기는 1/250을 표준으로 한다.
㉯ 배관 기울기는 관의 수리 및 기타 필요시 관 내의 물을 완전히 퇴수시킬 수 있도록 시공하여야 한다.
㉰ 배관 기울기는 관 내를 흐르는 유체의 유속과 관련이 없다.
㉱ 옥상 탱크식의 수평 주관은 내림 기울기를 한다.

[해설] ㉰ 배관 기울기는 관 내를 흐르는 유체의 유속과 관련이 있으며 기울기가 클수록 유속은 빨라진다.

43 급탕배관에서 안전을 위해 설치하는 팽창관의 위치는 어느 곳인가?

㉮ 급탕관과 반탕관 사이
㉯ 순환펌프와 가열장치 사이
㉰ 반탕관과 순환펌프 사이
㉱ 가열장치와 고가탱크 사이

[해설] 급탕배관의 안전을 위해 설치하는 팽창관은 가열장치와 고가탱크 사이에 설치한다.

44 일반적으로 루프형 신축이음의 굽힘 반경은 사용관경의 몇 배 이상으로 하는가?

㉮ 1배 ㉯ 3배
㉰ 4배 ㉱ 6배

[해설] 루프형 신축이음의 굽힘 반경은 사용관경의 6배 이상으로 한다.

45 고압증기 난방에서 환수관이 트랩 장치보다 높은 곳에 배관되었을 때 버킷 트랩이 응축수를 리프팅하는 높이는 증기 파이프와 환수관의 압력차 $1kg/cm^2$에 대하여 얼마로 하는가?

㉮ 2m 이하 ㉯ 5m 이하
㉰ 8m 이하 ㉱ 11m 이하

[해설] 고압증기 난방에서 환수관이 트랩 장치보다 높은 곳에 배관되었을 때 버킷 트랩이 응축수를 리프팅하는 높이는 증기 파이프와 환수관의 압력차 $1kg/cm^2$에 대하여 5m 이하로 설치하게 된다.

46 기수 혼합식 급탕기를 사용하여 물을 가열할 때 열효율은?

㉮ 100% ㉯ 90%
㉰ 80%   ㉱ 70%

[해설] 기수혼합식 급탕기 : 저탕조에 직접 증기를 넣어 가열하는 급탕기로 열효율은 100%에 가깝다.

47 밸브의 일반적인 기능으로 가장 거리가 먼 것은?

㉮ 관내 유량 조절 기능
㉯ 관내 유체의 유동 방향 전환 기능
㉰ 관내 유체의 온도 조절 기능
㉱ 관내 유체 유동의 개폐 기능

[해설] 밸브의 일반적인 기능
① 관내 유량 조절 기능
② 관내 유체의 유동 방향 전환 기능
③ 관내 유체 유동의 개폐 기능
※ 관내 유체의 온도를 조절해주는 장치로는 온도조절기가 있다.

정답 42 ㉰ 43 ㉱ 44 ㉱ 45 ㉯ 46 ㉮ 47 ㉰

48 고가 탱크식 급수설비에서 급수경로를 바르게 나타낸 것은?

㉮ 수도본관 → 저수조 → 옥상탱크 → 양수관 → 급수관
㉯ 수도본관 → 저수조 → 양수관 → 옥상탱크 → 급수관
㉰ 저수조 → 옥상탱크 → 수도본관 → 양수관 → 급수관
㉱ 저수조 → 옥상탱크 → 양수관 → 수도본관 → 급수관

[해설] 고가 탱크식 급수설비의 급수경로
수도본관 → 저수조 → 양수관 → 옥상탱크 → 급수관

49 온수난방과 비교하여 증기난방 방식의 특징이 아닌 것은?

㉮ 예열시간이 짧다.
㉯ 배관부식 우려가 적다.
㉰ 용량제어가 어렵다.
㉱ 동파 우려가 크다.

[해설] ㉯ 배관부식 우려가 크다.

50 탄성이 크고 옅은 산이나 알칼리에는 침해되지 않으나 열이나 기름에 약하며 급수, 배수, 공기 등의 배관에 쓰이는 패킹은?

㉮ 고무 패킹
㉯ 금속 패킹
㉰ 글랜드 패킹
㉱ 액상 합성수지

[해설] 고무 패킹
탄성이 크고 옅은 산이나 알칼리에는 침해되지 않으나 열이나 기름에 약하며 급수, 배수, 공기 등의 배관에 사용되는 패킹

51 고온수 난방의 배관에 관한 설명으로 옳은 것은?

㉮ 온수 순환력이 작아 순환펌프가 필요하다.
㉯ 고온수 난방에서는 개방식 팽창탱크를 사용한다.
㉰ 관내압력이 높기 때문에 관 내면의 부식문제가 증기난방에 비해 심하다.
㉱ 특수고압기기가 필요하고 취급·관리가 복잡·곤란하다.

[해설] ㉮ 온수 순환력이 크므로 순환펌프가 필요하다.
㉯ 고온수 난방에서는 밀폐식 팽창탱크를 사용한다.
㉰ 일반온수에 비해 관내압력이 높기는 하지만 관내면의 부식문제는 증기난방에 비해 약하다.

52 관의 용접 이음에 대한 설명으로 가장 거리가 먼 것은?

㉮ 돌기부가 없어서 보온시공이 용이하다.
㉯ 나사이음보다 이음부의 강도가 크고 누수의 우려가 적다.
㉰ 누설의 염려가 없고 시설유지비가 절감된다.
㉱ 관 두께의 불균일한 부분으로 인해 유체의 압력 손실이 크다.

[해설] ㉱ 용접이음은 나사이음에 비해 관 두께가 균일하므로 유체의 압력손실이 작다.

[정답] 48 ㉯ 49 ㉯ 50 ㉮ 51 ㉱ 52 ㉱

53 배관이 바닥 또는 벽을 관통할 때 슬리브(Sleeve)를 사용하는데 그 이유로 가장 적당한 것은?

㉮ 방진을 위하여
㉯ 신축흡수 및 수리를 용이하게 하기 위하여
㉰ 방식을 위하여
㉱ 수격작용을 방지하기 위하여

해설 배관이 바닥 및 벽을 관통할 때는 신축흡수 및 수리를 용이하게 하기 위해 슬리브(Sleeve)를 사용하여 설치한다.

54 난방, 급탕, 급수배관의 높은 곳에 설치되어 공기를 제거하여 유체의 흐름을 원활하게 하는 것은?

㉮ 안전밸브
㉯ 에어벤트밸브
㉰ 팽창밸브
㉱ 스톱밸브

해설 에어벤트(air-vent)밸브 : 공기빼기 밸브라고도 하며 난방, 급탕, 급수배관 등의 높은 위치에 설치하여 장치내부의 공기를 제거해 유체의 흐름을 원활하게 하는 목적으로 사용된다.

55 냉매 배관 시 주의사항으로 틀린 것은?

㉮ 배관은 가능한 한 간단하게 한다.
㉯ 굽힘 반지름은 작게 한다.
㉰ 관통 개소 외에는 바닥에 매설하지 않아야 한다.
㉱ 배관에 응력이 생길 우려가 있을 경우에는 신축이음으로 배관한다.

해설 ㉯ 배관내부 마찰손실을 줄이기 위해 굽힘 반지름은 크게 한다.

56 오수만을 정화조에서 단독으로 정화처리한 후 공공하수도에 방류하는 반면에 잡배수 및 우수는 그대로 공공하수도로 방류되는 방식은?

㉮ 합류식
㉯ 분류식
㉰ 단독식
㉱ 일체식

해설 분류식 : 배수배관 설치방식의 한 종류로 오수만을 정화조에서 단독으로 정화처리한 후 공공하수도에 방류하는 반면에 잡배수 및 우수는 그대로 공공하수도로 방류하는 방식

57 급수배관에 관한 설명으로 틀린 것은?

㉮ 배관 시공은 마찰로 인한 손실을 줄이기 위해 최단거리로 배관한다.
㉯ 주 배관에는 적당한 위치에 플랜지 이음을 하여 보수·점검을 용이하게 한다.
㉰ 불가피하게 산형 배관이 되어 공기가 체류할 우려가 있는 곳에는 공기실(Air Chamber)을 설치한다.
㉱ 수질오염을 방지하기 위하여 수도꼭지를 설치할 때는 토수구 공간을 충분히 확보한다.

해설 ㉰ 불가피하게 산형 배관이 되어 공기가 체류할 우려가 있는 곳에는 공기빼기밸브(air vent)를 설치해야 한다.

정답 53 ㉯ 54 ㉯ 55 ㉯ 56 ㉯ 57 ㉰

58 도시가스 배관을 매설할 경우 기준으로 틀린 것은?

㉮ 배관의 외면으로부터 도로의 경계까지 1m 이상 수평거리를 유지할 것
㉯ 배관을 철도부지에 매설하는 경우에는 배관의 외면으로부터 궤도 중심까지 4m 이상 거리를 유지할 것
㉰ 시가지 외의 도로노면 밑에 매설하는 경우에는 노면으로부터 배관의 외면까지 깊이를 2m 이상으로 할 것
㉱ 인도 등 노면 외의 도로 밑에 매설하는 경우에는 지표면으로부터 배관의 외면까지 깊이를 1.2m 이상으로 할 것

[해설] 한국가스안전공사<배관매설기준>
① 배관을 시가지의 도로 노면 밑에 매설하는 경우에는 노면으로부터 배관의 외면까지 1.5m 이상. 다만, 방호구조물 안에 설치하는 경우에는 노면으로 부터 그 방호구조물의 외면까지 1.2m 이상으로 한다.
② 배관을 시가지 외의 도로 노면 밑에 매설하는 경우에는 노면으로부터 배관의 외면까지 1.2m 이상으로 한다.

59 냉매배관의 시공 시 유의사항으로 틀린 것은?

㉮ 배관 재료는 각각의 용도, 냉매 종류, 온도 등에 따라 선택한다.
㉯ 온도변화에 의한 배관의 신축을 고려한다.
㉰ 배관 중에 불필요하게 오일이 체류하지 않도록 한다.
㉱ 관경은 가급적 작게 하여 플래시 가스의 발생을 줄인다.

[해설] ㉱ 관경은 가급적 크게 하여 플래시 가스의 발생을 줄인다.

60 유체의 저항은 크나 개폐가 쉽고 유량 조절이 용이하며, 직선 배관 중간에 설치하는 밸브는?

㉮ 슬루스 밸브   ㉯ 글로브 밸브
㉰ 체크 밸브   ㉱ 전동 밸브

[해설] 글로브 밸브 : 직선 배관 중간에 설치하는 밸브로 유체의 저항은 크나 개폐가 쉽고 유량조절이 용이한 밸브

제4과목 | 전기제어공학(공조냉동설치운영 2)

61 전력량 1kWh는 몇 kcal의 열량을 낼 수 있는가?

㉮ 4.3   ㉯ 8.6
㉰ 430   ㉱ 860

[해설] $1[kWh] = 860[kcal]$

62 절연저항을 측정하는 데 사용되는 것은?

㉮ 후크온 메타
㉯ 회로시험기
㉰ 메거
㉱ 휘이트스톤 브리지

[해설]
㉮ 후크메타 : 전류측정 장치(최근에는 모델에 따라 전압측정도 가능)
㉯ 회로시험기 : 전류, 전압, 저항 등 다중 측정 장치
㉰ 메거 : 절연저항 측정 장치
㉱ 휘스톤 브릿 : 미지의 저항을 구하는 장치

정답 58 ㉰ 59 ㉱ 60 ㉯ 61 ㉱ 62 ㉰

63 출력이 입력에 전혀 영향을 주지 못하는 제어는?

㉮ 프로그램 제어
㉯ 피드백 제어
㉰ 시퀀스 제어
㉱ 폐회로 제어

[해설] 시퀀스 제어 : 미리정해진 순서에 따라 각 단계별 제어를 행하는 제어로 제어결과에 따라 조작이 자동적으로 이행된다.

64 제어계의 특성방정식이 $s^2 + as + b = 0$ 일 때 안정조건은?

㉮ $a > 0, b > 0$
㉯ $a = 0, b < 0$
㉰ $a < 0, b < 0$
㉱ $a > 0, b < 0$

[해설] 특성방정식 안정화 조건
① 모든 계의 부호가 동일할 것
② 계수 중 어느 하나라도 0이 아닐 것
③ 1열의 부호 변화가 없을 것
④ 근이 라플라스 평면의 좌반면에 존재해야 한다.

65 그림과 같은 회로에서 해당되는 램프의 식으로 옳은 것은?

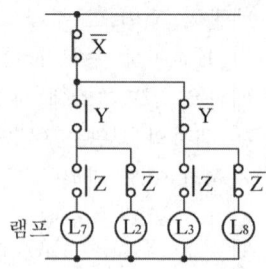

㉮ $L_7 = \overline{X} \cdot Y \cdot Z$
㉯ $L_2 = \overline{X} \cdot Y \cdot Z$
㉰ $L_3 = \overline{X} \cdot Y \cdot Z$
㉱ $L_8 = \overline{X} \cdot Y \cdot Z$

[해설] ㉮ $L_7 = \overline{X} \cdot Y \cdot Z$
㉯ $L_2 = \overline{X} \cdot Y \cdot \overline{Z}$
㉰ $L_3 = \overline{X} \cdot \overline{Y} \cdot Z$
㉱ $L_8 = \overline{X} \cdot \overline{Y} \cdot Z$

66 PI 제어동작은 프로세스 제어계의 정상특성 개선에 흔히 사용된다. 이것에 대응하는 보상요소는?

㉮ 동상 보상요소
㉯ 지상 보상요소
㉰ 진상 보상요소
㉱ 지상 및 진상 보상요소

[해설] ㉮ 동상보상요소 : P제어
㉯ 지상보상요소 : PI제어
㉰ 진상보상요소 : PD제어
㉱ 지상 및 진상보상요소 : PID제어

정답 63 ㉰ 64 ㉮ 65 ㉮ 66 ㉯

67 출력의 변동을 조정하는 동시에 목표값에 정확히 추종하도록 설계한 제어계는?

㉮ 추치제어
㉯ 프로세스 제어
㉰ 자동조정
㉱ 정치제어

해설 추치제어 : 목표값이 임의의 변화에 대하여 추종하도록 구성된 제어로 목표값이 시간에 따라 변화되는 상태량을 제어한다.
추치제어의 종류
① 추종 제어 : 목표값이 임의로 변화되는 경우의 제어(서보기구 : 위치, 방향, 자세, 각도 등)
② 프로그램 제어 : 목표값의 변화량이 미리정해진 프로그램에 의하여 상태량을 제어한다.
③ 비율제어 : 목표값이 다른 양과 일정한 비율관계를 갖는 상태량을 제어한다.

정치제어 : 목표값이 시간에 따라 변하지 않고 일정한 상태량을 제어하는 방식(프로세스 제어, 자동조정 제어, 온도제어 등)

68 100V, 60Hz의 교류전압을 어느 콘덴서에 가하니 2A의 전류가 흘렀다. 이 콘덴서의 정전용량은 약 몇 μF인가?

㉮ 26.5　　㉯ 36
㉰ 53　　　㉱ 63.6

해설 $I = \dfrac{V}{Z} = \dfrac{V}{\dfrac{1}{wc}} = wcv = 2\pi fcV$

$I = 2\pi fcV$

$\rightarrow C = \dfrac{I}{2\pi fV} = \dfrac{2}{2\pi \times 60 \times 100} \times 10^6 = 53.05[\mu F]$

69 유도전동기에서 동기속도는 3,600rpm이고, 회전수는 3,420rpm이다. 이때의 슬립은 몇 %인가?

㉮ 2　　㉯ 3
㉰ 4　　㉱ 5

해설 슬립

$S = \dfrac{N_s - N}{N_s} \times 100$

$S = \dfrac{3600 - 3420}{3600} \times 100 = 5[\%]$

여기서,
N_s : 동기속도
N : 회전자속도

70 피드백 제어의 전달함수가 $\dfrac{3}{s+2}$일 때 $\displaystyle\lim_{t \to 0} f(t) = \lim_{s \to \infty} s\dfrac{3}{s+2}$의 값을 구하면?

㉮ 0　　㉯ 3
㉰ $\dfrac{3}{2}$　　㉱ ∞

해설 $\displaystyle\lim_{s \to 0} S \cdot \dfrac{3}{S+2}$

$= \dfrac{\dfrac{1}{S} \cdot 3S}{\dfrac{1}{S} \cdot (S+2)} = \dfrac{3}{1 + \dfrac{2}{S}} = \dfrac{3}{1+0} = 3$

71 다음 중 상용의 3상 교류에 대한 설명으로 틀린 것은?

㉮ 각 전압이나 전류를 합하면 0이 된다.
㉯ 전압이나 전류는 각각 $\dfrac{2\pi}{3}$의 위상차를 갖고 있다.
㉰ 단상 교류보다 3상의 교류가 회전자장을 얻기가 쉽다.
㉱ 기기에 Y결선을 하면 △결선보다 높은 전압을 얻을 수 있다.

해설 △결선이 Y결선보다 상전압이 $\sqrt{3}$배 크다.

정답 67 ㉮　68 ㉰　69 ㉱　70 ㉯　71 ㉱

72 그림과 같은 R-L-C 직렬회로에서 단자전압과 전류가 동상이 되는 조건은?

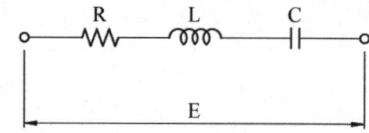

㉮ $w = LC$
㉯ $wLC = 1$
㉰ $w^2LC = 1$
㉱ $wL^2C^2 = 1$

해설 $wL = \dfrac{1}{wc} \rightarrow w^2LC = 1$

직렬공진 : $X_L - X_C = 0$, $wL = \dfrac{1}{wc}$

합성임피던스 : $Z = R + jX$

직렬공진시 합성임피던스 Z=R이므로 R만의 회로가 되며 특징은 아래와 같다.
① 위상차가 0이 된다.
② 전류는 최대가 된다.
③ 유효전력만 존재하며 최대가 된다.
④ 공급전압이 모두 저항R에 인가된다.

73 종류가 다른 금속으로 폐회로를 만들어 두 접속점에 온도를 다르게 하면 전류가 흐르게 되는 것은?

㉮ 펠티에 효과
㉯ 평형현상
㉰ 제벡 효과
㉱ 자화현상

해설 제백효과 : 서로 다른 종류의 금속을 접합하여 두 접점 간에 온도차를 주면 기전력이 발생되는 현상
펠티어효과 : 서로 다른 종류의 금속에 전류를 흘리면 전류의 방향에 따라 흡열 및 발열이 발생하는 현상

74 계전기 접점의 아크를 소거할 목적으로 사용되는 소자는?

㉮ 바리스터(Varistor)
㉯ 버랙터다이오드
㉰ 터널다이오드
㉱ 서미스터

해설 바리스터 : 소자에 가해지는 전압이 증가하면 저항이 감소하는 반도체로 계전기 접점의 아크를 소거할 목적으로 사용된다.

75 그림과 같은 신호 흐름 선도에서 $\dfrac{C}{R}$를 구하면?

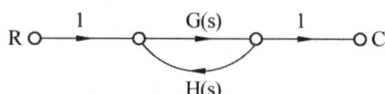

㉮ $\dfrac{G(s)}{1+G(s)H(s)}$ ㉯ $\dfrac{G(s)H(s)}{1-G(s)H(s)}$

㉰ $\dfrac{G(s)H(s)}{1+G(s)H(s)}$ ㉱ $\dfrac{G(s)}{1-G(s)H(s)}$

해설 전달함수

$G(s) = \dfrac{C}{R} = \dfrac{패스경로}{1-피드백경로}$

$\dfrac{C}{R} = \dfrac{G(s)}{1-G(s)H(s)}$

76 단상 변압기 3대를 3상 병렬 운전하는 경우에 불가능한 운전 상태의 결선방법은?

㉮ △-△와 Y-Y
㉯ △-Y와 Y-△
㉰ △-△와 △-Y
㉱ △-Y와 △-Y

해설 병렬운전이 불가능한 결선
① △-△와 △-Y
② △-Y와 Y-Y

정답 72 ㉰ 73 ㉰ 74 ㉮ 75 ㉱ 76 ㉰

77 사이리스터를 이용한 정류회로에서 직류전압의 맥동률이 가장 작은 정류회로는?

㉮ 단상 반파
㉯ 단상 전파
㉰ 3상 반파
㉱ 3상 전파

해설 ㉮ 단상반파 : 121[%]
㉯ 단상전파 : 48[%]
㉰ 3상반파 : 17[%]
㉱ 3상전파 : 4[%]

78 서보 전동기는 다음 중 어디에 속하는가?

㉮ 조작기기
㉯ 검출기
㉰ 증폭기
㉱ 변환기

해설 서보전동기(서보모터)
① 서보기구의 조작기기로 제어신호에 의해 부하를 구동하는 장치로 서보모터의 동력원에 따라 전기식, 공기식, 유압식 등이 있다.
② 보통 서보모터라 함은 서보전동기를 가리키는 경우가 많고 서보전동기는 빠른 응답성과 넓은 속도 제어의 범위를 가진 제어용 전동기로, 그 전원에 따라 직류서보모터와 교류서보모터로 분류된다.

79 단위계단함수 $u(t-a)$를 라플라스 변환하면?

㉮ $\dfrac{e^{as}}{s^2}$ ㉯ $\dfrac{e^{-as}}{s^2}$

㉰ $\dfrac{e^{-as}}{s}$ ㉱ $\dfrac{e^{as}}{s}$

해설 $u(t) = \dfrac{1}{S}, \ -a = e^{-as}$

$\therefore u(t-a) = \dfrac{e^{-as}}{S}$

시간함수	라플라스 변환	참고
$u(t)$	$\dfrac{1}{S}$	
$e^{-at}u(t)$	$\dfrac{1}{s+a}$	$f(t) = F(s)$
$\sin wt$	$\dfrac{w}{s^2+w^2}$	$f(t-a) = e^{-as}F(s)$
$\cos wt$	$\dfrac{s}{s^2+w^2}$	

80 3상 유도전동기의 제어방법에 대한 설명 중에서 틀린 것은?

㉮ Y-△ 기동방식으로 기동 토크를 줄일 수 있다.
㉯ 역상 제동기법으로 전동기를 급속정지 또는 감속시킬 수 있다.
㉰ 속도제어 시에는 전압, 주파수 일정 제어기법이 유리하다.
㉱ 단자전압이 정격전압보다 낮을 경우에는 슬립이 감소한다.

해설 ㉱ 단자전압이 정격전압보다 낮을 경우에는 슬립이 증가한다.

정답 77 ㉱ 78 ㉮ 79 ㉰ 80 ㉱

공조냉동기계산업기사

과년도 출제문제

(2015.08.16. 시행)

제1과목 공기조화(공기조화설비)

01 기화식(증발식) 가습장치의 종류로 옳은 것은?

㉮ 원심식, 초음파식, 분무식
㉯ 전열식, 전극식, 적외선식
㉰ 과열증기식, 분무식, 원심식
㉱ 회전식, 모세관식, 적하식

[해설] 가습장치의 종류
① 수분무식 : 원심식, 초음파식, 분무식
② 기화식(증발식) : 회전식, 모세관식, 적하식, 에어와셔식
③ 증기식 : 전열식(가습팬식), 전극식, 적외선식

02 덕트 병용 팬 코일 유닛(fan Coil Unit) 방식의 특징이 아닌 것은?

㉮ 열부하가 큰 실에 대해서도 열부하의 대부분을 수배관으로 처리할 수 있으므로 덕트치수가 적게 된다.
㉯ 각 실 부하 변동을 용이하게 처리할 수 있다.
㉰ 각 유닛의 수동제어가 가능하다.
㉱ 청정구역에 많이 사용된다.

[해설] ㉱ 청정구역에 사용되지 않는다.
※ 청정구역에 많이 사용되는 방식은 전공기 방식이다.

03 중앙식(전공기) 공기조화방식의 특징에 관한 설명으로 틀린 것은?

㉮ 중앙집중식이므로 운전·보수관리를 집중화할 수 있다.
㉯ 대형 건물에 적합하며 외기냉방이 가능하다.
㉰ 덕트가 대형이고 개별식에 비해 설치공간이 크다.
㉱ 송풍 동력이 적고 겨울철 가습하기가 어렵다.

[해설] ㉱ 송풍 동력이 크고 겨울철 가습이 용이하다.

04 온수난방에 대한 설명으로 옳지 않은 것은?

㉮ 온수난방의 주 이용 열은 잠열이다.
㉯ 열용량이 커서 예열시간이 길다.
㉰ 증기난방에 비해 비교적 높은 쾌감도를 얻을 수 있다.
㉱ 온수의 온도에 따라 저온수식과 고온수식으로 분류한다.

[해설] ㉮ 온수난방의 주 이용 열은 현열이다.
※ 증기난방의 주 이용열은 잠열이다.

정답 01 ㉱ 02 ㉱ 03 ㉱ 04 ㉮

05 급수온도 35°C에서 증기압력 15kg/cm², 온도 400°C의 증기를 40kg/h 발생시키는 보일러의 마력(HP)은? (단, 15kg/cm², 400°C에서 과열증기 엔탈피는 784.2kcal/kg이다.)

㉮ 2.43   ㉯ 2.62
㉰ 3.55   ㉱ 3.72

해설 ① 상당증발량(G_e[kg/h])
$$G_e = \frac{G(h''-h')}{539}$$
$$= \frac{40 \times (784.2-35)}{539} = 55.6 \text{[kg/h]}$$
② 보일러 마력 1[B-HP]의 열량 Q=8435[kcal/h]이고, 상당증발량 Ge=15.65[kg/h]이다. 그러므로 아래와 같이 환산할 수 있다.
$$\frac{55.6}{15.65} = 3.55[B-HP]$$

06 가열코일을 흐르는 증기를 t_s, 가열코일 입구 공기온도를 t_1, 출구 공기온도를 t_2라고 할 때 산술평균온도식으로 옳은 것은?

㉮ $t_s - (t_1+t_2)/2$
㉯ $t_2 - t_1$
㉰ $t_1 + t_2$
㉱ $[(t_s-t_1)+(t_s-t_2)]/\ln[(t_s-t_1)/(t_s-t_2)]$

해설 산술평균온도
① 산술평균온도 = 응축온도 − 평균온도
   산술평균온도 = 응축온도 − $\frac{t_1+t_2}{2}$
② 산술평균온도 = 평균온도 − 증발온도
   산술평균온도 = $\frac{t_1+t_2}{2}$ − 증발온도

위 문제의 가열코일 온도는 장치에서 가장 높은 온도로 볼 수 있다. 그러므로 산술평균온도=가열코일온도-평균온도가 되고 아래와 같은 기호로 쓸 수 있다.

산술평균온도 = $t_s - \frac{t_1+t_2}{2}$

07 송풍기 특성곡선에서 송풍기의 운전점에 대한 설명으로 옳은 것은?

㉮ 압력곡선과 저항곡선의 교차점
㉯ 효율곡선과 압력곡선의 교차점
㉰ 축동력곡선과 효율곡선의 교차점
㉱ 저항곡선과 축동력곡선의 교차점

해설 송풍기 특성곡선에서 송풍기의 운전점은 압력곡선과 저항곡선의 교차점이다.

08 콜드 드래프트(Cold Draft) 현상이 가중되는 원인으로 가장 거리가 먼 것은?

㉮ 인체 주위의 공기온도가 너무 낮을 때
㉯ 인체 주위의 기류속도가 작을 때
㉰ 주위 공기의 습도가 낮을 때
㉱ 주위 벽면의 온도가 낮을 때

정답 05 ㉰   06 ㉮   07 ㉮   08 ㉯

해설 콜드 드래프트(cold draft)
인체는 생산된 열량보다 소비되는 열량이 많아지면 추위를 느끼게 된다. 이와 같이 소비되는 열량이 많아져 추위를 느끼게 되는 현상을 콜드 드래프트라 한다.
- 콜드 드래프트의 원인
① 인체 주위의 공기 온도가 너무 낮을 때
② 기류의 속도가 클 때
③ 습도가 낮을 때
④ 주위 벽면의 온도가 낮을 때
⑤ 동절기 창문의 극간풍이 많을 때

09 냉방부하 종류 중 현열로만 이루어진 부하는?

㉮ 조명에서의 발생 열
㉯ 인체에서의 발생 열
㉰ 문틈에서의 틈새 바람
㉱ 실내기구에서의 발생 열

해설 ㉮ 조명에서의 발생 열 : 현열
㉯ 인체에서의 발생 열 : 현열 + 잠열
㉰ 문틈에서의 틈새 바람 : 현열 + 잠열
㉱ 실내기구에서의 발생 열 : 현열 + 잠열

10 다음 중 필터의 모양에는 패널형, 지그재그형, 바이패스형 등이 있으며, 유해가스나 냄새를 제거할 수 있는 것은?

㉮ 건식 여과기
㉯ 점성식 여과기
㉰ 전자식 여과기
㉱ 활성탄 여과기

해설 활성탄 여과기
필터의 모양에는 패널형, 지그재그형, 바이패스형 등이 있으며, 유해가스나 냄새를 제거할 때 사용된다.

11 덕트의 분기점에서 풍량을 조절하기 위하여 설치하는 댐퍼는 어느 것인가?

㉮ 방화 댐퍼
㉯ 스플릿 댐퍼
㉰ 볼륨 댐퍼
㉱ 터닝 베인

해설 덕트의 분기점에는 스플릿 댐퍼를 설치하여 풍량을 조절한다.
① 방화댐퍼 : 화재시 불꽃 및 연기를 차단하기 위해 사용된다.
② 볼륨 댐퍼 : 풍량조절 및 차단용으로 사용된다.
③ 터닝 베인(가이드베인/안내날개) : 덕트내 기류의 방향이 90°로 꺾일 때 압력손실을 줄이고, 기류의 교란을 방지한다.

12 다음 중 천장형으로서 취출기류의 확산성이 가장 큰 취출구는?

㉮ 펑커루버
㉯ 아네모스탯
㉰ 에어커튼
㉱ 고정날개 그릴

해설 아네모스탯형 취출구는 천장에 설치하며 취출기류의 확산성이 아주 큰 취출구이다.

정답 09 ㉮ 10 ㉱ 11 ㉯ 12 ㉯

13 실내 냉난방 부하 계산에 관한 내용으로 설명이 부적당한 것은?

㉮ 열부하 구성 요소 중 실내 부하는 유리면 부하, 구조체 부하, 틈새바람 부하, 내부 칸막이 부하 및 실내 발열 부하로 구성된다.
㉯ 열부하 계산의 목적은 실내 부하의 상태, 덕트나 배관의 크기 등을 구하기 위한 기초가 된다.
㉰ 최대난방부하란 실내에서 발생되는 부하가 1일 중 가장 크게 되는 시각의 부하로서 저녁에 발생한다.
㉱ 냉방 부하란 쾌적한 실내 환경을 유지하기 위하여 여름철 실내 공기를 냉각, 감습시켜 제거하여야 할 열량을 의미한다.

해설 ㉰ 최대난방부하란 실내에서 발생되는 부하가 1일 중 가장 크게 되는 시각의 부하로서 주로 오전(새벽)에 발생한다.

14 지하철 터널환기의 열부하에 대한 종류로 가장 거리가 먼 것은?

㉮ 열차주행에 의한 발열
㉯ 열차 제동 발생 열량
㉰ 보조기기에 의한 발열
㉱ 열차 냉방기에 의한 발열

해설 지하지하철 터널환기의 열부하
① 열차주행에 의한 발열
② 보조기기에 의한 발열
③ 열차 냉방기에 의한 발열
④ 지중으로의 발열
※ 열차 제동 발생열량은 불규칙적이고 그 정도가 미미하기에 지하철 터널환기 열부하에 적용되지 않는다.

15 실내온도가 25℃이고, 실내 절대습도가 0.0165kg/kg의 조건에서 틈새바람에 의한 침입 외기량이 200L/s일 때 현열부하와 잠열부하는? (단, 실외온도 35℃, 실외 절대습도 0.0321kg/kg, 공기의 비열 1.01kJ/kg·K, 물의 증발잠열 2,501kJ/kg 이다.)

㉮ 현열부하 2.424kW,
   잠열부하 7.803kW
㉯ 현열부하 2.424kW,
   잠열부하 9.364kW
㉰ 현열부하 2.828kW,
   잠열부하 10.144kW
㉱ 현열부하 2.828kW,
   잠열부하 10.924kW

해설 ① 틈새바람에 의한 외기 침입량[m³/s]

$$G = \frac{200\frac{L}{s}}{1000\frac{L}{m^3}} = 0.2 [m^3/s]$$

② 현열부하 $q_s = GC\Delta T$

$q_s = 0.2\frac{m^3}{s} \times 1.2\frac{kg}{m^3} \times 1.01\frac{kJ}{kg K} \times (35-25)K$
$= 2.424 [kJ/s][kW]$

③ 잠열부하 $q_L = Gr \cdot \Delta x$

$q_L = 0.2\frac{m^3}{s} \times 1.2\frac{kg}{m^3} \times 2501\frac{kJ}{kg} \times (0.0321-0.0165)\frac{kg}{kg'}$
$= 9.364 [kJ/s][kW]$

※ 단위환산 힌트
$1[kJ/s] = 1[kW]$, $1[m^3] = 1000[L]$

정답 13 ㉰ 14 ㉯ 15 ㉯

16 다음 그림의 방열기 도시기호 중 'W-H'가 나타내는 의미는 무엇인가?

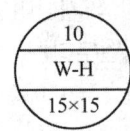

㉮ 방열기 쪽수
㉯ 방열기 높이
㉰ 방열기 종류(형식)
㉱ 연결배관의 종류

해설 방열기 도시기호
10 : 10쪽(섹션수)
W : 벽걸이(형식)
H : 수평형(V : 수직형)
15×15 : 유입관경(15A)×유출관경(15A)

17 가변풍량(VAV) 방식에 관한 설명으로 틀린 것은?

㉮ 각 방의 온도를 개별적으로 제어할 수 있다.
㉯ 연간 송풍 동력이 정풍량 방식보다 적다.
㉰ 부하의 증가에 대해서 유연성이 있다.
㉱ 동시 부하율을 고려하여 용량을 결정하기 때문에 설비 용량이 크다.

해설 ㉱ 동시 부하율을 고려하여 용량을 결정하기 때문에 설비 용량이 작다.

18 덕트의 치수 결정법에 대한 설명으로 옳은 것은?

㉮ 등속법은 각 구간마다 압력손실이 같다.
㉯ 등마찰 손실법에서 풍량이 10,000m³/h 이상이 되면 정압재취득법으로 하기도 한다.
㉰ 정압재취득법은 취출구 직전의 정압이 대략 일정한 값으로 된다.
㉱ 등마찰 손실법에서 각 구간마다 압력손실을 같게 해서는 안 된다.

해설 ㉮ 등속법은 각 구간마다 압력손실이 다르다.
㉯ 등마찰 손실법에서 풍량이 10,000m³/h 이상이 되면 등속법으로 하기도 한다.
㉱ 등마찰 손실법은 각 구간마다 압력손실을 같게 하여 치수를 결정한다.

19 다음 중 라인형 취출구의 종류가 아닌 것은?

㉮ 캄라인형
㉯ 다공판형
㉰ 펑거루버형
㉱ 슬롯형

해설 라인형 취출구 : 캄라인형, 다공판형, 슬롯형
※ 펑거루버형은 축류형 취출구에 속한다.

20 실내의 현열부하가 7,500kcal/h, 실내와 말단장치(Diffuser)의 온도가 각각 27℃, 17℃일 때 송풍량은?

㉮ 3,125kg/h
㉯ 2,586kg/h
㉰ 2,325kg/h
㉱ 2,186kg/h

정답 16 ㉰ 17 ㉱ 18 ㉰ 19 ㉰ 20 ㉮

해설 현열부하 $Q = GC\Delta T$

$7500 = G \times 0.24 \times (27-17)$

$\rightarrow G = \dfrac{7500 \dfrac{kcal}{h}}{0.24 \dfrac{kcal}{kg \cdot ℃} \times (27-17)℃} = 3125[kg/h]$

제2과목 | 냉동공학(냉동냉장설비)

21 냉동장치 내의 불응축 가스가 혼입되었을 때 냉동장치의 운전에 미치는 영향으로 가장 거리가 먼 것은?

㉮ 열교환 작용을 방해하므로 응축압력이 낮게 된다.
㉯ 냉동능력이 감소한다.
㉰ 소비전력이 증가한다.
㉱ 실린더가 과열되고 윤활유가 열화 및 탄화된다.

해설 ㉮ 열교환 작용을 방해하므로 응축압력이 높아진다.

22 플래시 가스(Flash Gas)는 무엇을 말하는가?

㉮ 냉매 조절 오리피스를 통과할 때 즉시 증발하여 기화하는 냉매이다.
㉯ 압축기로부터 응축기에 새로 들어오는 냉매이다.
㉰ 증발기에서 증발하여 기화하는 새로운 냉매이다.
㉱ 압축기에서 응축기에 들어오자마자 응축하는 냉매이다.

해설 플래시가스(Flash Gas)
증발기 이전에 관 마찰저항 및 복사열 등에 의해 냉매가 미리 증발해 기체상태로 존재하는 현상으로 냉매 조절 오리피스를 통과할 때 즉시 증발하여 기화되는 냉매 역시 플래시가스로 볼 수 있다.

23 몰리에르 선도 상에서 건조도(X)에 관한 설명으로 옳은 것은?

㉮ 몰리에르 선도의 포화액선상 건조도는 1이다.
㉯ 액체 70%, 증기 30%인 냉매의 건조도는 0.7이다.
㉰ 건조도는 습포화증기 구역 내에서만 존재한다.
㉱ 건조도라 함은 과열증기 중 증기에 대한 포화액체의 양을 말한다.

해설 ㉮ 몰리에르 선도의 포화액선상 건조도는 0이다.
㉯ 액체 70%, 증기 30%인 냉매의 건조도는 0.3이다.
㉱ 건조도라 함은 습증기 중 액체에 대한 포화증기의 양을 말한다.

24 액분리기(Accumulator)에서 분리된 냉매의 처리방법이 아닌 것은?

㉮ 가열시켜 액을 증발 후 응축기로 순환시키는 방법
㉯ 증발기로 재순환시키는 방법
㉰ 가열시켜 액을 증발 후 압축기로 순환시키는 방법
㉱ 고압 측 수액기로 회수하는 방법

해설 액분리기에서 분리된 냉매의 처리방법
① 증발기로 재순환시키는 방법
② 가열시켜 액을 증발 후 압축기로 순환시키는 방법
③ 고압측 수액기로 회수하는 방법

정답 21 ㉮ 22 ㉮ 23 ㉰ 24 ㉮

25 팽창밸브 개도가 냉동 부하에 비하여 너무 작을 때 일어나는 현상으로 가장 거리가 먼 것은?

㉮ 토출가스 온도상승
㉯ 압축기 소비동력 감소
㉰ 냉매순환량 감소
㉱ 압축기 실린더 과열

해설 ㉯ 압축기 소비동력 증가

26 압축기 기동 시 윤활유가 심한 기포현상을 보일 때 주된 원인은?

㉮ 냉동능력이 부족하다.
㉯ 수분이 다량 침투했다.
㉰ 응축기의 냉각수가 부족하다.
㉱ 냉매가 윤활유에 다량 녹아 있다.

해설 오일포밍 현상 : 프레온 냉동기의 운전 중 압축기가 정지했을 때 압축기 내의 온도가 점차 낮아지므로 기체 냉매가 액으로 변해 오일과 섞여있게 된다. 이때 다시 압축기를 기동하면 크랭크케이스 내의 압력이 상승하면서 오일과 섞여있던 냉매액이 급격히 증발하게 되고 오일의 유면이 약동하며 거품이 발생된다. 이러한 현상을 오일포밍이라 하며 오일포밍과 동시에 오일 해머링도 동반된다.

27 응축기의 냉각방법에 따른 분류로서 가장 거리가 먼 것은?

㉮ 공랭식
㉯ 노랭식
㉰ 증발식
㉱ 수랭식

해설 응축기의 냉각방법에 따른 분류
공랭식, 증발식, 수랭식

28 어떤 냉동장치에서 응축기용의 냉각수 용량이 7,000kg/h이고 응축기 입구 및 출구 온도가 각각 15℃와 28℃이었다. 압축기로 공급한 동력이 5.4×10^4kJ/h이라면 이 냉동기의 냉동능력은? (단, 냉각수의 비열은 4.1855kJ/kg·K이다.)

㉮ 2.27×10^5kJ/h
㉯ 3.27×10^5kJ/h
㉰ 4.67×10^4kJ/h
㉱ 5.67×10^4kJ/h

해설 공식
① 응축기능력 : $Q = GC\Delta T$
여기서, Q : 열량[kJ/h]
G : 냉각수량[kg/h]
C : 비열[kJ/kg·K]
ΔT : 온도차[K]

② 냉동기능력=응축기능력-압축기능력

풀이
① $Q = 7000\dfrac{\text{kg}}{\text{h}} \times 4.1855\dfrac{\text{kJ}}{\text{kg·K}} \times (28-15)\text{K}$
$= 380880.5[\text{kJ/h}]$
② 냉동기능력
$380880.5 - (5.4 \times 10^4) = 326880.5[\text{kJ/h}]$
∴ $3.27 \times 10^5 [\text{kJ/h}]$

29 다음과 같은 성질을 갖는 냉매가 어느 것인가?

[보기]
- 증기의 밀도가 크기 때문에 증발기관의 길이는 짧아야 한다.
- 물을 함유하면 Al 및 Mg 합금을 침식하고, 전기저항이 크다.
- 천연고무는 침식되지만 합성고무는 침식되지 않는다.
- 응고점(약 −158℃)이 극히 낮다.

㉮ NH_3
㉯ R-12
㉰ R-21
㉱ H_2O

해설 R-12(CCL_2F_2)
① 임계온도 : 111.5[℃], 임계압력 : 40.9[kg/cm²a]
② 비등점 : -29.8[℃], 응고점 : -158.2[℃]

30 어떤 냉동기로 1시간당 얼음 1ton을 제조하는데 50PS의 동력을 필요로 한다. 이때 사용하는 물의 온도는 10℃이며 얼음은 −10℃이였다. 이 냉동기의 성적계수는? (단, 융해열은 335kJ/kg이고, 물의 비열은 4.2kJ/kg·K, 얼음의 비열은 2.09 kJ/kg·K이다.)

㉮ 2.0
㉯ 3.0
㉰ 4.0
㉱ 5.0

해설 풀이
㉮ 냉각조건
10[℃]물 → 0[℃]물 → 0[℃]얼음 → -10[℃]얼음
    ①   ②   ③

① 10[℃]물이 0[℃]물로 변할때의 현열
$$q_s = GC\triangle T = 1,000\frac{kg}{h} \times 4.2\frac{kJ}{kg \cdot K} \times (10-0)K$$
$$= 42,000[kJ/h]$$

② 0[℃]물이 0[℃]얼음으로 변할때의 잠열
$$q_L = Gr = 1,000\frac{kg}{h} \times 335\frac{kJ}{kg} = 335,000[kJ/h]$$

③ 0[℃]얼음이 −10[℃]얼음으로 변할때의 현열
$$q_s = GC\triangle T = 1,000\frac{kg}{h} \times 2.09\frac{kJ}{kg \cdot K} \times (0-(-10))K$$
$$= 20,900[kJ/h]$$

∴ 냉각부하 총량 :
42,000 + 335,000 + 20,900 = 397,900[kJ/h]

㉯ 성적계수
$$COP = \frac{Q}{Aw} = \frac{397,900[kJ/h]}{50 \times 632 \times 4.2[kJ/h]} = 2.99 = 3$$

※ 단위환산 힌트
1[PS]=632[kcal/h], 1[kcal]=4.2[kJ]

31 왕복동식과 비교하여 스크롤 압축기의 특징으로 틀린 것은?

㉮ 흡입밸브나 토출밸브가 있어 압축효율이 낮다.
㉯ 토크 변동이 적다.
㉰ 압축실 사이의 작동가스의 누설이 적다.
㉱ 부품수가 적고 고효율, 저소음, 저진동, 고신뢰성을 기대할 수 있다.

해설 ㉮ 흡입밸브나 토출밸브가 없어 압축효율이 높다.

32 이상 기체를 정압하에서 가열하면 체적과 온도의 변화는 어떻게 되는가?

㉮ 체적 증가, 온도 상승
㉯ 체적 일정, 온도 일정
㉰ 체적 증가, 온도 일정
㉱ 체적 일정, 온도 상승

해설 샬(Charle)의 법칙 : 압력이 일정할 때 기체의 체적(부피)은 온도에 비례한다.
아래 식에 의해 P=C(압력일정)일 때 체적과 온도는 비례함을 알 수 있다.

$$\frac{V_1}{T_1} = \frac{V_2}{T_2} \rightarrow V_1 = \frac{T_1 V_2}{T_2}$$

여기서, T : 절대온도(K)
V : 체적/부피(m^3)

33 다음의 몰리에르 선도는 어떤 냉동장치를 나타낸 것인가?

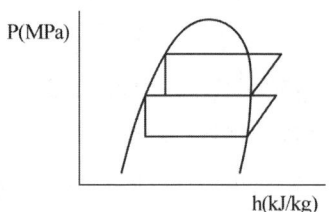

㉮ 1단 압축, 1단 팽창 냉동시스템
㉯ 1단 압축, 2단 팽창 냉동시스템
㉰ 2단 압축, 1단 팽창 냉동시스템
㉱ 2단 압축, 2단 팽창 냉동시스템

해설 2단압축 1단팽창 사이클

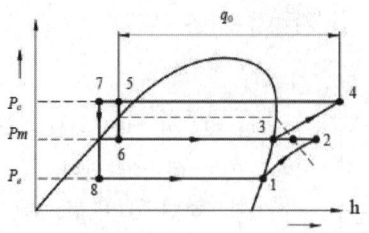

2단압축 2단팽창 사이클

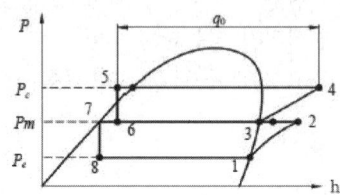

2원냉동 사이클

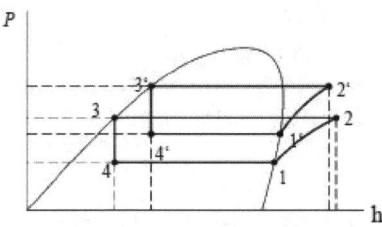

34 냉동사이클에서 응축온도를 일정하게 하고 증발온도를 상승시키면 어떤 결과가 나타나는가?

㉮ 냉동효과 증가
㉯ 압축비 증가
㉰ 압축일량 증가
㉱ 토출가스 온도 증가

해설 ㉯ 압축비 감소
㉰ 압축일량 감소
㉱ 토출가스 온도 감소

정답 32 ㉮ 33 ㉱ 34 ㉮

35 30℃의 공기가 체적 1m³의 용기 게이지 압력 5kg/cm²의 상태로 들어 있다. 용기 내에 있는 공기의 무게는?

㉮ 약 2.6kg ㉯ 약 6.8kg
㉰ 약 69kg ㉱ 약 293kg

해설 이상기체 상태방정식
$PV = nRT \rightarrow PV = \frac{W}{M}RT$

여기서, M : 공기분자량(29[kg/kmol])
R : 이상기체상수(848[kg·m/kmol·K])
P : 절대압력[kg/cm²]
V : 부피[m³]
T : 절대온도[K]
W : 질량[kg]

$W = \frac{PVM}{RT} = \frac{(5+1) \times 10^4 \times 1 \times 29}{848 \times (30+273)} = 6.77[kg]$

36 몰리에르 선도 상에서 압력이 증대함에 따라 포화액선과 건조포화 증기선이 만나는 일치점을 무엇이라고 하는가?

㉮ 한계점 ㉯ 임계점
㉰ 상사점 ㉱ 비등점

해설 임계점
포화액선과 건포화증기선이 만나는 점으로 압력이 증가할수록 잠열은 감소하는데 잠열이 0[kcal/kg]이 되는 지점을 말한다.

37 증발식 응축기에 관한 설명으로 틀린 것은?

㉮ 수랭식 응축기와 공랭식 응축기의 작용을 혼합한 형이다.
㉯ 외형과 설치면적이 작으며 값이 비싸다.
㉰ 겨울철에는 공랭식으로 사용할 수 있으며, 연간운전에 특히 우수하다.
㉱ 냉매가 흐르는 관에 노즐로부터 물을 분무시키고 송풍기로 공기를 보낸다.

해설 ㉯ 외형과 설치면적이 크고 구조가 복잡하다. 그러므로 값이 비싸다.

38 브라인의 구비조건으로 틀린 것은?

㉮ 상 변화가 잘 일어나서는 안 된다.
㉯ 응고점이 낮아야 한다.
㉰ 비열이 적어야 한다.
㉱ 열전도율이 커야 한다.

해설 ㉰ 비열이 커야 한다.

39 다음의 압력-엔탈피 선도를 이용한 압축 냉동 사이클의 성적계수는?

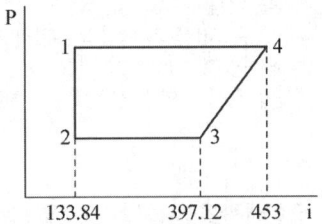

㉮ 2.36 ㉯ 4.71
㉰ 9.42 ㉱ 18.84

해설 냉동장치의 성적계수
$COP = \frac{q(냉동효과)}{Aw(압축일)} = \frac{397.12 - 133.84}{453 - 397.12} = 4.71$

40 증발기에서 나오는 냉매가스의 과열도를 일정하게 유지하기 위해 설치하는 밸브는?

㉮ 모세관
㉯ 플로트형 밸브
㉰ 정압식 팽창 밸브
㉱ 온도식 자동팽창 밸브

해설 온도식 자동팽창 밸브(TEV)
증발기 출구에 감온통을 설치하고 증발기 출구에서 나오는 냉매의 과열도를 측정해 밸브의 개도를 조정하여 냉매의 유량을 부하에 알맞게 조절한다.

정답 35 ㉯ 36 ㉯ 37 ㉯ 38 ㉰ 39 ㉯ 40 ㉱

제3과목 배관일반(공조냉동설치운영 1)

41 열팽창에 의한 배관의 신축이 방열기에 미치지 않도록 하기 위하여 방열기 주위의 배관은 다음 중 어느 방법으로 하는 것이 좋은가?

㉮ 슬리브형 신축 이음
㉯ 신축 곡관 이음
㉰ 스위블 이음
㉱ 벨로스형 신축 이음

해설 스위블 이음
온수 또는 저압증기 난방의 주관과 지관 방열기 주변 배관법 중 하나로 2개 이상의 엘보를 사용하여 나사의 회전에 의해 신축을 흡수하는 장치

42 급수배관을 시공할 때 일반적인 사항을 설명한 것 중 틀린 것은?

㉮ 급수관에서 상향 급수는 선단 상향구배로 한다.
㉯ 급수관에서 하향 급수는 선단 하향구배로 하며, 부득이한 경우에는 수평으로 유지한다.
㉰ 급수관 최하부에 배수 밸브를 장치하면 공기빼기를 장치할 필요가 없다.
㉱ 수격작용 방지를 위해 수전 부근에 공기실을 설치한다.

해설 ㉰ 급수관 최하부에 배수 밸브를 장치하고 공기가 체류할 수 있는 곳에 공기빼기 밸브를 설치한다.

43 100A 강관을 B호칭으로 표시하면 얼마인가?

㉮ 4B   ㉯ 10B
㉰ 16B   ㉱ 20B

해설 4B×25mm=100A 이므로 100A=4B와 같다.
A호칭은 mm 단위로 표시하며, B호칭은 inch 단위를 표시한다. (1B=25A, 1"=25mm)

44 주철관의 특징에 대한 설명으로 틀린 것은?

㉮ 충격에 강하고 내구성이 크다.
㉯ 내식성, 내열성이 있다.
㉰ 다른 배관재에 비하여 열팽창계수가 크다.
㉱ 소음을 흡수하는 성질이 있으므로 옥내배수용으로 적합하다.

해설 ㉮ 충격에 약하고 내구성이 작다.
㉰ 다른 배관재에 비하여 열팽창계수가 작다.

45 유속 2.4m/s, 유량 15,000L/h일 때 관경을 구하면 몇 mm인가?

㉮ 42   ㉯ 47
㉰ 51   ㉱ 53

해설 ① 공식

$$Q = A \cdot V \rightarrow Q = \frac{\pi D^2}{4} \times V$$

$$\rightarrow D = \sqrt{\frac{Q \times 4}{\pi \times V}}$$

여기서, Q : 유량[m³/s]
A : 면적[m²]
V : 유속[m/s]
$\frac{\pi D^2}{4}$: 원면적[m²]

정답 41 ㉰ 42 ㉰ 43 ㉮ 44 ㉮, ㉰ 45 ㉯

② 풀이
- 유량 단위환산(Q)
※ $1[m^3] = 1000[L]$

$$Q = \frac{15000\frac{L}{h}}{1000\frac{L}{m^3}} = 15[m^3/h]$$

- 직경(D)

$$D = \sqrt{\frac{15 \times 4}{\pi \times 2.4 \times 3600}} = 0.047[m]$$

∴ $0.047 \times 1000 = 47[mm]$

46 진공환수식 증기난방법에 관한 설명으로 옳은 것은?

㉮ 다른 방식에 비해 관 지름이 커진다.
㉯ 주로 중·소규모 난방에 많이 사용된다.
㉰ 환수관 내 유속의 감소로 응축수 배출이 느리다.
㉱ 환수관의 진공도는 100~250mmHg 정도로 한다.

해설 ㉮ 다른 방식에 비해 관 지름이 작아진다.
㉯ 주로 대규모 난방에 많이 사용된다.
㉰ 환수관 내 유속의 감소가 거의 없고 응축수 배출이 빠르다.

47 송풍기의 토출 측과 흡입 측에 설치하며 송풍기의 진동이 덕트나 장치에 전달되는 것을 방지하기 위한 접속법은?

㉮ 크로스 커넥션(Cross Connection)
㉯ 캔버스 커넥션(Canvas Connection)
㉰ 서브 스테이션(Sub Station)
㉱ 하트포드(Hartford) 접속법

해설 캔버스 이음(Canvas connection)
송풍기의 토출측과 흡입측에 설치하여 송풍기의 진동이 덕트 및 장치에 전달되는 것을 방지하기 위해 설치한다.

48 다음 중 개방식 팽창탱크 주위의 관으로 해당되지 않는 것은?

㉮ 압축공기 공급관
㉯ 배기관
㉰ 오버플로관
㉱ 안전관

해설
- 개방식 팽창탱크 : 배기관(통기관), 오버플로우관, 배수관, 팽창관, 급수관
- 밀폐식 팽창탱크 : 압력계, 안전밸브, 수위계, 급수관, 배수관, 팽창관, 공기공급관

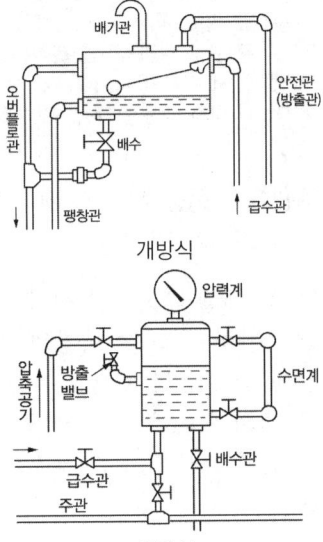

정답 46 ㉱ 47 ㉯ 48 ㉮

49 수직관 가까이에 기구가 설치되어 있을 때 수직관 위로부터 일시에 다량의 물이 흐르게 되면 그 수직관과 수평관의 연결관에 순간적으로 진공이 생기면서 봉수가 파괴되는 현상은?

㉮ 자기 사이펀작용
㉯ 모세관작용
㉰ 분출작용
㉱ 흡출작용

해설 흡출작용 : 수직관 가까이에 기구가 설치되어 있을 때 수직관 위로부터 일시에 다량의 물이 흐르게 되면 그 수직관과 수평관의 연결관에 순간적으로 진공이 생기면서 봉사가 파괴되는 현상.
※ 자기사이펀 작용은 주로 트랩에서 발생된다.

50 배관재료 선정 시 고려해야 할 사항으로 가장 거리가 먼 것은?

㉮ 관 속을 흐르는 유체의 화학적 성질
㉯ 관 속을 흐르는 유체의 온도
㉰ 관의 이음방법
㉱ 관의 압축성

해설 배관재료 선정 시 관의 압축성 보다는 신축성을 고려한다.

51 일반적으로 관의 지름이 크고 가끔 분해할 경우 사용되는 파이프 이음?

㉮ 플랜지 이음
㉯ 신축 이음
㉰ 용접 이음
㉱ 턱걸이 이음

해설 분해조립이 용이한 이음쇠
유니언, 플랜지

52 다음 보기에서 설명하는 난방 방식은?

[보기]
• 공기의 대류를 이용한 방식이다.
• 설비비가 비교적 작다.
• 예열시간이 짧고 연료비가 작다.
• 실내 상하의 온도차가 크다.
• 소음이 생기기 쉽다.

㉮ 지역 난방   ㉯ 온수 난방
㉰ 온풍 난방   ㉱ 복사 난방

해설 온풍난방 : 공기를 가열하여 실내로 보내는 난방으로 온풍로를 이용한 직접가열식과 열교환기를 이용한 간접가열식이 있다.
• 특징
① 설비비가 비교적 적다.
② 예열시간이 짧고 연료비가 적다.
③ 실내 상하의 온도차가 크다.
④ 소음이 생기기 쉽다.
⑤ 공기의 대류를 이용한 방식이다.

53 배관은 길이가 길어지면 관 자체의 하중, 열에 의한 신축, 유체의 흐름에서 발생하는 진동이 배관에 작용한다. 이것을 방지하기 위한 관지지 장치의 종류가 아닌 것은?

㉮ 서포트(Support)
㉯ 레스트레인트(Restraint)
㉰ 익스팬더(Expander)
㉱ 브레이스(Brace)

해설 관지지장치
행거, 서포트, 리스트레인트, 브레이스

정답 49 ㉱ 50 ㉱ 51 ㉮ 52 ㉰ 53 ㉰

54 다음 중 배관의 부식방지 방법이 아닌 것은?

㉮ 전기절연을 시킨다.
㉯ 도금을 한다.
㉰ 습기와의 접촉을 피한다.
㉱ 열처리를 한다.

해설 열처리는 쇠의 경도를 조절하는 작업으로 부식방지와는 관계없다.

55 가스배관에 있어서 가스가 누설될 경우 중독 및 폭발사고를 미연에 방지하기 위하여 조금만 누설되어도 냄새로 충분히 감지할 수 있도록 설치하는 장치는?

㉮ 부스터설비
㉯ 정압기
㉰ 부취설비
㉱ 가스홀더

해설 부취설비
가스배관에 있어 가스가 누설 되었을 경우 중독 및 폭발사고를 미연에 방지하기 위해 조금만 누설되어도 냄새로 충분히 알 수 있도록 냄새가 강한 부취제를 주입하는 설비

56 배수관에서 발생한 해로운 하수가스의 실내침입을 방지하기 위해 배수트랩을 설치한다. 배수트랩의 종류가 아닌 것은?

㉮ 가솔린트랩
㉯ 디스크트랩
㉰ 하우스트랩
㉱ 벨트랩

해설 디스크트랩은 열역학적 트랩으로 증기트랩의 한 종류이다.

57 건식 진공 환수배관의 증기주관의 적절한 구배는?

㉮ 1/100~1/150의 선하(先下) 구배
㉯ 1/200~1/300의 선하(先下) 구배
㉰ 1/350~1/400의 선하(先下) 구배
㉱ 1/450~1/500의 선하(先下) 구배

해설 건식 진공 환수배관의 증기주관은 1/200~1/300의 선하(先下)구배로 한다.

58 증기 트랩장치에서 벨로스 트랩을 안전하게 작동시키기 위해 트랩 입구 쪽에 최저 약 몇 m 이상을 냉각관으로 해야 하는가?

㉮ 0.1   ㉯ 0.4
㉰ 0.8   ㉱ 1.2

해설 냉각레그(cooling leg) : 건식 환수법에 있어 증기관 끝에서부터 트랩에 이르는 배관으로, 관내의 증기를 냉각하여 응축시키기 위하여 1.2m 이상의 나관을 설치한다. 이 나관을 냉각레그 또는 냉각관이라고 한다.
(저자의견 : 에너지 관련 과목에서 냉각레그의 길이는 1.5m 이상으로 출제되고 있습니다. 참고하시기 바랍니다.)

59 배관 부속 중 분기관을 낼 때 사용하는 것은?

㉮ 벤드   ㉯ 엘보
㉰ 티   ㉱ 유니온

해설 배관 도중에 분기관을 낼 때는 티 이음을 사용한다.

정답 54 ㉱ 55 ㉰ 56 ㉯ 57 ㉯ 58 ㉱ 59 ㉰

60 도시가스 배관의 손상을 방지하기 위하여 도시가스 배관 주위에서 다른 매설물을 설치할 때 적절한 이격거리는?

㉮ 20cm 이상
㉯ 30cm 이상
㉰ 40cm 이상
㉱ 50cm 이상

[해설] 도시가스 주위에 다른 매설물을 설치할 때에는 최소 30cm 이상의 이격거리를 둔다.

제4과목 | 전기제어공학 (공조냉동설치운영 2)

61 서보기구에서의 제어량은?

㉮ 유량   ㉯ 위치
㉰ 주파수 ㉱ 전압

[해설] 제어량에 의한 제어
① 서보기구 : 물체의 위치, 방향, 자세 등 제어
② 프로세스제어 : 온도, 유량, 액위 등 제어
③ 자동조정 : 전류, 전압, 주파수 등 제어
목표값에 의한 제어
정치제어, 프로그램제어, 추치(추종)제어, 비율제어

62 유도전동기에서 인가전압은 일정하고 주파수가 수 % 감소할 때 발생되는 현상으로 틀린 것은?

㉮ 동기속도가 감소한다.
㉯ 철손이 약간 증가한다.
㉰ 누설리액턴스가 증가한다.
㉱ 역률이 나빠진다.

[해설] 유도전동기의 주파수가 감소할 때 발생되는 현상
① 동기속도(회전자장의 속도) 감소
② 철손(철심의 전력손실) 증가
③ 역률감소(역률 = $\frac{유효전력}{피상전력}$: 실제사용된 전력의 비율)

63 부하 1상의 임피던스가 $60 + j80\Omega$인 △결선의 3상 회로에 100V의 전압을 가할 때 선전류는 몇 A인가?

㉮ 1   ㉯ $\sqrt{3}$
㉰ 3   ㉱ $\frac{1}{\sqrt{3}}$

[해설] △결선 선전류 $I_\triangle = \frac{\sqrt{3} V_P}{Z} = \frac{\sqrt{3} V_L}{Z}$
① $Z = \sqrt{60^2 + 80^2} = 100[\Omega]$
② $I_\triangle = \frac{\sqrt{3} \times 100}{100} = \sqrt{3}$

64 다음 중 압력을 변위로 변환시키는 장치로 알맞은 것은?

㉮ 노즐플래퍼
㉯ 다이어프램
㉰ 전자식
㉱ 차동변압기

[해설]
① 다이어프램 : 압력→변위
② 노즐플래퍼 : 변위→압력
③ 전자석 : 전압→변위
④ 차동변압기 : 변위→전압

정답 60 ㉯ 61 ㉯ 62 ㉰ 63 ㉯ 64 ㉯

65 다음 중 온도보상용으로 사용되는 것은?

㉮ 다이오드
㉯ 다이액
㉰ 서미스터
㉱ SCR

[해설] 서미스터 : 열을 감지하는 감열 저항체 소자로 전자회로의 온도 보상용으로 사용된다

66 그림과 같은 회로의 출력단 X의 진리값으로 옳은 것은? (단, L은 Low, H는 High이다.)

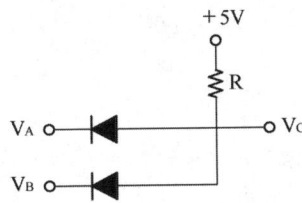

㉮ L, L, L, H
㉯ L, H, H, H
㉰ L, L, H, H
㉱ H, L, L, H

[해설] AND회로 이므로 : L, L, L, H
① 다이오드 방향이 입력방향 : AND 회로
② 다이오드 방향이 출력방향 : OR 회로

67 궤환제어계에서 제어요소란?

㉮ 조작부와 검출부
㉯ 조절부와 검출부
㉰ 목표값에 비례하는 신호 발생
㉱ 동작신호를 조작량으로 변환

[해설] 제어요소 : 동작신호를 조작량으로 변환시키는 요소로 조절부와 조작부로 구성된다.
궤환제어계란 피드백제어를 의미한다.

68 피드백 제어계의 특징으로 옳은 것은?

㉮ 정확성이 떨어진다.
㉯ 감대폭이 감소한다.
㉰ 계의 특성 변화에 대한 입력 대 출력 비의 감도가 감소한다.
㉱ 발진이 전혀 없고 항상 안정한 상태로 되어 가는 경향이 있다.

[해설] ㉮ 정확성이 증가한다.
㉯ 감대폭이 증가한다.
㉱ 발진을 일으키고 불안정한 상태로 되어 가는 경향이 있다.

69 어떤 대상물의 현재 상태를 사람이 원하는 상태로 조절하는 것을 무엇이라 하는가?

㉮ 제어량   ㉯ 제어대상
㉰ 제어   ㉱ 물질량

[해설] 사람이 원하는 상태로 조절하는 것 : 제어

70 권수 50회이고 자기인덕턴스가 0.5mH인 코일이 있을 때 여기에 전류 50A를 흘리면 자속은 몇 Wb인가?

㉮ 5×10^{-3} ㉯ 5×10^{-4}
㉰ 2.5×10^{-2} ㉱ 2.5×10^{-3}

[해설] $\varnothing = \dfrac{LI}{N} = \dfrac{0.5 \times 10^{-3} \times 50}{50} = 0.5 \times 10^{-3}$ [Wb]
$\fallingdotseq 5 \times 10^{-4}$ [Wb]

유기기전력 $e = N\dfrac{\varnothing}{t} = L\dfrac{I}{t}$

여기서, e : 유기기전력[V]
L : 자기인덕턴스[H]
N : 권선수
$\varnothing$: 자속
I : 전류[A]
t : 시간[s]

[정답] 65 ㉰ 66 ㉮ 67 ㉱ 68 ㉰ 69 ㉰ 70 ㉯

71 그림과 같은 피드백 블록선도의 전달함수는?

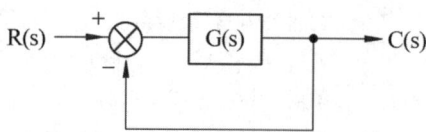

㉮ $\dfrac{G(s)}{1+G(s)}$ ㉯ $\dfrac{G(s)}{1+G(s)C(s)}$

㉰ $\dfrac{G(s)}{1+R(s)}$ ㉱ $\dfrac{C(s)}{1+R(s)}$

해설 전달함수
$G(s) = \dfrac{C}{R} = \dfrac{\text{패스경로}}{1-\text{피드백경로}}$
$\dfrac{C}{R} = \dfrac{G(s)}{1+G(s)}$

72 직류기에서 불꽃 없이 정류를 얻는 데 가장 유효한 방법은?

㉮ 탄소브러시와 보상권선
㉯ 자기포화와 브러시 이동
㉰ 보극과 탄소브러시
㉱ 보극과 보상권선

해설 직류에서 불꽃 없이 정류를 얻는데 가장 유요한 방법 : 보극과 탄소브러시

73 분상기동형 단상유도전동기를 역회전시키는 방법은?

㉮ 주권선과 보조권선 모두를 전원에 대하여 반대로 접속한다.
㉯ 콘덴서를 주권선에 삽입하여 위상차를 갖게 한다.
㉰ 콘덴서를 보조권선에 삽입한다.
㉱ 주권선과 보조권선 중 하나를 전원에 대하여 반대로 접속한다.

해설 단상 유도전동기를 역회전시키기 위해서는 주권선과 보조권선 중 하나를 전원에 대하여 반대로 접속하면 된다.

74 R-L-C 직렬회로에서 소비전력이 최대가 되는 조건은?

㉮ $\omega L - \dfrac{1}{\omega C} = 1$
㉯ $\omega L + \dfrac{1}{\omega C} = 0$
㉰ $\omega L + \dfrac{1}{\omega C} = 1$
㉱ $\omega L - \dfrac{1}{\omega C} = 0$

해설 $wL - \dfrac{1}{wc} = 0$

직렬공진 : $X_L - X_C = 0$, $wL = \dfrac{1}{wc}$
합성임피던스 : $Z = R + jX$
직렬공진시 합성임피던스 Z=R이므로 R만의 회로가 되며 특징은 아래와 같다.
① 위상차가 0이 된다.
② 전류는 최대가 된다.
③ 유효전력만 존재하며 최대가 된다.
④ 공급전압이 모두 저항R에 인가된다.

75 폐루프 제어계에서 전동기의 회전속도는 궤환요소로서 전동기 축에 커플링을 통해서 결합되는 타코제너레이터(T.G)와 같은 다음의 어떤 요소로서 측정이 되는가?

㉮ 포텐쇼 미터
㉯ 응력 게이지
㉰ 로드 셀
㉱ 서보 센서

해설 타코제너레이터(T·G) : 전동기의 속도를 검출하는 속도센서로 서보센서에 속한다.

정답 71 ㉮ 72 ㉰ 73 ㉱ 74 ㉱ 75 ㉱

76 안정될 필요조건을 갖춘 특성 방정식은?

㉮ $s^4 + 2s^2 + 5s + 5 = 0$
㉯ $s^3 + s^2 - 3s + 10 = 0$
㉰ $s^3 + 3s^2 + 3s - 3 = 0$
㉱ $s^3 + 6s^2 + 10s + 9 = 0$

[해설] 특성방정식 안정화 조건
① 모든 계의 부호가 동일할 것
② 계수 중 어느 하나라도 0이 아닐 것
③ 1열의 부호 변화가 없을 것
$s^3 + 6s^2 + 10s + 9 = 0$
모든 부호가 동일하며 1열의 부호변화가 없다.
또한 $s^3 = 1$, $s^2 = 6$, $s = 10$, 남는항 = 9 이므로 해당조건들을 만족한다.

77 15C의 전기가 3초간 흐르면 전류(A)값은?

㉮ 2   ㉯ 3
㉰ 4   ㉱ 5

[해설] $Q = It$
$I = \dfrac{Q}{t} = \dfrac{15}{3} = 5[A]$

78 어떤 계기에 장시간 전류를 통전한 후 전원을 OFF시켜도 지침이 0으로 되지 않았다. 그 원인에 해당되는 것은?

㉮ 정전계 영향
㉯ 스프링의 피로도
㉰ 외부자계 영향
㉱ 자기가열 영향

[해설] 가동코일의 연결방식에 따라 전압계 또는 전류계로 사용할 수 있다. 이때 계기를 장시간 사용할 경우 스프링의 피로도가 증가하여 오차가 발생할 수 있다.

79 변압기의 특성 중 규약 효율이란?

㉮ $\dfrac{출력}{출력 - 손실}$
㉯ $\dfrac{출력}{출력 + 손실}$
㉰ $\dfrac{입력}{입력 - 손실}$
㉱ $\dfrac{입력}{입력 + 손실}$

[해설] 변압기의 규약효율
규약효율 $= \dfrac{출력}{출력 + 손실} = \dfrac{입력 - 손실}{입력}$

80 자동제어계에서 각 요소를 블록선도로 표시할 때 각 요소는 전달함수로 표시한다. 신호의 전달경로는 무엇으로 표현하는가?

㉮ 접점
㉯ 점선
㉰ 화살표
㉱ 스위치

[해설] 블록선도 표시방법
① 입·출력 변수 : 표시
② 전달함수 : Block
③ 신호흐름방향 : 화살표

[정답] 76 ㉱ 77 ㉱ 78 ㉯ 79 ㉯ 80 ㉰

공조냉동기계산업기사

과년도 출제문제

(2016.03.06. 시행)

제1과목 | 공기조화(공기조화설비)

01 난방설비에 관한 설명으로 옳은 것은?

㉮ 온수난방은 증기난방에 비해 예열시간이 길어서 충분한 난방감을 느끼는 데 시간이 걸린다.
㉯ 증기난방은 실내 상하 온도차가 적어 유리하다.
㉰ 복사난방은 급격한 외기 온도의 변화에 대해 방열량 조절이 우수하다.
㉱ 온수난방의 주 이용열은 온수의 증발 잠열이다.

해설 ① 온수난방은 증기난방에 비해 예열시간이 길어 충분한 난방감을 느끼는데 시간이 걸린다.
② 복사난방은 실내 상하 온도차가 적어 쾌감도가 좋다.
③ 복사난방은 예열열시간이 길어 급격한 외기 온도 변화(부하변동)에 대응하기 어렵다.
④ 온수난방의 주 이용열은 온수의 현열이다.

02 일반적인 취출구의 종류로 가장 거리가 먼 것은?

㉮ 라이트-트로퍼(light-troffer)형
㉯ 아네모스탯(annemostat)형
㉰ 머쉬룸(mushroom)형
㉱ 웨이(way)형

해설

방식	종류	
천장형 취출구	• 아네모스탯형 • 팬형 • 다공판형	• 웨이형 • 라이트 트로피형
벽설치형 취출구	• 베인격자형(유니버설형)	• 노즐형
라인형 취출구	• 브리즈 라인형 • T-라인형 • T-바형	• 캄 라인형 • 슬롯라인형 • 다공판형
축류형 취출구	• 노즐형 • 베인격자형(유니버설형) • 슬롯형	• 펑커루버형 • 다공판형
확산형(복류) 취출구	• 아네모스탯형	• 팬형

03 취급이 간단하고 각 층을 독립적으로 운전할 수 있어 에너지 절감효과가 크며 공사기간 및 공사비용이 적게 드는 방식은?

㉮ 패키지 유닛 방식
㉯ 복사 냉난방 방식
㉰ 인덕션 유닛 방식
㉱ 2중 덕트 방식

해설 패키지 유닛(package Unit) 방식
개별제어방식 중 냉매방식으로 냉동기, 냉각코일, 필터, 송풍기, 자동제어기기 등이 한케이싱내에 수납된 형태로 취급이 간단하고 각 층을 독립적으로 운전할 수 있어 에너지 절감효과가 크며 공사기간 및 공사비용이 적게 든다.

정답 01 ㉮ 02 ㉰ 03 ㉮

04 공조방식 중 각층 유닛방식에 관한 설명으로 틀린 것은?

㉮ 송풍 덕트의 길이가 짧게 되고 설치가 용이하다.
㉯ 사무실과 병원 등의 각 층에 대하며 시간차 운전에 유리하다.
㉰ 각층 슬래브의 관통덕트가 없게 되므로 방재상 유리하다.
㉱ 각 층에 수배관을 설치하지 않으므로 누수의 염려가 없다.

해설 각층 유닛 방식은 각각의 층마다 유닛(공기조화기)이 설치되므로 유닛 내부의 수배관(코일)에 의해 누수의 염려가 있다.

05 전열량에 대한 현열량의 변화의 비율로 나타내는 것은?

㉮ 현열비   ㉯ 열수분비
㉰ 상대습도   ㉱ 비교습도

해설 현열비 : 전열량에 대한 현열량의 비
$$SHF = \frac{현열}{전열} = \frac{현열}{현열+잠열} = \frac{q_s}{q_s+q_L}$$

06 현열 및 잠열에 관한 설명으로 옳은 것은?

㉮ 여름철 인체로부터 발생하는 열은 현열뿐이다.
㉯ 공기조화 덕트의 열손실은 현열과 잠열로 구성되어 있다.
㉰ 여름철 유리창을 통해 실내로 들어오는 열은 현열뿐이다.
㉱ 조명이나 실내기구에서 발생하는 열은 현열뿐이다.

해설 ① 여름철 인체로부터 발생하는 열은 현열과 잠열이다.
② 공기조화 덕트의 열손실은 기기열로서 현열에 속한다.
③ 여름철 유리창을 통해 실내로 들어오는 열은 현열이다.(극간풍과 혼동하시는 분들 계시는데요. 극간풍은 틈새바람으로 창문틈 문틈으로 들어오는 공기를 말하며 현열과 잠열이 됩니다, 유리창을 통해 들어오는 열은 전열량이므로 현열이 되겠습니다.)
④ 조명이나 실내기구에서 발생하는 열은 현열과 잠열이다.(실내기구라는 말이 들어갔기 때문에 현열과 잠열로 봅니다.)

07 수분량 변화가 없는 경우의 열수분비는?

㉮ 0   ㉯ 1
㉰ -1   ㉱ ∞

해설 U(열수분비) $= \dfrac{dh(엔탈피 변화량)}{dx(수분의 변화량)}$ [kcal/kg]

① 수분량의 변화가 없을 때
$$U = \frac{dh}{dx} = \frac{dh}{0} = \infty$$

② 엔탈피의 변화가 없을 때
$$U = \frac{dh}{dx} = \frac{0}{dx} = 0$$

08 다음 가습방법 중 가습효율이 가장 높은 것은?

㉮ 증발 가습
㉯ 온수 분무 가습
㉰ 증기 분무 가습
㉱ 고압수 분무 가습

해설 가습효율이 가장 높은 가습방식
증기 분무 가습(가습효율이 100%에 가깝다.)

정답 04 ㉱ 05 ㉮ 06 ㉰ 07 ㉱ 08 ㉰

09 원심식 송풍기의 종류로 가장 거리가 먼 것은?

㉮ 리버스형 송풍기
㉯ 프로펠러형 송풍기
㉰ 관류형 송풍기
㉱ 다익형 송풍기

해설 ① 원심식 송풍기 : 터보형, 다익형, 익형, 관류형, 리밋로드형, 리버스형 등
② 축류형 송풍기 : 프로펠러형, 베인형, 튜브형 등

10 송풍기에 관한 설명 중 틀린 것은?

㉮ 송풍기 특성곡선에서 팬 전압은 토출구와 흡입구에서의 전압 차를 말한다.
㉯ 송풍기 특성곡선에서 송풍력을 증가시키면 전압과 정압은 산형(山形)을 이루면서 강하한다.
㉰ 다익형 송풍기는 풍량을 증가시키면 축동력은 감소한다.
㉱ 팬 동압은 팬 출구를 통하여 나가는 평균속도에 해당되는 속도압이다.

해설 다익형 송풍기는 풍량을 증가시키면 축동력은 증가한다.

11 공기의 감습 방식으로 가장 거리가 먼 것은?

㉮ 냉각방식
㉯ 흡수방식
㉰ 흡착방식
㉱ 순환수분무방식

해설 순환수분무방식은 가습방식에 속한다.
공기 감습 방식
① 냉각방식 : 냉각코일 또는 공기세정기를 사용하며, 공기조화의 기본적인 조작의 하나이다. 냉각과 감습을 동시에 필요로 할 때는 유리하지만 냉각을 필요로 하지 않을 때는 재열을 필요로 하므로 열량이 많이 소모된다.
② 압축방식 : 공기를 압축기로 압축하고 냉각기로 냉각해 수분을 응축시킨다. 소요동력이 커지므로 냉동기가 없는 소규모의 장치와 공기 액화 등에 이용되고 있다.
③ 흡수방식 : 염화리튬, 트리에틸렌 글리콜 등의 흡수제를 사용한다. 공기를 분무 상태인 흡수제 속으로 통과시켜 감습하고, 흡수제는 가열, 농축 냉각되어 재생되므로 연속적인 처리가 이루어진다.
④ 흡착방식 : 실리카겔, 활성 알루미나, 생석회 등의 흡착제를 사용하여 두개의 탑에서 흡습, 재생을 교대로 행한다. 장치는 간단하며 저습도의 공기를 얻을 수 있지만, 재생에 대량의 열량을 필요로 하므로 풍량이 적어도 되는 건조실 등에 사용되고 있다.

12 다음 공조방식 중에 전공기 방식에 속하는 것은?

㉮ 패키지 유닛 방식
㉯ 복사 냉난방 방식
㉰ 팬 코일 유닛 방식
㉱ 2중덕트 방식

해설 ① 패키지 유닛 방식 : 개별방식 - 냉매방식
② 복사 냉난방 방식 : 중앙방식 - 공기수방식
③ 팬코일 유닛 방식 : 중앙방식 - 전수방식
④ 2중덕트 방식 : 중앙방식 - 전공기방식
(교재참고 270p)

13 열원방식의 분류 중 특수 열원방식으로 분류되지 않는 것은?

㉮ 열회수 방식(전열 교환 방식)
㉯ 흡수식 냉온수기 방식
㉰ 지역 냉난방 방식
㉱ 태양열 이용 방식

정답 09 ㉯ 10 ㉰ 11 ㉱ 12 ㉱ 13 ㉯

해설
- 일반열원방식
  ① 흡수식 냉온수기 방식
  ② 흡수식냉동기 + 보일러
  ③ 전동냉동기 + 보일러
  ④ 히트펌프방식
- 특수열원방식
  ① 열회수방식(전열교환방식)
  ② 축열방식(빙축열방식, 수축열방식)
  ③ 태양열이용방식
  ④ 열병합방식
  ⑤ 지역냉난방방식
  ⑥ 토탈에너지시스템(total energy system)

14 다음 그림과 같은 덕트에서 점 ①의 정압 $P_1 = 15\text{mmAq}$, 속도 $V_1 = 10\text{m/s}$일 때, 점 ②에서의 전압은? (단, ①-② 구간의 전압손실은 2mmAq, 공기의 밀도는 1kg/m³로 한다.)

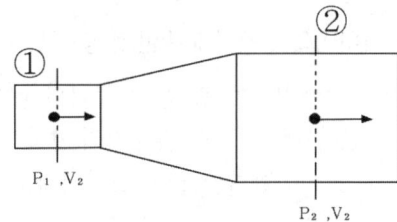

㉮ 15.1mmAq   ㉯ 17.1mmAq
㉰ 18.1mmAq   ㉱ 19.1mmAq

해설 전압(P_T) = 정압(P_S) + 동압(P_V)

- 동압구하는 공식 : $\dfrac{v^2}{2g}\gamma\,[\text{mmAq}]$

- $P_T = P_S + \dfrac{v^2}{2g}\gamma\,[\text{mmAq}]$

① 구간은 위의 공식을 이용하여 아래와 같이 풀이할 수 있다.

전압(P_T) = $15 + \dfrac{10^2}{2\times 9.8}\times 1 = 20.1\,[\text{mmAq}]$

② 구간의 전압은 ①-② 구간의 전압손실 2mmAq를 감해순다.

(공식) $P_2 = P_1 - \triangle P$

∴ $20.1 - 2 = 18.1\,[\text{mmAq}]$

15 31℃의 외기와 25℃의 환기를 1:2의 비율로 혼합하고 바이패스 팩터가 0.16인 코일로 냉각 제습할 때의 코일 출구온도는?(단, 코일의 표면온도는 14℃이다.)

㉮ 약 14℃   ㉯ 약 16℃
㉰ 약 27℃   ㉱ 약 29℃

해설 ① 혼합공기온도
$t_3 = \dfrac{G_1 t_1 + G_2 t_2}{G_1 + G_2} = \dfrac{(1\times 31) + (2\times 25)}{1+2} = 27\,[\text{℃}]$

② 냉각코일 출구온도의 경우 바이팩스팩터를 이용하여 풀이한다.(BF : 0.16)

$0.16(BF) = \dfrac{t_x - 14}{27 - 14}$

$0.16\times(27-14) = t_x - 14$

$\{0.16\times(27-14)\} + 14 = t_x \quad t_x = 15.82$

약 16[℃]

16 난방기기에 사용되는 방열기 중 강제대류형 방열기에 해당하는 것은?

㉮ 유닛히터
㉯ 길드 방열기
㉰ 주철제 방열기
㉱ 베이스보드 방열기

해설 강제대류형 방열기
유닛히터, 팬컨벡터 등

정답 14 ㉰ 15 ㉯ 16 ㉮

17 다음의 송풍기에 관한 설명 중 ( ) 안에 알맞은 내용은?

> 동일 송풍기에서 정압은 회전수 비의 (㉠)하고, 소요동력은 회전수 비의 (㉡) 한다.

㉮ ㉠ 2승에 비례
　　㉡ 3승에 비례
㉯ ㉠ 2승에 반비례
　　㉡ 3승에 반비례
㉰ ㉠ 3승에 비례
　　㉡ 2승에 비례
㉱ ㉠ 3승에 반비례
　　㉡ 2승에 반비례

해설 송풍기의 상사법칙

풍량	$Q_2 = \left(\dfrac{N_2}{N_1}\right) \cdot \left(\dfrac{D_2}{D_1}\right)^3 \cdot Q_1$
정압	$P_2 = \left(\dfrac{N_2}{N_1}\right)^2 \cdot \left(\dfrac{D_2}{D_1}\right)^2 \cdot P_1$
동력	$L_2 = \left(\dfrac{N_2}{N_1}\right)^3 \cdot \left(\dfrac{D_2}{D_1}\right)^5 \cdot L_1$

① 풍량은 회전수비에 비례하고 송풍기크기의 3제곱에 비례한다.
② 압력(정압)은 회전수비의 2제곱에 비례하고 송풍기크기의 2제곱에 비례한다.
③ 동력은 회전수비의 3제곱에 비례하고 송풍기크기의 5제곱에 비례한다.

18 건물의 11층에 위치한 북측 외벽을 통한 손실열량은? (단, 벽체면적 $40m^2$, 열관류율 $0.43W/m^2 \cdot ℃$, 실내온도 26℃, 외기온도 −5℃, 북측 방위계수 1.2, 복사에 의한 외기온도 보전 3℃이다.)

㉮ 약 495.36W　㉯ 약 525.38W
㉰ 약 577.92W　㉱ 약 639.84W

해설 외벽을 통한 손실열량(q_w)
$q_w = K \cdot F \cdot dT \cdot k$
$= 0.43W/m^2 \cdot ℃ \times 40m^2 \times [\{26-(-5)\}-3]℃ \times 1.2$
$= 577.92W$

19 증기난방 설비에서 일반적으로 사용 증기압이 어느 정도부터 고압식이라고 하는가?

㉮ $0.01kg_f/cm^2$ 이상
㉯ $0.35kg_f/cm^2$ 이상
㉰ $1kg_f/cm^2$ 이상
㉱ $10kg_f/cm^2$ 이상

해설 ① 고압식 : 증기의 압력 $1.0[kg_f/cm^2]$ 이상
② 저압식 : 증기의 압력 $1.0[kg_f/cm^2]$ 미만 (저압증기난방의 경우)
일반적으로 $0.1 \sim 0.35[kg_f/cm^2]$의 증기를 사용한다.

20 바이패스 팩터에 관한 설명으로 옳은 것은?

㉮ 흡입공기 중 온난 공기의 비율이다.
㉯ 송풍공기 중 습공기의 비율이다.
㉰ 신선한 공기와 순환공기의 밀도 비율이다.
㉱ 전 공기에 대해 냉·온수코일을 그대로 통과하는 공기의 비율이다.

해설 바이패스팩터(BF)
냉각코일 및 가열코일을 접촉하지 않고 그대로 통과하는 공기의 비율을 말하며 바이패스팩터가 작을수록 효율은 증가한다.

정답　17 ㉮　18 ㉰　19 ㉰　20 ㉱

| 제2과목 | 냉동공학(냉동냉장설비) |

21 냉동장치의 압축기 피스톤 압출량이 120m³/h, 압축기 소요동력이 1.1kW, 압축기 흡입가스의 비체적이 0.65m³/kg, 체적효율이 0.81일 때, 냉매 순환량은?

㉮ 100kg/h ㉯ 150kg/h
㉰ 200kg/h ㉱ 250kg/h

해설
$G = \dfrac{V}{v} \times \eta_v$

$G = \dfrac{120[\text{m}^3/\text{h}]}{0.65[\text{m}^3/\text{kg}]} \times 0.81 = 149.54[\text{kg/h}]$

∴ 150[kg/h]

22 응축기에서 고온 냉매가스의 열이 제거되는 과정으로 가장 적합한 것은?

㉮ 복사와 전도 ㉯ 승화와 증발
㉰ 복사와 기화 ㉱ 대류와 전도

해설 응축기의 열제거 과정 : 대류와 전도
응축기는 주로 관내부의 대류열, 관외벽의 전도열, 관외부의 대류열에 의해 냉매가스의 열을 제거한다.

23 냉동사이클 중 P-h 선도(압력-엔탈피 선도)로 계산할 수 없는 것은?

㉮ 냉동능력
㉯ 성적계수
㉰ 냉매순환량
㉱ 마찰계수

해설 P h(몰리에르)선도에서 마찰계수는 계산할 수 없다.

24 다음 중 증발식 응축기의 구성요소로서 가장 거리가 먼 것은?

㉮ 송풍기
㉯ 응축용 핀-코일
㉰ 물분무 펌프 및 분배장치
㉱ 엘리미네이터, 수공급장치

해설
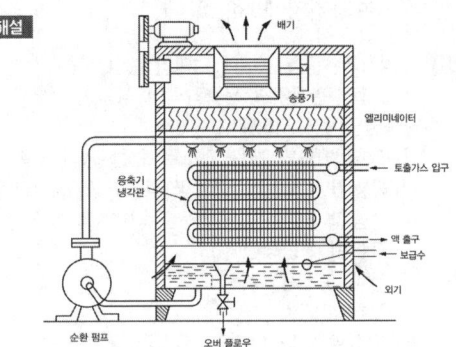

응축용 핀-코일은 공랭식 응축기중 프레온냉동장치에 사용된다.

25 증발온도(압력) 하강의 경우 장치에 발생되는 현상으로 가장 거리가 먼 것은?

㉮ 성적계수(COP) 감소
㉯ 토출가스 온도상승
㉰ 냉매 순환량 증가
㉱ 냉동 효과 감소

해설 증발온도(압력)이 저하될 경우 장치에 미치는 영향
① 흡입 가스 과열
② 토출가스 온도상승
③ 실린더 과열로 오일의 탄화 및 열화
④ 윤활유 불량으로 활동부 마모 우려
⑤ 압축비 증대
⑥ 체적효율 감소
⑦ 냉매 순환량 감소
⑧ 냉동능력 감소
(교재참고 181p)

정답 21 ㉯ 22 ㉱ 23 ㉱ 24 ㉯ 25 ㉰

26 냉동장치의 증발압력이 너무 낮은 원인으로 가장 거리가 먼 것은?

㉮ 수액기 및 응축기 내에 냉매가 충만해 있다.
㉯ 팽창밸브가 너무 조여있다.
㉰ 증발기의 풍량이 부족하다.
㉱ 여과기가 막혀 있다.

[해설] 수액기 및 응축기 내에 냉매가 충만한 경우에는 증발압력과 관계없고 응축압력이 상승한다.
• 증발압력이 저하하는 원인
① 팽창 밸브의 개도 과소로 인한 냉매 부족
② 증발기 냉각관에 유막 및 적상이 끼여 열교환이 불량할 경우(증발기내의 풍량이 부족한 경우 열교환이 불량해진다.)
③ 냉매 충전량 부족
④ 부하의 감소
⑤ 팽창밸브 및 여과망, 제습기 등의 막힘
⑥ 액관에 플래시 가스(flash gas) 발생 시

27 냉동사이클이 다음과 같은 T-S 선도로 표시되었다. T-S 선도 4-5-1의 선에 관한 설명으로 옳은 것은?

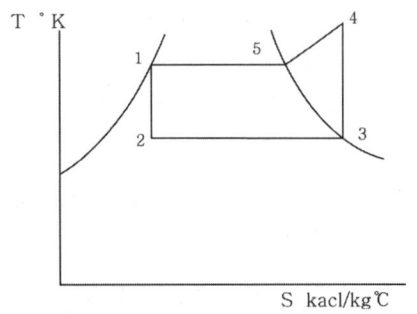

㉮ 4-5-1은 등압선이고 응축과정이다.
㉯ 4-5는 압축기 토출구에서 압력이 떨어지고 5-1은 교축과정이다.
㉰ 4-5는 불응축 가스가 존재할 때 나타나며, 5-1만이 응축과정이다.
㉱ 4에서 5로 온도가 떨어진 것은 압축기에서 흡입가스의 영향을 받아서 열을 방출했기 때문이다.

[해설] ㉯ 4-5는 압축기 토출구에서 온도가 떨어지고 5-1은 응축과정이다.
㉰ 4-5는 불응축 가스가 존재하지 않을 때 나타나며, 5-1은 응축과정이다.
㉱ 4에서 5로 온도가 떨어진 것은 압축기 토출가스가 열을 일부 방출했기 때문이다.

28 표준냉동사이클에 대한 설명으로 옳은 것은?

㉮ 응축기에서 버리는 열량은 증발기에서 취하는 열량과 같다.
㉯ 증기를 압축기에서 단열압축하면 압력과 온도가 높아진다.
㉰ 팽창밸브에서 팽창하는 냉매는 압력이 감소함과 동시에 열을 방출한다.
㉱ 증발기 내에서의 냉매증발 온도는 그 압력에 대한 포화온도보다 낮다.

[해설] ① 응축기에서 버리는 열량은 증발기의 열량과 압축기의 열량과의 합과 같다.
③ 팽창밸브에서 팽창하는 냉매는 압력과 온도는 감소하고 단열팽창되므로 엔탈피는 일정한 상태가 된다.(PT=↓, h=c)
④ 증발기내에서의 냉매증발 온도는 그 압력에 대한 포화온도와 같다.(습증기구역)

29 압축기에 체적효율에 대한 설명으로 옳은 것은?

㉮ 이론적 피스톤 압출량을 압축기 흡입 직전의 상태로 환산한 흡입가스량으로 나눈 값이다.
㉯ 체적 효율은 압축비가 증가하면 감소한다.

㉰ 동일 냉매 이용 시 체적 효율은 항상 동일하다.
㉱ 피스톤 격간이 클수록 체적효율은 증가한다.

해설 ① 체적효율$(\eta_v) = \dfrac{실제피스톤압출량(V_g)}{이론피스톤압출량(V_a)}$
③ 동일냉매라 할지라도 운전상태에 따라 체적효율은 달라진다.
④ 피스톤 간극(top clearance, side clearance)이 클수록 체적효율은 감소한다.

30 냉동장치에서 윤활의 목적으로 가장 거리가 먼 것은?

㉮ 마모 방지
㉯ 기밀 작용
㉰ 열의 축적
㉱ 마찰동력 손실방지

해설 윤활의 목적
① 윤활작용(마모방지, 마찰동력 손실방지)
② 냉각작용
③ 기밀작용
④ 소음방지
⑤ 방청작용
⑥ 청정작용
⑦ 패킹보호작용

31 10냉동톤의 능력을 갖는 역카르노 사이클이 적용된 냉동기관의 고온부 온도가 25℃, 저온부 온도가 -20℃일 때, 이 냉동기를 운전하는데 필요한 동력은?

㉮ 1.8kW   ㉯ 3.1kW
㉰ 6.9kW   ㉱ 9.4kW

해설 • 편의상 Q_1 : 고열원(응축부하)
Q_2 : 저열원(증발부하)
T_1 : 고온
T_2 : 저온

으로 표시한다.
① $COP = \dfrac{T_2}{T_1 - T_2} = \dfrac{(-20+273)}{(25+273)-(-20+273)} = 5.62$
② $COP = \dfrac{냉동능력(Q_2)}{압축일량(Aw)}$ 에서 Aw를 구한다.
③ $Aw = \dfrac{Q_2}{COP} = \dfrac{10 \times 3320}{5.62} = 5907.47 [kcal/h]$
④ $\dfrac{5907.47}{860} = 6.87 [Kw]$

32 표준 냉동장치에서 단열팽창과정의 온도와 엔탈피 변화로 옳은 것은?

㉮ 온도 상승, 엔탈피 변화 없음
㉯ 온도 상승, 엔탈피 높아짐
㉰ 온도 하강, 엔탈피 변화 없음
㉱ 온도 하강, 엔탈피 낮아짐

해설 단열팽창과정(교축현상)에서는 압력과 온도는 감소하고 엔탈피는 일정한 상태가 된다.
(PT=↓, h=C)

33 물 10kg을 0℃에서 70℃까지 가열하면 물의 엔트로피 증가는? (단, 물의 비열은 4.18kJ/kg·K이다.)

㉮ 4.14kJ/K   ㉯ 9.54kJ/K
㉰ 12.74kJ/K   ㉱ 52.52kJ/K

해설 엔트로피 증가량($\triangle S$)
$\triangle S = GC_p \ln \dfrac{T_2}{T_1}$
여기서, T_1은 변하기 전의 온도
T_2은 변한 후의 온도가 된다.
$\triangle S = 10 \times 4.18 \times \ln \dfrac{(70+273)}{(0+273)} = 9.54 [kJ/K]$

정답 30 ㉰   31 ㉰   32 ㉰   33 ㉯

34 터보 압축기의 특징으로 틀린 것은?

㉮ 부하가 감소하면 서징 현상이 일어난다.
㉯ 압축되는 냉매증기 속에 기름방울이 함유되지 않는다.
㉰ 회전운동을 하므로 동적균형을 잡기 좋다.
㉱ 모든 냉매에서 냉매회수장치가 필요 없다.

해설 터보압축기의 경우 R-12를 제외한 냉매의 경우 냉매회수장치가 필요하다.

35 냉매에 대한 설명으로 틀린 것은?

㉮ 응고점이 낮을 것
㉯ 증발열과 열전도율이 클 것
㉰ R-500은 R-12와 R-152를 합한 공비 혼합냉매라 한다.
㉱ R-21은 화학식으로 $CHCl_2F$이고, $CClF_2-CClF_2$는 R-113이다.

해설 R-21은 화학식으로 $CHCl_2F$이고, $CClF_2-CClF_2$는 R-114이다.

36 왕복동 압축기의 유압이 운전 중 저하되었을 경우에 대한 원인을 분류한 것으로 옳은 것을 모두 고른 것은?

[보기]
㉠ 오일 스트레이너가 막혀 있다.
㉡ 유온이 너무 낮다.
㉢ 냉동유가 과충전되었다.
㉣ 크랭크실 내의 냉동유에 냉매가 너무 많이 섞여있다.

㉮ ㉠, ㉡ ㉯ ㉢, ㉣
㉰ ㉠, ㉣ ㉱ ㉡, ㉢

해설 유압저하의 원인
① 유압조정밸브 개도의 과대
② 유온이 높을 때(점도 저하)
③ 공급 유량 부족
④ 크랭크실 내의 냉동유에 냉매가 너무 많이 섞여 있을 경우(오일 중 냉매의 혼입)
⑤ 유압계 불량
⑥ 기어 펌프 고장
⑦ 오일필터(스트레이너)가 막혔을 때
(교재참고 135p)

37 2단압축 냉동장치에서 게이지 압력계의 지시계가 고압 15kgf/cm²g, 저압 100mmHg을 가리킬 때, 저단압축기와 고단압축기의 압축비는? (단, 저·고단의 압축비는 동일하다.)

㉮ 3.6 ㉯ 3.8
㉰ 4.0 ㉱ 4.2

해설
• 압력변환 및 통일
• 절대압력으로 환산
① 고압(P_H)
절대압력 = 대기압 + 게이지압력
= 1.0332 + 15
= 16.0332 [kgf/cm²a]

② 저압(P_L)
$P_L = \dfrac{100[mmHg(v)]}{760[mmHg]} \times 1.0332 [kgf/cm^2]$
$= 0.1359 [kgf/cm^2 v]$

절대압력 = 대기압 − 진공압력
= 1.0332 − 0.1359
= 0.8973 [kgf/cm²a]

• 저·고압 동일할 때 압축비
$\dfrac{P_H}{P_M} = \dfrac{P_M}{P_L} \rightarrow P_H P_L = P_M^2 \rightarrow P_M = \sqrt{P_H \cdot P_L}$

$P_M = \sqrt{16.0332 \times 0.8973} = 3.79 [kgf/cm^2]$

∴ $\dfrac{P_H}{P_M} = \dfrac{16.0332}{3.79} = 4.2$

정답 34 ㉱ 35 ㉱ 36 ㉰ 37 ㉱

38 냉동장치에서 흡입배관이 너무 작아서 발생되는 현상으로 가장 거리가 먼 것은?

㉮ 냉동능력 감소
㉯ 흡입가스의 비체적 증가
㉰ 소비동력 증가
㉱ 토출가스온도 강하

해설 냉동장치의 흡입배관이 너무 작은 경우 마찰저항에 의한 압력강하가 발생하여 압축비가 증가하며 이로 인해 압축기의 토출가스온도 역시 증가한다.

39 1단 압축 1단 팽창 냉동장치에서 흡입증기가 어느 상태일 때 성적계수가 제일 큰가?

㉮ 습증기 ㉯ 과열증기
㉰ 과냉각액 ㉱ 건포화증기

해설 $COP = \dfrac{냉동능력(Q)}{압축일량(Aw)}$ 이므로
증발기의 입출구 엔탈피차가 클수록(냉동효과증가) 성적계수가 증가한다. 그러므로 압축기 흡입가스의 상태가 과열증기일 경우 성적계수는 가장 커진다.

40 흡수식 냉동기에 사용되는 냉매와 흡수제의 연결이 잘못된 것은?

㉮ 물(냉매) – 황산(흡수제)
㉯ 암모니아(냉매) – 물(흡수제)
㉰ 물(냉매) – 가성소다(흡수제)
㉱ 염화에틸(냉매) – 취화리튬(흡수제)

해설

냉매	흡수제
암모니아	물, 로단암모니아
물	리튬브로마이드, 가성소다, 황산, 염화리튬 등
염화에틸	사염화에탄
메탄올	취화리튬, 메탄올 용액
톨루엔	파라핀유

제3과목 배관일반(공조냉동설치운영1)

41 펌프의 흡입 배관 설치에 관한 설명으로 틀린 것은?

㉮ 흡입관은 가급적 길이를 짧게 한다.
㉯ 흡입관의 하중이 펌프에 직접 걸리지 않도록 한다.
㉰ 흡입관에는 펌프의 진동이나 관의 열팽창이 전달되지 않도록 신축이음을 한다.
㉱ 흡입 수평관의 관경을 확대시키는 경우 동심리듀서를 사용한다.

해설 흡입 수평관의 관경을 확대시키는 경우에는 편심리듀서를 사용하여 관내 공기가 유입되지 않도록 한다.(흡입 수평관의 경우 펌프쪽으로 상향구배로 배관한다.)

42 배관 작업 시 동관용 공구와 스테인리스 강관용 공구로 병용해서 사용할 수 있는 공구는?

㉮ 익스팬더
㉯ 튜브커터
㉰ 사이징 툴
㉱ 플레어링 툴 세트

해설 튜브커터는 동관과 스테인리스강관 병용공구로 사용할 수 있다.
• 동관공구
① 익스팬더 : 동관을 소켓 모양으로 확관하는 공구
② 튜브커터 : 동관 절단용 공구
③ 사이징툴 : 동관 끝을 원형으로 정형하는데 사용되는 공구
④ 플레어링 툴셋 : 플레어이음용 공구
⑤ 튜브벤더 : 동관을 벤딩(구부릴 때)할 때 사용하는 공구

정답 38 ㉱ 39 ㉯ 40 ㉱ 41 ㉱ 42 ㉯

43 도시가스 내 부취제의 액체 주입식 부취설비 방식이 아닌 것은?

㉮ 펌프 주입 방식
㉯ 적하 주입 방식
㉰ 위크식 주입 방식
㉱ 미터연결 바이패스 방식

해설 • 부취제의 액체 주입방식 : 펌프주입방식, 적하주입방식, 미터연결 바이패스방식
• 부취제의 증발 주입방식 : 바이패스증발식, 위크증발식

44 관 이음 중 고체나 유체를 수송하는 배관, 밸브류, 펌프, 열교환기 등 각종 기기의 접속 및 관을 자주 해체 또는 교환할 필요가 있는 곳에 사용되는 것은?

㉮ 용접접합 ㉯ 플랜지접합
㉰ 나사접합 ㉱ 플레어접합

해설 • 플랜지접합
배관, 밸브류, 펌프, 열교환기 등 각종 기기의 접속 및 관을 자주 해체 또는 교환할 필요가 있는 곳에 사용되는 이음쇠

45 덕트 제작에 이용되는 심의 종류가 아닌 것은?

㉮ 버튼펀치스냅 심
㉯ 포켓펀치 심
㉰ 피츠버그 심
㉱ 그루브 심

해설 덕트 이음시 사용되는 심의 종류
① 피츠버그 심 ② 버튼펀치스냅 심
③ 그루브 심 ④ 더블 심
※ 심(seam) : 덕트를 규격에 맞게 휘어서 이음하는 이음매(덕트뿐만 아니라 타 기기의 이음매역시 심이라 부른다)

46 펌프에서 물을 압송하고 있을 때 발생하는 수격작용을 방지하기 위한 방법으로 틀린 것은?

㉮ 급격한 밸브 폐쇄는 피한다.
㉯ 관 내 유속을 빠르게 한다.
㉰ 기구류 부근에 공기실을 설치한다.
㉱ 펌프에 플라이 휠(fly wheel)을 설치한다.

해설 수격작용 방지대책
① 공기실 및 수격방지기를 설치한다.
② 관경을 크게하여 유속을 느리게 한다.
③ 펌프에 플라이 휠을 설치한다.
④ 배관을 가능한 직선으로 시공한다.
⑤ 밸브는 송출구 가까이 설치하고 서서히 개폐한다.
⑥ 조압수조를 설치한다.
* 플라이휠(fly wheel) : 펌프의 급격한 속도변화를 방지한다.
* 조압수조(surge tank) : 수압관 및 도수관에서 발생하는 수압의 급격한 증감을 조정하는 수조

47 다음 중 열역학적 트랩의 종류가 아닌 것은?

㉮ 디스크형 트랩
㉯ 오리피스형 트랩
㉰ 열동식 트랩
㉱ 바이패스형 트랩

해설 • 열역학적트랩 : 오리피스형, 디스크형, 바이패스형
• 열동식트랩(온도조절식) : 바이메탈식, 벨로우즈식
• 기계적트랩 : 플로트식, 버킷식

정답 43 ㉰ 44 ㉯ 45 ㉯ 46 ㉯ 47 ㉰

48 가스식 순간 탕비기의 자동연소장치 원리에 관한 설명으로 옳은 것은?

㉮ 온도차에 의해서 타이머가 작동하여 가스를 내보낸다.
㉯ 온도차에 의해서 다이어프램이 작동하여 가스를 내보낸다.
㉰ 수압차에 의해서 다이어프램이 작동하여 가스를 내보낸다.
㉱ 수압차에 의해서 타이머가 작동하여 가스를 내보낸다.

해설 가스순간 탕비기(가스순간 온수기)
연소원리는 항시점화 되어 있는 파일럿 프레임이 있다. 이때 급수(냉수)가 벤튜리를 통과하면서 다이어프램 양면에 수압차가 발생하여 스프링을 누르고 자동적으로 가스변이 열려 가스버너에 가스가 공급됨과 동시에 파일럿 프레임에 의해 점화되어 연소하게 된다.

49 동일 송풍기에서 임펠러의 지름을 2배로 했을 경우 특성 변화의 법칙에 대해 옳은 것은?

㉮ 풍량은 송풍기 크기비의 2제곱에 비례한다.
㉯ 압력은 송풍기 크기비의 3제곱에 비례한다.
㉰ 동력은 송풍기 크기비의 5제곱에 비례한다.
㉱ 회전수 변화에만 특성변화가 있다.

해설 송풍기의 상사법칙

풍량	$Q_2 = \left(\dfrac{N_2}{N_1}\right) \cdot \left(\dfrac{D_2}{D_1}\right)^3 \cdot Q_1$
정압	$P_2 = \left(\dfrac{N_2}{N_1}\right)^2 \cdot \left(\dfrac{D_2}{D_1}\right)^2 \cdot P_1$
동력	$L_2 = \left(\dfrac{N_2}{N_1}\right)^3 \cdot \left(\dfrac{D_2}{D_1}\right)^5 \cdot L_1$

① 풍량은 회전수비에 비례하고 송풍기크기의 3제곱에 비례한다.
② 압력(정압)은 회전수비의 2제곱에 비례하고 송풍기크기의 2제곱에 비례한다.
③ 동력은 회전수비의 3제곱에 비례하고 송풍기크기의 5제곱에 비례한다.

50 증기 난방 배관에서 고정 지지물의 고정방법에 관한 설명으로 틀린 것은?

㉮ 신축 이음이 있을 때에는 배관의 양 끝을 고정한다.
㉯ 신축 이음이 없을 때에는 배관의 중앙부를 고정한다.
㉰ 주관의 분기관이 접속되었을 때에는 그 분기점을 고정한다.
㉱ 고정 지지물의 설치 위치는 시공상 큰 문제가 되지 않는다.

해설 고정 지지물의 설치 위치는 시공상 배관의 무게, 진동 및 열팽창에 따른 신축을 고려하여야 한다.

51 배수 펌프의 용량은 일정한 배수량이 유입하는 경우 시간 평균 유입량의 몇 배로 하는 것이 적당한가?

㉮ 1.2 ~ 1.5배
㉯ 3.2 ~ 3.5배
㉰ 4.2 ~ 4.5배
㉱ 5.2 ~ 5.5배

해설 배수 펌프의 용량

배수량 조건	배수 펌프 용량
시간 최대 유입량을 산정할 수 있는 경우	시간 최대 유입량의 1.2배
유입량이 소량인 경우	최소용량은 펌프구경에 따른다.
일정한 배수량이 유입하는 경우	시간 평균 유입량의 1.2~1.5배

정답 48 ㉰ 49 ㉰ 50 ㉱ 51 ㉮

52 배수관 트랩의 봉수 파괴 원인이 아닌 것은?

㉮ 자기 사이펀 작용
㉯ 모세관 작용
㉰ 봉수의 증발 작용
㉱ 통기관 작용

해설 트랩의 봉수 : 트랩 내부에 고이는 물로 배관내 악취 및 유해가스를 차단한다.
• 트랩 봉수 파괴의 원인
① 봉수의 자연증발
② 모세관 현상
③ 자기 사이펀 작용
④ 유도사이펀 작용(관내 압력감소로 발생되는 흡인 작용)
⑤ 역압에 의한 분출(토출작용)
⑥ 관성에 의한 배출

53 다음 신축이음 방법 중 고압 증기의 옥외 배관에 적당한 것은?

㉮ 슬리브 이음   ㉯ 벨로즈 이음
㉰ 루프형 이음   ㉱ 스위블 이음

해설 루프형 이음쇠
① 고압증기 옥외배관에 많이 사용된다.
② 신축흡수에 따른 응력이 발생한다.
③ 고압에 잘 견디고 고장이 적어 고온, 고압용 배관에 사용된다.
④ 곡률반경은 직경의 6배 이상으로 한다.

54 주 증기관의 관경 결정에 직접적인 관계가 없는 것은?

㉮ 팽창탱크 체적   ㉯ 증기의 속도
㉰ 압력손실   ㉱ 관의 길이

해설 팽창탱크는 온수난방에 설치하여 장치 내 압력을 흡수하고 장치의 파열을 방지하는 장치이다.

55 통기관 및 통기구에 관한 설명으로 틀린 것은?

㉮ 외벽 면을 관통하여 개구하는 통기관은 빗물막이를 충분히 한다.
㉯ 건물의 돌출부 아래에 통기관의 말단을 개구해서는 안 된다.
㉰ 통기구는 원칙적으로 하향이 되도록 한다.
㉱ 지붕이나 옥상을 관통하는 통기관은 지붕면보다 50mm 이상 올려서 대기 중에 개수한다.

해설 통기관은 지붕이나 옥상을 관통할 경우 150mm 이상 올려 대기 중에 개구하며 인접건물의 개구부가 있을 경우 개구부 상단보다 600mm 올리거나 수평으로 3m 이상 떨어져서 개구한다.

56 관의 보냉 시공의 주된 목적은?

㉮ 물의 동결방지
㉯ 방열방지
㉰ 결로방지
㉱ 인화방지

해설
• 보냉 : 냉각관 및 보온재 표면의 결로현상을 방지하기 위해 보냉시공을 한다. (냉수, 냉매 등을 이송하는 관의 표면온도가 공기의 노점온도보다 낮은 경우 배관표면에 결로현상이 발생하게 된다.)
• 보온 : 증기관 및 온수관 등의 열손실을 막고 관내 유체의 온도를 일정하게 유지시키고자 할 경우, 고온배관에 의한 인체의 화상 등을 방지하기 위해 보온시공을 한다.

정답 52 ㉱ 53 ㉰ 54 ㉮ 55 ㉱ 56 ㉰

57 증기보일러에서 환수방법을 진공환수 방법으로 할 때 설명이 옳은 것은?

㉮ 증기주관은 선하향 구배로 설치한다.
㉯ 환수관은 습식 환수관을 사용한다.
㉰ 리프트 피팅의 1단 흡상고는 3m로 설치한다.
㉱ 리프트 피팅은 펌프 부근에 2개 이상 설치한다.

[해설] 진공환수방식
② 환수관은 건식 환수관을 사용한다.
③ 리프트 피팅의 1단 흡상고는 1.5m 이내로 설치한다.
④ 리프트 피팅은 펌프 부근에 1개만 설치한다.(사용개수는 가급적 적게 설치할 것)

58 통기설비의 통기 방식에 해당하지 않는 것은?

㉮ 루프 통기 방식
㉯ 각개 통기 방식
㉰ 신정 통기 방식
㉱ 사이펀 통기 방식

[해설] 통기방식
각개통기, 신정통기, 회로(환상 또는 루프)통기, 도피통기, 결합통기, 습윤통기, 공용통기 등

59 10세대가 거주하는 아파트에서 필요한 하루의 급수량은? (단, 1세대 거주 인원은 4명, 1일 1인당 사용 수량은 100L로 한다.)

㉮ 3000L   ㉯ 4000L
㉰ 5000L   ㉱ 6000L

[해설] 급수인구 = 10세대 × 4명/세대 = 40명
• 급수량 = 급수인구 × 1인당 사용수량
       = 40×100
       = 4000[L]

60 가스 배관의 크기를 결정하는 요소로 가장 거리가 먼 것은?

㉮ 관의 길이
㉯ 가스의 비중
㉰ 가스의 압력
㉱ 가스 기구의 종류

[해설] 저압배관의 가스유량(공식)
$$Q = K\sqrt{\frac{D^5 H}{SL}}$$
여기서, Q : 가스유량(m³/h)
K : 유량계수
D : 관의 내경(cm)
H : 허용압력손실수두(mmAq)
S : 가스비중
L : 관의 길이(m)

제4과목 | 전기제어공학(공조냉동설치운영 2)

61 기준권선과 제어권선의 두 고정자권선이 있으며, 90도 위상차가 있는 2상 전압을 인가하여 회전자계를 만들어서 회전자를 회전시키는 전동기는?

㉮ 동기전동기
㉯ 직류전동기
㉰ 스탭전동기
㉱ AC 서보전동기

[해설] AC서보전동기
① 기준권선과 제어권선의 두 고정자 권선이 있으며 90도 위상차가 있는 2상 전압을 인가하여 회전자계를 만든다.
② 고정자의 기준권선에는 정전압을 인가하며 제어권선에는 제어용 전압을 인가한다.

[정답] 57 ㉮ 58 ㉱ 59 ㉯ 60 ㉱ 61 ㉱

③ 제어전압을 입력으로 회전자의 회전각을 출력으로 보았을 때 전달함수는 적분요소와 2차요소의 직렬결합으로 볼 수 있다.
④ AC서보전동기는 큰 회전력이 요구되지 않는 시스템에 사용한다.

62 그림과 같이 콘덴서 3F와 2F가 직렬로 접속된 회로에 전압 20V를 가하였을 때 3F 콘덴서 단자의 전압 V_1은 몇 V인가?

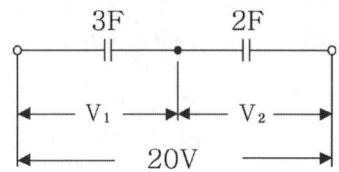

㉮ 5 ㉯ 6
㉰ 7 ㉱ 8

해설 • 공식1
① 합성정전용량
$$C_s = \frac{1}{\frac{1}{C_1}+\frac{1}{C_2}} = \frac{C_1 C_2}{C_1 + C_2} = \frac{3 \times 2}{3+2} = 1.2[F]$$
② 축적전하량
$$Q = CV = 1.2 \times 20 = 24[C]$$
③ 각 콘덴서에 걸리는 전압
$$Q = C_1 V_1 \rightarrow V_1 = \frac{Q}{C_1} = \frac{24}{3} = 8[V]$$
$$V_2 = \frac{Q}{C_2} = \frac{24}{2} = 12[V]$$

• 공식2
$$V_1 = \left(\frac{C_2}{C_1+C_2}\right)V = \left(\frac{2}{3+2}\right) \times 20 = 8[V]$$
$$V_2 = \left(\frac{C_1}{C_1+C_2}\right)V = \left(\frac{3}{3+2}\right) \times 20 = 12[V]$$

※ 공식1은 이해를 위해 명시해 둔 부분이며 공식2를 통해 문제를 풀면 좀 더 쉽게 풀이 할 수 있다.

63 그림과 같은 브리지정류기는 어느 점에 교류입력을 연결해야 하는가?

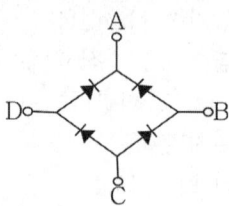

㉮ B−D점 ㉯ B−C점
㉰ A−C점 ㉱ A−B점

해설 • 교류입력 : B−D점
• 직류출력 : A와 C점

64 R, L, C 직렬회로에서 인가전압을 입력으로, 흐르는 전류를 출력으로 할 때 전달함수를 구하면?

㉮ $R + LS + CS$

㉯ $\dfrac{1}{R+LS+CS}$

㉰ $R + LS + \dfrac{1}{CS}$

㉱ $\dfrac{1}{R+LS+\dfrac{1}{CS}}$

해설 • RLC직렬회로의 전압방정식
$$e(t) = Ri(t) + L\frac{di}{dt}(t) + \frac{1}{C}\int i\,dt$$

• 위 공식을 라플라스변환하면
$$E(s) = RI(s) + LsI(s) + \frac{1}{Cs}I(s)$$
$$= \left(R + Ls + \frac{1}{Cs}\right)I(s)$$

• 전달함수를 구하면
$$G(s) = \frac{I(s)}{E(s)} = \frac{I(s)}{\left(R+Ls+\frac{1}{Cs}\right)I(s)} = \frac{1}{R+Ls+\frac{1}{Cs}}$$

정답 62 ㉱ 63 ㉮ 64 ㉱

65 전기로의 온도를 1000℃로 일정하게 유지시키기 위하여 열전온도계의 지시값을 보면서 전압조정기로 전기로에 대한 인가전압을 조절하는 장치가 있다. 이 경우 열전온도계는 다음 중 어느 것에 해당 되는가?

㉮ 조작부　　㉯ 검출부
㉰ 제어량　　㉱ 조작량

해설
① 제어대상 : 전기로
② 제어량 : 온도
③ 목표값 : 1000[℃]
④ 검출부 : 열전온도계

66 교류전류의 흐름을 방해하는 소자는 저항 이외에도 유도코일, 콘덴서 등이 있다. 유도코일과 콘덴서 등에 대한 교류전류의 흐름을 방해하는 저항력을 갖는 것을 무엇이라고 하는가?

㉮ 리액턴스　　㉯ 임피던스
㉰ 컨덕턴스　　㉱ 어드미턴스

해설
• 리액턴스
교류회로에서 코일과 콘덴서 등에 의해 발생하며 전류의 흐름을 방해하는 성분을 의미한다.
• 리액턴스의 종류
① 유도리액턴스 : $X_L = wL$
② 용량성리액턴스 : $X_c = \dfrac{1}{wC}$

67 200V, 1kW의 전열기에서 전열선의 길이를 2배로 늘리면 소비전력은 늘리기 전의 전력에 비해 몇 배로 변화하는가?

㉮ 0.25　　㉯ 0.5
㉰ 1.25　　㉱ 1.5

해설 전력구하는 공식

$$P = VI \to P = I^2 R \to P = \dfrac{V^2}{R}$$

$P_1 = \dfrac{V^2}{R}$ 일 때 전열선의 길이를 두 배로 늘리면 저항이 2배로 증가하므로 아래와 같이 정리할 수 있다.

$P_2 = \dfrac{V^2}{2R} = \dfrac{1^2}{2} = 0.5$ 즉 전력은 0.5배 감소한다.

$\therefore 1[kW] \times 0.5 = 0.5[kW]$

68 $T_1 > T_2 > 0$일 때, $G(S) = \dfrac{1 + T_2 S}{1 + T_1 S}$ 의 벡터궤적은?

㉮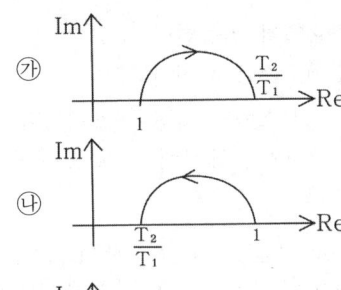

㉯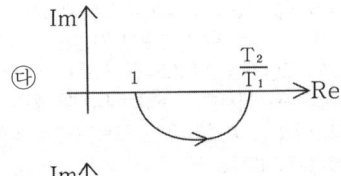

㉰

㉱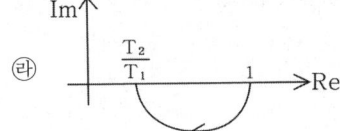

정답 65 ㉯　66 ㉮　67 ㉯　68 ㉱

해설

① $G(s) = \dfrac{1+T_2 s}{1+T_1 s}$

$g = \dfrac{\sqrt{1+(wT_2)^2}}{\sqrt{1+(wT_1)^2}} \angle \tan^{-1}(wT_2) - \tan^{-1}(wT_1)$

② $w=0$ 일때 $\lim\limits_{w \to 0} G(jw) = 1 \angle 0°$

③ $w=\infty$ 일때 $\lim\limits_{w \to \infty} G(jw) = \dfrac{T_2}{T_1} \angle 0°$

• $T_1 > T_2$

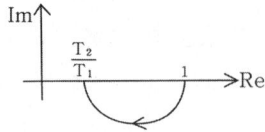

• $T_1 < T_2$

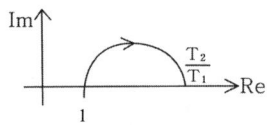

69 PLC 제어의 특징으로 틀린 것은?

㉮ 소형화가 가능하다.
㉯ 유지보수가 용이하다.
㉰ 제어시스템의 확장이 용이하다.
㉱ 부품 간의 배선에 의해 로직이 결정된다.

해설 PLC제어는 프로그램 제어에 가장 많이 사용되는 장치로, 디지털, 아날로그 입출력 모듈과 릴레이, 타이머 카운터, 연산과 같은 특수한 기능을 수행하기 위하여 프로그램가능한 메모리를 사용하고 여러 종류의 기계나 프로세서를 제어하는 디지털 동작 전자장치이다. 따라서, 배선이 아닌 프로그램에 의해 연결 제어하는 형식이다.

70 다음 특성 방정식 중 계가 안정될 필요조건을 갖춘 것은?

㉮ $s^3 + 9s^2 + 17s + 14 = 0$
㉯ $s^3 - 8s^2 + 13s - 12 = 0$
㉰ $s^4 + 3s^2 + 12s + 8 = 0$
㉱ $s^3 + 2s^2 + 4s - 1 = 0$

해설 안정도 판별법
① 모든 계수의 부호가 같아야한다.
② 특성방정식의 근이 라플라스 평면의 좌반면에 존재해야 한다.
③ 계수 중 어느 하나라도 0이 아닐 것

• ㉯, ㉱의 경우 계수 중 부호가 다르므로 "①"을 위배하여 불안정하다.
• ㉰의 경우 계수의 부호는 같지만 정리해보면 $s^4 + 0s^3 + 3s^2 + 12s + 8 = 0$와 같이 $S^3 = 0$이라 생략된 부분이므로 "③"을 위배하여 불안정하다. 그러므로, 안정한 제어계는 ㉮항 밖에 없다.

71 3300/200V, 10kVA 인 단상변압기의 2차를 단락하여 1차 측에 300V를 가하니 2차에 120A가 흘렀다. 1차 정격전류(A) 및 이 변압기의 임피던스 전압(V)은 약 얼마인가?

㉮ 1.5A, 200V   ㉯ 2.0A, 150V
㉰ 2.5A, 330V   ㉱ 3.0A, 125V

해설 문제에서 3300/200[V]는 1차측 정격전압 3300[V], 2차측 정격전압 200[V]를 나타낸다.

• 1차측 정격전류(전력이 10kVA이므로 1000을 곱하여 VA로 환산한다.)
$I_1 = \dfrac{P}{V_1} = \dfrac{10 \times 1000}{3300} = 3.03[A]$

• 1차측 단락전류
$I_{1s} = \dfrac{V_2}{V_1} I_2 = \dfrac{200}{3300} \times 120 = 7.27[A]$

- 2차를 1차로 환산한 등가누설 임피던스
$$Z_1 = \frac{V_s}{I_1 s} = \frac{300}{7.27} = 41.27[\Omega]$$
- 구한 임피던스를 이용해 전압을 구한다.
$$V = I_1 Z_1 = 3.03 \times 41.27 = 125[V]$$

72 지시 전기계기의 정확성에 의한 분류가 아닌 것은?

㉮ 0.2급   ㉯ 0.5급
㉰ 2.5급   ㉱ 5급

해설 전기계기의 정확성에 의한 분류
① 0.2급(허용오차±0.2) : 계기시험의 부표준기
② 0.5급(허용오차±0.5) : 휴대용 정밀기계
③ 1.0급(허용오차±1.0) : 소형 휴대용 계기
④ 1.5급(허용오차±1.5) : 보통급 공업용계기
⑤ 2.5급(허용오차±2.5) : 소형 배전반계기

73 목표값이 시간적으로 임의로 변하는 경우의 제어로서 서보기구가 속하는 것은?

㉮ 정치 제어   ㉯ 추종 제어
㉰ 마이컴 제어 ㉱ 프로그램 제어

해설 추치제어 : 목표값이 임의의 변화에 대하여 추종하도록 구성된 제어로 목표값이 시간에 따라 변화되는 상태량을 제어한다.
- 추치제어의 종류
  ① 추종 제어 : 목표값이 임의로 변화되는 경우의 제어(서보기구)
  ② 프로그램 제어 : 목표값의 변화량이 미리정해진 프로그램에 의하여 상태량을 제어한다.
  ③ 비율제어 : 목표값이 다른 양과 일정한 비율관계를 갖는 상태량을 제어한다.
- 정치제어 : 목표값이 시간에 따라 일정한 상태량을 제어하는 방식(프로세스 제어, 자동조정 제어, 온도제어 등)

74 자체 판단능력이 없는 제어계는?

㉮ 서보기구
㉯ 추치 제어계
㉰ 개회로 제어계
㉱ 폐회로 제어계

해설 자체판단 능력이란 목표치와 출력신호를 비교하여 판단하여 수정한다는 것을 뜻한다. 대표적으로 피드백제어와 같은 폐루프회로에 속하는 제어들을 말하며 이와 반대로 자체판단 능력이 없는 제어는 시퀀스제어와 같이 목표치와 출력신호에 관계없이 정해진 순서대로만 동작하고 끝나는 개루프제어(open loop control)를 예로 들 수 있다.

75 $I_m \sin(wt + \theta)$의 전류와 $E_m \cos(wt - \phi)$인 전압 사이의 위상차는?

㉮ $\theta - \phi$ ㉯ $\theta + \phi$
㉰ $\frac{\pi}{2} - (\theta + \phi)$ ㉱ $\frac{\pi}{2} + (\theta + \phi)$

해설 ※ $\sin(\theta - 90°) = -\cos\theta$, $\sin(\theta + 90°) = \cos\theta$
$\cos(\theta - 90°) = \sin\theta$, $\cos(\theta + 90°) = -\sin\theta$

① 전류 : $I_m \sin(wt + \theta)$
② 전압 : $E_m \cos(wt - \phi) = E_m \sin(wt - \phi + \frac{\pi}{2})$

∴ 위상차 = 전압의 위상 - 전류의 위상
$$= \left(-\phi + \frac{\pi}{2}\right) - \theta$$
$$= \frac{\pi}{2} - (\phi + \theta)$$

정답 72 ㉱ 73 ㉯ 74 ㉰ 75 ㉰

76 그림과 같은 파형의 평균값은 얼마인가?

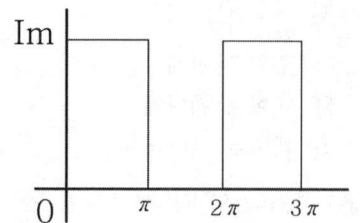

㉮ $2I_m$ ㉯ I_m
㉰ $\dfrac{I_m}{2}$ ㉱ $\dfrac{I_m}{4}$

해설 ① 현 파형의 주기는 2π 이므로 1주기의 면적을 구하면 $S_1 = I_m \times \pi$ 로 구한다.
② 평균전류와 2π로 이루어진 면적이 S_1과 동일해야 하므로 $I_m \times \pi = 2\pi \times I_{av}$ 와 같은 공식이 성립된다. 여기서 평균값 I_{av}를 구한다.
∴ $I_{av} = \dfrac{I_m \cdot \pi}{2\pi} = \dfrac{I_m}{2}$

77 제어요소는 무엇으로 구성되어 있는가?

㉮ 비교부
㉯ 검출부
㉰ 조절부와 조작부
㉱ 비교부와 검출부

해설 제어요소 : 동작신호를 조작량으로 변환시키는 요소로 조절부와 조작부로 구성된다.
① 조절부 : 동작신호를 만드는 부분으로 기준입력 신호와 검출부의 신호를 합하여 제어계가 소요 작용을 하는 데 필요한 신호를 만들어 조작부에 보내는 장치
② 조작부 : 조절부에서 받은 신호를 조작량으로 변환하여 제어대상에 보내는 장치

78 주상변압기의 고압 측에 몇 개의 탭을 두는 이유는?

㉮ 선로의 전압을 조정하기 위하여
㉯ 선로의 역률을 조정하기 위하여
㉰ 선로의 잔류전하를 방전시키기 위하여
㉱ 단자가 고장이 발생하였을 때를 대비하기 위하여

해설 주상변압기
교류 배전선로에 설치되어 전압을 조정하는 장치로 주 배전선의 고압을 사용처에 알맞은 저압으로 낮추기 위해 전주 위에 설치되는 변압기로 선로의 전압을 조정하기 위해 여러 개의 탭을 가지고 있다.

79 제어기기에서 서보전동기는 어디에 속하는가?

㉮ 검출기기 ㉯ 조작기기
㉰ 변환기기 ㉱ 증폭기기

해설 서보전동기(서보모터)
서보기구를 구동시키는 전동기로 위치와 속도를 검출하는 센서부가 부착되어 있으며 이 센서의 신호에 의해 지령값과 비교함으로써 위치, 속도, 방위, 자세 등을 수정하면서 조작하는 조작기기이다.

80 피드백 제어계에서 반드시 있어야 할 장치는?

㉮ 전동기 시한 제어장치
㉯ 발진기로서의 동작 장치
㉰ 응답속도를 느리게 하는 장치
㉱ 목표값과 출력을 비교하는 장치

해설 피드백 제어의 특징
피드백 제어는 입력(목표값)과 출력(제어량)을 비교하여 제어량이 목표값과 일치할 때까지 수정 동작하는 자동제어로서 가장 중요한 장치는 목표값과 출력을 비교하는 장치이다.

공조냉동기계산업기사

과년도 출제문제

(2016.05.08. 시행)

제1과목 공기조화(공기조화설비)

01 물 또는 온수를 직접 공기 중에 분사하는 방식의 수분무식 가습장치의 종류에 해당되지 않는 것은?

㉮ 원심식 ㉯ 초음파식
㉰ 분무식 ㉱ 가습팬식

해설 가습장치의 종류
① 수분무식 : 원심식, 초음파식, 분무식
② 증발식 : 회전식, 모세관식, 적하식, 에어와셔식
③ 증기식 : 전열식(가습팬식), 전극식, 적외선식

02 공기 세정기에 관한 설명으로 틀린 것은?

㉮ 공기 세정기의 통과풍속은 일반적으로 약 2~3m/s이다.
㉯ 공기 세정기의 가습기는 노즐에서 물을 분무하여 공기에 충분히 접촉시켜 세정과 가습을 하는 것이다.
㉰ 공기 세정기의 구조는 루버, 분무노즐, 플러딩노즐, 엘리미네이터 등이 케이싱 속에 내장되어 있다.
㉱ 공기 세정기의 분무 수압은 노즐 성능상 약 20~50kPa이다.

해설 공기세정기의 분무 수압은 노즐 성능상 1.4~2.5kg/cm^2(약 140~250kPa)이다.
※ 공기세정기(Air Wascher)
공기 중에 온수, 냉수를 분무하여 1차 목적으로 냉각감습, 가열가습, 단열가습에 사용되고 2차 목적으로 공기를 세정하는 역할을 한다.(주로 가습용으로 사용되고 있다.)

03 난방부하를 줄일 수 있는 요인이 아닌 것은?

㉮ 극간풍에 의한 잠열
㉯ 태양열에 의한 복사열
㉰ 인체의 발생열
㉱ 기계의 발생열

해설 극간풍의 경우 겨울철 차가운 외기(공기)가 들어오므로 손실열량으로 봐야하고 이때 난방부하는 증가하게 된다.

04 공기조화의 단일덕트 정풍량 방식의 특징에 관한 설명으로 틀린 것은?

㉮ 각 실이나 존의 부하변동에 즉시 대응할 수 있다.
㉯ 보수관리가 용이하다.
㉰ 외기냉방이 가능하고 전열교환기 설치도 가능하다.
㉱ 고성능 필터 사용이 가능하다.

정답 01 ㉱ 02 ㉱ 03 ㉮ 04 ㉮

해설 단일덕트 정풍량 방식은 덕트가 한개이고 풍량이 일정한 방식이므로 각 실이나 부하변동에 즉시 대응하기 어렵다.

05 공기조화의 분류에서 산업용 공기조화의 적용범위에 해당하지 않는 것은?

㉮ 실험실의 실험조건을 위한 공조
㉯ 양조장에서 술의 숙성온도를 위한 공조
㉰ 반도체 공장에서 제품의 품질 향상을 위한 공조
㉱ 호텔에서 근무하는 근로자의 근무환경 개선을 위한 공조

해설 • 산업용(공업용) 공기조화 : 생산과정에 있는 물질을 대상으로 하여 물질의 온도, 습도의 변화 및 유지와 환경의 청정화로 생산성 향상을 목적으로 한다.(기계를 위한 공기조화 - 공장, 전화국, 창고, 전산실, 컴퓨터실 등)
• 보건용 공기조화 : 쾌적한 주거환경을 유지하여 보건, 위생 및 근무환경을 향상시키기 위한 공기조화(사람을 위한 공기조화-학교, 사무실, 빌딩(호텔) 등)

06 노즐형 취출구로서 취출구의 방향을 상하좌우로 바꿀 수 있는 취출구는?

㉮ 유니버설형
㉯ 펑커루버형
㉰ 팬(pan)형
㉱ T라인(T-line)형

해설 펑커루버형
취출구의 목부분이 움직이며 상하좌우 방향조절이 가능하고, 풍량조절이 용이하여 선박의 환기용, 주방 등에 널리 사용된다.

07 건구온도 10℃, 습구온도 3℃의 공기를 덕트 중 재열기로 건구온도 25℃까지 가열하고자 한다. 재열기를 통하는 공기량이 1500m³/min인 경우, 재열기에 필요한 열량은? (단, 공기의 비체적은 0.849 m³/kg이다.)

㉮ 191025kcal/min
㉯ 28017kcal/min
㉰ 8200kcal/min
㉱ 6360kcal/min

해설 • 공식
$Q = G \cdot C \cdot dT \rightarrow Q = q \times 1.2 \times 0.24 \times dT$
위 공식에서 1.2는 공기비중량 0.24는 공기의 비열이다. 이때 문제의 조건에서 비체적을 주었으므로 공기비중량 1.2[kg/m³] 대신 $\frac{1}{0.849}$[m³/kg]으로 계산 해준다.

• 풀이
$Q = 1500 \times \frac{1}{0.849} \times 0.24 \times (25-10) = 6360.42 [kcal/min]$

08 공기조화설비에 사용되는 냉각탑에 관한 설명으로 옳은 것은?

㉮ 냉각탑의 어프로치는 냉각탑의 입구 수온과 그 때의 외기 건구온도와의 차이다.
㉯ 강제통풍식 냉각탑의 어프로치는 일반적으로 약 5℃이다.
㉰ 냉각탑을 통과하는 공기량(kg/h)을 냉각탑의 냉각수량(kg/h)으로 나눈 값을 수공기비라 한다.
㉱ 냉각탑의 레인지는 냉각탑의 출구 공기온도와 입구 공기온도의 차이다.

해설 ㉮ 냉각탑 어프로치는 냉각탑의 냉각수 출구 수온과 그때의 외기 습구온도와의 차이다.

㉯ 냉각탑의 냉각수량[kg/h]을 냉각탑을 통과하는 공기량(송풍량)[kg/h]으로 나눈 값을 수공기비라 한다. $R(수공기비) = \dfrac{L(냉각수량)}{G(송풍량)}$

㉰ 냉각탑의 레인지는 냉각수 입구온도와 냉각수 출구온도의 차이다.

09 600rpm으로 운전되는 송풍기의 풍량이 400m³/min, 전압 40mmAq, 소요동력 4kW의 성능을 나타낸다. 이때 회전수를 700rpm으로 변화시키면 몇 kW의 소요동력이 필요한가?

㉮ 5.44kW ㉯ 6.35kW
㉰ 7.27kW ㉱ 8.47kW

해설 송풍기의 상사법칙

| 동력 | $L_2 = \left(\dfrac{N_2}{N_1}\right)^3 \cdot \left(\dfrac{D_2}{D_1}\right)^5 \cdot L_1$ |

※ 조건에서 회전수만 주어졌으므로 회전수만 이용한다.

$L_2 = \left(\dfrac{700}{600}\right)^3 \times 4 = 6.35[\text{kW}]$

10 고속덕트의 특징에 관한 설명으로 틀린 것은?

㉮ 소음이 작다.
㉯ 운전비가 증대한다.
㉰ 마찰에 의한 압력손실이 크다.
㉱ 장방형 대신에 스파이럴관이나 원형 덕트를 사용하는 경우가 많다.

해설 고속덕트는 풍속이 15m/s 이상으로 덕트마찰저항이 크고 압력이 높으므로 소음이 크고 진동이 발생할 수 있다.

11 유효온도(ET, Effective Temperature)의 요소에 해당하지 않는 것은?

㉮ 온도   ㉯ 기류
㉰ 청정도   ㉱ 습도

해설 유효온도 : 실내환경을 평가하는 척도로서(ET - effective temperature) 온도, 습도, 기류를 하나로 조합한 상태의 온도감각을 상대습도 100%, 풍속0[m/s]일 때 느껴지는 온도감각이다.

12 아래 그림은 공기조화기 내부에서의 공기의 변화를 나타낸 것이다. 이 중에서 냉각코일에서 나타나는 상태변화는 공기선도상 어느 점을 나타내는가?

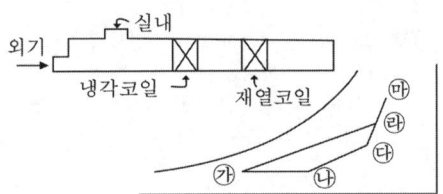

㉮ ㉮-㉯   ㉯ ㉯-㉰
㉰ ㉱-㉮   ㉱ ㉱-㉲

해설 ㉮-㉯ : 재열코일의 상태변화
㉯-㉰ : 실내공기의 상태변화
㉱-㉮ : 냉각코일의 상태변화
㉱-㉲ : 외기도입부의 상태변화

13 상당외기온도차를 구하기 위한 요소로 가장 거리가 먼 것은?

㉮ 흡수율
㉯ 표면 열전달률(kcal/m²·h·℃)
㉰ 직달 일사량(kcal/m²·h)
㉱ 외기온도(℃)

정답 09 ㉯ 10 ㉮ 11 ㉰ 12 ㉰ 13 ㉰

해설 상당외기온도차(ETD)

$$t_e = \frac{a}{a_o} \times I + t_o$$

여기서, a : 벽체표면의 일사흡수율[%]
I : 표면 열전달률[kcal/m²h℃]
a_o : 벽체표면이 받는 전일사량[kcal/m²h]
t_o : 외기온도[℃]

14 냉방 시 유리를 통한 일사 취득열량을 줄이기 위한 방법으로 틀린 것은?

㉮ 유리창의 입사각을 적게 한다.
㉯ 투과율을 적게 한다.
㉰ 반사율을 크게 한다.
㉱ 차폐계수를 적게 한다.

해설 물체면의 입사각이 클수록 반사각이 커지므로 유리창의 일사투과율을 줄이려면 입사각이 커야한다. 그러므로 일사취득열량을 줄이기 위해서는 유리창의 입사각을 크게 해야 한다.

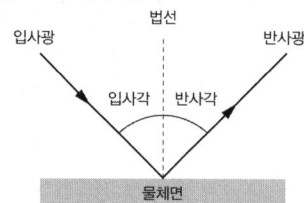

15 냉방부하 계산 시 상당외기온도차를 이용하는 경우는?

㉮ 유리창의 취득열량
㉯ 내벽의 취득열량
㉰ 침입외기 취득열량
㉱ 외벽의 취득열량

해설 상당외기온도차(ETD)
일사를 받는 외벽, 지붕과 같은 곳의 통과열량을 산출하기 위해 외기온도나 태양의 일사량을 고려하여 정한 온도로 상당외기온도와 실내온도의 차를 말한다.

16 대사량을 나타내는 단위로 쾌적상태에서의 안정 시 대사량을 기준으로 하는 단위는?

㉮ RMR
㉯ clo
㉰ met
㉱ ET

해설 ① RMR : 에너지대사율
② clo : 의복의 열절연성
③ met : 인체활동대사량
④ ET : 유효온도

17 다음 중 중앙식 공조방식이 아닌 것은?

㉮ 정풍량 단일 덕트방식
㉯ 2관식 유인유닛방식
㉰ 각층 유닛방식
㉱ 패키지 유닛방식

해설

분류	열매체	공조방식
중앙방식	전공기방식	단일덕트 정풍량방식, 단일덕트 변풍량방식, 2중덕트방식, 덕트병용 패키지방식, 각층 유닛방식
	공기수방식 (유닛병용)	덕트병용 팬코일유닛 방식, 유인유닛방식, 복사냉난방 방식
	전수방식	팬코일 유닛방식
개별방식	냉매방식	패키지 방식 룸쿨러 방식 멀티 유닛 방식

정답 14 ㉮ 15 ㉱ 16 ㉰ 17 ㉱

18 외기온도 13℃(포화 수증기압 12.83mmHg)이며, 절대습도 0.008kg/kg일 때의 상대습도 RH는? (단, 대기압은 760mmHg이다.)

㉮ 37%   ㉯ 46%
㉰ 75%   ㉱ 82%

해설 • 수증기 분압(P_w)

$$x = 0.622 \times \frac{P_w}{P - P_w}$$

$$0.008 = 0.622 \times \frac{P_w}{760 - P_w}$$

$0.008(760 - P_w) = 0.622 P_w$
$6.08 - 0.008 P_w = 0.622 P_w$
$6.08 = 0.622 P_w + 0.008 P_w$
$6.08 = P_w (0.622 + 0.008)$

$$P_w = \frac{6.08}{0.622 + 0.008} = 9.65 [mmHg]$$

• 상대습도($\varnothing$)

$$\varnothing = \frac{P_w}{P_a} \times 100 [\%]$$
$$= \frac{9.65}{12.83} \times 100 = 75.21 [\%]$$

19 다음 중 건축물의 출입문으로부터 극간풍의 영향을 방지하는 방법으로 가장 거리가 먼 것은?

㉮ 회전문을 설치한다.
㉯ 이중문을 충분한 간격으로 설치한다.
㉰ 출입문에 블라인드를 설치한다.
㉱ 에어커튼을 설치한다.

해설 틈새바람(극간풍)을 줄이는 방법
① 회전문을 설치한다.
② 이중문을 충분한 간격으로 설치한다.
③ 2중문의 중간에 컨벡터를 설치한다.
④ 에어커튼을 설치한다.

※ 블라인드는 햇빛을 차단하여 일사열량을 막아준다. 즉 일사열량을 차단 시켜주는 것이지 틈새바람(극간풍)과는 관계가 없다.

20 다음 그림에 대한 설명으로 틀린 것은?

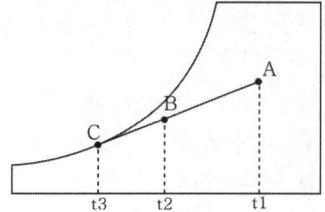

㉮ A → B는 냉각감습 과정이다.
㉯ 바이패스팩터(BF)는 $\dfrac{t_2 - t_3}{t_1 - t_3}$ 이다.
㉰ 코일의 열수가 증가하면 BF는 증가한다.
㉱ BF가 작으면 공기의 통과저항이 커져 송풍기 동력이 증대될 수 있다.

해설 • 코일의 열수가 증가하면 BF는 감소한다.
• 바이패스팩터(BF)를 감소시키는 방법
① 전열면적을 크게 한다.
  ㉠ 코일의 열수 증가시킨다.
  ㉡ 코일의 간격을 좁게 한다.
② 통과 송풍량을 적게 한다.
③ 냉수량을 많게 한다.
④ 코일의 통과풍속을 작게 한다.
⑤ 컨택트 팩터를 크게 한다.

정답 18 ㉰ 19 ㉰ 20 ㉰

제2과목 냉동공학(냉동냉장설비)

21 냉동용 스크류 압축기에 대한 설명으로 틀린 것은?

㉮ 왕복동식에 비해 체적효율과 단열효율이 높다.
㉯ 스크류 압축기의 로터와 축은 일체식으로 되어 있고, 구동은 숫 로터에 의해 이루어진다.
㉰ 스크류 압축기의 로터 구성은 다양하나 일반적으로 사용되고 있는 것은 숫 로터 4개, 암 로터 4개인 것이다.
㉱ 흡입, 압축, 토출과정인 3행정으로 이루어진다.

해설 스크류 압축기의 로터 구성은 다양하나 일반적으로 사용되고 있는 치형조합은 숫로터 4개와 암로터 5~6개, 숫로터 5개와 암로터 6~7개 등이 있다.\

22 다음 열 및 열펌프에 관한 설명으로 옳은 것은?

㉮ 일의 열당량은 $\dfrac{1\text{kcal}}{427\text{kg}\cdot\text{m}}$ 이다.
  이것은 427kg·m의 일이 열로 변할 때, 1kcal의 열량이 되는 것이다.
㉯ 응축온도가 일정하고 증발온도가 내려가면 일반적으로 토출가스 온도가 높아지기 때문에 열펌프의 능력이 상승된다.
㉰ 비열 0.5kcal/kg·℃, 비중량 1.2kg/L인 액체 2L의 온도를 1℃ 상승시키기 위해서는 2kcal의 열량을 필요로 한다.
㉱ 냉매에 대해서 열의 출입이 없는 과정을 등온압축이라 한다.

해설 ㉯ 응축온도가 일정하고 증발온도가 내려가면 일반적으로 토출가스 온도가 높아지기 때문에 열펌프의 능력(성적계수)는 감소한다.
㉰ 비열 0.5kcal/kg℃, 비중 1.2kg/L의 액체 2L를 온도 1℃ 상승시키기 위해서 1.2kcal의 열량을 필요로 한다.

$Q = GC\Delta T$
$Q = q \times 1.2 \times C \times \Delta T$
$\quad = 2 \times 1.2 \times 0.5 \times 1$
$\quad = 1.2[\text{kcal}]$

㉱ 냉매에 대해서 열의 출입이 없는 과정을 단열압축이라 한다.

23 증발기의 분류 중 액체 냉각용 증발기로 가장 거리가 먼 것은?

㉮ 탱크형 증발기
㉯ 보데로형 증발기
㉰ 나관코일식 증발기
㉱ 만액식 셸 엔드 튜브식 증발기

해설
• 액체 냉각용 증발기 : 만액식 셸 엔드 튜브식 증발기, 건식 셸 엔드 튜브식 증발기, 셸 앤드 코일형 증발기, 보델로 증발기, 탱크형(헤링본식)증발기 등
• 기체 냉각용 증발기 : (나)관코일식, 케스케이드 증발기, 멀티피드 멀티섹션 증발기, 판형 증발기, 핀튜브식 증발기 등

24 기계적인 냉동방법 중 물을 냉매로 쓸 수 있는 냉동방식이 아닌 것은?

㉮ 증기분사식   ㉯ 공기압축식
㉰ 흡수식   ㉱ 진공식

해설 물을 냉매로 사용할 수 있는 냉동기
① 증기분사식 냉동기 ② 흡수식 냉동기
③ 진공 냉동기

25 냉동장치에서 사용되는 각종 제어동작에 대한 설명으로 틀린 것은?

㉮ 2위치 동작은 스위치의 온·오프 신호에 의한 동작이다.
㉯ 3위치 동작은 상·중·하 신호에 따른 동작이다.
㉰ 비례동작은 입력신호의 양에 대응하여 제어량을 구하는 식이다.
㉱ 다위치 동작은 여러 대의 피제어기기를 단계적으로 운전 또는 정지시키기 위한 것이다.

해설 3위치 동작은 조작량이 3가지 값으로 단계적으로 변화하는 제어동작을 말한다.

26 헬라이드 토치를 이용한 누설검사로 적절하지 않은 냉매는?

㉮ R-717　　㉯ R-123
㉰ R-22　　㉱ R-114

해설 헬라이드 토치는 프레온 냉매의 누설검사에 사용하는 장치로 R-717(암모니아)냉매에는 사용이 불가능하다.

27 냉동능력 20RT, 축동력 12.6kW인 냉동장치에 사용되는 수랭식 응축기의 열통과율 675kcal/m²·h·℃, 전열량의 외표면적 15m², 냉각수량 270L/min, 냉각수 입구온도 30℃일 때, 응축온도는? (단, 냉매와 물의 온도차는 산술평균 온도차를 사용한다.)

㉮ 35℃　　㉯ 40℃
㉰ 45℃　　㉱ 50℃

- 냉동능력(Q_e)
 $Q_e = 20RT \times 3320 = 66,400 [\text{kcal/h}]$
- 압축일량(Aw)
 $Aw = 12.6kW \times 860 = 10,836 [\text{kcal/h}]$
- 응축열량(Q_c)
 $Q_e + Aw = Q_c$
 $66,400 + 10,836 = 77,236 [\text{kcal/h}]$
- 냉각수 출구온도(t_2)
 $Q_c = GC\Delta T$
 $77,236 = (270 \times 60) \text{L/h} \times 1\text{kcal/kg℃} \times (t_2 - 30)$
 $t_2 = \dfrac{77,236}{270 \times 60 \times 1} + 30 = 34.77 [\text{℃}]$
- 응축온도(t_c)
 $Q_c = K \cdot F \cdot \Delta t$(산술평균온도차)
 $77,236 = 675 \times 15 \times \left(t_c - \dfrac{34.77 + 30}{2}\right)$
 $t_c = \dfrac{77,236}{675 \times 15} + \dfrac{34.77 + 30}{2} = 40.01 [\text{℃}]$

28 1HP는 약 몇 Btu/h인가?

㉮ 172Btu/h　　㉯ 252Btu/h
㉰ 1053Btu/h　　㉱ 2547.6Btu/h

해설 $1HP = 76\text{kg} \cdot \text{m/s} = 641.6\text{kca/h} \rightarrow 642[\text{kcal/h}]$
 $1\text{kcal} = 3.968\text{Btu}$
 ∴ $642\text{kca/h} \times 3.968\text{Btu/kcal} = 2547.47[\text{Btu/h}]$

29 냉동기유에 대한 냉매의 용해성이 가장 큰 것은? (단, 동일한 조건으로 가정한다.)

㉮ R-113　　㉯ R-22
㉰ R-115　　㉱ R-717

해설
- 윤활유에 용해도가 큰 냉매
 R-11, R-12, R-21, R-113, R-500
- 윤활유에 용해도가 중간 정도인 냉매
 R-113, R-500, R-22, R-114
- 윤활유에 용해도가 작은 냉매
 R-717(NH₃), R-13, R-14, R-502

정답 25 ㉯　26 ㉮　27 ㉯　28 ㉱　29 ㉮

30 −20℃의 암모니아 포화액의 엔탈피가 75kcal/kg이며, 동일 온도에서 건조포화증기의 엔탈피가 403kcal/kg이다. 이 냉매액이 팽창밸브를 통과하여 증발기에 유입될 때의 냉매의 엔탈피가 160kcal/kg이었다면 중량비로 약 몇 %가 액체상태인가?

㉮ 16% ㉯ 26%
㉰ 74% ㉱ 84%

해설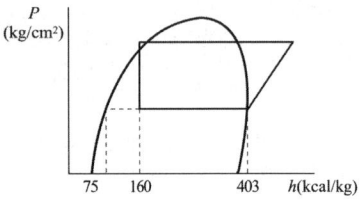

• 액체의 중량비
$$x = \frac{403-160}{403-75} \times 100 = 74.09\,[\%]$$

31 표준냉동사이클에서 팽창밸브를 냉매가 통과하는 동안 변화되지 않는 것은?

㉮ 냉매의 온도
㉯ 냉매의 압력
㉰ 냉매의 엔탈피
㉱ 냉매의 엔트로피

해설 냉매가 팽창밸브를 통과하게 되면 교축현상이 발생하고 이때 압력과 온도는 감소하고 엔탈피는 일정한 변화를 보인다.

32 LNG(액화천연가스) 냉열 이용방법 중 직접이용방식에 속하지 않는 것은?

㉮ 공기액화분리
㉯ 염소액화장치
㉰ 냉열발전
㉱ 액체탄산가스 제조

해설
• 직접이용방식 : 공기액화분리(액체산소, 질소, 아르곤가스 생산), 냉열발전, 냉동창고, 냉동식품콤비나트 액체탄산·드라이아이스 제조 등
• 간접이용방식 : 액체질소에 의한 냉동식품의 제조, 금속스크랩이나 폐타이어의 저온분쇄, 콘크리트 냉각, 플라스틱의 저온분해 등

33 냉동장치에서 고압 측에 설치하는 장치가 아닌 것은?

㉮ 수액기   ㉯ 팽창밸브
㉰ 드라이어   ㉱ 액분리기

해설 액분리기는 냉동장치의 저압측 증발기와 압축기 사이에 설치하며 압축기로 넘어가는 액을 제거하여 리퀴드백 현상을 방지한다.

34 아래와 같이 운전되고 있는 냉동사이클의 성적계수는?

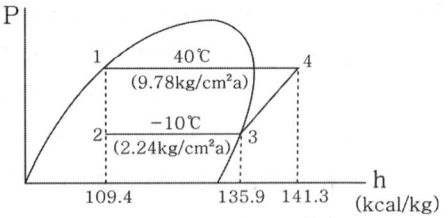

㉮ 2.1   ㉯ 3.3
㉰ 4.9   ㉱ 5.9

해설 $COP = \dfrac{q}{Aw} = \dfrac{135.9-109.4}{141.3-135.9} = 4.9$

정답 30 ㉰ 31 ㉰ 32 ㉯ 33 ㉱ 34 ㉰

35 암모니아를 냉매로 사용하는 냉동장치에서 응축압력의 상승원인으로 가장 거리가 먼 것은?

㉮ 냉매가 과냉각되었을 때
㉯ 불응축가스가 혼입되었을 때
㉰ 냉매가 과충전되었을 때
㉱ 응축기 냉각관에 물때 및 유막이 형성되었을 때

해설 응축압력의 상승원인
① 불응축가스가 혼입되었을 경우
② 냉매가 과충전되었을 경우
③ 응축기 냉각관에 물때 및 유막이 형성되었을 경우
④ 수냉식의 경우 냉각수량이 부족하여 냉각수 온도가 상승 시
⑤ 공랭식의 경우 송풍량 부족 및 외기온도 상승 시

36 저온유체 중에서 1기압에서 가장 낮은 비등점을 갖는 유체는 어느 것인가?

㉮ 아르곤   ㉯ 질소
㉰ 헬륨   ㉱ 네온

해설 비등점(끓는점)
① 아르곤 : -186[℃]
② 질소 : -196[℃]
③ 헬륨 : -269[℃]
④ 네온 : -246[℃]

37 팽창밸브를 통하여 증발기에 유입되는 냉매액의 엔탈피를 F, 증발기 출구 엔탈피를 A, 포화액의 엔탈피를 G라 할 때, 팽창밸브를 통과한 곳에서 증기로 된 냉매의 양의 계산식으로 옳은 것은?
(단, P : 압력, h : 엔탈피를 나타낸다.)

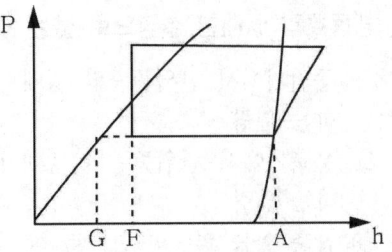

㉮ $\dfrac{A-F}{A-G}$ ㉯ $\dfrac{A-F}{F-G}$

㉰ $\dfrac{F-G}{A-G}$ ㉱ $\dfrac{F-G}{A-F}$

해설 냉매의 건조도(x) : 플래시가스의 비율
$$x = \dfrac{F-G}{A-G}$$

38 -10℃의 얼음 10kg을 100℃의 증기로 변화하는데 필요한 전열량은? (단, 얼음의 비열은 0.5kcal/kg·℃이고 융해잠열은 80kcal/kg, 물의 증발잠열은 539kcal/kg이다.)

㉮ 1850kcal   ㉯ 3660kcal
㉰ 7240kcal   ㉱ 9120kcal

해설 -10℃ 얼음 → 0℃ 얼음 → 0℃ 물 → 100℃ 물 → 100℃ 증기
　　　　　　　① 　　　　② 　　　　③ 　　　　④

① $Q_1 = GC\triangle T = 10 \times 0.5 \times (0-(-10)) = 50$[kcal]
② $Q_2 = G\cdot r = 10 \times 80 = 800$[kcal]
③ $Q_3 = GC\triangle T = 10 \times 1 \times (100-0) = 1000$[kcal]
④ $Q_4 = G\cdot r = 10 \times 539 = 5390$[kcal]
$Q_t = 50 + 800 + 1000 + 5390 = 7240$[kcal]

정답 35 ㉮ 36 ㉰ 37 ㉰ 38 ㉰

39 냉동효과에 대한 설명으로 옳은 것은?

㉮ 증발기에서 단위중량의 냉매가 흡수하는 열량
㉯ 응축기에서 단위중량의 냉매가 방출하는 열량
㉰ 압축 일을 열량의 단위로 환산한 것
㉱ 압축기 출·입구 냉매의 엔탈피 차

해설 냉동효과, 냉동력 : 증발기에서 단위중량당 냉매가 흡수하는 열량[kcal/kg]
② 응축기의 방열량[kcal/kg]
③ 압축기의 열량[kcal/h]
④ 압축일의 열당량[kcal/kg]

40 헬라이드 토치는 프레온계 냉매의 누설검지기이다. 누설 시 식별방법은?

㉮ 불꽃의 크기
㉯ 연료의 소비량
㉰ 불꽃의 온도
㉱ 불꽃의 색깔

해설 ※ 헬라이드 토치는 프레온 냉매 누설 검지기로 불꽃의 색깔을 이용해 누설 여부를 판별한다.
• 프레온 냉매 누설시 헬라이드 토치 불꽃 색깔
① 청색 : 누설이 없을 때
② 녹색 : 소량 누설 시
③ 자색 : 다량 누설 시
④ 꺼짐 : 과대량 누설 시

제3과목 | 배관일반(공조냉동설치운영 1)

41 냉각탑 주위배관 시 유의사항으로 틀린 것은?

㉮ 2대 이상의 개방형 냉각탑을 병렬로 연결할 때 냉각탑의 수위를 동일하게 한다.
㉯ 배수 및 오버플로우관은 직접배수로 한다.
㉰ 냉각탑을 동절기에 운전할 때는 동결 방지를 고려한다.
㉱ 냉각수 출입구 측 배관은 방진이음을 설치하여 냉각탑의 진동이 배관에 전달되지 않도록 한다.

해설 배수 및 오버플로우관은 일반 배수관에 직접연결하지 않고 간접배수로 한다.

42 급탕배관이 벽이나 바닥을 관통할 때 슬리브(sleeve)를 설치하는 이유로 가장 적절한 것은?

㉮ 배관의 진동을 건물 구조물에 전달되지 않도록 하기 위하여
㉯ 배관의 중량을 건물 구조물에 지지하기 위하여
㉰ 관의 신축이 자유롭고 배관의 교체나 수리를 편리하게 하기 위하여
㉱ 배관의 마찰저항을 감소시켜 온수의 순환을 균일하게 하기 위하여

해설 슬리브(sleeve)
배관이 바닥이나 벽을 관통하는 경우 신축을 흡수하고 수리 및 교체를 용이하게 하기위하여 관통부에 보호관을 설치하는데 이때의 보호관을 슬리브라고 한다.

정답 39 ㉮ 40 ㉱ 41 ㉯ 42 ㉰

43 냉동 설비에서 고온·고압의 냉매 기체가 흐르는 배관은?

㉮ 증발기와 압축기 사이 배관
㉯ 응축기와 수액기 사이 배관
㉰ 압축기와 응축기 사이 배관
㉱ 팽창밸브와 증발기 사이 배관

해설
① 증발기와 압축기 사이 : 저온저압의 기체
② 응축기와 수액기 사이 : 고온고압의 액체
③ 압축기와 응축기 사이 : 고온고압의 기체
④ 팽창밸브와 증발기 사이 : 저온저압의 액체

44 급탕 주관의 배관길이가 300m, 환탕 주관의 배관길이가 50m일 때 강제순환식 온수순환 펌프의 전 양정은?

㉮ 5m　　㉯ 3m
㉰ 2m　　㉱ 1m

해설 강제순환식 온수펌프 전양정
$$H = 0.01\left(\frac{L}{2}+l\right) = 0.01 \times \left(\frac{300}{2}+50\right) = 2[m]$$

45 급수방식 중 펌프 직송방식의 펌프운전을 위한 검지방식이 아닌 것은?

㉮ 압력검지식　　㉯ 유량검지식
㉰ 수위검지식　　㉱ 저항검지식

해설 펌프운전시 검지방식
① 압력검지식
② 유량검지식
③ 수위검지식

46 액화 천연가스의 지상 저장탱크에 대한 설명으로 틀린 것은?

㉮ 지상 저장탱크는 금속 2중벽 탱크가 대표적이다.
㉯ 내부탱크는 약 −162℃ 정도의 초저온에 견딜 수 있어야 한다.
㉰ 외부 탱크는 일반적으로 연강으로 만들어진다.
㉱ 증발 가스량이 지하 저장 탱크보다 많고 저렴하며 안전하다.

해설 지하 저장탱크
지하 저장탱크가 지상식 저장탱크보다 저렴하며 (가스누출, 지진, 해일 등으로 부터)안전하다. 단 증발 가스량이 지상식 보다 많다는 단점이 있다.

47 펌프의 베이퍼 록 현상에 대한 발생 요인이 아닌 것은?

㉮ 흡입관 지름이 큰 경우
㉯ 액 자체 또는 흡입배관 외부의 온도가 상승할 경우
㉰ 펌프 냉각기가 작동하지 않거나 설치되지 않은 경우
㉱ 흡입 관로의 막힘, 스케일 부착 등에 의한 저항이 증가한 경우

해설 베이퍼록 현상(펌프)
저비점 액체를 이송할 경우 펌프의 파이프 속에서 가열 증발하여 증기가 발생하는데 이로인해 압력이 변하고 액체의 흐름이나 운동력 전달을 저해하는 현상
※ 흡입관 지름이 큰 경우 마찰저항이 감소되어 베이퍼록 현상을 방지할 수 있다.(발생요인 이라고 볼 수 없다.)

정답 43 ㉰　44 ㉰　45 ㉱　46 ㉱　47 ㉮

48 관의 종류에 따른 접합방법으로 틀린 것은?

㉮ 강관 – 나사접합
㉯ 주철관 – 소켓접합
㉰ 연관 – 플라스턴접합
㉱ 콘크리트관 – 용접접합

해설 콘크리트관 접합방법
콤포이음, 칼라이음, 모르타르접합, 턴앤드 글로브 이음, 삽입이음 등

49 고온수 난방의 가압방법이 아닌 것은?

㉮ 브리드 인 가압방식
㉯ 정수두 가압방식
㉰ 증기 가압방식
㉱ 펌프 가압방식

해설
- 고온수난방의 가압방법
  정수두 가압방식, 증기 가입방식, 질소가스 가압방식, 펌프 가압방식
- 고온수 난방 2차측 접속방식
  직결방식, 브리드 인 방식, 열교환기 방식

50 스케줄 번호(schedule No.)를 바르게 나타낸 공식은? (단, S : 허용응력, P : 사용압력)

㉮ $10 \times \dfrac{P}{S}$ ㉯ $10 \times \dfrac{S}{P}$

㉰ $10 \times \dfrac{S}{P^2}$ ㉱ $10 \times \dfrac{P}{S^2}$

해설 스케줄 번호(schedule No)
: 관두께를 나타내는 번호
$sch. No = 10 \times \dfrac{P}{S}$

51 디스크 증기 트랩이라고도 하며 고압, 중압, 저압 등의 어느 곳에나 사용 가능한 증기 트랩은?

㉮ 실폰 트랩   ㉯ 그리스 트랩
㉰ 충격식 트랩   ㉱ 버킷 트랩

해설 ① 실폰트랩(열동식) : 저압용과 고압용에 사용된다.
② 그리스트랩 : 배수트랩으로 요리나 설거지 등을 한 후 허드렛물이 흘러내리는 유출구 뒤에 설치하고, 배수구 안에 녹은 지방류가 배수관 내벽에 부착되어 막는 것을 방지하기 위해 설치한다.
③ 충격식트랩(오리피스 증기트랩) : 임펄스 또는 디스크 트랩이라고도 하며 응축수 처리능력에 비해 극히 소형이며 고압, 중압, 저압에 사용되며 작동시 구조상 증기가 약간 새는 단점이 있다.
④ 버킷트랩 : 주로 고압증기의 관말트랩으로 사용된다.

52 기수 혼합 급탕기에서 증기를 물에 직접 분사시켜 가열하면 압력차로 인해 발생하는 소음을 줄이기 위해 사용하는 설비는?

㉮ 안전밸브   ㉯ 스팀 사일렌서
㉰ 응축수 트랩   ㉱ 가열코일

해설 스팀 사일렌서
기수혼합식 급탕기에서 증기로 인한 소음을 줄이기 위하여 사용하며, 저탕조에 증기를 직접불어넣어 물을 가열하는 방식이다.(종류는 S형과 F형이 있다.)

53 수격작용을 방지 또는 경감하는 방법이 아닌 것은?

㉮ 유속을 낮춘다.
㉯ 격막식 에어 챔버를 설치한다.
㉰ 토출밸브의 개폐시간을 짧게 한다.
㉱ 플라이 휠을 달아 펌프속도 변화를 완만하게 한다.

해설 수격작용 방지대책
① 공기실(에어챔버) 및 수격방지기를 설치한다.
② 관경을 크게하여 유속을 느리게 한다.
③ 펌프에 플라이 휠을 설치한다.
④ 배관을 가능한 직선으로 시공한다.
⑤ 밸브는 송출구 가까이 설치하고 서서히 개폐한다.(토출밸브의 개폐시간을 길게 한다.)
⑥ 조압수조를 설치한다.

* 플라이휠(fly wheel) : 펌프의 급격한 속도변화를 방지한다.
* 조압수조(surge tank) : 수압관 및 도수관에서 발생하는 수압의 급격한 증감을 조정하는 수조

54 증기 관말 트랩 바이패스 설치 시 필요 없는 부속은?

㉮ 엘보
㉯ 유니온
㉰ 글로브 밸브
㉱ 안전 밸브

해설 ※ 안전밸브는 바이패스 이음할 수 없다.
• 관말트랩 주위장치
게이트밸브, 글로브밸브, 증기트랩, 스트레이너, 바이패스배관, 유니온, 엘보, 티 등

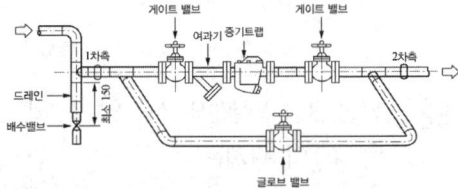

55 간접배수관의 관경이 25A일 때 배수구 공간으로 최소 몇 mm가 적당한가?

㉮ 50 ㉯ 100
㉰ 150 ㉱ 200

해설 배수구공간

간접배수관의 관경(A)	배수구 공간(mm)
25A 이하	최소 50
30~50A 이하	최소 100
65A 이상	최소 150

56 패널난방(panel heating)은 열의 전달방법 중 주로 어느 것을 이용한 것인가?

㉮ 전도 ㉯ 대류
㉰ 복사 ㉱ 전파

해설 복사난방(패널난방) : 건축물의 천장, 바닥, 벽 등에 가열코일을 매설하여 코일내로 증기 및 온수를 열매체로 순환시켜 그 복사열에 의해 난방하는 방식

57 배수 수평관의 관경이 65mm일 때 최소 구배는?

㉮ 1/10 ㉯ 1/20
㉰ 1/50 ㉱ 1/100

해설 배수 수평관의 구배

관경(mm)	최소구배
65 이하	최소 1/50
75, 100	최소 1/100
125	최소 1/150
150 이상	최소 1/200

58 급탕설비에 대한 설명으로 틀린 것은?

㉮ 순환방식은 중력식과 강제식이 있다.
㉯ 배관의 구배는 중력순환식의 경우 1/150, 강제순환식의 경우 1/200 정도이다.
㉰ 신축이음쇠의 설치는 강관은 20m, 동관은 30m마다 1개씩 설치한다.
㉱ 급탕량은 사용 인원이나 사용 기구 수에 의해 구한다.

정답 54 ㉱ 55 ㉮ 56 ㉰ 57 ㉰ 58 ㉰

[해설] 신축이음쇠의 설치
① 강관 : 30m마다 1개씩
② 동관 : 20m마다 1개씩

59 배관의 신축 이음 중 허용길이가 커서 설치장소가 많이 필요하지만 고온·고압배관의 신축 흡수용으로 적합한 형식은?

㉮ 루프(loop)형
㉯ 슬리브(sleeve)형
㉰ 벨로즈(bellows)형
㉱ 스위블(swivel)형

[해설] 루프이음(신축곡관) : 신축곡관이라고도 하며 그 휨에 의해 배관의 신축을 흡수하는 형식으로 주로 고온·고압의 옥외배관 등에 많이 사용된다. 설치장소를 많이 차지하며 응력이 생긴다는 단점이 있다.

60 냉매 배관 시공 시 주의사항으로 틀린 것은?

㉮ 온도변화에 의한 신축을 충분히 고려해야 한다.
㉯ 배관 재료는 냉매 종류, 온도, 용도에 따라 선택한다.
㉰ 배관이 고온의 장소를 통과할 때에는 단열조치한다.
㉱ 수평 배관은 냉매가 흐르는 방향으로 상향구배한다.

[해설] 수평 배관은 냉매가 흐르는 방향으로 하향구배 한다.

제4과목 | 전기제어공학(공조냉동설치운영2)

61 다음 블록선도의 전달 함수의 극점과 영점은?

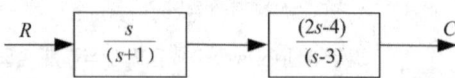

㉮ 영점 0, 2, 극점 −1, 3
㉯ 영점 1, −3, 극점 0, −2
㉰ 영점 0, −1, 극점 2, 3
㉱ 영점 0, −3, 극점 −1, 2

[해설] ※ 전달함수 분모부와 분자부를 0이 되게 만드는 s값을 각각 극점과 영점이라 하는데, 이 극점과 영점은 시스템의 시간영역에서의 과도상태 및 정상상태 특성과 밀접한 관련을 갖고 있다.
• 영점 : 전달함수 분자의 근이 0이 되는 s의 값
• 극점 : 전달함수 분모(특성방정식)의 근이 0이 되는 s의 값

위 블록선도의 전달함수를 구하면(직렬종속)
$G_{(s)} = \frac{s}{(s+1)} \cdot \frac{(2s-4)}{(s-3)} = \frac{s(2s-4)}{(s+1)(s-3)}$

① 분자 : $s(2s-4)$ 이므로 영점은 0, 2가 된다.
② 분모 : $(s+1)(s-3)$ 이므로 극점은 -1, 3이 된다.

62 평형 3상 Y결선의 상전압 V_p와 선간전압 V_L의 관계는?

㉮ $V_L = 3 V_p$
㉯ $V_L = \sqrt{3} V_p$
㉰ $V_L = \frac{1}{3} V_p$
㉱ $V_L = \frac{1}{\sqrt{3}} V_p$

[해설] • 평형 3상 Y결선의 경우
① 선간전압 = 상전압 × $\sqrt{3}$
⇒ $V_L = \sqrt{3} V_P$

[정답] 59 ㉮ 60 ㉱ 61 ㉮ 62 ㉯

② 선간전류 = 상전류
⇒ $I_L = I_P$

- 평형 3상 △결선의 경우
① 선간전압 = 상전압
⇒ $V_L = V_P$
② 선간전류 = 상전류 × $\sqrt{3}$
⇒ $I_L = \sqrt{3} I_P$

63 서보기구와 관계가 가장 깊은 것은?

㉮ 정전압 장치 ㉯ A/D 변환기
㉰ 추적용 레이더 ㉱ 가정용 보일러

해설 ※ A/D 변환기 : 아날로그 신호를 디지털 신호로 변환하는 장치로 DDC제어에 꼭 필요한 장치이다.
- 서보기구 : 목표값의 임의의 변화에 항상 추종하도록 구성된 제어계로 레이더, 미사일 추적장치 등이 있다.
- 서보기구의 제어량 : 기계적인 변위(위치, 방향, 자세, 거리, 각도 등)

64 $16 \mu F$의 콘덴서 4개를 접속하여 얻을 수 있는 가장 작은 정전용량은 몇 μF인가?

㉮ 2 ㉯ 4
㉰ 8 ㉱ 16

해설 병렬 연결시 콘덴서의 합성용량
$C_P = C_1 + C_2 + C_3 + C_4 = 16 + 16 + 16 + 16 = 64 [\mu F]$

- 직렬 연결시 콘덴서의 합성용량
$\frac{1}{C_s} = \frac{1}{C_1} + \frac{1}{C_2} + \frac{1}{C_3} + \frac{1}{C_4}$
$= \frac{1}{16} + \frac{1}{16} + \frac{1}{16} + \frac{1}{16} = \frac{4}{16} = \frac{1}{4} \Rightarrow C_s = 4 [\mu F]$
∴ 따라서, 가장 작은 값은 $4[\mu F]$이 된다.

65 그림의 신호흐름선도에서 $\frac{C}{R}$의 값은?

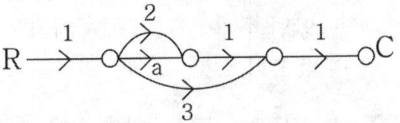

㉮ a+2 ㉯ a+3
㉰ a+5 ㉱ a+6

해설 $G_{(s)} = \frac{C}{R} = \frac{패스경로}{1 - 피드백경로}$
$= \frac{1 \cdot a \cdot 1 \cdot 1 + 1 \cdot 2 \cdot 1 \cdot 1 + 1 \cdot 3 \cdot 1}{1 - 0}$
$= a + 2 + 3 = a + 5$

66 그림과 같은 시퀀스제어회로가 나타내는 것은? (단, A와 B는 푸시버튼 스위치, R은 전자접촉기, L은 램프이다.)

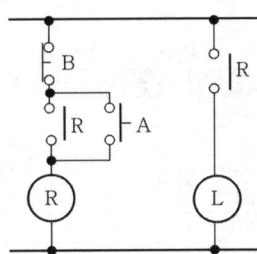

㉮ 인터록 ㉯ 자기유지
㉰ 지연논리 ㉱ NAND 논리

해설 위 회로는 자기유지 회로이며 동작 원리는 아래와 같다.
① 전원 투입 후 푸시버튼A(on스위치)를 눌러 on시키면
② 전자좀촉기 R의 전원이 on 되고 이때 좌,우측 R-a 두접점은 여자되어 유지된다.(좌측 R-a접점에 의해 R전원이 계속 자기 유지되고 우측 R-a 접점에 의해 램프 L은 점등되어 유지된다.
③ 이후 푸시버튼B(off스위치)를 눌러 off시키면 전자좀촉기 R의 전원이 off 되고 좌,우측 R-a접점이 모두 소자되어 램프 L은 소등된다.

정답 63 ㉰ 64 ㉯ 65 ㉰ 66 ㉯

67 직류 분권전동기의 용도에 적합하지 않은 것은?

㉮ 압연기   ㉯ 제지기
㉰ 송풍기   ㉱ 기중기

[해설]
- 분권전동기 : 계자와 전기자 권선이 병렬로 연결된 직류전동기로 부하에 따른 속도변화가 작은 정속도 특성을 가지고 있다.(용도 : 권선기, 압연기, 제지기, 환기용 송풍기, 제철용 압연기 등)
- 직권전동기 : 계자와 전기자가 직렬로 연결된 직류전동기로 기동토크가 크며, 부하에 따라 속도의 변동이 심한 특성을 가진다.(용도 : 기중기, 자동차의 기동 전동기 등)

68 2진수 $0010111101011001_{(2)}$을 16진수로 변환하면?

㉮ 3F59   ㉯ 2G6A
㉰ 2F59   ㉱ 3G6A

[해설] 2진수 → 16진수 변환표

2진수	16진수	2진수	16진수
0000	0	1000	8
0001	1	1001	9
0010	2	1010	A
0011	3	1011	B
0100	4	1100	C
0101	5	1101	D
0110	6	1110	E
0111	7	1111	F

∴ $0010\ 1111\ 0101\ 1001_{(2)} \Rightarrow 2F59$

69 그림과 같은 회로망에서 전류를 계산하는 데 옳은 식은?

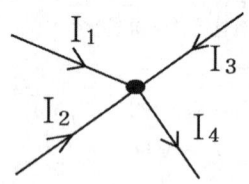

㉮ $I_1 + I_2 = I_3 + I_4$
㉯ $I_1 + I_3 = I_2 + I_4$
㉰ $I_1 + I_2 + I_3 + I_4 = 0$
㉱ $I_1 + I_2 + I_3 - I_4 = 0$

[해설] 키르히호프의 제1법칙
회로내의 어느점에 흘러들어온 전류(+)와 흘러나간 전류(-)의 합은 0이 된다.
$I_1 + I_2 + I_3 + (-I_4) = I_1 + I_2 + I_3 - I_4 = 0$

70 60Hz, 6극인 교류 발전기의 회전수는 몇 rpm인가?

㉮ 1200   ㉯ 1500
㉰ 1800   ㉱ 3600

[해설] 교류발전기 회전수(N)
$N = \dfrac{120f}{P} = \dfrac{120 \times 60}{6} = 1200[\text{rpm}]$

71 최대 눈금 1000V, 내부저항 10kΩ인 전압계를 가지고 그림과 같이 전압을 측정하였다. 전압계의 지시가 200V일 때 전압 E는 몇 V인가?

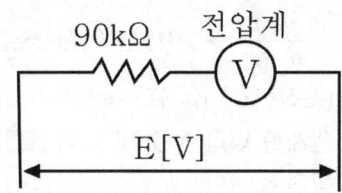

㉮ 800 ㉯ 1000
㉰ 1800 ㉱ 2000

해설 ※ 전압계에 내부저항 10[kΩ]에 흐르는 전압을 V_1이라 하고, 90[kΩ]의 저항에 흐르는 전압을 V_2라고 가정한다.

① 전압계에 내부저항 $R_1=10[kΩ]$에 흐르는 전류의 값(I_1)
$$I_1 = \frac{V_1}{R_1} = \frac{200}{10 \times 10^3} = 0.02A$$
② 저항 $R_2=90kΩ$에 흐르는 전압의 값
$$V_2 = I_1 \times R_2 = 0.02 \times 90 \times 10^3 = 1800V$$
③ 전전압
$$\therefore E = V_1 + V_2 = 1800 + 200 = 2000V$$

72 제어요소가 제어대상에 주는 양은?

㉮ 조작량 ㉯ 제어량
㉰ 기준입력 ㉱ 동작신호

해설 ① 조작량 : 제어요소가 제어대상에게 주는 양
② 제어량 : 제어대상에 대한 전체량 가운데 제어코자하는 목적의 량
③ 기준입력신호 : 목표값과 피드백 신호를 비교하기 위하여 주 피드백 신호와 같은 종류의 신호로 목표값을 변화시켜 제어계의 폐쇄 루프에 입력하는 신호
④ 동작신호 : 주 피드백량과 기준입력을 비교하여 얻어진 편차량의 신호

73 프로세스 제어계의 제어량이 아닌 것은?

㉮ 방위 ㉯ 유량
㉰ 압력 ㉱ 밀도

해설 프로세스제어
생산공정 중의 상태량을 제어량으로 하는 제어로 제어계에 가해지는 외란의 억제를 주목적으로 한다.
① 제어량 : 공업공정의 상태량(온도, 압력, 유량, 습도, 밀도, 농도 등)
② 사용처 : 수조의 온도제어, 대단위 화학 플랜트 등

74 제어기기의 대표적인 것으로는 검출기, 변환기, 증폭기, 조작기기를 들 수 있는데 서보모터는 어디에 속하는가?

㉮ 검출기 ㉯ 변환기
㉰ 증폭기 ㉱ 조작기기

해설 서보전동기(서보모터)
서보기구를 구동시키는 전동기로 위치와 속도를 검출하는 센서부가 부착되어 있으며 이 센서의 신호에 의해 지령값과 비교함으로써 위치, 속도, 방위, 자세 등을 수정하면서 조작하는 조작기기이다.

75 100Ω의 전열선에 2A의 전류를 흘렸다면 소모되는 전력은 몇 W인가?

㉮ 100 ㉯ 200
㉰ 300 ㉱ 400

해설 전력구하는 공식
$$P = VI \to P = I^2R \to P = \frac{V^2}{R}$$
$$\therefore P = I^2R = 2^2 \times 100 = 400[W]$$

정답 71 ㉱ 72 ㉮ 73 ㉮ 74 ㉱ 75 ㉱

76 시퀀스제어에 관한 사항으로 옳은 것은?

㉮ 조절기용이다.
㉯ 입력과 출력의 비교장치가 필요하다.
㉰ 한시동작에 의해서만 제어되는 것이다.
㉱ 제어결과에 따라 조작이 자동적으로 이행된다.

해설 시퀀스 제어 : 미리정해진 순서에 따라 각 단계별 제어를 행하는 제어로 제어결과에 따라 조작이 자동적으로 이행된다.

77 그림과 같은 회로는?

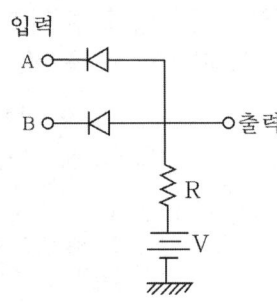

㉮ OR회로   ㉯ AND회로
㉰ NOR회로   ㉱ NAND회로

해설 AND 회로
두 입력신호 A, B 모두 1일때만 출력이 1이 되는 회로로 A, B 둘 중 하나 혹은 둘다 0일 경우에는 출력이 0이 된다.

78 교류의 실효값에 관한 설명 중 틀린 것은?

㉮ 교류의 최대값은 실효값의 $\sqrt{2}$ 배이다.
㉯ 전류나 전압의 한 주기의 평균치가 실효값이다.
㉰ 상용전원이 220V라는 것은 실효값을 의미한다.
㉱ 실효값 100V인 교류와 직류 100V로 같은 전등을 점등하면 그 밝기는 같다.

해설 ㉯ 전류나 전압의 한주기의 평균치는 평균값이다.
• 실효값 : 교류의 크기를 교류와 동일한 일을 하는 직류의 크기로 바꾸어 나타냈을 때의 값으로 순시값 제곱을 한 주기간 평균한 제곱근을 말한다.

79 $\dfrac{dm(t)}{dt}=K_i e(t)$는 어떤 조절기의 출력(조작신호) m(t)과 동작신호 e(t) 사이의 관계를 나타낸 것이다. 이 조절기의 제어동작은? (단, K_i는 상수이다.)

㉮ D 동작   ㉯ I 동작
㉰ P-I 동작 ㉱ P-D 동작

해설 미분동작(D동작)
출력의 값이 입력을 미분한 값에 비례하는 요소
- 입력신호 $e(t)$와 출력신호 $m(t)$의 관계
$$\dfrac{dm(t)}{dt}=K_i e(t)$$

80 변압기의 병렬운전에서 필요하지 않는 조건은?

㉮ 극성이 같을 것
㉯ 출력이 같을 것
㉰ 권수비가 같을 것
㉱ 1차, 2차 정격전압이 같을 것

해설 변압기 별렬운전 조건
① 단상 병렬운전
　㉠ 1차, 2차의 정격전압 및 극성이 같을 것
　㉡ %Z(임피던스)강하가 같을 것
　㉢ 권수비가 같을 것
　㉣ 내부저항과 누설리액턴스비가 같을 것
② 삼상 변압기 병렬운전 조건
　㉠ 1차, 2차의 정격전압 및 극성이 같을 것
　㉡ %Z(임피던스)강하가 같을 것
　㉢ 권수비가 같을 것
　㉣ 내부저항과 누설리액턴스비가 같을 것
　㉤ 상회전 방향이 같을 것
　㉥ 위상변위(위상각)가 일치 할 것

정답 76 ㉱ 77 ㉯ 78 ㉯ 79 ㉮ 80 ㉯

공조냉동기계산업기사

과년도 출제문제

(2016.08.21. 시행)

제1과목 공기조화(공기조화설비)

01 습공기 선도에서 상태점 A의 노점온도를 읽는 방법으로 옳은 것은?

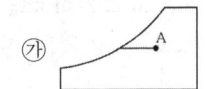 ㉮    ㉯

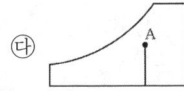 ㉰    ㉱

[해설] 노점온도 : 공기중 수분이 응축하기 시작하는 온도로 습공기 선도상 A의 상태점에서 왼쪽으로 수평선을 그었을때 상대습도 100%인 포화선과의 교점을 말한다.

02 온수배관의 시공 시 주의사항으로 옳은 것은?

㉮ 각 방열기에는 필요시에만 공기배출기를 부착한다.
㉯ 배관 최저부에는 배수밸브를 설치하며, 하향구배로 설치한다.
㉰ 팽창관에는 안전을 위해 반드시 밸브를 설치한다.
㉱ 배관 도중에 관 지름을 바꿀 때에는 편심이음쇠를 사용하지 않는다.

[해설]
㉮ 각 방열기에는 관내 불응축가스(공기)를 제거하기 위해 공기배출기를 부착하여야 한다.
㉰ 팽창관에는 안전을 위하여 밸브 등 기타 차단장치를 설치하여서는 안된다.
㉱ 배관 도중에 관지름을 바꿀때에는 편심 이음쇠를 사용하여 이물질 및 공기가 체류하는 것을 방지한다.

03 실내에 존재하는 습공기의 전열량에 대한 현열량의 비율을 나타낸 것은?

㉮ 바이패스 팩터
㉯ 열수분비
㉰ 현열비
㉱ 잠열비

[해설] 현열비(SHF) : 습공기의 전열량에 대한 현열량의 비
$$SHF = \frac{현열}{전열} = \frac{q_s}{q_t} = \frac{q_s}{q_s + q_L}$$

04 아래 조건과 같은 병행류형 냉각코일의 대수평균온도차는?

	입구	32℃
공기온도	출구	18℃
냉수코일온도	입구	10℃
	출구	15℃

㉮ 8.74℃   ㉯ 9.54℃
㉰ 12.33℃ ㉱ 13.10℃

[정답] 01 ㉮ 02 ㉯ 03 ㉰ 04 ㉯

해설 병행류이므로 입출구 온도를 구하면
입구온도 : 32-10= 22℃
출구온도 : 18-15= 3℃

• 대수평균온도차
$$LMTD = \frac{\triangle T_1 - \triangle T_2}{\ln\frac{\triangle T_1}{\triangle T_2}} = \frac{22-3}{\ln\frac{22}{3}} = 9.54℃$$

05 냉방 부하 중 현열만 발생하는 것은?
㉮ 외기부하 ㉯ 조명부하
㉰ 인체발생부하 ㉱ 틈새바람부하

해설 난방부하
① 외기부하 : 현열+잠열
② 조명부하 : 현열
③ 인체발생부하 : 현열+잠열
④ 틈새바람부하 : 현열+잠열

06 기계환기 중 송풍기와 배풍기를 이용하며 대규모 보일러실, 변전실 등에 적용하는 환기법은?
㉮ 1종 환기 ㉯ 2종 환기
㉰ 3종 환기 ㉱ 4종 환기

해설 환기방식
① 제1종 환기 : 강제급기 + 강제배기
② 제2종 환기 : 강제급기 + 자연배기
③ 제3종 환기 : 자연급기 + 강제배기
④ 제4종 환기 : 자연급기 + 자연배기

07 난방부하 계산 시 측정 온도에 대한 설명으로 틀린 것은?
㉮ 외기온도 : 기상대의 통계에 의한 그 지방의 매일 최저온도의 평균값보다 다소 높은 온도

㉯ 실내온도 : 바닥 위 1m의 높이에서 외벽으로부터 1m 이내 지점의 온도
㉰ 지중온도 : 지하실의 난방부하의 계산에서 지표면 10m 아래까지의 온도
㉱ 천장 높이에 따른 온도 : 천장의 높이가 3m 이상이 되면 직접난방법에 의해서 난방할 때 방의 윗부분과 밑면과의 평균온도

해설 실내온도 : 바닥 위 1.5m 높이에서 외벽으로부터 1m 이상 떨어진 지점의 호흡선에서 측정한 온도

08 매 시간마다 50ton의 석탄을 연소시켜 압력 80kg$_f$/cm^2, 온도 500℃의 증기 320ton을 발생시키는 보일러의 효율은? (단, 급수 엔탈피는 120.25kcal/kg, 발생증기 엔탈피 812.6kcal/kg, 석탄의 저위발열량은 5500kcal/kg이다.)
㉮ 78% ㉯ 81%
㉰ 88% ㉱ 92%

해설 보일러의 효율
$$\eta = \frac{G(h'' - h')}{G_f \cdot H_l} \times 100[\%]$$
여기서, η : 보일러 효율
h'' : 발생증기 엔탈피(kcal/kg)
h' : 급수 엔탈피(kcal/kg)
G_f : 사용 연료량(kg/h)
H_l : 연료의 저위발열량(kcal/kg)

※ 만약 급수 엔탈피 대신 급수온도를 준다면, $h(\text{kcal/kg}) = C(\text{kcal/kg℃}) \cdot \triangle T(℃)$의 공식에 의해 급수 엔탈피를 구하게 되면 물의 비열이 1이므로 온도와 엔탈피의 값이 같으므로 급수온도를 공식에 넣어주면 된다.

$$\eta = \frac{320 \times 1000 \times (812.6 - 120.25)}{50 \times 1000 \times 5500} \times 100 = 80.56[\%]$$

정답 05 ㉯ 06 ㉮ 07 ㉯ 08 ㉯

09 온수 순환량이 560kg/h인 난방설비에서 방열기의 입구온도가 80℃, 출구온도가 72℃라고 하면 이 때 실내에 발산하는 현열량은?

㉮ 4520kcal/h
㉯ 4250kcal/h
㉰ 4480kcal/h
㉱ 4840kcal/h

해설 $Q = G \cdot C \cdot \Delta T = 560 \times 1 \times (80-72) = 4480 \text{kcal/h}$

10 유인 유닛(IDU) 방식에 대한 설명으로 틀린 것은?

㉮ 각 유닛마다 제어가 가능하므로 개별 실 제어가 가능하다.
㉯ 송풍량이 많아서 외기 냉방효과가 크다.
㉰ 냉각, 가열을 동시에 하는 경우 혼합 손실이 발생한다.
㉱ 유인 유닛에는 동력배선이 필요 없다.

해설 ㉯ 유인유닛 방식은 수공기방식이므로 전공기방식에 비해 송풍량이 적어 외기 냉방효과가 작다.

11 멀티 존 유닛 공조방식에 대한 설명으로 옳은 것은?

㉮ 이중덕트 방식의 덕트 공간을 천장 속에 확보할 수 없는 경우 적합하다.
㉯ 멀티 존 방식은 비교적 존 수가 대규모인 건물에 적합하다.
㉰ 각 실의 부하변동이 심해도 각 실에 대한 송풍량의 균형을 쉽게 맞춘다.
㉱ 냉풍과 온풍의 혼합 시 댐퍼의 조정은 실내 압력에 의해 제어한다.

해설 ㉯ 멀티존 방식은 존별 부하에 따른 실내온도 조절이 정확해야 하므로 비교적 존수가 적은 건물에 적합하다.
㉰ 전공기방식의 2중덕트 방식에 비해 송풍기의 풍량이 부족하므로 각 실의 부하변동이 심한 경우 송풍량의 균형을 맞추기 어렵다.
㉱ 냉풍과 온풍의 혼합 시 댐퍼의 조정은 실내 온도에 의해 제어한다.

12 콜드 드래프트(cold draft)의 원인으로 틀린 것은?

㉮ 인체 주위의 공기온도가 너무 낮을 때
㉯ 인체 주위의 기류속도가 작을 때
㉰ 주위 벽면의 온도가 낮을 때
㉱ 주위 공기의 습도가 낮을 때

해설 콜드 드래프트(clod draft)
인체는 생산된 열량보다 소비되는 열량이 많아지면 추위를 느끼게 된다. 이와 같이 소비되는 열량이 많아져 추위를 느끼게 되는 현상을 콜드 드래프트라 한다.
• 콜드 드래프트의 원인
① 인체 주위의 공기 온도가 너무 낮을 때
② 기류의 속도가 클 때
③ 습도가 낮을 때
④ 주위 벽면의 온도가 낮을 때
⑤ 농설기 창문의 극간풍이 많을 때

정답 09 ㉰ 10 ㉯ 11 ㉮ 12 ㉯

13 다음은 공기조화에서 사용되는 용어에 대한 단위, 정의를 나타낸 것으로 틀린 것은?

절대 습도	단위	kg/kg(DA)
	정의	건조한 공기 1kg 속에 포함되어 있는 습한 공기 중의 수증기량
수증기 분압	단위	Pa
	정의	습공기 중의 수증기 분압
상대 습도	단위	%
	정의	절대습도(x)와 동일온도에서의 포화공기의 절대습도(x_s)와의 비
노점 온도	단위	℃
	정의	습한 공기를 냉각시켜 포화상태로 될 때의 온도

㉮ 절대습도 ㉯ 수증기분압
㉰ 상대습도 ㉱ 노점온도

해설 상대습도[%]
습공기의 수증기 분압과 그 온도에 있어 포화공기의 수증기 분압과의 비

$$\varphi(상대습도) = \frac{P_v(습공기의 수증기 분압)}{P_s(포화공기의 수증기 분압)} \times 100[\%]$$

14 다음 중 실내로 침입하는 극간풍량을 구하는 방법이 아닌 것은?

㉮ 환기횟수에 의한 방법
㉯ 창문의 틈새길이법
㉰ 창 면적으로 구하는 법
㉱ 실내의 온도차에 의한 방법

해설 극간풍량 산정법
① 환기횟수법
② 창문 틈새길이법
③ 창문 면적법
④ 이용 빈도수에 의한 방법

15 온풍 난방의 특징으로 틀린 것은?

㉮ 실내온도분포가 좋지 않아 쾌적성이 떨어진다.
㉯ 보수·취급이 간단하고, 취급에 자격자를 필요로 하지 않는다.
㉰ 설치 면적이 적어서 설치장소에 제한이 없다.
㉱ 열용량이 크므로 착화 즉시 난방이 어렵다.

해설 ㉱ 온풍난방은 공기를 가열하는 방식이므로 타 매체에 비해 비열이 작고 이로인해 열용량이 적어 예열시간이 짧아 간헐적 운전이 가능하다.
• 온풍난방 : 공기를 가열하여 실내로 보내는 난방으로 온풍로를 이용한 직접가열식과 열교환기를 이용한 간접가열식이 있다.

16 재열기를 통과한 공기의 상태량 중 변화되지 않는 것은?

㉮ 절대습도 ㉯ 건구온도
㉰ 상대습도 ㉱ 엔탈피

해설 재열기는 공기를 가열시키는 장치로 가열시 현열만을 증가시키게 되므로 절대습도는 변하지 않는다.

절대습도	건구온도	상대습도	엔탈피
일정	상승	감소	증가

17 난방 설비에 관한 설명으로 옳은 것은?

㉮ 온수난방은 온수의 현열과 잠열을 이용한 것이다.
㉯ 온풍난방은 온풍의 현열과 잠열을 이용한 것이다.
㉰ 증기난방은 증기의 현열을 이용한 대류난방이다.
㉱ 복사난방은 열원에서 나오는 복사에너지를 이용한 것이다.

정답 13 ㉰ 14 ㉱ 15 ㉱ 16 ㉮ 17 ㉱

해설 ① 온수난방 : 온수의 현열을 이용
② 온풍난방 : 온풍의 현열을 이용
③ 증기난방 : 증기의 잠열을 이용
④ 복사난방 : 열원의 복사열을 이용

18 밀봉된 용기와 위크(wick) 구조체 및 증기공간에 의하여 구성되며, 길이 방향으로는 증발부, 응축부, 단열부로 구분되는데 한쪽을 가열하면 작동유체는 증발하면서 잠열을 흡수하고 증발된 증기는 저온으로 이동하여 응축되면서 열교환하는 기기의 명칭은?

㉮ 전열 교환기
㉯ 플레이트형 열교환기
㉰ 히트 파이프
㉱ 히트 펌프

해설 히트파이프(Heat Pipe)
밀봉된 용기와 위크(Wick) 구조체 및 증기공간에 의하여 구성되며, 길이 방향으로는 증발부, 응축부, 단열부로 구분되는데 한쪽을 가열하면 작동유체는 증발하면서 잠열을 흡수하고 증발된 증기는 저온으로 이동하여 응축되면서 열교환하는 기기

19 팬코일유닛 방식의 배관 방법에 따른 특징에 관한 설명으로 틀린 것은?

㉮ 3관식에서는 손실열량이 타방식에 비하여 거의 없다.
㉯ 2관식에서는 냉·난방의 동시운전이 불가능하다.
㉰ 4관식은 혼합손실은 없으나 배관의 양이 증가하여 공사비 등이 증가한다.
㉱ 4관식은 동시에 냉·난방운전이 가능하다.

해설 3관식은 공급관이 2개(온수관, 냉수관)이고 환수관이 1개인 방식으로 배관설비가 복잡하지만 개별제어가 가능하다. 환수관이 1개이므로 냉수와 온수의 혼합 열손실이 발생할 수 있다.
① 1관식(단관식) : 1개의 배관으로 공급관과 환수관을 겸용으로 사용하는 방식으로 각실(개별)제어가 곤란하여 소규모 난방에 사용된다.
② 2관식 : 각각의 공급관과 환수관을 가진 방식으로 가장 많이 사용된다.
③ 4관식 : 공급관(냉수관, 온수관) 2개, 환수관(냉수관, 온수관) 2개인 방식으로 배관설비가 가장 복잡하지만 혼합열손실이 발생하지 않는다.

20 주철제 방열기의 표준 방열량에 대한 증기 응축수량은? (단, 증기의 증발잠열은 539kcal/kg이다.)

㉮ $0.8 kg/m^2 \cdot h$
㉯ $1.0 kg/m^2 \cdot h$
㉰ $1.2 kg/m^2 \cdot h$
㉱ $1.4 kg/m^2 \cdot h$

해설 응축수량 = $\dfrac{표준방열량}{증발잠열}$
= $\dfrac{650[kcal/m^2h]}{539[kcal/kg]}$ = $1.2[kg/m^2h]$

정답 18 ㉰ 19 ㉮ 20 ㉰

제2과목 냉동공학(냉동냉장설비)

21 다음 중 스크롤 압축기에 관한 설명으로 틀린 것은?

㉮ 인벌류트 치형의 두 개의 맞물린 스크롤의 부품이 선회운동을 하면서 압축하는 용적형 압축기이다.
㉯ 토크변동이 적고 압축요소의 미끄럼 속도가 늦다.
㉰ 용량제어 방식으로 슬라이드 밸브방식, 리프트밸브 방식 등이 있다.
㉱ 고정스크롤, 선회스크롤, 자전방지 커플링, 크랭크 축 등으로 구성되어 있다.

해설 ㉰번의 용량제어 방식은 스크롤 압축기가 아닌 스크류 압축기의 용량제어 방식이다.
※ 스크류 압축기 용량제어 방식
슬라이드 밸브방식, 리프트 밸브방식, 복합방식, 슬롯 & 피스톤밸브방식 등

22 왕복동 압축기에서 -30 ~ -70℃ 정도의 저온을 얻기 위해서는 2단 압축 방식을 채용한다. 그 이유로 틀린 것은?

㉮ 토출가스의 온도를 높이기 위하여
㉯ 윤활유의 온도 상승을 피하기 위하여
㉰ 압축기의 효율 저하를 막기 위하여
㉱ 성적계수를 높이기 위하여

해설 2단 압축 채택 이유
① 토출가스 온도를 낮추어 압축비 상승을 방지한다.
② 윤활유의 온도상승을 방지한다.
③ 압축기의 효율저하를 방지한다.
④ 성적계수를 높이기 위해

23 냉동장치의 부속기기에 관한 설명으로 옳은 것은?

㉮ 드라이어 필터는 프레온 냉동장치의 흡입배관에 설치해 흡입증기 중의 수분과 찌꺼기를 제거한다.
㉯ 수액기의 크기는 장치 내의 냉매순환량만으로 결정한다.
㉰ 운전 중 수액기의 액면계에 기포가 발생하는 경우는 다량의 불응축가스가 들어있기 때문이다.
㉱ 프레온 냉매의 수분 용해도는 작으므로 액 배관 중에 건조기를 부착하면 수분제거에 효과가 있다.

해설 ㉮ 드라이어 필터는 프레온 냉동장치의 팽창밸브 직전의 고압액관에 설치해 수분과 이물질을 제거한다.
㉯ 수액기의 크기는 기본적으로 냉매충전량을 따르지만 냉매누설의 가능성과 운전상태 등을 고려하여 결정해야하며 NH₃냉동장치의 경우 충전량의 1/2을 회수할 수 있는 크기로 하고 프레온 냉동장치의 경우 냉매충전량 전부를 회수할 수 있는 크기로 제작한다.
㉰ 운전 중 수액기의 액면계에 기포가 발생하는 경우는 냉매량이 부족하거나 과냉각이 불충분하기 때문이다.

24 냉매가 암모니아일 경우는 주로 소형, 프레온일 경우에는 대용량까지 광범위하게 사용되는 응축기로 전열에 양호하고, 설치면적이 적어도 되나 냉각관이 부식되기 쉬운 응축기는?

㉮ 이중관식 응축기
㉯ 입형 쉘 앤드 튜브식 응축기
㉰ 횡형 쉘 앤드 튜브식 응축기
㉱ 7통로식 횡형 쉘 앤드식 응축기

정답 21 ㉰ 22 ㉮ 23 ㉱ 24 ㉰

해설 ▎횡형 쉘 앤드 튜브식 응축기
냉매가 암모니아일 경우 주로 소형, 프레온일 경우 대용량까지 광범위하게 사용되는 응축기로 전열이 양호하고, 설치면적이 작아도 되나 냉각관이 부식되기가 쉽다.

장점	단점
① 전열이 양호하고 소형, 경량화가 가능하다.	① 냉각관 청소가 어렵다.
② 암모니아, 프레온용으로 소형에서 대형까지 널리 사용된다.	② 냉각관이 부식되기 쉽다.
③ 입형에 비해 냉각수 소비량이 적다.	③ 과부하 운전이 어렵다.

25 일반적으로 냉동 운송설비 중 냉동자동차를 냉각장치 및 냉각방법에 따라 분류할 때 그 종류로 가장 거리가 먼 것은?

㉮ 기계식 냉동차
㉯ 액체질소식 냉동차
㉰ 헬륨냉동식 냉동차
㉱ 축냉식 냉동차

해설 ▎냉동차의 냉각방법에 따른 구분
① 기계식 냉동차
② 축냉식 냉동차
③ 액체질소식 냉동차
④ 드라이아이스식 냉동차
⑤ 기타 냉동차

26 역카르노 사이클에서 고열원을 T_H, 저열원을 T_L이라 할 때 성능계수를 나타내는 식으로 옳은 것은?

㉮ $\dfrac{T_H}{T_H - T_L}$
㉯ $\dfrac{T_L}{T_H - T_L}$
㉰ $\dfrac{T_H - T_L}{T_H}$
㉱ $\dfrac{T_H - T_L}{T_L}$

해설 ▎냉동장치 성능계수
$$COP = \frac{Q_2}{Aw} = \frac{Q_2}{Q_1 - Q_2} = \frac{T_2}{T_1 - T_2} = \frac{T_L}{T_H - T_L}$$

27 하루에 10ton의 얼음을 만드는 제빙장치의 냉동부하는? (단, 물의 온도는 20℃, 생산되는 얼음의 온도는 -5℃이며, 이 때 제빙장치의 효율은 0.8이다.)

㉮ 36280kcal/h
㉯ 46200kcal/h
㉰ 53385kcal/h
㉱ 73200kcal/h

해설 ▎20℃물 → 0℃물 → 0℃얼음 → -5℃얼음
　　　　　①　　　②　　　③

① $Q_1 = GC\Delta T = 10,000 \times 1 \times (20-0)$
　　$= 200,000 [\text{kcal/day}]$
② $Q_2 = G \cdot r = 10,000 \times 80 = 800,000 [\text{kcal/day}]$
③ $Q_3 = GC\Delta T = 10,000 \times 0.5 \times (0-(-5))$
　　$= 25,000 [\text{kcal/day}]$

$$Q_t = \frac{200,000 + 800,000 + 25,000}{24 \times 0.8} = 53,385 [\text{kcal/h}]$$

※ 제빙장치 문제에서 효율을 주는 경우 마지막에 나누어 주면 되고 제조과정에서의 열손실을 주는 경우 가산해야하므로 곱해준다.

28 압축기에서 축마력이 400kW이고, 도시마력은 350kW일 때 기계효율은?

㉮ 75.5%　　㉯ 79.5%
㉰ 83.5%　　㉱ 87.5%

해설 ▎
$$기계효율(\eta_m) = \frac{도시(지시)마력}{축마력}$$
$$= \frac{350}{400} = 0.875 = 87.5[\%]$$

암기 : 기, 지, 축

29 다음 냉동기의 안전장치와 가장 거리가 먼 것은?

㉮ 가용전
㉯ 안전밸브
㉰ 핫 가스장치
㉱ 고, 저압 차단스위치

해설
- 핫 가스장치는 제상장치에 속한다.
- 냉동기의 안전장치 : 안전밸브, 고·저압 차단스위치, 가용전, 파열판 등

30 다음 냉동기의 T-S선도 중 습압축 사이클에 해당되는 것은?

㉮
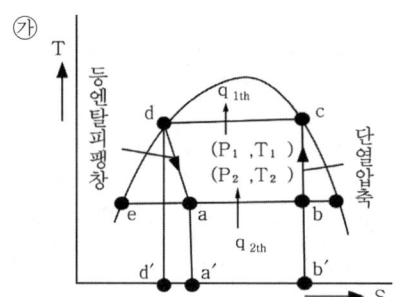

㉯
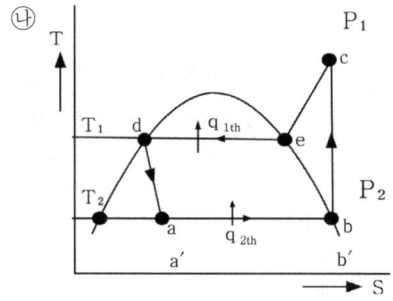

㉰
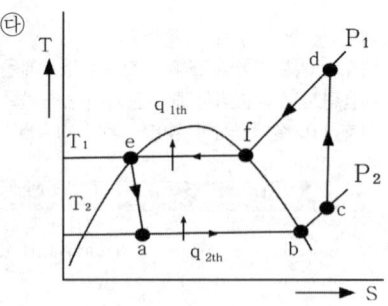

㉱
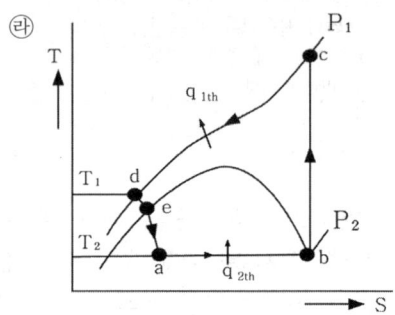

해설
① 습압축 사이클(증기 압축식 냉동사이클)
② 건포화압축 사이클(증기 압축식 냉동사이클)
③ 과열압축 사이클(증기 압축식 냉동사이클)
④ 건포화 압축사이클(초임계 냉동사이클)

31 자연계에 어떠한 변화도 남기지 않고 일정온도의 열을 계속해서 일로 변환시킬 수 있는 기관은 존재하지 않는다를 의미하는 열역학 법칙은?

㉮ 열역학 제0법칙 ㉯ 열역학 제1법칙
㉰ 열역학 제2법칙 ㉱ 열역학 제3법칙

해설 열역학 제2법칙(열이동 법칙)
자연계에 어떠한 변화도 남기지 않고 일정온도의 열을 계속해서 일로 변환시킬 수 있는 기관은 존재하지 않는다.
① 일은 쉽게 열로 변화되지만, 열은 일로 변할 때 그 보다 더 낮은 저온체를 필요로 한다.
② 어떤 기관이든 100[%] 열효율을 기지는 기관은 지구상에 존재할 수 없다.

정답 29 ㉰ 30 ㉮ 31 ㉰

32 냉동장치의 냉매 액관 일부에서 발생한 플래시 가스가 냉동장치에 미치는 영향으로 옳은 것은?

㉮ 냉매의 일부가 증발하면서 냉동유를 압축기로 재순환시켜 윤활이 잘 된다.
㉯ 압축기에 흡입되는 가스에 액체가 혼입되어서 흡입 체적효율을 상승시킨다.
㉰ 팽창밸브를 통과하는 냉매의 일부가 기체이므로 냉매의 순환량이 적어져 냉동능력을 감소시킨다.
㉱ 냉매의 증발이 왕성해짐으로써 냉동능력을 증가시킨다.

해설 플래시가스 발생시 냉동장치에 미치는 영향
① 팽창밸브의 능력 감소로 냉동능력이 감소된다.
② 증발 압력이 낮아져 압축비가 상승한다.
③ 소요동력이 증가한다.
④ 토출가스 온도상승, 실린더 과열, 윤활유 열화 탄화된다.
⑤ 윤활 불량으로 활동부의 마모를 초래할 수 있다.

33 응축기에 대한 설명으로 틀린 것은?

㉮ 응축기는 압축기에서 토출한 고온가스를 냉각시킨다.
㉯ 냉매는 응축기에서 냉각수에 의하여 냉각되어 압력이 상승한다.
㉰ 응축기에는 불응축가스가 잔류하는 경우가 있다.
㉱ 응축기 냉각관의 수측에 스케일이 부착되는 경우가 있다.

해설 ㉯ 냉매는 응축기에서 냉각수에 의하여 냉각되고 압력은 일정하다.

34 상태 A에서 B로 가역 단열변화를 할 때 상태변화로 옳은 것은? (단, S : 엔트로피, h : 엔탈피, T : 온도, P : 압력이다.)

㉮ $\Delta S = 0$ ㉯ $\Delta h = 0$
㉰ $\Delta T = 0$ ㉱ $\Delta P = 0$

해설 ① $\Delta S = 0$: 가역 단열변화
② $\Delta h = 0$: 비가역 단열변화(등엔탈피 변화)
③ $\Delta T = 0$: 등온변화
④ $\Delta P = 0$: 등압변화

35 절대압력 20bar의 가스 10L가 일정한 온도 10℃에서 절대압력 1bar까지 팽창할 때의 출입한 열량은? (단, 가스는 이상기체로 간주한다.)

㉮ 55kJ ㉯ 60kJ
㉰ 65kJ ㉱ 70kJ

해설 $P_1 = 20[\text{bar}] = 2000[\text{kPa}]$
$V_1 = 10[\text{L}] = 0.01[\text{m}^3]$
$P_2 = 1[\text{bar}] = 100[\text{kPa}]$
$Q = P_1 V_1 \ln \dfrac{P_1}{P_2} = (2000 \times 0.01) \ln \left(\dfrac{2000}{100} \right) = 60[\text{kJ}]$

36 냉동장치의 운전 중에 저압이 낮아질 때 일어나는 현상이 아닌 것은?

㉮ 흡입가스 과열 및 압축비 증대
㉯ 증발온도 저하 및 냉동능력 증대
㉰ 흡입가스의 비체적 증가
㉱ 성적계수 저하 및 냉매순환량 감소

해설 ㉯ 냉동장치의 운전중 저압이 낮아지면 증발온도가 저하하고 냉동효과는 감소하게 된다. 이로인해 냉동능력도 감소한다.

정답 32 ㉰ 33 ㉯ 34 ㉮ 35 ㉯ 36 ㉯

37 고온가스에 의한 제상 시 고온가스의 흐름을 제어하기 위해 사용되는 것으로 가장 적절한 것은?

㉮ 모세관
㉯ 전자밸브
㉰ 체크밸브
㉱ 자동팽창밸브

해설 전자밸브
전자밸브는 2위치제어 또는 on-off 제어라고도 하며 전자 코일에 흐르는 전류의 자기작용에 의해 밸브의 개도를 개폐하는 밸브이다. 냉동장치에서는 용량조정, 온도제어, 액면조정, 리퀴드백방지 등에 사용되며 고온가스(hot gas)제상시 고온가스의 흐름을 제어하는데 사용된다.

38 비열에 관한 설명으로 옳은 것은?

㉮ 비열이 큰 물질일수록 빨리 식거나 빨리 데워진다.
㉯ 비열의 단위는 kJ/kg이다.
㉰ 비열이란 어떤 물질 1kg을 1℃ 높이는데 필요한 열량을 말한다.
㉱ 비열비는 $\frac{정압비열}{정적비열}$로 표시되며 그 값은 R-22가 암모니아 가스보다 크다.

해설 비열(kcal/kg℃)
어떤 물질 1kg을 1℃ 높이는데 필요한 열량
㉮ 비열이 큰 물질일수록 서서히 식고 서서히 가열된다.
㉯ 비열의 단위는 kcal/kg℃ 이다.
㉱ 비열비(K)는 $\frac{정압비열}{정적비열}$로 표시되며 그 값은 암모니아(1.31)가 R-22(1.18)보다 크다.

39 압축기의 클리어런스가 클 때 나타나는 현상으로 가장 거리가 먼 것은?

㉮ 냉동능력이 감소한다.
㉯ 체적효율이 저하한다.
㉰ 토출가스 온도가 낮아진다.
㉱ 윤활유가 열화 및 탄화된다.

해설 압축기 클리어런스 증가 시
① 냉동능력 감소
② 체적효율 감소
③ 토출가스 온도 상승
④ 윤활유 열화 및 탄화로 인한 압축비 상승

40 냉매액이 팽창밸브를 지날 때 냉매의 온도, 압력, 엔탈피의 상태변화를 순서대로 올바르게 나타낸 것은?

㉮ 일정, 감소, 일정
㉯ 일정, 감소, 감소
㉰ 감소, 일정, 일정
㉱ 감소, 감소, 일정

해설 팽창밸브의 교축현상
온도(T) : 감소
압력(P) : 감소
엔탈피(h) : 일정

정답 37 ㉯ 38 ㉰ 39 ㉰ 40 ㉱

제3과목 | 배관일반 (공조냉동설치운영 1)

41 고가탱크 급수방식의 특징에 관한 설명으로 틀린 것은?

㉮ 항상 일정한 수압으로 급수할 수 있다.
㉯ 수압의 과대 등에 따른 밸브류 등 배관 부속품의 파손이 적다.
㉰ 취급이 비교적 간단하고 고장이 적다.
㉱ 탱크는 기밀 제작이므로 값이 싸진다.

해설 고가탱크 급수방식은 옥상에 탱크를 설치하여 중력에 의해 필요한 사용처에 급수하는 방식으로 고가수조와 저수조가 설치되어 설비비가 비싸지고 수질 오염의 염려가 큰 방식이다.
※ 탱크는 기밀 제작이므로 값이 비싸다.

42 다음 중 네오프렌 패킹을 사용하기에 가장 부적절한 배관은?

㉮ 15℃의 배수배관
㉯ 60℃의 급수배관
㉰ 100℃의 급탕배관
㉱ 180℃의 증기배관

해설 네오프랜 패킹 : 합성고무의 일종으로 내열범위가 -46~121℃ 이므로 약 120℃ 이상의 증기배관에는 사용할 수 없다.

43 다음 중 강관 접합법으로 틀린 것은?

㉮ 나사접합
㉯ 플랜지접합
㉰ 압축접합
㉱ 용접접합

해설 압축접합 : 플레어접합 이라고도 하며 동관 배관시 기계의 점검, 보수 등을 위해 분해할 필요가 있을 때 이용하며 관 끝을 나팔관 모양으로 넓혀 플레어너트로 접합한다.

44 냉동장치의 안전장치 중 압축기로의 흡입압력이 소정의 압력 이상이 되었을 경우 과부하에 의한 압축기용 전동기의 위험을 방지하기 위하여 설치되는 밸브는?

㉮ 흡입압력 조정밸브
㉯ 증발압력 조정밸브
㉰ 정압식 자동팽창밸브
㉱ 저압 측 플로트밸브

해설 흡입압력 조정밸브(SPR)
압축기의 흡입압력이 소정의 압력 이상이 되었을 경우 과부하에 의한 압축기용 전동기의 위험을 방지하기 위하여 설치되는 밸브

45 유체를 일정방향으로만 흐르게 하고 역류하는 것을 방지하기 위해 설치하는 밸브는?

㉮ 3방 밸브
㉯ 안전 밸브
㉰ 게이트 밸브
㉱ 체크 밸브

해설 체크밸브(역류방지밸브)
유체를 일정한 방향으로만 흐르게 하고 역류하는 것을 방지하기 위해 설치하는 밸브

46 암모니아 냉동설비의 배관으로 사용하기에 가장 부적절한 배관은?

㉮ 이음매 없는 동관
㉯ 저온 배관용 강관
㉰ 배관용 탄소강 강관
㉱ 배관용 스테인리스 강관

해설 암모니아 냉매는 아연, 동 및 동합금을 부식시키므로 강관을 사용한다.

정답 41 ㉱ 42 ㉱ 43 ㉰ 44 ㉮ 45 ㉱ 46 ㉮

47 2가지 종류의 물질을 혼합하면 단독으로 사용할 때보다 더 낮은 융해온도를 얻을 수 있는 혼합제를 무엇이라고 하는가?

㉮ 부취제 ㉯ 기한제
㉰ 브라인 ㉱ 에멀션

해설 기한제 이용방법
한제라고도 하며 결합력이 좋은 두 종류의 물질이 혼합하면 단독으로 사용할 때 보다 더 낮은 융해온도를 얻을 수 있는 혼합제로 얼음과 소금, 희염산, 염화칼슘, 탄산칼슘 등을 혼합하여 사용한다.

48 도시가스 입상 관에 설치하는 밸브는 바닥으로부터 몇 m 범위에 설치해야 하는가? (단, 보호 상자에 설치하는 경우는 제외한다.)

㉮ 0.5m 이상 1m 이내
㉯ 1m 이상 1.5m 이내
㉰ 1.6m 이상 2m 이내
㉱ 2m 이상 2.5m 이내

해설 도시가스 입상 관에 설치하는 밸브는 바닥으로부터 1.6m 이상 2m 이내에 설치한다.(단, 보호 상자에 설치하는 경우는 제외한다.)

49 증기난방설비에 있어서 응축수 탱크에 모아진 응축수를 펌프로 보일러에 환수시키는 환수방법은?

㉮ 중력 환수식 ㉯ 기계 환수식
㉰ 진공 환수식 ㉱ 지역 환수식

해설 증기난방설비 응축수 환수방식
① 중력환수식 : 응축수 자체의 중력에 의한 환수방식
② 기계환수식 : 방열기에서 응축수 탱크까지는 중력환수, 탱크에서 보일러까지는 펌프를 이용한 강제순환방식
③ 진공환수식 : 방열기의 설치장소에 제한을 받지 않는 환수방식으로 증기와 응축수를 진공펌프로 흡입 순환시키는 방식

50 급탕배관 시공 시 고려할 사항이 아닌 것은?

㉮ 배관구배
㉯ 관의 신축
㉰ 배관재료의 선택
㉱ 청소구의 설치장소

해설 급탕배관 시공 시 고려사항
배관구배, 관의신축, 배관재료, 보온, 공기체류 방지, 배관지지, 개폐밸브의 설치 등
※ 청소구의 설치장소는 오배수배관 시공시 고려할 사항이다.

51 건물의 시간당 최대 예상 급탕량이 2000kg/h일 때, 도시가스를 사용하는 급탕용 보일러에서 필요한 가스 소모량은? (단, 급탕온도 60℃, 급수온도 20℃, 도시가스 발열량 15000kcal/kg, 보일러 효율이 95%이며, 열손실 및 예열부하는 무시한다.)

㉮ 5.6kg/h ㉯ 6.6kg/h
㉰ 7.6kg/h ㉱ 8.6kg/h

해설 보일러의 효율
$$\eta = \frac{G(h''-h')}{G_f \cdot H} \times 100[\%]$$
위 공식에서 $G(h''-h') = Q$(정격출력)과 같고 $Q = GC\Delta T$ 이므로 아래의 공식으로 바꾸어 쓸 수 있다.

① $\eta = \frac{Q}{G_f \cdot H} \times 100[\%]$

② $\eta = \frac{GC\Delta T}{G_f \cdot H} \times 100[\%]$

여기서, η : 보일러효율

Q : 정격출력(kcal/h)
G_f : 사용 연료량(kg/h)
H : 연료의 발열량(kcal/kg)

$$0.95 = \frac{2000 \times 1 \times (60-20)}{G_f \times 15000}$$

$$G_f = \frac{2000 \times 1 \times (60-20)}{0.95 \times 15000} = 5.61 \text{(kg/h)}$$

52 통기관의 종류가 아닌 것은?

㉮ 각개 통기관　㉯ 루프 통기관
㉰ 신정 통기관　㉱ 분해 통기관

[해설] 통기관의 종류
각개통기관, 루프(회로)통기관, 신정통기관, 도피통기관, 결합통기관, 습윤통기관, 공용통기관

53 캐비테이션 현상의 발생조건으로 옳은 것은?

㉮ 흡입양정이 작을 경우 발생한다.
㉯ 액체의 온도가 낮을 경우 발생한다.
㉰ 날개차의 원주속도가 작을 경우 발생한다.
㉱ 날개차의 모양이 적당하지 않을 경우 발생한다.

[해설] 캐비테이션(공동현상) 발생원인
① 흡입양정이 클 경우
② 액체의 온도가 높은 경우
③ 날개차의 원주속도가 클 경우
④ 날개차의 모양이 적당하지 않을 경우

54 배수설비에 대한 설명으로 옳은 것은?

㉮ 소규모 건물에서의 빗물 수직관은 통기관으로 사용 가능하다.
㉯ 회로 통기방식에서 통기되는 기구의 수는 9개 이상으로 한다.
㉰ 배수관에 트랩의 봉수를 보호하기 위해 통기관을 설치한다.
㉱ 배수트랩의 봉수 깊이는 5~10mm 정도가 이상적이다.

[해설] ㉮ 소규모 건물에서 빗물 수직관은 통기관으로 사용해서는 안된다.
㉯ 회로 통기방식에서 통기되는 기구의 수는 8개 이내로 하고 통기관 길이는 7.5m 이내로 한다.
㉱ 배수트랩의 봉수깊이는 50~100mm 정도가 이상적이다.

55 압력탱크식 급수방법에서 압력탱크 설계 요소로 가장 거리가 먼 것은?

㉮ 필요 압력
㉯ 탱크의 용적
㉰ 펌프의 양수량
㉱ 펌프의 운전방법

[해설] 압력탱크 설계시 필요요소
필요압력, 탱크의 용적, 펌프의 양수량, 펌프의 전양정 등
※ 압력탱크 설계와 펌프의 운전방법은 관련이 없다.

56 다음 중 동일 조건에서 열전도율이 가장 큰 관은?

㉮ 알루미늄관
㉯ 강관
㉰ 동관
㉱ 연관

[해설] ① 알루미늄관 : 196[kcal/mh℃]
② 강관 : 46[kcal/mh℃]
③ 동관 : 332[kcal/mh℃]
④ 연관 : 30[kcal/mh℃]

정답　52 ㉱　53 ㉱　54 ㉰　55 ㉱　56 ㉰

57 압축공기 배관시공 시 일반적인 주의사항으로 틀린 것은?

㉮ 공기 공급배관에는 필요한 개소에 드레인용 밸브를 장착한다.
㉯ 주관에서 분기관을 취출할 때에는 관의 하단에 연결하여 이물질 등을 제거한다.
㉰ 용접개소는 가급적 적게 하고 라인의 중간 중간에 여과기를 장착하여 공기 중에 섞인 먼지 등을 제거한다.
㉱ 주관 및 분기관의 관 끝에는 과잉의 압력을 제거하기 위한 불어내기(blow)용 게이트 밸브로 설치한다.

해설 주관에서 지관 또는 분기관을 취출할 때에는 관의 상부에 연결하여 이물질 등을 제거한다.

58 증기난방의 단관 중력 환수식 배관에서 증기와 응축수가 동일한 방향으로 흐르는 순류관의 구배로 적당한 것은?

㉮ 1/50 ~ 1/100
㉯ 1/100 ~ 1/200
㉰ 1/150 ~ 1/250
㉱ 1/200 ~ 1/300

해설 단관 중력 환수식
① 하향 공급관(순류관,순구배) : $\frac{1}{100} \sim \frac{1}{200}$
② 상향 공급관(역류식,역구배) : $\frac{1}{50} \sim \frac{1}{100}$

59 다음 도면 표시기호는 어떤 방식인가?

㉮ 5쪽짜리 횡형 벽걸이 방열기
㉯ 5쪽짜리 종형 벽걸이 방열기
㉰ 20쪽짜리 길드 방열기
㉱ 20쪽짜리 대류 방열기

해설 ① 5쪽
② W-H : 벽걸이 횡형 방열기
③ 20×20 : 유입관경 20mm, 유출관경 20mm

60 다음 중 무기질 보온재가 아닌 것은?

㉮ 암면
㉯ 펠트
㉰ 규조토
㉱ 탄산마그네슘

해설 ① 유기질 보온재 : 펠트, 텍스류, 코르크, 기포성수지
② 무기질 보온재 : 탄산마그네슘, 유리섬유, 규조토, 석면, 펄라이트, 암면

정답 57 ㉯ 58 ㉯ 59 ㉮ 60 ㉯

제4과목 | 전기제어공학 (공조냉동설치운영2)

61 논리함수 $X = A + AB$를 간단히 하면?
- ㉮ $X = A$
- ㉯ $X = B$
- ㉰ $X = A \cdot B$
- ㉱ $X = A + B$

해설 $X = A + AB = A(1+B) = A$

62 연료의 유량과 공기의 유량과의 관계 비율을 연소에 적합하게 유지하고자 하는 제어는?
- ㉮ 비율제어
- ㉯ 시퀀스제어
- ㉰ 프로세서제어
- ㉱ 프로그램제어

해설 비율제어
목표값이 다른 양과 일정한 비율관계를 갖는 상태량을 제어하며 주로 보일러 연소제어에 사용된다.
(참고)
① 시퀀스제어 : 미리 정해진 순서에 따라 제어의 각 단계를 순차적으로 제어하는 방식
② 프로세스제어 : 생산공정 중의 상태량, 외란의 억제를 주목적으로 하며 공업공정의 상태량(밀도, 농도, 온도, 압력, 유량, 습도 등)을 제어한다.
③ 프로그램제어 : 목표값의 변화량이 미리 정해진 프로그램에 의해 상태량을 제어하는 방식

63 반지름 1.5mm, 길이 2km인 도체의 저항이 32Ω이다. 이 도체가 지름이 6mm, 길이가 500m로 변할 경우 저항은 몇 Ω이 되는가?
- ㉮ 1
- ㉯ 2
- ㉰ 3
- ㉱ 4

해설 ※ 전선의 원면적(A) = $\frac{\pi D^2}{4}$ 으로 구하므로 아래와 같이 풀이한다.

① 변하기 전 전선의 고유저항(ρ)
$\rho = \frac{RA}{l} = \frac{32 \times \frac{\pi \times 0.003^2}{4}}{2000} = 1.13 \times 10^{-7} [\Omega \cdot m]$

② 변한 후 전선의 저항(R)
$R = \rho \frac{l}{A} = 1.13 \times 10^{-7} \times \frac{500}{\frac{\pi \times 0.006^2}{4}} = 1.998 [\Omega]$

64 그림과 같은 Y결선 회로와 등가인 △결선 회로의 Z_{ab}, Z_{ac}, Z_{ca} 값은?

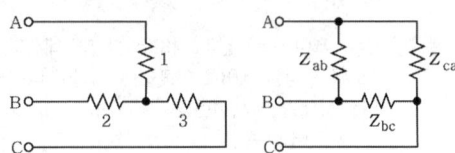

- ㉮ $Z_{ab} = \frac{11}{3}$, $Z_{bc} = 11$, $Z_{ca} = \frac{11}{2}$
- ㉯ $Z_{ab} = \frac{7}{3}$, $Z_{bc} = 7$, $Z_{ca} = \frac{7}{2}$
- ㉰ $Z_{ab} = 11$, $Z_{bc} = \frac{11}{2}$, $Z_{ca} = \frac{11}{3}$
- ㉱ $Z_{ab} = 7$, $Z_{bc} = \frac{7}{2}$, $Z_{ca} = \frac{7}{3}$

해설 $Y \rightarrow \triangle$ 변환
$Z_{ab} = \frac{Z_a Z_b + Z_b Z_c + Z_c Z_a}{Z_c} = \frac{1 \times 2 + 2 \times 3 + 3 \times 1}{3} = \frac{11}{3}$

$Z_{bc} = \frac{Z_a Z_b + Z_b Z_c + Z_c Z_a}{Z_a} = \frac{1 \times 2 + 2 \times 3 + 3 \times 1}{1} = 11$

$Z_{ca} = \frac{Z_a Z_b + Z_b Z_c + Z_c Z_a}{Z_b} = \frac{1 \times 2 + 2 \times 3 + 3 \times 1}{2} = \frac{11}{2}$

정답 61 ㉮ 62 ㉮ 63 ㉯ 64 ㉮

65 무효전력을 나타내는 단위는?

㉮ VA ㉯ W
㉰ Var ㉱ Wh

해설 ① 피상전력 : $P_a = VI$ [VA]
② 유효전력 : $P = VI\cos\theta$ [W]
③ 무효전력 : $P_r = VI\sin\theta$ [Var]
④ 전력량 : [Wh]

66 출력의 변동을 조정하는 동시에 목표값에 정확히 추종하도록 설계한 제어계는?

㉮ 추치 제어 ㉯ 안정 제어
㉰ 타력 제어 ㉱ 프로세서 제어

해설 • 추치제어 : 목표값이 임의의 변화에 대하여 추종하도록 구성된 제어로 목표값이 시간에 따라 변화되는 상태량을 제어한다.
• 추치제어의 종류
 ① 추종 제어 : 목표값이 임의로 변화되는 경우의 제어(서보기구)
 ② 프로그램 제어 : 목표값의 변화량이 미리정해진 프로그램에 의하여 상태량을 제어한다.
 ③ 비율제어 : 목표값이 다른 양과 일정한 비율관계를 갖는 상태량을 제어한다.
• 정치제어 : 목표값이 시간에 따라 변하지 않고 일정한 상태량을 제어하는 방식(프로세스 제어, 자동조정 제어, 온도제어 등)

67 다음 ( ) 안의 ⓐ, ⓑ에 대한 내용으로 옳은 것은?

"근궤적은 G(s)H(s)의 (ⓐ)에서 출발하여 (ⓑ)에서 종착한다."

㉮ ⓐ 영점 ⓑ 극점
㉯ ⓐ 극점 ⓑ 영점
㉰ ⓐ 분지점 ⓑ 극점
㉱ ⓐ 극점 ⓑ 분지점

해설 근궤적의 작성법
① 근궤적의 출발점(K=0)
 근궤적은 G(s)H(s)의 극점으로부터 출발한다.
② 궤적의 종착점(K=∞)
 근궤적은 G(s)H(s)의 영점에서 종착한다.
※ 전달함수의 분자가 0이 되는 점을 영점이라 하고 분모(특성방정식)가 0이 되는 점을 극점이라 한다.

68 그림의 선도 중 가장 임계안정한 것은?

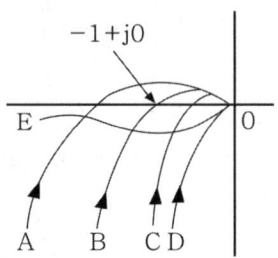

㉮ A ㉯ B
㉰ C ㉱ D

해설 나이키선도를 그리는 이유는 위상여유와 이득 여유를 계산하여 상대적인 안정도를 구별하기 위함이다. 위 문제의 실수축과의 교점이 -1+j0 이므로(-1, 0)점의 우측에 존재해야 절대안정이라 할 수 있다. 따라서 B, C, D 점은 모두 안정하고 이중 임계(최대)안정점은 B점이 된다.

69 회전 중인 3상 유도전동기의 슬립이 1이 되면 전동기 속도는 어떻게 되는가?

㉮ 불변이다.
㉯ 정지한다.
㉰ 무구속 속도가 된다.
㉱ 동기속도와 같게 된다.

해설 유도전동기의 슬립(s)
$$S = \frac{N_s - N}{N_s}$$

여기서, S: 슬립, N_s: 전원주파수, N: 회전자속도
위 공식에 의해 S=0인 경우에는 Ns=N이 되므로 회전자가 동기속도로 회전하는 상태이고 S=1이 되면 N이 0이 되므로 전동기는 정지상태가 된다.

① S=0 : 무부하 시(이상적인 상태)
② S=1 : 정지된 상태

70 단위 피드백계에서 $\dfrac{C}{R}=1$ 즉, 입력과 출력이 같다면 전향전달함수 $|G|$의 값은?

㉮ $|G|=1$ ㉯ $|G|=0$
㉰ $|G|=\infty$ ㉱ $|G|=\sqrt{2}$

해설 전달함수

$G(s) = \dfrac{C}{R} = \dfrac{\text{패스경로}}{1-\text{피드백경로}}$

$G(s) = \dfrac{G(s)}{1+G(s)} = 1 \Rightarrow \dfrac{1}{\dfrac{1}{G(s)}+1} = 1$

이때 위공식이 성립되려면 $\dfrac{1}{G(s)}$ 은 0이 된다. 그러므로 아래와 같이 정리할 수 있다.

$\therefore \dfrac{1}{G(s)} = 0 \rightarrow G(s) = \infty$

71 50Hz에서 회전하고 있는 2극 유도전동기의 출력이 20kW일 때 전동기의 토크는 약 몇 N·m인가?

㉮ 48   ㉯ 53
㉰ 64   ㉱ 84

해설 토크 T[N·m]와 전동기 회전수 $w_m[rad/s]$와 출력 $P_w[w]$와의 관계식은 $P_w = w_m T$ 로 나타낸다. 이때 w_m과 전기각주파수 f의 관계는 $\dfrac{2\pi f}{\left(\dfrac{P}{2}\right)} = w_m$ 이 된다.
여기서 P는 전동기의 극수 이므로 아래와 같이 정리할 수 있다.

$P_w = w_m T = 2\pi f \dfrac{2}{P} T$

$\Rightarrow 20,000 = 2\pi \times 50 \dfrac{2}{2} \times T$

$\Rightarrow T = \dfrac{20,000 \times 2}{2\pi \times 50 \times 2} = 63.66[N \cdot m]$

$\therefore T = 64[N \cdot m]$

72 8Ω, 12Ω, 20Ω, 30Ω의 4개 저항을 병렬로 접속할 때 합성저항은 약 몇 Ω인가?

㉮ 2.0   ㉯ 2.35
㉰ 3.43   ㉱ 3.8

해설 병렬접속 시 합성저항(R)

$R = \dfrac{1}{\dfrac{1}{R_1}+\dfrac{1}{R_2}+\dfrac{1}{R_3}+\dfrac{1}{R_4}}$

$= \dfrac{1}{\dfrac{1}{8}+\dfrac{1}{12}+\dfrac{1}{20}+\dfrac{1}{30}} = 3.43[\Omega]$

73 60Hz, 6극 3상 유도전동기의 전부하에 있어서의 회전수가 1164rpm이다. 슬립은 약 몇 %인가?

㉮ 2   ㉯ 3
㉰ 5   ㉱ 7

해설 ① 동기속도(N_s)

$N_s = \dfrac{120f}{P} = \dfrac{120 \times 60}{6} = 1200[rpm]$

② 슬립(s)

$s = \dfrac{N_s - N}{N_s} \times 100$

$= \dfrac{1200-1164}{1200} \times 100 = 3[\%]$

정답 70 ㉰ 71 ㉰ 72 ㉰ 73 ㉯

74 정현파 전파 정류 전압의 평균값이 119V 이면 최대값은 약 몇 V인가?

㉮ 119   ㉯ 187
㉰ 238   ㉱ 357

[해설] ※ 공식설명 : $V_a = \dfrac{2}{\pi} V_m$

여기서 V_a는 평균값, V_m은 최대값, $\dfrac{2}{\pi} = 0.637$
이므로 아래와 같은 공식이 성립 된다.
① $V_a = V_m \times 0.637$
② $V_m = \dfrac{V_a}{0.637} = \dfrac{119}{0.637} = 187[V]$

75 전기력선의 기본 성질에 관한 설명으로 틀린 것은?

㉮ 전기력선의 밀도는 전계의 세기와 같다.
㉯ 전기력선의 방향은 그 점의 전계의 방향과 일치한다.
㉰ 전기력선은 전위가 높은 점에서 낮은 점으로 향한다.
㉱ 전기력선은 부전하에서 시작하여 정전하에서 그친다.

[해설] ㉱ 전기력선은 정전하(+)에서 시작하여 부전하(-)에서 그친다.

76 입력으로 단위계단함수 $u(t)$를 가했을 때, 출력이 그림과 같은 동작은?

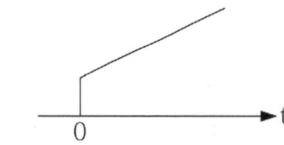

㉮ P동작   ㉯ PD동작
㉰ PI동작   ㉱ 2위치 동작

[해설] 비례적분 제어(PI 제어)
① 비례동작에 의해 발생한 잔류 편차를 제거하기 위해 적분동작을 조합시킨 제어동작
② 비례동작에서 발생한 잔류편차를 제거하여 정상 특성을 개선하기 위한 목적으로 사용된다.

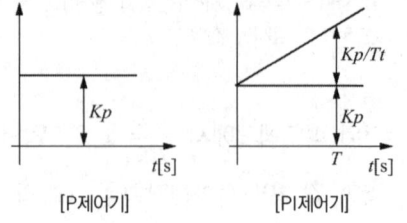

[P제어기]   [PI제어기]

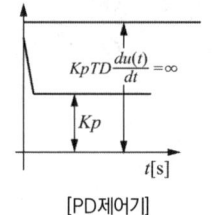 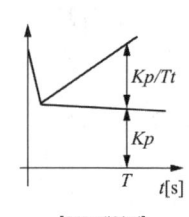

[PD제어기]   [PID제어기]

77 운동계의 각속도 ω는 전기계의 무엇과 대응되는가?

㉮ 저항   ㉯ 전류
㉰ 인덕턴스   ㉱ 커패시턴스

[해설] 전기계와 물리계의 관계

전기계	회전운동계	직선운동계
전하 : Q	위상 : θ	위치 : y
전류 : I	각속도 : w	속도 : v
전압 : V	토크 : T	힘 : F
저항 : R	마찰저항 : B	마찰저항 : B

[정답] 74 ㉯ 75 ㉱ 76 ㉰ 77 ㉯

78 그림과 같은 시스템의 등가 합성전달함수는?

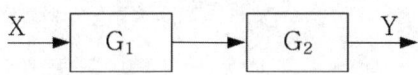

㉮ $G_1 + G_2$ ㉯ $\dfrac{G_1}{G_2}$

㉰ $G_1 - G_2$ ㉱ $G_1 \cdot G_2$

해설 블록선도의 직렬종속 시 합성전달 함수는 각 전달함수의 곱으로 나타낸다.
$$\therefore \frac{Y}{X} = G_1 \cdot G_2$$

79 시퀀스 제어에 관한 설명 중 틀린 것은?

㉮ 조합 논리회로도 사용된다.
㉯ 시간 지연요소도 사용된다.
㉰ 유접점 계전기만 사용된다.
㉱ 제어결과에 따라 조작이 자동적으로 이행된다.

해설 시퀀스 제어 : 미리 정해진 순서에 따라 각 단계별 제어를 행하는 제어로 제어결과에 따라 조작이 자동적으로 이행된다.(MC,릴레이 등 조합논리 회로와 타이머 등을 이용한 시간지연 요소도 사용할 수 있다.)
㉰ 시퀀스 제어는 MC, 릴레이 등을 사용한 유접점 제어와 반도체 스위치를 사용한 무접점 제어 방식이 있다.

80 공업공정의 제어량을 제어하는 것은?

㉮ 비율제어
㉯ 정치제어
㉰ 프로세스제어
㉱ 프로그램제어

해설 프로세스제어
생산공정 중의 상태량을 제어량으로 하는 제어로 제어계에 가해지는 외란의 억제를 주목적으로 한다.
① 제어량 : 공업공정의 상태량(온도, 압력, 유량, 습도, 밀도, 농도 등)
② 사용처 : 수조의 온도제어, 대단위 화학 플랜트 등

정답 78 ㉱ 79 ㉰ 80 ㉰

공조냉동기계산업기사

과년도 출제문제

(2017.03.05. 시행)

제1과목 공기조화(공기조화설비)

01 전공기 방식에 의한 공기조화의 특징에 관한 설명으로 틀린 것은?

㉮ 실내공기의 오염이 적다.
㉯ 계절에 따라 외기냉방이 가능하다.
㉰ 수배관이 없기 때문에 물에 의한 장치 부식 및 누수의 염려가 없다.
㉱ 덕트가 소형이라 설치공간이 줄어든다.

해설 ㉱ 전공기 방식은 송풍량이 많으므로 덕트가 대형이며 이로인해 설치공간이 커진다.

02 실내 취득 현열량 및 잠열량이 각각 3000W, 1000W, 장치 내 취득열량이 550W이다. 실내 온도를 25℃로 냉방하고자 할 때, 필요한 송풍량은 약 얼마인가? (단, 취출구 온도차는 10℃이다.)

㉮ 105.6L/s
㉯ 150.8L/s
㉰ 295.8L/s
㉱ 346.6L/s

해설 실내 현열량
$Q_s = 3000 + 550 = 3550[w] = 3.55[\text{kW}]$
$Q_s = 3.55 \times 860 = 3053[\text{kcal/h}]$
• 현열량 공식
$Q_s = G \cdot C \triangle T = q \times 1.2 \times 0.24 \times \triangle T$
여기서, 송풍량 : $q[\text{m}^3/\text{h}]$
공기비중량 : $1.2[\text{kg/m}^3]$
공기비열 : $0.24[\text{kcal/kg℃}]$
온도차 : $\triangle T[℃]$

① $3053 = q \times 1.2 \times 0.24 \times 10$
② $q = \dfrac{3053}{1.2 \times 0.24 \times 10} = 1060.07[\text{m}^3/\text{h}]$
※ $1[\text{m}^3] = 1000[\text{L}]$, $1[h] = 3600[s]$
③ $\dfrac{1060.07[\text{m}^3/\text{h}] \times 1000[\text{L/m}^3]}{3600[\text{s/h}]} = 294.46[\text{L/s}]$

03 배관 계통에서 유량은 다르더라도 단위길이당 마찰 손실이 일정하도록 관경을 정하는 방법은?

㉮ 균등법
㉯ 정압재취득법
㉰ 등마찰손실법
㉱ 등속법

해설 덕트 설계 방법
① 정압재취득법 : 주덕트에서 말단 또는 분기부로 갈수록 풍속이 감소한다. 이때 동압의 차만큼 정압이 상승하며 이것을 덕트의 압력손실에 재이용하는 방법
② 등마찰손실법 : 덕트의 단위길이당 마찰저항이 일정한 상태가 되도록 덕트마찰 선도에서 지름을 구하는 방법
③ 등속법 : 덕트 내의 풍속을 일정하게 유지할 수 있도록 덕트 치수를 결정하는 방법

정답 01 ㉱ 02 ㉰ 03 ㉰

04 냉방시의 공기조화 과정을 나타낸 것이다. 그림과 같은 조건일 경우 냉각코일의 바이패스 팩터는? (단, ① 실내공기의 상태점, ② 외기의 상태점, ③ 혼합공기의 상태점, ④ 취출공기의 상태점, ⑤ 코일의 장치노점온도이다.)

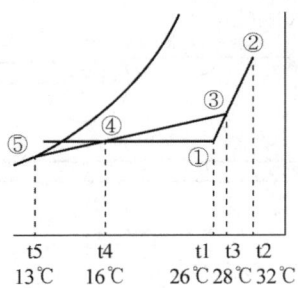

㉮ 0.15   ㉯ 0.20
㉰ 0.25   ㉱ 0.30

해설 바이패스 팩터(BF)

$$BF = \frac{t_4 - t_5}{t_3 - t_5} = \frac{16-13}{28-13} = 0.2$$

05 단일 덕트 방식에 대한 설명으로 틀린 것은?

㉮ 단일 덕트 정풍량 방식은 개별제어에 적합하다.
㉯ 중앙기계실에 설치한 공기조화기에서 조화한 공기를 주 덕트를 통해 각 실내로 분배한다.
㉰ 단일 덕트 정풍량 방식에서는 재열을 필요로 할 때도 있다.
㉱ 단일 덕트 방식에서는 큰 덕트 스페이스를 필요로 한다.

해설 ㉮ 단일덕트 정풍량 방식은 부하변동에 관계없이 일정한 풍량을 유지하는 방식으로 각실의 부하변동에 대응하기 어려워 개별제어가 부적합하다.

06 바이패스 팩터에 관한 설명으로 틀린 것은?

㉮ 공기가 공기조화기를 통과할 경우, 공기의 일부가 변화를 받지 않고 원상태로 지나쳐갈 때 이 공기량과 전체 통과 공기량에 대한 비율을 나타낸 것이다.
㉯ 공기조화기를 통과하는 풍속이 감소하면 바이패스 팩터는 감소한다.
㉰ 공기조화기의 코일열수 및 코일 표면적이 작을 때 바이패스 팩터는 증가한다.
㉱ 공기조화기의 이용 가능한 전열 표면적이 감소하면 바이패스 팩터는 감소한다.

해설 ㉱ 공기조화기의 이용 가능한 전열 표면적이 감소하면 전열량이 감소하므로 바이패스 팩터는 증가한다.
• 바이패스 팩터(BF)
공기가 코일을 통과할 때 코일과 접촉하여 전열하지 못하고 지나가는 공기의 비율

07 온수난방의 특징에 대한 설명으로 틀린 것은?

㉮ 증기난방보다 상하온도 차가 적고 쾌감도가 크다.
㉯ 온도조절이 용이하고 취급이 증기보일러보다 간단하다.
㉰ 예열시간이 짧다.
㉱ 보일러 정지 후에도 실내난방은 여열에 의해 어느 정도 지속된다.

해설 온수난방의 특징(증기난방과 비교)
[장점]
① 방열량(온도) 조절이 용이하다.
② 증기난방에 비해 쾌감도가 좋다.
③ 열용량이 커 동결 우려가 적다.
④ 취급이 용이하며 안전하다.(화상의 위험이 적다.)

정답 04 ㉯ 05 ㉮ 06 ㉱ 07 ㉰

[단점]
① 열용량이 커 예열시간이 길다.
② 수두(높이)에 제한을 받는다.
③ 방열면적과 관지름이 크다.
④ 설비비가 비싸다.

※ 증기난방과 비교시 온수난방은 동일 방열량에 대하여 보유 열량이 작으므로 방열면적 및 관의 지름이 커지고 이로 인해 설비비는 비싸진다.

08 실내 온도분포가 균일하여 쾌감도가 좋으며 화상의 염려가 없고 방을 개방하여도 난방효과가 있는 방식은?

㉮ 증기난방 ㉯ 온풍난방
㉰ 복사난방 ㉱ 대류난방

해설 복사난방(방사난방)
패널 또는 방열관을 천장, 벽, 바닥에 매설하여 난방하는 방식으로 쾌감도가 좋고 실내공간 이용율이 좋으며 화상의 염려가 없고 열손실이 작다는 장점이 있지만, 패널 및 방열관이 매설되어 있으므로 초기 설치비가 비싸고 고장발견이 어렵다는 단점이 있다.

09 유인 유닛 방식의 특징으로 틀린 것은?

㉮ 개별 제어가 가능하다.
㉯ 중앙공조기는 1차공기만 처리하므로 규모를 줄일 수 있다.
㉰ 유닛에는 동력배선이 필요하지 않다.
㉱ 송풍량이 적어서 외기냉방의 효과가 크다.

해설 ㉱ 유인 유닛 방식은 수공기방식으로 전공기방식에 비해 송풍량이 적어서 외기냉방의 효과가 작다.

10 흡수식 냉동기에서 흡수기의 설치 위치는?

㉮ 발생기와 팽창밸브 사이
㉯ 응축기와 증발기 사이
㉰ 팽창밸브와 증발기 사이
㉱ 증발기와 발생기 사이

해설 흡수식 냉동기에서 흡수기의 설치 위치는 발생기와 증발기 사이이다.

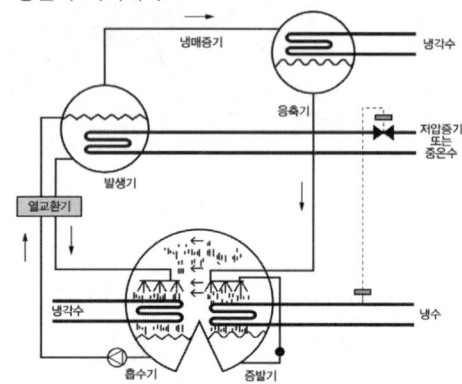

11 여름철을 제외한 계절에 냉각탑을 가동하면 냉각탑 출구에서 흰색 연기가 나오는 현상이 발생 할 때가 있다. 이 현상을 무엇이라고 하는가?

㉮ 스모그(smog) 현상
㉯ 백연(白煙) 현상
㉰ 굴뚝(stack effect) 현상
㉱ 분무(噴霧) 현상

해설 백연(白煙) 현상
여름을 제외한 중간기에 냉각탑을 가동하면 냉각탑 출구에서 고온다습한 습증기가 취출되는데 이 습증기가 저온의 외기와 만나 습증기중 일부가 응축되어 흰색연기(구름)처럼 보이는 현상

12 풍량 450m³/min, 정압 50mmAq, 회전수 600rpm인 다익 송풍기의 소요동력은? (단, 송풍기의 효율은 50%이다.)

㉮ 3.5kW ㉯ 7.4kW
㉰ 11kW   ㉱ 15kW

해설 송풍기의 소요동력[L]
$$L = \frac{Q \cdot P}{102 \times 60 \times \eta}[kW]$$
여기서, Q: 송풍량[m³/min]
P: 정압[mmAq]
η: 정압효율
※ 공식에서 60을 나누어 주는 이유는 풍량이 450 [m³/min] 이므로 min을 s로 바꾸기 위함이다.
$$L = \frac{450 \times 50}{102 \times 60 \times 0.5} = 7.35[kW]$$
∴ 7.4[kW]

13 공기의 상태를 표시하는 용어와 단위의 연결로 틀린 것은?

㉮ 절대습도 : [kg / kg]
㉯ 상대습도 : [%]
㉰ 엔탈피 : [kcal / m³℃]
㉱ 수증기분압 : [mmHg]

해설 ㉰ 엔탈피 : [kcal/kg] 또는 [kJ/kg]

14 팬코일 유닛에 대한 설명으로 옳은 것은?

㉮ 고속덕트로 들어온 1차 공기를 노즐에 분출시킴으로써 주위의 공기를 유인하여 팬코일로 송풍하는 공기조화기이다.
㉯ 송풍기, 냉온수 코일, 에어필터 등을 케이싱 내에 수납한 소형의 실내용 공기조화기이다.

㉰ 송풍기, 냉동기, 냉온수코일 등을 기내에 조립한 공기조화기이다.
㉱ 송풍기, 냉동기, 냉온수코일, 에어필터 등을 케이싱 내에 수납한 소형의 실내용 공기조화기이다.

해설 • 팬코일 유닛
송풍기, 냉온수 코일, 에어필터 등을 케이싱 내에 수납한 소형의 실내용 공기조화 장치이다.
• 유인 유닛
고속덕트로 들어온 1차 공기를 노즐에 분출시킴으로써 주위의 실내공기(2차공기)를 유인하여 혼합 취출시키는 공기조화장치 이다.

15 온도 30℃, 절대습도 0.0271kg/kg인 습공기의 엔탈피는?

㉮ 89.58 kcal/kg
㉯ 47.88 kcal/kg
㉰ 23.73 kcal/kg
㉱ 11.98 kcal/kg

해설 습공기 엔탈피 공식
$h = 0.24t + x(597.5 + 0.44t)$
$= (0.24 \times 30) + 0.0271(597.5 + 0.44 \times 30)$
$= 23.75[kcal/kg]$

16 공기조화장치의 열운반장치가 아닌 것은?

㉮ 펌프
㉯ 송풍기
㉰ 덕트
㉱ 보일러

해설 • 열운반장치 : 송풍기, 덕트, 펌프, 배관 등
• 열원장치 : 냉동기, 보일러, 흡수식 냉온수기, 열펌프(heat pump) 등

정답 12 ㉯ 13 ㉰ 14 ㉯ 15 ㉰ 16 ㉱

17 수관식 보일러에 관한 설명으로 틀린 것은?

㉮ 보일러의 전열면적이 넓어 증발량이 많다.
㉯ 고압에 적당하다.
㉰ 비교적 자유롭게 전열 면적을 넓힐 수 있다.
㉱ 구조가 간단하여 내부청소가 용이하다.

해설 ㉱ 수관식 보일러는 구조가 복잡하여 청소, 검사, 수리가 불편하다.

18 다수의 전열판을 겹쳐 놓고 볼트로 연결시킨 것으로 판과 판 사이를 유체가 지그재그로 흐르면서 열교환이 이루어지고 열교환 능력이 매우 높아 필요 설치면적이 좁고 전열판의 증감으로 기기 용량의 변동이 용이한 열교환기는?

㉮ 플레이트형 열교환기
㉯ 스파이럴형 열교환기
㉰ 원통다관형 열교환기
㉱ 회전형 전열교환기

해설 플레이트(plate type) 열교환기
다수의 전열판을 겹쳐 놓고 볼트로 연결시킨 것으로 판과 판사이를 유체가 지그재그로 흐르면서 열교환 하는 형식으로 열교환 능력이 매우 높아 필요 설치 면적이 작고 전열판 증감 및 기기의 용량변동이 용이하다.

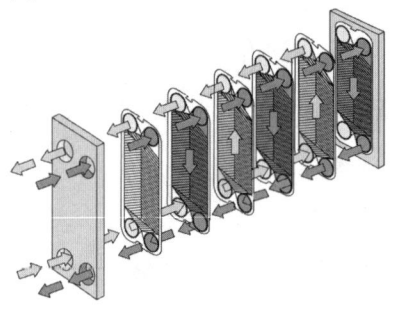

19 축열시스템의 특징에 관한 설명으로 옳은 것은?

㉮ 피크 컷(peak cut)에 의해 열원장치의 용량이 증가한다.
㉯ 부분부하 운전에 쉽게 대응하기가 곤란하다.
㉰ 도시의 전력수급상태 개선에 공헌한다.
㉱ 야간운전에 따른 관리 인건비가 절약된다.

해설 ㉮ 피크 컷(peak cut)에 의해 열원장치의 용량을 최소화할 수 있다.
㉯ 부분부하 운전에 쉽게 대응할 수 있다.
㉱ 야간운전에 따른 관리 인건비가 증가한다.

• 축열시스템
축열시스템의 종류는 많으나 빙축열 시스템을 예로 들면 여름철 주간 전력부하를 야간으로 이전하기 위해 야간 심야전기를 이용하여 빙축열시스템(보조냉동기)을 가동해 얼음을 얼린 후 탱크에 보관해두었다가 주간의 피크부하시 사용하여 주냉동기의 부하를 경감시켜 주는 역할을 하게 된다.

20 염화리튬, 트리에틸렌 글리콜 등의 액체를 사용하여 감습하는 장치는?

㉮ 냉각감습장치
㉯ 압축감습장치
㉰ 흡수식감습장치
㉱ 세정식감습장치

해설 흡수식 감습장치
염화리튬, 트리에틸렌글리콜과 같은 액체 흡수제를 사용하며 재생장치를 이용해 흡착된 수분을 증발제거 시키고 흡수제는 재생되어 연속운전이 가능한 방식으로 대용량에 많이 사용된다.

| 제2과목 | 냉동공학(냉동냉장설비) |

21 정압식 팽창 밸브는 무엇에 의하여 작동하는가?

㉮ 응축 압력
㉯ 증발기의 냉매 과냉도
㉰ 응축 온도
㉱ 증발 압력

해설 정압식 팽창밸브(AEV)
증발압력을 항상 일정하게 유지하는 팽창밸브

22 브라인의 구비 조건으로 틀린 것은?

㉮ 비열이 크고 동결온도가 낮을 것
㉯ 점성이 클 것
㉰ 열전도율이 클 것
㉱ 불연성이며 불활성일 것

해설 브라인의 구비 조건
① 열용량(비열)이 클 것
② 점도가 작을 것
③ 열전도율이 클 것
④ 불연성이며 불활성일 것
⑤ 인화점이 높고 응고점이 낮을 것
⑥ 가격이 싸고 구입이 용이할 것
⑦ 냉매 누설 시 냉장품 손실이 적을 것

23 냉동부하가 30RT이고, 냉각장치의 열통과율이 6kcal/m²h℃, 브라인의 입출구 평균온도 10℃, 냉매의 증발온도가 4℃일 때 전열면적은?

㉮ 1825m²
㉯ 2767m²
㉰ 2932m²
㉱ 3123m²

해설 $Q = K \cdot F \cdot \triangle T$
여기서, Q: 냉동부하[kcal/h]
K: 열통과율[kcal/m²h℃]
F: 전열면적[m²]
$\triangle T$: 온도차

$F = \dfrac{Q}{K \cdot \triangle T} = \dfrac{30 \times 3320}{6 \times (10-4)} = 2767 [\text{m}^2]$

24 두께 20cm인 콘크리트 벽 내면에, 두께 15cm인 스티로폼으로 방열을 하고, 그 내면에 두께 1cm의 내장 목재판으로 벽을 완성시킨 냉장실의 벽면에 대한 열관류율은? (단, 열전도율 및 열전달률은 아래와 같다.)

재료	열전도율	
콘크리트	0.9kcal/mh℃	
스티로폼	0.04kcal/mh℃	
내장목재	0.15kcal/mh℃	
공기막계수	외부	20kcal/m²h℃
	내부	6kcal/m²h℃

㉮ 1.35kcal/m²h℃
㉯ 0.23kcal/m²h℃
㉰ 0.13kcal/m²h℃
㉱ 0.02kcal/m²h℃

해설 열관류율

$K = \dfrac{1}{\dfrac{1}{a_1} + \dfrac{l_1}{\lambda_1} + \dfrac{l_2}{\lambda_2} + \dfrac{l_3}{\lambda_3} + \dfrac{1}{a_2}}$

$= \dfrac{1}{\dfrac{1}{20} + \dfrac{0.2}{0.9} + \dfrac{0.15}{0.04} + \dfrac{0.01}{0.15} + \dfrac{1}{6}} = 0.23 [\text{kcal/m}^2\text{h}℃]$

정답 21 ㉱ 22 ㉯ 23 ㉯ 24 ㉯

25 암모니아 냉동장치에서 팽창밸브 직전의 엔탈피가 128kcal/kg, 압축기 입구의 냉매가스 엔탈피가 397kcal/kg이다. 이 냉동장치의 냉동능력이 12냉동톤일 때, 냉매순환량은? (단, 1냉동톤은 3320kcal/h 이다.)

㉮ 3320kg/h ㉯ 3228kg/h
㉰ 269kg/h   ㉱ 148kg/h

해설 $Q = G \cdot q$
여기서, Q : 냉동능력[kcal/h]
G : 냉매순환량[kg/h]
q : 냉동효과[kcal/kg]
$G = \dfrac{Q}{q} = \dfrac{12 \times 3320 [\text{kcal/h}]}{(397-128)[\text{kcal/kg}]} = 148.1 [\text{kg/h}]$

26 할로겐 원소에 해당되지 않는 것은?

㉮ 불소[F]   ㉯ 수소[H]
㉰ 염소[Cl]   ㉱ 브롬[Br]

해설 할로겐 원소
불소(플루오린, F), 염소(Cl), 브롬(Br), 요오드(I), 아스타틴(At) 등

27 일의 열당량(A)을 옳게 표시한 것은?

㉮ 427kg · m/kcal
㉯ 1/427kcal/kg · m
㉰ 102kcal/kg · m
㉱ 860kg · m/kcal

해설 ① 일의 열당량 : $A = \dfrac{1}{427}$[kcal/kg·m]
② 열의 일당량 : $J = 427$[kg·m/kcal]

28 냉동사이클에서 증발온도는 일정하고 응축온도가 올라가면 일어나는 현상이 아닌 것은?

㉮ 압축기 토출가스 온도상승
㉯ 압축기 체적효율 저하
㉰ COP(성적계수) 증가
㉱ 냉동능력(효과) 감소

해설 응축온도(압력) 상승시 장치에 미치는 영향
① 압축기 토출가스 온도상승
② 압축기 체적효율 감소
③ COP(성적계수) 감소
④ 냉동능력(효과) 감소
⑤ 윤활유 열화 탄화
⑥ 소요 동력 증대

29 온도식 팽창밸브에서 흐르는 냉매의 유량에 영향을 미치는 요인으로 가장 거리가 먼 것은?

㉮ 오리피스 구경의 크기
㉯ 고/저압측 간의 압력차
㉰ 고압측 액상 냉매의 냉매온도
㉱ 감온통의 크기

해설 온도식 팽창밸브
감온통을 증발기 출구측에 부착하여 출구 냉매온도(과열도)에 의해 냉매유량을 조절하는 밸브로 오리피스 구경, 고/저압 압력차, 냉매온도 등에 의해 작동을 하게 되는데 단순히 감온통의 크기가 냉매의 유량에 영향을 미치지는 않는다.

정답 25 ㉱ 26 ㉯ 27 ㉯ 28 ㉰ 29 ㉱

30 영화관을 냉방하는 데 360000 kcal/h의 열을 제거해야 한다. 소요동력을 냉동톤당 1PS로 가정하면 이 압축기를 구동하는데 약 몇 kW의 전동기가 필요한가?

㉮ 79.8kW ㉯ 69.8kW
㉰ 59.8.kW ㉱ 49.8kW

해설 ① 냉동톤(RT)
$$360000[kcal/h] \times \frac{1[RT]}{3320[kcal/h]} = 108.43[RT]$$
② 소요동력[kw]
$$소요동력[kW] = 108.43[PS] \times \frac{632}{860} = 79.8[kW]$$
※ $1[kW] = 860[kcal/h]$, $1[PS] = 632[kcal/h]$

31 플래쉬 가스(flash gas)의 발생 원인으로 가장 거리가 먼 것은?

㉮ 관경이 큰 경우
㉯ 수액기에 직사광선이 비쳤을 경우
㉰ 스트레이너가 막혔을 경우
㉱ 액관이 현저하게 입상했을 경우

해설 플래쉬 가스(flash gas) 발생원인
① 액관의 구경이 현저하게 작은 경우
② 액관이 직사광선에 노출되어 있을 때
③ 액관이 방열되지 않고 따뜻한 곳을 통과할 때
④ 액관이 현저하게 입상하거나 지나치게 길 때
⑤ 액관 액관지지 밸브, 전자밸브, 드라이어, 스트레이너의 구경이 작거나 막힌 경우
⑥ 여과기나 드라이어 등이 막힌 경우

32 액봉발생의 우려가 있는 부분에 설치하는 안전장치가 아닌 것은?

㉮ 가용전 ㉯ 파열판
㉰ 안전밸브 ㉱ 압력도피장치

해설 액봉발생 시 배관내부의 압력이 상승 하므로 안전밸브, 파열판 또는 압력도피장치 등을 부착한다.

33 카르노 사이클과 관련 없는 상태 변화는?

㉮ 등온팽창 ㉯ 등온압축
㉰ 단열압축 ㉱ 등적팽창

해설 ① 1 → 2 : 등온팽창
② 2 → 3 : 단열팽창
③ 3 → 4 : 등온압축
④ 4 → 1 : 단열압축

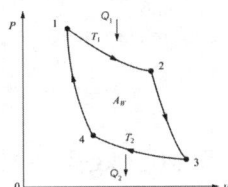

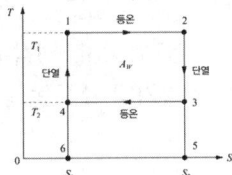

34 증기 압축식 이론 냉동사이클에서 엔트로피가 감소하고 있는 과정은?

㉮ 팽창과정 ㉯ 응축과정
㉰ 압축과정 ㉱ 증발과정

해설 비가역냉동사이클의 엔트로피 변화
① 팽창과정 : 엔트로피 증가
② 응축과정 : 엔트로피 감소
③ 압축과정 : 엔트로피 일정(단열압축)
④ 증발과정 : 엔트로피 증가

정답 30 ㉮ 31 ㉮ 32 ㉮ 33 ㉱ 34 ㉯

35 진공계의 지시가 45cmHg일 때 절대압력은?

㉮ 0.0421kgf/cm² abs
㉯ 0.42kgf/cm² abs
㉰ 4.21kgf/cm² abs
㉱ 42.1kgf/cm² abs

해설 ※ 대기압 : 1atm=76cmHg=1.0332kg/cm²
① 단위환산
$\dfrac{45\text{cmHg}}{76\text{cmHg}} \times 1.0332\text{kg/cm}^2 = 0.61\text{kg/cm}^2 \text{ v}$
② 절대압력으로 변환
절대압력=대기압-진공압력
절대압력 = 1.0332 − 0.61
= 0.42kg/cm²abs

36 매시 30℃의 물 2000kg을 −10℃의 얼음으로 만드는 냉동장치가 있다. 이 냉동장치의 냉각수 입구 온도가 32℃, 냉각수 출구 온도가 37℃이며, 냉각수량이 60m³/h일 때, 압축기의 소요동력은?

㉮ 81.4kW
㉯ 88.7kW
㉰ 90.5kW
㉱ 117.4kW

해설 ① 냉동능력 : 증발기(Q_e)
30℃물 → 0℃물 → 0℃얼음 → −10℃얼음
     ①   ②   ③

$Q_e = \{2000 \times 1 \times (30-0)\} + (2000 \times 80)$
$\quad + \{2000 \times 0.5 \times (0-(-10))\}$
$= 230,000[\text{kcal/h}]$

② 응축기 방열량(Q_c)
$Q_c = GC\Delta T = 60,000 \times 1 \times (37-32)$
$= 300,000[\text{kcal/h}]$

③ 소요동력(Aw)
$Q_c = Q_e + A_w$
$Aw = Q_c - Q_e$

$Aw = 300,000 - 230,000$
$\quad = 70,000[\text{kcal/h}]$

④ 단위환산
※ 1[kW] = 860[kcal/h]
∴ $\dfrac{70,000}{860} = 81.4[\text{kW}]$

37 균압관의 설치 위치는?

㉮ 응축기 상부 − 수액기 상부
㉯ 응축기 하부 − 팽창변 입구
㉰ 증발기 상부 − 압축기 출구
㉱ 액분리기 하부 − 수액기 상부

해설 균압관
응축기 상부와 수액기 상부 사이에 설치하여 응축기와 수액기 내부 압력을 균일하게 하여 순환이 원활하게 하는 관으로 충분한 크기의 균압관을 사용하여야 한다.

38 압축기의 흡입 밸브 및 송출 밸브에서 가스누출이 있을 경우 일어나는 현상은?

㉮ 압축일의 감소
㉯ 체적 효율이 감소
㉰ 가스의 압력이 상승
㉱ 성적계수 증가

해설 압축기 토출밸브 누설시 장치에 미치는 영향
① 소요동력 및 축수하중 증대
② 체적효율 감소
③ 실린더 과열 및 토출가스 온도 상승
④ 냉매순환량 감소로 냉동능력 저하
⑤ 윤활유 열화 및 탄화

정답 35 ㉯ 36 ㉮ 37 ㉮ 38 ㉯

39 어떤 냉동장치의 냉동부하는 14000kcal/h, 냉매증기 압축에 필요한 동력은 3kW, 응축기입구에서 냉각수 온도 30℃, 냉각수량 69L/min일 때, 응축기 출구에서 냉각수 온도는?

㉮ 33℃ ㉯ 38℃
㉰ 42℃ ㉱ 46℃

해설
① 냉동부하(Q_e) = 14,000[kcal/h]
② 압축일(Aw) = 3×860 = 2,580[kcal/h]
③ 응축부하(Q_c) = $Q_e + Aw$
Q_c = 14,000 + 2,580 = 16,580[kcal/h]
$Q_c = GC(t_2 - t_1)$
$t_2 = \dfrac{Q_c}{GC} + t_1$
$= \dfrac{16,580}{69 \times 60 \times 1} + 30$
$= 34℃$

40 교축작용과 관계없는 것은?

㉮ 등엔탈피 변화
㉯ 팽창밸브에서의 변화
㉰ 엔트로피의 증가
㉱ 등적변화

해설 냉동장치의 비가역 사이클에서 냉매가 팽창밸브를 통과할 때 교축작용이 발생하며 이때 압력과 온도는 감소하고 엔탈피는 일정한 상태가 되며 엔트로피는 증가하는 방향으로 흐른다.

제3과목 배관일반(공조냉동설치운영 1)

41 증기난방에 비해 온수난방의 특징을 설명한 것으로 틀린 것은?

㉮ 예열하는 데 많은 시간이 걸린다.
㉯ 부하 변동에 대응한 온도 조절이 어렵다.
㉰ 방열면의 온도가 비교적 높지 않아 쾌감도가 좋다.
㉱ 설비비가 다소 고가이나 취급이 쉽고 비교적 안전하다.

해설 ㉯ 온수난방은 부하 변동에 따른 온도조절이 쉽다.

42 배수 배관에 관한 설명으로 틀린 것은?

㉮ 배수 수평 주관과 배수 수평 분기관의 분기점에는 청소구를 설치해야 한다.
㉯ 배수관경의 결정방법은 기구 배수 부하 단위나 정상유량을 사용하는 2가지 방법이 있다.
㉰ 배수관경이 100A 이하일 때는 청소구의 크기를 배수관경과 같게 한다.
㉱ 배수 수직관의 관경은 수평 분기관의 최소 관경 이하가 되어야 한다.

해설 ㉱ 배수 수직관의 관경은 이것과 접속하는 배수 수평 분기관의 최대 관경 이상이 되어야 한다.

정답 39 ㉮ 40 ㉱ 41 ㉯ 42 ㉱

43 다음과 같은 증기 난방배관에 관한 설명으로 옳은 것은?

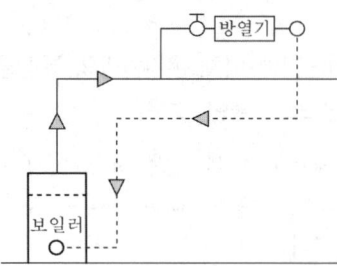

㉮ 진공환수방식으로 습식 환수방식이다.
㉯ 중력환수방식으로 건식 환수방식이다.
㉰ 중력환수방식으로 습식 환수방식이다.
㉱ 진공환수방식으로 건식 환수방식이다.

해설 펌프를 사용하지 않았으므로 중력환수방식이며 환수주관의 높이가 수면보다 높게 설치되었으므로 건식환수방식에 속한다.

44 보온재의 구비 조건으로 틀린 것은?

㉮ 열전달률이 클 것
㉯ 물리적, 화학적 강도가 클 것
㉰ 흡수성이 적고 가공이 용이 할 것
㉱ 불연성일 것

해설 보온재의 구비 조건
① 열전달률이 작을 것
② 물리적, 화학적 강도가 클 것
③ 흡수성이 적고 가공이 용이 할 것
④ 불연성일 것
⑤ 사용온도에 있어서 내구성이 있고, 변질되지 않을 것
⑥ 부피 · 비중이 작을 것

45 배관지지 장치에서 수직 방향 변위가 없는 곳에 사용되는 행거는?

㉮ 리지드 행거
㉯ 콘스탄트 행거
㉰ 가이드 행거
㉱ 스프링 행거

해설 행거 : 관응 천장에 걸어 지지하게 하는 장치로 그 종류는 리지드행거, 스프링행거, 콘스탄트행거 등이 있다.
① 리지드행거 : I(아이)빔에 턴 버클을 연결하여 관을 매다는 형태로 상하방향의 변위가 없는 곳에 사용한다.
② 스프링행거 : 턴 버클 대신 스프링을 사용하는 것으로 충격, 진동 등을 흡수할 수 있다.
③ 콘스탄트행거 : 배관의 상하 이동을 어느 정도 허용하는 구조로 만들어 관의 지지력을 일정하게 한 것으로 중추식과 스프링식이 있다.

46 LP가스의 주성분으로 옳은 것은?

㉮ 프로판(C_3H_8)과 부틸렌(C_4H_8)
㉯ 프로판(C_3H_8)과 부탄(C_4H_{10})
㉰ 프로필렌(C_3H_6)과 부틸렌(C_4H_8)
㉱ 프로필렌(C_3H_6)과 부탄(C_4H_{10})

해설 LP가스(액화석유가스)
석유의 정제 또는 가솔린 제조시 얻어지는 프로판(C_3H_8)과 부탄(C_4H_{10})을 주성분으로 한 가스를 상온에서 압축하여 액체로 상태로 만든 연료

정답 43 ㉯ 44 ㉮ 45 ㉮ 46 ㉯

47 가스배관 중 도시가스 공급배관의 명칭에 대한 설명으로 틀린 것은?

㉮ 배관 : 본관, 공급관 및 내관 등을 나타낸다.
㉯ 본관 : 옥외 내관과 가스 계량기에서 중간
㉰ 공급관 : 정압기에서 가스 사용자가 소유하거나 점유하고 있는 토지의 경계까지 이르는 배관을 나타낸다.
㉱ 내관 : 가스 사용자가 소유하거나 점유하고 있는 토지의 경계에서 연소기까지 이르는 배관을 나타낸다.

해설 ㉯ 본관 : 도시가스 제조사업소 부지의 경계에서 정압기까지 이르는 배관을 나타낸다.

48 자연순환식으로서 열탕의 탕비기 출구온도를 85℃(밀도 0.96876 kg/L), 환수관의 환탕온도를 65℃(밀도 0.98001kg/L)로 하면 이 순환 계통의 순환수두는 얼마인가? (단, 가장 높이 있는 급탕전의 높이는 10m이다.)

㉮ 11.25mmAq   ㉯ 112.5mmAq
㉰ 15.34mmAq   ㉱ 153.4mmAq

해설 순환수두(H)
$H = (\rho_2 - \rho_1) \times 1000 \times h$
$= (0.98001 - 0.96876) \times 1000 \times 10$
$= 112.5 [mmAq]$

위 공식에서 1000을 곱한 이유는 밀도 kg/L의 단위를 kg/m³으로 변환하기 위함이다. 이후 공식대로 급탕전의 높이 m를 곱하게되면 단위는 kg/m²이 되고 1kg/m²=1mmAq와 같기 때문에 최종단위는 [mmAq]가 된다.

49 난방배관에서 리프트 이음(lift fitting)을 하는 응축수 환수방식은?

㉮ 중력환수식   ㉯ 기계환수식
㉰ 진공환수식   ㉱ 상향환수식

해설 리프트 피팅(lift fitting) : 저압증기난방에서 환수관이 진공펌프의 흡입구보다 낮은 위치에 있을 때 응축수환수를 원활히 끌어올리기 위해 설치한다.

50 개별식(국소식)급탕방식의 특징으로 틀린 것은?

㉮ 배관설비 거리가 짧고 배관에서의 열손실이 적다.
㉯ 급탕장소가 많은 경우 시설비가 싸다.
㉰ 수시로 급탕하여 사용할 수 있다.
㉱ 건물의 완성 후에도 급탕장소의 증설이 비교적 쉽다.

해설 ㉯ 개별식(국소식)급탕방식은 급탕개소가 적을 때 사용하며 급탕개소가 많아지면 설비비가 비싸지므로 중앙식 급탕방식을 채택한다.

51 공기조화 배관 설비 중 냉수코일을 통과하는 일반적인 설계 풍속으로 가장 적당한 것은?

㉮ 2 ~ 3m/s   ㉯ 5 ~ 6m/s
㉰ 8 ~ 9m/s   ㉱ 10 ~ 11m/s

해설 냉수코일의 설계시 코일의 통과 풍속은 2~3m/s 정도로 한다.

정답 47 ㉯ 48 ㉯ 49 ㉰ 50 ㉯ 51 ㉮

52 냉각탑에서 냉각수는 수직 하향 방향이고 공기는 수평 방향인 형식은?

㉮ 평행류형   ㉯ 직교류형
㉰ 혼합형   ㉱ 대향류형

해설 직교류형(cross flow type) 냉각탑
냉각수는 수직 하향, 공기는 수평 방향으로 서로 직각으로 교차하여 흐르면서 냉각되는 방식
- 평행류형
  냉각수와 공기의 방향이 동일하게 흐르면서 냉각되는 방식
- 대향류형
  냉각수와 공기의 방향이 서로 반대로 흐르면서 냉각되는 방식
- 혼합형 : 평형류와 대향류형을 혼합한 방식

53 통기방식 중 각 기구의 트랩마다 통기관을 설치하여 안정도가 높고 자기 사이펀 작용에도 효과가 있으며 배수를 완전하게 할 수 있는 이상적인 통기 방식은?

㉮ 각개 통기   ㉯ 루프 통기
㉰ 신정 통기   ㉱ 회로 통기

해설 각개 통기방식(개별 통기방식)
각 기구의 트랩에 통기관을 설치하므로 안정도가 높고 사이펀 작용에도 효과가 좋고 통기효율이 가장 좋아 이상적인 통기 방식이지만 구조체의 관통부가 증가하기 때문에 설비비가 증가한다는 단점이 있다.

54 증기난방 배관에서 증기트랩을 사용하는 주된 목적은?

㉮ 관 내의 온도를 조절하기 위해서
㉯ 관 내의 압력을 조절하기 위해서
㉰ 배관의 신축을 흡수하기 위해서
㉱ 관 내의 증기와 응축수를 분리하기 위해서

해설 증기트랩(steam trap)
관내 증기 중 발생되는 응축수를 분리하여 환수관으로 배출시키는 장치로 수격작용 및 배관의 부식을 방지한다.

55 관 내에 분리된 증기나 공기를 배출하고 물의 팽창에 따른 위험을 방지하기 위해 설치하는 것은?

㉮ 순환탱크   ㉯ 팽창탱크
㉰ 옥상탱크   ㉱ 압력탱크

해설 팽창탱크 설치목적
온수보일러에 사용되며 장치 및 관내부에서 분리된 증기나 공기(불응축가스)를 배출하고 물의 팽창에 따른 위험을 방지한다.

56 급수관의 직선관로에서 마찰손실에 관한 설명으로 옳은 것은?

㉮ 마찰손실은 관 지름에 정비례한다.
㉯ 마찰손실은 속도수두에 정비례한다.
㉰ 마찰손실은 배관 길이에 반비례한다.
㉱ 마찰손실은 관 내 유속에 반비례한다.

해설 원형관의 마찰손실(h)
달시-바이스바하(Darcy-Weisbach)방정식
$$h_l = f \times \frac{l}{d} \times \frac{v^2}{2g}$$
여기서, h : 손실수두$[mH_2O]$
f : 마찰저항계수
l : 관의길이[m]
d : 관의직경[m]
v : 유속[m/s]
g : 중력가속도$[9.8m/s^2]$

위 공식에 의해 마찰 손실은 관 지름(d), 중력가속도(g)에 반비례하고,
마찰계수(f), 속도수두($\frac{V^2}{2g}$), 배관길이(l)에 비례, 유속(V) 2승에 비례함을 알 수 있다.

정답 52 ㉯ 53 ㉮ 54 ㉱ 55 ㉯ 56 ㉯

57 배관의 행거(hanger)용 지지철물을 달아매기 위해 천장에 매입하는 철물은?

㉮ 턴버클(turnbuckle)
㉯ 가이드(guide)
㉰ 스토퍼(stopper)
㉱ 인서트(insert)

해설 인서트 : 행거용 지지철물을 매달기 위해 천장 콘크리트에 미리 매입하는 철물
① 턴버클 : 안테나 지선과 앵커볼트 사이에 연결하여 지선의 탄력을 유지시켜 주기 위한 장치
② 가이드 : 배관의 축방향 이동은 안내하고 직각 방향 운동을 구속하는데 사용한다.
③ 스톱(스토퍼) : 배관의 일정한 방향과 회전만 구속하고 다른 방향은 자유롭게 이동하게 하는 장치

58 수액기를 나온 냉매액은 팽창밸브를 통해 교축되어 저온 저압의 증발기로 공급된다. 팽창밸브의 종류가 아닌 것은?

㉮ 온도식   ㉯ 플로트식
㉰ 인젝터식   ㉱ 압력자동식

해설 팽창밸브 종류
① 모세관식   ② 온도자동식
③ 정압식(압력작동식)
④ 수동식   ⑤ 플로트식

59 주철관 이음방법이 아닌 것은?

㉮ 플라스턴 이음   ㉯ 빅토릭 이음
㉰ 타이튼 이음   ㉱ 플랜지 이음

해설 주철관 이음방법
소켓이음, 노허브이음, 플랜지이음, 타이튼이음, 기계식이음(메커니컬조인트), 빅토리이음
• 연관 이음방법
플라스턴이음, 살올림납땜이음, 용접이음 등

60 냉/온수 헤더에 설치하는 부속품이 아닌 것은?

㉮ 압력계   ㉯ 드레인관
㉰ 트랩장치   ㉱ 급수관

해설 ※ 트랩장치는 냉/온수헤더에 부착하지 않는다.
• 트랩장치
① 증기트랩 : 방열기의 환수측 또는 증기배관의 최말단 등에 부착하여 응축수만을 분리 배출하여 환수시키는 장치로 수격작용, 부식 및 증기누설을 방지하여 난방기기의 효율을 높인다.
② 배수트랩 : 배수계통의 일부에 물을 고이게 하여 하수가스의 역류를 방지(악취방지)하고 해충의 침입을 방지한다.

제4과목 | 전기제어공학(공조냉동설치운영 2)

61 임피던스 강하가 4%인 어느 변압기가 운전 중 단락되었다면 그 단락전류는 정격전류의 몇 배가 되는가?

㉮ 10   ㉯ 20
㉰ 25   ㉱ 30

해설 임피던스 강하율
$$Z = \frac{I_N}{I_S} \times 100[\%] \rightarrow I_S = \frac{I_N}{Z} \times 100$$
여기서, Z : 임피던스
I_N : 정격전류
I_S : 단락전류
$$\therefore I_S = \frac{100}{4} I_N = 25 I_N$$

62 $G(s) = \dfrac{s^2 + 2s + 1}{s^2 + s - 6}$ 인 특성방정식의 근은?

㉮ -1
㉯ $-3, 2$
㉰ $-1, -3$
㉱ $-1, -3, 2$

해설 특성방정식의 근이란 전달함수 분모의 값이 0이 되는 방정식을 말한다.
위 공식에서 분모의 값 $s^2 + s - 6 = 0$ 을 인수분해하면 (s-2)(s+3)=0 이 되므로
근의 값 s=2,-3 이 된다.

63 그림과 같은 블록선도에서 전달함수 $\dfrac{C}{R}$ 는?

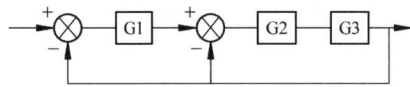

㉮ $\dfrac{G_1 G_2 G_3}{1 + G_2 G_3 + G_1 G_3}$

㉯ $\dfrac{G_1 G_2 G_3}{1 + G_1 G_2 + G_1 G_2 G_3}$

㉰ $\dfrac{G_1 G_2 G_3}{1 + G_2 G_3 + G_1 G_2 G_3}$

㉱ $\dfrac{G_1 G_2 G_3}{1 + G_1 G_3 + G_1 G_2 G_3}$

해설 전달함수 $G_{(s)} = \dfrac{C}{R} = \dfrac{\text{패스경로}}{1 - \text{피드백경로}}$

① G_2, G_3의 전달함수
$$G_{(s)2,3} = \dfrac{G_2 G_3}{1 - (-G_2 G_3)} = \dfrac{G_2 G_3}{1 + G_2 G_3}$$

② 전체전달함수
$$G_{(s)} = \dfrac{C}{R} = \dfrac{G_1 \cdot \dfrac{G_2 G_3}{1 + G_2 G_3}}{1 - (-G_1 \cdot \dfrac{G_2 G_3}{1 + G_2 G_3})}$$

$$= \dfrac{\dfrac{G_1 G_2 G_3}{1 + G_2 G_3}}{1 + G_1 \cdot \dfrac{G_2 G_3}{1 + G_2 G_3}} = \dfrac{\dfrac{G_1 G_2 G_3}{1 + G_2 G_3}}{1 + \dfrac{G_1 G_2 G_3}{1 + G_2 G_3}}$$

$$= \dfrac{\dfrac{G_1 G_2 G_3}{1 + G_2 G_3}}{\dfrac{1 + G_2 G_3 + G_1 G_2 G_3}{1 + G_2 G_3}} = \dfrac{G_1 G_2 G_3}{1 + G_2 G_3 + G_1 G_2 G_3}$$

64 되먹임 제어계에서 a부분에 해당하는 것은?

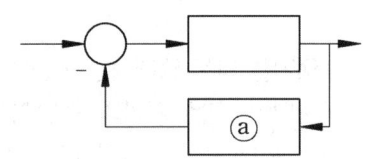

㉮ 조절부
㉯ 조작부
㉰ 검출부
㉱ 목표값

해설 검출부
제어대상으로부터 압력이나 온도, 유량 등의 제어량을 검출하여 신호로 만드는 역할을 하는 부분

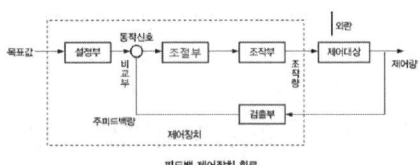

피드백 제어장치 회로

65 배리스터(Varistor)란?

㉮ 비직선적인 전압-전류 특성을 갖는 2단자 반도체소자이다.
㉯ 비직선적인 전압-전류 특성을 갖는 3단자 반도체소자이다.
㉰ 비직선적인 전압-전류 특성을 갖는 4단자 반도체소자이다.
㉱ 비직선적인 전압-전류 특성을 갖는 리액턴스소자이다.

해설 배리스터(varistor)
비직선적인 전압-전류 특성을 갖는 2단자 반도체 소자로 주로 낙뢰전압 등의 이상전압, 전기접점의 불꽃을 소거하는 등 반도체 정류기, 트랜지스터 등의 회로의 서지전압으로부터 보호하는 데 사용된다.

66 직류발전기 전기자 반작용의 영향이 아닌 것은?

㉮ 절연내력의 저하
㉯ 자속의 크기 감소
㉰ 유기기전력의 감소
㉱ 자기 중성축의 이동

해설 전기자 반작용
① 발전기
  ㉠ 주자속이 감소한다. → 유기전력의 감소
  ㉡ 중성축이 이동한다. → 회전방향과 동일
  ㉢ 정류자편과 브러시 사이에 불꽃이 발생한다.
    → 정류 불량
② 전동기
  ㉠ 주자속이 감소한다. → 토크감소, 속도증가
  ㉡ 중성축이 이동한다. → 회전방향과 반대
  ㉢ 정류자편과 브러시 사이에 불꽃이 발생한다.
    → 정류 불량

67 잔류 편차(off-set)를 발생하는 제어는?

㉮ 미분 제어
㉯ 적분 제어
㉰ 비례 제어
㉱ 비례 적분 미분 제어

해설
• 비례제어(P동작) : 설정값과 제어 결과와의 편차 크기에 비례하여 조작부를 제어하는 동작
• 비례제어의 특징
① 외란이 있을 경우 잔류편차(off-set)이 발생한다.
② 부하변동이 작은 경우 이용한다.
③ 비례동작을 작게 할수록 동작은 강하게 변한다.

68 피측정단자에 그림과 같이 결선하여 전압계로 e(V)라는 전압을 얻었을 때 피측정단자의 절연저항은 몇 $M\Omega$인가?
(단, R_m : 전압계 내부저항(Ω),
    V : 시험전압(V)이다.)

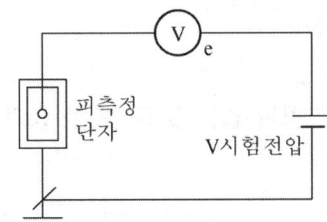

㉮ $R_m(eV-1)\times 10^{-6}$
㉯ $R_m(\dfrac{e}{V}-1)\times 10^{-6}$
㉰ $R_m(\dfrac{V}{e}-1)\times 10^{-6}$
㉱ $R_m(V-e)\times 10^{-6}$

해설 ① 전압계의 전압(e)를 구하는 공식은 아래와 같다.
$$\dfrac{R_m}{R_m+R}V=e[V]$$

정답 65 ㉮ 66 ㉮ 67 ㉰ 68 ㉰

② 위 공식에서 피측정단자의 절연저항 R을 구하면

$$\frac{V}{R_m+R}=\frac{e}{R_m} \Rightarrow \frac{V}{e}=\frac{R_m+R}{R_m} \Rightarrow \frac{V}{e}=1+\frac{R}{R_m}$$

$$\Rightarrow \frac{V}{e}-1=\frac{R}{R_m}$$

$$\therefore R=R_m\left(\frac{V}{e}-1\right)[\Omega]$$
$$=R_m\left(\frac{V}{e}-1\right)\times 10^{-6}[\text{M}\Omega]$$

69 직류전동기의 속도제어법으로 틀린 것은?

㉮ 저항제어
㉯ 계자제어
㉰ 전압제어
㉱ 주파수제어

해설 직류전동기의 속도제어법
① 저항제어법
② 계자제어법
③ 전압제어법

70 그림과 같은 블록선도와 등가인 것은?

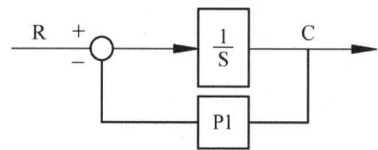

㉮ $\dfrac{S}{P_1}$ ㉯ $S+P_1$

㉰ $\dfrac{1}{S+P_1}$ ㉱ $\dfrac{P_1}{S}$

해설 전달함수
$$G_{(s)}=\frac{C}{R}=\frac{\text{패스경로}}{1-\text{피드백경로}}$$

$$G_{(s)}=\frac{C}{R}=\frac{\dfrac{1}{S}}{1+\dfrac{1}{S}\cdot P_1}=\frac{\dfrac{1}{S}}{1+\dfrac{P_1}{S}}=\frac{\dfrac{1}{S}}{\dfrac{S+P_1}{S}}$$
$$=\frac{S}{S(S+P_1)}=\frac{1}{S+P_1}$$

71 그림과 같은 그래프에 해당하는 함수를 라플라스 변환하면?

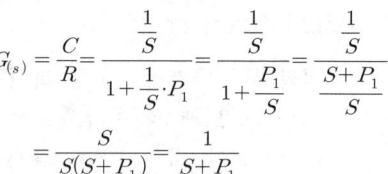

㉮ 1 ㉯ $\dfrac{1}{s}$

㉰ $\dfrac{1}{s+1}$ ㉱ $\dfrac{1}{s^2}$

해설 위 문제의 함수는 단계함수 $u(t)$로 라플라스변환시 $\dfrac{1}{s}$이 된다.

※ 라플라스 변환식 요약

시간함수	라플라스변환	참고
$u(t)$	$\dfrac{1}{s}$	
$e^{-at}u(t)$	$\dfrac{1}{s+a}$	$f(t)=F(s)$
$\sin wt$	$\dfrac{w}{s^2+w^2}$	$f(t-a)=e^{-as}F(s)$
$\cos wt$	$\dfrac{s}{s^2+w^2}$	

72 교류에서 실효값과 최대값의 관계는?

㉮ 실효값 = $\dfrac{최대값}{\sqrt{2}}$

㉯ 실효값 = $\dfrac{최대값}{\sqrt{3}}$

㉰ 실효값 = $\dfrac{최대값}{2}$

㉱ 실효값 = $\dfrac{최대값}{3}$

해설 최대값 = 실효값 × $\sqrt{2}$ ⇨ 실효값 = $\dfrac{최대값}{\sqrt{2}}$

73 다음 중 다른 값을 나타내는 논리식은?

㉮ $XY+Y$
㉯ $\overline{X}Y+XY$
㉰ $(Y+X+\overline{X})Y$
㉱ $X(\overline{Y}+X+Y)$

해설
① $XY+Y=Y(X+1)=Y$
② $\overline{X}Y+XY=Y(\overline{X}+X)=Y$
③ $(Y+X+\overline{X})Y=(Y+1)Y=Y$
④ $X(\overline{Y}+X+Y)=X(1+X)=X$

74 프로세스 제어나 자동 조정 등 목표값이 시간에 대하여 변화하지 않는 제어를 무엇이라 하는가?

㉮ 추종제어   ㉯ 비율제어
㉰ 정치제어   ㉱ 프로그램제어

해설 정치제어 : 목표값이 시간에 따라 변하지 않고 일정한 상태량을 제어하는 방식(프로세스 제어, 자동조정 제어, 온도제어 등)

75 되먹임 제어를 옳게 설명한 것은?

㉮ 입력과 출력을 비교하여 정정동작을 하는 방식
㉯ 프로그램의 순서대로 순차적으로 제어하는 방식
㉰ 외부에서 명령을 입력하는데 따라 제어하는 방식
㉱ 미리 정해진 순서에 따라 순서적으로 제어되는 방식

해설 되먹임 제어(feedback control)
다른말로 피드백제어라고도 하며 제어량을 측정하여 목표값과 비교하고, 그 차를 적절한 정정 신호로 교환하여 제어장치로 되돌리며, 제어량(출력)이 목표값(입력)과 일치할 때까지 수정 동작을 하는 자동제어를 말한다.

76 변압기 내부 고장 검출용 보호계전기는?

㉮ 차동계전기   ㉯ 과전류계전기
㉰ 역상계전기   ㉱ 부족전압계전기

해설 차동계전기
피보호설비 및 어떤구간에 유입되는 입력의 크기와 유출되는 출력의 크기의 차이가 일정치 이상이 되면 동작하는 계전기를 일괄적으로 차동계전기라 하며, 대형변압기, 발전기 내부 고장 검출용으로 사용된다.

77 콘덴서만의 회로에서 전압과 전류 사이의 위상관계는?

㉮ 전압이 전류보다 90도 앞선다.
㉯ 전압이 전류보다 90도 뒤진다.
㉰ 전압이 전류보다 180도 앞선다.
㉱ 전압이 전류보다 180도 뒤진다.

해설 콘덴서만의 회로(커패시턴스:C)는 전하를 축적하므로
전류 $i=wCV_m\sin\left(wt+\dfrac{\pi}{2}\right)=I_m\sin\left(wt+\dfrac{\pi}{2}\right)[A]$
된다. 즉 전류는 전압보다 90도 앞선다.
반대로 전압은 전류보다 90도 뒤진다.

정답 72 ㉮ 73 ㉱ 74 ㉰ 75 ㉮ 76 ㉮ 77 ㉯

78 보드선도의 위상여유가 45도인 제어계의 계통은?

㉮ 안정하다.
㉯ 불안정하다.
㉰ 무조건 불안정하다.
㉱ 조건에 따른 안정을 유지한다.

해설 보드선도 : 주파수 응답을 나타내는 복소수벡터의 절대값과 위상각을 입력 신호의 각주파수에 대하여 그린 2개 한 벌의 그림. 일반적으로 각주파수를 가로축(X)에 대수 눈금으로 하고, 세로축(Y) 절대값은 데시벨(dB) 눈금으로한다.(주파수에 따른 출력신호의 이득 크기와 위상을 보여주는 그래프)
- 보드선도의 안정조건
  ① 위상여유 : 30~60°
  ② 이득여유 : 4~12dB
  ③ 위상교정 주파수 < 이득교정 주파수

79 50Ω의 저항 4개를 이용하여 가장 큰 합성저항을 얻으면 몇 Ω인가?

㉮ 75   ㉯ 150
㉰ 200   ㉱ 400

해설 직렬 연결시 합성저항
$R = R_1 + R_2 + R_3 + R_4 = 50 + 50 + 50 + 50 = 200[\Omega]$
- 병렬 연결시 합성저항
$R = \dfrac{1}{\dfrac{1}{R_1} + \dfrac{1}{R_2} + \dfrac{1}{R_3} + \dfrac{1}{R_4}} = \dfrac{1}{\dfrac{1}{50} + \dfrac{1}{50} + \dfrac{1}{50} + \dfrac{1}{50}}$
$= 12.5[\Omega]$

80 온도에 따라 저항값이 변화하는 것은?

㉮ 서미스터
㉯ 노즐플래퍼
㉰ 앰플리다인
㉱ 트랜지스터

해설 서미스터 : 온도에 따라 저항값이 변하는 반도체소자로 온도가 상승하면 저항이 감소하는데 이러한 특성을 이용하여 온도를 측정한다.

정답 78 ㉮ 79 ㉰ 80 ㉮

공조냉동기계산업기사

과년도 출제문제

(2017.05.07. 시행)

제1과목 공기조화(공기조화설비)

01 1925kg/h의 석탄을 연소하여 10550kg/h의 증기를 발생시키는 보일러의 효율은? (단, 석탄의 저위발열량은 25271kJ/kg, 발생증기의 엔탈피는 3717kJ/kg, 급수엔탈피는 221kJ/kg으로 한다.)

㉮ 45.8%   ㉯ 64.6%
㉰ 70.5%   ㉱ 75.8%

해설 보일러의 효율
$$\eta = \frac{G(h''-h')}{G_f \cdot H_l} \times 100[\%]$$
여기서, η : 보일러효율
h'' : 발생증기 엔탈피(kJ/kg)
h' : 급수 엔탈피(kJ/kg)
G_f : 사용 연료량(kg/h)
H_l : 연료의 저위발열량(kJ/kg)

※ 만약 급수 엔탈피 대신 급수온도를 준다면, $h(\text{kcal/kg}) = C(\text{kcal/kg}℃) \cdot \Delta T(℃)$의 공식에 의해 급수 엔탈피를 구하게 되면 물의 비열이 1이므로 온도와 엔탈피의 값이 같으므로 급수온도를 공식에 넣어주면 된다.
$$\eta = \frac{10,550 \times (3,717-221)}{1,925 \times 25,271} \times 100 = 75.8[\%]$$

02 물·공기 방식의 공조방식으로서 중앙기계실의 열원설비로부터 냉수 또는 온수를 각 실에 있는 유닛에 공급하여 냉난방하는 공조 방식은?

㉮ 바닥취출 공조방식
㉯ 재열방식
㉰ 팬코일 유닛방식
㉱ 패키지 유닛방식

해설 팬코일 유닛방식(fan-coil unit)
팬코일 유닛 방식은 수(水)방식 또는 수·공기(덕트병용일 경우)방식으로 중앙기계실의 냉·열원기기(냉동기나 보일러 등)로부터 냉수 또는 온수나 증기를 배관을 통해 각 실에 있는 팬 코일 유닛으로 공급하여 실내공기와 열교환시키는 공조방식이다.

03 공기조화 방식에서 변풍량 유닛방식(VAV unit)을 풍량제어 방식에 따라 구분할 때, 공조기에서 오는 1차 공기의 분출에 의해 실내공기인 2차 공기를 취출하는 방식은 어느 것인가?

㉮ 바이패스형   ㉯ 유인형
㉰ 슬롯형   ㉱ 교축형

해설 변풍량 유닛의 종류
① 유인형 : 유인형 유닛은 교축형을 응용한 유닛으로 실내 부하가 감소하여 1차 공기량이 실내 설정 온도점 이하부터는 2차 공기를 유인하여 실내로 급기하는 방식

정답 01 ㉱ 02 ㉰ 03 ㉯

② 교축형 : 가장 일반적이고 널리 사용되는 방식으로 댐퍼의 개도를 조절하여 실내 부하변동에 따른 풍량을 제어하는 방식
③ 바이패스형 : 실내 부하 조건이 요구하는 필요한 풍량만 실내로 급기하고 나머지 풍량은 바이패스시켜 재사용하는 방식으로 실내 부하변동에 대하여 송풍량은 변하지 않는다.

04 겨울철 침입외기(틈새바람)에 의한 잠열부하(kcal/h)는? (단, Q는 극간풍량(m^3/h)이며, t_o, t_r은 각각 실외, 실내온도(℃), X_o, X_r은 각각 실외, 실내 절대습도(kg/kg′)이다.)

㉮ $q_L = 0.24 \cdot Q \cdot (t_o - t_r)$
㉯ $q_L = 0.29 \cdot Q \cdot (t_o - t_r)$
㉰ $q_L = 539 \cdot Q \cdot (X_o - X_r)$
㉱ $q_L = 717 \cdot Q \cdot (X_o - X_r)$

해설 극간풍(틈새바람)에 의한 손실량
① 현열부하 $q_s = 0.24 \cdot G(t_o - t_r)$
$= 0.29 \cdot Q(t_o - t_r)$
② 잠열부하 $q_L = 597.5 \cdot G(X_o - X_r)$
$= 717 \cdot Q(X_o - X_r)$
※ 극간풍량 : $G[kg/h] = Q[m^3/h] \times 1.2[kg/m^3]$

05 보일러의 종류에 따른 특징을 설명한 것으로 틀린 것은?

㉮ 주철제 보일러는 분해, 조립이 용이하다.
㉯ 노통연관 보일러는 수질관리가 용이하다.
㉰ 수관 보일러는 예열시간이 짧고 효율이 좋다.
㉱ 관류 보일러는 보유수량이 많고 설치면적이 크다.

해설 ㉱ 관류 보일러는 보유수량이 적어 증기발생시간이 짧고 설치면적이 작다.

06 실내의 거의 모든 부분에서 오염가스가 발생되는 경우 실 전체의 기류분포를 계획하여 실내에서 발생하는 오염 물질을 완전히 희석하고 확산시킨 다음에 배기를 행하는 환기방식은?

㉮ 자연 환기   ㉯ 제3종 환기
㉰ 국부 환기   ㉱ 전반 환기

해설 ① 전반환기 : 실내의 거의 모든 부분에서 오염가스가 발생되는 경우 실 전체의 기류분포를 계획하여 실내에서 발생하는 오염 물질을 완전히 희석하고 확산시킨 다음 배기를 행하는 환기방식
② 국부환기 : 실내의 어느 한부분에 오염물질 발생원이 집중되어 고정된 경우(주방, 화장실, 탕비실 등) 그 구역을 집중적으로 환기를 행하는 방식

07 두께 20cm의 콘크리트벽 내면에 두께 5cm의 스티로폼을 단열 시공하고, 그 내면에 두께 2cm의 나무판자로 내장한 건물 벽면의 열관류율은? (단, 재료별 열전도율(kcal/m·h·℃)은 콘크리트 0.7, 스티로폼 0.03, 나무판자 0.15이고, 벽면의 표면 열전달율(kcal/m^2·h·℃)은 외벽 20, 내벽 8이다.)

㉮ 0.31 kcal/m^2·h·℃
㉯ 0.39 kcal/m^2·h·℃
㉰ 0.41 kcal/m^2·h·℃
㉱ 0.44 kcal/m^2·h·℃

해설 열관류율
$$K = \frac{1}{\frac{1}{a_1} + \frac{l_1}{\lambda_1} + \frac{l_2}{\lambda_2} + \frac{l_3}{\lambda_3} + \frac{1}{a_2}}$$

정답 04 ㉱ 05 ㉱ 06 ㉱ 07 ㉱

$$= \frac{1}{\frac{1}{20}+\frac{0.2}{0.7}+\frac{0.05}{0.03}+\frac{0.02}{0.15}+\frac{1}{8}} = 0.44[kcal/m^2h℃]$$

08 공조용으로 사용되는 냉동기의 종류로 가장 거리가 먼 것은?

㉮ 원심식 냉동기
㉯ 자흡식 냉동기
㉰ 왕복동식 냉동기
㉱ 흡수식 냉동기

해설 공조용 냉동기 종류
증기압축식(왕복동식, 원심식, 회전식, 스크류식), 증기분사식, 흡수식 등
※ 자흡식 냉동기는 없다.

09 패널복사 난방에 관한 설명으로 옳은 것은?

㉮ 천정고가 낮고 외기 침입이 없을 때만 난방효과를 얻을 수 있다.
㉯ 실내온도 분포가 균등하고 쾌감도가 높다.
㉰ 증발잠열(기화열)을 이용하므로 열의 운반능력이 크다.
㉱ 대류난방에 비해 방열면적이 적다.

해설 ㉮ 상하온도차가 적어 천장이 높은 방에도 효과적이다.
㉰ 증발잠열을 이용하는 난방방식은 증기난방방식이며 패널(복사)난방은 복사열을 이용하므로 증기난방에 비해 열의 운반능력은 작다.
㉱ 대류난방에 비해 방열면적이 크므로 설비비가 고가이다.

※ 패널난방(복사난방) : 실내의 천장, 바닥, 벽 등에 가열코일(패널)을 묻어 코일 내로 온수를 공급하여 복사열에 의해 난방하는 방식

10 냉수코일의 설계법으로 틀린 것은?

㉮ 공기흐름과 냉수 흐름의 방향을 평행류로 하고 대수평균온도차를 작게 한다.
㉯ 코일의 열수는 일반 공기 냉각용에는 4-8열(列)이 많이 사용된다.
㉰ 냉수 속도는 일반적으로 1m/s 전후로 한다.
㉱ 코일의 설치는 관이 수평으로 놓이게 한다.

해설 냉수 코일의 설계방법
① 공기와 물의 흐름은 대향류(역류)로 할 것
② 공기와 물의 대수평균온도차(LMTD)를 크게 할 것(코일의 열수를 조절하여 대수평균온도차 조절하며 코일의 열 수는 4~8열이 적당하다.)
③ 냉수 속도는 일반적으로 1m/s전후로 한다.
④ 코일의 통과 풍속은 2~3m/s 정도로 한다.
⑤ 냉수의 입출구 온도차를 5℃ 전후로 한다.
⑥ 코일의 설치는 수평으로 한다.

11 일반적으로 난방부하의 발생요인으로 가장 거리가 먼 것은?

㉮ 일사 부하
㉯ 외기 부하
㉰ 기기 손실부하
㉱ 실내 손실부하

해설 일사부하나 인체부하, 조명부하, 기구부하 등은 열을 발생시켜 난방부하를 경감시켜주는 요인들이므로 난방부하의 발생요인에 해당되지 않는다.

12 다익형 송풍기의 송풍기 크기(No)에 대한 설명으로 옳은 것은?

㉮ 임펠러의 직경(mm)을 60(mm)으로 나눈 값이다.
㉯ 임펠러의 직경(mm)을 100(mm)으로 나눈 값이다.
㉰ 임펠러의 직경(mm)을 120(mm)으로 나눈 값이다.
㉱ 임펠러의 직경(mm)을 150(mm)으로 나눈 값이다.

해설 송풍기의 크기, 번호(No)
① 다익형 송풍기$(No) = \dfrac{임펠러\ 직경[mm]}{150}$
② 축류형 송풍기$(No) = \dfrac{임펠러\ 직경[mm]}{100}$

13 공기설비의 열회수장치인 전열교환기는 주로 무엇을 경감시키기 위한 장치인가?

㉮ 실내부하   ㉯ 외기부하
㉰ 조명부하   ㉱ 송풍기부하

해설 전열교환기
공조부하 중 외기부하가 차지하는 비율이 약 30% 정도 인데 전열교환기는 이러한 외기부하를 줄이기 위해 배기공기와 급기를 직접 공기대 공기로 열교환 하여 70% 전후의 열량을 회수하게 되며 종류는 회전식과 고정식이 있다.

14 결로현상에 관한 설명으로 틀린 것은?

㉮ 건축 구조물을 사이에 두고 양쪽에 수증기의 압력차가 생기면 수증기는 구조물을 통하여 흐르며, 포화온도, 포화압력 이하가 되면 응결하여 발생된다.
㉯ 결로는 습공기의 온도가 노점온도까지 강하하면 공기 중의 수증기가 응결하여 발생된다.
㉰ 응결이 발생되면 수증기의 압력이 상승한다.
㉱ 결로방지를 위하여 방습막을 사용한다.

해설 ㉰ 응결이 발생하면 수증기의 압력(수증기 분압)은 감소한다.

15 가습장치의 가습방식 중 수분무식이 아닌 것은?

㉮ 원심식   ㉯ 초음파식
㉰ 분무식   ㉱ 전열식

해설 가습장치의 종류
① 수분무식 : 원심식, 초음파식, 분무식
② 증발식 : 회전식, 모세관식, 적하식, 에어와셔식
③ 증기식 : 전열식(가습팬식), 전극식, 적외선식

16 다음 중 냉방부하에서 현열만이 취득되는 것은?

㉮ 재열 부하   ㉯ 인체 부하
㉰ 외기 부하   ㉱ 극간풍 부하

해설 ① 재열부하 : 현열
② 인체부하 : 현열+잠열
③ 외기부하 : 현열+잠열
④ 극간풍 부하 : 현열+잠열

17 바닥 면적이 좁고 층고가 높은 경우에 적합한 공조기(AHU)의 형식은?

㉮ 수직형   ㉯ 수평형
㉰ 복합형   ㉱ 멀티존형

해설 ① 수직형 : 공조기를 수직으로 배치한 형태로 공조실의 면적이 좁고 층고가 높은 경우 사용한다.
② 수평형 : 공조기를 수평으로 배치한 형태로 공조실의 면적이 충분하고 층고가 낮은 경우 사용한다.

정답 12 ㉱ 13 ㉯ 14 ㉰ 15 ㉱ 16 ㉮ 17 ㉮

③ 복합형 : 수평형과 수직형의 복합형태
④ 멀티존형 : 1대의 공조기로 실온이나 부하가 다른 다수의 방을 조화할 때 방의 수만큼 다른 분출온도의 공기를 송풍할 수 있는 공기조화 장치로 각 실의 현열 부하에 따라 냉풍과 온풍을 자동적으로 혼합 조절한다.

18 저속덕트에 비해 고속덕트의 장점이 아닌 것은?

㉮ 동력비가 적다.
㉯ 덕트 설치 공간이 적어도 된다.
㉰ 덕트 재료를 절약할 수 있다.
㉱ 원격지 송풍에 적당하다.

[해설] ㉮ 고속덕트는 풍속이 15m/s 이상이며 동력소비가 크고 소음이 발생한다.

※ 저속덕트에 비해 고속덕트의 직경은 작아지므로 덕트의 설치공간이 작아지고 그로인해 덕트 재료를 절약할 수 있다. 또한 고속으로 송풍하므로 원격지(멀리 떨어진 곳) 송풍에 적당하다.

19 보일러 동체 내부의 중앙 하부에 파형노통이 길이 방향으로 장착되며 이 노통의 하부 좌우에 연관들을 갖춘 보일러는?

㉮ 노통보일러
㉯ 노통연관보일러
㉰ 연관보일러
㉱ 수관보일러

[해설] 노통연관보일러
노통보일러와 연관보일러의 장점을 취한 보일러로 노통이 동체의 길이방향으로 장착되며 이 노통의 상하좌우에 연관들을 설치한 보일러

20 시로코 팬의 회전속도가 N_1에서 N_2로 변화하였을 때, 송풍기의 송풍량, 전압, 소요동력의 변화 값은?

	451rpm (N_1)	632rpm (N_2)
송풍량(m³/min)	199	㉠
전압(Pa)	320	㉡
소요동력(kW)	1.5	㉢

㉮ ㉠ 278.9 ㉡ 628.4 ㉢ 4.1
㉯ ㉠ 278.9 ㉡ 357.8 ㉢ 3.8
㉰ ㉠ 628.4 ㉡ 402.8 ㉢ 3.8
㉱ ㉠ 357.8 ㉡ 628.4 ㉢ 4.1

[해설] ① 송풍량
$$Q_2 = \left(\frac{N_2}{N_1}\right)Q_1 = \left(\frac{632}{451}\right) \times 199 = 278.9 [\text{m}^3/\text{min}]$$

② 전압
$$P_2 = \left(\frac{N_2}{N_1}\right)P_1 = \left(\frac{632}{451}\right)^2 \times 320 = 628.4 [\text{Pa}]$$

③ 소요동력
$$L_2 = \left(\frac{N_2}{N_1}\right)^3 = \left(\frac{632}{451}\right)^3 \times 1.5 = 4.1 [\text{kW}]$$

• 송풍기의 상사법칙

풍량	$Q_2 = \left(\frac{N_2}{N_1}\right) \cdot \left(\frac{D_2}{D_1}\right)^3 \cdot Q_1$
정압	$P_2 = \left(\frac{N_2}{N_1}\right)^2 \cdot \left(\frac{D_2}{D_1}\right)^2 \cdot P_1$
동력	$L_2 = \left(\frac{N_2}{N_1}\right)^3 \cdot \left(\frac{D_2}{D_1}\right)^5 \cdot L_1$

[정답] 18 ㉮ 19 ㉯ 20 ㉮

제2과목 냉동공학(냉동냉장설비)

21 열펌프 장치의 응축온도 35℃, 증발온도가 −5℃일 때, 성적계수는?

㉮ 3.5
㉯ 4.8
㉰ 5.5
㉱ 7.7

해설 열 펌프(heat pump) 성적계수(COP_H)

$$COP_H = \frac{T_H}{T_H - T_L} = \frac{35+273}{(35+273)-(-5+273)} = 7.7$$

22 열역학 제2법칙을 바르게 설명한 것은?

㉮ 열은 에너지의 하나로서 일을 열로 변환하거나 또는 열을 일로 변환시킬 수 있다.
㉯ 온도계의 원리를 제공한다.
㉰ 절대 0도에서의 엔트로피 값을 제공한다.
㉱ 열은 스스로 고온물체로부터 저온물체로 이동되나 그 과정은 비가역이다.

해설 열역학 제2법칙
① 열은 스스로 고온의 물체에서 저온으로 이동되며, 그 과정은 비가역상태이다.
② 일은 쉽게 열로 변화되지만, 열은 일로 변할 때 그보다 더 낮은 저온체를 필요로 한다.
③ 어떤 기관이든 100[%] 열효율을 가지는 기관은 지구상에 존재하지 않는다.

※ 참고
㉮ 번은 열역학 제1법칙에 대한 설명이다.
㉯ 번은 열역학 제0법칙에 대한 설명이다.
㉰ 번은 열역학 제3법칙에 대한 설명이다.
㉱ 번은 열역학 제2법칙에 대한 설명이다.

23 카르노 사이클을 행하는 열기관에서 1사이클당 80kg·m의 일량을 얻으려고 한다. 고열원의 온도(T_1)를 300℃, 1사이클당 공급되는 열량을 0.5kcal라고 할 때, 저열원의 온도(T_2)와 효율(η)은?

㉮ $T_2 = 85℃$, $\eta = 0.315$
㉯ $T_2 = 97℃$, $\eta = 0.315$
㉰ $T_2 = 85℃$, $\eta = 0.374$
㉱ $T_2 = 97℃$, $\eta = 0.374$

해설 ① 카르노 사이클의 열효율(η)

$$\eta = \frac{Aw}{Q_H} = \frac{80[\text{kg·m}] \times \frac{1}{427}[\text{kcal/kg·m}]}{0.5[\text{kcal}]} = 0.374$$

② 저열원의 온도(T_2)

$\eta = \frac{T_1 - T_2}{T_1}$ 에서 T_2를 구하면

$T_2 = T_1 - \eta T_1 = (300+273) - \{0.374 \times (300+273)\}$
$= 358[K] - 273 = 85[℃]$

24 냉동장치의 저압차단 스위치(LPS)에 관한 설명으로 옳은 것은?

㉮ 유압이 저하되었을 때 압축기를 정지시킨다.
㉯ 토출압력이 저하되었을 때 압축기를 정지시킨다.
㉰ 장치 내 압력이 일정압력 이상이 되면 압력을 저하시켜 장치를 보호한다.
㉱ 흡입압력이 저하되었을 때 압축기를 정지시킨다.

해설 저압차단스위치(Low Pressure switch)
용도에 따라 압축기 정지용과 언로더용이 있으며 냉동부하 등의 감소로 인한 압축기 흡입압력이 일정 압력 이하가 되면 회로를 차단시켜 압축기의 운전을 정지시켜 압축기의 파손을 방지한다.

정답 21 ㉱ 22 ㉱ 23 ㉰ 24 ㉱

25 내부균압형 자동팽창밸브에 작용하는 힘이 아닌 것은?

㉮ 스프링 압력
㉯ 감온통 내부압력
㉰ 냉매의 응축압력
㉱ 증발기에 유입되는 냉매의 증발압력

해설 내부균압형 자동팽창밸브의 작동원리
① 조절나사의 스프링 압력
② 증발기 출구 과열도에 따른 감온통 내부압력
③ 증발기에 유입되는 냉매의 증발압력

26 흡수식 냉동기에 관한 설명으로 옳은 것은?

㉮ 초저온용으로 사용된다.
㉯ 비교적 소용량 보다는 대용량에 적합하다.
㉰ 열교환기를 설치하여도 효율은 변함 없다.
㉱ 물－LiBr식에서는 물이 흡수제가 된다.

해설 ㉮ 초저온용으로 사용이 불가 하다.
㉰ 열교환기를 설치하여 효율을 높일 수 있다.
㉱ 물-LiBr식에서는 물이 냉매가 되고 LiBr 는 흡수제가 된다.

27 냉매와 화학분자식이 바르게 짝지어진 것은?

㉮ $R-500 \rightarrow CCl_2F_4+CH_2CHF_2$
㉯ $R-502 \rightarrow CHClF_2+CClF_2CF_3$
㉰ $R-22 \rightarrow CCl_2F_2$
㉱ $R-717 \rightarrow NH_4$

해설 ㉮ $R-500 \rightarrow CCl_2F_2+CH_3CHF_2$
㉰ $R-22 \rightarrow CHClF_2$
㉱ $R-717 \rightarrow NH_3$

28 증발식 응축기의 특징에 관한 설명으로 틀린 것은?

㉮ 물의 소비량이 비교적 적다.
㉯ 냉각수의 사용량이 매우 크다.
㉰ 송풍기의 동력이 필요하다.
㉱ 순환펌프의 동력이 필요하다.

해설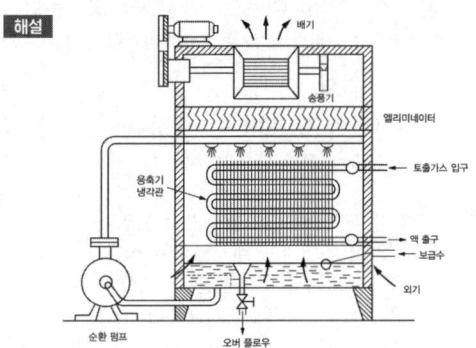

㉯ 냉각수 소비량이 수냉식 응축기 중 가장 적다.

29 할라이드 토치로 누설을 탐지할 때 누설이 있는 곳에서는 토치의 불꽃색깔이 어떻게 변화 되는가?

㉮ 흑색
㉯ 파란색
㉰ 노란색
㉱ 녹색

해설 프레온냉매 누설시 할라이드 토치의 불꽃 색깔 변화
① 정상(누설이 없을 때) : 청색
② 소량 누설 시 : 녹색
③ 다량 누설 시 : 적색
④ 과대량 누설 시 : 꺼진다.

정답 25 ㉰ 26 ㉯ 27 ㉯ 28 ㉯ 29 ㉱

30 입형 셸 앤드 튜브식 응축기에 관한 설명으로 옳은 것은?

㉮ 설치 면적이 큰데 비해 응축 용량이 적다.
㉯ 냉각수 소비량이 비교적 적고 설치장소가 부족한 경우에 설치한다.
㉰ 냉각수의 배분이 불균등하고 유량을 많이 함유하므로 과부하를 처리 할 수 없다.
㉱ 전열이 양호하며, 냉각관 청소가 용이하다.

해설 입형 셸 앤드 튜브식 응축기의 특징
① 구조가 간단하고 설치면적이 작다.
② 냉각수 소비량이 커서 충분한 냉각수가 있고 수질이 우수한 곳에서 사용한다.
③ 과부하 처리가 양호하나 과냉각이 잘 안된다.
④ 전열이 양호하고, 옥외설치가 가능하다.
⑤ 설치가 쉽고 운전 중 청소 및 보수가 용이하다.
⑥ 수액기를 설치해야 하고 냉각관이 부식하기 쉽다.

31 압축기의 압축방식에 의한 분류 중 용적형 압축기가 아닌 것은?

㉮ 왕복동식 압축기
㉯ 스크류식 압축기
㉰ 회전식 압축기
㉱ 원심식 압축기

해설
• 용적식 압축기 : 왕복동식 압축기, 스크류식 압축기, 회전식 압축기, 스크롤 압축기 등
• 원심식 압축기 : 터보 압축기

32 냉각수 입구온도 33℃, 냉각수량 800L/min인 응축기의 냉각면적이 100m², 그 열통과율이 750kcal/m²·h·℃이며, 응축온도와 냉각수온도의 평균온도 차이가 6℃일 때, 냉각수의 출구온도는?

㉮ 36.5℃   ㉯ 38.9℃
㉰ 42.4℃   ㉱ 45.5℃

해설 응축부하(Q_c)
$Q_c = K \cdot F \cdot \triangle t_m = G \cdot C \cdot \triangle t$
$750 \times 100 \times 6 = 800 \times 60 \times 1 \times (t_2 - 33)$
$t_2 = \dfrac{750 \times 100 \times 6}{800 \times 60 \times 1} + 33 = 42.4[℃]$

※ 냉각수량의 단위를 바꾸기 위해 60을 곱한다.
800L/min × 60min/h = 48,000[L/min]
이때 물1L와 1kg은 같으므로 냉각수량의 최종값의 단위는 48,000[kg/h]가 된다.

33 응축기의 냉매 응축온도가 30℃, 냉각수의 입구수온이 25℃, 출구수온이 28℃일 때, 대수 평균온도차(LMTD)는?

㉮ 2.27℃   ㉯ 3.27℃
㉰ 4.27℃   ㉱ 5.27℃

해설 대수평균 온도차(LMTD)
$LMTD = \dfrac{\triangle T_1 - \triangle T_2}{\ln \dfrac{\triangle T_1}{\triangle T_2}}$

① $\triangle T_1 = 30 - 25 = 5[℃]$
② $\triangle T_2 = 30 - 28 = 2[℃]$
③ $LMTD = \dfrac{5-2}{\ln \dfrac{5}{2}} = 3.27[℃]$

※ 위와 같은 문제에서 $\triangle T_1$은 응축기와 냉각수 온도차 중 고온이고 $\triangle T_2$는 응축기와 냉각수 온도차 중 저온을 나타낸다.

정답 30 ㉱ 31 ㉱ 32 ㉰ 33 ㉯

34 스크류 압축기의 특징에 관한 설명으로 틀린 것은?

㉮ 경부하 운전 시 비교적 동력 소모가 적다.
㉯ 크랭크 샤프트, 피스톤링, 컨넥팅 로드 등의 마모 부분이 없어 고장이 적다.
㉰ 소형으로서 비교적 큰 냉동능력을 발휘할 수 있다.
㉱ 왕복동식에서 필요한 흡입밸브와 토출밸브를 사용하지 않는다.

[해설] ㉮ 경부하 운전 시에도 동력 소모가 크다.
• 스크류 압축기 특징
① 왕복동식에 비해 소형이라 설치면적이 작으나 비교적 큰 냉동 능력을 발휘할 수 있다.
② 마모 부분이 작다.(크랭크샤프트, 피스톤링, 커넥팅로드 등 마찰 부분이 없다.)
③ 흡입 및 토출밸브가 없다.
④ 대용량 가스를 압축할 때 사용한다.
⑤ 경부하 시 동력 소비가 크다.
⑥ 운전 시 유지비가 비싸다.

35 열의 일당량은?

㉮ 860kg · m/kcal
㉯ 1/860kg · m/kcal
㉰ 427kg · m/kcal
㉱ 1/427kg · m/kcal

[해설] ① 열의 일당량 : $J = 427[kg·m/kcal]$
② 일의 열당량 : $A = \dfrac{1}{427}[kcal/kg·m]$

36 압축냉동 사이클에서 엔트로피가 감소하고 있는 과정은?

㉮ 증발과정   ㉯ 압축과정
㉰ 응축과정   ㉱ 팽창과정

[해설] 비가역냉동사이클의 엔트로피 변화
① 팽창과정 : 엔트로피 증가
② 응축과정 : 엔트로피 감소
③ 압축과정 : 엔트로피 일정(단열압축)
④ 증발과정 : 엔트로피 증가

37 무기질 브라인 중에 동결점이 제일 낮은 것은?

㉮ $CaCl_2$ ㉯ $MgCl_2$
㉰ NaCl   ㉱ H_2O

[해설] 무기질 브라인 동결점
① $CaCl_2$(염화칼슘) : -55[℃]
② $MgCl_2$(염화마그네슘) : -33.6[℃]
③ NaCl(염화나트륨) : -21[℃]

※ H_2O(물)은 브라인의 종류에 속하지 않는다. 물의 동결점은 0[℃]이다.

38 다음 그림은 역카르노 사이클을 절대 온도(T)와 엔트로피(S) 선도로 나타내었다. 면적(1-2-2′-1′)이 나타내는 것은?

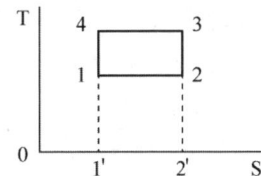

㉮ 저열원으로부터 받은 열량
㉯ 고열원에 방출하는 열량
㉰ 냉동기에 공급된 열량
㉱ 고·저열원으로부터 나가는 열량

[해설] ㉮ 저열원으로부터 받은 열량 : 1-2-2′-1′
㉯ 고열원에 방출하는 열량 : 1′-2′-3-4
㉰ 압출열량(W) : 1-2-3-4

정답 34 ㉮ 35 ㉰ 36 ㉰ 37 ㉮ 38 ㉮

39 냉동장치에서 펌프다운의 목적으로 가장 거리가 먼 것은?

㉮ 냉동장치의 저압 측을 수리하기 위하여
㉯ 기동 시 액 해머 방지 및 경부하 기동을 위하여
㉰ 프레온 냉동장치에서 오일포밍(oil foaming)을 방지하기 위하여
㉱ 저장고 내 급격한 온도저하를 위하여

해설
- 펌프다운(pump-down) : 저압측의 냉매를 고압측(응축기, 수액기)에 회수하여 모으는 것
- 펌프다운의 목적
  ① 냉동장치의 저압 측 수리를 위하여
  ② 기동 시 오일포밍과 액해머링을 방지하고 경부하 기동을 할 수 있다.
  ③ 소형 냉동장치 이설시 필요 냉매를 저장 할 수 있다.

40 팽창밸브 종류 중 모세관에 대한 설명으로 옳은 것은?

㉮ 증발기 내 압력에 따라 밸브의 개도가 자동적으로 조정된다.
㉯ 냉동부하에 따른 냉매의 유량조절이 쉽다.
㉰ 압축기를 가동할 때 기동동력이 적게 소요된다.
㉱ 냉동부하가 큰 경우 증발기 출구 과열도가 낮게 된다.

해설
㉮ 증발기 내 압력에 따른 밸브의 개도 조절이 불가능 하다.
㉯ 유량조절 밸브가 없으므로 냉동부하에 따른 냉매의 유량조절이 불가능 하다.
㉱ 냉동부하가 큰 경우 상대적으로 냉매량이 부족하게 되므로 증발기 출구 냉매가스의 온도는 상승하고 과열도가 증가하게 된다.

제3과목 배관일반(공조냉동설치운영1)

41 냉매 배관 시공법에 관한 설명으로 틀린 것은?

㉮ 압축기와 응축기가 동일 높이 또는 응축기가 아래에 있는 경우 배출관은 하향 기울기로 한다.
㉯ 증발기가 응축기보다 아래에 있을 때 냉매액이 증발기에 흘러내리는 것을 방지하기 위해 2m 이상 역 루프를 만들어 배관한다.
㉰ 증발기와 압축기가 같은 높이일 때는 흡입관을 수직으로 세운 다음 압축기를 향해 선단 상향구배로 배관한다.
㉱ 액관 배관 시 증발기 입구에 전자밸브가 있을 때는 루프이음을 할 필요가 없다.

해설 ㉰ 증발기와 압축기가 같은 높이일 때에는 증발기 내부의 액이 압축기로 넘어가는 것을 방지하기 위해 흡입관을 수직으로 세운 다음 압축기를 향해 선단하향(앞내림)구배로 배관한다.

42 다음 중 증기와 응축수의 밀도차에 의해 작동하는 기계식 트랩은?

㉮ 벨로즈 트랩
㉯ 바이메탈 트랩
㉰ 플로트 트랩
㉱ 디스크 트랩

해설 기계식 트랩
증기와 응축수 사이의 밀도차(부력)에 의해 작동하는 트랩으로 종류는 플로트(다량)트랩, 버킷(관말)트랩이 있다.

정답 39 ㉱ 40 ㉰ 41 ㉰ 42 ㉰

43 다음과 같이 압축기와 응축기가 동일한 높이에 있을 때, 배관 방법으로 가장 적합한 것은?

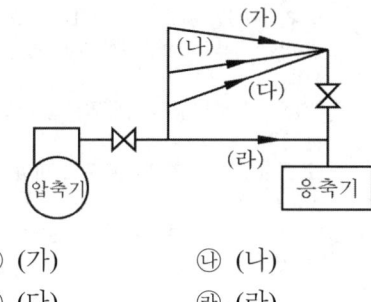

㉮ (가)　　㉯ (나)
㉰ (다)　　㉱ (라)

해설 압축기 토출가스 배관의 경우 압축기 쪽으로 액이 넘어오는 것을 방지하기 위해 입상관을 설치한 후 응축기쪽으로 선하향(앞올림, 선단상향) 구배로 하여야 한다.
※ 선하향은 진행방향으로 하향구배를 뜻하며 다른 말로 앞올림구배, 선단상향구배 라고도 한다.

44 배수관에 트랩을 설치하는 주된 이유는?

㉮ 배수관에서 배수의 역류를 방지한다.
㉯ 배수관의 이물질을 제거한다.
㉰ 배수의 속도를 조절한다.
㉱ 배수관에 발생하는 유취와 유해가스의 역류를 방지한다.

해설 배수트랩 : 배수관에서 발생하는 유취(악취, 냄새)와 유해가스의 역류를 방지하고 해충의 실내 침입을 방지하기 위해 설치하는 트랩

45 강관두께를 나타내는 스케줄번호(Sch No)에 대한 설명으로 틀린 것은?
(단, 사용압력은 $P(kg/cm^2)$, 허용응력은 $S(kg/mm^2)$이다.)

㉮ 노멀 스케줄 번호는 10, 20, 30, 40, 60, 80, 100, 120, 140, 160(10종류)까지로 되어 있다.
㉯ 허용응력은 인장강도를 안전율로 나눈 값이다.
㉰ 미터계열 스케줄번호 관계식은 10×허용응력(S)/사용압력(P)이다.
㉱ 스케줄번호(Sch No)는 유체의 사용압력과 그 상태에 있어서 재료의 허용응력과의 비(比)에 의해서 관두께의 체계를 표시한 것이다.

해설 ㉰ 미터계열 스케줄번호 관계식은 10×사용압력(P)/허용응력(S)이다.

• 스케줄 번호(schedule No) : 관두께를 나타내는 번호

$$sch. No = 10 \times \frac{P}{S}$$

46 다음 중 동관이음 방법의 종류가 아닌 것은?

㉮ 빅토리 이음　㉯ 플레어 이음
㉰ 용접 이음　　㉱ 납땜 이음

해설 동관 이음방법 : 플레어 이음, 용접(납땜)이음, 플랜지 이음 등
※ 빅토리 이음 : 특수제작 된 주철관의 끝에 고무링과 가단 주철제의 칼라(Collar)를 죄어 이음하는 방식으로 배관내의 압력이 높아지면 더욱 밀착되어 기밀이 좋아지는 이음방식으로 주철관 이음시 사용된다.

47 10kg의 쇠덩어리를 20℃에서 80℃까지 가열하는데 필요한 열량은? (단, 쇠덩어리의 비열은 0.61kJ/kg·℃이다.)

㉮ 27 kcal ㉯ 87 kcal
㉰ 366 kcal ㉱ 600 kcal

해설
- 공식
$$Q = G \cdot C \cdot \triangle T$$
- 풀이
$Q = 10[kg] \times 0.61[kJ/kg \cdot ℃] \times (80-20)[℃]$
$= 366[kJ]$
- 단위환산 : $1[kcal] = 4.18[kJ]$
$\therefore \frac{366}{4.18} = 87[kcal]$

48 증기 수평관에서 파이프의 지름을 바꿀 때 방법으로 가장 적절한 것은? (단, 상향 구배로 가정한다.)

㉮ 플랜지 접합을 한다.
㉯ 티를 사용한다.
㉰ 편심 조인트를 사용해 아랫면을 일치시킨다.
㉱ 편심 조인트를 사용해 윗면을 일치시킨다.

해설 증기 수평관에서 파이프의 지름을 바꿀 때는 편심 조인트를 사용해 아랫면을 일치시켜 응축수 체류를 방지한다.

49 배관제도에서 배관의 높이 표시 기호에 대한 설명으로 틀린 것은?

㉮ TOP : 관 바깥지름 윗면을 기준으로 한 높이 표시
㉯ FL : 1층의 바닥면을 기준으로 한 높이 표시
㉰ EL : 관 바깥지름의 아랫면을 기준으로 한 높이 표시
㉱ GL : 포장된 지표면을 기준으로 한 높이 표시

해설
① EL : 배관의 높이를 관의 중심을 기준으로 표시한 것
② BOP : 지름이 서로 다른 관의 높이 표시방법으로 관 바깥지름의 아랫면까지의 높이를 기준으로 표시한 것
③ TOP : 관의 바깥지름의 윗면을 기준으로 표시한 것
④ GL : 포장된 지면을 기준으로 하여 배관장치의 높이를 표시할 때 적용된다.
⑤ FL : 각층 또는 1층 바닥을 기준하여 높이를 표시한 것

50 급수펌프의 설치 시 주의사항으로 틀린 것은?

㉮ 펌프는 기초볼트를 사용하여 기초 콘크리트 위에 설치 고정한다.
㉯ 풋 밸브는 동수위면 보다 흡입관경의 2배 이상 물속에 들어가게 한다.
㉰ 토출측 수평관은 상향구배로 배관한다.
㉱ 흡입양정은 되도록 길게 한다.

해설 ㉱ 펌프의 흡입양정은 되도록 짧게 하여 캐비테이션(공동현상)을 방지하도록 한다.

51 증기난방에서 고압식인 경우 증기 압력은?

㉮ $0.15 \sim 0.35 kg_f/cm^2$ 미만
㉯ $0.35 \sim 0.72 kg_f/cm^2$ 미만
㉰ $0.72 \sim 1 kg_f/cm^2$ 미만
㉱ $1 kg_f/cm^2$ 이상

해설
① 고압식 : 증기의 압력 $1.0[kg_f/cm^2]$ 이상
② 저압식 : 증기의 압력 $1.0[kg_f/cm^2]$ 미만
  (저압증기난방의 경우)
일반적으로 $0.1 \sim 0.35[kg_f/cm^2]$의 증기를 사용한다.

정답 47 ㉯ 48 ㉰ 49 ㉰ 50 ㉱ 51 ㉱

52 배수배관의 시공 상 주의사항으로 틀린 것은?

㉮ 배수를 가능한 빨리 옥외 하수관으로 유출할 수 있을 것
㉯ 옥외 하수관에서 유해가스가 건물 안으로 침입하는 것을 방지 할 수 있을 것
㉰ 배수관 및 통기관은 내구성이 풍부하고 물이 새지 않도록 접합을 완벽히 할 것
㉱ 한랭지일 경우 동결 방지를 위해 배수관은 반드시 피복을 하며 통기관은 그대로 둘 것

해설 ㉱ 한랭지일 경우 동결 방지를 위해 배수관과 통기관 모두 피복해야 한다.

53 방열기 주변의 신축이음으로 적당한 것은?

㉮ 스위블 이음
㉯ 미끄럼 신축이음
㉰ 루프형 이음
㉱ 벨로즈식 신축이음

해설 스위블 이음
온수 또는 저압증기 난방의 주관과 지관 방열기 주변 배관법 중 하나로 2개 이상의 엘보를 사용하여 나사의 회전에 의해 신축을 흡수하는 장치

54 배수 및 통기설비에서 배수 배관의 청소구 설치를 필요로 하는 곳으로 가장 거리가 먼 것은?

㉮ 배수 수직관의 제일 밑부분 또는 그 근처에 설치
㉯ 배수 수평 주관과 배수 수평 분기관의 분기점에 설치
㉰ 100A이상의 길이가 긴 배수관의 끝 지점에 설치
㉱ 배수관이 45° 이상의 각도로 방향을 전환하는 곳에 설치

해설 배수관의 청소구 설치 간격
① 배수수평관의 관경이 100A 이하일 경우 직선거리 15m 마다 1개소씩 설치
② 배수수평관의 관경이 100A 이상일 경우 직선거리 30m마다 1개소씩 설치

55 체크밸브에 대한 설명으로 옳은 것은?

㉮ 스윙형, 리프트형, 풋형 등이 있다.
㉯ 리프트형은 배관의 수직부에 한하여 사용한다.
㉰ 스윙형은 수평배관에만 사용한다.
㉱ 유량조절용으로 적합하다.

해설 ㉯ 리프트형은 배관의 수평부에만 사용이 가능하다.
㉰ 스윙형은 수평, 수직배관 모두 사용가능하다.
㉱ 유량조절용이 아니라 역류방지용으로 적합하다.
• 체크밸브(역류방지밸브)
유체를 일정한 방향으로만 흐르게 하고 역류하는 것을 방지하기 위해 설치하는 밸브로 종류는 스윙형, 리프트형, 풋형 등이 있다.

정답 52 ㉱ 53 ㉮ 54 ㉰ 55 ㉮

56 다음 그림에 나타낸 배관시스템 계통도는 냉방설비의 어떤 열원방식을 나타낸 것인가?

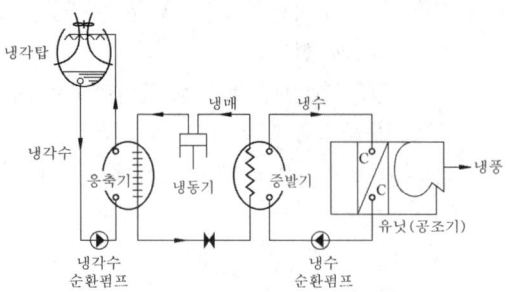

㉮ 냉수를 냉열매로 하는 열원방식
㉯ 가스를 냉열매로 하는 열원방식
㉰ 증기를 온열매로 하는 열원방식
㉱ 고온수를 온열매로 하는 열원방식

해설 증발기에서 냉매와 냉수를 열교환하고 차가워진 냉수를 공조기의 냉각코일에 순환시켜 공기를 냉각하는 방식으로 냉수를 냉열매로 하는 열원방식이다.

57 배관의 이동 및 회전을 방지하기 위하여 지지점의 위치에 완전히 고정하는 장치는?

㉮ 앵커
㉯ 행거
㉰ 가이드
㉱ 브레이스

해설 ① 앵커(Anchor) : 배관의 이동 및 회전을 방지하기 위하여 지지점의 위치를 완전히 고정하는 장치
② 행거 : 배관의 하중을 위에서 걸어 지지하는 장치
③ 가이드 : 배관의 축방향 이동은 안내하고 직각방향 운동을 구속하는데 사용한다.
④ 브레이스 : 압축기나 펌프에서 발생하는 배관의 진동 및 충격을 흡수하기 위해 사용한다.

58 하나의 장치에서 4방밸브를 조작하여 냉·난방 어느 쪽도 사용할 수 있는 공기조화용 펌프를 무엇이라고 하는가?

㉮ 열펌프
㉯ 냉각펌프
㉰ 원심펌프
㉱ 왕복펌프

해설 열펌프(Heat Pump)
히트펌프라고도 하며 냉동기의 고온부인 응축기의 방열작용을 이용한 난방 사이클로 4방밸브(4Way valve)를 사용하여 여름철에는 냉방이 가능하고 겨울철에는 난방이 가능하도록 구성된 장치이다.

59 증기난방에 비해 온수난방의 특징으로 틀린 것은?

㉮ 예열시간이 길지만 가열 후에 냉각시간도 길다.
㉯ 공기 중의 미진이 늘어 생기는 나쁜 냄새가 적어 실내의 쾌적도가 높다.
㉰ 보일러의 취급이 비교적 쉽고 비교적 안전하여 주택 등에 적합하다.
㉱ 난방부하 변동에 따른 온도조절이 어렵다.

해설 ㉱ 온수난방은 난방부하 변동에 따른 온도조절이 증기난방에 비해 쉽다.

60 단열을 위한 보온재 종류의 선택시 고려해야 할 조건으로 틀린 것은?

㉮ 단위 체적에 대한 가격이 저렴해야 한다.
㉯ 공사 현장 상황에 대한 적응성이 커야한다.
㉰ 불연성으로 화재시 유독가스를 발생하지 않아야 한다.
㉱ 물리적, 화학적 강도가 작아야 한다.

정답 56 ㉮ 57 ㉮ 58 ㉮ 59 ㉱ 60 ㉱

해설 보온재의 구비조건
① 열전달률이 작을 것
② 물리적, 화학적 강도가 클 것
③ 흡수성이 적고 가공이 용이 할 것
④ 불연성일 것
⑤ 사용온도에 있어서 내구성이 있고, 변질되지 않을 것
⑥ 부피·비중이 작을 것

제4과목 전기제어공학(공조냉동설치운영 2)

61 조절부와 조작부로 구성되어 있는 피드백 제어의 구성요소를 무엇이라 하는가?

㉮ 압력부　㉯ 제어장치
㉰ 제어요소　㉱ 제어대상

해설 제어요소 : 동작신호를 조작량으로 변환시키는 요소로 조절부와 조작부로 구성된다.
① 조절부 : 동작신호를 만드는 부분으로 기준입력신호와 검출부의 신호를 합하여 제어계가 소요 작용을 하는 데 필요한 신호를 만들어 조작부에 보내는 장치
② 조작부 : 조절부에서 받은 신호를 조작량으로 변환하여 제어대상에 보내는 장치

62 전력(electric power)에 관한 설명으로 옳은 것은?

㉮ 전력은 전류의 제곱에 저항을 곱한 값이다.
㉯ 전력은 전압의 제곱에 저항을 곱한 값이다.
㉰ 전력은 전압의 제곱에 비례하고 전류에 반비례한다.
㉱ 전력은 전류의 제곱에 비례하고 전압의 제곱에 반비례한다.

해설 전력(P)
$$P = VI = I^2 R = \frac{V^2}{R}$$
㉯ 전력은 전압의 제곱에 저항을 나눈 값이다.
㉰ 전력은 전압의 제곱에 비례하고 저항에 반비례한다.
㉱ 전력은 전류의 제곱에 비례하고 저항에 비례한다.

63 전달함수 $G(s) = \dfrac{10}{3+2s}$을 갖는 계에 $\omega = 2\text{rad/sec}$인 정현파를 줄 때 이득은 약 몇 dB인가?

㉮ 2　㉯ 3
㉰ 4　㉱ 6

해설 전달함수의 s대신 jw를 대입한다.
$$G(jw) = \frac{10}{3+2jw}$$
$$|G(jw)| = \left|\frac{10}{3+2jw}\right|_{w=2} = \frac{10}{\sqrt{3^2+4^2}} = 2$$
$w = 2\text{rad/sec}$ 이므로 아래의 식으로 이득값을 구할 수 있다.
이득 $= 20\log|G(jw)| = 20\log 2 = 6$

64 서보기구용 검출기가 아닌 것은?

㉮ 유량계　㉯ 싱크로
㉰ 전위차계　㉱ 차동변압기

해설 서보 기구용 검출기
① 전위차계 : 권선형 저항을 이용하여 변위, 변수를 측정하는 장치
② 차동변압기 : 변위를 자기 저항의 불균형으로 변환하는 장치
③ 싱크로 : 변각 검출기
④ 마이크로신 : 변각 검출기
⑤ 셀신전동기 : 변각 검출기

정답 61 ㉰ 62 ㉮ 63 ㉱ 64 ㉮

65 자동제어계의 구성 중 기준입력과 궤환신호와의 차를 계산해서 제어 시스템에 필요한 신호를 만들어 내는 부분은?

㉮ 조절부 ㉯ 조작부
㉰ 검출부 ㉱ 목표설정부

[해설] 조절부 : 동작신호를 만드는 부분으로 기준입력과 궤환신호의 차를 계산하여 제어계가 소요의 작용을 하는데 필요한 신호를 만들어 조작부로 보내는 장치

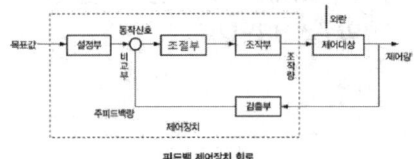

피드백 제어장치 회로

66 $L = \bar{x}\cdot y \cdot \bar{z} + \bar{x}\cdot y \cdot z + x \cdot \bar{y} \cdot z + x \cdot y \cdot z$
을 간단히 한 식으로 옳은 것은?

㉮ $\bar{x}\cdot y + x\cdot z$ ㉯ $x\cdot y + \bar{x}\cdot z$
㉰ $x\cdot \bar{y} + \bar{x}\cdot z$ ㉱ $\bar{x}\cdot \bar{y} + x\cdot \bar{z}$

[해설] $L = \bar{x}y\bar{z} + \bar{x}yz + x\bar{y}z + xyz$
$= \bar{x}y(\bar{z}+z) + xz(\bar{y}+y)$
$= \bar{x}y + xz$

67 그림과 같이 접지저항을 측정하였을 때 R_1의 접지저항(Ω)을 계산하는 식은?
(단, $R_{12} = R_1 + R_2$, $R_{23} = R_2 + R_3$, $R_{31} = R_3 + R_1$이다.)

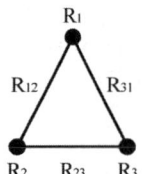

㉮ $R_1 = \frac{1}{2}(R_{12} + R_{31} + R_{23})$
㉯ $R_1 = \frac{1}{2}(R_{31} + R_{23} - R_{12})$
㉰ $R_1 = \frac{1}{2}(R_{12} - R_{31} + R_{23})$
㉱ $R_1 = \frac{1}{2}(R_{12} + R_{31} - R_{23})$

[해설] • 접지저항의 측정(3점법)
① $R_{12} = R_1 + R_2$
② $R_{23} = R_2 + R_3$
③ $R_{31} = R_3 + R_1$
• 위 식에서 ①과 ③을 더하면
$R_{12} + R_{31} = 2R_1 + R_2 + R_3$
$R_{12} + R_{31} = 2R_1 + R_{23}$
• 위 식에서 R_1을 구하면
$2R_1 = R_{12} + R_{31} - R_{23}$
$R_1 = \frac{1}{2}(R_{12} + R_{31} - R_{23})$

68 다음과 같이 저항이 연결된 회로의 전압 V_1과 V_2의 전압이 일치할 때, 회로의 합성저항은 약 Ω인가?

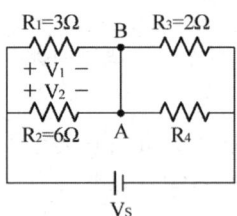

㉮ 0.3 ㉯ 2
㉰ 3.33 ㉱ 4

[해설] V_1과 V_2가 같은 경우 A점과 B점의 전위차가 0이므로 A, B점에 연결된 선을 기준하여 휘스톤브릿지가 성립하게 되며 아래와 같이 풀이 할 수 있다.
$R_1 R_4 = R_3 R_2$
$3 \times R_4 = 6 \times 2$
$R_4 = 4[\Omega]$

• 위 그림에서 R_1R_2, R_3R_4는 각각 병렬로 연결되어 있고 이들이 다시 직렬로 연결되므로 합성저항 (R)을 구하면

$$R_A = \cfrac{1}{\cfrac{1}{R_1}+\cfrac{1}{R_2}} = \cfrac{1}{\cfrac{1}{3}+\cfrac{1}{6}} = 2[\Omega]$$

$$R_B = \cfrac{1}{\cfrac{1}{R_3}+\cfrac{1}{R_4}} = \cfrac{1}{\cfrac{1}{2}+\cfrac{1}{4}} = 1.33[\Omega]$$

$$\therefore R = R_A + R_B = 2 + 1.33 = 3.33[\Omega]$$

69 다음의 정류회로 중 리플전압이 가장 작은 회로는? (단, 저항부하를 사용하였을 경우이다.)

㉮ 3상 반파 정류회로
㉯ 3상 전파 정류회로
㉰ 단상 반파 정류회로
㉱ 단상 전파 정류회로

[해설] 리플(맥동률)
① 단상 반파 정류회로 : r=1.21
② 단상 전파 정류회로 : r=0.482
③ 3상 반파 정류회로 : r=0.183
④ 3상 전파 정류회로 : r=0.042
※ 정류회로 중 리플전압이 가장 작아지는 회로는 3상 전파 정류회로 이다.

70 다음 중 압력을 감지하는데 가장 널리 사용되는 것은?

㉮ 전위차계
㉯ 마이크로폰
㉰ 스트레인 게이지
㉱ 회전자기 부호기

[해설] 스트레인 게이지
물체가 인장, 압축(압력) 등으로 변형될 때 변형을 측정하는 측정기를 말하며 물체에 부착시켜 측정한다. 합금선은 인장방향의 변형을 받으면 길이가 증가하여 단면적이 감소되어 전기저항이 증가하며, 그 증가분을 측정한다.

71 그림은 전동기 속도제어의 한 방법이다. 전동기가 최대 출력을 낼 때 사이리스터의 점호각은 몇 rad이 되는가?

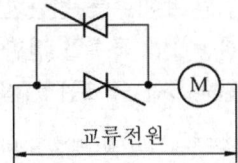

㉮ 0
㉯ $\cfrac{\pi}{6}$
㉰ $\cfrac{\pi}{2}$
㉱ π

[해설] 점호각이 α일 때 평균출력 전압은
① 전파정류일 때 : $E_d = \cfrac{\sqrt{2}}{\pi}E(1+\cos\alpha)$
② 반파정류일 때 : $E_d = \cfrac{\sqrt{2}}{2\pi}E(1+\cos\alpha)$
따라서 점호각 α가 0[rad]일 때 $\cos\alpha=1$이 되므로 출력 값이 최대가 된다.

72 위치, 각도 등의 기계적 변위를 제어량으로 해서 목표값의 임의의 변화에 추종하도록 구성된 제어계는?

㉮ 자동조정
㉯ 서보기구
㉰ 정치제어
㉱ 프로그램제어

[해설]
• 서보기구 : 목표값의 임의의 변화에 항상 추종하도록 구성된 제어계로 레이더, 미사일 추적장치 등이 있다.
• 서보기구의 제어량 : 기계적인 변위(위치, 방향, 자세, 거리, 각도 등)

정답 69 ㉯ 70 ㉰ 71 ㉮ 72 ㉯

73 3상 유도전동기의 회전방향을 바꾸려고 할 때 옳은 방법은?

㉮ 기동보상기를 사용한다.
㉯ 전원 주파수를 변환한다.
㉰ 전동기의 극수를 변환한다.
㉱ 전원 3선 중 2선의 접속을 바꾼다.

해설 3상 유도전동기의 회전방향을 바꾸려면 전원의 3선 중 2선의 접속을 바꾸면 된다.

74 다음은 자기에 관한 법칙들을 나열하였다. 다른 3개와는 공통점이 없는 것은?

㉮ 렌츠의 법칙
㉯ 패러데이의 법칙
㉰ 자기의 쿨롱법칙
㉱ 플레밍의 오른손법칙

해설 전자기 유도법칙
① 렌츠의 법칙 : 전자유도에 의해 생긴 기전력의 방향은 그 유도전류가 만든 자속이 원래 자속의 증가 또는 감소를 방해하는 방향으로 생긴다. 즉, 코일을 지나는 자속이 증가될 때 자속을 감소시키는 방향으로 또 감소될 때는 자속을 증가시키는 방향으로 유도기전력이 발생된다.
② 패러데이의 법칙 : 유도기전력의 크기는 코일을 지나는 자속의 매초 변화량과 코일의 권수에 비례한다.
③ 플레밍의 오른손 법칙 : 자장 내를 운동하는 도체에 유도되는 기전력의 크기는 그 도체가 단위시간에 끊는 자속수에 비례하고 그 방향은 운동하는 도체가 폐회로일 경우 이에 흐르는 전류에 의해서 생기는 자속의 쇄교작용을 상쇄하는 방향으로 유도된다.
• 자기의 쿨롱법칙 : 전기력에 관한 법칙

75 제어요소의 출력인 동시에 제어대상의 입력으로 제어요소가 제어대상에게 인가하는 제어신호는?

㉮ 외란   ㉯ 제어량
㉰ 조작량   ㉱ 궤환신호

해설 ① 외란 : 제어계를 혼란시키는 외적작용
② 제어량 : 제어대상에 대한 전체량 가운데 제어코자하는 목적의 량
③ 조작량 : 제어요소의 출력인 동시에 제어대상의 입력으로 제어요소가 제어대상에게 인가하는 제어신호
④ 궤환신호(피드백신호) : 전송계에서 출력의 일부를 입력측으로 되돌려서 가하는 신호

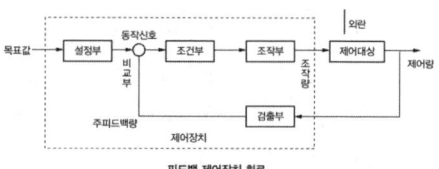

피드백 제어장치 회로

76 $v = 141\sin(377t - \frac{\pi}{6})$V인 전압의 주파수는 약 몇 Hz인가?

㉮ 50   ㉯ 60
㉰ 100   ㉱ 377

해설 교류회로에서의 전압 표시(순시값)
$v = V_m\sin(wt+\theta) = V_m\sin(2\pi ft+\theta)$
• $v = 141\sin(377t - \frac{\pi}{6})$
① 위 값에서 각속도(w)는 $w=377$[rad/s]이다.
② 주파수(f)
$w = 2\pi f$
$377 = 2\pi f$
$\therefore f = \frac{377}{2\pi} = 60[\text{Hz}]$

77 그림과 같은 블록선도가 의미하는 요소는?

$$R(s) \rightarrow \boxed{\dfrac{K}{1+sT}} \rightarrow C(s)$$

㉮ 비례 요소
㉯ 미분 요소
㉰ 1차 지연 요소
㉱ 2차 지연 요소

해설 1차 지연요소
출력이 입력의 변화에 따라 어떤 일정한 값에 도달하는데 시간의 지연이 있는 요소
(전달함수 특성방정식의 s의 차수(승수)가 1인 경우 1차 지연요소, 2인 경우 2차지연요소라고 나타낸다.)

78 유도전동기의 속도제어에 사용할 수 없는 전력 변환기는?

㉮ 인버터
㉯ 정류기
㉰ 위상제어기
㉱ 사이클로 컨버터

해설 유도전동기 속도제어 장치
① 인버터 : 직류를 교류로 변환하는 장치로 유도전동기의 속도제어, 효율제어, 역률제어 등에 사용된다.
② 사이클로 컨버터 : 어떤 교류 주파수를 다른 교류 주파수로 변환하는 장치로 유도전동기 속도제어용으로 사용된다.
③ 위상제어기 : 위상을 제어하여 유도전동기의 속도를 제어한다.
• 정류기는 교류를 직류로 바꾸는 장치로 유도전동기의 속도제어와는 관계없다.

79 그림(a)의 병렬로 연결된 저항회로에서 전류 I와 I_1의 관계를 그림(b)의 블록선도로 나타낼 때 A에 들어갈 전달 함수는?

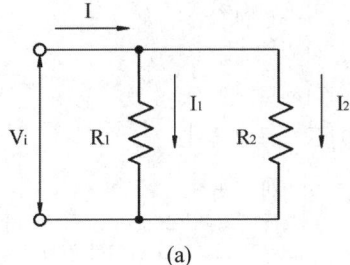

(a)

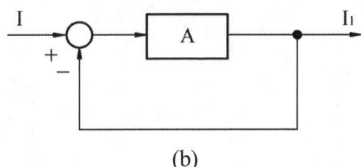

(b)

㉮ $\dfrac{R_1}{R_2}$ ㉯ $\dfrac{R_2}{R_1}$

㉰ $\dfrac{1}{R_1 R_2}$ ㉱ $\dfrac{1}{R_1 + R_2}$

해설 • 각 저항에 걸리는 전류
$$I_1 = \dfrac{R_2}{R_1+R_2}I[A], \quad I_2 = \dfrac{R_1}{R_1+R_2}I[A]$$

• 블록선도의 전달함수
$$G_{(S)} = \dfrac{I_1}{I} = \dfrac{A}{1+A}$$

• 위 I_1의 값을 이용해 A를 구하면
$$I_1 = \dfrac{R_2}{R_1+R_2}I = \dfrac{A}{1+A}I$$
$$\Rightarrow \dfrac{R_2}{R_1+R_2} = \dfrac{A}{1+A}$$
$$\Rightarrow R_2(1+A) + A(R_1+R_2)$$
$$\Rightarrow R_2 + AR_2 = AR_1 + AR_2$$
$$\Rightarrow R_2 = AR_1$$
$$\therefore A = \dfrac{R_2}{R_1}$$

정답 77 ㉰ 78 ㉯ 79 ㉯

80 출력의 일부를 입력으로 되돌림으로써 출력과 기준 입력과의 오차를 줄여나가도록 제어하는 제어방법은?

㉮ 피드백제어
㉯ 시퀀스제어
㉰ 리세트제어
㉱ 프로그램제어

해설 피드백 제어의 특징
피드백 제어는 입력(목표값)과 출력(제어량)을 비교하여 제어량이 목표값과 일치할 때까지 수정 하여 오차를 줄여나가는 자동제어 방식를 말한다.

정답 80 ㉮

공조냉동기계산업기사

과년도 출제문제

(2017.08.26. 시행)

제1과목 공기조화(공기조화설비)

01 다음 중 냉난방 과정을 설계할 때 주로 사용되는 습공기선도는? (단, h는 엔탈피, x는 절대습도, t는 건구온도, s는 엔트로피, p는 압력이다.)

㉮ h−x 선도   ㉯ t−s 선도
㉰ t−h 선도   ㉱ p−h 선도

해설 습공기 선도
① h−x선도 : 엔탈피h를 경사축으로 절대습도 x를 종축으로 구성한 선도
② t−x선도 : 건구온도 t를 횡축에, 절대습도 x를 종축으로 구성한 선도

02 어느 실내에 설치된 온수 방열기의 방열 면적이 10m² EDR 일 때의 방열량(W)은?

㉮ 4500   ㉯ 6500
㉰ 7558   ㉱ 5233

해설 • $Q = EDR \times q$
여기서, Q : 난방부하[kcal/h]
EDR : 표준방열면적[m²]
q : 표준방열량[kcal/m²h]
∴ $Q = 10[m^2] \times 523[W/m^2] = 5230[W]$
※ 참고
표준방열량
• 온수 : 450[kcal/m²h], 523[W/m²]
• 증기 : 650[kcal/m²h], 756[W/m²]

03 통과 풍량이 350m³/min일 때 표준 유닛형 에어필터의 수는? (단, 통과 풍속은 1.5m/s, 통과면적은 0.5m²이며, 유효면적은 80%이다.)

㉮ 5개   ㉯ 6개
㉰ 8개   ㉱ 10개

해설 $Q = A \cdot V \cdot n$
여기서, Q : 통과풍량[m³/s]
A : 면적[m²]
V : 통과풍속[m/s]
n : 필터의 개수
∴ $n = \dfrac{Q}{A \cdot V} = \dfrac{350}{(0.5 \times 0.8) \times 1.5 \times 60} = 9.72 ≒ 10$개
※ 에어필터의 필요 개수가 9.72개이므로 상수로 만들기 위해 반올림하면 10개가 필요하게 된다.

04 난방부하 계산에서 손실부하에 해당되지 않는 것은?

㉮ 외벽, 유리창, 지붕에서의 부하
㉯ 조명기구, 재실자의 부하
㉰ 틈새바람에 의한 부하
㉱ 내벽, 바닥에서의 부하

해설 일사부하나 인체부하, 조명부하, 기구부하 등은 열을 방생시켜 난방부하를 경감시켜주는 요인들이므로 난방부하의 발생요인에 해당되지 않는다.

정답 01 ㉮ 02 ㉱ 03 ㉱ 04 ㉯

05 공기조화방식 중 중앙식 전공기방식의 특징에 관한 설명으로 틀린 것은?

㉮ 실내공기의 오염이 적다.
㉯ 외기냉방이 가능하다.
㉰ 개별제어가 용이하다.
㉱ 대형의 공조기계실을 필요로 한다.

해설 ㉰ 중앙식 전공기방식은 공조기가 기계실에 집중되어 있어 관리가 편하지만 조화된 공기가 각실에 일정한 풍량으로 공급되므로 개별제어가 어렵다.

06 냉각수는 배관내를 통하게 하고 배관 외부에 물을 살수하여 살수된 물의 증발에 의해 배관 내 냉각수를 냉각시키는 방식으로 대기오염이 심한 곳 등에서 많이 적용되는 냉각탑은?

㉮ 밀폐식 냉각탑
㉯ 대기식 냉각탑
㉰ 자연통풍식 냉각탑
㉱ 강제통풍식 냉각탑

해설 밀폐식 냉각탑
냉각수가 배관내부를 통과하므로 대기와 접촉하지 않고 수질오염이 적어 대기오염이 심한 곳 등에서 많이 사용된다.
① 대기식 냉각탑 : 실외에 노출시켜 대기 중 물을 살수 또는 분무시켜 냉각시키는 방식
② 자연통풍식 : 바람의 속도에 영향을 받지 않고 탑 내부에 안정된 공기량이 얻어진다. 설치시 넓은 면적이 필요하므로 화력 및 기타 발전소에 사용되고 공조용으로는 사용되지 않는다.
③ 강제통풍 : 송풍기를 사용하여 공기를 보내는 방식으로 냉각효과가 크고 성능도 안정적이다. 소형경량화가 가능하여 대형의 공업용, 중소형 공기조화용에 가장 널리 사용된다.

07 온수난방 방식의 분류에 해당되지 않는 것은?

㉮ 복관식   ㉯ 건식
㉰ 상향식   ㉱ 중력식

해설 온수난방의 분류
① 순환방식 : 자연순환식(중력식), 강제순환식(펌프식)
② 온수온도 : 고온수식, 보통온수식, 저온수식
③ 배관방식 : 단관식, 복관식, 역환수방식(리버스리턴 방식)
④ 공급방식 : 상향식, 하향식

08 냉난방부하에 관한 설명으로 옳은 것은?

㉮ 외기온도와 실내설정온도의 차가 클수록 냉난방도일은 작아진다.
㉯ 실내의 잠열부하에 대한 현열부하의 비를 현열비라고 한다.
㉰ 난방부하 계산 시 실내에서 발생하는 열부하는 일반적으로 고려하지 않는다.
㉱ 냉방부하 계산 시 틈새 바람에 대한 부하는 무시하여도 된다.

해설 ㉮ 외기온도와 실내설정온도의 차가 클수록 냉난방도일은 커진다.
㉯ 실내의 전열부하(현열+잠열)에 대한 현열부하의 비를 현열비라고 한다.
㉱ 냉방부하 계산 시 틈새 바람에 대한 부하는 실내 현열과 잠열손실의 원인이 되므로 충분히 고려하여야 한다.

정답 05 ㉰ 06 ㉮ 07 ㉯ 08 ㉰

09 공기 냉각코일에 대한 설명으로 틀린 것은?

㉮ 소형 코일에는 일반적으로 외경 9~13mm 정도의 동관 또는 강관의 외측에 동, 또는 알루미늄제의 핀을 붙인다.
㉯ 코일의 관내에는 물 또는 증기, 냉매 등의 열매가 통하고 외측에는 공기를 통과시켜서 열매와 공기를 열교환시킨다.
㉰ 핀의 형상은 관의 외부에 얇은 리본 모양의 금속판을 일정한 간격으로 감아 붙인 것을 에로핀형이라 한다.
㉱ 에로핀 중 감아 붙인 핀이 주름진 것을 평판핀, 주름이 없는 평면상의 것을 파형핀이라 한다.

해설 ㉱ 에로핀 중 감아 붙인 핀이 주름진 것을 파형핀, 주름이 없는 평면상의 것을 평판핀이라 한다.

10 냉각수 출입구 온도차를 5℃, 냉각수의 처리 열량을 16380kJ/h로 하면 냉각수량(L/min)은? (단, 냉각수의 비열은 4.2kJ/kg·℃로 한다.)

㉮ 10 ㉯ 13
㉰ 18 ㉱ 20

해설 • 공식
$Q = GC\Delta T$
• 냉각수량(L/min)
$G = \dfrac{Q}{C\Delta T} = \dfrac{16380}{4.2 \times 5} = 780[L/h]$
∴ $\dfrac{780}{60} = 13[L/min]$
※ 물 1kg은 1L와 같다.

11 복사 냉·난방 방식에 관한 설명으로 틀린 것은?

㉮ 실내 수배관이 필요하며, 결로의 우려가 있다.
㉯ 실내에 방열기를 설치하지 않으므로 바닥이나 벽면을 유용하게 이용할 수 있다.
㉰ 조명이나 일사가 많은 방에 효과적이며, 천장이 낮은 경우에만 적용된다.
㉱ 건물의 구조체가 파이프를 설치하여 여름에는 냉수, 겨울에는 온수로 냉·난방을 하는 방식이다.

해설 ㉰ 복사난방의 경우 천장, 바닥, 벽에 패널을 매설하는 방식으로 상하 온도차가 적어 천장이 높은 방, 조명이나 일사가 많은 방에도 효과적으로 이용된다.

12 습공기의 수증기 분압과 동일한 온도에서 포화공기의 수증기 분압과의 비율을 무엇이라 하는가?

㉮ 절대습도   ㉯ 상대습도
㉰ 열수분비   ㉱ 비교습도

해설 ① 절대습도 : 습공기 중에 함유되어 있는 수증기의 중량, 즉 습공기를 구성하고 있는 건공기 1kg 중 포함된 수증기의 중량 x[kg]을 말하며 단위는 [kg/kg']로 표시한다.
② 상대습도 : 습공기의 수증기 분압(P_w)과 동일 온도에 있는 포화공기의 수증기분압(P_s)과의 비를 백분율로 나타낸 것으로 [%]로 표시한다.
③ 열수분비 : 습공기의 상태변화량 중 수분의 변화량과 엔탈피 변화량의 비를 나타낸다.
④ 비교습도 : 포화습공기의 절대습도와 동일온도의 습증기의 절대습도의 비를 나타낸다.

정답 09 ㉱ 10 ㉯ 11 ㉰ 12 ㉯

13 공기를 가열하는데 사용하는 공기 가열코일이 아닌 것은?

㉮ 증기코일   ㉯ 온수코일
㉰ 전기히터코일   ㉱ 증발코일

해설 공기 가열코일의 종류
증기코일, 온수코일, 전열코일, 냉매코일 등

14 그림과 같은 단면을 가진 덕트에서 정압, 동압, 전압의 변화를 나타낸 것으로 옳은 것은? (단, 덕트의 길이는 일정한 것으로 한다.)

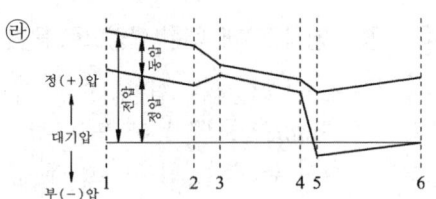

㉮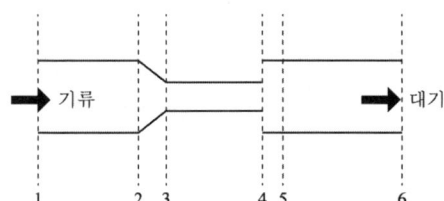

㉯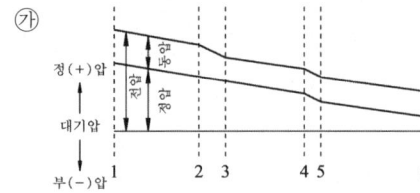

㉰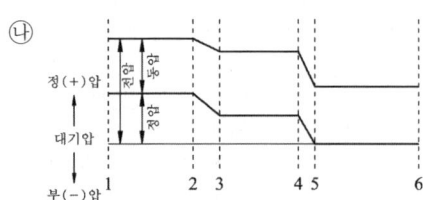

㉱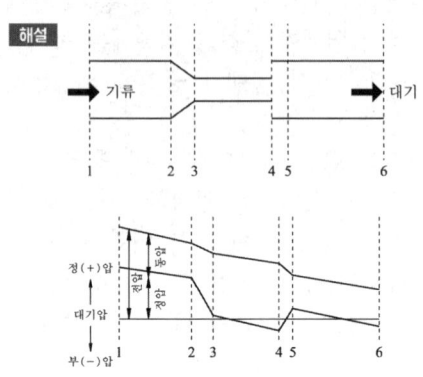

해설

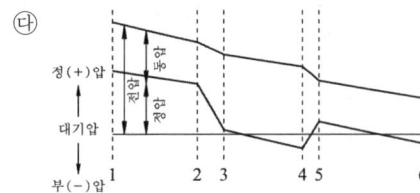

15 HEPA 필터에 적합한 효율 측정법은?

㉮ 중량법   ㉯ 비색법
㉰ 보간법   ㉱ 계수법

해설 여과기(필터) 효율측정 방법
① 중량법 : 필터의 상류측과 하류측의 분진의 중량을 측정하는 방법
② 비색법 : 필터 상류 및 하류의 분진을 각각 여과지로 채집하여 광투과량이 같도록 상하류에 통과되는 공기량을 조절하여 계산식을 이용해 효율을 구하는 방법
③ 계수법(DOP법) : 광산란식 입자계수기를 사용하여 필터의 상류 및 하류의 미립자에 의한 산란광에서 그 입경과 개수를 계측하여 농도를 측정하여 포집률을 구하는 방법으로 고성능(HEPA)필터 등에 많이 사용된다.

정답 13 ㉱   14 ㉰   15 ㉱

16 수관식 보일러의 특징에 관한 설명으로 틀린 것은?

㉮ 드럼이 작아 구조상 고압 대용량에 적합하다.
㉯ 구조가 복잡하여 보수·청소가 곤란하다.
㉰ 예열시간이 짧고 효율이 좋다.
㉱ 보유수량이 커서 파열 시 피해가 크다.

해설 ㉱는 원통형 보일러의 특징 설명이다.
수관식 보일러는 보유수량이 적어 파열시 피해가 적고 증기발생시간이 짧다.

17 다음 공기조화에 관한 설명으로 틀린 것은?

㉮ 공기조화란 온도, 습도조정, 청정도, 실내기류 등 항목을 만족시키는 처리 과정이다.
㉯ 반도체산업, 전산실 등은 산업용 공조에 해당된다.
㉰ 보건용 공조는 재실자에게 쾌적환경을 만드는 것을 목적으로 한다.
㉱ 공조장치에 여유를 두어 여름에 실·내외 온도차를 크게 할수록 좋다.

해설 ㉱ 공조장치에 여유를 두어 여름철 실·내외 온도차를 크게 하면 에너지소비량이 커지므로 실·내외 온도차는 5[℃] 이내로 작게 하는 것이 좋다.

18 직교류형 및 대향류형 냉각탑에 관한 설명으로 틀린 것은?

㉮ 직류형은 물과 공기 흐름이 직각으로 교차한다.
㉯ 직교류형은 냉각탑의 충진재 표면적이 크다.
㉰ 대향류형 냉각탑의 효율이 직교류형 보다 나쁘다.
㉱ 대향류형은 물과 공기 흐름이 서로 반대이다.

해설 ㉰ 대향류형은 냉각수와 공기의 방향이 서로 반대로 흐르면서 냉각되는 방식으로 직교류형보다 냉각 효율이 좋다.

19 32W 형광등 20개를 조명용으로 사용하는 사무실이 있다. 이때 조명기구로부터의 취득 열량은 약 얼마인가? (단, 안전기의 부하는 20%로 한다.)

㉮ 550W ㉯ 640W
㉰ 660W ㉱ 768W

해설 형광등의 취득열량(q_E)
$q_E = w \times n \times 1.2 = 32 \times 20 \times 1.2 = 768[W]$

20 냉각코일로 공기를 냉각하는 경우에 코일 표면 온도가 공기의 노점온도보다 높으면 공기중의 수분량 변화는?

㉮ 변화가 없다.
㉯ 증가한다.
㉰ 감소한다.
㉱ 불규칙적이다.

해설 냉각코일 표면온도가 공기의 노점온도보다 높으면 현열만 변화된 상태이므로 절대습도의 변화 없으므로 수분량도 마찬가지로 변화가 없다.

정답 16 ㉱ 17 ㉱ 18 ㉰ 19 ㉱ 20 ㉮

| 제2과목 | 냉동공학(냉동냉장설비) |

21 이상 냉동 사이클에서 응축기 온도가 40℃, 증발기 온도가 −10℃이면 성적계수는?

㉮ 3.26 ㉯ 4.26
㉰ 5.26 ㉱ 6.26

해설 냉동기의 성적계수(COP)
$$COP = \frac{T_L}{T_H - T_L} = \frac{(-10+273)}{(40+273)-(-10+273)} = 5.26$$

22 다음 중 냉각탑의 용량제어 방법이 아닌 것은?

㉮ 슬라이드 밸브 조작 방법
㉯ 수량변화 방법
㉰ 공기 유량변화 방법
㉱ 분할 운전 방법

해설 냉각탑 용량제어 방식
① 공기유량제어 : 냉각수의 온도에 따라 송풍기, 댐퍼 등에서 송풍량을 조절한다.
② 냉각수 수량(유량)제어 : 냉각탑에 공급되는 냉각수의 유량을 조절하는 방법
③ 냉각탑 분할 운전 : 냉각수의 토출 온도에 따라 냉각탑의 운전 대수를 조절한다.
※ 슬라이드 밸브 조작방법은 스크류압축기의 용량 제어 방식에 속한다.

23 수냉식 응축기를 사용하는 냉동장치에서 응축압력이 표준압력보다 높게 되는 원인으로 가장 거리가 먼 것은?

㉮ 공기 또는 불응축가스의 혼입
㉯ 응축수 입구온도의 저하
㉰ 냉각수량의 부족
㉱ 응축기의 냉각관에 스케일이 부착

해설 응축압력의 상승원인
① 불응축가스가 혼입되었을 경우
② 냉매가 과충전되었을 경우
③ 응축기 냉각관에 물때, 유막, 스케일 등이 형성되었을 경우
④ 수냉식의 경우 냉각수량이 부족하여 냉각수 온도가 상승 시
⑤ 공랭식의 경우 송풍량 부족 및 외기온도 상승 시

24 이론 냉동사이클을 기반으로 한 냉동장치의 작동에 관한 설명으로 옳은 것은?

㉮ 냉동능력을 크게 하려면 압축비를 높게 운전하여야 한다.
㉯ 팽창밸브 통과 전후의 냉매 엔탈피는 변하지 않는다.
㉰ 냉동장치의 성적계수 향상을 위해 압축비를 높게 운전하여야 한다.
㉱ 대형 냉동장치의 암모니아 냉매는 수분이 있어도 아연을 침식시키지 않는다.

해설 ㉮, ㉰ 압축피를 높게 운전하면 토출가스온도상승, 윤활유열화탄화, 체적효율감소, 소요동력상승 등 악영향으로 냉동장치의 성적계수는 감소한다.
㉱ 암모니아 냉매는 수분이 함유할 경우 암모니아 증기가 아연, 동 및 동합금을 부식시킨다.

25 2원 냉동사이클의 특징이 아닌 것은?

㉮ 일반적으로 저온측과 고온측에 서로 다른 냉매를 사용한다.
㉯ 초저온의 온도를 얻고자 할 때 이용하는 냉동사이클이다.
㉰ 보통 저온측 냉매로는 임계점이 높은 냉매를 사용하며, 고온측에는 임계점이 낮은 냉매를 사용한다.
㉱ 중간열교환기는 저온측에서는 응축기

정답 21 ㉰ 22 ㉮ 23 ㉯ 24 ㉯ 25 ㉰

역할을 하며, 고온측에서는 증발기 역할을 수행한다.

해설 ㉰ 보통 저온측 냉매로는 비등점이 낮은 냉매를 사용하고, 고온측에는 비등점이 높은 냉매를 사용한다.

26 냉동사이클에서 증발온도가 일정하고 압축기 흡입가스의 상태가 건포화 증기일 때, 응축온도를 상승시키는 경우 나타나는 현상이 아닌 것은?

㉮ 토출압력 상승 ㉯ 압축비 상승
㉰ 냉동효과 감소 ㉱ 압축일량 감소

해설 응축온도(압력)상승시 나타나는 현상
① 압축비 증가
② 토출가스 온도상승
③ 압축일량 증가
④ 체적효율 감소
⑤ 냉동효과 감소
⑥ 성적계수 감소

27 1kg의 공기가 온도 20℃의 상태에서 등온변화를 하여, 비체적의 증가는 0.5m³/kg, 엔트로피의 증가량은 0.05kcal/kg·℃였다. 초기의 비체적은 얼마인가? (단, 공기의 기체상수는 29.27kg·m/kg·℃이다.)

㉮ 0.293m³/kg ㉯ 0.465m³/kg
㉰ 0.508m³/kg ㉱ 0.614m³/kg

해설 등온과정에서의 엔트로피 변화
$$\triangle S = AGR \ln\left(\frac{V_2}{V_1}\right)$$
$$\ln\left(\frac{V_2}{V_1}\right) = \frac{\triangle S}{AGR}$$
$$\frac{V_2}{V_1} = e^{\frac{\triangle S}{AGR}}$$
$$V_2 = V_1 \times e^{\frac{\triangle S}{AGR}}$$

이때 비체적 증가량이 0.5[m³/kg]이므로 $V_2 = V_1 + 0.5$가 되므로 위 식에 대입하면
$$V_1 + 0.5 = V_1 \times e^{\frac{\triangle S}{AGR}}$$
$$V_1 \times e^{\frac{\triangle S}{AGR}} - V_1 = 0.5$$
$$V_1 \times \left(e^{\frac{\triangle S}{AGR}} - 1\right) = 0.5$$
$$V_1 = \frac{0.5}{\left(e^{\frac{\triangle S}{AGR}} - 1\right)}$$
$$= \frac{0.5}{\left(e^{\frac{0.05}{\frac{1}{427} \times 1 \times 29.27}} - 1\right)} = 0.465[m^3/kg]$$

※ 위 식에서 A는 일의 열당량을 나타낸다.
$$A = \frac{1}{427}[kcal/kg \cdot m]$$

28 15℃의 물로 0℃의 얼음을 100kg/h 만드는 냉동기의 냉동능력은 몇 냉동톤(RT)인가? (단, 1RT는 3320kcal/h이다.)

㉮ 1.43 ㉯ 1.78
㉰ 2.12 ㉱ 2.86

해설 15℃물 → 0℃물 → 0℃얼음
       ①   ②
① $Q_1 = GC\triangle T = 100 \times 1 \times (15-0)$
   $= 1,500[kcal/h]$
② $Q_2 = Gr = 100 \times 80 = 8,000[kcal/h]$
   냉동톤$(RT) = \frac{1,500 + 8,000}{3320} = 2.86$

29 P-h(압력-엔탈피)선도에서 포화증기선상의 건조도는 얼마인가?

㉮ 2   ㉯ 1
㉰ 0.5 ㉱ 0

해설 P-h선도에서의 건조도(x)
① 포화액 : x = 0   ② 습증기 : 0 < x < 1
③ 건포화증기 : x = 1

정답 26 ㉱ 27 ㉯ 28 ㉱ 29 ㉯

30 증발식 응축기에 관한 설명으로 옳은 것은?

㉮ 증발식, 응축기는 많은 냉각수를 필요로 한다.
㉯ 송풍기, 순환펌프가 설치되지 않아 구조가 간단하다.
㉰ 대기온도는 동일하지만 습도가 높을 때는 응축압력이 높아진다.
㉱ 증발식 응축기의 냉각수 보급량은 물의 증발량과는 큰 관계가 없다.

해설 증발식 응축기의 특징
① 물의 증발잠열을 이용하므로 전열효율이 좋아 냉각수 소비량이 작다.
② 팬, 노즐, 냉각수 펌프 등 부속설비들이 많아 구조가 복잡하고 설치비가 비싸다.
③ 외기 습구온도의 영향을 많이 받는다.
④ 증발식 응축기의 보급수량은 비산수량, 증발수량, 불순물의 농도를 낮추기 위한 수량 등이 고려되어야 한다.
⑤ 대기온도가 동일할 때 습도가 높아지면 냉각능력이 떨어져 응축압력은 높아진다.

31 축열장치에서 축열재가 갖추어야 할 조건으로 가장 거리가 먼 것은?

㉮ 열의 저장은 쉬워야 하나 열의 방출은 어려워야 한다.
㉯ 취급하기 쉽고 가격이 저렴해야 한다.
㉰ 화학적으로 안정해야 한다.
㉱ 단위체적당 축열량이 많아야 한다.

해설 축열재의 구비 조건
① 열의 출입이 용이할 것(저장 및 방출이 쉬워야 한다.)
② 취급이 용이하고 가격이 저렴할것
③ 단위체적당 축열량이 클 것
④ 화학적으로 안정할 것
⑤ 독성, 폭발성 및 부식성이 없을 것

32 진공압력 300mmHg를 절대압력으로 환산하며 약 얼마인가? (단, 대기압은 101.3kPa이다.)

㉮ 48.7kPa ㉯ 55.4kPa
㉰ 61.3kPa ㉱ 70.6kPa

해설 표준대기압 : 1atm = 760mmHg = 101.3kPa
① 단위환산
$\dfrac{300[mmHg]}{760[mmHg]} \times 101.3[kPa] = 40[kPa]$
② 절대압력=대기압-진공압력
∴ 절대압력 = 101.3 − 40 = 61.3[kPa]

33 브라인의 구비조건으로 틀린 것은?

㉮ 열 용량이 크고 전열이 좋을 것
㉯ 점성이 클 것
㉰ 빙점이 낮을 것
㉱ 부식성이 없을 것

해설 브라인의 구비조건
① 열용량(비열)이 클 것
② 점도가 작을 것
③ 열전도율이 클 것
④ 불연성이며 불활성일 것
⑤ 인화점이 높고 응고점이 낮을 것
⑥ 가격이 싸고 구입이 용이할 것
⑦ 냉매 누설 시 냉장품 손실이 적을 것

34 다음 중 무기질 브라인이 아닌 것은?

㉮ 염화나트륨
㉯ 염화마그네슘
㉰ 염화칼슘
㉱ 에틸렌글리콜

해설 • 무기질 브라인 : 염화나트륨(NaCl), 염화마그네슘($MgCl_2$), 염화칼슘($CaCl_2$)
※ 부식순서 암기법 : 나>마>카
• 유기질 브라인 : 에틸렌글리콜($C_2H_6O_2$), 프로필렌글리콜($C_3H_6(OH)_2$), 에틸알콜(C_2H_5OH)

35 암모니아 냉동장치에서 팽창밸브 직전의 냉매액 온도가 20℃이고 압축기 직전 냉매 가스 온도가 -15℃의 건포화 증기이며, 냉매 1kg당 냉동량은 270kcal이다. 필요한 냉동능력이 14RT일 때, 냉매순환량은? (단, 1RT는 3320kcal/h이다.)

㉮ 123kg/h ㉯ 172kg/h
㉰ 185kg/h ㉱ 212kg/h

해설 $Q(냉동능력) = G(냉매순환량) \cdot q(냉동효과)$
$G = \dfrac{Q}{q} = \dfrac{14 \times 3320[\text{kcal/h}]}{270[\text{kcal/kg}]} = 172.15[\text{kg/h}]$

36 냉동장치의 P-i(압력-엔탈피)선도에서 성적계수를 구하는 식으로 옳은 것은?

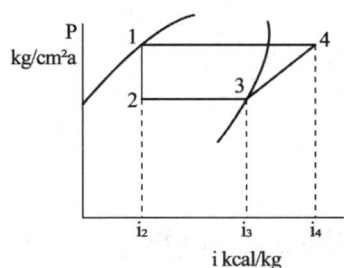

㉮ $COP = \dfrac{i_4 - i_3}{i_3 - i_2}$

㉯ $COP = \dfrac{i_3 - i_2}{i_4 - i_2}$

㉰ $COP = \dfrac{i_3 - i_2}{i_4 - i_3}$

㉱ $COP = \dfrac{i_4 - i_2}{i_3 - i_2}$

해설 $COP = \dfrac{q(냉동효과)}{Aw(압축일)} = \dfrac{i_3 - i_2}{i_4 - i_3}$

37 저온장치 중 얇은 금속판에 브라인이나 냉매를 통하게 하여 금속판의 외면에 식품을 부착시켜 동결하는 장치는?

㉮ 반 송풍 동결장치
㉯ 접촉식 동결장치
㉰ 송풍 동결장치
㉱ 터널식 공기 동결장치

해설 저온동결장치의 종류
① 접촉 동결장치 : 얇은 금속판에 브라인이나 냉매를 통하게 하여 금속판의 외면에 식품을 부착시켜 동결하는 장치
② 송풍 동결장치 : 냉각된 공기를 높은 속도로 송풍하여 동결시키는 장치
③ 터널식 공기 동결장치 : 방열된 터널형의 동결실에 공기 냉각기로 냉각된 공기를 송풍하여 동결시키는 장치

38 실제기체가 이상기체의 상태식을 근사적으로 만족하는 경우는?

㉮ 압력이 높고 온도가 낮을수록
㉯ 압력이 높고 온도가 높을수록
㉰ 압력이 낮고 온도가 높을수록
㉱ 압력이 낮고 온도가 낮을수록

해설 실제기체가 이상기체에 가까워지는 조건은 아래와 같다.
① 압력이 낮을수록
② 온도가 높을수록
③ 분자량이 작을수록
④ 비체적이 클수록(밀도가 작을수록)

정답 35 ㉯ 36 ㉰ 37 ㉯ 38 ㉰

39 어느 재료의 열통과율이 0.35W/m²·K, 외기와 벽면과의 열전달률이 20W/m²·K, 내부공기와 벽면과의 열전달률이 5.4W/m²·K이고, 재료의 두께가 187.5mm일 때, 이 재료의 열전도도는?

㉮ 0.032W/m·K
㉯ 0.056W/m·K
㉰ 0.067W/m·K
㉱ 0.072W/m·K

해설 열관류율

$$K = \frac{1}{\frac{1}{a_1} + \frac{l}{\lambda} + \frac{1}{a_2}}$$

위 공식에서 열전도율 λ를 구한다.
($l = 187.5\,[\text{mm}] = 0.1875\,[\text{m}]$)

$$0.35 = \frac{1}{\frac{1}{20} + \frac{0.1875}{\lambda} + \frac{1}{5.4}}$$

$$\frac{1}{20} + \frac{0.1875}{\lambda} + \frac{1}{5.4} = \frac{1}{0.35}$$

$$\frac{0.1875}{\lambda} = \frac{1}{0.35} - \frac{1}{20} - \frac{1}{5.4}$$

$$\therefore \lambda = \frac{0.1875}{\frac{1}{0.35} - \frac{1}{20} - \frac{1}{5.4}} = 0.072\,[\text{W/m·K}]$$

40 다음 h-x(엔탈피-농도)선도에서 흡수식 냉동기 사이클을 나타낸 것으로 옳은 것은?

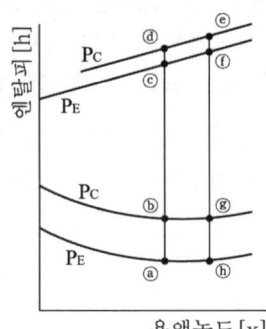

㉮ c - d - e - f - c
㉯ b - c - f - g - b
㉰ a - b - g - h - a
㉱ a - d - e - h - a

해설 흡수식 냉동사이클 : a - b - g - h - a

| 제3과목 | 배관일반(공조냉동설치운영1) |

41 각 난방 방식과 관련된 용어의 연결로 옳은 것은?

㉮ 온수난방 - 잠열
㉯ 증기난방 - 팽창탱크
㉰ 온풍난방 - 팽창관
㉱ 복사난방 - 평균복사온도

해설 ㉮ 온수난방 - 현열(감열)
㉯ 온수난방 - 팽창탱크, 증기난방 - 안전밸브
㉰ 온수난방 - 팽창관

42 배수트랩의 종류에 해당하는 것은?

㉮ 드럼 트랩   ㉯ 버킷 트랩
㉰ 벨로즈 트랩 ㉱ 디스트 트랩

해설
- 배수트랩 종류
  ① 파이프형(사이펀식) : S트랩, P트랩, U트랩
  ② 용적형(비사이펀식) : 드럼트랩, 벨트랩
- 증기트랩
  ① 기계식 : 플로트트랩(다량트랩), 버킷트랩
  ② 온도조절식(열동식) : 바이메탈트랩, 벨로즈트랩
  ③ 열역학적트랩 : 디스크트랩, 오리피스트랩

43 관경 25A(내경 27.6mm)의 강관에 30L/min의 가스를 흐르게 할 때 유속(m/s)은?

㉮ 0.14   ㉯ 0.34
㉰ 0.64   ㉱ 0.84

해설 연속방정식

$$Q = AV = \frac{\pi D^2}{4} \cdot V$$

Q : 유량[m³/s]

여기서, A : 면적[m²] $\Rightarrow \frac{\pi D^2}{4}$: 원면적[m²]

V : 유속[m/s]

$$V = \frac{Q}{\frac{\pi D^2}{4}} = \frac{0.03[\text{m}^3/\text{min}] \times \frac{1[\text{min}]}{60[\text{s}]}}{\frac{\pi \times 0.0276^2}{4}[\text{m}^2]} = 0.84[\text{m/s}]$$

※ 1[m³]=1000[L]이므로
30[L/min]= 0.03[m³/min]이 된다.

44 펌프주위 배관에 대한 설명으로 틀린 것은?

㉮ 흡입관의 길이는 가능하면 짧게 배관한다.
㉯ 흡입관은 펌프를 향해서 약 1/50정도의 올림구배가 되도록 한다.
㉰ 토출관에는 글로브 밸브를 설치하고, 흡입관에는 체크밸브를 설치한다.
㉱ 흡입측에는 진공계를 설치하고, 토출측에는 압력계를 설치한다.

해설 ㉰ 토출관에는 펌프의 역류를 방지하기 위해 체크밸브를 설치하고 흡입관에는 개폐용 게이트(슬루스)밸브를 설치한다.

45 냉매 배관 중 액관은 어느 부분인가?

㉮ 압축기와 응축기까지의 배관
㉯ 증발기와 압축기까지의 배관
㉰ 응축기와 수액기까지의 배관
㉱ 팽창밸브와 압축기까지의 배관

해설
① 고압기체관 : 압축기 – 응축기
② 고압액관 : 응축기 – 수액기 – 팽창밸브
③ 저압액관 : 팽창밸브 – 증발기
④ 저압기체관 : 증발기 – 액분리기 – 압축기
※ 수액기와 액분리기는 문제 유형에 따라 생략 될 수 있음.

46 냉매배관 시공 시 유의사항으로 틀린 것은?

㉮ 팽창밸브 부근에서의 배관길이는 가능한 짧게 한다.
㉯ 지나친 압력강하를 방지한다.
㉰ 암모니아 배관의 관이음에 쓰이는 패킹재료는 천연고무를 사용한다.
㉱ 두 개의 입상관 사용 시 트랩과정은 되도록 크게 한다.

해설 ㉱ 두 개의 입상관 사용 시 트랩은 직경이 큰 관의 입구에 설치하고 트랩은 되도록 적게 하여 압축기의 유면약동을 방지해야 한다.

정답 42 ㉮ 43 ㉱ 44 ㉰ 45 ㉰ 46 ㉱

47 냉동장치의 토출배관 시공 시 유의사항으로 틀린 것은?

㉮ 관의 합류는 T이음보다 Y이음으로 한다.
㉯ 압축기 정지 중에도 관내에 응축된 냉매가 압축기로 역류하지 않도록 한다.
㉰ 압축기에서 입상된 토출관의 수평 부분은 응축기 쪽으로 상향 구배를 한다.
㉱ 여러 대의 압축기를 병렬 운전할 때는 가스 충돌로 인한 진동이 없게 한다.

[해설] ㉰ 압축기 토출가스 배관의 경우 압축기 쪽으로 액이 넘어오는 것을 방지하기 위해 압축기에서 입상된 토출관의 수평부분은 응축기 쪽으로 하향 구배하여야 한다.

48 강관의 접합방법에 해당되지 않는 것은?

㉮ 나사 접합   ㉯ 플랜지 접합
㉰ 압축 접합   ㉱ 용접 접합

[해설]
- 강관접합 : 나사접합, 용접접합, 플랜지접합
- 동관접합 : 납땜접합, 압축접합(플레어이음), 플랜지접합

49 다음 중 관을 도중에 분기시키기 위해 사용되는 부속품이 아닌 것은?

㉮ 티(T)   ㉯ 와이(Y)
㉰ 크로스(cross) ㉱ 엘보(elbow)

[해설]
- 관을 분기시킬 때 : 티(T), 와이(Y), 크로스(+)
- 관의 방향을 바꿀 때 : 엘보, 벤드, 리턴벤드

50 냉온수 배관을 시공할 때 고려해야 할 사항으로 옳은 것은?

㉮ 열에 의한 온수의 체적팽창을 흡수하기 위해 신축이음을 한다.
㉯ 기기와 관의 부식을 방지하기 위해 물을 자주 교체한다.
㉰ 열에 의한 배관의 신축을 흡수하기 위해 팽창관을 설치한다.
㉱ 공기체류장소에는 공기빼기밸브를 설치한다.

[해설] ㉮ 열에 의한 온수의 체적팽창을 막기 위해 팽창탱크를 설치한다.
㉯ 기기와 관의 부식을 방지하기 위해 급수처리, 용존산소제거, 온도조절 등 보일러 운전 및 취급에 유의한다.
㉰ 열에 의한 배관의 신축을 흡수하기 위해 신축이음을 설치한다.

51 증기난방 배관 시공 시 복관 중력 환수식 증기주관의 증기 흐름 방향으로의 구배로 적당한 것은?

㉮ 1/100 정도의 선단 상향 구배로 한다.
㉯ 1/100 정도의 선단 하향 구배로 한다.
㉰ 1/200 정도의 선단 상향 구배로 한다.
㉱ 1/200 정도의 선단 하향 구배로 한다.

[해설]
- 복관 중력 환수식
  ① 하향 공급관(순류관, 순구배) : $\dfrac{1}{200}$
- 단관 중력 환수식
  ① 하향 공급관(순류관, 순구배) : $\dfrac{1}{100} \sim \dfrac{1}{200}$
  ② 상향 공급관(역류식, 역구배) : $\dfrac{1}{50} \sim \dfrac{1}{100}$

[정답] 47 ㉰ 48 ㉰ 49 ㉱ 50 ㉱ 51 ㉱

52 공기조화기에 설치된 공기 냉각코일 내에 흐르는 냉수의 적정 유속은?

㉮ 약 1m/s ㉯ 약 3m/s
㉰ 약 5m/s ㉱ 약 7m/s

해설 냉수(냉각) 코일의 설계방법
① 공기와 물의 흐름은 대항류(역류)로 할 것
② 공기와 물의 대수평균온도차(LMTD)를 크게 할 것(코일의 열수를 조절하여 대수평균온도차 조절하며 코일의 열 수는 4~8열이 적당하다.)
③ 냉수 속도는 일반적으로 1m/s전후로 한다.
④ 코일의 통과 풍속은 2~3m/s 정도로 한다.
⑤ 냉수의 입출구 온도차는 5℃ 전후로 한다.
⑥ 코일의 설치는 수평으로 한다.

53 다음 중 대구경 강관의 보수 및 점검을 위해 분해, 결합을 쉽게 할 수 있도록 사용되는 연결방법은?

㉮ 나사접합 ㉯ 플랜지접합
㉰ 용접접합 ㉱ 슬리브접합

해설 관의 분해 점검시 사용되는 접합방법
① 대구경(65A 이상) : 플랜지접합
② 소구경(50A 미만) : 유니온접합

54 가스미터 부착 시 유의사항으로 틀린 것은?

㉮ 온도, 습도가 급변하는 장소는 피한다.
㉯ 부식성의 약품이나 가스가 미터기에 닿지 않도록 한다.
㉰ 인접 전기설비와는 충분한 거리를 유지한다.
㉱ 가능하면 미관상 건물의 주요 구조부를 관통한다.

해설 ㉱ 건물의 주요 구조부(내력벽, 기둥, 보 등)를 관통하여 설치할 경우 검사, 수리 등이 어렵기 때문에 가급적 관통하지 않도록 한다.

55 냉온수 배관에 관한 설명으로 옳은 것은?

㉮ 배관이 보·천장·바닥을 관통하는 개소에는 플렉시블이음을 한다.
㉯ 수평관의 공기체류부에는 슬리브를 설치한다.
㉰ 팽창관(도피관)에는 슬루스 밸브를 설치한다.
㉱ 주관의 굽힘부에는 엘보 대신 벤드(곡관)를 사용한다.

해설 ㉮ 바닥 및 벽 등을 관통하는 배관의 경우 신축 흡수 및 관의 교체를 위해 슬리브이음으로 설치한다.
㉯ 수평관의 공기체류부에는 공기 빼기 밸브를 설치하여야 한다.
㉰ 팽창관(도피관)에는 긴급상황 시 압력을 긴급히 도피시켜야 하므로 밸브를 설치해서는 안 된다.

56 증기 가열코일이 있는 저탕조의 하부에 부착하는 배관 또는 부속품이 아닌 것은?

㉮ 배수관 ㉯ 급수관
㉰ 증기환수관 ㉱ 버너

해설 저탕조의 부속기기
배수관, 급수관, 증기환수관, 안전밸브, 온도계 등
※ 버너는 보일러의 연소장치로 연소실 내부에 설치되며 저탕조에는 설치되지 않는다.

정답 52 ㉮ 53 ㉯ 54 ㉱ 55 ㉱ 56 ㉱

57 파이프 내 흐르는 유체가 "물"임을 표시하는 기호는?

㉮ A ㉯ O ㉰ S ㉱ W

[해설] 유체의 종류 표시기호
① A(Air) : 공기
② G(GAS) : 가스
③ S(Steam) : 증기
④ O(Oil) : 오일(기름)
⑤ W(Water) : 물

58 급탕배관 시공 시 주요 고려사항으로 가장 거리가 먼 것은?

㉮ 배관 구배
㉯ 배관재료의 선택
㉰ 관의 신축과 영향
㉱ 관내 유체의 물리적 성질

[해설] 급탕관 시공시 고려사항
배관 구배, 배관재료, 관의 신축과 영향, 공기빼기장치, 보온 및 마무리, 배관지지 장치 등
※ 관내 유체의 물리적 성질은 시공시 알 수 없다.

59 다음 중 가스 공급 설비와 관련이 없는 것은?

㉮ 가스 홀더   ㉯ 압송기
㉰ 정적기   ㉱ 정압기

[해설] 가스공급설비 : 가스홀더, 압송기, 정압기, 가스미터, 가스 콕, 도관 등

60 배관용 탄소강관의 호칭경은 무엇으로 표시하는가?

㉮ 파이프 외경
㉯ 파이프 내경
㉰ 파이프 유효경
㉱ 파이프 두께

[해설] 배관용 탄소강관의 호칭지름표시
① A : mm
② B : inch
호칭 및 단위는 위와 같이 사용하며 기준은 파이프의 내경이다.

제4과목 | 전기제어공학(공조냉동설치운영2)

61 피드백 제어계에서 제어요소에 대한 설명인 것은?

㉮ 목표값에 비례하는 기준, 입력신호를 발생하는 요소이다.
㉯ 기준입력과 주궤환신호의 차로 제어동작을 일으키는 요소이다.
㉰ 제어를 하기 위해 제어대상에 부착시켜 놓은 장치이다.
㉱ 조작부와 조절부로 구성되어 동작신호를 조작량으로 변환하는 요소이다.

[해설] 제어요소 : 동작신호를 조작량으로 변환시키는 요소로 조절부와 조작부로 구성된다.
㉮ 기준입력요소에 대한 설명
㉯ 동작신호에 대한설명
㉰ 제어장치에 대한설명
㉱ 제어요소에 대한설명

정답 57 ㉱ 58 ㉱ 59 ㉰ 60 ㉯ 61 ㉱

62 잔류편차가 존재하는 제어계는?

㉮ 적분제어계
㉯ 비례제어계
㉰ 비례적분제어계
㉱ 비례적분미분제어계

[해설]
• 비례제어(P 동작) : 설정값과 제어 결과와의 편차 크기에 비례하여 조작부를 제어하는 동작
• 비례제어의 특징
① 외란이 있을 경우 잔류편차(off-set)이 발생한다.
② 부하변동이 작은 경우 이용한다.
③ 비례동작을 작게 할수록 동작은 강하게 변한다.

63 전달함수를 정의할 때의 조건으로 옳은 것은?

㉮ 입력신호만을 고려한다.
㉯ 모든 초기값을 고려한다.
㉰ 주파수 특성만을 고려한다.
㉱ 모든 초기값을 0으로 한다.

[해설] 전달함수는 초기값이 0인 시스템에 대한 라플라스 변환식으로 입력과 출력 라플라스변환의 비로 입력 라플라스 변환을 X(s), 출력 라플라스 변환을 Y(s)라고 하면 전달함수는 $G(s) = \dfrac{Y(s)}{X(s)}$로 나타낸다.

64 권선형 유도전동기의 회전자 입력이 10kW일 때 슬립이 4%였다면 출력은 몇 kW인가?

㉮ 4
㉯ 8
㉰ 9.6
㉱ 10.4

[해설] 출력(P)
$P = P_s(s-1) = 10(1-0.04) = 9.6 [kW]$
여기서, P : 출력[kW]
P_s : 회전자 입력[kW]
s : 슬립

65 어떤 회로의 전압이 V(V)이고 전류가 I(A)이며, 저항이 R(Ω)일 때 저항이 10% 감소되면 그때의 전류는 처음 전류 I(A)의 약 몇 배가 되는가?

㉮ 1.11배 ㉯ 1.41배
㉰ 1.73배 ㉱ 2.82배

[해설] 옴의 법칙 $I = \dfrac{V}{R}$에서 저항 R의 값이 10% 감소하였으므로 $R = (1-0.1) = 0.9$가 된다.
이 값을 다시 옴의 법칙에 대입하면
$I = \dfrac{1}{0.9} = 1.11$
∴ 어떤 회로의 저항이 10% 감소하게 되면 전류는 1.11배 증가하게 된다.

66 그림과 같은 R-L-C 직렬회로에서 단자 전압과 전류가 동상이 되는 조건은?

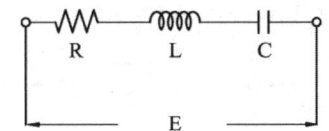

㉮ $\omega = LC$
㉯ $\omega LC = 1$
㉰ $\omega^2 LC = 1$
㉱ $\omega L^2 C^2 = 1$

[해설] $X_L = wL$, $X_C = \dfrac{1}{wC}$
∴ $X_L = X_C$ → $wL = \dfrac{1}{wC}$ → $w^2 LC = 1$
• 공진상태 ($X_L = X_C$)
① 직렬공진 : 직렬공진시에는 임피던스가 최소가 되며 그로인해 전류는 최대 된다.
② 병렬공진 : 병렬공진시에는 임피던스가 최대가 되며 그로인해 전류는 최소 된다.
③ 공진상태에서는 허수성분이 없어져 전압과 전류는 동위상이며, 최대 유효전력을 얻을 수 있다.

정답 62 ㉯ 63 ㉱ 64 ㉰ 65 ㉮ 66 ㉰

67 제동비 ξ는 그 범위가 0~1 사이의 값을 갖는 것이 보통이다. 그 값이 0에 가까울수록 어떻게 되는가?

㉮ 증가 진동한다.
㉯ 응답속도가 늦어진다.
㉰ 일정한 진폭으로 계속 진동한다.
㉱ 최대 오버슈트가 점점 작아진다.

해설 ① 과제동 : ξ>1
② 임계제동 : ξ=1
③ 부족제동 : ξ<1
④ 오버슈트는 주로 부족 제동 시 발생하며 제동비가 0에 가까울수록 오버슈트는 증가하며 응답속도는 늦어진다.

69 3상 유도전동기의 출력이 5마력, 전압 220V, 효율 80%, 역률 90%일 때 전동기에 흐르는 전류는 약 몇 A인가?

㉮ 11.6   ㉯ 13.6
㉰ 15.6   ㉱ 17.6

해설 ① 3상 유도전동기 출력 구하는 공식
$$P = \sqrt{3}\,VI\cos\theta\eta$$

이 때 출력 P[kW]는 1마력[HP]당 0.75[kW]가 흐르므로 위 문제에서 출력은 5마력이라 했으므로 P=5×0.75=3.727[kW]=3727[W]가 된다.
② 전류(I)
$$\therefore I = \frac{P}{\sqrt{3}\,V\cos\theta\eta} = \frac{3727}{\sqrt{3}\times 220\times 0.9\times 0.8}$$
$$= 13.6[A]$$

68 다음 그림에서 단위 피드백 제어계의 입력 R(s), 출력을 C(s)라 할 때 전달함수는 어떻게 표현되는가?

㉮ $\dfrac{G(s)}{1+R(s)}$ ㉯ $\dfrac{G(s)}{1+G(s)}$

㉰ $\dfrac{C(s)}{1+G(s)}$ ㉱ $\dfrac{R(s)\cdot C(s)}{1+R(s)}$

해설 전달함수
$$G(s) = \frac{C(s)}{R(s)} = \frac{패스경로}{1-피드백경로}$$
$$\therefore \frac{C(s)}{R(s)} = \frac{G(s)}{1+G(s)}$$

70 그림과 같은 단위계단함수를 옳게 나타낸 것은?

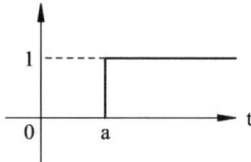

㉮ U(t)   ㉯ U(t−a)
㉰ U(a−t)   ㉱ U(−a−t)

해설 첫 번째 계단함수는 0에서 출발하여 0이 1이 되는 함수로 u(t)가 된다.
두 번째 계단함수는 a시점에서 출발하므로 a시점이 1이 되고 이것은 시간적으로 a만큼 지연시켜 출발한 함수로 u(t-a)가 된다.

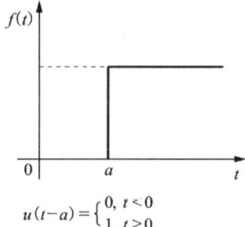

$$u(t-a) = \begin{cases} 0, & t<0 \\ 1, & t\geq 0 \end{cases}$$

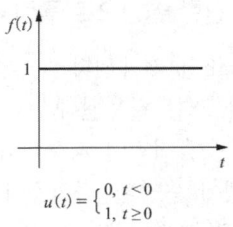

$u(t) = \begin{cases} 0, & t < 0 \\ 1, & t \geq 0 \end{cases}$

② 프로그램 제어 : 목표값의 변화량이 미리정해진 프로그램에 의하여 상태량을 제어한다.
③ 비율제어 : 목표값이 다른 양과 일정한 비율관계를 갖는 상태량을 제어한다.
• 정치제어 : 목표값이 시간에 따라 일정한 상태량을 제어하는 방식(프로세스 제어, 자동조정 제어, 온도제어 등)

71 다음 블록선도의 입력과 출력이 성립하기 위한 A의 값은?

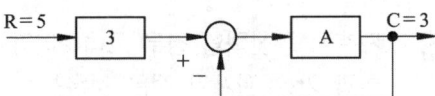

㉮ 3 ㉯ 4
㉰ $\dfrac{1}{3}$ ㉱ $\dfrac{1}{4}$

해설 전달함수

$G(s) = \dfrac{C}{R} = \dfrac{패스경로}{1 - 피드백경로} = \dfrac{3A}{1+A}$

$\dfrac{3}{5} = \dfrac{3A}{1+A}$ → $3(1+A) = 15A$ → $3 + 3A = 15A$

→ $3 = 15A - 3A$ → $3 = 12A$ → $\dfrac{3}{12} = A$

∴ $A = \dfrac{1}{4}$

72 목표값이 다른 양과 일정한 비율 관계를 가진 상태로 변화하는 경우의 제어는?

㉮ 추종제어 ㉯ 정치제어
㉰ 비율제어 ㉱ 프로그램제어

해설 추치제어 : 목표값이 임의의 변화에 대하여 추종하도록 구성된 제어로 목표값이 시간에 따라 변화되는 상태량을 제어한다.
• 추치제어의 종류
① 추종 제어 : 목표값이 임의로 변화되는 경우의 제어(서보기구)

73 다음 블록선도에서 전달함수 $C(s)/R(s)$ 는?

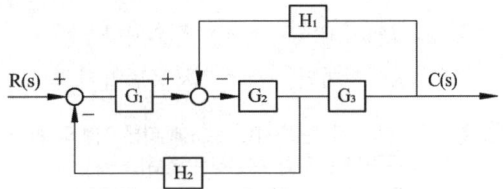

㉮ $\dfrac{G_1 G_2 G_3}{1 + G_2 G_3 H_1 - G_1 G_2 H}$

㉯ $\dfrac{G_1 G_2 G_3}{1 + G_2 G_3 H_1 + G_1 G_2}$

㉰ $\dfrac{G_1 G_2 G_3 H_1}{1 + G_2 G_3 H_1 + G_1 G_2 H}$

㉱ $\dfrac{G_1 G_2 G_3}{1 + G_2 G_3 H_2 + G_1 G_2}$

해설 전달함수

$G(s) = \dfrac{C(s)}{R(s)} = \dfrac{패스경로}{1 - 피드백경로}$

① 패스경로의 전달함수 : $G_1 G_2 G_3$
② 첫 번째 피드백경로 함수 : $-G_1 G_2 H_2$
③ 두 번째 피드백경로 함수 : $-G_2 G_3 H_1$

∴ $G(s) = \dfrac{G_1 G_2 G_3}{1 + G_1 G_2 H_2 + G_2 G_3 H_1}$

정답 71 ㉱ 72 ㉰ 73 전항정답

74 추종제어에 속하지 않는 제어량은?
- ㉮ 유량
- ㉯ 방위
- ㉰ 위치
- ㉱ 자세

해설
- 추종제어 : 서보기구(위치, 방위, 자세 등)
- 정치제어 : 프로세스제어(압력, 온도, 유량 액면, 농도 등)

75 변위를 전압으로 변환시키는 장치가 아닌 것은?
- ㉮ 전위차계
- ㉯ 측온저항
- ㉰ 포텐셔미터
- ㉱ 차동변압기

해설 측온저항계(저항온도계) : 온도에 따른 저항의 변화를 이용하여 온도를 측정하는 장치
① 전위차계(포텐셔미터) : 권선형 저항을 이용하여 변위, 변수를 측정하는 장치(변위→전압)
② 차동변압기 : 변위를 자기 저항의 불균형으로 변환하는 장치(변위→전압)

76 전기력선의 성질로 틀린 것은?
- ㉮ 전기력선은 서로 교차한다.
- ㉯ 양전하에서 나와 음전하로 끝나는 연속곡선이다.
- ㉰ 전기력선상의 접선은 그 점에 있어서의 전계의 방향이다.
- ㉱ 단위 전계강도 1V/m인 점에 있어서 전기력선 밀도를 1개/m^2라 한다.

해설 전기력선 : 전기적 현상을 이해하기 위해 만들어진 가상의 선
① 전기력선은 서로 겹치거나 교차하지 않는다.
② 양전하에서 나와 음전하로 끝나는 연속곡선이다.
③ 전기력선상의 접선은 그 점에 있어서의 전계의 방향과 같다.
④ 단위 밀도는 전계의 세기와 일치한다.
⑤ 저기력선은 전위가 높은 곳에서 낮은 곳으로 향한다.

77 시퀀스제어에 관한 설명으로 틀린 것은?
- ㉮ 시간지연요소가 사용된다.
- ㉯ 논리회로가 조합 사용된다.
- ㉰ 기계적 계전기 접점이 사용된다.
- ㉱ 전체시스템에 연결된 접점들이 동시에 동작한다.

해설 ㉱ 시퀀스 제어는 미리정해진 순서에 따라 각 단계별 제어를 행하는 제어방식으로 전체시스템에 연결된 접점들은 순차적으로 작동한다.

78 계측기를 선택할 경우 고려하여야 할 사항과 가장 관계가 적은 것은?
- ㉮ 정확성
- ㉯ 신속성
- ㉰ 신뢰성
- ㉱ 배율성

해설 계측기 선정시 고려사항
정확성, 신속성, 신뢰성, 안정도, 내구성, 측정대상 및 범위, 경제성 등

79 서보 전동기는 다음 중 어디에 속하는가?
- ㉮ 검출기
- ㉯ 증폭기
- ㉰ 변환기
- ㉱ 조작기기

해설 서보전동기(서보모터)
서보기구를 구동시키는 전동기로 위치와 속도를 검출하는 센서부가 부착되어 있으며 이 센서의 신호에 의해 지령값과 비교함으로써 위치, 속도, 방위, 자세 등을 수정하면서 조작하는 조작기기 이다.

정답 74 ㉮ 75 ㉯ 76 ㉮ 77 ㉱ 78 ㉱ 79 ㉱

80 전력선, 전기기기 등 보호대상에 발생한 이상상태를 검출하여 기기의 피해를 경감시키거나 그 파급을 저지하기 위하여 사용되는 것은?

㉮ 보호계전기
㉯ 보조계전기
㉰ 전자접촉기
㉱ 한시계전기

해설 ① 보호계전기 : 전기회로의 단락, 과부하, 지락등의 이상 발생시 그 부분을 신속히 발견·차단하는 계전기, 기기의 손상을 경감시키고 다른 계통에 대한 피해 방지를 목적으로 사용된다.
② 보조계전기 : 보호계전기의 보조용으로 사용되며 접점용량 및 접점수의 증가 또는 한시계전기를 포함한 보조적으로 사용되는 계전기의 총칭
③ 전자접촉기(MC) : 전자 릴레이처럼 전자 코일에 의하여 접점의 개폐가 이루어지는 것으로 전동기 회로의 개폐등에 사용된다.
④ 한시계전기 : 입력신호를 받아 일정한 시간이 되면 회로를 끊거나 바꾸어 조정하는 계전기

정답 80 ㉮

공조냉동기계산업기사

과년도 출제문제

(2018.03.04. 시행)

제1과목 공기조화(공기조화설비)

01 보일러에서 물이 끓어 증발할 때 보일러 수가 물방울 또는 거품으로 되어 증기에 섞여 보일러 밖으로 분출되어 나오는 장해의 종류는?

① 스케일 장해
② 부식 장해
③ 캐리오버 장해
④ 슬러지 장해

해설 캐리오버(carry over)
보일러수 중 불순물이 증가하면 불순물이 포함된 수분이 증기관 내로 따라 들어가 분출하게 되는데 이를 캐리오버 또는 기수공발이라고 한다.

02 건구온도 10℃, 상대습도 60%인 습공기를 30℃로 가열하였다. 이때의 습공기 상대습도는? (단, 10℃의 포화수증기압은 9.2mmHg, 30℃의 포화수증기압은 23.75mmHg이다.)

① 17%　② 20%
③ 23%　④ 27%

해설 건구온도 10℃, 상대습도 60%일 때 수증기 분압
$P_w = \varnothing P_S$
$P_w = 0.6 \times 9.2 = 5.52\text{mmHg}$
(건구온도 10℃와 30℃일 때의 수증기 분압은 같으므로 아래와 같이 구할 수 있다.)
• 건구온도 30℃의 상대습도
$\varnothing = \dfrac{Pw}{P_S} \times 100[\%]$
$\varnothing = \dfrac{5.52}{23.75} \times 100[\%] = 23.2[\%]$

03 다음 냉방부하 종류 중 현열부하만 이용하여 계산하는 것은?

① 극간풍에 의한 열량
② 인체의 발생 열량
③ 기구의 발생 열량
④ 송풍기에 의한 취득 열량

해설 ① 극간풍에 의한 열량 : 현열+잠열
② 인체의 발생열량 : 현열+잠열
③ 기구의 발생열량 : 현열+잠열
④ 송풍기에 의한 취득열량 : 현열(기계열)

04 겨울철에 난방을 하는 건물의 배기열을 효과적으로 회수하는 방법이 아닌 것은?

① 전열교환기 방법
② 현열교환기 방법
③ 열펌프 방법
④ 축열조 방법

해설 축열법
값싼 심야 전기를 이용하여 심야에 냉동기를 운전해

정답　01 ③　02 ③　03 ④　04 ④

빙축열(얼음) 또는 수축열(냉수)을 생산하여 그 열을 축열조에 보관하였다가 낮 피크부하시 사용되는 방법
※ 이 방법은 냉동방법의 일종이지 난방시에는 사용되지 않는다.

05 증기난방 방식의 종류에 따른 분류 기준으로 가장 거리가 먼 것은?

① 사용 증기 압력
② 증기 배관 방식
③ 증기 공급 방향
④ 사용 열매 종류

[해설] ① 사용증기압력 : 고압식, 저압식
② 증기배관방식 : 단관식, 복관식
③ 증기공급방향 : 상향식, 하향식
④ 환수관의배치 : 건식, 습식
⑤ 응축수 환수방식 : 중력환수식, 기계환수식, 진공환수식

06 증기 난방의 장점이 아닌 것은?

① 방열기가 소형이 되므로 비용이 적게 든다.
② 열의 운반 능력이 크다.
③ 예열 시간이 온수 난방에 비해 짧고 증기 순환이 빠르다.
④ 소음(stream hammering)을 일으키지 않는다.

[해설] ④ 증기난방은 스팀해머링을 일으켜 소음이 발생된다.
※ 소음을 줄이기 위해 스팀사일런스를 설치한다.

07 온도가 20℃, 절대압력이 1MPa인 공기의 밀도(kg/m³)는? (단, 공기는 이상기체이며, 기체상수(R)는 0.287kJ/kg·K이다.)

① 9.55 ② 11.89
③ 13.78 ④ 15.89

[해설] 이상기체 상태방정식 $PV = GRT$ 에서
• 밀도 $= \dfrac{질량(G)}{체적(V)}$ 이므로
• $P = \rho RT$ 와 같다.
여기서 밀도(ρ)를 구하면

$$\rho = \frac{P}{RT} = \frac{1 \times 1000 \mathrm{KPa}\left(\frac{\mathrm{KN}}{\mathrm{m}^2}\right)}{0.287 \dfrac{\mathrm{KJ(KN \cdot m)}}{\mathrm{kg \cdot K}} \times (20+273)\mathrm{K}}$$

$= 11.89 \mathrm{kg/m^3}$

※ MPa을 KPa로 바꾸어 주기 위해 1000을 곱한다.
※ KPa = KN/m²
※ KJ = KN·m

08 에어 핸들링 유닛(Air Handling Uint)의 구성요소가 아닌 것은?

① 공기 여과기   ② 송풍기
③ 공기 냉각기   ④ 압축기

[해설] 공기조화기(AHU)의 구성요소
공기냉각기(쿨링코일), 공기가열기(히팅코일), 공기여과기(에어필터), 가습기, 송풍기 등
※ 압축기는 냉동장치의 구성요소이지 공기조화기의 구성요소에 속하지 않는다.

09 덕트 내 공기가 흐를 때 정압과 동압에 관한 설명으로 틀린 것은?

① 정압은 항상 대기압 이상의 압력으로 된다.
② 정압은 공기가 정지 상태일지라도 존재한다.
③ 동압은 공기가 움직이고 있을 때만 생기는 속도압이다.
④ 덕트 내에서 공기가 흐를 때 그 동압을 측정하면 속도를 구할 수 있다.

[해설] 정압은 덕트 내부의 공기가 주위에 미치는 압력으로 운전상태 및 방식에 따라 대기압 이상이 되기도 하고 대가압 이하가 되기도 한다.

[정답] 05 ④ 06 ④ 07 ② 08 ④ 09 ①

10 가변 풍량 방식에 대한 설명으로 옳은 것은?

① 실내 온도 제어는 부하 변동에 따른 송풍 온도를 변화시켜 제어한다.
② 부분 부하 시 송풍기 제어에 의하여 송풍기 동력을 절감할 수 있다.
③ 동시 사용률을 적용할 수 없으므로 설비 용량을 줄일 수 없다.
④ 시운전시 취출구의 풍량 조절이 복잡하다.

해설 가변풍량방식(풍량이 변한다.)
가변 풍량 방식은 송풍기 제어에 의해 부분부하에 알맞은 풍량으로 취출 할 수 있으므로 송풍기의 동력소비량을 감소시킬 수 있다.

11 공기조화기(AHU)의 냉·온수 코일 선정에 대한 설명으로 틀린 것은?

① 코일의 통과 풍속은 약 2.5m/s를 기준으로 한다.
② 코일 내 유속은 1.0m/s 전후로 하는 것이 적당하다.
③ 공기의 흐름 방향과 냉온수의 흐름 방향은 평행류보다 대항류로 하는 것이 전열 효과가 크다.
④ 코일의 통풍 저항을 크게 할수록 좋다.

해설 ④ 코일의 통풍저항이 클 경우 코일을 통과하는 공기의 량이 줄어들어 코일의 전열효율이 감소하게 되고 공기조화기의 효율 역시 감소한다.

12 증기 트랩(Stream trap)에 대한 설명으로 옳은 것은?

① 고압의 증기를 만들기 위해 가열하는 장치
② 증기가 환수관으로 유입되는 것을 방지하기 위해 설치한 밸브
③ 증기가 역류하는 것을 방지하기 위해 만든 자동밸브
④ 간헐 운전을 하기 위해 고압의 증기를 만드는 자동밸브

해설 증기트랩(steem trap)
증기트랩은 방열기의 환수구나 증기배관의 말단에 설치하여 방열기나 증기관 내에서 발생되는 응축수 및 공기를 배제하여 수격작용을 방지하고 증기가 환수관으로 유입되는 것을 막아 증기의 응축열을 효과적으로 발열시키는 장치이다.

13 공기조화 방식의 특징 중 전공기식의 특징에 관한 설명으로 옳은 것은?

① 송풍 동력이 펌프 동력에 비해 크다.
② 외기 냉방을 할 수 없다.
③ 겨울철에 가습하기가 어렵다.
④ 실내에 누수의 우려가 있다.

해설 ② 외기 덕트 및 송풍기를 이용하여 외기냉방을 할 수 있다.
③ 겨울철에 가습이 가능하다.
④ 수배관이 실내에 설치되지 않으므로 실내에 누수의 우려가 없다.

14 고온수 난방 배관에 관한 설명으로 옳은 것은?

① 장치의 열 용량이 작아 예열 시간이 짧다.
② 대량의 열량공급은 용이하지만 배관의 지름은 저온수 난방보다 크게 된다.
③ 관 내 압력이 높기 때문에 관 내면의 부식문제가 증기 난방에 비해 심하다.
④ 공급과 환수의 온도차를 크게 할 수 있으므로 열 수송량이 크다.

해설 ① 장치의 열용량이 크므로 예열시간이 길다.
② 온도 및 압력이 높아 대용량의 열량공급이 용이하며 그로인해 배관의 지름은 저온수 난방보다 작게 할 수 있다.

③ 고온수 난방은 증기난방에 비해 기기의 고장 및 관내 부식의 문제가 적다.

15 일반적인 덕트 설비를 설계할 때 덕트 설계 순서로 옳은 것은?

① 덕트 계획 → 덕트 치수 및 저항 산출 → 흡입·취출구 위치 결정 → 송풍량산출 → 덕트 경로 결정 → 송풍기 선정
② 덕트 계획 → 덕트 경로 결정 → 덕트 치수 및 저항 산출 → 송풍량 산출 → 흡입·취출구 위치 결정 → 송풍기 선정
③ 덕트 계획 → 송풍량산출 → 흡입·취출구 위치결정 → 덕트 경로 결정 → 덕트치수 및 저항 산출 → 송풍기 선정
④ 덕트 계획 → 흡입·취출구 위치 결정 → 덕트 치수 및 저항 산출 → 덕트 경로 결정송풍량 산출 → 송풍기 선정

해설 덕트의 설계순서
덕트계획 → 송풍량산출 → 흡입·취출구 위치결정 → 덕트 경로결정 → 덕트치수 및 저항 산출 → 송풍기 선정

16 다음 중 저속 덕트와 고속 덕트를 구분하는 주덕트 내의 풍속으로 적당한 것은?

① 8m/s   ② 15m/s
③ 25m/s   ④ 45m/s

해설 저속덕트와 고속덕트의 구분
① 저속덕트 : 풍속 15m/s 이하
② 고속덕트 : 풍속 15m/s 이상

17 공기 조화방식의 열 매체에 의한 분류 중 냉매방식의 특징에 대한 설명으로 틀린 것은?

① 유닛에 냉동기를 내장하므로 국소적인 운전이 자유롭게 된다.
② 온도 조절기를 내장하고 있어 개별 제어가 가능하다.
③ 대형의 공조실을 필요로 한다.
④ 취급이 간단하고 대형의 것도 쉽게 운전할 수 있다.

해설 냉매방식(패키지방식)의 특징
압축기, 응축기, 팽창밸브, 공기여과기, 송풍기, 전동기, 제어장치 등을 케이싱에 조립하여 하나의 유닛으로 만든 것이다.
① 유닛에 냉동기를 내장하므로 국소 운전이 자유롭다.
② 온도 조절기를 내장하고 있어 개별제어가 가능하다.
③ 각실에 유닛을 직접 설치하므로 대형의 공조실이 필요하지 않다.
④ 취급이 간편하고 대형의 것도 쉽게 운전할 수 있다.

18 전열교환기에 대한 설명으로 틀린 것은?

① 회전식과 고정식 등이 있다.
② 현열과 잠열을 동시에 교환한다.
③ 전열교환기는 공기 대 공기 열교환기라고도 한다.
④ 동계에 실내로부터 배기되는 고온·다습 공기와 한랭·건조한 외기와의 열교환을 통해 엔탈피 감소 효과를 가져온다.

해설 ④ 전열교환기의 경우 실내로부터 배기되는 고온·다습한 공기와 한랭·건조한 외기와의 공기 대 공기 열교환을 통해 외기공기의 엔탈피 증가효과를 가져온다.

19 공조용 저속 덕트를 등마찰법으로 설계할 때 사용하는 단위마찰저항으로 가장 적당한 것은?

① 0.007~0.015Pa/m
② 0.7~1.5Pa/m
③ 7~15Pa/m
④ 70~15Pa/m

해설 등마찰손실법(등압법) : 덕트의 단위길이당 마찰저항이 일정한 상태가 되도록 덕트 마찰 선도에서 지름을 구하는 방법으로 마찰저항은 0.1mmAq/m(1Pa/m) 정도로 하고 풍량이 1000m³/h 이상이 되면 소음발생 및 덕트 강도상 문제가 발생하므로 등속법으로 하기도 한다.
• 저속덕트 : 0.7~1.5Pa/m
• 고속덕트 : 9.8Pa/m

20 송풍 공기량을 Q[m³/s], 외기 및 실내온도를 각각 to, tr[℃]이라 할 때 침입외기에 의한 손실 열량 중 현열부하(kW)를 구하는 공식은? (단, 공기의 정압비열은 1.0kJ/kg · K, 밀도는 1.2kg/m³이다.)

① 1.0×Q×(to-tr)
② 1.2×Q×(to-tr)
③ 597.5×Q×(to-tr)
④ 717×Q×(to-tr)

해설 침입외기에 의한 손실 열량
① 현열부하 $q_s = 1.0 \cdot G \cdot (t_o - t_r)$
$= 1.0 \cdot Q \cdot 1.2 \cdot (t_o - t_r)$
$= 1.2 \cdot Q \cdot (t_o - t_r)$
② 잠열부하 $q_L = 2501 \cdot G \cdot (X_o - X_r)$
$= 2501 \cdot Q \cdot 1.2 \cdot (X_o - X_r)$
$= 3001.2 \cdot Q \cdot (X_o - X_r)$
※ 0℃ 물의 증발잠열 $r = 2501 [kJ/kg]$
※ 풍량 : $G[kg/h] = Q[m^3/h] \times 1.2 [kg/m^3]$
※ 1[kW]=1[kJ/s], 1[kWh]=3600[kJ]

제2과목 냉동공학(냉동냉장설비)

21 냉동장치 내 불응축가스가 존재하고 있는 것이 판단되었다. 그 혼입의 원인으로 가장 거리가 먼 것은?

① 냉매 충전 전에 장치 내를 진공건조시키기 위하여 상온에서 진공 750mmHg 까지 몇 시간 동안 진공 펌프를 운전하였기 때문이다.
② 냉매와 윤활유의 충전 작업이 불량했기 때문이다.
③ 냉매와 윤활유가 분해하기 때문이다.
④ 팽창밸브에서 수분이 동결하고 흡입가스압력이 대기압 이하가 되기 때문이다.

해설 ① 기본적으로 냉매충전 전 장치 및 배관내부를 진공건조시킨다. 이 이유는 장치 및 배관내부의 산소중에 수분과 불응축 가스 등을 제거하기 위함이다. 즉 냉매 충전 전 750mmHg까지 몇 시간 동안 진공 작업을 하게 되면 관내부에 불응축가스는 제거된 상태라고 볼 수 있다.

▶ 불응축가스 존재 원인
• 냉매와 윤활유의 충전작업 불량으로 공기(산소)가 장치내로 혼입된 경우
• 냉매와 윤활유가 분해하여 가스 상태로 존재할 경우
• 팽창밸브에 수분이 동결하고 흡입가스 압력이 대기압보다 낮은 상태에서 장치에 누설부가 발생하여 공기(산소)가 장치내로 혼입된 경우

정답 19 ② 20 ② 21 ①

22 다음과 같은 냉동기의 냉동능력(RT)은? (단, 응축기 냉각수 입구온도 18℃, 응축기 냉각수 출구온도 23℃, 응축기 냉각수 수량 1500L/min, 압축기 주전동기 축마력 80PS, 1RT는 3320kcal/h이다.)

① 135　　② 120
③ 150　　④ 125

[해설] 응축기의 방열량($Q_c = GC\triangle T$)
※ 물 $1L = 1kg$
$Q_C = 1500\dfrac{kg}{min} \times 60\dfrac{min}{h} \times 1\dfrac{kcal}{kg\cdot℃} \times (23-18)℃$
$= 450000[kcal/h]$

- 압축기의 열량(1PS = 632kcal/h)
$Aw = 80 \times 632 = 50560[kcal/h]$
- 증발기의 흡수열량($Q_e = Qc - Aw$)
$Qe = 450000 - 50560 = 399440[kcal/h]$
- 냉동기의 냉동능력(RT)($1RT = 3320kcal/h$)
$Qe = \dfrac{399440}{3320} = 120.31[RT]$

23 10kg의 산소가 체적 5m³로부터 11m³로 변화하였다. 이 변화가 일정 압력 하에 이루어졌다면 엔트로피의 변화(kcal/K)는? (단, 산소는 완전가스로 보고, 정압비열은 0.221kcal/kg·K로 한다.)

① 1.55　　② 1.74
③ 1.95　　④ 2.05

[해설] 등압과정에서의 엔트로피 변화
$\triangle S = GC_p \ln\left(\dfrac{V_2}{V_1}\right)$
$\triangle S = 10kg \times 0.221\dfrac{kcal}{kg\cdot K} \times \ln\left(\dfrac{11m^3}{5m^3}\right) = 1.742[kcal/K]$

24 다음 그림은 어떤 사이클인가? (단, P = 압력, h = 엔탈피, T = 온도, S = 엔트로피이다.)

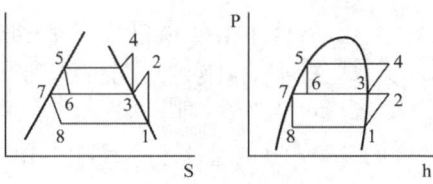

① 2단압축 1단팽창 사이클
② 2단압축 2단팽창 사이클
③ 1단압축 1단팽창 사이클
④ 1단압축 2단팽창 사이클

[해설] 위 작도된 선도는 2단압축 2단팽창 사이클이다.

25 공기냉동기의 온도가 압축기 입구에서 -10℃, 압축기 출구에서 110℃, 팽창밸브 입구에서 10℃, 팽창밸브 출구에서 -60℃일 때, 압축기의 소요열량(kcal/kg)은? (단, 공기비열은 0.24kcal/kg·℃)

① 12　　② 14
③ 16　　④ 18

[해설] 압축기의 소요열량(kcal/kg)
① $Q = C\triangle T$ 1kg당 열량이므로 질량(G)이 빠진다.
② $Aw = Qc - Qe$
$Aw = \{0.24 \times (110-10)\} - \{0.24 \times (-10-(-60))\}$
$= 12[kcal/kg]$

[정답] 22 ②　23 ②　24 ②　25 ①

26 냉동장치의 액관 중 발생하는 플래시 가스의 발생 원인으로 가장 거리가 먼 것은?

① 액관의 입상 높이가 매우 작을 때
② 냉매 순환량에 비하여 액관의 관경이 너무 작을 때
③ 배관에 설치된 스트레이너, 필터 등이 막혀 있을 때
④ 액관이 직사광선에 노출될 때

해설 플래시가스 발생원인
① 액관이 직사광선에 노출되어 있을 때
② 액관이 단열되지 않고 따뜻한 곳을 통과할 때
③ 액관이 현저히 입상하거나 지나치게 길 때
④ 액관 액관지지 밸브, 전자 밸브, 드라이어, 스트레이너의 구경이 작은 경우(교축현상)
⑤ 여과기나 드라이어 등의 막힘(교축현상/마찰저항)
⑥ 냉매 순환량에 비하여 액관의 관경이 너무 작을 경우(마찰저항)

27 압축기의 체적효율에 대한 설명으로 틀린 것은?

① 압축기의 압축비가 클수록 커진다.
② 틈새가 작을수록 커진다.
③ 실제로 압축기에 흡입되는 냉매증기의 체적과 피스톤이 배출한 체적과의 비를 나타낸다.
④ 비열비 값이 적을수록 적게 된다.

해설 압축기의 압축비가 클수록 체적효율은 감소한다.

28 냉동 효과에 관한 설명으로 옳은 것은?

① 냉동 효과란 응축기에서 방출하는 열량을 의미한다.
② 냉동 효과는 압축기의 출구 엔탈피와 증발기의 입구 엔탈피 차를 이용하여 구할 수 있다.
③ 냉동 효과는 팽창밸브 직전의 냉매 액온도가 높을수록 크며, 또 증발기에서 나오는 냉매증기의 온도가 낮을수록 크다.
④ 냉동 효과를 크게 하려면 냉매의 과냉각도를 증가시키는 방법을 취하면 된다.

해설 ① 냉동효과란 증발기에서 흡수하는 열량을 의미한다.
② 냉동효과는 증발기 출구(압축기 입구) 엔탈피와 증발기의 입구 엔탈피 차를 이용하여 구할 수 있다.
③ 냉동효과는 팽창밸브 직전의 냉매 액온도가 낮을수록 크며, 또 증발기에서 나오는 냉매증기의 온도가 높을수록 크다.

29 다음 중 몰리엘(P-h) 선도에 나타나 있지 않는 것은?

① 엔트로피   ② 온도
③ 비체적   ④ 비열

해설 몰리에르(P-h)선도의 구성
압력, 온도, 엔탈피, 비체적, 엔트로피, 건조도

정답   26 ①   27 ①   28 ④   29 ④

30 조건을 참고하여 산출한 이론 냉동사이클의 성적계수는?

[조건]
(ㄱ) 증발기 입구 냉매 엔탈피 : 250kJ/kg
(ㄴ) 증발기 출구 냉매 엔탈피 : 390kJ/kg
(ㄷ) 압축기 입구 냉매 엔탈피 : 390kJ/kg
(ㄹ) 압축기 출구 냉매 엔탈피 : 440kJ/kg

① 2.5 ② 2.8
③ 3.2 ④ 3.8

해설 이론 성적계수
$$COP = \frac{q_e}{Aw} = \frac{390-250}{440-390} = 2.8$$

31 조건을 참고하여 산출한 흡수식 냉동기의 성적계수는?

[조건]
(ㄱ) 응축기 냉각 열량 : 20000kJ/h
(ㄴ) 흡수기 냉각 열량 : 25000kJ/h
(ㄷ) 재생기 가열량 : 21000kJ/h
(ㄹ) 증발기 냉동 열량 : 24000kJ/h

① 0.88 ② 1.14
③ 1.34 ④ 1.52

해설 흡수식냉동기의 성적계수를 구할 때는 압축기의 열량 대신 재생기(발생기)의 열량을 대입하여 구해준다.
$$COP = \frac{q_e}{Aw} = \frac{24000}{21000} = 1.14$$

32 냉동장치의 안전장치 중 압축기로의 흡입압력이 소정의 압력 이상이 되었을 경우 과부하에 의한 압축기용 전동기의 위험을 방지하기 위하여 설치되는 기기는?

① 증발압력 조정밸브(EPR)
② 흡입압력 조정밸브(SPR)
③ 고압 스위치
④ 저압 스위치

해설 흡입압력 조정밸브(SPR)
압축기의 흡입압력이 소정의 압력 이상이 되었을 경우 과부하에 의한 압축기용 전동기의 위험을 방지하기 위하여 설치되는 밸브

33 중간 냉각기에 대한 설명으로 틀린 것은?

① 다단 압축 냉동장치에서 저단측 압축기 압축압력(중간압력)의 포화 온도까지 냉각하기 위하여 사용한다.
② 고단측 압축기로 유입되는 냉매 증기의 온도를 낮추는 역할도 한다.
③ 중간냉각기의 종류에는 플래시형, 액냉각형, 직접팽창형이 있다.
④ 2단압축 1단팽창 냉동장치에는 플래시형 중간 냉각 방식이 이용되고 있다.

해설 중간냉각기 종류
① 플래시형 : 2단압축 2단팽창
② 액냉각형 : 2단압축 1단팽창
③ 직접팽창형 : 2단압축 1단팽창

정답 30 ② 31 ② 32 ② 33 ④

34 어떤 냉매의 액이 30℃의 포화 온도에서 팽창밸브로 공급되어 증발기로부터 5℃의 포화증기가 되어 나올 때 1냉동톤당 냉매의 양(kg/h)은? (단, 5℃의 엔탈피는 140.83kcal/kg, 30℃의 엔탈피는 107.65 kcal/kg이다.)

① 100.1　② 50.6
③ 10.8　④ 5.3

해설　냉동능력($Q_e = G \triangle h$)
$$G = \frac{Q_e}{\triangle h} = \frac{1 \times 3320}{140.83 - 107.65} = 100.06 [kg/h]$$

35 냉매의 구비 조건으로 틀린 것은?

① 임계온도는 높고, 응고점은 낮아야 한다.
② 증발잠열과 기체의 비열은 작아야 한다.
③ 장치를 침식하지 않으며 절연 내력이 커야 한다.
④ 점도와 표면장력은 작아야 한다.

해설　② 증발 잠열은 크고 액체의 비열은 작아야 한다.
※ 증발 잠열이 클수록 냉동효과가 증가하며 액체의 비열은 작을수록 쉽게 증발 시킬 수 있다.

36 증기분사식 냉동 장치에서 사용되는 냉매는?

① 프레온　② 물
③ 암모니아　④ 염화칼슘

해설　증기분사식 냉동장치는 이젝터와 같은 노즐을 사용하며, 이 노즐을 통해 증기를 고속 분사시키면서 주위의 가스를 빨아들여 진공시킨다. 이 때 증발기 내의 물 또는 식염수는 저압 아래에서 증발됨으로써 그 증발잠열에 의해 냉매(물)가 냉각되고 이를 이용해 냉동하는 방식이다.

37 다음 상태변화에 대한 설명으로 옳은 것은?

① 단열변화에서 엔트로피는 증가한다.
② 등적변화에서 가해진 열량은 엔탈피 증가에 사용된다.
③ 등압변화에서 가해진 열량은 엔탈피 증가에 사용된다.
④ 등온변화에서 절대일은 0이다.

해설　① 단열변화는 열의 출입이 없고 마찰 등의 내부 열발생이 없는 변화로 엔트로피는 일정하다.
② 등적변화에서 가해진 열량은 내부에너지 증가에 사용된다.
④ 등온변화에서 절대일은 외부에서 가해진 열량과 같으므로 0보다 크다.

38 수랭식 냉동장치에서 단수되거나 순환수량이 적어질 때 경고 또는 장치 보호를 위해 작동하는 스위치는?

① 고압 스위치
② 저압 스위치
③ 유압 스위치
④ 플로우(flow) 스위치

해설　단수릴레이
① 역할 : 브라인 쿨러, 수냉각기에서 수량의 감소로 인한 액체냉각용 동파방지 및 응축기의 냉각수량의 감소로 인한 응축압력의 상승을 방지하는 역할을 한다. 단수 릴레이의 작동과 동시에 압축기의 기동도 정지한다.
② 종류 : 단압식, 수류식(플로우스위치), 차압식

정답　34 ①　35 ②　36 ②　37 ③　38 ④

39 냉동 사이클에서 응축 온도를 일정하게 하고 압축기 흡입가스의 상태를 건포화 증기로 할 때 증발 온도를 상승시키면 어떤 결과가 나타나는가?

① 압축비 증가
② 성적계수 감소
③ 냉동 효과 증가
④ 압축일량 증가

해설 응축온도가 일정한 상태로 증발온도가 상승할 때 장치의 변화
① 압축비 감소로 토출가스 온도 역시 감소한다.
② 압축일량 및 동력소비량 감소
③ 냉동효과 증가
④ 냉동장치의 성적계수 증가

40 핫가스(hot gas) 제상을 하는 소형 냉동장치에서 핫가스의 흐름을 제어하는 것은?

① 케필러리 튜브(모세관)
② 자동팽창 밸브(AEV)
③ 솔레노이드 밸브(전자밸브)
④ 증발압력 조정 밸브

해설 핫가스 제상시 핫가스의 흐름을 제어하는 밸브는 솔레노이드밸브(전자밸브) 이다.

| 제3과목 | 배관일반(공조냉동설치운영 1) |

41 냉매 배관 시공 시 주의사항으로 틀린 것은?

① 배관 재료는 각각의 용도, 냉매 종류, 온도를 고려하여 선택한다.
② 배관 곡관부의 곡률 반지름은 가능한 한 크게 한다.
③ 배관이 고온의 장소를 통과할 때는 단열 조치한다.
④ 기기 상호 간 배관 길이는 되도록 길게 하고 관경은 크게 한다.

해설 ④ 기기 상호 간 배관길이는 되도록 짧게 하고 관경을 크게 하여 마찰손실을 최소화 한다.

42 중앙식 급탕법에 대한 설명으로 틀린 것은?

① 급탕 장소가 많은 대규모 건물에 적당하다.
② 직접 가열식은 저탕조와 보일러가 직결되어 있다.
③ 기수 혼합식은 저압 증기로 온수를 얻는 방법으로 사용 장소에 제한을 받지 않는다.
④ 간접가열식은 특수한 내압용 보일러를 사용할 필요가 없다.

해설 ③ 기수혼합식은 탱크 내부에 직접 증기를 불어 넣어 물을 가열하는 방식으로 사용 증기압력이 0.1~0.4MPa로 고압증기를 사용하기 때문에 사용 장소에 제한이 따른다.

43 증기배관에서 증기와 응축수의 흐름 방향이 동일할 때 증기관의 구배는? (단, 특수한 경우를 제외한다.)

① $\dfrac{1}{50}$ 이상의 순구배
② $\dfrac{1}{50}$ 이상의 역구배
③ $\dfrac{1}{250}$ 이상의 순구배
④ $\dfrac{1}{250}$ 이상의 역구배

정답 39 ③ 40 ③ 41 ④ 42 ③ 43 ③

해설 증기난방 배관기울기(구배)
① 증기배관에서 증기와 응축수의 흐름방향이 동일한 경우(순류관) : $\frac{1}{100} \sim \frac{1}{200}$
② 증기배관에서 증기와 응축수의 흐름방향이 반대인 경우(역류관) : $\frac{1}{50} \sim \frac{1}{100}$
③ 시공요령 : 상향, 하향 모두 끝내림 기울기로, 순류관일 경우 관지름 65[mm] 이상 $\frac{1}{250}$ 기울기로 한다.

44 다음 중 이온화에 의한 금속 부식에서 이온화 경향이 가장 작은 금속은?

① Mg   ② Sn
③ Pb   ④ Al

해설 금속의 이온화 경향이 큰 순서
K > Ca > Na > Mg > Al > Zn > Fe > Ni > Sn > Pb > H > Cu > Hg > Ag > Pt > Au

45 열전도도가 비교적 크고, 내식성과 굴곡성이 풍부한 장점이 있어 열교환기용 관으로 널리 사용되는 관은?

① 강관   ② 플라스틱관
③ 주철관 ④ 동관

해설 동관의 특징
① 열전도도가 좋다.
② 내식성, 알칼리에 강하고 산성에 약하다.
③ 가볍고 마찰저항은 작으나 충격에 약하다.
④ 전연성이 풍부하여 가공이 용이하다.
⑤ 열교환기용 관이나 급수용으로 널리 사용된다.

46 다음 중 기밀성, 수밀성이 뛰어나고 견고한 배관 접속 방법은?

① 플랜지 접합   ② 나사 접합
③ 소켓 접합   ④ 용접 접합

해설 용접이음의 특징
① 접합부의 강도가 강하며, 누수의 염려가 적다.
② 가공이 용이하여 공정이 단축된다.
③ 관내 돌출부가 없어 마찰손실이 적다.
④ 보온 피복이 용이하다.
⑤ 부속이 적게 들어 재료비가 절감 된다.

47 배관 설계 시 유의 사항으로 틀린 것은?

① 가능한 한 동일 직경의 배관은 짧고, 곧게 배관한다.
② 관로의 색깔로 유체의 종류를 나타낸다.
③ 관로가 너무 길어서 압력 손실이 생기지 않도록 한다.
④ 곡관을 사용할 때는 관 굽힘 곡률 반경을 작게 한다.

해설 곡관을 사용할 때는 관 굽힘 곡률반경을 크게 하여 유체의 마찰저항을 줄여야 한다.

48 다음 냉동 기호가 의미하는 밸브는 무엇인가?

① 체크 밸브
② 글로브 밸브
③ 슬루스 밸브
④ 앵글 밸브

해설
• 체크 밸브 :
• 글로브 밸브 :
• 슬루스 밸브 :
• 앵글 밸브 :

정답 44 ③ 45 ④ 46 ④ 47 ④ 48 ①

49 도시가스 배관을 지하에 매설하는 중압 이상인 배관(a)과 지상에 설치하는 배관(b)의 표면 색상으로 옳은 것은?

① (a) 적색, (b) 회색
② (a) 백색, (b) 적색
③ (a) 적색, (b) 황색
④ (a) 백색, (b) 황색

해설 도시가스배관 표면 색상
① 지상배관 : 황색
② 지하배관
  ㉠ 저압 : 황색
  ㉡ 중압 : 적색

50 다음 중 유기질 보온재의 종류가 아닌 것은?

① 석면   ② 펠트
③ 코르크   ④ 기포상 수지

해설 ① 유기질 보온재 : 펠트, 텍스류, 코르크, 기포성수지(암기법 : 펠텍코기-그외 무기질)
② 무기질 보온재 : 탄산마그네슘, 유리섬유, 규조토, 석면, 펄라이트, 암면

51 급탕 배관 계통에서 배관 중 총 손실열량이 15000kcal/h이고, 급탕 온도가 70℃, 환수 온도가 60℃일 때, 순환수량(kg/min)은?

① 1500   ② 100
③ 25   ④ 5

해설 공식 $Q = G \cdot C dT \rightarrow G = \dfrac{Q}{CdT}$

• 풀이

$$G = \dfrac{15000\dfrac{kcal}{h} \times \dfrac{1h}{60min}}{1\dfrac{kcal}{kg \cdot ℃} \times (70-60)℃}$$

$= 25 kg/min$

52 증기난방 배관 방법에서 리프트 피팅을 사용할 때, 1단의 흡상고 높이는 얼마 이내로 해야 하는가?

① 4m 이내   ② 3m 이내
③ 2.5m 이내 ④ 1.5m 이내

해설 리프트 피팅의 1단 흡상고는 1.5m 이내로 설치한다.

53 송풍기의 토출측과 흡입측에 설치하여 송풍기의 진동이 덕트나 장치에 전달되는 것을 방지하기 위한 접속법은?

① 크로스 커넥션(cross connection)
② 캔버스 커넥션(canvas connection)
③ 서브 커넥션(sub station connection)
④ 하트포드(hartford) 접속법

해설 캔버스 이음(canvas connection)
송풍기의 토출측과 흡입측에 설치하여 송풍기의 진동이 덕트 및 장치에 전달되는 것을 방지하기 위해 설치한다.

54 급탕 설비에 사용되는 저탕조에서 필요한 부속품으로 가장 거리가 먼 것은?

① 안전밸브   ② 수위계
③ 압력계   ④ 온도계

해설 저탕조에는 안전밸브, 온도계, 압력계 자동공기빼기밸브, 전기방식용 전원장치 등의 부품을 설치하고 일정시간 대량의 온수를 공급하기 위해 온수를 저장 및 가열하는 탱크이므로 거의 만수 상태로 유지되며 수위계를 설치하지 않는다.

정답 49 ③ 50 ① 51 ③ 52 ④ 53 ② 54 ②

55 관의 끝을 나팔 모양으로 넓혀 이음쇠의 테이퍼 면에 밀착시키고 너트로 체결하는 이음으로, 배관의 분해·결합이 필요한 경우에 이용하는 이음 방법은?

① 빅토릭 이음(victoric joint)
② 그립식 이음(grip type joint)
③ 플레어 이음(flare joint)
④ 랩 조인트(lap joint)

[해설] 플레어이음 : 압축이음 이라고도 하며 동관 배관시 기계의 점검, 보수 등을 위해 분해할 필요가 있을 때 이용하며 관 끝을 나팔관 모양으로 넓혀 플레어 너트로 접합한다.

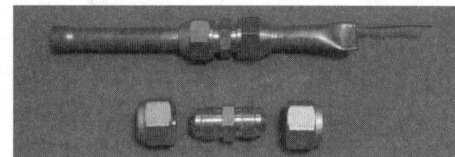

56 온수 난방 배관 시공 시 배관의 구배에 관한 설명으로 틀린 것은?

① 배관의 구배는 1/250 이상으로 한다.
② 단관 중력 환수식의 온수 주관은 하향 구배를 한다.
③ 상향 복관 환수식에서는 온수 공급관, 복귀관 모두 하향 구배를 준다.
④ 강제 순환식은 배관의 구배를 자유롭게 한다.

[해설] 배관구배(온수난방)
① 팽창탱크를 향해 상향구배로 하며 기울기는 $\frac{1}{250}$ 이상으로 한다.
② 단관중력 환수식 : 주관에 대해 하향구배로 한다.
③ 복관중력 환수식
 ㉠ 상향식 : 송수관은 상향구배, 환수관은 하향구배로 한다.
 ㉡ 하향식 : 송수, 환수주관 모두 하향구배로 한다.
④ 강제순환식 : 공기가 체류하지 않도록 해야 하며, 배관은 자유롭게 수평으로 설치한다.

57 다음 중 옥내 노출 배관 보온재 외피 시공 시 미관과 내구성을 고려하였을 때 적합한 재료는?

① 면포
② 아연도금강판
③ 비닐 테이프
④ 방수 마포

[해설] 옥내 노출배관 보온재 외피 시공 시 미관과 내구성을 고려하여 아연도금강판을 시공한다.

58 가스 배관에서 가스 공급을 중단시키지 않고 분해·점검할 수 있는 것은?

① 바이패스관
② 가스미터
③ 부스터
④ 수취기

[해설] 가스배관에서 가스공급을 중단시키지 않고 분해·점검을 위해 바이패스관을 설치한다.

59 각 종류별 통기관경의 기준으로 틀린 것은?

① 건물의 배수 탱크에 설치하는 통기관의 관경은 50mm 이상으로 한다.
② 각개통기관의 관경은 그것이 접속되는 배수관 관경의 $\frac{1}{2}$ 이상으로 한다.
③ 루프 통기관의 관경은 배수 수평 지관과 동기 수직관 중 작은 쪽 관경의 $\frac{1}{2}$ 이상으로 한다.
④ 신정 통기관의 관경을 배수 수직관의 관경보다 작게 해야 한다.

[해설] 신정통기관은 배수수직관 상부 관경을 축소하지 않고 그대로 개구해야 한다.

정답 55 ③ 56 ③ 57 ② 58 ① 59 ④

60 냉동 장치에서 증발기가 응축기보다 아래에 있을 때 압축기 정지 시 증발기로의 냉매 흐름 방지를 위해 설치하는 것은?

① 역구배 루프 배관
② 드렌치
③ 균압 배관
④ 안전밸브

해설 역구배 루프배관
증발기가 응축기보다 낮은 위치에 설치 된 경우 압축기 정지시 냉매가 증발기쪽으로 역류 할 수 있다 이를 방지하기 위해 역구배 루프배관을 설치한다. (역구배 루프배관은 증발기 상부보다 150mm 이상 입상시켜 설치한다.)

제4과목 | 전기제어공학(공조냉동설치운영 2)

---

61 직류기에서 전기자 반작용에 관한 설명으로 틀린 것은?

① 주자속이 감소한다.
② 전기자 기자력이 증대된다.
③ 전기적 중성축이 이동한다.
④ 자속의 분포가 한쪽으로 기울어진다.

해설 •전기자반작용
이론상 직류기에서는 계자에서만 자속이 발생되는데 실제로는 전기자 도체에도 전류가 흐르므로 자속이 발생하게 된다. 이와 같이 전기자에서 발생되는 자속이 계자 자속에 영향을 주는 현상을 말한다.
•현상
① 주자속이 감소한다.(유도전압을 감소시킨다.)
② 전기자 기자력이 감소된다.
③ 전기적 중성축이 이동한다.
④ 자속의 분포가 한쪽으로 기울어진다.

---

62 그림과 같은 신호 흐름 선도에서 $\dfrac{X_2}{X_1}$를 구하면?

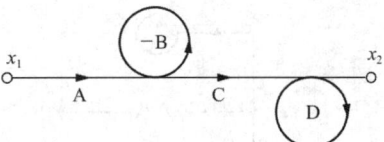

① $\dfrac{AC}{(1+B)(1+D)}$

② $\dfrac{AC}{(1-B)(1+D)}$

③ $\dfrac{AC}{(1-B)(1-D)}$

④ $\dfrac{AC}{(1+B)(1-D)}$

해설 전달함수(메이슨의 이득공식)

$$G = \dfrac{\sum Gi \cdot \triangle i}{\triangle}$$

Gi : I번째 패스경로
$\triangle i$: 1-패스경로와 비접촉인 피드백+......
$\triangle$: 1 - (피드백경로) + (2개가서로비접촉인 피드백경로) - (3개가서로비접촉인 피드백경로) + (4개가 서로비접촉인 피드백경로)......

•풀이
Gi : AC
$\triangle$: $1 - (-B + D) + (-B)D$

$$\dfrac{X2}{X1} = \dfrac{AC}{1-(-B+D)+(-BD)} = \dfrac{AC}{1+B-D-BD}$$

(인수분해 후 최종답) $= \dfrac{AC}{(1+B)(1-D)}$

정답 60 ① 61 ② 62 ④

63 그림에서 전류계의 측정 범위를 10배로 하기 위한 전류계의 내부 저항 $r(\Omega)$과 분류기 저항 $R(\Omega)$과의 관계는?

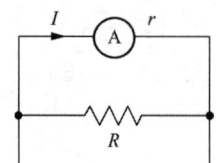

① $r = 9R$ ② $r = \dfrac{R}{9}$

③ $r = 10R$ ④ $r = \dfrac{R}{10}$

해설 • 유도공식

$I_r = \dfrac{R}{R+R_m}I \rightarrow \dfrac{I}{I_r} = \dfrac{R_m+R}{R} \rightarrow \dfrac{I}{I_r} = 1 + \dfrac{R_m}{R}$

$\rightarrow n = \left(1 + \dfrac{r}{R}\right)$

• 내부저항 r인 전류계에 저항 R(분류기)를 병렬로 연결하면 전류계의 측정범위는 $\left(1 + \dfrac{r}{R}\right) = n$배로 증가한다.

• $\left(1 + \dfrac{r}{R}\right) = 10$

$\left(1 + \dfrac{r}{R}\right) = 10 \rightarrow \dfrac{R+r}{R} = 10 \rightarrow R + r = 10R$

$\rightarrow r = 10R - 1R \rightarrow r = 9R$

※ 참고
① 분류기 : 전류의 측정범위를 높이기 위해 전류계와 병렬로 접속하는 저항
내부저항 R_m인 전류계에 저항 R(분류기)를 병렬로 연결하면 전류계의 측정범위는 $\left(1 + \dfrac{R_m}{R}\right)$배 증가한다.(위 유도공식 참고)

② 배율기 : 전압의 측정범위를 높이기 위해 전압계와 직렬로 접속하는 저항
내부저항 R_m인 전압계와 저항 R(배율기)을 직렬연결하면 전압계의 측정범위는 $\left(1 + \dfrac{R}{R_m}\right)$배 증가한다.

$e = \dfrac{R_m}{R_m+R}V \Rightarrow \dfrac{V}{e} = \dfrac{R_m+R}{R_m} \Rightarrow \dfrac{V}{e} = 1 + \dfrac{R}{R_m}$

64 다음 그림에 대한 키르히호프 법칙의 전류관계식으로 옳은 것은?

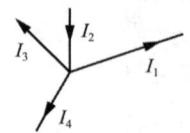

① $I_1 = I_2 - I_3 + I_4$
② $I_1 = I_2 + I_3 + I_4$
③ $I_1 = I_2 - I_3 - I_4$
④ $I_1 = -I_2 - I_3 - I_4$

해설 키르히호프의 제1법칙
회로내의 어느 점에 흘러들어온 전류(+)와 흘러나간 전류(-)의 합은 0이 된다.
$I_2 + (-I_1) + (-I_3) + (-I_4) = I_2 - I_1 - I_3 - I_4 = 0$
∴ $I_1 = I_2 - I_3 - I_4$

65 미분 요소에 해당하는 것은? (단, K는 비례상수이다.)

① $G(s) = K$
② $G(s) = Ks$
③ $G(s) = \dfrac{K}{s}$
④ $G(s) = \dfrac{K}{Ts+1}$

해설 ① 비례요소 : $G(s) = K$
② 미분요소 : $G(s) = Ks$
③ 적분요소 : $G(s) = \dfrac{K}{s}$
④ 1차 지연요소 : $G(s) = \dfrac{K}{Ts+1}$

정답 63 ① 64 ③ 65 ②

66 15cm의 거리에 두 개의 도체구가 놓여 있고 이 도체구의 전하가 각각 +0.2μC, -0.4μC이라 할 때 -0.4μC의 전하를 접지하면 어떤 힘이 나타나겠는가?

① 반발력이 나타난다.
② 흡인력이 나타난다.
③ 접지되어 힘은 0이 된다.
④ 흡인력과 반발력이 반복된다.

해설 기본적으로 전하는 전위가 높은 곳에서 낮은 곳으로 흐르게 된다.
-0.4μC의 도체구를 접지하면 전하는 0이 된다. 하지만 옆에 있는 0.2μC의 전하를 가진 도체구에 의해 서로 당기려는 흡인력이 발생하게 된다.

67 온도보상용으로 사용되는 것은?

① SCR   ② 다이액
③ 다이오드   ④ 서미스터

해설 서미스터 : 온도가 상승하면 저항값이 현저하게 작아지는 특성을 이용하여 트랜지스터 회로의 온도보상, 온도측정 및 제어, 통신기기 등의 온도보상용 자동제어에 사용된다.
• SCR(실리콘제어정류소자) : PNPN 4층 구조로 되어 있으며 애노드(A), 캐소드(K), 게이트(G)의 3단자 단방향성 사이리스터로서 순방향 대전류 스위칭소자이다.
• 다이오드 : 전압을 인가하면 순방향으로만 전류를 통과시키고 역방향으로 전류가 흐르지 않도록 한다.
• 다이액 : NPNPN형의 5층 구조로 되어 있으며 4층 다이오드 2개를 역병렬로 접속한 소자로서 트리거 회로, 과전압 보호회로에 사용된다.

68 $G(s) = \dfrac{1}{1+5s}$ 일 때 절점주파수 ω_o (rad/sec)를 구하면?

① 0.1   ② 0.2
③ 0.25   ④ 0.4

해설 • 전달함수
$$G(s) = \frac{1}{1+5s} \rightarrow G(jw) = \frac{1}{1+j5w}$$
• 절점주파수는 실수와 허수가 같을 때의 값을 이야기 하므로 분모 $1+j5w$에서 $1 = 5w$로 바꿀 수 있다. 여기서 w를 구하면
$w = \dfrac{1}{5} = 0.2[\text{rad/sec}]$

69 컴퓨터 제어의 아날로그 신호를 디지털 신호로 변환하는 과정에서, 아날로그 신호의 최대값을 M, 변환기의 bit 수를 3이라 하면 양자화 오류의 최대값은 얼마인가?

① M ② $\dfrac{M}{2}$
③ $\dfrac{M}{7}$ ④ $\dfrac{M}{8}$

해설 양자화 오차의 최대값
$e_m = \dfrac{M}{2^n}$
여기서, M : 최대값
n : bit수
$\therefore e_m = \dfrac{M}{2^3} = \dfrac{M}{8}$

70 그림과 같은 유접점 회로를 간단히 한 회로는?

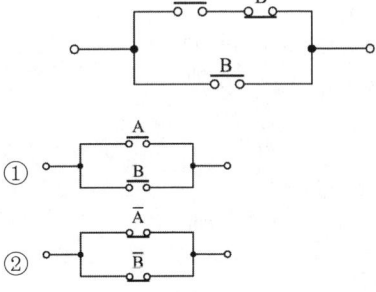

정답 66 ② 67 ④ 68 ② 69 ④ 70 ①

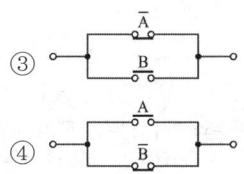

해설 유접점 회로의 값을 간단히 하면
$(A \cdot \overline{B}) + B \rightarrow (A+B) \cdot (\overline{B}+B) \rightarrow (A+B) \cdot 1 \rightarrow A+B$

• 보기의 회로를 정리하면 아래와 같다.
① $A+B$, ② $\overline{A}+\overline{B}$, ③ $\overline{A}+B$, ④ $A+\overline{B}$

71 제벡효과(Seebeck effect)를 이용한 센서에 해당하는 것은?

① 저항 변화용
② 용량 변화용
③ 전압 변화용
④ 인덕턴스 변화용

해설 제백효과(Seedbeck effect)
서로 다른 두 금속을 접하고 그 접합점에 온도차를 주면 열기전력이 발생하는 현상으로 온도차를 이용해 전압의 변화를 주며 열전온도계에도 응용 된다.

72 $v = 200\sin(120\pi t + \frac{\pi}{3})V$인 전압의 순시값에서 주파수는 몇 Hz인가?

① 50 ② 55
③ 60 ④ 65

해설 순시값
$v = V_m \sin(wt + \theta)[V]$
여기서, V_m : 최대값
w : 각속도
θ : 위상차

• 각속도($w = 2\pi f$)
$f = \frac{w}{2\pi} = \frac{120\pi}{2\pi} = 60Hz$

73 목표값이 시간적으로 변화하지 않는 일정한 제어는?

① 정치 제어 ② 추종 제어
③ 비율 제어 ④ 프로그램 제어

해설 • 정치제어 : 목표값이 시간에 따라 일정한 상태량을 제어하는 방식(프로세스 제어, 자동조정 제어, 온도 제어 등)
• 추치제어 : 목표값이 임의의 변화에 대하여 추종하도록 구성된 제어로 목표값이 시간에 따라 변화되는 상태량을 제어한다.
• 추치제어의 종류
  ① 추종 제어 : 목표값이 임의로 변화되는 경우의 제어(서보기구)
  ② 프로그램 제어 : 목표값의 변화량이 미리 정해진 프로그램에 의하여 상태량을 제어한다.
  ③ 비율제어 : 목표값이 다른 양과 일정한 비율관계를 갖는 상태량을 제어한다.

74 3상 유도전동기의 출력이 15kW, 선간전압이 220V, 효율이 80%, 역률이 85%일 때, 이 전동기에 유입되는 선전류는 약 몇 A인가?

① 33.4 ② 45.6
③ 57.9 ④ 69.4

해설 ① 3상 유도전동기 출력구하는 공식
$P = \sqrt{3} \, VI\cos\theta\eta$
이 때 출력 P[kW]를 [W]로 바꾸면,
$15 \times 1000 = 15000[w]$가 된다.
② 전류(I)
$\therefore I = \frac{P}{\sqrt{3} \, V\cos\theta\eta} = \frac{15000}{\sqrt{3} \times 220 \times 0.85 \times 0.8}$
$= 57.89[A]$

75 피드백 제어에서 반드시 필요한 장치는?

① 구동장치
② 안정도를 좋게 하는 장치
③ 입력과 출력을 비교하는 장치
④ 응답 속도를 빠르게 하는 장치

해설 피드백 제어의 특징
피드백 제어는 입력(목표값)과 출력(제어량)을 비교하여 제어량이 목표값과 일치할 때까지 수정 하여 오차를 줄여나가는 자동제어 방식을 말한다.(피드백 제어에서 입력과 출력을 비교하는 장치는 필수적이다.)

76 그림의 전달함수를 계산하면?

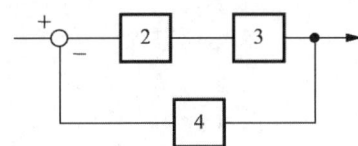

① 0.15
② 0.22
③ 0.24
④ 0.44

해설 전달함수
$$G(s) = \frac{C}{R} = \frac{\text{패스경로}}{1 - \text{피드백경로}}$$
$$G(s) = \frac{2 \times 3}{1 + (2 \times 3 \times 4)} = 0.24$$

77 제어량이 온도, 유량 및 액면 등과 같은 일반 공업량일 때의 제어는?

① 자동 조정
② 자력 제어
③ 프로세스 제어
④ 프로그램 제어

해설 자동제어를 분류할 때 제어량에 따라 서보기구, 프로세서 제어, 자동 조정으로 구분한다.
① 프로세스제어
생산공정 중의 상태량을 제어량으로 하는 제어로 제어계에 가해지는 외란의 억제를 주목적으로 한다.
(제어량 : 공업공정의 상태량-온도, 압력, 유량, 습도, 밀도, 농도 등)

② 서보기구 : 물체의 위치, 방위, 각도 등의 상태량을 제어한다.
③ 전압, 주파수, 전류, 회전수(속도), 토크 등의 상태량을 제어한다.

78 그림과 같은 전체 주파수 전달함수는?
(단, A가 무한히 크다.)

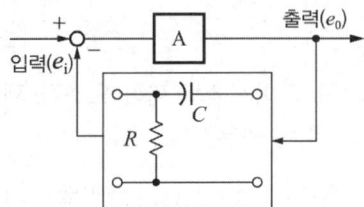

① $1 + j\omega CR$
② $1 + \dfrac{1}{j\omega CR}$
③ $\dfrac{1}{1 + j\omega CR}$
④ $\dfrac{1}{1 - j\omega CR}$

해설 검출부(G)의 전달함수
$$e_o = \frac{i}{jwC} + Ri = \left(\frac{1}{jwC} + R\right)i$$
$$e_i = Ri$$
$$\frac{e_i}{e_o} = \frac{Ri}{\left(\frac{1}{jwC} + R\right)i} = \frac{R}{\frac{1}{jwC} + R}$$
$$= \frac{jwCR}{\frac{1}{jwC} \times jwC + jwCR} = \frac{jwCR}{1 + jwCR}$$

검출부(G) $= \dfrac{jwCR}{1 + jwCR}$

• 전체 전달함수 $\dfrac{e_o}{e_i}$ 를 구하면

$$\frac{e_o}{e_i} = \frac{A}{1 + GA} = \frac{A}{1 + \dfrac{jwCR}{1 + jwCR}A}$$

분모와 분자에 $\dfrac{1}{A}$ 을 곱하면

$$\frac{e_o}{e_i} = \frac{A \times \dfrac{1}{A}}{1 \times \dfrac{1}{A} + \dfrac{jwRC}{1 + jwRC}A \times \dfrac{1}{A}}$$

정답 75 ③ 76 ③ 77 ③ 78 ②

$$= \frac{1}{\frac{1}{A}+\frac{jwRC}{1+jwRC}}$$

여기서, A가 무한히 크다고 했으므로 $\frac{1}{A} = 0$이 된다.

$$\therefore G(jw) = \frac{1}{\frac{jwCR}{1+jwCR}} = \frac{1+jwCR}{jwCR}$$
$$= \frac{1}{jwCR}+1$$

79 폐루프 제어계에서 제어 요소가 제어 대상에 주는 양은?

① 조작량 ② 제어량
③ 검출량 ④ 측정량

해설 ① 조작량 : 제어요소가 제어대상에게 주는 양
② 제어량 : 제어대상에 대한 전체량 가운데 제어코자 하는 목적의 량

80 단위계단 함수 $u(t)$의 그래프는?

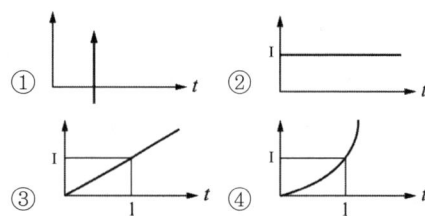

해설 첫 번째 계단함수는 0에서 출발하여 0이 1이되는 함수로 u(t)가 된다.
두 번째 계단함수는 a시점에서 출발하므로 a시점이 1이 되고 이것은 시간적으로 a만큼 지연시켜 출발한 함수로 u(t-a)가 된다.

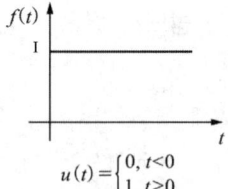

$u(t) = \begin{cases} 0, & t<0 \\ 1, & t\geq 0 \end{cases}$

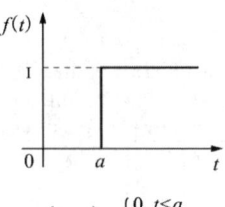

$u(t-a) = \begin{cases} 0, & t<a \\ 1, & t\geq a \end{cases}$

정답 79 ① 80 ②

공조냉동기계산업기사

과년도 출제문제

(2018.04.28. 시행)

제1과목 공기조화(공기조화설비)

01 어떤 실내의 취득열량을 구했더니 감열이 40kW, 잠열이 10kW였다. 실내를 건구 온도 25℃, 상대습도 50%로 유지하기 위해 취출온도차 10℃로 송풍하고자 한다. 이 때 현열비(SHF)는?

① 0.6　　② 0.7
③ 0.8　　④ 0.9

해설 ∴ $SHF = \dfrac{40}{40+10} = 0.8$

• 현열비(SHF) : 습공기의 전열량에 대한 현열량의 비

$SHF = \dfrac{현열}{전열} = \dfrac{q_s}{q_t} = \dfrac{q_s}{q_s + q_L}$

02 실내 취득열량 중 현열이 35kW일 때, 실내 온도를 26℃로 유지하기 위해 12.5℃의 공기를 송풍하고자 한다. 송풍량 (m³/min)은? (단, 공기의 비열은 1.0kJ/kg·℃, 공기의 밀도는 1.2kg/m³로 한다.)

① 129.6　　② 154.3
③ 308.6　　④ 617.2

해설 공식

$Q = GC \Delta T \rightarrow Q = q \times 1.2 \times C \times \Delta T$
$\rightarrow q = \dfrac{Q}{1.2 \times C \times \Delta T}$

• 송풍량(q)
※ 1[kW]=1[kJ/s], 1[kWh]=3600[kJ]

$q = \dfrac{35 \dfrac{kJ}{s}}{1.2 \dfrac{kg}{m^3} \times 1 \dfrac{kJ}{kg \cdot ℃} \times (26-12.5)℃} = 2.1605 m^3/s$

∴ $2.1605 \dfrac{m^3}{s} \times 60 \dfrac{s}{min} = 129.63 m^3/min$

03 지하 주차장 환기설비에서 천정부에 설치되어 있는 고속 노즐로부터 취출되는 공기의 유인 효과를 이용하여 오염 공기를 국부적으로 희석시키는 방식은?

① 제트팬 방식
② 고속 덕트 방식
③ 무덕트 환기 방식
④ 고속 노즐 방식

해설 ① 고속노즐 방식 : 지하 주차장 환기설비에 천정부에 설치되어 있는 고속노즐로부터 취출되는 공기의 유인효과를 이용해 오염공기를 국부적으로 희석시키는 방식
② 제트팬 방식 : 중형 축류팬으로부터 취출된 공기의 유인효과를 이용하여 급기팬으로부터 공급된 외기를 주차장 전역으로 이송시켜 오염가스를 희석 후 배기팬으로 배출하는 방식

정답 01 ③　02 ①　03 ④

04 고성능의 필터를 측정하는 방법으로 일정한 크기(0.3μm)의 시험 입자를 사용하여 먼지의 수를 계측하는 시험법은?

① 중량법　② TETD/TA법
③ 비색법　④ 계수(DOP)법

해설 여과기(필터) 효율측정 방법
① 중량법 : 필터의 상류측과 하류측의 분진의 중량을 측정하는 방법
② 비색법 : 필터 상류 및 하류의 분진을 각각 여과지로 채집하여 광투과량이 같도록 상하류에 통과되는 공기량을 조절하여 계산식을 이용해 효율을 구하는 방법
③ 계수법(DOP법) : 광산란식 입자계수기(0.3μm DOP에어로졸)를 사용하여 필터의 상류 및 하류의 미립자에 의한 산란광에서 그 입경과 개수를 계측하여 농도를 측정하여 포집률을 구하는 방법으로 고성능(HEPA)필터 등에 많이 사용된다.

05 다음 중 천장이나 벽면에 설치하고 기류방향을 자유롭게 조정할 수 있는 취출구는?

① 펑커루버형 취출구
② 베인형 취출구
③ 팬형 취출구
④ 아네모스형 취출구

해설 펑커루버형 취출구
천장 및 벽면에 설치하는 취출구로 취출구의 목부분이 자유롭게 움직여 취출방향을 자유롭게 조정할 수 있으며 공장 및 주방 등 국소냉방에 주로 사용된다.

06 수관 보일러의 종류가 아닌 것은?

① 노통연관식 보일러
② 관류 보일러
③ 자연순환식 보일러
④ 강제순환식 보일러

해설
• 수관보일러
　자연순환식 보일러, 강제순환식 보일러, 관류보일러
• 원통보일러
- 입형 보일러 : 입형횡관, 입형연관, 코크란
- 횡형 보일러 : 노통보일러, 연관보일러, 노통연관 보일러

07 냉동기를 구동시키기 위하여 여름에도 보일러를 가동하는 열원방식은?

① 터보 냉동기 방식
② 흡수식 냉동기 방식
③ 빙축열 방식
④ 열병합 발전 방식

해설 흡수식 냉동기
증기의 잠열과 현열을 동시에 이용하는 냉동장치로 증기압축 냉동기와 달리 압축기가 필요 없는 방식이며 압축기 대신 버너를 사용하여 냉매와 흡수제의 용해 및 유리작용을 위한 열에너지를 이용해 냉동하는 방식으로 냉방시에도 보일러(발생기)를 가동 시켜야 한다.

08 다음 중 습공기선도상에 표시되지 않는 것은?

① 비체적　② 비열
③ 노점 온도　④ 엔탈피

해설 습공기 선도의 구성
① 건구온도(DB : ℃)　② 습구온도(WB : ℃)
③ 노점온도(DP : ℃)　④ 절대습도(x:kg/kg')
⑤ 상대습도(φ : %)　⑥ 수증기분압(P_v : mmHg)
⑦ 비체적(v : m³/kg)　⑧ 엔탈피(h : kcal/kg)
⑨ 열수분비(u : kcal/kg)　⑩ 현열비(SHF)

09 A 상태에서 B 상태로 가는 냉방과정에서 현열비는?

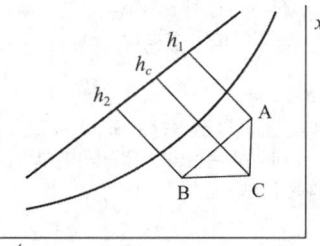

① $\dfrac{h_1 - h_2}{h_1 - h_c}$
② $\dfrac{h_1 - h_c}{h_1 - h_1}$
③ $\dfrac{h_1 - h_c}{h_c - h_2}$
④ $\dfrac{h_c - h_2}{h_1 - h_2}$

해설 현열비(SHF) : 습공기의 전열량에 대한 현열량의 비
$SHF = \dfrac{\text{현열}}{\text{전열}} = \dfrac{q_s}{q_t} = \dfrac{q_s}{q_s + q_L} = \dfrac{h_c - h_2}{h_1 - h_2}$

10 단효용 흡수식 냉동기의 능력이 감소하는 원인이 아닌 것은?

① 냉수 출구 온도가 낮아질수록 심하게 감소한다.
② 압축비가 작을수록 감소한다.
③ 사용 증기압이 낮아질수록 감소한다.
④ 냉각수 입구 온도가 높아질수록 감소한다.

해설 흡수식 냉동기의 경우 압축기를 사용하지 않으므로 압축비와는 관계가 없다.

11 인접실, 복도, 상층, 하층이 공조되지 않는 일반 사무실의 남측 내벽(A)의 손실열량(kcal/h)은? (단, 설계 조건은 실내 온도 20℃, 실외 온도 0℃, 내벽 열통과율(k)은 1.6kcal/m²·h·℃로 한다.)

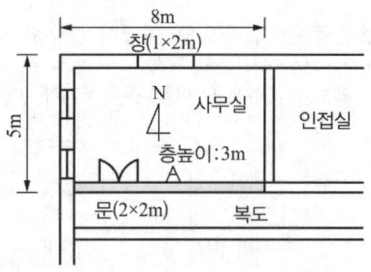

① 320
② 872
③ 1193
④ 2937

해설 $Q = KF\triangle T$
① 남쪽 벽면적 $(8 \times 3) - (2 \times 2) = 20\text{m}^2$
② 공조 되지 않은 복도의 온도
$t = \dfrac{20 + 0}{2} = 10℃$
③ 풀이
∴ $Q = 1.6 \times 20 \times (20 - 10) = 320\text{kcal/h}$
또는
∴ $Q = 1.6 \times \{(8 \times 3) - (2 \times 2)\} \times \left(20 - \dfrac{20 + 0}{2}\right)$
$= 320\text{kcal/h}$

12 다음 중 방열기의 종류로 가장 거리가 먼 것은?

① 주철제 방열기
② 강판제 방열기
③ 컨벡터
④ 응축기

해설 응축기는 냉동장치 4대 구성요소 중 하나로 방열기의 종류에 속하지 않는다.

13 다음 중 개방식 팽창 탱크에 반드시 필요한 요소가 아닌 것은?

① 압력계
② 수면계
③ 안전관
④ 팽창관

정답 09 ④ 10 ② 11 ① 12 ④ 13 ①

해설 압력계는 밀폐형 팽창탱크에 사용된다.
• 개방식 팽창탱크 구성
팽창관, 급수관, 오버플로우관, 배기관, 방출관(안전관)

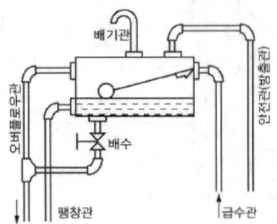

14 개방식 냉각탑의 설계 시 유의 사항으로 옳은 것은?

① 압축식 냉동기 1RT당 냉각 열량은 3.26kW로 한다.
② 쿨링 어프로치는 일반적으로 10℃로 한다.
③ 압축식 냉동기 1RT당 수량은 외기습구 온도가 27℃일 때 8L/min 정도로 한다.
④ 흡수식 냉동기를 사용할 때 열량은 일반적으로 압축식 냉동기의 약 1.7~2.0배 정도로 한다.

해설 ① 압축식 냉동기 1RT당 냉각열량은 3,900kcal/h(4.55kW)로 한다.
② 쿨링 어프로치는 일반적으로 5℃로 한다.
③ 압축식 냉동기 1RT당 수량은 외기 습구온도가 27℃일 때 13L/min 정도로 한다.

15 다음은 난방부하에 대한 설명이다. ( ) 에 적당한 용어로서 옳은 것은?

겨울철에는 실내의 일정한 온도 및 습도를 유지하기 위하여 실내에서 손실된 (㉮)이나 부족한 (㉯)을 보충하여야 한다.

① ㉮ 수분량, ㉯ 공기량
② ㉮ 열량, ㉯ 공기량
③ ㉮ 공기량, ㉯ 열량
④ ㉮ 열량, ㉯ 수분량

해설 난방부하
겨울철에는 실내의 일정한 온도 및 습도를 유지하기 위하여 실내에서 손실되는 열량이나 부족한 수분량을 보충해주어야 한다.

16 공기의 가습 방법으로 틀린 것은?

① 에어워셔에 의한 방법
② 얼음을 분무하는 방법
③ 증기를 분무하는 방법
④ 가습팬에 의한 방법

해설 가습방법
① 에어와셔에 의한 가습(순환수분무가습, 온수분무가습)
② 증기분무 가습
③ 가습팬에 의한 수증기 증발가습

17 온수 난방 배관 시 유의 사항으로 틀린 것은?

① 배관의 최저점에는 필요에 따라 배관 중의 물을 완전히 배수할 수 있도록 배수 밸브를 설치한다.
② 배관 내 발생하는 기포를 배출시킬 수 있는 장치를 한다.
③ 팽창관 도중에는 밸브를 설치하지 않는다.
④ 증기 배관과는 달리 신축 이음을 설치하지 않는다.

해설 신축이음은 증기배관, 온수배관 관계없이 모두 설치한다.

18 복사난방에 관한 설명으로 옳은 것은?

① 고온식 복사난방은 강판제 패널 표면의 온도를 100℃ 이상으로 유지하는 방법이다.
② 파이프 코일의 매설 깊이는 균등한 온도 분포를 위해 코일 외경과 동일하게 한다.
③ 온수의 공급 및 환수 온도차는 가열면의 균일한 온도 분포를 위해 10℃ 이상으로 한다.
④ 방이 개방 상태에서도 난방 효과가 있으나 동일 방열량에 대해 손실량이 비교적 크다.

해설 복사난방
① 고온식 복사난방은 강판제 패널에 관을 설치하고 150~200℃의 온수 또는 증기를 공급하여 패널의 가열 표면 온도를 100℃ 이상 유지한다.
② 파이프 코일의 매설 깊이는 균등한 온도분포를 위해 코일 외경의 1.5~2배 정도 로 한다.
③ 온수의 공급 및 환수 온도차는 가열면의 균일한 온도분포를 위해 5~6℃ 정도로 한다.
④ 방이 개방상태에서도 난방효과가 있고 건물의 축열을 이용하므로 방열량에 대한 손실이 비교적 작다.

19 일정한 건구온도에서 습공기의 성질 변화에 대한 설명으로 틀린 것은?

① 비체적은 절대습도가 높아질수록 증가한다.
② 절대습도가 높아질수록 노점 온도는 높아진다.
③ 상대습도가 높아지면 절대습도는 높아진다.
④ 상대습도가 높아지면 엔탈피는 감소한다.

해설 건구온도가 일정할 경우 상대습도가 높아지면 엔탈피는 증가한다.

20 난방부하의 변동에 따른 온도 조절이 쉽고, 열 용량이 커서 실내의 쾌감도가 높으며, 공급 온도를 변화시킬 수 있고, 방열기 밸브로 방열량을 조절할 수 있는 난방 방식은?

① 온수 난방 방식
② 증기 난방 방식
③ 온풍 난방 방식
④ 냉매 난방 방식

해설 온수난방의 특징(증기난방과 비교)
[장점]
① 방열량(온도)조절이 용이하다.
② 증기난방에 비해 쾌감도가 좋다.
③ 열용량이 커 동결우려가 적다.
④ 취급이 용이하며 안전하다.(화상의 위험이 적다.)
[단점]
① 열용량이 커 예열시간이 길다.
② 수두(높이)에 제한을 받는다.
③ 방열면적과 관지름이 크다.
④ 설비비가 비싸다.

※ 증기난방과 비교시 온수난방은 동일 방열량에 대하여 보유 열량이 작으므로 방열면적 및 관의 지름이 커지고 이로 인해 설비비는 비싸진다.

정답 18 ① 19 ④ 20 ①

제2과목 | 냉동공학(냉동냉장설비)

21 냉동 장치의 액분리기에 대한 설명으로 바르게 짝지어진 것은?

ⓐ 증발기와 압축기 흡입측 배관 사이에 설치한다.
ⓑ 기동 시 증발기 내의 액이 교란되는 것을 방지한다.
ⓒ 냉동부하의 변동이 심한 장치에는 사용하지 않는다.
ⓓ 냉매액이 증발기로 유입되는 것을 방지하기 위해 사용한다.

① ⓐ, ⓑ
② ⓒ, ⓓ
③ ⓐ, ⓒ
④ ⓑ, ⓒ

해설 액분리기
① 증발기와 압축기 흡입측 배관사이에 설치한다.
② 기동 시 증발기 내의 액교란을 방지한다.
③ 냉동부하의 변동이 심한 장치에 사용한다.
④ 냉매액이 압축기로 유입되는 것을 방지하기 위해 사용한다.

22 스크롤 압축기의 특징에 대한 설명으로 틀린 것은?

① 부품수가 적고 고속 회전이 가능하다.
② 소요 토크의 영향으로 토출가스의 압력 변동이 심하다.
③ 진동 소음이 적다.
④ 스크롤의 설계에 의해 압축비가 결정되는 특징이 있다.

해설 스크롤압축기
① 부품수가 적고 고속회전에 적합하다.
② 토크의 변동이 적기 때문에 토출가스의 압력변동이 적다.
③ 진동 및 소음이 적다.
④ 스크롤 설계에 의해 용접비가 결정되고 이로 인해 압축비가 결정된다.
⑤ 비교적 액압축에 강하고 체적효율, 기계효율이 높다.
⑥ 정지 시 고저압차로 역회전하므로 토출측이나 흡입측에 체크밸브를 설치해야 한다.

23 다음 중 공비 혼합 냉매는 무엇인가?

① R401A
② R501
③ R717
④ R600

해설 ① R401A : 비공비혼합냉매
② R501 : 공비혼합냉매
③ R717 : 암모니아(NH_3)냉매
④ R600 : 부탄(C_4H_{10})냉매
※ 통상 공비혼합냉매는 R500번대로 표기한다.

24 증기압축식 냉동 장치에서 응축기의 역할로 옳은 것은?

① 대기 중으로 열을 방출하여 고압의 기체를 액화시킨다.
② 저온, 저압의 냉매 기체를 고온, 고압의 기체로 만든다.
③ 대기로부터 열을 흡수하여 열 에너지를 저장한다.
④ 고온, 고압의 냉매 기체를 저온, 저압의 기체로 만든다.

해설 응축기
압축기에서 토출된 고온고압 기체냉매의 열을 대기 중으로 방출하여 액화시키는 장치

25 냉동 장치의 압력 스위치에 대한 설명으로 틀린 것은?

① 고압 스위치는 이상고압이 될 때 냉동장치를 정지시키는 안전장치이다.
② 저압 스위치는 냉동 장치의 저압측 압력이 지나치게 저하하였을 때 전기회로를 차단하는 안전장치이다.
③ 고저압 스위치는 고압 스위치와 저압 스위치를 조합하여 고압측이 일정압력 이상이 되거나 저압측이 일정압력보다 낮으면 압축기를 정지시키는 스위치이다.
④ 유압 스위치는 윤활유 압력이 어떤 원인으로 일정 압력 이상으로 된 경우 압축기의 훼손을 방지하기 위하여 설치하는 보조장치이다.

해설 유압보호스위치(OPS)
압축기내부 윤활유의 압력이 어떤 원인으로 일정압력 이하로 된 경우 압축기의 훼손을 방지하기 위해 설치하는 안전장치이다.

26 프레온 냉매를 사용하는 수랭식 응축기의 순환수량이 20L/min이며, 냉각수 입·출구 온도차가 5.5℃였다면, 이 응축기의 방출 열량(kcal/h)은?

① 110 ② 6000
③ 6600 ④ 700

해설 응축기 방열량($Q = GC\Delta T$)
$20\dfrac{L}{min} \times 60\dfrac{min}{h} \times 1\dfrac{kcal}{kg \cdot ℃} \times 5.5℃$
$= 6600 kcal/h$

27 냉동장치의 냉동능력이 3RT이고, 이 때 압축기의 소요동력이 3.7kW였다면 응축기에서 제거하여야 할 열량(kcal/h)은?

① 9860 ② 13142
③ 18250 ④ 25500

해설 응축열량($Q_c = Q_e + Aw$)
① 냉동능력
  $Q_e = 3 \times 3320 = 9960 kcal/h$
② 압축기의 소요동력
  $Aw = 3.7 \times 860 = 3182 kcal/h$
③ 응축열량
  $Q_c = 9960 + 3182 = 13142 kca/h$

28 2단 압축식 냉동 장치에서 증발 압력부터 중간 압력까지 압력을 높이는 압축기를 무엇이라고 하는가?

① 부스터 ② 에코노마이저
③ 터보 ④ 루트

해설 부스터
2단 압축식 냉동장치에서 증발압력부터 중간압력까지 압력을 높이기 위한 저단측 (보조)압축기

29 엔트로피에 관한 설명으로 틀린 것은?

① 엔트로피는 자연 현상의 비가역성을 나타내는 척도가 된다.
② 엔트로피를 구할 때 적분 경로는 반드시 가역 변화여야 한다.
③ 열 기관이 가역사이클이면 엔트로피는 일정하다.
④ 열 기관이 비가역사이클이면 엔트로피는 감소한다.

해설 ④ 엔트로피는 비가역상태에서 항상 증가하는 방향으로 흐른다.

정답 25 ④ 26 ③ 27 ② 28 ① 29 ④

30 R-22 냉매의 압력과 온도를 측정하였더니 압력이 15.8kg/cm²abs, 온도가 30℃였다. 이 냉매의 상태는 어떤 상태인가? (단, R-22 냉매의 온도가 30℃일 때 포화압력은 12.25kg/cm²abs이다.)

① 포화 상태
② 과열 상태인 증기
③ 과냉 상태인 액체
④ 응고 상태인 고체

해설 몰리에르 선도상 R-22 냉매의 온도가 30℃이고 압력이 15.8kg/cm²abc 라면 포화압력보다 높은 상태이므로 과냉각액 상태이다.

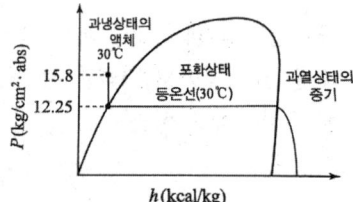

31 다음 중 압축기의 보호를 위한 안전장치로 바르게 나열한 것은?

① 가용전, 고압 스위치, 유압보호 스위치
② 고압 스위치, 안전밸브, 가용전
③ 안전밸브, 안전두, 유압보호 스위치
④ 안전밸브, 가용전, 유압보호 스위치

해설 압축기 보호를 위한 안전장치
① 안전두
② 고압차단스위치
③ 안전밸브
④ 유압보호스위치
※ 가용전은 주로 응축기 및 수액기의 안전장치로 사용된다.

32 브라인 냉각장치에서 브라인의 부식 방지 처리법이 아닌 것은?

① 공기와 접촉시키는 순환방식 채택
② 브라인의 pH를 7.5~8.2 정도로 유지
③ $CaCl_2$ 방청제 첨가
④ NaCl 방청제 첨가

해설 브라인 부식 방지법
① 브라인의 pH는 약 7.5~8.2의 약알칼리성으로 유지한다.
② 공기와 접촉하지 않는 액순환 방식(밀폐형)을 채택한다.(공기와의 접촉을 피한다.)
③ 방식아연을 사용한다.
④ 염화칼슘($CaCl_2$)브라인 1[L]에 대하여 중크롬산나트륨 1.6[g]을 융해하고 중크롬산나트륨 100[g]마다 가성소다 27[g]을 첨가한다.
⑤ 염화나트륨(NaCl)브라인 1[L]에 대하여 중크롬산나트륨 3.2[g]을 융해하고 중크롬산나트륨 100[g]마다 가성소다 27[g]을 첨가한다.

33 다음 그림에서 냉동 효과(kcal/kg)는 얼마인가?

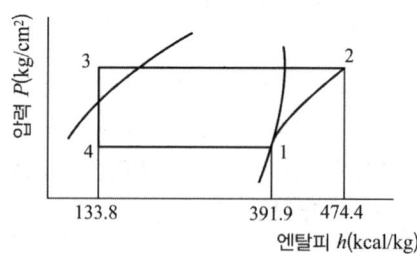

① 340.6
② 258.1
③ 82.5
④ 3.13

해설 냉동효과($q_e = h_1 - h_4$)
$q_e = 391.9 - 133.8$
$= 258.1 kcal/kg$
• 압축일량($Aw = h_2 - h_1$)
• 응축열량($q_c = h_2 - h_3$)
• 성적계수($COP = \dfrac{q_e}{Aw} = \dfrac{h_1 - h_4}{h_2 - h_1}$)

34 암모니아 냉동 장치에서 압축기의 토출압력이 높아지는 이유로 틀린 것은?

① 장치 내 냉매 충전량이 부족하다.
② 공기가 장치에 혼입되었다.
③ 순환 냉각수의 양이 부족하다.
④ 토출 배관 중의 폐쇄 밸브가 지나치게 조여져 있다.

해설 장치 내 냉매 충전량이 부족한 경우에는 토출압력 및 장치 전체의 압력이 낮아지는 원인이 된다.

35 냉동 장치의 운전에 관한 유의 사항으로 틀린 것은?

① 운전 휴지 기간에는 냉매를 회수하고, 저압측의 압력은 대기압보다 낮은 상태로 유지한다.
② 운전 정지 중에는 오일 리턴 밸브를 차단시킨다.
③ 장시간 정지 후 시동 시에는 누설 여부를 점검 후 기동시킨다.
④ 압축기를 기동시키기 전에 냉각수 펌프를 가동시킨다.

해설 냉동장치의 운전 휴지기간에는 펌프다운시켜 냉매를 응축기 및 수액기에 회수하고, 저압측 압력은 대기압보다 약간 높은상태로 유지하는 것이 좋다.

36 표준냉동사이클에 대한 설명으로 옳은 것은?

① 응축기에서 버리는 열량은 증발기에서 취하는 열량과 같다.
② 증기를 압축기에서 단열압축하면 압력과 온도가 높아진다.
③ 팽창 밸브에서 팽창하는 냉매는 압력이 감소함과 동시에 열을 방출한다.
④ 증발기 내에서의 냉매 증발 온도는 그 압력에 대한 포화 온도보다 낮다.

해설 ① 응축기에서 버리는 열량은 증발기에서 취하는 열량과 압축기에서 압축시 소요되는 열량의 합과 같다.
③ 팽창밸브에서 팽창되는 냉매는 단열팽창과정으로 압력과 온도는 감소하지만 열량의 출입은 없는 상태이다.
④ 증발기 내에서 냉매증발온도는 그 압력에 대한 포화온도와 같다.

37 암모니아 냉동장치에서 팽창밸브 직전의 냉매액의 온도가 25℃이고, 압축기 흡입가스가 -15℃인 건조포화 증기이다. 냉동능력 15RT가 요구될 때 필요 냉매순환량(kg/h)은? (단, 냉매순환량 1kg당 냉동 효과는 269kcal이다.)

① 168　② 172
③ 185　④ 212

해설 냉동능력($Q_e = G \times q$)
$G = \dfrac{Q_e}{q} = \dfrac{15 \times 3320 \text{kcal/h}}{269 \text{kg/h}} = 185.13 \text{kg/h}$

38 밀폐계에서 10kg의 공기가 팽창 중 400kJ의 열을 받아서 150kJ의 내부에너지가 증가하였다. 이 과정에서 계가 한 일(kJ)은?

① 550　② 250
③ 40　④ 15

해설 열량($dQ = dU + W$)
$W = dQ - dU = 400 - 150 = 250 \text{kJ}$

정답 34 ① 35 ① 36 ② 37 ③ 38 ②

39 액분리기(Accumulator)에서 분리된 냉매의 처리 방법이 아닌 것은?

① 가열시켜 액을 증발시킨 후 응축기로 순환시킨다.
② 증발기로 재순환시킨다.
③ 가열시켜 액을 증발시킨 후 압축기로 순환시킨다.
④ 고압측 수액기로 회수한다.

해설 분리된 액냉매 처리방법
① 증발기로 재순환시키는 방법
② 가열시켜 액을 증발시킨 후 압축기로 순환시키는 방법
③ 고압 수액기로 복귀시키는 방법

40 4마력(PS) 기관이 1분간에 하는 일의 열당량(kcal)은?

① 0.042　② 0.42
③ 4.2　④ 42.1

해설 $1PS = 632 kcal/h$
$4 \times 632 \dfrac{kcal}{h} \times \dfrac{1}{60} \dfrac{h}{min} = 42.13 kcal/min$

제3과목 | 배관일반 (공조냉동설치운영1)

41 온수 난방 배관 시공 시 유의 사항에 관한 설명으로 틀린 것은?

① 배관은 1/250 이상의 일정기울기로 하고 최고부에 공기빼기 밸브를 부착한다.
② 고장 수리용으로 배관의 최저부에 배수 밸브를 부착한다.
③ 횡주 배관 중에 사용하는 레듀서는 되도록 편심레듀서를 사용한다.
④ 횡주관의 관말에는 관말 트랩을 부착시킨다.

해설 관말 트랩은 증기난방에 사용되며 온수난방에서는 트랩을 사용하지 않는다.
• 증기트랩 : 관 내의 응축수 및 공기를 증기와 분리시키고 자동적으로 응축수를 배출하는 장치로 배관 내 수격작용 및 관의 부식을 방지한다.

42 다음 중 중압 가스용 지중 매설관 배관재료로 가장 적합한 것은?

① 경질염화비닐관
② PE 피복강관
③ 동합금관
④ 이음매 없는 피복 황동관

해설 중압 가스용 지중 매설관
폴리에틸렌 피복강관(PE 피복강관, PLP관)

43 급수관의 지름을 결정할 때 급수 본관인 경우 관내의 유속은 일반적으로 어느 정도로 하는 것이 가장 적절한가?

① 1~2m/s　② 3~6m/s
③ 10~15m/s　④ 20~30m/s

해설 급수관 관경 결정시 관내에서 발생하는 수격작용을 방지하기 위해 유속을 1~2m/s 이내로 제한한다.

44 펌프 주변 배관 설치 시 유의 사항으로 틀린 것은?

① 흡입관은 되도록 길게 하고 굴곡 부분은 적게 한다.
② 펌프에 접속하는 배관의 하중이 직접 펌프로 전달되지 않도록 한다.

정답 39 ① 40 ④ 41 ④ 42 ② 43 ① 44 ①

③ 배관의 하단부에는 드레인 밸브를 설치한다.
④ 흡입측에는 스트레이너를 설치한다.

해설 펌프 주변 배관설치 시 마찰저항을 줄이기 위해 흡입관은 되도록 짧게 하고 굴곡부는 적게 하는 것이 좋다.

45 다음은 횡형 셀 튜브 타입 응축기의 구조도이다. 열전달 효율을 고려하여 냉매가스의 입구 측 배관은 어느 곳에 연결하여야 하는가?

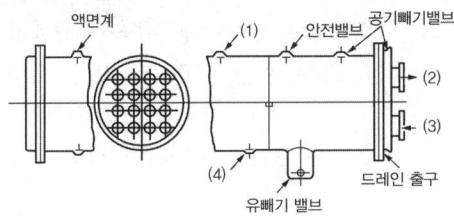

① (1) ② (2)
③ (3) ④ (4)

해설 (1) 냉매가스 입구
(2) 냉각수 출구
(3) 냉각수 입구
(4) 냉매액 출구

46 냉동 배관 재료로서 갖추어야 할 조건으로 틀린 것은?

① 저온에서 강도가 커야 한다.
② 내식성이 커야 한다.
③ 관 내 마찰저항이 커야 한다.
④ 가공 및 시공성이 좋아야 한다.

해설 냉동배관 재료는 관내 마찰저항이 작은것을 사용해야 한다.

47 암모니아 냉매 배관에 사용하기 가장 적합한 것은?

① 알루미늄 합금관
② 동관
③ 아연관
④ 강관

해설 암모니아 냉매는 철 또는 강에 대한 부식성이 없으므로 강관을 사용한다.

48 플로트 트랩의 장점이 아닌 것은?

① 다량·소량의 응축수 모두 처리 가능하다.
② 넓은 범위의 압력에서 작동한다.
③ 견고하고 증기 해머에 강하다.
④ 자동 에어밴트가 있어 공기 배출 능력이 우수하다.

해설 플로트 트랩은 부자(볼)와 레버가 수격현상에 의해 쉽게 파손될 우려가 있으며 겨울철 응축수 잔류로 동파의 위험성이 있다.

49 증기난방 설비 시공 시 수평 주관으로부터 분기 입상시키는 경우 관의 신축을 고려하여 2개 이상의 엘보를 이용하여 설치하는 신축 이음은?

① 스위블 이음 ② 슬리브 이음
③ 벨로즈 이음 ④ 플렉시블 이음

해설 스위블 이음
온수 또는 저압증기 난방의 주관과 지관 방열기 주변 배관법 중 하나로 2개 이상의 엘보를 사용하여 나사의 회전에 의해 신축을 흡수하는 장치

정답 45 ① 46 ③ 47 ④ 48 ③ 49 ①

50 보온재의 구비 조건으로 틀린 것은?

① 열전도율이 클 것
② 불연성일 것
③ 내식성 및 내열성이 있을 것
④ 비중이 적고 흡습성이 적을 것

해설 보온재의 구비조건
① 열전달률이 작을 것
② 물리적, 화학적 강도가 클 것
③ 흡수성이 적고 가공이 용이 할 것
④ 불연성일 것
⑤ 사용온도에 있어서 내구성이 있고, 변질되지 않을 것
⑥ 부피·비중이 작을 것

51 흡수식 냉동기 주변 배관에 관한 설명으로 틀린 것은?

① 증기조절 밸브와 감압 밸브 장치는 가능한 한 냉동기 가까이에 설치한다.
② 공급 주관의 응축수가 냉동기 내에 유입되도록 한다.
③ 증기관에는 신축 이음 등을 설치하여 배관의 신축으로 발생하는 응력이 냉동기에 전달되지 않도록 한다.
④ 증기 드레인 제어 방식은 진공펌프로 냉동기 내의 드레인을 직접 압축하도록 한다.

해설 흡수식 냉동기의 발생기에서 증기를 발생시켜 응축기로 보내게 되는데 증기 중 일부 응축수가 섞여 취출 될 경우 수격작용에 우려가 있으며 냉동장치의 효율이 감소 될 수 있다. 그러므로 공급 주관에는 증기만 유입되도록 하여 냉동기에 공급해주는 것이 좋다.

52 저온배관용 탄소강관의 기호는?

① STBH   ② STHA
③ SPLT   ④ STLT

해설 ① STBH : 보일러 열교환기용 탄소강관
② STHA : 보일러 열교환기용 합금강관
③ SPLT : 저온배관용 탄소강관
④ STLT : 저온 열교환기용 강관

53 급수관의 관 지름 결정 시 유의 사항으로 틀린 것은?

① 관 길이가 길면 마찰손실도 커진다.
② 마찰손실은 유량, 유속과 관계가 있다.
③ 가는 관을 여러 개 쓰는 것이 굵은 관을 쓰는 것보다 마찰손실이 적다.
④ 마찰손실은 고저차가 크면 클수록 손실도 커진다.

해설 원형관의 마찰손실(h)
달시-바이스바하(Darcy-Weisbach)방정식
$$h = f \times \frac{l}{d} \times \frac{v^2}{2g}$$
여기서, h : 손실수두[mH_2O]
f : 마찰저항계수
l : 관의길이[m]
d : 관의직경[m]
v : 유속[m/s]
g : 중력가속도[9.8m/s^2]

∴ ③ 가는 관을 여러개 쓰는 것이 굵은 관을 쓰는 것보다 마찰손실이 크다.

54 동합금 납땜 관이음쇠와 강관의 이종관 접합 시 1개의 동합금 납땜 관이음쇠로 90°방향 전환을 위한 부속의 접합부 기호 및 종류로 옳은 것은?

① C×F 90° 엘보   ② C×M 90° 엘보
③ F×F 90° 엘보   ④ C×M 어댑터

정답 50 ① 51 ② 52 ③ 53 ③ 54 ①

해설

55 다음 그림 기호가 나타내는 밸브는?

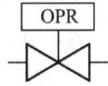

① 증발압력 조정밸브
② 유압 조정밸브
③ 용량 조정밸브
④ 흡입압력 조정밸브

해설 ① 증발압력 조정밸브
　　: EPR(Evaporator Pressure Regulator)
② 흡입압력 조정밸브
　　: SPR(Suction Pressure Regulator)
③ 유압조정밸브
　　: OPR(Oil Pressure Regulator)
④ 용량조정밸브 : capacity reagulation valve

56 음용수 배관과 음용수 이외의 배관이 접속되어 서로 혼합을 일으켜 음용수가 오염될 가능성이 큰 배관 접속 방법은?

① 하트포드 이음
② 리버스리턴 이음
③ 크로스 이음
④ 역류 방지 이음

해설 크로스 이음은 분기 및 합류시 사용되는 이음으로 음용수 배관과 음용수 이외의 배관을 접속 시키는 경우 배출된 물이 역류하여 음용수가 오염될 우려가 있으므로 크로스 이음을 피하는 것이 좋다.

57 증기난방 방식에서 응축수 환수 방법에 따른 분류가 아닌 것은?

① 중력 환수식　② 진공 환수식
③ 정압 환수식　④ 기계 환수식

해설 증기난방설비 응축수 환수방식
① 중력환수식 : 응축수 자체의 중력에 의한 환수방식
② 기계환수식 : 방열기에서 응축수 탱크까지는 중력환수, 탱크에서 보일러까지는 펌프를 이용한 강제순환방식
③ 진공환수식 : 방열기의 설치장소에 제한을 받지 않는 환수방식으로 증기와 응축수를 진공펌프로 흡입 순환시키는 방식

58 관의 보냉 시공의 주된 목적은?

① 물의 동결 방지
② 방열 방지
③ 결로 방지
④ 인화 방지

해설 보냉 : 냉매 및 냉각수관 등에 시행하는 단열로 불필요한 열취득 및 결로를 방지하기 위해 시공한다.
• 보온 : 증기 및 온수관 등에 시행하는 단열로 관표면의 방사손실을 방지하고 고온 배관에 의한 화상을 방지할 수 있다.

59 공장에서 제조 정제된 가스를 저장하여 가스 품질을 균일하게 유지하면서 제조량과 수요량을 조절하는 장치는?

① 정압기　② 가스홀더
③ 가스미터　④ 압송기

해설 가스홀더(Gas Holder)

정답　55 ②　56 ③　57 ③　58 ③　59 ②

공장에서 제조 정제된 가스를 저장하여 가스품질을 균일하게 유지하며 제조량과 수요량을 조절할 수 있는 장치

60 증기 난방과 비교하여 온수 난방의 특징에 대한 설명으로 틀린 것은?

① 온수 난방은 부하 변동에 대응한 온도조절이 쉽다.
② 온수 난방은 예열하는데 많은 시간이 걸리지만 잘 식지 않는다.
③ 연료 소비량이 적다.
④ 온수 난방의 설비비가 저가인 점이 있으나 취급이 어렵다.

해설 온수난방의 특징(증기난방과 비교)
[장점]
① 방열량(온도)조절이 용이하다.
② 증기난방에 비해 쾌감도가 좋다.
③ 열용량이 커 동결우려가 적다.
④ 취급이 용이하며 안전하다.(화상의 위험이 적다.)
[단점]
① 열용량이 커 예열시간이 길다.
② 수두(높이)에 제한을 받는다.
③ 방열면적과 관지름이 크다.
④ 설비비가 비싸다.

※ 증기난방과 비교시 온수난방은 동일 방열량에 대하여 보유 열량이 작으므로 방열면적 및 관의 지름이 커지고 이로 인해 설비비가 비싸진다는 단점 있지만 취급은 쉽다.

제4과목 | 전기제어공학(공조냉동설치운영 2)

61 그림과 같은 논리회로의 출력 Y는?

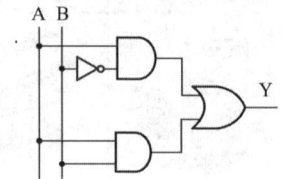

① $Y = AB + A\overline{B}$
② $Y = \overline{A}B + AB$
③ $Y = \overline{A}B + A\overline{B}$
④ $Y = \overline{A}\,\overline{B} + A\overline{B}$

해설
• AND 회로 논리식 $Y = A \cdot B$
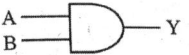

• OR회로 논리식 $Y = A + B$

• NOT 회로 논리식 $Y = \overline{A}$
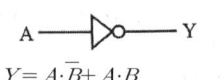

$Y = A \cdot \overline{B} + A \cdot B$

62 되먹임 제어의 종류에 속하지 않는 것은?

① 순서 제어
② 정치 제어
③ 추치 제어
④ 프로그램 제어

해설 피드백 제어의 특징
• 피드백 제어는 입력(목표값)과 출력(제어량)을 비교하여 제어량이 목표값과 일치할 때까지 수정하여 오차를 줄여나가는 자동제어 방식으로 정치제어, 추치제어, 프로그램제어, 비율제어 등이 이에 속한다.

• 시퀀스 제어
미리 정해진 순서에 따라 각 단계별 제어를 행하는 제어로 제어결과에 따라 조작이 자동적으로 이행되며 순서제어, 시한제어, 조건제어 등이 이에 속한다.

63 직류전동기의 속도 제어 방법 중 속도 제어의 범위가 가장 광범위하며, 운전 효율이 양호한 것으로 워드 레너드 방식과 정지 레너드 방식이 있는 제어법은?

① 저항 제어법
② 전압 제어법
③ 계자 제어법
④ 2차 여자 제어법

해설 직류전동기의 속도제어법
① 저항 제어법 : 전기자에 가변 직렬 저항을 넣어 전기자 회로의 저항을 변화시킴으로 써 제어하는 방식으로 저항 중의 전력 손실이 발생하여 효율이 가장 좋지 못하다.
② 계자 제어법 : 계자 회로에 저항을 넣어 계자 전류를 제어하는 방식으로 속도 조정 범위는 전기자 반작용, 정류 불량 및 자기 포화 등에 의해 제약을 받는다.
③ 전압 제어법 : 전기자에 공급되는 전압을 전원단에서 조절하여 속도를 제어하는 방법으로 단자 전압을 정밀하게 조정할 수 있으므로 저속부터 고속까지 광범위하게 속도 조절이 가능하며, 조작도 간단하고 효율도 좋은 편이다.
주 전동기와 거의 같은 용량의 전동기와 직류 발전기의 설치가 필요하므로 실치비가 비싼 단점이 있다.
종류는 워드 레오나드 방식, 일그너 방식, 초퍼 방식, 직병렬 방식 등이 있다.

64 그림과 같은 신호 흐름 선도에서 $\dfrac{C}{R}$를 구하면?

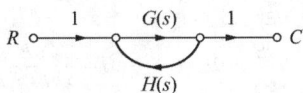

① $\dfrac{G(s)H(s)}{1-G(s)H(s)}$

② $\dfrac{G(s)}{1+G(s)H(s)}$

③ $\dfrac{G(s)H(s)}{1+G(s)H(s)}$

④ $\dfrac{G(s)}{1-G(s)H(s)}$

해설 전달함수

$G(s) = \dfrac{C}{R} = \dfrac{패스경로}{1-피드백경로}$

∴ $\dfrac{C}{R} = \dfrac{G(s)}{1-G(s)H(s)}$

65 그림과 같은 RL 직렬회로에 구형파 전압을 인가했을 때 전류 i를 나타내는 식은?

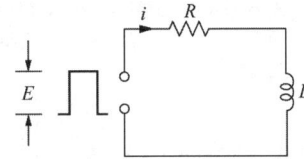

① $i = \dfrac{E}{R}e^{-\frac{R}{L}t}$

② $i = ERe^{-\frac{R}{L}t}$

③ $i = \dfrac{E}{R}(1-e^{-\frac{L}{R}t})$

④ $i = \dfrac{E}{R}(1-e^{-\frac{R}{L}t})$

정답 63 ② 64 ④ 65 ④

해설 RL회로의 전류(i)
① 기전력은 각단의 전압 강하의 합
$$E = Ri + L\frac{di}{dt}$$
② 라플라스변환
$$\frac{E}{s} = RI + LsI \rightarrow I = \frac{E}{s(Ls+R)}$$
$$I = \frac{E}{s(Ls+R)} \Rightarrow \frac{A}{s} + \frac{B}{s+\frac{R}{L}}$$
$$A = \frac{\frac{E}{L}}{s+\frac{R}{L}}\bigg|_{s=0} = \frac{E}{R}$$
$$B = \frac{\frac{E}{L}}{s}\bigg|_{s=-\frac{R}{L}} = -\frac{E}{R}$$
$$I_{(s)} = \frac{E}{R} \cdot \frac{1}{S} - \frac{E}{R} \cdot \frac{1}{S+\frac{R}{L}}$$
③ 역라플라스 변환
$$i(t) = \frac{E}{R}(1 - e^{-\frac{R}{L}t})$$
※ 위 유도과정은 RL회로에서 전류(i)의 값을 구하기 위한 유도과정이니 공식을 푼다는 느낌보다는 위와 같이 유도된다는 걸 알고 최종 공식
$$i(t) = \frac{E}{R}(1-e^{-\frac{R}{L}t})$$을 암기하시는게 문제 풀기는 더욱 수월 할 수 있습니다. 즉 RL회로에서의 전류(i)의 값은 최종 유도공식으로 풀이하게 됩니다.

66 어떤 제어계의 단위계단 입력에 대한 출력응답 $c(t) = 1 - e^{-t}$로 되었을 때 지연시간 $T_d(s)$는?

① 0.693 ② 0.346
③ 0.278 ④ 1.386

해설 지연시간은 계단응답에 대하여 출력이 50%에 도달하는데 걸리는 시간이다.
따라서 $c(t) = 0.5$가 된다.
위 문제에서 시간 t는 지연시간 T_d가 된다.

$$c(t) = 1 - e^{-t} \rightarrow 0.5 = 1 - e^{-T_d}$$
$$0.5 = 1 - e^{-T_d} \rightarrow e^{-T_d} = 1 - 0.5 \rightarrow e^{-T_d} = 0.5$$
$$\rightarrow -T_d = \ln 0.5 \rightarrow -T_d = -0.693$$
$$\therefore T_d = 0.693$$

67 다음 블록선도의 입력과 출력이 일치하기 위해서 A에 들어갈 전달함수는?

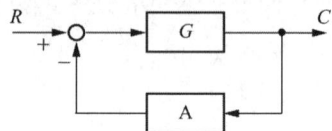

① $\frac{1+G}{G}$ ② $\frac{G}{G+1}$
③ $\frac{G-1}{G}$ ④ $\frac{G}{G-1}$

해설 전달함수
$$G(s) = \frac{C}{R} = \frac{패스경로}{1 - 피드백경로}$$
① 전체 전달함수
$$\frac{C}{R} = \frac{G}{1+GA}$$
② 입력과 출력이 일치하므로 $C = R$ 이 된다.
그러므로 $\frac{C}{R} = 1$ 이다.
③ 위 식에 대입하면
$$1 = \frac{G}{1+GA} \rightarrow 1 + GA = G \rightarrow 1 = G - GA$$
$$\rightarrow 1 = G(1-A) \rightarrow \frac{1}{G} = 1 - A$$
$$\rightarrow A = 1 - \frac{1}{G} = \frac{G-1}{G}$$

68 제어량은 회전수, 전압, 주파수 등이 있으며 이 목표치를 장기간 일정하게 유지시키는 것은?

① 서보 기구 ② 자동 조정
③ 추치 제어 ④ 프로세스 제어

정답 66 ① 67 ③ 68 ②

[해설] 제어량에 따른 분류
① 서보기구 : 물체의 위치, 각도, 방위 등
② 자동조정 : 전압, 주파수, 전류, 회전수(속도), 토크 등
③ 프로세스제어 : 온도, 압력, 유량, 액면(액위), 농도, 습도 등
• 추치제어 : 목표값이 임의의 변화에 대하여 추종하도록 구성된 제어로 목표값이 시간에 따라 변화되는 상태량을 제어한다.

69 열 처리 노의 온도 제어는 어떤 제어에 속하는가?

① 자동 조정
② 비율 제어
③ 프로그램 제어
④ 프로세스 제어

[해설] 열처리 노의 온도제어는 온도를 미리 정해진 프로그램 값에 따라 제어하므로 프로그램 제어가 된다.
① 자동조정 : 전압, 주파수, 전류, 회전수(속도), 토크 등의 상태량을 제어한다.
② 비율제어 : 목표값이 다른 양과 일정한 비율관계를 갖는 상태량을 제어하는 것으로 보일러 자동 연소장치에 사용된다.
③ 프로그램제어 : 목표값이 시간적으로 미리 정해진 대로 변화하고 제어량을 추정시키는 제어로서 열처리 노의 온도제어, 무인열차 운전 등에 사용된다.
④ 프로세스제어 : 온도, 압력, 유량, 액면, 농도, 습도 등의 공업공정의 상태량을 제어한다.

70 어떤 제어계의 임펄스 응답이 $\sin\omega t$일 때 계의 전달함수는?

① $\dfrac{\omega}{s+\omega}$ ② $\dfrac{\omega^2}{s+\omega}$

③ $\dfrac{s}{s+\omega^2}$ ④ $\dfrac{\omega}{s^2+\omega^2}$

[해설] 라플라스 변환식

시간함수	라플라스 변환함수	비고
$u(t)$	$\dfrac{1}{s}$	
$e^{-at}u(t)$	$\dfrac{1}{s+a}$	$f(t) \rightarrow F(s)$
$\sin\omega t$	$\dfrac{w}{s^2+w^2}$	$f(t-a) \rightarrow e^{-as}F(s)$
$\cos\omega t$	$\dfrac{s}{s^2+w^2}$	

71 다음 블록선도 중 비례적분제어기를 나타낸 블록선도는?

①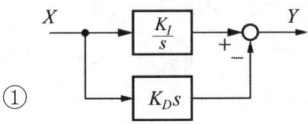

②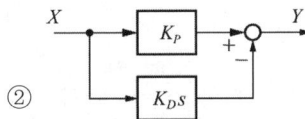

③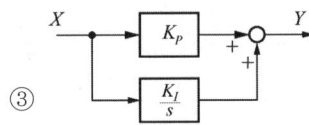

④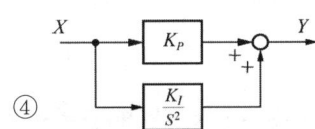

[해설] 비례적분(PI)동작 제어기 수식 : $K_P + \dfrac{K_I}{s}$

• 전달함수
① $\dfrac{Y}{X} = \dfrac{K_I}{S} - K_D s$ ② $\dfrac{Y}{X} = K_P - K_D s$
③ $\dfrac{Y}{X} = K_P + \dfrac{K_I}{s}$ ④ $\dfrac{Y}{X} = K_P + \dfrac{K_I}{s^2}$

정답 69 ③ 70 ④ 71 ③

72 배리스터의 주된 용도는?

① 온도 측정용
② 전압 증폭용
③ 출력 전류 조절용
④ 서지 전압에 대한 회로 보호용

해설 배리스터(varistor)
비직선적인 전압-전류 특성을 갖는 2단자 반도체 소자로 주로 낙뢰전압 등의 이상전압, 전기접점의 불꽃을 소거하는 등 반도체 정류기, 트랜지스터 등의 회로의 서지전압으로부터 보호하는 데 사용된다.

73 피드백 제어계의 구성요소 중 동작 신호에 해당되는 것은?

① 목표값과 제어량의 차
② 기준 입력과 궤환 신호의 차
③ 제어량에 영향을 주는 외적 신호
④ 제어 요소가 제어 대상에 주는 신호

해설 피드백 제어계의 구성요소
① 조작량 : 제어요소가 제어대상에게 주는 양
② 제어량 : 제어대상에 대한 전체량 가운데 제어코자 하는 목적의 량
③ 기준입력신호 : 목표값과 피드백 신호를 비교하기 위하여 주 피드백 신호와 같은 종류의 신호로 목표값을 변화시켜 제어계의 폐쇄 루프에 입력하는 신호
④ 동작신호 : 주 피드백량과 기준입력을 비교하여 얻어진 편차량의 신호(기준입력과 궤환 신호의 차)

74 $s^2 + 2\delta\omega_n s + \omega_n^2$인 계가 무제동 진동을 할 경우 δ의 값은?

① $\delta = 0$
② $\delta < 1$
③ $\delta = 1$
④ $\delta > 1$

해설 제동비
① $\delta = 0$: 무제동
② $\delta = 1$: 임계제동
③ $\delta > 1$: 과제동
④ $\delta < 1$: 부족제동

75 동기 속도가 3600rpm인 동기 발전기의 극수는 얼마인가? (단, 주파수는 60Hz이다.)

① 2극
② 4극
③ 6극
④ 8극

해설 동기속도(N_s)
$$N_s = \frac{120f}{P} \rightarrow P = \frac{120f}{N_s}$$
$$P = \frac{120 \times 60}{3600} = 2극$$

76 어떤 제어계의 입력이 단위 임펄스이고 출력 $c(t) = te^{-3t}$이었다. 이 계의 전달함수는 $G(s)$는?

① $\dfrac{1}{(s+3)^2}$
② $\dfrac{1}{(s+3)^3}$
③ $\dfrac{s}{(s+3)^2}$
④ $\dfrac{1}{(s+2)(s+1)}$

해설 복소추이 정리 라플라스변환
[공식] $\mathcal{L}[f(t) \cdot e^{\pm at}] = F(s)|_{s = s \mp a}$
[풀이] $f(t) = t \rightarrow F(s) = \dfrac{1}{s^2}$
$\mathcal{L}[t \cdot e^{-3t}] = \dfrac{1}{s^2}|_{s = s+3} = \dfrac{1}{(s+3)^2}$

77 전류 $I = 3t^2 + 6t$를 어떤 전선에 5초 동안 통과시켰을 때 전기량은 몇 C인가?

① 140
② 160
③ 180
④ 200

해설 전기량($Q = I \times t$)
• t초 동안의 전기량 $q = \int_{t_1}^{t_2} I dt$
$q = \int_0^5 (3t^2 + 6t)dt - [t^3 + 3t^2]_0^5$
$= (5^3 + 3 \times 5^2) - (0^3 + 3 \times 0^2) = 200 C$

정답 72 ④ 73 ② 74 ① 75 ① 76 ① 77 ④

78 전자회로에서 온도 보상용으로 많이 사용되고 있는 소자는?

① 저항
② 코일
③ 콘덴서
④ 서미스터

해설 서미스터 : 온도가 상승하면 저항값이 현저하게 작아지는 특성을 이용하여 트랜지스터 회로의 온도보상, 온도측정 및 제어, 통신기기 등의 온도보상용 자동제어에 사용된다.

79 제어계의 응답 속응성을 개선하기 위한 제어 동작은?

① D 동작
② I 동작
③ PD 동작
④ PI 동작

해설
- PI동작(비례적분) : 잔류편차가 남는 비례동작의 단점을 보완하기 위해 비례동작에 적분동작을 조합한 동작
- PD동작(비례미분) : 정산편차는 존재하나 진상 보상요소에 대응되므로 응답속도를 빠르게 할 수 있다.(속응성이 개선된 제어방식)
- PID동작(비례적분미분) : PI동작과 PD동작의 결점을 보완하기 위해 결합 한 형태로 적분동작에서 잔류편차를 제거하고, 미분동작으로 응답을 신속히 하여 안정화시킨 동작

80 일정 전압의 직류 전원에 저항을 접속하고 전류를 흘릴 때, 이 전류값을 50% 증가시키기 위한 저항값은?

① 0.6R
② 0.67R
③ 0.82R
④ 1.2R

해설
① 일정한 전압 $V_1 = V_2$
② 옴의 법칙 V=IR 이므로
   $V_1 = V_2 \rightarrow I_1 R_1 = I_2 R_2$
③ 전류값 50%(1.5배)증가($I_2 = 1.5 \times I_1$)
   $I_1 R_1 = 1.5 I_1 R_2$
④ 여기서 50% 증가시키기 위한 저항값(R_2)는
   $R_2 = \dfrac{I_1}{1.5 I_1} R_1 = \dfrac{1}{1.5} R_1 = 0.67 R_1 [\Omega]$

정답 78 ④ 79 ③ 80 ②

공조냉동기계산업기사

과년도 출제문제

(2018.08.19. 시행)

제1과목 공기조화(공기조화설비)

01 다음 중 공기조화기 부하를 바르게 나타낸 것은?

① 실내부하 + 외기부하 + 덕트통과열부하 + 송풍기부하
② 실내부하 + 외기부하 + 덕트통과열부하 + 배관통과열부하
③ 실내부하 + 외기부하 + 송풍기부하 + 펌프부하
④ 실내부하 + 외기부하 + 재열부하 + 냉동기부하

해설
- 공기조화기(냉각코일)부하
 = 실내부하+외기부하+덕트통과열부하+송풍기부하
- 냉동기 부하
 =공기조화기(냉각코일)부하+배관부하+펌프부하

02 압력 760mmHg, 기온 15℃의 대기가 수증기 분압 9.5mmHg를 나타낼 때 건조공기 1kg 중에 포함되어 있는 수증기의 중량은 얼마인가?

① 0.00623kg/kg ② 0.00787kg/kg
③ 0.00821kg/kg ④ 0.00931kg/kg

해설 절대습도(x)

$$x = 0.622 \times \frac{P_w}{P - P_w}$$

$$= 0.622 \times \frac{9.5}{760 - 9.5} = 0.00787 \text{kg/kg}$$

x : 절대습도[kg/kg]
P : 대기압[mmHg]
P_w : 수증기 분압[mmHg]

03 8000W의 열을 발생하는 기계실의 온도를 외기 냉방하여 26℃로 유지하기 위해 필요한 외기 도입량(m³/h)은? (단, 밀도는 1.2kg/m³, 공기 정압비열은 1.01kJ/kg·℃, 외기온도는 11℃이다.)

① 600.06   ② 1584.16
③ 1851.85 ④ 2160.22

해설 $Q = q \times 1.2 \times C \times \triangle T$

$q = \dfrac{Q}{1.2 \times C \times \triangle T}$

$= \dfrac{\frac{8000}{1000}[\text{kJ/s}] \times 3600[\text{s/h}]}{1.2[\text{kg/m}^3] \times 1.01[\text{kJ/kg·℃}] \times (26-11)[℃]}$

$= 1584.16[\text{m}^3/\text{h}]$

※ 1[kW]=1[kJ/s], 1[W]=1[J/s]

정답 01 ① 02 ② 03 ②

04 증기 난방에 대한 설명으로 옳은 것은?

① 부하의 변동에 따라 방열량을 조절하기가 쉽다.
② 소규모 난방에 적당하며 연료비가 적게 든다.
③ 방열 면적이 작으며 단시간 내에 실내 온도를 올릴 수 있다.
④ 장거리 열 수송이 용이하며 배관의 소음 발생이 작다.

해설 ① 부하의 변동에 따른 방열량 조절이 어렵다.
② 대규모 난방에 적합하며 연료비가 많이 든다.
④ 보유열량이 크므로 열운반 능력이 좋아 장거리 열수송이 가능하나 수격작용 및 고압증기가 이송되므로 소음이 크다.

05 공기조화 방식의 분류 중 전공기 방식에 해당되지 않는 것은?

① 팬코일 유닛 방식
② 정풍량 단일덕트 방식
③ 2중덕트 방식
④ 변풍량 단일덕트 방식

해설 • 팬코일 유닛 방식은 전수방식에 속한다.
• 전공기방식 : 단일덕트방식, 2중덕트방식, 멀티존유닛방식, 각층유닛방식 등

06 일반적인 취출구의 종류가 아닌 것은?

① 라이트-트로퍼(light-troffer)형
② 아네모스탯(annemostant)형
③ 머쉬룸(mushroom)형
④ 웨이(way)형

해설 머쉬룸(mushroom)형은 흡입구로 바닥면의 오염된 공기를 흡입한다.

07 극간풍을 방지하는 방법으로 적합하지 않는 것은?

① 실내를 가압하여 외부보다 압력을 높게 유지한다.
② 건축의 건물 기밀성을 유지한다.
③ 이중문 또는 회전문을 설치한다.
④ 실내외 온도차를 크게 한다.

해설 극간풍(틈새바람) : 외부 공기가 창틈 및 문틈으로 들어오는 것을 말한다.
• 극간풍 방지법
① 실내를 가압하여 외부보다 압력을 높게 유지한다.(압력차에 의해 실외공기가 내부로 들어오지 못함.)
② 건물의 기밀성을 유지한다.
③ 이중문 또는 회전문을 설치한다.
④ 실내외 온도차를 작게 한다.

08 다음 중 실내 환경기준 항목이 아닌 것은?

① 부유 분진의 양
② 상대습도
③ 탄산가스 함유량
④ 메탄가스 함유량

해설 실내 환경기준

구 분	실내 환경기준
부유분진량	$1m^3$당 0.15mg 이하
일산화탄소(CO)의 함유량	10ppm(0.001%) 이하
탄산가스(CO_2)의 함유량	1000ppm(0.1%) 이하
온 도	17℃~28℃ 이하
상대습도	40%~70% 이하
기류속도	0.5m/s 이하

정답 04 ③ 05 ① 06 ③ 07 ④ 08 ④

09 덕트를 설계할 때 주의 사항으로 틀린 것은?

① 덕트를 축소할 때 각도는 30° 이하로 되게 한다.
② 저속 덕트 내의 풍속은 15m/s 이하로 한다.
③ 장방형 덕트의 종횡비는 4 : 1 이상 되게 한다.
④ 덕트를 확대할 때 확대 각도는 15° 이하로 되게 한다.

[해설] 덕트 설계시 종횡비(아스펙트비)는 장변과 단변의 비로 2:1을 표준으로 하고, 가능한 4:1 이하로 하는 것이 바람직하다.
(최대 8:1까지 가능)

10 상당방열면적을 계산하는 식에서 q_o는 무엇을 뜻하는가?

$$EDR = \frac{H_r}{q_o}$$

① 상당 증발량
② 보일러 효율
③ 방열기의 표준 방열량
④ 방열기의 전 방열량

[해설] $EDR = \frac{H_r}{q_o}$
q_o : 표준방열량
(증기 : 650[kcal/m²h], 온수 : 450[kcal/m²h])
H_r : 난방부하(전 방열량)[kcal/h]
EDR : 상당(표준)방열면적[m²]

11 중앙 공조기의 전열교환기에서는 어떤 공기가 서로 열 교환을 하는가?

① 환기와 급기 ② 외기와 배기
③ 배기와 급기 ④ 환기와 배기

[해설] 전열교환기
공기조화기에서 배기와 외기를 열교환시키는 공기 대 공기 열교환기로 회전식과 고정식이 있다.

12 실내 발생열에 대한 설명으로 틀린 것은?

① 벽이나 유리창을 통해 들어오는 전도 열은 현열 뿐이다.
② 여름철 실내에서 인체로부터 발생하는 열은 잠열 뿐이다.
③ 실내의 기구로부터 발생열은 잠열과 현열이다.
④ 건축물의 틈새로부터 침입하는 공기가 갖고 들어오는 열은 잠열과 현열이다.

[해설] ② 여름철 실내에서 인체로부터 발생하는 열은 현열과 잠열이다.

13 공기여과기의 성능을 표시하는 용어 중 가장 거리가 먼 것은?

① 제거 효율   ② 압력손실
③ 집진 용량   ④ 소재의 종류

[해설] 공기여과기의 성능표시
제거효율(포집율), 압력손실, 집진용량(포집용량) 등

14 환기의 목적이 아닌 것은?

① 실내공기 정화
② 열의 제거
③ 소음 제거
④ 수증기 제거

정답 09 ③ 10 ③ 11 ② 12 ② 13 ④ 14 ③

해설 환기의 목적
① 실내공기 정화
② 열 및 습기 제거
③ 냄새 및 유독가스 제거

15 공조기 내에 흐르는 냉·온수 코일의 유량이 많아서 코일 내에 유속이 너무 빠를 때 사용하기 가장 적절한 코일은?

① 풀서킷 코일(full circuit coil)
② 더블서킷 코일(double circuit coil)
③ 하프서킷 코일(half circuit coil)
④ 슬로서킷 코일(slow circuit coil)

해설 ① 더블 서킷 코일 : 유량이 많아 코일내 유속이 빠를 때 사용된다.
② 풀서킷 코일, 하프서킷 코일 : 유량이 적어 코일 내 유속이 작을 때 사용된다.

16 날개 격자형 취출구에 대한 설명으로 틀린 것은?

① 유니버설형은 날개를 움직일 수 있는 것이다.
② 레지스터란 풍량 조절 셔터가 있는 것이다.
③ 수직 날개형은 실의 폭이 넓은 방에 적합하다.
④ 수평 날개형은 그릴이라고도 한다.

해설 베인(날개) 격자형 취출구
① 레지스터 : 그릴 뒤에 풍량조절을 위한 셔터가 부착된 것
② 유니버설(가동 베인) : 날개 각도를 조정할 수 있는 것
③ 그릴(고정 베인) : 날개가 고정되고 셔터가 없는 것
※ 수평날개형과 그릴은 전혀 다른 말이다.

17 송풍기의 회전수 변환에 의한 풍량 제어 방법에 대한 설명으로 틀린 것은?

① 극수를 변환한다.
② 유도전동기의 2차측 저항을 조정한다.
③ 전동기에 의한 회전수에 변화를 준다.
④ 송풍기 흡입측에 있는 댐퍼를 조인다.

해설 송풍기 회전수 제어법
① 극수 변환법
② 유도전동기 2차측 저항 조정법
③ 전동기 회전수 조정법
④ 풀리(pulley) 직경 변환법
⑤ 정류자 전동기에 의한 방법

$N = \dfrac{120f}{p}(1-s)$

여기서, N : 회전수(속도) f : 주파수
s : 슬립 p : 극수

18 현열비를 바르게 표시한 것은?

① 현열량/전열량
② 잠열량/전열량
③ 잠열량/현열량
④ 현열량/잠열량

해설 현열비(SHF) : 습공기의 전열량에 대한 현열량의 비

$SHF = \dfrac{현열}{전열} = \dfrac{q_s}{q_t} = \dfrac{q_s}{q_s+q_L} = \dfrac{h_c-h_2}{h_1-h_2}$

19 어떤 실내의 전체 취득열량이 9kW, 잠열량이 2.5kW이다. 이때 실내를 26℃, 50%(RH)로 유지시키기 위해 취출 온도차를 10℃로 일정하게 하여 송풍한다면 실내 현열비는 얼마인가?

① 0.28 ② 0.68
③ 0.72 ④ 0.88

해설 $\therefore SHF = \dfrac{9-2.5}{9} = 0.72$

※ 현열량=전열량-잠열량
• 현열비(SHF) : 습공기의 전열량에 대한 현열량의 비
$$SHF = \frac{현열}{전열} = \frac{q_s}{q_t} = \frac{q_s}{q_s + q_L} = \frac{h_c - h_2}{h_1 - h_2}$$

20 다음 중 온수 난방 설비와 관계가 없는 것은?

① 리버스 리턴 배관
② 하트포드 배관 접속
③ 순환펌프
④ 팽창 탱크

해설 하트포드 접속법(hartford connection)
저압증기난방의 습식환수방식에 있어 보일러의 수위가 환수관의 접속부의 누설로 인한 저수위사고가 일어날 것을 방지하기 위해 증기관과 환수관 사이에 표준수면에서 50[mm]아래 균형관(밸런스관)을 설치한 방식

제2과목   냉동공학(냉동냉장설비)

---

21 2차 냉매인 브라인이 갖추어야 할 성질에 대한 설명으로 틀린 것은?

① 열 용량이 적어야 한다.
② 열전도율이 커야 한다.
③ 동결점이 낮아야 한다.
④ 부식성이 없어야 한다.

해설 브라인의 구비조건
① 열용량(비열)이 클 것
② 점도가 작을 것
③ 열전도율이 클 것
④ 불연성이며 불활성일 것
⑤ 인화점이 높고 응고점이 낮을 것
⑥ 가격이 싸고 구입이 용이할 것
⑦ 냉매 누설 시 냉장품 손실이 적을 것

22 냉동장치의 운전 중에 냉매가 부족할 때 일어나는 현상에 대한 설명으로 틀린 것은?

① 고압이 낮아진다.
② 냉동 능력이 저하한다.
③ 흡입관에 서리가 부착되지 않는다.
④ 저압이 높아진다.

해설 냉동장치 내부의 냉매가 부족할 때의 현상
① 흡입압력 및 토출압력이 감소한다.
② 냉동능력이 감소한다.
③ 흡입가스가 과열 된다.
④ 토출가스 온도가 상승된다.

23 히트 파이프의 특징에 관한 설명으로 틀린 것은?

① 등온성이 풍부하고 온도 상승이 빠르다.
② 사용 온도 영역에 제한이 없으며 압력손실이 크다.
③ 구조가 간단하고 소형 경량이다.
④ 증발부, 응축부, 단열부로 구성되어 있다.

해설 히트파이프(Heat Pipe)
밀봉된 용기와 위크(Wick) 구조체 및 증기공간에 의하여 구성되며, 길이 방향으로는 증발부, 응축부, 단열부로 구분되는데 한쪽을 가열하면 작동유체는 증발하면서 잠열을 흡수하고 증발된 증기는 저온으로 이동하여 응축되면서 열교환 하는 기기
※ 사용온도 영역에 제한이 따르며 압력손실은 작은 편이다.

정답 20 ② 21 ① 22 ④ 23 ②

24 다음 조건으로 운전되고 있는 수랭 응축기가 있다. 냉매와 냉각수와의 평균 온도차는?

[조건]
냉각수 입구 온도 : 16℃
냉각수량 : 200L/min
냉각수 출구 온도 : 24℃
응축기 냉각 면적 : 20m²
응축기 열 통과율 : 3349.6 kJ/m²·h·℃

① 4℃ ② 5℃
③ 6℃ ④ 7℃

해설 $Q = KF \triangle T_m = GC \triangle T$

평균온도차 $T_m = \dfrac{GC \triangle T}{KF}$

T_m
$= \dfrac{200[\text{kg/min}] \times 60[\text{min/h}] \times 4.18[\text{kJ/kg·℃}] \times (24-16)[\text{℃}]}{3349.6[\text{kJ/m}^2\text{·h·℃}] \times 20[\text{m}^2]}$
$= 6[\text{℃}]$

※ 물 1[L] = 1[kg]
※ 1[kcal] = 4.18[kJ]

25 냉동 장치 내 불응축 가스에 관한 설명으로 옳은 것은?

① 불응축 가스가 많아지면 응축 압력이 높아지고 냉동 능력은 감소한다.
② 불응축 가스는 응축기에 잔류하므로 압축기의 토출가스 온도에는 영향이 없다.
③ 장치에 윤활유를 보충할 때에 공기가 흡입되어도 윤활유에 용해되므로 불응축 가스는 생기지 않는다.
④ 불응축 가스가 장치 내에 침입해도 냉매와 혼합되므로 응축 압력은 불변한다.

해설 ② 불응축 가스는 응축기에 잔류하므로 압축기의 토출가스 온도를 증가시킨다.
③ 장치에 윤활유를 보충할 때에 공기가 흡입되어 불응축 가스가 되며 응축기 내부 전열을 방해하여 응축능력을 감소시킨다.
④ 불응축 가스가 장치 내에 침입하면 응축압력이 증가하고 압축비를 상승시켜 토출가스온도 상승, 윤활유 탄화열화, 냉동능력감소 등 악영향을 끼친다.

26 얼음 제조 설비에서 깨끗한 얼음을 만들기 위해 빙관 내로 공기를 송입, 물을 교반시키는 교반 장치의 송풍압력(kPa)은 어느 정도인가?

① 2.5~8.5
② 19.6~34.3
③ 62.8~86.8
④ 101.3~132.7

해설 깨끗한 투명얼음을 만들기 위해 교반장치의 송풍압력은 19.6~34.3kPa 정도로 한다.

27 냉동 사이클이 -10℃와 60℃ 사이에서 역카르노 사이클로 작동될 때, 성적계수는?

① 2.21 ② 2.84
③ 3.76 ④ 4.74

해설 $COP = \dfrac{q}{Aw} = \dfrac{Q_2}{Q_1 - Q_2} = \dfrac{T_2}{T_1 - T_2}$
$= \dfrac{273 + (-10)}{(273+60) - (273+(-10))} = 3.76$

정답 24 ③ 25 ① 26 ② 27 ③

28 증기 압축식 사이클과 흡수식 냉동 사이클에 관한 비교 설명으로 옳은 것은?

① 증기 압축식 사이클은 흡수식에 비해 축동력이 적게 소요된다.
② 흡수식 냉동 사이클은 열 구동 사이클이다.
③ 흡수식은 증기 압축식의 압축기를 흡수기와 펌프가 대신한다.
④ 흡수식의 성능은 원리상 증기 압축식에 비해 우수하다.

해설 ① 증기 압축식 사이클은 흡수식에 비해 축동력이 크게 소요된다.(압축기가 설치되므로)
③ 흡수식은 증기 압축식의 압축기를 흡수기와 발생기(재생기)가 대신한다.
④ 흡수식의 성능은 원리상 증기 압축식에 비해 나쁘다.(냉방시에도 보일러를 가동 하게 되며 왕복동식에 비해 압력을 높이거나 낮추는데 한계가 있어 제빙 장치 등의 이용이 불가능하다.)

29 밀폐된 용기의 부압 작용에 의하여 진공을 만들어 냉동작용을 하는 것은?

① 증기 분사 냉동기
② 왕복동 냉동기
③ 스크류 냉동기
④ 공기 압축 냉동기

해설 증기분사식 냉동장치는 이젝터와 같은 노즐을 사용하며, 이 노즐을 통해 증기를 고속 분사시키면서 주위의 가스를 빨아들여 진공(부압)시킨다. 이 때 증발기 내의 물 또는 식염수는 저압 아래에서 증발됨으로써 그 증발잠열에 의해 냉매(물)가 냉각되고 이를 이용해 냉동하는 방식이다.

30 저온용 냉동기에 사용되는 보조적인 압축기로서 저온을 얻을 목적으로 사용되는 것은?

① 회전 압축기(rotary compresor)
② 부스터(booster)
③ 밀폐식 압축기(hermetic compresor)
④ 터보 압축기(turbo compresor)

해설 부스터
2단 압축식 냉동장치에서 증발압력부터 중간압력까지 압력을 높이기 위한 저단측 (보조)압축기

31 다음 중 무기질 브라인이 아닌 것은?

① 염화칼슘   ② 염화마그네슘
③ 염화나트륨   ④ 트리클로로에틸렌

해설 무기질 브라인 : 염화나트륨(NaCl), 염화마그네슘($MgCl_2$), 염화칼슘($CaCl_2$)
※ 부식순서 암기법 : 나>마>카
• 유기질 브라인 : 에틸렌글리콜($C_2H_6O_2$), 프로필렌글리콜($C_3H_6(OH)_2$), 에틸알콜(C_2H_5OH)

32 P-V(압력-체적) 선도에서 1에서 2까지 단열 압축하였을 때 압축일량(절대일)은 어느 면적으로 표현되는가?

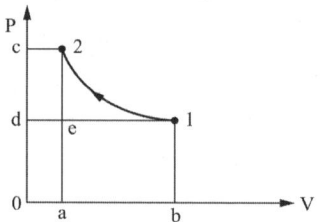

① 면적 1 2 c d 1
② 면적 1 d 0 b 1
③ 면적 1 2 a b 1
④ 면적 a e d 0 a

정답 28 ② 29 ① 30 ② 31 ④ 32 ③

해설
- 절대일 : 면적 1 2 a b 1
- 공업일 : 면적 1 2 c d 1

33 응축 부하계산법이 아닌 것은?

① 냉매순환량 × 응축기 입·출구 엔탈피차
② 냉각수량 × 냉각수 비열 × 응축기 냉각수 입·출구온도차
③ 냉매순환량 × 냉동 효과
④ 증발부하 + 압축일량

해설 응축 부하 계산방법
① $Q_c = G\Delta h$
(냉매순환량×응축기 입출구 엔탈피차)
② $Q_c = GC\Delta T$
(냉각수량×냉각수비열×응축기 입출구 온도차)
③ $Q_c = G \times q_c$(냉매순환량×응축기 방열량)
④ $Q_C = Q_e + Aw$(증발부하+압축일량)
⑤ $Q_c = Q_e \times C$(증발부하×방열계수)

34 할라이드 토치로 누설을 탐지할 때 소량의 누설이 있는 곳에서 토치의 불꽃 색깔은 어떻게 변화되는가?

① 보라색   ② 파란색
③ 노란색   ④ 녹색

해설 프레온냉매 누설 시 할라이드 토치의 불꽃 색깔 변화
① 정상(누설이 없을 때) : 청색
② 소량 누설 시 : 녹색
③ 다량 누설 시 : 적색
④ 과대량 누설 시 : 꺼진다.

35 28℃의 원수 9ton을 4시간에 5℃까지 냉각하는 수냉각 장치의 냉동 능력은? (단, 1RT는 13900kJ/h로 한다.)

① 12.5RT   ② 15.6RT
③ 17.1RT   ④ 20.7RT

해설 $Q = GC\Delta T$
$Q = \dfrac{9000}{4}[\text{kg/h}] \times 1[\text{kcal/kg℃}] \times (28-5)[℃]$
$= 51750[\text{kcal/h}]$
- 냉동능력(RT)
$\dfrac{51750[\text{kcal/h}] \times 4.18[\text{kJ/kcal}]}{13900[\text{kJ/h}]} = 15.56[\text{RT}]$
※ 1[kcal] = 4.18[kJ]

36 냉동장치에서 교축작용(throttling)을 하는 부속기기는 어느 것인가?

① 다이아프램 밸브
② 솔레노이드 밸브
③ 아이솔레이드 밸브
④ 팽창 밸브

해설 팽창밸브
증발기에서 보내온 저온저압의 액체냉매를 증발부하에 알맞게 공급해주며 냉매가 팽창밸브를 통과하게 되면 교축현상이 발생하고 이때 압력과 온도는 감소하고 엔탈피는 일정한 변화를 보인다.

37 탱크식 증발기에 관한 설명으로 틀린 것은?

① 제빙용 대형 브라인이나 물의 냉각 장치로 사용된다.
② 냉각관의 모양에 따라 헤링본식, 수직관식, 패러럴식이 있다.
③ 물건을 진열하는 선반 대용으로 쓰기도 한다.
④ 증발기는 피냉각액 탱크 내의 칸막이 속에 설치되며 피냉각액은 이 속을 교반기에 의해 통과한다.

해설 탱크식 증발기는 선반대용 사용은 불가하며 선반대용으로 사용가능한 증발기로는 캐스케이드 증발기와 멀티피드 멀티섹션 증발기가 있다.

정답 33 ③ 34 ④ 35 ② 36 ④ 37 ③

38 기준 냉동사이클로 운전할 때 단위질량당 냉동 효과가 큰 냉매 순으로 나열한 것은?

① R11 > R12 > R22
② R12 > R11 > R22
③ R22 > R12 > R11
④ R22 > R11 > R12

해설 기준 냉동사이클에서의 냉동효과(kcal/kg)
R-22(40.2) > R-11(38.6) > R-12(29.5)

39 증발잠열을 이용하므로 물의 소비량이 적고, 실외 설치가 가능하며, 송풍기 및 순환 펌프의 동력을 필요로 하는 응축기는?

① 입형 쉘앤 튜브식 응축기
② 횡형 쉘앤 튜브식 응축기
③ 증발식 응축기
④ 공랭식 응축기

해설 증발식 응축기 특징
① 물의 증발잠열을 이용하므로 전열효율이 좋아 냉각수 소비량이 작다.
② 상부 엘리미네이터를 설치한다.
③ 겨울에는 공랭식으로 사용이 가능하다.
④ 냉각탑을 별도로 설치할 필요가 없다.
⑤ 팬, 노즐, 냉각수 펌프 등 부속설비들이 많아 설치비가 비싸다.
⑥ 외기 습구온도 및 풍속에 영향을 많이 받는다.
⑦ 냉각 수량이 적게 들고 옥외설치가 가능하며 구조가 복잡하고 순환 펌프나 송풍기 등 설비비가 많이 들며 압력강하가 크므로 고압 측 배관에 주의해야 하며 청소나 보수가 곤란하다.

40 유량 100L/min의 물을 15℃에서 9℃로 냉각하는 수냉각기가 있다. 이 냉동장치의 냉동효과가 168kJ/kg일 경우 냉매순환량(kg/h)은? (단, 물의 비열은 4.2 kJ/kg·K로 한다.)

① 700 ② 800
③ 900 ④ 1000

해설
• 냉동능력($Q = GC\Delta T$)
$Q = 100 \frac{kg}{min} \times 60 \frac{min}{h} \times 4.2 \frac{kJ}{kg \cdot K} \times (15-9)K$
$= 151200 [kJ/h]$

• 냉매순환량($G = \frac{Q}{q}$)
$G = \frac{151200[kJ/h]}{168[kJ/kg]} = 900[kg/h]$

제3과목 | 배관일반(공조냉동설치운영 1)

41 냉매 배관 중 토출측 배관 시공에 관한 설명으로 틀린 것은?

① 응축기가 압축기보다 2.5m 이상 높은 곳에 있을 때에는 트랩을 설치한다.
② 수직관이 너무 높으면 2m마다 트랩을 1개씩 설치한다.
③ 토출관의 합류는 Y 이음으로 한다.
④ 수평관은 모두 끝 내림 구배로 배관한다.

해설 토출관의 입상배관이 10m 이상인 경우, 10m 마다 트랩을 설치하여 윤활유의 역류를 방지한다.

42 일정 흐름 방향에 대한 역류 방지 밸브는?

① 글로브 밸브 ② 게이트 밸브
③ 체크 밸브   ④ 앵글 밸브

해설 체크밸브(역류방지밸브)
유체를 일정한 방향으로만 흐르게 하고 역류하는 것을 방지하기 위해 설치하는 밸브

정답 38 ④ 39 ③ 40 ③ 41 ② 42 ③

43 스트레이너의 종류에 속하지 않는 것은?

① Y형   ② X형
③ U형   ④ V형

해설
- 스트레이너(여과기) : 장치 및 기기 앞에 설치하여 유체에 혼입된 이물질을 제거하는 장치
- 종류 : Y형, U형, V형

44 한쪽은 커플링으로 이음쇠 내에 동관이 들어갈 수 있도록 되어 있고 다른 한쪽은 수나사가 있어 강 부속과 연결할 수 있도록 되어 있는 동관용 이음쇠는?

① 커플링C×C
② 어댑터 C×M
③ 어댑터 Ftg×M
④ 어댑터 C×F

해설 동관용 이음쇠 기호
① C : 이음쇠 끝부분의 내경에 동관이 들어갈 수 있도록 되어있는 용접용 이음쇠
② Ftg : 이음쇠 끝부분의 외경에 동관이 들어갈 수 있도록 되어있는 용접용 이음쇠
③ F : 이음쇠 끝부분이 암나사로 가공된 나사이음쇠
④ M : 이음쇠 끝부분이 숫나사로 가공된 나사이음쇠

※ C×M 어댑터

45 다음 프레온 냉매 배관에 관한 설명으로 틀린 것은?

① 주로 동관을 사용하나 강관도 사용된다.
② 증발기와 압축기가 같은 위치인 경우 흡입관을 수직으로 세운 다음 압축기를 향해 선단 하향 구배로 배관한다.
③ 동관의 접속은 플레어 이음 또는 용접 이음 등이 있다.
④ 관의 굽힘 반경을 작게 한다.

해설 냉동장치의 배관은 마찰손실을 줄이기 위해 관의 굽힘부를 최소화하고 굽힘 반경은 크게 한다.

46 일반적으로 관의 지름이 크고 관의 수리를 위해 분해할 필요가 있는 경우 사용되는 파이프 이음에 속하는 것은?

① 신축 이음   ② 엘보 이음
③ 턱걸이 이음 ④ 플랜지 이음

해설 관의 분해 점검시 사용되는 접합방법
① 대구경(65A 이상) : 플랜지접합
② 소구경(50A 미만) : 유니온접합

47 다음 중 배관 내의 침식에 영향을 미치는 요소로 가장 거리가 먼 것은?

① 물의 속도
② 사용 시간
③ 배관계의 소음
④ 물속의 부유 물질

해설 배관계의 소음과 침식은 관계가 없다.
- 배관내 침식에 영향을 미치는 요소
① 물의 속도가 빠를 수록 층류에서 난류로 바뀌며 침식이 빠르게 진행 된다.
② 사용시간이 길수록 침식이 늘어난다.
③ 물속의 부유물이 많을수록 침식이 심해진다.

48 맞대기 용접의 홈 형상이 아닌 것은?

① V형   ② U형
③ X형   ④ Z형

해설 맞대기 용접의 홈 형상
V형, U형, X형, H형, I형, K형, J형

정답 43 ② 44 ② 45 ④ 46 ④ 47 ③ 48 ④

49 배수 배관의 시공상 주의점으로 틀린 것은?

① 배수를 가능한 한 빨리 옥외 하수관으로 유출할 수 있을 것
② 옥외 하수관에서 하수 가스나 벌레 등이 건물 안으로 침입하는 것을 방지할 것
③ 배수관 및 통기관은 내구성이 풍부할 것
④ 한랭지에서는 배수, 통기관 모두 피복을 하지 않을 것

해설 한랭지 배관시 관내 유체의 동결을 방지하기 위해 배수, 통기관 모두 보온(피복)을 해야 한다.

50 프레온 냉동장치 흡입관이 횡주관일 때 적정 구배는 얼마인가?

① $\dfrac{1}{100}$ ② $\dfrac{1}{200}$
③ $\dfrac{1}{300}$ ④ $\dfrac{1}{400}$

해설 프레온 냉동장치 흡입관이 횡주관일 때 냉매가 흐르는 방향으로 $\dfrac{1}{200}$의 하향구배(순구배)로 한다.

51 급탕배관 내의 압력이 0.7kgf/cm²이면 수두로 몇 m와 같은가?

① 0.7   ② 1.7
③ 7   ④ 70

해설 $1\text{kgf/cm}^2 = 10\text{mH}_2\text{O}$
∴ $0.7 \times 10 = 7\text{mH}_2\text{O}$

52 배수 설비에 대한 설명으로 틀린 것은?

① 오수란 대소변기, 비데 등에서 나오는 배수이다.
② 잡배수란 세면기, 싱크대, 욕조 등에서 나오는 배수이다.
③ 특수 배수는 그대로 방류하거나 오수와 함께 정화하여 방류시키는 배수이다.
④ 우수는 옥상이나 부지 내에 내리는 빗물의 배수이다.

해설 특수배수
병원, 공장, 연구소, 실험실 등과 같은 곳에서 특수한 물질이 배수되는 것으로 별도의 배수처리시설을 설치해 정화 후 하수도로 방류해야 한다.

53 다음 중 열역학식 트랩에 해당되는 것은?

① 디스크형 트랩
② 벨로즈식 트랩
③ 버킷 트랩
④ 바이메탈식 트랩

해설 ① 기계식 트랩 : 플로트트랩, 버킷트랩
② 온도조절식 트랩 : 바이메탈식, 벨로즈식, 다이어프램식
③ 열역학적 트랩 : 오리피스트랩, 디스크트랩

54 다음 중 소켓식 이음을 나타내는 기호는?

① ─┼┼─
② ─╫─
③ ─⊃⊂─
④ ─┼╫─

해설 ① 나사 이음
② 플랜지 이음
③ 턱걸이(소켓) 이음
④ 유니언 이음

정답 49 ④ 50 ② 51 ③ 52 ③ 53 ① 54 ③

55 가스 배관 설비에서 정압기의 종류가 아닌 것은?

① 피셔(Fisher)식 정압기
② 오리피스(Orifice)식 정압기
③ 레이놀드(Reynolds)식 정압기
④ AFV(Axial Flow Valve)식 정압기

해설 가스 정압기의 종류 : 피셔식, 레이놀드식, 엑셀플로우식(AFV), KRF식

56 일반적으로 프레온 냉매 배관용으로 사용하기 가장 적절한 배관 재료는?

① 아연도금 탄소강 강관
② 배관용 탄소강 강관
③ 동관
④ 스테인리스 강관

해설 동관 : 열전도도가 크고, 내식성 굴곡성이 풍부한 장점이 있어 열교환기용, 프레온 냉매배관용으로 널리 사용된다.

57 가스배관의 관 지름을 결정하는 요소와 가장 거리가 먼 것은?

① 가스 발열량
② 가스관의 길이
③ 허용 압력손실
④ 가스 비중

해설 ※ 가스배관의 관 지름 결정 시 가스의 발열량은 관계없다.
• 저압가스관의 가스유량(폴의 공식)

$$Q = K\sqrt{\frac{D^5 \cdot H}{S \cdot L}} \Rightarrow D^5 = \frac{Q^2 \cdot S \cdot L}{K^2 \cdot H}$$

$$\Rightarrow D = \left(\frac{Q^2 \cdot S \cdot L}{K^2 \cdot H}\right)^{\frac{1}{5}}$$

여기서, Q : 가스유량(m^3/h)
K : 유량계수(0.707)
D : 관지름(cm)
H : 허용압력손실(kgf/m^2)
S : 가스비중
L : 배관의길이(m)

58 급수배관의 마찰손실수두와 가장 거리가 먼 것은?

① 관의 길이   ② 관의 직경
③ 관두께   ④ 유속

해설 ※ 배관의 마찰손실은 관두께와 관계없다.
• 원형관의 마찰손실(h_l)
달시-바이스바하(Darcy-Weisbach) 방정식

$$h_l = f \times \frac{l}{d} \times \frac{v^2}{2g}$$

여기서, H_L : 손실수두 $[mH_2O]$
f : 마찰저항계수
l : 관의길이[m]
d : 관의직경[m]
v : 유속[m/s]
g : 중력가속도($9.8m/s^2$)

59 가스배관을 실내에 노출 설치 할 때의 기준으로 틀린 것은?

① 배관은 환기가 잘 되는 곳으로 노출하여 시공할 것
② 배관은 환기가 잘 되지 않는 천정·벽·공동구 등에는 설치하지 아니할 것
③ 배관의 이음매(용접이음매 제외)와 전기계량기와는 60cm 이상 거리를 유지할 것
④ 배관 이음부와 단열 조치를 하지 않은 굴뚝과의 거리는 5cm 이상의 거리를 유지할 것

해설 배관의 이음부(용접이음매를 제외한다)와 전기 설비의 거리는 다음 기준에 따라 적절한 거리를 유지한다.

정답 55 ② 56 ③ 57 ① 58 ③ 59 ④

(사용자공급관)
① 전기계량기 및 전기개폐기 : 60cm 이상
② 전기점멸기 및 전기접속기 : 30cm 이상
③ 절연조치하지 않은 전선 및 단열조치하지 않은 굴뚝(배기통을 포함한다. 다만, 밀폐형 강제급배기식 보일러(FF식보일러)의 2중 구조의 배기통은 '단열조치가 된 굴뚝'으로 보아 제외한다.) : 15cm 이상
④ 절연전선 : 10cm 이상

(도시가스내관)
① 전기계량기 및 전기개폐기 : 60cm 이상
② 전기점멸기 및 전기접속기 : 15cm 이상
③ 절연조치하지 않은 전선 및 단열조치하지 않은 굴뚝(배기통을 포함한다. 다만, 밀폐형 강제급배기식 보일러(FF식보일러)의 2중 구조의 배기통은 '단열조치가 된 굴뚝'으로 보아 제외한다.) : 15cm 이상
④ 절연전선 : 10cm 이상

60 다음 중 중앙 급탕방식에서 경제성, 안정성을 고려한 적정 급탕 온도(℃)는 얼마인가?

① 40   ② 60   ③ 80   ④ 100

[해설]
• 중앙 급탕방식의 적정 급탕온도 : 60℃
• 국소 급탕방식의 적정 급탕온도
① 심야전력용 온수기 : 85℃ 정도
② 가스 순간온수기 : 45℃ 정도

제4과목 | 전기제어공학(공조냉동설치운영2)

61 유도전동기의 회전력에 관한 설명으로 옳은 것은?

① 단자전압에 비례한다.
② 단자전압과는 무관하다.
③ 단자전압의 2승에 비례한다.
④ 단자전압의 3승에 비례한다.

[해설] ※ 유도전동기의 회전력(토크)은 단자전압과 주파수 비의 2승에 비례하고 슬립주파수에 비례한다.
• 유도전동기의 회전력 $T = K_o \left(\dfrac{V}{f_1}\right)^2 \times f_s$

여기서, V : 단자전압
f_1 : 단자전압(전원)주파수
f_s : 슬립주파수(전원주파수 - 회전수)
K_o : 상수

62 정현파전압 $v = 50\sin\left(628t - \dfrac{\pi}{6}\right)$[V]인 파형의 주파수는 얼마인가?

① 30   ② 50
③ 60   ④ 100

[해설] 정현파전압(순시값 : $v = V_m \sin wt [V]$)
① 위 값을 식으로 표시하면
$v = V_m \sin(wt - \theta) \Rightarrow v = V_m \sin(2\pi ft - \theta)$
여기서, w : 각속도[rad/s] f : 주파수[Hz]
t : 시간[sec] θ : 위상차
② 각속도 : $w = 2\pi ft$
③ 주파수 : $f = \dfrac{w}{2\pi} = \dfrac{628}{2\pi} = 99.9 [Hz]$

63 피드백 제어계의 특징으로 옳은 것은?

① 정확성이 떨어진다.
② 감대폭이 감소한다.
③ 계의 특성 변화에 대한 입력 대 출력비의 감도가 감소한다.
④ 발진이 전혀 없고 항상 안정한 상태로 되어가는 경향이 있다.

[해설] 피드백 제어계의 특성
① 정확성이 증가한다.
② 감대폭이 증가한다.
③ 계의 특성 변화에 대한 입력 대 출력비의 감도가 감소한다.
④ 발진을 일으키고 불안정한 상태로 되어가는 경향이 있다.
⑤ 입력과 출력을 비교하는 장치가 필요하다.

정답 60 ② 61 ③ 62 ④ 63 ③

64 스캔 타임(scan time)에 대한 설명으로 맞는 것은?

① PLC 입력 모듈에서 1개 신호가 입력되는 시간
② PLC 출력 모듈에서 1개 출력이 실행되는 시간
③ PLC에 의해 제어되는 시스템의 1회 실행시간
④ PLC에 입력된 프로그램을 1회 연산하는 시간

해설 스캔타임
PLC에 입력된 프로그램을 1회 연산하는 시간

65 2진수 0010111101011001$_{(2)}$을 16진수로 변환하면?

① 3F59 ② 2G6A
③ 2F59 ④ 3G6A

해설 10진수, 2진수, 16진수 관계표

10진수	2진수	16진수
0	0000	0
1	0001	1
2	0010	2
3	0011	3
4	0100	4
5	0101	5
6	0110	6
7	0111	7
8	1000	8
9	1001	9
10	1010	A
11	1011	B
12	1100	C
13	1101	D
14	1110	E
15	1111	F

※ 2진수를 4자리로 묶어 10진수로 변환 후 16진수로 변환하면
$0010/1111/0101/1001_{(2)}$

$0010 = 0 \times 2^3 + 0 \times 2^2 + 1 \times 2^1 + 0 \times 2^0 = 2_{(10)} \rightarrow 2_{(16)}$
$1111 = 1 \times 2^3 + 1 \times 2^2 + 1 \times 2^1 + 1 \times 2^0 = 15_{(10)} \rightarrow F_{(16)}$
$0101 = 0 \times 2^3 + 1 \times 2^2 + 0 \times 2^1 + 1 \times 2^0 = 5_{(10)} \rightarrow 5_{(16)}$
$1001 = 1 \times 2^3 + 0 \times 2^2 + 0 \times 2^1 + 1 \times 2^0 = 9_{(10)} \rightarrow 9_{(16)}$

66 교류 전기에서 실효치는?

① $\dfrac{최대치}{2}$ ② $\dfrac{최대치}{\sqrt{3}}$
③ $\dfrac{최대치}{\sqrt{2}}$ ④ $\dfrac{최대치}{3}$

해설 최대값 = 실효값 × $\sqrt{2}$ ⇨ 실효값 = $\dfrac{최대값}{\sqrt{2}}$

67 자기 평형성이 없는 보일러 드럼의 액위 제어에 적합한 제어 동작은?

① P동작 ② I동작
③ PI동작 ④ PD동작

해설
• P동작 : 자기 평형성이 없는 액위(수위)제어에 적합하다.
• 자기 평형성 : 일정한 크기의 입력신호가 주어졌을 때 출력신호의 크기가 시간이 경과한 후에 일정한 값으로 안정화하는 성질(P동작은 이러한 성질이 없다.)

68 농형 유도전동기의 기동법이 아닌 것은?

① 전전압기동법
② 기동보상기법
③ Y-△기동법
④ 2차저항법

해설
• 농형 유도전동기의 기동법 : 전전압기동법, 기동보상동법, Y-△기동법, 리액터기동법
• 권선형 유도전동기 기동법 : 2차저항법

정답 64 ④ 65 ③ 66 ③ 67 ① 68 ④

69 블록선도에서 등가 합성 전달함수는?

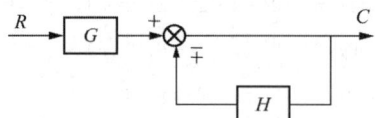

① $\dfrac{1}{1 \pm GH}$ ② $\dfrac{G}{1 \pm H}$

③ $\dfrac{G}{1 \pm GH}$ ④ $\dfrac{1}{1 \pm H}$

해설 출력
$C = RG \mp HC \rightarrow C \pm HC = RG$
$\rightarrow (1 \pm H)C = RG$
· 전달함수 : $\dfrac{C}{R} = \dfrac{G}{1 \pm H}$

70 검출용 스위치에 해당하지 않는 것은?

① 리밋 스위치
② 광전 스위치
③ 온도 스위치
④ 복귀형 스위치

해설 검출용 스위치
리밋스위치, 광전스위치, 온도스위치, 압력스위치, 마이크로스위치

71 논리식 A(A+B)를 간단히 하면?

① A   ② B
③ AB   ④ A+B

해설 $A(A+B) = AA + AB = A + AB = A(1+B) = A$

72 그림과 같은 논리회로는?

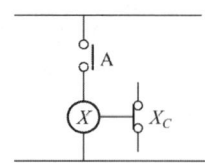

① OR 회로
② AND 회로
③ NOT 회로
④ NAND 회로

해설 위 회로에서 스위치 A를 동작시키면 계전기X가 여자되어 출력 Xc는 열리게 된다.
즉 A가 동작하면 Xc는 오프되는 회로로 NOT(부정)회로를 뜻한다.

73 어떤 계기에 장시간 전류를 통전한 후 전원을 OFF시켜도 지침이 0으로 되지 않았다. 그 원인에 해당되는 것은?

① 정전계 영향
② 스프링의 피로도
③ 외부자계 영향
④ 자기가열 영향

해설 스프링 제어
계기의 제어장치의 하나로 금속 스프링의 탄성을 이용한 것이다. 나선형 스프링이 가장 많이 쓰이고 있으나 선형 및 그 밖의 것도 사용되고 있다. 또한 장시간 사용시 스프링 피로한계에 도달되면 피측정물을 제거하더라도 지침이 0으로 되돌아오지 못해 스프링의 장력을 조정해주어야 한다.

74 그림과 같은 회로에 전압 200[V]를 가할 때 30[Ω]의 저항에 흐르는 전류는 몇 [A]인가?

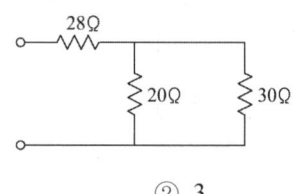

① 2   ② 3
③ 5   ④ 10

해설 ① 합성저항

$$R = 28 + \cfrac{1}{\cfrac{1}{20} + \cfrac{1}{30}} = 40[\Omega]$$

② 전전류

$$I = \frac{V}{R} = \frac{200}{40} = 5[A]$$

③ 30[Ω]의 저항에 흐르는 전류(전류분배법칙)

$$I_{30} = \frac{R_{20}}{R_{20} + R_{30}} I$$
$$= \frac{20}{20 + 30} \times 5 = 2[A]$$

75 PI 제어동작은 프로세스 제어계의 정상특성 개선에 흔히 사용된다. 이것에 대응하는 보상 요소는?

① 동상 보상 요소
② 지상 보상 요소
③ 진상 보상 요소
④ 지상 및 진상 보상 요소

해설
• 비례적분 제어(PI 제어)
비례동작에 의해 발생한 잔류 편차를 제거하여 지상 보상요소에 대응하는 제어방식이다.
• 비례미분 제어(PD 제어)
정상편차는 존재하나 진상보상요소에 대흥하는 제어방식이다.

76 내부 장치 또는 공간을 물질로 포위시켜 외부자계의 영향을 차폐시키는 방식을 자기차폐라 한다. 다음 중 자기차폐에 가장 좋은 물질은?

① 강자성체 중에서 비투자율이 큰 물질
② 강자성체 중에서 비투자율이 작은 물질
③ 비투자율이 1보다 작은 역자성체
④ 비투자율과 관계 없이 두께에만 관계 되므로 되도록 두꺼운 물질

해설 자기차폐
강자성체로 둘러싸인 구역 안에 있는 물체나 장치에 외부자기장의 영향이 미치지 않는 현상 또는 그렇게 하는 조작을 말한다. 자기력선속이 차폐하는 물질에 흡수되는 방식으로 차폐하며, 비투자율이 큰 물질일수록 자기차폐 효과가 크다.

77 그림과 같은 시스템의 등가합성 전달함수는?

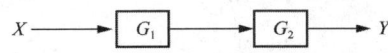

① $G_1 + G_2$
② $G_1 \cdot G_2$
③ $G_1 - G_2$
④ $\cfrac{1}{G_1 \cdot G_2}$

해설 ※ $\dfrac{Y}{X} = G_1 \cdot G_2$

• 블록선도
① 블록의 직렬 종속 : ×
② 블록의 병렬 종속 : +

78 자동제어의 조절기기 중 불연속 동작인 것은?

① 2위치 동작
② 비례제어 동작
③ 적분제어 동작
④ 미분제어 동작

해설
• 불연속 동작 : 2위치 동작(on-off동작)
• 연속 동작 : 비례(P)제어, 적분(I)제어, 미분(D)제어

정답 75 ② 76 ① 77 ② 78 ①

79 그림과 같은 회로에서 저항 R_2에 흐르는 전류 I_2[A]는?

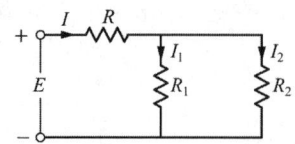

① $\dfrac{I \cdot (R_1 + R_2)}{R_1}$ ② $\dfrac{I \cdot (R_1 + R_2)}{R_2}$

③ $\dfrac{I \cdot R_2}{R_1 + R_2}$ ④ $\dfrac{I \cdot R_1}{R_1 + R_2}$

해설 전류분배법칙
$$I_2 = \dfrac{R_1}{R_1 + R_2} I$$

80 다음의 블록선도와 등가인 블록선도는?

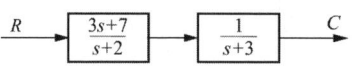

①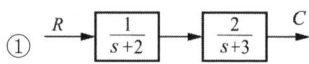

②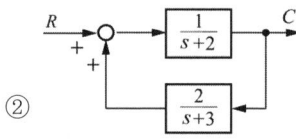

③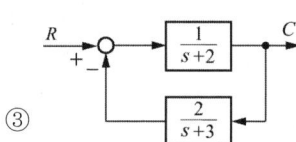

④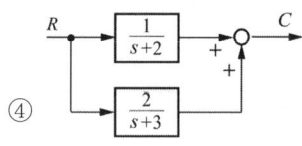

해설 문제의 블록선도
$$G(s) = \dfrac{C}{R} = \left(\dfrac{3s+7}{s+2}\right)\left(\dfrac{1}{s+3}\right) = \dfrac{3s+7}{(s+2)(s+3)}$$

• 보기의 블록선도

① $G(s) = \dfrac{C}{R} = \left(\dfrac{1}{s+2}\right)\left(\dfrac{2}{s+3}\right) = \dfrac{2}{(s+2)(s+3)}$

② $G(s) = \dfrac{C}{R} = \dfrac{\dfrac{1}{s+2}}{1 - \left(\dfrac{1}{s+2}\right)\left(\dfrac{2}{s+3}\right)}$

$= \dfrac{\dfrac{1}{s+2}}{1 - \dfrac{2}{s^2+5s+6}} = \dfrac{\dfrac{1}{s+2}}{\dfrac{s^2+5s+6}{s^2+5s+6} - \dfrac{2}{s^2+5s+6}}$

$= \dfrac{\dfrac{1}{s+2}}{\dfrac{s^2+5s+4}{s^2+5s+6}} = \dfrac{\dfrac{1}{s+2}}{\dfrac{(s+1)(s+4)}{(s+2)(s+3)}}$

$= \dfrac{1 \times (s+2)(s+3)}{(s+2) \times (s+1)(s+4)} = \dfrac{s+3}{(s+1)(s+4)}$

③ $G(s) = \dfrac{C}{R} = \dfrac{\dfrac{1}{s+2}}{1 + \left(\dfrac{1}{s+2}\right)\left(\dfrac{2}{s+3}\right)}$

$= \dfrac{\dfrac{1}{s+2}}{1 + \dfrac{2}{s^2+5s+6}} = \dfrac{\dfrac{1}{s+2}}{\dfrac{s^2+5s+6}{s^2+5s+6} + \dfrac{2}{s^2+5s+6}}$

$= \dfrac{\dfrac{1}{s+2}}{\dfrac{s^2+5s+8}{s^2+5s+6}} = \dfrac{1 \times (s+2)(s+3)}{(s+2) \times (s^2+5s+8)}$

$= \dfrac{s+3}{s^2+5s+8}$

④ $G(s) = \dfrac{C}{R} = \left(\dfrac{1}{s+2}\right) + \left(\dfrac{2}{s+3}\right)$

$= \dfrac{s+3}{(s+2)(s+3)} + \dfrac{2 \times (s+2)}{(s+2)(s+3)}$

$= \dfrac{s+3+2s+4}{(s+2)(s+3)} = \dfrac{3s+7}{(s+2)(s+3)}$

정답 79 ④ 80 ④

공조냉동기계산업기사

과년도 출제문제

(2019.03.03. 시행)

제1과목 공기조화(공기조화설비)

01 원심송풍기에서 사용되는 풍량제어 방법 중 풍량과 소요 동력과의 관계에서 가장 효과적인 제어 방법은?

① 회전수 제어 ② 베인 제어
③ 댐퍼 제어 ④ 스크롤 댐퍼 제어

해설
- 송풍기 동력손실이 작은 제어순서
  회전수 제어 < 베인 제어 < 스크롤 댐퍼 제어 < 댐퍼 제어
- 송풍기 회전수 제어법
  - 극수 변환법
  - 유도전동기 2차측 저항 조정법
  - 전동기 회전수 조정법
  - 풀리(pulley) 직경 변환법
  - 정류자 전동기에 의한 방법

$N = \dfrac{120f}{p}(1-s)$

여기서, N : 회전수(속도), f : 주파수
s : 슬립, p : 극수

02 다음 중 제올라이트(zeolite)를 이용한 제습방법은 어느 것인가?

① 냉각식 ② 흡착식
③ 흡수식 ④ 압축식

해설
- 흡착식 제습 : 실리카겔, 활성 알루미나, 애드솔, 제올라이트 등의 고체 흡착제를 사용한 제습방법
- 제올라이트(zeolite) : 미세 다공성 알루미늄 규산염 광물인 제올라이트는 주로 흡착제나 촉매로 활용된다.

03 습공기선도상에 나타나 있지 않은 것은?

① 상대습도 ② 건구온도
③ 절대습도 ④ 포화도

해설 습공기선도상 포화도는 알 수 없다.
- 습공기선도의 구성
건구온도, 습구온도, 노점온도, 절대습도, 상대습도, 수증기분압, 엔탈피, 비체적, 열수분비, 현열비

04 난방부하는 어떤 기기의 용량을 결정하는 데 기초가 되는가?

① 공조장치의 공기냉각기
② 공조장치의 공기가열기
③ 공조장치의 수액기
④ 열원설비의 냉각탑

해설 난방부하(heating load)
실내온도를 적당수준으로 유지하기 위해 외부로 손실된 열량에 대한 공급열량을 말한다.
난방부하는 공조장치의 공기가열기(가열코일) 용량을 결정하는 데 기초가 된다.

정답 01 ① 02 ② 03 ④ 04 ②

05 난방방식과 열매체의 연결이 틀린 것은?

① 개별 스토브 - 공기
② 온풍 난방 - 공기
③ 가열 코일 난방 - 공기
④ 저온 복사 난방 - 공기

해설 저온복사난방
복사난방의 한 종류로 천장, 바닥, 벽 등에 패널을 매설하는 방식으로 패널 내부에는 관코일이 들어있으며 관코일 내부에는 30~45℃가량의 온수가 순환하며 실내를 간접적으로 예열하는 방식이다.
실내의 쾌감도가 좋은 장점이 있으며 단점으로는 설비비가 고가이며 내부수리 등이 불편한 특징이 있다.

06 기류 및 주위벽면에서의 복사열은 무시하고 온도와 습도만으로 쾌적도를 나타내는 지표를 무엇이라고 하는가?

① 쾌적 건강지표 ② 불쾌지수
③ 유효온도지수 ④ 청정지표

해설 불쾌지수 : 온도와 습도만으로 나타내는 지수로 사람이 불쾌감을 느끼는 정도를 나타낸다.
기온이 높고 습도가 높을수록(여름철) 불쾌지수는 높아진다.
※ 불쾌지수(DI)
$DI = 0.72$(건구온도 + 습구온도) + 40.6

07 실내 냉방부하 중에서 현열부하 2,500 kcal/h, 잠열부하 500kcal/h일 때 현열비는?

① 0.2   ② 0.83
③ 1   ④ 1.2

해설 ∴ $SHF = \dfrac{2,500}{2,500+500} = 0.83$
• 현열비(SHF) : 습공기의 전열량에 대한 현열량의 비
$SHF = \dfrac{현열}{전열} = \dfrac{q_s}{q_t} = \dfrac{q_s}{q_s+q_L}$

08 극간풍의 풍량을 계산하는 방법으로 틀린 것은?

① 환기 횟수에 의한 방법
② 극간 길이에 의한 방법
③ 창 면적에 의한 방법
④ 재실 인원수에 의한 방법

해설 극간풍량 산정법
• 환기횟수법
• 창문 틈새길이법(극간 길이법)
• 창문 면적법
• 이용 빈도수에 의한 방법

09 그림에서 공기조화기를 통과하는 유입공기가 냉각코일을 지날 때의 상태를 나타낸 것은?

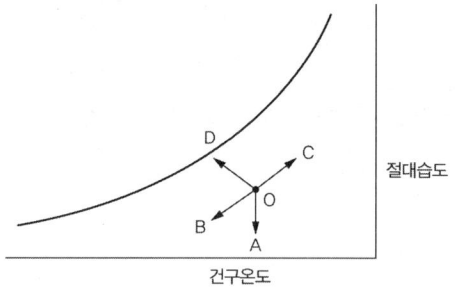

① OA   ② OB
③ OC   ④ OD

해설 여름철 냉방 시 유입공기가 냉각코일을 지나면 냉각감습(OB)된다.
① OA : 감습(제습)
② OB : 냉각감습
③ OC : 가열가습
④ OD : 냉각가습

10 복사난방의 특징에 대한 설명으로 틀린 것은?

① 외기온도 변화에 따라 실내의 온도 및 습도조절이 쉽다.
② 방열기가 불필요하므로 가구배치가 용이하다.
③ 실내의 온도분포가 균등하다.
④ 복사열에 의한 난방이므로 쾌감도가 크다.

해설 ① 외기온도 변화에 따른 실내의 온도 및 습도조절이 어렵다.

11 공기조화방식에서 수공기방식의 특징에 대한 설명으로 틀린 것은?

① 전공기방식에 비해 반송동력이 많다.
② 유닛에 고성능 필터를 사용할 수가 없다.
③ 부하가 큰 방에 대해 덕트의 치수가 적어질 수 있다.
④ 사무실, 병원, 호텔 등 다실 건물에서 외부존은 수방식, 내부존은 공기방식으로 하는 경우가 많다.

해설 ① 전공기방식에 비해 반송동력이 적다.
• 수공기방식 장단점

장점	단점
① 덕트 스페이스가 작아도 된다.	① 유닛 내의 필터가 저성능(전공기방식에 비해)이므로 공기의 청정도는 낮은 편이다.
② 유닛 1대로 국소의 존을 만들 수 있다.	② 실내의 수배관에 의한 누수의 염려가 있다.
③ 수동으로 각 실의 온도제어를 쉽게 할 수 있다.	③ 유닛의 소음이 있다.
④ 열 운반 동력이 전공기 방식에 비해 적게 든다.	④ 유닛의 설치 스페이스가 필요하다.

12 다음 중 히트펌프 방식의 열원에 해당되지 않는 것은?

① 수 열원   ② 마찰 열원
③ 공기 열원   ④ 태양 열원

해설 히트펌프 방식의 열원
수 열원, 공기 열원, 태양 열원, 지열원 등

13 송풍기의 법칙 중 틀린 것은? (단, 각각의 값은 아래 표와 같다.)

$Q_1(m^3/h)$	초기풍량
$Q_2(m^3/h)$	변화풍량
$P_1(mmAq)$	초기정압
$P_2(mmAq)$	변화정압
$N_1(rpm)$	초기회전수
$N_2(rpm)$	변화회전수
$d_1(mm)$	초기날개직경
$d_2(mm)$	변화날개직경

① $Q_2 = (N_2/N_1) \times Q_1$
② $Q_2 = (d_2/d_1)^3 \times Q_1$
③ $P_2 = (N_2/N_1)^3 \times P_1$
④ $P_2 = (d_2/d_1)^2 \times P_1$

해설 송풍기의 상사법칙

풍량	$Q_2 = \left(\dfrac{N_2}{N_1}\right) \cdot \left(\dfrac{D_2}{D_1}\right)^3 \cdot Q_1$
정압	$P_2 = \left(\dfrac{N_2}{N_1}\right)^2 \cdot \left(\dfrac{D_2}{D_1}\right)^2 \cdot P_1$
동력	$L_2 = \left(\dfrac{N_2}{N_1}\right)^3 \cdot \left(\dfrac{D_2}{D_1}\right)^5 \cdot L_1$

정답 10 ① 11 ① 12 ② 13 ③

14 냉수 코일 설계 시 유의사항으로 옳은 것은?

① 대수 평균 온도차(MTD)를 크게 하면 코일의 열수가 많아진다.
② 냉수의 속도는 2m/s 이상으로 하는 것이 바람직하다.
③ 코일을 통과하는 풍속은 2~3m/s가 경제적이다.
④ 물의 온도 상승은 일반적으로 15℃ 전후로 한다.

해설 ① 대수평균온도차(LMTD)를 크게 하면 코일의 열수가 적어진다.
② 냉수의 속도는 1m/s 전후로 한다.
④ 물의 온도상승은 일반적으로 5℃ 전후로 한다.
• 냉수 코일의 설계방법
  ㉠ 공기와 물의 흐름은 대향류(역류)로 할 것
  ㉡ 공기와 물의 대수평균온도차(LMTD)를 크게 할 것(코일의 열수를 조절하여 대수평균온도차를 조절하며 코일의 열 수는 4~8열이 적당하다.)
  ㉢ 냉수 속도는 일반적으로 1m/s 전후로 한다.
  ㉣ 코일의 통과 풍속은 2~3m/s 정도로 한다.
  ㉤ 냉수의 입출구 온도차를 5℃ 전후로 한다.
  ㉥ 코일의 설치는 수평으로 한다.

15 다음 그림의 난방 설계도에서 콘벡터(Convector)의 표시 중 F가 가진 의미는?

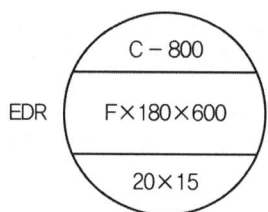

① 케이싱 길이 ② 높이
③ 형식   ④ 방열면적

해설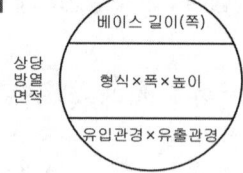

16 공기조화 냉방 부하 계산 시 잠열을 고려하지 않아도 되는 경우는?

① 인체에서의 발생열
② 문틈에서의 틈새바람
③ 외기의 도입으로 인한 열량
④ 유리를 통과하는 복사열

해설 냉방부하
① 인체에서의 발생열 : 현열+잠열
② 문틈에서의 틈새바람 : 현열+잠열
③ 외기도입 열량 : 현열+잠열
④ 유리를 통한 복사열 : 현열

17 공기 중에 분진의 미립자 제거뿐만 아니라 세균, 곰팡이, 바이러스 등까지 극소로 제한시킨 시설로서 병원의 수술실, 식품 가공, 제약 공장 등의 특정한 공정이나 유전자 관련 산업 등에 응용되는 설비는?

① 세정실
② 산업용 클린룸(ICR)
③ 바이오 클린룸(BCR)
④ 칼로리미터

해설 • 바이오 클린룸(BCR)
공기의 청정화 및 세균, 곰팡이 등의 생물성 입자에 의한 오염을 제어하는 것을 주목적으로 하고, 살균을 병행하는 점이 산업용 클린룸과 다른 점이며, 병원의 무균수술실, 동물실험실 등에 사용된다.
• 산업용 클린룸(ICR)
전자공업, 정밀기계공업, 필름공업 등에 응용되고 공기 중 부유하는 분진 등을 제어대상으로 사용된다.

정답 14 ③ 15 ③ 16 ④ 17 ③

18 실내온도 25°C이고, 실내 절대습도가 0.0165kg/kg의 조건에서 틈새바람에 의한 침입 외기량이 200L/s일 때 현열부하와 잠열부하는? (단, 실외온도 35°C, 실외절대습도 0.0321kg/kg, 공기의 비열 1.01kJ/kg·K, 물의 증발잠열 2501kJ/kg이다.)

① 현열부하 2.424kW
  잠열부하 7.803kW
② 현열부하 2.424kW
  잠열부하 9.364kW
③ 현열부하 2.828kW
  잠열부하 7.803kW
④ 현열부하 2.828kW
  잠열부하 9.364kW

해설
• 현열량 공식 : $Q_s = G \cdot C \cdot \triangle T$

$$Q_s = 0.2\frac{m^3}{s} \times 1.2\frac{kg}{m^3} \times 1.01\frac{KJ}{kg \cdot K} \times (35-25)K$$
$$= 2.424[kW]$$

• 잠열량 공식 : $Q_L = G r \cdot \triangle x$

$$Q_L = 0.2\frac{m^3}{s} \times 1.2\frac{kg}{m^3} \times 2501\frac{KJ}{kg}$$
$$\times (0.0321 - 0.0165)\frac{kg}{kg}$$
$$= 9.364[kW]$$

※ $1[KJ/s] = 1[KW]$, $1[m^3] = 1000[L]$
공기비중량 $1.2kg/m^3$

19 건구온도 30°C, 상대습도 60%인 습공기에서 건공기의 분압(mmHg)은? (단, 대기압은 760mmHg, 포화 수증기압은 27.65mmHg이다.)

① 27.65   ② 376.21
③ 743.41   ④ 700.97

해설
• 상대습도(∅) 공식 이용
$$- \varnothing = \frac{P_w}{P_s} \times 100[\%]$$
$$- P_w = \frac{\varnothing \times P_s}{100} = \frac{60 \times 27.65}{100} = 16.59[mmHg]$$

• 건공기분압(P_A)=대기압(P)-수증기분압(P_w)
$P_A = 760 - 16.59 = 743.41[mmHg]$

20 다음 중 보일러의 열효율을 향상시키기 위한 장치가 아닌 것은?

① 저수위 차단기   ② 재열기
③ 절탄기   ④ 과열기

해설 보일러 폐열회수장치
보일러에서 발생된 배기가스의 여열을 이용해 과열증기를 생산하고 저압터빈을 돌리며 급수, 연소용 공기 등을 예열시켜 보일러의 효율을 향상시키기 위해 설치된 장치
• 종류 : 과열기, 재열기, 절탄기, 공기예열기

제2과목 냉동공학(냉동냉장설비)

21 단위에 대한 설명으로 틀린 것은?

① 열의 일당량은 427kg·m/kcal이다.
② 1kcal는 약 4.2kJ이다.
③ 1kWh는 760kcal이다.
④ °C = 5(°F - 32)/9이다.

해설 • 1[KW]=860[kcal/h] → 1[kWh]=860[kcal]

정답 18 ② 19 ③ 20 ① 21 ③

22 냉동기 윤활유의 구비조건으로 틀린 것은?

① 저온에서 응고하지 않고 왁스를 석출하지 않을 것
② 인화점이 낮고 고온에서 열화하지 않을 것
③ 냉매에 의하여 윤활유가 용해되지 않을 것
④ 전기 절연도가 클 것

해설 ② 인화점이 높고 고온에서 열화하지 않을 것

23 냉동사이클에서 응축기의 냉매액 압력이 감소하면 증발온도는 어떻게 되는가?

① 감소한다.
② 증가한다.
③ 변화하지 않는다.
④ 증가하다가 감소한다.

해설 응축기의 냉매액 압이 감소하면 증발압력 역시 같이 감소하여 증발온도는 감소한다.

24 아래 선도와 같은 암모니아 냉동기의 이론 성적계수(ⓐ)와 실제 성적계수(ⓑ)는 얼마인가? (단, 팽창밸브 직전의 액온도는 32℃이고, 흡입가스는 건포화 증기이며, 압축효율은 0.85, 기계효율은 0.91로 한다.)

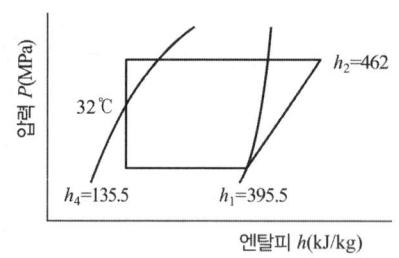

① ⓐ 3.9 ⓑ 3.0   ② ⓐ 3.9 ⓑ 2.1
③ ⓐ 4.9 ⓑ 3.8   ④ ⓐ 4.9 ⓑ 2.6

해설 • 이론 성적계수
$$\varepsilon_o = \frac{q}{Aw} = \frac{h_1 - h_4}{h_2 - h_1} = \frac{395.5 - 135.5}{462 - 395.5} = 3.9$$
• 실제 성적계수
$\varepsilon = \varepsilon_o \times \eta_c \times \eta_m$
$\varepsilon = 3.9 \times 0.85 \times 0.91 = 3.0$

25 축열 시스템의 종류가 아닌 것은?

① 가스축열 방식   ② 수축열 방식
③ 빙축열 방식   ④ 잠열축열 방식

해설 축열 시스템의 종류
• 현열축열 : 수축열, 고체축열
• 잠열축열 : 빙축열, 화학축열

26 항공기 재료의 내한(耐寒)성능을 시험하기 위한 냉동 장치를 설치하려고 한다. 가장 적합한 냉동기는?

① 왕복동식 냉동기
② 원심식 냉동기
③ 전자식 냉동기
④ 흡수식 냉동기

해설 항공기 재료의 내한 성능시험을 위해서는 초저온상태를 유지하여야 하므로 왕복동식 압축기를 사용한다.

27 몰리에르 선도상에서 압력이 증대함에 따라 포화액선과 건포화 증기선이 만나는 일치점을 무엇이라고 하는가?

① 한계점   ② 임계점
③ 상사점   ④ 비등점

해설 임계점
포화액선과 건포화증기선이 만나는 점으로 압력이 증가할수록 잠열은 감소하는데 잠열이 0[kcal/kg]이 되는 지점을 말한다.

정답 22 ② 23 ① 24 ① 25 ④ 26 ① 27 ②

28 다음 중 냉동방법의 종류로 틀린 것은?

① 얼음의 융해잠열 이용 방법
② 드라이아이스의 승화열 이용 방법
③ 액체질소의 증발열 이용 방법
④ 기계식 냉동기의 압축열 이용 방법

해설 기계식 냉동기
• 증기 압축식 냉동기 : 증발잠열 이용
• 흡수식 냉동기 : 현열과 잠열 동시에 이용
• 증기분사식 냉동기 : 증발잠열 이용
※ 압축열을 이용하는 방식은 없다.

29 저온의 냉장실에서 운전 중 냉각기에 적상(성애)이 생길 경우 이것을 살수로 제상하고자 할 때 주의사항으로 틀린 것은?

① 냉각기용 송풍기는 정지 후 살수 제상을 행한다.
② 제상 수의 온도는 50~60℃ 정도의 물을 사용한다.
③ 살수하기 전에 냉각(증발)기로 유입되는 냉매액을 차단한다.
④ 분사 노즐은 항상 깨끗이 청소한다.

해설 ② 제상 수의 온도는 10~25℃ 정도의 물을 사용한다.

30 압축기의 구조에 관한 설명으로 틀린 것은?

① 반밀폐형은 고정식이므로 분해가 곤란하다.
② 개방형에는 벨트 구동식과 직결 구동식이 있다.
③ 밀폐형은 전동기와 압축기가 한 하우징 속에 있다.
④ 기통 배열에 따라 입형, 횡형, 다기통형으로 구분된다.

해설 ① 반밀폐형은 볼트너트로 조립되어 있는 형식으로 분해조립 및 수리가 가능하다.

31 증기압축 이론 냉동사이클에 대한 설명으로 틀린 것은?

① 압축기에서의 압축과정은 단열 과정이다.
② 응축기에서의 응축과정은 등압, 등엔탈피 과정이다.
③ 증발기에서의 증발과정은 등압, 등온 과정이다.
④ 팽창 밸브에서의 팽창과정은 교축 과정이다.

해설 ② 응축기에서 응축과정은 등압상태에서 열을 방출하므로 엔탈피는 감소한다.

32 냉매가 구비해야 할 조건으로 틀린 것은?

① 임계온도가 높고 응고온도가 낮을 것
② 같은 냉동능력에 대하여 소요동력이 적을 것
③ 전기절연성이 낮을 것
④ 저온에서도 대기압 이상의 압력으로 증발하고 상온에서 비교적 저압으로 액화할 것

해설 ③ 냉매의 전기절연성이 클수록 좋다.

33 열에 대한 설명으로 틀린 것은?

① 열전도는 물질 내에서 열이 전달되는 것이기 때문에 공기 중에서는 열전도가 일어나지 않는다.
② 열이 온도차에 의하여 이동되는 현상을 열전달이라 한다.
③ 고온 물체와 저온 물체 사이에서는 복사에 의해서도 열이 전달된다.
④ 온도가 다른 유체가 고체벽을 사이에 두고 있을 때 온도가 높은 유체에서

온도가 낮은 유체로 열이 이동되는 현상을 열통과라고 한다.

해설 ① 열전도는 물체 간의 접촉에 의해 열이 전달되는 형태로 고체, 액체, 기체 등의 상태에서 발생될 수 있으며 주로 고체 내부에서 많이 일어난다.

34 수산물의 단기 저장을 위한 냉각 방법으로 적합하지 않은 것은?

① 빙온 냉각   ② 염수 냉각
③ 송풍 냉각   ④ 침지 냉각

해설 수산물의 단기 저장 시 적절한 냉각 방법
빙온 냉각, 염수 냉각, 송풍 냉각, 진공 냉각, 냉수 냉각 등

35 2원 냉동 사이클에서 중간열교환기인 캐스케이드 열교환기의 구성은 무엇으로 이루어져 있는가?

① 저온측 냉동기의 응축기와 고온측 냉동기의 증발기
② 저온측 냉동기의 증발기와 고온측 냉동기의 응축기
③ 저온측 냉동기의 응축기와 고온측 냉동기의 응축기
④ 저온측 냉동기의 증발기와 고온측 냉동기의 증발기

해설 캐스케이드 콘덴서(cascade condenser)
2원 냉동사이클의 저온냉매는 상온에서 응축되지 않으므로 저온측 냉동기의 응축기와 고온측 냉동기의 증발기를 열교환시켜 냉매를 응축시키게 되는데 이때 사용되는 열교환기를 캐스케이드 콘덴서라고 한다.

36 흡수식 냉동기의 구성품 중 왕복동 냉동기의 압축기와 같은 역할을 하는 것은?

① 발생기   ② 증발기
③ 응축기   ④ 순환펌프

해설 흡수식 냉동기의 구성품 중 발생기(재생기)는 증기 압축식 냉동기의 압축기 역할을 한다.

37 아래 조건을 갖는 수냉식 응축기의 전열 면적(m^2)은 얼마인가? (단, 응축기 입구의 냉매가스의 엔탈피는 430kcal/kg, 응축기 출구의 냉매액의 엔탈피는 145kcal/kg, 냉매 순환량은 150kg/h, 응축온도는 38℃, 냉각수 평균온도는 32℃, 응축기의 열관류율은 850kcal/m^2·h·℃이다.)

① 7.96   ② 8.38
③ 8.90   ④ 10.05

해설 응축부하(Q_c)
$$Q_c = G \cdot \Delta h = K \cdot F \cdot \Delta T_m$$
여기서, G : 냉매순환량[kg/h]
h_2 : 응축기 입구 냉매엔탈피[kcal/kg]
h_3 : 응축기 입구 냉매엔탈피[kcal/kg]
K : 열관류율[kcal/m^2h℃]
F : 면적[m^2]
ΔT_m : 냉매와 냉각수의 평균온도차[℃]
$$F = \frac{G \cdot \Delta h}{K \cdot \Delta T} = \frac{150 \times (430-145)}{850 \times (38-32)} = 8.38[m^2]$$

정답 34 ④ 35 ① 36 ① 37 ②

38 어떤 냉동장치의 계기압력이 저압은 60 mmHg, 고압은 673kPa이었다면 이 때의 압축비는 얼마인가?

① 5.8   ② 6.0
③ 7.4   ④ 8.3

해설 압축비(P_r)

$$P_r = \frac{P_h}{P_L}$$

- $P_h = 673\text{kPa(g)} + 101\text{kPa} = 774\text{kPa(a)}$
- $P_L = 60\text{mmHg(g)}$
  $= 101\text{kPa} - \left(\frac{60\text{mmHg(g)}}{760\text{mmHg}} \times 101\text{kPa}\right)$
  $= 93\text{kPa(a)}$
- $P_r = \frac{774}{93} = 8.32$

39 압축기 실린더 직경 110mm, 행정 80mm, 회전수 900rpm, 기통수 8기통인 암모니아 냉동장치의 냉동능력(RT)은 얼마인가? (단, 냉동능력은 $R = \frac{V}{C}$로 산출하며, 여기서 R은 냉동능력(RT), V는 피스톤 토출량(m³/h), C는 정수로서 8.4이다.)

① 39.1   ② 47.7
③ 85.3   ④ 234.0

해설 • 피스톤 토출량(V)

$$V = \frac{\pi D^2}{4} \cdot L \cdot N \cdot R \cdot 60$$

$$= \frac{\pi \times 0.11^2}{4} \times 0.08 \times 900 \times 8 \times 60$$

$$= 328.4[\text{m}^3/\text{h}]$$

여기서, V: 피스톤토출량(m³/h)
D: 피스톤지름(m)
L: 피스톤 행정/길이(m)
N: 기통수
R: 분당회전수(rpm)

- $R = \frac{V}{C} = \frac{328.4}{8.4} = 39.1[RT]$

여기서, C: 압축가스의 상수(정수)

40 30냉동톤의 브라인 쿨러에서 입구온도가 -15℃일 때 브라인 유량이 매 분 0.6m³이면 출구온도(℃)는 얼마인가? (단, 브라인의 비중은 1.27, 비열은 0.669kcal/kg·℃이고, 1냉동톤은 3320kcal/h이다.)

① -11.7℃   ② -15.4℃
③ -20.4℃   ④ -18.3℃

해설 • 공식 : $Q = GC\Delta T$
• 유도
$Q = G \times C \times (t_1 - t_2)$

$$t_2 = t_1 - \frac{Q}{G \times C}$$

$$= (-15) - \frac{30 \times 3320}{(0.6 \times 1000 \times 1.27 \times 60) \times 0.669}$$

$$= -18.3[℃]$$

※ t_1: 브라인 입구온도, t_2: 브라인 출구온도
1m³ = 1000L = 1000kg

제3과목 | 배관일반(공조냉동설치운영 1)

41 주철관의 소켓이음 시 코킹작업을 하는 주된 목적으로 가장 적합한 것은?

① 누수 방지   ② 경도 증가
③ 인장강도 증가   ④ 내진성 증가

해설 코킹작업
주철관 소켓이음 시 소켓 틈새에 얀을 삽입하여 납을 넣고 틈새를 없애는 작업으로 얀의 이탈 및 누수를 방지할 수 있다.

정답 38 ④ 39 ① 40 ④ 41 ①

42 보온재에 관한 설명으로 틀린 것은?

① 무기질 보온재는 암면, 유리면 등이 사용된다.
② 탄산마그네슘은 250℃ 이하의 파이프 보온용으로 사용된다.
③ 광명단은 밀착력이 강한 유기질 보온재이다.
④ 우모펠트는 곡면시공이 매우 편리하다.

해설 광명단 도료 : 연단을 아마인유와 혼합한 것으로 밀착력 및 풍화에 강해 녹 방지를 위해 페인트의 밑칠용으로 사용된다.

43 염화비닐관 이음법의 종류가 아닌 것은?

① 플랜지 이음
② 인서트 이음
③ 테이퍼 코어 이음
④ 열간 이음

해설 ※ 인서트 이음은 폴리 에틸렌관(PE관) 접합법으로 사용된다.
• 염화비닐관(PVC)의 접합
  - 냉간접합 : 이음관을 접착제를 이용하여 접합하는 방법
  - 열간접합 : 경질염화 비닐관을 가열하면 75℃ 정도에서 연화하여 변형하기 시작하는 열가소성, 복원성, 난연성의 성질을 이용하여 접합하는 방법(슬리브 이음, 용접이음)
  - 고무링 접합 : 고무링 삽입에 의한 접합법
  - 기계적 접합 : 플랜지 접합, 테이퍼 코어접합, 테이퍼 조인트, 나사접합
  - 나사접합 : 나사가 편심가공 되는 것을 막기 위해 관에 환봉을 끼워 나사 절삭 후 접합하는 방법, 최근 이음관이 생산되어 거의 사용하지 않는 방법이다.

44 배관의 지지 목적이 아닌 것은?

① 배관의 중량 지지 및 고정
② 신축의 제한 지지
③ 진동 및 충격 방지
④ 부식 방지

해설 배관 지지의 목적은 배관계통의 하중, 진동, 신축, 충격 등에 의한 변형 및 고장을 방지하기 위한 것이며 부식과는 관계가 없다.

45 옥상탱크식 급수방식의 배관계통의 순서로 옳은 것은?

① 저수탱크 → 양수펌프 → 옥상탱크 → 양수관 → 급수관 → 수도꼭지
② 저수탱크 → 양수관 → 양수펌프 → 급수관 → 옥상탱크 → 수도꼭지
③ 저수탱크 → 양수관 → 급수관 → 양수펌프 → 옥상탱크 → 수도꼭지
④ 저수탱크 → 양수펌프 → 양수관 → 옥상탱크 → 급수관 → 수도꼭지

해설 옥상탱크(고가수조) 급수방식

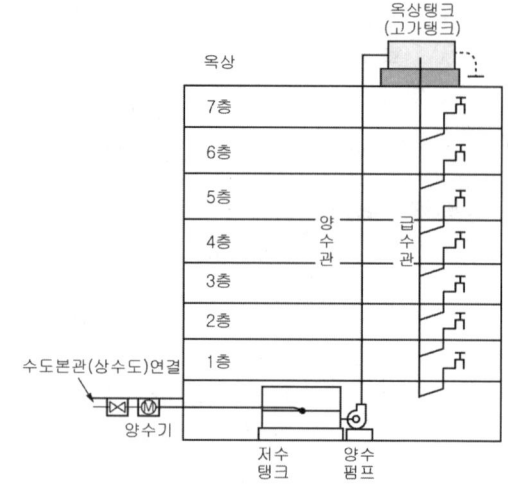

46 트랩의 봉수 파괴 원인이 아닌 것은?

① 증발 작용 ② 모세관 작용
③ 사이펀 작용 ④ 배수 작용

해설
- 트랩의 봉수 : 트랩 내부에 고이는 물로 배관 내 악취 및 유해가스를 차단한다.
- 트랩 봉수 파괴의 원인
  - 봉수의 자연증발(증발작용)
  - 모세관 현상
  - 자기사이펀 작용
  - 유도사이펀 작용(관 내 압력감소로 발생되는 흡인작용)
  - 역압에 의한 분출(토출작용)
  - 관성에 의한 배출

47 가스용접에서 아세틸렌과 산소의 비가 1 : 0.85~0.95인 불꽃은 무슨 불꽃인가?

① 탄화불꽃 ② 기화불꽃
③ 산화불꽃 ④ 표준불꽃

해설 아세틸렌과 산소의 혼합비에 따른 불꽃 종류

종류	아세틸렌 : 산소
탄화불꽃	1 : 0.85~0.95
표준(중성)불꽃	1 : 1.04~1.14
산화불꽃	1 : 1.15~1.70

48 배관의 도중에 설치하여 유체 속에 혼입된 토사나 이물질 등을 제거하기 위해 설치하는 배관 부품은?

① 트랩 ② 유니언
③ 스트레이너 ④ 플랜지

해설 스트레이너(여과기)
배관 도중에 설치하여 유체 속에 혼입된 토사나 이물질 등 불순물을 제거하는 장치

49 냉매배관 중 토출관을 의미하는 것은?

① 압축기에서 응축기까지의 배관
② 응축기에서 팽창밸브까지의 배관
③ 증발기에서 압축기까지의 배관
④ 응축기에서 증발기까지의 배관

해설
- 압축기 → 응축기 : 고온고압 기체배관(토출관)
- 응축기 → 팽창밸브 : 고온고압 액체배관
- 팽창밸브 → 증발기 : 저온저압 액체배관
- 증발기 → 압축기 : 저온저압 기체배관(흡입관)

50 급수설비에서 수격작용 방지를 위하여 설치하는 것은?

① 에어챔버(air chamber)
② 앵글밸브(angle valve)
③ 서포트(support)
④ 볼탭(ball tap)

해설 수격작용은 밸브류 및 기타 수전 등의 급격한 개폐 시 내부 유체의 압력변화로 인해 소음과 진동이 발생하는 현상으로 이를 방지하기 위해 기구류 가까이에 공기실(air chamber)을 설치한다.

51 급탕배관에 대한 설명으로 틀린 것은?

① 배관이 길 경우에는 필요한 곳에 공기빼기 밸브를 설치한다.
② 벽 관통부분 배관에는 슬리브(sleeve)를 끼운다.
③ 상향식 배관에서는 공급관을 앞내림 구배로 한다.
④ 배관 중간에 신축이음을 설치한다.

해설 급탕관의 구배
- 상향식 : 급탕관은 선상향(앞올림), 환탕(반탕)관은 선하향(앞내림) 구배로 한다.
- 하향식 : 급탕관, 복귀관 모두 선하향(앞내림) 구배로 한다.
- 중력 순환식 : 1/150
- 강제 순환식 : 1/200

정답 46 ④ 47 ① 48 ③ 49 ① 50 ① 51 ③

52 호칭지름 20A의 관을 그림과 같이 나사 이음할 때, 중심 간의 길이가 200mm라 하면 강관의 실제 소요되는 절단 길이 (mm)는? (단, 이음쇠의 중심에서 단면까지의 길이는 32mm, 나사가 물리는 최소의 길이는 13mm이다.)

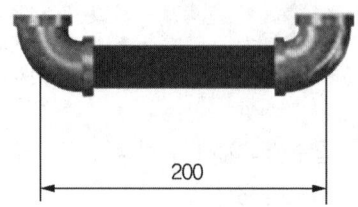

① 136 ② 148
③ 162 ④ 200

해설 $l = L - 2(A-a) = 200 - 2(32-13) = 162$mm
여기서, L : 배관중심 간의 길이
A : 이음쇠의 중심에서 단면까지의 길이
a : 나사가 물리는 최소 길이

53 펌프 주위의 배관도이다. 각 부품의 명칭으로 틀린 것은?

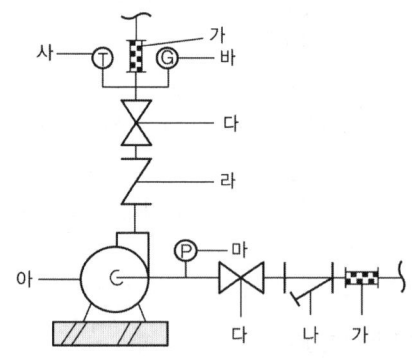

① 나 : 스트레이너
② 가 : 플렉시블 조인트
③ 라 : 글로브 밸브
④ 사 : 온도계

해설 가 : 플렉시블 조인트   나 : 스트레이너
다 : 게이트 밸브
라 : 역류방지밸브(체크밸브)
마 : 압력계

54 급배수 배관 시험 방법 중 물 대신 압축공기를 관 속에 압입하여 이음매에서 공기가 새는 것을 조사하는 시험 방법은?

① 수압시험   ② 기압시험
③ 진공시험   ④ 통기시험

해설 기압시험
압축공기를 관 속에 압입하여 이음매에서 공기가 새는 것을 조사하는 시험 방법

55 동관접합 방법의 종류가 아닌 것은?

① 빅토리 접합   ② 플레어 접합
③ 플랜지 접합   ④ 납땜 접합

해설 동관 이음방법 : 플레어 이음, 용접(납땜)이음, 플랜지 이음 등
※ 빅토리 이음 : 특수제작된 주철관의 끝에 고무링과 가단 주철제의 칼라(Collar)를 죄어 이음하는 방식으로 배관 내의 압력이 높아지면 더욱 밀착되어 기밀이 좋아지는 이음방식으로 주철관 이음 시 사용된다.

56 저압증기 난방 장치에서 증기관과 환수관 사이에 설치하는 균형관은 표준 수면에서 몇 mm 아래에 설치하는가?

① 20mm   ② 50mm
③ 80mm   ④ 100mm

해설 하트포드 접속법(hartford connection)
저압증기난방의 습식환수방식에 있어 보일러의 수위가 환수관의 접속부로의 누설로 인한 저수위사고가 일어날 것을 방지하기 위해 증기관과 환수관 사이에 표준수면에서 50[mm]아래 균형관(밸런스관)을 설치한 방식

57 급탕배관의 구배에 관한 설명으로 옳은 것은?

① 중력순환식은 1/250 이상의 구배를 준다.
② 강제순환식은 구배를 주지 않는다.
③ 하향식 공급 방식에서는 급탕관 및 복귀관은 모두 선하향 구배로 한다.
④ 상향공급식 배관의 반탕관은 상향구배로 한다.

해설 급탕관의 구배
- 상향식 : 급탕관은 선상향(앞올림), 환탕(반탕)관은 선하향(앞내림) 구배로 한다.
- 하향식 : 급탕관, 복귀관 모두 선하향(앞내림) 구배로 한다.
- 중력 순환식 : 1/150
- 강제 순환식 : 1/200

58 다음 중 온도에 따른 팽창 및 수축이 가장 큰 배관재료는?

① 강관　　　② 동관
③ 염화비닐관　④ 콘크리트관

해설 염화비닐관
염화비닐을 주원료로 압출가공하여 만든 관으로, 경량으로 저렴하며 관 내의 마찰손실이 적다. 약품에 대한 내식성이 우수하고 전기의 부도체이나 열팽창 계수가 높아 충격 및 열에 약해 60℃ 이상의 고온 및 -10℃ 이하의 저온에는 사용할 수 없다.(급수관, 배수관, 통기관, 전선관, 약액 수송관 등 폭넓게 사용되고 있다.)

59 중앙식 급탕설비에서 직접 가열식 방법에 대한 설명으로 옳은 것은?

① 열 효율상으로는 경제적이지만 보일러 내부에 스케일이 생길 우려가 크다.
② 탱크 속에 직접 증기를 분사하여 물을 가열하는 방식이다.
③ 탱크는 저장과 가열을 동시에 하므로 탱크히터 또는 스토리지 탱크로 부른다.
④ 가열 코일이 필요하다.

해설 직접 가열식에 대한 설명은 ①번이며,
② 번은 중앙식 급탕설비의 일반적 특성이라 보기 어려우며 중앙식 또는 개별식으로 모두 사용이 가능하기에 오답으로 간주한다.
③, ④번은 탱크(저탕조)와 저탕조 내부의 가열코일을 이야기하므로 간접가열식에 대한 내용이다.
- 중앙식 직접가열식 급탕설비
온수보일러에서 온수를 생산하여 각 사용처에 직접 공급하는 방식
- 중앙식 간접가열식 급탕설비
저탕조를 설치하고 가열장치의 증기나 고온수로 저탕조 내부를 가열하여 저탕조 내부의 온수를 각 사용처에 보내어 급탕하는 방식

60 고층 건물이나 기구수가 많은 건물에서 입상관까지의 거리가 긴 경우, 루프통기의 효과를 높이기 위해 설치된 통기관은?

① 도피 통기관　② 반송 통기관
③ 공용 통기관　④ 신정 통기관

해설 도피 통기관
- 루프 통기관의 통기 효율을 높이기 위해 설치한다.
- 최하류 기구배수관과 배수수직관 사이에 설치한다.
- 기구 트랩에 발생되는 배압이나 그것에 의한 봉수의 유실을 막는다.
- 관경은 배수수평지관 관경의 1/2 이상, 최소 32mm 이상으로 한다.

정답 57 ③　58 ③　59 ①　60 ①

제4과목 | 전기제어공학 (공조냉동설치운영 2)

61 그림과 같은 피드백회로의 전달함수 $\dfrac{C(s)}{R(s)}$는?

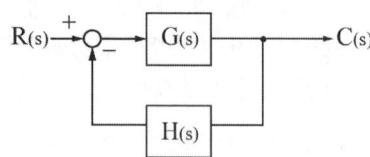

① $\dfrac{1}{1+G(s)H(s)}$ ② $1-\dfrac{1}{G(s)H(s)}$

③ $\dfrac{G(s)}{1-G(s)H(s)}$ ④ $\dfrac{G(s)}{1+G(s)H(s)}$

해설 전달함수

$\dfrac{C(s)}{R(s)} = \dfrac{패스경로}{1-피드백경로}$

① 패스경로의 전달함수 : $G(s)$
② 피드백경로 : $-G(s)H(s)$

∴ $\dfrac{C(s)}{R(s)} = \dfrac{G(s)}{1+G(s)H(s)}$

62 위치 감지용으로 적합한 장치는?

① 전위차계   ② 회전자기부호기
③ 스트레인게이지   ④ 마이크로폰

해설 전위차계(포텐셔 미터)
직류전압을 측정하는 장치로 위치(회전형의 경우는 회전각)를 전압(저항변화)으로 분압하여 슬라이드 접점이 저항 소자상에 접촉하면서 움직여, 접점의 변위량에 따른 저항 변화를 일으키는 이른바 가변저항기의 일종이다.(변위→전압)

※ 참고
① 스트레인 게이지 : 물체가 인장, 압축(압력) 등으로 변형될 때 변형을 측정하는 측정기를 말하며 물체에 부착시켜 측정한다. 합금선은 인장방향의 변형을 받으면 길이가 증가하여 단면적이 감소되어 전기저항이 증가하며, 그 증가분을 측정한다.

② 회전자기부호기 : 회전각도를 측정하는 센서, 전기모터나 엔진의 회전각도 또는 회전속도를 측정할 때 사용되는 대표적인 센서이다.
③ 마이크로폰 : 소리, 음성과 같은 음파를 받아들여 전기적인 신호로 바꾸어 주는 장치, 전화기의 송화기, 보청기, 녹음기, 마이크 등이 있다.

63 제어계에서 동작신호를 조작량으로 변화시키는 것은?

① 제어량   ② 제어요소
③ 궤환요소   ④ 기준입력요소

해설 제어요소 : 동작신호를 조작량으로 변환시키는 요소로 조절부와 조작부로 구성된다.
① 제어량 : 제어대상에 대한 전체량 가운데 제어코자하는 목적의 양
③ 궤환신호(피드백신호) : 전송계에서 출력의 일부를 입력측으로 되돌려서 가하는 신호
④ 기준입력신호 : 목표값과 피드백 신호를 비교하기 위하여 주 피드백 신호와 같은 종류의 신호로 목표값을 변화시켜 제어계의 폐쇄 루프에 입력하는 신호

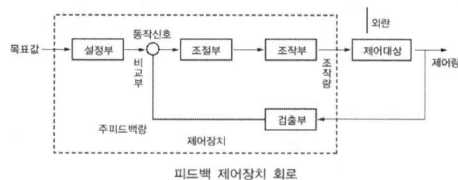

피드백 제어장치 회로

정답 61 ④ 62 ① 63 ②

64 다음 블록선도를 수식으로 표현한 것 중 옳은 것은?

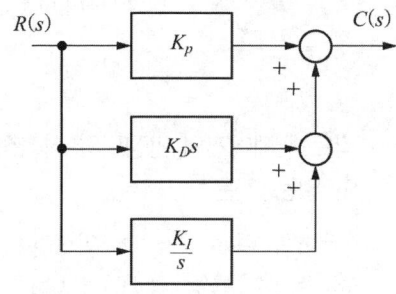

① $K_P R + K_D \dfrac{dR}{dt} + K_I \displaystyle\int_0^T R dt$

② $K_D R + K_P \displaystyle\int_0^T R dt + K_I \dfrac{dR}{dt}$

③ $K_I R + K_D \displaystyle\int_0^T R dt + K_P \dfrac{dR}{dt}$

④ $K_P R + \dfrac{1}{K_D} \displaystyle\int_0^T R dt + K_I \dfrac{dR}{dt}$

해설 PID동작(비례적분미분) : PI동작과 PD동작의 결점을 보완하기 위해 결합한 형태로 적분동작에서 잔류편차를 제거하고, 미분동작으로 응답을 신속히 하여 안정화시킨 동작

$C(s) = K_p R(s) + K_D \dfrac{dR(s)}{dt} + K_I \displaystyle\int_0^T R(s) dt$

65 그림과 같은 Y결선 회로와 등가인 △결선 회로의 Z_{ab}, Z_{bc}, Z_{ca} 값은?

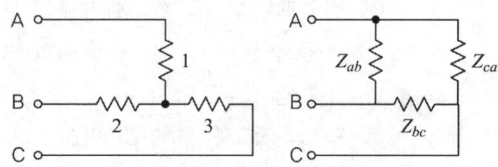

① $Z_{ab} = \dfrac{11}{3}$, $Z_{bc} = 11$, $Z_{ca} = \dfrac{11}{2}$

② $Z_{ab} = \dfrac{7}{3}$, $Z_{bc} = 7$, $Z_{ca} = \dfrac{7}{2}$

③ $Z_{ab} = 11$, $Z_{bc} = \dfrac{11}{2}$, $Z_{ca} = \dfrac{11}{3}$

④ $Z_{ab} = 7$, $Z_{bc} = \dfrac{7}{2}$, $Z_{ca} = \dfrac{7}{3}$

해설 Y→△ 변환

$Z_{ab} = \dfrac{Z_a Z_b + Z_b Z_c + Z_c Z_a}{Z_c} = \dfrac{1 \times 2 + 2 \times 3 + 3 \times 1}{3} = \dfrac{11}{3}$

$Z_{bc} = \dfrac{Z_a Z_b + Z_b Z_c + Z_c Z_a}{Z_a} = \dfrac{1 \times 2 + 2 \times 3 + 3 \times 1}{1} = 11$

$Z_{ca} = \dfrac{Z_a Z_b + Z_b Z_c + Z_c Z_a}{Z_b} = \dfrac{1 \times 2 + 2 \times 3 + 3 \times 1}{2} = \dfrac{11}{2}$

66 자동제어의 기본 요소로서 전기식 조작기기에 속하는 것은?

① 다이어프램 ② 벨로즈
③ 펄스 전동기 ④ 파일럿 밸브

해설 조작기기의 종류
• 기계식 : 스프링, 다이어프램, 벨로즈, 파일럿 밸브, 유압식 조작기기 등
• 전기식 : 전자밸브, 전동밸브, 2상 서보전동기, 직류 서보전동기, 펄스 전동기 등

정답 64 ① 65 ① 66 ③

67 직류전동기의 속도제어 방법이 아닌 것은?

① 전압제어 ② 계자제어
③ 저항제어 ④ 슬립제어

해설 직류전동기의 속도제어법
저항제어법, 계자제어법, 전압제어법

68 부궤환(negative feedback) 증폭기의 장점은?

① 안정도의 증가 ② 증폭도의 증가
③ 전력의 절약   ④ 능률의 증대

해설
• 부궤환
출력의 일부를 입력측으로 위상을 반대로 하여 되돌리는 것으로 증폭기에서 일그러짐을 경감시키기 위해 사용한다. 이때 증폭기에서 이득은 감소하지만 일그러짐이 경감하므로 이득의 변동을 억제하여 안정도를 향상시킬 수 있다.
• 정궤환
출력 전압의 일부를 입력 전압과 동위상이 되도록 입력측에 되돌리는 방식으로 동작상태는 불안정하게 된다.

69 그림과 같은 신호흐름선도에서 $\dfrac{C}{R}$의 값은?

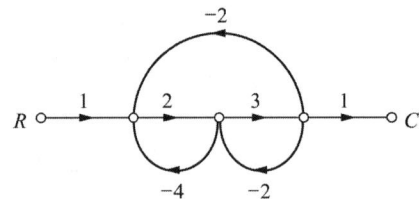

① $\dfrac{6}{21}$ ② $-\dfrac{6}{21}$
③ $\dfrac{6}{27}$ ④ $-\dfrac{6}{27}$

해설
$$G_{(s)} = \dfrac{C}{R} = \dfrac{\text{패스경로}}{1-\text{피드백경로}}$$
$$= \dfrac{1 \cdot 2 \cdot 3 \cdot 1}{1-[(2 \cdot 3 \cdot -2)+(2 \cdot -4)+(3 \cdot -2)]}$$
$$= \dfrac{6}{27}$$

70 피드백 제어계의 안정도와 직접적인 관련이 없는 것은?

① 이득 여유   ② 위상 여유
③ 주파수 특성 ④ 제동비

해설 제어계의 주파수 특성은 제어계가 주파수별로 감쇄를 시키거나 증폭을 시키는 특성을 말하는데 피드백 제어계의 안정도와 직접적인 관련은 없다.
• 이득여유, 위상여유 : 제어시스템의 상대적 안정성(안정도 비교 평가 등)을 보장하는 정도로서, 이득 및 위상이 변화될 수 있는 최대 허용 범위를 말한다.
• 제동비(감쇠계수) : 특성방정식 근의 종류와 위치뿐만 아니라 출력의 형태까지도 결정할 수 있는 중요 요소로 시스템의 안정도와 밀접한 관련이 있고 진동의 감쇠 정도를 표시한다.
• 주파수 응답 특성 : 제어계나 요소의 주파수 전달함수 $G(jw)$에서 w를 변수로 한 이득 $|G(jw)|$과 위상 $\angle G(jw)$의 극좌표 형식의 관계로 표시한다.

71 저항 R_1과 R_2가 병렬로 접속되어 있을 때, R_1에 흐르는 전류가 3A이면 R_2에 흐르는 전류는 몇 A인가?

① 1.0   ② 1.5
③ 2.0   ④ 2.5

해설 병렬저항 연결 시 전류값은 아래의 공식으로 풀 수 있다.
$$I_1 = \dfrac{R_2}{R_1+R_2}I = 3[A] \quad I_2 = \dfrac{R_1}{R_1+R_2}I$$
그러나 해당 문제에서는 병렬 연결된 2개의 저항 값이 누락되어 전류의 값을 알 수 없으므로 전항 정답으로 인정되었다.

정답 67 ④ 68 ① 69 ③ 70 ③ 71 전항정답

72 다음 분류기의 배율은? (단, R_s : 분류기의 저항, R_a : 전류계의 내부저항)

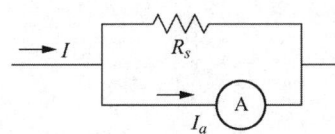

① $\dfrac{R_s}{R_a}$ ② $1+\dfrac{R_s}{R_a}$
③ $1+\dfrac{R_a}{R_s}$ ④ $\dfrac{R_a}{R_s}$

해설 분류기 : 전류의 측정범위를 높이기 위해 전류계와 병렬로 접속하는 저항
내부저항 R_a인 전류계에 저항 R_s(분류기)를 병렬로 연결하면 전류계의 측정범위는 $\left(1+\dfrac{R_a}{R_s}\right)$배 증가한다.

73 그림과 같은 제어에 해당하는 것은?

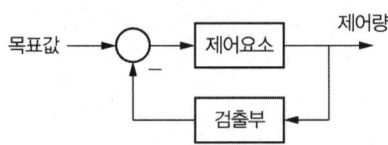

① 개방 제어   ② 개루프 제어
③ 시퀀스 제어 ④ 폐루프 제어

해설 피드백 제어(폐루프 제어, 되먹임 제어)의 특징
피드백 제어는 입력(목표값)과 출력(제어량)을 비교하여 제어량이 목표값과 일치할 때까지 수정하여 오차를 줄여나가는 자동제어 방식을 말한다.

74 그림과 같이 교류의 전압을 직류용 가동코일형 계기를 사용하여 측정하였다. 전압계의 눈금은 몇 V인가? (단, 교류전압의 최대값은 V_m이고, 전압계의 내부저항 R의 값은 충분히 크다고 한다.)

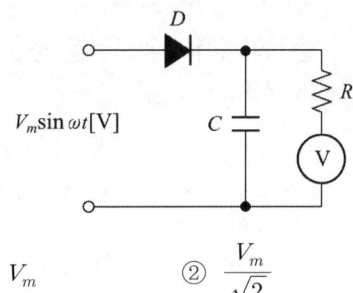

① V_m ② $\dfrac{V_m}{\sqrt{2}}$
③ $\dfrac{V_m}{2}$ ④ $\dfrac{V_m}{2\sqrt{2}}$

해설 위 회로는 반파정류회로이다. 전압계의 내부저항(R)이 충분히 크므로 전압계 유입전류는 0이 된다. 즉, 방전은 없고 다이오드를 통과한 전류는 커패시터(C)에 충전만 되므로 일정시간이 흐른 뒤 전압은 $V=V_m$ 상태가 된다. 그러므로 전압계의 눈금은 교류전압의 최대값인 V_m이 된다.

75 평형위치에서 목표값과 현재 수위와의 차이를 잔류편차(offset)라 한다. 다음 중 잔류편차가 있는 제어계는?

① 비례동작(P동작)
② 비례미분동작(PD동작)
③ 비례적분동작(PI동작)
④ 비례적분미분동작(PID동작)

해설
• P동작(비례동작) : 설정값과 제어 결과와의 편차 크기에 비례하여 조작부를 제어하는 동작
• PI동작(비례적분) : 잔류편차가 남는 비례동작의 단점을 보완하기 위해 비례동작에 적분동작을 조합한 동작

정답 72 ③ 73 ④ 74 ① 75 ①

- PD동작(비례미분) : 정산편차는 존재하나 진상 보상요소에 대응되므로 응답속도를 빠르게 할 수 있다.(속응성이 개선된 제어방식)
- PID동작(비례적분미분) : PI동작과 PD동작의 결점을 보완하기 위해 결합한 형태로 적분동작에서 잔류편차를 제거하고, 미분동작으로 응답을 신속히 하여 안정시킨 동작

76 자동제어계에서 과도응답 중 지연시간을 옳게 정의한 것은?

① 목표값의 50%에 도달하는 시간
② 목표값이 허용오차 범위에 들어갈 때까지의 시간
③ 최대 오버슈트가 일어나는 시간
④ 목표값의 10~90%까지 도달하는 시간

해설 지연시간 : 응답이 목표값의 50%에 도달하는 시간

77 제어량이 온도, 압력, 유량, 액위, 농도 등과 같은 일반 공업량일 때의 제어는?

① 추종제어
② 시퀀스제어
③ 프로그래밍제어
④ 프로세스제어

해설 프로세스제어
생산공정 중의 상태량을 제어량으로 하는 제어로 제어계에 가해지는 외란의 억제를 주목적으로 한다.
- 제어량 : 공업공정의 상태량(온도, 압력, 유량, 습도, 밀도, 농도 등)
- 사용처 : 수조의 온도제어, 대단위 화학 플랜트 등

78 어떤 도체의 단면을 1시간에 7,200C의 전기량이 이동했다고 하면 전류는 몇 A인가?

① 1
② 2
③ 3
④ 4

해설 $Q = I \cdot t$
여기서, Q: 전하량, 전기량[C]
I: 전류[A]
t: 시간[sec]
$\therefore I = \dfrac{7,200}{1 \times 3,600} = 2[A]$

79 어떤 계의 단위 임펄스 응답이 e^{-2t}이다. 이 제어계의 전달함수 $G(s)$는?

① $\dfrac{1}{s}$
② $\dfrac{1}{s+1}$
③ $\dfrac{1}{s+2}$
④ $s+2$

해설 라플라스 변환식

시간함수	라플라스 변환함수	비 고
$u(t)$	$\dfrac{1}{s}$	
$e^{-at}u(t)$	$\dfrac{1}{s+a}$	$f(t) \to F(s)$ $f(t-a) \to e^{-as}F(s)$
$\sin wt$	$\dfrac{w}{s^2+w^2}$	
$\cos wt$	$\dfrac{s}{s^2+w^2}$	

80 시퀀스 제어에 관한 설명 중 틀린 것은?

① 시간지연요소가 사용된다.
② 조합 논리회로로도 사용된다.
③ 기계적 계전기 접점이 사용된다.
④ 전체 시스템의 접점들이 일시에 동작한다.

해설 ④ 시퀀스 제어는 미리 정해진 순서에 따라 각 단계별 제어를 행하는 제어방식으로 전체시스템에 연결된 접점들은 순차적으로 동작한다.

공조냉동기계산업기사

과년도 출제문제

(2019.04.27. 시행)

제1과목 공기조화(공기조화설비)

01 다음 중 직접 난방방식이 아닌 것은?
① 증기난방　② 온수난방
③ 복사난방　④ 온풍난방

해설
- 직접난방 : 난방 공간에 방열기나 복사패널 등 난방기기를 설치하고 증기, 온수 등의 열매체를 공급하여 실내를 난방하는 방식
  (종류 : 증기난방, 온수난방, 복사난방)
- 간접난방 : 방열기를 두지 않고 열원장치로 가열된 공기를 덕트 등을 통해 실로 보내어 난방하는 방식
  (종류 : 온풍난방, 공기조화 등)

02 건축물의 출입문으로부터 극간풍의 영향을 방지하는 방법으로 틀린 것은?
① 회전문을 설치한다.
② 이중문을 충분한 간격으로 설치한다.
③ 출입문에 블라인드를 설치한다.
④ 에어커튼을 설치한다.

해설 틈새바람(극간풍)을 줄이는 방법
① 회전문을 설치한다.
② 이중문을 충분한 간격으로 설치한다.
③ 이중문의 중간에 컨벡터를 설치한다.
④ 에어커튼을 설치한다.

※ 블라인드는 햇빛을 차단하여 일사열량을 막아준다. 즉 일사열량을 차단시켜주는 것이지 틈새바람(극간풍)과는 관계가 없다.

03 유리를 투과한 일사에 의한 취득열량과 가장 거리가 먼 것은?
① 유리창 면적　② 일사량
③ 환기횟수　　 ④ 차폐계수

해설 $q_{gr} = I_{gr} \cdot F_{gr} \cdot \triangle T$[kcal/h]
여기서, q_{gr} : 유리를 투과한 일사 취득열량
I_{gr} : 표준일사열량(kcal/m²h℃)
F_{gr} : 유리창의 면적(m²)
$\triangle T$: 실내외 온도차(℃)

04 공조방식 중 송풍온도를 일정하게 유지하고 부하변동에 따라서 송풍량을 변화시킴으로써 실온을 제어하는 방식은?
① 멀티 존 유닛방식
② 이중덕트방식
③ 가변풍량방식
④ 패키지 유닛방식

해설 가변풍량(VAV)방식(풍량이 변한다.)
가변풍량 방식은 변풍량 유닛을 설치하여 송풍온도는 일정한 상태에서 각 실의 부하변동에 알맞게 송풍량을 변화시켜 취출량을 조절하여 실내온도를 제어하는 방식을 말한다.

정답　01 ④　02 ③　03 ③　04 ③

05 다음 중 냉방부하 계산 시 상당외기온도차를 이용하는 경우는?

① 유리창의 취득열량
② 내벽의 취득열량
③ 침입외기 취득열량
④ 외벽의 취득열량

해설 상당외기 온도차
일사의 영향을 받는 외벽 및 지붕의 냉방부하를 계산할 때 사용된다.

06 송풍기 회전수를 높일 때 일어나는 현상으로 틀린 것은?

① 정압 감소
② 동압 증가
③ 소음 증가
④ 송풍기 동력 증가

해설 송풍기의 회전수를 증가시킬 경우
㉠ 풍량은 회전수에 비례한다.
㉡ 정압은 회전수의 제곱에 비례한다.
㉢ 축동력은 회전수의 3승에 비례한다.
• 송풍기의 상사법칙

풍량	$Q_2 = \left(\dfrac{N_2}{N_1}\right) \cdot \left(\dfrac{D_2}{D_1}\right)^3 \cdot Q_1$
정압	$P_2 = \left(\dfrac{N_2}{N_1}\right)^2 \cdot \left(\dfrac{D_2}{D_1}\right)^2 \cdot P_1$
동력	$L_2 = \left(\dfrac{N_2}{N_1}\right)^3 \cdot \left(\dfrac{D_2}{D_1}\right)^5 \cdot L_1$

07 냉방부하의 종류 중 현열만 존재하는 것은?

① 외기의 도입으로 인한 취득열
② 유리를 통과하는 전도열
③ 문틈에서의 틈새바람
④ 인체에서의 발생열

해설 냉방부하
• 외기부하 : 현열 + 잠열
• 유리의 전도열 : 현열
• 틈새바람 : 현열 + 잠열
• 인체의 발생열 : 현열 + 잠열

08 주로 소형 공조기에 사용되며, 증기 또는 전기 가열기로 가열한 온수 수면에서 발생하는 증기로 가습하는 방식은?

① 초음파형
② 원심형
③ 노즐형
④ 가습팬형

해설 가습팬형(전열식)
가습팬 내부의 물을 증기 또는 전기 가열기로 가열한 온수 수면에서 발생한 증기로 가습하는 방식으로 주로 소형 공조기에 많이 사용된다.

09 31℃의 외기가 25℃의 환기를 1:2의 비율로 혼합하고 바이패스 팩터가 0.16인 코일로 냉각 제습할 때 코일 출구온도(℃)는? (단, 코일의 표면온도는 14℃이다)

① 14
② 16
③ 27
④ 29

해설 • 혼합공기온도
$t_3 = \dfrac{G_1 t_1 + G_2 t_2}{G_1 + G_2} = \dfrac{(1 \times 31) + (2 \times 25)}{1+2} = 27[℃]$
• 냉각코일 출구온도의 경우 바이팩스 팩터를 이용하여 풀이한다.(BF : 0.16)
$0.16(BF) = \dfrac{t_x - 14}{27 - 14}$

정답 05 ④ 06 ① 07 ② 08 ④ 09 ②

$0.16 \times (27-14) = t_x - 14$
$\{0.16 \times (27-14)\} + 14 = t_x$
$t_x = 16.08[℃]$
∴ 약 16[℃]

10 습공기 5000m³/h를 바이패스 팩터 0.2인 냉각코일에 의해 냉각시킬 때 냉각코일의 냉각열량(kW)은? (단, 코일 입구공기의 엔탈피는 64.5kJ/kg, 10℃이며, 10℃의 포화습공기 엔탈피는 30kJ/kg이다.)

① 38　　② 46
③ 138　　④ 165

해설 ① 코일 출구공기의 엔탈피
$BF = \dfrac{h_2 - h_s}{h_1 - h_s}$
$0.2 = \dfrac{h_2 - 30}{64.5 - 30}$
→ $h_2 = \{0.2 \times (64.5 - 30)\} + 30 = 36.9[kJ/kg]$

② 냉각코일 열량
$Q = G \triangle h$
$= \dfrac{5000\dfrac{m^3}{h} \times 1.2\dfrac{kg}{m^3} \times (64.5 - 36.9)\dfrac{kJ}{kg}}{3600\dfrac{s}{h}}$
$= 46 kW$

※ 1[kW] = 1[kJ/s]

11 냉방부하에 관한 설명으로 옳은 것은?

① 조명에서 발생하는 열량은 잠열로서 외기부하에 해당된다.
② 상당외기 온도차는 방위, 시각 및 벽체 재료 등에 따라 값이 정해진다.
③ 유리창을 통해 들어오는 부하는 태양 복사열만 계산한다.
④ 극간풍에 의한 부하는 실내외 온도차에 의한 현열만을 계산한다.

해설 ① 조명에서 발생하는 열량은 현열로 실내부하에 해당된다.
③ 유리창을 통해 들어오는 부하는 복사열과 실내외 온도차에 의한 전도열량을 계산한다.
④ 극간풍에 의한 부하는 실내외 온도차에 의한 현열과 습도차에 의한 잠열을 계산한다.

12 저속덕트와 고속덕트의 분류기준이 되는 풍속은?

① 10m/s　　② 15m/s
③ 20m/s　　④ 30m/s

해설 저속덕트와 고속덕트의 구분
① 저속덕트 : 풍속 15m/s 이하
② 고속덕트 : 풍속 15m/s 이상

13 20℃ 습공기의 대기압이 100kPa이고, 수증기의 분압이 1.5kPa이라면 주어진 습공기의 절대습도(kg/kg)는?

① 0.0095　　② 0.0112
③ 0.0129　　④ 0.0133

해설 절대습도(x)
$x = 0.622 \times \dfrac{P_w}{P - P_w}$
$= 0.622 \times \dfrac{1.5}{100 - 1.5} = 0.0095 kg/kg$

x : 절대습도[kg/kg]
P : 대기압 [kPa]
P_w : 수증기 분압[kPa]

14 다음 송풍기 풍량제어법 중 축동력이 가장 많이 소요되는 것은? (단, 모든 조건은 동일하다.)

① 회전수제어　　② 흡입베인제어
③ 흡입댐퍼제어　　④ 토출댐퍼제어

정답 10 ② 11 ② 12 ② 13 ① 14 ④

해설 송풍기 풍량제어에 따른 소요동력이 큰 순서
토출댐퍼제어 > 흡입댐퍼제어 > 흡입베인제어 > 회전수제어

15 에어와셔(공기세정기) 속의 플러딩 노즐(flooding nozzle)의 역할은?

① 균일한 공기흐름 유지
② 분무수의 분무
③ 엘리미네이터 청소
④ 물방울의 기류에 혼입 방지

해설 플러딩 노즐(Flooding Nozzle)
엘리미네이터에 부착된 먼지 및 이물질을 세정하기 위해 상부에 설치하여 물을 분무하는 노즐

16 덕트 계통의 열손실(취득)과 직접적인 관계로 가장 거리가 먼 것은?

① 덕트 주위 온도
② 덕트 가공 정도
③ 덕트 주위 소음
④ 덕트 속 공기압력

해설 덕트 계통의 열손실(취득)은 덕트 주위 온도, 덕트의 가공 정도(덕트의 길이, 면적 등), 덕트 속 공기압력 등과 관련이 있으며 덕트 주위의 소음과는 무관하다.

17 지역난방의 특징에 관한 설명으로 틀린 것은?

① 연료비는 절감되나 열효율이 낮고 인건비가 증가한다.
② 개별 건물의 보일러실 및 굴뚝이 불필요하므로 건물이용의 효용이 높다.
③ 설비의 합리화로 대기오염이 적다.
④ 대규모 열원기기를 이용하므로 에너지를 효율적으로 이용할 수 있다.

해설 ① 지역난방은 일정 지역에 대량의 열을 공급하기 때문에 연료비가 절감되며 열효율이 높고 인건비가 감소한다는 장점이 있다.
• 지역난방의 장점
㉠ 열효율이 좋고 연료비가 절감된다.
㉡ 각 건물에 보일러실, 연돌이 필요 없으므로 건물의 유효면적이 증대된다.
㉢ 설비의 고도화에 따른 도시매연이 감소된다.

18 대향류의 냉수코일 설계 시 일반적인 조건으로 틀린 것은?

① 냉수 입출구 온도차는 일반적으로 5~10℃로 한다.
② 관내 물의 속도는 5~15m/s로 한다.
③ 냉수 온도는 5~15℃로 한다.
④ 코일 통과 풍속은 2~3m/s로 한다.

해설 ② 관내 물의 속도는 1m/s 전후로 한다.
• 냉수 코일의 설계방법
㉠ 공기와 물의 흐름은 대향류(역류)로 할 것
㉡ 공기와 물의 대수평균온도차(LMTD)를 크게 할 것(코일의 열 수를 조절하여 대수평균온도차 조절하며 코일의 열 수는 4~8열이 적당하다.)
㉢ 냉수 속도는 일반적으로 1m/s 전후로 한다.
㉣ 코일의 통과 풍속은 2~3m/s 정도로 한다.
㉤ 냉수의 입출구 온도차를 5℃ 전후로 한다.
㉥ 코일의 설치는 수평으로 한다.

19 공기조화 시스템에서 난방을 할 때 보일러에 있는 온수를 목적지인 사용처로 보냈다가 다시 사용하기 위해 되돌아오는 관을 무엇이라고 하는가?

① 온수공급관
② 온수환수관
③ 냉수공급관
④ 냉수환수관

해설 온수환수관
온수를 목적에 알맞게 사용한 후 다시 사용하기 위해 보일러로 되돌아오는 관

정답 15 ③ 16 ③ 17 ① 18 ② 19 ②

20 흡착식 감습장치의 흡착재로 적당하지 않은 것은?

① 실리카겔
② 염화리튬
③ 활성 알루미나
④ 합성 제올라이트

해설
- 흡착식 감습 : 실리카겔, 활성 알루미나, 애드솔, 제올라이트 등의 고체 흡착제를 사용한 감습방법
- 흡수식 감습 : 염화리튬, 트리에틸렌글리콜 등의 액체 흡수제를 사용하므로 가열원이 있어야 한다.

제2과목 냉동공학(냉동냉장설비)

21 흡입관 내를 흐르는 냉매증기의 압력강하가 커지는 경우는?

① 관이 굵고 흡입관 길이가 짧은 경우
② 냉매증기의 비체적이 큰 경우
③ 냉매의 유량이 적은 경우
④ 냉매의 유속이 빠른 경우

해설 냉매증기의 압력강하가 커지는 경우
- 관 지름이 작고 흡입관 길이가 긴 경우
- 냉매증기의 비체적이 작은 경우
- 냉매의 유량이 많고 유속이 빠른 경우

22 다음 중 냉동장치의 압축기와 관계가 없는 효율은?

① 소음효율
② 압축효율
③ 기계효율
④ 체적효율

해설 압축기와 관계된 효율
압축효율(η_c), 기계효율(η_m), 체적효율(η_v)

23 냉동사이클 중 P-h 선도(압력-엔탈피 선도)로 구할 수 없는 것은?

① 냉동능력
② 성적계수
③ 냉매순환량
④ 마찰계수

해설 P-h(몰리에르)선도에서 마찰계수는 계산할 수 없다.

24 이상기체의 압력 0.5MPa, 온도가 150℃, 비체적이 0.4m³/kg일 때, 가스상수(J/kg·K)는 얼마인가?

① 11.3
② 47.28
③ 113
④ 472.8

해설 이상기체 상태방정식 $Pv = RT$
$$R = \frac{Pv}{T} = \frac{0.5 \times 10^6 \times 0.4}{150 + 273} = 472.81 \, [\text{J/kg·K}]$$

※ 단위환산 힌트
$Pa = N/m^2$, $J = N·m$

25 가용전에 대한 설명으로 옳은 것은?

① 저압차단 스위치를 의미한다.
② 압축기 토출 측에 설치한다.
③ 수냉응축기 냉각수 출구측에 설치한다.
④ 응축기 또는 고압수액기의 액배관에 설치한다.

해설 가용전
응축기나 수액기 상부에 설치하는 안전장치로, 냉동설비의 화재 발생 시 가용전 내의 용융합금이 녹아 사고를 미연에 방지한다.
㉠ 용융온도 : 68~75℃
㉡ 합금성분 : 비스무트, 카드뮴, 납, 주석

정답 20 ② 21 ④ 22 ① 23 ④ 24 ④ 25 ④

26 냉매가 구비해야 할 조건으로 틀린 것은?

① 증발 잠열이 클 것
② 응고점이 낮을 것
③ 전기 저항이 클 것
④ 증기의 비열비가 클 것

해설 ※ 냉매 증기의 비열비가 클 경우 토출가스의 온도가 증가하고 이로 인해 냉동장치의 악영향이 발생된다. (NH_3의 경우 비열비가 커 토출가스 온도가 높으므로 워터재킷을 이용해 실린더를 수냉각시킨다.)
• 냉매의 구비조건
 - 대기압하에서 쉽게 증발 혹은 응축(액화)할 것
 - 임계온도가 상온보다 높고 응고온도가 낮을 것
 - 증기의 비열 및 증발잠열이 크고 액체의 비열이 작을 것
 - 증기의 비열비가 작을 것
 - 전기 저항이 클 것(전기 절연내력이 클 것)

27 몰리에르 선도에서 건도(x)에 관한 설명으로 옳은 것은?

① 몰리에르 선도의 포화액선상 건도는 1이다.
② 액체 70%, 증기 30%인 냉매의 건도는 0.7이다.
③ 건도는 습포화증기 구역 내에서만 존재한다.
④ 건도는 과열증기 중 증기에 대한 포화액체의 양을 말한다.

해설 ① 몰리에르 선도의 포화액선상 건도는 0이다.
② 액체 70%, 증기 30%인 냉매의 건도는 0.3이다.
④ 건도는 습포화증기 중 증기에 대한 포화기체의 양을 말한다.

28 몰리에르 선도에 대한 설명으로 틀린 것은?

① 과열구역에서 등엔탈피선은 등온선과 거의 직교한다.
② 습증기 구역에서 등온선과 등압선은 평행하다.
③ 포화 액체와 포화 증기의 상태가 동일한 점을 임계점이라고 한다.
④ 등비체적선은 과열 증기구역에서도 존재한다.

해설 ① 습증기 구역에서 등엔탈피선은 등온선과 직교한다.(과열증기 구역에서는 등엔탈피선은 수직으로 내려오며 등온선은 우측 하향으로 내려온다.)

29 팽창밸브 직후 냉매의 건도가 0.2이다. 이 냉매의 증발열이 1884kJ/kg이라 할 때, 냉동효과(kJ/kg)는 얼마인가?

① 376.8   ② 1324.6
③ 1507.2   ④ 1804.3

해설 ① 건조도$(x) = \dfrac{플래시가스 열량(fg)}{증발잠열(r)}$
$0.2 = \dfrac{플래시가스 열량(fg)}{1884}$
플래시가스 열량$(fg) = 0.2 \times 1884 = 376.8[kJ/kg]$

② 냉동효과=증발잠열-플래시가스 열량
∴ $q = 1884 - 376.8$
  $= 1507.2[kJ/kg]$

30 평판을 통해서 표면으로 확산에 의해서 전달되는 열유속(heat flux)이 $0.4kW/m^2$이다. 이 표면과 20℃ 공기흐름과의 대류전열계수가 $0.01kW/m^2 \cdot ℃$인 경우 평판의 표면온도(℃)는?

① 45   ② 50
③ 55   ④ 60

정답 26 ④ 27 ③ 28 ① 29 ③ 30 ④

해설 공식
$Q = K \cdot F \cdot \Delta T$
$Q = K \cdot F \cdot (t_1 - t_2)$
$t_1 = \dfrac{Q}{K \cdot F} + t_2$
$t_1 = \dfrac{0.4}{0.01 \times 1} + 20 = 60[℃]$

31 이상적인 냉동사이클과 비교한 실제 냉동사이클에 대한 설명으로 틀린 것은?

① 냉매가 관내를 흐를 때 마찰에 의한 압력손실이 발생한다.
② 외부와 다소의 열 출입이 있다.
③ 냉매가 압축기의 밸브를 지날 때 약간의 교축작용이 이루어진다.
④ 압축기 입구에서의 냉매상태 값은 증발기 출구와 동일하다.

해설 ④ 실제 냉동사이클에서는 압축기 입구의 냉매상태 값은 흡입관의 압력손실 및 외부의 열 취득에 의해 엔탈피가 약간 증가하게 되어 증발기 출구와는 다른 값을 가진다.

32 흡수식 냉동기의 특징에 대한 설명으로 틀린 것은?

① 용량제어의 범위가 넓어 폭 넓은 용량제어가 가능하다.
② 터보 냉동기에 비하여 소음과 진동이 크다.
③ 부분 부하에 대한 대응성이 좋다.
④ 회전부가 적어 기계적인 마모가 적고 보수 관리가 용이하다.

해설 ② 흡수식 냉동기는 압축기 대신 버너를 사용하므로 압축기를 사용하는 증기 압축식 냉동기 및 터보 냉동기에 비해 소음 및 진동이 작다.
• 흡수식 냉동기 특징
  - 압축식 냉동기에 비해 소음과 진동이 작다.
  - 용량제어 범위가 넓어 폭넓은 용량제어가 가능하다.
  - 부분 부하에 대한 대응성이 좋다.
  - 기기 내부가 진공에 가까우므로 파열의 위험성이 적다.
  - 흡수식 냉동기 한 대로 냉방과 난방을 겸할 수 있다.
  - 일반적으로 증기 압축식 냉동기 보다 성능계수가 낮다.
  - 냉각수 배관, 펌프, 냉각탑의 용량이 커져 보조기기의 설비비가 증가한다.

33 액분리기에 대한 설명으로 옳은 것은?

① 장치를 순환하고 남는 여분의 냉매를 저장하기 위해 설치하는 용기를 말한다.
② 액분리기는 흡입관 중의 가스와 액의 혼합물로부터 액을 분리하는 역할을 한다.
③ 액분리기는 암모니아 냉동장치에는 사용하지 않는다.
④ 팽창밸브와 증발기 사이에 설치하여 냉각효율을 상승시킨다.

해설 액분리기
• 역할 : 압축기로 액이 넘어가는 것을 막아 액압축(liquid back)을 방지하고 여분의 냉매를 저장하기도 한다.
• 설치위치 : 압축기 흡입관(증발기와 압축기 사이)

34 암모니아의 증발잠열은 -15℃에서 1310.4 kJ/kg이지만, 실제로 냉동능력은 1126.2 kJ/kg으로 작아진다. 차이가 생기는 이유로 가장 적절한 것은?

① 체적효율 때문이다.
② 전열면의 효율 때문이다.
③ 실제 값과 이론 값의 차이 때문이다.
④ 교축팽창 시 발생하는 플래시 가스 때문이다.

해설 문제에서 암모니아 냉매 -15℃의 증발잠열이 1310

정답 31 ④ 32 ② 33 ② 34 ④

.4kJ/kg이라는 말은 손실 및 외부 영향이 없을 경우 냉매 1kg이 1310.4kJ을 흡수할 수 있다는 의미이다. 하지만 냉동장치에서 증발기로 유입되기 전 팽창밸브에서 교축현상이 일어나는데 이때 일부의 냉매는 증발기로 흡입되기 전 증발하여 잉여증기로 존재하게 되며 이를 플래시 가스라고 한다. 이때 발생한 플래시 가스는 냉동효과가 없는 가스로, 전체 증발잠열에서 플래시가스의 열량을 뺀 값을 냉동효과로 볼 수 있다. 그러므로 냉동효과는 1126.2kJ/kg으로 줄어든 것이다.

35 냉동장치의 운전 중 저압이 낮아질 때 일어나는 현상이 아닌 것은?

① 흡입가스 과열 및 압축비 증대
② 증발온도 저하 및 냉동능력 증대
③ 흡입가스의 비체적 증가
④ 성적계수 저하 및 냉매순환량 감소

[해설] ② 냉동장치의 운전 중 저압이 낮아지면 증발온도가 저하하고 냉동효과는 감소하게 된다. 이로 인해 냉동능력도 감소한다.

36 냉동장치 내에 불응축 가스가 혼입되었을 때 냉동장치의 운전에 미치는 영향으로 가장 거리가 먼 것은?

① 열교환 작용을 방해하므로 응축압력이 낮게 된다.
② 냉동능력이 감소한다.
③ 소비전력이 증가한다.
④ 실린더가 과열되고 윤활유가 열화 및 탄화 된다.

[해설] ① 불응축 가스가 혼입되면 관의 열교환을 방해하고 응축압력이 증가한다.
• 불응축 가스 혼입 시 장치에 미치는 영향
 - 토출가스 온도상승
 - 응축능력 감소
 - 응축압력 상승
 - 소요동력 증대

 - 압축비 증대
 - 실린더 과열로 인한 윤활유 열화 및 탄화
 - 냉매와 냉각관의 열전달 저하
 - 성적계수 감소 및 냉동능력 감소

37 냉동장치에서 플래시 가스가 발생하지 않도록 하기 위한 방지대책으로 틀린 것은?

① 액관의 직경이 충분한 크기를 갖고 있도록 한다.
② 증발기의 위치를 응축기와 비교해서 너무 높게 설치하지 않는다.
③ 여과기나 필터의 점검 청소를 실시한다.
④ 액관 냉매액의 과냉각도를 줄인다.

[해설] ④ 액관의 과냉각도가 커지면 플래시 가스가 줄어들기 때문에 열교환기를 설치해 인위적으로 과냉각을 시켜주기도 한다.

38 다음 중 고압가스 안전관리법에 적용되지 않는 것은?

① 스크류 냉동기
② 고속다기통 냉동기
③ 회전용적형 냉동기
④ 열전모듈 냉각기

[해설] 고압가스 안전관리법 적용 냉동기
① 다단압축방식 및 다원냉동방식의 냉동기
② 회전용적형 냉동기
③ 스크류형 냉동기
④ 왕복동형 압축기

39 -20℃의 암모니아 포화액의 엔탈피가 314kJ/kg이며, 동일 온도에서 건조포화증기의 엔탈피 1687kJ/kg이다. 이 냉매액이 팽창밸브를 통과하여 증발기에 유입될 때의 냉매의 엔탈피가 670kJ/kg이었다면 중량비로 약 몇 %가 액체 상태인가?

① 16 ② 26
③ 74 ④ 84

해설 액체의 중량비(습도)
$$습도 = \frac{1687-670}{1687-314} \times 100[\%] = 74[\%]$$

40 증발식 응축기에 관한 설명으로 옳은 것은?

① 증발식 응축기의 냉각수는 보충할 필요가 없다.
② 증발식 응축기는 물의 현열을 이용하여 냉각하는 것이다.
③ 내부에 냉매가 통하는 나관이 있고, 그 위에 노즐을 이용하여 물을 살포하는 형식이다.
④ 압력강하가 작으므로 고압측 배관에 적당하다.

해설 ① 증발식 응축기의 냉각수는 사용 중 일부 증발되는 소비량과 비산수량, 드레인 수량 등을 보충해 주어야 한다.
② 증발식 응축기는 물의 잠열을 이용하여 냉각하는 것이다.
④ 옥외에 설치하므로 배관이 길어지고 압력강하가 커진다.

제3과목 | 배관일반(공조냉동설치운영1)

41 물은 가열하면 팽창하여 급탕탱크 등 밀폐가열장치 내의 압력이 상승한다. 이 압력을 도피시킬 목적으로 설치하는 관은?

① 배기관 ② 팽창관
③ 오버플로관 ④ 압축 공기관

해설 팽창관
물을 가열할 때 급탕탱크 등 밀폐가열장치 내의 압력이 상승할 경우 장치 내부의 압력이 상승하는데 이 압력을 도피시켜 장치의 안전을 도모하기 위해 팽창탱크와 연결된 관을 팽창관이라 한다.

42 도시가스를 공급하는 배관의 종류가 아닌 것은?

① 공급관 ② 본관
③ 내관 ④ 주관

해설 도시가스 공급배관 종류
• 본관 : 도시가스 제조사업소 부지의 경계에서 정압기까지 이르는 배관을 나타낸다.
• 공급관 : 정압기에서 가스 사용자가 소유하거나 점유하고 있는 토지의 경계까지 이르는 배관을 나타낸다.
• 내관 : 가스 사용자가 소유하거나 점유하고 있는 토지의 경계에서 연소기까지 이르는 배관을 나타낸다.

43 가스배관에서 가스가 누설될 경우 중독 및 폭발사고를 미연에 방지하기 위하여 조금만 누설되어도 냄새로 충분히 감지할 수 있도록 설치하는 장치는?

① 부스터설비 ② 정압기
③ 부취설비 ④ 가스홀더

해설 부취설비
무색, 무취한 가스의 경우 누설 시 발견이 어려우므로 냄새가 나는 부취제를 주입하여 누설 시 냄새로 충분히 감시할 수 있도록 설치하는 장치

44 배관용 패킹 재료를 선택할 때 고려해야 할 사항으로 가장 거리가 먼 것은?

① 재료의 탄력성 ② 진동의 유무
③ 유체의 압력   ④ 재료의 부식성

해설 패킹 재료 선택 시 고려할 사항
① 관내 유체의 물리적 성질 : 압력, 온도, 밀도, 점도
② 관내 유체의 화학적 성질 : 휘발성, 인화성, 폭발성, 용해성, 부식성 등
③ 기계적 성질 : 교체의 난이, 진동의 유무, 내압 외압의 정도 등

45 급수방식 중 고가탱크방식의 특징에 대한 설명으로 틀린 것은?

① 다른 방식에 비해 오염가능성이 적다.
② 저수량을 확보하여 일정 시간 동안 급수가 가능하다.
③ 사용자의 수도꼭지에서 항상 일정한 수압을 유지한다.
④ 대규모 급수 설비에 적합하다.

해설 ① 고가탱크방식은 다른 방식에 비해 급수의 오염가능성이 큰 편이다.
• 고가 탱크방식의 특징
㉠ 항시 일정한 수압을 얻을 수 있다.
㉡ 저수량을 언제나 확보할 수 있어 단수가 되어도 일정 시간 급수가 가능하다.
㉢ 수압의 과대 등에 따른 밸브류 등 배관 부속품의 손실이 적다.
㉣ 대규모 급수 설비에 적합하다.

46 동관의 분류 중 가장 두꺼운 것은?

① K형   ② L형
③ M형   ④ N형

해설 동관두께별 종류 : K형, L형, M형
- 두꺼운 순서 : K > L > M

47 루프형 신축이음쇠의 특징에 대한 설명으로 틀린 것은?

① 설치공간을 많이 차지한다.
② 신축에 따른 자체 응력이 생긴다.
③ 고온, 고압의 옥외 배관에 많이 사용된다.
④ 장시간 사용 시 패킹의 마모로 누수의 원인이 된다.

해설 ※ 패킹의 마모로 인해 누설이 발생 되는 이음쇠는 슬리브형 신축이음쇠이다.
• 루프형 신축이음쇠
① 고압증기 옥외배관에 많이 사용된다.
② 신축흡수에 따른 응력이 발생한다.
③ 고압에 잘견디고 고장이 적어 고온, 고압용 배관에 사용된다.
④ 곡률반경은 직경의 6배 이상으로 한다.
⑤ 설치공간을 많이 차지한다.

48 고압배관과 저압배관의 사이에 설치하여 고압측 압력을 필요한 압력으로 낮추어 저압측 압력을 일정하게 유지시키는 밸브는?

① 체크밸브   ② 게이트밸브
③ 안전밸브   ④ 감압밸브

해설 감압밸브 : 1차측 입구(고압측)의 높은 압력을 2차측 출구(저압측)의 원하는 압력으로 낮추어 일정하게 유지시켜주는 역할을 하는 밸브

정답 44 ① 45 ① 46 ① 47 ④ 48 ④

49 건물 1층의 바닥면을 기준으로 배관의 높이를 표시할 때 사용하는 기호는?

① EL ② GL
③ FL ④ UL

해설
① EL : 배관의 높이를 관의 중심을 기준으로 표시한 것
② BOP : 지름이 서로 다른 관의 높이 표시방법으로 관 바깥지름의 아랫면까지의 높이를 기준으로 표시한 것
③ TOP : 관의 바깥지름의 윗면을 기준으로 표시한 것
④ GL : 포장된 지면을 기준으로 하여 배관장치의 높이를 표시할 때 적용된다.
⑤ FL : 각층 또는 1층 바닥을 기준하여 높이를 표시한 것

50 냉매액관 시공 시 유의사항으로 틀린 것은?

① 긴 입상 액관의 경우 압력의 감소가 크므로 충분한 과냉각이 필요하다.
② 배관 도중에 다른 열원으로부터 열을 받지 않도록 한다.
③ 액관 배관은 가능한 한 길게 한다.
④ 액 냉매가 관 내에서 증발하는 것을 방지하도록 한다.

해설 ③ 냉매액관은 응축기에서 증발기까지의 구간을 말하는데 냉매액관의 길이는 가능한 한 짧게 하고 입상관은 되도록 피하는 것이 좋다.

51 다음 중 증기난방설비 시공 시 보온을 필요로 하는 배관은 어느 것인가?

① 관말 증기 트랩장치의 냉각관
② 방열기 주위 배관
③ 증기공급관
④ 환수관

해설 ③ 증기공급관은 열손실 방지 및 운전원의 화상을 방지하기 위해 반드시 보온하도록 한다.

52 가스배관의 설치 방법에 관한 설명으로 틀린 것은?

① 최단거리로 할 것
② 구부러지거나 오르내림을 적게 할 것
③ 가능한 한 은폐하거나 매설할 것
④ 가능한 한 옥외에 할 것

해설 가스배관 설치방법
• 직선 및 최단거리로 설치할 것
• 옥외, 노출배관으로 할 것
• 구부림 및 오르내림이 적을 것

53 다음 중 엘보를 용접이음으로 나타낸 기호는?

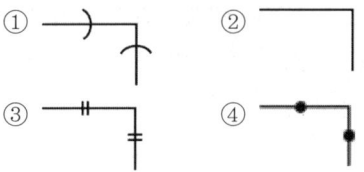

해설
① 턱걸이 이음(주철관 소켓이음)
② 기호 없음
③ 플랜지 이음
④ 용접 이음

54 2가지 종류의 물질을 혼합하면 단독으로 사용할 때보다 더 낮은 융해온도를 얻을 수 있는 혼합제를 무엇이라고 하는가?

① 부취제 ② 기한제
③ 브라인 ④ 에멀션

해설 기한제 이용방법
한제라고도 하며 결합력이 좋은 두 종류의 물질이 혼합하면 단독으로 사용할 때보다 더 낮은 융해온도를 얻을 수 있는 혼합제로 얼음과 소금, 희염산, 염화칼슘, 탄산칼슘 등을 혼합하여 사용한다.

정답 49 ③ 50 ③ 51 ③ 52 ③ 53 ④ 54 ②

55 배관의 호칭 중 스케줄 번호는 무엇을 기준으로 하여 부여하는가?

① 관의 안지름 ② 관의 바깥지름
③ 관두께   ④ 관의 길이

해설 스케줄 번호(schedule No) : 관두께를 나타내는 번호

$$sch.\ No = 10 \times \frac{P}{S}$$

56 온수난방에서 역귀환방식을 채택하는 주된 이유는?

① 순환펌프를 설치하기 위해
② 배관의 길이를 축소하기 위해
③ 열손실과 발생소음을 줄이기 위해
④ 건물 내 각 실의 온도를 균일하게 하기 위해

해설 역귀환방식(reverse return system)
배관계에 다수의 방열기를 취급할 때 배관의 길이가 다르면 실내 온도 분포가 불균일하다. 이때 가장 먼 방열기에 환수주관을 설치하여 순환배관 길이를 동일하게 하는 방식으로 배관길이가 길어지고 마찰 손실은 증가하지만 실의 온도 분포를 균일하게 할 수 있다.

57 냉온수 헤더에 설치하는 부속품이 아닌 것은?

① 압력계   ② 드레인관
③ 트랩장치   ④ 급수관

해설 ※ 트랩장치는 냉·온수 헤더에 부착하지 않는다.
• 트랩장치
① 증기트랩 : 방열기의 환수측 또는 증기배관의 최말단 등에 부착하여 응축수만을 분리 배출하여 환수시키는 장치로 수격작용, 부식 및 증기누설을 방지하여 난방기기의 효율을 높인다.
② 배수트랩 : 배수계통의 일부에 물을 고이게 하여 하수가스의 역류를 방지(악취방지)하고 해충의 침입을 방지한다.

58 냉각탑에서 냉각수는 수직 하향 방향이고 공기는 수평 방향인 형식은?

① 평행류형   ② 직교류형
③ 혼합형   ④ 대향류형

해설 ① 직교류형 냉각탑 : 물과 공기가 직각이 되어 흘러 냉각되는 방식으로 구조가 간단하고 보수점검이 용이하다.
② 대향류형 냉각탑 : 물과 공기가 서로 반대방향(향류)으로 흐르는 방식으로 냉각효율이 높다.

59 급수배관에서 수격작용 발생개소로 가장 거리가 먼 것은?

① 관내 유속이 빠른 곳
② 구배가 완만한 곳
③ 급격히 개폐되는 밸브
④ 굴곡개소가 있는 곳

해설 ※ 구배가 완만한 곳에서는 수격작용이 발생되지 않는다.
• 수격작용 방지대책
 – 공기실(air chamber) 및 수격방지기를 설치한다.
 – 관경을 크게 하여 유속을 느리게 한다.
 – 펌프에 플라이 휠을 설치한다.
 – 배관을 가능한 직선으로 시공한다.
 – 밸브는 송출구 가까이 설치하고 서서히 개폐한다.
 – 조압수조를 설치한다.

60 다음 중 급수설비에 설치되어 물이 오염되기 쉬운 형태의 배관은?

① 상향식 배관   ② 하향식 배관
③ 조닝 배관   ④ 크로스 커넥션 배관

해설 크로스커넥션
① 관 이음의 하나로 배관이 십자형식으로 연결된 상태를 말한다.
② 음용수(상수)의 급수계통과 음용수 이외의 계통이 배관장치에 의해 직접 크로스 접속된 경우 급수관 내에 오수가 역류하여 오염되기 쉽다.

정답 55 ③ 56 ④ 57 ③ 58 ② 59 ② 60 ④

제4과목 | 전기제어공학 (공조냉동설치운영 2)

61 제어된 제어대상의 양 즉, 제어계의 출력을 무엇이라고 하는가?

① 목표값   ② 조작량
③ 동작신호   ④ 제어량

해설
① 목표값(입력값) : 제어의 출력이 소정의 값을 만족하도록 목표를 세운 외부에서 주어진 값
② 조작량 : 제어요소가 제어대상에 주는 양
③ 동작신호 : 주피드백량과 기준입력을 비교하여 얻어진 편차량 신호를 말하는 것으로 조절부의 입력이 되는 신호이다.
④ 제어량 : 제어대상에 대한 전체량 가운데 제어코자 하는 목적의 량으로 출력량이라고도 한다.

62 플로차트를 작성할 때 다음 기호의 의미는?

① 단자   ② 처리
③ 입출력   ④ 결합자

해설

기호	이름	의미
평행사변형	입출력	데이터의 입력과 출력을 표시
직사각형	처리	각종 연산 및 처리 표시
타원	단자	개시, 종료, 정지, 지연, 중단 기능 표시
원	결합자 (연결자)	다른 곳으로 연결을 표시

63 피드백제어계 중 물체의 위치, 방향, 자세 등의 기계적 변위를 제어량으로 하는 것은?

① 서보기구   ② 프로세스 제어
③ 자동조정   ④ 프로그램 제어

해설
• 서보기구 : 목표값의 임의의 변화에 항상 추종하도록 구성된 제어계로 레이더, 미사일 추적장치 등이 있다.
• 서보기구의 제어량 : 기계적인 변위(위치, 방향, 자세, 거리, 각도 등)

64 발전기의 유기기전력의 방향과 관계가 있는 것은?

① 플레밍의 왼손법칙
② 플레밍의 오른손법칙
③ 패러데이의 법칙
④ 암페어의 법칙

해설
① 플레밍의 왼손법칙 : 전자기력의 방향을 결정하는 법칙으로 전동기의 회전 방향을 구하는 데 유용하게 사용된다.
② 플레밍의 오른손법칙 : 전자유도에 의해 생기는 유도전류(유기기전력)의 방향을 나타내는 법칙으로 발전기의 전류방향을 구하는 데 유용하게 사용된다.
③ 패러데이 법칙 : 전기분해에 의해서 석출된 물질의 양은 전해액 속에 통과한 전기량에 비례하고 전기량이 일정할 때 석출되는 물질의 양은 화학당량에 비례한다는 법칙
④ 암페어의 법칙 : 전류와 자기장의 관계를 나타내는 법칙으로 전류에 의해 형성된 자기장에서 단위자극이 움직일 때 필요한 일의 양은 단위자극의 경로를 통과하는 전류의 총합에 비례한다는 법칙

정답 61 ④ 62 ③ 63 ① 64 ②

65 시퀀스제어에 관한 설명 중 틀린 것은?

① 조합논리회로로 사용된다.
② 미리 정해진 순서에 의해 제어된다.
③ 입력과 출력을 비교하는 장치가 필수적이다.
④ 일정한 논리에 의해 제어된다.

해설 ③ 입력과 출력을 비교하는 장치가 필수적인 제어는 피드백제어이다.

66 100mH의 자기 인덕턴스를 가진 코일에 10A의 전류가 통과할 때 축적되는 에너지는 몇 J인가?

① 1   ② 5
③ 50   ④ 1000

해설 인덕턴스 저장에너지(E)
$$E = \frac{1}{2}LI^2 = \frac{1}{2} \times 100 \times 10^{-3} \times 10^2 = 5[J]$$
※ 단위환산 힌트
$1[mH] = 0.001[H] = 10^{-3}[H]$

67 평행 3상 Y결선에서 상전압 V_P와 선간전압 V_l과의 관계는?

① $V_l = V_P$ ② $V_l = \sqrt{3}\,V_P$
③ $V_l = \frac{1}{\sqrt{3}}V_P$ ④ $V_l = 3V_P$

해설
• 평형 3상 Y결선의 경우
 – 선간전압 = 상전압 × $\sqrt{3}$ ⇒ $V_L = \sqrt{3}\,V_P$
 – 선간전류 = 상전류 ⇒ $I_L = I_P$
• 평형 3상 △결선의 경우
 – 선간전압 = 상전압 ⇒ $V_L = V_P$
 – 선간전류 = 상전류 × $\sqrt{3}$ ⇒ $I_L = \sqrt{3}\,I_P$

68 전원 전압을 일정 전압 이내로 유지하기 위해서 사용되는 소자는?

① 정전류 다이오드
② 브리지 다이오드
③ 제너 다이오드
④ 터널 다이오드

해설 제너 다이오드
정전압 다이오드라고도 하며, 일정한 전압을 얻을 목적으로 사용되는 소자이다.
[상세]
전자 사태 항복 영역에서 역전압의 한정된 좁은 범위에서 역전류가 급격하게 증가한다. 다이오드를 흐르는 역전류가 어느 정도 변화하여도 다이오드 전압은 거의 일정하게 유지되므로 전압 기준 장치로 이용된다.

69 목표값이 미리 정해진 변화를 할 때의 제어로서, 열처리 노의 온도제어, 무인 운전 열차 등이 속하는 제어는?

① 추종제어   ② 프로그램제어
③ 비율제어   ④ 정치제어

해설 열처리 노의 온도제어는 온도를 미리 정해진 프로그램 값에 따라 제어하므로 프로그램 제어가 된다.
① 추종제어 : 목표값이 임의의 시간적 변화를 하는 경우 제어량을 그것에 추종시키기 위한 제어
② 프로그램제어 : 목표값이 시간적으로 미리 정해진 대로 변화하고 제어량을 추정시키는 제어로서 열처리 노의 온도제어, 무인열차 운전 등에 사용된다.
③ 비율제어 : 목표값이 다른 양과 일정한 비율관계를 갖는 상태량을 제어하는 것으로 보일러 자동 연소장치에 사용된다.
④ 정치제어 : 목표값이 시간에 따라 변하지 않고 일정한 상태량을 제어하는 방식

정답 65 ③ 66 ② 67 ② 68 ③ 69 ②

70 그림과 같이 블록선도를 접속하였을 때, ⓐ에 해당하는 것은?

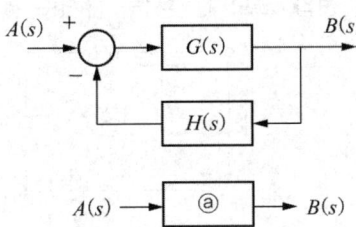

① $G(s)+H(s)$
② $G(s)-H(s)$
③ $\dfrac{G(s)}{1+G(s)\cdot H(s)}$
④ $\dfrac{H(s)}{1+G(s)\cdot H(s)}$

해설 전달함수(공식)
$\dfrac{C}{R}=\dfrac{패스경로}{1-피드백경로}$
∴ ⓐ $=\dfrac{A(s)}{B(s)}=\dfrac{G(s)}{1+G(s)\cdot H(s)}$

71 3상 유도전동기의 회전방향을 바꾸기 위한 방법으로 옳은 것은?

① △-Y 결선으로 변경한다.
② 회전자를 수동으로 역회전시켜 기동한다.
③ 3선을 차례대로 바꾸어 연결한다.
④ 3상 전원 중 2선의 접속을 바꾼다.

해설 3상 유도전동기의 회전방향을 바꾸려면 전원의 3선 중 2선의 접속을 바꾸면 된다.

72 60Hz, 100V의 교류전압이 200Ω의 전구에 인가될 때 소비되는 전력은 몇 W인가?

① 50 ② 100
③ 150 ④ 200

해설 전력구하는 공식
$P=VI \rightarrow P=I^2R \rightarrow P=\dfrac{V^2}{R}$
∴ $P=\dfrac{V^2}{R}=\dfrac{100^2}{200}=50[\text{W}]$

73 그림과 같은 계전기 접점회로의 논리식은?

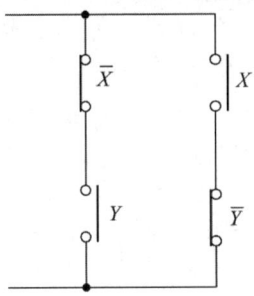

① XY ② $\overline{X}Y+X\overline{Y}$
③ $\overline{X}(X+Y)$ ④ $(\overline{X}+Y)(X+\overline{Y})$

해설 직렬상태의 회로 두 가지
㉠ $\overline{X}Y$ ㉡ $X\overline{Y}$
• ㉠, ㉡번 병렬연결 : $\overline{X}Y+X\overline{Y}$

74 특성방정식 $s^2+2s+2=0$을 갖는 2차 제어에서의 감쇠율 ζ(damping ratio)은?

① $\sqrt{2}$ ② $\dfrac{1}{\sqrt{2}}$
③ $\dfrac{1}{2}$ ④ 2

해설 2차 특성방정식의 표준공식
$$s^2 + 2\zeta w_n s + w_n^2 = 0$$
여기서, ζ : 감쇠율
w_n : 고유각주파수
위 공식에 그대로 대입을 하게 되면
$s^2 + 2\zeta w_n s + w_n^2 = s^2 + 2s + 2$ 로
$2\zeta w_n = 2$
$w_n^2 = 2 \to w_n = \sqrt{2}$ 가 되므로
$\therefore \zeta = \dfrac{1}{2\sqrt{2}} \times 2 = \dfrac{1}{\sqrt{2}}$

75 $F(s) = \dfrac{3s+10}{s^3+2s^2+5s}$ 일 때 $f(t)$의 최종치는?

① 0 ② 1
③ 2 ④ 8

해설 ① 최종치 : $S \to 0$
① 초기치 : $S \to \infty$
$f(t) = \lim\limits_{S \to 0} S \dfrac{3s+10}{s^3+2s^2+5s}$
$= \lim\limits_{s \to 0} \dfrac{3s+10}{s^2+2s+5} = \dfrac{(3 \times 0)+10}{0^2+(2 \times 0)+5} = \dfrac{10}{5} = 2$

76 8Ω, 12Ω, 20Ω, 30Ω의 4개 저항을 병렬로 접속할 때 합성저항은 약 몇 Ω인가?

① 2.0 ② 2.35
③ 3.43 ④ 3.8

해설 병렬접속 시 합성저항(R)
$R = \dfrac{1}{\dfrac{1}{R_1}+\dfrac{1}{R_2}+\dfrac{1}{R_3}+\dfrac{1}{R_4}}$
$= \dfrac{1}{\dfrac{1}{8}+\dfrac{1}{12}+\dfrac{1}{20}+\dfrac{1}{30}} = 3.43[\Omega]$

77 그림과 같은 병렬공진회로에서 전류 I가 전압 E보다 앞서는 관계로 옳은 것은?

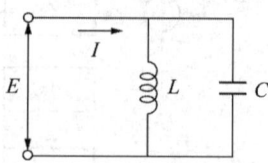

① $f < \dfrac{1}{2\pi\sqrt{LC}}$ ② $f > \dfrac{1}{2\pi\sqrt{LC}}$
③ $f = \dfrac{1}{2\pi\sqrt{LC}}$ ④ $f = \dfrac{1}{\sqrt{2\pi LC}}$

해설 병렬공진
병렬공진 회로에서 전류는 전압과 동위상이면 최소가 되고 공진주파수보다 높은 주파수에서는 진상(앞선)전류, 낮은 경우에는 지상(뒤진)전류가 된다.
다시 말해 $f_0 = \dfrac{1}{2\pi\sqrt{LC}}$ 공식에서 전류 I가 전압 E보다 앞선다고 하였으므로 공진주파수보다 높은 주파수 상태라고 볼 수 있다.
$f > f_0 \to f > \dfrac{1}{2\pi\sqrt{LC}}$

78 유도전동기의 역률을 개선하기 위하여 일반적으로 많이 사용되는 방법은?

① 조상기 병렬접속
② 콘덴서 병렬접속
③ 조상기 직렬접속
④ 콘덴서 직렬접속

해설 유도전동기에 콘덴서를 병렬로 연결하면 역률을 개선시킬 수 있다.
- 역률 : 전력을 얼마나 효율적으로 사용하는지를 나타내는 지표

79 $T_1 > T_2 > 0$ 일 때, $G(s) = \dfrac{1+T_2s}{1+T_1s}$ 의 벡터궤적은?

①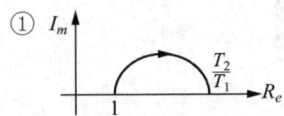

②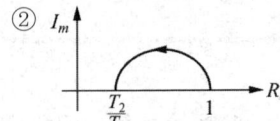

③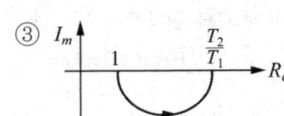

④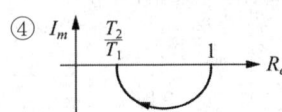

해설
① $G(s) = \dfrac{1+T_2s}{1+T_1s}$

$g = \dfrac{\sqrt{1+(wT_2)^2}}{\sqrt{1+(wT_1)^2}} \angle \tan^{-1}(wT_2) - \tan^{-1}(wT_1)$

② $w = 0$ 일 때 $\lim\limits_{w \to 0} G(jw) = 1 \angle 0°$

③ $w = \infty$ 일 때 $\lim\limits_{w \to \infty} G(jw) = \dfrac{T_2}{T_1} \angle 0°$

• $T_1 > T_2$

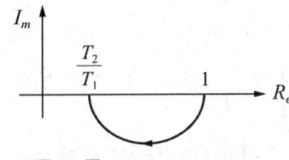

• $T_1 < T_2$

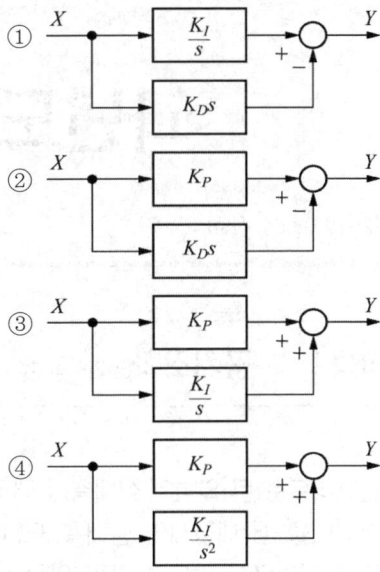

80 다음 블록선도 중에서 비례미분제어기는?

① X → $\dfrac{K_I}{s}$, K_Ds → Y (+, −)

② X → K_P, K_Ds → Y (+, −)

③ X → K_P, $\dfrac{K_I}{s}$ → Y (+, +)

④ X → K_P, $\dfrac{K_I}{s^2}$ → Y (+, +)

해설 • 전달함수
① 비례제어기 : $Y = XK_P$
② 미분제어기 : $Y = K_DsX = K_D\dfrac{d}{dt}X$
③ 적분제어기 : $Y = K_I\dfrac{1}{s}X = K_I\int Xdt$

• 비례미분제어
$Y = XK_P + K_DsX = X(K_P + K_Ds)$
$\therefore \dfrac{Y}{X} = K_P + K_Ds$

위 문제에서 답은 ②번으로 ②번의 전달함수를 구해 보면 $K_P - K_Ds$가 나오나 부호(위상의 앞섬과 뒤짐을 나타내므로)에 관계 없이 비례제어와 미분제어의 조합을 보고 답을 골라야 함

정답 79 ④ 80 ②

공조냉동기계산업기사

과년도 출제문제

(2019.08.04. 시행)

제1과목 | 공기조화(공기조화설비)

01 콘크리트로 된 외벽의 실내측에 내장재를 부착했을 때 내장재의 실내측 표면에 결로가 일어나지 않도록 하기 위한 내장두께 L_2(mm)는 최소 얼마이어야 하는가? (단, 외기온도 -5℃, 실내온도 20℃, 실내공기의 노점온도 12℃, 콘크리트의 벽두께 100mm, 콘크리트의 열전도율은 0.0016 kW/m·K, 내장재의 열전도율은 0.00017 kW/m·K, 실외측 열전달율은 0.023kW/m² ·K, 실내측 열전달율 0.009kW/m² · K이다.)

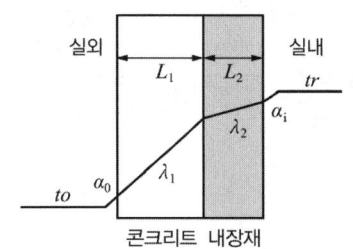

① 19.7 ② 22.1
③ 25.3 ④ 37.1

해설 • 결로방지를 위한 열통과율(K)
$$K \times F \times (t_r - t_o) = \alpha_i \times F \times (t_r - t_w)$$

위 문제에서는 면적을 주지 않았으므로 단위면적 $1m^2$ 혹은 생략하도록 한다.
$$K = \frac{\alpha_i \times (t_i - t_w)}{t_i - t_o} = \frac{0.009 \times (20-12)}{20-(-5)} = 0.00288$$

• 결로방지를 위한 단열재의 두께
$$\frac{1}{K} = \frac{1}{\alpha_o} + \frac{L_1}{\lambda_1} + \frac{L_2}{\lambda_2} + \frac{1}{\alpha_i}$$

$$\frac{1}{0.00288} = \frac{1}{0.023} + \frac{0.1}{0.0016} + \frac{L_2}{0.00017} + \frac{1}{0.009}$$

$$L_2 = \left\{ \left(\frac{1}{0.00288}\right) - \left(\frac{1}{0.023} + \frac{0.1}{0.0016} + \frac{1}{0.009}\right) \right\} \times 0.00017$$
$$= 0.0221[m] = 22.1[mm]$$

02 지하철에 적용할 기계 환기 방식의 기능으로 틀린 것은?

① 피스톤효과로 유발된 열차풍으로 환기효과를 높인다.
② 화재 시 배연기능을 달성한다.
③ 터널 내의 고온의 공기를 외부로 배출한다.
④ 터널 내의 잔류 열을 배출하고 신선외기를 도입하여 토양의 발열효과를 상승시킨다.

해설 ④ 터널 내의 잔류 열을 배출하고 신선외기를 도입하여 토양의 흡열 효과를 상승시킨다.

정답 01 ② 02 ④

03 90℃ 고온수 25kg을 100℃의 건조포화액으로 가열하는 데 필요한 열량(kJ)은?
(단, 물의 비열은 4.2kJ/kg·K이다.)

① 42　　② 250
③ 525　　④ 1050

해설 가열량
$Q = GC\Delta T = 25 \times 4.2 \times (100-90) = 1050 [kJ]$

04 쉘 앤 튜브 열교환기에서 유체의 흐름에 의해 생기는 진동의 원인으로 가장 거리가 먼 것은?

① 층류 흐름
② 음향 진동
③ 소용돌이 흐름
④ 병류와 와류 형성

해설 층류
유체입자들이 부드럽고 평행하게 정렬된 형태로 흐르기 때문에 다른 흐름방식에 비해 진동이 발생하지 않는다.

05 열원방식의 분류는 일반 열원방식과 특수 열원방식으로 구분할 수 있다. 다음 중 일반 열원방식으로 가장 거리가 먼 것은?

① 빙축열 방식
② 흡수식 냉동기 + 보일러
③ 전동 냉동기 + 보일러
④ 흡수식 냉온수 발생기

해설 • 일반 열원방식
 - 흡수식 냉동기 + 보일러
 - 흡수식 냉온수 발생기
 - 전동 냉동기 + 보일러
 - 히트펌프

• 특수 열원방식
 - 전열교환방식(열회수방식)
 - 빙축열방식
 - 태양열 이용방식
 - 열병합발전방식
 - 지역 냉난방방식

06 공기조화 계획을 진행하기 위한 순서로 옳은 것은?

① 기본계획 → 기본구상 → 실시계획 → 실시설계
② 기본구상 → 기본계획 → 실시설계 → 실시계획
③ 기본구상 → 기본계획 → 실시계획 → 실시설계
④ 기본계획 → 실시계획 → 기본구상 → 실시설계

해설 공기조화 계획 순서
기본구상 → 기본계획 → 실시계획 → 실시설계

07 다음 중 흡습성 물질이 도포된 엘리먼트를 적층시켜 원판형태로 만든 로터와 로터를 구동하는 장치 및 케이싱으로 구성되어 있는 전열교환기의 형태는?

① 고정형　　② 정지형
③ 회전형　　④ 원판형

해설 회전형 전열교환기
흡습성 물질이 도포된 엘리먼트를 적층시켜 원판형태로 만든 로터와 로터를 구동하는 장치 및 케이싱으로 구성되어 있는 전열교환기

정답 03 ④　04 ①　05 ①　06 ③　07 ③

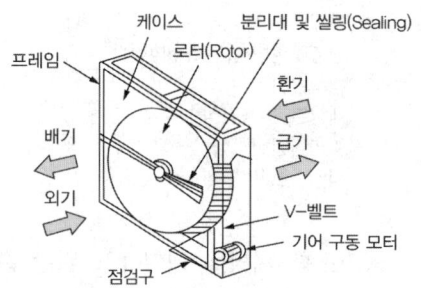

08 지역난방의 특징에 대한 설명으로 틀린 것은?

① 광범위한 지역의 대규모 난방에 적합하며, 열매는 고온수 또는 고압증기를 사용한다.
② 소비처에서 24시간 연속난방과 연속 급탕이 가능하다.
③ 대규모화에 따라 고효율 운전 및 폐열을 이용하는 등 에너지 취득이 경제적이다.
④ 순환펌프 용량이 크며 열 수송배관에서의 열손실이 적다.

해설 ④ 순환펌프 용량이 크며 열 수송배관에서의 열손실이 크다.(단열에 신경써야 한다.)
• 지역난방의 장점
㉠ 열효율이 좋고 연료비가 절감된다.
㉡ 각 건물에 보일러실, 연돌이 필요 없으므로 건물의 유효면적이 증대된다.
㉢ 설비의 고도화에 따른 도시매연이 감소된다.

09 증기트랩에 대한 설명으로 틀린 것은?

① 바이메탈 트랩은 내부에 열팽창계수가 다른 두 개의 금속이 접합된 바이메탈로 구성되며, 워터해머에 안전하고, 과열증기에도 사용 가능하다.
② 벨로즈 트랩은 금속제의 벨로즈 속에 휘발성 액체가 봉입되어 있어 주위에 증기가 있으면 팽창되고, 증기가 응축되면 온도에 의해 수축하는 원리를 이용한 트랩이다.
③ 플로트 트랩은 응축수의 온도차를 이용하여 플로트가 상하로 움직이며 밸브를 개폐한다.
④ 버킷 트랩은 응축수의 부력을 이용하여 밸브를 개폐하며 상향식과 하향식이 있다.

해설 ③ 플로트 트랩은 응축수의 부력을 이용하여 플로트가 상하로 움직이며 밸브를 개폐한다.
※ 응축수 온도차에 의해 작동되는 트랩은 열동식 트랩이다.

10 복사난방에 대한 설명으로 틀린 것은?

① 다른 방식에 비해 쾌감도가 높다.
② 시설비가 적게 든다.
③ 실내에 유닛이 노출되지 않는다.
④ 열용량이 크기 때문에 방열량 조절에 시간이 다소 걸린다.

해설 복사난방(방사난방)
패널 또는 방열관을 천장, 벽, 바닥에 매설하여 난방하는 방식으로 쾌감도가 좋고 실내공간 이용율이 좋으며 화상의 염려가 없고 열손실이 적다는 장점이 있지만, 패널 및 방열관이 매설되어 있으므로 초기 설치비가 비싸고 고장발견이 어렵다는 단점이 있다.

11 주로 대형 덕트에서 덕트의 찌그러짐을 방지하기 위하여 덕트의 옆면 철판에 주름을 잡아주는 것을 무엇이라고 하는가?

① 다이아몬드 브레이크
② 가이드 베인
③ 보강앵글
④ 시임

해설 다이아몬드 브레이커
대형 덕트에 덕트의 찌그러짐을 방지하기 위해 덕트의 옆면 철판에 주름을 잡아주는 것으로 장변 450mm 이상의 덕트에 사용된다.

12 냉방부하 계산 시 유리창을 통한 취득열부하를 줄이는 방법으로 가장 적절한 것은?

① 얇은 유리를 사용한다.
② 투명 유리를 사용한다.
③ 흡수율이 큰 재질의 유리를 사용한다.
④ 반사율이 큰 재질의 유리를 사용한다.

해설 ① 두꺼운 유리를 사용한다.
② 불투명 유리를 사용한다.
③ 흡수율이 적은 재질의 유리를 사용한다.

13 다음 중 수-공기 공기조화 방식에 해당하는 것은?

① 2중 덕트 방식
② 패키지 유닛 방식
③ 복사 냉난방 방식
④ 정풍량 단일 덕트 방식

해설
• 수-공기방식 : 유인유닛방식, 덕트 병용 팬코일 유닛방식, 복사냉난방(패널난방)방식 등
• 전공기방식 : 단일덕트방식(정풍량, 변풍량), 2중 덕트방식(정풍량, 변풍량, 멀티존유닛), 각층 유닛방식 등
• 냉매방식(개별방식) : 룸쿨러방식, 패키지유닛방식, 멀티유닛방식 등

14 두께 150mm, 면적 $10m^2$인 콘크리트 내벽의 외부온도가 30℃, 내부온도가 20℃일 때 8시간 동안 전달되는 열량(kJ)은? (단, 콘크리트, 내벽의 열전도율은 1.5W/m·K이다.)

① 1350
② 8350
③ 13200
④ 28800

해설 $Q = \dfrac{\lambda}{l} \cdot F \cdot \triangle T$

여기서, Q : 열량[W]
λ : 열전도율[W/m·K]
l : 두께[m]
F : 면적[m^2]
$\triangle T$: 온도차[℃]

$Q = \dfrac{1.5}{0.15} \times 10 \times (30-20)$
$= 1000[W] = 1[kW] = [1kJ/s]$

∴ 8시간 동안 전달되는 열량
$1\dfrac{[kJ]}{[s]} \times \dfrac{3600[s]}{1[h]} \times 8[h] = 28800[kJ]$

15 습공기의 상태변화에 관한 설명으로 옳은 것은?

① 습공기를 가습하면 상대습도가 내려간다.
② 습공기를 냉각감습하면 엔탈피는 증가한다.
③ 습공기를 가열하면 절대습도는 변하지 않는다.
④ 습공기를 노점온도 이하로 냉각하면 절대습도는 내려가고, 상대습도는 일정하다.

해설 ① 습공기를 가습하면 상대습도가 증가한다.
② 습공기를 냉각감습하면 엔탈피는 감소한다.
④ 습공기를 노점온도 이하로 냉각하면 절대습도는 낮아지고 상대습도는 증가한다.

정답 11 ① 12 ④ 13 ③ 14 ④ 15 ③

16 공기조화의 조닝계획 시 부하패턴이 일정하고, 사용시간대가 동일하며, 중간기 외기냉방, 소음방지, CO_2 등의 실내환경을 고려해야 하는 곳은?

① 로비　　② 체육관
③ 사무실　④ 식당 및 주방

해설 용도별 조닝(zoning)
① 임원실 : 소음전파방지, 방음, 공가시간은 다소 길게, 개별공조
② 사무실 : 부하패턴이 일정하고 사용시간대가 동일하며 소음방지, 취기, CO_2 제거 고려
③ 회의실 : 사용시간대가 다르다. 개별제어, 재실인원의 증감이 심하다.
④ 복리후생실 : 실별제어, 잠열부하가 크다. 환기에 유의, 오염공기 제거 대책 고려
⑤ 식당 및 주방 : 재실인원 증감에 따른 부하변동이 심하다. 냄새유출방지(부압유지), 잠열의 발생이 크다. 배기량 확보 고려
⑥ 로비 : 굴뚝 효과에 따른 외기 침입량이 크다.(연돌효과 방지를 위해 (+)압력유지), 조명부하가 크다. 유리가 많다(대책필요)

17 냉·난방 설계 시 열부하에 관한 설명으로 옳은 것은?

① 인체에 대한 냉방부하는 현열만이다.
② 인체에 대한 난방부하는 현열과 잠열이다.
③ 조명에 대한 냉방부하는 현열만이다.
④ 조명에 대한 난방부하는 현열과 잠열이다.

해설 ① 인체에 대한 냉방부하는 현열과 잠열이다.
② 인체에 대한 난방부하는 손실보정효과로 일반적으로 고려하지 않는다.
④ 조명에 대한 난방부하는 손실보정효과로 고려하지 않는다.

18 덕트에 설치하는 가이드 베인에 대한 설명으로 틀린 것은?

① 보통 곡률반지름이 덕트 반경의 1.5배 이내일 때 설치한다.
② 덕트를 작은 곡률로 구부릴 때 통풍저항을 줄이기 위해 설치한다.
③ 곡관부의 내측보다 외측에 설치하는 것이 좋다.
④ 곡관부의 기류를 세분하여 생기는 와류의 크기를 적게 한다.

해설 ③ 가이드 베인은 곡관부의 기류를 세분해 생기는 와류를 작게 하는 것으로 곡관부의 외측보다 내측에 설치하는 것이 좋다.

19 다음 난방방식 중 자연환기가 많이 일어나도 비교적 난방효율이 좋은 것은?

① 온수난방　② 증기난방
③ 온풍난방　④ 복사난방

해설 복사난방 특징
① 고온식 복사난방은 강판제 패널에 관을 설치하고 150~200℃의 온수 또는 증기를 공급하여 패널의 가열 표면 온도를 100℃ 이상 유지한다.
② 파이프 코일의 매설 깊이는 균등한 온도분포를 위해 코일 외경의 1.5~2배 정도로 한다.
③ 온수의 공급 및 환수 온도차는 가열면의 균일한 온도분포를 위해 5~6℃ 정도로 한다.
④ 방이 개방상태에서도 난방효과가 있고 건물의 축열을 이용하므로 방열량에 대한 손실이 비교적 작다.

20 보일러의 급수장치에 대한 설명으로 옳은 것은?

① 보일러 급수의 경도가 낮으면 관내 스케일이 부착되기 쉬우므로 가급적 경도가 높은 물을 급수로 사용한다.
② 보일러 내 물의 광물질이 농축되는 것을 방지하기 위하여 때때로 관수를 배출하여 소량씩 물을 바꾸어 넣는다.
③ 수질에 의한 영향을 받기 쉬운 보일러에서는 경수장치를 사용한다.
④ 증기보일러에서는 보일러 내 수위를 일정하게 유지할 필요는 없다.

해설 ① 보일러 급수의 경도가 높으면 관 내 스케일이 부착되기 쉬우므로 가급적 경도가 낮은 물을 급수로 사용한다.
③ 수질에 의한 영향을 받기 쉬운 보일러에서는 경수연화장치를 사용한다.
④ 증기보일러에서는 보일러 내 수위를 일정하게 유지하여 고수위 사고 및 저수위 사고를 방지하여야 한다.

제2과목 냉동공학(냉동냉장설비)

21 냉동효과가 1088kJ/kg인 냉동사이클에서 1냉동톤당 압축기 흡입증기의 체적(m³/h)은? (단, 압축기 입구의 비체적은 0.5087m³/kg이고, 1냉동톤은 3.9kW이다.)

① 15.5   ② 6.5
③ 0.258   ④ 0.002

해설 $G = \dfrac{Q}{q} = \dfrac{V}{v} \times \eta_v$

여기서, Q : 열량[kJ/h]
q : 냉동효과[kJ/kg]
G : 냉매순환량[kg/h]

V : 압축기흡입증기량[m³/h]
v : 비체적[m³/kg]
η_v : 체적효율

$V = \dfrac{Q}{q} \times v$

$= \dfrac{1\text{RT} \times 3.9 \dfrac{\text{kJ/s}}{\text{RT}} \times 3600 \dfrac{\text{s}}{\text{h}}}{1088 \dfrac{\text{kJ}}{\text{kg}}} \times 0.5087 \dfrac{\text{m}^3}{\text{kg}} = 6.5\text{m}^3/\text{h}$

※ 체적효율에 대한 조건을 주지 않았으므로 1 또는 생략한다.
※ 단위환산 힌트
3.9[kW] = 3.9[kJ/s], 1[h] = 3600[s]

22 다음 냉매 중 오존파괴지수(ODP)가 가장 낮은 것은?

① R11   ② R12
③ R22   ④ R134a

해설 냉매별 오존층파괴지수(ODP)
① R-11 : 1.0   ② R-12 : 1.0
③ R-22 : 0.05   ④ R-134a : 0

23 프레온 냉동기의 흡입배관에 이중 입상관을 설치하는 주된 목적은?

① 흡입가스의 과열을 방지하기 위하여
② 냉매액의 흡입을 방지하기 위하여
③ 오일의 회수를 용이하게 하기 위하여
④ 흡입관에서의 압력강하를 보상하기 위하여

해설 증발기의 오일을 압축기로 좀 더 용이하게 회수하기 위해 이중 입상관을 설치한다.

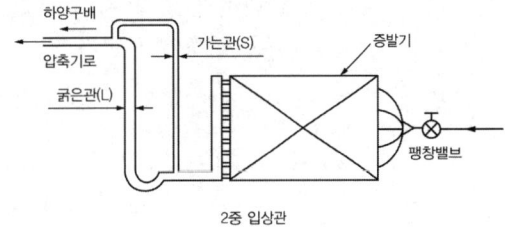

2중 입상관

24 냉동장치를 장기간 운전하지 않을 경우 조치방법으로 틀린 것은?

① 냉매의 누설이 없도록 밸브의 패킹을 잘 잠근다.
② 저압측의 냉매는 가능한 한 수액기로 회수한다.
③ 저압측의 냉매를 다른 용기로 회수하고 그 대신 공기를 넣어둔다.
④ 압축기의 워터재킷을 위한 물은 완전히 뺀다.

해설 ③ 저압측 냉매를 모두 수액기로 회수하고 수액기에 전부 회수되지 않을 경우 냉매봄베(냉매회수용기)에 회수한다. 이 때 저압측 및 압축기의 게이지 압력을 대기압보다 높은 가스압상태로 남겨두는데 이유는 대기압보다 낮은 상태에서는 누설발생 시 공기가 내부로 침입할 수 있기 때문이다.

25 열 및 열펌프에 관한 설명으로 옳은 것은?

① 일의 열당량은 $\dfrac{1kcal}{427kgf \cdot m}$이다. 이것은 $427kgf \cdot m$의 일이 열로 변할 때, $1kcal$의 열량이 되는 것이다.
② 응축온도가 일정하고 증발온도가 내려가면 일반적으로 토출 가스온도가 높아지기 때문에 열펌프의 능력이 상승된다.
③ 비열 $2.1kJ/kg \cdot ℃$, 비중량 $1.2kg/L$의 액체 $2L$를 온도 $1℃$ 상승시키기 위해서는 $2.27kJ$의 열량을 필요로 한다.
④ 냉매에 대해서 열의 출입이 없는 과정을 등온 압축이라 한다.

해설 ② 응축온도가 일정하고 증발온도가 내려가면 일반적으로 토출가스 온도가 높아지고 동력소비량이 증가하므로 열펌프의 능력은 감소된다.
③ $Q = G \cdot C \cdot \Delta T$
$= 2L \times 1.2kg/L \times 2.1kJ/kg \cdot ℃ \times 1℃$
$= 5.04kJ$
④ 냉매에 대해서 열의 출입이 없는 과정을 단열압축과정이라 한다.

26 냉매에 대한 설명으로 틀린 것은?

① R-21은 화학식으로 $CHCl_2F$이고, $CClF_2-ClF_2$는 R-113이다.
② 냉매의 구비조건으로 응고점이 낮아야 한다.
③ 냉매의 구비조건으로 증발열과 열전도율이 커야 한다.
④ R-500은 R-12와 R-152를 합한 공비 혼합냉매라 한다.

해설 냉매분자식
R - 21 : $CHCl_2F$
R - 113 : $C_2Cl_3F_3$

27 압축기의 설치 목적에 대한 설명으로 옳은 것은?

① 엔탈피 감소로 비체적을 증가시키기 위해
② 상온에서 응축 액화를 용이하게 하기 위한 목적으로 압력을 상승시키기 위해
③ 수냉식 및 공랭식 응축기의 사용을 위해
④ 압축 시 임계온도 상승으로 상온에서 응축액화를 용이하게 하기 위해

해설 압축기의 설치목적
압축기는 냉동장치 내부의 냉매를 순환시키고 냉매 가스의 압력과 온도를 높여 응축액화를 용이하게 하기 위해 설치한다.

정답 24 ③ 25 ① 26 ① 27 ②

28 냉동장치에서 액봉이 쉽게 발생되는 부분으로 가장 거리가 먼 것은?

① 액펌프 방식의 펌프출구와 증발기 사이의 배관
② 2단압축 냉동장치의 중간냉각기에서 과냉각된 액관
③ 압축기에서 응축기로의 배관
④ 수액기에서 증발기로의 배관

해설 ③ 압축기와 응축기간의 배관은 고온고압의 기체관으로 액봉 발생 부분과는 거리가 멀다.
• 냉동장치의 액봉현상
밀폐된 냉동장치 내부의 계통 내에 갇혀있는 액체 냉매가 주위 온도 상승에 따라 냉매액의 체적이 팽창하고 이상 고압이 발생되거나 파열되는 현상으로 주로 저압 배관의 연결부에서 많이 발생한다.

29 어떤 냉동기로 1시간당 얼음 1ton을 제조하는데 37kW의 동력을 필요로 한다. 이 때 사용하는 물의 온도는 10℃이며 얼음은 -10℃이었다. 이 냉동기의 성적계수는? (단, 융해열은 335kJ/kg이고, 물의 비열은 4.19kJ/kg·K, 얼음의 비열은 2.09kJ/kg·K이다.)

① 2.0   ② 3.0
③ 4.0   ④ 5.0

해설 10℃ 물 → 0℃ 물 → 0℃ 얼음 → -10℃ 얼음
        ㉠   ㉡   ㉢

㉠ $Q_1 = GC\Delta T = 1000 \times 4.19 \times (10-0)$
   $= 41900$ [kJ]
㉡ $Q_2 = Gr = 1000 \times 335 = 335000$ [kJ]
㉢ $Q_3 = GC\Delta T = 1000 \times 2.09 \times (0-(-10))$
   $= 20900$ [kJ]
$Q_t = 41900 + 335000 + 20900 = 397800$ [kJ/h]

$$COP = \frac{Q_t}{Aw} = \frac{397800 \frac{kJ}{h}}{37\frac{kJ}{s} \times 3600\frac{s}{h}} = 2.98$$

∴ COP : 3
※ 단위환산 힌트
  물 1ton=1000kg, 37kW=37kJ/s, 1h=3600s

30 증발온도(압력)가 감소할 때, 장치에 발생되는 현상으로 가장 거리가 먼 것은?
(단, 응축온도는 일정하다.)

① 성적계수(COP) 감소
② 토출가스 온도 상승
③ 냉매 순환량 증가
④ 냉동 효과 감소

해설 증발온도(압력) 감소 시 장치에 미치는 영향
• 성적계수(COP) 감소
• 토출가스 온도 상승
• 냉매순환량 감소
• 냉동효과 감소
• 윤활유 열화탄화
• 체적효율 감소

31 다음 중 냉동장치의 운전상태 점검 시 확인해야 할 사항으로 가장 거리가 먼 것은?

① 윤활유의 상태
② 운전 소음 상태
③ 냉동장치 각 부의 온도 상태
④ 냉동장치 전원의 주파수 변동 상태

해설 냉동장치의 운전관리
• 냉매의 상태(압력, 온도 등)
• 윤활유의 상태(압력, 온도, 청정도 등)
• 운전소음 상태
• 냉동장치 각 부의 온도
• 냉각수 온도 또는 냉각공기 온도
• 팽창밸브의 개도
• 압축기용 전동기의 전압 및 전류

정답 28 ③   29 ②   30 ③   31 ④

32 다음 중 줄-톰슨 효과와 관련이 가장 깊은 냉동방법은?

① 압축기체의 팽창에 의한 냉동법
② 감열에 의한 냉동법
③ 흡수식 냉동법
④ 2원 냉동법

해설 줄-톰슨 효과
압축한 기체를 단열된 좁은 구멍으로 분출(팽창)시키면 온도가 변하는 현상으로 분자 간 상호 작용에 의해 온도가 변하는 것으로, 공기를 액화시킬 때나 냉매의 냉각에 응용된다.

33 표준냉동사이클에서 냉매액이 팽창밸브를 지날 때 냉매의 온도, 압력, 엔탈피의 상태변화를 올바르게 나타낸 것은?

① 온도 : 일정, 압력 : 감소
   엔탈피 : 일정
② 온도 : 일정, 압력 : 감소
   엔탈피 : 감소
③ 온도 : 감소, 압력 : 일정
   엔탈피 : 일정
④ 온도 : 감소, 압력 : 감소
   엔탈피 : 일정

해설 팽창밸브의 교축현상
• 온도(T) : 감소   • 압력(P) : 감소
• 엔탈피(h) : 일정

34 흡수식 냉동기의 특징에 대한 설명으로 틀린 것은?

① 부분 부하에 대한 대응성이 좋다.
② 용량제어의 범위가 넓어 폭넓은 용량제어가 가능하다.
③ 초기 운전 시 정격 성능을 발휘할 때까지의 도달 속도가 느리다.
④ 압축식 냉동기에 비해 소음과 진동이 크다.

해설 ④ 흡수식 냉동기는 압축기 대신 버너를 사용하므로 압축기를 사용하는 증기 압축식 냉동기 및 터보 냉동기에 비해 소음 및 진동이 작다.
• 흡수식 냉동기 특징
  - 압축식 냉동기에 비해 소음과 진동이 작다.
  - 용량제어 범위가 넓어 폭넓은 용량제어가 가능하다.
  - 부분 부하에 대한 대응성이 좋다.
  - 기기 내부가 진공에 가까우므로 파열의 위험성이 적다.
  - 흡수식 냉동기 한 대로 냉방과 난방을 겸할 수 있다.
  - 일반적으로 증기 압축식 냉동기보다 성능계수가 낮다.
  - 냉각수 배관, 펌프, 냉각탑의 용량이 커져 보조 기기의 설비비가 증가한다.

35 압축기의 클리어런스가 클 경우 상태 변화에 대한 설명으로 틀린 것은?

① 냉동능력이 감소한다.
② 체적효율이 저하한다.
③ 압축기가 과열한다.
④ 토출가스의 온도가 감소한다.

해설 압축기 클리어런스 증가 시
① 냉동능력 감소
② 체적효율 감소
③ 토출가스 온도 상승(압축기 과열)
④ 윤활유 열화 및 탄화로 인한 압축비 상승

36 브라인의 구비조건으로 틀린 것은?

① 비열이 크고 동결온도가 낮을 것
② 불연성이며 불활성일 것
③ 열전도율이 클 것
④ 점성이 클 것

해설 브라인의 구비조건
• 열용량(비열)이 클 것

정답 32 ① 33 ④ 34 ④ 35 ④ 36 ④

- 점도가 작을 것
- 열전도율이 클 것
- 불연성이며 불활성일 것
- 인화점이 높고 응고점이 낮을 것
- 가격이 싸고 구입이 용이할 것
- 냉매 누설 시 냉장품 손실이 적을 것

37 증발온도 -15℃, 응축온도 30℃인 이상적인 냉동기의 성적계수(COP)는?

① 5.73
② 6.41
③ 6.73
④ 7.34

해설 냉동장치 성적계수(COP)

$$COP = \frac{T_L}{T_H - T_L} = \frac{(-15+273)}{(30+273)-(-15+273)} = 5.73$$

38 열전달에 대한 설명으로 틀린 것은?

① 열전도는 물체 내에서 온도가 높은 쪽에서 낮은 쪽으로 열이 이동하는 현상이다.
② 대류는 유체의 열이 유체와 함께 이동하는 현상이다.
③ 복사는 떨어져 있는 두 물체 사이의 전열현상이다.
④ 전열에서는 전도, 대류, 복사가 각각 단독으로 일어나는 경우가 많다.

해설 ④ 전열에서는 전도, 대류, 복사가 복합적으로 일어나는 경우가 많다.

39 암모니아 냉동기에서 유분리기의 설치위치로 가장 적당한 곳은?

① 압축기와 응축기 사이
② 응축기와 팽창밸브 사이
③ 증발기와 압축기 사이
④ 팽창밸브와 증발기 사이

해설 유분리기 설치위치
- 냉매가 NH_3일 경우 압축기와 응축기 사이에 응축기 가까이 설치한다.
- 냉매가 프레온일 경우 압축기와 응축기 사이에 압축기 가까이 설치한다.

40 다음과 같은 [조건]에서 작동하는 냉동장치의 냉매순환량(kg/h)은? (단, 1RT는 3.9kW이다.)

[조건]
① 냉동능력 : 5RT
② 증발기입구 냉매 엔탈피 : 240kJ/kg
③ 증발기출구 냉매 엔탈피 : 400kJ/kg

① 325.2
② 438.8
③ 512.8
④ 617.3

해설 $Q = G \cdot q$
여기서, Q: 냉동능력[kJ/h]
G: 냉매순환량[kg/h]
q: 냉동효과[kJ/kg]

$$G = \frac{Q}{q} = \frac{5 \times 3.9 \times 3600[kJ/h]}{(400-240)[kJ/kg]} = 438.8[kg/h]$$

※ 단위 환산 힌트
$3.9[kW] = 3.9[kJ/s]$, $1[h] = 3600[s]$
$1[kW] = 3600[kJ/h]$

정답 37 ① 38 ④ 39 ① 40 ②

제3과목 | 배관일반(공조냉동설치운영1)

41 냉매배관 설계 시 유의사항으로 틀린 것은?

① 이중 입상관 사용 시 트랩을 크게 한다.
② 과도한 압력강하를 방지한다.
③ 압축기로 액체 냉매의 유입을 방지한다.
④ 압축기를 떠난 윤활유가 일정비율로 다시 압축기로 되돌아오게 한다.

해설 ① 이중 입상관 사용 시 트랩은 되도록 작게 하여 압축기 유면 변동을 억제해야 한다.

42 고가 탱크식 급수설비에서 급수경로를 바르게 나타낸 것은?

① 수도본관 → 저수조 → 옥상탱크 → 양수관 → 급수관
② 수도본관 → 저수조 → 양수관 → 옥상탱크 → 급수관
③ 저수보 → 옥상탱크 → 수도본관 → 양수관 → 급수관
④ 저수조 → 옥상탱크 → 양수관 → 수도본관 → 급수관

해설 옥상탱크(고가수조) 급수방식

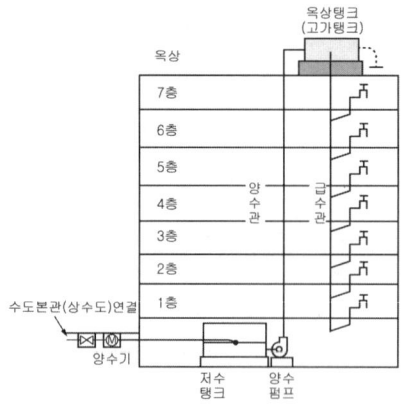

43 다음 중 건물의 급수량 산정의 기준과 가장거리가 먼 것은?

① 건물의 높이 및 층수
② 건물의 사용 인원수
③ 설치된 기구의 수량
④ 건물의 유효면적

해설 건물의 급수량 산정방법
• 급수인원(대상인원)에 의한 방법
• 건물 유효면적에 의한 방법
• 급수 기구 수에 의한 방법

44 다음 중 통기관의 종류가 아닌 것은?

① 각개 통기관　② 루프 통기관
③ 신정 통기관　④ 분해 통기관

해설 통기관의 종류
각개 통기관, 루프(회로) 통기관, 신정 통기관, 도피 통기관, 결합 통기관, 습윤 통기관, 공용 통기관

45 제조소 및 공급소 밖의 도시가스 배관 설비 기준으로 옳은 것은?

① 철도부지에 매설하는 경우에는 배관의 외면으로부터 궤도 중심까지 3m 이상 거리를 유지해야 한다.
② 철도부지에 매설하는 경우 지표면으로부터 배관의 외면까지의 깊이를 1.2m 이상 유지해야 한다.
③ 하천구역을 횡단하는 배관의 매설은 배관의 외면과 계획하상높이와의 거리 2m 이상 거리를 유지해야 한다.
④ 수로 밑 횡단하는 배관의 매설은 1.5m 이상, 기타 좁은 수로인 경우 0.8m 이상 깊게 매설해야 한다.

정답 41 ① 42 ② 43 ① 44 ④ 45 ②

해설 ① 배관을 철도부지에 매설하는 경우에는 배관의 외면으로부터 궤도 중심까지 4m 이상 거리를 유지해야 한다.
③ 하천구역을 횡단하는 배관의 매설은 배관의 외면과 계획하상높이와의 거리 4m 이상 유지해야 한다.
④ 수로를 횡단하여 배관을 매설하는 경우에는 배관의 외면과 계획하상높이와의 거리는 원칙적으로 2.5m 이상, 그 밖의 좁은 수로를 횡단하여 배관을 매설하는 경우에는 배관의 외면과 계획하상높이와의 거리는 원칙적으로 1.2m 이상 깊게 매설해야 한다.

46 펌프에서 캐비테이션 방지대책으로 틀린 것은?

① 흡입 양정을 짧게 한다.
② 양흡입 펌프를 단흡입 펌프로 바꾼다.
③ 펌프의 회전수를 낮춘다.
④ 배관의 굽힘을 적게 한다.

해설 캐비테이션(공동현상) 방지대책
- 흡입 양정을 짧게 한다.
- 단흡입 펌프를 양흡입 펌프로 바꾼다.
- 펌프의 회전수를 낮춘다.
- 배관의 굽힘부를 적게 한다.

47 간접배수관의 관경이 25A일 때 배수구 공간으로 최소 몇 mm가 가장 적절한가?

① 50   ② 100
③ 150   ④ 200

해설 배수구 공간

간접 배수관의 직경	배수구 공간(mm)
25A 이하	최소 50
30~50A	최소 100
65A 이상	최소 150

48 증기난방 배관 시공법에 관한 설명으로 틀린 것은?

① 증기 주관에서 가지관을 분기할 때는 증기 주관에서 생성된 응축수가 가지관으로 들어가지 않도록 상향 분기한다.
② 증기 주관에서 가지관을 분기하는 경우에는 배관의 신축을 고려하여 3개 이상의 엘보를 사용한 스위블 이음을 한다.
③ 증기 주관 말단에는 관말트랩을 설치한다.
④ 증기관이나 환수관이 보 또는 출입문 등 장애물과 교차할 때는 장애물을 관통하여 배관한다.

해설 ④ 증기관이나 환수관이 보 또는 출입문 등 장애물과 교차할 때는 루프형 배관을 설치하여 상부는 공기, 하부는 응축수가 흐르도록 한다.

49 공기조화 설비의 구성과 가장 거리가 먼 것은?

① 냉동기 설비
② 보일러 실내기기 설비
③ 위생기구 설비
④ 송풍기, 공조기 설비

해설 공기조화 설비의 구성
- 열운반장치 : 송풍기, 펌프, 덕트, 배관 등
- 열원장치 : 보일러, 냉동기 등
- 공기조화기 : 필터, 냉각·가열코일, 가습기 등
- 자동제어장치
※ 위생설비 : 건강에 유익한 조건을 갖추도록 돕는 설비(화장실, 욕실, 세탁실 및 기타 급배수 설비 등의 총칭)

정답 46 ② 47 ① 48 ④ 49 ③

50 암모니아 냉동설비의 배관으로 사용하기에 가장 부적절한 배관은?

① 이음매 없는 동관
② 저온 배관용 강관
③ 배관용 탄소강 강관
④ 배관용 스테인리스 강관

해설 암모니아 냉매는 아연, 동 및 동합금을 부식시키므로 강관을 사용한다.

51 건물의 시간당 최대 예상 급탕량이 2000 kg/h일 때, 도시가스를 사용하는 급탕용 보일러에서 필요한 가스 소모량(kg/h)은? (단, 급탕온도 60℃, 급수온도 20℃, 도시가스 발열량 15000kcal/kg, 보일러 효율이 95%이며, 열손실 및 예열부하는 무시한다.)

① 5.6   ② 6.6
③ 7.6   ④ 8.6

해설 보일러의 효율

$$\eta = \frac{G(h''-h')}{G_f \cdot H} \times 100[\%]$$

위 공식에서 $G(h''-h') = Q$(정격출력)과 같고 $Q = GC\Delta T$ 이므로 아래의 공식으로 바꾸어 쓸 수 있다.

㉠ $\eta = \dfrac{Q}{G_f \cdot H} \times 100[\%]$

㉡ $\eta = \dfrac{GC\Delta T}{G_f \cdot H} \times 100[\%]$

여기서, η : 보일러효율
Q : 정격출력(kcal/h)
G_f : 사용연료량(kg/h)
H : 연료의 발열량(kcal/kg)

$0.95 = \dfrac{2000 \times 1 \times (60-20)}{G_f \times 15000}$

$G_f = \dfrac{2000 \times 1 \times (60-20)}{0.95 \times 15000} = 5.61\text{kg/h}$

52 다음 특징은 어떤 포집기에 대한 설명인가?

영업용(호텔, 레스토랑) 주방 등의 배수 중 함유되어 있는 지방분을 포집하여 제거한다.

① 드럼 포집기
② 오일 포집기
③ 그리스 포집기
④ 플라스터 포집기

해설 포집기 : 드럼 트랩의 특성을 이용하여 배수관에 유입되는 유해물질을 회수, 제거하기 위해 설치하며 트랩의 역할도 동시에 하는 장치
① 그리스 포집기 : 식당, 주방 등의 배수 중 지방분을 포집·제거한다.
② 플라스터 포집기 : 치과병원, 외과병원 등의 배수 계통에 설치하여 석고, 귀금속 등의 불용성 물질을 포집·회수한다.
③ 가솔린 포집기 : 차고, 주차장, 주유소 등에서의 오일을 포집한다.

53 다음 배관 부속 중 사용 목적이 서로 다른 것과 연결된 것은?

① 플러그 - 캡   ② 티 - 리듀셔
③ 니플 - 소켓   ④ 유니언 - 플랜지

해설 ① 관끝을 막을 때 : 플러그, 캡
② 직선관을 이음 시 : 니플, 소켓
③ 관의 분해조립 시 : 유니언, 플랜지
④ 관의 분기 이음 시 : 티, 와이
⑤ 직선관 이음 시 두관의 직경이 다를 때 : 리듀셔, 이경소켓

54 자동 2방향 밸브를 사용하는 냉온수 코일 배관법에서 바이패스관에 설치하기에 가장 적절한 밸브는?

① 게이트 밸브   ② 체크 밸브
③ 글로브 밸브   ④ 감압 밸브

해설 자동 2방향 밸브는 냉온수 코일의 유량제어를 위해 사용하므로 바이패스배관의 밸브 역시 유량제어가 가능한 글로브 밸브를 사용한다.

55 도시가스 배관에서 중압은 얼마의 압력을 의미하는가?

① 0.1MPa 이상 1MPa 미만
② 1MPa 이상 3MPa 미만
③ 3MPa 이상 10MPa 미만
④ 10MPa 이상 100MPa 미만

해설 도시가스 공급압력 구분
① 저압 : 0.1MPa 미만
② 중압 : 0.1MPa 이상 1MPa 미만
③ 고압 : 1MPa 이상

56 냉동배관 중 액관 시공 시 유의사항으로 틀린 것은?

① 매우 긴 입상 배관의 경우 압력이 증가하게 되므로 충분한 과냉각이 필요하다.
② 배관은 가능한 짧게 하여 냉매가 증발하는 것을 방지한다.
③ 가능한 직선적인 배관으로 하고, 곡관의 곡률반경은 가능한 크게 한다.
④ 증발기가 응축기 또는 수액기보다 높은 위치에 설치되는 경우는 액을 충분히 과냉각시켜 액 냉매가 관 내에서 증발하는 것을 방지하도록 한다.

해설 ① 매우 긴 입상 배관의 경우 압력손실에 의해 압력이 감소되므로 충분한 과냉각이 필요하다.

57 강관을 재질상으로 분류한 것이 아닌 것은?

① 탄소 강관　② 합금 강관
③ 전기 용접강관　④ 스테인리스 강관

해설
- 재질상 분류
  탄소강 강관, 합금강 강관, 스테인리스 강관
- 제조방법에 따른 분류
  전기저항용접강관, 아크용접강관, 단접관, 이음매 없는 관 등

58 단열시공 시 곡면부 시공에 적합하고, 표면에 아스팔트 피복을 하면 -60℃ 정도까지 보냉이 되고 양모, 우모 등의 모(毛)를 이용한 피복재는?

① 실리카울　② 아스베스토
③ 섬유유리　④ 펠트

해설 펠트
양모, 우모를 이용하여 펠트모양으로 제조한 것으로 곡면시공이 용이하며 최고사용온도는 100℃로 표면에 아스팔트 피복을 하면 -60℃ 정도까지 보냉용으로 사용이 가능하다.

59 기수 혼합 급탕기에서 증기를 물에 직접 분사시켜 가열하면 압력차로 인해 소음이 발생한다. 이러한 소음을 줄이기 위해 사용하는 설비는?

① 스팀 사이렌서　② 응축수 트랩
③ 안전밸브　④ 가열코일

해설 스팀 사일렌서
기수혼합식 급탕기에서 증기로 인한 소음을 줄이기 위하여 사용하며, 저탕조에 증기를 직접 불어넣어 물을 가열하는 방식이다.(종류는 S형과 F형이 있다.)

정답　55 ①　56 ①　57 ③　58 ④　59 ①

60 유체의 흐름을 한 방향으로만 흐르게 하고 반대 방향으로 흐르지 못하게 하는 밸브의 도시기호는?

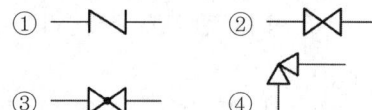

해설
① ⊢⋈⊣ : 체크 밸브
② ⊢⋈⊣ : 게이트(슬루스) 밸브
③ ⊢⋈⊣ : 글로브 밸브
④ : 앵글 밸브

제4과목 전기제어공학 (공조냉동설치운영2)

61 서보전동기에 대한 설명으로 틀린 것은?

① 정·역운전이 가능하다.
② 직류용은 없고 교류용만 있다.
③ 급가속 및 급감속이 용이하다.
④ 속응성이 대단히 높다.

해설 서보전동기(서보모터)
① 서보기구의 조작기기로 제어신호에 의해 부하를 구동하는 장치로 서보모터의 동력원에 따라 전기식, 공기식, 유압식 등이 있다.
② 보통 서보모터라 함은 서보전동기를 가리키는 경우가 많고 서보전동기는 빠른 응답성과 넓은 속도 제어의 범위를 가진 제어용 전동기로, 그 전원에 따라 직류서보모터와 교류서보모터로 분류된다.

62 자동연소 제어에서 연료의 유량과 공기의 유량 관계가 일정한 비율로 유지되도록 제어하는 방식은?

① 비율제어   ② 시퀀스제어
③ 프로세스제어 ④ 프로그램제어

해설 비율제어
목표값이 다른 양과 일정한 비율관계를 갖는 상태량을 제어하며 주로 보일러 연소제어에 사용된다.
[참고]
② 시퀀스제어 : 미리 정해진 순서에 따라 제어의 각 단계를 순차적으로 제어하는 방식
③ 프로세스제어 : 생산공정 중의 상태량, 외란의 억제를 주목적으로 하며 공업공정의 상태량(밀도, 농도, 온도, 압력, 유량, 습도 등)을 제어한다.
④ 프로그램제어 : 목표값의 변화량이 미리 정해진 프로그램에 의해 상태량을 제어하는 방식

63 저항 R에 100V의 전압을 인가하여 10A의 전류를 1분간 흘렸다면, 이때의 열량은 약 몇 kcal인가?

① 14.4   ② 28.8
③ 60   ④ 120

해설 $H = 0.24I^2Rt$ [cal]
여기서, H : 열량[cal]
I : 전류[A]
R : 저항[Ω]
t : 시간[s]
$H = 0.24 \times 10^2 \times 10 \times 60 = 14400$ [cal]
∴ 14.4[kcal]

※ 단위환산 힌트
$R = \dfrac{V}{I} = \dfrac{100}{10} = 10$ [Ω]
1[min] = 60[s]

64 다음 블록선도의 특성방정식으로 옳은 것은 무엇인가?

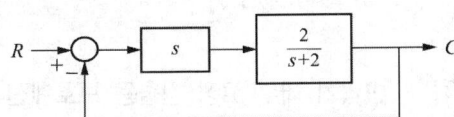

① $3s+2=0$ ② $\dfrac{s}{s+2}=0$
③ $\dfrac{2s}{3s+2}=0$ ④ $2s=0$

해설 전달함수
$$G(s)=\dfrac{C}{R}=\dfrac{\text{패스경로}}{1-\text{피드백경로}}$$
$$G(s)=\dfrac{s\cdot\dfrac{2}{s+2}}{1+s\cdot\dfrac{2}{s+2}}=\dfrac{\dfrac{2s}{s+2}}{\dfrac{s+2}{s+2}+\dfrac{2s}{s+2}}=\dfrac{\dfrac{2s}{s+2}}{\dfrac{s+2+2s}{s+2}}$$
$$=\dfrac{\dfrac{2s}{s+2}}{\dfrac{3s+2}{s+2}}=\dfrac{2s(s+2)}{(3s+2)(s+2)}=\dfrac{2s}{3s+2}$$

※ 특성방정식은 전달함수의 분모가 0인 방정식을 말하므로
∴ $3s+2=0$

65 직류기의 브러시에 탄소를 사용하는 이유는 무엇인가?

① 접촉 저항이 크다.
② 접촉 저항이 작다.
③ 고유 저항이 동보다 작다.
④ 고유 저항이 동보다 크다.

해설 브러시 : 정류자와 함께 정류작용을 하며, 내부와 외부의 회로를 연결한다.
직류전동기는 브러시와 정류자 간의 불꽃이 발생할 수 있으며 이 불꽃이 정류의 불량으로 이어질 수 있다. 이때 접촉저항이 큰 탄소를 사용하게 되면 불꽃 발생을 방지할 수 있다.

66 제어계에서 제어량이 원하는 값을 갖도록 외부에서 주어지는 값은?

① 동작신호   ② 조작량
③ 목표값   ④ 궤환량

해설 ① 동작신호 : 주피드백량과 기준입력을 비교하여 얻어진 편차량 신호를 말하는 것으로 조절부의 입력이 되는 신호이다.
② 조작량 : 제어요소가 제어대상에 주는 양
③ 목표값(입력값) : 제어의 출력이 소정의 값을 만족하도록 목표를 세운 외부에서 주어진 값
④ 궤환량(주피드백신호) : 궤환이란 출력신호의 일부를 입력측으로 되돌리는 것이며 궤환량은 동작신호를 얻기 위해 기준입력과 비교되는 양이다.

67 그림과 같은 평행 3상 회로에서 전력의 지시가 100W일 때 3상 전력은 몇 W인가? (단, 부하의 역률은 100%로 한다.)

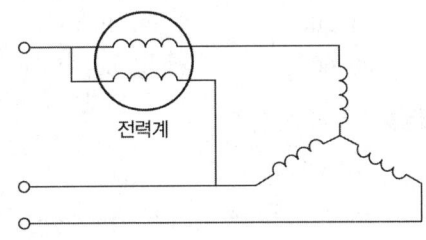

① $100\sqrt{2}$ ② $100\sqrt{3}$
③ 200   ④ 300

해설 공식
1전력계법 : $3P$
2전력계법 : P_1+P_2
3전력계법 : $P_1+P_2+P_3$

위 문제는 2상의 선에 전력계를 설치하였으므로 2전력계법으로 구하게 된다.
이때 3상평행 회로임을 가정할 때 각 코일에 걸리는 전력은 각 100W식으로 볼 수 있으므로
∴ $P_1+P_2=100+100=200W$

68 그림과 같은 신호흐름선도의 선형방정식은?

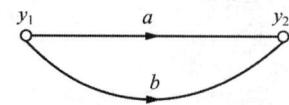

① $y_2 = (a+2b)y_1$ ② $y_2 = (a+b)y_1$
③ $y_2 = (2a+b)y_1$ ④ $y_2 = 2(a+b)y_1$

해설 전달함수
$$\frac{C}{R} = \frac{y_2}{y_1} = a+b$$
$$\therefore y_2 = (a+b)y_1$$

69 R-L 직렬회로에 100V의 교류 전압을 가했을 때 저항에 걸리는 전압이 80V이었다면 인덕턴스에 걸리는 전압(V)은?

① 20 ② 40
③ 60 ④ 80

해설 $V = V_R + jV_L$
$V = \sqrt{V_R^2 + V_L^2}$
$V_L = \sqrt{V^2 - V_R^2} = \sqrt{100^2 - 80^2} = 60[V]$

70 교류회로에서 역률은?

① $\dfrac{무효전력}{피상전력}$ ② $\dfrac{유효전력}{피상전력}$
③ $\dfrac{무효전력}{유효전력}$ ④ $\dfrac{유효전력}{무효전력}$

해설 역률 : 교류전기에서 실제 전압과 전류를 얼마나 유효하게 사용했는지 알아보기 위한 값
역률$(\cos\theta) = \dfrac{P}{VI} = \dfrac{유효전력}{피상전력}$
(참고)
• 피상전력 : 전원에서 공급되는 전력
$P_a = VI[VA]$
• 유효전력 : 유효하게 사용된 전력
$P = VI\cos\theta[W]$
• 무효전력 : 실제 아무일도 할 수 없는 전력
$P_r = VI\sin\theta[Var]$

71 변압기 내부 고장 검출용 보호계전기는?

① 차동계전기 ② 과전류계전기
③ 역상계전기 ④ 부족전압계전기

해설 차동계전기
피보호설비 및 어떤 구간에 유입되는 입력의 크기와 유출되는 출력의 크기의 차이가 일정치 이상이 되면 동작하는 계전기를 일괄적으로 차동계전기라 하며, 대형변압기, 발전기 내부 고장 검출용으로 사용된다.

72 제어시스템의 구성에서 서보전동기는 어디에 속하는가?

① 조절부 ② 제어대상
③ 조작부 ④ 검출부

해설 서보전동기(서보모터)
서보전동기는 제어장치인 드라이버로부터 조작량을 입력받고, 회전속도 및 회전자각을 제어량으로 피드백하기 때문에 제어시스템의 구성에서 서보전동기는 제어대상(②)이 될 수 있지만, 소형의 서보전동기가 제어기(장치)를 포함하는 일체형임을 고려하면 제어시스템의 구성에서 서보전동기는 단일 블록에서 조작부(③)로서 제어 신호에 의해 부하를 구동하는 장치로도 볼 수 있다.
※ 해당문제는 처음 ②번이 공개답안에서 답으로 채택되었으나 이후 수정하여 ②, ③번 모두 답으로 채택하였다.

73 $i = 2t^2 + 8t\,(A)$로 표시되는 전류가 도선에 3초 동안 흘렀을 때 통과한 전체 전하량(C)은?

① 18 ② 48
③ 54 ④ 61

정답 68 ② 69 ③ 70 ② 71 ① 72 ②,③ 73 ③

해설 전체 전하량
$$dq = \int_0^T i\,dt = \int_0^3 (2t^2 + 8t)\,dt$$
$$= \left[\frac{2}{3}t^3 + 4t^2\right]_0^3 = \frac{2}{3}(3^3) + 4(3^2)$$
$$= 18 + 36 = 54\,[C]$$

74 적분시간이 3초이고, 비례감도가 5인 PI 제어계의 전달함수는?

① $G(s) = \dfrac{10s+5}{3s}$

② $G(s) = \dfrac{15s-5}{3s}$

③ $G(s) = \dfrac{10s-3}{3s}$

④ $G(s) = \dfrac{15s+5}{3s}$

해설 비례적분(PI)동작 수식 : $K_P(1+\dfrac{1}{T_I s})$

여기서, K_p : 비례감도, T_I : 적분시간

$$G(s) = K_P(1+\dfrac{1}{T_I s}) = 5(1+\dfrac{1}{3s}) = 5 + \dfrac{5}{3s}$$
$$= \dfrac{15s+5}{3s}$$

75 서보기구의 제어량에 속하는 것은?

① 유량　　② 압력
③ 밀도　　④ 위치

해설
- 서보기구 : 목표값의 임의의 변화에 항상 추종하도록 구성된 제어계로 레이더, 미사일 추적장치 등이 있다.
- 서보기구의 제어량 : 기계적인 변위(위치, 방향, 자세, 거리, 각도 등)

76 운동계의 각속도 w는 전기계의 무엇과 대응되는가?

① 저항　　② 전류
③ 인덕턴스　　④ 커패시턴스

해설 전기계와 물리계의 관계

전기계	직선운동계	회전운동계
전하 : Q	위치 : y	각변위 : θ
전류 : I	속도 : v	각속도 : w
전압 : V	힘 : F	토크 : T
저항 : R	마찰 : B	마찰 : B

77 정상편차를 제거하고 응답속도를 빠르게 하여, 속응성과 정상상태 응답 특성을 개선하는 제어동작은?

① 비례동작
② 비례적분동작
③ 비례미분동작
④ 비례미분적분동작

해설
- P동작(비례동작) : 설정값과 제어 결과와의 편차 크기에 비례하여 조작부를 제어하는 동작
- PI동작(비례적분) : 잔류편차가 남는 비례동작의 단점을 보완하기 위해 비례동작에 적분동작을 조합한 동작
- PD동작(비례미분) : 정산편차는 존재하나 진상 보상요소에 대응되므로 응답속도를 빠르게 할 수 있다.(속응성만 개선된 제어방식)
- PID동작(비례적분미분) : PI동작과 PD동작의 결점을 보완하기 위해 결합한 형태로 적분동작에서 잔류편차를 제거하고, 미분동작으로 응답을 신속히 하여 안정화시킨 동작(속응성과 잔류(정상)편차를 동시에 개선한 제어방식)

78 직류전동기의 속도제어방법이 아닌 것은?

① 계자제어법　　② 직렬저항법
③ 병렬저항법　　④ 전압제어법

정답 74 ④　75 ④　76 ②　77 ④　78 ③

해설 직류전동기의 속도제어법
- 저항제어법
- 계자제어법
- 전압제어법

79 그림과 같은 유접점 회로의 논리식은?

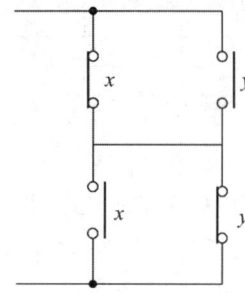

① $x\bar{y}+x\bar{y}$
② $(\bar{x}+\bar{y})(x+y)$
③ $\bar{x}y+\bar{x}\bar{y}$
④ $xy+\bar{x}\bar{y}$

해설 두 병렬회로가 직렬로 연결된 상태
$(\bar{x}+y)(x+\bar{y}) = \bar{x}x+\bar{x}\bar{y}+xy+y\bar{y} = xy+\bar{x}\bar{y}$

80 피드백 제어계에서 제어요소에 대한 설명 중 옳은 것은?

① 목표값에 비례하는 신호를 발생하는 요소이다.
② 조절부와 검출부로 구성되어 있다.
③ 동작신호를 조작량으로 변화시키는 요소이다.
④ 조절부와 비교부로 구성되어 있다.

해설 제어요소 : 동작신호를 조작량으로 변환시키는 요소로 조절부와 조작부로 구성된다.
- 조절부 : 동작신호를 만드는 부분으로 기준입력신호와 검출부의 신호를 합하여 제어계가 소요작용을 하는 데 필요한 신호를 만들어 조작부에 보내는 장치
- 조작부 : 조절부에서 받은 신호를 조작량으로 변환하여 제어대상에 보내는 장치

공조냉동기계산업기사

1·2회 통합 기출문제

(2020.06.21. 시행)

제1과목 공기조화(공기조화설비)

01 증기난방에 관한 설명으로 틀린 것은?
① 열매온도가 높아 방열기의 방열면적이 작아진다.
② 예열 시간이 짧다.
③ 부하변동에 따른 방열량의 제어가 곤란하다.
④ 증기의 증발현열을 이용한다.

[해설] ④ 증기난방은 보일러에서 발생한 증기를 실내의 방열기로 보내어 증기의 보유 열량을 방열하므로써 난방을 하게 되는데 이때 증기의 열은 실내로 방출되어 응축수로 변하게 된다. 즉, "증기의 증발잠열 혹은 응축잠열로 난방을 한다."라고 볼 수 있다.
※ 증기의 표준방열량 : 650kcal/m²h, 0.756kW/m²h

02 온풍난방의 특징에 대한 설명으로 틀린 것은?
① 예열부하가 거의 없으므로 기동시간이 아주 짧다.
② 취급이 간단하고 취급자격자를 필요로 하지 않는다.
③ 방열기기나 배관 등의 시설이 필요 없으므로 설비비가 싸다.
④ 토출 공기온도가 높으므로 쾌적성이 좋다.

[해설] ④ 토출공기 온도가 높게 되면 상하의 온도차가 커지므로 쾌적성은 좋지 않다.
• 온풍난방 : 공기를 가열하여 실내로 보내는 난방으로 온풍로를 이용한 직접가열식과 열교환기를 이용한 간접가열식이 있다.
• 특징
① 장치의 열용량이 극히 적으므로 예열시간이 짧고 연료비가 적다.
② 취급이 간단하고 취급자격자를 필요로 하지 않는다.
③ 방열기기나 배관 등의 시설이 필요 없으므로 설비비가 싸다.

03 공조방식 중 변풍량 단일덕트 방식에 대한 설명으로 틀린 것은?
① 운전비의 절약이 가능하다.
② 동시 부하율을 고려하여 기기 용량을 결정하므로 설비용량을 적게 할 수 있다.
③ 시운전시 각 토출구의 풍량조정이 복잡하다.
④ 부하변동에 대하여 제어응답이 빠르기 때문에 거주성이 향상된다.

[해설] ③ 변풍량 방식은 풍량이 일정한 상태로 실내의 부하에 알맞게 풍량을 조절하는 방식으로 풍량조징이 간단하다.

정답 01 ④ 02 ④ 03 ③

04 풍량이 800m³/h인 공기를 건구온도 33℃, 습구온도 27℃(엔탈피(h_1)는 85.26 kJ/kg)의 상태에서 건구온도 16℃, 상대습도 90%(엔탈피(h_2)는 42kJ/kg)상태까지 냉각할 경우 필요한 냉각열량(kW)은? (단, 건공기의 비체적은 0.83m³/kg이다.)

① 3.1 ② 5.4
③ 11.6 ④ 22.8

해설 • 공식(냉각열량)

$$Q = G(h_1 - h_2) \to Q = \frac{q}{v}(h_1 - h_2)$$

Q : 냉각열량(kJ/h)
G : 냉매순환량(kg/h)
h_1 : 냉각기출구엔탈피(kJ/kg)
h_2 : 냉각기입구엔탈피(kJ/kg)
q : 공기량(m³/h)
v : 공기비체적(m³/kg)

• 풀이

$$Q = \frac{800\frac{m^3}{h} \times \frac{1h}{3600s}}{0.83\frac{m^3}{kg}} \times (85.26 - 42)\frac{kJ}{kg} = 11.58[kJ/s]$$

∴ 11.6[kW]

※ 단위환산 힌트
1[kW]=1[kJ/s]

05 겨울철 침입외기(틈새바람)에 의한 잠열부하(q_l, kJ/h)를 구하는 공식으로 옳은 것은? (단, Q는 극간풍량(m³/h), △t는 실내·외 온도차(℃), △x는 실내·외 절대습도차(kg/kg′)이다.)

① $1.212 \times Q \times \triangle t$
② $539 \times Q \times \triangle x$
③ $2501 \times Q \times \triangle x$
④ $3001.2 \times Q \times triangle\, x$

해설 • 잠열부하
$q_L = Q \times 1.2 \times 2501 \times \triangle x$
$q_L = 3001.2 \times Q \times \triangle x$
※ 힌트
① 극간풍량 : $G[kg/h] \to Q \times 1.2[m^3/h]$
② 공기비중량 : 1.2[kg/m³]
③ 0℃물의 증발잠열 : 2501[kJ/kg](597.5kcal/kg)
• 현열부하
$q_s = Q \times 1.2 \times C \times \triangle T$
$q_s = Q \times 1.2 \times 1.01 \times \triangle T$
※ 힌트
① 극간풍량 : $G[kg/h] \to Q \times 1.2[m^3/h]$
② 공기비열 : 1.01[kJ/kg·℃](0.24kcal/kg·℃)

06 공기조화 부하의 종류 중 실내부하와 장치부하에 해당되지 않는 것은?

① 사무기기나 인체를 통해 실내에서 발생하는 열
② 유리 및 벽체를 통한 전도열
③ 급기덕트에서 실내로 유입되는 열
④ 외기로 실내 온·습도를 냉각시키는 열

해설 • 실내부하
 ① 벽체로부터의 취득열량(현열)
 ② 유리로부터의 취득열량(현열)
 ③ 극간풍에 의한 발생열량(현열+잠열)
 ④ 인체의 발생열량(현열+잠열)
 ⑤ 기기로부터의 발생열량(현열+잠열)
• 장치부하(기기 취득열량)
 ① 송풍기에 의한 취득열량(현열)
 ② 덕트로부터의 취득열량(현열)
• 외기부하
 ① 외기의 도입으로 인한 취득열량(현열+잠열)

정답 04 ③ 05 ④ 06 ④

07 에어필터의 포집방법 중 무기질 섬유 공간을 공기가 통과할 때 충돌, 차단, 확산에 의해 큰 분진입자를 포집하는 필터는 무엇인가?

① 정전식 필터　② 여과식 필터
③ 점착식 필터　④ 흡착식 필터

해설 ① 정전식 필터 : 정전기를 이용해 분진을 포집하는 방식의 필터
② 여과식 필터 : 유리섬유, 합성섬유, 부직포 등을 사용하여 충돌, 차단, 확산에 의해 큰 분진을 포집하는 방식의 필터
③ 점착식 필터 : 점착제를 도포한 매체에 분진을 충돌시켜 분진을 포집하는 방식의 필터
④ 흡착식 필터 : 흡착제를 이용해 냄새나 유해가스를 제거하는 방식의 필터

08 다음 중 자연 환기가 많이 일어나도 비교적 난방 효율이 제일 좋은 것은?

① 대류난방　② 증기난방
③ 온풍난방　④ 복사난방

해설 • 난방효율이 좋은 순서
복사난방 > 온수난방 > 증기난방 > 온풍난방
• 복사난방(방사난방)
패널 또는 방열관을 천장, 벽, 바닥에 매설하여 난방하는 방식으로 쾌감도가 좋고 실내공간 이용율이 좋으며 화상의 염려가 없고 열손실이 작다는 장점이 있지만, 패널 및 방열관이 매설되어 있으므로 초기설치비가 비싸고 고장발견이 어렵다는 단점이 있다.(건물의 축열을 이용하므로 자연환기가 일어나더라도 난방효율이 우수하다.)

09 열교환기 중 공조기 내부에 주로 설치되는 공기 가열기 또는 공기냉각기를 흐르는 냉·온수의 통로수는 코일의 배열방식에 따라 나뉜다. 이 중 코일의 배열방식에 따른 종류가 아닌 것은?

① 풀 서킷　② 하프 서킷
③ 더블 서킷　④ 플로우 서킷

해설 ① 더블 서킷 코일 : 유량이 많아 코일내 유속이 빠를 때 사용된다.
② 풀서킷 코일, 하프서킷 코일 : 유량이 적어 코일내 유속이 작을 때 사용된다.

10 다음 가습기 방식 분류 중 기화식이 아닌 것은?

① 모세관식 가습기
② 회전식 가습기
③ 적하식 가습기
④ 원심식 가습기

해설 ① 기화식(증발식) : 회전식, 모세관식, 적하식
② 수분무식 : 원심식, 초음파식, 분무식
③ 증기식 : 전열식, 전극식, 적외선식, 과열증기식, 분무노즐식

11 각 실마다 전기스토브나 기름난로 등을 설치하여 난방하는 방식을 무엇이라고 하는가?

① 온돌난방　② 중앙난방
③ 지역난방　④ 개별난방

해설 각 실마다 전기스토브나 기름난로 등을 설치하여 난방하는 방식은 개별제어 방식으로 개별난방 방식이 된다.

정답 07 ② 08 ④ 09 ④ 10 ④ 11 ④

12 송풍기 특성곡선에서 송풍기의 운전점은 어떤 곡선의 교차점을 의미하는가?

① 압력곡선과 저항곡선의 교차점
② 효율곡선과 압력곡선의 교차점
③ 축동력곡선과 효율곡선의 교차점
④ 저항곡선과 축동력곡선의 교차점

해설 송풍기의 특성곡선에서 송풍기의 운전점(작동점)은 압력곡선과 저항곡선(시스템곡선)의 교차점이 된다.

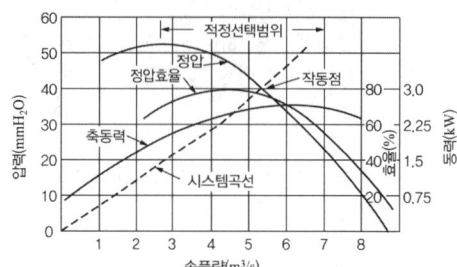

13 방열량이 5.25kW인 방열기에 공급해야 할 온수량(m^3/h)은? (단, 방열기 입구온도는 80℃, 출구온도는 70℃이며, 물의 비열은 4.2kJ/kg·℃, 물의 밀도는 977.5 kg/m^3이다.)

① 0.34 ② 0.46
③ 0.66 ④ 0.75

해설
- 냉동능력($Q = GC \triangle T$)
- 냉매순환량($G = \dfrac{Q}{C \triangle T}$)

$$G = \dfrac{5.25\dfrac{kJ}{s} \times \dfrac{3600s}{1h}}{977.5\dfrac{kg}{m^3} \times 4.2\dfrac{kJ}{kg \cdot ℃} \times (80-70)℃} = 0.46 m^3/h$$

※ 단위환산 힌트
최종 온수량의 단위를 m^3/h로 물어봤으므로 밀도까지 나누어 단위를 맞춰 주어야 한다.

14 송풍기 번호에 의한 송풍기 크기를 나타내는 식으로 옳은 것은?

① 원심송풍기:
$$No(\#) = \dfrac{회전날개지름 mm}{100mm}$$
축류송풍기:
$$No(\#) = \dfrac{회전날개지름 mm}{150mm}$$

② 원심송풍기:
$$No(\#) = \dfrac{회전날개지름 mm}{150mm}$$
축류송풍기: =
$$No(\#) = \dfrac{회전날개지름 mm}{100mm}$$

③ 원심송풍기:
$$No(\#) = \dfrac{회전날개지름 mm}{150mm}$$
축류송풍기:
$$No(\#) = \dfrac{회전날개지름 mm}{150mm}$$

④ 원심송풍기:
$$No(\#) = \dfrac{회전날개지름 mm}{100mm}$$
축류송풍기:
$$No(\#) = \dfrac{회전날개지름 mm}{100mm}$$

해설 송풍기의 크기, 번호(No)
① 다익형 송풍기(No) = $\dfrac{임펠러 직경[mm]}{150}$
② 축류형 송풍기(No) = $\dfrac{임펠러 직경[mm]}{100}$

정답 12 ① 13 ② 14 ②

15 외기와 배기 사이에서 현열과 잠열을 동시에 회수하는 방식으로 외기 도입량이 많고 운전시간이 긴 시설에서 효과가 큰 방식은?

① 전열교환기 방식
② 히트 파이프 방식
③ 콘덴서 리히트 방식
④ 런 어라운드 코일 방식

해설 전열교환기
① 회전식과 고정식 등이 있다.
② 현열과 잠열을 동시에 교환한다.
③ 공기대 공기열교환기 라고도 부르며 공조설비의 외기부하를 경감시키기 위해 사용한다.
④ 실내로부터 배기되는 공기와 도입외기를 열교환하여 현열과 잠열을 동시에 회수하는 방식의 열교환기이다.

16 보일러를 안전하고 경제적으로 운전하기 위한 여러 가지 부속기기 중 급수관계 장치와 가장 거리가 먼 것은?

① 증기관
② 급수 펌프
③ 급수 밸브
④ 자동급수장치

해설 ① 증기관은 송기장치에 속한다.
• 급수장치 : 급수펌프, 급수밸브, 자동급수장치, 보충수탱크, 급수내관, 급수량계 등

17 압력 10000kPa, 온도 227℃인 공기의 밀도(kg/m³)는 얼마인가? (단, 공기의 기체상수는 287.04J/kg·K 이다.)

① 57.3
② 69.6
③ 73.2
④ 82.9

해설 • 공식 : $PV = mRT$
여기서, P(압력) : 10000kPa = 10000kN/m²
T(온도) : 227 + 273 = 500K
R(기체상수) : 287.04J/kg·K
→ 0.28704kN·m/kg·K
V(체적) : m³
m(질량) : kg
ρ(밀도) : kg/m³

$$\rho = \frac{m}{V} = \frac{P}{RT} = \frac{10000\frac{kN}{m^2}}{0.28704\frac{kN \cdot m}{kg \cdot K} \times 500K} = 69.6 kg/m^3$$

※ 단위환산 힌트
1[Pa]=[N/m²], 1[J]=1[N·m]

18 다음 공조방식 중 중앙방식이 아닌 것은?

① 단일덕트 방식
② 2중덕트 방식
③ 팬코일유닛 방식
④ 룸 쿨러 방식

해설

분류	열원방식	종류
중앙방식	전공기방식	단일덕트방식, 2중덕트방식, 덕트병용 패키지방식, 각층유닛방식
	공기+수방식 (유닛병용방식)	덕트병용 팬코일유닛방식, 유인유닛방식, 복사냉난방방식
	전수방식	팬코일유닛방식
개별방식		패키지방식, 룸쿨러방식, 멀티유닛룸쿨러방식

19 다음 중 엔탈피가 0kJ/kg인 공기는 어느 것인가?

① 0℃ 습공기
② 0℃ 건공기
③ 0℃ 포화공기
④ 32℃ 습공기

정답 15 ① 16 ① 17 ② 18 ④ 19 ②

해설
- 건공기 엔탈피
  $h_a = 1.01t\,[\text{kJ/kg}]$
- 수증기 엔탈피
  $h_w = x(2501 + 1.58t)\,[\text{kJ/kg}]$

  위 공식에 따라 엔탈피 값이 0kJ/kg이 되기 위해서는 건구온도 0℃이거나 절대습도가 0kg/kg'가 되어야 한다.

  ※ 단위환산 힌트
  $ha = 1.01t\,[\text{kJ/kg}] \rightarrow 0.24t\,[\text{kcal/kg}]$
  $h_w = x(2501 + 1.85t)\,[\text{kJ/kg}]$
  $\rightarrow x(597.5 + 0.44t)\,[\text{kcal/kg}]$

20 아래 습공기선도에서 습공기의 상태가 1지점에서 2지점을 거쳐 3지점으로 이동하였다. 이 습공기가 거친 과정은? (단, 1,2의 엔탈피는 같다.)

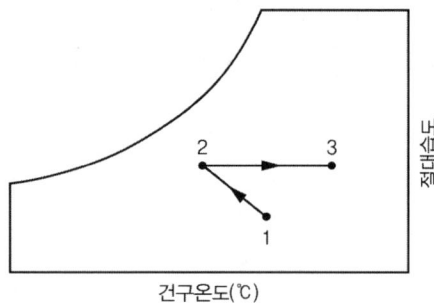

① 냉각 감습 - 가열
② 냉각 - 제습제를 이용한 제습
③ 순환수 가습 - 가열
④ 온수 감습 - 냉각

해설
① 1 → 2 : 순환수 가습(냉각가습)
② 2 → 3 : 건구온도상승, 절대습도일정(가열)

제2과목 냉동공학(냉동냉장설비)

21 다음의 냉매가스를 단열압축 하였을 때 온도상승률이 가장 큰 것부터 순서대로 나열된 것은? (단, 냉매가스는 이상기체로 가정한다.)

① 공기 > 암모니아 > 메틸클로라이드 > R-502
② 공기 > 메틸클로라이드 > 암모니아 > R-502
③ 공기 > R-502 > 메틸클로라이드 > 암모니아
④ R-502 > 공기 > 암모니아 > 메틸클로라이드

해설
- 냉매의 비열비(K)가 클수록 압축 후 토출가스 온도는 높아진다.
- 각 냉매의 비열비
  ① 공기 : 1.4
  ② 암모니아 : 1.31
  ③ 메틸클로라이드 : 1.2
  ④ R-502 : 1.133
  ⑤ R-22 : 1.184
  ⑥ R-12 : 1.136

22 몰리에르선도 상에서 압력이 증대함에 따라 포화액선과 건포화증기선이 만나는 일치점을 무엇이라 하는가?

① 한계점
② 임계점
③ 상사점
④ 비등점

해설 임계점
포화액선과 건포화증기선이 만나는 점으로 압력이 증가할수록 잠열은 감소하는데 잠열이 0[kcal/kg]이 되는 지점을 말한다.

23 다음 중 냉동기의 압축기에서 일어나는 이상적인 압축과정은 어느 것인가?

① 등온변화
② 등압변화
③ 등엔탈피변화
④ 등엔트로피변화

해설 냉동장치의 이상적 압축과정은 단열압축으로 열의 출입이 없고 마찰 등에 의한 내부 열 발생이 없는 과정으로 등엔트로피 변화라고도 한다.

24 다음 열에 대한 설명으로 틀린 것은?

① 냉동실이나 냉장실 벽체를 통해 실내로 들어오는 열은 감열과 잠열이다.
② 냉동실 출입문의 틈새로 공기가 갖고 들어오는 열은 감열과 잠열이다.
③ 하절기 냉장실에서 작업하는 인체의 발생열은 감열과 잠열이다.
④ 냉장실내 백열등에서 발생하는 열은 감열이다.

해설 ① 냉동실이나 냉장실 벽체를 통해 실내로 들어오는 열은 전도열로 감열(현열)이다.

25 다음 중 펠티어(Peltier) 효과를 이용한 냉동법은?

① 기체팽창 냉동법
② 열전 냉동법
③ 자기 냉동법
④ 2원 냉동법

해설 • 펠티어효과(열전효과)
두 종류의 금속을 서로 접합하여 두 접점에 온도차를 두면 이에 비례하여 직류 전류가 발생한다. 이러한 현상을 제백효과 라고 하며 이와 반대로 두 금속에 전류를 흘려보내면 양 접점에 온도차가 생겨 열의 흡수 또는 발열이 일어나는데 이를 펠티어효과 라고 한다. 이러한 현상들을 포괄적으로 열전효과라 한다.
※ 위 문제에서 펠티어효과는 전자 냉동법으로 보기에 전자 냉동법이 없으므로 열전 냉동법이 답이 된다.

26 온도식 팽창밸브(Thermostatic expansion valve)에 있어서 과열도란 무언인가?

① 팽창밸브 입구와 증발기 출구 사이의 냉매 온도차
② 팽창밸브 입구와 팽창밸브 출구 사이의 냉매 온도차
③ 흡입관내의 냉매가스 온도와 증발기 내의 포화온도와의 온도차
④ 압축기 토출가스와 증발기 내 증발가스의 온도차

해설 온도식 팽창밸브(TEV)의 과열도
증발기 출구(압축기 흡입관)내의 냉매가스 온도와 증발기 내의 포화온도와의 온도차

27 수냉식 응축기를 사용하는 냉동장치에서 응축압력이 표준압력보다 높게 되는 원인으로 가장 거리가 먼 것은?

① 공기 또는 불응축가스의 혼입
② 응축수 입구온도의 저하
③ 냉각수량의 부족
④ 응축기의 냉각관에 스케일이 부착

해설 응축압력의 상승원인
① 불응축가스가 혼입되었을 경우
② 냉매가 과충전되었을 경우
③ 응축기 냉각관에 물때, 유막, 스케일 등이 형성되었을 경우
④ 수냉식의 경우 냉각수량이 부족하여 냉각수 온도가 상승 시
⑤ 공랭식의 경우 송풍량 부족 및 외기온도 상승 시

정답 23 ④ 24 ① 25 ② 26 ③ 27 ②

28 흡수식 냉동기에 관한 설명으로 옳은 것은?

① 초저온용으로 사용된다.
② 비교적 소용량 보다는 대용량에 적합하다.
③ 열교환기를 설치하여도 효율은 변함 없다.
④ 물-LiBr 식인 경우 물이 흡수제가 된다.

해설 ① 초저온용으로 사용이 불가 하다.
③ 열교환기를 설치하여 효율을 높일 수 있다.
④ 물-LiBr식에서는 물이 냉매가 되고 LiBr 는 흡수제가 된다.

29 증기 압축식 냉동법(A)과 전자 냉동법(B)의 역할을 비교한 것으로 틀린 것은?

① (A)압축기 : (B)소대자(P-N)
② (A)압축기 모터 : (B)전원
③ (A)냉매 : (B)전자
④ (A)응축기 : (B)저온측 접합부

해설

증기압축식냉동법	전자냉동법
(A) 응축기	(B) 고온측(발열) 접합부
(A) 증발기	(B) 저온측(흡열) 접합부

30 다음 중 가스엔진구동형 열펌프(GHP)시스템의 설명으로 틀린 것은?

① 압축기를 구동하는데 전기에너지 대신 가스를 이용하는 내연기관을 이용한다.
② 하나의 실외기에 하나 또는 여러개의 실내기가 장착된 형태로 이루어진다.
③ 구성요소로서 압축기를 제외한 엔진, 그리고 내·외부열교환기 등으로 구성된다.
④ 연료로는 천연가스, 프로판 등이 이용될 수 있다.

해설 가스엔진구동형 열펌프(GHP) 특징
① 압축기를 구동하는데 전기에너지 대신 가스를 이용하는 내연기관을 이용한다.
② 하나의 실외기에 하나 또는 여러개의 실내기가 장착된 형태로 이루어진다.
③ 구성요소로서 가스엔진을 이용한 압축기, 응축기, 증발기, 흡수기 등으로 구성된다.
④ 연료는 천연가스, 프로판 등이 이용될 수 있다.
⑤ 부하에 대하여 엔진 회전수를 제어하기 위한 부분부하 특성이 우수하다.

31 다음 그림은 단효용 흡수식 냉동기에서 일어나는 과정을 나타낸 것이다. 각 과정에 대한 설명으로 틀린 것은?

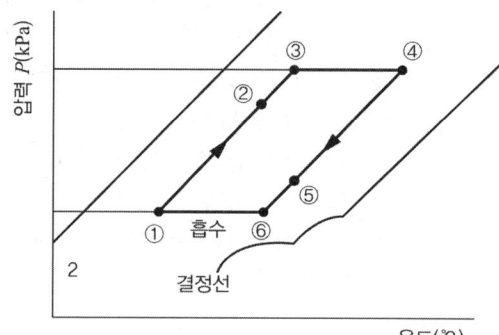

① ①→② 과정 : 재생기에서 돌아오는 고온 농용액과 열교환에 의한 희용액의 온도상승
② ②→③ 과정 : 재생기내에서의 가열에 의한 냉매 응축
③ ④→⑤ 과정 : 흡수기에서의 저온 희용액과 열교환에 의한 농용액의 온도강하
④ ⑤→⑥ 과정 : 흡수기에서 외부로부터의 냉각에 의한 농용액의 온도강하

해설 ② → ③과정 : 재생기 내에서 비등점에 이르기까지의 가열
③ → ④과정 : 재생기 내에서의 용액을 농축

32 다음 냉동기의 종류와 연결로 틀린 것은?

① 증기압축식 – 냉매의 증발잠열
② 증기분사식 – 진공에 의한 물 냉각
③ 전자냉동법 – 전류흐름에 의한 흡열 작용
④ 흡수식 – 프레온 냉매의 증발잠열

해설 흡수식 냉동기
증기의 잠열과 현열을 동시에 이용하는 냉동장치이며 증기압축식 냉동기와 달리 압축기가 필요 없는 방식으로 압축기 대신 버너를 사용하여 친화력이 좋은 두 물질의 용해 및 유리작용을 이용한 화학적 방식을 이용한 냉동방법이다.

33 다음 중 헬라이드 토치를 이용하여 누설 검사를 하는 냉매는?

① R-134a   ② R-717
③ R-744   ④ R-729

해설 헬라이드 토치 : 프레온 냉매의 누설검사 시 사용하며 불꽃의 색깔로 누설유무를 확인한다.
① 청색 : 누설이 없을 때
② 녹색 : 소량 누설 시
③ 자색 : 다량 누설 시
④ 꺼진다 : 과잉 누설 시
• 냉매의 종류
  R-134a : 프레온   R-717 : 암모니아
  R-744 : 이산화탄소   R-729 : 공기

34 냉동기 속 두 냉매가 아래 표의 조건으로 작동될 때, A냉매를 이용한 압축기의 냉동능력을 Q_A, B냉매를 이용한 압축기의 냉동능력을 Q_B인 경우, Q_A/Q_B의 비는? (단, 두 압축기의 피스톤 압출량은 동일하며, 체적효율도 75%로 동일하다.)

	A	B
냉동효과(kJ/kg)	1130	170
비체적(m³/kg)	0.509	0.077

① 1.5   ② 1.0
③ 0.8   ④ 0.5

해설 냉동능력

$$Q = G \times q \rightarrow Q = \left(\frac{V}{v} \times \eta_v\right) \times q$$

여기서, Q : 냉동능력(kJ/h)
G : 냉매순환량(kg/h)
q : 냉동효과(kJ/kg)
V : 피스톤 압출량(m³/h)
v : 비체적(m³/kg)
η_v : 체적효율

$$Q_A = \left(\frac{V}{0.509} \times 0.75\right) \times 1130 = 1665.03\,V$$

$$Q_B = \left(\frac{V}{0.077} \times 0.75\right) \times 170 = 1655.84\,V$$

$$\frac{Q_A}{Q_B} = \frac{1665\,V}{1655\,V} = 1.0$$

35 두께 3cm인 석면판의 한 쪽의 온도는 400℃, 다른 쪽면의 온도는 100℃일 때, 이 판을 통해 일어나는 열전달량(W/m²)은? (단, 석면의 열전도율은 0.095 W/m·℃ 이다.)

① 0.95   ② 95
③ 950   ④ 9500

해설 열전달량(Q)

$$Q = \frac{\lambda}{l} \times \Delta t$$

여기서, Q : 열전달량(W/m²)
λ : 열전도율(W/m·℃)
l : 두께(m)
Δt : 온도차(℃)

$$Q = \frac{0.095\,\frac{W}{m\cdot℃}}{0.03m} \times (400-100)℃ = 950\,W/m^2$$

정답 32 ④ 33 ① 34 ② 35 ③

36 R-502를 사용하는 냉동장치의 몰리엘 선도가 다음과 같다. 이 장치의 실제 냉매순환량은 167kg/h이고, 전동기 출력이 3.5kW일 때, 실제 성적계수는?

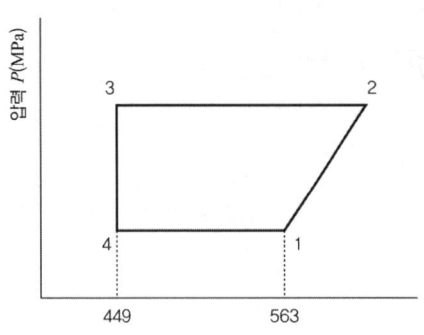

① 1.3　② 1.4
③ 1.5　④ 1.6

해설 실제성적계수(COP)

$$COP = \frac{Q}{Aw} = \frac{G(h_1 - h_2)}{Aw}$$

$$COP = \frac{167\frac{kg}{h} \times (563-449)\frac{kJ}{kg}}{3.5\frac{kJ}{s} \times \frac{3600s}{1h}} = 1.5$$

※ 단위환산 힌트
1[kW]=1[kJ/s]

37 냉매 충전용 매니폴드를 구성하는 주요밸브와 가장 거리가 먼 것은?

① 흡입밸브
② 자동용량제어밸브
③ 펌프연결밸브
④ 바이패스밸브

해설 ※ 매니폴드게이지에 연결된 두 개의 수동밸브(고압, 저압)를 바이패스밸브라고도 부르며 해당 수동밸브는 자동제어용으로는 사용이 불가하다.

• 매니폴드게이지 : 2개의 게이지(고압, 저압), 2개의 수동밸브(고압, 저압), 3개의 분배관으로 구성되어 분배관에 호스를 연결하고 그 중 가운데 분배관에 작업에 알맞은 장치(진공펌프, 냉매용기 등)를 연결하여 기밀시험, 진공시험, 냉매충전 냉매이송, 냉매회수 및 냉동장치 각부의 압력측정에 사용할 수 있다.

38 냉매와 배관재료의 선택을 바르게 나타낸 것은?

① NH_3 : Cu 합금
② 크롤메틸 : Al합금
③ R-21 : Mg을 함유한 Al합금
④ 이산화탄소 : Fe 합금

해설 냉매의 종류에 따라 사용 불가능한 배관
① 암모니아(NH_3) : 동(Cu) 및 동(Cu)합금
② 크롤메틸 : 알루미늄(Al) 및 알루미늄(Al)합금
③ 프레온 : 2% 이상의 마그네슘(Mg)을 함유한 알루미늄(Al) 합금

39 2단압축 사이클에서 증발압력이 계기압력으로 235kPa이고, 응축압력은 절대압력으로, 1225kPa일 때 최적의 중간 절대압력(kPa)은? (단, 대기압은 101kPa이다.)

① 514.5　② 536.06
③ 641.56　④ 668.36

정답 36 ③　37 ②　38 ④　39 ③

해설 중간압력 $P_m = \sqrt{P_L \times P_h}$
$P_L = 235 + 101 = 336 kPa$(절대압력으로 변환)
$P_m = \sqrt{336 \times 1225} = 641.56 kPa$
※ 힌트
　표준대기압 : 1atm=101.325kPa

40 30℃의 공기가 체적 1m³의 용기 내에 압력 600kPa인 상태로 들어 있을 때 용기 내의 공기 질량(kg)은? (단, 기체상수는 287J/kg·K이다.)

① 5.9　　② 6.9
③ 7.9　　④ 4.9

해설 이상기체 상태방정식 $PV = mRT$
여기서, P(압력) : 1000kPa=1000kN/m²
　　　　T(온도) : 30+273=303K
　　　　R(기체상수) : 287.04J/kg·K
　　　　→0.28704kN·m/kg·K
　　　　V(체적) : m³
　　　　m(질량) : kg
　　　　ρ(밀도) : kg/m³

$$m = \frac{PV}{RT} = \frac{600\frac{kN}{m^2} \times 1m^3}{0.287\frac{kN \cdot m}{kg \cdot K} \times 303K} = 6.9kg$$

※ 단위환산 힌트
　1[Pa]=[N/m²],　1[J]=1[N·m]

제3과목 배관일반(공조냉동설치운영 1)

41 증기난방 배관에서 증기트랩을 사용하는 주된 목적은?

① 관 내의 온도를 조절하기 위해서
② 관 내의 압력을 조절하기 위해서
③ 배관의 신축을 흡수하기 위해서
④ 관 내의 증기와 응축수를 분리하기 위해서

해설 증기트랩
증기트랩은 방열기의 환수관이나 증기배관의 말단에 설치하여 관내의 증기와 응축수를 분리하여 응축수를 자동 배출(환수)시켜 수격작용 및 관내의 부식을 방지한다.

42 배수관 설치기준에 대한 내용으로 틀린 것은?

① 배수관의 최소 관경은 20mm 이상으로 한다.
② 지중에 매설하는 배수관의 관경은 50mm 이상이 좋다.
③ 배수관은 배수가 흐르는 방향으로 관경을 축소해서는 안 된다.
④ 기구배수관의 관경은 이것에 접속하는 위생기구의 트랩구경 이상으로 한다.

해설 ① 배수관의 최소관경은 32mm 이상으로 하고 고형물이 흐르는 잡배수관의 최소관경은 50mm 이상으로 한다.

정답 40 ② 41 ④ 42 ①

43 배관 지름이 100cm이고, 유량이 0.785 m³/sec일 때, 이 파이프 내의 평균 유속(m/s)은 얼마인가?

① 1   ② 10
③ 100   ④ 1000

해설 연속방정식
$$Q = AV = \frac{\pi D^2}{4} \cdot V$$
여기서, Q : 유량[m³/s]
A : 면적[m²] ⇒ $\frac{\pi D^2}{4}$: 원면적[m²]
V : 유속[m/s]
$$V = \frac{Q}{\frac{\pi D^2}{4}} = \frac{0.785[\text{m}^3/\text{s}]}{\frac{\pi \times 1^2}{4}[\text{m}^2]} = 1[\text{m/s}]$$

44 냉매 배관 시공법에 관한 설명으로 틀린 것은?

① 압축기와 응축기가 동일 높이 또는 응축기가 아래에 있는 경우 배출관은 하향 구배로 한다.
② 증발기가 응축기보다 아래에 있을 때 냉매액이 증발기에 흘러내리는 것을 방지하기 위해 역 루프를 만들어 배관한다.
③ 증발기와 압축기가 같은 높이일 때 흡입관을 수직으로 세운 다음 압축기를 향해 선단 상향구배로 배관한다.
④ 액관 배관 시 증발기 입구에 전자밸브가 있을 때는 루프이음을 할 필요가 없다.

해설 ③ 증발기와 압축기가 같은 높이일 때는 흡입관을 증발기 높이보다 150mm 이상 수직으로 세운 다음 압축기를 향해 선단 하향 구배로 배관한다.(리퀴드백 방지)

45 증기배관 내의 수격작용을 방지하기 위한 내용으로 가장 적당한 것은?

① 감압밸브를 설치한다.
② 가능한 배관에 굴곡부를 많이 둔다.
③ 가능한 배관의 관경을 크게 한다.
④ 배관 내 증기의 유속을 빠르게 한다.

해설 증기배관 내의 수격작용 방지방법
① 증기트랩을 설치한다.
② 가능한 배관에 굴곡부를 적게 둔다.
③ 가능한 배관의 관경을 크게 한다.
④ 관 내 유속을 느리게 한다.
⑤ 밸브의 개폐를 서서히 한다.
⑥ 증기배관의 보온을 철저히 한다.

46 냉동장치 배관도에서 다음과 같은 부속기기의 기호는 무엇을 나타내는가?

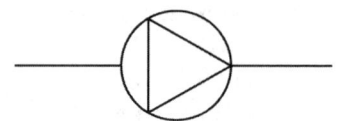

① 송풍기   ② 응축기
③ 펌프   ④ 체크밸브

해설 냉동장치 배관도시기호

① 송풍기	
② 응축기	
③ 펌프	
④ 체크밸브	

47 캐비테이션 현상의 발생 원인으로 옳은 것은?

① 흡입양정이 작을 경우 발생한다.
② 액체의 온도가 낮을 경우 발생한다.
③ 날개차의 원주속도가 작을 경우 발생한다.
④ 날개차의 모양이 적당하지 않을 경우 발생한다.

해설 캐비테이션(공동현상) 발생원인
① 흡입양정이 클 경우
② 액체의 온도가 높은 경우
③ 날개차의 원주속도가 클 경우
④ 날개차의 모양이 적당하지 않을 경우

48 다음 중 옥상 급수탱크의 부속장치에 해당하는 것은?

① 압력 스위치   ② 압력계
③ 안전밸브   ④ 오버플로우관

해설 옥상탱크 부속장치
양수관, 급수관 오버플로우관, 배수관, 전극봉스위치, 펌프 모터의 마그넷 스위치 배선, 맨홀 등

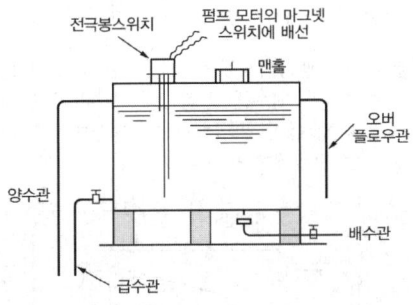

49 다음 중 온수온돌 난방의 바닥 매설배관으로 가장 적합한 것은?

① 주철관   ② 강관
③ 동관   ④ PVC관

해설 온수온돌 난방은 바닥에 매설배관을 시공하고 온수를 공급하여 그 복사열에 의해 난방하는 방식으로 바닥 매설배관은 가공성이 좋고, 열전도성이 좋은 동관을 사용한다.

50 다음 배관 도시기호 중 레듀서 표시는 무엇인가?

① ② ③ ④

해설
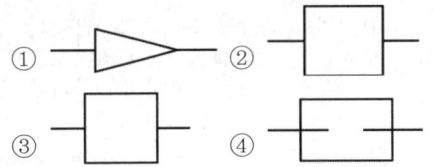

레듀서	
오리피스	
슬리브이음(신축이음)	

51 천연고무보다 더 우수한 성질을 가지고 있으며 내유성, 내후성, 내산성, 내마모성 등이 뛰어난 고무류 패킹재는 무엇인가?

① 테프론   ② 석면
③ 네오프렌 ④ 합성수지

해설 • 네오프랜 : 합성고무의 일종으로 내유성, 내후성, 내산성, 내마모성 등이 뛰어난 패킹
• 천연고무 : 탄성 및 내마모성, 저온성이 우수하지만 내유성, 내열성, 내후성이 좋지 않다.

52 배관지지 철물이 갖추어야 할 조건으로 가장 거리가 먼 것은?

① 충격과 진동에 견딜 수 있는 재료일 것
② 배관시공에 있어서 구배조정이 용이할 것
③ 보온 및 방로를 위한 재료일 것
④ 온도변화에 따른 관의 팽창과 신축을 흡수할 수 있을 것

해설 배관지지 철물이 갖추어야 할 조건
① 충격 및 진동에 견딜 수 있을 것
② 배관시공에 있어서 구배조정이 용이할 것
③ 온도변화에 따른 관의 팽창과 신축을 흡수할 수 있을 것
④ 배관계의 중량으로 인한 처짐을 방지할 수 있을 것
⑤ 배관과 배관내를 흐르는 유체를 포함한 중량을 지지할 수 있는 충분한 강도를 가질 것

53 냉매 배관 시 주의사항으로 틀린 것은?

① 배관은 가능한 간단하게 한다.
② 굽힘 반지름은 작게 한다.
③ 관통 개소 외에는 바닥에 매설하지 않아야 한다.
④ 배관에 응력이 생길 우려가 있을 경우에는 신축이음으로 배관한다.

해설 ② 냉매배관 시 굽힘 반지름은 가능한 크게 하여 마찰손실을 최소화 하도록 한다.

54 열전도율이 극히 낮고 경량이며 흡수성은 좋지 않으나 굽힘성이 풍부한 유기질 보온재는?

① 펠트   ② 코르크
③ 기포성 수지 ④ 규조토

해설 • 유기질 보온재 : 펠트, 텍스류, 코르크, 기포성수지
• 기포성 수지 : 합성수지 또는 고무질 재료를 사용하여 다공질로 만든 것으로 열전도율이 낮고 가벼우며 흡습성은 좋지 않으나 굽힘성이 풍부하다. 부드럽고 불에 잘 타지 않기 때문에 보온, 보냉 재료로서 효과가 높다.

55 배관의 온도변화에 의한 수축과 팽창을 흡수하기 위한 이음쇠로 적절하지 못한 것은?

① 벨로즈   ② 플렉시블
③ U밴드   ④ 플랜지

해설 • 플랜지이음 : 볼트와 너트로 플랜지를 접속하여 배관을 연결하는 이음방법으로 배관을 자주 분해하거나 점검, 결합할 때 사용하는 이음쇠 이다.
• 신축이음쇠
온수나 증기가 배관내를 통과할 때 온도변화에 의한 관의 신축팽창을 흡수하기 위한 이음쇠로 동관은 20m, 강관은 30m 마다 1개소씩 설치한다.
종류로는 벨로즈형, 플렉시블형, 루프형(U밴드), 슬리브형, 스위블형, 볼조인트 등이 있다.

56 개방식 팽창탱크 주변의 배관에서 팽창탱크의 수면 아래에 접속되는 관은?

① 팽창관   ② 통기관
③ 안전관   ④ 오버플로우관

해설 개방식 팽창탱크에는 급수관, 안전관, 배기관, 오버플로우관, 배수관, 팽창관이 있으며 이중 보일러와 팽창탱크를 연결하는 관으로 팽창탱크 하부에 설치하는 관을 팽창관이라고 한다.

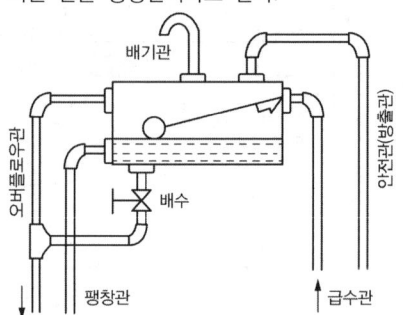

57 이음쇠 중 방진, 방음의 역할을 하는 것은?

① 플렉시블형 이음쇠
② 슬리브형 이음쇠
③ 스위블형 이음쇠
④ 루프형 이음쇠

해설 플렉시블형 이음쇠
압축기 및 펌프의 흡입 및 토출측에 설치하여 열팽창에 의한 신축을 흡수하고 배관에 전달되는 진동과 소음을 차단하여 장치의 변형 및 파손을 방지한다.

58 관 이음쇠의 종류에 따른 용도의 연결로 틀린 것은?

① 와이(Y) - 분기할 때
② 벤드 - 방향을 바꿀 때
③ 플러그 - 직선으로 이을 때
④ 유니온 - 분해, 수리, 교체가 필요할 때

해설 관이음 재료의 용도
① 배관 유로의 방향을 바꿀 때 : 엘보, 벤드 등
② 유체를 분기시킬 때 : 티, 크로스, 와이 등
③ 지름이 같은 관을 직선으로 연결시킬 때 : 소켓, 유니언, 플랜지 등
④ 지름이 서로 다른 관을 접속시킬 때 : 이경소켓(레듀셔), 이경 티, 부싱 등
⑤ 관의 끝을 막을 때 : 플러그, 캡 등

59 배관지지 금속 중 레스트레인트(restraint)에 해당하지 않는 것은?

① 행거
② 앵커
③ 스토퍼
④ 가이드

해설 리스트레인트(restraint)
관을 지지하며 열팽창에 의한 배관의 운동을 구속 또는 제한하는 관 지지물로 종류로는 앵커, 스토퍼, 가이드가 있다.
① 앵커(Anchor) : 배관의 이동 및 회전을 방지하기 위하여 지지점의 위치를 완전히 고정하는 장치
② 스토퍼 : 배관의 일정한 방향과 회전만 구속하고 다른 방향은 자유롭게 이동하게 하는 장치
③ 가이드 : 배관의 축방향 이동은 안내하고 직각 방향 운동을 구속하는데 사용한다.

60 정압기의 부속 설비에서 가스 수요량이 급격히 증가하여 압력이 필요한 경우 쓰이는 장치는?

① 정압기
② 가스미터
③ 부스터
④ 가스필터

해설 ① 정압기 : 도시가스를 고압에서 중압으로, 중압에서 저압으로 감압하여 사용처에 알맞은 압력으로 공급하기 위한 장치
② 가스미터 : 사용처에 공급되는 가스의 양(체적)을 측정하는 계량기
③ 부스터(압송기) : 가스의 공급지역이 넓어 가스 수요량이 급격히 증가된 경우에는 압력이 낮아져 가스공급을 원활히 할 수 없으므로 이때 공급 압력을 높이기 위해 사용하는 장치
④ 가스필터 : 도시가스 공급관 내의 불순물을 제거하기 위한 장치

제4과목 | 전기제어공학 (공조냉동설치운영2)

61 대칭 3상 Y부하에서 부하전류가 20A이고 각 상의 임피던스가 $Z=3+j4(\Omega)$일 때, 이 부하의 선간전압(V)은 약 얼마인가?

① 141
② 173
③ 220
④ 282

해설 ① 임피던스
$Z=3+4j \rightarrow Z=\sqrt{3^2+4^2}=5\Omega$

정답 57 ① 58 ③ 59 ① 60 ③ 61 ②

② 선간전압
$V_l = \sqrt{3}\,V_P = \sqrt{3}\,I_P \cdot Z$
$V_l = \sqrt{3} \times 20A \times 5\Omega = 173.2V$

※ 힌트
$I_l(선간전류) = I_P(상전류)$
$V_l(선간전압) = \sqrt{3}\,V_P(상전압)$

62 인디셜 응답이 지수 함수적으로 증가하다가 결국 일정 값으로 되는 계는 무슨 요소인가?

① 미분요소 ② 적분요소
③ 1차 지연요소 ④ 2차 지연요소

해설 1차 지연요소
출력이 입력의 변화에 따라 어떤 일정한 값에 도달하는데 시간의 지연이 있는 요소로 인디셜 응답이 지수 함수적으로 증가하다가 결국 일정 값이 유지된다.
(전달함수 특성방정식의 s의 차수(승수)가 1인 경우 1차 지연요소, 2인 경우 2차지연요소라고 나타낸다.)
1차 지연요소 : $G(s) = \dfrac{K}{Ts+1}$

63 회전중인 3상 유도전동기의 슬립이 1이 되면 전동기 속도는 어떻게 되는가?

① 불변이다.
② 정지한다.
③ 무부하 상태가 된다.
④ 동기속도와 같게 된다.

해설 유도전동기의 슬립($0 < s < 1$)
$s = 0$: 무부하 시(이상적 상태), 동기속도로 회전한다.
$s = 1$: 정지상태

64 전동기 정역회로를 구성할 때 기기의 보호와 조작자의 안전을 위하여 필수적으로 구성되어야 하는 회로는?

① 인터록회로
② 플립플롭회로
③ 정지우선 자기유지회로
④ 기동우선 자기유지회로

해설 인터록회로
운전 조작상태에서 조건이 불충분하거나 다음의 진행에 미루어 불합리한 동작으로 변화하게 될 때 동작을 다음 단계에 도달되기 전에 기관을 정지시키는 제어방식으로 자동제어의 안전한 조작을 위해 필수적으로 구성되어야 하는 회로이다.

65 R-L-C 직렬회로에 $t = 0$에서 교류전압 $v = E_m \sin(wt + \theta)[V]$를 가할 때 이 회로의 응답유형은? (단, $R^2 - 4\dfrac{L}{C} > 0$이다.)

① 완전진동 ② 비진동
③ 임계진동 ④ 감쇠진동

해설 ① 임계진동 : $R^2 - 4\dfrac{L}{C} = 0$, $R^2 = 4\dfrac{L}{C}$
② 비진동 : $R^2 - 4\dfrac{L}{C} > 0$, $R^2 > 4\dfrac{L}{C}$
③ 진동 : $R^2 - 4\dfrac{L}{C} < 0$, $R^2 < 4\dfrac{L}{C}$

66 단일 궤환 제어계의 개루프 전달함수가 $G(s) = \dfrac{2}{s+1}$일 때, 입력 $r(t) = 5u(t)$에 대한 정상상태 오차 e_{ss}는?

① $\dfrac{1}{3}$ ② $\dfrac{2}{3}$
③ $\dfrac{4}{3}$ ④ $\dfrac{5}{3}$

정답 62 ③ 63 ② 64 ① 65 ② 66 ④

해설
- $\gamma(t) = 5u(t)$이므로 $R(s) = \dfrac{5}{s}$이다.
- 정상상태 오차 e_{ss}

$$e_{ss} = \lim_{s \to 0} \dfrac{s}{1+G(s)} \cdot R(s)$$
$$= \lim_{s \to 0} \dfrac{s}{1+\dfrac{2}{s+1}} \cdot \dfrac{5}{s} = \lim_{s \to 0} \dfrac{5}{1+\dfrac{2}{s+1}}$$
$$= \lim_{s \to 0} \dfrac{5}{\dfrac{s+1}{s+1}+\dfrac{2}{s+1}} = \lim_{s \to 0} \dfrac{5}{\dfrac{s+3}{s+1}}$$
$$= \lim_{s \to 0} \dfrac{5s+5}{s+3} = \dfrac{5}{3}$$

67 계전기를 이용한 시퀀스제어에 관한 사항으로 옳지 않은 것은?

① 인터록 회로 구성이 가능하다.
② 자기 유지 회로 구성이 가능하다.
③ 순차적으로 연산하는 직렬처리 방식이다.
④ 제어결과에 따라 조작이 자동적으로 이행된다.

해설
- PLC프로그램은 메모리에 있는 프로그램을 순차적으로 연산하는 직렬 처리 방식이며 동일 접점의 사용 횟수를 무제한으로 할 수 있다.
- 계전기를 이용한 시퀀스제어는 여러 회로가 전기적인 신호에 의해 동시에 작동하는 병렬 처리 방식이다.

68 제어량을 어떤 일정한 목표값으로 유지하는 것을 목적으로 하는 제어는?

① 추종제어   ② 비율제어
③ 정치제어   ④ 프로그램제어

해설 정치제어 : 목표값이 시간에 따라 변하지 않고 일정한 상태량을 제어하는 방식(프로세스 제어, 자동조정 제어, 온도제어 등)

69 도체의 전기저항에 대한 설명으로 틀린 것은?

① 같은 길이, 단면적에서도 온도가 상승하면 저항이 증가한다.
② 단면적에 반비례하고 길이에 비례한다.
③ 고유 저항은 백금보다 구리가 크다.
④ 도체 반지름의 제곱에 반비례한다.

해설 ③ 고유 저항은 백금보다 구리가 작다.
백금(Pt) : $10.5 \times 10^{-2} [\Omega \cdot mm^2/m]$
구리(Cu) : $1.69 \times 10^{-2} [\Omega \cdot mm^2/m]$

70 회로시험기(Multi Meter)로 직접 측정할 수 없는 것은?

① 저항   ② 교류전압
③ 직류전압   ④ 교류전력

해설 회로시험기(Multi Meter)측정
① 직류전압   ② 교류전압
③ 직류전류   ④ 저항

71 그림과 같은 단위계단함수를 옳게 나타낸 것은?

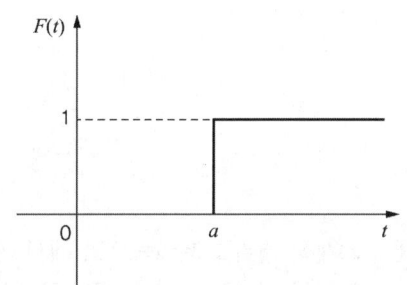

① $u(t)$ ② $u(t-a)$
③ $u(a-t)$ ④ $u(-a-t)$

해설 아래 첫 번째 계단함수는 0에서 출발하여 0이 1이 되는 함수로 u(t)가 된다.

정답 67 ③   68 ③   69 ③   70 ④   71 ②

아래 두 번째 계단함수는 a시점에서 출발하므로 a시점이 1이 되고 이것은 시간적으로 a만큼 지연시켜 출발한 함수로 u(t-a)가 된다.

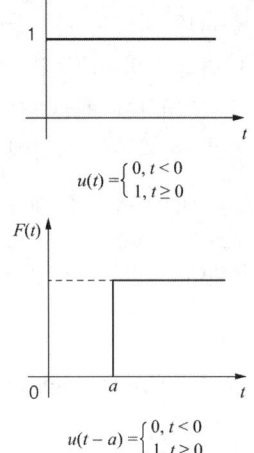

$u(t) = \begin{cases} 0, t < 0 \\ 1, t \geq 0 \end{cases}$

$u(t-a) = \begin{cases} 0, t < 0 \\ 1, t \geq 0 \end{cases}$

72 어떤 회로에 220V의 교류전압을 인가했더니 4.4A의 전류가 흐르고, 전압과 전류와의 위상차는 60°가 되었다. 이 회로의 저항성분(Ω)은?

① 10   ② 25
③ 50   ④ 75

해설 ① 소비전력(w)
$P = VI\cos\theta$
→ $P = 220(V) \times 4.4(A) \times \cos 60 = 484(w)$
② 저항성분
$Z = \dfrac{V}{I} = \dfrac{P}{I^2} \to Z = \dfrac{484(w)}{4.4^2(A)} = 25(\Omega)$

73 기계적 변위를 제어량으로 해서 목표값의 임의의 변화와 추종하도록 구성되어 있는 것은?

① 자동조정   ② 서보기구
③ 정치제어   ④ 프로세스제어

해설
- 서보기구 : 목표값의 임의의 변화에 항상 추종하도록 구성된 제어계로 레이더, 미사일 추적장치 등이 있다.
- 서보기구의 제어량 : 기계적인 변위(위치, 방향, 자세, 거리, 각도 등)

74 다음 회로에서 합성 정전용량(μF)은?

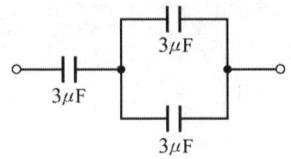

① 1.1   ② 2.0
③ 2.4   ④ 3.0

해설 ① 병렬접속 콘덴서 합성 정전용량
$C = C_1 + C_2 \to C = 3\mu F + 3\mu F = 6\mu F$
② 직렬접속과 구해둔 병렬접속 콘덴서의 합성 정전용량의 전체 합성 정전용량
$\dfrac{1}{C} = \dfrac{1}{C_1} + \dfrac{1}{C_2} \to \dfrac{1}{C} = \dfrac{1}{3} + \dfrac{1}{6} = \dfrac{3}{6}$
→ $C = \dfrac{6}{3} = 2\mu F$

75 직류전동기의 속도제어방법 중 광범위한 속도제어가 가능하며 정토크 가변속도의 용도에 적합한 방법은?

① 계자제어   ② 직렬저항제어
③ 병렬저항제어   ④ 전압제어

해설
- 전압제어법 : 직류 가변 전압 전원장치를 설치하여 단자전압을 가감하여 속도를 제어하는 방법으로 광범위속도제어 방식으로 워드레이너드방식과 일그너방식이 있으며 엘리베이터, 전차운전 등에 적용된다.
- 직류전동기의 속도제어법
  ① 저항제어법
  ② 계자제어법
  ③ 전압제어법

76 서보 전동기는 다음 중 어디에 속하는가?

① 검출기　② 증폭기
③ 변환기　④ 조작기기

해설 서보전동기(서보모터)
서보기구를 구동시키는 전동기로 위치와 속도를 검출하는 센서부가 부착되어 있으며 이 센서의 신호에 의해 지령값과 비교함으로써 위치, 속도, 방위, 자세 등을 수정하면서 조작하는 조작기기 이다.

77 다음 중 기동 토크가 가장 큰 단상 유도 전동기는?

① 분상기동형　② 반발기동형
③ 셰이딩코일형　④ 콘덴서기동형

해설 유도전동기 기동토크 순서별 크기
반발기동형 > 반발유도형 > 콘덴서기동형 > 분상기동형 > 셰이딩코일형 > 모노사이클릭형

78 그림과 같은 회로에서 해당되는 램프의 식으로 옳은 것은?

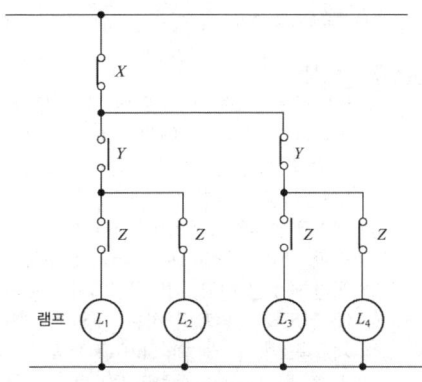

① $L_1 = \overline{X} \cdot Y \cdot Z$　② $L_2 = \overline{X} \cdot Y \cdot Z$
③ $L_3 = \overline{X} \cdot Y \cdot Z$　④ $L_4 = \overline{X} \cdot Y \cdot Z$

해설 ① $L_1 = \overline{X} \cdot Y \cdot Z$　② $L_2 = \overline{X} \cdot Y \cdot \overline{Z}$
③ $L_3 = \overline{X} \cdot \overline{Y} \cdot Z$　④ $L_4 = \overline{X} \cdot \overline{Y} \cdot \overline{Z}$

79 목표값이 미리 정해진 변화량에 따라 제어량을 변화시키는 제어는?

① 정치 제어　② 추종 제어
③ 비율 제어　④ 프로그램 제어

해설 ① 정치제어 : 목표값이 시간에 따라 변하지 않고 일정한 상태량을 제어하는 방식
② 추종제어 : 목표값이 임의의 시간적 변화를 하는 경우 제어량을 그것에 추종시키기 위한 제어
③ 비율제어 : 목표값이 다른 양과 일정한 비율관계를 갖는 상태량을 제어하는 것으로 보일러 자동연소장치에 사용된다.
④ 프로그램제어 : 목표값이 시간적으로 미리 정해진 대로 변화하고 제어량을 추정시키는 제어로서 열처리 노의 온도제어, 무인열차 운전등에 사용된다.

80 그림과 같은 블록선도와 등가인 것은?

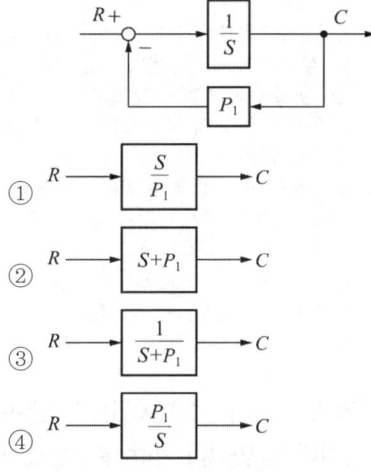

해설 전달함수 $G_{(s)} = \dfrac{C}{R} = \dfrac{\text{패스경로}}{1 - \text{피드백경로}}$

$G_{(s)} = \dfrac{C}{R} = \dfrac{\dfrac{1}{S}}{1 + \dfrac{1}{S} \cdot P_1} = \dfrac{\dfrac{1}{S}}{1 + \dfrac{P_1}{S}} = \dfrac{\dfrac{1}{S}}{\dfrac{S + P_1}{S}}$

$= \dfrac{S}{S(S + P_1)} = \dfrac{1}{S + P_1}$

정답　76 ④　77 ②　78 ①　79 ④　80 ③

공조냉동기계산업기사

과년도 출제문제

(2020.09.19. 시행)

제1과목 공기조화(공기조화설비)

01 공기 중의 수증기 분압을 포화압력으로 하는 온도를 무엇이라 하는가?

① 건구온도 ② 습구온도
③ 노점온도 ④ 글로브(globe)온도

해설
① 건구온도 : 주위공기가 건조한 상태에서 온도계의 감열부가 측정한 온도
② 습구온도 : 온도계(유리온도계)의 수은 부분에 명주(헝겊)를 물에 적셔 수분이 대기 중에 증발될 때 측정한 온도
③ 노점온도 : 공기 중에 존재하는 포화증기가 응축하여 이슬이 맺히기 시작할 때의 온도로 수증기 분압과 동일한 포화압력을 갖는 온도
④ 글로브온도 : 글로브온도계로 측정한 온도로 주위 벽에서의 복사열을 측정한 온도

02 외기의 온도가 −10℃이고 실내온도가 20℃이며 벽 면적이 25m²일 때, 실내의 열손실량(kW)은? (단, 벽체의 열관류율 10 W/m²·K, 방위계수는 북향으로 1.2 이다.)

① 7 ② 8
③ 9 ④ 10

해설 외벽을 통한 손실열량(q_w)
$q_w = K \cdot F \cdot dT \cdot k$
$= 10W/m^2 \cdot K \times 25m^2 \times [(273+20)-(273+(-10))]K \times 1.2$
$= 9,000W$
$= 9kW$

03 공조공간을 작업 공간과 비작업 공간으로 나누어 전체적으로는 기본적인 공조만 하고, 작업공간에서는 개인의 취향에 맞도록 개별 공조하는 방식은?

① 바닥취출 공조방식
② 테스크 앰비언트 공조방식
③ 저온공조방식
④ 축열공조방식

해설 공조방식
① 바닥취출 공조방식 : 기존의 전형적인 천장 공조방식과 달리 공조기에서 조화된 공기를 이중바닥 내의 체임버를 통해 각 실에 취출시키고 천장으로 흡입하는 방식
② 태스크 앰비언트 공조방식 : 공조공간을 작업 공간과 비작업 공간으로 나누어 전체적으로 기본적인 공조만 하고, 작업공간에서는 개인의 취향에 맞도록 개별제어 하는 방식
③ 저온공조방식 : 냉방부하가 큰 건물 및 잠열부하가 큰 건물에서 송풍량과 덕트의 크기를 늘리지 않고 공조기의 냉수온도를 낮추어 저온의 급기를 송풍하는 방식으로 덕트의 크기 및 층고를 줄여 사용할 수 있는 방식
④ 축열공조방식 : 값싼 심야전력으로 냉동기를 운전하여 빙축열 및 수축열을 축열조에 축적하고 피크부하시 그 냉열을 공조용으로 사용하는 방식

정답 01 ③ 02 ③ 03 ②

04 제습장치에 대한 설명으로 틀린 것은?

① 냉각식 제습장치는 처리공기를 노점온도 이하로 냉각시켜 수증기를 응축시킨다.
② 일반 공조에서는 공조기에 냉각코일을 채용하므로 별도의 제습장치가 없다.
③ 제습방법은 냉각식, 흡수식, 흡착식으로 구분된다.
④ 에어와셔 방식은 냉각식으로 소형이고 수처리가 편리하여 많이 채용된다.

해설 ④ 에어와셔 방식은 체임버 내 다수의 노즐을 설치하여 다량의 물을 공기와 접촉시켜 공기를 가습하는 방식으로 냉각식에 비해 대형이고 수처리가 어렵다.

05 냉각코일의 용량결정 방법으로 옳은 것은?

① 실내취득열량 + 기기로부터의 취득열량 + 재열부하 + 외기부하
② 실내취득열량 + 기기로부터의 취득열량 + 재열부하 + 냉각수펌프부하
③ 실내취득열량 + 기기로부터의 취득열량 + 재열부하 + 배관부하
④ 실내취득열량 + 기기로부터의 취득열량 + 재열부하 + 냉각수펌프 및 배관부하

해설
• 냉각코일의 용량결정 방법
 실내취득열량 + 기기로부터의 취득열량 + 재열부하 + 외기부하
• 냉동기 용량결정 방법
 냉각코일 용량 + 배관 및 펌프부하

06 온풍난방에 관한 설명으로 틀린 것은?

① 예열부하가 거의 없으므로 기동시간이 아주 짧다.
② 온풍을 이용하므로 쾌감도가 좋다.
③ 보수·취급이 간단하여 취급에 자격이 필요하지 않다.
④ 설치면적이 적으며 설치 장소도 제약을 받지 않는다.

해설 ② 온풍난방은 열매가 공기이므로 실내 상하온도차가 크므로 실내온도분포가 고르지 못하고 쾌감도가 좋지 않다.
• 온풍난방 : 공기를 가열하여 실내로 보내는 난방으로 온풍로를 이용한 직접가열식과 열교환기를 이용한 간접가열식이 있다.

07 다음 중 흡수식 감습장치에 일반적으로 사용되는 액상흡수제로 가장 적절한 것은?

① 트리에틸렌글리콜
② 실리카겔
③ 활성알루미나
④ 탄산소다수용액

해설 흡수식 감습장치
염화리튬, 트리에틸렌글리콜과 같은 액체 흡수제를 사용하며 재생장치를 이용해 흡착된 수분을 증발제거 시키고 흡수제는 재생되어 연속운전이 가능한 방식으로 대용량에 많이 사용된다.

08 실내 압력은 정압상태로 주로 작은 용적의 연소실 등과 같이 급기량을 확실하게 확보하기 어려운 장소에 적용하기에 가장 적합한 환기방식은?

① 압입 흡출 병용 환기
② 압입식 환기
③ 흡출식 환기
④ 풍력 환기

정답 04 ④ 05 ① 06 ② 07 ① 08 ②

해설 환기방식
① 제1종 환기(압입 흡출 병용식) : 강제급기 + 강제배기
② 제2종 환기(압입식) : 강제급기 + 자연배기
③ 제3종 환기(흡출식) : 자연급기 + 강제배기
④ 제4종 환기(자연식) : 자연급기 + 자연배기

09 공기조화 부하계산을 위한 고려사항으로 가장 거리가 먼 것은?

① 열원방식
② 실내 온·습도의 선정조건
③ 지붕재료 및 치수
④ 실내 발열기구의 사용시간 및 발열량

해설
- 열원방식의 선정은 기본계획 단계로 부하계산시에는 고려하지 않는다.
- 부하계산시 필요한 사항
  ① 실내 온·습도의 설정조건
  ② 벽체의 재료 및 단열재의 종류
  ③ 지붕의 재료 및 치수
  ④ 실내 발열기구의 사용시간 및 발열량

10 다음 중 표면 결로 발생 방지조건으로 틀린 것은?

① 실내측에 방습막을 부착한다.
② 다습한 외기를 도입하지 않는다.
③ 실내에서 발생되는 수증기량을 억제한다.
④ 공기와의 접촉면 온도를 노점온도 이하로 유지한다.

해설 표면결로 방지방법
① 실내측에 방습막(단열재)를 부착한다.
② 다습한 외기를 도입하지 않는다.
③ 실내에서 발생되는 수증기량을 억제한다.
④ 공기와의 접촉면 온도를 노점온도 이상으로 유지한다.
⑤ 공기층이 밀폐된 2중 유리를 사용한다.

11 겨울철 외기조건이 2℃(DB), 50%(RH), 실내조건이 19℃(DB), 50%(RH)이다. 외기와 실내공기를 1:3으로 혼합 할 경우 혼합공기의 최종온도(℃)는?

① 5.3
② 10.3
③ 14.8
④ 17.3

해설 혼합공기 온도(℃)
$$tm = \frac{G_1 t_1 + G_2 t_2}{G_1 + G_2} = \frac{(1 \times 2) + (3 \times 19)}{1+3} = 14.75℃$$
여기서, t_1(외기온도) : 2℃
t_2(실내온도) : 19℃
외기와 실내공기의 혼합비율 1:3이므로
G_1(외기공기량) : 1
G_2(실내공기량) : 3

12 다음 취득 열량 중 잠열이 포함되지 않는 것은?

① 인체의 발열
② 조명기구의 발열
③ 외기의 취득열
④ 증기 소독기의 발생열

해설 ① 인체의 발생열량 : 현열+잠열
② 조명기구의 발생열량 : 현열
③ 외기의 취득열 : 현열+잠열
④ 증기 소독기의 발생열 : 현열+잠열

13 온수난방 방식의 분류에 해당되지 않는 것은?

① 복관식
② 건식
③ 상향식
④ 중력식

해설 온수난방의 분류
① 순환방식 : 자연순환식(중력식), 강제순환식(펌프식)
② 온수온도 : 고온수식, 보통온수식, 저온수식

③ 배관방식 : 단관식, 복관식, 역환수방식(리버스리턴 방식)
④ 공급방식 : 상향식, 하향식

14 다음의 공기선도상에서 수분의 증가 없이 가열 또는 냉각되는 경우를 나타낸 것은?

①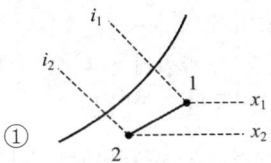

②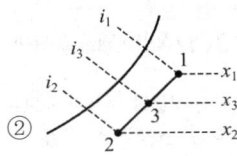

③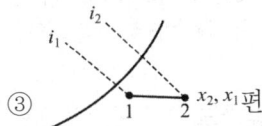

④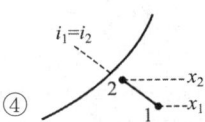

해설 공기의 상태변화
① 냉각감습 : 1 → 2
② 공기의 혼합 : 1번 지점의 공기는 냉각감습 되어 혼합되고 2번 지점의 공기는 가열가습 되어 혼합되어 혼합공기 3번이 된다.
③ 가열과정 : 1 → 2
④ 단열가습과정 : 1 → 2(엔탈피 일정)

15 다음과 같은 공기선도상의 상태에서 CF (Contact Factor)를 나타내고 있는 것은?

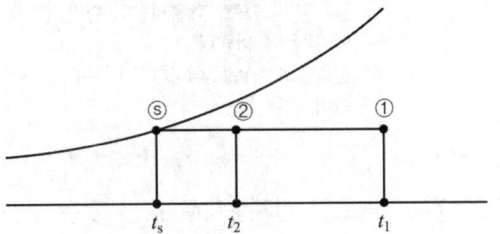

① $\dfrac{t_1 - t_2}{t_1 - t_s}$　② $\dfrac{t_1 - t_2}{t_2 - t_s}$

③ $\dfrac{t_2 - t_s}{t_1 - t_s}$　④ $\dfrac{t_2 - t_s}{t_1 - t_2}$

해설 • 콘택트 팩터
전공기에 비해 코일과 접촉한 후의 공기비율을 말하며 콘택트 팩터가 클수록 효율은 증가한다.
$CF = \dfrac{t_1 - t_2}{t_1 - t_s}$

• 바이패스 팩터(BF)
냉각코일 및 가열코일을 접촉하지 않고 그대로 통과하는 공기의 비율을 말하며 바이패스 팩터가 작을수록 효율은 증가한다.
$BF = \dfrac{t_2 - t_s}{t_1 - t_s}$

16 대류난방과 비교하여 복사난방의 특징으로 틀린 것은?

① 환기 시에는 열손실이 크다.
② 실의 높이에 따른 온도편차가 크지 않다.
③ 하자가 발생하였을 때 위치확인이 곤란하다.
④ 열용량이 크므로 부하에 즉각적인 대응이 어렵다.

해설 복사난방의 특징
① 벽체의 복사열로 난방하기 때문에 쾌감도가 좋다.

② 실의 높이에 따른 상하온도차가 작아 온도분포가 균일하다.
③ 매입배관이므로 고장수리 및 점검이 어렵다.
④ 열용량이 크므로 예열시간이 길어 부하에 즉각적인 대응이 어렵다.
⑤ 건축물의 축열을 이용하기 때문에 환기시에 열손실이 작다.

17 덕트의 설계순서로 옳은 것은?

① 송풍량 결정 → 취출구 및 흡입구의 위치 결정 → 덕트경로 결정 → 덕트치수 결정
② 취출구 및 흡입구의 위치결정 → 덕트경로 결정 → 덕트치수 결정 → 송풍량 결정
③ 송풍량 결정 → 취출구 및 흡입구의 위치 결정 → 덕트치수 결정 → 덕트경로 결정
④ 취출구 및 흡입구의 위치 결정 → 덕트치수 결정 → 덕트경로 결정 → 송풍량 결정

해설 덕트의 설계순서
송풍량 결정(냉난방부하계산)
↓
취출구 및 흡입구의 위치선정
(위치, 개수, 형식, 크기 결정)
↓
덕트경로 결정
(실의 용도, 사용시간, 부하의 특성 등 고려)
↓
덕트의 치수 결정(등속법, 등마찰손실법 등)
↓
송풍기 선정(송풍기 용량, 형식결정)
↓
설계도 작성

18 난방설비에 관한 설명으로 옳은 것은?

① 온수난방은 온수의 현열과 잠열을 이용한 것이다.
② 온풍난방은 온풍의 현열과 잠열을 이용한 직접난방 방식이다.
③ 증기난방은 증기의 현열을 이용한 대류 난방이다.
④ 복사난방은 열원에서 나오는 복사에너지를 이용한 것이다.

해설 ① 온수난방은 온수의 현열을 이용한 직접 난방 방식이다.
② 온풍난방은 온풍(공기)의 현열을 이용한 간접 난방 방식이다.
③ 증기난방은 증기의 잠열을 이용한 것으로 직접난방방식의 자연대류 난방 방식이다.
④ 복사난방은 열원의 복사에너지를 이용한 방식으로 건물의 축열을 이용한 난방 방식이다.

19 다음 중 축류 취출구의 종류가 아닌 것은?

① 노즐형   ② 펑커루버형
③ 베인격자형   ④ 팬형

해설 • 축류형 취출구 : 노즐형, 펑커루버형, 베인격자형(유니버설형), 다공판형, 슬롯형
• 확산형 취출구 : 아네모스텟형, 팬형

20 다음 중 공기조화 설비와 가장 거리가 먼 것은?

① 냉각탑   ② 보일러
③ 냉동기   ④ 압력탱크

해설 공기조화의 구성요소
① 공기조화기 : 냉각코일, 가열코일, 가습기, 감습기, 공기여과기, 공기세정기
② 열운반장치 : 송풍기, 덕트, 펌프, 배관
③ 열원장치 : 보일러, 냉동기, 냉각탑, 히트펌프, 흡수식 냉온수기 등
④ 자동제어장치 : 온도조절기, 습도조절기 등

정답 17 ① 18 ④ 19 ④ 20 ④

| 제2과목 | 냉동공학(냉동냉장설비) |

21 열 이동에 대한 설명으로 틀린 것은?

① 서로 접하고 있는 물질의 구성분자 사이에 정지상태에서 에너지가 이동하는 현상을 열전도라 한다.
② 고온의 유체분자가 고체의 전열면까지 이동하여 열에너지를 전달하는 현상을 열대류라 한다.
③ 물체로부터 나오는 전자파 형태로 열이 전달되는 전열작용을 열복사라 한다.
④ 열관류율이 클수록 단열재로 적당하다.

해설 ④ 단열재는 열을 차단하는 재료인데 열관류율의 클 경우 열전달이 커지므로 단열재로서 부적당하다.

22 [조건]을 참고할 때 흡수식 냉동기의 성적계수는 얼마인가?

[조건]
• 응축기 냉각열량 : 5.6 kW
• 흡수기 냉각열량 : 7.0 kW
• 재생기 가열량 : 5.8 kW
• 증발기 냉동열량 : 6.7 kW

① 0.88　　② 1.16
③ 1.34　　④ 1.52

해설 $COP = \dfrac{Q(\text{증발기 냉동열량})}{Aw(\text{재생기 가열량})} = \dfrac{6.7}{5.8} = 1.16$

23 피스톤 압출량이 500m³/h인 암모니아 압축기가 그림과 같은 조건으로 운전되고 있을 때 냉동능력(kW)은 얼마인가?
(단, 체적효율은 0.68이다.)

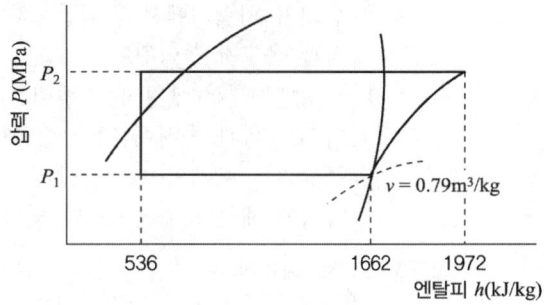

① 101.8　　② 134.6
③ 158.4　　④ 182.1

해설 ① 냉매 순환량(G)

$G = \dfrac{Q}{q} = \dfrac{V}{v} \times \eta_v$

여기서, Q : 냉동능력(kJ/h)
　　　　q : 냉동효과(kJ/kg)
　　　　V : 피스톤압출량(m³/h)
　　　　v : 비체적(m³/kg)
　　　　η_v : 체적효율

$G = \dfrac{500 \dfrac{\text{m}^3}{\text{h}}}{0.79 \dfrac{\text{m}^3}{\text{kg}}} \times 0.68 = 430.4 \text{kg/h}$

② 냉동능력(Q)
$Q = G \times q = G \times (h_1 - h_4)$

여기서, h_1 : 증발기출구 엔탈피(kJ/kg)
　　　　h_4 : 증발기입구 엔탈피(kJ/kg)

$Q = 430.4 \dfrac{\text{kg}}{\text{h}} \times (1662 - 536) \dfrac{\text{kJ}}{\text{kg}} = 484,630 \text{kJ/h}$

$484,630 \dfrac{\text{kJ}}{\text{h}} \times \dfrac{1\text{h}}{3600\text{s}} = 134.6 \text{kJ/s} \rightarrow 134.6 \text{kW}$

※ 단위환산 힌트
　1[kJ/s] = 1[kW]

정답 21 ④　22 ②　23 ②

24 표준냉동사이클에 대한 설명으로 옳은 것은?

① 응축기에서 버리는 열량은 증발기에서 취하는 열량과 같다.
② 증기를 압축기에서 단열압축하면 압력과 온도가 높아진다.
③ 팽창밸브에서 팽창하는 냉매는 압력이 감소함과 동시에 열을 방출한다.
④ 증발기 내에서의 냉매증발온도는 그 압력에 대한 포화온도보다 낮다.

해설 ① 응축기에서 버리는 열량은 증발기의 열량보다 크며 증발기와 압축기의 열량을 합하면 응축기의 열량과 같다.
③ 팽창밸브에서 팽창하는 냉매는 외부와의 열출입이 없는 단열팽창과정으로 엔탈피의 변화는 없고 압력과 온도는 감소한다.
④ 증발기 내에서의 냉매증발온도는 그 압력에 대한 포화온도와 같다.

25 노즐에서 압력 1764kPa, 온도 300℃인 증기를 마찰이 없는 이상적인 단열 유동으로 압력 196kPa까지 팽창시킬 때 증기의 최종속도(m/s)는? (단, 최초 속도는 매우 작아 무시하고, 입출구의 높이는 같으며 단열 열낙차는 442.3kJ/kg로 한다.)

① 912.1 ② 940.5
③ 946.4 ④ 963.3

해설 ① 최초속도 V_1은 무시한다.
② 열낙차 $h_1 - h_2 = 442.3 \text{kJ/kg} = 442.3 \times 10^3 \text{J/kg}$
여기서, h_1 : 노즐입구엔탈피(kJ/kg)
h_2 : 노즐출구엔탈피(kJ/kg)
③ 최종속도
$V_2 = \sqrt{2(h_1 - h_2)} = \sqrt{2 \times (442.3 \times 10^3)} = 940.5 \text{m/s}$

26 방열벽을 통해 실외에서 실내로 열이 전달될 때, 실외측 열전달계수가 0.02093 $kW/m^2 \cdot K$, 실내측 열전달계수가 0.00814 $kW/m^2 \cdot K$, 방열벽 두께가 0.2m, 열전도도가 $5.8 \times 10^{-5} kW/m \cdot K$일 때, 총괄열전달계수($kW/m^2 \cdot K$)는?

① 4.54×10^{-3} ② 2.77×10^{-4}
③ 4.82×10^{-4} ④ 5.04×10^{-3}

해설 열통과율 $K = \cfrac{1}{\cfrac{1}{\alpha_1} + \cfrac{l}{\lambda} + \cfrac{1}{\alpha_2}}$

여기서, K : 열관류율, 총괄열전달계수($kW/m^2 \cdot K$)
a_1 : 외측열전달계수($kW/m^2 \cdot K$)
a_2 : 실내측열전달계수($kW/m^2 \cdot K$)
λ : 열전도도($kW/m \cdot K$)
l : 벽의 두께(m)

$K = \cfrac{1}{\cfrac{1}{0.02093} + \cfrac{0.2}{5.8 \times 10^{-5}} + \cfrac{1}{0.00814}}$
$= 2.763 \times 10^{-4} kW/m^2 \cdot K$

27 냉장고의 증발기에 서리가 생기면 나타나는 현상으로 옳은 것은?

① 압축비 감소
② 소요동력 감소
③ 증발압력 감소
④ 냉장고 내부온도 감소

해설 ※ 증발기에 서리가 생기면 증발관표면을 단열시켜 실내의 공기와 열교환이 제대로 이루어지지 않기 때문에 냉매액이 다증발하지 못하고 액냉매가 넘어가 리퀴드백을 발생시키며 이로 인한 냉동장치의 악영향이 나타난다.
• 증발기에 서리가 발생하면 나타나는 현상
① 전열불량으로 냉장실 내 온도상승 및 액압축 발생
② 증발압력 저하로 압축비 상승
③ 증발온도 저하
④ 체적효율 저하, 압축기 소요동력 증가

⑤ 실린더 과열 토출가스 온도 상승
⑥ 윤활유 열화 및 탄화
⑦ 성적계수 및 냉동능력 감소

28 다음 중 프레온계 냉동장치의 배관재료로 가장 적당한 것은?

① 철 ② 강
③ 동 ④ 마그네슘

해설
- 프레온 냉매를 사용하는 냉동장치의 경우 주로 동관을 사용하며 동합금관 등을 사용하는 경우에는 가능한 한 이음매가 없는 관을 사용해야 한다.
- 프레온 특징 : 마그네슘(동 및 동합금)과 마그네슘(Mg) 2% 이상 함유한 알루미늄(Al) 합금을 부식시킨다.

29 컴파운드(compound)형 압축기를 사용한 냉동방식에 대한 설명으로 옳은 것은?

① 증발기가 2개 이상 있어서 각 증발기에 압축기를 연결하여 필요에 따른 다른 온도에서 냉매를 증발시킬 수 있는 방식
② 냉매를 한 가지만 쓰지 않고 두 가지 이상을 써서 각 냉매에 압축기를 설치하여 낮은 온도를 얻을 수 있게 하는 방식
③ 한쪽 냉동기의 증발기가 다른 쪽 냉동기의 응축기를 냉각시키도록 각각의 사이클에 독립된 압축기를 배열하는 방식
④ 동일한 냉매에 대해 1대의 압축기로 2단 압축을 하도록 하여 고압의 냉매를 사용하여 냉동을 수행하는 방식

해설 컴파운드 압축기(단기 2단압축방식)
2단 압축냉동장치에서 저단측 압축기와 고단측 압축기를 1대의 압축기로 기통을 2단(저단측기통과 고단측기통)으로 나누어 사용한 것으로써 설치면적, 중량 설비비 등의 절감을 위하여 사용하는 방식이다.

30 일반적으로 대용량의 공조용 냉동기에 사용되는 터보식 냉동기의 냉동부하 변화에 따른 용량제어 방식으로 가장 거리가 먼 것은?

① 압축기 회전수 가감법
② 흡입 가이드 베인 조절법
③ 클리어런스 증대법
④ 흡입 댐퍼 조절법

해설 터보 냉동기의 용량제어 방식
① 압축기 회전수 가감법
② 흡입 가이드 베인 조절법
③ 흡입 댐퍼 조절법
④ 바이패스법
⑤ 냉각수량 조절법

31 냉동효과에 관한 설명으로 옳은 것은?

① 냉동효과란 응축기에서 방출하는 열량을 의미한다.
② 냉동효과는 압축기의 출구 엔탈피와 증발기의 입구 엔탈피 차를 이용하여 구할 수 있다.
③ 냉동효과는 팽창밸브 직전의 냉매 액온도가 높을수록 크며, 또 증발기에서 나오는 냉매증기의 온도가 낮을수록 크다.
④ 냉매의 과냉각도를 증가시키면 냉동효과는 커진다.

해설
① 냉동효과란 증발기에서 흡수하는 열량을 의미한다.
② 냉동효과는 압축기의 입구 엔탈피와 증발기의 입구 엔탈피 차를 이용하여 구할 수 있다.
③ 냉동효과는 팽창밸브 직전의 냉매 액온도가 낮을수록 크며, 또 증발기에서 나오는 냉매증기의 온도가 높을수록 크다.

정답 28 ③ 29 ④ 30 ③ 31 ④

32 냉매의 구비조건으로 틀린 것은?

① 동일한 냉동능력을 내는 경우에 소요 동력이 적을 것
② 증발잠열이 크고 액체의 비열이 작을 것
③ 액상 및 기상의 점도는 낮고 열전도도는 높을 것
④ 임계온도가 낮고 응고온도는 높을 것

해설 냉매의 구비조건
① 대기압하에서 쉽게 증발 혹은 응축(액화)할 것
② 임계온도가 상온보다 높고 응고온도가 낮을 것
③ 증기의 비열 및 증발잠열이 크고 액체의 비열이 작을 것
④ 증발잠열이 크고 액체의 비열은 작을 것
⑤ 전기 저항이 클 것(전기 절연내력이 클 것)
⑥ 동일한 냉동능력을 가진 경우 소요동력이 작을 것
⑦ 액상 및 기상의 점도는 낮고 열전도도는 높을 것

33 다음 중 증발온도가 저하되었을 때 감소되지 않는 것은?

① 압축비   ② 냉동능력
③ 성적계수   ④ 냉동효과

해설 응축온도가 일정할 때 증발온도가 감소되면
① 압축비 상승
② 냉동능력 감소
③ 성적계수 감소
④ 냉동효과 감소
⑤ 비체적 증대로 냉매순환량 감소

34 실제기체가 이상기체의 상태식을 근사적으로 만족하는 경우는?

① 압력이 높고 온도가 낮을수록
② 압력이 높고 온도가 높을수록
③ 압력이 낮고 온도가 높을수록
④ 압력이 낮고 온도가 낮을수록

해설 실제기체가 이상기체에 가까워지는 조건
① 압력이 낮을수록
② 온도가 높을수록
③ 분자량이 작을수록
④ 비체적이 클수록(밀도가 작을수록)

35 터보 압축기에서 속도에너지를 압력으로 변화시키는 역할을 하는 것은?

① 임펠러   ② 베인
③ 증속기어   ④ 스크류

해설 터보(원심식) 압축기
원심식 압축기로 임펠러의 고속회전에 의한 원심력을 이용해 속도에너지를 압력에너지로 변환시키는 압축기

36 다음 압축기의 종류 중 압축 방식이 다른 것은?

① 원심식 압축기   ② 스크류 압축기
③ 스크롤 압축기   ④ 왕복동식 압축기

해설
• 용적형 압축기 : 왕복동식 압축기, 스크류 압축기, 스크롤 압축기, 회전식 압축기
• 원심식 압축기 : 터보 압축기

37 표준 냉동사이클에서 냉매액이 팽창밸브를 지날 때 상태량의 값이 일정한 것은?

① 엔트로피   ② 엔탈피
③ 내부에너지   ④ 온도

해설 냉매가 팽창밸브를 통과하게 되면 교축현상이 발생하고 이때 압력과 온도는 감소하고 엔탈피는 일정한 변화를 보인다.

정답 32 ④ 33 ① 34 ③ 35 ① 36 ① 37 ②

38 암모니아 냉동기에서 암모니아가 누설되는 곳에 페놀프탈레인 시험지를 대면 어떤 색으로 변하는가?

① 적색 ② 청색
③ 갈색 ④ 백색

해설 암모니아 누설검사시 페놀프탈레인 시험지를 누설개소에 대면 적색으로 변한다.

39 1RT(냉동톤)에 대한 설명으로 옳은 것은?

① 0℃ 물 1kg을 0℃ 얼음으로 만드는 데 24시간 동안 제거해야 할 열량
② 0℃ 물 1ton을 0℃ 얼음으로 만드는 데 24시간 동안 제거해야 할 열량
③ 0℃ 물 1kg을 0℃ 얼음으로 만드는 데 1시간 동안 제거해야 할 열량
④ 0℃ 물 1ton을 0℃ 얼음으로 만다는 데 1시간 동안 제거해야 할 열량

해설 1RT(한국냉동톤)
0℃ 물 1ton을 0℃ 얼음으로 만드는데 24시간 동안 제거해야 할 열량
$1RT = \dfrac{79.68 \times 1000}{24} = 3320 \text{kcal/h}$

※ 힌트
0℃물의 증발잠열 : 79.68kcal/kg

40 압축기 직경이 100mm, 행정이 850mm, 회전수 2000rpm, 기통수 4일 때 피스톤 배출량(m³/h)은?

① 3204.4 ② 3316.2
③ 3458.8 ④ 3567.1

해설 피스톤 토출량(V)
$V = \dfrac{\pi D^2}{4} \cdot L \cdot N \cdot R \cdot 60$
$= \dfrac{\pi \times 0.1^2}{4} \times 0.85 \times 4 \times 2000 \times 60$
$= 3204.4 [\text{m}^3/\text{h}]$

여기서, V : 피스톤 토출량(m³/h)
D : 피스톤 지름(m)
L : 피스톤 행정/길이(m)
N : 기통수
R : 분당회전수(rpm)

제3과목 배관일반(공조냉동설치운영1)

41 다음 그림에서 ㉠과 ㉡의 명칭으로 바르게 설명된 것은?

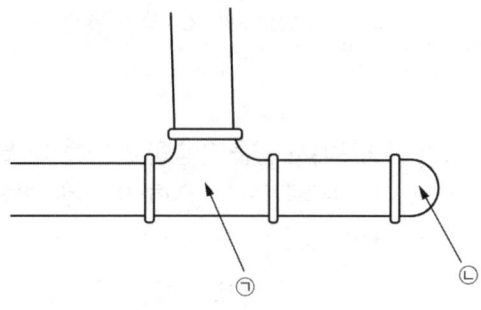

① ㉠ : 크로스, ㉡ : 트랩
② ㉠ : 소켓, ㉡ : 캡
③ ㉠ : 90° Y티, ㉡ : 트랩
④ ㉠ : 티, ㉡ : 캡

해설

티	
캡	

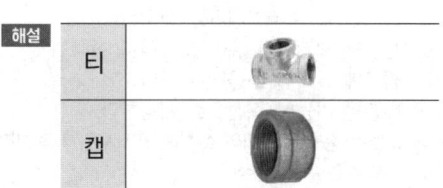

정답 38 ① 39 ② 40 ① 41 ④

42 냉온수 배관을 시공할 때 고려해야 할 사항으로 옳은 것은?

① 열에 의한 온수의 체적팽창을 흡수하기 위해 신축이음을 한다.
② 기기와 관의 부식을 방지하기 위해 물을 자주 교체한다.
③ 열에 의한 배관의 신축을 흡수하기 위해 팽창관을 설치한다.
④ 공기체류장소에는 공기빼기밸브를 설치한다.

해설 ① 열에 의한 온수의 체적팽창을 막기 위해 팽창탱크를 설치한다.
② 기기와 관의 부식을 방지하기 위해 급수처리, 용존산소제거, 온도조절 등 보일러 운전 및 취급에 유의한다.
③ 열에 의한 배관의 신축을 흡수하기 위해 신축이음을 설치한다.

43 펌프에서 물을 압송하고 있을 때 발생하는 수격작용을 방지하기 위한 방법으로 틀린 것은?

① 급격한 밸브 개폐는 피한다.
② 관내의 유속을 빠르게 한다.
③ 기구류 부근에 공기실을 설치한다.
④ 펌프에 플라이 휠을 설치한다.

해설 수격작용 방지대책
① 공기실 및 수격방지기를 설치한다.
② 관경을 크게하여 유속을 느리게 한다.
③ 펌프에 플라이 휠을 설치한다.
④ 배관을 가능한 직선으로 시공한다.
⑤ 밸브는 송출구 가까이 설치하고 서서히 개폐한다.
⑥ 조압수조를 설치한다.
* 플라이휠(fly wheel) : 펌프의 급격한 속도변화를 방지한다.
* 조압수조(surge tank) : 수압관 및 도수관에서 발생하는 수압의 급격한 증감을 조정하는 수조

44 수액기를 나온 냉매액은 팽창밸브를 통해 교축되어 저온 저압의 증발기로 공급된다. 팽창밸브의 종류가 아닌 것은?

① 온도식　② 플로트식
③ 인젝터식　④ 압력자동식

해설 팽창밸브 종류
① 모세관식　② 온도자동식
③ 정압식(압력작동식)　④ 수동식
⑤ 플로트식

45 냉매배관 시공 시 유의사항으로 틀린 것은?

① 팽창밸브 부근에서의 배관길이는 가능한 짧게 한다.
② 지나친 압력강하를 방지한다.
③ 암모니아 배관의 관이음에 쓰이는 패킹재료는 천연고무를 사용한다.
④ 두 개의 입상관 사용 시 트랩은 가능한 크게 한다.

해설 ④ 두 개의 입상관 사용시 트랩은 직경이 큰 관의 입구에 설치하고 트랩은 되도록 적게 하여 압축기의 유면약동을 방지해야 한다.

46 일반도시가스사업 가스공급시설 중 배관설비를 건축물에 고정부착할 때, 배관의 호칭지름이 13mm이상 33mm미만인 경우 몇 m 마다 고정장치를 설치하여야 하는가?

① 1　② 2
③ 3　④ 5

해설 배관의 고정장치
① 배관의 호칭지름이 13mm 미만인 경우 : 1m 마다
② 배관의 호칭이 13mm 이상 33mm 미만인 경우 : 2m 마다
③ 배관의 호칭지름이 33mm 이상인 경우 3m 마다

정답　42 ④　43 ②　44 ③　45 ④　46 ②

47 냉매 배관 중 액관은 어느 부분인가?

① 압축기와 응축기까지의 배관
② 증발기와 압축기까지의 배관
③ 응축기와 수액기까지의 배관
④ 팽창밸브와 압축기까지의 배관

해설 ① 고압기체관 : 압축기 - 응축기
② 고압액관 : 응축기 - 수액기 - 팽창밸브
③ 저압액관 : 팽창밸브 - 증발기
④ 저압기체관 : 증발기 - 액분리기 - 압축기
※ 수액기와 액분리기는 문제 유형에 따라 생략 될 수 있음

48 배관길이 200m, 관경 100mm의 배관 내 20℃의 물을 80℃로 상승시킬 경우 배관의 신축량(mm)은? (단, 강관의 선팽창계수는 11.5×10^{-6} m/m·℃ 이다.)

① 138 ② 13.8
③ 104 ④ 10.4

해설 신축량($\triangle l$)
$\triangle l = l \times a \times \triangle t$
여기서, $\triangle l$: 신축량(mm)
l : 배관길이(m)
a : 선팽창계수(m/m·℃)
$\triangle t$: 온도차(℃)
$\triangle l = 200m \times 11.5 \times 10^{-6}$ m/m·℃ $\times (80-20)$℃
$= 0.138m = 138mm$

49 다음의 배관도시 기호 중 유체의 종류와 기호의 연결로 틀린 것은?

① 공기 - A   ② 수증기 - W
③ 가스 - G   ④ 유류 - O

해설 유체의 종류 표시기호
① A(Air) : 공기
② G(GAS) : 가스
③ S(Steam) : 증기
④ O(Oil) : 오일(기름), 유류
⑤ W(Water) : 물

50 다음 중 신축이음쇠의 종류에 해당하지 않는 것은?

① 슬리브형   ② 벨로즈형
③ 루프형   ④ 턱걸이형

해설 신축이음쇠 종류
① 슬리브형 이음쇠
② 벨로즈형 이음쇠
③ 스위블형 이음쇠
④ 루프 이음쇠
⑤ 볼조인트형 이음쇠

51 배관의 KS 도시기호 중 틀린 것은?

① 고압 배관용 탄소 강관 - SPPH
② 보일러 및 열교환기용 탄소 강관 - STBH
③ 기계 구조용 탄소 강관 - SPTW
④ 압력 배관용 탄소 강관 - SPPS

해설 ③ 기계 구조용 탄소강관 : STKM

52 주철관에 관한 설명으로 틀린 것은?

① 압축강도, 인장강도가 크다.
② 내식성, 내마모성이 우수하다.
③ 충격치, 휨강도가 작다.
④ 보통 급수관, 배수관, 통기관에 사용된다.

해설 ① 압축강도가 크고 인장강도는 작다.

정답 47 ③ 48 ① 49 ② 50 ④ 51 ③ 52 ①

53 증기난방에서 환수주관을 보일러 수면보다 높은 위치에 설치하는 배관방식은?

① 습식 환수관식 ② 진공 환수관식
③ 강제 순환식 ④ 건식 환수관식

해설 증기난방 방식의 환수방식 중 환수주관을 보일러 수면보다 높은 위치에 설치한 방식을 건식 환수방식이라 하며 환수주관을 수면보다 낮은 위치에 설치한 방식을 습식 환수방식이라고 한다.

54 평면상의 변위 뿐만 아니라 입체적인 변위까지도 안전하게 흡수하므로 어떤 형상의 신축에도 배관이 안전하며 증기, 물, 기름 등의 2.9MPa 압력과 220℃ 정도까지 사용할 수 있는 신축이음쇠는?

① 스위블형 신축 이음쇠
② 슬리브형 신축 이음쇠
③ 볼조인트형 신축 이음쇠
④ 루프형 신축 이음쇠

해설 볼조인트 신축이음
평면상 변위 뿐만 아니라 입체적인 변위까지도 안전하게 흡수하며 증기, 물, 기름 등 배관에서 평면 및 입체적인 변위까지 안전하게 흡수하는 신축이음 방식으로 비교적 최근에 개발된 신축이음쇠로 2.9MPa 압력과 220℃ 정도까지 사용할 수 있다.

55 급탕배관에 관한 설명으로 틀린 것은?

① 건물의 벽 관통부분 배관에는 슬리브(sleeve)를 끼운다.
② 공기빼기 밸브를 설치한다.
③ 배관의 기울기는 중력순환식인 경우 보통 1/150으로 한다.
④ 직선 배관 시에는 강관인 경우 보통 60m 마다 1개의 신축이음쇠를 설치한다.

해설 ④ 직선배관 시에는 강관인 경우 보통 30m마다 1개의 신축이음쇠를 설치한다.
• 신축이음쇠 설치간격
 - 동관 : 20m 마다 1개소
 - 강관 : 30m 마다 1개소

56 배수 트랩의 봉수깊이로 가장 적당한 것은?

① 30 ~ 50mm
② 50 ~ 100mm
③ 100 ~ 150mm
④ 150 ~ 200mm

해설 배수트랩의 봉수깊이는 50~100mm 정도가 이상적이다.
① 봉수의 깊이가 50mm 이하가 되면 봉수가 파괴되기 쉽다.
② 봉수의 깊이가 100mm 이상이 되면 배수저항이 증가하여 트랩내 이물질 및 침전물이 쌓이기 쉽다.

57 다음 중 공기 가열기나 열교환기 등에서 다량의 응축수를 처리하는 경우에 가장 적합한 트랩은?

① 버킷 트랩
② 플로트 트랩
③ 온도조절식 트랩
④ 열역학적 트랩

해설 • 플로트 트랩
플로트(부자)의 부력에 의해 작동되는 기계식 트랩으로 저압, 중압의 공기 가열기나 열교환기 등에 사용된다.
• 플로트 트랩 특징
① 열교환기와 같이 많은 양의 응축수가 연속적으로 발생되는 곳에 적합하다.
② 구조상 공기의 배제가 곤란하여, 공기를 배제하기 위한 벨로즈를 내장한 형식도 있다.
③ 에어벤트(air vent)를 별도로 설치하여야 한다.
④ 동파의 우려가 있으며 수격작용이 심한 곳에는 사용하기 곤란하다.

정답 53 ④ 54 ③ 55 ④ 56 ② 57 ②

58 배관이 바닥이나 벽을 관통할 때 설치하는 슬리브(sleeve)에 관한 설명으로 틀린 것은?

① 슬리브의 구경은 관통배관의 지름보다 충분히 크게 한다.
② 방수층을 관통할 때는 누수 방지를 위해 슬리브를 설치하지 않는다.
③ 슬리브를 설치하여 관을 교체하거나 수리할 때 용이하게 한다.
④ 슬리브를 설치하여 관의 신축에 대응할 수 있다.

해설 ② 벽, 바닥, 지붕을 관통하는 배관에는 슬리브를 설치하여야 하며, 방수층이나 물로 씻을 필요가 있는 바닥, 보, 내진벽 및 외벽 등을 관통하는 경우에도 각각에 알맞은 슬리브(sleeve)를 설치하여야 한다.
- 방수층 관통부 : 방수층에 잘 밀착되는 구조로 설치
- 물 세척이 필요한 바닥관통부 : 슬리브는 강관을 사용하고 위쪽 마감면에서 30mm 이상 올려 설치
- 기둥, 내진벽 및 외벽관통부 : 구조체의 강도에 지장없는 모양과 치수로 설치

59 각개통기방식에서 트랩 위어(weir)로부터 통기관까지의 구배로 가장 적절한 것은?

① $\dfrac{1}{25} \sim \dfrac{1}{50}$
② $\dfrac{1}{50} \sim \dfrac{1}{100}$
③ $\dfrac{1}{100} \sim \dfrac{1}{150}$
④ $\dfrac{1}{150} \sim \dfrac{1}{200}$

해설 트랩 위어로부터 통기관까지의 구배는 $\dfrac{1}{50} \sim \dfrac{1}{100}$로 하고 평균 유속은 1.2m/s로 한다.

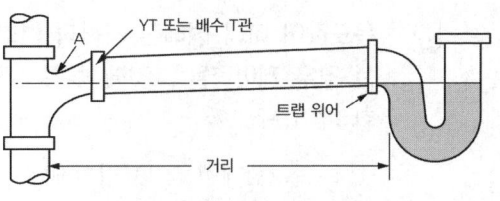

통기관의 개구가 되는 A점이 트랩 위어의 수평선보다 내려가서는 안 된다.

60 다음 중 가스 배관의 크기를 결정하는 요소로 가장 거리가 먼 것은?

① 관의 길이   ② 가스의 비중
③ 가스의 압력 ④ 가스 기구의 종류

해설 저압배관의 가스유량(공식)
$$Q = K\sqrt{\dfrac{D^5 H}{SL}}$$
여기서, Q : 가스유량(m³/h)
K : 유량계수
D : 관의 내경(cm)
H : 허용압력손실수두(mmAq)
S : 가스비중
L : 관의 길이(m)

제4과목 전기제어공학(공조냉동설치운영2)

61 동작 틈새가 가장 많은 조절계는?

① 비례 동작
② 2위치 동작
③ 비례 미분 동작
④ 비례 적분 동작

해설 2위치 동작(ON-OFF)은 불연속 제어방식으로 사이클링 현상과 정상편차가 발생하기 때문에 동작의 틈새가 많다.

정답 58 ② 59 ② 60 ④ 61 ②

62 목표값이 미리 정해진 시간적 변화를 하는 경우 제어량을 그것에 추종시키기 위한 제어는?

① 프로그램제어 ② 정치제어
③ 추종제어 ④ 비율제어

해설 ① 프로그램제어 : 목표값이 시간적으로 미리 정해진 대로 변화하고 제어량을 추정시키는 제어로서 열처리 노의 온도제어, 무인열차 운전 등에 사용된다.
② 정치제어 : 목표값이 시간에 따라 변하지 않고 일정한 상태량을 제어하는 방식
③ 추종제어 : 목표값이 임의의 시간적 변화를 하는 경우 제어량을 그것에 추종시키기 위한 제어
④ 비율제어 : 목표값이 다른 양과 일정한 비율관계를 갖는 상태량을 제어하는 것으로 보일러 자동연소장치에 사용된다.

63 다음 회로에서 합성 정전용량(F)의 값은?

① $C_0 = C_1 + C_2$
② $C_0 = C_1 - C_2$
③ $C_0 = \dfrac{C_1 + C_2}{C_1 C_2}$
④ $C_0 = \dfrac{C_1 C_2}{C_1 + C_2}$

해설 ① 직렬접속과 구해둔 병렬접속 콘덴서의 합성 정전용량의 전체 합성 정전용량
$\dfrac{1}{C} = \dfrac{1}{C_1} + \dfrac{1}{C_2} \rightarrow C = \dfrac{C_1 C_2}{C_1 + C_2}$
② 병렬접속 콘덴서 합성 정전용량
$C = C_1 + C_2$

64 오픈 루프 전달함수가 $G(s) = \dfrac{1}{s(s^2 + 5s + 6)}$ 인 단위궤환계에서 단위계단입력을 가하였을 때의 잔류편차는?

① $\dfrac{5}{6}$ ② $\dfrac{6}{5}$
③ ∞ ④ 0

해설 잔류편차(e_{ss})
$e_{ss} = \lim_{s \to 0} \dfrac{s}{1+G(s)} \cdot R(s)$

여기서, 단위계단입력은 $R(s) = \dfrac{1}{s}$ 이므로

$e_{ss} = \lim_{s \to 0} \dfrac{s}{1+G(s)} \cdot \dfrac{1}{s} = \lim_{s \to 0} \dfrac{1}{1+G(s)}$

$= \lim_{s \to 0} \dfrac{1}{1 + \dfrac{1}{s(s^2+5s+6)}}$

$= \lim_{s \to 0} \dfrac{1}{\dfrac{s(s^2+5s+6)}{s(s^2+5s+6)} + \dfrac{1}{s(s^2+5s+6)}}$

$= \lim_{s \to 0} \dfrac{1}{\dfrac{s(s^2+5s+6)+1}{s(s^2+5s+6)}}$

$= \lim_{s \to 0} \dfrac{s(s^2+5s+6)}{s(s^2+5s+6)+1} = 0$

65 시스템의 전달함수가 $T(s) = \dfrac{1250}{s^2 + 50s + 1250}$ 으로 표현되는 2차 제어시스템의 고유 주파수는 약 몇 rad/sec인가?

① 35.36 ② 28.87
③ 25.62 ④ 20.83

해설 특성방정식 $s^2 + 2\delta w_n s + w_n^2 = 0$
여기서, w_n : 고유주파수, δ : 감쇠율

위 문제에서 특성방정식은 분모가 0이 되는 값으로 $s^2+50s+1250=0$이 되므로
고유주파수 :
$w_n^2 = 1250 \rightarrow w_n = \sqrt{1250} = 35.36[\text{rad/s}]$
제동비(감쇠율) :
$2\delta w_n = 50 \rightarrow \delta = \dfrac{50}{2w_n} = \dfrac{50}{2 \times 35.36} = 0.707$

66 유도전동기의 고정손에 해당하지 않는 것은?

① 1차권선의 저항손
② 철손
③ 베어링 마찰손
④ 풍손

해설 유도전동기의 손실
① 고정손 : 철손, 베어링 마찰손, 브러시 마찰손, 풍손
② 직접 부하손 : 1차 권선의 저항손, 2차 회로의 저항손, 브러시의 전기손
③ 표류 부하손

67 어떤 회로에 10A의 전류를 흘리기 위해서 300 W의 전력이 필요하다면, 이 회로의 저항(Ω)은 얼마인가?

① 3
② 10
③ 15
④ 30

해설 전력구하는 공식
$P = VI \rightarrow P = I^2 R \rightarrow R = \dfrac{P}{I^2}$
$\therefore R = \dfrac{300}{10^2} = 3[\Omega]$

68 블록선도에서 요소의 신호전달 특성을 무엇이라 하는가?

① 가합요소
② 전달요소
③ 동작요소
④ 인출요소

해설 블록선도 : 제어계의 구성요소를 블록으로 나타내고 신호의 흐름을 표시하는 선으로 연결한 것으로 입력과 출력간의 신호전달 특성을 표시하는 전달요소를 각 블록으로 보내어 나타내고 신호전달 방향을 화살표로 표시한다.

69 다음 그림은 무엇을 나타낸 논리연산 회로인가?

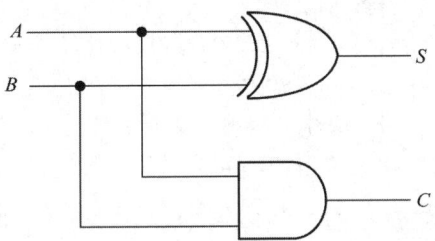

① HALF-ADDER회로
② FULL-ADDER회로
③ NAND회로
④ EXCLUSIVE OR회로

해설
• 반가산기 HALF-ADDER회로
  사칙연산을 수행하는 기본회로로 2개의 수를 더하여 합과 자리올림을 만드는 논리 회로로 2개의 입력과 2개의 출력이 있다.
• 전가산기 FULL-ADDER회로
  사칙연산을 수행하는 기본회로로 3개의 수를 더하여 합과 자리올림을 만드는 논리 회로로 3개의 입력과 2개의 출력이 있다.

70 계전기 접점의 아크를 소거할, 목적으로 사용되는 소자는?

① 바리스터(Varistor)
② 바렉터다이오드
③ 터널다이오드
④ 서미스터

해설 바리스터(varistor)
비직선적인 전압-전류 특성을 갖는 2단자 반도체 소자로 주로 낙뢰전압 등의 이상전압, 전기접점의 불

꽃을 소거하는 등 반도체 정류기, 트랜지스터 등의 회로의 서지전압으로부터 보호하는데 사용된다.

71 권선형 3상 유도전동기에서 2차 저항을 변화시켜 속도를 제어하는 경우, 최대 토크는 어떻게 되는가?

① 최대 토크가 생기는 점의 슬립에 비례한다.
② 최대 토크가 생기는 점의 슬립에 반비례한다.
③ 2차 저항에만 비례한다.
④ 항상 일정하다.

[해설] 권선형 3상 유도전동기에 2차 저항을 변화시켜 속도 제어를 하는 경우 최대 토크는 항상 일정하고 슬립은 2차 저항에 비례한다.

72 목표치가 정해져 있으며, 입·출력을 비교하여 신호전달 경로가 반드시 폐루프를 이루고 있는 제어는?

① 조건제어   ② 시퀀스제어
③ 피드백제어   ④ 프로그램제어

[해설] 피드백 제어(폐루프 회로)
피드백 제어는 입력(목표값)과 출력(제어량)을 비교하여 제어량이 목표값과 일치할 때까지 수정 하여 오차를 줄여나가는 자동제어 방식을 말한다.

73 피드백제어의 특성에 관한 설명으로 틀린 것은?

① 정확성이 증가한다.
② 대역폭이 증가한다.
③ 계의 특성변화에 대한 입력대 출력비의 감도가 증가한다.
④ 구소가 비교적 복잡하고 오픈루프에 비해 설치비가 많이 든다.

[해설] 피드백 제어의 특징
① 정확성 및 대역폭이 증가한다.
② 계의 특성 변화에 대한 입력대 출력비 감도가 감소한다.
③ 구조가 복잡하여 설비비가 고가이고, 반드시 입력과 출력을 비교하는 장치가 필요하다.
④ 발진을 일으키고 불안정한 상태로 되어가는 경향이 있다.

74 다음 블록선도에서 전달함수 $\dfrac{C(s)}{R(s)}$는?

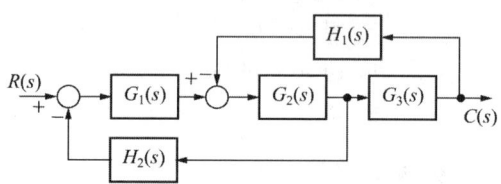

① $\dfrac{G_1(s)G_2(s)G_3(s)}{1+G_2(s)G_3(s)H_1(s)-G_1(s)G_2(s)H_2(s)}$

② $\dfrac{G_1(s)G_2(s)G_3(s)}{1+G_2(s)G_3(s)H_1(s)+G_1(s)G_2(s)H_2(s)}$

③ $\dfrac{G_1(s)G_2(s)G_3(s)H_1(s)}{1+G_2(s)G_3(s)H_1(s)+G_1(s)G_2(s)H_2(s)}$

④ $\dfrac{G_1(s)G_2(s)G_3(s)}{1+G_2(s)G_3(s)H_2(s)+G_1(s)G_2(s)H_1(s)}$

[해설] 전달함수

$G(s) = \dfrac{C(s)}{R(s)} = \dfrac{\text{패스경로}}{1-\text{피드백경로}}$

① 패스경로의 전달함수 : $G_1G_2G_3$
② 첫 번째 피드백경로 함수 : $-G_1G_2H_2$
③ 두 번째 피드백경로 함수 : $-G_2G_3H_1$

∴ $G(s) = \dfrac{G_1(s)G_2(s)G_3(s)}{1+G_1(s)G_2(s)H_2(s)+G_2(s)G_3(s)H_1(s)}$

[정답] 71 ④ 72 ③ 73 ③ 74 ②

75 그림과 같은 유접점 회로의 논리식과 논리회로의 명칭으로 옳은 것은?

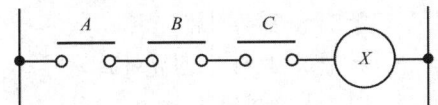

① $X = A + B + C$, OR회로
② $X = A \cdot B \cdot C$, AND회로
③ $X = \overline{A \cdot B \cdot C}$, NOT회로
④ $X = \overline{A + B + C}$, NOR회로

해설 그림의 회로는 A, B, C 접점이 모두 동작해야 출력이 나오는 회로로 AND회로(논리곱)이며 논리식으로 나타내면 $X = A \cdot B \cdot C$ 가 된다.

76 R-L-C 직렬회로에서 소비전력이 최대가 되는 조건은?

① $wL - \dfrac{1}{wC} = 1$

② $wL + \dfrac{1}{wC} = 0$

③ $wL + \dfrac{1}{wC} = 1$

④ $wL - \dfrac{1}{wC} = 0$

해설 직렬공진 : 직렬공진시에는 임피던스가 최소가 되며 그로인해 전류가 최대가 되며 소비전력도 최대가 된다.
• 직렬공진 조건
$X_L = X_C$ → $wL = \dfrac{1}{wC}$ → $wL - \dfrac{1}{wC} = 0$

77 그림의 신호흐름선도에서 $\dfrac{C(s)}{R(s)}$ 의 값은?

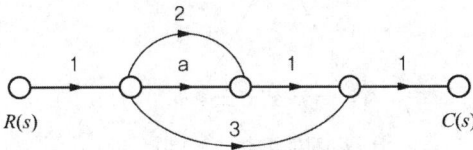

① a+2   ② a+3
③ a+5   ④ a+6

해설 전달함수
$G(s) = \dfrac{C(s)}{R(s)} = \dfrac{\text{패스경로}}{1 - \text{피드백경로}}$
① 패스경로의 전달함수 : 1a11+1211+131
∴ $\dfrac{1a11 + 1211 + 131}{1 - 0} = a + 2 + 3 = a + 5$

78 접지 도체 P_1, P_2, P_3의 접지저항이 R_1, R_2, R_3이다. R_1의 접지저항(Ω)을 계산하는 식은? (단, $R_{12} = R_1 + R_2$, $R_{23} = R_2 + R_3$, $R_{31} = R_3 + R_1$이다.)

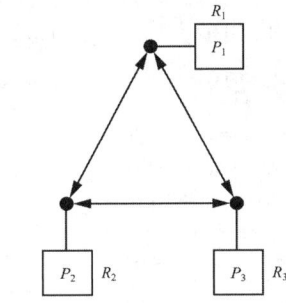

① $R_1 = \dfrac{1}{2}(R_{12} + R_{31} + R_{23})$

② $R_1 = \dfrac{1}{2}(R_{31} + R_{23} - R_{12})$

③ $R_1 = \dfrac{1}{2}(R_{12} - R_{31} + R_{23})$

④ $R_1 = \dfrac{1}{2}(R_{12} + R_{31} - R_{23})$

해설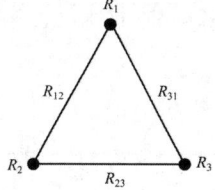

- 접지저항의 측정(3점법)
  ① $R_{12} = R_1 + R_2$
  ② $R_{23} = R_2 + R_3$
  ③ $R_{31} = R_3 + R_1$
- 위 식에서 ①과 ③을 더하면
  $R_{12} + R_{31} = 2R_1 + R_2 + R_3$
  $R_{12} + R_{31} = 2R_1 + R_{23}$
- 위 식에서 R_1을 구하면
  $2R_1 = R_{12} + R_{31} - R_{23}$
  $R_1 = \frac{1}{2}(R_{12} + R_{31} - R_{23})$

79 주파수 60Hz의 정현파 교류에서 위상차 $\frac{\pi}{6}$(rad)은 몇 초의 시간 차인가?

① 1×10^{-3}　② 1.4×10^{-3}
③ 2×10^{-3}　④ 2.4×10^{-3}

해설 위상차 $\theta = wt = 2\pi ft$
여기서, θ : 위상차[rad]
w : 각속도[rad/s]
t : 시간[s]
f : 주파수[Hz]

$t = \frac{\theta}{2\pi f}$ → $t = \frac{\frac{\pi}{6}}{2\pi \times 60} = 1.39 \times 10^{-3}[s]$

80 맥동 주파수가 가장 많고 맥동률이 가장 적은 정류방식은?

① 단상 반파정류
② 단상 브리지 정류회로
③ 3상 반파정류
④ 3상 전파정류87

해설 반파정류회로

정류회로	맥동 주파수	맥동률
단상 반파정류	60Hz(f)	1.21
단상 전파정류	120Hz(2f)	0.482
3상 반파정류	180Hz(3f)	0.183
3상 전파정류	360Hz(6f)	0.042

공조냉동기계산업기사 필기

초 판	인 쇄	2017년 1월 5일
초 판	발 행	2017년 1월 10일
개정 3판 6쇄 발행	2021년 7월 15일
개정 3판 7쇄 발행	2022년 1월 10일
개정 4판	발 행	2023년 1월 5일
개정 5판	발 행	2024년 1월 5일
개정 6판	발 행	2025년 1월 10일
개정 7판	발 행	2026년 1월 10일

저 자 | 강진규
감 수 | 오태정
발 행 인 | 조규백
발 행 처 | 도서출판 구민사
(07293) 서울특별시 영등포구 문래북로 116, 604호(문래동 3가 46, 트리플렉스)
전 화 | (02) 701-7421
팩 스 | (02) 3273-9642
홈페이지 | www.kuhminsa.co.kr
신고번호 | 제2012-000055호 (1980년 2월 4일)
ISBN | 979-11-6875-582-6 [13500]

값 38,000원

※ 낙장 및 파본은 구입하신 서점에서 바꿔드립니다.
※ 본서를 허락없이 부분 또는 전부를 무단복제, 게재행위는 저작권법에 저촉됩니다.